Mathématiques

Méthodes et exercices
ECS 1re année

Cécile Lardon

Professeur en classe préparatoire
au lycée du Parc à Lyon

Jean-Marie Monier

Professeur en classe préparatoire
au lycée La Martinière-Monplaisir à Lyon

DUNOD

Tout le catalogue sur
www.dunod.com

DUNOD

ÉDITEUR DE SAVOIRS

ISBN 978-2-10-054676-3

Préface

Quand, aujourd'hui, nous n'osons avoir une quelconque pensée qu'Internet n'ait validée, quand, pour répondre à toute question, notre premier réflexe est d'aller pianoter sur le clavier, un recueil d'exercices de mathématiques a-t-il encore sa place ? Plus que jamais, assurément, tant un manuel bien conçu joue, pour son utilisateur, le rôle d'un compagnon sûr et fidèle, toujours disponible, d'un confident en quelque sorte, avec lequel on partage, au gré des questions résolues ou plus coriaces, des moments de bonheur ou de doute.

Pour nous en convaincre, les volumes « Méthodes et exercices » (pour les Classes Préparatoires aux Grandes Écoles de Commerce), que Cécile Lardon et Jean-Marie Monier nous présentent ici, viennent nous en fournir la plus éclatante démonstration. Chacun des chapitres de ces ouvrages se compose de deux parties éminemment complémentaires :

- Les *méthodes* constituent ce guide précieux qui permet à l'étudiant de passer, confiant, efficacement « coaché », du cours qu'il apprend à la recherche nécessaire et fructueuse des exercices. Si les théorèmes du cours sont les outils de l'artisan-étudiant, les méthodes et techniques proposées ici en sont les modes d'emploi ; évidemment, ces conseils sont particulièrement soignés et pertinents : ne sont-ils pas le fruit des expériences conjuguées de Cécile Lardon, jeune, enthousiaste et dynamique professeur de Classe Préparatoire et de Jean-Marie Monier, pédagogue avéré, interrogateur recherché et auteur apprécié de maints ouvrages reconnus ? Pour une aide encore plus précise, chaque méthode est assortie de la liste des exercices dans lesquels sa mise en oeuvre est souhaitable.
- Les *exercices*, nombreux, variés et souvent originaux, couvrent, chapitre après chapitre, la totalité du programme en complète adéquation avec celui-ci. Ils répondent parfaitement à un triple objectif :
  - ⋆ permettre d'assurer, d'approfondir et d'affiner, pendant son apprentissage, la compréhension du cours ;
  - ⋆ consolider et enrichir ses connaissances par la résolution d'exercices plus substantiels et de questions plus délicates ;
  - ⋆ réaliser des révisions efficaces et ciblées lors de la préparation des épreuves écrites ou orales des concours.

  Ces exercices sont judicieusement classés en quatre niveaux de difficulté croissante, permettant ainsi aussi bien au néophyte de se mettre en confiance en traitant une application directe du cours (niveau 1) qu'à l'étudiant chevronné de se mesurer à des exercices plus difficiles et délicieusement subtils (niveau 4).

Qui n'a jamais abandonné la recherche d'un petit problème devant une question trop abruptement posée, sans indication ? L'ouvrage de Cécile Lardon et Jean-Marie Monier devrait permettre d'éviter le traumatisme - toujours douloureux - engendré par cette frustration : en effet, dans la rubrique *Du mal à démarrer*, ils apportent à l'étudiant(e) qui le souhaite une aide discrète, rappelant ici la méthode adéquate, donnant là une indication précieuse, ouvrant ailleurs une piste de recherche...

Pour chaque exercice, les auteurs fournissent la rédaction complète et appliquée d'un corrigé clair, précis, détaillé, osons le mot, exemplaire. S'il est louable et formateur de chercher, il est plus gratifiant de trouver ! Et, ici encore, le manuel permet à chacun, soit de constater que sa solution est celle qui est fournie (et il en éprouve un indicible plaisir !), soit de s'aider du corrigé, pour parvenir, rassuré et guidé, à cette solution.

Qu'il me soit aussi permis d'insister sur l'ampleur de ces volumes, liée à la grande variété des exercices choisis, en même temps que sur leur prix très modique.

Ces ouvrages, de consultation particulièrement agréable, constituent l'outil efficace et complet qui permettra à chacun, à son rythme mais en magnifiant ses propres aptitudes, de développer son savoir-faire et ses compétences et, tout à la fois, de forger son succès.

Les deux années de Classes Prépatatoires demandent, chacun en convient, un important investissement personnel : ces recueils, d'exercices constituent alors, dans cet effort soutenu, le meilleur des accompagnements que l'étudiant(e) puisse souhaiter.

Hermin Durand, Professeur en classe de PT* au Lycée La Martinière Monplaisir à Lyon

Table des matières

Pour bien utiliser cet ouvrage

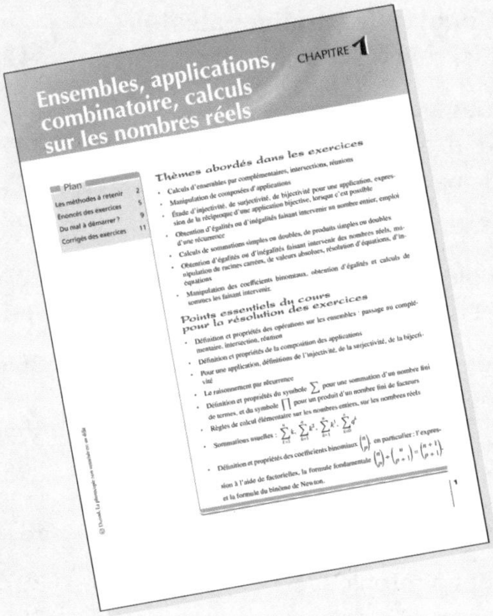

La page d'entrée de chapitre

Elle propose un plan du chapitre, les thèmes abordés dans les exercices, ainsi qu'un rappel des points essentiels du cours pour la résolution des exercices.

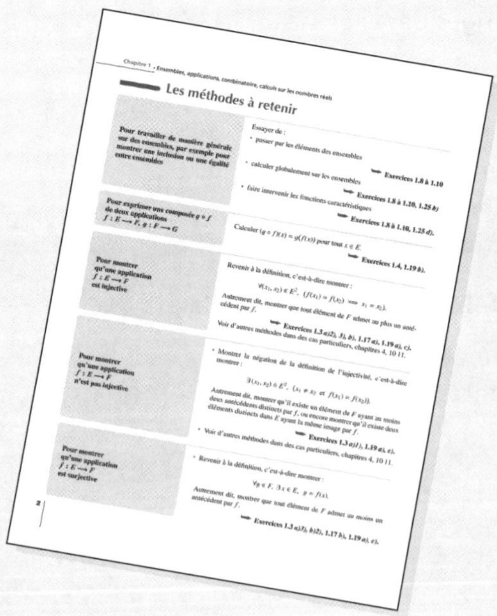

Les méthodes à retenir

Cette rubrique constitue une synthèse des principales méthodes à connaître, détaillées étape par étape, et indique les exercices auxquels elles se rapportent.

Énoncés des exercices

De nombreux exercices de difficulté croissante sont proposés pour s'entraîner. La difficulté de chaque exercice est indiquée sur une échelle de 1 à 4.

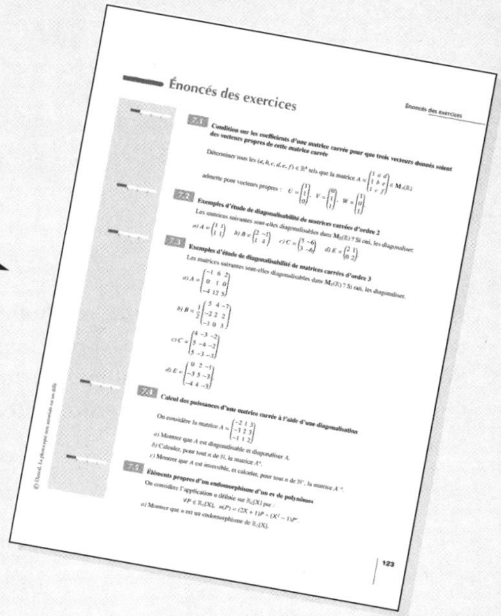
Énoncés des exercices

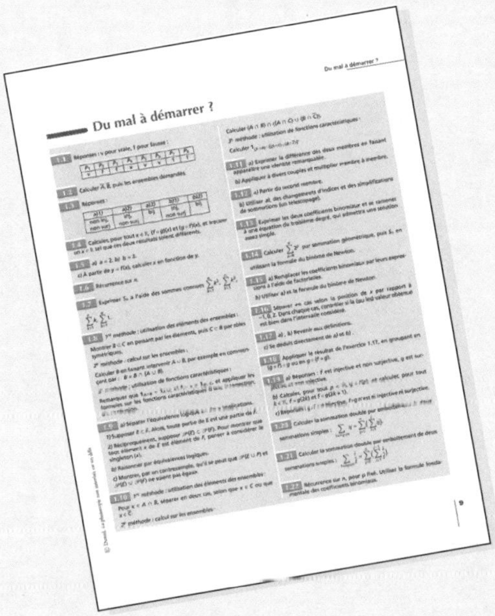
Du mal à démarrer ?

Du mal à démarrer ?

Des conseils méthodologiques sont proposés pour bien aborder la résolution des exercices.

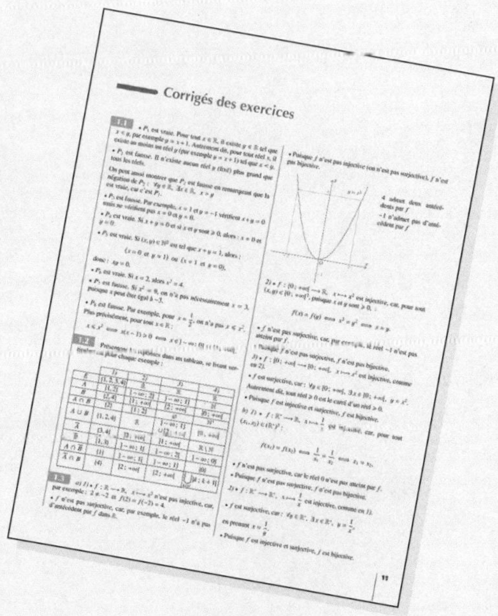
Corrigés des exercices

Corrrigés des exercices

Tous les exercices sont corrigés de façon détaillée.

Remerciements

Nous tenons ici à exprimer notre gratitude aux nombreux collègues qui ont accepté de réviser des parties du manuscrit : Pascal Alessandri, Walter Appel, Jean-Philippe Berne, Gérard Bourgin, Frédérique Christin, Jean-Paul Christin, Sophie Cohéléach, Carine Courant, Hermin Durand, Dominique Feyler, Jean Feyler, Viviane Gaggioli, Marguerite Gauthier, Guillaume Haberer, André Laffont, Tewfik Lahcène, Ibrahim Rihaoui, René Roy, Marie-Dominique Siéfert, Audrey Verdier.

Ensembles, applications, combinatoire, calculs sur les nombres réels

CHAPITRE 1

Plan

Thèmes abordés dans les exercices

- Calculs d'ensembles par complémentaires, intersections, réunions
- Manipulation de composées d'applications
- Étude d'injectivité, de surjectivité, de bijectivité pour une application, expression de la réciproque d'une application bijective, lorsque c'est possible
- Obtention d'égalités ou d'inégalités faisant intervenir un nombre entier, emploi d'une récurrence
- Calculs de sommations simples ou doubles, de produits simples ou doubles
- Obtention d'égalités ou d'inégalités faisant intervenir des nombres réels, manipulation de racines carrées, de valeurs absolues
- Manipulation des coefficients binomiaux, obtention d'égalités et calculs de sommes les faisant intervenir.

Points essentiels du cours pour la résolution des exercices

- Définition et propriétés des opérations sur les ensembles : passage au complémentaire, intersection, réunion
- Définition et propriétés de la composition des applications
- Pour une application, définitions de l'injectivité, de la surjectivité, de la bijectivité
- Le raisonnement par récurrence
- Définition et propriétés du symbole $\sum$ pour une sommation d'un nombre fini de termes, et du symbole $\prod$ pour un produit d'un nombre fini de facteurs
- Règles de calcul élémentaire sur les nombres entiers, sur les nombres réels
- Sommations usuelles : $\sum_{k=1}^{n} k,\ \sum_{k=1}^{n} k^2,\ \sum_{k=1}^{n} k^3,\ \sum_{k=0}^{n} q^k$
- Définition et propriétés des coefficients binomiaux $\binom{n}{p}$, en particulier : l'expression à l'aide de factorielles, la formule fondamentale $\binom{n}{p} + \binom{n}{p+1} = \binom{n+1}{p+1}$, et la formule du binôme de Newton.

Les méthodes à retenir

Pour travailler de manière générale sur des ensembles, par exemple pour montrer une inclusion ou une égalité entre ensembles

Essayer de :

- passer par les éléments des ensembles

➥ **Exercices 1.8 à 1.10**

- calculer globalement sur les ensembles

➥ **Exercices 1.8 à 1.10, 1.25 *b)***

- faire intervenir les fonctions caractéristiques

➥ **Exercices 1.8 à 1.10, 1.25 *d)*.**

Pour exprimer une composée $g \circ f$ de deux applications $f : E \longrightarrow F$, $g : F \longrightarrow G$

Calculer $(g \circ f)(x) = g(f(x))$ pour tout $x \in E$.

➥ **Exercices 1.4, 1.19 *b)*.**

Pour montrer qu'une application $f : E \longrightarrow F$ est injective

Revenir à la définition, c'est-à-dire montrer :

$$\forall (x_1, x_2) \in E^2, \quad (f(x_1) = f(x_2) \implies x_1 = x_2).$$

Autrement dit, montrer que tout élément de F admet au plus un antécédent par f.

➥ **Exercices 1.3 *a)2), 3), b)*, 1.17 *a)*, 1.19 *a), c)*.**

Voir d'autres méthodes dans des cas particuliers, chapitres 4, 10 11.

Pour montrer qu'une application $f : E \longrightarrow F$ n'est pas injective

- Montrer la négation de la définition de l'injectivité, c'est-à-dire montrer :

$$\exists (x_1, x_2) \in E^2, \quad (x_1 \neq x_2 \text{ et } f(x_1) = f(x_2)).$$

Autrement dit, montrer qu'il existe un élément de F ayant au moins deux antécédents distincts par f, ou encore montrer qu'il existe deux éléments distincts dans E ayant la même image par f.

➥ **Exercices 1.3 *a)1)*, 1.19 *a), c)*.**

- Voir d'autres méthodes dans des cas particuliers, chapitres 4, 10 11.

Pour montrer qu'une application $f : E \longrightarrow F$ est surjective

- Revenir à la définition, c'est-à-dire montrer :

$$\forall y \in F, \ \exists x \in E, \quad y = f(x).$$

Autrement dit, montrer que tout élément de F admet au moins un antécédent par f.

➥ **Exercices 1.3 *a)3), b)2)*, 1.17 *b)*, 1.19 *a), c)*.**

(suite)	• Voir d'autres méthodes dans des cas particuliers, chapitres 4, 10 11.
Pour montrer qu'une application $f : E \longrightarrow F$ n'est pas surjective	• Montrer la négation de la définition de la surjectivité : $$\exists y \in F,\ \forall x \in E,\ \ y \neq f(x).$$ Autrement dit, montrer qu'il existe au moins un élément de F n'ayant pas d'antécédent par f. ➡ **Exercices 1.3 *a)1), 2)*, 1.19 *a), c)*.** • Voir d'autres méthodes dans des cas particuliers, chapitres 4, 10, 11.
Pour montrer qu'une application $f : E \longrightarrow F$ est bijective	Essayer de : • montrer que f est injective et surjective ➡ **Exercices 1.3 *a)3), b)2)*, 1.17 *c)*, 1.18, 1.19 *c)*** • montrer que tout élément de F admet un antécédent et un seul par f. ➡ **Exercice 1.5 *c)*.**
Pour montrer qu'une application $f : E \longrightarrow F$ n'est pas bijective	Montrer que f n'est pas injective ou que f n'est pas surjective. ➡ **Exercices 1.3 *a)1), 2), b)2)*, 1.19 *b),c)*.**
Pour établir une propriété pour tout entier n, à partir d'un certain rang	Essayer de raisonner par récurrence sur n. Pour y arriver, il faut que la propriété à l'ordre $n+1$ s'exprime simplement en faisant intervenir la propriété à l'ordre n. ➡ **Exercices 1.6, 1.27.**
Pour calculer certaines sommations indexées par un entier	Essayer de se ramener aux sommations classiques : • la sommation géométrique : $$\forall n \in \mathbb{N},\ \forall q \in \mathbb{R} \setminus \{1\},\ \sum_{q=0}^{n} q^k = \frac{1-q^{n+1}}{1-q}$$ • la sommation d'entiers, de carrés d'entiers, de cubes d'entiers consécutifs : $$\sum_{k=1}^{n} k = \frac{n(n+1)}{2},\quad \sum_{k=1}^{n} k^2 = \frac{n(n+1)(2n+1)}{6},\quad \sum_{k=1}^{n} k^3 = \Big(\frac{n(n+1)}{2}\Big)^2$$

(suite)	• la formule du binôme de Newton : $$\forall n \in \mathbb{N},\ \forall (x,y) \in \mathbb{R}^2,\quad (x+y)^n = \sum_{k=0}^{n} \binom{n}{k} x^k y^{n-k}.$$ ➥ **Exercice 1.7.**
Pour calculer des sommations doubles ou des produits doubles	Essayer de : • emboîter deux sommations simples, emboîter deux produits simples ➥ **Exercices 1.14, 1.20, 1.21** • utiliser une permutation de symboles $\sum$, une permutation de symboles $\prod$ • exploiter des rôles éventuellement symétriques des deux indices ➥ **Exercice 1.26.**
Pour calculer une sommation faisant intervenir des coefficients binomiaux	Essayer de : • remplacer les coefficients binomiaux par leurs expressions à l'aide de factorielles ➥ **Exercices 1.15, 1.24** • utiliser la formule du binôme de Newton ➥ **Exercices 1.15, 1.24** • utiliser un raisonnement par récurrence, si l'énoncé donne la valeur de la sommation ➥ **Exercice 1.22.**
Pour résoudre une équation ou une inéquation à une inconnue réelle	• On sait résoudre les équations et les inéquations du premier degré et du second degré (voir cours). • Toujours tenir compte des particularités de l'équation ou de l'inéquation proposée : à ce niveau, s'il y a une question, c'est qu'il y a une réponse exprimable. • Montrer éventuellement que l'équation se ramène à $f(x) = 0$, où f est strictement monotone, ce qui établira que l'équation admet au plus une solution. ➥ **Exercice 1.16** • S'il y a des valeurs absolues, essayer de les chasser en séparant en cas, s'il y a des racines carrées, essayer de les chasser par élévation(s) au carré ou faire intervenir la notion de quantité conjuguée. ➥ **Exercice 1.16.**

Pour établir une inégalité portant sur plusieurs réels	• Faire tout passer dans un membre, puis faire apparaître une somme de nombres tous positifs ou nuls (souvent des carrés de réels), pour conclure à une positivité ➡ **Exercice 1.11** *a)* • Effectuer un changement de variable pouvant ramener l'inégalité voulue à une autre plus simple • Tenir compte des rôles éventuellement symétriques des réels qui interviennent. • Voir aussi plus loin le chapitre 11.

Énoncés des exercices

1.1 Vrai-faux portant sur des propriétés simples faisant intervenir des quantificateurs

Pour chacune des assertions suivantes, dire si elle est vraie ou fausse :

$P_1 \ : \ \forall x \in \mathbb{R}, \ \exists y \in \mathbb{R}, \ \ x < y$

$P_2 \ : \ \exists y \in \mathbb{R}, \ \forall x \in \mathbb{R}, \ \ x \leqslant y$

$P_3 \ : \ \forall (x,y) \in \mathbb{R}^2, \ \big(x + y = 0 \implies (x = 0 \text{ et } y = 0)\big)$

$P_4 \ : \ \forall (x,y) \in (\mathbb{R}_+)^2, \ \big(x + y = 0 \implies (x = 0 \text{ et } y = 0)\big)$

$P_5 \ : \ \forall (x,y) \in \mathbb{N}^2, \ (x + y = 1 \implies xy = 0)$

$P_6 \ : \ \forall x \in \mathbb{R}, \ (x = 2 \implies x^2 = 4)$

$P_7 \ : \ \forall x \in \mathbb{R}, \ (x^2 = 9 \implies x = 3)$

$P_8 \ : \ \forall x \in \mathbb{R}, \ x \leqslant x^2.$

1.2 Détermination, sur des exemples, de $A \cap B$, $A \cup B$, $A \cap \overline{B}$, $\overline{A} \cap B$

Dans chacun des exemples suivants, où on donne un ensemble E et des parties A, B de E, déterminer explicitement $A \cap B$, $A \cup B$, $A \cap \overline{B}$, $\overline{A} \cap B$, où la barre désigne le complémentaire dans E :

1) $E = \{1,2,3,4\}$, $A = \{1,2\}$, $B = \{2,4\}$

2) $E = \mathbb{R}$, $A =]-\infty\,;\,2]$, $B = [1\,;\,+\infty[$

3) $E = \mathbb{R}$, $A =]-\infty\,;\,1]$, $B = [2\,;\,+\infty[$

4) $E = \mathbb{R}$, $A = \mathbb{N}$, $B =]0\,;\,+\infty[$.

1.3 Exemples d'études d'injectivité, de surjectivité, de bijectivité

Pour chacune des applications f suivantes, dire si elle est injective, surjective, bijective :

a) 1) $f : \mathbb{R} \longrightarrow \mathbb{R}, \ x \longmapsto x^2$

2) $f : [0\,;\,+\infty[\longrightarrow \mathbb{R}, \ x \longmapsto x^2$

3) $f : [0\,;\,+\infty[\longrightarrow [0\,;\,+\infty[, \ x \longmapsto x^2$

b) 1) $f : \mathbb{R}^* \longrightarrow \mathbb{R}, \ x \longmapsto \dfrac{1}{x}$

2) $f : \mathbb{R}^* \longrightarrow \mathbb{R}^*, \ x \longmapsto \dfrac{1}{x}$.

1.4 Exemple de calcul de composée de deux applications

On note $f, g : \mathbb{R} \longrightarrow \mathbb{R}$ les applications définies, pour tout $x \in \mathbb{R}$, par :

$$f(x) = 1 + x, \qquad g(x) = x^2.$$

Préciser $f \circ g$ et $g \circ f$. A-t-on $f \circ g = g \circ f$?

1.5 Exemple d'une restriction bijective

On considère la fonction f de $\mathbb{R}$ dans $\mathbb{R}$ donnée par : $f(x) = \dfrac{3x-1}{x-2}$.

a) Montrer qu'il existe un réel et un seul, noté a, n'ayant pas d'image par f.

b) Montrer qu'il existe un réel et un seul, noté b, n'ayant pas d'antécédent par f.

c) Montrer que la restriction g de f à $\mathbb{R} \setminus \{a\}$ au départ et à $\mathbb{R} \setminus \{b\}$ à l'arrivée est bijective, et préciser l'application réciproque g^{-1} de g.

1.6 Exemple de calcul d'une sommation, raisonnement par récurrence

Montrer, pour tout $n \in \mathbb{N} \setminus \{0, 1\}$: $\displaystyle\sum_{k=2}^{n} \frac{1}{k(k^2-1)} = \frac{n^2+n-2}{4n(n+1)}$.

1.7 Exemple de calcul d'une sommation

Calculer, pour tout $n \in \mathbb{N}^*$: $S_n = \displaystyle\sum_{k=1}^{n} (k^3 - 3k^2 + 2k + 1)$.

1.8 Calcul sur les parties d'un ensemble

Soient E un ensemble, A, B, C des parties de E telles que :

$$A \cup B = A \cup C \quad \text{et} \quad A \cap B = A \cap C.$$

Montrer : $B = C$.

1.9 Études de $\mathscr{P}(E \cap F)$ et de $\mathscr{P}(E \cup F)$

a) Montrer : $E \subset F \iff \mathscr{P}(E) \subset \mathscr{P}(F)$.

b) Établir : $\mathscr{P}(E \cap F) = \mathscr{P}(E) \cap \mathscr{P}(F)$.

c) A-t-on : $\mathscr{P}(E \cup F) = \mathscr{P}(E) \cup \mathscr{P}(F)$?

1.10 Exemple de calcul sur les parties d'un ensemble, inclusion

Soient E un ensemble, A, B, C des parties de E.

Montrer : $A \cap B \subset ((A \cap C) \cup (B \cap \overline{C}))$, où $\overline{C}$ désigne le complémentaire de C dans E.

1.11 Exemples d'inégalités portant sur deux réels, sur trois réels

a) Montrer : $\forall (a, b) \in \mathbb{R}^2,\ ab \leqslant \dfrac{1}{2}(a^2 + b^2)$.

b) En déduire : $\forall (x, y, z) \in (\mathbb{R}_+)^3,\ 8xyz \leqslant (x+y)(x+z)(y+z)$.

1.12 Exemple de calcul d'une sommation, utilisation d'un télescopage

a) Vérifier : $\forall x \in \mathbb{R} \setminus \{-1, 0, 1\},\ \dfrac{1}{x(x^2-1)} = \dfrac{1}{2}\dfrac{1}{x-1} - \dfrac{1}{x} + \dfrac{1}{2}\dfrac{1}{x+1}$.

b) En déduire, pour tout $n \in \mathbb{N} \setminus \{0, 1\}$, la valeur de $\displaystyle\sum_{k=2}^{n} \frac{1}{k(k^2-1)}$.

1.13 Exemple d'équation faisant intervenir des coefficients binomiaux

Résoudre l'équation $\dbinom{x}{3} + \dbinom{x+1}{2} = 14$, d'inconnue $x \in \mathbb{N}$.

1.14 **Exemple de calcul d'une somme double**

Calculer, pour tout $n \in \mathbb{N}$: $S_n = \displaystyle\sum_{q=0}^{n} \sum_{p=0}^{q} 2^p$.

1.15 **Une formule sur les coefficients binomiaux et un calcul de somme**

a) Montrer, pour tout $(n, k) \in (\mathbb{N}^*)^2$ tel que $k \leqslant n$: $k\dbinom{n}{k} = n\dbinom{n-1}{k-1}$.

b) En déduire, pour tout $n \in \mathbb{N}$, la valeur de $S_n = \displaystyle\sum_{k=0}^{n} k\binom{n}{k}$.

1.16 **Exemple d'équation faisant intervenir des valeurs absolues**

Résoudre l'équation, d'inconnue $x \in \mathbb{R}$: $|x-2| + |x| + |x+1| = 5$.

1.17 **Conséquences de l'injectivité ou de la surjectivité d'une composée**

Soient E, F, G des ensembles, $f : E \longrightarrow F$, $g : F \longrightarrow G$ des applications.

a) Montrer que, si $g \circ f$ est injective, alors f est injective.

b) Montrer que, si $g \circ f$ est surjective, alors g est surjective.

c) Montrer que, si $g \circ f$ est bijective, alors f est injective et g est surjective.

1.18 **Conséquences de la bijectivité d'une certaine composée**

Soient E, F, G des ensembles, $f : E \longrightarrow F$, $g : F \longrightarrow G$ des applications.

On suppose que $g \circ f \circ g$ est bijective. Montrer que f et g sont bijectives.

On pourra utiliser le résultat de l'exercice 1.17.

1.19 **Exemple d'études d'injectivité, de surjectivité, composition**

On considère les applications : $f : \mathbb{N} \longrightarrow \mathbb{N},\ x \longmapsto 2x$,

$$g : \mathbb{N} \longrightarrow \mathbb{N},\ y \longmapsto \begin{cases} \dfrac{y}{2} & \text{si } y \text{ est pair} \\[2mm] \dfrac{y-1}{2} & \text{si } y \text{ est impair.} \end{cases}$$

a) Pour chacune des applications f, g, dire si elle est injective, surjective, bijective.

b) Préciser $g \circ f$ et $f \circ g$.

c) Pour chacune des applications $g \circ f$, $f \circ g$, dire si elle est injective, surjective, bijective.

1.20 **Exemple de calcul d'une sommation double**

Calculer, pour tout $n \in \mathbb{N}^*$: $S_n = \displaystyle\sum_{1 \leqslant i \leqslant j \leqslant n} ij$.

1.21 **Exemple de calcul d'une sommation double**

Calculer, pour tout $n \in \mathbb{N} \setminus \{0, 1\}$: $S_n = \displaystyle\sum_{1 \leqslant i < j \leqslant n} \frac{i}{j}$.

1.22 Exemple de calcul d'une somme de coefficients binomiaux

Montrer, pour tout $(n, p) \in \mathbb{N}^2$ tel que $n \geqslant p$: $\displaystyle\sum_{k=p}^{n} \binom{k}{p} = \binom{n+1}{p+1}$.

1.23 Détermination du plus grand terme dans la formule du binôme de Newton

Pour $(n, a, b) \in \mathbb{N}^* \times \mathbb{R}_+^* \times \mathbb{R}_+^*$ fixé, quel est le plus grand terme dans le développement de $(a+b)^n$ par la formule du binôme de Newton.

1.24 Calcul d'une somme double de produits de coefficients binomiaux

a) Montrer, pour tout $(n, k, i) \in \mathbb{N}^3$, tel que $k \leqslant i \leqslant n$: $\binom{n}{i}\binom{i}{k} = \binom{n}{k}\binom{n-k}{n-i}$.

b) En déduire, pour tout $n \in \mathbb{N}$, la valeur de $S_n = \displaystyle\sum_{k=0}^{n}\sum_{i=k}^{n} \binom{n}{i}\binom{i}{k}$.

1.25 Différence symétrique, associativité

Soit E un ensemble. On note, pour toutes parties A, B de E : $A \,\triangle\, B = (A \cup B) \cap \overline{(A \cap B)}$, appelée *différence symétrique* de A et B.

a) Deux exemples : Déterminer $A \,\triangle\, B$ dans les deux exemples suivants :

1) $E = \{1, 2, 3, 4\}, \quad A = \{1, 2\}, \quad B = \{1, 3\}$

2) $E = \mathbb{R}, \quad A =]-\infty\,; 2], \quad B = [1\,; +\infty[$.

b) Établir : $\forall (A, B) \in (\mathscr{P}(E))^2, \quad A \,\triangle\, B = (A \cap \overline{B}) \cup (B \cap \overline{A})$.

c) Montrer, pour tout $(A, B) \in (\mathscr{P}(E))^2$: $\mathbf{1}_{A \triangle B} = \mathbf{1}_A + \mathbf{1}_B - 2 \cdot \mathbf{1}_A \mathbf{1}_B$.

d) En déduire que la loi $\triangle$ est associative dans $\mathscr{P}(E)$, c'est-à-dire :

$$\forall (A, B, C) \in (\mathscr{P}(E))^3, \quad (A \,\triangle\, B) \,\triangle\, C = A \,\triangle\, (B \,\triangle\, C).$$

1.26 Exemple de calcul d'un produit double

Calculer, pour tout $n \in \mathbb{N}^*$: $P_n = \displaystyle\prod_{1 \leqslant i < j \leqslant n} ij$.

1.27 Exemple d'inégalité portant sur une sommation

Montrer : $\forall n \in \mathbb{N} \setminus \{0, 1\}, \quad \displaystyle\sum_{k=1}^{n} \frac{1}{\sqrt{k}} < \sqrt{n} + \sqrt{n-1}$.

Du mal à démarrer ?

1.1 Réponses : v pour vraie, f pour fausse :

P_1	P_2	P_3	P_4	P_5	P_6	P_7	P_8
v	f	f	v	v	v	f	f

1.2 Calculer $\overline{A}, \overline{B}$, puis les ensembles demandés.

1.3 Réponses :

a)1)	a)2)	a)3)	b)1)	b)2)
non inj, non surj	inj, non surj	bij	inj, non surj	bij

1.4 Calculer, pour tout $x \in \mathbb{R}$, $(f \circ g)(x)$ et $(g \circ f)(x)$, et trouver un $x \in \mathbb{R}$ tel que ces deux résultats soient différents.

1.5 *a)* $a = 2$. *b)* $b = 3$.

c) À partir de $y = f(x)$, calculer x en fonction de y.

1.6 Récurrence sur n.

1.7 Exprimer S_n à l'aide des sommes connues $\sum_{k=1}^{n} k^3$, $\sum_{k=1}^{n} k^2$, $\sum_{k=1}^{n} k$, $\sum_{k=1}^{n} 1$.

1.8 *1re méthode : utilisation des éléments des ensembles* :

Montrer $B \subset C$ en passant par les éléments, puis $C \subset B$ par rôles symétriques.

2e méthode : calcul sur les ensembles :

Calculer B en faisant intervenir $A \cup B$, par exemple en commençant par : $B = B \cap (A \cup B)$.

3e méthode : utilisation de fonctions caractéristiques :

Remarquer que $\mathbf{1}_{A \cap B} = \mathbf{1}_{A \cap C}$ et $\mathbf{1}_{A \cup B} = \mathbf{1}_{A \cup C}$, et appliquer les formules sur les fonctions caractéristiques d'une intersection, d'une réunion.

1.9 *a)* Séparer l'équivalence logique en deux implications.

1) Supposer $E \subset F$. Alors, toute partie de E est une partie de F.

2) Réciproquement, supposer $\mathscr{P}(E) \subset \mathscr{P}(F)$. Pour montrer que tout élément x de E est élément de F, penser à considérer le singleton $\{x\}$.

b) Raisonner par équivalences logiques.

c) Montrer, par un contrexemple, qu'il se peut que $\mathscr{P}(E \cup F)$ et $\mathscr{P}(E) \cup \mathscr{P}(F)$ ne soient pas égaux.

1.10 *1re méthode : utilisation des éléments des ensembles* :

Pour $x \in A \cap B$, séparer en deux cas, selon que $x \in C$ ou que $x \in \overline{C}$.

2e méthode : calcul sur les ensembles :

Calculer $(A \cap B) \cap ((A \cap C) \cup (B \cap \overline{C}))$.

3e méthode : utilisation de fonctions caractéristiques :

Calculer $\mathbf{1}_{(A \cap B) \cap ((A \cap C) \cup (B \cap \overline{C}))}$.

1.11 *a)* Exprimer la différence des deux membres en faisant apparaître une identité remarquable.

b) Appliquer à divers couples et multiplier membre à membre.

1.12 *a)* Partir du second membre.

b) Utiliser *a)*, des changements d'indices et des simplifications de sommations (un télescopage).

1.13 Exprimer les deux coefficients binomiaux et se ramener à une équation du troisième degré, qui admettra une solution assez simple.

1.14 Calculer $\sum_{p=0}^{q} 2^p$ par sommation géométrique, puis S_n en utilisant la formule du binôme de Newton.

1.15 *a)* Remplacer les coefficients binomiaux par leurs expressions à l'aide de factorielles.

b) Utiliser *a)* et la formule du binôme de Newton.

1.16 Séparer en cas selon la position de x par rapport à $-1, 0, 2$. Dans chaque cas, contrôler si la (ou les) valeur obtenue est bien dans l'intervalle considéré.

1.17 *a)*, *b)* Revenir aux définitions.

c) Se déduit directement de *a)* et *b)*.

1.18 Appliquer le résultat de l'exercice 1.17, en groupant en $(g \circ f) \circ g$ ou en $g \circ (f \circ g)$.

1.19 *a)* Réponses : f est injective et non surjective, g est surjective et non injective.

b) Calculer, pour tout $p \in \mathbb{N}$, $g \circ f(p)$, et calculer, pour tout $k \in \mathbb{N}$, $f \circ g(2k)$ et $f \circ g(2k+1)$.

c) Réponses : $g \circ f$ est bijective, $f \circ g$ n'est ni injective ni surjective.

1.20 Calculer la sommation double par emboîtement de deux sommations simples : $\sum_{1 \leqslant i \leqslant j \leqslant n} ij = \sum_{j=1}^{n} \left(\sum_{i=1}^{j} ij \right)$.

1.21 Calculer la sommation double par emboîtement de deux sommations simples : $\sum_{1 \leqslant i < j \leqslant n} \frac{i}{j} = \sum_{j=2}^{n} \left(\sum_{i=1}^{j-1} \frac{i}{j} \right)$.

1.22 Récurrence sur n, pour p fixé. Utiliser la formule fondamentale des coefficients binomiaux.

1.23 Noter, pour $k \in [\![0 ; n]\!]$: $u_k = \binom{n}{k} a^k b^{n-k}$.

Calculer $\frac{u_{k+1}}{u_k}$ et résoudre l'inéquation $\frac{u_{k+1}}{u_k} > 1$, par exemple.

1.24 *a)* Calculer chacun des deux membres de l'égalité voulue, en exprimant les coefficients binomiaux à l'aide de factorielles.

b) Utiliser *a)*, un changement d'indice, et la formule du binôme de Newton deux fois.

1.25 *a)* Réponses :

1) : $A \vartriangle B = \{2, 3\}$, *2)* : $A \vartriangle B =]-\infty ; 1[\cup]2 ; +\infty[$.

b) Calculer $A \vartriangle B$ d'après sa définition, en utilisant les formules sur le calcul sur les ensembles.

c) Utiliser *b)* et les formules sur les fonctions caractéristiques, en particulier, pour tous ensembles X, Y :

$$\mathbf{1}_{\overline{X}} = 1 - \mathbf{1}_X, \quad \mathbf{1}_{X \cap Y} = \mathbf{1}_X \mathbf{1}_Y, \quad \mathbf{1}_{X \cup Y} = \mathbf{1}_X + \mathbf{1}_Y - \mathbf{1}_X \mathbf{1}_Y.$$

d) Calculer les fonctions caractéristiques des deux membres.

1.26 Remarquer, par rôles symétriques :

$$P_n^2 = \Big(\prod_{1 \leqslant i,j \leqslant n} ij\Big) / \Big(\prod_{1 \leqslant i = j \leqslant n} ij\Big).$$

1.27 Récurrence sur n. Dans le passage de récurrence, il suffit de prouver : $\sqrt{n} + \sqrt{n-1} + \frac{1}{\sqrt{n+1}} < \sqrt{n+1} + \sqrt{n}$.

Corrigés des exercices

1.1 • P_1 est vraie. Pour tout $x \in \mathbb{R}$, il existe $y \in \mathbb{R}$ tel que $x < y$, par exemple $y = x + 1$. Autrement dit, pour tout réel x, il existe au moins un réel y (par exemple $y = x + 1$) tel que $x < y$.

• P_2 est fausse. Il n'existe aucun réel y (fixé) plus grand que tous les réels.

On peut aussi montrer que P_2 est fausse en remarquant que la négation de P_2 : $\forall y \in \mathbb{R},\ \exists x \in \mathbb{R},\ \ x > y$

est vraie, car c'est P_1.

• P_3 est fausse. Par exemple, $x = 1$ et $y = -1$ vérifient $x + y = 0$ mais ne vérifient pas $x = 0$ et $y = 0$.

• P_4 est vraie. Si $x + y = 0$ et si x et y sont $\geqslant 0$, alors : $x = 0$ et $y = 0$.

• P_5 est vraie. Si $(x, y) \in \mathbb{N}^2$ est tel que $x + y = 1$, alors :

$$(x = 0 \ \text{ et } \ y = 1) \ \text{ ou } \ (x = 1 \ \text{ et } \ y = 0),$$

donc : $xy = 0$.

• P_6 est vraie. Si $x = 2$, alors $x^2 = 4$.

• P_7 est fausse. Si $x^2 = 9$, on n'a pas nécessairement $x = 3$, puisque x peut être égal à -3.

• P_8 est fausse. Par exemple, pour $x = \dfrac{1}{2}$, on n'a pas $x \leqslant x^2$. Plus précisément, pour tout $x \in \mathbb{R}$:

$$x \leqslant x^2 \iff x(x-1) \geqslant 0 \iff x \in]-\infty\,;0] \cup [1\,;+\infty[.$$

1.2 Présentons les réponses dans un tableau, se lisant verticalement pour chaque exemple :

	1)	*2)*	*3)*	*4)*
E	$\{1,2,3,4\}$	$\mathbb{R}$	$\mathbb{R}$	$\mathbb{R}$
A	$\{1,2\}$	$]-\infty\,;2]$	$]-\infty\,;1]$	$\mathbb{N}$
B	$\{2,4\}$	$[1\,;+\infty[$	$[2\,;+\infty[$	$]0\,;+\infty[$
$A \cap B$	$\{2\}$	$[1\,;2]$	$\varnothing$	$\mathbb{N}^*$
$A \cup B$	$\{1,2,4\}$	$\mathbb{R}$	$]-\infty\,;1] \cup [2\,;+\infty[$	$[0\,;+\infty[$
$\overline{A}$	$\{3,4\}$	$]2\,;+\infty[$	$]1\,;+\infty[$	$\mathbb{R} \setminus \mathbb{N}$
$\overline{B}$	$\{1,3\}$	$]-\infty\,;1[$	$]-\infty\,;2[$	$]-\infty\,;0]$
$A \cap \overline{B}$	$\{1\}$	$]-\infty\,;1[$	$]-\infty\,;1]$	$\{0\}$
$\overline{A} \cap B$	$\{4\}$	$]2\,;+\infty[$	$[2\,;+\infty[$	$\bigcup_{k\in\mathbb{N}}]k\,;k+1[$

1.3 *a) 1)* • $f : \mathbb{R} \longrightarrow \mathbb{R},\ \ x \longmapsto x^2$ n'est pas injective, car, par exemple : $2 \neq -2$ et $f(2) = f(-2) = 4$.

• f n'est pas surjective, car, par exemple, le réel -1 n'a pas d'antécédent par f dans $\mathbb{R}$.

• Puisque f n'est pas injective (ou n'est pas surjective), f n'est pas bijective.

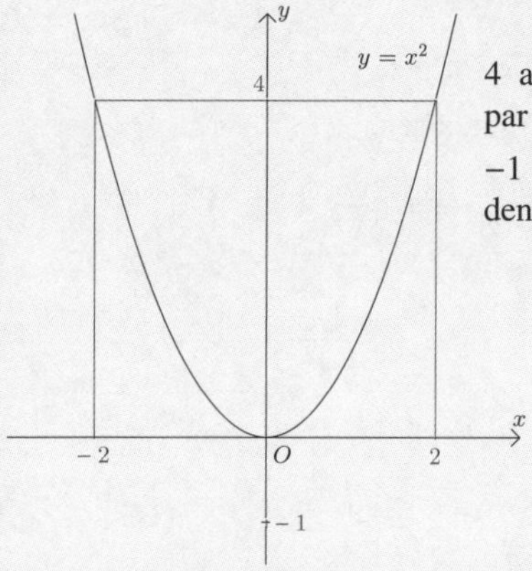

4 admet deux antécédents par f

-1 n'admet pas d'antécédent par f

2) • $f : [0\,;+\infty[\longrightarrow \mathbb{R},\ \ x \longmapsto x^2$ est injective, car, pour tout $(x, y) \in [0\,;+\infty[^2$, puisque x et y sont $\geqslant 0$, :

$$f(x) = f(y) \iff x^2 = y^2 \iff x = y.$$

• f n'est pas surjective, car, par exemple, le réel -1 n'est pas atteint par f.

• Puisque f n'est pas surjective, f n'est pas bijective.

3) • $f : [0\,;+\infty[\longrightarrow [0\,;+\infty[,\ \ x \longmapsto x^2$ est injective, comme en *2)*.

• f est surjective, car : $\forall y \in [0\,;+\infty[,\ \exists x \in [0\,;+\infty[,\ \ y = x^2$.

Autrement dit, tout réel $\geqslant 0$ est le carré d'un réel $\geqslant 0$.

• Puisque f est injective et surjective, f est bijective.

b) 1) • $f : \mathbb{R}^* \longrightarrow \mathbb{R},\ \ x \longmapsto \dfrac{1}{x}$ est injective, car, pour tout $(x_1, x_2) \in (\mathbb{R}^*)^2$:

$$f(x_1) = f(x_2) \iff \frac{1}{x_1} = \frac{1}{x_2} \iff x_1 = x_2.$$

• f n'est pas surjective, car le réel 0 n'est pas atteint par f.

• Puisque f n'est pas surjective, f n'est pas bijective.

2) • $f : \mathbb{R}^* \longrightarrow \mathbb{R}^*,\ \ x \longmapsto \dfrac{1}{x}$ est injective, comme en *1)*.

• f est surjective, car : $\forall y \in \mathbb{R}^*,\ \exists x \in \mathbb{R}^*,\ \ y = \dfrac{1}{x}$,

en prenant $x = \dfrac{1}{y}$.

• Puisque f est injective et surjective, f est bijective.

1.4 • On a, pour tout $x \in \mathbb{R}$:

$$\begin{cases}(f \circ g)(x) = f(g(x)) = f(x^2) = 1 + x^2 \\ (g \circ f)(x) = g(f(x)) = g(1 + x) = (1 + x)^2 = 1 + 2x + x^2.\end{cases}$$

• Par exemple : $(f \circ g)(1) = 2$ et $(g \circ f)(1) = 4$,

donc : $f \circ g \neq g \circ f$.

1.5 *a)* Il est clair que : $a = 2$.

b) Soit $(x, y) \in (\mathbb{R} \setminus \{2\}) \times \mathbb{R}$. On a :

$$y = f(x) \iff y = \frac{3x-1}{x-2} \iff xy - 2y = 3x - 1$$
$$\iff xy - 3x = 2y - 1 \iff (y-3)x = 2y - 1.$$

Si $y \neq 3$, on a : $y = f(x) \iff x = \dfrac{2y-1}{y-3}$

donc y admet un antécédent et un seul par f, qui est $\dfrac{2y-1}{y-3}$.

Si $y = 3$, alors : $y = f(x) \iff 0x = -5$,

donc y n'a pas d'antécédent par f.

Il existe donc un réel et un seul, $b = 3$, n'ayant pas d'antécédent par f.

c) L'application $g : \mathbb{R} \setminus \{2\} \longrightarrow \mathbb{R} \setminus \{3\},\ x \longmapsto \dfrac{3x-1}{x-2}$

est la restriction de f à $\mathbb{R} \setminus \{2\}$ au départ et à $\mathbb{R} \setminus \{3\}$ à l'arrivée.

On a, pour tout $(x, y) \in (\mathbb{R} \setminus \{2\}) \times (\mathbb{R} \setminus \{3\})$:

$$y = g(x) \iff y = \frac{3x-1}{x-2} \iff x = \frac{2y-1}{y-3}.$$

Ainsi, tout élément y de l'arrivée admet un antécédent et un seul par g, donc g est bijective, et l'application réciproque de g est : $g^{-1} : \mathbb{R} \setminus \{3\} \longrightarrow \mathbb{R} \setminus \{2\},\ y \longmapsto \dfrac{2y-1}{y-3}$.

1.6 Récurrence sur n.

• Pour $n = 2$:

$$\sum_{k=2}^{n} \frac{1}{k(k^2-1)} = \frac{1}{6} \quad \text{et} \quad \frac{n^2+n-2}{4n(n+1)} = \frac{4}{4 \cdot 2 \cdot 3} = \frac{1}{6},$$

donc la formule est vraie pour $n = 2$.

• Supposons la formule vraie pour un $n \in \mathbb{N} \setminus \{0, 1\}$ fixé.

On a alors :

$$\sum_{k=2}^{n+1} \frac{1}{k(k^2-1)} = \sum_{k=2}^{n} \frac{1}{k(k^2-1)} + \frac{1}{(n+1)((n+1)^2-1)}$$
$$= \frac{n^2+n-2}{4n(n+1)} + \frac{1}{(n+1)n(n+2)} = \frac{(n^2+n-2)(n+2)+4}{4n(n+1)(n+2)}$$
$$= \frac{n^3+3n^2}{4n(n+1)(n+2)} = \frac{n(n+3)}{4(n+1)(n+2)}$$
$$= \frac{(n+1)^2+(n+1)-2}{4(n+1)(n+2)},$$

donc la formule est vraie pour $n + 1$.

Ceci montre, par récurrence sur n, la formule demandée.

Comparer avec l'exercice 1.12, dans lequel l'énoncé ne donne pas le résultat et donc dans lequel on ne peut apparemment pas faire une récurrence.

1.7 On a, pour tout $n \in \mathbb{N}^*$:

$$S_n = \sum_{k=1}^{n} (k^3 - 3k^2 + 2k + 1)$$
$$= \sum_{k=1}^{n} k^3 - 3\sum_{k=1}^{n} k^2 + 2\sum_{k=1}^{n} k + \sum_{k=1}^{n} 1$$
$$= \frac{n^2(n+1)^2}{4} - 3\frac{n(n+1)(2n+1)}{6} + 2\frac{n(n+1)}{2} + n$$
$$= \frac{n}{4}\big(n(n+1)^2 - 2(n+1)(2n+1) + 4(n+1) + 4\big)$$
$$= \frac{n(n^3 - 2n^2 - n + 6)}{4}.$$

On conclut : $\forall n \in \mathbb{N}^*,\quad S_n = \dfrac{n(n^3 - 2n^2 - n + 6)}{4}$.

1.8 *1re méthode : utilisation des éléments des ensembles* :

1) Soit $b \in B$.

Alors : $b \in B \subset A \cup B = A \cup C$, donc $b \in A$ ou $b \in C$.

Si $b \in A$, alors : $b \in A \cap B = A \cap C$, donc $b \in C$.

Ceci montre : $B \subset C$.

2) Puisque les hypothèses sont invariantes en échangeant B et C, on a aussi : $C \subset B$.

On conclut : $B = C$.

2è méthode : calcul sur les ensembles :

On a :

$$B = B \cap (A \cup B) = B \cap (A \cup C) = (B \cap A) \cup (B \cap C)$$
$$= (A \cap B) \cup (B \cap C) = (A \cap C) \cup (B \cap C) = (A \cup B) \cap C \subset C.$$

De même : $C \subset B$, et finalement : $B = C$.

3è méthode : utilisation de fonctions caractéristiques :

Puisque $A \cap B = A \cap C$, on a : $\mathbf{1}_{A \cap B} = \mathbf{1}_{A \cap C}$

et, puisque $A \cup B = A \cup C$, on a : $\mathbf{1}_{A \cup B} = \mathbf{1}_{A \cup C}$.

Mais : $\begin{cases}\mathbf{1}_{A \cup B} = \mathbf{1}_A + \mathbf{1}_B - \mathbf{1}_{A \cap B} \\ \mathbf{1}_{A \cup C} = \mathbf{1}_A + \mathbf{1}_C - \mathbf{1}_{A \cap C}.\end{cases}$

On déduit : $\mathbf{1}_B = \mathbf{1}_C$, et donc : $B = C$.

1.9 *a) 1)* Supposons $E \subset F$.

Soit $X \in \mathscr{P}(E)$. On a : $\forall x \in X, \quad x \in E \subset F$, donc : $X \subset F$, c'est-à-dire : $X \in \mathscr{P}(F)$.

Ceci montre : $\mathscr{P}(E) \subset \mathscr{P}(F)$.

On a établi : $E \subset F \implies \mathscr{P}(E) \subset \mathscr{P}(F)$.

2) Réciproquement, supposons $\mathscr{P}(E) \subset \mathscr{P}(F)$.

Soit $x \in E$. Considérons le singleton $\{x\}$, c'est-à-dire l'ensemble à un élément formé par x tout seul.

On a : $\{x\} \in \mathscr{P}(E) \subset \mathscr{P}(F)$, donc : $x \in F$.

Ceci montre : $E \subset F$.

On a établi : $\mathscr{P}(E) \subset \mathscr{P}(F) \implies E \subset F$.

On conclut à l'équivalence logique :

$$E \subset F \iff \mathscr{P}(E) \subset \mathscr{P}(F).$$

b) On a, pour tout ensemble X :

$$X \in \mathscr{P}(E \cap F) \iff X \subset E \cap F \iff \begin{cases} X \subset E \\ X \subset F \end{cases}$$

$$\iff \begin{cases} X \in \mathscr{P}(E) \\ X \in \mathscr{P}(F) \end{cases} \iff X \in \mathscr{P}(E) \cap \mathscr{P}(F),$$

et on conclut : $\mathscr{P}(E \cap F) = \mathscr{P}(E) \cap \mathscr{P}(F)$.

c) 1) On a, pour tout ensemble X :

$$X \in \mathscr{P}(E) \cup \mathscr{P}(F) \iff (X \subset E \text{ ou } X \subset F)$$
$$\implies X \in E \cup F \iff X \in \mathscr{P}(E \cup F),$$

ce qui montre : $\mathscr{P}(E) \cup \mathscr{P}(F) \subset \mathscr{P}(E \cup F)$.

2) Mais la réciproque est en général fausse. En effet, si un ensemble X est inclus dans une réunion $E \cup F$, cela n'entraîne pas, en général, que X soit inclus dans E ou que X soit inclus dans F. En effet, X peut contenir des éléments de E qui ne sont pas dans F et des éléments de F qui ne sont pas dans E.

Pour montrer la non-inclusion, donnons un contrexemple : $E = \{1\}$, $F = \{2\}$. On a ici :

$$\mathscr{P}(E \cup F) = \mathscr{P}(\{1,2\}) = \{\varnothing, \{1\}, \{2\}, \{1,2\}\},$$

$$\mathscr{P}(E) \cup \mathscr{P}(F) = \{\varnothing, \{1\}\} \cup \{\varnothing, \{2\}\} = \{\varnothing, \{1\}, \{2\}\}.$$

Dans cet exemple, on n'a pas égalité entre $\mathscr{P}(E \cup F)$ et $\mathscr{P}(E) \cup \mathscr{P}(F)$.

1.10 *1re méthode : utilisation des éléments des ensembles* :

Soit $x \in A \cap B$. Séparons en deux cas, ce qui permettra de faire intervenir C.

- Si $x \in C$, alors, comme $x \in A$ et $x \in C$, on a :

$$x \in A \cap C \subset (A \cap C) \cup (B \cap \overline{C}).$$

- Si $x \in \overline{C}$, alors, comme $x \in B$ et $x \in \overline{C}$, on a :

$$x \in B \cap \overline{C} \subset (A \cap C) \cup (B \cap \overline{C}).$$

Ceci montre : $\forall x \in A \cap B, \ x \in (A \cap C) \cup (B \cap \overline{C})$

et on conclut : $A \cap B \subset (A \cap C) \cup (B \cap \overline{C})$.

2e méthode : calcul sur les ensembles :

On a :

$$\begin{aligned}(A \cap B) \cap ((A \cap C) \cup (B \cap \overline{C})) &= (A \cap B \cap A \cap C) \cup (A \cap B \cap B \cap \overline{C}) \\ &= (A \cap B \cap C) \cup (A \cap B \cap \overline{C}) = (A \cap B) \cap (C \cup \overline{C}) = A \cap B,\end{aligned}$$

donc : $\qquad A \cap B \subset (A \cap C) \cup (B \cap \overline{C})$.

3e méthode : utilisation de fonctions caractéristiques :

On a :

$$\begin{aligned}\mathbf{1}_{(A\cap B)\cap((A\cap C)\cup(B\cap\overline{C}))} &= \mathbf{1}_{A\cap B}\mathbf{1}_{(A\cap C)\cup(B\cap\overline{C})} \\ &= \mathbf{1}_A\mathbf{1}_B(\mathbf{1}_A\mathbf{1}_C + \mathbf{1}_B\mathbf{1}_{\overline{C}} - \underbrace{\mathbf{1}_A\mathbf{1}_C\mathbf{1}_B\mathbf{1}_{\overline{C}}}_{=0}) = \mathbf{1}_A\mathbf{1}_B\mathbf{1}_C + \mathbf{1}_A\mathbf{1}_B\mathbf{1}_{\overline{C}} \\ &= \mathbf{1}_A\mathbf{1}_B(\underbrace{\mathbf{1}_C + \mathbf{1}_{\overline{C}}}_{=1}) = \mathbf{1}_A\mathbf{1}_B = \mathbf{1}_{A\cap B},\end{aligned}$$

donc : $(A \cap B) \cap ((A \cap C) \cup (B \cap \overline{C})) = A \cap B$,

c'est-à-dire : $A \cap B \subset (A \cap C) \cup (B \cap \overline{C})$.

1.11 *a)* On a, pour tout $(a,b) \in \mathbb{R}^2$:

$$\frac{1}{2}(a^2+b^2) - ab = \frac{a^2+b^2-2ab}{2} = \frac{(a-b)^2}{2} \geqslant 0,$$

donc : $\qquad ab \leqslant \frac{1}{2}(a^2+b^2)$.

b) Appliquons le résultat de *a)* aux trois couples

$$(\sqrt{x}, \sqrt{y}), \ (\sqrt{x}, \sqrt{z}), \ (\sqrt{y}, \sqrt{z})$$

à la place de (a,b) :

$$\sqrt{x}\sqrt{y} \leqslant \frac{1}{2}(x+y), \quad \sqrt{x}\sqrt{z} \leqslant \frac{1}{2}(x+z), \quad \sqrt{y}\sqrt{z} \leqslant \frac{1}{2}(y+z).$$

En multipliant membre à membre (il s'agit de nombres tous $\geqslant 0$), on obtient : $xyz \leqslant \frac{1}{8}(x+y)(x+z)(y+z)$,

ce qui montre l'inégalité voulue.

1.12 *a)* On a, pour tout $x \in \mathbb{R} \setminus \{-1,0,1\}$, en partant du second membre dans l'énoncé :

$$\begin{aligned}\frac{1}{2}\frac{1}{x-1} - \frac{1}{x} + \frac{1}{2}\frac{1}{x+1} &= \frac{x(x+1) - 2(x-1)(x+1) + x(x-1)}{2(x-1)x(x+1)} \\ &= \frac{1}{(x-1)x(x+1)} = \frac{1}{x(x^2-1)}.\end{aligned}$$

b) On a, pour tout $n \in \mathbb{N} \setminus \{0, 1\}$:

$$\sum_{k=2}^{n} \frac{1}{k(k^2-1)} = \frac{1}{2}\sum_{k=2}^{n}\left(\frac{1}{k-1} - \frac{2}{k} + \frac{1}{k+1}\right)$$

$$= \frac{1}{2}\left(\sum_{k=2}^{n}\frac{1}{k-1} - 2\sum_{k=2}^{n}\frac{1}{k} + \sum_{k=2}^{n}\frac{1}{k+1}\right)$$

$$= \frac{1}{2}\left(\sum_{k=1}^{n-1}\frac{1}{k} - 2\sum_{k=2}^{n}\frac{1}{k} + \sum_{k=3}^{n+1}\frac{1}{k}\right)$$

changements d'indice $k \longleftarrow k-1,\ k \longleftarrow k+1$

$$= \frac{1}{2}\left[\left(1 + \frac{1}{2} + \sum_{k=3}^{n-1}\frac{1}{k}\right) - 2\left(\frac{1}{2} + \sum_{k=3}^{n-1}\frac{1}{k} + \frac{1}{n}\right) + \left(\sum_{k=3}^{n-1}\frac{1}{k} + \frac{1}{n} + \frac{1}{n+1}\right)\right]$$

$$= \frac{1}{2}\left(\frac{1}{2} - \frac{1}{n} + \frac{1}{n+1}\right) = \frac{n(n+1) - 2(n+1) + 2n}{4n(n+1)} = \frac{n^2+n-2}{4n(n+1)}.$$

Comparer avec la résolution de l'exercice 1.6, dans lequel l'énoncé donne le résultat, donc dans lequel on peut envisager un raisonnement par récurrence.

1.13 On a, pour tout $x \in \mathbb{N}$:

$$\binom{x}{3} + \binom{x+1}{2} = \frac{x(x-1)(x-2)}{6} + \frac{(x+1)x}{2}$$

$$= \frac{x}{6}((x-1)(x-2) + 3(x+1)) = \frac{x}{6}(x^2+5),$$

donc :

$$\binom{x}{3} + \binom{x+1}{2} = 14 \iff \frac{x}{6}(x^2+5) = 14$$

$$\iff x^3 + 5x - 84 = 0 \quad (1).$$

Il s'agit maintenant de résoudre une équation du troisième degré, d'inconnue $x \in \mathbb{N}$.

L'application $f : \mathbb{R} \longrightarrow \mathbb{R},\ x \longmapsto x^3 + 5x - 84$ est strictement croissante sur $\mathbb{R}$, car f est dérivable et :

$$\forall x \in \mathbb{R},\ f'(x) = 3x^2 + 5 > 0.$$

Il en résulte que l'équation (1) admet, dans $\mathbb{R}$, au plus une solution, donc admet, dans $\mathbb{N}$, au plus une solution.

Par exemple, on calcule les valeurs successives $f(0), f(1), \ldots$ On constate $f(4) = 0$.

On conclut que l'équation proposée admet une solution et une seule : $x = 4$.

1.14 On a, en utilisant la sommation d'une progression géométrique et la formule du binôme de Newton, pour tout $n \in \mathbb{N}$:

$$S_n = \sum_{q=0}^{n}\sum_{p=0}^{q} 2^p = \sum_{q=0}^{n}\frac{2^{q+1}-1}{2-1} = 2\sum_{q=0}^{n}2^q - \sum_{q=0}^{n}1$$

$$= 2\frac{2^{n+1}-1}{2-1} - (n+1) = 2^{n+2} - 2 - (n+1) = 2^{n+2} - n - 3.$$

1.15 *a)* On a, pour tout $(n, k) \in (\mathbb{N}^*)^2$:

$$k\binom{n}{k} = k\frac{n!}{k!(n-k)!} = \frac{n!}{(k-1)!(n-k)!}$$

$$= n\frac{(n-1)!}{(k-1)!((n-1)-(k-1))!} = n\binom{n-1}{k-1}.$$

b) • On a, pour tout $n \in \mathbb{N}^*$:

$$S_n = \sum_{k=0}^{n} k\binom{n}{k} = \sum_{k=1}^{n} k\binom{n}{k} \underset{a)}{=} \sum_{k=1}^{n} n\binom{n-1}{k-1}$$

$$= n\sum_{k=1}^{n}\binom{n-1}{k-1} \underset{i=k-1}{=} n\sum_{i=0}^{n-1}\binom{n-1}{i} \underset{\text{Newton}}{=} n2^{n-1}.$$

• D'autre part : $S_0 = 0$.

On conclut : $\forall n \in \mathbb{N},\ S_n = n2^{n-1}$.

Voir l'exercice 3.13 pour une autre méthode de calcul, utilisant des polynômes.

1.16 Soit $x \in \mathbb{R}$. Calculons $y = |x-2| + |x| + |x+1|$ en séparant en cas selon la position de x par rapport à $2, 0, -1$:

x	$x \leqslant -1$	$-1 \leqslant x \leqslant 0$	$0 \leqslant x \leqslant 2$	$2 \leqslant x$
$\|x-2\|$	$2-x$	$2-x$	$2-x$	$x-2$
$\|x\|$	$-x$	$-x$	x	x
$\|x+1\|$	$-x-1$	$x+1$	$x+1$	$x+1$
y	$-3x+1$	$-x+3$	$x+3$	$3x-1$
$y=5$	$-3x+1=5$	$-x+3=5$	$x+3=5$	$3x-1=5$
Solutions	$x=-\frac{4}{3}$	$x=-2$ non	$x=2$	$x=2$

On conclut que l'ensemble des solutions de l'équation proposée est $\left\{-\frac{4}{3}, 2\right\}$.

On peut tracer la représentation graphique de l'application

$$f : \mathbb{R} \longrightarrow \mathbb{R},\ x \longmapsto |x-2| + |x| + |x+1|.$$

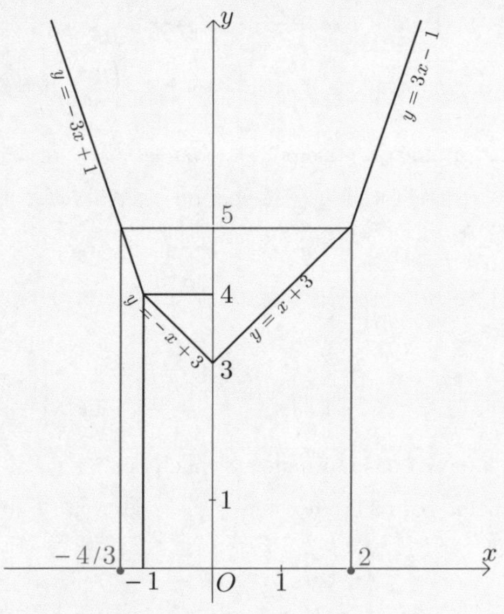

On voit qu'en coupant par l'horizontale $y = 5$, on obtient bien deux valeurs de x.

1.17 *a)* Supposons $g \circ f$ injective.

Soit $(x_1, x_2) \in E^2$ tel que $f(x_1) = f(x_2)$. On a alors :

$$g \circ f(x_1) = g(f(x_1)) = g(f(x_2)) = g \circ f(x_2).$$

Puisque $g \circ f$ est injective, il s'ensuit : $x_1 = x_2$.

On conclut que f est injective.

b) Supposons $g \circ f$ surjective.

Soit $z \in G$. Puisque $g \circ f$ est surjective, il existe $x \in E$ tel que : $z = g \circ f(x)$.

On a alors : $\quad z = g(f(x))$ et $f(x) \in F$.

Ceci montre : $\forall z \in G,\ \exists y \in F,\ z = g(y)$.

On conclut que g est surjective.

c) Si $g \circ f$ est bijective, alors $g \circ f$ est injective et surjective, donc, d'après *a)* et *b)*, f est injective et g est surjective.

1.18 Schématiquement, en utilisant le résultat de l'exercice 1.17, on a :

$$g \circ f \circ g \text{ bijective} \iff \begin{cases} g \circ f \circ g \text{ injective} \\ g \circ f \circ g \text{ surjective} \end{cases}$$

$$\iff \begin{cases} (g \circ f) \circ g \text{ injective} \\ g \circ (f \circ g) \text{ surjective} \end{cases} \Longrightarrow \begin{cases} g \text{ injective} \\ g \text{ surjective} \end{cases}$$

$$\Longrightarrow g \text{ bijective}.$$

Ceci montre que g est bijective.

On peut donc considérer l'application réciproque g^{-1} de g. On a alors : $\quad f = g^{-1} \circ (g \circ f \circ g) \circ g^{-1}$, qui est la composée de trois applications bijectives, donc f est bijective.

Finalement, f et g sont bijectives.

1.19 *a) 1)*

$$\begin{array}{cccccccccccc} & 0 & & 1 & & 2 & & 3 & & 4 & & 5\ \ldots \\ f & \downarrow & & \downarrow & & \downarrow & & \downarrow & & \downarrow & & \downarrow \\ & 0 & 1 & 2 & 3 & 4 & 5 & 6 & 7 & 8 & 9 & 10\ \ldots \end{array}$$

• f est injective, car, pour tout $(x_1, x_2) \in \mathbb{N}^2$:

$$f(x_1) = f(x_2) \iff 2x_1 = 2x_2 \iff x_1 = x_2.$$

• f n'est pas surjective, car, par exemple, l'élément 1 de $\mathbb{N}$ n'a pas d'antécédent par f.

On remarque que f n'atteint que les nombres pairs.

• Puisque f n'est pas surjective, f n'est pas bijective.

2)

$$\begin{array}{ccccccc} & 0 & 1 & 2 & 3 & 4 & 5\ \ldots \\ g & \downarrow & \swarrow & \downarrow & \swarrow & \downarrow & \swarrow \\ & 0 & & 1 & & 2 & \ldots \end{array}$$

• g n'est pas injective, car, par exemple : $0 \neq 1$ et $g(0) = g(1)$.

On remarque que, pour tout $p \in \mathbb{N}$, on a :

$$g(2p) = \frac{2p}{2} = p \quad \text{et} \quad g(2p+1) = \frac{(2p+1)-1}{2} = p,$$

donc $2p$ et $2p + 1$ ont la même image par g.

• g est surjective, car : $\forall n \in \mathbb{N},\ \ g(2n) = n$

donc tout $n \in \mathbb{N}$ admet au moins un antécédent $(2n)$ par g.

On remarque que tout élément de $\mathbb{N}$ admet exactement deux antécédents par g.

• Puisque g n'est pas injective, g n'est pas bijective.

b) 1)

$$\begin{array}{cccccccccccc} & 0 & & 1 & & 2 & & 3 & & 4 & & 5\ \ldots \\ f & \downarrow & & \downarrow & & \downarrow & & \downarrow & & \downarrow & & \downarrow \\ & 0 & 1 & 2 & 3 & 4 & 5 & 6 & 7 & 8 & 9 & 10\ \ldots \\ g & \downarrow & & \downarrow & & \downarrow & & \downarrow & & \downarrow & & \downarrow \\ & 0 & & 1 & & 2 & & 3 & & 4 & & 5\ \ldots \end{array}$$

On a, pour tout $p \in \mathbb{N}$:

$$(g \circ f)(p) = g(f(p)) = g(2p) = \frac{2p}{2} = p,$$

donc : $g \circ f = \mathrm{Id}_{\mathbb{N}}$.

2)

$$\begin{array}{ccccccc} & 0 & 1 & 2 & 3 & 4 & 5\ \ldots \\ g & \downarrow & \swarrow & \downarrow & \swarrow & \downarrow & \swarrow \\ & 0 & & 1 & & 2 & \ldots \\ f & \downarrow & & \downarrow & & \downarrow & \\ & 0 & 1 & 2 & 3 & 4 & 5\ \ldots \end{array}$$

On a, pour tout $k \in \mathbb{N}$:

$$(f \circ g)(2k) = f(g(2k)) = f\Big(\frac{2k}{2}\Big) = f(k) = 2k$$

$$(f \circ g)(2k+1) = f(g(2k+1)) = f\Big(\frac{(2k+1)-1}{2}\Big) = f(k) = 2k.$$

On conclut :

$$f \circ g : \mathbb{N} \longrightarrow \mathbb{N},\ y \longmapsto \begin{cases} y & \text{si} \quad \text{est pair} \\ y-1 & \text{si} \quad y \text{ est impair.} \end{cases}$$

c) 1) Puisque $g \circ f = \mathrm{Id}_{\mathbb{N}}$, $g \circ f$ est injective, surjective, bijective.

2) • $f \circ g$ n'est pas injective, car : $0 \neq 1$ et $f \circ g(0) = f \circ g(1)$.

• $f \circ g$ n'est pas surjective, car 1 n'a pas d'antécédent par $f \circ g$.

• Puisque $f \circ g$ n'est pas injective (ou n'est pas surjective), $f \circ g$ n'est pas bijective.

On remarque que, dans cet exemple, $g \circ f$ est bijective mais que $f \circ g$ n'est pas bijective.

1.20 *1re méthode : emboîtement de sommations :*

On a :

$$\sum_{1 \leqslant i \leqslant j \leqslant n} ij = \sum_{j=1}^{n}\Big(\sum_{i=1}^{j} ij\Big) = \sum_{j=1}^{n} j\Big(\sum_{i=1}^{j} i\Big) = \sum_{j=1}^{n} j\frac{j(j+1)}{2}$$

$$= \frac{1}{2}\Big(\sum_{j=1}^{n} j^3 + \sum_{j=1}^{n} j^2\Big) = \frac{1}{2}\Big(\frac{n^2(n+1)^2}{4} + \frac{n(n+1)(2n+1)}{6}\Big)$$

$$= \frac{n(n+1)}{24}(3n(n+1) + 2(2n+1))$$

$$= \frac{n(n+1)}{24}(3n^2 + 7n + 2) = \frac{n(n+1)(n+2)(3n+1)}{24}.$$

2e méthode : utilisation d'autres sommes doubles :

On a :

$$2\sum_{1 \leqslant i \leqslant j \leqslant n} ij = \sum_{1 \leqslant i, j \leqslant n} ij + \sum_{1 \leqslant i = j \leqslant n} ij = \Big(\sum_{i=1}^{n} i\Big)\Big(\sum_{j=1}^{n} j\Big) + \sum_{i=1}^{n} i^2$$

$$= \Big(\frac{n(n+1)}{2}\Big)^2 + \frac{n(n+1)(2n+1)}{6},$$

et on termine comme dans la 1re méthode.

1.21 On a :

$$S_n = \sum_{1 \leqslant i < j \leqslant n} \frac{i}{j} = \sum_{j=2}^{n}\sum_{i=1}^{j-1} \frac{i}{j} = \sum_{j=2}^{n}\Big(\frac{1}{j}\sum_{i=1}^{j-1} i\Big)$$

$$= \sum_{j=2}^{n} \frac{1}{j}\frac{(j-1)j}{2} = \frac{1}{2}\sum_{j=2}^{n}(j-1) = \frac{1}{2}\Big(\sum_{j=2}^{n} j - \sum_{j=2}^{n} 1\Big)$$

$$= \frac{1}{2}\Big(\frac{n(n+1)}{2} - 1 - (n-1)\Big) = \frac{n^2 - n}{4}.$$

On conclut : $\forall n \in \mathbb{N} \setminus \{0, 1\},\ S_n = \dfrac{n(n-1)}{4}$.

1.22 Soit $p \in \mathbb{N}$ fixé. Récurrence sur n.

• Pour $n = p$, on a : $\displaystyle\sum_{k=p}^{n}\binom{k}{p} = \binom{p}{p} = 1$ et $\displaystyle\binom{p+1}{p+1} = 1$,

donc la formule est vraie pour $n = p$.

• Supposons la formule vraie pour un $n \in \mathbb{N}$ fixé tel que $n \geqslant p$. On a alors :

$$\sum_{k=p}^{n+1}\binom{k}{p} = \Big[\sum_{k=p}^{n}\binom{k}{p}\Big] + \binom{n+1}{p}$$

$$= \binom{n+1}{p+1} + \binom{n+1}{p} = \binom{n+2}{p+1} = \binom{(n+1)+1}{p+1},$$

ce qui montre que la formule est vraie pour $n + 1$.

On conclut, par récurrence sur n, que, pour tout $(n, p) \in \mathbb{N}^2$ tel que $n \geqslant p$, on a : $\displaystyle\sum_{k=p}^{n}\binom{k}{p} = \binom{n+1}{p+1}$.

Exemple : $p = 2, n = 5$: $\underbrace{\binom{2}{2}}_{=1} + \underbrace{\binom{3}{2}}_{=3} + \underbrace{\binom{4}{2}}_{=6} + \underbrace{\binom{5}{2}}_{=10} = \underbrace{\binom{5}{3}}_{=20}$.

1	1					
1	2	1				
1	3	3	1			
1	4	6	4	1		
1	5	10	10	5	1	
1	6	15	20	15	6	1

1.23 Notons, pour $k \in \{0, ..., n\}$: $u_k = \dbinom{n}{k}a^k b^{n-k}$ le k-ème terme dans le développement de $(a+b)^n$ par la formule du binôme de Newton. On a : $\forall k \in \{0, ..., n\},\ u_k > 0$.

Pour comparer les u_k entre eux, commençons par comparer deux termes consécutifs. Comme u_k fait intervenir des produits, nous allons former le rapport de deux termes consécutifs. On a, pour tout $k \in \{0, ..., n-1\}$:

$$\frac{u_{k+1}}{u_k} = \frac{\dbinom{n}{k+1}a^{k+1}b^{n-(k+1)}}{\dbinom{n}{k}a^k b^{n-k}}$$

$$= \frac{\dfrac{n!}{(k+1)!(n-k-1)!}a^{k+1}b^{n-k-1}}{\dfrac{n!}{k!(n-k)!}a^k b^{n_k}} = \frac{n-k}{k+1}\frac{a}{b}.$$

Il en résulte les équivalences logiques suivantes :

$$\frac{u_{k+1}}{u_k} > 1 \iff \frac{n-k}{k+1}\frac{a}{b} > 1 \iff (n-k)a > (k+1)b$$
$$\iff (a+b)k < an - b \iff k < \frac{an-b}{a+b},$$

et les équivalences logiques analogues avec l'inégalité stricte renversée, ou avec l'égalité.

On conclut :

• Si $\dfrac{an-b}{a+b} \in \mathbb{R}_-$, alors le plus grand terme est atteint une fois et une seule, pour $k = 0$, et c'est b^n

• Si $\dfrac{an-b}{a+b} \in \mathbb{R}_+ \setminus \mathbb{N}$, alors le plus grand terme est atteint une fois et une seule, pour $k = \mathrm{Ent}\Big(\dfrac{an-b}{a+b}\Big)$.

• Si $\dfrac{an-b}{a+b} \in \mathbb{N}$, alors le plus grand terme est atteint exactement deux fois, pour $k = \dfrac{an-b}{a+b}$ et pour $k = \dfrac{an-b}{a+b} + 1$.

1.24 *a)* Soit $(n,k,i) \in \mathbb{N}^3$ tel que $k \leqslant i \leqslant n$. On a :

$$\binom{n}{i}\binom{i}{k} = \frac{n!}{i!(n-i)!}\,\frac{i!}{k!(i-k)!} = \frac{n!}{(n-i)!k!(i-k)!}$$

$$\binom{n}{k}\binom{n-k}{n-i} = \frac{n!}{k!(n-k)!}\,\frac{(n-k)!}{(n-i)!(i-k)!} = \frac{n!}{k!(n-i)!(i-k)!},$$

d'où l'égalité voulue : $\displaystyle\binom{n}{i}\binom{i}{k} = \binom{n}{k}\binom{n-k}{n-i}$.

b) On a, pour tout $n \in \mathbb{N}$:

$$S_n = \sum_{k=0}^{n}\sum_{i=k}^{n}\binom{n}{i}\binom{i}{k} \underset{a)}{=} \sum_{k=0}^{n}\sum_{i=k}^{n}\binom{n}{k}\binom{n-k}{n-i}$$
$$= \sum_{k=0}^{n}\binom{n}{k}\Big[\sum_{i=k}^{n}\binom{n-k}{n-i}\Big] \underset{j=n-i}{=} \sum_{k=0}^{n}\binom{n}{k}\Big[\sum_{j=0}^{n-k}\binom{n-k}{j}\Big]$$
$$\underset{\text{Newton}}{=} \sum_{k=0}^{n}\binom{n}{k}2^{n-k} = (1+2)^n = 3^n.$$

On conclut : $\forall n \in \mathbb{N},\ S_n = 3^n$.

1.25 *a) 1)* Pour $E = \{1,2,3,4\}$, $A = \{1,2\}$, $B = \{1,3\}$, on a :

$$A \cup B = \{1,2,3\}, \quad A \cap B = \{1\},$$
$$\overline{A \cap B} = \{2,3,4\}, \quad A \,\Delta\, B = \{2,3\}.$$

2) Pour $E = \mathbb{R}$, $A =]-\infty\,;2]$, $B = [1\,;+\infty[$, on a :

$$A \cup B = \mathbb{R}, \quad A \cap B = [1\,;2],$$
$$\overline{A \cap B} =]-\infty\,;1[\,\cup\,]2\,;+\infty[, \quad A \,\Delta\, B =]-\infty\,;1[\,\cup\,]2\,;+\infty[.$$

b) On a, pour tout $(A,B) \in (\mathscr{P}(E))^2$:

$$A \,\Delta\, B = (A \cup B) \cap \overline{(A \cap B)} = (A \cup B) \cap (\overline{A} \cup \overline{B})$$
$$= (A \cap \overline{A}) \cup (A \cap \overline{B}) \cup (B \cap \overline{A}) \cup (B \cap \overline{B})$$
$$= (A \cap \overline{B}) \cup (B \cap \overline{A}).$$

c) On a, pour tout $(A,B) \in (\mathscr{P}(E))^2$:

$$\mathbf{1}_{A\Delta B} = \mathbf{1}_{(A\cap\overline{B})\cup(B\cap\overline{A})} = \mathbf{1}_A\mathbf{1}_{\overline{B}} + \mathbf{1}_B\mathbf{1}_{\overline{A}} - \underbrace{\mathbf{1}_A\mathbf{1}_{\overline{B}}\mathbf{1}_B\mathbf{1}_{\overline{A}}}_{=0}$$
$$= \mathbf{1}_A(1-\mathbf{1}_B) + \mathbf{1}_B(1-\mathbf{1}_A) = \mathbf{1}_A + \mathbf{1}_B - 2\cdot\mathbf{1}_A\mathbf{1}_B.$$

d) Soit $(A,B,C) \in (\mathscr{P}(E))^3$. On a :

$$\mathbf{1}_{(A\Delta B)\Delta C} = \mathbf{1}_{A\Delta B} + \mathbf{1}_C - 2\cdot\mathbf{1}_{A\Delta B}\mathbf{1}_C$$
$$= (\mathbf{1}_A + \mathbf{1}_B - 2\cdot\mathbf{1}_A\mathbf{1}_B) + \mathbf{1}_C - 2\cdot(\mathbf{1}_A + \mathbf{1}_B - 2\cdot\mathbf{1}_A\mathbf{1}_B)\mathbf{1}_C$$
$$= \mathbf{1}_A + \mathbf{1}_B + \mathbf{1}_C - 2(\mathbf{1}_A\mathbf{1}_B + \mathbf{1}_A\mathbf{1}_C + \mathbf{1}_B\mathbf{1}_C) + 4\cdot\mathbf{1}_A\mathbf{1}_B\mathbf{1}_C.$$

De même :

$$\mathbf{1}_{A\Delta(B\Delta C)} = \mathbf{1}_A + \mathbf{1}_{B\Delta C} - 2\cdot\mathbf{1}_A\mathbf{1}_{B\Delta C}$$
$$= \mathbf{1}_A + (\mathbf{1}_B + \mathbf{1}_C - 2\cdot\mathbf{1}_B\mathbf{1}_C) - 2\cdot\mathbf{1}_A(\mathbf{1}_B + \mathbf{1}_C - 2\cdot\mathbf{1}_B\mathbf{1}_C)$$
$$= \mathbf{1}_A + \mathbf{1}_B + \mathbf{1}_C - 2(\mathbf{1}_A\mathbf{1}_B + \mathbf{1}_A\mathbf{1}_C + \mathbf{1}_B\mathbf{1}_C) + 4\cdot\mathbf{1}_A\mathbf{1}_B\mathbf{1}_C.$$

Ceci montre : $\mathbf{1}_{(A\Delta B)\Delta C} = \mathbf{1}_{A\Delta(B\Delta C)}$.

On déduit : $(A \,\Delta\, B) \,\Delta\, C = A \,\Delta\, (B \,\Delta\, C)$,

et on conclut que la loi Δ est associative dans $\mathscr{P}(E)$.

1.26 Soit $n \in \mathbb{N}^*$. Exploitons les rôles symétriques de i et j dans le produit ij. On a : $P_n = \displaystyle\prod_{1\leqslant i<j\leqslant n} ij = \prod_{1\leqslant j<i\leqslant n} ij$,

donc :

$$P_n^2 = \Big(\prod_{1\leqslant i,j\leqslant n} ij\Big)\Big/\Big(\prod_{1\leqslant i=j\leqslant n} ij\Big)$$
$$= \frac{\prod_{i=1}^{n}\Big(\prod_{j=1}^{n} ij\Big)}{\prod_{i=1}^{n} i^2} = \frac{\prod_{i=1}^{n}\Big(i^n\prod_{j=1}^{n} j\Big)}{\Big(\prod_{i=1}^{n} i\Big)^2} = \frac{\prod_{i=1}^{n}(i^n n!)}{(n!)^2}$$
$$= \frac{(n!)^n\prod_{i=1}^{n} i^n}{(n!)^2} = \frac{(n!)^n\Big(\prod_{i=1}^{n} i\Big)^n}{(n!)^2} = (n!)^{2n-2}.$$

On conclut : $\forall n \in \mathbb{N}^*,\ P_n = (n!)^{n-1}$.

1.27 Récurrence sur n.

• Pour $n = 2$, la propriété est vraie, car :

$$\sum_{k=1}^{n}\frac{1}{\sqrt{k}} = 1 + \frac{1}{\sqrt{2}} \quad\text{et}\quad \sqrt{n} + \sqrt{n-1} = \sqrt{2} + 1.$$

• Supposons la propriété vraie pour un $n \in \mathbb{N} \setminus \{0, 1\}$ fixé, c'est-à-dire : $\displaystyle\sum_{k=1}^{n} \frac{1}{\sqrt{k}} < \sqrt{n} + \sqrt{n-1}$.

On a alors :

$$\sum_{k=1}^{n+1} \frac{1}{\sqrt{k}} = \Big(\sum_{k=1}^{n} \frac{1}{\sqrt{k}}\Big) + \frac{1}{\sqrt{n+1}} < \sqrt{n} + \sqrt{n-1} + \frac{1}{\sqrt{n+1}}.$$

Il nous suffit donc de montrer :

$$\sqrt{n} + \sqrt{n-1} + \frac{1}{\sqrt{n+1}} < \sqrt{n+1} + \sqrt{n} \qquad (1).$$

On a : $(1) \iff \dfrac{1}{\sqrt{n+1}} < \sqrt{n+1} - \sqrt{n-1}$

$$\iff 1 < (n+1) - \sqrt{n^2 - 1}$$

$$\iff \sqrt{n^2-1} < n \iff n^2 - 1 < n^2,$$

qui est vraie.

Ainsi, l'inégalité (1) est vraie, donc :

$$\sum_{k=1}^{n+1} \frac{1}{\sqrt{k}} < \sqrt{n+1} + \sqrt{n},$$

ce qui montre que l'inégalité est vraie pour $n + 1$.

On conclut, par récurrence sur n, que l'inégalité de l'énoncé est vraie pour tout $n \in \mathbb{N} \setminus \{0, 1\}$.

Nombres complexes

CHAPITRE 2

Plan

Thèmes abordés dans les exercices

- Calcul sur les nombres complexes : sommes, produits, quotients, puissances, conjugués, modules, forme algébrique et forme trigonométrique
- Équations algébriques simples
- Inégalités portant sur des modules de nombres complexes
- Utilisation des nombres complexes pour la trigonométrie, formule d'Euler, formule de Moivre
- Manipulation des racines n-ièmes de l'unité dans $\mathbb{C}$.

Points essentiels du cours pour la résolution des exercices

- Calculs dans $\mathbb{C}$, en particulier les propriétés algébriques de la conjugaison et du module
- Résolution des équations du premier degré et du deuxième degré dans $\mathbb{C}$
- Propriétés de la forme trigonométrique d'un nombre complexe
- Définition et propriétés des racines n-ièmes de l'unité dans $\mathbb{C}$
- Formule d'Euler et formule de Moivre.

Les méthodes à retenir

Pour calculer la partie réelle et la partie imaginaire d'un nombre complexe présenté comme produit de nombres complexes ou comme puissance d'un nombre complexe

Utiliser la forme trigonométrique des nombres complexes.

➥ **Exercice 2.2**

De manière générale, l'écriture algébrique $x + \mathrm{i}y$, $(x,y) \in \mathbb{R}^2$, est conseillée pour des calculs additifs, et l'écriture trigonométrique $\rho\,\mathrm{e}^{\,\mathrm{i}\theta}$, $(\rho,\theta) \in \mathbb{R}_+ \times \mathbb{R}$, est conseillée pour des calculs multiplicatifs.

Pour calculer la partie réelle et la partie imaginaire d'un nombre complexe présenté comme quotient de deux nombres complexes

Multiplier haut et bas par le conjugué du dénominateur.

➥ **Exercices 2.1 à 2.3.**

Pour mettre sous forme trigonométrique un nombre complexe z non nul, présenté sous forme algébrique $z = x + \mathrm{i}\,y,\ (x, y) \in \mathbb{R}^2$

Calculer d'abord $|z|$ par $|z| = \sqrt{x^2 + y^2}$, puis calculer, si possible, $\theta \in \mathbb{R}$ tel que $e^{\mathrm{i}\theta} = \dfrac{z}{|z|}$.

➥ **Exercice 2.10 *a*).**

Pour calculer sous forme algébrique les racines carrées d'un nombre complexe Z présenté sous forme algébrique, $Z = X + \mathrm{i}\,Y,\ (X, Y) \in \mathbb{R}^2$

Noter $z = x + \mathrm{i}\,y,\ (x, y) \in \mathbb{R}^2$ et résoudre l'équation $z^2 = Z$, en rajoutant au système l'équation $|z|^2 = |Z|$ qui s'en déduit :

$$z^2 = Z \iff \begin{cases} (x + \mathrm{i}\,y)^2 = X + \mathrm{i}\,Y \\ |x + \mathrm{i}\,y|^2 = |X + \mathrm{i}\,Y| \end{cases} \iff \begin{cases} x^2 - y^2 = X \\ 2xy = Y \\ x^2 + y^2 = \sqrt{X^2 + Y^2}. \end{cases}$$

Déduire x^2 et y^2 par addition et soustraction, d'où x et y à des signes près, qui sont précisés par l'équation $2xy = Y$.
On obtient (si $Z \neq 0$) exactement deux solutions en z.

➥ **Exercice 2.5.**

Pour résoudre une équation à une inconnue dans les complexes

- On sait résoudre les équations du premier degré dans $\mathbb{C}$.
  On a, pour tout $(a, b) \in \mathbb{C}^* \times \mathbb{C}$ et tout $z \in \mathbb{C}$:

$$az + b = 0 \iff z = -\frac{b}{a}.$$

- On sait résoudre les équations du second degré dans $\mathbb{C}$.
  On a, pour tout $(a, b, c) \in \mathbb{C}^* \times \mathbb{C} \times \mathbb{C}$ et tout $z \in \mathbb{C}$:

$$az^2 + bz + c = 0 \iff \left(z = \frac{-b - \delta}{2a} \quad \text{ou} \quad z = \frac{-b + \delta}{2a}\right),$$

  où δ est une racine carrée complexe du discriminant $\Delta = b^2 - 4ac$.

➥ **Exercice 2.6**

- Toujours tenir compte des particularités de l'équation proposée ; à ce niveau, s'il y a une question, c'est qu'il y a une réponse exprimable.

➥ **Exercice 2.13**

- Essayer d'effectuer un changement d'inconnue pour ramener l'équation à une autre équation plus simple. On prendra souvent comme nouvelle inconnue un groupement intervenant plusieurs fois dans l'équation.
  Par exemple, pour résoudre une équation bicarrée $az^4 + bz^2 = c = 0$, noter $Z = z^2$, pour se ramener à une équation du second degré en Z.

➥ **Exercices 2.11, 2.12.**

Pour traduire qu'un nombre complexe est réel, qu'un nombre complexe est imaginaire pur

Utiliser les formules, pour tout $z \in \mathbb{C}$:

$$\text{Ré}\,(z) = \frac{1}{2}(z + \overline{z}), \qquad \text{Im}\,(z) = \frac{1}{2\,\mathrm{i}}(z - \overline{z}).$$

Ainsi :

$$(z \in \mathbb{R} \iff \overline{z} = z) \qquad \text{et} \qquad (z \in \mathrm{i}\,\mathbb{R} \iff \overline{z} = -z).$$

➥ **Exercice 2.15.**

Pour faire des calculs sur des nombres complexes de module 1

Essayer d'utiliser, pour tout $z \in \mathbb{C}^*$: $|z| = 1 \iff \overline{z} = \dfrac{1}{z}$,

ce qui permet, lorsque $|z| = 1$, de remplacer $\overline{z}$ par $\dfrac{1}{z}$ et réciproquement.

➥ **Exercices 2.9, 2.16, 2.22, 2.23.**

Pour résoudre une question portant sur des cosinus et des sinus

- Essayer de faire intervenir les nombres complexes, en utilisant la formule : $\forall x \in \mathbb{R}, \quad \cos x + \mathrm{i}\sin x = \mathrm{e}^{\,\mathrm{i}\,x}$.
- Pour transformer $1 + \mathrm{e}^{\,\mathrm{i}\,\theta}$ ou $1 - \mathrm{e}^{\,\mathrm{i}\,\theta}$ $(\theta \in \mathbb{R})$, mettre $\mathrm{e}^{\,\mathrm{i}\,\frac{\theta}{2}}$ en facteur :

$$1 + \mathrm{e}^{\,\mathrm{i}\,\theta} = 2\,\mathrm{e}^{\,\mathrm{i}\,\frac{\theta}{2}}\cos\frac{\theta}{2}, \qquad 1 - \mathrm{e}^{\,\mathrm{i}\,\theta} = -2\,\mathrm{i}\,\mathrm{e}^{-\mathrm{i}\,\frac{\theta}{2}}\sin\frac{\theta}{2}.$$

➥ **Exercice 2.10 *a*).**

Pour établir une inégalité portant sur des modules de nombres complexes

- Essayer d'utiliser l'inégalité triangulaire

$$\forall (z, z') \in \mathbb{C}^2, \quad |z + z'| \leqslant |z| + |z'|$$

ou l'inégalité triangulaire renversée

$$\forall (z, z') \in \mathbb{C}^2, \quad |z - z'| \geqslant \big||z| - |z'|\big|.$$

➥ **Exercices 2.7, 2.25**

- De manière générale, il est conseillé de partir du membre le plus compliqué.
- Essayer de faire intervenir des carrés de module (au lieu des modules eux-mêmes), de façon à pouvoir utiliser la formule :

$$\forall z \in \mathbb{C}, \quad |z|^2 = \overline{z}z.$$

➥ **Exercice 2.26.**

Pour déterminer l'image dans $\mathbb{C}$, par une application f, d'une partie P de $\mathbb{C}$

Essayer, si possible, en notant $Z = f(z)$, d'exprimer z en fonction de Z, puis remplacer z en fonction de Z dans les conditions définissant P.

➥ **Exercice 2.24 *c*).**

Pour calculer une expression faisant intervenir des coefficients binomiaux, ou pour calculer une somme faisant intervenir une ou des racines n-ièmes de l'unité dans $\mathbb{C}$

Essayer d'appliquer :

- la formule du binôme de Newton

$$\forall n \in \mathbb{N},\ \forall (a,b) \in \mathbb{C}^2,\ \sum_{k=0}^{n} \binom{n}{k} a^k b^{n-k} = (a+b)^n$$

➥ **Exercice 2.21 *b)***

- la formule sur la sommation d'une progression géométrique

$$\forall n \in \mathbb{N},\ \forall z \in \mathbb{C} - \{1\},\ \sum_{k=0}^{n} z^k = \frac{1 - z^{n+1}}{1 - z}.$$

➥ **Exercices 2.4 *b)*, 2.18, 2.19, 2.21 *a)*.**

Énoncés des exercices

2.1 Exemples de calculs élémentaires sur des nombres complexes

a) Mettre les nombres complexes suivants sous forme algébrique :

$$A = (2+3\mathrm{i})(1-\mathrm{i}),\quad B = \frac{2-3\mathrm{i}}{1+2\mathrm{i}},\quad C = \frac{(1+\mathrm{i})(2-\mathrm{i})}{2+\mathrm{i}},\quad D = \frac{4+\mathrm{i}}{(1+\mathrm{i})(3-\mathrm{i})}.$$

b) Calculer les conjugués des nombres complexes suivants :

$$U = 2 - 3\mathrm{i},\qquad V = 1 + \mathrm{e}^{\mathrm{i}\frac{\pi}{5}}.$$

2.2 Exemple de calcul de la partie réelle et de la partie imaginaire d'un nombre complexe donné comme une puissance

Calculer la partie réelle et la partie imaginaire du nombre complexe $A = \left(\frac{\sqrt{3} - \mathrm{i}}{1 - \mathrm{i}}\right)^{10}$.

2.3 Exemple de calcul de la partie réelle et de la partie imaginaire d'un nombre complexe donné comme quotient

Soit $t \in \mathbb{R}$. Montrer que le nombre complexe $z = \dfrac{1 - \mathrm{i}t}{2t + \mathrm{i}(1 - t^2)}$ existe et calculer sa partie réelle et sa partie imaginaire.

2.4 Calculs sur des racines 5-ièmes ou 7-ièmes de l'unité dans $\mathbb{C}$

a) Soit $\alpha \in \mathbb{C}$ tel que $\alpha^5 = 1$. Calculer $A = \dfrac{\alpha}{1+\alpha^2} + \dfrac{\alpha^2}{1+\alpha^4}$.

b) Soit $\beta \in \mathbb{C}$ tel que $\beta^7 = 1$ et $\beta \neq 1$. Calculer $B = (1+\beta)(1+\beta^2)(1+\beta^4)$.

2.5 Exemple de calcul des racines carrées d'un nombre complexe donné

Calculer, sous forme algébrique, les racines carrées dans $\mathbb{C}$ des nombres complexes suivants :

$$A = 2\mathrm{i},\qquad B = 9,\qquad C = 3 + 4\mathrm{i},\qquad D = 3 - 5\mathrm{i}.$$

2.6 Exemples d'équations du second degré dans les complexes

Résoudre les équations d'inconnue $z \in \mathbb{C}$:

a) (E) $(1-\mathrm{i})z^2 + (2+\mathrm{i})z + 3 + 4\mathrm{i} = 0$

b) (F) $z^2 - (1+\mathrm{i})z + 1 - \mathrm{i} = 0.$

2.7 Exemple d'inégalité sur des modules de nombres complexes

Soit $z \in \mathbb{C}$ tel que : $|z-2| \leqslant 3$ et $|z - 2\mathrm{i}| \leqslant 5$. Montrer : $\big|z - (1+\mathrm{i})\big| \leqslant 4$.

2.8 Racines cubiques de l'unité dans $\mathbb{C}$

a) Déterminer les trois racines cubiques de 1 dans $\mathbb{C}$, par leur forme trigonométrique et par leur forme algébrique. Montrer que ce sont $1,\ \mathrm{j},\ \mathrm{j}^2$, où on a noté $\mathrm{j} = \mathrm{e}^{\frac{2\mathrm{i}\pi}{3}}$.

b) Montrer : $\mathrm{j}^2 = \overline{\mathrm{j}}$ et $1 + \mathrm{j} + \mathrm{j}^2 = 0$.

c) Soit $(u,v,w) \in \mathbb{C}^3$. On note : $x = u + v + w,\quad y = u + \mathrm{j}v + \mathrm{j}^2 w,\quad z = u + \mathrm{j}^2 v + \mathrm{j}w.$

1) Exprimer le produit xyz en fonction de u, v, w.

2) Exprimer u, v, w en fonction de x, y, z, puis exprimer le produit uvw en fonction de x, y, z.

2.9 Exemple de calcul sur une racine n-ième de l'unité dans $\mathbb{C}$

Soient $n \in \mathbb{N}^*$, $\omega \in \mathbb{C}$ telle que $\omega^n = 1$. Montrer : $(1+\omega)^n \in \mathbb{R}$.

2.10 Calculs de formes algébriques et de formes trigonométriques de nombres complexes

a) Soit $\theta \in \mathbb{R}$. On note $A = 1 + \mathrm{e}^{\mathrm{i}\theta}$ et $B = 1 - \mathrm{e}^{\mathrm{i}\theta}$. Mettre A et B sous forme algébrique et sous forme trigonométrique.

b) Soient $\rho \in [0\,;+\infty[$, $\theta \in \mathbb{R}$. On note $U = 1 + \rho\,\mathrm{e}^{\mathrm{i}\theta}$. Mettre U sous forme algébrique. Est-ce que la forme trigonométrique de U paraît simple ?

2.11 Exemple de calcul des racines 4-ièmes d'un nombre complexe donné

Calculer les racines 4-èmes de $A = -7 + 24\mathrm{i}$ dans $\mathbb{C}$, c'est-à-dire résoudre l'équation $u^4 = -7 + 24\mathrm{i}$, d'inconnue $u \in \mathbb{C}$.

2.12 Exemple de résolution d'une équation bicarrée dans $\mathbb{C}$

Résoudre l'équation d'inconnue $z \in \mathbb{C}$: (E) $z^4 - (3 - 2\mathrm{i})z^2 + (8 + 6\mathrm{i}) = 0.$

2.13 Exemple de résolution d'équation dans $\mathbb{C}$

Résoudre l'équation d'inconnue $z \in \mathbb{C}$: (E) $5z - 2|z| = 5 + 20\mathrm{i}$.

2.14 Exemples de résolution de systèmes de deux équations à deux inconnues dans $\mathbb{C}$

Résoudre les systèmes d'équations, d'inconnue $(u,v) \in \mathbb{C}^2$:

a) $$\begin{cases} (1+\mathrm{i})u + (2-\mathrm{i})v = 1 + 4\mathrm{i} \\ \mathrm{i}u + (1-\mathrm{i})v = 2\mathrm{i} \end{cases}$$

b) $$\begin{cases} (1+\mathrm{i})u + \overline{v} - 3 + 7\mathrm{i} \\ \overline{u} + v = 2 + \mathrm{i}. \end{cases}$$

2.15 **Exemple de manipulation de conjugués de nombres complexes**

Soit $z \in \mathbb{C}$. Montrer : $\dfrac{1+\overline{z}}{1-z} \in \mathbb{R} \iff z \in (\mathbb{R}) \cup (\mathrm{i}\,\mathbb{R})$.

2.16 **Utilisation de la conjugaison pour des nombres complexes de module 1**

Soit $(a,b) \in \mathbb{C}^2$ tel que : $|a| = 1,\ |b| = 1,\ a \neq b$. On note $A = \dfrac{a+b}{a-b}$. Montrer : $A \in \mathrm{i}\mathbb{R}$.

2.17 **Calcul de sommes faisant intervenir les coefficients binomiaux**

Pour $n \in \mathbb{N}$ et $x \in \mathbb{R}$, calculer : $C_n(x) = \displaystyle\sum_{k=0}^{n} \binom{n}{k} \cos kx$ et $S_n(x) = \displaystyle\sum_{k=0}^{n} \binom{n}{k} \sin kx$.

2.18 **Somme de cosinus ou de sinus de réels en progression arithmétique**

Pour $n \in \mathbb{N}$ et $(a,b) \in \mathbb{R}^2$, calculer $C = \displaystyle\sum_{k=0}^{n} \cos(a+kb)$ et $S = \displaystyle\sum_{k=0}^{n} \sin(a+kb)$.

2.19 **Calcul d'une somme de cosinus**

Pour $n \in \mathbb{N}^*$ et $x \in \mathbb{R} \setminus \{2k\pi\,;\ k \in \mathbb{Z}\}$, calculer $D_n(x) = \dfrac{1}{2} + \displaystyle\sum_{k=1}^{n} \cos kx$.

2.20 **Calcul d'un produit faisant intervenir une racine n-ième de l'unité dans $\mathbb{C}$**

Soit $n \in \mathbb{N} \setminus \{0,1\}$. On note $\omega = \mathrm{e}^{\frac{2\mathrm{i}\pi}{n}}$. Calculer $\displaystyle\prod_{k=0}^{n-1} \omega^k$.

2.21 **Calculs de sommes portant sur les racines n-ièmes de l'unité dans $\mathbb{C}$**

Soient $n \in \mathbb{N} \setminus \{0,1\}$, ω une racine n-ième de l'unité dans $\mathbb{C}$. Calculer :

a) $\displaystyle\sum_{k=0}^{n-1} \omega^k$

b) $\displaystyle\sum_{k=0}^{n-1} \binom{n}{k} \omega^k$.

2.22 **Inégalité sur un module de nombre complexe**

Soit $(a,b) \in \mathbb{C}^2$ tel que $|a| > 1$ et $|b| > 1$. Montrer : $\left|\dfrac{a-b}{1-\overline{a}b}\right| < 1$.

2.23 **Une propriété de trois nombres complexes de module 1**

Soit $(a,b,c) \in \mathbb{C}^3$ tel que $|a| = |b| = |c| = 1$. Montrer : $|ab+ac+bc| = |a+b+c|$.

2.24 **Étude d'une fonction homographique**

On considère la fonction de $\mathbb{C}$ dans $\mathbb{C}$ donnée par : $f(z) = \dfrac{z-\mathrm{i}}{1-\mathrm{i}z}$.

a) Montrer qu'il existe un complexe et un seul, noté a, n'ayant pas d'image par f, et qu'il existe un complexe et un seul, noté b, n'ayant pas d'antécédent par f.

b) Montrer que la restriction g de f à $\mathbb{C} \setminus \{a\}$ au départ et à $\mathbb{C} \setminus \{b\}$ à l'arrivée, est une application bijective, et exprimer l'application réciproque g^{-1} de g.

c) Déterminer les ensembles images de $\mathbb{R}$ par g et par g^{-1}, c'est-à-dire les ensembles :

$$g(\mathbb{R}) = \{g(z)\,;\, z \in \mathbb{R}\}, \qquad g^{-1}(\mathbb{R}) = \{g^{-1}(Z)\,;\, Z \in \mathbb{R}\}.$$

2.25 Minoration du module d'une somme de nombres complexes

Soient $n \in \mathbb{N}^*$, $(z_1, ..., z_n) \in \mathbb{C}^n$ tel que : $\displaystyle\sum_{k=1}^{n} |z_k| = 1.$

Montrer qu'il existe une partie finie non vide I de $[\![1\,;\,n]\!]$ telle que : $\displaystyle\left|\sum_{k\in I} z_k\right| \geqslant \frac{1}{4}.$

2.26 Manipulation d'inégalités portant sur des modules de nombres complexes

Soient $(a, b) \in \mathbb{R}^2$, $z \in \mathbb{C}$ tels que : $a > 0, \quad a^2 \leqslant b, \quad |z + a| \leqslant a, \quad |z^2 + b| \leqslant a.$

Montrer : $|z| \leqslant \dfrac{a+b}{2a}.$

Du mal à démarrer ?

2.1 *a)* Effectuer les calculs indiqués. Pour chasser les complexes des dénominateurs, multiplier haut et bas par le complexe conjugué du dénominateur.

b) Attention :

pour $\theta \in \mathbb{R}$, le conjugué de $e^{i\theta}$ est $e^{-i\theta}$ et non $-e^{i\theta}$.

2.2 Mettre $\sqrt{3} - i$ et $1 - i$ sous forme trigonométrique, puis mettre $\dfrac{\sqrt{3}-i}{1-i}$ sous forme trigonométrique.

2.3 Multiplier haut et bas par le conjugué du dénominateur.

2.4 *a)* Réduire au même dénominateur et utiliser $\alpha^5 = 1$.

b) Effectuer le produit et utiliser la formule sur une sommation géométrique.

2.5 Pour déterminer sous forme algébrique les racines carrées complexes d'un nombre complexe Z donné, noter

$Z = X + iY$, $(X, Y) \in \mathbb{R}^2$ donné, $z = x + iy$, $(x, y) \in \mathbb{R}^2$ inconnu, et résoudre le système d'équations :

$$x^2 - y^2 = X, \qquad 2xy = Y, \qquad x^2 + y^2 = |Z| = \sqrt{X^2 + Y^2}.$$

2.6 Calculer, pour le trinôme $az^2 + bz + c$, le discriminant $\Delta = b^2 - 4ac$, puis une racine carrée δ de Δ dans $\mathbb{C}$, et, si $\Delta \neq 0$, les solutions dans $\mathbb{C}$ de l'équation $az^2 + bz + c = 0$ sont :

$$\frac{-b-\delta}{2a}, \qquad \frac{-b+\delta}{2a}.$$

2.7 Utiliser l'inégalité triangulaire en remarquant :

$$2(z - (1+i)) = (z-2) + (z-2i).$$

2.8 *c) 1)* Développer le produit xyz et utiliser les formules $j^3 = 1$ et $1 + j + j^2 = 0$.

2) Remarquer les rôles analogues de (x, y, z) et (u, v, w), à un coefficient près.

2.9 Calculer $\overline{(1+\omega)^n}$ en utilisant $\overline{\omega} = \dfrac{1}{\omega}$, puisque $|\omega| = 1$.

2.10 *a) 1re méthode :* Remplacer $e^{i\theta}$ par $\cos\theta + i\sin\theta$.

2e méthode : Mettre $e^{i\frac{\theta}{2}}$ en facteur.

b) La forme trigonométrique de U semble compliquée.

2.11 Remarquer que les racines carrées des racines carrées de A sont des (les) racines quatrièmes de A dans $\mathbb{C}$.

2.12 Utiliser le changement d'inconnue $Z = z^2$.

2.13 Remarquer que z est nécessairement de la forme

$$z = x + 4i, \; x \in \mathbb{R}.$$

2.14 *a)* Il s'agit d'un système linéaire de deux équations à deux inconnues. On peut procéder par combinaison ou par substitution.

b) Conjuguer la deuxième équation du système, pour se ramener à un système linéaire de deux équations aux inconnues $u, \overline{v}$.

2.15 Développer les calculs à partir de l'égalité entre $\frac{1+\overline{z}}{1-z}$ et son conjugué.

2.16 Utiliser $\overline{a} = \frac{1}{a}$, $\overline{b} = \frac{1}{b}$, puisque $|a| = 1$ et $|b| = 1$.

2.17 Considérer $C_n(x) + \mathrm{i}\, S_n(x)$ et utiliser la formule du binôme de Newton.

2.18 Considérer $C + \mathrm{i}\, S$ et utiliser une sommation géométrique.

2.19 *1re méthode : passage par les nombres complexes* :

Considérer aussi $S_n(x) = \sum_{k=1}^{n} \sin kx$, former $D_n(x) + \mathrm{i}\, S_n(x)$ et utiliser une sommation géométrique.

2e méthode : utilisation d'une formule de trigonométrie :

Multiplier par $2\sin\frac{x}{2}$ et utiliser une formule pour transformer $2\sin a \cos b$.

2.20 Utiliser la propriété fondamentale de l'exponentielle et la formule donnant la somme des $n-1$ premiers entiers consécutifs.

2.21 *a)* Utiliser une sommation géométrique en séparant en deux cas : $\omega \neq 1$, $\omega = 1$.

b) Utiliser la formule du binôme de Newton.

2.22 Montrer d'abord que l'expression proposée existe.

Raisonner par équivalences logiques sur le résultat voulu, en faisant intervenir le carré du module.

2.23 Utiliser $\overline{a} = \frac{1}{a}$, etc, puisque $|a| = 1$.

2.24 *a)* • Résoudre l'équation : le dénominateur est nul.

• Pour $z \in \mathbb{C} - \{-\mathrm{i}\}$ et $Z \in \mathbb{C}$, étudier l'équation $Z = f(z)$, d'inconnue z.

b) Calculer z en fonction de Z, avec les notations ci-dessus.

c) 1) Pour tout $Z \in \mathbb{C} - \{\mathrm{i}\}$:

$$Z \in g(\mathbb{R}) \iff g^{-1}(Z) \in \mathbb{R} \iff \overline{g^{-1}(Z)} = g^{-1}(Z).$$

2) Pour tout $z \in \mathbb{C} - \{-\mathrm{i}\}$:

$$z \in g^{-1}(\mathbb{R}) \iff g(z) \in \mathbb{R} \iff \overline{g(z)} = g(z).$$

2.25 Noter, pour tout $k \in [\![1\,;\,n]\!]$: $z_k = x_k + \mathrm{i}\, y_k$, $(x_k, y_k) \in \mathbb{R}^2$.

Considérer les deux sommations $\sum_{k=1}^{n} |x_k|$ et $\sum_{k=1}^{n} |y_k|$ et scinder la première selon le signe de x_k, la seconde selon le signe de y_k. Remarquer que, si une somme de quatre réels est $\geqslant 1$, alors l'un d'eux au moins est $\geqslant 1/4$.

2.26 Utiliser convenablement les hypothèses sur a, b, z, l'inégalité triangulaire et l'inégalité triangulaire renversée.

Corrigés des exercices

2.1 *a)* • $A = (2+3\,\mathrm{i})(1-\mathrm{i}) = 5 + \mathrm{i}$.

Dans les trois exemples suivants, on multiplie haut et bas par le conjugué du dénominateur :

• $B = \dfrac{2-3\,\mathrm{i}}{1+2\,\mathrm{i}} = \dfrac{(2-3\,\mathrm{i})(1-2\,\mathrm{i})}{(1+2\,\mathrm{i})(1-2\,\mathrm{i})} = \dfrac{-4-7\,\mathrm{i}}{5} = -\dfrac{4}{5} - \dfrac{7}{5}\,\mathrm{i}$.

• $C = \dfrac{(1+\mathrm{i})(2-\mathrm{i})}{2+\mathrm{i}} = \dfrac{3+\mathrm{i}}{2+\mathrm{i}}$

$$= \frac{(3+\mathrm{i})(2-\mathrm{i})}{(2+\mathrm{i})(2-\mathrm{i})} = \frac{7-\mathrm{i}}{5} = \frac{7}{5} - \frac{1}{5}\,\mathrm{i}.$$

• $D = \dfrac{4+\mathrm{i}}{(1+\mathrm{i})(3-\mathrm{i})} = \dfrac{4+\mathrm{i}}{4+2\,\mathrm{i}} = \dfrac{(4+\mathrm{i})(4-2\,\mathrm{i})}{(4+2\,\mathrm{i})(4-2\,\mathrm{i})}$

$$= \frac{18-4\,\mathrm{i}}{20} = \frac{9}{10} - \frac{1}{5}\,\mathrm{i}.$$

b) $\overline{U} = \overline{2-3\,\mathrm{i}} = 2+3\,\mathrm{i}$, $\quad \overline{V} = \overline{1 + \mathrm{e}^{\,\mathrm{i}\frac{\pi}{5}}} = 1 + \mathrm{e}^{-\mathrm{i}\frac{\pi}{5}}$.

Attention : On n'a pas $\overline{V} = 1 - \mathrm{e}^{\,\mathrm{i}\frac{\pi}{5}}$. Pour tout $t \in \mathbb{R}$, le conjugué de $\mathrm{e}^{\,\mathrm{i}t}$ est $\mathrm{e}^{-\mathrm{i}t}$ et non $-\mathrm{e}^{\,\mathrm{i}t}$.

2.2 Mettons $\sqrt{3} - \mathrm{i}$ et $1 - \mathrm{i}$ sous forme trigonométrique.

On a : $\quad |\sqrt{3} - \mathrm{i}| = \sqrt{\sqrt{3}^2 + (-1)^2} = \sqrt{4} = 2$

donc : $\quad \sqrt{3} - \mathrm{i} = 2\Big(\dfrac{\sqrt{3}}{2} - \dfrac{1}{2}\,\mathrm{i}\Big) = 2\,\mathrm{e}^{-\mathrm{i}\frac{\pi}{6}}$.

On a : $\quad |1 - \mathrm{i}| = \sqrt{2}$

donc : $\quad 1 - \mathrm{i} = \sqrt{2}\Big(\dfrac{1}{\sqrt{2}} - \dfrac{1}{\sqrt{2}}\,\mathrm{i}\Big) = \sqrt{2}\,\mathrm{e}^{-\mathrm{i}\frac{\pi}{4}}$.

D'où : $\quad \dfrac{\sqrt{3}-\mathrm{i}}{1-\mathrm{i}} = \dfrac{2\,\mathrm{e}^{-\mathrm{i}\frac{\pi}{6}}}{\sqrt{2}\,\mathrm{e}^{-\mathrm{i}\frac{\pi}{4}}} = \sqrt{2}\,\mathrm{e}^{\,\mathrm{i}\frac{\pi}{12}}$. Puis :

$$A = (\sqrt{2}\,\mathrm{e}^{\,\mathrm{i}\frac{\pi}{12}})^{10} = \sqrt{2}^{10}\,\mathrm{e}^{\,\mathrm{i}\frac{10\pi}{12}} = 2^5\,\mathrm{e}^{\,\mathrm{i}\frac{5\pi}{6}}$$

$$= 32\Big(\cos\frac{5\pi}{6} + \mathrm{i}\sin\frac{5\pi}{6}\Big) = -16\sqrt{3} + 16\,\mathrm{i}.$$

On conclut que la partie réelle de A est $-16\sqrt{3}$ et que la partie imaginaire de A est 16.

2.3 • On a :

$$2t + \mathrm{i}(1-t^2) = 0 \Longleftrightarrow \begin{cases} 2t = 0 \\ 1 - t^2 = 0 \end{cases} \Longleftrightarrow \begin{cases} t = 0 \\ t = \pm 1 \end{cases}$$

impossible, donc $2t + \mathrm{i}(1-t^2) \neq 0$.

Ceci montre que $z = \dfrac{1 - \mathrm{i}t}{2t + \mathrm{i}(1-t^2)}$ existe.

• On a, en multipliant haut et bas par le conjugué du dénominateur :

$$z = \frac{(1-\mathrm{i}t)(2t - \mathrm{i}(1-t^2))}{(2t)^2 + (1-t^2)^2}$$

$$= \frac{(2t - t(1-t^2)) - \mathrm{i}(2t^2 + (1-t^2))}{4t^2 + (1 - 2t^2 + t^4)}$$

$$= \frac{t(1+t^2) - \mathrm{i}(1+t^2)}{(1+t^2)^2} = \frac{t}{1+t^2} - \frac{1}{1+t^2}\,\mathrm{i}.$$

On conclut : $\quad \mathrm{Ré}(z) = \dfrac{t}{1+t^2}, \quad \mathrm{Im}(z) = -\dfrac{1}{1+t^2}$.

2.4 *a)* Montrons d'abord, sachant $\alpha^5 = 1$, que $1 + \alpha^2$ et $1 + \alpha^4$ sont tous deux non nuls.

Si $1 + \alpha^2 = 0$, alors : $1 = \alpha^5 = (\alpha^2)^2\alpha = (-1)^2\alpha = \alpha$,

donc $1 + \alpha^2 = 2$, contradiction.

Si $1 + \alpha^4 = 0$, alors : $1 = \alpha^5 = \alpha^4\alpha = (-1)\alpha = -\alpha$,

donc $1 + \alpha^2 = 2$, contradiction.

Ceci montre : $\quad 1 + \alpha^2 \neq 0 \quad$ et $\quad 1 + \alpha^4 \neq 0$.

Ainsi, A existe.

On a :

$$A = \frac{\alpha}{1+\alpha^2} + \frac{\alpha^2}{1+\alpha^4} = \frac{\alpha(1+\alpha^4) + \alpha^2(1+\alpha^2)}{(1+\alpha^2)(1+\alpha^4)}$$

$$= \frac{\alpha + 1 + \alpha^2 + \alpha^4}{1 + \alpha^2 + \alpha^4 + \alpha} = 1.$$

b) On a :

$$B = (1+\beta)(1+\beta^2)(1+\beta^4) = (1 + \beta + \beta^2 + \beta^3)(1+\beta^4)$$

$$= (1 + \beta + \beta^2 + \beta^3) + (\beta^4 + \beta^5 + \beta^6 + 1) = 1,$$

car, comme $\beta^7 = 1$ et $\beta \neq 1$, on a, par progression géométrique :

$$\sum_{k=0}^{6} \beta^k = \frac{\beta^7 - 1}{\beta - 1} = 0.$$

2.5 Notons $z = x + \mathrm{i}y$, $(x, y) \in \mathbb{R}^2$.

$$\bullet\ z^2 = A = 2\,\mathrm{i} \Longleftrightarrow \begin{cases} x^2 - y^2 = 0 \\ 2xy = 2 \\ x^2 + y^2 = 2 \end{cases} \Longleftrightarrow \begin{cases} x^2 = 1 \\ y^2 = 1 \\ xy = 1 \end{cases}$$

$$\Longleftrightarrow \left(\begin{cases} x = 1 \\ y = 1 \end{cases} \text{ ou } \begin{cases} x = -1 \\ y = -1 \end{cases} \right).$$

Les racines carrées complexes de $A = 2\,\mathrm{i}$ sont donc :

$$1+\mathrm{i} \quad \text{et} \quad 1-\mathrm{i}.$$

On pouvait d'ailleurs remarquer $(1+\mathrm{i})^2 = 2\,\mathrm{i}$, ce qui évite le calcul ci-dessus.

• Les racines carrées complexes de $B = 9$ sont à l'évidence : 3 et −3.

• $$z^2 = C = 3+4\,\mathrm{i} \iff \begin{cases} x^2 - y^2 = 3 \\ 2xy = 4 \\ x^2+y^2 = \sqrt{3^2+4^2} = 5 \end{cases}$$

$$\iff \begin{cases} x^2 = 4 \\ y^2 = 1 \\ xy = 2 \end{cases} \iff \left(\begin{cases} x = 2 \\ y = 1 \end{cases} \text{ ou } \begin{cases} x = -2 \\ y = -1 \end{cases} \right).$$

Les racines carrées complexes de $C = 3+4\,\mathrm{i}$ sont donc :

$$2+\mathrm{i} \quad \text{et} \quad -2-\mathrm{i}.$$

• $$z^2 = D \iff \begin{cases} x^2 - y^2 = 3 \\ 2xy = -5 \\ x^2+y^2 = \sqrt{3^2+5^2} = \sqrt{34} \end{cases}$$

$$\iff x^2 = \frac{\sqrt{34}+3}{2},\ y^2 = \frac{\sqrt{34}-3}{2},\ xy = -\frac{5}{2}$$

$$\iff x = \varepsilon\sqrt{\frac{\sqrt{34}+3}{2}},\ y = -\varepsilon\sqrt{\frac{\sqrt{34}-3}{2}},\ \varepsilon = \pm 1.$$

On conclut que les racines carrées complexes de $D = 3+5\,\mathrm{i}$ sont : $\sqrt{\frac{\sqrt{34}+3}{2}} - \mathrm{i}\sqrt{\frac{\sqrt{34}-3}{2}}$ et son opposé.

2.6 *a)* Le discriminant Δ est :

$$\Delta = (2+\mathrm{i})^2 - 4(1-\mathrm{i})(3+4\,\mathrm{i}) = (5\,\mathrm{i})^2,$$

donc (E) admet exactement deux solutions :

$$z_1 = \frac{-(2+\mathrm{i})-5\,\mathrm{i}}{2(1-\mathrm{i})} = \frac{-2-6\,\mathrm{i}}{2(1-\mathrm{i})} = \frac{-1-3\,\mathrm{i}}{1-\mathrm{i}} = \frac{(-1-3\,\mathrm{i})(1+\mathrm{i})}{2} = \frac{2-4\,\mathrm{i}}{2} = 1-2\,\mathrm{i},$$

$$z_2 = \frac{-(2+\mathrm{i})+5\,\mathrm{i}}{2(1-\mathrm{i})} = \frac{-2+4\,\mathrm{i}}{2(1-\mathrm{i})} = \frac{-1+2\,\mathrm{i}}{1-\mathrm{i}} = \frac{(-1+2\,\mathrm{i})(1+\mathrm{i})}{2} = \frac{-3+\mathrm{i}}{2}.$$

On conclut que l'ensemble $\mathscr{S}$ des solutions de (E) dans $\mathbb{C}$ est :

$$\mathscr{S} = \left\{1-2\,\mathrm{i},\ \frac{-3+\mathrm{i}}{2}\right\}.$$

b) Le discriminant Δ est :

$$\Delta = (1+\mathrm{i})^2 - 4(1-\mathrm{i}) = -4+6\,\mathrm{i}.$$

Cherchons les racines carrées complexes de Δ.

Soient $(x,y) \in \mathbb{R}^2$, $\delta = x + \mathrm{i}\,y$. On a :

$$\delta^2 = \Delta \iff (x+\mathrm{i}\,y)^2 = -4+6\,\mathrm{i} \iff \begin{cases} x^2 - y^2 = -4 \\ 2xy = 6 \\ x^2+y^2 = \sqrt{52} \end{cases}$$

$$\iff \begin{cases} x^2 = \frac{\sqrt{52}-4}{2} \\ y^2 = \frac{\sqrt{52}+4}{2} \\ xy = 3 \end{cases} \Longleftarrow \begin{cases} x = \sqrt{\frac{\sqrt{52}-4}{2}} \\ y = \sqrt{\frac{\sqrt{52}+4}{2}}. \end{cases}$$

Une racine carrée complexe de Δ est donc :

$$\delta = \sqrt{\frac{\sqrt{52}-4}{2}} + \mathrm{i}\sqrt{\frac{\sqrt{52}+4}{2}}.$$

L'équation (F) admet exactement deux solutions, qui sont :

$$z_1 = \frac{(1+\mathrm{i})-\delta}{2} = \frac{1}{2}\left(\left(1-\sqrt{\frac{\sqrt{52}-4}{2}}\right) + \mathrm{i}\left(1-\sqrt{\frac{\sqrt{52}+4}{2}}\right)\right)$$

$$z_2 = \frac{(1+\mathrm{i})+\delta}{2} = \frac{1}{2}\left(\left(1+\sqrt{\frac{\sqrt{52}-4}{2}}\right) + \mathrm{i}\left(1+\sqrt{\frac{\sqrt{52}+4}{2}}\right)\right).$$

2.7 On a, en utilisant l'inégalité triangulaire :

$$2\big|z-(1+\mathrm{i})\big| = |2z-2-2\,\mathrm{i}| = \big|(z-2)+(z-2\,\mathrm{i})\big| \leqslant |z-2| + |z-2\,\mathrm{i}| \leqslant 3+5 = 8,$$

donc : $\big|z-(1+\mathrm{i})\big| \leqslant 4$.

2.8 *a)* D'après le cours, les racines cubiques de l'unité dans $\mathbb{C}$ sont, sous forme trigonométrique : $1,\ e^{\frac{2\mathrm{i}\pi}{3}},\ e^{\frac{4\mathrm{i}\pi}{3}}$.

On note $\mathrm{j} = e^{\frac{2\mathrm{i}\pi}{3}}$, donc : $\mathrm{j}^2 = e^{\frac{4\mathrm{i}\pi}{3}}$. Ainsi, les racines cubiques de 1 dans $\mathbb{C}$ sont : $1,\ \mathrm{j},\ \mathrm{j}^2$. Sous forme algébrique :

$$\mathrm{j} = e^{\frac{2\mathrm{i}\pi}{3}} = \cos\frac{2\pi}{3} + \mathrm{i}\sin\frac{2\pi}{3} = -\frac{1}{2} + \mathrm{i}\frac{\sqrt{3}}{2},$$

$$\mathrm{j}^2 = e^{\frac{4\mathrm{i}\pi}{3}} = \cos\frac{4\pi}{3} + \mathrm{i}\sin\frac{4\pi}{3} = -\frac{1}{2} - \mathrm{i}\frac{\sqrt{3}}{2}.$$

b) • On a : $\mathrm{j}^2 = -\frac{1}{2} - \mathrm{i}\frac{\sqrt{3}}{2}$ et $\overline{\mathrm{j}} = -\frac{1}{2} - \mathrm{i}\frac{\sqrt{3}}{2}$,

donc : $\mathrm{j}^2 = \overline{\mathrm{j}}$.

Ou encore, comme $\mathrm{j}^3 = 1$: $\mathrm{j}^2 = \dfrac{\mathrm{j}^3}{\mathrm{j}} = \dfrac{1}{\mathrm{j}} = \dfrac{\overline{\mathrm{j}}}{\mathrm{j}\,\overline{\mathrm{j}}} = \dfrac{\overline{\mathrm{j}}}{1} = \overline{\mathrm{j}}$.

• On a :

$$1 + \mathrm{j} + \mathrm{j}^2 = 1 + \left(-\frac{1}{2} + \mathrm{i}\frac{\sqrt{3}}{2}\right) + \left(-\frac{1}{2} - \mathrm{i}\frac{\sqrt{3}}{2}\right) = 0,$$

ou encore, par sommation géométrique, puisque $\mathrm{j}^3 = 1$ et $\mathrm{j} \neq 1$:

$$1 + \mathrm{j} + \mathrm{j}^2 = \frac{1 - \mathrm{j}^3}{1 - \mathrm{j}} = 0.$$

De manière plus générale, pour tout entier $n \geqslant 2$, la somme des racines n-ièmes de 1 dans $\mathbb{C}$ est nulle, cf. exercice 2.21.

c) 1)
$$\begin{aligned} xyz &= (u+v+w)((u+\mathrm{j}v+\mathrm{j}^2w)(u+\mathrm{j}^2v+\mathrm{j}w)) \\ &= (u+v+w)(u^2+v^2+w^2 \\ &\quad + (\mathrm{j}+\mathrm{j}^2)uv + (\mathrm{j}+\mathrm{j}^2)uw + (\mathrm{j}+\mathrm{j}^2)vw) \\ &= (u+v+w)(u^2+v^2+w^2-uv-uw-vw) \\ &= u^3+v^3+w^3-3uvw, \end{aligned}$$

les autres termes se simplifiant.

2) • On a :

$$\begin{array}{l|c|c|c} x = u+v+w & \times 1 & \times 1 & \times 1 \\ y = u+\mathrm{j}v+\mathrm{j}^2w & \times 1 & \times \mathrm{j} & \times \mathrm{j}^2 \\ z = u+\mathrm{j}^2v+\mathrm{j}w & \times 1 & \times \mathrm{j}^2 & \times \mathrm{j} \end{array}$$

d'où, en combinant à l'aide des coefficients indiqués, et puisque $1 + \mathrm{j} + \mathrm{j}^2 = 0$ et $\mathrm{j}^4 = \mathrm{j}$:

$$x+y+z = 3u, \quad x+\mathrm{j}y+\mathrm{j}^2z = 3w, \quad x+\mathrm{j}^2y+\mathrm{j}z = 3v,$$

d'où :

$$u = \frac{1}{3}(x+y+z), v = \frac{1}{3}(x+\mathrm{j}^2y+\mathrm{j}z), w = \frac{1}{3}(x+\mathrm{j}y+\mathrm{j}^2z).$$

Ainsi, u, v, w s'expriment en fonction de x, y, z par les mêmes formules que x, y, z en, fonction de u, v, w, à un coefficient 3 près.

• On a donc, en appliquant le résultat de *1)* à x, y, z à la place de u, v, w et en tenant compte du coefficient 3 :

$$uvw = \frac{1}{27}(x^3+y^3+z^3-3xyz).$$

2.9 Puisque $\omega^n = 1$, on a $|\omega| = 1$, donc $\overline{\omega} = \dfrac{1}{\omega}$, d'où :

$$\begin{aligned} \overline{(1+\omega)^n} &= (1+\overline{\omega})^n = \left(1+\frac{1}{\omega}\right)^n \\ &= \left(\frac{\omega+1}{\omega}\right)^n = \frac{(\omega+1)^n}{\omega^n} = \frac{(\omega+1)^n}{1} = (1+\omega)^n, \end{aligned}$$

et on conclut : $\qquad (1+\omega)^n \in \mathbb{R}$.

2.10 *a) 1)* • $A = 1 + \mathrm{e}^{\mathrm{i}\theta} = \underbrace{(1+\cos\theta)}_{\text{réel}} + \mathrm{i}\underbrace{\sin\theta}_{\text{réel}}$.

• $$\begin{aligned} A &= 2\cos^2\frac{\theta}{2} + 2\mathrm{i}\sin\frac{\theta}{2}\cos\frac{\theta}{2} \\ &= 2\cos\frac{\theta}{2}\left(\cos\frac{\theta}{2} + \mathrm{i}\sin\frac{\theta}{2}\right) = 2\cos\frac{\theta}{2}\,\mathrm{e}^{\mathrm{i}\frac{\theta}{2}}. \end{aligned}$$

Variante de calcul, plus rapide : mettre en facteur l'exponentielle de la moitié :

$$A = 1 + \mathrm{e}^{\mathrm{i}\theta} = \mathrm{e}^{\mathrm{i}\frac{\theta}{2}}(\mathrm{e}^{-\mathrm{i}\frac{\theta}{2}} + \mathrm{e}^{\mathrm{i}\frac{\theta}{2}}) = \mathrm{e}^{\mathrm{i}\frac{\theta}{2}}2\cos\frac{\theta}{2}.$$

Si $\cos\dfrac{\theta}{2} \geqslant 0$, alors, la forme trigonométrique de A est :

$$A = 2\cos\frac{\theta}{2}\,\mathrm{e}^{\mathrm{i}\frac{\theta}{2}}.$$

Si $\cos\dfrac{\theta}{2} \leqslant 0$, alors la forme trigonométrique de A est :

$$A = \left(-2\cos\frac{\theta}{2}\right)\mathrm{e}^{\mathrm{i}\left(\frac{\theta}{2}+\pi\right)}.$$

2) De même :

• $B = (1-\cos\theta) - \mathrm{i}\sin\theta$

• $$\begin{aligned} B &= \mathrm{e}^{\mathrm{i}\frac{\theta}{2}}(\mathrm{e}^{-\mathrm{i}\frac{\theta}{2}} - \mathrm{e}^{\mathrm{i}\frac{\theta}{2}}) \\ &= \mathrm{e}^{\mathrm{i}\frac{\theta}{2}}\left(-2\mathrm{i}\sin\frac{\theta}{2}\right) = 2\sin\frac{\theta}{2}\,\mathrm{e}^{\mathrm{i}\left(\frac{\theta}{2}-\frac{\pi}{2}\right)}. \end{aligned}$$

Si $\sin\dfrac{\theta}{2} \geqslant 0$, alors la forme trigonométrique de B est :

$$B = 2\sin\frac{\theta}{2}\,\mathrm{e}^{\mathrm{i}\left(\frac{\theta}{2}-\frac{\pi}{2}\right)}.$$

Si $\sin\dfrac{\theta}{2} \leqslant 0$, alors la forme trigonométrique de B est :

$$B = \left(-2\sin\frac{\theta}{2}\right)\mathrm{e}^{\mathrm{i}\left(\frac{\theta}{2}+\frac{\pi}{2}\right)}.$$

b) • $$\begin{aligned} U = 1 + \rho\,\mathrm{e}^{\mathrm{i}\theta} &= 1 + \rho(\cos\theta + \mathrm{i}\sin\theta) \\ &= (1+\rho\cos\theta) + \mathrm{i}\rho\sin\theta. \end{aligned}$$

• Pour mettre U sous forme trigonométrique, on ne peut utiliser aucune des deux méthodes vues en *a)*, car il n'y a pas de formule de trigonométrie pour transformer $1 + \rho\cos\theta$ et on ne peut pas mettre commodément $\mathrm{e}^{\mathrm{i}\frac{\theta}{2}}$ en facteur.

La forme trigonométrique de U ne paraît pas simple.

Par exemple, le module de U est :

$$|U| = ((1+\rho\cos\theta)^2 + (\rho\sin\theta)^2)^{1/2} = (1 + 2\rho\cos\theta + \rho^2)^{1/2}.$$

2.11 Il est clair que, pour tous complexes u, A, z, si $u = z^2$ et $A = u^2$, alors $A = (z^2)^2 = z^4$.

D'autre part, si u_1 est une racine 4-ième de A, alors $u_1 \neq 0$ et, pour toute racine 4-ième u de A :

$$\left(\frac{u}{u_1}\right)^4 = \frac{u^4}{u_1^4} = \frac{A}{A} = 1,$$

donc $\frac{u}{u_1}$ est une racine 4-ième de l'unité dans $\mathbb{C}$, d'où $u \in \{u_1,\ \mathrm{i}\,u_1,\ -u_1,\ -\mathrm{i}\,u_1\}$.

Ceci montre que A admet exactement quatre racines 4-ièmes dans $\mathbb{C}$, qui sont les racines carrées des racines carrées de A dans $\mathbb{C}$.

• On cherche d'abord les racines carrées de A dans $\mathbb{C}$.

En notant $u = x + \mathrm{i}\,y,\ (x, y) \in \mathbb{R}^2$, on a :

$$u^2 = A = -7 + 24\,\mathrm{i} \iff \begin{cases} x^2 - y^2 = -7 \\ 2x = 24 \\ x^2 + y^2 = |A| = 25 \end{cases} \iff \begin{cases} x^2 = 9 \\ y^2 = 16 \\ xy = 12 \end{cases}$$

$$\iff \left(\begin{cases} x = 3 \\ y = 4 \end{cases} \text{ ou } \begin{cases} x = -3 \\ y = -4 \end{cases} \right).$$

Ainsi, les racines carrées complexes de A sont $3+4\,\mathrm{i}$ et $-3-4\,\mathrm{i}$.

• On cherche les racines carrées complexes de $3+4\,\mathrm{i}$. Après un calcul analogue au précédent, les racines carrées complexes de $3 + 4\,\mathrm{i}$ sont $2 + \mathrm{i}$ et $-2 - \mathrm{i}$.

Les racines carrées complexes de $-3 - 4\,\mathrm{i}$ s'obtiennent à partir des racines carrées complexes de $3+4\,\mathrm{i}$ en multipliant celles-ci par i.

Finalement, les racines 4-ièmes de $A = 3 + 4\,\mathrm{i}$ dans $\mathbb{C}$ sont :

$$2 + \mathrm{i},\quad -2 - \mathrm{i},\quad -1 + 2\mathrm{i},\quad 1 - 2\mathrm{i}.$$

2.12 Notons $Z = z^2$. Alors :

$$\text{(E)} \iff Z^2 - (3 - 2\,\mathrm{i})Z + 8 + 6\,\mathrm{i} = 0.$$

Il s'agit d'une équation du second degré en Z. Le discriminant Δ est : $\Delta = (3 - 2\,\mathrm{i})^2 - 4(8 + 6\,\mathrm{i}) = -27 - 36\,\mathrm{i}$.

• Cherchons une racine carrée complexe de Δ.

Notons $\delta = a + \mathrm{i}\,b,\ (a, b) \in \mathbb{R}^2$. On a :

$$\delta^2 = \Delta \iff \begin{cases} a^2 - b^2 = -27 \\ 2ab = -36 \\ a^2 + b^2 = |\Delta| = 45 \end{cases}$$

$$\iff \begin{cases} a^2 = 9 \\ b^2 = 36 \\ ab = -18 \end{cases} \Longleftarrow \begin{cases} a = 3 \\ b = -6. \end{cases}$$

Une racine carrée δ de Δ dans $\mathbb{C}$ est donc : $\delta = 3 - 6\,\mathrm{i}$.

Les solutions de l'équation en Z sont donc :

$$Z_1 = \frac{3 - 2\,\mathrm{i} - (3 - 6\,\mathrm{i})}{2} = 2\,\mathrm{i},$$

$$Z_2 = \frac{3 - 2\,\mathrm{i} + (3 - 6\,\mathrm{i})}{2} = 3 - 4\,\mathrm{i}.$$

• Les racines carrées complexes de $2\,\mathrm{i}$ sont $1 + \mathrm{i}$ et $-1 - \mathrm{i}$ (cf. aussi exercice 2.5), et les racines carrées complexes de $3 - 4\,\mathrm{i}$ sont $2 - \mathrm{i}$ et $-2 + \mathrm{i}$ (cf. aussi exercice 2.5, en conjuguant).

Finalement, l'équation (E) admet exactement quatre solutions :

$$1 + \mathrm{i},\quad -1 - \mathrm{i},\quad 2 - \mathrm{i},\quad -2 + \mathrm{i}.$$

2.13 Remarquons que, si z convient, alors :

$$z = \frac{2}{5}|z| + 1 + 4\,\mathrm{i},$$

donc z est de la forme : $z = x + 4\,\mathrm{i},\quad x \in \mathbb{R}$.

Reportons dans l'équation :

$$\begin{aligned} &\text{(E)} && 5z - 2|z| = 5 + 20\,\mathrm{i} \\ &\iff && 5(x + 4\,\mathrm{i}) - 2\sqrt{x^2 + 16} = 5 + 20\,\mathrm{i} \\ &\iff && 5x - 2\sqrt{x^2 + 16} = 5 \\ &\iff && 5(x - 1) = 2\sqrt{x^2 + 16} \\ &\iff && \begin{cases} x - 1 \geqslant 0 \\ 25(x - 1)^2 = 4(x^2 + 16) \qquad (1). \end{cases} \end{aligned}$$

Et :

$$(1) \iff 25(x^2 - 2x + 1) - 4(x^2 + 16) = 0$$
$$\iff 21x^2 - 50x - 39 = 0.$$

Il s'agit d'une équation du second degré.

Le discriminant Δ est : $\Delta = 50^2 + 4 \cdot 21 \cdot 39 = 5776 = 76^2$, donc :

$$(1) \iff \left(x = \frac{50 - 76}{2 \cdot 21} = -\frac{13}{21} \quad \text{ou} \quad x = \frac{50 + 76}{2 \cdot 21} = 3\right).$$

Ainsi, en tenant compte de la condition $x - 1 \geqslant 0$:

$$\text{(E)} \iff x = 3.$$

Finalement, (E) admet une solution et une seule : $3 + 4\,\mathrm{i}$.

2.14 *a)* Il s'agit d'un système linéaire de deux équations à deux inconnues, que l'on peut résoudre, par exemple, par combinaison linéaire ou par substitution.

La deuxième équation permet d'exprimer simplement u en fonction de v, et on peut ensuite reporter dans la première équation :

$$\mathrm{i}\,u + (1-\mathrm{i})v = 2\mathrm{i} \iff u = \frac{1}{\mathrm{i}}(2\mathrm{i} - (1-\mathrm{i})v) = 2 + (1+\mathrm{i})v \qquad (3),$$

puis :

$$(S) \iff \begin{cases} (3) \\ (1+\mathrm{i})(2+(1+\mathrm{i})v) + (2-\mathrm{i})v = 1+4\mathrm{i} \quad (4) \end{cases}$$

et :

$$(4) \iff 2 + 2\mathrm{i} + 2\mathrm{i}\,v + (2-\mathrm{i})v = 1 + 4\mathrm{i}$$
$$\iff (2+\mathrm{i})v = -1 + 2\mathrm{i} \iff v = \frac{-1+2\mathrm{i}}{2+\mathrm{i}} = \mathrm{i}.$$

Enfin : $u = 2 + (1+\mathrm{i})v = 2 + (1+\mathrm{i})\mathrm{i} = 1 + \mathrm{i}$.

On conclut que le système proposé admet une solution et une seule : $(1+\mathrm{i}, \mathrm{i})$.

b) Il ne s'agit pas d'un système linéaire en (u, v), puisque des conjugaisons interviennent. Mais, en conjuguant dans la deuxième équation, on fait disparaître $\overline{u}$ et v, ce qui ramène à un système linéaire d'inconnue $(u, \overline{v})$:

$$\begin{cases} (1+\mathrm{i})u + \overline{v} = 3 + 7\mathrm{i} \quad (1) \\ \overline{u} + v = 2 + \mathrm{i} \quad (2) \end{cases} \iff \begin{cases} (1+\mathrm{i})u + \overline{v} = 3 + 7\mathrm{i} \\ u + \overline{v} = 2 - \mathrm{i} \end{cases}$$

$$\iff \begin{cases} (1+\mathrm{i})(2 - \mathrm{i} - \overline{v}) + \overline{v} = 3 + 7\mathrm{i} \\ u = 2 - \mathrm{i} - \overline{v} \quad (3) \end{cases}$$

$$\iff \begin{cases} 3 + \mathrm{i} - \mathrm{i}\overline{v} = 3 + 7\mathrm{i} \\ (3) \end{cases}$$

$$\iff \begin{cases} \overline{v} = \dfrac{6\mathrm{i}}{-\mathrm{i}} = -6 \\ (3) \end{cases} \iff \begin{cases} v = -6 \\ u = 8 - \mathrm{i}. \end{cases}$$

On conclut que le système proposé admet une solution et une seule : $(8 - \mathrm{i}, -6)$.

2.15 On a, pour tout $z \in \mathbb{C} - \{1\}$:

$$\frac{1+\overline{z}}{1-z} \in \mathbb{R} \iff \frac{1+\overline{z}}{1-z} = \overline{\left(\frac{1+\overline{z}}{1-z}\right)} \iff \frac{1+\overline{z}}{1-z} = \frac{1+z}{1-\overline{z}}$$
$$\iff 1 - \overline{z}^2 = 1 - z^2 \iff \overline{z}^2 - z^2 = 0$$
$$\iff (\overline{z} - z)(\overline{z} + z) = 0 \iff \overline{z} = z \text{ ou } \overline{z} = -z$$
$$\iff z \in \mathbb{R} \text{ ou } z \in \mathrm{i}\mathbb{R} \iff z \in \mathbb{R} \cup (\mathrm{i}\mathbb{R}).$$

2.16 Puisque $|a| = 1$ et $|b| = 1$, on a $\overline{a} = \dfrac{1}{a}$ et $\overline{b} = \dfrac{1}{b}$, d'où :

$$\overline{A} = \overline{\left(\frac{a+b}{a-b}\right)} = \frac{\overline{a}+\overline{b}}{\overline{a}-\overline{b}} = \frac{\dfrac{1}{a}+\dfrac{1}{b}}{\dfrac{1}{a}-\dfrac{1}{b}} = \frac{b+a}{b-a} = -\frac{a+b}{a-b} = -A,$$

donc : $A \in \mathrm{i}\mathbb{R}$.

2.17 Passons par les nombres complexes :

$$C_n(x) + \mathrm{i}\,S_n(x) = \sum_{k=0}^{n}\binom{n}{k}\cos kx + \mathrm{i}\sum_{k=0}^{n}\binom{n}{k}\sin kx$$
$$= \sum_{k=0}^{n}\binom{n}{k}(\cos kx + \mathrm{i}\sin kx)$$
$$= \sum_{k=0}^{n}\binom{n}{k}(\mathrm{e}^{\mathrm{i}x})^k \underset{\text{Newton}}{=} (1 + \mathrm{e}^{\mathrm{i}x})^n$$
$$= \left(\mathrm{e}^{\mathrm{i}\frac{x}{2}}(\mathrm{e}^{-\mathrm{i}\frac{x}{2}} + \mathrm{e}^{\mathrm{i}\frac{x}{2}})\right)^n = \mathrm{e}^{\mathrm{i}\frac{nx}{2}}\left(2\cos\frac{x}{2}\right)^n$$
$$= 2^n\cos^n\frac{x}{2}\left(\cos\frac{nx}{2} + \mathrm{i}\sin\frac{nx}{2}\right).$$

On conclut :

$$C_n(x) = 2^n\cos^n\frac{x}{2}\cos\frac{nx}{2}, \qquad S_n(x) = 2^n\cos^n\frac{x}{2}\sin\frac{nx}{2}.$$

2.18 Passons par les nombres complexes :

$$C + \mathrm{i}\,S = \sum_{k=0}^{n}\left(\cos(a+kb) + \mathrm{i}\sin(a+kb)\right) = \sum_{k=0}^{n}\mathrm{e}^{\mathrm{i}(a+kb)}.$$

• Si $b \notin 2\pi\mathbb{Z}$, alors $\mathrm{e}^{\mathrm{i}b} \neq 1$, donc, par sommation d'une progression géométrique :

$$C + \mathrm{i}\,S = \mathrm{e}^{\mathrm{i}a}\frac{\mathrm{e}^{\mathrm{i}(n+1)b} - 1}{\mathrm{e}^{\mathrm{i}b} - 1}$$
$$= \mathrm{e}^{\mathrm{i}a}\frac{\mathrm{e}^{\mathrm{i}\frac{(n+1)b}{2}}\left(\mathrm{e}^{\mathrm{i}\frac{(n+1)b}{2}} - \mathrm{e}^{-\mathrm{i}\frac{(n+1)b}{2}}\right)}{\mathrm{e}^{\mathrm{i}\frac{b}{2}}\left(\mathrm{e}^{\mathrm{i}\frac{b}{2}} - \mathrm{e}^{-\mathrm{i}\frac{b}{2}}\right)}$$
$$= \mathrm{e}^{\mathrm{i}\left(a + \frac{nb}{2}\right)}\frac{2\mathrm{i}\sin\dfrac{(n+1)b}{2}}{2\mathrm{i}\sin\dfrac{b}{2}}.$$

On déduit C et S en prenant respectivement la partie réelle et la partie imaginaire.

• Si $b \in 2\pi\mathbb{Z}$, l'étude est immédiate.

On conclut :

$$C = \begin{cases} \cos\left(a + \dfrac{nb}{2}\right)\dfrac{\sin\dfrac{(n+1)b}{2}}{\sin\dfrac{b}{2}} & \text{si } b \notin 2\pi\mathbb{Z} \\ (n+1)\cos a & \text{si } b \in 2\pi\mathbb{Z} \end{cases}$$

$$S = \begin{cases} \sin\left(a + \dfrac{nb}{2}\right) \dfrac{\sin \dfrac{(n+1)b}{2}}{\sin \dfrac{b}{2}} & \text{si} \quad b \notin 2\pi\mathbb{Z} \\ (n+1)\sin a & \text{si} \quad b \in 2\pi\mathbb{Z}. \end{cases}$$

2.19 *1re méthode : passage par les nombres complexes :*

Considérons aussi $S_n(x) = \sum_{k=1}^{n} \sin kx$. On a :

$$D_n(x) + \mathrm{i}\, S_n(x) = \left(\frac{1}{2} + \sum_{k=1}^{n} \cos kx\right) + \mathrm{i}\left(\sum_{k=1}^{n} \sin kx\right)$$

$$= \frac{1}{2} + \sum_{k=1}^{n} \mathrm{e}^{\,\mathrm{i}kx} = -\frac{1}{2} + \sum_{k=0}^{n} (\mathrm{e}^{\,\mathrm{i}x})^k.$$

Puisque $x \in \mathbb{R} \setminus 2\pi\mathbb{Z}$, on a $\mathrm{e}^{\,\mathrm{i}x} \neq 1$, donc, par sommation géométrique :

$$\sum_{k=0}^{n} (\mathrm{e}^{\,\mathrm{i}x})^k = \frac{1 - (\mathrm{e}^{\,\mathrm{i}x})^{n+1}}{1 - \mathrm{e}^{\,\mathrm{i}x}}$$

$$= \frac{\mathrm{e}^{\,\mathrm{i}\frac{(n+1)x}{2}} (\mathrm{e}^{-\mathrm{i}\frac{(n+1)x}{2}} - \mathrm{e}^{\,\mathrm{i}\frac{(n+1)x}{2}})}{\mathrm{e}^{\,\mathrm{i}\frac{x}{2}} (\mathrm{e}^{-\mathrm{i}\frac{x}{2}} - \mathrm{e}^{\,\mathrm{i}\frac{x}{2}})} = \mathrm{e}^{\,\mathrm{i}\frac{nx}{2}} \frac{-2\mathrm{i} \sin \dfrac{(n+1)x}{2}}{-2\mathrm{i} \sin \dfrac{x}{2}}$$

$$= \mathrm{e}^{\,\mathrm{i}\frac{nx}{2}} \frac{\sin \dfrac{(n+1)x}{2}}{\sin \dfrac{x}{2}} = \left(\cos \frac{nx}{2} + \mathrm{i} \sin \frac{nx}{2}\right) \frac{\sin \dfrac{(n+1)x}{2}}{\sin \dfrac{x}{2}}.$$

D'où, en rajoutant $-\dfrac{1}{2}$ et en prenant la partie réelle :

$$D_n(x) = -\frac{1}{2} + \frac{\cos \dfrac{nx}{2} \sin \dfrac{(n+1)x}{2}}{\sin \dfrac{x}{2}}$$

$$= \frac{1}{2 \sin \dfrac{x}{2}} \left(-\sin \frac{x}{2} + 2 \cos \frac{nx}{2} \sin \frac{(n+1)x}{2}\right)$$

$$= \frac{1}{2 \sin \dfrac{x}{2}} \left(-\sin \frac{x}{2} + \left[\sin \frac{(2n+1)x}{2} + \sin \frac{x}{2}\right]\right)$$

$$= \frac{\sin \left(n + \dfrac{1}{2} x\right)}{2 \sin \dfrac{x}{2}}.$$

2e méthode : utilisation d'une formule de trigonométrie :

On remarque que :

$$\left(2 \sin \frac{x}{2}\right) D_n(x) = \sin \frac{x}{2} + \sum_{k=1}^{n} 2 \sin \frac{x}{2} \cos kx$$

$$= \sin \frac{x}{2} + \sum_{k=1}^{n} \left[\sin \left(k + \frac{1}{2}\right)x - \sin \left(k - \frac{1}{2}\right)x\right]$$

$$= \sin \frac{x}{2} + \left[\sin \left(n + \frac{1}{2}\right)x - \sin \left(n - \frac{1}{2}\right)x\right]$$

$$+ \left[\sin \left(n - \frac{1}{2}\right)x - \sin \left(n - \frac{3}{2}x\right)\right] + \cdots + \left[\sin \frac{3}{2}x - \sin \frac{x}{2}\right]$$

$$= \sin \left(n + \frac{1}{2}x\right).$$

d'où, puisque $\sin \dfrac{x}{2} \neq 0$: $D_n(x) = \dfrac{\sin (n + \frac{1}{2}x)}{2 \sin \frac{x}{2}}$.

2.20 Puisqu'il s'agit de calculer un produit de nombres complexes, essayons d'utiliser la forme trigonométrique des nombres complexes. On a :

$$\prod_{k=0}^{n-1} \omega^k = \prod_{k=0}^{n-1} (\mathrm{e}^{\frac{2\mathrm{i}\pi}{n}})^k = \prod_{k=0}^{n-1} \mathrm{e}^{\frac{2\mathrm{i}k\pi}{n}} = \exp\left(\sum_{k=0}^{n-1} \frac{2\mathrm{i}k\pi}{n}\right)$$

$$= \exp\left(\frac{2\mathrm{i}\pi}{n} \sum_{k=0}^{n-1} k\right) = \exp\left(\frac{2\mathrm{i}\pi}{n} \frac{(n-1)n}{2}\right)$$

$$= \exp(\mathrm{i}\pi(n-1)) = (\mathrm{e}^{\,\mathrm{i}\pi})^{n-1} = (-1)^{n-1}.$$

2.21 *a)* En utilisant une progression géométrique, si $\omega \neq 1$, on a : $\displaystyle\sum_{k=0}^{n-1} \omega^k = \frac{1 - \omega^n}{1 - \omega} = \frac{1 - 1}{1 - \omega} = 0.$

et, si $\omega = 1$, alors : $\displaystyle\sum_{k=0}^{n-1} \omega^k = \sum_{k=0}^{n-1} 1 = n.$

On conclut que, si ω est une racine n-ième de l'unité dans $\mathbb{C}$, pour $n \geqslant 2$, on a : $\displaystyle\sum_{k=0}^{n-1} \omega^k = \begin{cases} 0 & \text{si} \quad \omega \neq 1 \\ n & \text{si} \quad \omega = 1. \end{cases}$

b) La présence du coefficient binomial $\dbinom{n}{k}$ incite à utiliser la formule du binôme de Newton :

$$\sum_{k=0}^{n-1} \binom{n}{k} \omega^k = \left(\sum_{k=0}^{n} \binom{n}{k} \omega^k\right) - \omega^n = (1 + \omega)^n - 1.$$

2.22 • Montrons d'abord que l'expression proposée existe. On a : $1 - \overline{a}b = 0 \iff \overline{a}b = 1 \implies |a|\,|b| = |\overline{a}b| = 1$, exclu, car $|a|\,|b| > 1$. Ceci montre que $\dfrac{a - b}{1 - \overline{a}b}$ existe.

• On a :
$$\left|\frac{a - b}{1 - \overline{a}b}\right| < 1$$

$$\iff |a - b| < |1 - \overline{a}b|$$

$$\iff |a - b|^2 < |1 - \overline{a}b|^2$$

$$\iff (\overline{a} - \overline{b})(a - b) < (1 - a\overline{b})(1 - \overline{a}b)$$

$$\iff \overline{a}a + \overline{b}b < 1 + a\overline{b}\overline{a}b$$

$$\iff |a|^2 + |b|^2 < 1 + |a|^2|b|^2$$

$$\iff |a|^2|b|^2 - |a|^2 - |b|^2 + 1 > 0$$

$$\iff (|a|^2 - 1)(|b^2| - 1) > 0,$$

et cette dernière inégalité est vraie, car $|a| > 1$ et $|b| > 1$.

2.23 Remarquons que, puisque $|a| = 1$, on a $a \neq 0$ et $\overline{a} = \dfrac{1}{a}$. De même pour b et c. D'où :

$$|ab + ac + bc| = \left|\overline{ab + ac + bc}\right| = |\overline{a}\,\overline{b} + \overline{a}\,\overline{c} + \overline{b}\,\overline{c}|$$

$$= \left|\frac{1}{a}\frac{1}{b} + \frac{1}{a}\frac{1}{c} + \frac{1}{b}\frac{1}{c}\right| = \left|\frac{1}{ab} + \frac{1}{ac} + \frac{1}{bc}\right|$$

$$= \left|\frac{c+b+a}{abc}\right| = \frac{|a+b+c|}{|a|\,|b|\,|c|} = |a+b+c|.$$

2.24 *a)* • Il est clair qu'il existe un nombre complexe et un seul, noté a, n'ayant pas d'image par f et que $a = \dfrac{1}{\mathrm{i}} = -\mathrm{i}$, la valeur de z qui annule le dénominateur de $f(z) = \dfrac{z - \mathrm{i}}{1 - \mathrm{i}z}$.

• Soient $z \in \mathbb{C}$ tel que $z \neq -\mathrm{i}$, $Z \in \mathbb{C}$. On a :

$$Z = f(z) \iff (1 - \mathrm{i}z)Z = z - \mathrm{i} \iff (1 + \mathrm{i}Z)z = Z + \mathrm{i}.$$

Si $1 + \mathrm{i}Z \neq 0$, alors : $Z = f(z) \iff z = \dfrac{Z + \mathrm{i}}{1 + \mathrm{i}Z}$,

donc Z admet un antécédent (et un seul) par f.

Si $1 + \mathrm{i}Z = 0$, c'est-à-dire si $Z = \mathrm{i}$, alors :

$$Z = f(z) \iff 0z = 2\mathrm{i},$$

qui n'a aucune solution dans $\mathbb{C}$, donc Z n'a pas d'antécédent par f.

On conclut qu'il existe un complexe et un seul, noté b, n'ayant pas d'antécédent par f, et que $b = \mathrm{i}$.

• En reprenant les calculs de la solution de *a)*, pour tout $Z \in \mathbb{C} \setminus \{\mathrm{i}\}$, il existe $z \in \mathbb{C} \setminus \{-\mathrm{i}\}$ unique tel que $Z = f(z)$. Ceci montre que l'application

$$g : \mathbb{C} \setminus \{-\mathrm{i}\} \longrightarrow \mathbb{C} \setminus \{\mathrm{i}\},\ z \longmapsto f(z)$$

est bijective.

De plus, pour tout $z \in \mathbb{C} \setminus \{-\mathrm{i}\}$ et tout $Z \in \mathbb{C} \setminus \{\mathrm{i}\}$, on a :

$$Z = g(z) \iff z = \frac{Z + \mathrm{i}}{1 + \mathrm{i}Z},$$

donc : $g^{-1} : \mathbb{C} \setminus \{\mathrm{i}\} \longrightarrow \mathbb{C} \setminus \{-\mathrm{i}\},\ Z \longmapsto \dfrac{Z + \mathrm{i}}{1 + \mathrm{i}Z}$.

• *1)* Soit $Z \in \mathbb{C} \setminus \{\mathrm{i}\}$. On a :

$$Z \in g(\mathbb{R}) \iff g^{-1}(Z) \in \mathbb{R}$$

$$\iff \frac{Z + \mathrm{i}}{1 + \mathrm{i}Z} = \overline{\left(\frac{Z + \mathrm{i}}{1 + \mathrm{i}Z}\right)}$$

$$\iff \frac{Z + \mathrm{i}}{1 + \mathrm{i}Z} = \frac{\overline{Z} - \mathrm{i}}{1 - \mathrm{i}\overline{Z}}$$

$$\iff (Z + \mathrm{i})(1 - \mathrm{i}\overline{Z}) = (\overline{Z} - \mathrm{i})(1 + \mathrm{i}Z)$$

$$\iff 2\mathrm{i}Z\overline{Z} = 2\mathrm{i} \iff Z\overline{Z} = 1$$

$$\iff |Z|^2 = 1 \iff |Z| = 1.$$

On conclut : $g(\mathbb{R}) = \{Z \in \mathbb{C}\,;\ |Z| = 1\} \setminus \{\mathrm{i}\}$.

2) L'étude est analogue à la précédente.

Soit $z \in \mathbb{C} \setminus \{-\mathrm{i}\}$. On a :

$$z \in g^{-1}(\mathbb{R}) \iff g(z) \in \mathbb{R}$$

$$\iff \frac{z - \mathrm{i}}{1 - \mathrm{i}z} = \overline{\left(\frac{z - \mathrm{i}}{1 - \mathrm{i}z}\right)}$$

$$\iff \frac{z - \mathrm{i}}{1 - \mathrm{i}z} = \frac{\overline{z} + \mathrm{i}}{1 + \mathrm{i}\overline{z}}$$

$$\iff (z - \mathrm{i})(1 + \mathrm{i}\overline{z}) = (\overline{z} + \mathrm{i})(1 - \mathrm{i}z)$$

$$\iff z\overline{z} = 1 \iff |z| = 1.$$

On conclut : $g^{-1}(\mathbb{R}) = \{z \in \mathbb{C}\,;\ |z| = 1\} \setminus \{-\mathrm{i}\}$.

2.25 Notons, pour tout $k \in [\![1\,;\,n]\!]$:

$$z_k = x_k + \mathrm{i}y_k,\quad (x_k, y_k) \in \mathbb{R}^2.$$

On a :

$$1 = \sum_{k=1}^{n} |z_k| \leqslant \sum_{k=1}^{n} (|x_k| + |y_k|) = \sum_{k=1}^{n} |x_k| + \sum_{k=1}^{n} |y_k|.$$

Dans l'avant-dernière sommation, séparons les termes selon le signe de x_k, et dans la dernière sommation, séparons les termes selon et le signe de y_k On déduit :

$$1 \leqslant \sum_{k\,;\,x_k \geqslant 0} |x_k| + \sum_{k\,;\,x_k \leqslant 0} |x_k| + \sum_{k\,;\,y_k \geqslant 0} |y_k| + \sum_{k\,;\,y_k \leqslant 0} |y_k|.$$

L'une au moins de ces quatre sommations est $\geqslant \dfrac{1}{4}$, car, sinon, la somme de ces quatre sommations serait < 1, contradiction. Supposons, par exemple : $\displaystyle\sum_{k\,;\,x_k \geqslant 0} |x_k| \geqslant \frac{1}{4}$.

Notons $I = \{k \in [\![1\,;\,n]\!]\,;\ x_k \geqslant 0\}$, qui est une partie finie de $[\![1\,;\,n]\!]$, non vide car sinon cette somme serait nulle. On a :

$$\left|\sum_{k \in I} z_k\right| = \left|\sum_{k \in I} (x_k + \mathrm{i}y_k)\right| = \Big|\underbrace{\sum_{k \in I} x_k}_{\in \mathbb{R}} + \mathrm{i}\underbrace{\sum_{k \in I} y_k}_{\in \mathbb{R}}\Big|$$

$$\geqslant \left|\sum_{k \in I} x_k\right| = \left|\sum_{k\,;\,x_k \geqslant 0} x_k\right| = \sum_{k\,;\,x_k \geqslant 0} x_k \geqslant \frac{1}{4}.$$

On a donc montré l'existence d'une partie finie non vide I de $[\![1\,;\,n]\!]$ convenant.

De même lorsque c'est l'une des trois autres sommes (dans l'inégalité vue plus haut) qui est $\geqslant \dfrac{1}{4}$.

2.26 On a :

$$a \geqslant |z^2 + b| = \left|(z+a)^2 - a^2 - 2az + b\right|$$
$$= \left|2az + a^2 - b - (z+a)^2\right|$$
$$\underset{\text{Inégalité triangulaire renversée}}{\geqslant} |2az| - \left|(a^2 - b) - (z+a)^2\right|$$
$$\underset{\text{Inégalité triangulaire}}{\geqslant} 2a|z| - (|a^2 - b| + |z+a|^2)$$
$$\underset{b-a^2\geqslant 0}{=} 2a|z| - (b - a^2) - |z+a|^2$$
$$\geqslant 2a|z| - (b - a^2) - a^2 = 2a|z| - b.$$

Ainsi : $\quad a \geqslant 2a|z| - b,$

d'où, puisque $a > 0$: $\quad |z| \leqslant \dfrac{a+b}{2a}.$

Polynômes

CHAPITRE 3

Plan

On note $\mathbb{K} = \mathbb{R}$ ou $\mathbb{C}$.

Thèmes abordés dans les exercices

- Calculs dans $\mathbb{K}[X]$
- Calcul du reste ou du quotient d'une division euclidienne dans $\mathbb{K}[X]$
- Étude des zéros d'un polynôme et de leurs ordres de multiplicité
- Factorisation de polynômes (assez simples) dans $\mathbb{C}[X]$, dans $\mathbb{R}[X]$
- Localisation des zéros d'un polynôme de $\mathbb{C}[X]$, de $\mathbb{R}[X]$
- Calcul de fonctions symétriques.

Points essentiels du cours pour la résolution des exercices

- Définition et propriétés de $\mathbb{K}[X]$
- Division euclidienne dans $\mathbb{K}[X]$
- Définition des zéros d'un polynôme, de l'ordre de multiplicité
- Théorème de d'Alembert dans $\mathbb{C}[X]$
- Factorisation d'un trinôme réel ou complexe, d'un trinôme bicarré réel.

Les méthodes à retenir

Pour montrer une propriété portant sur des polynômes indexés par un entier naturel n

Essayer d'utiliser un raisonnement par récurrence.

➥ **Exercices 3.4, 3.9, 3.32 *a)*, 3.33.**

Pour trouver tous les polynômes satisfaisant une formule donnée

Essayer de :

- étudier le degré, et, si $\deg(P)$ est petit, déterminer P à l'aide de ses coefficients

➥ **Exercices 3.3, 3.14, 3.27**

(suite)

- étudier les zéros

➡ **Exercice 3.37.**

Pour déterminer le reste de la division euclidienne d'un polynôme A par un polynôme B non nul

Revenir à la définition : $A = BQ + R$ et $\deg(R) < \deg(B)$,
et, si B est de bas degré, prendre la valeur en un ou des points qui annulent B.
Éventuellement, passer par les nombres complexes.

➡ **Exercices 3.8, 3.21, 3.23, 3.24.**

Pour calculer certaines sommations faisant intervenir les coefficients binomiaux

Essayer d'écrire une égalité polynomiale venant de la formule du binôme de Newton, puis prendre la valeur en certains points, après avoir éventuellement dérivé une ou plusieurs fois, ou primitivé.

➡ **Exercice 3.13.**

Pour montrer que $a \in \mathbb{K}$ est zéro d'ordre α au moins d'un polynôme P de $\mathbb{K}[X]$

Essayer de :

- mettre $(X - a)^\alpha$ en facteur dans $P(X)$
- utiliser la caractérisation : $P(a) = 0,\ P'(a) = 0,\ \ldots,\ P^{(\alpha-1)}(a) = 0.$

➡ **Exercice 3.12.**

Pour montrer que $a \in \mathbb{K}$ est zéro d'ordre α exactement d'un polynôme P de $\mathbb{K}[X]$

Essayer de :

- mettre $(X - a)^\alpha$ en facteur dans $P(X)$ et montrer que l'autre facteur n'est pas multiple de $X - a$

➡ **Exercice 3.11**

- utiliser la caractérisation :

$$P(a) = 0,\ P'(a) = 0,\ \ldots,\ P^{(\alpha-1)}(a) = 0 \quad \text{et} \quad P^{(\alpha)}(a) \neq 0.$$

Pour montrer qu'un polynôme B divise un polynôme A

Essayer de :

- mettre B en facteur dans A, par calculs élémentaires, par utilisation d'identités remarquables

➡ **Exercice 3.30**

- montrer que le reste de la division euclidienne de A par B est nul
- montrer que tout zéro de B est zéro de A, avec un ordre de multiplicité dans A supérieur ou égal à celui dans B, si B est factorisé en un produit de facteurs du premier degré.

➡ **Exercices 3.10, 3.20.**

Pour factoriser un polynôme P dans $\mathbb{C}[X]$

- Chercher un zéro a de P, mettre $X-a$ en facteur dans P, puis réitérer.
- Se rappeler le théorème de d'Alembert : tout polynôme non constant de $\mathbb{C}[X]$ est factorisable en un produit de polynômes du premier degré.
- Essayer d'utiliser les identités remarquables : factorisations de $A^2 - B^2$, de $A^2 + B^2$ dans $\mathbb{C}[X]$, formule du binôme de Newton, sommation géométrique.

➥ **Exercice 3.7**

- On sait factoriser dans $\mathbb{C}[X]$ tout polynôme de degré 2.

➥ **Exercices 3.7, 3.26**

- Éventuellement, faire intervenir les racines n-ièmes de 1 dans $\mathbb{C}$.

➥ **Exercice 3.16.**

Pour factoriser un polynôme P dans $\mathbb{R}[X]$

- Se rappeler que, d'après le cours, tout polynôme non constant de $\mathbb{R}[X]$ est factorisable en un produit de polynômes de degré 1 et de polynômes de degré 2 à discriminant < 0.
- Chercher un zéro a de P, mettre $X - a$ en facteur dans $P(X)$, puis réitérer.

➥ **Exercices 3.6, 3.16**

- On sait factoriser dans $\mathbb{R}[X]$ les polynômes de degré 2 à discriminant $\geqslant 0$, donc aussi ceux qui s'y ramènent simplement.
- Si P est un trinôme bicarré, $P = X^4 + pX^2 + q, \quad (p, q) \in \mathbb{R}^2$:

  $*$ si $p^2 - 4q \geqslant 0$, mettre sous forme canonique :

$$\left(X^2 + \frac{p}{2}\right)^2 - \frac{p^2 - 4q}{4},$$

  puis terminer la factorisation à l'aide de l'identité remarquable sur $A^2 - B^2$

  $*$ si $p^2 - 4q < 0$, donc $q > 0$, grouper X^4 et q pour débuter un carré :

$$(X^2 + \sqrt{q})^2 - (2\sqrt{q} - p)X^2,$$

  puis terminer la factorisation à l'aide de l'identité remarquable sur $A^2 - B^2$

➥ **Exercice 3.5**

- Essayer d'utiliser des identités remarquables : formule du binôme de Newton, sommation géométrique.

➥ **Exercice 3.25**

- Éventuellement, en dernier recours, passer par les nombres complexes, puis regrouper deux par deux les facteurs conjugués.

➥ **Exercice 3.7.**

Pour étudier l'existence ou la valeur d'extrémums d'une fonction polynomiale	Se rappeler que toute fonction polynomiale est une fonction continue et penser aux théorèmes sur les fonctions continues sur un intervalle ou sur un segment. ➥ **Exercice 3.41.**
Pour obtenir une localisation des zéros d'un polynôme de $\mathbb{C}[X]$	Essayer d'appliquer convenablement l'inégalité triangulaire. ➥ **Exercice 3.42.**

Énoncés des exercices

3.1 Calculs élémentaires sur des polynômes

On note : $A = X^2 + 3X + 1, \quad B = X^3 + X - 2.$

a) Calculer $A + B,\ AB,\ A^2 - XB.$

b) Calculer les polynômes composés : $A(X-1),\ A(X^2),\ B(X^2-1).$

3.2 Exemple simple de division euclidienne

Effectuer la division euclidienne de $A = X^4 + 2X^3 - X^2 + X - 3$ par $B = X^2 + X - 3.$

3.3 Calcul d'un polynôme P, connaissant des valeurs de P et de P'

Montrer qu'il existe $P \in \mathbb{R}_3[X]$ unique tel que : $P(0) = 1, P(1) = 0, P'(0) = 1, P'(1) = 0$, et déterminer P.

3.4 Exemple d'égalité de polynômes

On note $P_0(X) = 1$ et, pour tout $n \in \mathbb{N}^*$: $P_n(X) = \dfrac{1}{n!}X(X+1)\cdots(X+n-1).$

Montrer : $\forall n \in \mathbb{N},\ \displaystyle\sum_{k=0}^{n} P_k(X) = P_n(X+1).$

3.5 Exemples de factorisations de trinômes bicarrés dans $\mathbb{R}[X]$

Factoriser dans $\mathbb{R}[X]$:

$A = X^4 - X^2 - 1,\ B = X^4 + 4X^2 + 2,\ C = X^4 + 1,\ D = X^4 + X^2 + 1,\ E = X^4 - 3X^2 + 1.$

3.6 Exemple de factorisation dans $\mathbb{R}[X]$

Factoriser dans $\mathbb{R}[X]$: $P = 3X^5 - 5X^4 + 5X - 3.$

3.7 Exemple de factorisation dans $\mathbb{C}[X]$, dans $\mathbb{R}[X]$

Factoriser dans $\mathbb{C}[X]$ puis dans $\mathbb{R}[X]$: $P = (X^2 + X + 1)^2 + 1.$

3.8 Exemple de calcul du reste d'une division euclidienne

Calculer le reste de la division euclidienne de A par B dans les exemples suivants, pour $n \in \mathbb{N}^*$:

a) $A = (X+1)^n + 1, \quad B = X - 1$

b) $A = (X+1)^n - (X-1)^n, \quad B = X^2 - 4$

c) $A = (X+1)^n + X^n, \quad B = (X-1)^2$

d) $A = (X+1)^n + (X+2)^n, \quad B = X^n.$

3.9 Calcul des polynômes d'une suite de polynômes

On considère la suite $(P_n)_{n\in\mathbb{N}}$ de polynômes de $\mathbb{C}[X]$ définie par $P_0 = 0$, $P_1 = 1$ et :

$$\forall n \in \mathbb{N}, \quad P_{n+2} = XP_{n+1} + (1-X)P_n.$$

a) Montrer : $\forall n \in \mathbb{N}, \quad P_{n+1} = P_n + (X-1)^n.$

b) En déduire : $\forall n \in \mathbb{N}, \quad (X-2)P_n = (X-1)^n - 1.$

c) Factoriser P_n dans $\mathbb{C}[X]$, pour tout $n \in \mathbb{N}$.

3.10 Exemple de divisibilité

Soit $n \in \mathbb{N}$. Montrer, dans $\mathbb{R}[X]$: $(X+1)(X-1)^2 \mid (X^n - 1)(X^{n+1} - 1).$

3.11 Exemple de zéro multiple d'un polynôme

Soit $n \in \mathbb{N} - \{0, 1\}$.

On note : $P_n = X^{n+2} - X^{n+1} - X^n + X^{n-1} - 2X^2 + 4X - 2 \in \mathbb{R}[X].$

Montrer que 1 est zéro de P_n et déterminer son ordre de multiplicité.

3.12 Exemple de zéro triple d'un polynôme

Soit $n \in \mathbb{N}$. On note : $P = nX^{n+2} - (n+2)X^{n+1} + (n+2)X - n \in \mathbb{R}[X].$

Montrer : $(X-1)^3 \mid P.$

3.13 Calculs de sommations issues de la formule du binôme de Newton

Soit $n \in \mathbb{N}$. On note : $P_0 = \sum_{k=0}^{n} \binom{n}{k} X^k (1-X)^{n-k}, \quad P_1 = \sum_{k=0}^{n} k\binom{n}{k} X^k (1-X)^{n-k},$

$$P_2 = \sum_{k=0}^{n} k^2 \binom{n}{k} X^k (1-X)^{n-k}.$$

Calculer P_0, P_1, P_2.

3.14 Exemple d'équation dont les inconnues sont des polynômes

Trouver tous les $(P, Q) \in (\mathbb{C}[X])^2$ tels que P soit unitaire et que $P^2 + Q^2 = X^2$.

3.15 Inégalité sur la valeur absolue d'un trinôme

Soit $(b, c) \in \mathbb{R}^2$. On note $P = 9X^2 + bX + c$.

a) Calculer $P(0) - 2P\left(\frac{1}{2}\right) + P(1).$

b) En déduire : $\exists\, x \in [0\,;\,1], \quad |P(x)| > 1.$

3.16 Calcul de $\cos \frac{2\pi}{5}$

a) Factoriser $X^5 - 1$ dans $\mathbb{C}[X]$ en produit de cinq facteurs de degré 1, puis dans $\mathbb{R}[X]$ en produit de trois facteurs de degré 1, 2, 2.

b) En déduire les valeurs de $\cos \frac{2\pi}{5}$, $\cos \frac{4\pi}{5}$, $\cos \frac{\pi}{5}$, $\sin \frac{\pi}{5}$.

3.17 Exemple de système symétrique à 2 équations, 2 inconnues

On note $P = X^3 + X$, $Q = X^3 + X^2$, dans $\mathbb{C}[X]$.

Trouver tous les couples $(u, v) \in \mathbb{C}^2$ tels que : $u \neq v$, $P(u) = P(v)$, $Q(u) = Q(v)$.

3.18 Calculs de coefficients pour une suite récurrente de polynômes

On considère la suite $(P_n)_{n \geqslant 1}$ de polynômes de $\mathbb{R}[X]$ définie par $P_1 = X - 2$ et :

$$\forall n \in \mathbb{N}^*, \quad P_{n+1} = P_n^2 - 2.$$

Calculer les coefficients de 1, X, X^2 dans P_n, pour tout $n \in \mathbb{N}^*$.

3.19 Exemple d'utilisation de nombres complexes

Soient $a_0, ..., a_4 \in \mathbb{C}$, $a_5 = 1$, $P = \sum_{k=0}^{5} a_k X^k$, $z_1, ..., z_5$ les zéros de P dans $\mathbb{C}$. Montrer :

$$\prod_{k=1}^{5} (z_k^2 + 1) = (a_0 - a_2 + a_4)^2 + (a_1 - a_3 + a_5)^2.$$

3.20 Divisibilité par $X^2 - 2X\cos t + 1$

Soient $n \in \mathbb{N}$, $t \in \mathbb{R}$.

On note : $A = X^2 - 2X\cos t + 1$, $P = X^n \sin t - X\sin(nt) + \sin((n-1)t)$.

Montrer que A divise P.

3.21 Calcul du reste d'une division euclidienne

Soient $n \in \mathbb{N}$, $p \in \mathbb{N}^*$, $a \in \mathbb{R}$, q (resp. r) le quotient (resp. le reste) de la division euclidienne de n par p dans $\mathbb{Z}$. Déterminer le reste de la division euclidienne de X^n par $X^p - a$ dans $\mathbb{R}[X]$.

3.22 Divisibilité pour des polynômes composés

On note, pour tout $n \in \mathbb{N}^*$: $P_n = \sum_{k=0}^{n-1} X^k \in \mathbb{R}[X]$.

Trouver une CNS sur n pour que : $P_n(X) \mid P_n(X^2)$.

3.23 Calcul du reste d'une division euclidienne

Soit $(n, t) \in \mathbb{N}^* \times \mathbb{R}$.

Déterminer le reste de la division euclidienne de $P_n = (X\sin t + \cos t)^n$ par $B = X^2 + 1$.

3.24 Calcul du reste de la division euclidienne par $(X - a)(X - b)$, par $(X - a)^2$

Soit $P \in \mathbb{K}[X]$.

a) Soit $(a, b) \in \mathbb{K}^2$ tel que $a \neq b$. Déterminer le reste de la division euclidienne de P par $(X - a)(X - b)$. On exprimera le résultat à l'aide de a, b, $P(a)$, $P(b)$.

b) Soit $a \in \mathbb{K}$. Déterminer le reste de la division euclidienne de P par $(X - a)^2$. On exprimera le résultat à l'aide de a, $P(a)$, $P'(a)$.

3.25 Exemple de factorisation dans $\mathbb{R}[X]$

Factoriser dans $\mathbb{R}[X]$: $P = 6X^5 + 15X^4 + 20X^3 + 15X^2 + 6X + 1$.

3.26 **Exemple de factorisation dans $\mathbb{R}[X]$, dans $\mathbb{C}[X]$**

Factoriser dans $\mathbb{R}[X]$ puis dans $\mathbb{C}[X]$ le polynôme $P = X^8 + 7X^6 + 13X^4 - 3X^2 - 18$.

3.27 **Exemples d'équations dont l'inconnue est un polynôme**

Résoudre les équations suivantes, d'inconnue $P \in \mathbb{R}[X]$:

a) $XP'' + 2P' + P = X^2 - X$

b) $(X^2 - 1)P'' + 2XP' - 2P = 0$

c) $PP' + P'' = X^2$.

3.28 **Ordre de multiplicité d'un zéro d'un polynôme, lien avec la dérivation**

Soient $P \in \mathbb{K}[X]$, $a \in \mathbb{K}$, $\omega \in \mathbb{N}^*$. On rappelle que l'on dit que a est un zéro de P d'ordre ω au moins si et seulement si $(X - a)^\omega \mid P$, et que l'on dit que a est un zéro de P d'ordre ω exactement si et seulement si : $(X - a)^\omega \mid P$ et $(X - a)^{\omega+1} \nmid P$.

a) Montrer que, si a est zéro de P d'ordre ω exactement, alors :

$$(\forall k \in [\![0 ; \omega - 1]\!],\ P^{(k)}(a) = 0) \text{ et } P^{(\omega)}(a) \neq 0.$$

b) Démontrer la réciproque de *a)*.

3.29 **Exemple de recherche de polynômes avec conditions de divisibilité**

Soit $(a, b) \in \mathbb{C}^* \times \mathbb{C}$. Trouver tous les polynômes $P \in \mathbb{C}[X]$ tels que :

$$\deg(P) = 5,\quad (X - a)^3 \mid P(X) - b,\quad (X + a)^3 \mid P(X) + b.$$

3.30 **Divisibilité pour un polynôme composé**

Soit $P \in \mathbb{K}[X]$. Montrer : $P(X) \,\big|\, P(X + P(X))$.

3.31 **Polynômes d'interpolation de Lagrange**

Soient $n \in \mathbb{N}$, $a_0, \ldots, a_n \in \mathbb{K}$ deux à deux distincts.

a) Montrer que, pour tout $i \in [\![0 ; n]\!]$, il existe $L_i \in \mathbb{K}_n[X]$ unique tel que :

$$\forall j \in [\![0 ; n]\!],\quad L_i(a_j) = \delta_{ij},$$

où δ_{ij} est le symbole de Kronecker, défini par : $\delta_{ij} = \begin{cases} 1 & \text{si } i = j \\ 0 & \text{si } i \neq j \end{cases}$

et exprimer L_i sous forme d'un produit.

Les $L_i, 0 \leqslant i \leqslant n$, sont appelés les polynômes d'interpolation de Lagrange en $a_0, \ldots, a_n$.

b) Montrer : $\forall P \in \mathbb{K}_n[X],\quad P = \sum_{i=0}^{n} P(a_i) L_i$.

c) Établir : $\forall (y_0, \ldots, y_n) \in \mathbb{K}^{n+1},\ \exists ! P \in \mathbb{K}_n[X],\ \forall i \in [\![0 ; n]\!],\ P(a_i) = y_i$.

3.32 **Polynômes de Tchébychev de première espèce**

a) Montrer que, pour tout $n \in \mathbb{N}$, il existe un polynôme unique $T_n \in \mathbb{R}[X]$ tel que :

$$\forall t \in \mathbb{R},\quad T_n(\cos t) = \cos nt$$

et déterminer le degré et le coefficient dominant de T_n.

b) Déterminer, pour tout $n \in \mathbb{N}^*$, les zéros de T_n dans $\mathbb{R}$.

c) Soit $n \in \mathbb{N}^*$. On note $x_0, \dots, x_{n-1}$ les zéros de T_n dans $\mathbb{R}$. Soit $(i, j) \in \mathbb{N}^2$.

Établir que $\displaystyle\sum_{k=0}^{n-1} T_i(x_k)T_j(x_k)$ est égal à : 0 si $i \neq j$, $\dfrac{n}{2}$ si $i = j \neq 0$, n si $i = j = 0$.

3.33 Exemple d'étude des zéros des polynômes d'une suite de polynômes

On note, pour tout $n \in \mathbb{N}$: $P_n = \displaystyle\sum_{k=0}^{n} \frac{1}{k!}X^k$. Montrer que, pour tout $p \in \mathbb{N}$, P_{2p} n'admet aucun zéro réel et que P_{2p+1} admet un zéro réel et un seul.

3.34 Calcul de fonctions symétriques des racines d'une équation du troisième degré

Soit $(p, q) \in \mathbb{C}^2$. On note x_1, x_2, x_3 les zéros de $X^3 + pX + q$ dans $\mathbb{C}$, de sorte que :

$$X^3 + pX + q = (X - x_1)(X - x_2)(X - x_3).$$

On note : $\sigma_1 = x_1 + x_2 + x_3$, $\sigma_2 = x_1x_2 + x_1x_3 + x_2x_3$, $\sigma_3 = x_1x_2x_3$

appelées fonctions symétriques élémentaires de x_1, x_2, x_3.

On note, pour tout $k \in \mathbb{N}$: $S_k = x_1^k + x_2^k + x_3^k$.

a) Montrer : $\sigma_1 = 0$, $\sigma_2 = p$, $\sigma_3 = -q$.

b) 1) Calculer S_0, S_1, S_2 en fonction de p, q.

2) Établir : $\forall k \in \mathbb{N}$, $S_{k+3} + pS_{k+1} + qS_k = 0$.

3) En déduire S_3 et S_4 en fonction de p, q.

c) Calculer $A = x_1^3x_2 + x_1^3x_3 + x_2^3x_1 + x_2^3x_3 + x_3^3x_1 + x_3^3x_2$ en fonction de p, q.

3.35 Études de surjectivité, d'injectivité pour une fonction polynomiale complexe

Soit $P \in \mathbb{C}[X]$ tel que $\deg(P) \geqslant 2$. Démontrer que l'application $P : \mathbb{C} \longrightarrow \mathbb{C}$, $z \longmapsto P(z)$ est surjective et non injective.

3.36 Exemple d'étude des zéros réels d'un polynôme réel

Soit $n \in \mathbb{N}^*$. On note $P_n = \displaystyle\sum_{k=0}^{2n}(-1)^k(k+1)X^{2n-k} \in \mathbb{R}[X]$. Montrer que P_n n'a pas de zéro réel.

3.37 Exemple d'équation dont l'inconnue est un polynôme

Trouver tous les $P \in \mathbb{R}[X]$ tels que : $P(0) = 0$ et $P(X^3 + 1) = (P(X))^3 + 1$.

3.38 Zéros de polynômes vérifiant une divisibilité

Soit $P \in \mathbb{R}[X] - \{0\}$ tel que $P(X) \mid P(X^3 + X)$. Montrer que P n'a pas de zéro dans $\mathbb{R}^*$.

3.39 Calcul de la valeur d'un polynôme en un point connaissant sa valeur en d'autres points

Soient $n \in \mathbb{N}$, $P \in \mathbb{R}_n[X]$ tel que : $\forall k \in [\![0 \,;\, n]\!]$, $P(k) = \dfrac{n+1-k}{k+1}$. Calculer $P(n+1)$.

On pourra utiliser les polynômes d'interpolation de Lagrange, exercice 3.31.

3.40 Évaluation de polynômes particuliers

Soient $P \in \mathbb{R}[X]$ unitaire, de degré $n \geqslant 1$. On suppose que tous les zéros de P dans $\mathbb{C}$ sont réels, que les coefficients de P sont tous $\geqslant 0$ et que $P(0) = 1$. Démontrer : $P(2) \geqslant 3^n$.

3.41 Minimum de fonctions polynomiales sur $\mathbb{R}$

Soit $P \in \mathbb{R}[X] - \{0\}$. On note $n = \deg(P)$ et on suppose que n est pair et que P est unitaire.

a) Démontrer qu'il existe $c \in \mathbb{R}$ tel que : $\forall x \in \mathbb{R},\ \ P(x) \geqslant P(c)$.

b) Établir : $\forall x \in \mathbb{R},\ \ \sum_{k=0}^{n} P^{(k)}(x) \geqslant P(c)$.

3.42 Exemple de localisation des zéros d'un polynôme, majoration

Soient $n \in \mathbb{N}^*$, $a_1, ..., a_n \in \mathbb{C}$, $P = X^n + a_1X^{n-1} + \cdots + a_n$, z_0 un zéro de P. Démontrer :

$$|z_0| \leqslant \underset{1\leqslant k\leqslant n}{\mathrm{Max}} \left[\binom{n}{k}^{-1}(2^n - 1)|a_k|\right]^{1/k}.$$

Du mal à démarrer ?

3.1 Pour calculer $A(X-1)$, par exemple, remplacer X par $X-1$ dans l'expression de $A(X)$.

3.2 Poser la division euclidienne.

3.3 Noter $P = aX^3 + bX^2 + cX + d$ et traduire les conditions de l'énoncé sur $(a, b, c, d) \in \mathbb{R}^4$.

3.4 Récurrence sur n.

3.5 il s'agit de trinômes bicarrés. Grouper les termes en X^4 et X^2, ou grouper les termes en X^4 et constant, pour débuter le carré d'une somme.

3.6 Remarquer que 1 est zéro de P, factoriser par $X - 1$, puis réitérer la méthode.

3.7 Utiliser la factorisation de $A^2 + B^2$ dans $\mathbb{C}[X]$:

$$A^2 + B^2 = (A + \mathrm{i}\,B)(A - \mathrm{i}\,B).$$

3.8 D'après le théorème de la division euclidienne dans $\mathbb{K}[X]$, pour tout $(A, B) \in \mathbb{K}[X] \times (\mathbb{K}[X] - \{0\})$, il existe $(Q, R) \in (\mathbb{K}[X])^2$ unique tel que : $A = BQ + R$ et $\deg(R) < \deg(B)$.

Il s'agit de calculer le reste R.

a) , b) , c) Ici, B est de bas degré, donc R aussi. Déduire R en évaluant R en un ou plusieurs points qui annulent B.

d) Ici, A et B ont le même degré, donc Q est une constante. Calculer Q et déduire R.

3.9 *a)* Montrer : $\forall n \in \mathbb{N},\ \ P_{n+2} - P_{n+1} = (X-1)(P_{n+1} - P_n)$.

b) Utiliser un télescopage, en sommant l'égalité obtenue en *a)*, de 1 à $n - 1$.

c) Faire intervenir les racines n-èmes de 1 dans $\mathbb{C}$, c'est-à-dire les $\omega_k = \exp\left(\frac{2\,\mathrm{i}\,k\pi}{n}\right)$, $k \in [\![0\,;\,n-1]\!]$.

3.10 *1re méthode : Mise en évidence des facteurs :*

Montrer d'abord : $(X-1)^2 \mid (X^n - 1)(X^{n+1} - 1)$.

Pour montrer $X + 1 \mid (X^n - 1)(X^{n+1} - 1)$, séparer l'étude en deux cas selon la parité de n.

2e méthode : Utilisation des zéros :

Montrer que -1 est zéro simple et que 1 est zéro double du polynôme $(X^n - 1)(X^{n+1} - 1)$.

3.11 Mettre $X - 1$ en facteur, puis encore $X - 1$, puis encore $X - 1$ et montrer que le dernier facteur ne s'annule pas en 1.

3.12 Utiliser l'exercice 3.28 :

$$(X-1)^3 \mid P \iff P(1) = P'(1) = P''(1) = 0.$$

3.13 Utiliser la formule du binôme de Newton :

$$(X+Y)^n = \sum_{k=0}^{n} \binom{n}{k} X^k Y^{n-k},$$

dériver deux fois par rapport à X (pour Y fixé), et remplacer Y par $1 - X$.

3.14 Utiliser : $P^2 + Q^2 = (P + \mathrm{i}\,Q)(P - \mathrm{i}\,Q)$.

3.15 *a)* On obtient $\frac{9}{2}$. *b)* Raisonner par l'absurde.

3.16 *a)* • Pour factoriser $X^5 - 1$ dans $\mathbb{C}[X]$, faire intervenir les racines 5-èmes de 1 dans $\mathbb{C}$.

• Pour factoriser $X^5 - 1$ dans $\mathbb{R}[X]$, mettre X^2 en facteur (ce qui fait intervenir $\frac{1}{X^2}$), poser $Y = X + \frac{1}{X}$ et amener un trinôme en Y.

b) Dans la factorisation de $X^5 - 1$ dans $\mathbb{C}[X]$ obtenue en *a)*, regrouper les facteurs conjugués, en déduire la factorisation de $X^5 - 1$ dans $\mathbb{R}[X]$, et identifier convenablement avec celle obtenue en *b)*, pour déduire les valeurs de $\cos\frac{2\pi}{5}$, $\cos\frac{4\pi}{5}$. Ensuite, exprimer $\cos\frac{\pi}{5}$ à partir de $\cos\frac{4\pi}{5}$, puis $\sin\frac{\pi}{5}$ à partir de $\cos\frac{\pi}{5}$.

3.17 Résoudre le système proposé, en simplifiant par $u - v$ et en faisant intervenir la somme $S = u + v$ et le produit $P = uv$.

3.18 Noter, pour tout $n \geqslant 1$, a_n, b_n, c_n les coefficients respectifs de 1, X, X^2 dans P_n. Ainsi, pour tout $n \geqslant 1$, il existe $Q_n \in \mathbb{R}[X]$ tel que : $P_n = a_n + b_nX + c_nX^2 + X^3Q_n(X)$.

Reporter dans l'égalité de l'énoncé et en déduire des égalités exprimant a_{n+1}, b_{n+1}, c_{n+1} en fonction de a_n, b_n, c_n.

1) Remarquer $a_2 = 2$, $a_3 = 2, \ldots$

2) Obtenir : $\forall n \geqslant 2,\ b_{n+1} = 4b_n$.

3) Obtenir : $\forall n \geqslant 2,\ c_{n+1} = 4c_n + 4^{2n-2}$. Considérer $d_n = \frac{c_n}{4^n}$.

3.19 Remarquer que $z_n^2 + 1 = (\mathrm{i} - z_k)(-\mathrm{i} - z_k)$.

3.20 Factoriser *A* dans $\mathbb{C}[X]$ et montrer : $P(\mathrm{e}^{\mathrm{i}t}) = P(\mathrm{e}^{-\mathrm{i}t}) = 0$.

Séparer en deux cas selon que $\mathrm{e}^{\mathrm{i}t}$ et $\mathrm{e}^{-\mathrm{i}t}$ sont égaux ou différents.

3.21 Noter $P = X^p - a$, exprimer X^n à l'aide de *P* entre autres, et utiliser la formule du binôme de Newton.

3.22 Remarquer que $(X - 1)P_n(X) = X^n - 1$.

3.23 Le reste *R* est de degré < 2, donc *R* est de la forme $R = aX + b$, $(a, b) \in \mathbb{R}^2$. Prendre la valeur en i.

3.24 *a)* Le reste est de degré < 2, donc *R* est de la forme $R = \lambda X + \mu$, $(\lambda, \mu) \in \mathbb{K}^2$. Prendre les valeurs en *a*, en *b*.

b) Le reste est de degré < 2, donc *R* est de la forme

$R = \lambda X + \mu$, $(\lambda, \mu) \in \mathbb{K}^2$. D'autre part, dériver, puis prendre la valeur en *a*.

3.25 Remarquer que *P* ressemble au développement du binôme de Newton : $P = (X + 1)^6 - X^6$.

Utiliser les factorisations de $A^2 - B^2$, de $A^3 - B^3$, de $A^3 + B^3$.

3.26 Remarquer que *P* est pair, noter $Y = X^2$, et remarquer que 1 est zéro du nouveau polynôme.

3.27 Raisonner sur les degrés.

a) Montrer que, si $P \neq 0$, alors *P* est nécessairement de degré 2, noter $P = aX^2 + bX + c$, $(a, b, c) \in \mathbb{R}^3$, et reporter dans l'équation.

b) Montrer que, si $P \neq 0$, alors *P* est de degré 1, noter

$P = aX + b$, $(a, b) \in \mathbb{R}^2$, et reporter dans l'équation.

c) Obtenir une contradiction sur la parité des degrés des deux membres de l'équation.

3.28 *a)* Supposer que *a* est zéro de *P* d'ordre ω exactement. Déduire qu'il existe $Q \in \mathbb{K}[X]$ tel que :

$$P = (X - a)^{\omega} Q \quad \text{et} \quad Q(a) \neq 0.$$

Utiliser la formule de Leibniz, pour exprimer $P^{(k)}$, puis calculer $P^{(k)}(a)$.

b) Pour la réciproque, noter λ l'ordre de multiplicité du zéro *a* de *P* et montrer $\omega = \lambda$, en utilisant *a)*.

3.29 Remarquer que

$$(X - a)^3 \mid P(X) - b \iff \begin{cases} P(a) - b = 0 \\ (X - a)^2 \mid P'(X). \end{cases}$$

3.30 Noter $P = \sum_{k=0}^{n} a_k X^k$, où $n \in \mathbb{N}$, $a_0, \ldots, a_n \in \mathbb{K}$ et utiliser la formule du binôme de Newton pour développer $P(X + P(X))$.

3.31 *a)* Utiliser : $P(a) = 0 \iff X - a \mid P$.

b) Noter $Q = \sum_{i=0}^{n} P(a_i)L_i$ et montrer que $Q - P$ s'annule en $a_0, \ldots, a_n$.

c) Séparer existence et unicité, et utiliser *b)*.

3.32 *a) 1) Existence :*

1re méthode : passage par les nombres complexes :

Développer $\mathrm{e}^{\mathrm{i}nt}$ en utilisant la formule d'Euler et la formule du binôme de Newton, puis prendre la partie réelle.

2e méthode : récurrence sur n, à deux pas :

Montrer, par récurrence à deux pas sur *n*, que, pour tout $n \in \mathbb{N}$, il existe T_n convenant, de degré *n* et de coefficient dominant 2^{n-1}.

2) Unicité :

Si T_n et U_n conviennent, montrer que $T_n - U_n$ s'annule en une infinité de points.

b) Résoudre l'équation $\cos nt = 0$, d'inconnue $t \in \mathbb{R}$, en déduire des zéros de T_n, puis montrer que l'on a ainsi tous les zéros de T_n.

c) Obtenir : $T_i(x_k)T_j(x_k) = \frac{1}{2}\big(\cos(i + j)\theta_k + \cos(i - j)\theta_k\big)$,

où $\theta_k = \frac{(2k + 1)\pi}{2n}$.

Calculer la somme $\sum_{k=0}^{n-1} \cos p\theta_k$, pour tout $p \in \mathbb{N}$, en passant par les nombres complexes.

3.33 Montrer, par récurrence sur $p \in \mathbb{N}$: P_{2p} n'admet aucun zéro réel et P_{2p+1} admet un zéro réel et un seul, en utilisant des tableaux de variations.

3.34 *a)* Développer $(X - x_1)(X - x_2)(X - x_3)$ et identifier avec $X^3 + pX + q$.

b) 1) Remarquer que S_2 ressemble à σ_1^2.

2) Écrire que x_1, x_2, x_3 annulent $X^3 + pX + q$, multiplier par x_1^k, x_2^k, x_3^k, puis sommer.

c) Remarquer que A ressemble à $S_3 S_1$.

3.35 *1) Surjectivité :*

Utiliser le théorème de d'Alembert.

2) Injectivité :

Noter $n = \deg(P) \geqslant 2$. Raisonner par l'absurde : supposer P injective. Considérer l'équation $P(z) = 0$ et l'équation $P(z) = 1$.

3.36 Soit $x \in \mathbb{R}$. Si $x \leqslant 0$, montrer : $P_n(x) > 0$. Pour $x > 0$, former $(x + 1)P_n(x)$.

3.37 *1)* Soit P convenant. Examiner $P(0)$, $P(2)$, $P(9)$, ... En déduire que $P - X$ s'annule sur les points d'une suite strictement croissante, et en déduire $P = X$.

2) Vérifier que X convient.

3.38 Raisonner par l'absurde : supposer que f admette au moins un zéro $a \in \mathbb{R}^*$.

Montrer : $\forall x \in \mathbb{R},\ (P(x) = 0 \implies P(x^3 + x) = 0)$.

Considérer la suite réelle $(u_n)_{n \in \mathbb{N}}$ définie par $u_0 = 0$ et :

$$\forall n \in \mathbb{N},\quad u_{n+1} = u_n^3 + u_n.$$

3.39 En faisant intervenir les polynômes d'interpolation de Lagrange $L_0, \ldots, L_n$ sur les points $0, \ldots, n$ (cf. exercice 3.31), utiliser : $P = \sum_{k=0}^{n} P(k) L_k$.

3.40 Noter $P = \prod_{k=1}^{n} (X - x_k)$ et $P = \sum_{k=0}^{n} a_k X^k$.

Montrer d'abord : $\forall i \in [\![1\,;\, n]\!],\ x_i \leqslant 0$.

Montrer ensuite : $\forall k \in [\![1\,;\, n]\!],\ 2 - x_k \leqslant 3(-x_k)^{1/3}$,

en utilisant la comparaison entre la moyenne arithmétique et la moyenne géométrique pour les trois nombres $1, 1, -x_k$.

3.41 *a)* Montrer qu'il existe $(a, b) \in \mathbb{R}^2$ tel que $a \leqslant 0 \leqslant b$ et que :

$$\forall x \in]-\infty\,;\, a] \cup [b\,;\, +\infty[,\quad P(x) \geqslant P(0),$$

puis utiliser la continuité de P sur le segment $[a\,;\, b]$.

b) Noter $Q = \sum_{k=0}^{n} P^{(k)}$. Montrer que l'on peut appliquer *a)* à Q à la place de P, et remarquer : $Q' = Q - P$.

3.42 Remarquer que $\quad \sum_{k=1}^{n} \binom{n}{k} = 2^n - 1.$

Corrigés des exercices

3.1 $A = X^2 + 3X + 1,\ B = X^3 + X - 2.$

a) • $A + B = X^3 + X^2 + 4X - 1$

• $AB = X^5 + 3X^4 + 2X^3 + X^2 - 5X - 2$

• $A^2 - XB = (X^4 + 6X^3 + 11X^2 + 6X + 1) - (X^4 + X^2 - 2X)$
$= 6X^3 + 10X^2 + 8X + 1$

b) • $A(X-1) = (X-1)^2 + 3(X-1) + 1 = X^2 + X - 1$

• $A(X^2) = X^4 + 3X^2 - 1$

• $B(X^2 - 1) = (X^2-1)^3 + (X^2-1) - 2$
$= X^6 - 3X^4 + 4X^2 - 4.$

3.2

$$\begin{array}{r|l} X^4 + 2X^3 - X^2 + X - 3 & X^2 + X - 3 \\ \hline X^3 + 2X^2 + X - 3 & X^2 + X + 1 \\ X^2 + 4X - 3 & \\ 3X & \end{array}$$

Le quotient est $Q = X^2 + X + 1$, le reste est $R = 3X$.

3.3 Soient $a, b, c, d \in \mathbb{R}$, $P = aX^3 + bX^2 + cX + d \in \mathbb{R}[X]$, donc $P' = 3aX^2 + 2bX + c$. On a :

$$\begin{cases} P(0) = 1 \\ P(1) = 0 \\ P'(0) = 1 \\ P'(1) = 0 \end{cases} \iff \begin{cases} d = 1 \\ a + b + c + d = 0 \\ c = 1 \\ 3a + 2b + c = 0 \end{cases}$$

$$\iff \begin{cases} c = 1 \\ d = 1 \\ a + b = -2 \\ 3a + 2b = -1 \end{cases} \iff \begin{cases} c = 1 \\ d = 1 \\ a = 3 \\ b = -5. \end{cases}$$

On conclut qu'il existe un polynôme et un seul convenant :

$$P = 3X^3 - 5X^2 + X + 1.$$

3.4 Récurrence sur n.

• La propriété est vraie pour $n = 0$ car :

$$\sum_{k=0}^{0} P_k(X) = P_0(X) = 1 \text{ et } P_0(X+1) = 1.$$

• Supposons la propriété vraie pour un $n \in \mathbb{N}$ fixé.

On a alors :

$$\sum_{k=0}^{n+1} P_k(X) = \Big(\sum_{k=0}^{n} P_k(X)\Big) + P_{n+1}(X) = P_n(X+1) + P_{n+1}(X)$$

$$= \frac{1}{n!}(X+1)\cdots(X+n) + \frac{1}{(n+1)!}X(X+1)\cdots(X+n)$$

$$= \frac{1}{(n+1)!}(X+1)\cdots(X+n)((n+1)+X)$$

$$= \frac{1}{(n+1)!}(X+1)\cdots(X+n)(X+(n+1))$$

$$= P_{n+1}(X+1).$$

Ceci montre que la propriété est vraie pour $n + 1$.

On conclut, par récurrence sur n, que la propriété est vraie pour tout $n \in \mathbb{N}$.

3.5 Il s'agit de trinômes bicarrés. On essaie de grouper les termes en X^4 et X^2, ou de grouper les termes en X^4 et constant, pour débuter le carré d'une somme.

•

$$A = X^4 - X^2 - 1 = \Big(X^2 - \frac{1}{2}\Big)^2 - \frac{3}{4}$$

$$= \Big(X^2 - \frac{1}{2} - \frac{\sqrt{3}}{2}\Big)\Big(X^2 - \frac{1}{2} + \frac{\sqrt{3}}{2}\Big)$$

$$= \Big(X^2 - \underbrace{\frac{1+\sqrt{3}}{2}}_{>0}\Big)\Big(X^2 + \underbrace{\frac{\sqrt{3}-1}{2}}_{>0}\Big)$$

$$= \Big(X - \sqrt{\frac{1+\sqrt{3}}{2}}\Big)\Big(X + \sqrt{\frac{1+\sqrt{3}}{2}}\Big)\Big(X^2 + \frac{\sqrt{3}-1}{2}\Big).$$

•

$$B = X^4 + 4X^2 + 2 = (X^2+2)^2 - 2$$
$$= (X^2 + \underbrace{2 - \sqrt{2}}_{>0})(X^2 + \underbrace{2 + \sqrt{2}}_{>0}).$$

•

$$C = X^4 + 1 = (X^2+1)^2 - 2X^2$$
$$= (X^2 + 1 - \sqrt{2}X)(X^2 + 1 + \sqrt{2}X)$$
$$= (X^2 - \sqrt{2}X + 1)(X^2 + \sqrt{2}X + 1),$$

et les deux trinômes obtenus sont irréductibles dans $\mathbb{R}[X]$ car de discriminants < 0.

•

$$D = X^4 + X^2 + 1 = (X^2+1)^2 - X^2$$
$$= (X^2 + 1 - X)(X^2 + 1 + X)$$
$$= (X^2 - X + 1)(X^2 + X + 1)$$

et les deux trinômes obtenus sont irréductibles dans $\mathbb{R}[X]$ car de discriminants < 0.

•

$$E = X^4 - 3X^2 + 1 = (X^2+1)^2 - 5X^2$$
$$= (X^2 + 1 - \sqrt{5}X)(X^2 + 1 + \sqrt{5}X)$$
$$= \underbrace{(X^2 - \sqrt{5}X + 1)}_{\text{noté } T_1}\underbrace{(X^2 + \sqrt{5}X + 1)}_{\text{noté } T_2}.$$

Le discriminant Δ_1 de T_1 est : $\Delta_1 = 1$, donc T_1 admet deux racines réelles, qui sont $\dfrac{\sqrt{5}-1}{2}$ et $\dfrac{\sqrt{5}+1}{2}$, d'où :

$$T_1 = \left(X - \frac{\sqrt{5}-1}{2}\right)\left(X - \frac{\sqrt{5}+1}{2}\right).$$

De même : $T_2 = \left(X - \dfrac{-\sqrt{5}-1}{2}\right)\left(X - \dfrac{-\sqrt{5}+1}{2}\right)$.

On conclut :

$$E = \left(X - \frac{\sqrt{5}-1}{2}\right)\left(X - \frac{\sqrt{5}+1}{2}\right)\left(X + \frac{\sqrt{5}+1}{2}\right)\left(X + \frac{\sqrt{5}-1}{2}\right).$$

3.6 On remarque : 1 est zéro de $P = 3X^5 - 5X^4 + 5X - 3$, d'où, par mise en facteur de $X - 1$:

$$P = (X-1)\underbrace{(3X^4 - 2X^3 - 2X^2 - 2X + 3)}_{\text{noté } Q}.$$

On remarque que 1 est zéro des Q, d'où :

$$Q = (X-1)\underbrace{(3X^3 + X^2 - X - 3)}_{\text{noté } R}.$$

On remarque que 1 est zéro de R, d'où :

$$R = (X-1)(3X^2 + 4X + 3).$$

Le trinôme $3X^2 + 4X + 3$ est irréductible dans $\mathbb{R}[X]$ car son discriminant Δ est $\Delta = -20 < 0$.

Finalement, la factorisation de P dans $\mathbb{R}[X]$ est :

$$P = (X-1)^3(3X^2 + 4X + 3).$$

3.7 *1) Factorisation dans* $\mathbb{C}[X]$:

On a :

$$P = (X^2 + X + 1)^2 + 1 = \underbrace{(X^2 + X + 1 + i)}_{\text{noté } T_1}\underbrace{(X^2 + X + 1 - i)}_{\text{noté } T_2}.$$

Le discriminant Δ_1 du trinôme T_1 est :

$$\Delta_1 = 1 - 4(1 + i) = -3 - 4i = (1 - 2i)^2,$$

donc les zéros de T_1 dans $\mathbb{C}$ sont :

$$\frac{-1-(1-2i)}{2} = -1 + i \quad \text{et} \quad \frac{-1+(1-2i)}{2} = -i.$$

D'où :

$$T_1 = (X - (-1+i))(X - (-i)) = (X + 1 - i)(X + i).$$

Le trinôme T_2 est le conjugué de T_1, donc :

$$T_2 = (X + 1 + i)(X - i).$$

On en déduit la factorisation de P dans $\mathbb{C}[X]$:

$$P = (X + 1 - i)(X + i)(X + 1 + i)(X - i).$$

2) Factorisation de P dans $\mathbb{R}[X]$:

On regroupe les facteurs conjugués :

$$P = ((X+i)(X-i))((X+1-i)(X+1+i))$$
$$= (X^2+1)((X+1)^2+1) = (X^2+1)(X^2+2X+2).$$

3.8 Notons Q le quotient et R le reste dans la division euclidienne de A par B :

$$A = BQ + R \quad \text{et} \quad \deg(R) < \deg(B).$$

a) Puisque $B = X - 1$ est de degré 1, R est une constante.

En particulier, en prenant la valeur en 1 (qui annule B) :

$$R = A(1) - B(1)Q(1) = 2^n + 1.$$

b) Puisque $B = X^2 - 4$ est de degré 2, R est de degré $\leqslant 1$.

Il existe donc $(\alpha, \beta) \in \mathbb{K}^2$ tel que : $R = \alpha X + \beta$. Ainsi :

$$(X+1)^n - (X-1)^n = (X^2-4)Q + \alpha X + \beta.$$

En prenant la valeur en 2 et la valeur en -2, on a :

$$2\alpha + \beta = 3^n - 1 \quad \text{et} \quad -2\alpha + \beta = (-1)^n - (-3)^n,$$

d'où :

$$\alpha = \frac{1}{4}(3^n - 1 - (-1)^n + (-3)^n), \quad \beta = \frac{1}{2}(3^n - 1 + (-1)^n - (-3)^n).$$

Finalement :

$$R = \frac{1}{4}(3^n - 1 - (-1)^n + (-3)^n)X + \frac{1}{2}(3^n - 1 + (-1)^n - (-3)^n).$$

c) Puisque $B = (X-1)^2$ est de degré 2, R est de degré $\leqslant 1$.

Il existe donc $(\alpha, \beta) \in \mathbb{K}^2$ tel que : $R = \alpha X + \beta$.

Ainsi : $(X+1)^n + X^n = (X-1)^2 B + \alpha X + \beta$.

En prenant la valeur en 1, on déduit : $2^n + 1 = \alpha + \beta$.

D'autre part, en dérivant :

$$n(X+1)^{n-1} + nX^{n-1} = (X-1)^2 Q' + 2(X-1)Q + \alpha,$$

puis, en prenant la valeur en 1 : $n2^{n-1} + n = \alpha$.

Ensuite : $\beta = (2^n + 1) - \alpha = 2^n + 1 - n2^{n-1} - n$.

On conclut : $R = n(2^{n-1} + 1)X + (2^n + 1 - n2^{n-1} - n)$.

d) On a ici : $\deg(Q) = \deg(A) - \deg(B) = n - n = 0$,

donc Q est une constante. De plus, comme les coefficients dominants de A et B sont respectivement 2 et 1, le coefficient dominant de Q est $\dfrac{2}{1}$, donc $Q = 2$. Puis :

$$R = A - BQ = ((X+1)^n + (X+2)^n) - 2X^n.$$

On peut exprimer R additivement, en utilisant la formule du binôme de Newton :

$$R = \sum_{k=0}^{n}\binom{n}{k}X^k + \sum_{k=0}^{n}\binom{n}{k}2^{n-k}X^k - 2X^n = \sum_{k=0}^{n-1}\binom{n}{k}(1+2^{n-k})X^k.$$

3.9 *a)* On a, pour tout $n \in \mathbb{N}$:

$$\begin{aligned} P_{n+2} - P_{n+1} &= (XP_{n+1} + (1-X)P_n) - P_{n+1} \\ &= (X-1)(P_{n+1} - P_n), \end{aligned}$$

D'où, par progression géométrique :

$$\forall n \in \mathbb{N},\ P_{n+2} - P_{n+1} = (X-1)^{n+1}(P_1 - P_0),$$

c'est-à-dire, en décalant d'un rang :

$$\forall n \in \mathbb{N}^*,\ P_{n+1} = P_n + (X-1)^n.$$

De plus : $\quad P_1 - P_0 = 1 = (X-1)^0$.

On a donc : $\quad \forall n \in \mathbb{N},\ P_{n+1} = P_n + (X-1)^n$.

b) D'après *a)*, on a, pour tout $n \in \mathbb{N}^*$:

$$P_n = P_{n-1} + (X-1)^{n-1},\ \ldots,\ P_1 = P_0 + (X-1)^0,$$

d'où, en sommant et en simplifiant (télescopage) :

$P_n = \underbrace{P_0}_{=0} + \sum_{k=0}^{n-1}(X-1)^k$, puis :

$$\begin{aligned} (X-2)P_n &= (X-2)\sum_{k=0}^{n-1}(X-1)^k \\ &= ((X-1)-1)\sum_{k=0}^{n-1}(X-1)^k = (X-1)^n - 1. \end{aligned}$$

De plus, il est clair que l'égalité demandée est aussi vraie pour $n = 0$.

On conclut : $\forall n \in \mathbb{N},\ (X-2)P_n = (X-1)^n - 1$.

c) On a, pour tout $z \in \mathbb{C} - \{2\}$:

$$\begin{aligned} P_n(z) = 0 &\iff (z-1)^n - 1 = 0 \iff (z-1)^n = 1 \\ &\iff \exists k \in [\![1\,;n-1]\!],\ z - 1 = \omega_k, \end{aligned}$$

où on a noté $\omega_k = \exp\left(\dfrac{2\,i\,k\pi}{n}\right)$ et en remarquant que 1 n'est pas solution.

D'après *b)*, P_n est de degré $n-1$, et on vient de voir que les $1 + \omega_k$, $k \in [\![1\,;n-1]\!]$, sont des zéros de P_n, au nombre de $n-1$. On a donc tous les zéros de P_n, et chacun de ces zéros est d'ordre de multiplicité égale à 1.

Comme de plus P_n est unitaire, on conclut que la factorisation de P_n dans $\mathbb{C}[X]$ est : $P_n = \prod_{k=1}^{n-1}(X - (1+\omega_k))$.

3.10 Notons $P_n = (X^n - 1)(X^{n+1} - 1)$.

1re méthode : Mise en évidence des facteurs :

On sait que $X - 1 \mid X^n - 1$ et $X - 1 \mid X^{n+1} - 1$,

donc : $(X-1)^2 \mid P_n$.

D'autre part, si n est pair, alors :

$$X + 1 \mid X^2 - 1 \mid X^n - 1 \mid P_n,$$

et, si n est impair, alors :

$$X + 1 \mid X^2 - 1 \mid X^{n+1} - 1 \mid P_n,$$

donc, dans chacun des deux cas : $X + 1 \mid P_n$.

Comme $1 \neq -1$, on conclut : $(X+1)(X-1)^2 \mid P_n$.

2e méthode : Utilisation des zéros :

Comme $1 \neq -1$, la condition voulue revient à :

$$X + 1 \mid P_n \text{ et } (X-1)^2 \mid P_n,$$

c'est-à-dire : -1 est zéro au moins simple de P_n et 1 est zéro au moins double de P_n, ce qui équivaut à :

$$P_n(-1) = 0,\ P_n(1) = 0,\ P'_n(1) = 0.$$

On a :

$$\begin{aligned} P_n(-1) &= ((-1)^n - 1)((-1)^{n+1} - 1) \\ &= -1 + (-1)^n - (-1)^n + 1 = 0, \end{aligned}$$

$P_n(1) = 0$,

$P_n = X^{2n+1} - X^{n+1} - X^n + 1$, donc :

$$P'_n = (2n+1)X^{2n} - (n+1)X^n - nX^{n-1},$$

d'où : $\quad P'_n(1) = (2n+1) - (n+1) - n = 0$.

On conclut : $\quad (X+1)(X-1)^2 \mid P_n$.

3.11 On a :

$$\begin{aligned} P_n &= X^{n+2} - X^{n+1} - X^n + X^{n-1} - 2(X^2 - 2X + 1) \\ &= X^{n+1}(X-1) - X^{n-1}(X-1) - 2(X-1)^2 \\ &= (X-1)(X^{n+1} - X^{n-1} - 2(X-1)) \\ &= (X-1)(X^{n-1}(X^2-1) - 2(X-1)) \\ &= (X-1)^2(X^{n-1}(X+1) - 2) \\ &= (X-1)^2((X^n - 1) + (X^{n-1} - 1)) \\ &= (X-1)^3\underbrace{\left(\sum_{k=0}^{n-1}X^k + \sum_{k=0}^{n-2}X^k\right)}_{\text{noté } Q_n} \end{aligned}$$

et $Q_n(1) = n + (n-1) = 2n - 1 \neq 0$.

On déduit : $(X-1)^3 \mid P_n$ et $(X-1)^4 \nmid P_n$,

donc 1 est zéro de P d'ordre 3 exactement.

3.12 • $P = nX^{n+2} - (n+2)X^{n+1} + (n+2)X - n$

donc : $$P(1) = n - (n+2) + (n+2) - n = 0.$$

• $$P' = n(n+2)X^{n+1} - (n+2)(n+1)X^n + (n+2),$$

donc : $P'(1) = n(n+2) - (n+2)(n+1) + (n+2) = 0$.

• $$P'' = n(n+2)(n+1)X^n - (n+2)(n+1)nX^{n-1},$$

donc : $$P''(1) = 0.$$

D'après l'exercice 3.28, on conclut que 1 est zéro de P d'ordre au moins 3, c'est-à-dire : $(X-1)^3 \mid P$.

3.13 D'après la formule du binôme de Newton :

$$\sum_{k=0}^{n} \binom{n}{k} X^k Y^{n-k} = (X+Y)^n.$$

1) En remplaçant Y par $1 - X$, on obtient :

$$P_0 = \sum_{k=0}^{n} \binom{n}{k} X^k (1-X)^{n-k} = (X + (1-X))^n = 1.$$

2) En dérivant par rapport à X, pour Y fixé :

$$\sum_{k=1}^{n} k\binom{n}{k} X^{k-1} Y^{n-k} = n(X+Y)^{n-1},$$

puis, en multipliant par X :

$$\sum_{k=0}^{n} k\binom{n}{k} X^k Y^{n-k} = nX(X+Y)^{n-1}.$$

En remplaçant Y par $1 - X$, on obtient :

$$P_1 = \sum_{k=0}^{n} k\binom{n}{k} X^k (1-X)^{n-k} = nX(X + (1-X))^{n-1} = nX.$$

3) En dérivant par rapport à X, pour Y fixé, dans l'égalité obtenue en *2)* :

$$\sum_{k=1}^{n} k^2\binom{n}{k} X^{k-1} Y^{n-k} = n(X+Y)^{n-1} + n(n-1)X(X+Y)^{n-2},$$

puis en multipliant par X :

$$\sum_{k=0}^{n} k^2\binom{n}{k} X^k Y^{n-k} = nX(X+Y)^{n-1} + n(n-1)X^2(X+Y)^{n-2}.$$

Enfin, en remplaçant Y par $1 - X$, on obtient :

$$P_2 = \sum_{k=0}^{n} k^2\binom{n}{k} X^k (1-X)^{n-k} = nX + n(n-1)X^2.$$

3.14 Soit (P, Q) convenant. On a :

$$(P + \mathrm{i}\,Q)(P - \mathrm{i}\,Q) = P^2 + Q^2 = X^2,$$

donc : $P + \mathrm{i}\,Q \mid X^2$. Il existe donc $\alpha \in \mathbb{C}^*$ et $k \in \{0, 1, 2\}$ tels que : $P + \mathrm{i}\,Q = \alpha X^k$. Alors : $P - \mathrm{i}\,Q = \dfrac{1}{\alpha}X^{2-k}$.

Séparons en cas selon la valeur de k.

Cas $k = 0$:

$$\begin{cases} P + \mathrm{i}\,Q = \alpha \\ P - \mathrm{i}\,Q = \dfrac{1}{\alpha}X^2 \end{cases} \iff \begin{cases} P = \dfrac{1}{2\alpha}X^2 + \dfrac{\alpha}{2} \\ Q = -\dfrac{1}{2\alpha\,\mathrm{i}}X^2 + \dfrac{\alpha}{2\,\mathrm{i}}. \end{cases}$$

Et P est unitaire si et seulement si $\alpha = \dfrac{1}{2}$, donc :

$$P = X^2 + \frac{1}{4} \quad \text{et} \quad Q = \mathrm{i}\,X^2 - \frac{\mathrm{i}}{4}.$$

Cas $k = 1$:

$$\begin{cases} P + \mathrm{i}\,Q = \alpha X \\ P - \mathrm{i}\,Q = \dfrac{1}{\alpha}X \end{cases} \iff \begin{cases} P = \dfrac{1}{2}\left(\alpha + \dfrac{1}{\alpha}\right)X \\ Q = \dfrac{1}{2}\left(\alpha - \dfrac{1}{\alpha}\right)X. \end{cases}$$

Et P est unitaire :

$$\frac{1}{2}\left(\alpha + \frac{1}{\alpha}\right) = 1 \iff \alpha^2 - 2\alpha + 1 = 0$$
$$\iff (\alpha - 1)^2 = 0 \iff \alpha = 1,$$

donc : $$P = X \ \text{ et } \ Q = 0.$$

Cas $k = 2$:

$$\begin{cases} P + \mathrm{i}\,Q = \alpha X^2 \\ P - \mathrm{i}\,Q = \dfrac{1}{\alpha} \end{cases} \iff \begin{cases} P = \dfrac{\alpha}{2}X^2 + \dfrac{1}{2\alpha} \\ Q = \dfrac{\alpha}{2\,\mathrm{i}}X^2 - \dfrac{1}{2\alpha\,\mathrm{i}}. \end{cases}$$

Et P est unitaire si et seulement si $\alpha = 2$, d'où :

$$P = X^2 + \frac{1}{4} \quad \text{et} \quad Q = -\mathrm{i}\,X^2 + \frac{\mathrm{i}}{4}.$$

Finalement, l'ensemble $\mathscr{S}$ des solutions est :

$$\mathscr{S} = \left\{\left(X^2 + \frac{1}{4},\ \mathrm{i}\,X^2 - \frac{\mathrm{i}}{4}\right),\ (X, 0),\ \left(X^2 + \frac{1}{4},\ -\mathrm{i}\,X^2 + \frac{\mathrm{i}}{4}\right)\right\}.$$

3.15 *a)* On a :

$$P(0) - 2P\left(\frac{1}{2}\right) + P(1) = c - 2\left(\frac{9}{4} + \frac{b}{2} + c\right) + (9 + b + c) = \frac{9}{2}.$$

b) Raisonnons par l'absurde.

Supposons : $\forall x \in [0\,;\,1],\ |P(x)| \leqslant 1$.

On a alors en particulier :

$$P(0) \leqslant 1,\ P\left(\frac{1}{2}\right) \geqslant -1,\ P(1) \leqslant 1,$$

donc : $P(0) - 2P\left(\dfrac{1}{2}\right) + P(1) \leqslant 1 - 2(-1) + 1 = 4$,

en contradiction avec le résultat obtenu en *a)*.

On conclut : $\quad \exists\, x \in \mathbb{R},\ |P(x)| \leqslant 1$.

3.16 *a)* • Dans $\mathbb{C}[X]$: $X^5 - 1 = \prod_{k=0}^{4} (X - e^{\frac{2ik\pi}{5}})$

$$= (X-1)(X-e^{\frac{2i\pi}{5}})(X-e^{\frac{4i\pi}{5}})(X-e^{\frac{6i\pi}{5}})(X-e^{\frac{8i\pi}{5}})$$

$$= (X-1)(X-e^{\frac{2i\pi}{5}})(X-e^{\frac{4i\pi}{5}})(X-e^{-\frac{4i\pi}{5}})(X-e^{-\frac{2i\pi}{5}}).$$

• Dans $\mathbb{R}[X]$: $X^5 - 1 = (X-1)(X^4+X^3+X^2+X+1)$.

Et, en notant $Y = X + \frac{1}{X}$:

$$\frac{1}{X^2}(X^4+X^3+X^2+X+1)$$

$$= X^2 + X + 1 + \frac{1}{X} + \frac{1}{X^2} = Y^2 + Y - 1.$$

Le trinôme $Y^2 + Y - 1$ a pour discriminant $\Delta = 5 > 0$, donc ce trinôme admet deux racines réelles, qui sont :

$$\frac{-1-\sqrt{5}}{2} \quad \text{et} \quad \frac{-1+\sqrt{5}}{2},$$

donc : $Y^2 + Y - 1 = \left(Y - \frac{-1-\sqrt{5}}{2}\right)\left(Y - \frac{-1+\sqrt{5}}{2}\right)$.

puis : $X^4 + X^3 + X^2 + X + 1$

$$= X^2\left(X + \frac{1}{X} + \frac{1+\sqrt{5}}{2}\right)\left(X + \frac{1}{X} + \frac{1-\sqrt{5}}{2}\right)$$

$$= \left(X^2 + \frac{1+\sqrt{5}}{2}X + 1\right)\left(X^2 + \frac{1-\sqrt{5}}{2}X + 1\right).$$

On conclut :

$$X^5 - 1 = (X-1)\left(X^2 + \frac{1+\sqrt{5}}{2}X + 1\right)\left(X^2 + \frac{1-\sqrt{5}}{2}X + 1\right).$$

b) En regroupant les facteurs conjugués dans la factorisation de $X^5 - 1$ dans $\mathbb{C}[X]$, on obtient :

$X^5 - 1$

$$= (X-1)\left[(X-e^{\frac{2i\pi}{5}})(X-e^{-\frac{2i\pi}{5}})\right]\left[(X-e^{\frac{4i\pi}{5}})(X-e^{-\frac{4i\pi}{5}})\right]$$

$$= (X-1)\left(X^2 - 2\cos\frac{2\pi}{5}X + 1\right)\left(X^2 - 2\cos\frac{4\pi}{5}X + 1\right).$$

Comme $\cos\frac{2\pi}{5} > 0$ et $\cos\frac{4\pi}{5} < 0$, on déduit :

$$\cos\frac{2\pi}{5} = \frac{\sqrt{5}-1}{4} \quad \text{et} \quad \cos\frac{4\pi}{5} = \frac{1-\sqrt{5}}{4}.$$

Ensuite :

$$\cos\frac{\pi}{5} = \cos\left(\pi - \frac{4\pi}{5}\right) = -\cos\frac{4\pi}{5} = \frac{\sqrt{5}-1}{4},$$

$$\sin\frac{\pi}{5} = \left(1 - \cos^2\frac{\pi}{5}\right)^{1/2} = \left(1 - \left(\frac{\sqrt{5}-1}{4}\right)^2\right)^{1/2}$$

$$= \left(1 - \frac{6-2\sqrt{5}}{16}\right)^{1/2} = \left(\frac{2\sqrt{5}+10}{16}\right)^{1/2} = \frac{\sqrt{2\sqrt{5}+10}}{4}.$$

3.17 On a, pour tout $(u,v) \in \mathbb{C}^2$ tel que $u \neq v$:

$$(S)\begin{cases} P(u) = P(v) \\ Q(u) = Q(v) \end{cases} \iff \begin{cases} u^3 + u = v^3 + v \\ u^3 + u^2 = v^3 + v^2 \end{cases}$$

$$\iff \begin{cases} u^3 - v^3 = -(u-v) \\ u^2 - v^2 = u - v \end{cases} \iff \begin{cases} u^2 + uv + v^2 = -1 \\ u + v = 1, \end{cases}$$

car $u - v \neq 0$.

Notons la somme $S = u + v$ et le produit $P = uv$. On a alors :

$$(S) \iff \begin{cases} S^2 - P = -1 \\ S = 1 \end{cases} \iff \begin{cases} S = 1 \\ P = 2. \end{cases}$$

Ainsi, (u,v) convient si et seulement si u, v sont les zéros dans $\mathbb{C}$ de $X^2 - X + 2$, et on conclut que l'ensemble $\mathscr{S}$ cherché est :

$$\mathscr{S} = \left\{\left(\frac{1-i\sqrt{7}}{2}, \frac{1+i\sqrt{7}}{2}\right), \left(\frac{1+i\sqrt{7}}{2}, \frac{1-i\sqrt{7}}{2}\right)\right\}.$$

3.18 Notons, pour tout $n \in \mathbb{N}$, a_n, b_n, c_n les coefficients respectifs de $1, X, X^2$ dans P_n. Ainsi, pour tout $n \geqslant 1$, il existe $Q_n \in \mathbb{R}[X]$ tel que : $P_n = a_n + b_nX + c_nX^2 + X^3Q_n$.

On a, pour tout $n \geqslant 1$:

$$P_{n+1} = a_{n+1} + b_{n+1}X + c_{n+1}X^2 + X^3Q_{n+1}$$

et : $P_{n+1} = P_n^2 - 2 = -2 + (a_n + b_nX + c_nX^2 + X^3Q_n)^2$

$$= (a_n^2 - 2) + 2a_nb_nX + (2a_nc_n + b_n^2)X^2 + X^3R_n,$$

où $R_n \in \mathbb{R}[X]$.

Par unicité de l'écriture d'un polynôme sur $1, X, X^2, \ldots$, on déduit :

$$a_{n+1} = a_n^2 - 2, \quad b_{n+1} = 2a_nb_n, \quad c_{n+1} = 2a_nc_n + b_n^2.$$

Ainsi, les suites $(a_n)_{n\geqslant1}$, $(b_n)_{n\geqslant1}$, $(c_n)_{n\geqslant1}$ vérifient des relations de récurrence, non linéaires, mélangées.

1) Calcul des a_n :

On a $a_1 = -2$ et, pour tout $n \geqslant 1$, $a_{n+1} = a_n^2 - 2$. En particulier : $a_2 = a_1^2 - 2 = 2$, $a_3 = a_2^2 - 2 = 2, \ldots$

Si, pour $n \geqslant 2$ fixé, $a_n = 2$, alors $a_{n+1} = a_n^2 - 2 = 2$.

Ceci montre, par récurrence sur n : $\forall n \geqslant 2,\ a_n = 2$.

On conclut : $\forall n \geqslant 1,\ a_n = \begin{cases} -2 & \text{si } n = 1 \\ 2 & \text{si } n \geqslant 2. \end{cases}$

2) Calcul des b_n :

On a : $P_2 = P_1^2 - 2 = (X-2)^2 - 2 = X^2 - 4X + 2$,

donc : $b_2 = -4$. Et : $\forall n \geqslant 2,\ b_{n+1} = 2a_nb_n = 4b_n$.

Ainsi, $(b_n)_{n\geqslant 2}$ est une suite géométrique, d'où :

$$\forall n \geqslant 2,\ \ b_n = 4^{n-2}b_2 = 4^{n-2}(-4) = -4^{n-1}.$$

On conclut : $\forall n \geqslant 1,\ \ b_n = \begin{cases} 1 & \text{si } n = 1 \\ -4^{n-1} & \text{si } n \geqslant 2. \end{cases}$

3) Calcul des c_n :

On a $c_2 = 1$ et, pour tout $n \geqslant 2$:

$$c_{n+1} = 2a_n c_n + b_n^2 = 4c_n + (-4^{n-1})^2 = 4c_n + 4^{2n-2}.$$

Notons, pour tout $n \geqslant 2$: $d_n = \dfrac{c_n}{4^n}$.

On a alors $d_2 = \dfrac{1}{4^2}$ et, pour tout $n \geqslant 2$:

$$d_{n+1} = \frac{c_{n+1}}{4^{n+1}} = \frac{4c_n + 4^{2n-2}}{4^{n+1}} = d_n + 4^{n-3}.$$

D'où, par sommation, pour tout $n \geqslant 2$:

$$d_n = d_2 + 4^{-1} + 4^0 + \cdots + 4^{n-4}$$

$$= \frac{1}{16} + \frac{1}{4}(1 + 4 + \cdots + 4^{n-3}) = \frac{1}{16} + \frac{1}{4}\,\frac{4^{n-2}-1}{4-1}$$

$$= \frac{1}{16} + \frac{4^{n-3}}{3} - \frac{1}{12} = \frac{4^{n-3}}{3} - \frac{1}{48},$$

puis : $$c_n = 4^n d_n = \frac{4^{2n-3}}{3} - \frac{4^n}{48}.$$

On conclut, pour tout $n \geqslant 2$:

$$c_n = \begin{cases} 0 & \text{si } n = 1 \\ \dfrac{1}{3}4^{2n-3} - \dfrac{1}{48}4^n & \text{si } n \geqslant 2. \end{cases}$$

3.19 On a, par hypothèse :

$$P = X^5 + a_4X^4 + a_3X^3 + a_2X^2 + a_1X + a_0 = \prod_{k=1}^{5}(X - z_k),$$

d'où :

$$\prod_{k=1}^{5}(1 + z_k^2) = \prod_{k=1}^{5}\big((\mathrm{i} - z_k)(-\mathrm{i} - z_k)\big)$$

$$= \Big(\prod_{k=1}^{5}(\mathrm{i} - z_k)\Big)\Big(\prod_{k=1}^{5}(-\mathrm{i} - z_k)\Big) = P(\mathrm{i})P(-\mathrm{i}).$$

Et :

$$P(\mathrm{i}) = a_0 + a_1\mathrm{i} - a_2 - a_3\mathrm{i} + a_4 + a_5\mathrm{i}$$
$$= (a_0 - a_2 + a_4) + \mathrm{i}(a_1 - a_3 + a_5),$$

et de même : $P(-\mathrm{i}) = (a_0 - a_2 + a_4) - \mathrm{i}(a_1 - a_3 + a_5)$,

d'où : $P(\mathrm{i})P(-\mathrm{i}) = (a_0 - a_2 + a_4)^2 + (a_1 - a_3 + a_5)^2$.

On conclut :

$$\prod_{k=1}^{5}(z_k^2 + 1) = (a_0 - a_2 + a_4)^2 + (a_1 - a_3 + a_5)^2.$$

3.20 On a, dans $\mathbb{C}[X]$:

$$A = X^2 - 2X\cos t = 1 = (X - e^{\mathrm{i}t})(X - e^{-\mathrm{i}t}).$$

Montrons que les zéros de A dans $\mathbb{C}[X]$ sont zéros de P.

On a : $P(e^{\mathrm{i}t}) = e^{\mathrm{i}nt}\sin t - e^{\mathrm{i}t}\sin nt + \sin(n-1)t$

$$= (\cos nt + \mathrm{i}\sin nt)\sin t - (\cos t + \mathrm{i}\sin t)\sin nt + \sin(n-1)t$$

$$= \cos nt \sin t - \cos t \sin nt + \sin(n-1)t = 0.$$

Comme $P \in \mathbb{R}[X]$, on a, par conjugaison :

$$P(e^{-\mathrm{i}t}) = \overline{P(e^{\mathrm{i}t})} = 0.$$

- Si $t \notin \pi\mathbb{Z}$, alors $e^{\mathrm{i}t} \neq e^{-\mathrm{i}t}$, donc $A \mid P_n$.
- Si $t \in \pi\mathbb{Z}$, alors $\sin t = 0$, $\sin nt = 0$, $\sin(n-1)t = 0$, donc $P_n = 0$, d'où : $A \mid P_n$.

On conclut que, pour tout $n \in \mathbb{N}$, A divise P (dans $\mathbb{R}[X]$ et dans $\mathbb{C}[X]$).

3.21 Notons $P = X^p - a$. On a :

$$X^n = X^{pq+r} = (X^p)^qX^r = ((X^p - a) + a)^qX^r = (P + a)^qX^r.$$

En utilisant la formule du binôme de Newton :

$$X^n = \Big[\sum_{k=0}^{q}\binom{q}{k}P^k a^{q-k}\Big]X^r = a^qX^r + P\underbrace{\sum_{k=1}^{q}\binom{q}{k}P^{k-1}a^{q-k}X^r}_{\text{noté } Q}.$$

Ainsi : $\begin{cases} X^n = PQ + a^qX^r \\ \deg(a^qX^r) \leqslant \deg(X^r) = r < p = \deg(P), \end{cases}$

donc : le reste de la division euclidienne de X^n par $X^p - a$ est a^qX^r.

3.22 On a, d'après la formule sur une progression géométrique : $(X-1)P_n(X) = (X-1)\displaystyle\sum_{k=0}^{n-1}X^k = X^n - 1$,

et donc aussi :

$$(X^2 - 1)P_n(X^2) = (X^2)^n - 1 = X^{2n} - 1 = (X^n - 1)(X^n + 1),$$

d'où :

$$P_n(X) \mid P_n(X^2) \iff (X^2-1)P_n(X) \mid (X^2-1)P_n(X^2)$$
$$\iff (X+1)(X^n-1) \mid (X^n-1)(X^n+1)$$
$$\iff X + 1 \mid X^n + 1 \iff (-1)^n + 1 = 0 \iff n \text{ impair}.$$

La CNS cherchée est donc : n est impair.

3.23 Par division euclidienne, il existe $(Q,R) \in (\mathbb{R}[X])^2$ unique tel que : $P_n = BQ + R$ et $\deg(R) < \deg(B) = 2$.

Il existe donc $(a,b) \in \mathbb{R}^2$ tel que : $R = aX + b$.

En prenant la valeur en i, nombre complexe qui annule B, on a :

$$ai + b = R(i) = P_n(i) = (i \sin t + \cos t)^n$$
$$= (e^{it})^n = e^{int} = \cos nt + i \sin nt.$$

Puisque a et b sont réels, on déduit : $a = \sin nt$, $b = \cos nt$.

Finalement, le reste de la division euclidienne de P_n par B est :

$$R = (\sin nt)X + \cos nt.$$

3.24 *a)* Par division euclidienne de P par $(X-a)(X-b)$, il existe $(Q,R) \in (\mathbb{K}[X])^2$ unique tel que :

$$P = (X-a)(X-b)Q + R \text{ et } \deg(R) < 2,$$

puis il existe $(\lambda,\mu) \in \mathbb{K}^2$ unique tel que : $R = \lambda X + \mu$.

En prenant la valeur en a, la valeur en b, on a :

$$\begin{cases} \lambda a + \mu = R(a) = P(a) \\ \lambda b + \mu = R(b) = P(b), \end{cases}$$

d'où les valeurs de λ et μ, par résolution d'un système de deux équations à deux inconnues :

$$\lambda = \frac{P(b) - P(a)}{b-a}, \qquad \mu = \frac{bP(a) - aP(b)}{b-a}.$$

On conclut : le reste de la division euclidienne de P par $(X-a)(X-b)$, lorsque $a \neq b$, est :

$$R = \frac{P(b)-P(a)}{b-a}X + \frac{bP(a)-aP(b)}{b-a}.$$

b) Par division euclidienne de P par $(X-a)^2$, il existe $(Q,R) \in (\mathbb{K}[X])^2$ unique tel que :

$$P = (X-a)^2 Q + R \text{ et } \deg(R) < 2,$$

puis il existe $(\lambda,\mu) \in \mathbb{K}^2$ unique tel que : $R = \lambda X + \mu$.

En prenant la valeur en a, on a : $\lambda a + \mu = R(a) = P(a)$.

D'autre part, en dérivant :

$$P' = (X-a)^2 Q' + 2(X-a)Q + R',$$

puis, en prenant la valeur en a : $P'(a) = R'(a) = \lambda$.

d'où : $\lambda = P'(a)$, $\mu = P(a) - \lambda a = P(a) - aP'(a)$.

On conclut : le reste de la division euclidienne de P par $(X-a)^2$ est : $R = P'(a)X + (P(a) - aP'(a))$.

3.25 On remarque que P ressemble à un développement du binôme de Newton. On a :

$$\begin{aligned} P &= (X+1)^6 - X^6 = ((X+1)^3)^2 - (X^3)^2 \\ &= ((X+1)^3 - X^3)((X+1)^3 + X^3) \\ &= \big([(X+1) - X][(X+1)^2 + (X+1)X + X^2]\big) \\ &\qquad \big([(X+1) + X][(X+1)^2 - (X+1)X + X^2]\big) \\ &= (3X^2 + 3X + 1)(2X+1)(X^2 + X + 1). \end{aligned}$$

Les trinômes du second degré $3X^2 + 3X + 1$ et $X^2 + X + 1$ sont irréductibles dans $\mathbb{R}[X]$ car ils sont de discriminants < 0. On conclut que la factorisation de P dans $\mathbb{R}[X]$ est :

$$P = (2X+1)(X^2+X+1)(3X^2+3X+1).$$

3.26 On remarque d'abord que P est pair.

Notons $Y = X^2$ et $Q = Y^4 + 7Y^3 + 13Y^2 - 3Y - 18$.

On a donc : $P(X) = Q(X^2)$.

On remarque que 1 est zéro de Q, et on factorise Q par $Y - 1$: $Q = (Y-1)\underbrace{(Y^3 + 8Y^2 + 21Y + 18)}_{\text{noté } R}$.

On remarque que -2 est zéro de R, et on factorise R par $Y + 2$:

$$R = (Y+2)(Y^2 + 6Y + 9) = (Y+2)(Y+3)^2.$$

On a donc : $Q = (Y-1)(Y+2)(Y+3)^2$, d'où :

$$\begin{aligned} P &= (X^2-1)(X^2+2)(X^2+3)^2 \\ &= (X-1)(X+1)(X^2+2)(X^2+3)^2, \end{aligned}$$

ce qui constitue la factorisation de P dans $\mathbb{R}[X]$.

Enfin, la factorisation de P dans $\mathbb{C}[X]$ est :

$$P = (X-1)(X+1)(X - i\sqrt{2})(X + i\sqrt{2})(X - i\sqrt{3})^2(X + i\sqrt{3})^2.$$

3.27 Nous allons d'abord raisonner sur le degré.

a) Il est clair que le polynôme nul ne convient pas.

Si P convient et $P \neq 0$, en notant $n = \deg(P) \in \mathbb{N}$, on a : $\deg(XP'' + 2P') \leqslant n - 1$, donc $\deg(XP'' + 2P' + P) = n$,

et comme $\deg(X^2 - X) = 2$, on déduit : $n = 2$.

Notons donc $P = aX^2 + bX + c$, $(a,b,c) \in \mathbb{R}^3$.

On a alors :

$$\begin{aligned} &XP'' + 2P' + P = X^2 - X \\ &\iff X2a + 2(2aX + b) + (aX^2 + bX + c) = X^2 - X \\ &\iff \begin{cases} a = 1 \\ 6a + b = -1 \\ 2b + c = 0 \end{cases} \iff \begin{cases} a = 1 \\ b = -7 \\ c = 14. \end{cases} \end{aligned}$$

On conclut qu'il y a un polynôme et un seul qui convient, c'est :

$$P = X^2 - 7X + 14.$$

b) Il est clair que le polynôme nul convient.

Soit P convenant tel que $P \neq 0$.

Notons $n = \deg(P)$, $P = a_n X^n + \cdots + a_0$, $a_0, ..., a_n \in \mathbb{R}$, $a_n \neq 0$. Le terme de degré n de $(X^2-1)P'' + 2XP' - 2P$ est $n(n-1)a_n + 2na_n - 2a_n$, et il est nul, d'où, puisque $a_n \neq 0$:

$$n(n-1) + 2n - 2 = 0,$$

c'est-à-dire $n^2 + n - 2 = 0$, donc $n = 1$, la valeur $n = -2$ étant exclue, puisque $n \in \mathbb{N}$.

Notons $P = aX + b$, $(a, b) \in \mathbb{R}^2$. On a alors :

$$(X^2-1)P'' + 2XP' - 2P = 2Xa - 2(aX + b) = -2b,$$

donc P convient si et seulement si : $P = aX$, $a \in \mathbb{R}$.

L'ensemble des solutions est donc : $\{aX\,;\, a \in \mathbb{R}\}$.

c) Il est clair qu'aucun polynôme constant ne convient.

Soit $P \in \mathbb{R}[X]$ non constant. Notons $n = \deg(P) \geqslant 1$.

Alors, $\deg(PP') = n + (n-1) = 2n - 1$ et $\deg(P'') \leqslant n - 2$.

Comme $\deg(PP') > \deg(P'')$, on déduit :

$$\deg(PP' + P'') = \deg(PP') = 2n - 1.$$

Ainsi, le degré de $PP' + P''$ est impair, alors que le degré de X^2 est pair, d'où une contradiction.

On conclut qu'il n' y a aucun polynôme convenant.

3.28 *a)* Supposons que a est zéro de P d'ordre ω exactement, c'est-à-dire : $(X-a)^\omega \mid P$ et $(X-a)^{\omega+1} \nmid P$.

Il existe alors $Q \in \mathbb{K}[X]$ tel que :

$$P = (X-a)^\omega Q \quad \text{et} \quad (X-a) \nmid Q,$$

c'est-à-dire : $(X-a)^\omega \mid P$ et $Q(a) \neq 0$.

On a, d'après la formule de Leibniz, pour tout $k \in \mathbb{N}$:

$$P^{(k)} = \sum_{i=0}^{k} \binom{k}{i} \big((X-a)^\omega\big)^{(i)} Q^{(k-i)}.$$

Mais :

$$\big((X-a)^\omega\big)^{(i)} = \begin{cases} \dfrac{\omega!}{(\omega-i)!}(X-a)^{\omega-i} & \text{si} \quad i \leqslant \omega \\ 0 & \text{si} \quad i > \omega. \end{cases}$$

D'où, pour tout $i \in [\![0\,;\,\omega-1]\!]$: $\big((X-a)^\omega\big)^{(i)}(a) = 0$

et : $\big((X-a)^\omega\big)^{(\omega)} = \omega!$.

Il en résulte : $\forall k \in [\![0\,;\,\omega-1]\!],\ P^{(k)}(a) = 0$

et : $P^{(\omega)}(a) = \omega! Q(a) \neq 0$.

b) Réciproquement, supposons :

$$(\forall k \in [\![0\,;\,\omega-1]\!],\ P^{(k)}(a) = 0) \ \text{et} \ P^{(\omega)}(a) \neq 0.$$

Puisque $P(a) = 0$ (cas $k = 0$), a est un zéro de P.

Comme $P \neq 0$, il existe alors $\lambda \in \mathbb{N}^*$ tel que :

$$(X-a)^\lambda \mid P \quad \text{et} \quad (X-a)^{\lambda+1} \nmid P.$$

D'après *a)*, on a :

$$(\forall k \in [\![0\,;\,\lambda-1]\!],\ P^{(\lambda)}(a) = 0) \ \text{et} \ P^{(\lambda)}(a) \neq 0.$$

d'où nécessairement $\omega = \lambda$, donc a est zéro de P d'ordre ω exactement.

3.29 On a :

$$(S)\begin{cases} \deg(P) = 5 \\ (X-a)^3 \mid P(X) - b \\ (X+a)^3 \mid P(X) + b \end{cases} \iff \begin{cases} \deg(P) = 5 \\ P(a) = b \\ (X-a)^2 \mid P'(X) \\ P(-a) = -b \\ (X+a)^2 \mid P'(X) \end{cases}$$

$$\iff \begin{cases} \exists\, \lambda \in \mathbb{C}^*,\ P' = \lambda(X-a)^2(X+a)^2 \\ P(a) = b,\ P(-a) = -b \end{cases}$$

$$\iff \begin{cases} \exists\, (\lambda, \mu) \in \mathbb{C}^* \times \mathbb{C},\ P = \lambda\Big(\dfrac{X^5}{5} - 2a^2\dfrac{X^3}{3} + a^4 X\Big) + \mu \quad (*) \\ P(a) = b,\ P(-a) = -b \end{cases}$$

$$\iff \begin{cases} (*) \\ \lambda\Big(\dfrac{a^5}{5} - \dfrac{2a^5}{3} + a^5\Big) + \mu = b \\ \lambda\Big(-\dfrac{a^5}{5} + \dfrac{2a^5}{3} - a^5\Big) + \mu = -b \end{cases}$$

$$\iff \begin{cases} (*) \\ \mu = 0 \\ \lambda = \dfrac{15b}{8a^5} \end{cases} \iff P = \frac{15b}{8a^5}\Big(\frac{1}{5}X^5 - \frac{2a^2}{3}X^3 + a^4 X\Big).$$

Il existe un polynôme et un seul convenant, le polynôme P ci-dessus.

3.30 Notons $P = \sum_{k=0}^{n} a_k X^k$, où $n \in \mathbb{N}$, $a_0, ..., a_n \in K$.

On a alors : $P(X + P(X)) = \sum_{k=0}^{n} a_k (X + P(X))^k$.

D'après la formule du binôme de Newton, on a, pour tout $k \in [\![0\,;\,n]\!]$:

$$(X + P(X))^k = \sum_{i=0}^{k} \binom{k}{i} X^{k-i} (P(X))^i$$

$$= X^k + \underbrace{\Big(\sum_{i=1}^{k} \binom{k}{i} X^{k-i} (P(X))^{i-1}\Big)}_{\text{polynôme, noté } U_k(X)} P(X).$$

Ainsi :

$$P(X + P(X)) = \sum_{k=0}^{n} a_k(X^k + U_k(X)P(X))$$
$$= \sum_{k=0}^{n} a_k X^k + \Big(\sum_{k=0}^{n} a_k U_k(X)\Big)P(X) = \underbrace{\Big(1 + \sum_{k=0}^{n} a_k U_k(X)\Big)}_{\text{polynôme}}P(X),$$

et on conclut : $P(X) \mid P(X + P(X))$.

3.31 *a)* Soient $i \in [\![0\,;n]\!]$ et $L_i \in \mathbb{K}_n[X]$ quelconque. On a :

$$\forall \in [\![0\,;n]\!],\ \ L_i(a_j) = \delta_{ij}$$
$$\iff (\forall j \in [\![0\,;n]\!] - \{i\},\ \ L_i(a_j) = 0) \ \text{ et } \ L_i(a_i) = 1$$
$$\iff (\forall j \in [\![0\,;n]\!] - \{i\},\ \ X - a_j \mid L_i) \ \text{ et } \ L_i(a_i) = 1$$
$$\iff \Big(\prod_{0 \leqslant j \leqslant n,\, j \neq i} (X - a_j) \mid L_i\Big) \ \text{ et } \ L_i(a_i) = 1 \ \ (*)$$

car $a_0, \ldots, a_n$ sont deux à deux distincts.

De plus, comme $L_i \in \mathbb{K}_n[X]$ et que $\deg\Big(\prod_{j \neq i}(X - a_j)\Big) = n$, on a alors :

$$(*) \iff \exists\, \lambda \in \mathbb{K},\ \ L_i = \lambda \prod_{j \neq i}(X - a_j) \ \text{ et } \ \lambda \prod_{j \neq i}(a_i - a_j) = 1$$

$$\iff L_i = \frac{\prod_{j \neq i}(X - a_j)}{\prod_{j \neq i}(a_i - a_j)}.$$

On conclut que, pour tout $i \in [\![0\,;n]\!]$, il existe $L_i \in \mathbb{K}_n[X]$ unique tel que : $\forall j \in [\![0\,;n]\!],\ L_i(a_j) = \delta_{ij}$,

et on a : $$L_i = \frac{\prod_{j \neq i}(X - a_j)}{\prod_{j \neq i}(a_i - a_j)}.$$

b) Soit $P \in \mathbb{K}_n[X]$. Notons $Q = \sum_{i=0}^{n} P(a_i)L_i$.

On a alors $Q \in \mathbb{K}_n[X]$ et, pour tout $j \in [\![0\,;n]\!]$:

$$Q(a_j) = \sum_{i=0}^{n} P(a_i)L_i(a_j) = \sum_{i=0}^{n} P(a_i)\delta_{ij} = P(a_j).$$

Ainsi, le polynôme $Q - P$ est de degré $\leqslant n$ et s'annule en $n + 1$ points deux à deux distincts, les a_j, $0 \leqslant j \leqslant n$, donc $Q - P = 0$, $Q = P$.

On conclut : $\forall P \in \mathbb{K}_n[X],\ \ P = \sum_{i=0}^{n} P(a_i)L_i$.

c) Soient $(y_0, \ldots, y_n) \in \mathbb{K}^{n+1}$, $P \in \mathbb{K}_n[X]$.

• Si : $\forall i \in [\![0\,;n]\!],\ \ P(a_i) = y_i$, alors, d'après *b)* :

$$P = \sum_{i=0}^{n} P(a_i)L_i = \sum_{i=0}^{n} y_i L_i.$$

• Réciproquement, le polynôme $\sum_{i=0}^{n} y_i L_i$ est de degré $\leqslant n$ et :

$$\forall j \in [\![0\,;n]\!],\ \ \Big(\sum_{i=0}^{n} y_i L_i\Big)(a_j) = \sum_{i=0}^{n} y_i L_i(a_j) = \sum_{i=0}^{n} y_i \delta_{ij} = y_j.$$

On conclut qu'il existe $P \in \mathbb{K}_n[X]$ unique tel que :

$$\forall i \in [\![0\,;n]\!],\ \ P(a_i) = y_i.$$

3.32 *a) 1) Existence* :

1re méthode : passage par les nombres complexes :

On a, pour tout $t \in \mathbb{R}$:

$$e^{\,int} = (e^{\,it})^n = (\cos t + i \sin t)^n$$
$$= \sum_{k=0}^{n} \binom{n}{k}(\cos t)^{n-k}(i \sin t)^k$$
$$= \sum_{p,\ 0 \leqslant 2p \leqslant n} \binom{n}{2p}(\cos t)^{n-2p}(-1)^p(\sin t)^{2p}$$
$$+\ i \sum_{p,\ 0 \leqslant 2p+1 \leqslant n} \binom{n}{2p+1}(\cos t)^{n-2p-1}(-1)^p(\sin t)^{2p+1},$$

d'où, en prenant la partie réelle :

$$\cos nt = \sum_{p,\ 0 \leqslant 2p \leqslant n} \binom{n}{2p}(\cos t)^{n-2p}(-1)^p(1 - \cos^2 t)^p = T_n(\cos t),$$

en notant $T_n = \sum_{p,\ 0 \leqslant 2p \leqslant n} \binom{n}{2p} X^{n-2p}(-1)^p(1 - X^2)^p$.

Ceci montre qu'il existe T_n convenant, et on a explicité T_n, sous une forme compliquée.

Il est alors clair que T_n est de degré $\leqslant n$, et que le coefficient dominant de T_n est $\sum_{p,\ 0 \leqslant 2p \leqslant n} \binom{n}{2p} = 2^{n-1}$, et donc T_n est de degré n exactement.

2e méthode : récurrence sur n, à deux pas :

Montrons, par récurrence à deux pas sur n, que, pour tout $n \in \mathbb{N}$, il existe T_n convenant, de degré n et de coefficient dominant 2^{n-1}.

La proposition est évidente pour $n = 0$, avec $T_0 = 1$, et pour $n = 1$, avec $T_1 = X$.

Supposons la proposition vraie pour n et $n + 1$. On a, pour tout $t \in \mathbb{R}$: $\cos(n + 2)t + \cos nt = 2\cos(n + 1)t \cos t$, d'où :

$$\cos(n+2)t = 2\cos(n+1)t\cos t - \cos nt$$
$$= 2T_{n+1}(\cos t)\cos t - T_n(\cos t).$$

En notant $T_{n+2} = 2XT_{n+1} - T_n$, T_{n+2} est bien un polynôme de $\mathbb{R}[X]$ et : $\forall t \in \mathbb{R},\ T_{n+2}(\cos t) = \cos(n+2)t$.

De plus, puisque $\deg(T_n) = n$ et $\deg(T_{n+1}) = n+1$, d'après l'égalité définissant T_{n+2}, le polynôme T_{n+2} est de degré $n+2$ et de coefficient dominant 2 fois celui de T_{n+1}, c'est-à-dire 2^{n+2}.

On a montré, par récurrence à deux pas, que, pour tout $n \in \mathbb{N}$, il existe $T_n \in \mathbb{R}_n[X]$ tel que :

$$\forall t \in \mathbb{R},\ T_n(\cos t) = \cos nt$$

et que T_n est de degré n et de coefficient dominant 2^{n-1}.

Ceci montre la proposition pour $n+2$.

2) Unicité :

Soient T_n et U_n convenant. On a alors :

$$\forall t \in \mathbb{R},\ T_n(\cos t) = \cos nt = U_n(\cos t).$$

Comme $\cos t$ décrit $[-1\,;\,1]$ lorsque t décrit $\mathbb{R}$, il en résulte que le polynôme $T_n - U_n$ s'annule en une infinité de points (les éléments de $[-1\,;\,1]$), donc $T_n - U_n = 0$, $T_n = U_n$.

Ceci montre l'unicité de T_n convenant.

b) Soit $n \in \mathbb{N}^*$. On a, pour tout $t \in \mathbb{R}$:

$$T_n(\cos t) = 0 \iff \cos nt = 0$$
$$\iff \exists k \in \mathbb{Z},\ nt = \frac{\pi}{2} + k\pi \iff \exists k \in \mathbb{Z},\ t = \frac{(2k+1)\pi}{2n}.$$

Ceci montre que les réels $x_k = \cos\dfrac{(2k+1)\pi}{2n}$, $k \in \mathbb{Z}$, sont des zéros de T_n.

De plus, comme : $\forall k \in [\![0\,;\,n-1]\!],\ \dfrac{(2k+1)\pi}{2n} \in [0\,;\,\pi]$

et que cos est strictement décroissante sur $[0\,;\,\pi]$, les réels x_k sont deux à deux distincts.

On a ainsi obtenu n zéros réels de T_n.

D'autre part, T_n est de degré n, donc T_n admet au plus n zéros réels.

On conclut : les zéros de T_n dans $\mathbb{R}$ sont les

$$x_k = \cos\frac{(2k+1)\pi}{2n},\ k \in [\![0\,;\,n-1]\!].$$

c) On a, pour tout $k \in [\![0\,;\,n-1]\!]$, en notant $\theta_k = \dfrac{(2k+1)\pi}{2n}$:

$$T_i(x_k)T_j(x_k) = T_i(\cos\theta_k)T_j(\cos\theta_k) = \cos i\theta_k \cos j\theta_k$$
$$= \frac{1}{2}\big(\cos(i+j)\theta_k + \cos(i-j)\theta_k\big).$$

En notant , pour tout $p \in \mathbb{N}$:

$$C_p = \sum_{k=0}^{n-1}\cos p\theta_k,\quad S_p = \sum_{k=0}^{n-1}\sin p\theta_k,$$

on a donc : $\displaystyle\sum_{k=0}^{n-1} T_i(x_k)T_j(x_k) = \frac{1}{2}(C_{i+j} + C_{i-j})$.

Calculons les C_p, et les S_p, en passant par les nombres complexes :

$$C_p + \mathrm{i}S_p = \sum_{k=0}^{n-1}(\cos p\theta_k + \mathrm{i}\sin p\theta_k)$$
$$= \sum_{k=0}^{n-1} \mathrm{e}^{\,\mathrm{i}p\theta_k} = \sum_{k=0}^{n-1}\mathrm{e}^{\,\mathrm{i}p\frac{(2k+1)\pi}{2n}}.$$

• Si $p \neq 0$:

$$C_p + \mathrm{i}S_p = \mathrm{e}^{\,\mathrm{i}\frac{p\pi}{2n}}\sum_{k=0}^{n-1}\left(\mathrm{e}^{\,\mathrm{i}\frac{p\pi}{n}}\right)^k = \mathrm{e}^{\,\mathrm{i}\frac{p\pi}{2n}}\frac{1-\left(\mathrm{e}^{\,\mathrm{i}\frac{p\pi}{n}}\right)^n}{1-\mathrm{e}^{\,\mathrm{i}\frac{p\pi}{n}}}$$
$$= \mathrm{e}^{\,\mathrm{i}\frac{p\pi}{2n}}\frac{1-(-1)^p}{1-\mathrm{e}^{\,\mathrm{i}\frac{p\pi}{n}}} = \frac{1-(-1)^p}{\mathrm{e}^{-\mathrm{i}\frac{p\pi}{2n}} - \mathrm{e}^{\,\mathrm{i}\frac{p\pi}{2n}}}$$
$$= \frac{1-(-1)^p}{-2\mathrm{i}\sin\dfrac{p\pi}{2n}} = \frac{(1-(-1)^p)\mathrm{i}}{2\sin\dfrac{p\pi}{2n}},$$

d'où, en prenant la partie réelle : $C_p = 0$.

• Si $p = 0$, alors : $C_p = n$.

On en déduit :

∗ Si $i \neq j$, alors $i - j \neq 0$ et $i + j \neq 0$, donc $C_{i+j} = 0$ et $C_{i-j} = 0$;

∗ Si $i = j \neq 0$, alors $i - j = 0$ et $i + j \neq 0$, donc $C_{i-j} = n$ et $C_{i+j} = 0$.

∗ Si $i = j = 0$, alors $C_{i-j} = n$ et $C_{i+j} = n$.

On conclut :

$$\sum_{k=0}^{n-1} T_i(x_k)T_j(x_k) = \begin{cases} 0 & \text{si } i \neq j \\ \dfrac{n}{2} & \text{si } i = j \neq 0 \\ n & \text{si } i = j = 0. \end{cases}$$

3.33 Montrons, par récurrence sur $p \in \mathbb{N}$: P_{2p} n'admet aucun zéro réel et P_{2p+1} admet un zéro réel et un seul.

• Pour $p = 0$, on a $P_{2p} = P_0 = 1$ qui n'a pas de zéro réel, et $P_{2p+1} = P_1 = 1 + X$, qui admet un zéro réel et un seul, qui est -1.

Ainsi, la propriété est vraie pour $p = 0$.

Supposons, pour un $p \in \mathbb{N}$ fixé quelconque, que P_{2p} n'admet aucun zéro réel et que P_{2p+1} admet un zéro réel et un seul.

Puisque P_{2p} est continue sur l'intervalle $\mathbb{R}$ et que P_{2p} ne s'annule en aucun point de $\mathbb{R}$, d'après le théorème des valeurs intermédiaires, P_{2p} est de signe strict fixe.

Comme de plus : $P_{2p}(x) = \displaystyle\sum_{k=0}^{2p}\frac{1}{k!}x^k \underset{x \to +\infty}{\longrightarrow} +\infty$,

on déduit : $\forall x \in \mathbb{R},\ P_{2p}(x) > 0$.

On remarque :

$$P'_{2p+1} = \Big(\sum_{k=0}^{2p+1} \frac{1}{k!}\mathrm{X}^k\Big)' = \sum_{k=1}^{2p+1} \frac{k}{k!}\mathrm{X}^{k-1}$$

$$= \sum_{k=1}^{2p+1} \frac{1}{(k-1)!}\mathrm{X}^{k-1} \underset{k\longleftarrow k-1}{=} \sum_{k=0}^{2p} \frac{1}{k!}\mathrm{X}^k = P_{2p}.$$

Ainsi : $\quad \forall x \in \mathbb{R},\ P'_{2p+1}(x) = P_{2p}(x) > 0,$

donc P_{2p+1} est strictement croissante sur $\mathbb{R}$.

Comme de plus :

$$P_{2p+1}(x) \underset{x \longrightarrow -\infty}{\longrightarrow} -\infty \quad \text{et} \quad P_{2p+1}(x) \underset{x \longrightarrow +\infty}{\longrightarrow} +\infty,$$

d'après le théorème de la bijection monotone, P_{2p+1} admet un zéro réel et un seul, noté α_{2p+1}. D'ailleurs, l'existence et l'unicité de α_{2p+1} sont aussi dans l'hypothèse de récurrence.

Remarquons $\alpha_{2p+1} < 0$, puisque $P_{2p+1}(0) = 1 > 0$.

On peut alors dresser le tableau des variations de P_{2p+1} et de P_{2p+2} :

x	$-\infty$		α_{2p+1}		$+\infty$
$P'_{2p+1} = P_{2p}$			+		
P_{2p+1}		↗ −	0	+ ↗	
P_{2p+2}	$+\infty$	↘		↗	$+\infty$

On remarque aussi :

$$P_{2p+2} = \sum_{k=0}^{2p+2} \frac{1}{k!}\mathrm{X}^k = \Big(\sum_{k=0}^{2p+1} \frac{1}{k!}\mathrm{X}^k\Big) + \frac{1}{(2p+2)!}\mathrm{X}^{2p+2}$$

$$= P_{2p+1} + \frac{1}{(2p+2)!}\mathrm{X}^{2p+2},$$

D'où :

$$P_{2p+2}(\alpha_{2p+1}) = \underbrace{P_{2p+1}(\alpha_{2p+1})}_{=0} + \underbrace{\frac{1}{(2p+1)!}\alpha_{2p+1}^{2p+2}}_{>0} > 0.$$

Il en résulte : $\quad \forall x \in \mathbb{R},\ P_{2p+2}(x) > 0,$

donc P_{2p+2} n'a pas de zéro réel.

On déduit le tableau des variations de P_{2p+3} :

x	$-\infty$	0	$+\infty$
P_{2p+2}		+	
P_{2p+3}	$-\infty$	↗	$+\infty$

D'après le théorème de la bijection monotone, P_{2p+3} admet un zéro réel et un seul.

Ceci montre la propriété à l'ordre $p+1$, et établit la récurrence.

Finalement, pour tout $p \in \mathbb{N}$, P_{2p} n'a pas de zéro réel et P_{2p+1} admet un zéro réel et un seul.

3.34 *a)* En développant, on a :

$$\mathrm{X}^3 + p\mathrm{X} + q = (\mathrm{X} - x_1)(\mathrm{X} - x_2)(\mathrm{X} - x_3)$$

$$= \mathrm{X}^3 - (x_1 + x_2 + x_3)\mathrm{X}^2 + (x_1x_2 + x_1x_3 + x_2x_3)\mathrm{X} - x_1x_2x_3$$

$$= \mathrm{X}^3 - \sigma_1\mathrm{X}^2 + \sigma_2\mathrm{X} - \sigma_3,$$

d'où : $\quad \sigma_1 = 0,\quad \sigma_2 = p,\quad \sigma_3 = -q.$

b) 1) • $S_0 = \sum_{i=1}^{3} x_i^0 = 3,$

• $S_1 = \sum_{i=1}^{3} x_i^1 = \sigma_1 = 0,$

• $S_2 = \sum_{i=1}^{3} x_i^2 = (x_1 + x_2 + x_3)^2 - 2(x_1x_2 + x_1x_3 + x_2x_3)$

$$= \sigma_1^2 - 2\sigma_2 = -2p.$$

2) On a : $\quad \forall i \in \{1,2,3\},\quad x_i^3 + px_i + q = 0,$

d'où, pour tout $k \in \mathbb{N}$ fixé, en multipliant par x_i^k :

$$\forall i \in \{1,2,3\},\quad x_i^{k+3} + px_i^{k+1} + qx_i^k = 0,$$

puis, en sommant pour i allant de 1 à 3 :

$$S_{k+3} + pS_{k+1} + qS_k = 0.$$

3) D'après *1)* et *2)* :

$$S_3 = -pS_1 - qS_0 = -p0 - q3 = -3q,$$

$$S_4 = -pS_2 - qS_1 = -p(-2p) - q0 = 2p^2.$$

c) On a :

$$A = x_1^3x_2 + x_1^3x_3 + x_2^3x_1 + x_2^3x_3 + x_3^3x_1 + x_3^3x_2$$

$$= (x_1^3 + x_2^3 + x_3^3)(x_1 + x_2 + x_3) - (x_1^4 + x_2^4 + x_3^4)$$

$$= S_3S_1 - S_4 = -2p^2.$$

3.35 *1) Surjectivité* :

Soit $Z \in \mathbb{C}$. D'après le théorème de d'Alembert, le polynôme $P - Z$, qui n'est pas constant, admet au moins un zéro dans $\mathbb{C}$, donc : $\exists z \in \mathbb{C},\ P(z) = Z.$

On conclut que P est surjective.

2) Non-injectivité :

Notons $n = \deg(P) \geqslant 2$.

Raisonnons par l'absurde : supposons P injective.

En particulier, l'équation $P(z) = 0$, d'inconnue $z \in \mathbb{C}$, qui admet au moins une solution (cf. *1)*), admet au plus une solution $z_0 \in \mathbb{C}$, donc il existe $\lambda \in \mathbb{C}^*$ tel que $P = \lambda(\mathrm{X} - z_0)^n$. De même, puisque l'équation $P(z) = 1$, d'inconnue $z \in \mathbb{C}$, admet une solution et une seule, notée z_1, il existe $\mu \in \mathbb{C}$ tel que $P = 1 + \mu(\mathrm{X} - z_1)^n$.

On a alors : $\lambda(X - z_0)^n = 1 + \mu(X - z_1)^n$,

d'où, en dérivant : $n\lambda(X - z_0)^{n-1} = n\mu(X - z_1)^{n-1}$.

Comme $n-1 \geqslant 1$, on déduit $z_0 = z_1$, puis $P(z_0) = 0$ et $P(z_0) = 1$, contradiction.

Ce raisonnement par l'absurde montre que P n'est pas injective.

3.36 Soit $x \in \mathbb{R}$.

1) Si $x \leqslant 0$, alors :

$$P_n(x) = \underbrace{x^{2n}}_{\geqslant 0} \underbrace{-2x^{2n-1}}_{\geqslant 0} + \underbrace{3x^{2n-2}}_{\geqslant 0} - \cdots \underbrace{-2nx}_{\geqslant 0} + \underbrace{(2n+1)}_{\geqslant 0} \geqslant 2n + 1 > 0,$$

donc : $P_n(x) \neq 0$.

2) Supposons $x > 0$. On a :

$$(x+1)P_n(x) = (x+1)\sum_{k=0}^{2n}(-1)^k(k+1)x^{2n-k}$$

$$= \sum_{k=0}^{2n}(-1)^k(k+1)x^{2n-k+1} + \sum_{k=0}^{2n}(-1)^k(k+1)x^{2n-k}$$

$$\underset{p=k+1}{=} \sum_{k=0}^{2n}(-1)^k(k+1)x^{2n-k+1} + \sum_{p=1}^{2n+1}(-1)^{p-1}px^{2n-p+1}$$

$$= x^{2n+1} + \Big[\sum_{k=1}^{2n}\big((-1)^k(k+1) + (-1)^{k-1}k\big)x^{2n-k+1}\Big] + (2n+1)$$

$$= x^{2n+1} + \Big[\sum_{k=1}^{2n}(-1)^k x^{2n-k+1}\Big] + (2n+1)$$

$$= x\sum_{k=0}^{2n}(-1)^k x^{2n-k} + (2n+1) = x\frac{x^{2n+1}+1}{x+1} + (2n+1)$$

$$\geqslant 2n + 1 > 0,$$

donc : $P_n(x) \neq 0$.

On conclut que P_n n'admet aucun zéro réel.

3.37 *1)* Soit P convenant. On a alors :

$P(0) = 0,\ \ P(1) = P(0^3 + 1) = P(0)^3 + 1 = 1,$

$P(2) = p(1^3 + 1) = P(1)^3 + 1 = 2,$

$P(9) = P(2^3 + 1) = P(2)^3 + 1 = 9.$

Considérons la suite réelle $(u_n)_{n\in\mathbb{N}}$ définie par $u_0 = 0$ et :

$$\forall n \in \mathbb{N},\ \ u_{n+1} = u_n^3 + 1.$$

• Montrons, par récurrence sur n : $\forall n \in \mathbb{N},\ \ P(u_n) = u_n$.

On a : $P(u_0) = P(0) = 0 = u_0$

Si, pour un $n \in \mathbb{N}$ fixé, $P(u_n) = u_n$, alors :

$$P(u_{n+1}) = P(u_n^3 + 1) = P(u_n)^3 + 1 = u_n^3 + 1 = u_{n+1}.$$

On conclut, par récurrence sur n : $\forall n \in \mathbb{N},\ \ P(u_n) = u_n$.

• D'autre part, la suite $(u_n)_{n\in\mathbb{N}}$ est à valeurs dans $\mathbb{N}$ (par récurrence immédiate), donc :

$$\forall n \in \mathbb{N},\ \ u_{n+1} = u_n^3 + 1 > u_n^3 \geqslant u_n,$$

donc la suite $(u_n)_{n\in\mathbb{N}}$ est strictement croissante.

• Le polynôme $P - X$ s'annule donc en une infinité de points (les $u_n,\ n \in \mathbb{N}$), donc $P - X = 0,\ P = X$.

2) Réciproquement, il est évident que le polynôme $P = X$ convient.

Finalement, il y a un polynôme et un seul convenant : $P = X$.

3.38 Puisque $P(X) \mid P(X^3 + X)$, il existe $Q \in \mathbb{R}[X]$ tel que : $P(X^3 + X) = P(X)Q(X)$. En particulier :

$$\forall x \in \mathbb{R},\ \ (P(x) = 0 \implies P(x^3 + x) = 0).$$

Considérons l'application $\varphi : \mathbb{R} \longrightarrow \mathbb{R},\ \ x \longmapsto x^3 + x$.

Supposons que P admette au moins un zéro $a \in \mathbb{R}^*$.

Pour tout zéro x de P dans $\mathbb{R}$, $\varphi(x)$ est aussi un zéro de P dans $\mathbb{R}$, puis, en réitérant, $\varphi \circ \varphi(x)$ est un zéro de P dans $\mathbb{R}$, etc.

Considérons la suite $(u_n)_{n\in\mathbb{N}}$ définie par $u_0 = a$ et :

$$\forall n \in \mathbb{N},\ \ u_{n+1} = \varphi(u_n).$$

Si $a > 0$, alors, par une récurrence immédiate, on a, pour tout $n \in \mathbb{N}$, $0 < u_n < u_{n+1}$, donc la suite $(u_n)_{n\in\mathbb{N}}$ est strictement croissante.

De même, si $a < 0$, alors, par récurrence immédiate, pour tout $n \in \mathbb{N}$, $u_{n+1} < u_n < 0$, donc $(u_n)_{n\in\mathbb{N}}$ est strictement décroissante.

Dans chacun des deux cas, les u_n sont deux à deux distincts.

Ceci montre que P admet une infinité de zéros dans $\mathbb{R}$, d'où une contradiction.

On conclut que P n'admet aucun zéro dans $\mathbb{R}^*$.

3.39 Considérons, cf. exercice 3.31, les polynômes d'interpolation de Lagrange sur les abscisses $0, 1, \ldots, n$:

$$\forall k \in [\![0\,;\,n]\!],\ \ L_k = \frac{\prod_{i\neq k}(X - i)}{\prod_{i\neq k}(k - i)}.$$

D'après l'exercice 3.31, on a : $P = \sum_{k=0}^{n} P(k)L_k$.

d'où :

$$P(n+1) = \sum_{k=0}^{n} P(k)L_k(n+1)$$

$$= \sum_{k=0}^{n} \frac{n+1-k}{k+1} \frac{\prod_{i\neq k}(n+1-i)}{\prod_{i\neq k}(k-i)} = \sum_{k=0}^{n} \frac{1}{k+1} \frac{\prod_{i=0}^{n}(n+1-i)}{\prod_{i\neq k}(k-i)}$$

$$= \sum_{k=0}^{n} \frac{1}{k+1} \frac{(n+1)!}{[k(k-1)\cdots 1][(-1)(-2)\cdots(-(n-k))]}$$

$$= \sum_{k=0}^{n} \frac{(n+1)!}{(k+1)!(-1)^{n-k}(n-k)!}$$

$$= \sum_{k=0}^{n} (-1)^{n-k}\binom{n+1}{k+1} = (-1)^n \sum_{k=0}^{n} (-1)^k \binom{n+1}{k+1}$$

$$= (-1)^n \sum_{k=1}^{n+1} (-1)^{k-1}\binom{n+1}{k}$$

$$= (-1)^{n+1}\Big(\Big[\sum_{k=0}^{n+1}(-1)^k\binom{n+1}{k}\Big] - 1\Big)$$

$$= (-1)^{n+1}\big((1+(-1))^{n+1} - 1\big) = (-1)^n.$$

On conclut : $P(n+1) = (-1)^n$.

3.40 Il existe $x_1, ..., x_n \in \mathbb{R}$ et $a_1, ..., a_{n-1} \in \mathbb{R}_+$, $a_n = 1$ tels que : $P = \prod_{k=1}^{n}(\mathrm{X} - x_k)$, $P = \sum_{k=0}^{n} a_k \mathrm{X}^k$.

S'il existe $i \in [\![1\,;\,n]\!]$ tel que $x_i > 0$, alors :

$$0 = P(x_i) = \sum_{k=0}^{n} a_k x_i^k \geqslant a_n x_i^n = x_i^n > 0,$$

contradiction.

Ainsi : $\forall i \in [\![1\,;\,n]\!], \quad x_i \leqslant 0.$

D'autre part : $P(2) = \prod_{k=1}^{n}(2 - x_k)$.

Par comparaison de la moyenne arithmétique et de la moyenne géométrique de trois réels $\geqslant 0$ (cf exercice 11.23), on a, pour tout $k \in [\![1\,;\,n]\!]$:

$$2 - x_k = 3\frac{1+1+(-x_k)}{3} \geqslant 3\sqrt[3]{1\cdot 1\cdot(-x_k)} = 3(-x_k)^{1/3}.$$

d'où :

$$P(2) = \prod_{k=1}^{n}(2-x_k) \geqslant \prod_{k=1}^{n}\big(3(-x_k)^{1/3}\big) = 3^n\Big(\prod_{k=1}^{n}(-x_k)\Big)^{1/3}.$$

Mais : $\prod_{k=1}^{n}(-x_k) = P(0) = 1.$

On conclut : $P(2) \geqslant 3^n$.

3.41 *a)* Puisque P est un polynôme de degré pair et de coefficient dominant égal à 1, on a :

$$P(x) \underset{x \to -\infty}{\longrightarrow} +\infty \quad \text{et} \quad P(x) \underset{x \to +\infty}{\longrightarrow} +\infty.$$

Il existe donc $(a, b) \in \mathbb{R}^2$ tel que $a \leqslant 0 \leqslant b$ et que :

$$\begin{cases} \forall x \in]-\infty\,;\,a], & P(x) \geqslant P(0) \\ \forall x \in [b\,;\,+\infty[, & P(x) \geqslant P(0). \end{cases}$$

L'application P est continue sur le segment $[a\,;\,b]$, donc, d'après un théorème du cours, la restriction de P à $[a\,;\,b]$ est bornée et atteint ses bornes. Il existe donc $c \in [a\,;\,b]$ tel que :

$$\forall x \in [a\,;\,b], \quad P(x) \geqslant P(c).$$

On a alors :

$$\begin{cases} \forall x \in]-\infty\,;\,a], & P(x) \geqslant P(0) \geqslant P(c) \\ \forall x \in [a\,;\,b], & P(x) \geqslant P(c) \\ \forall x \in (b\,;\,+\infty[, & P(x) \geqslant P(0) \geqslant P(c), \end{cases}$$

donc : $\forall x \in \mathbb{R}, \quad P(x) \geqslant P(c).$

b) Notons $Q = \sum_{k=0}^{n} P^{(k)}$.

• Comme $\deg(P) = n$, $\deg(P') = n-1, ..., \deg(P^{(n)}) = 0$, et que le coefficient dominant de P est égal à 1, le polynôme Q est exactement de degré n et de coefficient dominant égal à 1. On peut donc appliquer *a)* à Q à la place de P. Il existe donc $d \in \mathbb{R}$ tel que : $\forall x \in \mathbb{R}, \quad Q(x) \geqslant Q(d)$.

D'autre part, on remarque :

$$Q' = \sum_{k=0}^{n} P^{(k+1)} = \sum_{k=1}^{n+1} P^{(k)} = \sum_{k=1}^{n} P^{(k)},$$

car $P^{(n+1)} = 0$, puisque P est de degré n.

On a donc : $Q' = Q - P$. Comme Q est dérivable sur $\mathbb{R}$ et que Q admet un minimum global, donc local, en d, on a : $Q'(d) = 0$, donc : $Q(d) = P(d) \geqslant P(c)$.

On conclut : $\forall x \in \mathbb{R}, \quad Q(x) \geqslant P(c)$.

3.42 Remarquons : $\sum_{k=1}^{n}\binom{n}{k} = (1+1)^n - 1 = 2^n - 1.$

D'où :

$$P(z_0) = 0 \iff z_0^n + \sum_{k=1}^{n} a_k z_0^{n-k} = 0$$

$$\iff z_0^n + \sum_{k=1}^{n} \frac{\binom{n}{k}}{2^n - 1} \frac{(2^n-1)a_k}{\binom{n}{k}} z_0^{n-k} = 0$$

$$\implies |z_0|^n = |-z_0|^n = \left| \sum_{k=1}^{n} \frac{\binom{n}{k}}{2^n - 1} \frac{(2^n-1)a_k}{\binom{n}{k}} z_0^{n-k} \right|$$

$$\leqslant \sum_{k=1}^{n} \frac{\binom{n}{k}}{2^n - 1} \frac{(2^n - 1)|a_k|}{\binom{n}{k}} |z_0|^{n-k} \leqslant \sum_{k=1}^{n} \frac{\binom{n}{k}}{2^n - 1} M^k |z_0|^{n-k},$$

en notant : $M = \underset{1 \leqslant k \leqslant n}{\mathrm{Max}} \left(\binom{n}{k}^{-1} (2^n - 1)|a_k| \right)^{1/k}$.

D'où, en utilisant la formule du binôme de Newton :

$$(2^n - 1)|z_0|^n \leqslant \sum_{k=1}^{n} \binom{n}{k} M^k |z_0|^{n-k} = (M + |z_0|)^n - |z_0|^n,$$

puis : $2^n|z_0|^n \leqslant (M + |z_0|)^n$, donc : $2|z_0| \leqslant M + |z_0|$,

et finalement : $|z_0| \leqslant M.$

Espaces vectoriels, applications linéaires

CHAPITRE 4

Plan

On abrège espace vectoriel en ev, sous-espace vectoriel en sev.

Thèmes abordés dans les exercices

- Montrer qu'un ensemble est un ev (espace vectoriel), un sev (sous-espace vectoriel)
- Étude d'intersections, de sommes, de sommes directes de deux sev ; montrer que deux sev sont supplémentaires dans un ev
- Montrer qu'une famille est libre, qu'une famille est liée, qu'une famille est génératrice, qu'une famille est une base
- Montrer qu'une application est linéaire
- Détermination du noyau, de l'image d'une application linéaire, obtention d'inclusions ou d'égalités faisant intervenir des noyaux et images d'applications linéaires
- Montrer qu'une certaine application linéaire est injective, est surjective, est bijective
- Manipulation de projecteurs.

Points essentiels du cours pour la résolution des exercices

- Définition et propriétés de : ev, sev
- Définition et propriétés des combinaisons linéaires finies de vecteurs, des familles libres, des familles liées, des familles génératrices, des bases
- Définition et propriétés de l'intersection et de la somme de sev ; définition et caractérisation de la somme directe de deux sev, de deux sev supplémentaires dans un ev
- Définition et propriétés des applications linéaires, opérations sur les applications linéaires et les endomorphismes, définition et propriétés du noyau et de l'image d'une application linéaire
- Définition et caractérisation des projecteurs d'un ev.

Les méthodes à retenir

Pour montrer qu'une partie F d'un ev E est un sev de E

Essayer de :

- revenir à la définition d'un sev, c'est-à-dire montrer que F est inclus dans E, que F n'est pas vide et que F est stable par addition et stable par multiplication externe

  ➥ **Exercices 4.1 *a*), 4.2 *a*), *c*), 4.3 *a*), 4.4 *a*), 4.18 *a*)**

- montrer que F est une intersection de sev, ou est une somme de sev de E

  ➥ **Exercice 4.18 *b*)**

- montrer que F est le sev de E engendré par une certaine famille

  ➥ **Exercice 4.18 *a*)**

- montrer que F est le noyau ou l'image d'une certaine application linéaire

  ➥ **Exercices 4.1 *a*), 4.4 *a*).**

Pour montrer qu'un ensemble E muni de lois usuelles est un ev

Montrer que E est un sev d'un ev connu.

➥ **Exercice 4.24.**

Pour montrer qu'une partie F d'un ev E n'est pas un sev de E

Essayer de :

- montrer que l'élément nul de E n'est pas dans F

  ➥ **Exercices 4.1 *b*), 4.2 *b*), 4.3 *b*), *c*)**

- montrer que F n'est pas stable par la multiplication externe

  ➥ **Exercices 4.1 *d*), 4.2 *d*), 4.3 *d*)**

- montrer que F n'est pas stable par addition.

  ➥ **Exercice 4.1 *c*).**

Pour établir des relations (souvent des inclusions) entre sev d'un ev

Essayer de passer par les éléments.

➥ **Exercices 4.14, 4.25.**

Pour montrer que deux sev F, G d'un ev E sont en somme directe

Revenir à la définition, c'est-à-dire montrer que $F \cap G = \{0\}$.
Voir aussi les méthodes du chapitre 6 sur les ev de dimension finie.

Pour montrer que deux sev F, G d'un ev E sont supplémentaires dans E

Revenir à la définition, c'est-à-dire montrer que :

$$F \cap G = \{0\} \quad \text{et} \quad F + G = E.$$

➡ **Exercices 4.13, 4.17, 4.18 *b)*, 4.21 *b)*.**

Voir aussi les méthodes du chapitre 6 sur les ev de dimension finie.

Pour montrer qu'une famille finie de vecteurs d'un ev E est libre

Revenir à la définition, c'est-à-dire montrer que, si une combinaison linéaire de ces vecteurs est nulle, alors nécessairement tous les coefficients sont nuls.

➡ **Exercices 4.5 *b)*, 4.8 *a)*, 4.15 *c)*, 4.16 *a)*.**

Voir aussi les méthodes du chapitre 6 sur les ev de dimension finie.

Pour montrer qu'une famille finie de fonctions est libre pour les lois usuelles

Revenir à la définition de famille libre, et, suivant les exemples, essayer de :

- remplacer la variable par des valeurs particulières

➡ **Exercice 4.5 *b)***

- utiliser des passages à la limite

➡ **Exercice 4.26 *c)***

- utiliser une non-continuité ou une non-dérivabilité en certains points

➡ **Exercices 4.26 *a)*, *b)***

- dériver une ou plusieurs fois, ou primitiver
- faire intervenir les degrés s'il s'agit de polynômes
- raisonner sur les racines et les ordres de multiplicité s'il s'agit de polynômes.

Pour montrer qu'une famille finie de vecteurs d'un ev E est liée

Essayer de :

- revenir à la définition, c'est-à-dire trouver une combinaison linéaire de ces vecteurs qui soit nulle et dont les coefficients ne soient pas tous nuls
- montrer qu'un des vecteurs de la famille se décompose linéairement sur les autres.

➡ **Exercices 4.5 *a)*, 4.8 *b)*, 4.15 *a)*, *b)*, 4.16 *c)*.**

Voir aussi les méthodes du chapitre 6 sur les ev de dimension finie.

Pour montrer qu'une famille finie de vecteurs d'un ev E est génératrice de E

Revenir à la définition, c'est-à-dire montrer que tout vecteur de E se décompose linéairement sur cette famille.

➡ **Exercice 4.5 *b)*.**

Voir aussi les méthodes du chapitre 6 sur les ev de dimension finie.

Pour montrer qu'une famille finie de vecteurs d'un ev E est une base de E

Revenir à la définition, c'est-à-dire montrer que cette famille est libre et génératrice de E.

➥ **Exercice 4.5 *b*).**

Voir aussi les méthodes du chapitre 6 sur les ev de dimension finie.

Pour montrer qu'une application $f : E \longrightarrow F$ est linéaire, où E et F sont des $\mathbb{K}$-ev

Essayer de :

- revenir à la définition d'une application linéaire, c'est-à-dire montrer : $\forall \alpha \in \mathbb{K},\ \forall x, y \in E,\ \ f(\alpha x + y) = \alpha f(x) + f(y)$

➥ **Exercices 4.6 *a*), 4.7 *a*), 4.16 *a*), 4.23 *a*)**

- montrer que f s'obtient, par certaines opérations, à partir d'applications linéaires.

Pour manipuler noyau, image, somme, loi externe, composition d'applications linéaires

Revenir aux définitions, avec les notations usuelles :

$$\operatorname{Ker}(f) = \{x \in E\ ;\ f(x) = 0\},\quad \operatorname{Im}(f) = \{y \in F\ ;\ \exists\, x \in E,\ \ y = f(x)\}$$

$\forall x \in E,\ \ \forall \lambda \in \mathbb{K},$

$(f + g)(x) = f(x) + g(x),\quad (\lambda f)(x) = \lambda f(x),\quad (g \circ f)(x) = g(f(x)).$

➥ **Exercices 4.7 *c*), 4.10 à 4.13, 4.19, 4.21, 4.23 *a*), 4.27, 4.29.**

Pour déterminer le noyau d'une application linéaire $f : E \longrightarrow F$

Revenir à la définition : $\operatorname{Ker}(f) = \{x \in E\ ;\ f(x) = 0\}$.
Il s'agit donc de résoudre l'équation $f(x) = 0$, d'inconnue $x \in E$.

➥ **Exercice 4.7 *c*).**

Voir aussi les méthodes du chapitre 6 sur les ev de dimension finie.

Pour montrer qu'une application linéaire $f : E \longrightarrow F$ est injective

Montrer $\operatorname{Ker}(f) = \{0\}$, c'est-à-dire montrer :

$$\forall x \in E,\ \ (f(x) = 0 \implies x = 0).$$

➥ **Exercices 4.23 *b*), 4.24.**

Voir aussi les méthodes du chapitre 6 sur les ev de dimension finie.

Pour montrer qu'une application linéaire $f : E \longrightarrow F$ est surjective

Montrer $\operatorname{Im}(f) = F$, c'est-à-dire montrer :

$$\forall y \in F,\ \exists\, x \in E,\ \ y = f(x).$$

➥ **Exercices 4.23 *b*), 4.24.**

Voir aussi les méthodes du chapitre 6 sur les ev de dimension finie.

Pour montrer qu'une application linéaire $f : E \longrightarrow F$ est bijective	Essayer de : • montrer : $\mathrm{Ker}(f) = \{0\}$ et $\mathrm{Im}(f) = F$ ➥ **Exercice 4.24** • trouver une application $g : F \longrightarrow E$ telle que : $g \circ f = \mathrm{Id}_E$ et $f \circ g = \mathrm{Id}_F$. L'application g est alors la réciproque de f, et g est linéaire. ➥ **Exercice 4.28.**
Pour manipuler un projecteur p d'un ev E	Essayer de : • utiliser l'égalité $p \circ p = p$ ➥ **Exercices 4.7 *b)*, 4.22, 4.31** • utiliser la décomposition de tout élément x de E sous la forme : $x = \underbrace{p(x)}_{\in \mathrm{Im}(p)} + \underbrace{(x - p(x))}_{\in \mathrm{Ker}(p)}$. ➥ **Exercice 4.32.**

Énoncés des exercices

4.1 Une partie de $\mathbb{R}^3$ est-elle un sev ou non ?

Est-ce que les parties suivantes de $E = \mathbb{R}^3$ sont des sev de E :

a) $F = \{(x, y, z) \in \mathbb{R}^3 \,;\, x + 2y + z = 0\}$

b) $G = \{(x, y, z) \in \mathbb{R}^3 \,;\, x - y + z = 4\}$

c) $H = \{(x, y, z) \in \mathbb{R}^3 \,;\, x^2 - y^2 = 0\}$

d) $L = \{(x, y, z) \in \mathbb{R}^3 \,;\, x + y + z \leqslant 1\}$?

4.2 Une partie de $\mathbb{R}^{\mathbb{R}}$ est-elle un sev de ou non ?

Est-ce les parties suivantes de $E = \mathbb{R}^{\mathbb{R}}$, ensemble des applications de $\mathbb{R}$ dans $\mathbb{R}$, sont des sev de E :

a) $F = \{f \in E \,;\, f(2) = f(0) + f(1)\}$

b) $G = \{f \in E \,;\, f(1) + f(-1) = 3\}$

c) $H = \{f \in E \,;\, \forall x \in \mathbb{R}, \,;\, f(1 - x) = -f(x)\}$

d) $L = \{f \in E \,;\, \forall x \in \mathbb{R},\ \ (f(x))^2 = f(x)\}$?

4.3 Une partie de $\mathbb{R}^{\mathbb{N}}$ est-elle un sev ou non ?

Est-ce que les parties suivantes de $E = \mathbb{R}^{\mathbb{N}}$, ensemble des suites réelles, sont des sev de E :

a) $F = \{u = (u_n)_{n\in\mathbb{N}} \in E \,;\, \forall n \in \mathbb{N},\ \ u_{n+2} = u_{n+1} + u_n\}$

b) $G = \{u = (u_n)_{n\in\mathbb{N}} \in E \,;\, u_0 = 0 \text{ et } u_1 = 1\}$

c) $H = \{u = (u_n)_{n\in\mathbb{N}} \in E \,;\, \forall n \in \mathbb{N},\ \ u_{n+1} = u_n + 4\}$

d) $L = \{u = (u_n)_{n\in\mathbb{N}} \in E \,;\, \forall n \in \mathbb{N},\ \ u_{n+1} = \sqrt{u_n^2 + u_n^4}\}$?

4.4 Détermination d'une base d'un sev donné par une équation

On note : $F = \{(x, y, z) \in \mathbb{R}^3 \,;\, x - 2y + 4z = 0\}$.

a) Vérifier que F est un sev de $\mathbb{R}^3$.

b) Déterminer une base de F.

4.5 Famille libre, famille liée, détermination d'une base du sev engendré

On considère les applications $f_1, ..., f_4 :]0\,;+\infty[\longrightarrow \mathbb{R}$ définies, pour tout $x \in]0\,;+\infty[$, par :

$$f_1(x) = \ln x, \qquad f_2(x) = \ln(2x), \qquad f_3(x) = \mathrm{e}^{x}, \qquad f_4(x) = \mathrm{e}^{x+1}.$$

a) Est-ce que la famille (f_1, f_2, f_3, f_4) est libre ?

b) Déterminer une base de $F = \mathrm{Vect}\,(f_1, f_2, f_3, f_4)$.

4.6 Une application donnée est-elle linéaire, non linéaire ?

Est-ce que les applications suivantes, de $\mathbb{R}^2$ dans $\mathbb{R}^2$, sont linéaires :

a) $f_1 : (x, y) \longmapsto (x + y,\ x)$

b) $f_2 : (x, y) \longmapsto (x,\ x - y + 2)$

c) $f_3 : (x, y) \longmapsto (\mathrm{e}^{xy},\ x + y)$

d) $f_4 : (x, y) \longmapsto (x^2 - y,\ y^2 - x)$?

4.7 Exemple de projecteur

On note : $\quad f : \mathbb{R}^2 \longrightarrow \mathbb{R}^2,\ \ (x, y) \longmapsto (2x + y,\ -2x - y)$.

a) Vérifier que f est linéaire.

b) Montrer que f est un projecteur.

c) Déterminer une base de $\mathrm{Ker}\,(f)$ et une base de $\mathrm{Im}\,(f)$.

4.8 Exemples simples de famille libre, famille liée

On note, dans $\mathbb{R}^4$: $U = (1, 1, 0, 0),\ V = (1, 0, 1, 0),\ X = (1, 0, 0, 1),\ Y = (2, 1, 1, 0)$.

a) La famille (U, V, X) est-elle libre ou liée ?

b) La famille (U, V, Y) est-elle libre ou liée ?

4.9 Une partie est-elle un sev ?

On note $E = \{(x, y) \in \mathbb{K}^2 \,;\, x^2 + y^2 = 0\}$.

Est-ce que E est un sev de $\mathbb{K}^2$? On distinguera les cas $\mathbb{K} = \mathbb{R}$, $\mathbb{K} = \mathbb{C}$.

4.10 Noyau et image de $f + g$

Soient E, F des ev, $f, g \in \mathscr{L}(E, F)$.

Montrer :

a) $\mathrm{Ker}\,(f) \cap \mathrm{Ker}\,(g) \subset \mathrm{Ker}\,(f + g)$

b) $\mathrm{Im}\,(f + g) \subset \mathrm{Im}\,(f) + \mathrm{Im}\,(g)$.

4.11 Noyau et image de $g \circ f$

Soient E, F, G des ev, $f \in \mathscr{L}(E, F)$, $g \in \mathscr{L}(F, G)$.

Montrer :

a) $\operatorname{Ker}(f) \subset \operatorname{Ker}(g \circ f)$

b) $\operatorname{Im}(g \circ f) \subset \operatorname{Im}(g)$.

4.12 Endomorphismes f, g, h vérifiant des relations de composition

Soient E un ev, $f, g, h \in \mathscr{L}(E)$ tels que : $f \circ g = h, \quad g \circ h = f, \quad h \circ f = g.$

Montrer que f, g, h ont le même noyau et ont la même image.

4.13 Endomorphismes f, g tels que : $f \circ g \circ f = f$ et $g \circ f \circ g = g$

Soient E un ev, $f, g \in \mathscr{L}(E)$ tels que : $f \circ g \circ f = f$ et $g \circ f \circ g = g$.

Montrer que $\operatorname{Ker}(f)$ et $\operatorname{Im}(g)$ sont supplémentaires dans E, que $\operatorname{Ker}(g)$ et $\operatorname{Im}(f)$ sont supplémentaires dans E.

4.14 Opérations sur des sev

Soient E un ev, A, B, C des sev de E.

Montrer : $A \cap (B + (A \cap C)) = A \cap (C + (A \cap B))$.

4.15 Familles de fonctions, familles de leurs carrés

Soient $f, g, h : \mathbb{R} \longrightarrow \mathbb{R}$. On note $f^2 = f \cdot f$, $g^2 = g \cdot g$, $h^2 = h \cdot h$.

a) Montrer que, si (f, g) est liée, alors (f^2, g^2) est liée.

b) Donner un exemple de (f, g) dans lequel : (f, g) est libre et (f^2, g^2) est liée.

c) Donner un exemple de (f, g, h) dans lequel : (f, g, h) est liée et (f^2, g^2, h^2) est libre.

4.16 Liberté ou liaison d'une famille de deux ou trois applications linéaires

On note $E = C([-1\,;\,1]\,;\,\mathbb{R})$ le $\mathbb{R}$-ev des applications continues de $[-1\,;\,1]$ dans $\mathbb{R}$, $\varphi_1, \varphi_2, \varphi_3 : E \longrightarrow \mathbb{R}$ les applications définies, pour toute $f \in E$ par :

$$\varphi_1(f) = \int_{-1}^{0} f, \qquad \varphi_2(f) = \int_{0}^{1} f, \qquad \varphi_3(f) = \int_{-1}^{1} f.$$

a) Vérifier que φ_1, φ_2, φ_3 sont linéaires.

b) Est-ce que (φ_1, φ_2) est libre ?

c) Est-ce que $(\varphi_1, \varphi_2, \varphi_3)$ est libre ?

4.17 Sommes directes de sev

Soient E un ev, A, B deux sev de E, C un sev de E supplémentaire de A dans $A + B$ et tel que : $C \subset B$. Montrer que C est un supplémentaire de $A \cap B$ dans B.

4.18 Exemple de sev supplémentaires dans un ev

On note $E = C([0\,;\,1]\,;\,\mathbb{R})$ le $\mathbb{R}$-ev des applications continues de $[0\,;\,1]$ dans $\mathbb{R}$, $A = \left\{f \in E\,;\, \int_0^1 f(x)\,\mathrm{d}x = 0\right\}$, $B = \{f \in E\,;\, f(0) = 0\}$, $e_0, e_1 : [0\,;\,1] \longrightarrow \mathbb{R}$ les applications définies, pour tout $x \in [0\,;\,1]$, par : $e_0(x) = 1$, $e_1(x) = x$, $C = \operatorname{Vect}(e_0, e_1)$ le sev de E engendré par (e_0, e_1).

a) Montrer que A, B, C sont des sev de E.

b) Établir que $A \cap B$ et C sont supplémentaires dans E.

4.19 Images et noyaux de composées

Soient E, F, G, H des ev, $f \in \mathscr{L}(E, F)$, $g \in \mathscr{L}(F, G)$, $h \in \mathscr{L}(G, H)$. Montrer :

a) $\mathrm{Ker}\,(h \circ g) = \mathrm{Ker}\,(g) \Longrightarrow \mathrm{Ker}\,(h \circ g \circ f) = \mathrm{Ker}\,(g \circ f)$.

b) $\mathrm{Im}\,(g \circ f) = \mathrm{Im}\,(g) \Longrightarrow \mathrm{Im}\,(h \circ g \circ f) = \mathrm{Im}\,(h \circ g)$

4.20 Noyaux, images, composés de deux endomorphismes

Soient E un ev, $f, g \in \mathscr{L}(E)$ tels que : $f \circ g = g \circ f$.

Montrer que, si $\mathrm{Ker}\,(f) + \mathrm{Ker}\,(g) = E$ ou $\mathrm{Im}\,(f) \cap \mathrm{Im}\,(g) = \{0\}$, alors : $f \circ g = g \circ f = 0$.

4.21 Étude de noyaux

Soient E un $\mathbb{K}$-ev, $e = \mathrm{Id}_E$, $(a, b) \in \mathbb{K}^2$ tel que $a \neq b$, $f \in \mathscr{L}(E)$ telle que :

$$f^2 - (a + b)f + abe = 0.$$

a) Montrer : $\qquad (f - ae) \circ (f - be) = 0.$

b) On note : $\quad E_a = \mathrm{Ker}\,(f - ae), \quad E_b = \mathrm{Ker}\,(f - be)$.

Établir que E_a et E_b sont des sev de E supplémentaires dans E.

4.22 Composés de deux projecteurs

Soient E un ev, p, q deux projecteurs de E. Montrer :

a) $(p \circ q = p \text{ et } q \circ p = q) \Longleftrightarrow \mathrm{Ker}\,(p) = \mathrm{Ker}\,(q)$

b) $(p \circ q = q \text{ et } q \circ p = p) \Longleftrightarrow \mathrm{Im}\,(p) = \mathrm{Im}\,(q)$.

4.23 Exemple d'endomorphismes f, g vérifiant : $f \circ g - g \circ f = \mathrm{Id}_E$

On note $E = \mathbb{K}[\mathrm{X}]$, $f, g : E \longrightarrow E$ les applications définies, pour tout $P \in \mathbb{K}[\mathrm{X}]$, par :

$$f(P) = \mathrm{X}P, \qquad g(P) = -P'.$$

a) Vérifier : $\qquad f, g \in \mathscr{L}(E), \quad f \circ g - g \circ f = \mathrm{Id}_E$.

b) Est-ce que f (resp. g) est injectif ? surjectif ? bijectif ?

4.24 Exemple d'automorphisme

On note $E = \{P \in \mathbb{R}[\mathrm{X}]\,;\, P(0) = 0\}$ et $f : E \longrightarrow E,\ P \longmapsto \mathrm{X}P'$. Montrer : $f \in \mathscr{GL}(E)$.

4.25 Réunion de deux sev

Soient E un ev, A, B des sev de E tels que : $A \cup B = E$. Montrer : $A = E$ ou $B = E$.

4.26 Familles libres dans un espace de fonctions

Soient $n \in \mathbb{N}^*$, $(a_1, \ldots, a_n) \in \mathbb{R}^n$ tel que $a_1 < \ldots < a_n$. Montrer que la famille d'applications $(f_{a_i} : \mathbb{R} \longrightarrow \mathbb{R})_{1 \leqslant i \leqslant n}$ est libre dans les exemples suivants :

a) $f_{a_i} : x \longmapsto \begin{cases} 0 \text{ si } x \leqslant a_i \\ 1 \text{ si } x > a_i \end{cases}$

b) $f_{a_i} : x \longmapsto \begin{cases} 0 & \text{si } x \leqslant a_i \\ x - a_i & \text{si } x > a_i \end{cases}$

c) $f_{a_i} : x \longmapsto \mathrm{e}^{a_i x}$.

4.27 Étude d'applications linéaires f, g telles que Ker $(g \circ f)$ = Ker (f), telles que Im $(g \circ f)$ = Im (g)

Soient E, F, G des ev, $f \in \mathcal{L}(E, F)$, $g \in \mathcal{L}(F, G)$. Montrer :

a) $\operatorname{Ker}(g \circ f) = \operatorname{Ker}(f) \iff \operatorname{Ker}(g) \cap \operatorname{Im}(f) = \{0\}$

b) $\operatorname{Im}(g \circ f) = \operatorname{Im}(g) \iff \operatorname{Ker}(g) + \operatorname{Im}(f) = F$.

4.28 Inversibilités de $e - f \circ g$ et $e - g \circ f$

Soient E un ev, $e = \mathrm{Id}_E$, $f, g \in \mathcal{L}(E)$. On suppose $e - f \circ g \in \mathcal{GL}(E)$ et on note $u = (e - f \circ g)^{-1}$.

a) Calculer $(e - g \circ f) \circ (e + g \circ u \circ f)$ et $(e + g \circ u \circ f) \circ (e - g \circ f)$.

b) En déduire $e - g \circ f \in \mathcal{GL}(E)$ et préciser $(e - g \circ f)^{-1}$.

4.29 Crochet de Lie dans $\mathcal{L}(E)$

Soient E un ev, $f \in \mathcal{L}(E)$ fixée.

On note : $\phi : \mathcal{L}(E) \longrightarrow \mathcal{L}(E)$, $g \longmapsto \phi(g) = f \circ g - g \circ f$.

a) Calculer $\phi(g \circ h)$ pour tout $(g, h) \in (\mathcal{L}(E))^2$, en fonction de g, h, $\phi(g)$, $\phi(h)$.

b) En déduire, pour tout $n \in \mathbb{N}$ et tout $(u, v) \in (\mathcal{L}(E))^2$:

$$\phi^n(u \circ v) = \sum_{k=0}^{n} \binom{n}{k} \phi^k(u) \circ \phi^{n-k}(v).$$

4.30 Endomorphismes transformant tout vecteur en un vecteur colinéaire

Soient E un ev, $f \in \mathcal{L}(E)$ tel que, pour tout $x \in E$, la famille $(x, f(x))$ est liée.

Démontrer que f est une homothétie, c'est-à-dire qu'il existe $\lambda \in \mathbb{K}$ tel que :

$$\forall x \in E, \quad f(x) = \lambda x \quad (\text{où } \lambda \text{ ne dépend pas de } x).$$

4.31 Somme de deux projecteurs

Soient E un ev, p, q deux projecteurs de E.

Démontrer que $p + q$ est un projecteur si et seulement si : $p \circ q = q \circ p = 0$.

4.32 Composées d'un projecteur et d'un endomorphisme

Soient E un ev, $f, g \in \mathcal{L}(E)$ et p, q des projecteurs de E.

a) Montrer : $\operatorname{Im}(p \circ f) = \operatorname{Im}(p) \cap (\operatorname{Ker}(p) + \operatorname{Im}(f))$.

b) Montrer : $\operatorname{Ker}(g \circ q) = \operatorname{Ker}(q) \oplus (\operatorname{Ker}(g) \cap \operatorname{Im}(q))$.

Du mal à démarrer ?

4.1 *a) 1re méthode :* revenir à la définition d'un sev.

2e méthode : présenter F comme noyau d'une application linéaire.

b) $(0, 0, 0) \notin G$.

c) Trouver $X_1 \in H$, $X_2 \in H$ tels que $X_1 + X_2 \notin H$.

d) Trouver $X_1 \in L$ tel que $2X_1 \notin L$.

4.2 *a)* Revenir à la définition d'un sev.

b) $0 \notin G$.

c) Revenir à la définition d'un sev.

d) Trouver $f \in L$ telle que $-f \notin L$.

4.3 *a)* Revenir à la définition d'un sev.

b) c) $0 \notin G$, $0 \notin H$.

d) Trouver $u \in L$ telle que $2u \notin L$.

4.4 *a)* Revenir à la définition d'un sev.

b) Exprimer, par exemple, x en fonction de (y, z).

4.5 *a)* Remarquer : $f_4 = \mathrm{e}\, f_3$.

b) Montrer que (f_1, f_2, f_3) est libre, en revenant à la définition.

4.6 *a)* Revenir à la définition d'une application linéaire.

b) c) $f_2(0, 0) \neq (0, 0)$, $f_3(0, 0) \neq (0, 0)$.

d) Trouver $u, v \in \mathbb{R}^2$ tels que $f(u + v) \neq f(u) + f(v)$.

4.7 *a)* Revenir à la définition d'une application linéaire.

b) Montrer : $f \circ f = f$.

c) 1) Résoudre l'équation $f(x, y) = (0, 0)$.

2) Remarquer que, pour tout $(x, y) \in \mathbb{R}^2$, $f(x, y)$ est colinéaire à $(1, -1)$.

4.8 *a)* Revenir à la définition d'une famille libre.

b) Remarquer $Y = U + V$.

4.9 *1)* Pour $\mathbb{K} = \mathbb{R}$, montrer $E = \{(0, 0)\}$.

2) Pour $\mathbb{K} = \mathbb{C}$, trouver $(u, v) \in E^2$ tel que $u + v \notin E$.

4.10 *a) b)* Revenir aux définitions.

4.11 Revenir aux définitions.

4.12 *1) Noyaux :* montrer $\mathrm{Ker}\,(f) \subset \mathrm{Ker}\,(g)$, puis permuter.

2) Images : montrer $\mathrm{Im}\,(f) \subset \mathrm{Im}\,(g)$, puis permuter.

4.13 *1)* • Montrer : $\mathrm{Ker}\,(f) \cap \mathrm{Im}\,(g) = \{0\}$.

• Remarquer que, pour tout $x \in E$, $x - g \circ f(x) \in \mathrm{Ker}\,(f)$.

2) Utiliser des rôles symétriques.

4.14 *1)* Montrer une inclusion, en passant par les éléments.

2) Utiliser des rôles symétriques.

4.15 *a)* Si (f, g) est liée et $f \neq 0$, il existe $\alpha \in \mathbb{R}$ tel que $g = \alpha f$.

b) Penser, par exemple, à $x \longmapsto x$ et $x \longmapsto |x|$.

c) Choisir (f, g, h) pour que, par exemple, $h = f + g$ mais que (f^2, g^2, h^2) soit libre.

4.16 *a)* L'intégration est linéaire.

b) Montrer que (φ_1, φ_2) est libre, en revenant à la définition et en appliquant l'hypothèse à deux fonctions simples bien choisies.

c) Utiliser la relation de Chasles.

4.17 *1)* Montrer : $(A \cap B) \cap C = \{0\}$.

2) • Montrer : $(A \cap B) + C \subset B$.

• Pour l'autre inclusion, passer par les éléments.

4.18 *a)* Pour A et B, revenir à la définition d'un sev.

Remarquer que C est défini comme sev engendré par une famille.

b) 1) Montrer : $(A \cap B) \cap C = \{0\}$.

2) Pour $f \in E$, chercher $g \in A \cap B$, $(\alpha, \beta) \in \mathbb{R}^2$ tels que

$$f = g + (\alpha e_0 + \beta e_1).$$

4.19 *a)* Supposer $\mathrm{Ker}\,(h \circ g) = \mathrm{Ker}\,(g)$.

L'inclusion $\mathrm{Ker}\,(g \circ f) \subset \mathrm{Ker}\,(h \circ g \circ f)$ est immédiate.

Pour l'autre inclusion, passer par les éléments.

b) Supposer $\mathrm{Im}\,(g \circ f) = \mathrm{Im}\,(g)$.

L'inclusion $\mathrm{Im}\,(h \circ g \circ f) \subset \mathrm{Im}\,(h \circ g)$ est immédiate.

Pour l'autre inclusion, passer par les éléments.

4.20 *1)* Supposer $\mathrm{Ker}\,(f) + \mathrm{Ker}\,(g) = E$.

Montrer : $\forall x \in E, \quad g \circ f(x) = 0$,

puis utiliser des rôles symétriques.

2) Supposer $\mathrm{Im}\,(f) \cap \mathrm{Im}\,(g) = \{0\}$.

Montrer : $\forall x \in E, \quad g \circ f(x) = 0$,

puis utiliser des rôles symétriques.

4.21 *a)* Développer.

b) Montrer d'abord $E_a \cap E_b = \{0\}$. Puis montrer $E_a + E_b = E$ en raisonnant par analyse-synthèse.

4.22 *a) 1)* Supposer : $p \circ q = p$ et $q \circ p = q$.

Montrer $\operatorname{Ker}(p) \subset \operatorname{Ker}(q)$, puis utiliser des rôles symétriques.

2) Supposer $\operatorname{Ker}(p) = \operatorname{Ker}(q)$.

Montrer : $\forall x \in E, \quad q(x) = q \circ p(x)$,

puis utiliser des rôles symétriques.

b) 1re méthode : Raisonner de façon analogue à *1)*.

2e méthode : Utiliser les projecteurs $p' = e - p$, $q' = e - q$.

4.23 *b) 1)* Montrer que f est injectif et non surjectif.

2) Montrer que g est surjectif et non injectif.

4.24 *1)* Vérifier que E est bien un $\mathbb{R}$-ev.

2) Vérifier que f est linéaire.

3) Vérifier que f va bien de E dans E.

4) Montrer que f est injectif, en utilisant $\operatorname{Ker}(f)$.

5) Montrer que f est surjectif, en construisant,

pour $Q = \sum_{k=1}^{n} a_k X^k \in E$, un polynôme P de E tel que $XP' = Q$.

4.25 Raisonner par l'absurde, d'où l'existence de $(a, b) \in E^2$ tel que : $a \notin A$ et $b \notin B$. Considérer $a + b$.

4.26 Revenir à la définition d'une famille libre.

a) Remarquer que, pour tout $i \in [\![1\,;\,n]\!]$, f_{a_i} est continue en tout point de $\mathbb{R} \setminus \{a_i\}$ et n'est pas continue en a_i.

b) Remarquer que, pour tout $i \in [\![1\,;\,n]\!]$, f_{a_i} est dérivable en tout point de $\mathbb{R} \setminus \{a_i\}$ et n'est pas dérivable en a_i.

c) Multiplier par $e^{-a_n x}$ puis faire tendre x vers $+\infty$.

4.27 *a)* Séparer en deux implications.

b) Séparer en deux implications.

Pour le sens direct, pour $y \in F$, utiliser $g(y) \in \operatorname{Im}(g)$.

4.28 *a)* Développer et obtenir e.

b) Immédiat à partir de *a)*.

4.29 *a)* Dans l'expression de $\phi(g \circ h)$, intercaler $\pm g \circ f \circ h$.

b) Récurrence sur n. Pour le passage de n à $n+1$, utiliser *a)* et la formule fondamentale sur les coefficients binomiaux.

4.30 Par hypothèse, pour tout $x \in E$, il existe $\lambda_x \in \mathbb{K}$ tel que $f(x) = \lambda_x x$. Remarquer que, si $x \neq 0$, alors λ_x est unique. Il s'agit de montrer que λ_x ne dépend pas de x. Pour montrer $\lambda_x = \lambda_y$, séparer en deux cas selon que (x, y) est libre ou liée. Dans le cas libre, considérer $x + y$.

4.31 Un sens est immédiat.

Réciproquement, si $p + q$ est un projecteur, développer

$(p + q)^2 = p + q$, et composer par p à gauche, à droite.

4.32 *a) b)* Séparer en deux sens, en passant par les éléments.

Corrigés des exercices

4.1 *a) 1re méthode : retour à la définition d'un sev :*

• $F \neq \emptyset$, car $(0,0,0) \in F$.

• Soient $\alpha \in \mathbb{R}$, $X_1 = (x_1, y_1, z_1)$, $X_2 = (x_2, y_2, z_2) \in F$.

On a : $\alpha X_1 + X_2 = (\alpha x_1 + x_2, \alpha y_1 + y_2, \alpha z_1 + z_2)$ et :

$$(\alpha x_1 + x_2) + 2(\alpha y_1 + y_2) + (\alpha z_1 + z_2) = \alpha(\underbrace{x_1 + 2y_1 + z_1}_{=0}) + (\underbrace{x_2 + 2y_2 + z_2}_{=0}) = 0,$$

donc : $\alpha X_1 + X_2 \in F$.

On conclut : F est un sev de E.

2e méthode : utilisation d'une application linéaire :

L'application $f : E \longrightarrow \mathbb{R}, \ (x, y, z) \longmapsto x + 2y + z$

est linéaire, car, pour tout $\alpha \in \mathbb{R}$ et tous $X_1 = (x_1, y_1, z_1)$, $X_2 = (x_2, y_2, z_2) \in E$:

$$\begin{aligned} f(\alpha X_1 + X_2) &= f(\alpha x_1 + x_2, \alpha y_1 + y_2, \alpha z_1 + z_2) \\ &= (\alpha x_1 + x_2) + 2(\alpha y_1 + y_2) + (\alpha z_1 + z_2) \\ &= \alpha(x_1 + 2y_1 + z_1) + (x_2 + 2y_2 + z_2) \\ &= \alpha f(X_1) + f(X_2), \end{aligned}$$

et $F = \operatorname{Ker}(f)$, donc F est un sev de E.

b) On devine que G n'est pas un sev de E par la présence de la constante additive non nulle 4 dans l'équation définissant G.

La partie G n'est pas un sev de E, car $(0,0,0) \notin G$.

c) On devine que H n'est pas un sev de E par la présence de carrés dans l'équation définissant H.

La partie H n'est pas un sev de E car, en notant :

$X_1 = (1,1,0) \in E$, $X_2 = (1,-1,0) \in E$,

on a : $X_1 \in H$, $X_2 \in H$, $X_1 + X_2 = (2,0,0) \notin H$.

d) On devine que L n'est pas un sev de E à cause de l'inégalité au lieu d'une égalité dans la définition de L.

La partie L n'est pas un sev de E, car $X_1 = (1,0,0) \in L$ et $2X_1 = (2,0,0) \notin L$.

4.2 *a)* • $F \neq \emptyset$ car $0 \in F$, où 0 désigne l'application nulle.

• Soient $\alpha \in \mathbb{R}$, $f, g \in F$. On a :

$$\begin{aligned} (\alpha f + g)(2) &= \alpha f(2) + g(2) \\ &= \alpha\big(f(0) + f(1)\big) + \big(g(0) + g(1)\big) \\ &= \big(\alpha f(0) + g(0)\big) + \big(\alpha f(1) + g(1)\big) \\ &= (\alpha f + g)(0) + (\alpha f + g)(1), \end{aligned}$$

donc : $\alpha f + g \in F$.

On conclut : F est un sev de E.

b) On devine que G n'est pas un sev de E par la présence de la constante additive non nulle 3 dans la définition de G.

La partie G n'est pas un sev de E car $0 \notin G$.

c) • $H \neq \emptyset$, car $0 \in H$.

• Soient $\alpha \in \mathbb{R}$, $f, g \in H$. On a, pour tout $x \in \mathbb{R}$:

$$\begin{aligned} (\alpha f + g)(1 - x) &= \alpha f(1 - x) + g(1 - x) \\ &= \alpha(-f(x)) + (-g(x)) = -(\alpha f + g)(x), \end{aligned}$$

donc : $\alpha f + g \in H$.

On conclut : H est un sev de E.

d) On devine que L n'est pas un sev de E par la présence d'un carré dans la définition de L.

La partie L n'est pas un sev de E car $1 \in L$ et $-1 \notin L$, où 1 et -1 désignent les applications constantes égales à 1 et à -1 respectivement.

4.3 *a)* • $F \neq \emptyset$ car $0 \in F$, où 0 désigne la suite nulle.

• Soient $\alpha \in \mathbb{R}$, $u = (u_n)_{n \in \mathbb{N}}$, $v = (v_n)_{n \in \mathbb{N}} \in F$.

On a, pour tout $n \in \mathbb{N}$:

$$\begin{aligned} (\alpha u + v)_{n+2} &= \alpha u_{n+2} + v_{n+2} = \alpha(u_{n+1} + u_n) + (v_{n+1} + v_n) \\ &= (\alpha u_{n+1} + v_{n+1}) + (\alpha u_n + v_n) = (\alpha u + v)_{n+1} + (\alpha u + v)_n, \end{aligned}$$

donc : $\alpha u + v \in F$.

On conclut : F est un sev de E.

b) On devine que G n'est pas un sev de E par la présence de la constante additive non nulle 1.

La partie G n'est pas un sev de E car $0 \notin G$.

c) On devine que H n'est pas un sev de E par la présence de la constante additive non nulle 4.

La partie H n'est pas un sev de E car $0 \notin H$.

d) On devine que L n'est pas un sev de E par la présence d'un carré dans la définition de L.

Considérons la suite $u = (u_n)_{n \in \mathbb{N}}$ définie par :

$$u_0 = 1 \quad \text{et} \quad \forall n \in \mathbb{N}, \ u_{n+1} = \sqrt{u_n^2 + u_n^4}.$$

Il est clair que : $u \in L$.

Considérons la suite $v = 2u$. On a : $v_0 = 2u_0 = 2$,

$$u_1 = \sqrt{u_0^2 + u_0^4} = \sqrt{2}, \ v_1 = 2u_1 = 2\sqrt{2}, \ \sqrt{v_0^2 + v_0^4} = \sqrt{20},$$

d'où : $v_1 \neq \sqrt{v_0^2 + v_0^4}$, et donc : $v \notin L$.

On conclut : L n'est pas un sev de E.

4.4 *a)* • $F \neq \emptyset$, car $(0,0,0) \in F$.

Soient $\alpha \in \mathbb{R}$, $X_1 = (x_1, y_1, z_1)$, $X_2 = (x_2, y_2, z_2) \in F$.

On a : $\alpha X_1 + X_2 = (\alpha x_1 + x_2, \alpha y_1 + y_2, \alpha z_1 + z_2)$ et :

$$(\alpha x_1 + x_2) - 2(\alpha y_1 + y_2) + 4(\alpha z_1 + z_2) = \alpha\underbrace{(x_1 - 2y_1 + 4z_1)}_{=0} + \underbrace{(x_2 - 2y_2 + 4z_2)}_{=0} = 0,$$

donc : $\alpha X_1 + X_2 \in F$.

On conclut : F est un sev de $\mathbb{R}^3$.

b) On peut, dans l'équation donnée pour F, exprimer, par exemple, x en fonction de (y, z) :

$$\begin{aligned} F &= \{(x,y,z) \in \mathbb{R}^3 \,;\, x = 2y - 4z\} \\ &= \{(2y - 4z,\, y,\, z) \,;\, (y,z) \in \mathbb{R}^2\} \\ &= \{y(2,1,0) + z(-4,0,1) \,;\, (y,z) \in \mathbb{R}^2\}. \end{aligned}$$

Notons $U = (2,1,0)$, $V = (-4,0,1)$.

Ainsi : $F = \mathrm{Vect}(U, V)$, sev engendré par (U, V).

De plus, il est clair que (U, V) est libre.

On conclut : une base de F est (U, V).

4.5 *a)* On a :

$$\forall x \in]0\,;+\infty[,\quad f_4(x) = \mathrm{e}^{x+1} = \mathrm{e}^x\,\mathrm{e} = \mathrm{e}\, f_3(x),$$

donc $f_4 = \mathrm{e}\, f_3$, ce qui montre que (f_1, f_2, f_3, f_4) est liée.

b) Montrons que (f_1, f_2, f_3) est libre.

Soit $(\alpha_1, \alpha_2, \alpha_3) \in \mathbb{R}^3$ tel que : $\alpha_1 f_1 + \alpha_2 f_2 + \alpha_3 f_3 = 0$.

On a donc : $\forall x \in]0\,;+\infty[,\ \alpha_1 \ln x + \alpha_2 \ln(2x) + \alpha_3\,\mathrm{e}^x = 0$.

En multipliant par e^{-x} :

$$\forall x \in]0\,;+\infty[,\quad \alpha_1\,\mathrm{e}^{-x}\ln x + \alpha_2\,\mathrm{e}^{-x}\ln(2x) + \alpha_3 = 0.$$

En faisant tendre x vers $+\infty$, on déduit : $\alpha_3 = 0$.

Ainsi : $\forall x \in]0\,;+\infty[,\ \alpha_1 \ln x + \alpha_2 \ln(2x) = 0$.

En remplaçant x par 1, on déduit $\alpha_2 = 0$, puis, en remplaçant x par 2 par exemple, on, déduit $\alpha_1 = 0$.

On conclut que (f_1, f_2, f_3) est libre.

Comme de plus, d'après la solution de *a)*, f_4 est colinéaire à f_3, une base de $F = \mathrm{Vect}(f_1, f_2, f_3, f_4)$ est, par exemple : (f_1, f_2, f_3).

4.6 *a)* Pour tout $\alpha \in \mathbb{R}$ et tous $X_1 = (x_1, x_2)$, $X_2 = (y_1, y_2) \in \mathbb{R}^2$, on a :

$$\begin{aligned} f_1(\alpha X_1 + X_2) &= f_1(\alpha x_1 + y_1, \alpha x_2 + y_2) \\ &= ((\alpha x_1 + y_1) + (\alpha x_2 + y_2),\ \alpha x_1 + y_1) \\ &= \alpha(x_1 + x_2, x_1) + (y_1 + y_2, y_1) = \alpha f_1(X_1) + f_1(X_2), \end{aligned}$$

donc f_1 est linéaire.

b) On devine que f_2 n'est pas linéaire par la présence de la constante additive non nulle 2.

Puisque $f_2(0,0) = (0,2) \neq (0,0)$, f_2 n'est pas linéaire.

c) On devine que f_3 n'est pas linéaire par la présence d'un produit et d'une exponentielle dans la définition de f_3.

Puisque $f_3(0,0) = (1,0) \neq (0,0)$, f_3 n'est pas linéaire.

d) On devine que f_4 n'est pas linéaire par la présence de carrés dans la définition de f_4.

Considérons $u = (1,0)$, $v = -u = (-1,0)$.

On a : $f_4(u) = (1,-1)$, $f_4(v) = (1,1)$

donc $f_4(u) + f_4(v) = (2,0)$,

mais $f_4(u+v) = f_4(0,0) = (0,0)$,

donc $f_4(u+v) \neq f_4(u) + f_4(v)$,

donc f_4 n'est pas linéaire.

4.7 *a)* Pour tout $\alpha \in \mathbb{R}$ et tous $X_1 = (x_1, y_1)$, $X_2 = (x_2, y_2) \in \mathbb{R}^2$, on a :

$$\begin{aligned} f(\alpha X_1 + X_2) &= f(\alpha x_1 + x_2, \alpha y_1 + y_2) \\ &= (2(\alpha x_1 + x_2) + (\alpha y_1 + y_2),\ -2(\alpha x_1 + x_2) - (\alpha y_1 + y_2)) \\ &= (\alpha(2x_1 + y_1) + (2x_2 + y_2),\ \alpha(-2x_1 - y_1) - 2x_2 - y_2)) \\ &= \alpha(2x_1 + y_1, -2x_1 - y_1) + (2x_2 + y_2, -2x_2 - y_2) \\ &= \alpha f(X_1) + f(X_2), \end{aligned}$$

donc f est linéaire.

b) On a, pour tout $X = (x,y) \in \mathbb{R}^2$:

$$\begin{aligned} f \circ f(X) = f(f(X)) &= f(2x + y, -2x - y) \\ &= (2(2x + y) + (-2x - y),\ -2(2x + y) - (-2x - y)) \\ &= (2x + y, -2x - y) = f(X), \end{aligned}$$

donc : $f \circ f = f$.

On conclut : f est un projecteur de $\mathbb{R}^2$.

Remarque : En notant A la matrice de f dans la base canonique de $\mathbb{R}^2$, on a $A = \begin{pmatrix} 2 & 1 \\ -2 & -1 \end{pmatrix}$ d'où, par produit matriciel, $A^2 = \begin{pmatrix} 2 & 1 \\ -2 & -1 \end{pmatrix} = A$, donc $f^2 = f$.

c) 1) Noyau :

Soit $X = (x,y) \in \mathbb{R}^2$. On a :

$$\begin{aligned} X \in \mathrm{Ker}(f) \iff f(X) = 0 &\iff (2x + y, -2x - y) = (0,0) \\ &\iff 2x + y = 0 \iff y = -2x. \end{aligned}$$

Ainsi : $\mathrm{Ker}(f) = \{(x, -2x)\,;\, x \in \mathbb{R}\} = \{x(1,-2)\,;\, x \in \mathbb{R}\}$.

On conclut : une base de $\mathrm{Ker}(f)$ est (U), où $U = (1,-2)$.

2) Image :

On a : $\operatorname{Im}(f) = \{(2x+y, -2x-y)\,;\,(x,y) \in \mathbb{R}^2\}$

$= \{(2x+y)(1,-1)\,;\,(x,y) \in \mathbb{R}^2\}$,

donc : $\operatorname{Im}(f) \subset \operatorname{Vect}(V)$, où $V = (1,-1)$.

De plus, $f(0,1) = (1,-1) = V$, donc $V \in \operatorname{Im}(f)$.

Enfin, comme $V \neq 0$, la famille (V), à un seul élément, est libre.

On conclut : une base de $\operatorname{Im}(f)$ est (V), où $V = (1,-1)$.

4.8 *a)* Soit $(a,b,c) \in \mathbb{R}^3$. On a :

$$\begin{aligned} aU + bV + cX = 0 &\iff a(1,1,0,0) + b(1,0,1,0) + c(1,0,0,1) = (0,0,0,0) \\ &\iff (a+b+c,\ a,\ b,\ c) = (0,0,0,0) \\ &\iff a = 0,\ b = 0,\ c = 0. \end{aligned}$$

On conclut : (U, V, X) est libre.

b) On remarque : $Y = U + V$, donc (U, V, Y) est liée.

4.9 *1) Cas* $\mathbb{K} = \mathbb{R}$:

On a : $\forall (x,y) \in \mathbb{R}^2,\ x^2 + y^2 = 0 \iff (x,y) = (0,0)$,

donc $E = \{(0,0)\}$, qui est un sev de $\mathbb{K}^2 = \mathbb{R}^2$.

2) Cas $\mathbb{K} = \mathbb{C}$:

On a : $(-\mathrm{i}, 1) \in E$ et $(\mathrm{i}, 1) \in E$,

mais : $(-\mathrm{i}, 1) + (\mathrm{i}, 1) = (0, 2) \notin E$,

donc E n'est pas un sev de $\mathbb{K}^2 = \mathbb{C}^2$.

4.10 *a)* On a, pour tout $x \in E$:

$$\begin{aligned} x \in \operatorname{Ker}(f) \cap \operatorname{Ker}(g) &\iff \begin{cases} x \in \operatorname{Ker}(f) \\ x \in \operatorname{Ker}(g) \end{cases} \iff \begin{cases} f(x) = 0 \\ g(x) = 0 \end{cases} \\ &\implies (f+g)(x) = f(x) + g(x) = 0 \iff x \in \operatorname{Ker}(f+g). \end{aligned}$$

Ceci montre : $\operatorname{Ker}(f) \cap \operatorname{Ker}(g) \subset \operatorname{Ker}(f+g)$.

b) Soit $y \in \operatorname{Im}(f+g)$.

Il existe $x \in E$ tel que : $y = (f+g)(x) = f(x) + g(x)$,

donc : $y \in \operatorname{Im}(f) + \operatorname{Im}(g)$;

Ceci montre : $\operatorname{Im}(f+g) \subset \operatorname{Im}(f) + \operatorname{Im}(g)$.

4.11 *a)* Soit $x \in \operatorname{Ker}(f)$.

On a alors : $(g \circ f)(x) = g(f(x)) = g(0) = 0$,

donc : $x \in \operatorname{Ker}(g \circ f)$.

Ceci montre : $\operatorname{Ker}(f) \subset \operatorname{Ker}(g \circ f)$.

b) Soit $z \in \operatorname{Im}(g \circ f)$.

Il existe alors $x \in E$ tel que : $z = (g \circ f)(x)$ et on a :

$$z = (g \circ f)(x) = g(f(x)) \in \operatorname{Im}(g).$$

Ceci montre : $\operatorname{Im}(g \circ f) \subset \operatorname{Im}(g)$.

4.12 *1) Noyaux :*

- Soit $x \in \operatorname{Ker}(f)$.

On a alors : $g(x) = (h \circ f)(x) = h(f(x)) = h(0) = 0$,

donc : $x \in \operatorname{Ker}(g)$.

Ceci montre : $\operatorname{Ker}(f) \subset \operatorname{Ker}(g)$.

- Comme les hypothèses sont invariantes par permutation circulaire sur (f, g, h), on a aussi :

$$\operatorname{Ker}(g) \subset \operatorname{Ker}(h) \quad \text{et} \quad \operatorname{Ker}(h) \subset \operatorname{Ker}(f).$$

Les trois inclusions précédentes montrent :

$$\operatorname{Ker}(f) = \operatorname{Ker}(g) = \operatorname{Ker}(h).$$

2) Images :

- Soit $y \in \operatorname{Im}(f)$. Il existe $x \in E$ tel que : $y = f(x)$.

On a alors : $y = f(x) = (g \circ h)(x) = g(h(x)) \in \operatorname{Im}(g)$.

Ceci montre : $\operatorname{Im}(f) \subset \operatorname{Im}(g)$.

- On termine comme en *1)* et on conclut :

$$\operatorname{Im}(f) = \operatorname{Im}(g) = \operatorname{Im}(h).$$

4.13 *1)* • Soit $x \in \operatorname{Ker}(f) \cap \operatorname{Im}(g)$.

Alors, $f(x) = 0$ et il existe $t \in E$ tel que $x = g(t)$. On a :

$$\begin{aligned} x = g(t) &= (g \circ f \circ g)(t) = (g \circ f)(g(t)) \\ &= (g \circ f)(x) = g(f(x)) = g(0) = 0. \end{aligned}$$

Ceci montre : $\operatorname{Ker}(f) \cap \operatorname{Im}(g) = \{0\}$.

- Soit $x \in E$.

On a : $f \circ g \circ f(x) = f(x)$,

donc : $f(x - g \circ f(x)) = f(x) - f \circ g \circ f(x) = 0$.

Ceci montre : $x - g \circ f(x) \in \operatorname{Ker}(f)$.

Ainsi : $x = (x - g \circ f(x)) + g \circ f(x)$,

où : $x - g \circ f(x) \in \operatorname{Ker}(f)$, $\quad g \circ f(x) = g(f(x)) \in \operatorname{Im}(g)$.

Ceci montre : $\operatorname{Ker}(f) + \operatorname{Im}(g) = E$.

On conclut : $\operatorname{Ker}(f)$ et $\operatorname{Im}(g)$ sont supplémentaires dans E.

2) Comme f et g ont des rôles symétriques dans l'hypothèse, on conclut aussi que $\operatorname{Ker}(g)$ et $\operatorname{Im}(f)$ sont supplémentaires dans E.

4.14 *1)* Soit $x \in A \cap (B + (A \cap C))$.

Alors, $x \in A$ et $x \in B + (A \cap C)$.

Il existe donc $b \in B$, $c \in A \cap C$ tels que : $x = b + c$.

On a : $b = x - c,\ x \in A,\ c \in A$, et A est un sev de E, donc : $b \in A$.

Ainsi : $x = c + b,\ \ c \in C,\ \ b \in A \cap B$,

donc : $x \in C + (A \cap B)$.

on obtient : $x \in A \cap (C + (A \cap B))$.

Ceci montre : $A \cap (B + (A \cap C)) \subset A \cap (C + (A \cap B))$.

2) En appliquant le résultat de *1)* à (A, C, B) à la place de (A, B, C), on a aussi : $A \cap (C + (A \cap B)) \subset A \cap (B + (A \cap C))$.

Finalement : $A \cap (B + (A \cap C)) = A \cap (C + (A \cap B))$.

4.15 *a)* Supposons (f, g) liée.

Si $f = 0$, alors $f^2 = 0$, donc (f^2, g^2) est liée.

Si $f \neq 0$, il existe $\alpha \in \mathbb{R}$ tel que $g = \alpha f$, d'où $g^2 = \alpha^2 f^2$, donc (f^2, g^2) est liée.

Ceci montre que, si (f, g) est liée, alors (f^2, g^2) est liée.

b) Notons $f : \mathbb{R} \longrightarrow \mathbb{R},\ x \longmapsto x$ et $g : \mathbb{R} \longrightarrow \mathbb{R},\ x \longmapsto |x|$.

• La famille (f, g) est libre, car, pour tout $(\lambda, \mu) \in \mathbb{R}^2$, si $\lambda f + \mu g = 0$, alors : $\forall x \in \mathbb{R},\ \ \lambda x + \mu |x| = 0$,

d'où, en remplaçant x par 1, par -1 :

$$\lambda + \mu = 0 \quad \text{et} \quad \lambda - \mu = 0,$$

donc : $\lambda = \mu = 0$.

• La famille (f^2, g^2) est liée car $f^2 = g^2$.

c) Notons : $f : \mathbb{R} \longrightarrow \mathbb{R},\ x \longmapsto 1$, $g : \mathbb{R} \longrightarrow \mathbb{R},\ x \longmapsto x$, $h : \mathbb{R} \longrightarrow \mathbb{R},\ x \longmapsto x + 1$.

• On a $h = f + g$, donc (f, g, h) est liée.

• On a, pour tout $x \in \mathbb{R}$:

$$f^2(x) = 1, \quad g^2(x) = x^2, \quad h^2(x) = 1 + 2x + x^2.$$

Soit $(a, b, c) \in \mathbb{R}^3$ tel que : $af^2 + bg^2 + ch^2 = 0$.

On a alors : $\forall x \in \mathbb{R},\ \ (a + c) + 2cx + (b + c)x^2 = 0$.

Ainsi, le polynôme $(a + c) + 2c\mathrm{X} + (b + c)\mathrm{X}^2$ s'annule en tout point de $\mathbb{R}$, donc est le polynôme nul, d'où :

$$a + c = 0, \quad 2c = 0, \quad b + c = 0,$$

puis : $a = 0,\ b = 0,\ c = 0$.

Ceci montre que la famille (f^2, g^2, h^2) est libre.

4.16 *a)* On a, pour tout $\alpha \in \mathbb{R}$ et toutes $f, g \in E$:

$$\varphi_1(\alpha f + g) = \int_{-1}^{0} (\alpha f + g) = \alpha \int_{-1}^{0} f + \int_{-1}^{0} g = \alpha \varphi_1(f) + \varphi_1(g),$$

donc φ_1 est linéaire, et, de même, φ_2 et φ_3 sont linéaires.

b) Soit $(\alpha_1, \alpha_2) \in \mathbb{R}^2$ tel que : $\alpha_1 \varphi_1 + \alpha_2 \varphi_2 = 0$.

On a alors : $\forall f \in E,\ \ \alpha_1 \displaystyle\int_{-1}^{0} f + \alpha_2 \int_{-1}^{0} f = 0$ (1).

Considérons : $f_1 : [-1\,;\,1] \longrightarrow \mathbb{R},\ x \longmapsto 1$, $f_2 : [-1\,;\,1] \longrightarrow \mathbb{R},\ x \longmapsto x$.

Il est clair que : $f_1 \in E$ et $f_2 \in E$. On a :

$$(1) \Longrightarrow \begin{cases} \alpha_1 \displaystyle\int_{-1}^{0} f_1 + \alpha_2 \int_{0}^{1} f_1 = 0 \\ \alpha_1 \displaystyle\int_{-1}^{0} f_2 + \alpha_2 \int_{0}^{1} f_2 = 0 \end{cases}$$

$$\Longleftrightarrow \begin{cases} \alpha_1 + \alpha_2 = 0 \\ \alpha_1\left(-\dfrac{1}{2}\right) + \alpha_2 \dfrac{1}{2} = 0 \end{cases}$$

$$\Longleftrightarrow \begin{cases} \alpha_1 + \alpha_2 = 0 \\ -\alpha_1 + \alpha_2 = 0 \end{cases} \Longleftrightarrow \begin{cases} \alpha_1 = 0 \\ \alpha_2 = 0. \end{cases}$$

On conclut : (φ_1, φ_2) est libre.

c) D'après la relation de Chasles :

$$\forall f \in E, \quad \int_{-1}^{1} f = \int_{-1}^{0} f + \int_{0}^{1} f,$$

donc : $\forall f \in E,\ \ \varphi_3(f) = \varphi_1(f) + \varphi_2(f)$,

c'est-à-dire : $\varphi_3 = \varphi_1 + \varphi_2$.

Ceci montre que $(\varphi_1, \varphi_2, \varphi_3)$ est liée, donc n'est pas libre.

4.17 *1)* On a : $(A \cap B) \cap C = (C \cap A) \cap B = \{0\} \cap B = \{0\}$.

2) • On a : $A \cap B \subset B$ et $C \subset B$, donc, puisque B est un sev de E : $(A \cap B) + C \subset B$.

• Soit $b \in B$. On a alors : $b \in B \subset A + B = A \oplus C$.

Il existe donc $a \in A,\ c \in C$ tels que : $b = a + c$.

On a : $a = b - c,\ \ b \in B,\ \ c \in C \subset B$ et B est un sev de E,

donc : $a \in B$.

Ainsi : $b = a + c,\ \ a \in A \cap B,\ \ c \in C$.

Ceci montre : $B \subset (A \cap B) + C$.

On obtient : $(A \cap B) + C = B$.

On conclut : $A \cap B$ et C sont supplémentaires dans B.

4.18 *a)* • On a : $A \subset E$, et $0 \in A$ donc $A \neq \varnothing$.

• Soient $\alpha \in \mathbb{R},\ f, g \in E$. On a :

$$\int_0^1 (\alpha f + g)(x)\,\mathrm{d}x = \alpha \underbrace{\int_0^1 f(x)\,\mathrm{d}x}_{=0} + \underbrace{\int_0^1 g(x)\,\mathrm{d}x}_{=0} = 0,$$

donc : $\alpha f + g \in A$.

On conclut : A est un sev de E.

2) • On a : $B \subset E$, et $0 \in B$ donc $B \neq \emptyset$.

• Soient $\alpha \in \mathbb{R},\ f, g \in B$.

On a : $(\alpha f + g)(0) = \alpha f(0) + g(0) = \alpha 0 + 0 = 0$,

donc : $\alpha f + g \in B$.

On conclut : B est un sev de E.

3) Puisque $C = \text{Vect}\,(e_0, e_1)$, C est le sev de E engendré par (e_0, e_1), donc C est un sev de E.

b) Remarquer d'abord que $A \cap B$ est bien un sev de E, comme intersection de deux sev de E.

1) Montrons : $(A \cap B) \cap C = \{0\}$.

Soit $f \in (A \cap B) \cap C$.

Puisque $f \in C$, il existe $(\alpha, \beta) \in \mathbb{R}^2$ tel que : $f = \alpha e_0 + \beta e_1$,

c'est-à-dire : $\forall x \in \mathbb{R},\ \ f(x) = \alpha + \beta x$.

On a alors :

$$\begin{cases} \displaystyle\int_0^1 f(x)\,\mathrm{d}x = 0 \\ f(0) = 0 \end{cases} \iff \begin{cases} \displaystyle\int_0^1 (\alpha + \beta x)\,\mathrm{d}x = 0 \\ \alpha = 0 \end{cases}$$

$$\iff \begin{cases} \alpha = 0 \\ \dfrac{\beta}{2} = 0 \end{cases} \iff \begin{cases} \alpha = 0 \\ \beta = 0 \end{cases} \iff f = 0.$$

Ceci montre : $(A \cap B) \cap C = \{0\}$,

autrement dit, $A \cap B$ et C sont en somme directe.

2) Soit $f \in E$. On cherche $g \in A \cap B,\ (\alpha, \beta) \in \mathbb{R}^2$ tels que :

$$f = g + (\alpha e_0 + \beta e_1),$$

c'est-à-dire : $\forall x \in \mathbb{R},\ \ f(x) = g(x) + (\alpha + \beta x)$.

On a :

$$g \in A \cap B \iff \begin{cases} \displaystyle\int_0^1 g(x)\,\mathrm{d}x = 0 \\ g(0) = 0 \end{cases}$$

$$\iff \begin{cases} \displaystyle\int_0^1 f(x)\,\mathrm{d}x = \int_0^1 (\alpha + \beta x)\,\mathrm{d}x \\ f(0) = \alpha \end{cases}$$

$$\iff \begin{cases} \alpha = f(0) \\ \alpha + \dfrac{\beta}{2} = \displaystyle\int_0^1 f(x)\,\mathrm{d}x \end{cases} \iff \begin{cases} \alpha = f(0) \\ \beta = 2\displaystyle\int_0^1 f(x)\,\mathrm{d}x - 2f(0). \end{cases}$$

Ainsi, il existe $(\alpha, \beta) \in \mathbb{R}^2$ convenant, puis g convenant, ce qui montre : $(A \cap B) + C = E$.

Finalement : $A \cap B$ et C sont supplémentaires dans E.

4.19 *a)* Supposons : $\text{Ker}\,(g \circ f) = \text{Ker}\,(f)$.

• On a (cf. exercice 4.11) : $\text{Ker}\,(h \circ g \circ f) \supset \text{Ker}\,(g \circ f)$.

• Soit $x \in \text{Ker}\,(h \circ g \circ f)$.

On a : $h \circ g \circ f(x) = 0$, donc : $f(x) \in \text{Ker}\,(h \circ g) = \text{Ker}\,(g)$,

d'où : $g(f(x)) = 0$, donc $x \in \text{Ker}\,(g \circ f)$.

Ceci montre : $\text{Ker}\,(h \circ g \circ f) \subset \text{Ker}\,(g \circ f)$.

On conclut : $\quad \text{Ker}\,(h \circ g \circ f) = \text{Ker}\,(g \circ f)$.

b) Supposons : $\text{Im}\,(g \circ f) = \text{Im}\,(g)$.

• On a (cf. exercice 4.11) : $\text{Im}\,(h \circ g \circ f) \subset \text{Im}\,(h \circ g)$.

• Soit $t \in \text{Im}\,(h \circ g)$. Il existe $y \in F$ tel que : $t = h \circ g(y)$. Comme $g(y) \in \text{Im}\,(g) = \text{Im}\,(g \circ f)$, il existe $x \in E$ tel que : $g(y) = g \circ f(x)$. D'où :

$$t = h(g(y)) = h(g \circ f(x)) = (h \circ g \circ f)(x) \in \text{Im}\,(h \circ g \circ f).$$

Ceci montre : $\quad \text{Im}\,(h \circ g) \subset \text{Im}\,(h \circ g \circ f)$.

On conclut : $\quad \text{Im}\,(h \circ g \circ f) = \text{Im}\,(h \circ g)$.

4.20 *1)* On suppose : $f \circ g = g \circ f$ et $\text{Ker}\,(f) + \text{Ker}\,(g) = E$.

• Soit $x \in E$.

Il existe $u \in \text{Ker}\,(f),\ v \in \text{Ker}\,(g)$ tels que : $x = u + v$.

On a alors : $f(x) = f(u + v) = f(u) + f(v) = f(v)$,

puis : $(g \circ f)(x) = g(f(v)) = g \circ f(v) = f \circ g(v) = f(0) = 0$.

Ceci montre : $g \circ f = 0$.

• Comme $f \circ g = g \circ f$, on a alors aussi : $f \circ g = 0$.

2) On suppose : $f \circ g = g \circ f$ et $\text{Im}\,(f) \cap \text{Im}\,(g) = \{0\}$.

• Soit $x \in E$.

$$\text{On a : } \begin{cases} f \circ g(x) = f(g(x)) \in \text{Im}\,(f) \\ f \circ g(x) = g \circ f(x) = g(f(x)) \in \text{Im}\,(g), \end{cases}$$

donc : $\quad f \circ g(x) \in \text{Im}\,(f) \cap \text{Im}\,(g) = \{0\}$,

d'où : $f \circ g(x) = 0$.

Ceci montre : $f \circ g = 0$.

• Comme $f \circ g = g \circ f$, on a alors aussi : $g \circ f = 0$.

4.21 *a)* En développant, on a :

$$(f - ae) \circ (f - be) = f^2 - af - bf + abe = 0.$$

b) D'abord, E_a et E_b sont bien des sev de E, comme noyaux d'applications linéaires.

1) Soit $x \in E_a \cap E_b$.

Alors : $\quad (f - ae)(x) = 0$ et $(f - be)(x) = 0$,

d'où : $f(x) = ax$ et $f(x) = bx$, donc : $(a - b)x = ax - bx = 0$.

Comme $a \neq b$, on déduit $x = 0$.

Ceci montre : $E_a \cap E_b = \{0\}$.

2) Soit $y \in E$. Montrons que y se décompose linéairement sur E_a et E_b. À cet effet, raisonnons par analyse et synthèse.

• *Analyse :*

Supposons qu'il existe $u \in E_a$, $v \in E_b$ tels que : $y = u + v$. On a alors : $f(y) = f(u+v) = f(u) + f(v) = au + bv$.

Ainsi : $u + v = y$ et $au + bv = f(y)$,

d'où, par combinaisons linéaires visant à faire disparaître u ou v : $(a-b)u = f(y) - by$ et $(b-a)v = f(y) - ay$

et donc : $u = \dfrac{1}{a-b}(f(y) - by)$, $\quad v = \dfrac{1}{b-a}(f(y) - ay)$.

• *Synthèse :*

Réciproquement, montrons que les vecteurs u, v obtenus ci-dessus conviennent. On a :

$$\begin{aligned} f(u) &= \frac{1}{a-b}(f \circ f(y) - bf(y)) \\ &= \frac{1}{a-b}([(a+b)f(y) - aby] - bf(y)) \\ &= \frac{1}{a-b}(af(y) - aby) = au \end{aligned}$$

et de même, par un calcul analogue : $f(v) = bv$.

Et : $u + v = \dfrac{1}{a-b}\big((f(y) - by) - (f(y) - ay)\big) = y$.

Ceci montre : $\forall y \in E,\ \exists (u,v) \in E_a \times E_b,\ \ y = u + v$,

donc : $E = E_a + E_b$.

Finalement : E_a et E_b sont supplémentaires dans E.

4.22 *a) 1)* Supposons : $p \circ q = p$ et $q \circ p = q$.

• Soit $x \in \operatorname{Ker}(p)$.

On a : $q(x) = (q \circ p)(x) = q(p(x)) = q(0) = 0$,

donc : $x \in \operatorname{Ker}(q)$.

Ceci montre : $\operatorname{Ker}(p) \subset \operatorname{Ker}(q)$.

• Comme l'hypothèse $p \circ q = p$ et $q \circ p = q$ est invariante lorsque l'on échange p et q, on a aussi : $\operatorname{Ker}(q) \subset \operatorname{Ker}(p)$.

On conclut : $\operatorname{Ker}(p) = \operatorname{Ker}(q)$.

2) Réciproquement, supposons : $\operatorname{Ker}(p) = \operatorname{Ker}(q)$.

• Soit $x \in E$.

On a : $x - p(x) \in \operatorname{Ker}(p) = \operatorname{Ker}(q)$,

donc : $q(x - p(x)) = 0$, d'où : $q(x) = q(p(x)) = q \circ p(x)$.

Ceci montre : $q = q \circ p$.

• Comme l'hypothèse $\operatorname{Ker}(p) = \operatorname{Ker}(q)$ est invariante lorsque l'on échange p et q, on a aussi : $p = p \circ q$.

b) 1re méthode : retour aux définitions :

1) Supposons : $p \circ q = q$ et $q \circ p = p$.

• Soit $x \in \operatorname{Im}(p)$. On a alors $x = p(x)$, puisque p est un projecteur, puis : $x = p(x) = q \circ p(x) = q(p(x)) \in \operatorname{Im}(q)$.

Ceci montre : $\operatorname{Im}(p) \subset \operatorname{Im}(q)$.

• Comme l'hypothèse $p \circ q = p$ et $q \circ p = q$ est invariante lorsque l'on échange p et q, on a aussi : $\operatorname{Im}(q) \subset \operatorname{Im}(p)$.

On conclut : $\operatorname{Im}(p) = \operatorname{Im}(q)$.

2) Réciproquement, supposons $\operatorname{Im}(p) = \operatorname{Im}(q)$.

• Soit $x \in E$. On a : $p(x) \in \operatorname{Im}(p) = \operatorname{Im}(q)$, d'où, puisque p est un projecteur : $q(p(x)) = p(x)$. Ceci montre : $q \circ p = q$.

• Comme l'hypothèse $\operatorname{Im}(p) = \operatorname{Im}(q)$ est invariante lorsque l'on échange p et q, on a aussi : $p \circ q = p$.

2e méthode : utilisation de projecteurs associés :

On remarque que, en notant $e = \mathrm{Id}_E$, puisque p et q sont des projecteurs, $p' = e - p$ et $q' = e - q$ sont aussi des projecteurs et $\operatorname{Im}(p) = \operatorname{Ker}(p')$, $\operatorname{Im}(q) = \operatorname{Ker}(q')$. D'où, en appliquant le résultat de *a)* à (p', q') à la place de (p, q) :

$$\begin{aligned} \operatorname{Im}(p) = \operatorname{Im}(q) &\iff \operatorname{Ker}(p') = \operatorname{Ker}(q') \\ &\iff p' \circ q' = p' \ \text{ et } \ q' \circ p' = q' \\ &\iff (e-p)\circ(e-q) = e - p \ \text{ et } \ (e-q)\circ(e-p) = e - q \\ &\iff e - p - q + p \circ q = e - p \ \text{ et } \ e - q - p + q \circ p = e - q \\ &\iff p \circ q = q \ \text{ et } \ q \circ p = p. \end{aligned}$$

4.23 *a)* • D'abord, il est clair que f et g sont bien des applications de E dans E.

On a, pour tout $\alpha \in \mathbb{K}$ et tous $P, Q \in \mathbb{K}[\mathrm{X}]$:

$$f(\alpha P + Q) = \mathrm{X}(\alpha P + Q) = \alpha \mathrm{X}P + \mathrm{X}Q = \alpha f(P) + f(Q),$$

$$g(\alpha P + Q) = -(\alpha P + Q)' = -\alpha P' - Q' = \alpha g(P) + g(Q),$$

donc : $f, g \in \mathscr{L}(E)$.

• On a, pour tout $P \in E$:

$$\begin{aligned} (f \circ g - g \circ f)(P) &= f(g(P)) - g(f(P)) = f(-P') - g(\mathrm{X}P) \\ &= \mathrm{X}(-P') + (\mathrm{X}P)' = -\mathrm{X}P' + P + \mathrm{X}P' = P, \end{aligned}$$

donc : $f \circ g - g \circ f = \mathrm{Id}_E$.

b) 1) Étude de f :

• On a, pour tout $P \in E$:

$$P \in \operatorname{Ker}(f) \iff f(P) = 0 \iff \mathrm{X}P = 0 \iff P = 0,$$

donc $\operatorname{Ker}(f) = \{0\}$, ce qui montre que f est injectif.

• Il est clair qu'il n'existe pas $P \in E$ tel que $\mathrm{X}P = 1$ (comme on le voit en considérant les degrés), donc 1 (qui est dans E) n'a pas d'antécédent par f.

On conclut que f n'est pas surjectif.

• Puisque f n'est pas surjectif, f n'est pas bijectif.

2) Étude de g :

• On a : $g(1) = 0$ et $1 \neq 0$, donc g n'est pas injectif.

• Pour tout $Q \in E$, il existe $P \in E$ tel que $-P' = Q$, il suffit de prendre pour P une primitive de $-Q$, qui existe dans E.

Ainsi, g est surjectif.

• Puisque g n'est pas injectif, g n'est pas bijectif.

4.24 *1)* D'abord, E est bien un $\mathbb{R}$-ev. En effet, E est un sev de $\mathbb{R}[X]$ car $0 \in E$ et, pour tout $\alpha \in \mathbb{R}$ et tous $P, Q \in E$:

$$(\alpha P + Q)(0) = \alpha P(0) + Q(0) = \alpha 0 + 0 = 0,$$

donc $\alpha P + Q \in E$.

2) L'application f va bien de E dans E, car, pour tout $P \in E$, $f(P) = XP'$ est un polynôme qui s'annule en 0.

3) L'application f est linéaire car, pour tout $\alpha \in \mathbb{R}$ et tous $P, Q \in E$:

$$\begin{aligned} f(\alpha P + Q) &= X(\alpha P + Q)' \\ &= X(\alpha P' + Q') = \alpha XP' + XQ' = \alpha f(P) + f(Q). \end{aligned}$$

4) Injectivité :

Soit $P \in \operatorname{Ker}(f)$, c'est-à-dire $XP' = 0$. On déduit $P' = 0$, P est une constante. Comme de plus $P(0) = 0$, on obtient $P = 0$. Ainsi, $\operatorname{Ker}(f) = \{0\}$, donc f est injective.

5) Surjectivité :

Soit $Q \in E$. Comme $Q(0) = 0$, il existe $n \in \mathbb{N}^*$, $a_1, ..., a_n \in \mathbb{R}$ tels que : $Q = \sum_{k=1}^{n} a_k X^k$. Notons $P = \sum_{k=1}^{n} \frac{a_k}{k} X^k$. Il est clair que $P \in E$, puisque $P(0) = 0$. Et :

$$f(P) = XP' = X \sum_{k=1}^{n} \frac{a_k}{k} k X^{k-1} = \sum_{k=1}^{n} a_k X^k = Q.$$

Ceci montre que f est surjective.

Finalement, puisque f est linéaire, injective, surjective, on conclut : $f \in \mathcal{GL}(E)$.

4.25 Raisonnons par l'absurde : supposons $A \neq E$ et $B \neq E$.

Il existe alors $a \in E$ tel que $a \notin A$, et $b \in E$ tel que $b \notin B$. Comme $A \cup B = E$, il s'ensuit : $a \in B$ et $b \in A$.

Considérons $a + b$.

On a : $a + b \in E = A \cup B$, donc : $a + b \in A$ ou $a + b \in B$.

• Supposons $a + b \in A$. On a alors : $a = (a + b) - b \in A$ car $a + b \in A$, $b \in A$ et A est un sev de E, d'où une contradiction.

• Supposons $a + b \in B$. On a alors : $b = (a + b) - a \in B$ car $a + b \in B$, $a \in B$ et B est un sev de E, d'où une contradiction.

Ce raisonnement par l'absurde montre : $A = E$ ou $B = E$.

4.26 *a)* Soit $(\lambda_1, ..., \lambda_n) \in \mathbb{R}^n$ tel que $\sum_{i=1}^{n} \lambda_i f_{a_i} = 0$.

On remarque que, pour tout $i \in [\![1 ; n]\!]$, f_{a_i} est continue en tout point de $\mathbb{R} \setminus \{a_i\}$, et est discontinue en a_i.

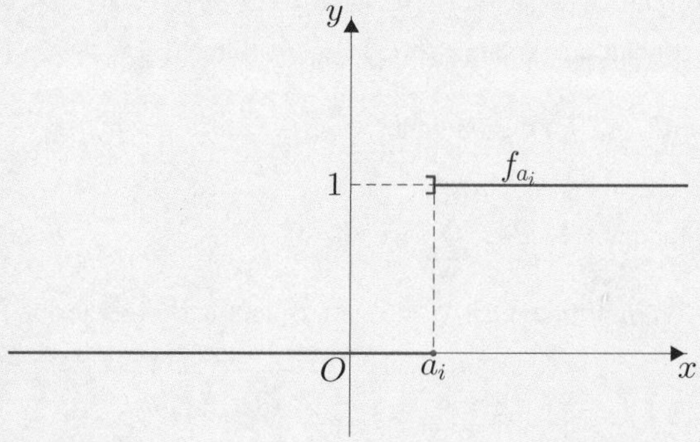

Supposons qu'il existe $i \in [\![1 ; n]\!]$ tel que $\lambda_i \neq 0$. On a alors :

$$f_{a_i} = -\sum_{1 \leqslant j \leqslant n,\, j \neq i} \frac{\lambda_j}{\lambda_i} f_{a_j}.$$

D'une part, f_{a_i} est discontinue en a_i.

D'autre part, pour tout $j \neq i$, f_{a_j} est continue en a_i, donc la combinaison linéaire $-\sum_{1 \leqslant j \leqslant n,\, j \neq i} \frac{\lambda_j}{\lambda_i} f_{a_j}$ est continue en a_i, d'où une contradiction.

Ce raisonnement par l'absurde montre : $\forall i \in [\![1 ; n]\!],\ \lambda_i = 0$, et on conclut que la famille $(f_{a_i})_{1 \leqslant i \leqslant n}$ est libre.

b) Soit $(\lambda_1, ..., \lambda_n) \in \mathbb{R}^n$ tel que $\sum_{i=1}^{n} \lambda_i f_{a_i} = 0$.

On remarque que, pour tout $i \in [\![1 ; n]\!]$, f_{a_i} est dérivable en tout point de $\mathbb{R} \setminus \{a_i\}$, et n'est pas dérivable en a_i.

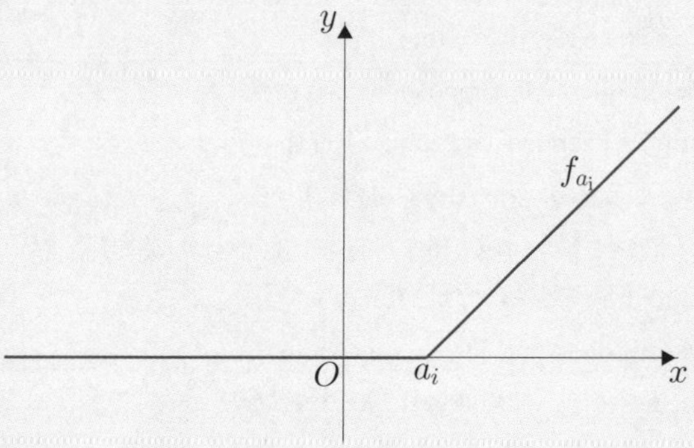

Supposons qu'il existe $i \in [\![1 ; n]\!]$ tel que $\lambda_i \neq 0$. On a alors :

$$f_{a_i} = -\sum_{1 \leqslant j \leqslant n,\, j \neq i} \frac{\lambda_j}{\lambda_i} f_{a_j}.$$

D'une part, f_{a_i} n'est pas dérivable en a_i.

D'autre part, pour tout $j \neq i$, f_{a_j} est dérivable en a_i, donc la combinaison linéaire $-\sum_{1 \leqslant j \leqslant n,\, j \neq i} \frac{\lambda_j}{\lambda_i} f_{a_j}$ est dérivable en a_i, d'où une contradiction.

Ce raisonnement par l'absurde montre : $\forall i \in [\![1\,;\,n]\!],\ \lambda_i = 0$, et on conclut que la famille $(f_{a_i})_{1 \leqslant i \leqslant n}$ est libre.

c) Soit $(\lambda_1, \ldots, \lambda_n) \in \mathbb{R}^n$ tel que $\sum_{i=1}^{n} \lambda_i f_{a_i} = 0$.

On a donc : $\forall x \in \mathbb{R},\ \sum_{i=1}^{n} \lambda_i \,\mathrm{e}^{a_i x} = 0.$

D'où, en multipliant par $\mathrm{e}^{-a_n x}$ et en isolant le dernier terme :

$$\forall x \in \mathbb{R},\ \sum_{i=1}^{n-1} \lambda_i \,\mathrm{e}^{(a_i - a_n)x} + \lambda_n = 0.$$

Comme : $\forall i \in [\![1\,;\,n-1]\!],\ a_i - a_n < 0$,

on a : $\sum_{i=1}^{n-1} \lambda_i \,\mathrm{e}^{(a_i - a_n)x} \underset{x \longrightarrow +\infty}{\longrightarrow} 0,$

d'où : $\lambda_n \underset{x \longrightarrow +\infty}{\longrightarrow} 0$, c'est-à-dire $\lambda_n = 0$ car λ_n ne dépend pas de x.

En réitérant, on déduit successivement :

$$\lambda_n = 0,\ \lambda_{n-1} = 0,\ \ldots,\ \lambda_1 = 0,$$

et on conclut que $(f_{a_i})_{1 \leqslant i \leqslant n}$ est libre.

4.27 *a) 1)* Supposons : $\operatorname{Ker}(g \circ f) = \operatorname{Ker}(f)$.

Soit $y \in \operatorname{Ker}(g) \cap \operatorname{Im}(f)$.

Alors, $g(y) = 0$ et il existe $x \in E$ tel que $y = f(x)$.

D'où : $(g \circ f)(x) = g(y) = 0$,

donc : $x \in \operatorname{Ker}(g \circ f) = \operatorname{Ker}(f)$, puis : $y = f(x) = 0$.

Ceci montre : $\operatorname{Ker}(g) \cap \operatorname{Im}(f) = \{0\}$.

2) Réciproquement, supposons : $\operatorname{Ker}(g) \cap \operatorname{Im}(f) = \{0\}$.

• D'après l'exercice 4.11, on a : $\operatorname{Ker}(g \circ f) \supset \operatorname{Ker}(f)$.

• Soit $x \in \operatorname{Ker}(g \circ f)$. Alors, $g(f(x)) = 0$.

On a : $f(x) \in \operatorname{Ker}(g) \cap \operatorname{Im}(f) = \{0\}$, $f(x) = 0$, $x \in \operatorname{Ker}(f)$.

Ceci montre : $\operatorname{Ker}(g \circ f) \subset \operatorname{Ker}(f)$.

Des deux points précédents, on conclut :

$$\operatorname{Ker}(g \circ f) = \operatorname{Ker}(f).$$

b) 1) Supposons : $\operatorname{Im}(g \circ f) = \operatorname{Im}(g)$.

Soit $y \in F$. Comme $g(y) \in \operatorname{Im}(g) = \operatorname{Im}(g \circ f)$, il existe $x \in E$ tel que : $g(y) = (g \circ f)(x)$.

On déduit : $g(y - f(x)) = g(y) - g(f(x)) = 0$,

c'est-à-dire : $y - f(x) \in \operatorname{Ker}(g)$.

On a alors : $y = (y - f(x)) + f(x) \in \operatorname{Ker}(g) + \operatorname{Im}(f)$.

Ceci montre : $\operatorname{Ker}(g) + \operatorname{Im}(f) = F$.

2) Réciproquement, supposons : $\operatorname{Ker}(g) + \operatorname{Im}(f) = F$.

• D'après l'exercice 4.11, on a : $\operatorname{Im}(g \circ f) \subset \operatorname{Im}(g)$.

• Soit $z \in \operatorname{Im}(g)$. Il existe $y \in F$ tel que $z = g(y)$.

Puisque $F = \operatorname{Ker}(g) + \operatorname{Im}(f)$, il existe $u \in \operatorname{Ker}(g)$ et $x \in E$ tels que : $y = u + f(x)$. D'où :

$$z = g(u + f(x)) = g(u) + g \circ f(x) = g \circ f(x) \in \operatorname{Im}(g \circ f).$$

Des deux points précédents, on déduit :

$$\operatorname{Im}(g \circ f) = \operatorname{Im}(g).$$

4.28 *a)* Puisque $u = (e - g \circ f)^{-1}$, on a : $(e - g \circ f) \circ u = e$, donc : $u - f \circ g \circ u = e$, c'est-à-dire : $f \circ g \circ u = u - e$, d'où :

$$\begin{aligned}(e - g \circ f) \circ (e + g \circ u \circ f) &= e - g \circ f + g \circ u \circ f - g \circ f \circ g \circ u \circ f \\ &= e - g \circ f + g \circ u \circ f - g \circ (u - e) \circ f \\ &= e - g \circ f + g \circ u \circ f - g \circ u \circ f + g \circ f = e.\end{aligned}$$

De même, puisque $u = (e - f \circ g)^{-1}$, on a : $u \circ (e - f \circ g) = e$, donc : $u - u \circ f \circ g = e$, c'est-à-dire : $u \circ f \circ g = u - e$, d'où :

$$\begin{aligned}(e + g \circ u \circ f) \circ (e - g \circ f) &= e + g \circ u \circ f - g \circ f - g \circ u \circ f \circ g \circ f \\ &= e + g \circ u \circ f - g \circ f - g \circ (u - e) \circ f \\ &= e + g \circ u \circ f - g \circ f - g \circ u \circ f + g \circ f = e.\end{aligned}$$

On conclut : $\begin{cases}(e - g \circ f) \circ (e + g \circ u \circ f) = e \\ (e + g \circ u \circ f) \circ (e - g \circ f) = e.\end{cases}$

b) D'après *a)*, $e - g \circ f$ est inversible, $e - g \circ f \in \mathcal{GL}(E)$, et :

$$(e - g \circ f)^{-1} = e + g \circ u \circ f,$$

où on a noté $u = (e - f \circ g)^{-1}$.

4.29 *a)* On a :

$$\begin{aligned}\phi(g \circ h) &= f \circ (g \circ h) - (g \circ h) \circ f \\ &= (f \circ g) \circ h - (g \circ f) \circ h + g \circ (f \circ h) - g \circ (h \circ f) \\ &= (f \circ g - g \circ f) \circ h + g \circ (f \circ h - h \circ f) \\ &= \phi(g) \circ h + g \circ \phi(h).\end{aligned}$$

b) Récurrence sur n.

• Pour $n = 0$, la propriété est évidente, car $\phi^0(u \circ v) = u \circ v$

et : $\sum_{k=0}^{0} \binom{n}{k} \phi^k(u) \circ \phi^{n-k}(v) = \phi^0(u) \circ \phi^0(v) = u \circ v,$

puisque $\phi^0 = \mathrm{Id}_{\mathcal{L}(E)}$.

• Supposons la propriété vraie pour un $n \in \mathbb{N}$ fixé. On a :

$$\begin{aligned}
\phi^{n+1}(u \circ v) &= \phi(\phi^n(u \circ v)) \\
&= \phi\Big(\sum_{k=0}^{n} \binom{n}{k} \phi^k(u) \circ \phi^{n-k}(v)\Big) \\
&= \sum_{k=0}^{n} \binom{n}{k} \phi(\phi^k(u) \circ \phi^{n-k}(v)) \\
&\qquad \text{car } \phi \text{ est, à l'évidence, linéaire} \\
&= \sum_{k=0}^{n} \binom{n}{k} \Big(\phi(\phi^k(u)) \circ \phi^{n-k}(v) \\
&\qquad + \phi^k(u) \circ \phi(\phi^{n-k}(v))\Big) \\
&\qquad \text{d'après } a) \\
&= \sum_{k=0}^{n} \binom{n}{k} (\phi^{k+1}(u) \circ \phi^{n-k}(v) \\
&\qquad + \phi^k(u) \circ \phi^{n-k+1}(v)) \\
&= \sum_{k=0}^{n} \binom{n}{k} \phi^{k+1}(u) \circ \phi^{n-k}(v) \\
&\qquad + \sum_{k=0}^{n} \binom{n}{k} \phi^k(u) \circ \phi^{n-k+1}(v) \\
&\underset{k \leftarrow k+1}{=} \sum_{k=1}^{n+1} \binom{n}{k-1} \phi^k(u) \circ \phi^{n-(k-1)}(v) \\
&\qquad + \sum_{k=0}^{n} \binom{n}{k} \phi^k(u) \circ \phi^{n-k+1}(v) \\
&= \sum_{k=0}^{n+1} \binom{n}{k-1} \phi^k(u) \phi^{n+1-k}(v) \\
&\qquad + \sum_{k=0}^{n+1} \binom{n}{k} \phi^k(u) \circ \phi^{n+1-k}(v) \\
&\qquad \text{car les deux termes rajoutés sont nuls} \\
&= \sum_{k=0}^{n+1} \Big[\binom{n}{k-1} + \binom{n}{k}\Big] \phi^k(u) \circ \phi^{n+1-k}(v) \\
&= \sum_{k=0}^{n+1} \binom{n+1}{k} \phi^k(u) \phi^{(n+1)-k}(v),
\end{aligned}$$

ce qui établit la formule au rang $n+1$.

On conclut par récurrence sur n, à la formule demandée.

Remarque : Cette étude est très proche de la démonstration de la formule du binôme de Newton dans le cours.

4.30 Par hypothèse, pour tout $x \in E$, il existe $\lambda_x \in \mathbb{K}$ tel que $f(x) = \lambda_x x$. Il est clair que, pour tout $x \in E - \{0\}$, λ_x est unique et, *a priori*, dépend de x. Nous allons montrer que λ_x ne dépend pas de x.

Soit $(x, y) \in (E - \{0\})^2$.

1) Supposons (x, y) libre.

On a : $f(x) = \lambda_x x, \;\; f(y) = \lambda_y y$, d'où, par linéarité de f :

$$f(x+y) = f(x) + f(y) = \lambda_x x + \lambda_y y.$$

Mais, d'autre part : $f(x+y) = \lambda_{x+y}(x+y)$.

D'où : $\lambda_x x + \lambda_y y = \lambda_{x+y}(x+y)$,

puis : $(\lambda_{x+y} - \lambda_x)x + (\lambda_{x+y} - \lambda_y)y = 0$.

Comme (x, y) est libre, on déduit :

$$\lambda_{x+y} - \lambda_x = 0 \;\text{ et }\; \lambda_{x+y} - \lambda_y = 0,$$

et donc : $\lambda_x = \lambda_y$.

2) Supposons (x, y) liée.

1re méthode :

Il existe $\alpha \in \mathbb{K} - \{0\}$ tel que $y = \alpha x$;

On a : $f(y) = f(\alpha x) = \alpha f(x) = \alpha \lambda_x x$

et : $\qquad f(y) = \lambda_y y = \lambda_y \alpha x$,

d'où : $(\lambda_x - \lambda_y)\alpha x = 0$ et donc $\lambda_x = \lambda_y$, puisque $\alpha \neq 0$ et $x \neq 0$.

2è méthode :

Si $E = \mathbb{K}x = \mathrm{Vect}(x)$, alors il est clair que f est une homothétie.

Si $E \neq \mathbb{K}x$, alors il existe $z \in E$ tel que (x, z) soit libre. Comme y est colinéaire à x, la famille (y, z) est alors aussi libre. D'après *1)*, on a $\lambda_x = \lambda_z$ et $\lambda_y = \lambda_z$, d'où $\lambda_x = \lambda_y$.

On a ainsi prouvé que λ_x ne dépend pas de x.

Il existe donc $\lambda \in \mathbb{K}$ tel que : $\forall x \in E - \{0\}, \;\; f(x) = \lambda x$.

De plus, trivialement : $f(0) = 0 = \lambda 0$.

Finalement, $f = \lambda \mathrm{Id}_E$, c'est-à-dire que f est une homothétie.

4.31 *1)* Si $p \circ q = q \circ p = 0$, alors :

$(p+q)^2 = (p+q) \circ (p+q) = p^2 + p \circ q + q \circ p + q^2 = p + q$,

donc $p + q$ est un projecteur.

2) Réciproquement, supposons que $p+q$ soit un projecteur. On a alors :

$$\begin{aligned}
p + q = (p+q)^2 &= p^2 + p \circ q + q \circ p + q^2 \\
&= p + p \circ q + q \circ p + q,
\end{aligned}$$

d'où : $p \circ q + q \circ p = 0$.

En composant par p à gauche et par p à droite, on obtient :

$$p \circ q + p \circ q \circ p = 0 \quad \text{et} \quad p \circ q \circ p + q \circ p = 0,$$

d'où, en soustrayant : $p \circ q - q \circ p = 0$.

Comme : $p \circ q + q \circ p = 0$ et $p \circ q - q \circ p = 0$,

on déduit, en additionnant, $2p \circ q = 0$, et, en soustrayant, $2q \circ p = 0$, d'où finalement : $p \circ q = q \circ p = 0$.

4.32 *a) 1)* • On a : $\mathrm{Im}\,(p \circ f) \subset \mathrm{Im}\,(p)$, cf. exercice 4.11.

• Soit $y \in \mathrm{Im}\,(p \circ f)$. Il existe $x \in E$ tel que $y = p \circ f(x)$.

On a alors : $y = (p \circ f(x) - f(x)) + f(x)$

et : $p(p \circ f(x) - f(x)) = p^2 \circ f(x) - p \circ f(x) = 0$ car $p^2 = p$.

Ainsi : $p \circ f(x) - f(x) \in \mathrm{Ker}\,(p)$.

Ceci montre : $y \in \mathrm{Ker}\,(p) + \mathrm{Im}\,(f)$.

D'après les deux résultats précédents, on déduit :

$$\mathrm{Im}\,(p \circ f) \subset \mathrm{Im}\,(p) \cap (\mathrm{Ker}\,(p) + \mathrm{Im}\,(f)).$$

2) Soit $y \in \mathrm{Im}\,(p) \cap (\mathrm{Ker}\,(p) + \mathrm{Im}\,(f))$.

Alors, $p(y) = y$ (puisque p est un projecteur), et il existe $x \in \mathrm{Ker}\,(p)$, $t \in \mathrm{Im}\,(f)$ tels que $y = x + t$, puis il existe $u \in E$ tel que $t = f(u)$.

Ainsi :

$$y = p(x + f(u)) = p(x) + p(f(u)) = (p \circ f)(u) \in \mathrm{Im}\,(p \circ f).$$

Ceci montre : $\mathrm{Im}\,(p) \cap (\mathrm{Ker}\,(p) + \mathrm{Im}\,(f)) \subset \mathrm{Im}\,(p \circ f)$.

On conclut à l'égalité :

$$\mathrm{Im}\,(p \circ f) = \mathrm{Im}\,(p) \cap (\mathrm{Ker}\,(p) + \mathrm{Im}\,(f)).$$

b) 1) • On a :

$$\mathrm{Ker}\,(q) \cap (\mathrm{Ker}\,(g) \cap \mathrm{Im}\,(q)) = \underbrace{(\mathrm{Ker}\,(q) \cap \mathrm{Im}\,(q))}_{=\{0\}} \cap \mathrm{Ker}\,(g) = \{0\},$$

donc la somme $\mathrm{Ker}\,(q) + (\mathrm{Ker}\,(g) \cap \mathrm{Im}\,(q))$ est directe.

• On a : $\mathrm{Ker}\,(q) \subset \mathrm{Ker}\,(g \circ q)$, d'après l'exercice 4.11.

• Soit $y \in \mathrm{Ker}\,(g) \cap \mathrm{Im}\,(q)$.

Alors, $g(y) = 0$ et, puisque q est un projecteur, $q(y) = y$.

D'où : $g \circ q(y) = g(q(y)) = g(y) = 0$, donc : $y \in \mathrm{Ker}\,(g \circ q)$.

Ceci montre : $\mathrm{Ker}\,(g) \cap \mathrm{Im}\,(q) \subset \mathrm{Ker}\,(g \circ q)$.

D'après les trois points précédents, on a :

$$\mathrm{Ker}\,(q) \oplus (\mathrm{Ker}\,(g) \cap \mathrm{Im}\,(q)) \subset \mathrm{Ker}\,(g \circ q).$$

• Soit $x \in \mathrm{Ker}\,(g \circ q)$.

Puisque q est un projecteur : $x = \underbrace{(x - q(x))}_{\in \mathrm{Ker}\,(q)} + \underbrace{q(x)}_{\in \mathrm{Im}\,(q)}$.

De plus : $g(q(x)) = g \circ q(x) = 0$, donc : $q(x) \in \mathrm{Ker}\,(g)$.

Ainsi : $x \in \mathrm{Ker}\,(q) + (\mathrm{Ker}\,(g) \cap \mathrm{Im}\,(q))$.

Ceci montre l'inclusion :

$$\mathrm{Ker}\,(g \circ q) \subset \mathrm{Ker}\,(q) + (\mathrm{Ker}\,(g) \cap \mathrm{Im}\,(q)).$$

On conclut à l'égalité :

$$\mathrm{Ker}\,(g \circ q) = \mathrm{Ker}\,(q) \oplus (\mathrm{Ker}\,(g) \cap \mathrm{Im}\,(q)).$$

Calcul matriciel, systèmes linéaires

CHAPITRE 5

Plan

Thèmes abordés dans les exercices

- Acquisition du calcul matriciel
- Calcul des puissances d'une matrice carrée assez simple
- Étude de l'inversibilité et, éventuellement, calcul de l'inverse d'une matrice carrée
- Détermination du rang d'une matrice
- Résolution de systèmes linéaires.

Points essentiels du cours pour la résolution des exercices

- Définitions et structures des ensembles usuels de matrices :

$$\mathbf{M}_{n,p}(\mathbb{K}),\quad \mathbf{M}_n(\mathbb{K}),\quad \mathbf{GL}_n(\mathbb{K})$$

- Définition et propriétés du rang d'une matrice
- Méthode du pivot de Gauss.

Les méthodes à retenir

Pour effectuer un calcul sur des matrices	Essayer, autant que possible, de garder une notation globale (une lettre pour une matrice), ne faisant pas intervenir les coefficients des matrices. ➥ **Exercices 5.7, 5.18, 5.19, 5.21, 5.24, 5.25.** Sinon, passer aux coefficients des matrices, en particulier si les matrices sont d'ordre petit (deux ou trois), ou si une matrice diagonale ou une matrice triangulaire intervient. ➥ **Exercices 5.1, 5.15, 5.23.**
Pour effectuer un calcul sur des matrices avec paramètres	Essayer de décomposer linéairement ces matrices sur des matrices plus simples, sans paramètre, si c'est possible. ➥ **Exercice 5.12.**

Pour calculer les puissances A^k ($k \in \mathbb{N}^*$, $k \in \mathbb{Z}$)... d'une matrice carrée A

- Dans certains exemples simples, calculer A^2, A^3, et essayer de conjecturer une formule pour A^k, que l'on montrera alors par récurrence sur k.

➥ **Exercices 5.3 *a), c)*, 5.4 c).**

- Essayer de décomposer A en somme d'une matrice $\alpha\,\mathrm{I}_n$, $\alpha \in \mathbb{K}$, et d'une matrice simple, souvent une matrice nilpotente, et utiliser la formule du binôme de Newton.

➥ **Exercices 5.3 *a), b)*, 5.11 à 5.14.**

- La formule obtenue pour A^k lorsque $k \in \mathbb{N}$ est souvent aussi valable pour $k \in \mathbb{Z}$, si A est inversible.

➥ **Exercices 5.13, 5.14 *c)*.**

- Voir aussi d'autres méthodes, liées à la réduction des matrices carrées, dans le chapitre 7.

Pour montrer qu'une matrice carrée $A \in \mathbf{M}_n(\mathbb{K})$ est inversible et, éventuellement, calculer son inverse

- Pour une matrice carrée assez simple, donnée sous forme d'un tableau, appliquer la méthode du pivot de Gauss.

➥ **Exercice 5.14 *b)***

- Noter $(\mathrm{E}_1, \dots, \mathrm{E}_n)$ la base canonique de $\mathbf{M}_{n,1}(\mathbb{K})$, $(C_1, \dots, C_n)$ les colonnes de A. Exprimer $C_1, \dots, C_n$ en fonction de $\mathrm{E}_1, \dots, \mathrm{E}_n$ par la donnée de A, résoudre ce système en considérant que les inconnues sont $\mathrm{E}_1, \dots, \mathrm{E}_n$, et en déduire l'inversibilité de A et l'expression de l'inverse de A.

➥ **Exercices 5.2, 5.14 *b)*, 5.16.**

- Former une équation simple sur A, puis isoler le terme en I_n.

➥ **Exercices 5.20, 5.21.**

- Associer à la matrice carrée A un système linéaire $AX = Y$, où X, Y sont des matrices-colonnes, et résoudre ce système en considérant que l'inconnue est X.
- Conjecturer la forme B de la matrice inverse de A, et vérifier que celle-ci convient, en calculant le produit AB (ou BA).
- Résoudre l'équation $AB = \mathrm{I}_n$ (ou $BA = \mathrm{I}_n$) où B est une matrice inconnue, d'une forme particulière.
- Se rappeler que toute matrice triangulaire à termes diagonaux tous non nuls est inversible.

➥ **Exercices 5.2, 5.13 *b)*.**

Pour calculer le rang d'une matrice A

- Déterminer la dimension du sev engendré par les colonnes de A (ou la dimension du sev engendré par les lignes de A).

➥ **Exercices 5.4 *a)*, 5.5 *a), b)*, 5.22.**

(suite)

- Appliquer une méthode de Gauss.

➥ **Exercices 5.5 *c*), *d*), 5.6.**

- Appliquer le théorème du rang, pour une application linéaire f représentée par $A \in \mathbf{M}_{n,p}(\mathbb{K})$:

$$\mathrm{rg}\,(A) = \mathrm{rg}\,(f) = p - \dim\,(\mathrm{Ker}\,(f)),$$

lorsqu'on peut calculer la dimension de $\mathrm{Ker}\,(f)$.

Pour manipuler des transposées de matrices

Privilégier la notation globale des matrices, en utilisant les propriétés de la transposition :

$$^{\mathrm{t}}(\alpha A + B) = \alpha\, {}^{\mathrm{t}}A + {}^{\mathrm{t}}B, \qquad {}^{\mathrm{t}}(AB) = {}^{\mathrm{t}}B\, {}^{\mathrm{t}}A.$$

➥ **Exercice 5.7.**

Pour résoudre un système linéaire

- Utiliser une méthode de Gauss.

➥ **Exercices 5.8, 5.9 *a*).**

- Utiliser des combinaisons linéaires d'équations pour se ramener à un système équivalent plus simple.

➥ **Exercices 5.8, 5.9 *b*), 5.10, 5.17.**

Énoncés des exercices

5.1 Équation satisfaite par toute matrice carrée d'ordre 2

Soit $M = \begin{pmatrix} a & b \\ c & d \end{pmatrix} \in \mathbf{M}_2(\mathbb{R})$. Montrer : $M^2 - (a+d)M + (ad - bc)\,\mathrm{I}_2 = 0$.

5.2 Exemples simples de calcul d'inverses de matrices carrées inversibles

Pour chacune des matrices suivantes de $\mathbf{M}_3(\mathbb{R})$, montrer qu'elle est inversible et calculer son inverse : $A = \begin{pmatrix} 1 & 1 & 1 \\ 0 & 1 & 1 \\ 0 & 0 & 1 \end{pmatrix}$, $B = \begin{pmatrix} 1 & 1 & 0 \\ 1 & 1 & 1 \\ 0 & 1 & 1 \end{pmatrix}$.

5.3 Exemples de calcul de puissances de matrices carrées

Calculer, pour tout $n \in \mathbb{N}^*$, A^n dans les exemples suivants :

a) $A = \begin{pmatrix} a & b \\ 0 & a \end{pmatrix}$, $(a, b) \in \mathbb{K}^2$

b) $A = \begin{pmatrix} a & b \\ b & a \end{pmatrix}$, $(a, b) \in \mathbb{K}^2$

c) $A = \begin{pmatrix} 0 & 0 & 1 \\ 0 & 1 & 0 \\ 1 & 0 & 0 \end{pmatrix}$.

5.4 Exemple de calcul des puissances d'une matrice carrée

Soit $a \in \mathbb{R}$. On note $A = \begin{pmatrix} -1 & 1 & 1 \\ a & 1 & 1 \\ -a & 0 & 0 \end{pmatrix}$.

a) Est-ce que A est inversible ? Quel est le rang de A ?

b) Calculer A^2, A^3.

c) Déterminer A^n pour tout $n \in \mathbb{N}$.

5.5 Exemples de calcul de rangs de matrices

Déterminer le rang de chacune des matrices suivantes :

$$A = \begin{pmatrix} 1 & 2 \\ 3 & 1 \\ -1 & 4 \end{pmatrix}, \quad B = \begin{pmatrix} 1 & -1 & 1 \\ 2 & 1 & 5 \\ 1 & 1 & 3 \end{pmatrix}, \quad C = \begin{pmatrix} 1 & 0 & 1 \\ -1 & 1 & 1 \\ 1 & 1 & 1 \end{pmatrix}, \quad D = \begin{pmatrix} 1 & 2 & 3 & 4 \\ 3 & 4 & 5 & 6 \\ 5 & 6 & 7 & 8 \end{pmatrix}.$$

5.6 Exemple de calcul du rang d'une matrice avec paramètres

Déterminer le rang de $M(a,b) = \begin{pmatrix} 1 & 1 & a & 1 \\ -1 & -2 & 1 & b \\ 1 & 0 & 1 & 2 \end{pmatrix} \in \mathbf{M}_{3,4}(\mathbb{R})$, selon $(a,b) \in \mathbb{R}^2$.

5.7 Calculs simples sur des matrices carrées d'ordre *n*

Soient $n \in \mathbb{N}^*$, $A \in \mathbf{M}_n(\mathbb{R})$. Montrer que deux quelconques des trois propriétés suivantes entraînent la troisième : (1) ${}^t\!AA = \mathrm{I}_n$, (2) $A^2 = \mathrm{I}_n$, (3) ${}^t\!A = A$.

5.8 Exemples simples de résolution de systèmes d'équations linéaires

a) Résoudre les systèmes d'équations suivants, d'inconnue $(x,y) \in \mathbb{R}^2$:

$$(1)\ \begin{cases} 4x - 2y = 1 \\ 6x - 3y = 2 \end{cases} \qquad (2)\ \begin{cases} x - 3y = -1 \\ 2x + y = 5. \end{cases}$$

b) Résoudre les systèmes d'équations suivants, d'inconnue $(x,y,z) \in \mathbb{R}^3$:

$$(1)\ \begin{cases} 2x + y - z = 4 \\ x - y + z = -1 \\ x - 2y - z = 0 \end{cases} \qquad (2)\ \begin{cases} x - 2y + z = 1 \\ 2x - 3y - z = 3 \\ 3x - 4y - 3z = 4 \end{cases} \qquad (3)\ \begin{cases} 2x + y + z = 2 \\ x + 2y + z = 0 \\ 3x + z = 4. \end{cases}$$

5.9 Exemples de résolution de systèmes d'équations linéaires avec paramètres

Résoudre et discuter les systèmes d'équations suivants, d'inconnue $(x,y,z) \in \mathbb{R}^3$ et de paramètre $a \in \mathbb{R}$:

$$a)\ \begin{cases} x + y - 2z = 2 \\ x - y + z = 0 \\ 4x - 2y + az = a \end{cases}$$

$$b)\ \begin{cases} ax + y + z = 1 \\ x + ay + z = 1 \\ x + y + az = 1. \end{cases}$$

5.10 Exemple de résolution d'un système d'équations linéaires avec paramètres

Résoudre et discuter le système d'équations suivant, d'inconnue $(x, y, z, t) \in \mathbb{R}^4$ et de paramètre $(a, b) \in \mathbb{R}^2$:

$$x - y + 2z + t = 0, \quad -2x + 3y + z - 4t = 1, \quad -3x + 5y + 4z - 7t = a, \quad -x + 2y + 3z - 3t = b.$$

5.11 Calcul des puissances d'une matrice carrée d'ordre 2 par deux méthodes

On note $A = \begin{pmatrix} 3 & 2 \\ -2 & -1 \end{pmatrix} \in \mathbf{M}_2(\mathbb{R})$. On se propose de calculer les puissances de A.

a) 1re méthode : décomposition de A sur I_2 *et une matrice nilpotente*

1) Exprimer A à l'aide de I_2 et de $N = \begin{pmatrix} 1 & 1 \\ -1 & -1 \end{pmatrix}$.

2) Calculer A^n pour tout $n \in \mathbb{N}$.

b) 2è méthode : décomposition de A^n *sur* I_2 *et A*

1) Exprimer A^2 comme combinaison linéaire de I_2 et A.

2) En déduire qu'il existe deux suites réelles $(u_n)_{n\in\mathbb{N}}$, $(v_n)_{n\in\mathbb{N}}$ telles que :

$$\forall n \in \mathbb{N}, \quad A^n = u_n \mathrm{I}_2 + v_n A,$$

et exprimer u_n et v_n en fonction de n, pour tout $n \in \mathbb{N}$.

3) En déduire A^n, pour tout $n \in \mathbb{N}$.

5.12 Calcul des puissances d'une matrice carrée avec paramètres

Soit $(a, b) \in \mathbb{C}^2$. On note $M = \begin{pmatrix} a & b & b \\ b & a & b \\ b & b & a \end{pmatrix} \in \mathbf{M}_3(\mathbb{C})$.

a) Décomposer linéairement M sur I_3 et $U = \begin{pmatrix} 1 & 1 & 1 \\ 1 & 1 & 1 \\ 1 & 1 & 1 \end{pmatrix}$.

b) Calculer U^n pour tout $n \in \mathbb{N}$. On distinguera les cas $n = 0$ et $n \geqslant 1$.

c) En déduire M^n pour tout $n \in \mathbb{N}$.

5.13 Calcul des puissances d'une matrice carrée avec paramètres, cas des exposants négatifs

Soit $(a, b, c) \in \mathbb{K}^3$. On note $M = \begin{pmatrix} 1 & a & b \\ 0 & 1 & c \\ 0 & 0 & 1 \end{pmatrix} \in \mathbf{M}_3(\mathbb{K})$.

a) Calculer M^k pour tout $k \in \mathbb{N}$.

b) Montrer que M est inversible et calculer M^k pour tout $k \in \mathbb{Z}$.

5.14 Calcul des puissances d'une matrice carrée, cas des exposants négatifs

On note $A = \begin{pmatrix} 1 & 1 & 1 \\ 1 & 1 & 0 \\ -1 & 0 & 1 \end{pmatrix} \in \mathbf{M}_3(\mathbb{R})$.

a) 1) On note $N = A - \mathrm{I}_3$. Calculer N^2 et N^3.

2) Calculer A^n pour tout $n \in \mathbb{N}$.

b) Montrer que A est inversible.

c) Calculer A^n pour tout $n \in \mathbb{Z}$.

5.15 **Exemples de résolution d'équations matricielles**

On note $A = \begin{pmatrix} 1 & -1 \\ 1 & -1 \end{pmatrix}$.

a) Trouver $\{M \in \mathbf{M}_2(\mathbb{R})\ ;\ MB = A\}$ dans chacun des trois exemples suivants :

$$(1)\ B = \begin{pmatrix} 1 & 1 \\ 0 & 1 \end{pmatrix}, \qquad (2)\ B = \begin{pmatrix} 1 & 1 \\ 1 & 1 \end{pmatrix}, \qquad (3)\ B = \begin{pmatrix} 1 & -1 \\ 0 & 0 \end{pmatrix}.$$

b) Trouver $\{M \in \mathbf{M}_2(\mathbb{R})\ ;\ CM = A\}$ dans chacun des trois exemples suivants :

$$(1)\ C = \begin{pmatrix} 1 & 0 \\ 1 & 1 \end{pmatrix}, \qquad (2)\ C = \begin{pmatrix} 1 & 1 \\ -1 & -1 \end{pmatrix}, \qquad (3)\ C = \begin{pmatrix} 1 & 0 \\ 1 & 0 \end{pmatrix}.$$

5.16 **Inversibilité et calcul de l'inverse pour une matrice carrée d'ordre n**

Soient $n \in \mathbb{N}^*$, $A = (\text{Min}\,(i,j))_{1 \leqslant i,j \leqslant n} \in \mathbf{M}_n(\mathbb{R})$.

Montrer que A est inversible et calculer A^{-1}.

5.17 **Liberté d'une famille de fonctions de deux variables**

On note $f,\ g,\ h,\ k : \mathbb{R}^2 \longrightarrow \mathbb{R}$ les applications définies, pour tout $(x,y) \in \mathbb{R}^2$, par :

$$f(x,y) = \sqrt{\sqrt{x^2+y^2} - x}, \qquad g(x,y) = \sqrt{\sqrt{x^2+y^2} + x},$$

$$h(x,y) = \sqrt{\sqrt{x^2+y^2} - y}, \qquad k(x,y) = \sqrt{\sqrt{x^2+y^2} + y}.$$

Montrer que la famille $(f,\ g,\ h,\ k)$ est libre.

5.18 **Manipulation d'égalités matricielles**

Soient $n \in \mathbb{N}^*$, $A, B \in \mathbf{M}_n(\mathbb{R})$ telles que : $A + B \in \mathbf{GL}_n(\mathbb{R})$, $ABA = A^2B$, $BAB = B^2A$.

Montrer : $AB = BA$.

5.19 **Somme de deux inverses, somme de trois inverses**

Soit $n \in \mathbb{N}^*$.

a) Montrer : $\forall (A,B) \in (\mathbf{GL}_n(\mathbb{K}))^2,\ A^{-1} + B^{-1} = A^{-1}(A+B)B^{-1}$.

b) Y a-t-il une formule analogue pour trois matrices, c'est-à-dire est-ce que :

$\forall (A,B,C) \in (\mathbf{GL}_n(\mathbb{K}))^3,\ \exists\,(U,V) \in (\mathbf{M}_n(\mathbb{K}))^2,\ A^{-1} + B^{-1} + C^{-1} = U(A+B+C)V$?

5.20 **Inversibilité et calcul de l'inverse par utilisation d'une équation matricielle**

Soient $n \in \mathbb{N}^*$, $A \in \mathbf{M}_n(\mathbb{R})$ telle que : $A^3 - A^2 + A + \mathrm{I}_n = 0$.

Montrer que A est inversible et exprimer A^{-1}.

5.21 **Commutation par utilisation d'un inverse**

Soient $n \in \mathbb{N}^*$, $A, B \in \mathbf{M}_n(\mathbb{R})$ telles que : $AB = 2A + 3B$.

a) Montrer : $(A - 3\,\mathrm{I}_n)(B - 2\,\mathrm{I}_n) = 6\,\mathrm{I}_n$.

b) En déduire : $AB = BA$.

5.22 **Exemple de calcul du rang d'une matrice carrée d'ordre n**

Soient $n \in \mathbb{N}^*$, $A_n = (\sin(i+j))_{1 \leqslant i,j \leqslant n} \in \mathbf{M}_n(\mathbb{R})$. Déterminer $\operatorname{rg}(A_n)$.

5.23 **Commutant d'une matrice diagonale à termes diagonaux deux à deux distincts**

Soient $n \in \mathbb{N}^*$, $d_1, ..., d_n \in \mathbb{K}$ deux à deux distincts, $D = \operatorname{diag}(d_1, ..., d_n)$ la matrice diagonale dont les termes diagonaux sont, dans l'ordre, $d_1, ..., d_n$. Montrer que le commutant de D, c'est-à-dire l'ensemble $\mathrm{C}(D) = \{A \in \mathbf{M}_n(\mathbb{K})\,;\ AD = DA\}$ est égal à l'ensemble $\mathbf{D}_n(\mathbb{K})$ des matrices diagonales de $\mathbf{M}_n(\mathbb{K})$.

5.24 **Matrices nilpotentes**

Soit $n \in \mathbb{N}^*$. On dit qu'une matrice $A \in \mathbf{M}_n(\mathbb{K})$ est nilpotente si et seulement s'il existe $k \in \mathbb{N}^*$ tel que $A^k = 0$.

a) 1) Montrer que, pour toute $A \in \mathbf{M}_n(\mathbb{K})$, si A est nilpotente, alors A n'est pas inversible.

2) Les matrices suivantes de $\mathbf{M}_2(\mathbb{R})$ sont-elles nilpotentes :

$$A = \begin{pmatrix} 0 & 1 \\ 0 & 0 \end{pmatrix}, \quad B = \begin{pmatrix} 1 & 1 \\ 0 & -1 \end{pmatrix}, \quad C = \begin{pmatrix} 0 & 1 \\ 0 & -1 \end{pmatrix}, \quad D = \begin{pmatrix} 1 & 1 \\ -1 & -1 \end{pmatrix} ?$$

b) Soient $A, M \in \mathbf{M}_n(\mathbb{K})$. Montrer que, si A est nilpotente et $AM = MA$, alors AM est nilpotente.

c) Soit $A \in \mathbf{M}_n(\mathbb{K})$. Montrer que, si A est nilpotente, alors $\mathrm{I}_n - A$ est inversible et exprimer $(\mathrm{I}_n - A)^{-1}$.

d) Soient $A, B \in \mathbf{M}_n(\mathbb{K})$. Montrer que, si A et B sont nilpotentes et $AB = BA$, alors $A + B$ est nilpotente.

5.25 **Somme de l'identité et d'une matrice nilpotente**

Soit $n \in \mathbb{N}^*$. On note $E = \{A \in \mathbf{M}_n(\mathbb{K})\,;\ \exists k \in \mathbb{N}^*,\ (A - \mathrm{I}_n)^k = 0\}$.

Montrer : $\forall (A, B) \in E^2,\ (AB = BA \Longrightarrow AB \in E)$. (Utiliser l'exercice 5.24.)

5.26 **Matrices satisfaisant une équation, utilisation des matrices élémentaires**

Soient $n, p \in \mathbb{N}^*$, $A \in \mathbf{M}_{n,p}(\mathbb{K})$ telle que : $\forall L \in \mathbf{M}_{1,n}(\mathbb{K}),\ \forall C \in \mathbf{M}_{p,1}(\mathbb{K}),\ LAC = 0$.

Montrer : $A = 0$.

5.27 **Matrices inversibles à termes $\geqslant 0$ et dont l'inverse est à termes $\geqslant 0$**

Soient $n \in \mathbb{N}^*$, $A \in \mathbf{GL}_n(\mathbb{R})$.

On suppose que les termes de A et les termes de A^{-1} sont tous $\geqslant 0$.

Montrer qu'il existe une permutation σ de $[\![1\,;\,n]\!]$ et $(\alpha_1, ..., \alpha_n) \in (\mathbb{R}_+)^n$ tels que :

$$A = (\delta_{i\sigma(j)}\alpha_j)_{i,j},$$

où δ désigne le symbole de Kronecker : $\delta_{ik} = \begin{cases} 1 & \text{si} \quad i = k \\ 0 & \text{si} \quad i \neq k \end{cases}$.

5.28 Commutants de $\mathbf{M}_n(\mathbb{K})$, de $\mathbf{GL}_n(\mathbb{K})$

Soit $n \in \mathbb{N}^*$. Pour toute partie $\mathscr{E}$ de $\mathbf{M}_n(\mathbb{K})$, on appelle commutant de $\mathscr{E}$ la partie $\mathrm{C}(\mathscr{E})$ de $\mathbf{M}_n(\mathbb{K})$ formée des matrices de $\mathbf{M}_n(\mathbb{K})$ qui commutent avec toute matrice de $\mathscr{E}$:

$$\mathrm{C}(\mathscr{E}) = \{A \in \mathbf{M}_n(\mathbb{K})\,;\ \forall M \in \mathscr{E},\ \ AM = MA\}.$$

a) Vérifier que, pour toute partie $\mathscr{E}$ de $\mathbf{M}_n(\mathbb{K})$, $\mathrm{C}(\mathscr{E})$ est un sev de $\mathbf{M}_n(\mathbb{K})$.

b) Démontrer : $\mathrm{C}(\mathbf{M}_n(\mathbb{K})) = \mathbb{K}\,\mathrm{I}_n$. À cet effet, on pourra faire intervenir les matrices élémentaires E_{ij}, $(i, j) \in [\![1\,;\,n]\!]^2$, où E_{ij} est la matrice dont tous les termes sont nuls, sauf celui situé à la ligne i et à la colonne j, qui est égal à 1.

c) 1) Démontrer : $\forall M \in \mathbf{M}_n(\mathbb{K}),\ \exists (P, Q) \in (\mathbf{GL}_n(\mathbb{K}))^2,\ \ M = P + Q.$

2) En déduire : $\mathrm{C}(\mathbf{GL}_n(\mathbb{K})) = \mathbb{K}\,\mathrm{I}_n$.

Du mal à démarrer ?

5.1 Calculer M^2, puis le premier membre de l'égalité voulue.

5.2 Noter (e_1, e_2, e_3) la base canonique de $\mathbf{M}_{3,1}(\mathbb{R})$ et (V_1, V_2, V_3) les colonnes de la matrice proposée. Exprimer, en utilisant la matrice de l'énoncé, V_1, V_2, V_3 en fonction de e_1, e_2, e_3, puis calculer e_1, e_2, e_3 en fonction de V_1, V_2, V_3 par résolution d'un système d'équations, ce qui montre que la matrice est inversible et fournit son inverse.

5.3 *a) 1re méthode : récurrence sur n :*

Calculer les premières puissances de A, conjecturer une formule pour A^n et démontrer cette formule, par récurrence sur n.

2e méthode : décomposition de A :

Décomposer convenablement A et utiliser la formule du binôme de Newton.

b) Décomposer convenablement A et utiliser la formule du binôme de Newton.

c) Calculer A^2.

5.4 *a)* Montrer : $\mathrm{rg}\,(A) = 2$.

c) Remarquer : $A^3 = A,\ A^4 = A^2, \ldots$

5.5 Travailler, par exemple, sur les colonnes des matrices.

5.6 Utiliser, par exemple, la méthode de Gauss.

5.7 Montrer :

$[(1)$ et $(2)] \Longrightarrow (3)$, $[(1)$ et $(3)] \Longrightarrow (2)$, $[(2)$ et $(3)] \Longrightarrow (1)$.

5.8 Utiliser, par exemple, les opérations licites sur les lignes.

5.9 Utiliser, par exemple, les opérations licites sur les lignes.

a) Séparer les cas : $a = 1,\ a \neq 1$.

b) Séparer les cas : $a = -2,\ a = 1,\ (a \neq -2$ et $a \neq 1)$.

5.10 Utiliser, par exemple, les opérations licites sur les lignes. Séparer les cas : $(a, b) = (2, 1),\ (a, b) \neq (2, 1)$.

5.11 *a) 2)* Utiliser la formule du binôme de Newton.

b) 1) Calculer A^2, puis résoudre l'équation $A^2 = \alpha \mathrm{I}_2 + \beta A$, d'inconnue $(\alpha, \beta) \in \mathbb{R}^2$.

2) Montrer, par récurrence sur n, que, pour tout $n \in \mathbb{N}$, il existe $(u_n, v_n) \in \mathbb{R}^2$ unique tel que $A^n = u_n \mathrm{I}_2 + v_n A$, et calculer u_{n+1} et v_{n+1} en fonction de u_n et v_n, puis calculer, par exemple, u_{n+2} en fonction de u_{n+1} et u_n.

5.12 *b)* Récurrence sur $n \geqslant 1$, pour montrer : $U^n = 3^{n-1}U$.

c) Utiliser la formule du binôme de Newton.

5.13 *a)* Décomposer M en $M = \mathrm{I}_3 + N$ et utiliser la formule du binôme de Newton.

b) Utiliser la formule du binôme de Newton.

5.14 *a) 2)* Utiliser la formule du binôme de Newton.

b) 1re méthode : utiliser le pivot de Gauss.

2e méthode : interpréter A comme matrice d'une famille dans une base.

3e méthode : essai, pour $n = -1$, de la formule obtenue en *a)*.

c) Montrer que la formule obtenue en *a)* est aussi valable pour $n \leqslant 0$.

5.15 *a)* (1) : Remarquer que B est inversible.

(2) et (3) : noter $M = \begin{pmatrix} x & y \\ z & t \end{pmatrix}$ et résoudre l'équation $MB = A$.

b) (1) : Remarquer que C est inversible.

(2) et (3) : noter $M = \begin{pmatrix} x & y \\ z & t \end{pmatrix}$ et résoudre l'équation $CM = A$.

5.16 Noter $(e_1, \ldots, e_n)$ la base canonique de $\mathbf{M}_{n,1}(\mathbb{R})$ et $(C_1, \ldots, C_n)$ les colonnes de A. Exprimer $C_1, \ldots, C_n$ en fonction de $e_1, \ldots, e_n$, puis calculer $e_1, \ldots, e_n$ en fonction de $C_1, \ldots, C_n$.

5.17 Revenir à la définition de famille libre.

5.18 Calculer $A(AB - BA)$ et $B(AB - BA)$.

5.19 *b)* Trouver $A, B, C \in \mathbf{GL}_n(\mathbb{K})$ de façon que :

$$A^{-1} + B^{-1} + C^{-1} \neq 0 \quad \text{et} \quad A + B + C = 0.$$

5.20 Isoler I_n et mettre A en facteur.

5.21 *b)* Faire apparaître un produit égal à I_n, le produit en sens inverse est alors aussi égal à I_n.

5.22 En utilisant une formule de trigonométrie, montrer que les colonnes de A se décomposent linéairement sur deux vecteurs colonnes fixes.

5.23 Un sens est évident.

Réciproquement, si $A \in \mathrm{C}(D)$, traduire $AD = DA$ en passant par les éléments.

5.24 *a) 1)* On peut raisonner par l'absurde.

b) Calculer $(AM)^k = (AM) \cdots (AM)$ en utilisant $AM = MA$.

c) Utiliser la formule relative à une sommation géométrique.

d) Utiliser la formule du binôme de Newton.

5.25 Soit $(A, B) \in E^2$ tel que $AB = BA$. Noter $M = A - \mathrm{I}_n$ et $N = B - \mathrm{I}_n$, et utiliser l'exercice 5.24.

5.26 Appliquer l'hypothèse à des matrices L, C particulièrement simples, des matrices élémentaires.

5.27 Noter $A = (a_{ij})_{ij}$, $A^{-1} = (b_{ij})_{ij}$ et traduire $AA^{-1} = \mathrm{I}_n$ en passant aux éléments.

5.28 *b)* Une inclusion est évidente.

Réciproquement, soit $A \in \mathrm{C}(\mathbf{M}_n(\mathbb{K}))$. Appliquer l'hypothèse aux matrices élémentaires E_{ij}.

c) 1) Penser à décomposer M en somme d'une matrice triangulaire supérieure et d'une matrice triangulaire inférieure.

d) Si f convient, montrer que sa matrice A dans une base quelconque vérifie : $\forall P \in \mathbf{GL}_n(\mathbb{K}),\ A = P^{-1}AP$,

et utiliser *c)2)*.

Corrigés des exercices

5.1 On calcule :

$$M^2 = \begin{pmatrix} a & b \\ c & d \end{pmatrix}\begin{pmatrix} a & b \\ c & d \end{pmatrix} = \begin{pmatrix} a^2+bc & ab+bd \\ ca+dc & cb+d^2 \end{pmatrix},$$

d'où, en effectuant les opérations :

$$M^2 - (a+d)M + (ad-bc)\,\mathrm{I}_2 = 0.$$

5.2 Notons (e_1, e_2, e_3) la base canonique de $\mathbf{M}_{3,1}(\mathbb{R})$ et (V_1, V_2, V_3) les colonnes de la matrice proposée.

On exprime, en utilisant la matrice de l'énoncé, V_1, V_2, V_3 en fonction de e_1, e_2, e_3, puis on calcule e_1, e_2, e_3 en fonction de V_1, V_2, V_3 par résolution d'un système d'équations, ce qui montre que la matrice est inversible et fournit l'inverse.

• Pour $A = \begin{pmatrix} 1 & 1 & 1 \\ 0 & 1 & 1 \\ 0 & 0 & 1 \end{pmatrix}$:

$$\begin{cases} V_1 = e_1 \\ V_2 = e_1 + e_2 \\ V_3 = e_1 + e_2 + e_3 \end{cases} \iff \begin{cases} e_1 = V_1 \\ e_2 = V_2 - V_1 \\ e_3 = V_3 - V_2 \end{cases}$$

donc A est inversible et : $A^{-1} = \begin{pmatrix} 1 & -1 & 0 \\ 0 & 1 & -1 \\ 0 & 0 & 1 \end{pmatrix}$.

• Pour $B = \begin{pmatrix} 1 & 1 & 0 \\ 1 & 1 & 1 \\ 0 & 1 & 1 \end{pmatrix}$:

$$\begin{cases} V_1 = e_1 + e_2 \\ V_2 = e_1 + e_2 + e_3 \\ V_3 = e_2 + e_3 \end{cases} \iff \begin{cases} e_1 = V_2 - V_3 \\ e_3 = V_2 - V_1 \\ e_2 = V_1 - (V_2 - V_3) \end{cases}$$

donc B est inversible et : $B^{-1} = \begin{pmatrix} 0 & 1 & -1 \\ 1 & -1 & 1 \\ -1 & 1 & 0 \end{pmatrix}$.

5.3 *a) 1re méthode : Récurrence sur n :*

On calcule d'abord les premières puissances de A :

$$A^0 = \mathrm{I}_2, \quad A^1 = A = \begin{pmatrix} a & b \\ 0 & a \end{pmatrix}, \quad A^2 = \begin{pmatrix} a^2 & 2ab \\ 0 & a^2 \end{pmatrix}.$$

Montrons, par récurrence sur n :

$$\forall n \in \mathbb{N}^*, \; A^n = \begin{pmatrix} a^n & na^{n-1}b \\ 0 & a^n \end{pmatrix}.$$

Si la formule est vraie pour un $n \in \mathbb{N}^*$, alors :

$$A^{n+1} = \begin{pmatrix} a^n & na^{n-1}b \\ 0 & a^n \end{pmatrix}\begin{pmatrix} a & b \\ 0 & a \end{pmatrix} = \begin{pmatrix} a^{n+1} & (n+1)a^n b \\ 0 & a^{n+1} \end{pmatrix},$$

donc la formule est vraie pour $n+1$.

On conclut : $\forall n \in \mathbb{N}^*, \; A^n = \begin{pmatrix} a^n & na^{n-1}b \\ 0 & a^n \end{pmatrix}$

et la formule est aussi vraie pour $n = 0$, avec les conventions habituelles.

2e méthode : Décomposition de A :

On a : $A = \begin{pmatrix} a & b \\ 0 & a \end{pmatrix} = a\,\mathrm{I}_2 + bN$, où $N = \begin{pmatrix} 0 & 1 \\ 0 & 0 \end{pmatrix}$.

Les matrices I_2 et N commutent, d'où, d'après la formule du binôme de Newton, pour tout $n \in \mathbb{N}$:

$$A^n = \sum_{k=0}^{n} \binom{n}{k} (a\,\mathrm{I}_2)^{n-k}(bN)^k = \sum_{k=0}^{n} \binom{n}{k} a^{n-k} b^k N^k.$$

Mais $N^2 = 0$, donc : $\forall k \geqslant 2, \; N^k = 0$, et la somme se réduit donc aux termes d'indices $k = 0$, $k = 1$:

$$A^n = a^n\,\mathrm{I}_2 + na^{n-1}N = \begin{pmatrix} a^n & na^{n-1}b \\ 0 & a^n \end{pmatrix}.$$

b) On a : $A = \begin{pmatrix} a & b \\ b & a \end{pmatrix} = a\,\mathrm{I}_2 + bJ$, où $J = \begin{pmatrix} 0 & 1 \\ 1 & 0 \end{pmatrix}$.

Les matrices I_2 et J commutent, d'où, d'après la formule du binôme de Newton :

$$A^n = \sum_{k=0}^{n} \binom{n}{k} (a\,\mathrm{I}_2)^{n-k}(bJ)^k = \sum_{k=0}^{n} \binom{n}{k} a^{n-k} b^k J^k.$$

Mais : $J^2 = \mathrm{I}_2$, $J^3 = J, \ldots$, d'où, par récurrence immédiate :

$$\forall p \in \mathbb{N}, \; (J^{2p} = \mathrm{I}_2, \; J^{2p+1} = J).$$

On obtient :

$$\begin{aligned} A^n &= \sum_{p,\,0 \leqslant 2p \leqslant n} \binom{n}{2p} a^{n-2p} b^{2p}\,\mathrm{I}_2 \\ &\quad + \sum_{p,\,0 \leqslant 2p+1 \leqslant n} \binom{n}{2p+1} a^{n-2p-1} b^{2p+1} J \\ &= \frac{1}{2}\big((a+b)^n + (a-b)^n\big)\,\mathrm{I}_2 + \frac{1}{2}\big((a+b)^n - (a-b)^n\big)J. \end{aligned}$$

On conclut :

$$A^n = \begin{pmatrix} \frac{1}{2}((a+b)^n + (a-b)^n) & \frac{1}{2}((a+b)^n - (a-b)^n) \\ \frac{1}{2}((a+b)^n - (a-b)^n) & \frac{1}{2}((a+b)^n + (a-b)^n) \end{pmatrix}.$$

c) On a : $A = \begin{pmatrix} 0 & 0 & 1 \\ 0 & 1 & 0 \\ 1 & 0 & 0 \end{pmatrix}$, $A^2 = \begin{pmatrix} 1 & 0 & 0 \\ 0 & 1 & 0 \\ 0 & 0 & 1 \end{pmatrix} = I_3$.

Une récurrence immédiate montre :

$$\forall p \in \mathbb{N},\ \ (A^{2p} = I_3,\ \ A^{2p+1} = A)).$$

5.4 *a)* Notons C_1, C_2, C_3 les colonnes de A.

• Puisque $C_2 = C_3$, A n'est pas inversible.

• Montrons que (C_1, C_2) est libre.

On a, pour tout $(\lambda, \mu) \in \mathbb{R}^2$:

$$\lambda C_1 + \mu C_2 = 0 \iff \begin{pmatrix} -\lambda + \mu \\ \lambda a + \mu \\ -\lambda a \end{pmatrix} = \begin{pmatrix} 0 \\ 0 \\ 0 \end{pmatrix}$$

$$\iff \begin{cases} \mu = \lambda \\ \lambda a + \mu = 0 \\ \lambda a = 0 \end{cases} \implies \lambda = \mu = 0.$$

Ainsi, (C_1, C_2) est libre et $C_3 = C_2$, donc : $\mathrm{rg}\,(A) = 2$.

b) Calculons A^2 et A^3 :

$$\underbrace{\begin{pmatrix} -1 & 1 & 1 \\ a & 1 & 1 \\ -a & 0 & 0 \end{pmatrix}}_{A} \underbrace{\begin{pmatrix} 1 & 0 & 0 \\ -a & a+1 & a+1 \\ a & -a & -a \end{pmatrix}}_{A^2} \underbrace{\begin{pmatrix} -1 & 1 & 1 \\ a & 1 & 1 \\ -a & 0 & 0 \end{pmatrix}}_{A^3}$$

(disposition en tableau : $A^2 = A \cdot A$ et $A^3 = A^2 \cdot A$, avec $\overbrace{\begin{pmatrix} -1 & 1 & 1 \\ a & 1 & 1 \\ -a & 0 & 0 \end{pmatrix}}^{A}$ placée au-dessus de chaque produit.)

c) On remarque : $A^3 = A$.

Il s'ensuit : $A^4 = A^2$, $A^5 = A^3 = A, \ldots$

Par récurrence immédiate, on a : $\begin{cases} \forall p \in \mathbb{N},\ \ A^{2p+1} = A \\ \forall p \in \mathbb{N}^*,\ \ A^{2p} = A^2 \end{cases}$

(et $A^0 = I_2$).

5.5 Notons $C_1, C_2, \ldots$ les colonnes des matrices envisagées.

• Pour $A = \begin{pmatrix} 1 & 2 \\ 3 & 1 \\ -1 & 4 \end{pmatrix}$, (C_1, C_2) est libre, donc : $\mathrm{rg}\,(A) = 2$.

• Pour $B = \begin{pmatrix} 1 & -1 & 1 \\ 2 & 1 & 5 \\ 1 & 1 & 3 \end{pmatrix}$, on remarque que (C_1, C_2) est libre et que $C_3 = 2C_1 + C_2$, donc : $\mathrm{rg}\,(B) = 2$.

• Pour $C = \begin{pmatrix} 1 & 0 & 1 \\ -1 & 1 & 1 \\ 1 & 1 & 1 \end{pmatrix}$, on a, par la méthode de Gauss :

$$\mathrm{rg}\,(C) \underset{C_3 \leftarrow C_3 - C_1}{=} \mathrm{rg} \begin{pmatrix} 1 & 0 & 0 \\ -1 & 1 & 2 \\ 1 & 1 & 0 \end{pmatrix} \underset{C_3 \leftarrow C_3 - 2C_2}{=} \mathrm{rg} \begin{pmatrix} 1 & 0 & 0 \\ -1 & 1 & 0 \\ 1 & 1 & -2 \end{pmatrix} = 3.$$

• Pour $D = \begin{pmatrix} 1 & 2 & 3 & 4 \\ 3 & 4 & 5 & 6 \\ 5 & 6 & 7 & 8 \end{pmatrix}$, on a :

$$\mathrm{rg}\,(D) = \mathrm{rg} \begin{pmatrix} 1 & 1 & 1 & 1 \\ 3 & 1 & 1 & 1 \\ 5 & 1 & 1 & 1 \end{pmatrix} \begin{matrix} C_4 \longleftarrow C_4 - C_3 \\ C_3 \longleftarrow C_3 - C_2 \\ C_2 \longleftarrow C_2 - C_1 \end{matrix}$$

$$= \mathrm{rg} \begin{pmatrix} 1 & 0 & 0 & 0 \\ 3 & -2 & 0 & 0 \\ 5 & -4 & 0 & 0 \end{pmatrix} \begin{matrix} C_4 \longleftarrow C_4 - C_3 \\ C_3 \longleftarrow C_3 - C_2 \\ C_2 \longleftarrow C_2 - C_1 \end{matrix} = 2.$$

5.6 On a, par la méthode de Gauss :

$$\mathrm{rg} \begin{pmatrix} 1 & 1 & a & 1 \\ -1 & -2 & 1 & b \\ 1 & 0 & 1 & 2 \end{pmatrix} \begin{matrix} C_2 \longleftarrow C_2 - C_1 \\ C_3 \longleftarrow C_3 - aC_1 \\ C_4 \longleftarrow C_4 - C_1 \end{matrix}$$

$$= \mathrm{rg} \begin{pmatrix} 1 & 0 & 0 & 0 \\ -1 & -1 & 1+a & b+1 \\ 1 & -1 & 1-a & 1 \end{pmatrix} \begin{matrix} C_3 \longleftarrow C_3 + (1+a)C_2 \\ C_4 \longleftarrow C_4 + (1+b)C_2 \end{matrix}$$

On conclut : $\mathrm{rg}\,(M(a,b)) = \begin{cases} 3 & \text{si } a \neq 0 \text{ ou } b \neq 0 \\ 2 & \text{si } a = 0 \text{ et } b = 0. \end{cases}$

5.7 • $[(1)$ et $(2)] \implies (3)$:

Supposons ${}^tAA = I_n$ et $A^2 = I_n$. Alors, A est inversible et on a : $A^{-1} = {}^tA$ et $A^{-1} = A$, d'où : ${}^tA = A$.

• $[(1)$ et $(3)] \implies (2)$:

Supposons ${}^tAA = I_n$ et ${}^tA = A$. On a alors : $A^2 = {}^tAA = I_n$.

• $[(2)$ et $(3)] \implies (1)$:

Supposons $A^2 = I_n$ et ${}^tA = A$.

On a alors : ${}^tAA = A^2 = I_n$.

5.8 *a)*

$$(1) \begin{cases} 4x - 2y = 1 & L_1 \\ 6x - 3y = 2 & L_2 \end{cases} \iff \begin{cases} 4x - 2y = 1 & L_1 \\ 0 = \frac{1}{2} & L_2 \longleftarrow L_2 - \frac{3}{2}L_1. \end{cases}$$

On conclut : $\mathscr{S} = \varnothing$.

$$(2) \begin{cases} x - 3y = -1 \\ 2x + y = 5 \end{cases} \iff \begin{cases} x = 3y - 1 \\ 2(3y-1) + y = 5 \end{cases} \iff \begin{cases} x = 2 \\ y = 1. \end{cases}$$

On conclut : $\mathscr{S} = \{(2, 1)\}$.

b)

$$(1)\begin{cases} 2x+y-z=4 & L_1\\ x-y+z=-1 & L_2\\ x-2y-z=0 & L_3,\end{cases}$$

$$\Longleftrightarrow \begin{cases} 2x+y-z=4 & \\ 3x=3 & L_2\longleftarrow L_2+L_1\\ 2x-3y=-1 & L_3\longleftarrow L_3+L_2\end{cases} \Longleftrightarrow \begin{cases} x=1\\ y=1\\ z=-1.\end{cases}$$

On conclut : $\mathscr{S}=\{(1,1,-1)\}$.

$$(2)\begin{cases} x-2y+z=1 & L_1\\ 2x-3y-z=3 & L_2\\ 3x-4y-3z=4 & L_3\end{cases}$$

$$\Longleftrightarrow \begin{cases} x-2y+z=1 & \\ y-3z=1 & L_2\longleftarrow L_2-2L_1\\ 2y-6z=1 & L_3\longleftarrow L_3-3L_1\end{cases}$$

et les deux dernières équations sont incompatibles.

On conclut : $\mathscr{S}=\varnothing$.

$$(3)\begin{cases} 2x+y+z=2 & L_1\\ x+2y+z=0 & L_2\\ 3x+z=4 & L_3\end{cases} \Longleftrightarrow \begin{cases} x+2y+z=0 & \\ 2x+y+z=2 & L_1\longleftrightarrow L_2\\ 3x+z=4 & \end{cases}$$

$$\Longleftrightarrow \begin{cases} x+2y+z=0 & \\ -3y-z=2 & L_2\longleftarrow L_2-2L_1\\ -6y-2z=4 & L_3\longleftarrow L_3-3L_1\end{cases}$$

$$\Longleftrightarrow \begin{cases} x+2y+z=0\\ 3y+z=-2\end{cases} \Longleftrightarrow \begin{cases} x=-2y-(-2-3y)=y+2\\ z=-2-3y.\end{cases}$$

On conclut : $\mathscr{S}=\{(y+2,\ y,\ -2-3y)\ ;\ y\in\mathbb{R}\}$.

5.9 *a)* $$(\mathrm{S})\begin{cases} x+y-2z=2 & L_1\\ x-y+z=0 & L_2\\ 4x-2y+az=a & L_3\end{cases}$$

$$\Longleftrightarrow \begin{cases} 2x-z=2 & L_1\longleftarrow L_1+L_2\\ 2y-3z=2 & L_2\longleftarrow L_1-L_2\\ 4x-2y+az=a & (1)\end{cases} \Longleftrightarrow \begin{cases} x=\dfrac{1}{2}z+1\\ y=\dfrac{1}{2}z+1\\ (1),\end{cases}$$

où :

$$(1)\ 4\left(\frac{1}{2}z+1\right)-2\left(\frac{3}{2}z+1\right)z+az=a \Longleftrightarrow (a-1)z=a-2.$$

Si $a=1$, alors (1) n'a pas de solution, donc (S) non plus.

Si $a\neq 1$, alors (S) admet une solution unique, donnée par :

$$z=\frac{a-2}{a-1},$$
$$x=\frac{1}{2}z+1=\frac{a-2}{2(a-1)}+1=\frac{3a-4}{2(a-1)},$$
$$y=\frac{3}{2}z+1=\frac{3(a-2)}{2(a-1)}+1=\frac{5a-8}{2(a-1)}.$$

Finalement, l'ensemble $\mathscr{S}$ des solutions est :

$$\mathscr{S}=\begin{cases} \varnothing & \text{si } a=1\\ \left\{\left(\dfrac{3a-4}{2(a-1)},\ \dfrac{5a-8}{2(a-1)},\ \dfrac{a-2}{a-1}\right)\right\} & \text{si } a\neq 1.\end{cases}$$

b) En additionnant les trois équations du système proposé (S), on obtient : $(a+2)(x+y+z)=3$.

- Si $a=-2$, alors (S) n'a pas de solution.
- Si $a\neq -2$, alors :

$$(\mathrm{S})\Longleftrightarrow \begin{cases} ax+y+z=1\\ x+ay+z=1\\ x+y=az=1\\ x+y+z=\dfrac{3}{a+2}\end{cases} \Longleftrightarrow \begin{cases} (a-1)x=\dfrac{a-1}{a+2}\\ (a-1)y=\dfrac{a-1}{a+2}\\ (a-1)z=\dfrac{a-1}{a+2}\\ x+y+z=\dfrac{3}{a+2}.\end{cases}$$

∗ Si $a=1$, alors : $(\mathrm{S})\Longleftrightarrow x+y+z=1$.

∗ Si $a\neq 1$, alors : $(\mathrm{S})\Longleftrightarrow x=\dfrac{1}{a+2},\quad y=\dfrac{1}{a+2},\quad z=\dfrac{1}{a+2}.$

On conclut que l'ensemble $\mathscr{S}$ des solutions de (S) est :

$$\mathscr{S}=\begin{cases} \varnothing & \text{si } a=-2\\ \{(x,\ y,\ 1-x-y)\ ;\ (x,y)\in\mathbb{R}^2\} & \text{si } a=1\\ \left\{\left(\dfrac{1}{a+2},\ \dfrac{1}{a+2},\ \dfrac{1}{a+2}\right)\right\}; & \text{si } a\neq -2 \text{ et } a\neq 1.\end{cases}$$

5.10 Combinons linéairement les équations pour, par exemple, faire disparaître x des équations 2 et 4 :

$$(\mathrm{S})\Longleftrightarrow \begin{cases} x-y+2z+t=0 & L_1\\ -2x+3y+z-4t=1 & L_2\\ -3x+5y+4z-7t=a & L_3\\ -x+2y+3z-3t=b & L_4\end{cases}$$

$$\iff \begin{cases} x - y + 2z + t = 0 & L_1 \\ y + 5z - 2t = 1 & L_2 \longleftarrow L_2 + 2L_1 \\ 2y + 10z - 4t = a & L_3 \longleftarrow L_3 + 3L_1 \\ y + 5z - 2t = b & L_4 \longleftarrow L_4 + L_1 \end{cases}$$

$$\iff \begin{cases} x - y + 2z + t = 0 \\ y + 5z - 2t = 1 \\ y + 5z - 2t = a/2 \\ y + 5z - 2t = b. \end{cases}$$

Si $a \neq 2$ ou $b \neq 1$, alors (S) n'a pas de solution.

Si $a = 2$ et $b = 1$, alors :

$$(\mathrm{S}) \iff \begin{cases} x - y + 2z = t = 0 \\ y + 5z - 2t = 1 \end{cases}$$

$$\iff \begin{cases} y = -5z + 2t + 1 \\ x = (-5z + 2t + 1) + 2z + t = -3z + 3t + 1. \end{cases}$$

On conclut :

$$\mathscr{S} = \begin{cases} \varnothing & \text{si} \quad (a, b) \neq (2, 1) \\ \{(-3z + 3t + 1,\ -5z + 2t + 1,\ z,\ t)\ ;\ (z, t) \in \mathbb{R}^2\} & \\ & \text{si} \quad (a, b) = (2, 1) \end{cases}$$

5.11 *a) 1)* On a :

$$A = \begin{pmatrix} 3 & 2 \\ 2 & 1 \end{pmatrix} = \begin{pmatrix} 1 & 0 \\ 0 & 1 \end{pmatrix} + 2\begin{pmatrix} 1 & 1 \\ -1 & -1 \end{pmatrix} = \mathrm{I}_2 + 2N.$$

2) Puisque I_2 et N commutent, on a, pour tout $n \in \mathbb{N}$, d'après la formule du binôme de Newton :

$$A^n = (\mathrm{I}_2 + 2N)^n = \sum_{k=0}^{n} \binom{n}{k} 2^k N^k.$$

De plus : $\quad N^2 = \begin{pmatrix} 1 & 1 \\ -1 & -1 \end{pmatrix}\begin{pmatrix} 1 & 1 \\ -1 & -1 \end{pmatrix} = 0,$

d'où : $\qquad \forall k \geqslant 2,\ N^k = 0,$

et donc :

$$A^n = \sum_{k=0}^{1} \binom{n}{k} 2^k N^k = \binom{n}{0}\mathrm{I}_2 + \binom{n}{1} 2N$$
$$= \begin{pmatrix} 1 & 0 \\ 0 & 1 \end{pmatrix} + 2n\begin{pmatrix} 1 & 1 \\ -1 & -1 \end{pmatrix} = \begin{pmatrix} 1 + 2n & 2n \\ -2n & 1 - 2n \end{pmatrix},$$

et cette formule est clairement valable aussi pour $n = 0$, pour $n = 1$.

b) 1) On calcule :

$$A^2 = \begin{pmatrix} 3 & 2 \\ -2 & -1 \end{pmatrix}\begin{pmatrix} 3 & 2 \\ -2 & -1 \end{pmatrix} = \begin{pmatrix} 5 & 4 \\ -4 & -3 \end{pmatrix}.$$

On a, pour tout $(\alpha, \beta) \in \mathbb{R}^2$:

$$A^2 = \alpha\,\mathrm{I}_2 + \beta A$$
$$\iff \begin{pmatrix} 5 & 4 \\ -4 & -3 \end{pmatrix} = \alpha\begin{pmatrix} 1 & 0 \\ 0 & 1 \end{pmatrix} + \beta\begin{pmatrix} 3 & 2 \\ -2 & -1 \end{pmatrix}$$
$$\iff (\alpha + 3\beta = 5,\ 2\beta = 4,\ -2\beta = -4,\ \alpha - \beta = -3)$$
$$\iff \alpha = -1,\ \beta = 2.$$

Ceci montre : $\qquad A^2 = -\mathrm{I}_2 + 2A.$

2) $*$ Montrons, par récurrence sur $n \in \mathbb{N}$, que, pour tout $n \in \mathbb{N}$, il existe $(u_n, v_n) \in \mathbb{R}^2$ unique tel que :

$$A^n = u_n\,\mathrm{I}_2 + v_n A.$$

Remarquons que l'unicité est évidente, puisque (I_2, A) est libre.

- Pour $n = 0$, on a : $A^0 = \mathrm{I}_2 = u_0\mathrm{I}_2 + v_0 A$, où $u_0 = 1,\ v_0 = 0$.
- Soit $n \in \mathbb{N}$ tel qu'il existe $(u_n, v_n) \in \mathbb{R}^2$ tel que :

$A^n = u_n\mathrm{I}_2 + v_n A$. On a alors :

$$A^{n+1} = A^n A = u_n A + v_n A^2 = u_n A + v_n(-\mathrm{I}_2 + 2A)$$
$$= -v_n\mathrm{I}_2 + (u_n + 2v_n)A.$$

En notant $u_{n+1} = -v_n$ et $v_{n+1} = u_n + 2v_n$, on a donc :

$$A^{n+1} = u_{n+1}\,\mathrm{I}_2 + v_{n+1}A,$$

ce qui prouve la propriété pour $n + 1$.

On a montré l'existence et l'unicité de deux suites réelles $(u_n)_{n\in\mathbb{N}}, (v_n)_{n\in\mathbb{N}}$ convenant.

$*$ On a, pour tout $n \in \mathbb{N}$:

$$u_{n+2} = -v_{n+1} = -(u_n + 2v_n) = -u_n - 2v_n = -u_n + 2u_{n+1}.$$

Ainsi, la suite $(u_n)_{n\in\mathbb{N}}$ est une suite récurrente linéaire du deuxième ordre, à coefficients constants et sans second membre. L'équation caractéristique $r^2 - 2r + 1 = 0$ admet une racine double égale à 1. D'après le cours, il existe donc $(\lambda, \mu) \in \mathbb{R}^2$ tel que : $\forall n \in \mathbb{N},\ u_n = (\lambda n + \mu)1^n$.

On a : $\begin{cases} u_0 = 1 \\ u_1 = 0 \end{cases} \iff \begin{cases} \mu = 1 \\ \lambda + \mu = 0 \end{cases} \iff \begin{cases} \mu = 1 \\ \lambda = -1. \end{cases}$

On obtient : $\qquad \forall n \in \mathbb{N},\ u_n = -n + 1,$

puis : $\quad \forall n \in \mathbb{N},\ v_n = -u_{n+1} = -(-(n + 1) + 1) = n.$

3) On déduit :

$$\forall n \in \mathbb{N},\ A^n = u_n\,\mathrm{I}_2 + v_n A$$
$$= (-n + 1)\begin{pmatrix} 1 & 0 \\ 0 & 1 \end{pmatrix} + n\begin{pmatrix} 3 & 2 \\ 2 & -1 \end{pmatrix} = \begin{pmatrix} 2n + 1 & 2n \\ 2n & -2n + 1 \end{pmatrix}.$$

5.12 *a)* On a : $M = \begin{pmatrix} a & b & b \\ b & a & b \\ b & b & a \end{pmatrix} = (a-b)\mathrm{I}_3 + bU.$

b) On a : $U^2 = \begin{pmatrix} 1 & 1 & 1 \\ 1 & 1 & 1 \\ 1 & 1 & 1 \end{pmatrix}^2 = \begin{pmatrix} 3 & 3 & 3 \\ 3 & 3 & 3 \\ 3 & 3 & 3 \end{pmatrix} = 3U,$

$$U^3 = U^2U = 3U^2 = 9U, \dots$$

Montrons, par récurrence sur n : $\forall n \in \mathbb{N}^*,\ U^n = 3^{n-1}U.$

- La formule est vraie pour $n = 1$.
- Si elle est vraie pour un $n \in \mathbb{N}^*$, alors :

$$U^{n+1} = U^nU = 3^{n-1}U^2 = 3^{n-1}3U = 3^nU = 3^{(n+1)-1}U,$$

donc elle est vraie pour $n + 1$.

On a ainsi montré , par récurrence : $\forall n \in \mathbb{N}^*,\ U^n = 3^{n-1}U$. *Attention :* cette formule est fausse pour $n = 0$, puisque $U^0 = \mathrm{I}_3$.

c) Puisque I_3 et U commutent, on a, d'après la formule du binôme de Newton, pour tout $n \in \mathbb{N}$:

$$\begin{aligned} M^n &= ((a-b)\mathrm{I}_3 + bU)^n \\ &= \sum_{k=0}^{n} \binom{n}{k} ((a-b)\mathrm{I}_3)^{n-k} (bU)^k \\ &= \sum_{k=0}^{n} \binom{n}{k} (a-b)^{n-k} b^k U^k \\ &= (a-b)^n \mathrm{I}_3 + \sum_{k=1}^{n} \binom{n}{k} (a-b)^{n-k} b^k 3^{k-1} U \\ &= (a-b)^n \mathrm{I}_3 + \frac{1}{3}\Big[\sum_{k=1}^{n} \binom{n}{k} (a-b)^{n-k} (3b)^k\Big] U \\ &= (a-b)^n \mathrm{I}_3 + \frac{1}{3}\Big[((a-b)+3b)^n - (a-b)^n\Big] U \end{aligned}$$

$$= \frac{1}{3}\begin{pmatrix} (a+2b)^n + 2(a-b)^n & (a+2b)^n - (a-b)^n & (a+2b)^n - (a-b)^n \\ (a+2b)^n - (a-b)^n & (a+2b)^n + 2(a-b)^n & (a+2b)^n - (a-b)^n \\ (a+2b)^n - (a-b)^n & (a+2b)^n - (a-b)^n & (a+2b)^n + 2(a-b)^n \end{pmatrix}.$$

5.13 *a)* On a : $M = \mathrm{I}_3 + N$, où $N = \begin{pmatrix} 0 & a & b \\ 0 & 0 & c \\ 0 & 0 & 0 \end{pmatrix}$, et :

$$\begin{array}{ccc} & \overbrace{\begin{pmatrix} 0 & a & b \\ 0 & 0 & c \\ 0 & 0 & 0 \end{pmatrix}}^{N} & \overbrace{\begin{pmatrix} 0 & a & b \\ 0 & 0 & c \\ 0 & 0 & 0 \end{pmatrix}}^{N} . \\ \underbrace{\begin{pmatrix} 0 & a & b \\ 0 & 0 & c \\ 0 & 0 & 0 \end{pmatrix}}_{N} & \underbrace{\begin{pmatrix} 0 & 0 & ac \\ 0 & 0 & 0 \\ 0 & 0 & 0 \end{pmatrix}}_{N^2} & \underbrace{\begin{pmatrix} 0 & 0 & 0 \\ 0 & 0 & 0 \\ 0 & 0 & 0 \end{pmatrix}}_{N^3} \end{array}$$

Comme I_3 et N commutent, on a, par la formule du binôme de Newton, pour tout $k \in \mathbb{N}$:

$$\begin{aligned} M^k = (\mathrm{I}_3 + N)^k &= \sum_{i=0}^{k} \binom{k}{i} N^i = \binom{0}{k}\mathrm{I}_3 + \binom{1}{k} N + \binom{2}{k} N^2 \\ &= \begin{pmatrix} 1 & 0 & 0 \\ 0 & 1 & 0 \\ 0 & 0 & 1 \end{pmatrix} + k \begin{pmatrix} 0 & a & b \\ 0 & 0 & c \\ 0 & 0 & 0 \end{pmatrix} + \frac{k(k-1)}{2} \begin{pmatrix} 0 & 0 & ac \\ 0 & 0 & 0 \\ 0 & 0 & 0 \end{pmatrix} \\ &= \begin{pmatrix} 1 & ka & kb + \frac{k(k-1)}{2}ac \\ 0 & 1 & kc \\ 0 & 0 & 1 \end{pmatrix}. \end{aligned}$$

b) • Notons M' la matrice obtenue en remplaçant k par -1 dans la formule obtenue en *a)*. On a :

$$MM' = \begin{pmatrix} 1 & a & b \\ 0 & 1 & c \\ 0 & 0 & 1 \end{pmatrix} \begin{pmatrix} 1 & -a & -b + ac \\ 0 & 1 & -c \\ 0 & 0 & 1 \end{pmatrix} = \begin{pmatrix} 1 & 0 & 0 \\ 0 & 1 & 0 \\ 0 & 0 & 1 \end{pmatrix},$$

donc M est inversible et $M^{-1} = M'$.

• Montrons que la formule obtenue en *a)* est aussi valable pour $k \in \mathbb{Z}$.

Soit $k \in \mathbb{Z}_-$. On a alors $k \leqslant 0,\ -k \geqslant 0$, et :

$$\begin{pmatrix} 1 & ka & kb + \frac{k(k-1)}{2}ac \\ 0 & 1 & kc \\ 0 & 0 & 1 \end{pmatrix} \underbrace{\begin{pmatrix} 1 & -ka & -kb + \frac{k(k+1)}{2}ac \\ 0 & 1 & -kc \\ 0 & 0 & 1 \end{pmatrix}}_{M^{-k}} = \begin{pmatrix} 1 & 0 & 0 \\ 0 & 1 & 0 \\ 0 & 0 & 1 \end{pmatrix}.$$

On conclut : $\forall k \in \mathbb{Z},\ M^k = \begin{pmatrix} 1 & ka & kb + \frac{k(k-1)}{2}ac \\ 0 & 1 & kc \\ 0 & 0 & 1 \end{pmatrix}.$

5.14 *a) 1)* On a : $N = A - \mathrm{I}_3 = \begin{pmatrix} 0 & 1 & 1 \\ 1 & 0 & 0 \\ -1 & 0 & 0 \end{pmatrix}$,

puis :

$$\begin{array}{ccc} & \overbrace{\begin{pmatrix} 0 & 1 & 1 \\ 1 & 0 & 0 \\ -1 & 0 & 0 \end{pmatrix}}^{N} & \overbrace{\begin{pmatrix} 0 & 1 & 1 \\ 1 & 0 & 0 \\ -1 & 0 & 0 \end{pmatrix}}^{N} \\ \underbrace{\begin{pmatrix} 0 & 1 & 1 \\ 1 & 0 & 0 \\ -1 & 0 & 0 \end{pmatrix}}_{N} & \underbrace{\begin{pmatrix} 0 & 0 & 0 \\ 0 & 1 & 1 \\ 0 & 1 & -1 \end{pmatrix}}_{N^2} & \underbrace{\begin{pmatrix} 0 & 0 & 0 \\ 0 & 0 & 0 \\ 0 & 0 & 0 \end{pmatrix}}_{N^3}. \end{array}$$

2) On a donc : $A = \mathrm{I}_3 + N$ et $N^3 = 0$. Comme I_3 et N commutent, d'après la formule du binôme de Newton, on a, pour tout $n \in \mathbb{N}$:

$$A^n = (\mathrm{I}_3 + N)^n = \sum_{k=0}^{n} \binom{n}{k} N^k = \binom{n}{0}\mathrm{I}_3 + \binom{n}{1}N + \binom{n}{2}N^2$$

$$= \begin{pmatrix}1&0&0\\0&1&0\\0&0&1\end{pmatrix} + n\begin{pmatrix}0&1&1\\1&0&0\\-1&0&0\end{pmatrix} + \frac{n(n-1)}{2}\begin{pmatrix}0&0&0\\0&1&1\\0&1&-1\end{pmatrix}$$

$$= \begin{pmatrix}1&n&n\\n&1+\frac{n(n-1)}{2}&\frac{n(n-1)}{2}\\-n&-\frac{n(n-1)}{2}&1-\frac{n(n-1)}{2}\end{pmatrix}.$$

b) 1re méthode : pivot de Gauss :

$$\begin{pmatrix}1&1&1\\1&1&0\\-1&0&1\end{pmatrix} \;\Bigg|\; \begin{pmatrix}1&0&0\\0&1&0\\0&0&1\end{pmatrix} \;\Bigg|$$

$$\begin{pmatrix}1&1&1\\0&0&-1\\0&1&2\end{pmatrix} \;\Bigg|\; \begin{pmatrix}1&0&0\\-1&1&0\\1&0&1\end{pmatrix} \;\Bigg|\; \begin{matrix}L_2 \longleftarrow L_2 - L_1\\ L_3 \longleftarrow L_3 + L_1\end{matrix}$$

$$\begin{pmatrix}1&1&1\\0&1&2\\0&0&-1\end{pmatrix} \;\Bigg|\; \begin{pmatrix}1&0&0\\1&0&1\\-1&1&0\end{pmatrix} \;\Bigg|\; L_2 \longleftrightarrow L_3$$

$$\begin{pmatrix}1&1&0\\0&1&0\\0&0&-1\end{pmatrix} \;\Bigg|\; \begin{pmatrix}0&1&0\\-1&2&1\\-1&1&0\end{pmatrix} \;\Bigg|\; \begin{matrix}L_1 \longleftarrow L_1 + L_3\\ L_2 \longleftarrow L_2 + 2L_3\end{matrix}$$

$$\begin{pmatrix}1&0&0\\0&1&0\\0&0&-1\end{pmatrix} \;\Bigg|\; \begin{pmatrix}1&-1&-1\\-1&2&1\\-1&1&0\end{pmatrix} \;\Bigg|\; L_1 \longleftarrow L_1 - L_2$$

$$\begin{pmatrix}1&0&0\\0&1&0\\0&0&1\end{pmatrix} \;\Bigg|\; \begin{pmatrix}1&-1&-1\\-1&2&1\\1&-1&0\end{pmatrix} \;\Bigg|\; L_3 \longleftarrow -L_3$$

On conclut : A est inversible et $A^{-1} = \begin{pmatrix}1&-1&-1\\-1&2&1\\1&-1&0\end{pmatrix}$.

2e méthode : interprétation de A comme matrice d'une famille dans une base :

En notant (e_1, e_2, e_3) la base canonique de $\mathbf{M}_{3,1}(\mathbb{R})$ et (C_1, C_2, C_3) les colonnes de A, on a :

$$\begin{cases}C_1 = e_1 + e_2 - e_3\\ C_2 = e_1 + e_2\\ C_3 = e_1 + e_3\end{cases} \iff \begin{cases}e_3 = C_2 - C_1\\ e_1 = C_3 - C_2 + C_1\\ e_2 = 2C_2 - C_3 - C_1.\end{cases}$$

Ainsi, A est inversible et : $A^{-1} = \begin{pmatrix}1&-1&-1\\-1&2&1\\1&-1&0\end{pmatrix}$.

3e méthode : essai, pour $n = -1$, de la formule obtenue en a) :

On a : $\begin{pmatrix}1&1&1\\1&1&0\\-1&0&1\end{pmatrix}\begin{pmatrix}1&-1&-1\\-1&2&1\\1&-1&0\end{pmatrix} = \begin{pmatrix}1&0&0\\0&1&0\\0&0&1\end{pmatrix}$,

donc A est inversible et : $A^{-1} = \begin{pmatrix}1&-1&-1\\-1&2&1\\1&-1&0\end{pmatrix}$.

c) On a déjà calculé A^n pour tout $n \in \mathbb{N}$, cf. *a) 2)*. Montrons que cette formule est aussi valable pour $n \in \mathbb{Z}_-$.

Soit $n \in \mathbb{Z}_-$. On a alors $n \leqslant 0$, $-n \geqslant 0$ et :

$$\underbrace{\begin{pmatrix}1&-n&-n\\-n&1+\frac{n(n+1)}{2}&\frac{n(n+1)}{2}\\n&-\frac{n(n+1)}{2}&1-\frac{n(n+1)}{2}\end{pmatrix}}_{A^{-n}}\begin{pmatrix}1&n&n\\n&1+\frac{n(n-1)}{2}&\frac{n(n-1)}{2}\\-n&-\frac{n(n-1)}{2}&1-\frac{n(n-1)}{2}\end{pmatrix} = \begin{pmatrix}1&0&0\\0&1&0\\0&0&1\end{pmatrix}.$$

Ceci montre que la formule obtenue en *a) 2)* est aussi valable pour tout $n \in \mathbb{Z}$.

5.15 Notons $\mathscr{S}$ l'ensemble des solutions de l'équation proposée et, si nécessaire, $M = \begin{pmatrix}x&y\\z&t\end{pmatrix} \in \mathbf{M}_2(\mathbb{R})$.

a) (1) On remarque que B est triangulaire supérieure à termes diagonaux tous non nuls, donc B est inversible, d'où, pour toute $M \in \mathbf{M}_2(\mathbb{R})$:

$$MB = A \iff M = AB^{-1} \iff M = \begin{pmatrix}1&-1\\1&-1\end{pmatrix}\begin{pmatrix}1&-1\\0&1\end{pmatrix} = \begin{pmatrix}1&-2\\1&-2\end{pmatrix},$$

d'où : $\mathscr{S} = \left\{\begin{pmatrix}1&-2\\1&-2\end{pmatrix}\right\}$.

(2) Dans cet exemple et dans le suivant, on ne peut pas tenir le même raisonnement qu'en (1), car B n'est pas inversible.

On a :

$$MB = A \iff \begin{pmatrix}x&y\\z&t\end{pmatrix}\begin{pmatrix}1&1\\1&1\end{pmatrix} = \begin{pmatrix}1&-1\\1&-1\end{pmatrix}$$

$$\iff \begin{cases}x + y + z + t = 1\\ x + y + z + t = -1\end{cases} \quad \text{impossible},$$

d'où : $\mathscr{S} = \varnothing$.

(3) De même :

$$MB = A \iff \begin{pmatrix}x&y\\z&t\end{pmatrix}\begin{pmatrix}1&-1\\0&0\end{pmatrix} = \begin{pmatrix}1&-1\\1&-1\end{pmatrix} \iff \begin{cases}x = 1\\ y = 1,\end{cases}$$

d'où : $\mathscr{S} = \left\{\begin{pmatrix}1&y\\1&t\end{pmatrix} ;\ (y,t) \in \mathbb{R}^2\right\}$.

b) (1) On remarque que C est inversible, donc, pour toute $M \in \mathbf{M}_2(\mathbb{R})$:

$$CM = A \iff M = C^{-1}A \iff M = \begin{pmatrix}1&0\\-1&1\end{pmatrix}\begin{pmatrix}1&-1\\1&-1\end{pmatrix} = \begin{pmatrix}1&-1\\0&0\end{pmatrix},$$

d'où : $\mathscr{S} = \left\{\begin{pmatrix} 1 & -1 \\ 0 & 0 \end{pmatrix}\right\}$.

(2) Dans cet exemple et dans le suivant, on ne peut pas tenir le même raisonnement qu'en (1), car C n'est pas inversible.

On a :

$$CM = A \iff \begin{pmatrix} 1 & 1 \\ -1 & -1 \end{pmatrix}\begin{pmatrix} x & y \\ z & t \end{pmatrix} = \begin{pmatrix} 1 & -1 \\ 1 & -1 \end{pmatrix}$$
$$\iff x + z = 1, \ \ y + t = -1, \ \ -x - z = 1, \ \ -y - t = -1,$$

impossible. On conclut : $\mathscr{S} = \varnothing$.

(3) De même :

$$CM = A \iff \begin{pmatrix} 1 & 0 \\ 1 & 0 \end{pmatrix}\begin{pmatrix} x & y \\ z & t \end{pmatrix} = \begin{pmatrix} 1 & -1 \\ 1 & -1 \end{pmatrix} \iff x = 1, \ \ y = -1,$$

d'où : $\mathscr{S} = \left\{\begin{pmatrix} 1 & -1 \\ z & t \end{pmatrix} ; \ (z, t) \in \mathbb{R}^2\right\}$.

5.16 Notons $(e_1, ..., e_n)$ la base canonique de $\mathbf{M}_{n,1}(\mathbb{R})$ et $(C_1, ..., C_n)$ les colonnes de A. On a :

$$\begin{cases} C_1 = e_1 + e_2 + \cdots + e_n \\ C_2 = e_1 + 2e_2 + \cdots + 2e_n \\ \vdots \\ C_n = e_1 + 2e_2 + \cdots + ne_n \end{cases} \iff \begin{cases} C_1 = e_1 + e_2 + \cdots + e_n \\ C_2 - C_1 = e_2 + \cdots + e_n \\ \vdots \\ C_n - C_{n-1} = e_n \end{cases}$$

$$\iff \begin{cases} e_1 = C_1 - (C_2 - C_1) \\ e_2 = (C_2 - C_1) - (C_3 - C_2) \\ \vdots \\ e_{n-1} = (C_{n-1} - C_{n-2}) - (C_n - C_{n-1}) \\ e_n = C_n - C_{n-1} \end{cases}.$$

Ceci montre que A est inversible et que :

$$A^{-1} = \begin{pmatrix} 2 & -1 & 0 & \dots & (0) \\ -1 & 2 & \ddots & \ddots & \vdots \\ 0 & \ddots & \ddots & \ddots & 0 \\ \vdots & \ddots & \ddots & 2 & -1 \\ (0) & \dots & 0 & -1 & 1 \end{pmatrix}.$$

5.17 Remarquer d'abord que, puisque :

$$\forall (x, y) \in \mathbb{R}^2, \ \ |x| \leqslant \sqrt{x^2 + y^2} \ \text{ et } \ |y| \leqslant \sqrt{x^2 + y^2},$$

les applications f, g, h, k sont correctement définies.

Soit $(a, b, c, d) \in \mathbb{R}^4$ tel que : $af + bg + ch + dk = 0$,

c'est-à-dire :

$$\forall (x, y) \in \mathbb{R}^2, \ \ a\sqrt{\sqrt{x^2 + y^2} - x} + b\sqrt{\sqrt{x^2 + y^2} + x}$$
$$+c\sqrt{\sqrt{x^2 + y^2} - y} + d\sqrt{\sqrt{x^2 + y^2} + y} = 0.$$

En appliquant à $(1, 0)$, $(-1, 0)$, $(0, 1)$, $(0, -1)$, on obtient :

$$(\mathrm{S}) \begin{cases} b\sqrt{2} + c + d = 0 & L_1 \\ a\sqrt{2} + c + d = 0 & L_2 \\ a + b + d\sqrt{2} = 0 & L_3 \\ a + b + c\sqrt{2} = 0 & L_4. \end{cases}$$

Et :

$$(\mathrm{S}) \iff \begin{cases} a\sqrt{2} + c + d = 0 & L_1 \\ b = a & L_2 \longleftarrow L_2 - L_1 \\ a + b + d\sqrt{2} = 0 & L_3 \\ d = c & L_4 \longleftarrow L_4 - L_3 \end{cases} \iff \begin{cases} b = a \\ d = c \\ 2c = -a\sqrt{2} \\ d\sqrt{2} = -2a \end{cases}$$

$$\iff a = b = c = d = 0.$$

On conclut : la famille (f, g, h, k) est libre.

5.18 On a : $\begin{cases} A(AB - BA) = ABA - A^2B = 0 \\ B(BA - AB) = B^2A - BAB = 0, \end{cases}$

donc, en additionnant : $(A + B)(AB - BA) = 0$.

Comme $A + B$ est inversible, il s'ensuit : $AB - BA = 0$, donc : $AB = BA$.

5.19 *a)* En développant, on a, pour toutes $A, B \in \mathbf{GL}_n(\mathbb{K})$:

$$A^{-1}(A + B)B^{-1} = B^{-1} + A^{-1} = A^{-1} + B^{-1}.$$

b) Donnons un contrexemple.

Pour $A = \mathrm{I}_n$, $B = \mathrm{I}_n$, $C = -2\mathrm{I}_n$,

on a : $A^{-1} = \mathrm{I}_n$, $B^{-1} = \mathrm{I}_n$, $C^{-1} = -\dfrac{1}{2}\mathrm{I}_n$,

donc : $A + B + C = 0$ et $A^{-1} + B^{-1} + C^{-1} = \dfrac{3}{2}\mathrm{I}_n$.

S'il existait (U, V) convenant, on aurait $\dfrac{3}{2}\mathrm{I}_n = U0V = 0$, contradiction.

La réponse à la question posée est donc : non.

5.20 On a :

$$A^3 - A^2 + A + \mathrm{I}_n = 0 \iff A(-A^2 + A - \mathrm{I}_n) = \mathrm{I}_n.$$

Donc A est inversible et : $A^{-1} = -A^2 + A - \mathrm{I}_n$.

5.21 *a)* $(A - 3I_n)(B - 2I_n) = AB - 2A - 3B + 6I_n = 6I_n$.

b) D'après *a)*, on a : $(A - 3I_n)\Big(\frac{1}{6}(B - 2I_n)\Big) = I_n$.

Ainsi, $A - 3I_n$ est inversible et son inverse est $\frac{1}{6}(B - 2I_n)$.

On a donc aussi, dans l'autre sens :

$$\Big(\frac{1}{6}(B - 2I_n)\Big)(A - 3I_n) = I_n,$$

d'où, en développant : $BA = 2A + 3B = AB$.

5.22 On a, par une formule de trigonométrie :

$$\forall (i, j) \in [\![1 ; n]\!]^2, \quad \sin(i + j) = \sin i \cos j + \cos i \sin j.$$

Notons $(C_1, ..., C_n)$ les colonnes de A_n.

On a donc, pour tout $j \in [\![1 ; n]\!]$:

$$C_j = \begin{pmatrix} \sin 1 \cos j + \cos 1 \sin j \\ \vdots \\ \sin n \cos j + \cos n \sin j \end{pmatrix} = \cos j \underbrace{\begin{pmatrix} \sin 1 \\ \vdots \\ \sin n \end{pmatrix}}_{\text{notée } U} + \sin j \underbrace{\begin{pmatrix} \cos 1 \\ \vdots \\ \cos n \end{pmatrix}}_{\text{notée } V}.$$

Ainsi, les colonnes de A_n se décomposent toutes linéairement sur U et V, d'où : $\text{rg}\,(A_n) \leqslant 2$.

• On a : $A_1 = (\sin 1) \neq 0$, donc : $\text{rg}\,(A_1) = 1$.

• Pour tout $n \geqslant 2$, montrons : $\text{rg}\,(A_n) = 2$.

À cet effet, montrons que (C_1, C_2) est libre.

Soit $(\lambda, \mu) \in \mathbb{R}^2$ tel que $\lambda C_1 + \mu C_2 = 0$.

On a alors, en particulier : $\begin{cases} \lambda \sin 2 + \mu \sin 3 = 0 \\ \lambda \sin 3 + \mu \sin 4 = 0. \end{cases}$

Comme $\sin 2 \sin 4 - (\sin 3)^2 \neq 0$, on déduit $(\lambda, \mu) = (0, 0)$, ce qui montre que (C_1, C_2) est libre.

Finalement : $\quad \text{rg}\,(A_n) = \begin{cases} 1 & \text{si} \quad n = 1 \\ 2 & \text{si} \quad n \geqslant 2. \end{cases}$

5.23 *1)* Soit $A \in \mathbf{D}_n(\mathbb{K})$; puisque D et A sont diagonales, elles commutent entre elles, donc $A \in \text{C}\,(D)$.

2) Réciproquement, soit $A \in \text{C}\,(D)$. On a :

$$\begin{aligned} A \in \text{C}\,(D) &\iff AD = DA \\ &\iff \forall (i, j) \in [\![1 ; n]\!]^2, \ \sum_{k=1}^{n} (A)_{ik}(D)_{kj} = \sum_{k=1}^{n} (D)_{ik}(A)_{kj} \\ &\iff \forall (i, j) \in [\![1 ; n]\!]^2, \ (A)_{ij} d_j = d_i (A)_{ij} \\ &\iff \forall (i, j) \in [\![1 ; n]\!]^2, \ (d_j - d_i)(A)_{ij} = 0. \end{aligned}$$

Soit $(i, j) \in [\![1 ; n]\!]^2$ tel que $i \neq j$.

On a alors, par hypothèse, $d_i \neq d_j$, d'où : $(A)_{ij} = 0$.

Ceci montre que les termes non diagonaux de A sont tous nuls, donc $A \in \mathbf{D}_n(\mathbb{K})$.

Finalement : $\text{C}\,(D) = \mathbf{D}_n(\mathbb{K})$.

5.24 *a) 1)* Soit $A \in \mathbf{M}_n(\mathbb{K})$ nilpotente. Il existe $k \in \mathbb{N}^*$ tel que $A^k = 0$. Si A était inversible, d'après le cours, A^k serait inversible, contradiction car la matrice nulle n'est pas inversible.

On conclut que, pour toute $A \in \mathbf{M}_n(\mathbb{K})$, si A est nilpotente, alors A n'est pas inversible.

2) • On a : $\quad A^2 = \begin{pmatrix} 0 & 1 \\ 0 & 0 \end{pmatrix}^2 = \begin{pmatrix} 0 & 0 \\ 0 & 0 \end{pmatrix} = 0,$

donc A est nilpotente.

• La matrice $B = \begin{pmatrix} 1 & 1 \\ 0 & -1 \end{pmatrix}$ est inversible, donc, d'après *1)*, B n'est pas nilpotente.

• Pour $C = \begin{pmatrix} 0 & 1 \\ 0 & -1 \end{pmatrix}$, on a :

$$C^2 = \begin{pmatrix} 0 & -1 \\ 0 & 1 \end{pmatrix} = -C, \ C^3 = -C^2 = C, ...$$

d'où, par une récurrence immédiate : $\forall k \in \mathbb{N}^*, \quad C^k = \pm C$,

et donc C n'est pas nilpotente.

Cet exemple montre que la réciproque de *1)* est fausse.

• Pour $D = \begin{pmatrix} 1 & 1 \\ -1 & -1 \end{pmatrix}$, on a $D^2 = 0$, donc D est nilpotente.

b) Soient $A, M \in \mathbf{M}_n(\mathbb{K})$ telles que : A est nilpotente et $AM = MA$. Il existe $k \in \mathbb{N}^*$ tel que : $A^k = 0$. On a, en permutant A et M successivement :

$$\begin{aligned} (AM)^k &= (AM)(AM) \cdots (AM) \\ &= (A \cdots A)(M \cdots M) = A^k M^k = 0M^k = 0, \end{aligned}$$

donc AM est nilpotente.

c) Soit $A \in \mathbf{M}_n(\mathbb{K})$ nilpotente.

Il existe $k \in \mathbb{N}^*$ tel que : $A^k = 0$.

On a, par sommation géométrique :

$$\begin{cases} (I_n - A)\Big(\sum_{i=0}^{k-1} A^i\Big) = I_n - A^k = I_n \\ \Big(\sum_{i=0}^{k-1} A^i\Big)(I_n - A) = I_n - A^k = I_n, \end{cases}$$

donc $I_n - A$ est inversible et : $(I_n - A)^{-1} = \sum_{i=0}^{k-1} A^i$.

d) Soient $A, B \in \mathbf{M}_n(\mathbb{K})$ nilpotentes et telles que $AB = BA$.

Il existe $k, \ell \in \mathbb{N}^*$ tels que : $A^k = 0$ et $B^\ell = 0$.

On a, d'après la formule du binôme de Newton :

$$\begin{aligned}(A+B)^{k+\ell-1} &= \sum_{i=0}^{k+\ell-1}\binom{k+\ell-1}{i}A^iB^{k+\ell-1-1}\\ &= \sum_{i=0}^{k-1}\binom{k+\ell-1}{i}A^i(\underbrace{B^\ell}_{=0}B^{k-1-i})\\ &\quad+\sum_{i=k}^{k+\ell-1}\binom{k+\ell-1}{i}(\underbrace{A^k}_{=0}A^{i-k})B^{k+\ell-1-i}=0,\end{aligned}$$

donc $A+B$ est nilpotente.

5.25 Soit $(A, B) \in E^2$ tel que $AB = BA$.

En notant $M = A - \mathrm{I}_n$ et $N = B - \mathrm{I}_n$, il existe $k, \ell \in \mathbb{N}^*$ tels que : $M^k = 0$ et $N^\ell = 0$, autrement dit M et N sont nilpotentes.

On a : $AB = (\mathrm{I}_n + M)(\mathrm{I}_n + N) = \mathrm{I}_n + M + N + MN$.

De plus :

$$\begin{aligned}MN &= (A-\mathrm{I}_n)(B-\mathrm{I}_n) = AB - A - B + \mathrm{I}_n\\ &= BA - A - B + \mathrm{I}_n = (B-\mathrm{I}_n)(A-\mathrm{I}_n) = NM.\end{aligned}$$

Puisque M est nilpotente et que $MN = NM$, d'après l'exercice 5.24 *b)*, MN est nilpotente.

Puisque M et N sont nilpotentes et que $MN = NM$, d'après l'exercice 5.24 *d)*, $M + N$ est nilpotente.

De même, puisque $M+N$ et MN sont nilpotentes et commutent, $(M + N) + MN$ est nilpotente.

Ainsi, $AB - \mathrm{I}_n$ est nilpotente, donc : $AB \in E$.

5.26 Notons $A = (a_{ij})_{ij}$. Appliquons l'hypothèse à $L = \begin{pmatrix}0 & \dots & 1 & \dots & 0\end{pmatrix} \in \mathbf{M}_{1,n}(\mathbb{K})$, où le 1 est à la i-ème colonne, $i \in [\![1\,;\,n]\!]$ fixé, et $C = {}^t\begin{pmatrix}0 & \dots & 1 & \dots & 0\end{pmatrix}$, où le 1 est à la j-ème ligne, $j \in [\![1\,;\,p]\!]$ fixé :

$$\underbrace{\begin{pmatrix}0 & \dots & 1 & \dots & 0\end{pmatrix}}_{L}\ \overbrace{\begin{pmatrix}a_{11} & \dots & a_{1n}\\ \vdots & & \vdots\\ a_{n1} & \dots & a_{nn}\end{pmatrix}}^{A}\ \overbrace{\begin{pmatrix}0\\ \vdots\\ 1\\ \vdots\\ 0\end{pmatrix}}^{C}$$

$$\underbrace{\begin{pmatrix}a_{i1} & \dots & a_{in}\end{pmatrix}}_{LA}\qquad \underbrace{a_{ij}}_{LAC}$$

On a donc : $\forall i \in [\![1\,;\,n]\!],\ \forall j \in [\![1\,;\,p]\!],\ a_{ij} = 0$, d'où : $A = 0$.

5.27 Notons $A = (a_{ij})_{ij},\ A^{-1} = (b_{ij})_{ij}$.

Puisque $AA^{-1} = \mathrm{I}_n$, on a : $\forall (i, j) \in [\![1\,;\,n]\!]^2,\ \displaystyle\sum_{k=1}^n a_{ik}b_{kj} = \delta_{ij}$.

Soit $k \in [\![1\,;\,n]\!]$ fixé.

Puisque A^{-1} est inversible, la ligne numéro k de A^{-1} n'est pas la ligne nulle, donc il existe $j \in [\![1\,;\,n]\!]$ tel que : $b_{kj} \neq 0$.

Soit $i \in [\![1\,;\,n]\!]$ tel que $i \neq j$. On a : $\displaystyle\sum_{\ell=1}^n \underbrace{a_{i\ell}b_{\ell j}}_{\geqslant 0} = 0$,

donc : $\qquad \forall \ell \in [\![1\,;\,n]\!],\ a_{i\ell}b_{\ell j} = 0$.

En particulier : $a_{ik}\underbrace{b_{kj}}_{\neq 0} = 0$, donc : $a_{ik} = 0$.

Ceci montre :

$$\forall k \in [\![1\,;\,n]\!],\ \exists\, j \in [\![1\,;\,n]\!],\ \forall i \in [\![1\,;\,n]\!] - \{j\},\ a_{ik} = 0.$$

Ainsi, pour tout $k \in [\![1\,;\,n]\!]$, les éléments de la k-ième colonne de A sont tous nuls, sauf au plus l'un d'entre eux. Comme de plus, A est inversible, cette colonne numéro k n'est pas la colonne nulle.

Ainsi, pour tout $k \in [\![1\,;\,n]\!]$, la k-ième colonne de A contient un terme non nul et un seul, noté a_{jk} ci-dessus.

Considérons l'application $\sigma : [\![1\,;\,n]\!] \longrightarrow [\![1\,;\,n]\!],\quad k \longmapsto j$ ainsi définie.

Si σ n'est pas surjective, alors il existe $\ell \in [\![1\,;\,n]\!]$ tel que : $\forall k \in [\![1\,;\,n]\!],\ a_{k\ell} = 0$, donc A contient une ligne nulle, A n'est pas inversible, contradiction. Ainsi, σ est surjective.

Comme σ est une application de l'ensemble fini $[\![1\,;\,n]\!]$ dans lui-même et que σ est surjective, σ est bijective, c'est-à-dire que σ est une permutation de $[\![1\,;\,n]\!]$.

Notons $\alpha_1 = a_{\sigma(1)1}, \dots, \alpha_n = a_{\sigma(n)n}$. On a alors, pour tout $(i, j) \in [\![1\,;\,n]\!]^2$: $a_{ij} = \begin{cases}\alpha_j & \text{si } i = \sigma(j)\\ 0 & \text{si } i \neq \sigma(j)\end{cases} \Bigg| = \delta_{i\sigma(j)}\alpha_j$.

5.28 *a)* Soit $\mathscr{E} \subset \mathbf{M}_n(\mathbb{K})$.

• $\mathrm{C}(\mathscr{E}) \subset \mathbf{M}_n(\mathbb{K})$ et $\mathrm{C}(\mathscr{E}) \neq \varnothing$ car $0 \in \mathrm{C}(\mathscr{E})$.

• Soient $\alpha \in \mathbb{K},\ A, B \in \mathrm{C}(\mathscr{E})$. On a, pour toute $M \in \mathscr{E}$:

$$(\alpha A + B)M = \alpha AM + BM = \alpha MA + MB = M(\alpha A + B),$$

donc : $\alpha A + B \in \mathrm{C}(\mathscr{E})$.

On conclut : $\mathrm{C}(\mathscr{E})$ est un sev de $\mathbf{M}_n(\mathbb{K})$.

b) • L'inclusion $\mathbb{K}\mathrm{I}_n \subset \mathrm{C}(\mathbf{M}_n(\mathbb{K}))$ est immédiate car, pour tout $\alpha \in \mathbb{K}$: $\forall M \in \mathbf{M}_n(\mathbb{K}),\ (\alpha\mathrm{I}_n)M = \alpha M = M(\alpha\mathrm{I}_n)$,

donc : $\alpha\mathrm{I}_n \in \mathrm{C}(\mathbf{M}_n(\mathbb{K}))$.

• Réciproquement, soit $A \in \mathrm{C}(\mathbf{M}_n(\mathbb{K}))$.

On a donc : $\forall M \in \mathbf{M}(\mathbb{K}),\ AM = MA$.

Notons, pour $(i, j) \in [\![1\,;\,n]\!]^2$, E_{ij} la matrice élémentaire ayant un 1 à la (i, j)-ème place et des 0 ailleurs.

On a donc, pour tout $(i, j) \in [\![1\,;\,n]\!]^2$: $A\mathrm{E}_{ij} = \mathrm{E}_{ij}A$.

Comme :

$$\mathrm{AE}_{ij} = \begin{pmatrix} & a_{1i} & \\ (0) & \vdots & (0) \\ & a_{ni} & \end{pmatrix}, \quad \mathrm{E}_{ij}A = \begin{pmatrix} & (0) & \\ a_{j1} & \dots & a_{jn} \\ & (0) & \end{pmatrix},$$

on déduit : $(\forall k \neq i,\ a_{ki} = 0),\ (\forall \ell \neq j,\ a_{\ell j} = 0),\ a_{ii} = a_{jj}$.

Ceci montre que, pour tout $(i, j) \in [\![1\,;\,n]\!]^2$ tel que $i \neq j$, on a :

$$a_{ij} = 0 \quad \text{et} \quad a_{ii} = a_{jj}.$$

Ainsi, $A = \begin{pmatrix} a_{11} & & (0) \\ & \ddots & \\ (0) & & a_{11} \end{pmatrix} = a_{11}\,\mathrm{I}_n \in \mathbb{K}\mathrm{I}_n$.

On conclut : $\mathrm{C}(\mathbf{M}_n(\mathbb{K})) = \mathbb{K}\mathrm{I}_n$.

c) 1) Soit $M = (m_{ij})_{ij} \in \mathbf{M}_n(\mathbb{K})$. Nous allons décomposer M en somme d'une matrice triangulaire supérieure inversible P et d'une matrice triangulaire inférieure inversible Q.

Pour chaque $i \in [\![1\,;\,n]\!]$, il existe $(p_i, q_i) \in \mathbb{K}^2$ tel que :

$$p_i + q_i = m_{ii}, \quad p_i \neq 0, \quad q_i \neq 0.$$

En effet, si $m_{ii} \neq 0$, on peut choisir $p_i = 2m_{ii}$, $q_i = -m_{ii}$, et, si $m_{ii} = 0$, on peut choisir $p_i = 1$, $q_i = -1$. Notons alors

$$P = \begin{pmatrix} p_1 & 0 & \dots & (0) \\ m_{21} & p_2 & \ddots & \vdots \\ \vdots & \ddots & \ddots & 0 \\ m_{n1} & \dots & m_{nn-1} & p_n \end{pmatrix},$$

$$Q = \begin{pmatrix} q_1 & m_{12} & \dots & m_{1n} \\ 0 & q_2 & \ddots & \vdots \\ \vdots & \ddots & \ddots & m_{n-1n} \\ (0) & \dots & 0 & q_n \end{pmatrix}.$$

Les matrices P et Q sont inversibles car triangulaires à éléments diagonaux tous non nuls, et on a : $M = P + Q$.

On conclut :

$$\forall M \in \mathbf{M}_n(\mathbb{K}),\ \exists (P, Q) \in (\mathbf{GL}_n(\mathbb{K}))^2,\ M = P + Q.$$

Par exemple :

$$\underbrace{\begin{pmatrix} 4 & 0 & 2 \\ 2 & 0 & 1 \\ 1 & 0 & -2 \end{pmatrix}}_{M} = \underbrace{\begin{pmatrix} 8 & 0 & 0 \\ 2 & 1 & 0 \\ 1 & 0 & -1 \end{pmatrix}}_{P} + \underbrace{\begin{pmatrix} -4 & 0 & 2 \\ 0 & -1 & 1 \\ 0 & 0 & -1 \end{pmatrix}}_{Q}.$$

2) • L'inclusion $\mathbb{K}\mathrm{I}_n \subset \mathrm{C}(\mathbf{GL}_n(\mathbb{K}))$ est immédiate.

• Réciproquement, soit $A \in \mathrm{C}(\mathbf{GL}_n(\mathbb{K}))$. Soit $M \in \mathbf{M}_n(\mathbb{K})$. D'après *1)*, il existe $(P, Q) \in (\mathbf{GL}_n(\mathbb{K}))^2$ tel que $M = P + Q$. On a alors :

$$AM = A(P + Q) = AP + AQ = PA + QA = (P + Q)A = MA,$$

donc : $A \in \mathrm{C}(\mathbf{M}_n(\mathbb{K})) = \mathbb{K}\mathrm{I}_n$.

On conclut : $\mathrm{C}(\mathbf{GL}_n(\mathbb{K})) = \mathbb{K}\mathrm{I}_n$.

Espaces vectoriels de dimension finie

CHAPITRE 6

Plan

On abrège :
espace vectoriel en ev
sous-espace vectoriel en sev

Thèmes abordés dans les exercices

- Montrer qu'un ev est de dimension finie et en trouver une base
- Déterminer la dimension d'un sev d'un ev de dimension finie
- Montrer qu'une famille est une base d'un ev de dimension finie
- Déterminer le noyau, l'image d'une application linéaire, obtenir des inclusions ou des égalités faisant intervenir noyaux et images d'applications linéaires
- Montrer qu'une certaine application linéaire est injective, est surjective, est bijective
- Déterminer le rang d'une famille finie de vecteurs, le rang d'une application linéaire, obtenir des résultats sur le rang d'une application linéaire.

Points essentiels du cours pour la résolution des exercices

- Définition et propriétés des combinaisons linéaires finies de vecteurs, des familles libres, familles liées, familles génératrices, bases
- Si deux sev ont la même dimension et si l'un est inclus dans l'autre, alors ils sont égaux
- Définition du rang d'une famille finie de vecteurs, du rang d'une application linéaire
- Théorème du rang et conséquences pour les applications linéaires et les endomorphismes en dimension finie
- Matrice d'une application linéaire en dimension finie.

Les méthodes à retenir

Pour montrer qu'une famille finie $\mathscr{B} = (e_1, ..., e_n)$ est une base d'un ev E

Essayer de :

- revenir à la définition d'une base, c'est-à-dire montrer que $\mathscr{B}$ est libre et génératrice de E.

➥ **Exercice 6.7 *b)***

(suite)	Essayer de : • montrer que $\mathscr{B}$ est libre et que E est de dimension finie égale au cardinal n de $\mathscr{B}$. ➥ **Exercices 6.6, 6.10 *a)*, 6.12, 6.19, 6.20 *c)*, 6.22** • montrer que $\mathscr{B}$ est génératrice de E et que E est de dimension finie égale au cardinal n de $\mathscr{B}$. ➥ **Exercices 6.4 *b)*.**
Pour montrer qu'un ev E est de dimension finie	Essayer de : • montrer que E est un sev d'un ev connu de dimension finie. ➥ **Exercices 6.1, 6.2** • montrer que E admet au moins une famille génératrice finie ou une base finie ➥ **Exercices 6.1, 6.2, 6.7 *b)*.**
Pour calculer la dimension d'un ev de dimension finie	Essayer de : • trouver une base (finie) $\mathscr{B}$ de E, et on a alors $\dim(E) = \text{Card}(\mathscr{B})$. ➥ **Exercices 6.1, 6.2, 6.7, 6.10 *a)*** • présenter E comme noyau ou comme image d'une application linéaire, et calculer sa dimension en utilisant le théorème du rang. ➥ **Exercice 6.13.**
Pour montrer que deux sev F, G d'un ev E de dimension finie sont égaux	Il suffit de montrer, par exemple : $F \subset G \quad \text{et} \quad \dim(F) = \dim(G).$ ➥ **Exercices 6.15, 6.17.**
Pour relier entre elles les dimensions du noyau et de l'image d'une application linéaire $f : E \longrightarrow F$, où E et F sont des ev de dimensions finies	Utiliser le théorème du rang : $\dim(\text{Ker}(f)) + \dim(\text{Im}(f)) = \dim(E).$ ➥ **Exercices 6.15, 6.17, 6.18, 6.24.**
Pour déterminer le noyau Ker (f) d'une application linéaire $f : E \longrightarrow F$, où E et F sont des ev de dimensions finies	Essayer de : • revenir à la définition : $\text{Ker}(f) = \{x \in E \,;\ f(x) = 0\}.$ ➥ **Exercices 6.5 *a)*, 6.9 *b)1)*.**

(suite)

- obtenir une inclusion relative à $\mathrm{Ker}(f)$ et utiliser un argument de dimension, par exemple le théorème du rang.

Pour déterminer l'image $\mathrm{Im}(f)$ d'une application linéaire $f : E \longrightarrow F$, où E et F sont des ev de dimensions finies

Essayer de :

- revenir à la définition :

$$\mathrm{Im}(f) = \{y \in F\ ;\ \exists\, x \in E,\ \ y = f(x)\}.$$

➥ **Exercice 6.5 *b)***

- obtenir une inclusion relative à $\mathrm{Im}(f)$ et utiliser un argument de dimension, par exemple le théorème du rang.

➥ **Exercice 6.9 *b) 2)*.**

Pour déterminer la matrice A d'une application linéaire $f : E \longrightarrow F$ dans une base $\mathscr{B} = (e_1, ..., e_p)$ de E et une base $\mathscr{C} = (f_1, ..., f_n)$ de F

Pour tout $j \in [\![1\,;\,n]\!]$, la colonne numéro j de A est formée par les coordonnées de $f(e_j)$ dans la base $\mathscr{C}$ de F.

➥ **Exercices 6.4 *b)*, 6.10 *b)*, 6.11 *c)*, 6.20 *c)*, 6.23.**

Pour déterminer le rang d'une application linéaire $f : E \longrightarrow F$, où E, F sont des ev de dimensions finies

Essayer de :

- appliquer la définition :

$$\mathrm{rg}(f) = \dim(\mathrm{Im}(f)).$$

➥ **Exercices 6.5, 6.16**

- utiliser le théorème du rang :

$$\mathrm{rg}(f) = \dim(E) - \dim(\mathrm{Ker}(f)).$$

➥ **Exercices 6.15, 6.17, 6.24**

- utiliser $\mathrm{rg}(f) = \mathrm{rg}(A)$, où A est n'importe quelle matrice représentant f.

➥ **Exercice 6.5.**

Pour montrer qu'une application linéaire $f : E \longrightarrow F$ est un isomorphisme, où E, F sont des ev de dimensions finies

Essayer de :

- revenir à la définition, c'est-à-dire montrer que f (qui est déjà linéaire) est injective et surjective.
- trouver une application linéaire $g : F \longrightarrow E$ telle que :

$$g \circ f = \mathrm{Id}_E \quad \text{et} \quad f \circ g = \mathrm{Id}_F.$$

➥ **Exercices 6.20 *c)*, 6.23**

(suite)

- montrer que f est injective et que $\dim(E) = \dim(F)$.

➥ **Exercice 6.26**

- montrer que f est surjective et que $\dim(E) = \dim(F)$.
- montrer qu'une matrice représentant f est inversible.

Énoncés des exercices

6.1 Exemple de sev de matrices

On note $E = \left\{ \begin{pmatrix} a & b \\ c & d \end{pmatrix} \in \mathbf{M}_2(\mathbb{R})\,;\ a + b = 0 \right\}$.

Montrer que E est un sev de $\mathbf{M}_2(\mathbb{R})$, déterminer une base de E et la dimension de E.

6.2 Sev de matrices carrées

a) Soient $n \in \mathbb{N}^*$, $A, B \in \mathbf{M}_n(\mathbb{K})$. On note $\mathscr{E} = \{M \in \mathbf{M}_n(\mathbb{K})\,;\ AM = MB\}$.

Montrer que $\mathscr{E}$ est un $\mathbb{K}$-sev de $\mathbf{M}_n(\mathbb{K})$.

b) On prend ici : $n = 2,\ A = \begin{pmatrix} 1 & 1 \\ 0 & 2 \end{pmatrix},\ B = \begin{pmatrix} 2 & 1 \\ 0 & 1 \end{pmatrix}$.

Déterminer $\mathscr{E}$, une base de $\mathscr{E}$, la dimension de $\mathscr{E}$.

6.3 Endomorphismes nilpotents en dimension 2

Soient E un $\mathbb{K}$-ev de dimension 2, $f \in \mathscr{L}(E)$ tel que : $f^2 = 0$ et $f \neq 0$. Montrer qu'il existe une base $\mathscr{B}$ de E telle que la matrice de f dans $\mathscr{B}$ soit $N = \begin{pmatrix} 0 & 0 \\ 1 & 0 \end{pmatrix}$.

6.4 Exemple de changement de bases pour une application linéaire

Soient E un $\mathbb{R}$-ev de dimension 2, $\mathscr{E} = (e_1, e_2)$ une base de E, F un $\mathbb{R}$-ev de dimension 3, $\mathscr{F} = (f_1, f_2, f_3)$ une base de F. On note $A = \begin{pmatrix} 2 & 1 \\ 3 & -1 \\ 0 & 2 \end{pmatrix} \in \mathbf{M}_{3,2}(\mathbb{R})$, et u l'application linéaire de E dans F représentée par A dans les bases $\mathscr{E}$ de E et $\mathscr{F}$ de F.

a) Exprimer $u(e_1)$ et $u(e_2)$ sur $f_1,\ f_2,\ f_3$.

b) On note $e'_1 = e_1,\ e'_2 = e_1 + e_2,\ \mathscr{E}' = (e'_1, e'_2),\ f'_1 = f_1 + f_2,\ f'_2 = f_1 + f_3$, $f'_3 = f_2 + f_3,\ \mathscr{F}' = (f'_1, f'_2, f'_3)$. Montrer que $\mathscr{E}'$ est une base de E et que $\mathscr{F}'$ est une base de F, et déterminer la matrice A' de u dans les bases $\mathscr{E}'$ de E et $\mathscr{F}'$ de F.

6.5 Exemple de détermination d'un noyau, d'une image, d'un rang

On note $A = \begin{pmatrix} 1 & 0 & 2 & 1 \\ 2 & 3 & 1 & 1 \\ -1 & 2 & -5 & -3 \end{pmatrix} \in \mathbf{M}_{3,4}(\mathbb{R})$ et $f : \mathbb{R}^4 \longrightarrow \mathbb{R}^3$ l'application linéaire de matrice A dans les bases canoniques.

a) Déterminer un système d'équations de $\mathrm{Ker}\,(f)$, puis une base de $\mathrm{Ker}\,(f)$ et $\dim(\mathrm{Ker}\,(f))$.

b) Déterminer une base de $\mathrm{Im}\,(f)$. Quel est le rang de f ?

6.6 **Exemple de base de $\mathbb{R}_4[X]$**

On note, dans $\mathbb{R}[X]$:

$$P_0 = 1,\ \ P_1 = X,\ \ P_2 = (X-1)X(X+1),\ \ P_3 = X^2(X+1),\ \ P_4 = (X-1)X(X+1)^2.$$

Montrer que $\mathscr{B} = (P_0, ..., P_4)$ est une base de $\mathbb{R}_4[X]$.

6.7 **Produit cartésien de deux ev**

Soient E_1, E_2 deux $\mathbb{K}$-ev.

a) Montrer que $E_1 \times E_2$ est un $\mathbb{K}$-ev pour les lois définies, pour tout $\alpha \in \mathbb{K}$ et tous $(x_1, x_2), (y_1, y_2) \in E_1 \times E_2$ par :

$$(x_1, x_2) + (y_1, y_2) = (x_1 + y_1,\ x_2 + y_2), \qquad \alpha(x_1, x_2) = (\alpha x_1,\ \alpha x_2).$$

b) Établir que, si E_1 et E_2 sont de dimensions finies, alors $E_1 \times E_2$ est de dimension finie et :

$$\dim(E_1 \times E_2) = \dim(E_1) + \dim(E_2).$$

6.8 **Commutation pour deux endomorphismes**

Soient E un $\mathbb{C}$-ev de dimension finie, $e = \mathrm{Id}_E$, $(f, g) \in (\mathscr{L}(E))^2$ tel que : $f^3 = e - f \circ g$. Établir :

$$f \circ g = g \circ f.$$

6.9 **Exemple de détermination d'un noyau, d'une image**

On note $A = \begin{pmatrix} 2 & -4 \\ 3 & -6 \end{pmatrix} \in \mathbf{M}_2(\mathbb{R})$ et $f : \mathbf{M}_2(\mathbb{R}) \longrightarrow \mathbf{M}_2(\mathbb{R}),\ \ M \longmapsto AM.$

a) Vérifier que f est linéaire.

b) 1) Déterminer une base et la dimension de $\mathrm{Ker}(f)$.

2) Déterminer une base et la dimension de $\mathrm{Im}(f)$.

6.10 **Exemple d'endomorphisme d'un ev de fonctions trigonométriques**

On considère les applications $f_0, ..., f_4 : \mathbb{R} \longrightarrow \mathbb{R}$ définies, pour tout $x \in \mathbb{R}$, par :

$$f_0(x) = 1, \quad f_1(x) = \cos x, \quad f_2(x) = \sin x, \quad f_3(x) = \cos 2x, \quad f_4(x) = \sin 2x,$$

et on note E le sev de $\mathbb{R}^{\mathbb{R}}$ (ev de toutes les applications de $\mathbb{R}$ dans $\mathbb{R}$) engendré par $\mathscr{F} = (f_0, ..., f_4)$.

a) Montrer que $\mathscr{F}$ est une base de E. Quelle est la dimension de E ?

b) Montrer que, pour toute $f \in E$, f est dérivable sur $\mathbb{R}$ et : $f' \in E$.

On note : $d : E \longrightarrow E,\ \ f \longmapsto f'$.

Montrer $d \in \mathscr{L}(E)$ et former la matrice D de d dans la base $\mathscr{F}$ de E.

6.11 **Aspects linéaire et matriciel des suites récurrentes linéaires d'ordre 2 (à coefficients constants et sans second membre)**

On note E l'ensemble des suites réelles $u = (u_n)_{n\in\mathbb{N}}$ telles que :

$$\forall n \in \mathbb{N}, \quad u_{n+2} = 5u_{n+1} - 6u_n.$$

On note a, b les éléments de E définis par : $(a_0 = 1,\ a_1 = 0)$, $(b_0 = 0,\ b_1 = 1)$,

et on note : $r = (2^n)_{n\in\mathbb{N}}$, $s = (3^n)_{n\in\mathbb{N}}$.

a) Montrer que E est un $\mathbb{R}$-ev et que (a, b), (r, s) sont des bases de E.

b) Déterminer la matrice M de la famille (r, s) dans la base (a, b) de E, et calculer M^{-1}.

c) Montrer que l'application f qui, à tout élément $u = (u_n)_{n\in\mathbb{N}}$ de E, associe la suite $(u_{n+1})_{n\in\mathbb{N}}$, est un endomorphisme de E, et préciser la matrice de f dans la base (a, b) de E, et la matrice de f dans la base (r, s) de E.

6.12 Une base de $\mathbb{K}_n[X]$

Soient $n \in \mathbb{N}^*$, $(a, b) \in \mathbb{K}^2$ tel que $a \neq b$.

On note, pour tout $i \in [\![0\,;n]\!]$: $P_i = (X - a)^i (X - b)^{n-i}$.

Montrer que la famille $(P_i)_{0\leqslant i\leqslant n}$ est une base de $\mathbb{K}_n[X]$.

6.13 Formule de Grassmann

Soient E un $\mathbb{K}$-ev de dimension finie, F, G deux sev de E. D'après l'exercice 6.7, $F \times G$ est un $\mathbb{K}$-ev de dimension finie et $\dim(F \times G) = \dim(F) + \dim(G)$.

a) Vérifier que l'application $f : F \times G \longrightarrow E,\ (x, y) \longmapsto x + y$ est linéaire.

b) Déterminer $\mathrm{Im}(f)$ et $\mathrm{Ker}(f)$.

c) En déduire (formule de Grassmann) : $\dim(F + G) = \dim(F) + \dim(G) - \dim(F \cap G)$.

6.14 Inégalité sur des dimensions pour trois sev

Soient E un $\mathbb{K}$-ev de dimension finie, A, B, C des sev de E. On note, pour abréger, $d(.)$ la dimension d'un sev de E. Montrer :

$$d(A + B + C) + \mathrm{Max}\left[d(A \cap B),\, d(A \cap C),\, d(B \cap C)\right] \leqslant d(A) + d(B) + d(C).$$

(On pourra utiliser la formule de Grassmann, exercice 6.13.)

6.15 Caractérisation des $f \in \mathscr{L}(E)$ tels que $\mathrm{Ker}(f) \oplus \mathrm{Im}(f) = E$, en dimension finie

Soient E un $\mathbb{K}$-ev de dimension finie, $f \in \mathscr{L}(E)$.

Montrer que les quatre propriétés suivantes sont deux à deux équivalentes :

$$(1)\ \mathrm{Im}(f^2) = \mathrm{Im}(f), \quad (2)\ \mathrm{Ker}(f^2) = \mathrm{Ker}(f),$$

$$(3)\ \mathrm{Ker}(f) \cap \mathrm{Im}(f) = \{0\}, \quad (4)\ \mathrm{Ker}(f) + \mathrm{Im}(f) = E.$$

6.16 Inégalités portant sur le rang d'une somme, d'une différence de deux endomorphismes

Soient E, F deux $\mathbb{K}$-ev de dimensions finies, $\alpha \in \mathbb{K} - \{0\}$, $f, g \in \mathscr{L}(E)$. Montrer :

a) $\mathrm{rg}(\alpha f) = \mathrm{rg}(f)$

b) $\mathrm{rg}(f + g) \leqslant \mathrm{rg}(f) + \mathrm{rg}(g)$

c) $\left|\mathrm{rg}(f) + \mathrm{rg}(g)\right| \leqslant \mathrm{rg}(f - g)$.

(On pourra utiliser la formule de Grassmann, exercice 6.13.)

6.17 Étude des cas d'égalité d'un noyau et d'une image

Soient E, F, G des $\mathbb{K}$-ev de dimensions finies, $f \in \mathscr{L}(E, F)$, $g \in \mathscr{L}(F, G)$. Montrer :

$$\mathrm{Im}(f) = \mathrm{Ker}(g) \iff \big(g \circ f = 0 \text{ et } \mathrm{rg}(f) + \mathrm{rg}(g) = \dim(F)\big).$$

6.18 Majoration du rang d'un produit de deux matrices

Soient $n, p, q \in \mathbb{N}^*$, $A \in \mathbf{M}_{n,p}(\mathbb{K})$, $B \in \mathbf{M}_{p,q}(\mathbb{K})$.

Montrer : $\mathrm{rg}(AB) \leqslant \mathrm{Min}(\mathrm{rg}(A), \mathrm{rg}(B))$.

6.19 Matrices diagonales à termes diagonaux deux à deux distincts

Soient $n \in \mathbb{N}^*$, $d_1, ..., d_n \in \mathbb{K}$ deux à deux distincts, $D = \mathrm{diag}(d_1, ..., d_n)$.

Montrer que $(D^k)_{0 \leqslant k \leqslant n-1}$ est une base du $\mathbb{K}$-ev $\mathbf{D}_n(\mathbb{K})$ des matrices diagonales.

6.20 Étude d'un endomorphisme de $\mathbf{M}_2(\mathbb{R})$

On note $A = \begin{pmatrix} 2 & 1 \\ 5 & 3 \end{pmatrix}, B = \begin{pmatrix} 4 & 1 \\ 7 & 2 \end{pmatrix} \in \mathbf{M}_2(\mathbb{R})$, $\varphi : \mathbf{M}_2(\mathbb{R}) \longrightarrow \mathbf{M}_2(\mathbb{R}),\ \ M \longmapsto AMB$.

a) Vérifier que φ est linéaire.

b) Montrer que φ est bijective et exprimer φ^{-1}.

c) Montrer que $\mathscr{B} = (\mathrm{I}_2, A, B, AB)$ est une base de $\mathbf{M}_2(\mathbb{R})$, déterminer la matrice de φ dans $\mathscr{B}$ (on pourra utiliser l'exercice 5.1), et la matrice de φ^{-1} dans $\mathscr{B}$.

6.21 Liberté de familles de fonctions trigonométriques

Soit $N \in \mathbb{N}^*$. On note, pour tout $n \in [\![0\,;\,N]\!]$:

$$\gamma_n : \mathbb{R} \longrightarrow \mathbb{R},\ \ x \longmapsto \cos^n x, \qquad C_n : \mathbb{R} \longrightarrow \mathbb{R},\ \ x \longmapsto \cos nx.$$

Montrer que les familles $(\gamma_n)_{0 \leqslant n \leqslant N}$ et $(C_n)_{0 \leqslant n \leqslant N}$ sont libres et engendrent le même sev de $\mathbb{R}^{\mathbb{R}}$.

6.22 Base formée de polynômes d'interpolation de Lagrange

Soient $n \in \mathbb{N}^*$, $a_0, ..., a_n \in \mathbb{K}$ deux à deux distincts.

On note, pour tout $i \in [\![0\,;\,n]\!]$: $L_i = \dfrac{\prod\limits_{0 \leqslant j \leqslant n,\ j \neq i} (\mathrm{X} - a_j)}{\prod\limits_{0 \leqslant j \leqslant n,\ j \neq i} (a_i - a_j)}$.

Montrer que la famille $\mathscr{L} = (L_0, ..., L_n)$ est une base de $\mathbb{K}_n[\mathrm{X}]$.

6.23 Exemple de calcul de l'inverse d'une matrice triangulaire dont les termes sont certains coefficients binomiaux

Soit $n \in \mathbb{N}^*$. On note A la matrice carrée réelle d'ordre $n+1$ dont le terme situé à la ligne i, colonne j est le coefficient binomial $\dbinom{j}{i}$, où, par convention, ce coefficient est nul si $i > j$.

a) Montrer que l'application $f : \mathbb{R}_n[\mathrm{X}] \longrightarrow \mathbb{R}_n[\mathrm{X}],\ \ P(\mathrm{X}) \longmapsto P(\mathrm{X}+1)$ est un endomorphisme de l'espace vectoriel $\mathbb{R}_n[\mathrm{X}]$, et préciser la matrice de f dans la base canonique de $\mathbb{R}_n[\mathrm{X}]$.

b) En déduire que A est inversible et exprimer A^{-1}.

6.24 Minoration du rang d'une composée

Soient E, F, G trois $\mathbb{K}$-ev de dimensions finies, $f \in \mathscr{L}(E, F)$, $g \in \mathscr{L}(F, G)$.

On note $h : \mathrm{Im}(f) \longrightarrow G,\ \ y \longmapsto g(y)$ la restriction de g à $\mathrm{Im}(f)$.

a) Montrer : $\mathrm{Ker}(h) = \mathrm{Ker}(g) \cap \mathrm{Im}(f)$ et $\mathrm{Im}(h) = \mathrm{Im}(g \circ f)$.

b) En déduire : $\mathrm{rg}(g \circ f) = \mathrm{rg}(f) - \dim(\mathrm{Ker}(g) \cap \mathrm{Im}(f))$.

c) Démontrer : $\mathrm{rg}(g \circ f) \geqslant \mathrm{rg}(f) + \mathrm{rg}(g) - \dim(F)$.

6.25 Utilisation de l'algèbre linéaire dans une question polynomiale

Soient $n \in \mathbb{N}^*$, $a_0, ..., a_n \in \mathbb{C}$, $\lambda_0, ..., \lambda_n \in \mathbb{C}^*$.

Démontrer : $\forall Q \in \mathbb{C}_n[\mathrm{X}],\ \exists\,! P \in \mathbb{C}_n[\mathrm{X}],\ \ Q(\mathrm{X}) = \sum\limits_{k=0}^{n} \lambda_k P^{(k)}(\mathrm{X} - a_k)$,

(où $P^{(k)}$ est pris en $\mathrm{X} - a_k$).

6.26 Opérateur de différence sur les polynômes

On note $\Delta : \mathbb{R}[X] \longrightarrow \mathbb{R}[X], \quad P \longmapsto \Delta P = P(X+1) - P(X)$.

a) Montrer : $\forall P \in \mathbb{R}[X], \quad \deg(\Delta P) = \begin{cases} \deg(P) - 1 & \text{si} \quad \deg(P) \geqslant 1 \\ -\infty & \text{si} \quad \deg(P) \leqslant 0. \end{cases}$

b) 1) Soit $n \in \mathbb{N}^*$. Établir que l'application $\Delta_n : \mathbb{R}_n[X] \longrightarrow \mathbb{R}_n[X], \quad P \longmapsto \Delta P$ est un endomorphisme de l'ev $\mathbb{R}_n[X]$ et que $\Delta_n^{n+1} = 0$.

2) Soient $n \in \mathbb{N}^*$, $(a_0, \dots, a_n) \in \mathbb{R}^{n+1}$.

Montrer que l'application $f : \mathbb{R}_n[X] \longrightarrow \mathbb{R}^{n+1}, \quad P \longmapsto ((\Delta^k P)(a_k))_{0 \leqslant k \leqslant n}$

est un isomorphisme d'ev.

Du mal à démarrer ?

6.1 *1)* Revenir à la définition d'un sev.

2) Remplacer b par $-a$ et décomposer $\begin{pmatrix} a & -a \\ c & d \end{pmatrix}$ comme combinaison linéaire de trois matrices fixes. Montrer que la famille de trois matrices obtenue est libre.

6.2 *a)* Revenir à la définition d'un sev.

b) En notant $M = \begin{pmatrix} x & y \\ z & t \end{pmatrix}$, résoudre l'équation $AM = MB$, d'inconnues x, y, z, t.

6.3 Il existe $e_1 \in E$ tel que $f(e_1) \neq 0$. Noter $e_2 = f(e_1)$ et montrer que $\mathscr{B} = (e_1, e_2)$ convient.

6.4 *a)* Lecture de A.

b) 1) Montrer que e_1, e_2 s'expriment sur $\mathscr{E}'$.

2) Montrer que f_1, f_2, f_3 s'expriment sur $\mathscr{F}'$.

3) Calculer $u(e'_1)$ et $u(e'_2)$ en fonction de f'_1, f'_2, f'_3.

6.5 *a)* En notant $u = (x, y, z, t) \in \mathbb{R}^4$, résoudre $f(u) = 0$.

b) En notant $V_1, \dots, V_4$ les éléments de $\mathbb{R}^3$ dont les coordonnées dans la base canonique sont les colonnes de A, montrer que (V_1, V_2, V_3) est libre et que V_4 se décompose linéairement sur (V_1, V_2, V_3).

6.6 • Vérifier d'abord que $P_0, \dots, P_4$ sont dans $\mathbb{R}_4[X]$.

• Montrer que $\mathscr{B}$ est libre.

• Utiliser un argument de dimension.

6.7 *a)* Revenir à la définition d'un ev.

b) À partir d'une base $\mathscr{B}_1 = (e_1, \dots, e_{n_1})$ de E_1 et d'une base $\mathscr{B}_2 = (f_1, \dots, f_{n_2})$ de E_2, considérer la famille

$$\mathscr{B} = ((e_1, 0), \dots, (e_{n_1}, 0), (0, f_1), \dots, (0, f_{n_2}))$$

et montrer que $\mathscr{B}$ est une base de $E_1 \times E_2$, en revenant aux définitions de famille libre et de famille génératrice.

6.8 Faire apparaître une composée égale à e et utiliser la propriété du cours, pour des endomorphismes u, v d'un ev E de dimension finie : $u \circ v = e \iff v \circ u = e$.

6.9 *b) 1)* Noter $M = \begin{pmatrix} x & y \\ z & t \end{pmatrix} \in \mathbf{M}_2(\mathbb{R})$ et résoudre $f(M) = 0$.

2) Pour $M = \begin{pmatrix} x & y \\ z & t \end{pmatrix} \in \mathbf{M}_2(\mathbb{R})$, calculer $f(M)$ et décomposer linéairement $f(M)$ sur des matrices fixes. Voir enfin si celles-ci forment une famille libre.

6.10 *a)* Montrer que $\mathscr{F}$ est libre.

b), c) Calculer les f'_i pour $i \in [\![0\,;4]\!]$.

6.11 *a) 1)* Montrer que E est un sev de l'ev $\mathbb{R}^{\mathbb{N}}$ de toutes les suites réelles.

2) Vérifier $(a, b) \in E^2$ et montrer que la famille (a, b) est libre et génératrice de E.

3) Vérifier $(r, s) \in E^2$, montrer que (r, s) est libre, puis utiliser un argument de dimension.

b) Exprimer r et s en fonction de a, b.

c) 1) Vérifier que f va de E dans E et est linéaire.

2) Calculer $f(a)$ et $f(b)$ en fonction de a, b.

3) Calculer $f(r)$ et $f(s)$ en fonction de r, s.

6.12 *1)* Vérifier : $\forall i \in [\![0\,;\,n]\!],\ P_i \in \mathbb{K}_n[X]$.

2) Montrer que $(P_i)_{0\leqslant i\leqslant n}$ est libre, en revenant à la définition et en évaluant les polynômes en a_i par exemple.

3) Utiliser un argument de dimension.

6.13 *a)* Revenir à la définition d'une application linéaire.

b) Montrer : $\mathrm{Im}\,(f) = F + G$ et $\mathrm{Ker}\,(f) = \{(x, -x)\,;\, x \in F \cap G\}$.

c) Appliquer le théorème du rang à f.

6.14 Remarquer que, d'après la formule de Grassmann de l'exercice 6.13, pour tous sev F, G de E :

$$d(F+G) \leqslant d(F) + d(G).$$

Appliquer à $A + B$ et C et permuter.

6.15 Remarquer que les inclusions

$$\mathrm{Im}\,(f^2) \subset \mathrm{Im}\,(f), \qquad \mathrm{Ker}\,(f) \subset \mathrm{Ker}\,(f^2),$$

$$\{0\} \subset \mathrm{Ker}\,(f) \cap \mathrm{Im}\,(f), \qquad \mathrm{Ker}\,(f) + \mathrm{Im}\,(f) \subset E$$

sont acquises de manière générale.

(1) $\Longrightarrow$ (2) : Appliquer le théorème du rang à f^2 et à f.

(2) $\Longrightarrow$ (3) : Partir de $x \in \mathrm{Ker}\,(f) \cap \mathrm{Im}\,(f)$ quelconque.

(3) $\Longrightarrow$ (4) : Appliquer le théorème du rang à f.

(4) $\Longrightarrow$ (1) : Pour $y = f(x) \in \mathrm{Im}\,(f)$, décomposer linéairement x sur $\mathrm{Ker}\,(f)$ et $\mathrm{Im}\,(f)$.

6.16 *a)* Montrer : $\mathrm{Im}\,(\alpha f) = \mathrm{Im}\,(f)$.

b) Montrer $\mathrm{Im}\,(f+g) \subset \mathrm{Im}\,(f) + \mathrm{Im}\,(g)$ et utiliser la formule de Grassmann (exercice 6.13).

c) Appliquer *b)* à $(f - g,\, g)$ à la place de (f, g), puis rôles symétriques.

6.17 *1)* Supposer $\mathrm{Im}\,(f) = \mathrm{Ker}\,(g)$.

• Montrer d'abord : $g \circ f = 0$. • Utiliser le théorème du rang.

2) Réciproquement, supposer :

$$g \circ f = 0 \quad \text{et} \quad \mathrm{rg}\,(f) + \mathrm{rg}\,(g) = \dim\,(E).$$

• Montrer : $\mathrm{Im}\,(f) \subset \mathrm{Ker}\,(g)$. • Utiliser le théorème du rang.

6.18 *1)* Noter $a : \mathbb{K}^p \longrightarrow \mathbb{K}^n,\quad b : \mathbb{K}^n \longrightarrow \mathbb{K}^p$ les applications linéaires canoniquement associées aux matrices A, B respectivement.

Montrer : $\mathrm{Im}\,(a \circ b) \subset \mathrm{Im}\,(a)$ et passer aux dimensions.

Déduire : $\mathrm{rg}\,(AB) \leqslant \mathrm{rg}\,(A)$.

2) 1re méthode : Utiliser les noyaux et le théorème du rang.

2è méthode : Passer par des transposées de matrices et utiliser *1)*.

6.19 • Montrer que $(D^k)_{0\leqslant k\leqslant n-1}$ est libre, en faisant intervenir un polynôme.

• Utiliser un argument de dimension.

6.20 *a)* Revenir à la définition d'une application linéaire.

b) Montrer que A et B sont inversibles et considérer l'application $\psi : \mathbf{M}_2(\mathbb{R}) \longrightarrow \mathbf{M}_2(\mathbb{R}),\ N \longmapsto A^{-1}NB^{-1}$.

c) 1) • Montrer que $\mathscr{B}$ est libre, en revenant à la définition d'une famille libre.

• Utiliser un argument de dimension.

2) Calculer les images de I_2, A, B, AB par φ, en utilisant le résultat de l'exercice 5.1 pour exprimer A^2 sur I_2 et A et pour exprimer B^2 sur I_2 et B.

3) La matrice de φ^{-1} dans $\mathscr{B}$ est l'inverse de celle de φ dans $\mathscr{B}$.

6.21 *1)* Montrer que $(\gamma_n)_{0\leqslant n\leqslant N}$ est libre, en faisant intervenir un polynôme.

2) On sait que, pour tout $n \in \mathbb{N}$, $\cos nx$ s'exprime comme polynôme en $\cos x$, de degré n et de coefficient dominant 2^{n-1}. Considérer la matrice de la famille $(C_n)_{0\leqslant n\leqslant N}$ dans la base $\mathscr{B} = (\gamma_0, \ldots, \gamma_N)$.

6.22 • Vérifier : $\forall i \in [\![0\,;\,n]\!],\ L_i \in \mathbb{K}_n[X]$.

• Montrer que $\mathscr{L}$ est libre, en revenant à la définition.

• Utiliser un argument de dimension.

6.23 *a)* • Vérifier que f est un endomorphisme de E.

• Pour obtenir la matrice de f dans la base canonique $\mathscr{B}$ de $\mathbb{R}_n[X]$, développer $(X+1)^j$ par la formule du binôme de Newton.

b) Considérer : $g : \mathbb{R}_n[X] \longrightarrow \mathbb{R}_n[X],\ P(X) \longmapsto P(X-1)$.

6.24 *a)* Revenir aux définitions de $\mathrm{Ker}\,(h)$ et $\mathrm{Im}\,(h)$.

b) Appliquer le théorème du rang à h.

c) Utiliser le théorème du rang pour g.

6.25 Considérer : $f : \mathbb{C}_n[X] \longrightarrow \mathbb{C}_n[X],\ P \longmapsto \displaystyle\sum_{k=0}^{n} \lambda_k P^{(k)}(X - a_k)$.

6.26 *a)* Soit $P \in \mathbb{R}(X]$. Traiter le cas $\deg\,(P) \leqslant 0$. Si $\deg\,(P) \geqslant 1$, noter $P = a_nX^n + Q$, où $n \in \mathbb{N}^*$, $a_n \in \mathbb{R}^*$, $Q \in \mathbb{R}_{n-1}[X]$, et exprimer ΔP.

b) 1) • Montrer que Δ_n est correctement définie et que Δ_n est un endomorphisme de l'ev $\mathbb{R}_n[X]$.

• Utiliser *a)*.

2) Montrer que f est linéaire et injective, puis utiliser un argument de dimension.

Corrigés des exercices

6.1 *1)* • $E \subset \mathbf{M}_2(\mathbb{R})$ et $\begin{pmatrix} 0 & 0 \\ 0 & 0 \end{pmatrix} \in E$.

• On a, pour tout $\alpha \in \mathbb{R}$ et toutes matrices $M = \begin{pmatrix} a & b \\ c & d \end{pmatrix}$,

$$M' = \begin{pmatrix} a' & b' \\ c' & d' \end{pmatrix} \in E \; :$$

$$\alpha M + M' = \begin{pmatrix} \alpha a + a' & \alpha b + b' \\ \alpha c + c' & \alpha d + d' \end{pmatrix}$$

et : $(\alpha a + a') + (\alpha b + b') = \alpha(a + b) + (a' + b') = 0$,

donc : $\alpha M + M' \in E$.

Ceci montre que E est un sev de $\mathbf{M}_2(\mathbb{R})$.

2) On a : $E = \left\{ \begin{pmatrix} a & -a \\ c & d \end{pmatrix} \; ; \; (a, c, d) \in \mathbb{R}^3 \right\}$

$$= \Big\{ a \underbrace{\begin{pmatrix} 1 & -1 \\ 0 & 0 \end{pmatrix}}_{\text{notée } A} + c \underbrace{\begin{pmatrix} 0 & 0 \\ 1 & 0 \end{pmatrix}}_{\text{notée } C} + d \underbrace{\begin{pmatrix} 0 & 0 \\ 0 & 1 \end{pmatrix}}_{\text{notée } D} \; ; \; (a, c, d) \in \mathbb{R}^3 \Big\}$$

$$= \mathrm{Vect}\,(A, C, D),$$

donc (A, C, D) engendre E.

De plus, (A, C, D) est libre, car, pour tout $(a, c, d) \in \mathbb{R}^3$:

$$aA + cC + dD = 0 \iff \begin{pmatrix} a & -a \\ c & d \end{pmatrix} = \begin{pmatrix} 0 & 0 \\ 0 & 0 \end{pmatrix}$$

$$\iff a = c = d = 0.$$

Ainsi, (A, C, D) est une base de E, donc $\dim(E) = 3$.

6.2 *a)* • On a : $\mathscr{E} \subset \mathbf{M}_n(\mathbb{K})$ et $0 \in E$.

• On a, pour tout $\alpha \in \mathbb{K}$ et toutes $M, N \in \mathscr{E}$:

$$A(\alpha M + N) = \alpha AM + AN = \alpha MB + NB = (\alpha M + N)B,$$

donc : $\alpha M + N \in \mathscr{E}$.

On conclut : $\mathscr{E}$ est un sev de $\mathbf{M}_n(\mathbb{K})$.

b) On a, pour toute $M = \begin{pmatrix} x & y \\ z & t \end{pmatrix} \in \mathbf{M}_2(\mathbb{K})$:

$$M \in \mathscr{E} \iff AM = MB$$

$$\iff \begin{pmatrix} 1 & 1 \\ 0 & 2 \end{pmatrix} \begin{pmatrix} x & y \\ z & t \end{pmatrix} = \begin{pmatrix} x & y \\ z & t \end{pmatrix} \begin{pmatrix} 2 & 1 \\ 0 & 1 \end{pmatrix}$$

$$\iff \begin{pmatrix} x + z & y + t \\ 2z & 2t \end{pmatrix} = \begin{pmatrix} 2x & x + y \\ 2z & z + t \end{pmatrix} \iff \begin{cases} z = x \\ t = x. \end{cases}$$

On a donc : $\mathscr{E} = \left\{ \begin{pmatrix} x & y \\ x & x \end{pmatrix} \; ; \; (x, y) \in \mathbb{K}^2 \right\}$

$$= \Big\{ x \underbrace{\begin{pmatrix} 1 & 0 \\ 1 & 1 \end{pmatrix}}_{\text{notée } C} + y \underbrace{\begin{pmatrix} 0 & 1 \\ 0 & 0 \end{pmatrix}}_{\text{notée } D} \; ; \; (x, y) \in \mathbb{K}^2 \Big\} = \mathrm{Vect}\,(C, D).$$

De plus, (C, D) est libre car, pour tout $(x, y) \in \mathbb{K}^2$:

$$xC + yD = 0 \iff \begin{pmatrix} x & y \\ x & x \end{pmatrix} = \begin{pmatrix} 0 & 0 \\ 0 & 0 \end{pmatrix} \iff x = y = 0.$$

On conclut : (C, D) est une base de $\mathscr{E}$ et $\dim(\mathscr{E}) = 2$.

6.3 Puisque $f \neq 0$, il existe $e_1 \in E$ tel que $f(e_1) \neq 0$.

Notons $e_2 = f(e_1)$ et $\mathscr{B} = (e_1, e_2)$.

Soit $(\lambda_1, \lambda_2) \in \mathbb{K}^2$ tel que : $\lambda_1 e_1 + \lambda_2 e_2 = 0$. On a alors :

$$0 = f(\lambda_1 e_1 + \lambda_2 e_2) = \lambda_1 f(e_1) + \lambda_2 f(e_2)$$

$$= \lambda_1 e_2 + \lambda_2 \underbrace{f^2(e_1)}_{=0} = \lambda_1 \underbrace{e_2}_{\neq 0},$$

d'où $\lambda_1 = 0$,

puis $\lambda_2 e_2 = 0$, donc $\lambda_2 = 0$, puisque $e_2 = f(e_1) \neq 0$.

Ceci montre que $\mathscr{B}$ est libre.

Comme $\mathscr{B}$ est libre et $\mathrm{Card}\,(\mathscr{B}) = 2 = \dim(E)$, on conclut que $\mathscr{B}$ est une base de E.

Puisque $f(e_1) = e_2$ et $f(e_2) = f^2(e_1) = 0$, la matrice de f dans $\mathscr{B}$ est : $N = \begin{pmatrix} 0 & 0 \\ 1 & 0 \end{pmatrix}$.

6.4 *a)* Par lecture de $A = \begin{pmatrix} 2 & 1 \\ 3 & -1 \\ 0 & 2 \end{pmatrix}$, on a :

$$u(e_1) = 2f_1 + 3f_2, \qquad u(e_2) = f_1 - f_2 + 2f_3.$$

b) 1) Puisque $e'_1 = e_1$, $e'_2 = e_1 + e_2$,

on a : $e_1 = e'_1$, $e_2 = e'_2 - e'_1$.

Ainsi, (e'_1, e'_2) engendre E, et a deux éléments, donc $\mathscr{E}'$ est une base de E.

2) Puisque $f'_1 = f_1 + f_2$, $f'_2 = f_1 + f_3$, $f'_3 = f_2 + f_3$, on a :

$$f_1 = \frac{1}{2}(f'_1 + f'_2 - f'_3), \; f_2 = \frac{1}{2}(f'_1 + f'_3 - f'_2), \; f_3 = \frac{1}{2}(f'_2 + f'_3 - f'_1).$$

Ainsi, (f'_1, f'_2, f'_3) engendre F, et a trois éléments, donc $\mathscr{F}'$ est une base de F.

3) On a :

• $u(e'_1) = u(e_1) = 2f_1 + 3f_2$

$$= (f'_1 + f'_2 - f'_3) + \frac{3}{2}(f'_1 + f'_3 - f'_2) = \frac{5}{2}f'_1 - \frac{1}{2}f'_2 + \frac{1}{2}f'_3,$$

• $u(e'_2) = u(e_1 + e_2) = u(e_1) + u(e_2)$

$$= (2f_1 + 3f_2) + (f_1 - f_2 + 2f_3) = 3f_1 + 2f_2 + 2f_3$$

$$= \frac{3}{2}(f'_1 + f'_2 - f'_3) + (f'_1 + f'_3 - f'_2) + (f'_2 + f'_3 - f'_2)$$

$$= \frac{3}{2}f'_1 + \frac{3}{2}f'_2 + \frac{1}{2}f'_3.$$

On conclut que la matrice A' de u dans les bases $\mathscr{E}'$ de E et $\mathscr{F}'$ de F est : $A' = \begin{pmatrix} 5/2 & 3/2 \\ -1/2 & 3/2 \\ 1/2 & 1/2 \end{pmatrix}$.

6.5 *a)* On a, pour tout $u = (x, y, z, t) \in \mathbb{R}^4$:

$$u \in \mathrm{Ker}(f) \iff f(u) = 0$$

$$\iff \begin{pmatrix} 1 & 0 & 2 & 1 \\ 2 & 3 & 1 & 1 \\ -1 & 2 & -5 & -3 \end{pmatrix}\begin{pmatrix} x \\ y \\ z \\ t \end{pmatrix} = \begin{pmatrix} 0 \\ 0 \\ 0 \\ 0 \end{pmatrix}$$

$$\iff (\mathrm{S})\begin{cases} x + 2z + t = 0 \\ 2x + 3y + z + t = 0 \\ -x + 2y - 5z - 3t = 0. \end{cases}$$

Le système (S) est un système d'équations de $\mathrm{Ker}(f)$.

On a :

$$(\mathrm{S}) \iff \begin{cases} x + 2z + t = 0 & L_1 \\ 3y - 3z - t = 0 & L_2 \longleftarrow L_2 - 2L_1 \\ 2y - 3z - 2t = 0 & L_3 \longleftarrow L_3 + L_1 \end{cases}$$

$$\iff \begin{cases} x + 2z + t = 0 \\ 3y - 3z - t = 0 \\ -3z - 4t = 0 & L_3 \longleftarrow 3L_3 - 2L_2. \end{cases}$$

$$\iff \begin{cases} z = -\frac{4}{3}t \\ y = z + \frac{1}{3}t = -t \\ x = -2z - t = \frac{5}{3}t. \end{cases}$$

Une base de $\mathrm{Ker}(f)$ est donc (V_0), où $V_0 = (5, -3, -4, 3)$, et donc : $\dim(\mathrm{Ker}(f)) = 1$.

b) Notons $V_1, ..., V_4$ les éléments de $\mathbb{R}^3$ dont les coordonnées dans la base canonique sont les colonnes $C_1, ..., C_4$ de A : $V_1 = (1, 2, -1)$, $V_2 = (0, 3, 2)$, $V_3 = (2, 1, -5)$, $V_4 = (1, 1, -3)$.

On a alors : $\mathrm{Im}(f) = \mathrm{Vect}(V_1, ..., V_4)$.

Voyons si (V_1, V_2, V_3) est libre.

On a, pour tout $(a_1, a_2, a_3) \in \mathbb{R}^3$:

$$a_1V_1 + a_2V_2 + a_3V_3 = 0 \iff \begin{cases} a_1 + 2a_3 = 0 \\ 2a_1 + 3a_2 + a_3 = 0 \\ -a_1 + 2a_2 - 5a_3 = 0 \end{cases}$$

$$\iff \begin{cases} a_1 + 2a_3 = 0 \\ 3a_2 - 3a_3 = 0 & L_2 \longleftarrow L_2 - 2L_1 \\ 2a_2 - 3a_3 = 0 & L_3 \longleftarrow L_3 + L_1 \end{cases} \iff \begin{cases} a_2 = 0 \\ a_3 = 0 \\ a_1 = 0. \end{cases}$$

Ainsi, (V_1, V_2, V_3) est libre, donc $\dim(\mathrm{Im}(f)) \geqslant 3$.

D'autre part, comme $\mathrm{Im}(f) = \mathrm{Vect}(V_1, ..., V_4) \subset \mathbb{R}^3$, on a : $\dim(\mathrm{Im}(f)) \leqslant 3$. On conclut qu'une base de $\mathrm{Im}(f)$ est (V_1, V_2, V_3) et que $\dim(\mathrm{Im}(f)) = 3$, donc : $\mathrm{rg}(f) = 3$.

Remarque : on pouvait aussi obtenir $\dim(\mathrm{Im}(f))$ en appliquant le théorème du rang :

$$\dim(\mathrm{Im}(f)) = \dim(\mathbb{R}^4) - \dim(\mathrm{Ker}(f)) = 4 - 1 = 3.$$

6.6 • D'abord, il est clair que : $\forall k \in [\![0\,;4]\!]$, $P_k \in \mathbb{R}_4[\mathrm{X}]$.

• Montrons que $\mathscr{B} = (P_0, ..., P_4)$ est libre.

Soit $(a_0, ..., a_4) \in \mathbb{R}^5$ tel que : $\sum_{k=0}^{4} a_kP_k = 0$.

En prenant les valeurs en 0, en -1, on déduit : $a_0 = 0$ et $a_0 - a_1 = 0$, d'où $a_1 = 0$.

On a alors :

$$a_2P_2 + a_3P_3 + a_4P_4 = 0$$

$$\iff a_2(\mathrm{X}-1)\mathrm{X}(\mathrm{X}+1) + a_3\mathrm{X}^2(\mathrm{X}+1) + a_4(\mathrm{X}-1)\mathrm{X}(\mathrm{X}+1)^2$$

$$= \mathrm{X}(\mathrm{X}+1)[a_2(\mathrm{X}-1) + a_3\mathrm{X} + a_4(\mathrm{X}-1)(\mathrm{X}+1)]$$

$$= \mathrm{X}(\mathrm{X}+1)[a_4\mathrm{X}^2 + (a_2 + a_3)\mathrm{X} - (a_2 + a_4)] = 0,$$

d'où : $a_4\mathrm{X}^2 + (a_2 + a_3)\mathrm{X} - (a_2 + a_4) = 0$,

puis : $a_4 = 0,\ a_2 + a_3 = 0,\ -(a_2 + a_4) = 0$,

et donc : $a_4 = 0,\ a_2 = 0,\ a_3 = 0$.

Ceci montre que $\mathscr{B}$ est libre.

• Comme $\mathscr{B}$ est libre et que $\mathrm{Card}(\mathscr{B}) = 5 = \dim(\mathbb{R}_4[\mathrm{X}])$, on conclut : $\mathscr{B}$ est une base de $\mathbb{R}_4[\mathrm{X}]$.

6.7 *a)* Les vérifications sont immédiates. Détaillons quand même.

1) • La loi + est interne dans $E_1 \times E_2$.

• La loi + est associative dans $E_1 \times E_2$, car, pour tous (x_1, x_2), (y_1, y_2), $(z_1, z_2) \in E_1 \times E_2$:

$$\begin{aligned}((x_1, x_2) + (y_1, y_2)) + (z_1, z_2) &= (x_1 + y_1, x_2 + y_2) + (z_1, z_2)\\ &= ((x_1 + y_1) + z_1, (x_2 + y_2) + z_2) = (x_1 + (y_1 + z_1), x_2 + (y_2 + z_2))\\ &= (x_1, x_2) + (y_1 + z_1, y_2 + z_2) = (x_1, x_2) + ((y_1, y_2) + (z_1, z_2)).\end{aligned}$$

• La loi + est commutative dans $E_1 \times E_2$, car, pour tous $(x_1, x_2), (y_1, y_2) \in E_1 \times E_2$:

$$\begin{aligned}(y_1, y_2) + (x_1, x_2) &= (y_1 + x_1, y_2 + x_2)\\ &= (x_1 + y_1, x_2 + y_2) = (x_1, x_2) + (y_1, y_2).\end{aligned}$$

La loi + dans $E_1 \times E_2$ admet un neutre qui est $(0, 0)$.

• Tout élément (x_1, x_2) de $E_1 \times E_2$ admet un opposé, qui est $(-x_1, -x_2)$.

2) On a, pour tous $\alpha, \beta \in \mathbb{K}$, $(x_1, x_2), (y_1, y_2) \in E_1 \times E_2$:

• $\alpha(x_1, x_2) = (\alpha x_1, \alpha x_2) \in E_1 \times E_2$.

• $$\begin{aligned}(\alpha + \beta)(x_1, x_2) &= ((\alpha + \beta)x_1, (\alpha + \beta)x_2)\\ &= (\alpha x_1 + \beta x_1, \alpha x_2 + \beta x_2)\\ &= (\alpha x_1, \alpha x_2) + (\beta x_1, \beta x_2) = \alpha(x_1, x_2) + \beta(x_1, x_2).\end{aligned}$$

• $$\begin{aligned}\alpha((x_1, x_2) + (y_1, y_2)) &= \alpha(x_1 + y_1, x_2 + y_2)\\ &= (\alpha(x_1 + y_1), \alpha(x_2 + y_2)) = (\alpha x_1 + \alpha y_1, \alpha x_2 + \alpha y_2)\\ &= (\alpha x_1, \alpha x_2) + (\alpha y_1, \alpha y_2) = \alpha(x_1, x_2) + \alpha(y_1, y_2).\end{aligned}$$

• $$\begin{aligned}(\alpha\beta)(x_1, x_2) &= ((\alpha\beta)x_1, (\alpha\beta)x_2) = (\alpha(\beta x_1), \alpha(\beta x_2))\\ &= \alpha(\beta x_1, \beta x_2) = \alpha(\beta(x_1, x_2)).\end{aligned}$$

• $1(x_1, x_2) = (1x_1, 1x_2) = (x_1, x_2)$.

On conclut : $E_1 \times E_2$ est un $\mathbb{K}$-ev.

b) Puisque E_1 et E_2 sont de dimensions finies, E_1 admet au moins une base $\mathscr{B}_1 = (e_1, ..., e_{n_1})$ où $n_1 = \dim(E_1)$,

et E_2 admet au moins une base $\mathscr{B}_2 = (f_1, ..., f_{n_2})$

où $n_2 = \dim(E_2)$.

Considérons la famille :

$$\mathscr{B} = ((e_1, 0), ..., (e_{n_1}, 0), (0, f_1), ..., (0, f_{n_2})).$$

• Montrons que $\mathscr{B}$ est libre.

On a, pour tous $\lambda_1, ..., \lambda_{n_1}, \mu_1, ..., \mu_{n_2} \in \mathbb{K}$:

$$\begin{aligned}&\lambda_1(e_1, 0) + \cdots + \lambda_{n_1}(e_{n_1}, 0) + \mu_1(0, f_1) + \cdots + \mu_{n_2}(0, f_{n_2}) = (0, 0)\\ \iff &(\lambda_1 e_1 + \cdots + \lambda_{n_1} e_{n_1},\ \mu_1 f_1 + \cdots + \mu_{n_2} f_{n_2}) = (0, 0)\\ \iff &\begin{cases}\lambda_1 e_1 + \cdots + \lambda_{n_1} e_{n_1} = 0\\ \mu_1 f_1 + \cdots + \mu_{n_2} f_{n_2} = 0\end{cases} \iff \begin{cases}\lambda_1 = ... = \lambda_{n_1} = 0\\ \mu_1 = ... = \mu_{n_2} = 0\end{cases}\end{aligned}$$

car les familles $\mathscr{B}_1$ et $\mathscr{B}_2$ sont libres.

Ceci montre que $\mathscr{B}$ est libre.

• Montrons que $\mathscr{B}$ engendre $E_1 \times E_2$.

Soit $(x_1, x_2) \in E_1 \times E_2$.

Puisque $\mathscr{B}_1$ engendre E_1 et $\mathscr{B}_2$ engender E_2, il existe $\alpha_1, ..., \alpha_{n_1} \in \mathbb{K}$ et $\beta_1, ..., \beta_{n_2} \in \mathbb{K}$ tels que :

$$x_1 = \alpha_1 e_1 + \cdots + \alpha_{n_1} e_{n_1} \quad \text{et} \quad y = \beta_1 f_1 + \cdots + \beta_{n_2} f_{n_2}.$$

On a alors :

$$\begin{aligned}(x_1, x_2) &= (\alpha_1 e_1 + \cdots + \alpha_{n_1} e_{n_1},\ \beta_1 f_1 + \cdots \beta_{n_2} e_{n_2})\\ &= \alpha_1(e_1, 0) + \cdots + \alpha_{n_1}(e_{n_1}, 0) + \beta_1(0, f_1) + \cdots + \beta_{n_2}(0, f_{n_2}).\end{aligned}$$

Ceci montre que $\mathscr{B}$ engendre $E_1 \times E_2$.

D'après les deux points précédents, $\mathscr{B}$ est une base de $E_1 \times E_2$. Comme $\mathscr{B}$ est finie, il en résulte que $E_1 \times E_2$ est de dimension finie, et :

$$\dim(E_1 \times E_2) = \mathrm{Card}(\mathscr{B}) = n_1 + n_2 = \dim(E_1) + \dim(E_2).$$

6.8 On a :

$$f^3 = e - f \circ g \iff f^3 + f \circ g = e \iff f \circ (f^2 + g) = e.$$

Comme E est de dimension finie, d'après le cours, il en résulte : $(f^2 + g) \circ f = e$,

et donc : $\qquad g \circ f = e - f^3 = f \circ g.$

6.9 *a)* Il est clair que f est bien une application de $\mathbf{M}_2(\mathbb{R})$ dans $\mathbf{M}_2(\mathbb{R})$.

On a, pour tout $\alpha \in \mathbb{R}$ et toutes $M, N \in \mathbf{M}_2(\mathbb{R})$:

$$f(\alpha M + N) = A(\alpha M + N) = \alpha AM + AN = \alpha f(M) + f(N),$$

donc f est linéaire.

b) 1) Soit $M = \begin{pmatrix} x & y \\ z & t \end{pmatrix} \in \mathbf{M}_2(\mathbb{R})$. On a :

$$\begin{aligned}M \in \mathrm{Ker}(f) &\iff f(M) = 0\\ &\iff \begin{pmatrix} 2 & -4 \\ 3 & -6 \end{pmatrix}\begin{pmatrix} x & y \\ z & t \end{pmatrix} = \begin{pmatrix} 0 & 0 \\ 0 & 0 \end{pmatrix}\\ &\iff 2x - 4z = 0,\ 2y - 4t = 0,\ 3x - 6z = 0,\ 3y - 6t = 0\\ &\iff x = 2z,\ \ y = 2t.\end{aligned}$$

On obtient : $\mathrm{Ker}(f) = \left\{\begin{pmatrix} 2z & 2t \\ z & t \end{pmatrix};\ (z, t) \in \mathbb{R}^2\right\}$

$$= \Big\{z\underbrace{\begin{pmatrix} 2 & 0 \\ 1 & 0 \end{pmatrix}}_{\text{notée } B} + t\underbrace{\begin{pmatrix} 0 & 2 \\ 0 & 1 \end{pmatrix}}_{\text{notée } C};\ (z, t) \in \mathbb{R}^2\Big\} = \mathrm{Vect}(B, C).$$

Comme (B, C) est libre (car les matrices B, C ne sont pas colinéaires), on conclut : (B, C) est une base de $\mathrm{Ker}(f)$ et $\dim(\mathrm{Ker}(f)) = 2$.

2) On a, pour toute $M = \begin{pmatrix} x & y \\ z & t \end{pmatrix} \in \mathbf{M}_2(\mathbb{R})$:

$$f(M) = AM = \begin{pmatrix} 2 & -4 \\ 3 & -6 \end{pmatrix}\begin{pmatrix} x & y \\ z & t \end{pmatrix}$$

$$= \begin{pmatrix} 2x-4z & 2y-4t \\ 3x-6z & 3y-6t \end{pmatrix} = \begin{pmatrix} 2(x-2z) & 2(y-2t) \\ 3(x-2z) & 3(y-2t) \end{pmatrix}$$

$$= (x-2z)\underbrace{\begin{pmatrix} 2 & 0 \\ 3 & 0 \end{pmatrix}}_{\text{notée } D} + (y-2t)\underbrace{\begin{pmatrix} 0 & 2 \\ 0 & 3 \end{pmatrix}}_{\text{notée } E} \in \mathrm{Vect}(D, E).$$

Ceci montre : $\mathrm{Im}(f) \subset \mathrm{Vect}(D, E)$.

De plus :

$$D = f\left(\begin{pmatrix} 1 & 0 \\ 0 & 0 \end{pmatrix}\right) \in \mathrm{Im}(f) \quad \text{et} \quad E = f\left(\begin{pmatrix} 0 & 1 \\ 0 & 0 \end{pmatrix}\right) \in \mathrm{Im}(f).$$

On obtient : $\mathrm{Im}(f) = \mathrm{Vect}(D, E)$.

Comme (D, E) est libre, on conclut : (D, E) est une base de $\mathrm{Im}(f)$ et $\dim(\mathrm{Im}(f)) = 2$.

Remarque : On contrôle avec le théorème du rang :

$$4 = \dim(\mathbf{M}_2(\mathbb{R})) = \dim(\mathrm{Im}(f)) + \dim(\mathrm{Ker}(f)) = 2 + 2.$$

6.10 *a)* • Montrons que $\mathscr{F}$ est libre.

Soit $(a_0, ..., a_4) \in \mathbb{R}^5$ tel que : $\sum_{k=0}^{4} a_k f_k = 0$. On a donc :

$$\forall x \in \mathbb{R},\ a_0 + a_1 \cos x + a_2 \sin x + a_3 \cos 2x + a_4 \sin 2x = 0.$$

1re méthode : utilisation de la parité et de la valeur en certains points :

En remplaçant x par $-x$, on a aussi :

$$\forall x \in \mathbb{R},\ a_0 + a_1 \cos x - a_2 \sin x + a_3 \cos 2x - a_4 \sin 2x = 0.$$

En additionnant, en soustrayant, on déduit :

$$\forall x \in \mathbb{R}, \begin{cases} a_0 + a_1 \cos x + a_3 \cos 2x = 0 \\ a_2 \sin x + a_4 \sin 2x = 0. \end{cases}$$

Dans la première équation, en remplaçant x par 0, par $\pi/2$, par π, on obtient :

$$a_0 + a_1 + a_3 = 0,\ a_0 - a_3 = 0,\ a_0 - a_1 + a_3 = 0,$$

d'où facilement : $a_0 = a_1 = a_3 = 0$.

Dans la deuxième équation, en remplaçant x par $\pi/2$, on obtient $a_2 = 0$, puis, en remplaçant x par $\pi/4$, on obtient $a_4 = 0$.

2è méthode : utilisation des nombres complexes :

On a, pour tout $x \in \mathbb{R}$:

$$0 = a_0 + a_1 \cos x + a_2 \sin x + a_3 \cos 2x + a_4 \sin 2x = 0$$

$$= a_0 + a_1 \frac{e^{ix} + e^{-ix}}{2} + a_2 \frac{e^{ix} - e^{-ix}}{2i}$$

$$+ a_3 \frac{e^{2ix} + e^{-2ix}}{2} + a_4 \frac{e^{2ix} - e^{-2ix}}{2i}$$

$$= \left(\frac{a_3}{2} + i\frac{a_4}{2}\right)e^{-2ix} + \left(\frac{a_1}{2} + i\frac{a_2}{2}\right)e^{-ix}$$

$$+ a_0 + \left(\frac{a_1}{2} - i\frac{a_2}{2}\right)e^{ix} + \left(\frac{a_3}{2} - i\frac{a_4}{2}\right)e^{2ix},$$

d'où, en multipliant par $2\,e^{2ix}$:

$$(a_3 - i a_4)e^{4ix} + (a_1 - i a_2)e^{3ix} + 2a_0 e^{2ix} + (a_1 + i a_2)e^{ix} + (a_3 + i a_4) = 0.$$

Ainsi, le polynôme

$$(a_3 - i a_4)X^4 + (a_1 - i a_2)X^3 + 2a_0 X^2 + (a_1 + i a_2)X + (a_3 + i a_4)$$

s'annule en une infinité de points (les e^{ix}, $x \in \mathbb{R}$), donc est le polynôme nul, d'où :

$$a_3 - i a_4 = 0,\ a_1 - i a_2 = 0,\ 2a_0 = 0,\ a_1 + i a_2 = 0,\ a_3 + i a_4 = 0,$$

et donc : $a_0 = ... = a_4 = 0$.

On a montré que $\mathscr{F}$ est libre.

• Puisque $E = \mathrm{Vect}(\mathscr{F})$, $\mathscr{F}$ est libre et que $\mathrm{Card}(\mathscr{F}) = 5$, on déduit que $\mathscr{F}$ est une base de E et que : $\dim(E) = 5$.

b) Il est clair que $f_0, ..., f_4$ sont dérivables sur $\mathbb{R}$ et que :

$$f_0{}' = 0,\ f_1{}' = -f_2,\ f_2{}' = f_1,\ f_3{}' = -2f_4,\ f_4{}' = 2f_3.$$

Par linéarité de la dérivation, il en résulte que, pour toute $f \in E$, f est dérivable sur $\mathbb{R}$ et $f' \in E$. On peut donc considérer l'application $d : E \longrightarrow E,\ f \longmapsto f'$.

c) Par linéarité de la dérivation : $d \in \mathscr{L}(E)$.

On a calculé $d(f_0), ..., d(f_4)$ ci-dessus, donc la matrice D de d dans la base $\mathscr{F}$ de E est :

$$D = \begin{pmatrix} 0 & 0 & 0 & 0 & 0 \\ 0 & 0 & 1 & 0 & 0 \\ 0 & -1 & 0 & 0 & 0 \\ 0 & 0 & 0 & 0 & 2 \\ 0 & 0 & 0 & -2 & 0 \end{pmatrix}.$$

6.11 *a) 1)* • $E \subset \mathbb{R}^{\mathbb{N}}$ et $0 \in E$, où 0 est la suite constante nulle.

• Soient $\alpha \in \mathbb{R}$, $u = (u_n)_{n\in\mathbb{N}}$, $v = (v_n)_{n\in\mathbb{N}} \in E$, $w = \alpha u + v$.

On a, pour tout $n \in \mathbb{N}$:

$$w_{n+2} = \alpha u_{n+2} + v_{n+2} = \alpha(5u_{n+1} - 6u_n) + (5v_{n+1} - 6v_n)$$

$$= 5(\alpha u_{n+1} + v_{n+1}) - 6(\alpha u_n + v_n) = 5w_{n+1} - 6w_n,$$

donc : $w \in E$.

On conclut : E est un sev de $\mathbb{R}^{\mathbb{N}}$, donc E est un $\mathbb{R}$-ev.

2) • Par définition de a et b, on a : $a \in E,\ b \in E$.

• Soit $(\alpha, \beta) \in \mathbb{R}^2$ tel que $\alpha a + \beta b = 0$. On a alors :

$$\forall n \in \mathbb{N},\quad \alpha a_n + \beta b_n = 0,$$

d'où, en particulier, pour $n = 0$, pour $n = 1$: $\alpha = 0,\ \ \beta = 0$.

Ainsi, (a, b) est libre.

• Soit $u = (u_n)_{n \in \mathbb{N}} \in E$. Notons $v = u - u_0 a - u_1 b$. On a alors : $v \in E,\ v_0 = 0,\ v_1 = 0$, donc, par récurrence immédiate : $\forall n \in \mathbb{N},\ v_n = 0$, d'où $v = 0,\ u = u_0 a + v_0 b$.

Ainsi, (a, b) engendre E.

Finalement : (a, b) est une base de E, et donc : $\dim(E) = 2$.

3) • On a $r \in E,\ s \in E$, car, pour tout $n \in \mathbb{N}$:

$$r_{n+2} - 5r_{n+1} + 6r_n = 2^n(4 - 10 + 6) = 0,$$

$$s_{n+2} - 5s_{n+1} + 6s_n = 3^n(9 - 15 + 6) = 0.$$

• Soit $(\lambda, \mu) \in \mathbb{R}^2$ tel que : $\lambda r + \mu s = 0$. On a alors :

$$\forall n \in \mathbb{N},\quad \lambda 2^n + \mu 3^n = 0,$$

d'où, en particulier, pour $n = 0$, pour $n = 1$:

$$\lambda + \mu = 0 \quad \text{et} \quad 2\lambda + 3\mu = 0,$$

puis : $\lambda = 0,\ \ \mu = 0$.

Ainsi, (r, s) est libre.

Comme (r, s) est libre et que $\mathrm{Card}\,((r, s)) = 2 = \dim(E)$, on conclut : (r, s) est une base de E.

b) Comme dans la solution de *a) 2)*, on a :

$$r = a + 2b \quad \text{et} \quad s = a + 3b,$$

d'où la matrice M de la famille (r, s) dans la base (a, b) de E :

$$M = \begin{pmatrix} 1 & 1 \\ 2 & 3 \end{pmatrix}.$$

On calcule : $M^{-1} = \begin{pmatrix} 3 & -1 \\ -2 & 1 \end{pmatrix}$. Il en résulte :

$$a = 3r - 2s, \qquad b = -r + s.$$

c) 1) • Soit $u = (u_n)_{n \in \mathbb{N}} \in E$. Notons $u' = (u_{n+1})_{n \in \mathbb{N}}$.

On a, pour tout $n \in \mathbb{N}$:

$$u'_{n+2} = u_{n+3} = 5u_{n+2} - 6u_{n+1} = 5u'_{n+1} - 6u'_n,$$

donc : $u' \in E$. On peut donc définir l'application

$$f : E \longrightarrow E,\quad u = (u_n)_{n \in \mathbb{N}} \longmapsto (u_{n+1})_{n \in \mathbb{N}}.$$

• On a, pour tout $\alpha \in \mathbb{R}$ et toutes $u, v \in E$:

$$f(\alpha u + v) = \big((\alpha u + v)_{n+1}\big)_{n \in \mathbb{N}}$$
$$= (\alpha u_{n+1} + v_{n+1})_{n \in \mathbb{N}} = \alpha[f(u)]_{n \in \mathbb{N}} + [f(v)]_{n \in \mathbb{N}},$$

et on conclut : f est linéaire.

Ainsi, f est un endomorphisme de E.

2) On a : $[f(a)]_0 = a_1 = 0,\ [f(a)]_1 = a_2 = 5a_1 - 6a_0 = -6$, donc : $f(a) = -6b$.

On a : $[f(b)]_0 = b_1 = 1,\ [f(b)]_1 = b_2 = 5b_1 - 6b_0 = 5$, donc : $f(b) = a + 5b$.

On en déduit que la matrice de f dans la base (a, b) de E est : $\begin{pmatrix} 0 & 1 \\ -6 & 5 \end{pmatrix}$.

3) • On a : $\forall n \in \mathbb{N},\ \ [f(r)]_n = r_{n+1} = 2^{n+1} = 2r_n$,

donc : $f(r) = 2r$, et de même : $f(s) = 3s$.

On en déduit que la matrice de f dans la base (r, s) de E est : $\begin{pmatrix} 2 & 0 \\ 0 & 3 \end{pmatrix}$.

6.12 *1)* D'abord, il est clair que : $\forall i \in [\![0\,;\,n]\!],\ \ P_i \in \mathbb{K}_n[\mathrm{X}]$.

2) Montrons que $(P_i)_{0 \leqslant i \leqslant n}$ est libre. Soit $(\lambda_i)_{0 \leqslant i \leqslant n} \in \mathbb{K}^{n+1}$ tel que : $\sum_{i=0}^{n} \lambda_i P_i = 0$. En prenant la valeur en a, comme $P_i(a) = 0$ pour tout $i \geqslant 1$, on obtient $\lambda_0 P_0(a) = 0$, puis, comme $P_0(a) = (a - b)^n \neq 0$, on déduit $\lambda_0 = 0$. En reportant et en simplifiant par $\mathrm{X} - a$, on déduit :

$$\sum_{i=1}^{n} \lambda_i (\mathrm{X} - a)^{i-1} (\mathrm{X} - b)^{n-i} = 0,$$

c'est-à-dire : $$\sum_{j=0}^{n-1} \lambda_{j+1} (\mathrm{X} - a)^j (\mathrm{X} - b)^{n-1-j} = 0.$$

En réitérant, on obtient successivement : $\lambda_1 = 0, \ldots, \lambda_n = 0$.

Ceci montre que $(P_i)_{0 \leqslant i \leqslant n}$ est libre.

Comme la famille $(P_i)_{0 \leqslant i \leqslant n}$ est libre et que

$$\mathrm{Card}\,((P_i)_{0 \leqslant i \leqslant n}) = n + 1 = \dim(\mathbb{K}_n[\mathrm{X}]),$$

on conclut que $(P_i)_{0 \leqslant i \leqslant n}$ est une base de $\mathbb{K}_n[\mathrm{X}]$.

6.13 *a)* On a, pour tous $\alpha \in \mathbb{K},\ (x, y),\ (x', y') \in F \times G$:

$$f(\alpha(x, y) + (x', y')) = f(\alpha x + x', \alpha y + y') = (\alpha x + x') + (\alpha y + y')$$
$$= \alpha(x + y) + (x' + y') = \alpha f(x, y) + f(x', y'),$$

donc f est linéaire.

b) • On a, pour tout $z \in E$:

$$z \in \mathrm{Im}(f) \iff \exists (x, y) \in F \times G,\ z = x + y \iff z \in F + G,$$

donc : $\mathrm{Im}(f) = F + G$.

• On a, pour tout $(x, y) \in F \times G$:

$$(x, y) \in \mathrm{Ker}(f) \iff x + y = 0 \iff y = -x.$$

Si $(x, y) \in \mathrm{Ker}(f)$, alors $y = -x \in F \cap G$.

Réciproquement, pour tout $x \in F \cap G$: $(x, -x) \in \mathrm{Ker}(f)$.

On conclut : $\mathrm{Ker}(f) = \{(x, -x)\,;\ x \in F \cap G\}$.

c) Puisque f est linéaire et que $F \times G$ et E sont de dimensions finies, d'après le théorème du rang :

$$\dim(\mathrm{Im}(f)) = \dim(F \times G) - \dim(\mathrm{Ker}(f)).$$

D'après *b)* : $\dim(\mathrm{Im}(f)) = \dim(F + G)$.

D'après l'exercice 6.7 : $\dim(F \times G) = \dim(F) + \dim(G)$.

Enfin, il est clair, d'après *b)* que l'application

$$F \cap G \longrightarrow \mathrm{Ker}(f),\quad x \longmapsto (x, -x)$$

est un isomorphisme d'ev, donc :

$$\dim(\mathrm{Ker}(f)) = \dim(F \cap G).$$

On conclut à la formule de Grassmann :

$$\dim(F + G) = \dim(F) + \dim(G) - \dim(F \cap G).$$

6.14 Rappelons la formule de Grassmann (cf. exercice 6.13), pour tous sev F, G d'un ev de dimension finie :

$$d(F + G) = d(F) + d(G) - d(F \cap G),$$

d'où l'inégalité : $d(F + G) \leqslant d(F) + d(G)$.

On a :

$$\begin{aligned} d(A + B + C) &= d((A + B) + C) \leqslant d(A + B) + d(C) \\ &= d(A) + d(B) + d(C) - d(A \cap B), \end{aligned}$$

d'où : $d(A + B + C) + d(A \cap B) \leqslant d(A) + d(B) + d(C)$.

En appliquant ce résultat à (A, C, B) et à (B, C, A) à la place de (A, B, C), on a aussi :

$$d(A + B + C) + d(A \cap C) \leqslant d(A) + d(B) + d(C)$$

et : $d(A + B + C) + d(B \cap C) \leqslant d(A) + d(B) + d(C)$.

On conclut :

$$\begin{aligned} d(A + B + C) + \mathrm{Max}\,[d(A \cap B),\ d(A \cap C),\ d(B \cap C)] \\ \leqslant d(A) + d(B) + d(C). \end{aligned}$$

6.15 (1) $\Longrightarrow$ (2) :

Supposons : $\mathrm{Im}(f^2) = \mathrm{Im}(f)$.

• On a déjà : $\mathrm{Ker}(f) \subset \mathrm{Ker}(f^2)$, car, pour tout $x \in E$:

$$\begin{aligned} x \in \mathrm{Ker}(f) &\iff f(x) = 0 \Longrightarrow f(f(x)) = f(0) = 0 \\ &\iff x \in \mathrm{Ker}(f^2). \end{aligned}$$

• On a, en appliquant le théorème du rang à f^2 et à f :

$$\begin{aligned} \dim(\mathrm{Ker}(f^2)) &= \dim(E) - \dim(\mathrm{Im}(f^2)) \\ &= \dim(E) - \dim(\mathrm{Im}(f)) = \dim(\mathrm{Ker}(f)). \end{aligned}$$

On conclut : $\qquad \mathrm{Ker}(f^2) = \mathrm{Ker}(f)$.

(2) $\Longrightarrow$ (3) :

Supposons : $\mathrm{Ker}(f^2) = \mathrm{Ker}(f)$.

Soit $x \in \mathrm{Ker}(f) \cap \mathrm{Im}(f)$. Alors, $f(x) = 0$ et il existe $t \in E$ tel que $x = f(t)$. On a : $0 = f(x) = f(f(t)) = f^2(t)$, donc $t \in \mathrm{Ker}(f^2) = \mathrm{Ker}(f)$, d'où $f(t) = 0,\ x = 0$.

On conclut : $\mathrm{Ker}(f) \cap \mathrm{Im}(f) = \{0\}$.

(3) $\Longrightarrow$ (4) :

Supposons : $\mathrm{Ker}(f) \cap \mathrm{Im}(f) = \{0\}$.

D'une part : $\mathrm{Ker}(f) + \mathrm{Im}(f) \subset E$.

D'autre part, en utilisant le théorème du rang :

$$\begin{aligned} \dim(\mathrm{Ker}(f) + \mathrm{Im}(f)) &= \dim(\mathrm{Ker}(f) \oplus \mathrm{Im}(f)) \\ &= \dim(\mathrm{Ker}(f)) + \dim(\mathrm{Im}(f)) = \dim(E). \end{aligned}$$

On conclut : $\mathrm{Ker}(f) + \mathrm{Im}(f) = E$.

(4) $\Longrightarrow$ (1) :

Supposons : $\mathrm{Ker}(f) + \mathrm{Im}(f) = E$.

• On a déjà : $\mathrm{Im}(f^2) \subset \mathrm{Im}(f)$, car, pour tout $x \in E$:

$$f^2(x) = f(f(x)) \in \mathrm{Im}(f).$$

• Soit $y \in \mathrm{Im}(f)$. Il existe $x \in E$ tel que $y = f(x)$. Puisque $E = \mathrm{Ker}(f) + \mathrm{Im}(f)$, Il existe $u \in \mathrm{Ker}(f)$, $v \in \mathrm{Im}(f)$ tels que : $x = u + v$. Et il existe $t \in E$ tel que $v = f(t)$.

On a alors :

$$y = f(u + v) = \underbrace{f(u)}_{=0} + f(v) = f(f(t)) = f^2(t) \in \mathrm{Im}(f^2).$$

Ceci montre : $\mathrm{Im}(f) \subset \mathrm{Im}(f^2)$.

On conclut : $\mathrm{Im}(f^2) = \mathrm{Im}(f)$.

Finalement, les quatre propriétés (1) à (4) sont deux à deux équivalentes.

6.16 *a)* On a : $\mathrm{Im}(\alpha f) = \mathrm{Im}(f)$ car

$$\begin{cases} \forall x \in E,\ \ (\alpha f)(x) = f(\alpha x) \in \mathrm{Im}(f) \\ \forall x \in E,\ \ f(x) = \alpha f\Big(\dfrac{1}{\alpha}x\Big) \in \mathrm{Im}(\alpha f). \end{cases}$$

On déduit, en passant aux dimensions :

$$\mathrm{rg}(\alpha f) = \dim(\mathrm{Im}(\alpha f)) = \dim(\mathrm{Im}(f)) = \mathrm{rg}(f).$$

b) On a : $\mathrm{Im}(f+g) \subset \mathrm{Im}(f) + \mathrm{Im}(g)$, car :

$$\forall x \in E, \quad (f+g)(x) = f(x) + g(x) \in \mathrm{Im}(f) + \mathrm{Im}(g).$$

On déduit, en passant aux dimensions et en utilisant la formule de Grassmann (cf. exercice 6.13) :

$$\begin{aligned} \mathrm{rg}(f+g) &= \dim(\mathrm{Im}(f+g)) \leqslant \dim(\mathrm{Im}(f) + \mathrm{Im}(g)) \\ &\leqslant \dim(\mathrm{Im}(f)) + \dim(\mathrm{Im}(g)) = \mathrm{rg}(f) + \mathrm{rg}(g). \end{aligned}$$

c) En appliquant *b)* à $(f-g, g)$ à la place de (f,g), on a :

$$\mathrm{rg}(f-g) + \mathrm{rg}(g) \leqslant \mathrm{rg}((f-g)+g) = \mathrm{rg}(f),$$

d'où : $\quad \mathrm{rg}(f) - \mathrm{rg}(g) \leqslant \mathrm{rg}(f-g)$.

En appliquant ce dernier résultat à (g,f) à la place de (f,g), on a :

$$\mathrm{rg}(g) - \mathrm{rg}(f) \leqslant \mathrm{rg}(g-f) = \mathrm{rg}(-(f-g)) = \mathrm{rg}(f-g).$$

On obtient ainsi : $\begin{cases} \mathrm{rg}(f) - \mathrm{rg}(g) \leqslant \mathrm{rg}(f-g) \\ \mathrm{rg}(g) - \mathrm{rg}(f) \leqslant \mathrm{rg}(f-g), \end{cases}$

et on conclut : $|\mathrm{rg}(f) - \mathrm{rg}(g)| \leqslant \mathrm{rg}(f-g)$.

6.17 *1)* Supposons : $\mathrm{Im}(f) = \mathrm{Ker}(g)$.

- Soit $x \in E$.

On a : $f(x) \in \mathrm{Im}(f) = \mathrm{Ker}(g)$, donc $g(f(x)) = 0$, c'est-à-dire $(g \circ f)(x) = 0$.

Ceci montre : $g \circ f = 0$.

- On a, en prenant les dimensions et en appliquant le théorème du rang :

$$\begin{aligned} \mathrm{Im}(f) = \mathrm{Ker}(g) &\Longrightarrow \dim(\mathrm{Im}(f)) = \dim(\mathrm{Ker}(g)) \\ &\Longleftrightarrow \mathrm{rg}(f) = \dim(F) - \mathrm{rg}(g), \end{aligned}$$

d'où : $\mathrm{rg}(f) + \mathrm{rg}(g) = \dim(F)$.

2) Réciproquement, supposons :

$$g \circ f = 0 \quad \text{et} \quad \mathrm{rg}(f) + \mathrm{rg}(g) = \dim(F).$$

- Soit $y \in \mathrm{Im}(f)$. Il existe $x \in E$ tel que $y = f(x)$. On a alors :

$$g(y) = g(f(x)) = (g \circ f)(x) = 0,$$

donc : $y \in \mathrm{Ker}(g)$.

Ceci montre : $\mathrm{Im}(f) \subset \mathrm{Ker}(g)$.

- On a, en utilisant le théorème du rang et l'hypothèse :

$$\dim(\mathrm{Im}(f)) = \mathrm{rg}(f) = \dim(F) - \mathrm{rg}(g) = \dim(\mathrm{Ker}(g)),$$

et on conclut : $\mathrm{Im}(f) = \mathrm{Ker}(g)$.

6.18 *1)* Notons $a : \mathbb{K}^p \longrightarrow \mathbb{K}^n$, $b : \mathbb{K}^q \longrightarrow \mathbb{K}^p$ les applications linéaires canoniquement associées aux matrices A, B respectivement. On a : $\mathrm{Im}(a \circ b) \subset \mathrm{Im}(a)$, car, pour tout $x \in \mathbb{K}^q$: $(a \circ b)(x) = a(b(x)) \in \mathrm{Im}(a)$.

D'où, en passant aux dimensions :

$$\mathrm{rg}(a \circ b) = \dim(\mathrm{Im}(a \circ b)) \leqslant \dim(\mathrm{Im}(a)) = \mathrm{rg}(a),$$

et donc, en passant aux matrices : $\mathrm{rg}(AB) \leqslant \mathrm{rg}(A)$.

2) 1re méthode : utilisation de noyaux :

Avec les mêmes notations qu'en *1)*, on a :

$$\mathrm{Ker}(b) \subset \mathrm{Ker}(a \circ b),$$

car, pour tout $x \in \mathbb{K}^q$:

$$\begin{aligned} x \in \mathrm{Ker}(b) &\Longleftrightarrow b(x) = 0 \\ &\Longrightarrow a \circ b(x) = a(0) = 0 \Longleftrightarrow x \in \mathrm{Ker}(a \circ b). \end{aligned}$$

D'où, en passant aux dimensions :

$$\dim(\mathrm{Ker}(b)) \leqslant \dim(\mathrm{Ker}(a \circ b)),$$

puis, en appliquant le théorème du rang à b et à $a \circ b$:

$$\mathrm{rg}(b) = q - \dim(\mathrm{Ker}(b)) \geqslant q - \dim(\mathrm{Ker}(a \circ b)) = \mathrm{rg}(a \circ b),$$

et donc, en matrices : $\mathrm{rg}(B) \geqslant \mathrm{rg}(AB)$.

2e méthode : utilisation d'une transposée :

On a : $\mathrm{rg}(AB) = \mathrm{rg}({}^t(AB)) = \mathrm{rg}({}^tB\,{}^tA) \leqslant \mathrm{rg}({}^tB) = \mathrm{rg}(B)$.

On a montré : $\mathrm{rg}(AB) \leqslant \mathrm{rg}(A) \quad$ et $\quad \mathrm{rg}(AB) \leqslant \mathrm{rg}(B)$,

et on conclut : $\mathrm{rg}(AB) \leqslant \mathrm{Min}(\mathrm{rg}(A), \mathrm{rg}(B))$.

Autrement dit, quand on multiplie des matrices, le rang ne peut que diminuer (au sens large).

6.19 • Soit $(\alpha_0, \ldots, \alpha_{n-1}) \in \mathbb{K}^n$ tel que $\displaystyle\sum_{k=0}^{n-1} \alpha_k D^k = 0$

Puisque D est diagonale, on a :

$$\forall k \in [\![0\,;n-1]\!], \quad D^k = \mathrm{diag}(d_1^k, \ldots, d_n^k).$$

On a alors :

$$\begin{aligned} 0 = \sum_{k=0}^{n-1} \alpha_k D^k &= \sum_{k=0}^{n-1} \alpha_k \mathrm{diag}(d_1^k, \ldots, d_n^k) \\ &= \mathrm{diag}\Big(\sum_{k=0}^{n-1} \alpha_k d_1^k, \ldots, \sum_{k=0}^{n-1} \alpha_k d_n^k\Big). \end{aligned}$$

Considérons le polynôme $P = \displaystyle\sum_{k=0}^{n-1} \alpha_k \mathrm{X}^k$. On a donc :

$$P(d_1) = 0, \ldots, P(d_n) = 0.$$

Comme $\deg(P) \leqslant n-1$ et que P s'annule en n points deux à deux distincts (les $d_1, \dots, d_n$), d'après le cours, P est le polynôme nul, donc : $\forall k \in [\![0\,;\,n-1]\!],\quad \alpha_k = 0$.

Ainsi, la famille $(D^k)_{0\leqslant k\leqslant n-1}$ est libre.

• Puisque $\mathbf{D}_n(\mathbb{K})$ est un $\mathbb{K}$-ev de dimension n et que la famille $(D^k)_{0\leqslant k\leqslant n-1}$ est libre et a n éléments, on conclut que $(D^k)_{0\leqslant k\leqslant n-1}$ est une base de $\mathbf{D}_n(\mathbb{K})$.

6.20 *a)* On a, pour tous $\alpha \in \mathbb{R}$, $M, N \in \mathbf{M}_2(\mathbb{R})$:

$$\varphi(\alpha M + N) = A(\alpha M + N)B = \alpha AMB + ANB = \alpha\varphi(M) + \varphi(N),$$

donc φ est linéaire.

b) Puisque $2\cdot 3 - 5\cdot 1 = 1 \neq 0$ et $4\cdot 2 - 7\cdot 1 = 1 \neq 0$,

les matrices A et B sont inversibles et :

$$A^{-1} = \begin{pmatrix} 3 & -1 \\ -5 & 2 \end{pmatrix},\quad B^{-1} = \begin{pmatrix} 2 & -1 \\ -7 & 4 \end{pmatrix}.$$

Considérons l'application

$$\psi : \mathbf{M}_2(\mathbb{R}) \longrightarrow \mathbf{M}_2(\mathbb{R}),\quad N \longmapsto A^{-1}NB^{-1},$$

qui est linéaire, comme en *a)* pour φ.

On a :

$$\begin{cases} \forall M \in \mathbf{M}_2(\mathbb{R}),\quad (\psi\circ\varphi)(M) = A^{-1}(AMB)B^{-1} = M \\ \forall N \in \mathbf{M}_2(\mathbb{R}),\quad (\varphi\circ\psi)(N) = A(A^{-1}NB^{-1})B = N, \end{cases}$$

donc : $\qquad \psi\circ\varphi = \mathrm{Id}_{\mathbf{M}_2(\mathbb{R})}\quad$ et $\quad \varphi\circ\psi = \mathrm{Id}_{\mathbf{M}_2(\mathbb{R})}$.

Il en résulte que φ est bijective et que $\varphi^{-1} = \psi$.

c) 1) • Montrons que $\mathscr{B} = (\mathrm{I}_2, A, B, AB)$ est libre.

Soit $(\alpha, \beta, \gamma, \delta) \in \mathbb{R}^4$. On a :

$$\alpha\mathrm{I}_2 + \beta A + \gamma B + \delta AB = 0$$

$$\iff \alpha\begin{pmatrix} 1 & 0 \\ 0 & 1 \end{pmatrix} + \beta\begin{pmatrix} 2 & 1 \\ 5 & 3 \end{pmatrix} + \gamma\begin{pmatrix} 4 & 1 \\ 7 & 2 \end{pmatrix} + \delta\begin{pmatrix} 15 & 4 \\ 41 & 11 \end{pmatrix} = \begin{pmatrix} 0 & 0 \\ 0 & 0 \end{pmatrix}$$

$$\iff \begin{cases} \alpha + 2\beta + 4\gamma + 15\delta = 0 \\ \beta + \gamma + 4\delta = 0 \\ 5\beta + 7\gamma + 41\delta = 0 \\ \alpha + 3\beta + 2\gamma + 11\delta = 0 \end{cases}$$

$$\iff \begin{cases} \alpha + 2\beta + 4\gamma + 15\delta = 0 \\ \beta + \gamma + 4\delta = 0 \\ 5\beta + 7\gamma + 41\delta = 0 \\ \beta - 2\gamma - 4\delta = 0 \quad L_4 \longleftarrow L_4 - L_1 \end{cases}$$

$$\iff \begin{cases} \alpha + 2\beta + 4\gamma + 15\delta = 0 \\ \beta + \gamma + 4\delta = 0 \\ 2\gamma - 21\delta = 0 \quad L_3 \longleftarrow L_3 - 5L_2 \\ -3\gamma - 8\delta = 0 \quad L_4 \longleftarrow L_4 - L_2 \end{cases}$$

$$\iff \alpha = \beta = \gamma = \delta = 0.$$

Ceci montre que $\mathscr{B}$ est libre.

• Comme $\mathscr{B}$ est libre, de cardinal 4 dans $\mathbf{M}_2(\mathbb{R})$ qui est de dimension 4, on conclut que $\mathscr{B}$ est une base de $\mathbf{M}_2(\mathbb{R})$.

2) On calcule les images par φ des éléments de $\mathscr{B}$.

• $\varphi(\mathrm{I}_2) = A\mathrm{I}_2B = AB$

• $\varphi(A) = A^2B$. D'après l'exercice 5.1, on a :

$$A^2 - (2+3)A + (2\cdot 3 - 5\cdot 1)\mathrm{I}_2 = 0,$$

donc : $\qquad A^2 = 5A - \mathrm{I}_2$.

D'où : $\qquad \varphi(A) = (5A - \mathrm{I}_2)B = -B + 5AB$.

• $\varphi(B) = AB^2$. De même :

$$B^2 - (4+2)B + (4\cdot 2 - 7\cdot 1)\mathrm{I}_2 = 0,$$

donc : $\qquad B^2 = 6B - \mathrm{I}_2$,

d'où : $\qquad \varphi(B) = A(6B - \mathrm{I}_2) = -A + 6AB$.

• $\varphi(AB) = A(AB)B = A^2B^2$

$$= (5A - \mathrm{I}_2)(6B - \mathrm{I}_2) = \mathrm{I}_2 - 5A - 6B + 30AB.$$

On conclut que la matrice de φ dans $\mathscr{B}$ est :

$$\Phi = \begin{pmatrix} 0 & 0 & 0 & 1 \\ 0 & 0 & -1 & -5 \\ 0 & -1 & 0 & -6 \\ 1 & 5 & 6 & 30 \end{pmatrix}.$$

3) La matrice de φ^{-1} dans $\mathscr{B}$ est Φ^{-1}, que l'on calcule par une méthode classique, et on obtient :

$$\Phi^{-1} = \begin{pmatrix} 30 & 6 & 5 & 1 \\ -6 & 0 & -1 & 0 \\ -5 & -1 & 0 & 0 \\ 1 & 0 & 0 & 0 \end{pmatrix}.$$

6.21 *1)* Montrons que $(\gamma_n)_{0\leqslant n\leqslant N}$ est libre.

Soit $(\alpha_n)_{0\leqslant n\leqslant N} \in \mathbb{R}^{N+1}$ tel que : $\displaystyle\sum_{n=0}^{N} \alpha_n\gamma_n = 0$.

On a donc : $\forall x \in \mathbb{R},\quad \displaystyle\sum_{n=0}^{N} \alpha_n \cos^n x = 0$.

Comme : $\quad \forall t \in [-1\,;\,1],\ \exists x \in \mathbb{R},\quad t = \cos x$,

il en résulte : $\quad \forall t \in [-1\,;\,1],\quad \displaystyle\sum_{n=0}^{N} \alpha_n t^n = 0$.

Ainsi, le polynôme $\sum_{n=0}^{N} \alpha_n X^n$ s'annule en une infinité de points (les éléments de $[-1\,;\,1]$), donc est le polynôme nul, c'est-à-dire : $\forall n \in [\![0\,;\,N]\!],\ \alpha_n = 0$.

On conclut : $(\gamma_n)_{0\leqslant n\leqslant N}$ est libre.

2) D'après le cours, on sait que, pour tout $n \in \mathbb{N}$, $\cos nx$ se décompose en un polynôme en $\cos x$, de degré n et de coefficient dominant 2^{n-1}. La matrice de la famille $(C_n)_{0\leqslant n\leqslant N}$ dans la base $(\gamma_n)_{0\leqslant n\leqslant N}$ de $\mathrm{Vect}(\gamma_0, ..., \gamma_N)$ est donc de la forme : $\begin{pmatrix} 1 & & & \\ 0 & 2 & (*) & \\ \vdots & (0) & \ddots & \\ 0 & \dots & 0 & 2^{N-1} \end{pmatrix}$.

Cette matrice est triangulaire supérieure à termes diagonaux tous non nuls, donc cette matrice est inversible et on a donc :
$$\mathrm{rg}\,(C_0, ..., C_N) = N + 1.$$

Comme les C_n $(0 \leqslant n \leqslant N)$ se décomposent linéairement sur $(\gamma_0, ..., \gamma_N)$, on a : $\mathrm{Vect}\,(C_0, ..., C_N) \subset \mathrm{Vect}\,(\gamma_0, ..., \gamma_N)$, et, d'autre part :
$$\dim(\mathrm{Vect}\,(C_0, ..., C_N)) = N + 1 = \dim(\mathrm{Vect}\,(\gamma_0, ..., \gamma_N)).$$

On conclut : $\mathrm{Vect}\,(C_0, ..., C_N) = \mathrm{Vect}\,(\gamma_0, ..., \gamma_N)$.

6.22 • D'abord, il est clair que, pour tout $i \in [\![0\,;\,n]\!]$, L_i existe et $L_i \in \mathbb{K}_n[X]$.

• Montrons que $\mathscr{L} = (L_0, ..., L_n)$ est libre.

Soit $(\lambda_0, ..., \lambda_n) \in \mathbb{K}^{n+1}$ tel que $\sum_{k=0}^{n} \lambda_k L_k = 0$.

Soit $k \in [\![0\,;\,n]\!]$ fixé. On a : $0 = \left(\sum_{i=0}^{n} \lambda_i L_i\right)(a_k) - \sum_{i=0}^{n} \lambda_i L_i(a_k)$.

Mais, pour tout $i \in [\![0\,;\,n]\!]$, $L_i = \prod_{j\neq i}(X - a_j) \Big/ \prod_{j\neq i}(a_i - a_j)$,

donc : $\forall i \in [\![0\,;\,n]\!],\ L_i(a_k) = \begin{cases} 1 & \text{si } i = k \\ 0 & \text{si } i \neq k. \end{cases}$

D'où : $$0 = \sum_{i=0}^{n} \lambda_i L_i(a_k) = \lambda_k.$$

Ceci montre que $\mathscr{L}$ est libre.

• Comme $\mathscr{L}$ est libre et $\mathrm{Card}\,(\mathscr{L}) = n + 1 = \dim(\mathbb{K}_n[X])$, on conclut : $\mathscr{L}$ est une base de $\mathbb{K}_n[X]$.

6.23 *a)* • Il est clair que, pour tout $P(X) \in \mathbb{R}_n[X]$:
$$f(P) = P(X + 1) \in \mathbb{R}_n[X].$$

On a, pour tous $\alpha \in \mathbb{R}$, $P, Q \in \mathbb{R}_n[X]$:
$$\begin{aligned} f(\alpha P + Q) &= (\alpha P + Q)(X + 1) \\ &= \alpha P(X + 1) + Q(X + 1) = \alpha f(P) + f(Q), \end{aligned}$$
donc f est linéaire.

Ainsi, f est un endomorphisme de l'espace vectoriel $\mathbb{R}_n[X]$.

• On a, pour tout $j \in [\![0\,;\,n]\!]$, en utilisant la formule du binôme de Newton : $f(X^j) = (X + 1)^j = \sum_{i=0}^{j} \binom{j}{i} X^i$.

La matrice de f dans la base canonique $\mathscr{B} = (1, X, ..., X^n)$ de $\mathbb{R}_n[X]$ est donc A, définie dans l'énoncé.

b) Considérons l'application
$$g : \mathbb{R}_n[X] \longrightarrow \mathbb{R}_n[X],\ \ P(X) \longmapsto P(X - 1),$$
qui est un endomorphisme de $\mathbb{R}_n[X]$, comme ci-dessus pour f. On a, pour tout $P \in \mathbb{R}_n[X]$:
$$\begin{cases} (g \circ f)(P(X)) = g(P(X + 1)) = P((X + 1) - 1) = P(X), \\ (f \circ g)(P(X)) = f(P(X - 1)) = P((X - 1) + 1) = P(X), \end{cases}$$
donc :
$$g \circ f = \mathrm{Id}_{\mathbb{R}_n[X]} \ \text{ et } \ f \circ g = \mathrm{Id}_{\mathbb{R}_n[X]}.$$

Il en résulte que A est inversible et que $A^{-1} = \mathrm{Mat}_{\mathscr{B}}(g)$. Mais, comme plus haut pour f, à l'aide de la formule du binôme de Newton, on a, pour tout $j \in [\![0\,;\,n]\!]$:
$$g(X^j) = (X - 1)^j = \sum_{i=0}^{j} (-1)^{j-i} \binom{j}{i} X^i.$$

On a donc : $\mathrm{Mat}_{\mathscr{B}}(g) = \left((-1)^{j-i}\binom{j}{i}\right)_{0\leqslant i,j\leqslant n}$.

On conclut : $A^{-1} = \left((-1)^{j-i}\binom{j}{i}\right)_{0\leqslant i,j\leqslant n}$.

Par exemple, pour $n = 3$:
$$A = \left(\binom{j}{i}\right)_{0\leqslant i,j\leqslant 3} = \begin{pmatrix} 1 & 1 & 1 & 1 \\ 0 & 1 & 2 & 3 \\ 0 & 0 & 1 & 3 \\ 0 & 0 & 0 & 1 \end{pmatrix},$$
$$A^{-1} = \left((-1)^{j-i}\binom{j}{i}\right)_{0\leqslant i,j\leqslant 3} = \begin{pmatrix} 1 & -1 & 1 & -1 \\ 0 & 1 & -2 & 3 \\ 0 & 0 & 1 & -3 \\ 0 & 0 & 0 & 1 \end{pmatrix}.$$

6.24 *a)* • On a, pour tout $y \in F$:
$$y \in \mathrm{Ker}\,(h) \iff \begin{cases} y \in \mathrm{Im}\,(f) \\ g(y) = 0 \end{cases} \iff y \in \mathrm{Ker}\,(g) \cap \mathrm{Im}\,(f),$$
donc : $\mathrm{Ker}\,(h) = \mathrm{Ker}\,(g) \cap \mathrm{Im}\,(f)$.

• On a, pour tout $z \in G$:
$$\begin{aligned} z \in \mathrm{Im}\,(h) &\iff \exists y \in \mathrm{Im}\,(f),\ z = h(y) \\ &\iff \exists x \in E,\ z = g(f(x)) \iff z \in \mathrm{Im}\,(g \circ f). \end{aligned}$$

b) En appliquant le théorème du rang à h, on obtient :

$$\dim(\mathrm{Im}(h)) = \dim(\mathrm{Im}(f)) - \dim(\mathrm{Ker}(h)),$$

c'est-à-dire :

$$\dim(\mathrm{Im}(g \circ f)) = \dim(\mathrm{Im}(f)) - \dim(\mathrm{Ker}(g) \cap \mathrm{Im}(f)),$$

ou encore : $\mathrm{rg}(g \circ f) = \mathrm{rg}(f) - \dim(\mathrm{Ker}(g) \cap \mathrm{Im}(f))$.

c) Comme $\mathrm{Ker}(g) \cap \mathrm{Im}(f) \subset \mathrm{Ker}(g)$, on a :

$$\dim(\mathrm{Ker}(g) \cap \mathrm{Im}(f)) \leqslant \dim(\mathrm{Ker}(g)) = \dim(F) - \mathrm{rg}(g),$$

et on conclut : $\mathrm{rg}(g \circ f) \geqslant \mathrm{rg}(f) + \mathrm{rg}(g) - \dim(F)$.

6.25 • On a : $\forall P \in \mathbb{C}_n[\mathrm{X}],\ \sum_{k=0}^{n} \lambda_k P^{(k)}(\mathrm{X} - a_k) \in \mathbb{C}_n[\mathrm{X}]$. On peut donc considérer l'application

$$f : \mathbb{C}_n[\mathrm{X}] \longrightarrow \mathbb{C}_n[\mathrm{X}],\ P \longmapsto \sum_{k=0}^{n} \lambda_k P^{(k)}(\mathrm{X} - a_k).$$

• L'application f est linéaire car, pour tout $\alpha \in \mathbb{C}$ et tous $P, R \in \mathbb{C}_n[\mathrm{X}]$: $f(\alpha P + R) = \sum_{k=0}^{n} \lambda_k (\alpha P + R)^{(k)}(\mathrm{X} - a_k)$

$$= \sum_{k=0}^{n} \lambda_k (\alpha P^{(k)} + R^{(k)})(\mathrm{X} - a_k)$$

$$= \alpha \sum_{k=0}^{n} \lambda_k P^{(k)}(\mathrm{X} - a_k) + \sum_{k=0}^{n} \lambda_k R^{(k)}(\mathrm{X} - a_k) = \alpha f(P) + f(R).$$

• On a, pour tout $i \in [\![0\,;\,n]\!]$:

$$f(\mathrm{X}^i) = \sum_{k=0}^{n} \lambda_k (\mathrm{X}^i)^{(k)}(\mathrm{X} - a_k) = \sum_{k=0}^{i} \lambda_k \frac{i!}{k!}(\mathrm{X} - a_k)^{i-k},$$

donc $f(\mathrm{X}^i)$ est un polynôme de degré i et de coefficient dominant λ_i. Ainsi, $(f(\mathrm{X}^i))_{0 \leqslant i \leqslant n}$ est une famille de polynômes de degrés échelonnés de 0 à n, donc $(f(\mathrm{X}^i))_{0 \leqslant i \leqslant n}$ est une base de $\mathbb{C}_n[\mathrm{X}]$.

Il en résulte que f est un automorphisme de l'ev $\mathbb{C}_n[\mathrm{X}]$.

• Puisque f est bijectif, on a donc :

$$\forall Q \in \mathbb{C}_n[\mathrm{X}],\ \exists\,! P \in \mathbb{C}_n[\mathrm{X}],\ Q(\mathrm{X}) = \sum_{k=0}^{n} \lambda_k P^{(k)}(\mathrm{X} - a_k).$$

6.26 *a)* Soit $P \in \mathbb{R}[\mathrm{X}]$.

Si $\deg(P) \leqslant 0$, alors P est une constante, donc $\Delta P = 0$, d'où $\deg(\Delta P) = -\infty$.

Supposons $\deg(P) \geqslant 1$. Notons $n = \deg(P)$.

Il existe $a_n \in \mathbb{R}^*$, $Q \in \mathbb{R}[\mathrm{X}]$ tels que :

$$P = a_n \mathrm{X}^n + Q, \quad \deg(Q) \leqslant n - 1.$$

On a : $\Delta P = P(\mathrm{X}+1) - P(\mathrm{X}) = a_n((\mathrm{X}+1)^n - \mathrm{X}^n) + \Delta Q$.

D'une part, $(\mathrm{X}+1)^n - \mathrm{X}^n = \sum_{k=0}^{n-1} \binom{n}{k} \mathrm{X}^k$ est un polynôme de degré $n - 1$.

D'autre part, comme les termes de degré $n - 1$ s'éliminent dans la différence $Q(\mathrm{X}+1) - Q(\mathrm{X})$, on a : $\deg(\Delta Q) \leqslant n - 2$.

On a donc : $\deg(\Delta P) = n - 1 = \deg(P) - 1$.

b) 1) • D'après *a)*, on a donc :

$$\forall P \in \mathbb{R}_n[\mathrm{X}],\ \Delta P \in \mathbb{R}_{n-1}[\mathrm{X}] \subset \mathbb{R}_n[\mathrm{X}].$$

Ceci permet de définir l'application

$$\Delta_n : \mathbb{R}_n[\mathrm{X}] \longrightarrow \mathbb{R}_n[\mathrm{X}],\ P \longmapsto \Delta P.$$

• On a, pour tout $\alpha \in \mathbb{R}$ et tous $P, Q \in \mathbb{R}_n[\mathrm{X}]$:

$$\begin{aligned} \Delta_n(\alpha P + Q) &= (\alpha P + Q)(\mathrm{X}+1) - (\alpha P + Q)(\mathrm{X}) \\ &= [\alpha P(\mathrm{X}+1) + Q(\mathrm{X}+1)] - [\alpha P(\mathrm{X}) + Q(\mathrm{X})] \\ &= \alpha[P(\mathrm{X}+1) - P(\mathrm{X})] + [Q(\mathrm{X}+1) - Q(\mathrm{X})] \\ &= \alpha \Delta_n(P) + +\Delta_n(Q), \end{aligned}$$

donc Δ_n est linéaire.

Ainsi, Δ_n est un endomorphisme de l'ev $\mathbb{R}_n[\mathrm{X}]$.

• On a, pour tout $P \in \mathbb{R}_n[\mathrm{X}]$:

$$\Delta_n P \in \mathbb{R}_{n-1}[\mathrm{X}], \Delta_n^2(P) \in \mathbb{R}_{n-2}[\mathrm{X}], \ldots, \Delta_n^n P \in \mathbb{R}_0[\mathrm{X}],\ \Delta_n^{n+1} P = 0.$$

On conclut : $\Delta_n^{n+1} = 0$.

2) • L'application

$$f : \mathbb{R}_n[\mathrm{X}] \longrightarrow \mathbb{R}^{n+1},\ P \longmapsto ((\Delta_n^k)(P)(a_k))_{0 \leqslant k \leqslant n}$$

est linéaire car, pour tout $\alpha \in \mathbb{R}$ et tous $P, Q \in \mathbb{R}_n[\mathrm{X}]$:

$$\begin{aligned} f(\alpha P + Q) &= (\Delta_n^k(\alpha P + Q)(a_k))_{0 \leqslant k \leqslant n} \\ &= ((\alpha \Delta_n^k P + \Delta_n^k Q)(a_k))_{0 \leqslant k \leqslant n} = (\alpha \Delta_n^k P(a_k) + \Delta_n^k Q(a_k))_{0 \leqslant k \leqslant n} \\ &= \alpha(\Delta_n^k P(a_k))_{0 \leqslant k \leqslant n} + (\Delta_n^k Q(a_k))_{0 \leqslant k \leqslant n} = \alpha f(P) + f(Q). \end{aligned}$$

• On a : $\dim(\mathbb{R}_n[\mathrm{X}]) = n + 1 = \dim(\mathbb{R}^{n+1})$.

• Montrons que f est injective. Soit $P \in \mathrm{Ker}(f)$. On a $f(P) = 0$, d'où : $\forall k \in [\![0\,;\,n]\!],\ (\Delta_n^k P)(a_k) = 0$.

Si $P \neq 0$, en notant $k = \deg(P) \in [\![0\,;\,n]\!]$, on a $\deg(\Delta_n^k P) = 0$, donc $\Delta_n^k P$ est une constante non nulle, contradiction avec $\Delta_n^k P(a_k) = 0$.

Ceci montre $P = 0$, donc $\mathrm{Ker}(f) = \{0\}$, f est injective.

Puisque $f : \mathbb{R}_n[\mathrm{X}] \longrightarrow \mathbb{R}^{n+1}$ est une application linéaire injective et que $\mathbb{R}_n[\mathrm{X}]$ et $\mathbb{R}^{n+1}$ sont des ev de même dimension finie, on conclut que f est un isomorphisme d'ev.

Réduction des endomorphismes et des matrices carrées

CHAPITRE 7

Plan

On abrège :
espace vectoriel en ev
sous-espace vectoriel en sev

valeur propre en vp
vecteur propre en $\overrightarrow{\text{vp}}$

sous-espace propre en SEP.

$\mathbb{K}$ désigne $\mathbb{R}$ ou $\mathbb{C}$.

Thèmes abordés dans les exercices

- Détermination des valeurs propres et des sous-espaces propres d'un endomorphisme ou d'une matrice carrée
- Étude de la diagonalisabilité d'un endomorphisme d'un espace vectoriel de dimension finie ou d'une matrice carrée, obtention d'une diagonalisation
- Montrer que deux matrices carrées sont semblables
- Calcul des puissances d'une matrice carrée
- Résolution d'équations matricielles.

Points essentiels du cours pour la résolution des exercices

- Définitions des valeurs propres, des vecteurs propres, des sous-espaces propres d'un endomorphisme d'un espace vectoriel de dimension finie
- Endomorphismes diagonalisables, CNS de diagonalisabilité
- Matrices de passages, formules de changement de base, matrices semblables
- Définitions des valeurs propres, des vecteurs propres, des sous-espaces propres d'une matrice carrée
- Matrices diagonalisables, CNS de diagonalisabilité, méthode pratique de diagonalisation.

Les méthodes à retenir

Pour montrer qu'un élément λ de $\mathbb{K}$ est une valeur propre d'une matrice $A \in \mathbf{M}_n(\mathbb{K})$

On peut :

- montrer que la matrice $A - \lambda \mathrm{I}_n$ n'est pas inversible
- montrer que le rang de $A - \lambda \mathrm{I}_n$ est strictement inférieur à n ;
  le sous-espace propre associé à la valeur propre λ est alors de dimension $n - \mathrm{rg}(A - \lambda \mathrm{I}_n)$
- montrer qu'il existe une matrice-colonne $X \in \mathbf{M}_{n,1}(\mathbb{K})$ non nulle telle que $A\,X = \lambda\,X$.

➥ **Exercices 7.7, 7.9, 7.12 *a*), 7.23, 7.24 *a*), 7.25.**

Pour montrer qu'un élément λ de $\mathbb{K}$ est une valeur propre d'un endomorphisme f d'un ev E de dimension finie	On peut : • montrer que l'endomorphisme $f - \lambda \mathrm{Id}_E$ n'est pas bijectif • montrer qu'il existe une vecteur x de E non nul tel que $f(x) = \lambda\, x$. ➥ **Exercices 7.13 *a)*, 7.24 *a)*, 7.25 *a)*, 7.26 *b)*.**
Pour déterminer les valeurs propres d'une matrice $A \in \mathbf{M}_n(\mathbb{K})$	On peut : • déterminer les valeurs de $\lambda \in \mathbb{K}$ pour lesquelles la matrice $A - \lambda \mathrm{I}_n$ n'est pas inversible • déterminer les valeurs de $\lambda \in \mathbb{K}$ pour lesquelles le rang de $A - \lambda \mathrm{I}_n$ est strictement inférieur à n • déterminer les valeurs de $\lambda \in \mathbb{K}$ pour lesquelles le système $AX = \lambda X$, d'inconnue $X \in \mathbf{M}_{n,1}(\mathbb{K})$, n'est pas de Cramer. ➥ **Exercices 7.2 à 7.5, 7.7, 7.14 *b)*, 7.16 *a)*, 7.17 *a)*, 7.18.**
Pour déterminer le sous-espace propre associé à une valeur propre λ d'une matrice $A \in \mathbf{M}_n(\mathbb{K})$	Résoudre le système linéaire $AX = \lambda X$ d'inconnue $X \in \mathbf{M}_{n,1}(\mathbb{K})$. ➥ **Exercices 7.2 à 7.5, 7.11 *c)*, 7.12 *a)*, 7.14 *b)*, 7.16 *a)*, 7.17 *a)*.**
Pour déterminer les éléments propres d'un endomorphisme f d'un $\mathbb{K}$-ev E de dimension finie	On peut : • écrire la matrice A associée à f dans une base $\mathscr{B}$ de E puis déterminer les éléments propres de A ; les valeurs propres de A dans $\mathbb{K}$ sont alors les valeurs propres de f, et les vecteurs propres de A nous donnent les composantes des vecteurs propres de f dans la base $\mathscr{B}$ ➥ **Exercice 7.5 *b)*** • revenir à la définition des éléments propres, et résoudre l'équation $f(x) = \lambda x$, d'inconnues $\lambda \in \mathbb{K}$ et $x \in E \setminus \{0_E\}$. Pour cela, on peut raisonner par équivalences successives, ou par analyse-synthèse. Lorsque E est un sev de $\mathbb{R}[\mathrm{X}]$, il s'agit de résoudre une équation polynomiale. On peut alors utiliser les méthodes classiques relatives aux polynômes (considérer les degrés, donner des valeurs à X, ...). ➥ **Exercices 7.5 *b)*, 7.6, 7.15 *a)*, 7.19 *c)*, 7.22 *b) c)*.**
Pour décider si une matrice $A \in \mathbf{M}_n(\mathbb{K})$ est diagonalisable	Utiliser : • si A admet n valeurs propres deux à deux distinctes, alors A est diagonalisable ; de plus, chaque sous-espace propre est de dimension 1 • si A admet une unique valeur propre λ, alors A est diagonalisable si et seulement si $A = \lambda\, \mathrm{I}_n$

(suite)

- si A est semblable à une matrice diagonale, alors A est diagonalisable
- sinon on utilise l'équivalence suivante :

$$A \text{ est diagonalisable} \quad \text{si et seulement si} \sum_{\lambda \in \mathrm{Sp}(A)} \dim(\mathrm{SEP}(A, \lambda)) = n,$$

où $\mathrm{SEP}(A, \lambda)$ désigne le sous-espace propre de A associé à la valeur propre λ.

➥ **Exercices 7.2 à 7.4, 7.7, 7.9, 7.11 *c*), 7.12, 7.13 *b*), 7.14 *b*), 7.17 *a*).**

Pour diagonaliser une matrice $A \in \mathbf{M}_n(\mathbb{K})$ diagonalisable

Après avoir déterminé une base de chaque sous-espace propre de A, la famille notée $\mathscr{F}$ obtenue en juxtaposant ces bases est une base de $\mathbf{M}_{n,1}(\mathbb{K})$ constituée de vecteurs propres de A.
La matrice P s'obtient en écrivant successivement les vecteurs de $\mathscr{F}$; la matrice D s'obtient en écrivant sur la diagonale les valeurs propres associées aux vecteurs propres formant $\mathscr{F}$, dans le bon ordre.
On a alors la relation : $A = P D P^{-1}$.
Remarque : Il existe en général plusieurs matrices P et D possibles.

➥ **Exercices 7.2, 7.3, 7.4 *a*), 7.14 *b*), 7.16 *a*).**

Pour décider si un endomorphisme f d'un $\mathbb{K}$-ev E de dimension finie $n \in \mathbb{N}^*$ est diagonalisable

On peut :

- déterminer la matrice A représentant à f dans une base $\mathscr{B}$ de E et utiliser l'équivalence :

A est diagonalisable dans $\mathbf{M}_n(\mathbb{K})$ si et seulement si f est diagonalisable

➥ **Exercices 7.5 *c*, 7.15 *c*), 7.22 *d*)**

- déterminer directement tous les éléments propres de f et utiliser l'équivalence :

$$f \text{ est diagonalisable si et seulement si} \sum_{\lambda \in \mathrm{Sp}(f)} \dim(\mathrm{SEP}(f, \lambda)) = n,$$

où $\mathrm{SEP}(f, \lambda)$ désigne le sous-espace propre de f associé à la valeur propre λ

➥ **Exercices 7.5 *c*), 7.6, 7.19 *c*)**

- montrer qu'il existe une base de E constituée de vecteurs propres de f.

➥ **Exercices 7.21 *b*), 7.24, *b*).**

Pour montrer que deux matrices A et B de $\mathbf{M}_n(\mathbb{K})$ sont semblables

On peut :

- utiliser la définition : montrer qu'il existe une matrice P de $\mathbf{M}_n(\mathbb{K})$ inversible telle que $A = P B P^{-1}$
- considérer l'endomorphisme f de $\mathbb{K}^n$ canoniquement associé à A et montrer qu'il existe une base $\mathscr{B}$ de $\mathbb{K}^n$ dans laquelle la matrice de f est B

(suite)	• montrer que A et B sont semblables à une même matrice (par exemple en diagonalisant A et B lorsque c'est possible). ➥ **Exercices 7.7, 7.17 *b*).**
Pour calculer les puissances A^k ($k \in \mathbb{N}, k \in \mathbb{Z}, ...$) d'une matrice A de $M_n(\mathbb{K})$	On peut : • utiliser l'une des méthodes décrites dans le chapitre 5 • lorsque cela est possible, diagonaliser la matrice A et écrire A sous la forme $A = PDP^{-1}$ avec P inversible et D diagonale ; utiliser ensuite : $\forall k \in \mathbb{N},\ A^k = \underbrace{(PDP^{-1})\cdots(PDP^{-1})}_{k \text{ fois}} = PD^kP^{-1}$, avec $D^k = \big(\operatorname{diag}(\lambda_1, \dots, \lambda_n)\big)^k = \operatorname{diag}(\lambda_1^k, \dots, \lambda_n^k)$; cette formule s'étend aux entiers n négatifs lorsque A est inversible • montrer que A est semblable à une matrice B plus simple et écrire A sous la forme $A = PBP^{-1}$ avec P inversible ; calculer ensuite, pour tout k de $\mathbb{N}$, la matrice B^k puis utiliser : $\forall k \in \mathbb{N},\quad A^k = \underbrace{(PBP^{-1})\cdots(PBP^{-1})}_{k \text{ fois}} = PB^kP^{-1}.$ ➥ **Exercices 7.4, 7.17 *c*).**
Pour obtenir des renseignements sur les valeurs propres d'une matrice $A \in M_n(\mathbb{K})$ ou d'un endomorphisme $f \in \mathscr{L}(E)$ satisfaisant une équation	Montrer que, si λ est une valeur propre de A (resp. de f), alors, pour tout k de $\mathbb{N}$, λ^k est une valeur propre de A^k (resp. de f^k). En déduire une équation satisfaite par les valeurs propres de A (resp. de f), puis les valeurs propres **possibles** de A (resp. de f). ➥ **Exercices 7.8 à 7.11, 7.13 *a*), 7.19 *c*), 7.24 *a*), 7.26.**
Pour obtenir des renseignements en terme de valeur propre d'une matrice $A \in M_n(\mathbb{K})$ ou d'un endomorphisme $f \in \mathscr{L}(E)$ connaissant leurs rangs	Penser aux équivalences suivantes : $\begin{cases} 0 \text{ est une valeur propre de } A & \text{si et seulement si} \quad \operatorname{rg}(A) < n \\ 0 \text{ est une valeur propre de } f & \text{si et seulement si} \quad \operatorname{rg}(f) < \dim(E). \end{cases}$ Dans ce cas, le sous-espace propre associé à la valeur propre 0, qui est alors $\operatorname{Ker}(f)$, est de dimension $n - \operatorname{rg}(A)$ ou $\dim(E) - \operatorname{rg}(f)$. ➥ **Exercices 7.11 *a*), 7.20 *c*).**

Énoncés des exercices

7.1 Condition sur les coefficients d'une matrice carrée pour que trois vecteurs donnés soient des vecteurs propres de cette matrice carrée

Déterminer tous les $(a, b, c, d, e, f) \in \mathbb{R}^6$ tels que la matrice $A = \begin{pmatrix} 1 & a & d \\ 1 & b & e \\ 1 & c & f \end{pmatrix} \in \mathbf{M}_3(\mathbb{R})$

admette pour vecteurs propres : $U = \begin{pmatrix} 1 \\ 1 \\ 0 \end{pmatrix}$, $V = \begin{pmatrix} 0 \\ 1 \\ 1 \end{pmatrix}$, $W = \begin{pmatrix} 1 \\ 0 \\ 1 \end{pmatrix}$.

7.2 Exemples d'étude de diagonalisabilité de matrices carrées d'ordre 2

Les matrices suivantes sont-elles diagonalisables dans $\mathbf{M}_2(\mathbb{R})$? Si oui, les diagonaliser.

a) $A = \begin{pmatrix} 1 & 1 \\ 1 & 1 \end{pmatrix}$ *b)* $B = \begin{pmatrix} 2 & -1 \\ 1 & 4 \end{pmatrix}$ *c)* $C = \begin{pmatrix} 5 & -6 \\ 3 & -6 \end{pmatrix}$ *d)* $E = \begin{pmatrix} 2 & 1 \\ 0 & 2 \end{pmatrix}$.

7.3 Exemples d'étude de diagonalisabilité de matrices carrées d'ordre 3

Les matrices suivantes sont-elles diagonalisables dans $\mathbf{M}_3(\mathbb{R})$? Si oui, les diagonaliser.

a) $A = \begin{pmatrix} -1 & 6 & 2 \\ 0 & 1 & 0 \\ -4 & 12 & 5 \end{pmatrix}$

b) $B = \dfrac{1}{2}\begin{pmatrix} 5 & 4 & -7 \\ -2 & 2 & 2 \\ -1 & 0 & 3 \end{pmatrix}$

c) $C = \begin{pmatrix} 4 & -3 & -2 \\ 5 & -4 & -2 \\ 5 & -3 & -3 \end{pmatrix}$

d) $E = \begin{pmatrix} 0 & 2 & -1 \\ -3 & 5 & -3 \\ -4 & 4 & -3 \end{pmatrix}$.

7.4 Calcul des puissances d'une matrice carrée à l'aide d'une diagonalisation

On considère la matrice $A = \begin{pmatrix} -2 & 1 & 3 \\ -3 & 2 & 3 \\ -1 & 1 & 2 \end{pmatrix}$

a) Montrer que A est diagonalisable et diagonaliser A.

b) Calculer, pour tout n de $\mathbb{N}$, la matrice A^n.

c) Montrer que A est inversible, et calculer, pour tout n de $\mathbb{N}^*$, la matrice A^{-n}.

7.5 Éléments propres d'un endomorphisme d'un ev de polynômes

On considère l'application u définie sur $\mathbb{R}_2[X]$ par :

$$\forall P \in \mathbb{R}_2[X], \quad u(P) = (2X + 1)P - (X^2 - 1)P'.$$

a) Montrer que u est un endomorphisme de $\mathbb{R}_2[X]$.

b) Déterminer les valeurs propres et les sous-espaces propres de u, de deux façons différentes, en utilisant :

1) la définition des éléments propres de u

2) la matrice de u dans la base $(1, X, X^2)$ de $\mathbb{R}_2[X]$.

c) L'endomorphisme u est-il diagonalisable ?

7.6 Éléments propres d'un endomorphisme de $\mathbf{M}_2(\mathbb{R})$

Déterminer les valeurs propres et les sous-espaces propres de l'endomorphisme f suivant :

$$f : \mathbf{M}_2(\mathbb{R}) \longrightarrow \mathbf{M}_2(\mathbb{R}),\ \begin{pmatrix} a & b \\ c & d \end{pmatrix} \longmapsto \begin{pmatrix} d & -b \\ -c & a \end{pmatrix}.$$

L'endomorphisme f est-il diagonalisable ?

7.7 Matrices carrées semblables

Dans les deux exemples suivants, montrer que les matrices A et B de $\mathbf{M}_3(\mathbb{R})$ sont semblables :

a) $A = \begin{pmatrix} 1 & -3 & 3 \\ -2 & -6 & 13 \\ -1 & -4 & 8 \end{pmatrix}$ et $B = \begin{pmatrix} 1 & 1 & 0 \\ 0 & 1 & 1 \\ 0 & 0 & 1 \end{pmatrix}$

b) $A = \begin{pmatrix} 4 & 1 & 3 \\ -1 & 2 & -1 \\ -1 & -1 & 0 \end{pmatrix}$ et $B = \begin{pmatrix} 0 & 1 & 2 \\ -2 & 3 & 2 \\ -1 & 1 & 3 \end{pmatrix}$.

7.8 Polynôme annulateur d'un endomorphisme

Soient E un $\mathbb{K}$-ev de dimension $n \in \mathbb{N}^*$ et $f \in \mathscr{L}(E)$.

On considère un polynôme $P = \displaystyle\sum_{k=0}^{d} a_k X^k$ de $\mathbb{K}[X]$. On note alors $P(f)$ l'endomorphisme de E définie par : $P(f) = \displaystyle\sum_{k=0}^{d} a_k f^k$.

a) Soit x un vecteur propre de f associé à une valeur propre λ.

Montrer que $P(\lambda)$ est une vp de $P(f)$ et que x est un vecteur propre de $P(f)$ associé à $P(\lambda)$.

b) On suppose que $P(f) = 0$ (on dit alors que P est un polynôme annulateur de f). Montrer que les valeurs propres de f sont parmi les racines de P.

La réciproque est-elle vraie ?

7.9 Exemples de matrices carrées satisfaisant une égalité

a) On considère $A = \begin{pmatrix} 1 & -1 & 4 \\ 0 & -1 & 8 \\ 1 & -1 & 3 \end{pmatrix}$. Calculer $A^3 - 3A^2 + 3A - I_3$. En déduire que 1 est la seule vp possible de A. La matrice A est-elle diagonalisable ?

b) On considère $B = \begin{pmatrix} 0 & -3 & -1 \\ -5 & -2 & -5 \\ 3 & 3 & 4 \end{pmatrix}$. Calculer $B^3 - 2B^2 - 5B + 6I_3$. En déduire les vp possibles de B. La matrice B est-elle diagonalisable ?

7.10 Exemple d'équation matricielle

Déterminer toutes les matrices $M \in \mathbf{M}_n(\mathbb{R})$ diagonalisables vérifiant : $M^2 - 2M = -I_n$.

7.11 **Exemple d'étude de diagonalisabilité**

On considère la matrice $A = \begin{pmatrix} 1&0&0&0&0&1 \\ 0&1&0&0&1&0 \\ 0&0&1&1&0&0 \\ 0&0&1&1&0&0 \\ 0&1&0&0&1&0 \\ 1&0&0&0&0&1 \end{pmatrix} \in \mathbf{M}_6(\mathbb{R})$.

a) Déterminer le rang de A.

b) Calculer, pour tout n de $\mathbb{N}^*$, la matrice A^n.

c) Déterminer les valeurs propres et les sous-espaces propres de A.
La matrice A est-elle diagonalisable ?

7.12 **Exemple d'étude de diagonalisabilité**

Pour tout n de $\mathbb{N}^*$, on considère la matrice : $A_n = \begin{pmatrix} 1 & \frac{1}{n} & \frac{1}{n} \\ -\frac{1}{n} & 1+\frac{2}{n} & \frac{1}{n} \\ \frac{1}{n} & -\frac{1}{n} & 1 \end{pmatrix}$.

a) Soit $n \in \mathbb{N}^*$. Montrer que 1 et $1 + \frac{1}{n}$ sont des valeurs propres de A_n. Montrer que A_n est diagonalisable et diagonaliser A_n. La matrice A_n est inversible ?

b) Soit $n \in \mathbb{N}^*$, on note $B_n = A_1 A_2 \cdots A_n$.
La matrice B_n est-elle diagonalisable ? Déterminer ses valeurs propres.
La matrice B_n est-elle inversible ?

7.13 **Étude d'un endomorphisme nilpotent**

Soient E un $\mathbb{K}$-ev de dimension finie $n \geqslant 1$ et $f \in \mathscr{L}(E)$ nilpotent (c'est-à-dire qu'il existe $p \in \mathbb{N}^*$ tel que $f^p = 0$).

a) Montrer que 0 est une valeur propre de f, et que c'est la seule.

b) L'endomorphisme f est-il diagonalisable ?

7.14 **Exemple de diagonalisation**

On considère les matrices carrées d'ordre 3 suivantes :

$1cmI = \begin{pmatrix} 1&0&0 \\ 0&1&0 \\ 0&0&1 \end{pmatrix}, \qquad A = \begin{pmatrix} 0&1&0 \\ 1&0&1 \\ 0&1&0 \end{pmatrix}, \qquad J = \begin{pmatrix} 0&0&1 \\ 0&1&0 \\ 1&0&0 \end{pmatrix}.$

a) Calculer A^2 et exprimer J comme une combinaison linéaire de I et A^2.

b) Montrer qu'il existe une matrice P carrée d'ordre 3 inversible, de première ligne $\begin{pmatrix} 1 & 1 & 1 \end{pmatrix}$, et trois réels $\lambda_1, \lambda_2, \lambda_3$ avec $\lambda_1 < \lambda_2 < \lambda_3$ tels que :

$$A = P \begin{pmatrix} \lambda_1 & 0 & 0 \\ 0 & \lambda_2 & 0 \\ 0 & 0 & \lambda_3 \end{pmatrix} P^{-1}.$$

c) Soit $(a, b, c) \in \mathbb{R}^2$. On note $M = \begin{pmatrix} a & b & c \\ b & a+c & b \\ c & b & a \end{pmatrix}$.

1) Exprimer M comme une combinaison linéaire de I, A, A^2.

2) En déduire une matrice diagonale Δ d'ordre 3 telle que : $M = P\Delta P^{-1}$.

7.15 Exemple d'étude de diagonalisabilité d'une matrice à paramètre

Pour tout $m \in \mathbb{R}$, on note $H_m = \begin{pmatrix} -1-m & m & 2 \\ -m & 1 & m \\ -2 & m & 3-m \end{pmatrix}$ et h_m l'endomorphisme de $\mathbb{R}^3$ canoniquement associé à H_m.

a) Montrer que, pour tout $m \in \mathbb{R}$, 1 est une vp de h_m, et déterminer le sous-espace propre associé.

Déterminer $v_1 \in \mathbb{R}^3$ tel que v_1 soit un vecteur propre commun à tous les endomorphismes h_m, pour $m \in \mathbb{R}$.

b) On pose $v_2 = (1,0,1)$ et $v_3 = (1,1,0)$. Montrer que (v_1, v_2, v_3) est une base de $\mathbb{R}^3$ et écrire, pour tout m de $\mathbb{R}$, la matrice de h_m dans cette base.

c) Déterminer la ou les valeurs de m pour lesquelles h_m est diagonalisable.

7.16 Exemples d'équation matricielle

On considère la matrice $A = \begin{pmatrix} -1 & 10 & -5 \\ -8 & 17 & -8 \\ -6 & 6 & -2 \end{pmatrix}$.

a) Montrer qu'il existe une matrice $P \in \mathbf{M}_3(\mathbb{R})$ inversible et une matrice $D \in \mathbf{M}_3(\mathbb{R})$ diagonale telles que : $A = PDP^{-1}$.

b) Soit $M \in \mathbf{M}_3(\mathbb{R})$ telle que $AM = MA$. On pose $N = P^{-1}MP$.

Montrer que $ND = DN$, puis montrer que N est une matrice diagonale.

c) Déterminer toutes les matrices $M \in \mathbf{M}_3(\mathbb{R})$ telles que : $M^2 = A$.

Expliciter l'une d'elles.

d) Déterminer toutes les matrices $M \in \mathbf{M}_3(\mathbb{R})$ telles que : $6M - M^2 = A$.

7.17 Calcul des puissances et du commutant d'une matrice carrée donnée

On considère la matrice $A = \begin{pmatrix} 3 & -2 & 3 \\ 1 & 0 & 2 \\ 0 & 0 & 2 \end{pmatrix} \in \mathbf{M}_3(\mathbb{R})$.

a) Déterminer les valeurs propres et les sous-espaces propres de A.

La matrice A est-elle diagonalisable ?

b) Montrer que A est semblable à la matrice $T = \begin{pmatrix} 1 & 0 & 0 \\ 0 & 2 & 1 \\ 0 & 0 & 2 \end{pmatrix}$, et déterminer une matrice $P \in \mathbf{M}_3(\mathbb{R})$ inversible telle que : $A = PTP^{-1}$. Calculer P^{-1}.

c) Pour tout n de $\mathbb{N}$, calculer la matrice T^n et en déduire la matrice A^n.

d) On note $\mathscr{C}(A) = \{M \in \mathbf{M}_3(\mathbb{R})\ ;\ AM = MA\}$ et $\mathscr{C}(T) = \{N \in \mathbf{M}_3(\mathbb{R})\ ;\ TN = NT\}$.

1) Montrer que $M \in \mathscr{C}(A)$ si et seulement si $P^{-1}MP \in \mathscr{C}(T)$.

2) Déterminer l'ensemble $\mathscr{C}(T)$.

3) En déduire que $\mathscr{C}(A)$ est un $\mathbb{R}$-ev de dimension finie, puis en déterminer une base et sa dimension.

7.18 **Exemples de détermination des éléments propres de matrices de $\mathbf{M}_n(\mathbb{R})$**

Soit $n \geqslant 3$. Déterminer les valeurs propres et les sous-espaces propres des matrices de $\mathbf{M}_n(\mathbb{R})$ suivantes. Ces matrices sont-elles diagonalisables ?

$$A = \begin{pmatrix} 1 & \cdots & 1 \\ \vdots & (1) & \vdots \\ 1 & \cdots & 1 \end{pmatrix} \quad \text{et} \quad B = \begin{pmatrix} 1 & \cdots & 1 \\ \vdots & (0) & \vdots \\ 1 & \cdots & 1 \end{pmatrix}.$$

7.19 **Étude de diagonalisabilité d'un endomorphisme d'un ev de polynômes**

Pour tout polynôme P de $\mathbb{R}_4[\mathrm{X}]$, on pose $\Phi(P) = P(\mathrm{X}) + 2\mathrm{X}^4 P\left(\dfrac{1}{\mathrm{X}}\right)$.

a) Montrer que Φ est un endomorphisme de $\mathbb{R}_4[\mathrm{X}]$.

b) Exprimer $\Phi \circ \Phi$ en fonction de Φ et de l'identité. Est-ce que Φ est bijectif ?

c) Déterminer les valeurs propres de Φ. L'endomorphisme Φ est-il diagonalisable ?

7.20 **Condition de diagonalisabilité d'une matrice carrée de rang 1**

Soient $n \geqslant 2$ et $A \in \mathbf{M}_n(\mathbb{R})$ telle que $\mathrm{rg}(A) = 1$.

On note $\mathrm{tr}(A)$ la somme des éléments diagonaux de A.

a) Montrer qu'il existe deux matrices U et V de $\mathbf{M}_{n,1}(\mathbb{R})$ non nulles telles que $A = U\,{}^{\mathrm{t}}V$.

b) Montrer que ${}^{\mathrm{t}}V\,U = \mathrm{tr}(A)$. Exprimer A^2 en fonction de A.

c) Montrer que A est diagonalisable si et seulement si $\mathrm{tr}(A) \neq 0$.

7.21 **Codiagonalisation**

Soit E un $\mathbb{K}$-ev de dimension $n \in \mathbb{N}^*$ et soient $u, v \in \mathscr{L}(E)$ tels que : $u \circ v = v \circ u$.

a) Montrer que chaque sous-espace propre de u est stable par v.

b) On suppose dans cette question que u admet n valeurs propres distinctes.

1) Montrer que tout vecteur propre de u est aussi un vecteur propre de v.

2) En déduire que v est diagonalisable, et qu'il existe une base de E constituée de vecteurs propres communs à u et à v.

7.22 **Éléments propres d'un endomorphisme d'un ev de polynômes**

Soit $n \in \mathbb{N}^*$. On définit, pour tout polynôme P de $\mathbb{C}_n[\mathrm{X}]$,

$$f(P) = (\mathrm{X}^2 - 1)P'(\mathrm{X}) - (n\mathrm{X} - 1)P(\mathrm{X}).$$

a) Montrer que f est un endomorphisme de $\mathbb{C}_n[\mathrm{X}]$.

b) Soit P un vecteur propre de f.

Montrer que les seules racines possibles de P sont 1 et -1 et que $\deg(P) = n$.

c) En déduire les valeurs propres et les sous-espaces propres de f.

L'endomorphisme f est-il diagonalisable ?

d) On note $A = \begin{pmatrix} 1 & -1 & 0 & 0 \\ -3 & 1 & -2 & 0 \\ 0 & -2 & 1 & -3 \\ 0 & 0 & -1 & 1 \end{pmatrix}$. En utilisant les résultats précédents, montrer que A est diagonaliable et diagonaliser A.

7.23 Valeurs propres d'une matrice stochastique

Soit $A \in \mathbf{M}_n(\mathbb{R})$ telle que : $\Big(\forall (i,j) \in [\![1\,;n]\!]^2,\ a_{i,j} \geqslant 0\Big)$ et $\Big(\forall i \in [\![1\,;n]\!],\ \sum_{j=1}^{n} a_{i,j} = 1\Big)$.

a) Montrer que 1 est une valeur propre de A.

b) Soit λ une valeur propre de A et $X = \begin{pmatrix} x_1 \\ \vdots \\ x_n \end{pmatrix} \in \mathbf{M}_{n,1}(\mathbb{R})$ un vecteur propre associé.

On note i_0 un élément de $[\![1\,;n]\!]$ tel que : $\forall i \in [\![1\,;n]\!],\ |x_i| \leqslant |x_{i_0}|$.

Montrer que $\left|\lambda x_{i_0}\right| \leqslant |x_{i_0}|$, puis en déduire que $\lambda \in [-1\,;1]$.

7.24 Exemple d'un endomorphisme de E satisfaisant une équation

Soient $a \in \mathbb{K}^*$ et E un $\mathbb{K}$-ev de dimension finie. Soit $u \in \mathscr{L}(E)$ tel que $u^2 - au = 0$.

a) Déterminer les valeurs propres de u en fonction de $\mathrm{rg}(u)$.

b) Montrer que u est diagonalisable.

7.25 Comparaison des éléments propres de MN et de NM, avec $M, N \in \mathbf{M}_n(\mathbb{K})$

Soit $n \geqslant 1$ et soient M et N deux matrices de $\mathbf{M}_n(\mathbb{K})$.

a) Montrer que MN et NM ont les mêmes valeurs propres.

b) Soit λ une valeur propre non nulle de MN. Montrer que les sous-espaces propres de MN et de NM associés à la vp λ ont la même dimension.

c) Le résultat précédent est-il encore valable pour $\lambda = 0$?

7.26 Étude de diagonalisabilité pour une matrice compagnon associée à un polynôme

Soient $n \geqslant 2$ et $P = \mathrm{X}^n + a_{n-1}\mathrm{X}^{n-1} + \cdots + a_1\mathrm{X} + a_0$ un polynôme de $\mathbb{C}_n[\mathrm{X}]$.

On note C la matrice de $\mathbf{M}_n(\mathbb{C})$ définie par $C = \begin{pmatrix} 0 & \cdots & \cdots & \cdots & 0 & -a_0 \\ 1 & \ddots & (0) & & \vdots & -a_1 \\ 0 & \ddots & \ddots & & \vdots & \vdots \\ \vdots & \ddots & \ddots & \ddots & \vdots & \vdots \\ \vdots & (0) & \ddots & \ddots & 0 & -a_{n-2} \\ 0 & \cdots & \cdots & 0 & 1 & -a_{n-1} \end{pmatrix}$ (la matrice C est appelée la matrice compagnon du polynôme P).

On note $\mathscr{B} = (e_1, \ldots, e_n)$ la base canonique de $\mathbb{C}^n$ et f l'endomorphisme de $\mathbb{C}^n$ canoniquement associé à C.

a) 1) Calculer, pour tout $i \in [\![0\,;n]\!]$, $f^i(e_1)$.

2) Montrer que l'endomorphisme $P(f) = f^n + a_{n-1}f^{n-1} + \cdots + a_1 f + a_0\mathrm{Id}_{\mathbb{C}^n}$ est l'application nulle.

3) En déduire que les valeurs propres de C sont des racines du polynôme P.

b) Soient λ une racine du polynôme P et $R \in \mathbb{C}[\mathrm{X}]$ tel que $P(\mathrm{X}) = (\mathrm{X} - \lambda)R(\mathrm{X})$.

1) Justifier que $(f - \lambda\mathrm{Id}_{\mathbb{C}^n}) \circ R(f)$ est l'application nulle.

2) En déduire que les racines du polynôme P sont des valeurs propres de C.

c) 1) Montrer que, pour tout $x \in \mathbb{C}$, $\mathrm{rg}(C - x\mathrm{I}_n) \geqslant n - 1$.

En déduire que chaque sous-espace propre de C est de dimension 1.

2) Montrer que C est diagonalisable si et seulement si P admet n racines distinctes.

d) Les matrices suivantes sont-elle diagonalisables ?

$$A_1 = \begin{pmatrix} 0 & 0 & 0 & 1 \\ 1 & 0 & 0 & 0 \\ 0 & 1 & 0 & 0 \\ 0 & 0 & 1 & 0 \end{pmatrix} \qquad A_2 = \begin{pmatrix} 0 & 0 & 0 & 4 \\ 1 & 0 & 0 & -8 \\ 0 & 1 & 0 & 3 \\ 0 & 0 & 1 & 2 \end{pmatrix}.$$

Du mal à démarrer ?

7.1 *1re méthode :* utiliser la définition des $\overrightarrow{\text{vp}}$.

2e méthode : noter $P = \begin{pmatrix} U & V & W \end{pmatrix}$; montrer que P est inversible et traduire que $P^{-1}AP$ est diagonale.

7.2 Utiliser les définitions du cours et les méthodes décrites dans ce chapitre.

7.3 Utiliser les définitions du cours et les méthodes décrites dans ce chapitre.

7.4 *a)* Utiliser les définitions du cours et les méthodes décrites dans ce chapitre.

b) Utiliser le fait que, si $A = PDP^{-1}$, alors, pour tout n de $\mathbb{N}$, $A^n = PD^nP^{-1}$.

c) Montrer que l'expression de A^n obtenue au *b)* est encore valable pour n entier négatif.

7.5 *a)* Montrer que $u : \mathbb{R}_2[X] \to \mathbb{R}_2[X]$ puis que u est linéaire.

b) 1) Résoudre l'équation $u(P) = \lambda P$, d'inconnues $\lambda \in \mathbb{R}$ et $P \in \mathbb{R}_2[X] \setminus \{0\}$.

c) 2) Montrer que la matrice de u dans la base $(1, X, X^2)$ est $A = \begin{pmatrix} 1 & 1 & 0 \\ 2 & 1 & 2 \\ 0 & 1 & 1 \end{pmatrix}$. Déterminer les éléments propres de A puis en déduire les éléments propres de u.

d) Utiliser une CNS de diagonalisabilité

7.6 • Résoudre l'équation $f(M) = \lambda M$, d'inconnues $\lambda \in \mathbb{R}$ et $M \in \mathbf{M}_2(\mathbb{R}) \setminus \{0\}$.

• En déduire les éléments propres de f, puis utiliser une CNS de diagonalisabilité.

7.7 *a)* Considérer l'endomorphisme f de $\mathbb{K}^3$ canoniquement associé à A, et montrer qu'il existe une base de $\mathbb{K}^3$ dans laquelle la matrice de f est B.

b) Montrer que A est diagonalisable, et en déduire que A est semblable à la matrice $D = \begin{pmatrix} 1 & 0 & 0 \\ 0 & 2 & 0 \\ 0 & 0 & 3 \end{pmatrix}$.

Montrer ensuite que B est aussi semblable à cette matrice. Conclure.

7.8 *a)* Montrer dans un premier temps que, pour tout k de $\mathbb{N}$, $f^k(x) = \lambda^k x$. En déduire : $P(f)(x) = P(\lambda)x$.

b) Montrer que, si λ est une vp de f, alors $P(\lambda) = 0$.

7.9 *a)* Montrer que : $A^3 - 3A^2 + 3A - \mathrm{I}_3 = 0$. En déduire que 1 est la seule vp possible de A, puis montrer que A n'est pas diagonalisable.

b) Montrer : $B^3 - 2B^2 - 5B + 6\mathrm{I}_3 = 0$. En déduire que les seules vp possibles de B sont $1, 3, -2$. Montrer que $1, 3, -2$ sont des vp de B et conclure que B est diagonalisable.

7.10 Raisonner par analyse-synthèse. Montrer que si M est solution, alors $M = \mathrm{I}_n$. Puis étudier la réciproque.

7.11 *a)* Obtenir : $\mathrm{rg}(A) = 3$.

b) Remarquer que $A^2 = 2A$. En déduire une expression de A^n en fonction de n.

c) Montrer que 0 et 2 sont les seules vp possibles de A, puis vérifier que ce sont bien des vp. Déterminer les SEP associés et conclure.

7.12 *a)* Résoudre les systèmes $AX = X$ et $AX = \left(1 + \dfrac{1}{n}\right)X$.

En déduire que A_n est diagonalisable et qu'il existe deux matrices P et D_n carrées d'ordre 3, avec P inversible et D_n diagonale telles que : $A_n = PD_nP^{-1}$, la matrice P étant indépendante de n.

b) Remarquer que $B_n = P(D_1 \cdots D_n)P^{-1}$. En déduire que B est semblable à une matrice diagonale, donc est diagonalisable.

7.13 *a)* • Montrer que f n'est pas injectif et en déduire que 0 est une vp de f.

• Montrer que si $f^p = 0$ et si λ est une vp de f, alors $\lambda^p = 0$. Conclure.

b) Montrer : f est diagonalisable si et seulement si $f = 0$.

7.14 *a)* Obtenir : $J = A^2 - I$.

b) Utiliser les définitions du cours et les méthodes décrites dans ce chapitre. Bien respecter les consignes de l'énoncé.

c) Obtenir : $M(a, b, c) = (a - c)I + bA + cA^2$.

Remarquer que $A = PDP^{-1}$, $A^2 = PD^2P^{-1}$ et $I = PIP^{-1}$.

En déduire la matrice Δ.

7.15 *a)* Résoudre le système $h_m(u) = u$ d'inconnue $u = (x, y, z)$. Séparer les cas $m = 0$ et $m \neq 0$.

b) Obtenir que la matrice de h_m dans la base (v_1, v_2, v_3) est :

$$A_m = \begin{pmatrix} 1 & 0 & 0 \\ 0 & 1-m & m-2 \\ 0 & 0 & 1-m \end{pmatrix}.$$

c) En déduire les vp et les SEP de A_m en séparant les cas $m = 0, m = 2, m \neq 0, 2$. Déterminer ensuite les valeurs de m pour lesquelles A_m est diagonalisable et donc pour lesquelles h_m est diagonalisable.

7.16 *a)* Utiliser les définitions du cours et les méthodes décrites dans ce chapitre.

b) Utiliser la relation $AM = MA$ avec $A = PDP^{-1}$ et $M = PNP^{-1}$.

Ensuite écrire $N = \begin{pmatrix} a & b & c \\ d & e & f \\ g & h & i \end{pmatrix}$, et résoudre $DN = ND$.

c) Utiliser la question *b)* et montrer que

$$P^{-1}MP = \begin{pmatrix} x & 0 & 0 \\ 0 & y & 0 \\ 0 & 0 & z \end{pmatrix} \text{ avec } \begin{cases} x^2 = 1 \\ y^2 = 4 \\ z^2 = 9 \end{cases}.$$

d) Utiliser la question *b)* et montrer que

$$P^{-1}MP = \begin{pmatrix} x & 0 & 0 \\ 0 & y & 0 \\ 0 & 0 & z \end{pmatrix} \text{ avec } \begin{cases} 6x - x^2 = 1 \\ 6y - y^2 = 4 \\ 6z - z^2 = 9 \end{cases}.$$

7.17 *a)* Montrer que A n'est pas diagonalisable.

b) Considérer l'endomorphisme f de $\mathbb{R}^3$ canoniquement associé à A, et montrer qu'il existe une base de $\mathbb{R}^3$ dans laquelle la matrice de f est T.

c) Utiliser : $\forall n \in \mathbb{N},\ A^n = PT^nP^{-1}$.

d) 2) Montrer que $\mathscr{C}(T) = \left\{\begin{pmatrix} a & 0 & 0 \\ 0 & b & c \\ 0 & 0 & b \end{pmatrix} ;\ (a, b, c) \in \mathbb{R}^3\right\}$.

e) 3) En déduire $\mathscr{C}(A) = \left\{P\begin{pmatrix} a & 0 & 0 \\ 0 & b & c \\ 0 & 0 & b \end{pmatrix}P^{-1} ;\ (a, b, c) \in \mathbb{R}^3\right\}$.

7.18 Revenir à la définition des éléments propres d'une matrice carrée. Résoudre le système $AX = \lambda X$ d'inconnues $\lambda \in \mathbb{R}$ et $X \in \mathbf{M}_{n,1}(\mathbb{R}) \setminus \{0\}$.

Même chose pour la matrice B.

7.19 *b)* Montrer $\Phi \circ \Phi = 2\Phi + 3\,\mathrm{Id}_{\mathbb{R}_4[X]}$.

En déduire que Φ est bijectif et $\Phi^{-1} = \dfrac{1}{3}\Phi - \dfrac{2}{3}\,\mathrm{Id}_{\mathbb{R}_4[X]}$.

c) Montrer que -1 et 3 sont les seules vp possibles de Φ, puis que ce sont bien des vp de Φ. Déterminer les SEP associés et conclure que Φ est diagonalisable.

7.20 *a)* Montrer qu'il existe une colonne C_{i_0} non nulle de A telle que toutes les autres colonnes lui sont proportionnelles.

Prendre $U = C_{i_0}$ et V la matrice des coefficients de proportionalités.

b) Obtenir : $A^2 = \mathrm{tr}(A)A$.

c) En déduire que les seules vp possibles de A sont 0 et $\mathrm{tr}(A)$. Montrer que si $\mathrm{tr}(A) = 0$, alors A n'est pas diagonalisable, et que si $\mathrm{tr}(A) \neq 0$, alors U est un $\overrightarrow{\mathrm{vp}}$ de A associé à la vp $\mathrm{tr}(A)$, puis conclure.

7.21 *a)* Montrer que : $\forall x \in \mathrm{SEP}(u, \lambda),\ v(x) \in \mathrm{SEP}(u, \lambda)$.

b) 1) Utiliser le fait que tous les SEP de u sont de dimension 1.

7.22 *b)* • Considérer α une racine de P et r son ordre de multiplicité. Montrer qu'il existe deux polynômes Q et R tels que :

$$\begin{cases} P(X) = (X - \alpha)^r Q(X) \quad \text{et} \quad Q(\alpha) \neq 0 \\ P'(X) = (X - \alpha)^{r-1} R(X) \quad \text{et} \quad R(\alpha) \neq 0 \end{cases}.$$

Reporter ces expressions dans la relation $f(P) = \lambda P$, puis prendre $X = \alpha$ pour en déduire que $\alpha^2 = 1$.

c) Écrire alors que les $\overrightarrow{\mathrm{vp}}$ de f sont la forme :

$$P(X) = a(X - 1)^r(X + 1)^{n-r}, \text{ avec } a \in \mathbb{C}^* \text{ et } r \in [\![0\,;n]\!].$$

En déduire la vp associée.

Montrer ensuite que f admet $n + 1$ vp distinctes.

d) Prendre $n = 3$, et montrer que la matrice de f dans la base $(1, X, X^2, X^3)$ est la matrice A.

En utilisant les éléments propres de f, déterminer les éléments propres de A.

7.23 *a)* Considérer le vecteur $V = \begin{pmatrix} 1 \\ \vdots \\ 1 \end{pmatrix}$ et calculer AV.

b) Calculer, pour tout $i \in [\![1\,;n]\!]$, $(AX)_i$ puis utiliser le fait que $AX = \lambda X$.

7.24 *a)* Montrer que les seules vp possibles de u sont 0 et a. Puis distinguer les cas $\mathrm{rg}(u) = \dim(E)$, $\mathrm{rg}(u) = 0$ et $0 < \mathrm{rg}(u) < \dim(E)$ pour en déduire les vp de u.

b) Montrer : $E = \mathrm{Ker}(u) \oplus \mathrm{Ker}(u - a\mathrm{Id}_E)$. Puis conclure.

7.25 *a)* Considérer λ une vp de MN. Montrer alors que λ est une vp de NM en distinguant les cas $\lambda = 0$ et $\lambda \neq 0$.

Utiliser ensuite la symétrie des rôles de M et N pour conclure.

b) Considérer $(X_1, \dots, X_p)$ une base de $\mathrm{SEP}(MN, \lambda)$. Montrer alors que $(NX_1, \dots, NX_p)$ est une famille libre de $\mathrm{SEP}(NM, \lambda)$.

En déduire que $\dim(\mathrm{SEP}(NM, \lambda)) \geqslant \dim(\mathrm{SEP}(MN, \lambda))$.

Utiliser ensuite la symétrie des rôles de M et N pour conclure.

c) Montrer que le résultat n'est plus valable pour $\lambda = 0$ en trouvant un contre-exemple.

7.26 *a) 1)* Montrer : $\forall i \in [\![0\,;n-1]\!],\ f^i(e_1) = e_{i+1}$

et : $f^n(e_1) = -(a_0 e_1 + \dots + a_{n-1} e_n)$.

a) 2) Montrer que $P(f)(e_1) = 0$, puis utiliser le fait que, pour tout $i \in [\![2\,;n]\!]$, $e_i = f^{i-1}(e_1)$, et donc :

$$P(f)(e_i) = f^{i-1}(P(f))(e_1) = 0.$$

b) 2) Montrer que l'application $R(f)$ n'est pas l'application nulle. En déduire que $f - \lambda \mathrm{Id}_{\mathbb{C}^n}$ n'est pas bijectif. Conclure.

c) 1) Considérer les $n-1$ premières colonnes de la matrice $C - x\,\mathrm{I}_n$ pour en déduire $\mathrm{rg}(C - x\,\mathrm{I}_n) \geqslant n-1$.

c) 2) Utiliser les questions précédentes.

d) Considérer les polynômes associés à ces matrices compagnons puis utiliser le résultat de la question précédente.

Corrigés des exercices

7.1 *1re méthode :* utilisation de la définition des $\overrightarrow{\text{vp}}$.

Remarque : Les trois vecteurs colonnes U, V, W sont tous non nuls.

• U est un $\overrightarrow{\text{vp}}$ de A

$\iff$ il existe $\alpha \in \mathbb{R}$ tel que $AU = \alpha U$

$\iff$ il existe $\alpha \in \mathbb{R}$ tel que $\begin{pmatrix} 1+a \\ 1+b \\ 1+c \end{pmatrix} = \alpha \begin{pmatrix} 1 \\ 1 \\ 0 \end{pmatrix}$

$\iff$ il existe $\alpha \in \mathbb{R}$ tel que $\begin{cases} 1+a=\alpha \\ 1+b=\alpha \\ 1+c=0 \end{cases}$

$\iff \begin{cases} a=b \\ c=-1 \end{cases}$ (1).

• V est un $\overrightarrow{\text{vp}}$ de A

$\iff$ il existe $\beta \in \mathbb{R}$ tel que $AV = \beta V$

$\iff$ il existe $\beta \in \mathbb{R}$ tel que $\begin{pmatrix} a+d \\ b+e \\ c+f \end{pmatrix} = \beta \begin{pmatrix} 0 \\ 1 \\ 1 \end{pmatrix}$

$\iff$ il existe $\beta \in \mathbb{R}$ tel que $\begin{cases} a+d=0 \\ b+e=\beta \\ c+f=\beta \end{cases}$

$\iff \begin{cases} a=-d \\ b+e=c+f \end{cases}$ (2).

• W est un $\overrightarrow{\text{vp}}$ de A

$\iff$ il existe $\gamma \in \mathbb{R}$ tel que $AW = \gamma W$

$\iff$ il existe $\gamma \in \mathbb{R}$ tel que $\begin{pmatrix} 1+d \\ 1+e \\ 1+f \end{pmatrix} = \gamma \begin{pmatrix} 1 \\ 0 \\ 1 \end{pmatrix}$

$\iff$ il existe $\gamma \in \mathbb{R}$ tel que $\begin{cases} 1+d=\gamma \\ 1+e=0 \\ 1+f=\gamma \end{cases}$

$\iff \begin{cases} e=-1 \\ d=f \end{cases}$ (3).

On en déduit : U, V, W sont des $\overrightarrow{\text{vp}}$ de A

$\iff$ les systèmes (1), (2), (3) sont vérifiés

$\iff \begin{cases} c=e=-1 \\ a=b=-d=f=d \end{cases} \iff \begin{cases} c=e=-1 \\ a=b=d=f=0 \end{cases}$

$\iff A = \begin{pmatrix} 1 & 0 & 0 \\ 1 & 0 & -1 \\ 1 & -1 & 0 \end{pmatrix}$.

2e méthode : utilisation d'une matrice de passage.

Notons $P = \begin{pmatrix} U & V & W \end{pmatrix} = \begin{pmatrix} 1 & 0 & 1 \\ 1 & 1 & 0 \\ 0 & 1 & 1 \end{pmatrix}$.

Alors P est inversible, donc (U, V, W) est une base $\mathbf{M}_{3,1}(\mathbb{R})$, et :

$P^{-1} = \dfrac{1}{2}\begin{pmatrix} 1 & 1 & -1 \\ -1 & 1 & 1 \\ 1 & -1 & 1 \end{pmatrix}$.

Ainsi : U, V, W sont des $\overrightarrow{\text{vp}}$ de A

$\iff$ la famille (U, V, W) est une base de $\mathbf{M}_{3,1}(\mathbb{R})$ constituée de $\overrightarrow{\text{vp}}$ de A

$\iff$ la matrice $P^{-1}AP$ est diagonale.

Or : $P^{-1}AP$

$$= \frac{1}{2}\begin{pmatrix} 1 & 1 & -1 \\ -1 & 1 & 1 \\ 1 & -1 & 1 \end{pmatrix}\begin{pmatrix} 1 & a & d \\ 1 & b & e \\ 1 & c & f \end{pmatrix}\begin{pmatrix} 1 & 0 & 1 \\ 1 & 1 & 0 \\ 0 & 1 & 1 \end{pmatrix}$$

$$= \frac{1}{2}\begin{pmatrix} 1 & 1 & -1 \\ -1 & 1 & 1 \\ 1 & -1 & 1 \end{pmatrix}\begin{pmatrix} 1+a & a+d & 1+d \\ 1+b & b+e & 1+e \\ 1+c & c+f & 1+f \end{pmatrix}$$

$$= \frac{1}{2}\begin{pmatrix} 1+a+b-c & a+b-c+d+e-f & 1+d+e-f \\ 1-a+b+c & -a+b+c-d+e+f & 1-d+e+f \\ 1+a-b+c & a-b+c+d-e+f & 1+d-e+f \end{pmatrix}.$$

Ainsi : U, V, W sont des $\overrightarrow{\text{vp}}$ de A

$$\iff \begin{cases} a+b-c+d+e-f=0 \\ 1+d+e-f=0 \\ 1-a+b+c=0 \\ 1-d+e+f=0 \\ 1+a-b+c=0 \\ a-b+c+d-e+f=0 \end{cases} \iff \begin{cases} a=0 \\ b=0 \\ c=-1 \\ d=0 \\ e=-1 \\ f=0 \end{cases}$$

$\iff A = \begin{pmatrix} 1 & 0 & 0 \\ 1 & 0 & -1 \\ 1 & -1 & 0 \end{pmatrix}$.

Par chacune des deux méthodes, on conclut qu'il existe un et un seul 6-uplet (a, b, c, d, e, f) de $\mathbb{R}^6$ qui convient :

$$(a, b, c, d, e, f) = (0, 0, -1, 0, -1, 0).$$

7.2 *a)* • Déterminons les vp de A. Soit $\lambda \in \mathbb{R}$. On a :

$$\text{rg}(A - \lambda I_2) = \text{rg}\begin{pmatrix} 1-\lambda & 1 \\ \boxed{1} & 1-\lambda \end{pmatrix}$$

$$= \text{rg}\begin{pmatrix} 1 & 1-\lambda \\ 0 & \lambda(\lambda-2) \end{pmatrix} \begin{matrix} L_1 \longleftarrow L_2 \\ L_2 \longleftarrow (1-\lambda)L_2 - L_1 \end{matrix}$$

$$= \begin{cases} 2 \text{ si } \lambda \neq 0 \text{ et } \lambda \neq 2 \\ 1 \text{ sinon} \end{cases}.$$

Ainsi, A admet 0 et 2 pour vp.

• La matrice A admet deux vp distinctes et $A \in \mathbf{M}_2(\mathbb{R})$. Donc A est diagonalisable. Déterminons les SEP de A.

1) $X = \begin{pmatrix} x \\ y \end{pmatrix} \in \mathrm{SEP}(A, 0) \iff AX = 0$

$$\iff \begin{cases} x + y = 0 \\ x + y = 0 \end{cases} \iff y = -x.$$

Ainsi : $\quad \mathrm{SEP}(A, 0) = \left\{ \begin{pmatrix} x \\ -x \end{pmatrix} \; ; \; x \in \mathbb{R} \right\} = \mathrm{Vect}\left(\begin{pmatrix} 1 \\ -1 \end{pmatrix} \right).$

2) $X = \begin{pmatrix} x \\ y \end{pmatrix} \in \mathrm{SEP}(A, 2) \iff AX = 2X$

$$\iff \begin{cases} x + y = 2x \\ x + y = 2y \end{cases} \iff y = x.$$

Ainsi : $\quad \mathrm{SEP}(A, 2) = \left\{ \begin{pmatrix} x \\ x \end{pmatrix} \; ; \; x \in \mathbb{R} \right\} = \mathrm{Vect}\left(\begin{pmatrix} 1 \\ 1 \end{pmatrix} \right).$

• On en déduit que $A = P D P^{-1}$ avec (par exemple) :

$$P = \begin{pmatrix} 1 & 1 \\ -1 & 1 \end{pmatrix} \quad \text{et} \quad D = \begin{pmatrix} 0 & 0 \\ 0 & 2 \end{pmatrix}.$$

b) • Déterminons les vp de B. Soit $\lambda \in \mathbb{R}$. On a :

$$\begin{aligned} \mathrm{rg}(B - \lambda \mathrm{I}_2) &= \mathrm{rg} \begin{pmatrix} 2 - \lambda & -1 \\ \boxed{1} & 4 - \lambda \end{pmatrix} \\ &= \mathrm{rg} \begin{pmatrix} 1 & 4 - \lambda \\ 0 & (\lambda - 3)^2 \end{pmatrix} \begin{matrix} L_1 \longleftarrow L_2 \\ L_2 \longleftarrow (2 - \lambda) L_2 - L_1 \end{matrix} \\ &= \begin{cases} 2 \text{ si } \lambda \neq 3 \\ 1 \text{ sinon} \end{cases}. \end{aligned}$$

Ainsi, B admet 3 pour unique vp.

• Si la matrice B est diagonalisable, alors il existe $P \in \mathbf{M}_2(\mathbb{R})$ inversible telle que :

$$B = P \begin{pmatrix} 3 & 0 \\ 0 & 3 \end{pmatrix} P^{-1} = 3P\mathrm{I}_2 P^{-1} = 3\mathrm{I}_2,$$

ce qui est absurde !

Donc B n'est pas diagonalisable.

c) • Déterminons les vp de C. Soit $\lambda \in \mathbb{R}$. On a :

$$\begin{aligned} \mathrm{rg}(C - \lambda \mathrm{I}_2) &= \mathrm{rg} \begin{pmatrix} 5 - \lambda & -6 \\ \boxed{3} & -6 - \lambda \end{pmatrix} \\ &= \mathrm{rg} \begin{pmatrix} 3 & -6 - \lambda \\ 0 & \lambda^2 + \lambda - 12 \end{pmatrix} \begin{matrix} L_1 \longleftarrow L_2 \\ L_2 \longleftarrow (5 - \lambda) L_2 - 3L_1 \end{matrix} \\ &= \begin{cases} 2 \text{ si } \lambda \neq 3 \text{ et } \lambda \neq -4 \\ 1 \text{ sinon} \end{cases}. \end{aligned}$$

Ainsi, C admet -4 et 3 pour vp.

• La matrice C admet deux vp distinctes et $C \in \mathbf{M}_2(\mathbb{R})$. Donc C est diagonalisable. Déterminons les SEP de C.

1) $X = \begin{pmatrix} x \\ y \end{pmatrix} \in \mathrm{SEP}(C, -4) \iff CX = -4X$

$$\iff \begin{cases} 5x - 6y = -4x \\ 3x - 6y = -4y \end{cases} \iff y = \frac{3}{2}x.$$

Ainsi : $\quad \mathrm{SEP}(C, -4) = \left\{ \begin{pmatrix} x \\ \frac{3}{2}x \end{pmatrix} \; ; \; x \in \mathbb{R} \right\} = \mathrm{Vect}\left(\begin{pmatrix} 2 \\ 3 \end{pmatrix} \right).$

2) $X = \begin{pmatrix} x \\ y \end{pmatrix} \in \mathrm{SEP}(C, 3) \iff CX = 3X$

$$\iff \begin{cases} 5x - 6y = 3x \\ 3x - 6y = 3y \end{cases} \iff x = 3y.$$

Ainsi : $\quad \mathrm{SEP}(C, 3) = \left\{ \begin{pmatrix} 3y \\ y \end{pmatrix} \; ; \; y \in \mathbb{R} \right\} = \mathrm{Vect}\left(\begin{pmatrix} 3 \\ 1 \end{pmatrix} \right).$

• On en déduit que $C = P D P^{-1}$ avec (par exemple) :

$$P = \begin{pmatrix} 2 & 3 \\ 3 & 1 \end{pmatrix} \quad \text{et} \quad D = \begin{pmatrix} -4 & 0 \\ 0 & 3 \end{pmatrix}.$$

d) • La matrice E est triangulaire supérieure, donc les valeurs propres de E sont les éléments de sa diagonale.

Ainsi, E admet 2 comme unique vp.

• Si la matrice E est diagonalisable, alors il existe $P \in \mathbf{M}_2(\mathbb{R})$ inversible telle que :

$$E = P \begin{pmatrix} 2 & 0 \\ 0 & 2 \end{pmatrix} P^{-1} = 2P\mathrm{I}_2 P^{-1} = 2\mathrm{I}_2,$$

ce qui est absurde !

Donc E n'est pas diagonalisable.

7.3 *a)* • Déterminons les vp de A. Soit $\lambda \in \mathbb{R}$. On a :

$$\begin{aligned} \mathrm{rg}(A - \lambda \mathrm{I}_3) &= \mathrm{rg} \begin{pmatrix} -1 - \lambda & 6 & 2 \\ 0 & 1 - \lambda & 0 \\ \boxed{-4} & 12 & 5 - \lambda \end{pmatrix} \\ &= \mathrm{rg} \begin{pmatrix} -4 & 12 & 5 - \lambda \\ 0 & 1 - \lambda & 0 \\ 0 & 12(1 - \lambda) & (\lambda - 1)(\lambda - 3) \end{pmatrix} \begin{matrix} L_1 \longleftarrow L_3 \\ \\ L_3 \longleftarrow 4L_1 - (1 + \lambda) L_3 \end{matrix} \\ &= \mathrm{rg} \begin{pmatrix} -4 & 12 & 5 - \lambda \\ 0 & 1 - \lambda & 0 \\ 0 & 0 & (\lambda - 1)(\lambda - 3) \end{pmatrix} \; L_3 \longleftarrow L_3 - 12L_2 \\ &= \begin{cases} 3 \text{ si } \lambda \neq 1 \text{ et } \lambda \neq 3 \\ 2 \text{ si } \lambda = 3 \\ 1 \text{ si } \lambda = 1 \end{cases}. \end{aligned}$$

Ainsi : $\quad$ les vp de A sont 1 et 3.

• De plus, puisque $\mathrm{rg}(A - \mathrm{I}_3) = 1$, alors d'après le théorème du rang : $\quad \dim(\mathrm{SEP}(A, 1)) = 3 - 1 = 2.$

De même, puisque $\mathrm{rg}(A - 3\mathrm{I}_3) = 2$, alors d'après le théorème du rang : $\quad \dim(\mathrm{SEP}(A, 3)) = 3 - 2 = 1.$

On a alors : $\quad \dim(\mathrm{SEP}(A, 1)) + \dim(\mathrm{SEP}(A, 3)) = 3$ et $A \in \mathbf{M}_3(\mathbb{R})$.

Donc la matrice A est diagonalisable.

• Déterminons les SEP de A.

1) $X = \begin{pmatrix} x \\ y \\ z \end{pmatrix} \in \mathrm{SEP}(A, 1) \iff \begin{cases} -x + 6y + 2z = x \\ y = y \\ -4x + 12y + 5z = z \end{cases}$

$$\iff x = 3y + z.$$

Ainsi : $\quad \mathrm{SEP}(A,1) = \mathrm{Vect}\left(\begin{pmatrix}3\\1\\0\end{pmatrix},\begin{pmatrix}1\\0\\1\end{pmatrix}\right).$

2) $X = \begin{pmatrix}x\\y\\z\end{pmatrix} \in \mathrm{SEP}(A,3) \iff \begin{cases} -x+6y+2z = 3x \\ y = 3y \\ -4x+12y+5z = 3z \end{cases}$

$$\iff \begin{cases} y = 0 \\ z = 2x \end{cases}.$$

Ainsi : $\quad \mathrm{SEP}(A,3) = \mathrm{Vect}\left(\begin{pmatrix}1\\0\\2\end{pmatrix}\right).$

• On en déduit que $A = PDP^{-1}$ avec (par exemple) :

$$P = \begin{pmatrix}3&1&1\\1&0&0\\0&1&2\end{pmatrix} \quad \text{et} \quad D = \begin{pmatrix}1&0&0\\0&1&0\\0&0&3\end{pmatrix}.$$

b) • Déterminons les vp de B. Soit $\lambda \in \mathbb{R}$. On a :

$$\mathrm{rg}(B-\lambda I_3) = \mathrm{rg}(2B-2\lambda I_3) = \mathrm{rg}\begin{pmatrix}5-2\lambda & 4 & -7\\ -2 & 2-2\lambda & 2\\ \boxed{-1} & 0 & 3-2\lambda\end{pmatrix}$$

$$= \mathrm{rg}\begin{pmatrix}-1 & 0 & 3-2\lambda\\ 0 & 4 & 4(\lambda^2-4\lambda+2)\\ 0 & 2(1-\lambda) & 4(\lambda-1)\end{pmatrix} \begin{matrix} L_1 \longleftarrow L_3 \\ L_2 \longleftarrow L_1+(5-2\lambda)L_3 \\ L_3 \longleftarrow L_2 - 2L_3\end{matrix}$$

$$= \mathrm{rg}\begin{pmatrix}-1 & 0 & 3-2\lambda\\ 0 & \boxed{4} & 4(\lambda^2-4\lambda+2)\\ 0 & 0 & *\end{pmatrix} \; L_3 \longleftarrow 2L_3-(1-\lambda)L_2$$

avec $(*) = 8(\lambda-1) - 4(1-\lambda)(\lambda^2-4\lambda+2)$
$= 4(\lambda-1)(\lambda^2-4\lambda+4) = 4(\lambda-1)(\lambda-2)^2$

$$= \begin{cases} 3 \text{ si } \lambda \neq 1 \text{ et } \lambda \neq 2 \\ 2 \text{ sinon} \end{cases}.$$

Ainsi : $\quad$ les vp de B sont 1 et 2.

• De plus, puisque $\mathrm{rg}(B-I_3) = \mathrm{rg}(B-2I_3) = 2$, alors d'après le théorème du rang :

$$\dim(\mathrm{SEP}(B,1)) = \dim(\mathrm{SEP}(B,2)) = 3-2 = 1.$$

On a alors : $\quad \dim(\mathrm{SEP}(B,1)) + \dim(\mathrm{SEP}(B,2)) = 2$
et $\; B \in \mathbf{M}_3(\mathbb{R})$.

Donc la matrice B n'est pas diagonalisable.

c) • Déterminons les vp de C. Soit $\lambda \in \mathbb{R}$. On a :

$$\mathrm{rg}(C-\lambda I_3) = \mathrm{rg}\begin{pmatrix}4-\lambda & -3 & -2\\ 5 & -4-\lambda & -2\\ \boxed{5} & -3 & -3-\lambda\end{pmatrix}$$

$$= \mathrm{rg}\begin{pmatrix}5 & -3 & -3-\lambda\\ 0 & -3(\lambda+1) & -(\lambda+1)(\lambda-2)\\ 0 & -(1+\lambda) & \lambda+1\end{pmatrix} \begin{matrix} L_1 \longleftarrow L_3 \\ L_2 \longleftarrow 5L_1-(4-\lambda)L_2 \\ L_3 \longleftarrow L_2 - L_3\end{matrix}$$

$$= \mathrm{rg}\begin{pmatrix}5 & -3 & -3-\lambda\\ 0 & -3(\lambda+1) & -(\lambda+1)(\lambda-2)\\ 0 & 0 & (\lambda+1)^2\end{pmatrix} \; L_3 \longleftarrow 3L_3 - L_2$$

$$= \begin{cases} 3 \text{ si } \lambda \neq -1 \\ 1 \text{ si } \lambda = -1 \end{cases}.$$

Ainsi : $\quad$ la matrice C admet -1 comme unique vp.

• Puisque $\mathrm{rg}(C+I_3) = 1$, alors d'après le théorème du rang : $\dim(\mathrm{SEP}(C,-1)) = 3-1 = 2$.

Comme $C \in \mathbf{M}_3(\mathbb{R})$, on en déduit que C n'est pas diagonalisable.

Ou : si C est diagonalisable, alors il existe $P \in \mathbf{M}_3(\mathbb{R})$ inversible telle que : $\quad C = P(-1)I_3P^{-1} = -I_3$, ce qui est absurde ! Donc C n'est pas diagonalisable.

d) • Déterminons les vp de E. Soit $\lambda \in \mathbb{R}$. On a :

$$\mathrm{rg}(E-\lambda I_3) = \mathrm{rg}\begin{pmatrix}-\lambda & 2 & -1\\ \boxed{-3} & 5-\lambda & -3\\ -4 & 4 & -3-\lambda\end{pmatrix}$$

$$= \mathrm{rg}\begin{pmatrix}-3 & 5-\lambda & -3\\ 0 & \lambda^2-5\lambda+6 & 3\lambda-3\\ 0 & -8+4\lambda & 3-3\lambda\end{pmatrix} \begin{matrix} L_1 \longleftarrow L_2 \\ L_2 \longleftarrow 3L_1-\lambda L_2 \\ L_3 \longleftarrow 3L_3 - 4L_2\end{matrix}.$$

1er cas : $\lambda = 2$, alors :

$$\mathrm{rg}(E-\lambda I_3) = \mathrm{rg}\begin{pmatrix}-3&3&-3\\0&0&3\\0&0&-3\end{pmatrix} = 2.$$

2^e cas : $\lambda \neq 2$, alors : $\quad \mathrm{rg}(E-\lambda I_3)$

$$= \mathrm{rg}\begin{pmatrix}-3 & 5-\lambda & -3\\ 0 & \boxed{4\lambda-8} & 3-3\lambda\\ 0 & (\lambda-2)(\lambda-3) & 3(\lambda-1)\end{pmatrix} \begin{matrix} L_2 \longleftarrow L_3 \\ L_3 \longleftarrow L_2\end{matrix}$$

$$= \mathrm{rg}\begin{pmatrix}-3 & 5-\lambda & -3\\ 0 & 4\lambda-8 & 3-3\lambda\\ 0 & 0 & 3(\lambda-1)(\lambda+1)\end{pmatrix} \; L_3 \longleftarrow 4L_3-(\lambda-3)L_2$$

$$= \begin{cases} 3 \text{ si } \lambda \neq -1 \text{ et } \lambda \neq 1 \\ 2 \text{ sinon} \end{cases}.$$

Ainsi : $\quad$ les vp de E sont $-1, 1, 2$.

• La matrice E admet trois vp distinctes et $E \in \mathbf{M}_3(\mathbb{R})$. Donc E est diagonalisable ; de plus, tous les SEP sont de dimension 1.

• Déterminons les SEP de E.

1) $X = \begin{pmatrix}x\\y\\z\end{pmatrix} \in \mathrm{SEP}(E,-1) \iff \begin{cases} 2y - z = -x \\ -3x+5y-3z = -y \\ -4x+4y-3z = -z \end{cases}$

$$\iff \begin{cases} x = z-2y \\ -3(z-2y)+6y-3z = 0 \\ -4(z-2y)+4y-2z = 0 \end{cases} \iff \begin{cases} x = z-2y \\ -6z+12y = 0 \end{cases}$$

$$\iff \begin{cases} x = 0 \\ z = 2y \end{cases}.$$

Ainsi : $\quad \mathrm{SEP}(E,-1) = \mathrm{Vect}\left(\begin{pmatrix}0\\1\\2\end{pmatrix}\right).$

2) $X = \begin{pmatrix}x\\y\\z\end{pmatrix} \in \mathrm{SEP}(E,1) \iff \begin{cases} 2y - z = x \\ -3x+5y-3z = y \\ -4x+4y-3z = z \end{cases}$

$$\iff \begin{cases} x = 2y - z \\ -3(2y - z) + 4y - 3z = 0 \\ -4(2y - z) + 4y - 4z = 0 \end{cases} \iff \begin{cases} x = 2y - z \\ y = 0 \end{cases}$$

$$\iff \begin{cases} y = 0 \\ z = -x \end{cases}.$$

Ainsi : $\quad \mathrm{SEP}(E, 1) = \mathrm{Vect}\left(\begin{pmatrix} 1 \\ 0 \\ -1 \end{pmatrix}\right).$

3) $X = \begin{pmatrix} x \\ y \\ z \end{pmatrix} \in \mathrm{SEP}(E, 2) \iff \begin{cases} 2y - z = 2x \\ -3x + 5y - 3z = 2y \\ -4x + 4y - 3z = 2z \end{cases}$

$$\iff \begin{cases} z = 2y - 2x \\ -3x + 3y - 3(2y - 2x) = 0 \\ -4x + 4y - 5(2y - 2x) = 0 \end{cases} \iff \begin{cases} z = 2y - 2x \\ y - x = 0 \end{cases}$$

$$\iff \begin{cases} z = 0 \\ y = x \end{cases}.$$

Ainsi : $\quad \mathrm{SEP}(E, 2) = \mathrm{Vect}\left(\begin{pmatrix} 1 \\ 1 \\ 0 \end{pmatrix}\right).$

• On en déduit que $E = PDP^{-1}$ avec (par exemple) :

$$P = \begin{pmatrix} 0 & 1 & 1 \\ 1 & 0 & 1 \\ 2 & -1 & 0 \end{pmatrix} \quad \text{et} \quad D = \begin{pmatrix} -1 & 0 & 0 \\ 0 & 1 & 0 \\ 0 & 0 & 2 \end{pmatrix}.$$

7.4 *a)* • Déterminons les vp de A. Soit $\lambda \in \mathbb{R}$.

$$\mathrm{rg}(A - \lambda \mathrm{I}_3) = \mathrm{rg}\begin{pmatrix} -2-\lambda & 1 & 3 \\ -3 & 2-\lambda & 3 \\ \boxed{-1} & 1 & 2-\lambda \end{pmatrix}$$

$$= \mathrm{rg}\begin{pmatrix} -1 & 1 & 2-\lambda \\ 0 & -1-\lambda & \lambda^2-1 \\ 0 & -1-\lambda & 3(\lambda-1) \end{pmatrix} \begin{matrix} L_1 \longleftarrow L_3 \\ L_2 \longleftarrow L_1 - (2+\lambda)L_3 \\ L_3 \longleftarrow L_2 - 3L_3 \end{matrix}$$

$$= \mathrm{rg}\begin{pmatrix} -1 & 1 & 2-\lambda \\ 0 & -1-\lambda & \lambda^2-1 \\ 0 & 0 & \lambda^2-3\lambda+2 \end{pmatrix} L_3 \longleftarrow L_2 - L_3$$

$$= \begin{cases} 3 \text{ si } \lambda \neq -1 \text{ et } \lambda \neq 1 \text{ et } \lambda \neq 2 \\ 2 \text{ sinon} \end{cases}.$$

Ainsi, la matrice A admet trois vp distinctes : $-1, 1, 2$, et $A \in \mathbf{M}_3(\mathbb{R})$. Donc A est diagonalisable et tous les SEP sont de dimension 1.

• Déterminons les SEP de A.

1) $X = \begin{pmatrix} x \\ y \\ z \end{pmatrix} \in \mathrm{SEP}(A, -1) \iff \begin{cases} -2x + y + 3z = -x \\ -3x + 2y + 3z = -y \\ -x + y + 2z = -z \end{cases}$

$$\iff \begin{cases} -x + y + 3z = 0 \\ -3x + 3y + 3z = 0 \\ -x + y + 3z = 0 \end{cases} \iff \begin{cases} z = 0 \\ y = x \end{cases}.$$

Ainsi : $\quad \mathrm{SEP}(A, -1) = \mathrm{Vect}\left(\begin{pmatrix} 1 \\ 1 \\ 0 \end{pmatrix}\right).$

2) $X = \begin{pmatrix} x \\ y \\ z \end{pmatrix} \in \mathrm{SEP}(A, 1) \iff \begin{cases} -2x + y + 3z = x \\ -3x + 2y + 3z = y \\ -x + y + 2z = z \end{cases}$

$$\iff \begin{cases} -3x + y + 3z = 0 \\ -3x + y + 3z = 0 \\ -x + y + z = 0 \end{cases} \iff \begin{cases} y = 0 \\ z = x \end{cases}.$$

Ainsi : $\quad \mathrm{SEP}(A, 1) = \mathrm{Vect}\left(\begin{pmatrix} 1 \\ 0 \\ 1 \end{pmatrix}\right).$

3) $X = \begin{pmatrix} x \\ y \\ z \end{pmatrix} \in \mathrm{SEP}(A, 2) \iff \begin{cases} -2x + y + 3z = 2x \\ -3x + 2y + 3z = 2y \\ -x + y + 2z = 2z \end{cases}$

$$\iff \begin{cases} -4x + y + 3z = 0 \\ -3x + 3z = 0 \\ -x + y = 0 \end{cases} \iff x = y = z.$$

Ainsi : $\quad \mathrm{SEP}(A, 1) = \mathrm{Vect}\left(\begin{pmatrix} 1 \\ 1 \\ 1 \end{pmatrix}\right).$

• On en déduit que $A = PDP^{-1}$ avec (par exemple) :

$$P = \begin{pmatrix} 1 & 1 & 1 \\ 1 & 0 & 1 \\ 0 & 1 & 1 \end{pmatrix} \quad \text{et} \quad D = \begin{pmatrix} -1 & 0 & 0 \\ 0 & 1 & 0 \\ 0 & 0 & 2 \end{pmatrix}.$$

b) Par une récurrence immédiate, on montre :

$$\forall n \in \mathbb{N}, \quad A^n = PD^nP^{-1}.$$

• On a, pour tout n de $\mathbb{N}$: $\quad D^n = \begin{pmatrix} (-1)^n & 0 & 0 \\ 0 & 1 & 0 \\ 0 & 0 & 2^n \end{pmatrix}.$

• Calculons P^{-1}. Notons (E_1, E_2, E_3) la base canonique de $\mathbf{M}_{3,1}(\mathbb{R})$ et (C_1, C_2, C_3) les colonnes de A.

Alors : $\begin{cases} C_1 = E_1 + E_2 \\ C_2 = E_1 + E_3 \\ C_3 = E_1 + E_2 + E_3 \end{cases} \iff \begin{cases} E_1 = C_1 + C_2 - C_3 \\ E_2 = C_3 - C_2 \\ E_3 = C_3 - C_1 \end{cases}$

On en déduit : $\quad P^{-1} = \begin{pmatrix} 1 & 0 & -1 \\ 1 & -1 & 0 \\ -1 & 1 & 1 \end{pmatrix}.$

• On obtient alors : $\quad \forall n \in \mathbb{N},$

$$A^n = \begin{pmatrix} 1 & 1 & 1 \\ 1 & 0 & 1 \\ 0 & 1 & 1 \end{pmatrix} \begin{pmatrix} (-1)^n & 0 & 0 \\ 0 & 1 & 0 \\ 0 & 0 & 2^n \end{pmatrix} P^{-1} = \begin{pmatrix} (-1)^n & 1 & 2^n \\ (-1)^n & 0 & 2^n \\ 0 & 1 & 2^n \end{pmatrix} \begin{pmatrix} 1 & 0 & -1 \\ 1 & -1 & 0 \\ -1 & 1 & 1 \end{pmatrix}$$

$$= \begin{pmatrix} 1 + (-1)^n - 2^n & -1 + 2^n & -(-1)^n + 2^n \\ (-1)^n - 2^n & 2^n & -(-1)^n + 2^n \\ 1 - 2^n & -1 + 2^n & 2^n \end{pmatrix}.$$

c) • Le réel 0 n'est pas vp de A. Donc la matrice A est inversible.

• Montrons que la formule précédente est encore valable pour $n \in \mathbb{Z}^-$.

Soit $n \in \mathbb{N}^*$. Notons B_n la matrice obtenue en remplaçant n dans $-n$ dans l'expression de A^n. Puisque $(-1)^n = (-1)^{-n}$,

on a : $B_n = \begin{pmatrix} 1+(-1)^n - \frac{1}{2^n} & -1+\frac{1}{2^n} & -(-1)^n + \frac{1}{2^n} \\ (-1)^n - \frac{1}{2^n} & \frac{1}{2^n} & -(-1)^n + \frac{1}{2^n} \\ 1 - \frac{1}{2^n} & -1 + \frac{1}{2^n} & \frac{1}{2^n} \end{pmatrix}$.

En calculant le produit $A^n \cdot B_n$, on trouve : $A^n \cdot B_n = I_3$.

On en déduit que A^n est inversible (ce que l'on savait déjà puisque A l'est) et : $A^{-n} = (A^n)^{-1} = B_n$.

7.5 *a)* • On a, pour tout $P = aX^2 + bX + c \in \mathbb{R}_2[X]$:

$$\begin{aligned} u(P) &= (2X+1)(aX^2+bX+c) - (X^2-1)(2aX+b) \\ &= (a+b)X^2 + (2a+b+2c)X + (b+c). \end{aligned}$$

Ainsi $u(P)$ est bien un polynôme de $\mathbb{R}_2[X]$.

Donc : $u : \mathbb{R}_2[X] \longrightarrow \mathbb{R}_2[X]$.

• Montrons que u est linéaire. Soient $(P, Q) \in \mathbb{R}_2[X]$ et $\alpha \in \mathbb{R}$. Alors :

$$\begin{aligned} u(\alpha P + Q) &= (2X+1)(\alpha P + Q) - (X^2-1)(\alpha P' + Q') \\ &= \alpha((2X+1)P - (X^2-1)P') + ((2X+1)Q - (X^2-1)Q') \\ &= \alpha u(P) + u(Q). \end{aligned}$$

On conclut : u est un endomorphisme de $\mathbb{R}_2[X]$.

b) 1) Soient $P = aX^2 + bX + c \in \mathbb{R}_2[X] \setminus \{0\}$ et $\lambda \in \mathbb{R}$.

P est un $\overrightarrow{\text{vp}}$ de u associé à la vp $\lambda \iff u(P) = \lambda P$

$$\iff (a+b)X^2 + (2a+b+2c)X + (b+c) = \lambda(aX^2+bX+c)$$

$$\iff \begin{cases} a+b = \lambda a \\ 2a+b+2c = \lambda b \\ b+c = \lambda c \end{cases}$$

$$\iff \begin{cases} b = (\lambda-1)a \\ 2a + (\lambda-1)a + 2c = \lambda(\lambda-1)a \\ b + (1-\lambda)c = 0 \end{cases}$$

$$\iff \begin{cases} b = (\lambda-1)a \\ c = \dfrac{a}{2}(\lambda^2 - 2\lambda - 1) \\ [2(\lambda-1) + (1-\lambda)(\lambda^2-2\lambda-1)]a = 0 \end{cases}$$

$$\iff \begin{cases} b = (\lambda-1)a \\ c = \dfrac{a}{2}(\lambda^2 - 2\lambda - 1) \\ (\lambda-1)(\lambda+1)(\lambda-3)a = 0 \end{cases}$$

$$\iff \begin{cases} a = 0 \\ b = 0 \\ c = 0 \end{cases} \text{ ou } \begin{cases} \lambda = 1 \\ b = 0 \\ c = -a \end{cases} \text{ ou } \begin{cases} \lambda = -1 \\ b = -2a \\ c = a \end{cases} \text{ ou } \begin{cases} \lambda = 3 \\ b = 2a \\ c = a \end{cases}$$

$$\iff \begin{cases} \lambda = 1 \\ b = 0 \\ c = -a \end{cases} \text{ ou } \begin{cases} \lambda = -1 \\ b = -2a \\ c = a \end{cases} \text{ ou } \begin{cases} \lambda = 3 \\ b = 2a \\ c = a \end{cases}$$

(car P est un polynôme non nul).

On en déduit que u admet trois vp : $-1, 1, 3$.

De plus : $\mathrm{SEP}(u, 1) = \{aX^2 - a \; ; \; a \in \mathbb{R}\} = \mathrm{Vect}(X^2 - 1)$,

$\mathrm{SEP}(u, -1) = \{aX^2 - 2aX + a \; ; \; a \in \mathbb{R}\} = \mathrm{Vect}(X^2 - 2X + 1)$

$\mathrm{SEP}(u, 3) = \{aX^2 + 2aX + a \; ; \; a \in \mathbb{R}\} = \mathrm{Vect}(X^2 + 2X + 1)$.

b) 2) Notons A la matrice de u dans la base $\mathscr{B} = (1, X, X^2)$.

Puisque :

$$u(1) = 1 + 2X, \; u(X) = 1 + X + X^2, \; u(X^2) = X^2 + 2X,$$

on obtient : $A = \begin{pmatrix} 1 & 1 & 0 \\ 2 & 1 & 2 \\ 0 & 1 & 1 \end{pmatrix}$.

• Déterminons les éléments propres de A.

Soit $\lambda \in \mathbb{R}$. Alors $\mathrm{rg}(A - \lambda I_3) = \mathrm{rg}\begin{pmatrix} 1-\lambda & 1 & 0 \\ \boxed{2} & 1-\lambda & 2 \\ 0 & 1 & 1-\lambda \end{pmatrix}$

$$= \mathrm{rg}\begin{pmatrix} 2 & 1-\lambda & 2 \\ 0 & \boxed{1} & 1-\lambda \\ 0 & 1+2\lambda-\lambda^2 & -2(1-\lambda) \end{pmatrix} \begin{matrix} L_1 \longleftarrow L_2 \\ L_2 \longleftarrow L_3 \\ L_3 \longleftarrow 2L_1 - (1-\lambda)L_2 \end{matrix}$$

$$= \mathrm{rg}\begin{pmatrix} 2 & 1-\lambda & 2 \\ 0 & \boxed{1} & 1-\lambda \\ 0 & 0 & * \end{pmatrix} \; L_3 \longleftarrow L_3 - (1+2\lambda-\lambda^2)L_2$$

avec : $\begin{aligned}[t] * &= -2(1-\lambda) - (1+2\lambda-\lambda^2)(1-\lambda) \\ &= (1-\lambda)(-3-2\lambda+\lambda^2) = (1-\lambda)(\lambda+1)(\lambda-3). \end{aligned}$

Ainsi : les vp de A sont $-1, 1, 3$.

• Déterminons les SEP de A.

1) $X = \begin{pmatrix} x \\ y \\ z \end{pmatrix} \in \mathrm{SEP}(A, -1) \iff \begin{cases} x + y = -x \\ 2x + y + 2z = -y \\ y + z = -z \end{cases}$

$$\iff \begin{cases} 2x + y = 0 \\ 2x + 2y + 2z = 0 \\ y + 2z = 0 \end{cases} \iff \begin{cases} z = x \\ y = -2x \end{cases}.$$

Ainsi : $\mathrm{SEP}(A, -1) = \mathrm{Vect}\left(\begin{pmatrix} 1 \\ -2 \\ 1 \end{pmatrix}\right)$.

2) $X = \begin{pmatrix} x \\ y \\ z \end{pmatrix} \in \mathrm{SEP}(A, 1) \iff \begin{cases} x + y = x \\ 2x + y + 2z = y \\ y + z = z \end{cases}$

$$\iff \begin{cases} y = 0 \\ 2x + 2z = 0 \end{cases} \iff \begin{cases} y = 0 \\ z = -x \end{cases}.$$

Ainsi : $\mathrm{SEP}(A, 1) = \mathrm{Vect}\left(\begin{pmatrix} 1 \\ 0 \\ -1 \end{pmatrix}\right)$.

3) $X = \begin{pmatrix} x \\ y \\ z \end{pmatrix} \in \text{SEP}(A,3) \iff \begin{cases} x+y=3x \\ 2x+y+2z=3y \\ y+z=3z \end{cases}$

$$\iff \begin{cases} -2x+y=0 \\ 2x-2y+2z=0 \\ y-2z=0 \end{cases} \iff \begin{cases} z=x \\ y=2x \end{cases}.$$

Ainsi : $\text{SEP}(A,1) = \text{Vect}\left(\begin{pmatrix} 1 \\ 2 \\ 1 \end{pmatrix}\right)$.

• L'endomorphisme u a les mêmes vp que A. Donc les vp de u sont $-1, 1, 3$.

Les $\overrightarrow{\text{vp}}$ de A nous donnent les composantes dans la base $\mathscr{B}$ des $\overrightarrow{\text{vp}}$ de u. Ainsi : $\begin{cases} \text{SEP}(u,-1) = \text{Vect}(1-2X+X^2) \\ \text{SEP}(u,1) = \text{Vect}(1-X^2) \\ \text{SEP}(u,3) = \text{Vect}(1+2X+X^2) \end{cases}$.

Remarque : on retrouve bien les mêmes résultats.

c) L'endomorphisme u admet 3 valeurs propres distinctes et $\dim(\mathbb{R}_2[X]) = 3$. On conclut que u est diagonalisable.

7.6 • Soient $M = \begin{pmatrix} a & b \\ c & d \end{pmatrix} \in \mathbf{M}_2(\mathbb{R}) \setminus \{0\}$ et $\lambda \in \mathbb{R}$.

M est un $\overrightarrow{\text{vp}}$ de f associé à la vp $\lambda \iff f(M) = \lambda M$

$$\iff \begin{pmatrix} d & -b \\ -c & a \end{pmatrix} = \lambda \begin{pmatrix} a & b \\ c & d \end{pmatrix} \iff \begin{cases} d = \lambda a \\ -b = \lambda b \\ -c = \lambda c \\ a = \lambda d \end{cases}$$

$$\iff \begin{cases} (\lambda^2-1)a = 0 \\ (\lambda+1)b = 0 \\ (\lambda+1)c = 0 \\ d = \lambda a \end{cases} \quad (S).$$

1er cas : si $\lambda \neq 1$ et $\lambda \neq -1$, alors :

$$(S) \iff a = b = c = d = 0,$$

ce qui est impossible car $M \neq 0$.

2e cas : si $\lambda = 1$, alors : $(S) \iff \begin{cases} b = c = 0 \\ d = a \end{cases}$.

On en déduit que 1 est vp de f et que

$$\text{SEP}(f,1) = \left\{\begin{pmatrix} a & 0 \\ 0 & a \end{pmatrix} ; a \in \mathbb{R}\right\} = \text{Vect}(I_2).$$

3e cas : si $\lambda = -1$, alors : $(S) \iff d = -a$.

On en déduit que -1 est vp de f et que

$$\text{SEP}(f,1) = \left\{\begin{pmatrix} a & b \\ c & -a \end{pmatrix} ; a \in \mathbb{R}\right\} = \text{Vect}\Big(\underbrace{\begin{pmatrix} 1 & 0 \\ 0 & -1 \end{pmatrix}}_{\text{notée } E_1}, \underbrace{\begin{pmatrix} 0 & 1 \\ 0 & 0 \end{pmatrix}}_{\text{notée } E_2}, \underbrace{\begin{pmatrix} 0 & 0 \\ 1 & 0 \end{pmatrix}}_{\text{notée } E_3}\Big).$$

• On en déduit que f admet deux vp : 1 et -1.

D'une part, $\dim(\text{SEP}(f,1)) = 1$.

D'autre part, il est clair que la famille (E_1, E_2, E_3) est une famille libre de $\mathbf{M}_2(\mathbb{R})$, donc cette famille est une base de $\text{SEP}(f,-1)$ et $\dim(\text{SEP}(f,-1)) = 3$.

Ainsi : $\dim(\text{SEP}(f,1)) + \dim(\text{SEP}(f,-1)) = 1 + 3 = 4$ et $\dim(\mathbf{M}_2(\mathbb{R})) = 4$.

On conclut que f est diagonalisable.

7.7 *a)* Notons (e_1, e_2, e_3) la base canonique de $\mathbb{R}^3$ et f l'endomorphisme de $\mathbb{R}^3$ canoniquement associé à A.

• Pour montrer que la matrice A est semblable à B, cherchons une base (e'_1, e'_2, e'_3) de $\mathbb{R}^3$ telle que :

$$\begin{cases} f(e'_1) = e'_1 \\ f(e'_2) = e'_1 + e'_2 \\ f(e'_3) = e'_2 + e'_3 \end{cases}.$$

★ Notons $e'_1 = (x,y,z) \in \mathbb{R}^3$. Alors : $f(e'_1) = e'_1$

$$\iff \begin{cases} x-3y+3z = x \\ -2x-6y+13z = y \\ -x-4y+8z = z \end{cases} \iff \begin{cases} z = y \\ x = 3y \end{cases}.$$

Prenons par exemple $e'_1 = (3,1,1)$.

★ Notons $e'_2 = (x,y,z) \in \mathbb{R}^3$. Alors : $f(e'_2) = e'_1 + e'_2$

$$\iff \begin{cases} x-3y+3z = 3+x \\ -2x-6y+13z = 1+y \\ -x-4y+8z = 1+z \end{cases} \iff \begin{cases} y = z-1 \\ x = 3z+3 \end{cases}.$$

Prenons par exemple $e'_2 = (3,-1,0)$.

★ Notons $e'_3 = (x,y,z) \in \mathbb{R}^3$. Alors : $f(e'_3) = e'_2 + e'_3$

$$\iff \begin{cases} x-3y+3z = 3+x \\ -2x-6y+13z = -1+y \\ -x-4y+8z = z \end{cases} \iff \begin{cases} y = z-1 \\ x = 3z+4 \end{cases}.$$

Prenons par exemple $e'_3 = (4,-1,0)$.

Il reste à montrer que la famille (e'_1, e'_2, e'_3) est une base de $\mathbb{R}^3$. Notons P la matrice de la famille (e'_1, e'_2, e'_3) dans la base canonique de $\mathbb{R}^3$: $P = \begin{pmatrix} 3 & 3 & 4 \\ 1 & -1 & -1 \\ 1 & 0 & 0 \end{pmatrix}$.

On a : $\text{rg}(P) = \text{rg}\begin{pmatrix} 3 & 3 & 4 \\ \boxed{1} & -1 & -1 \\ 1 & 0 & 0 \end{pmatrix} = \text{rg}\begin{pmatrix} 1 & -1 & -1 \\ 0 & \boxed{1} & 1 \\ 0 & 6 & 7 \end{pmatrix} \begin{matrix} L_1 \longleftarrow L_2 \\ L_2 \longleftarrow L_3 - L_2 \\ L_3 \longleftarrow L_1 - 3L_2 \end{matrix}$

$$= \text{rg}\begin{pmatrix} 1 & -1 & -1 \\ 0 & 1 & 1 \\ 0 & 0 & 1 \end{pmatrix} \; L_3 \longleftarrow L_3 - 6L_2 \quad = 3.$$

On en déduit que la matrice P est inversible et donc que la famille (e'_1, e'_2, e'_3) est une base de $\mathbb{R}^3$.

• Enfin, la matrice de f dans cette base est :

$$\begin{pmatrix} 1 & 1 & 0 \\ 0 & 1 & 1 \\ 0 & 0 & 1 \end{pmatrix} \text{ qui est la matrice } B.$$

Ainsi, les matrices A et B représentent le même endomorphisme de $\mathbb{R}^3$. On en déduit que A et B sont semblables.

Remarque : D'après les formules de changement de bases, on a : $A = PBP^{-1}$, où P est la matrice définie précédemment.

b) Dans cet exemple, la deuxième matrice est plus "compliquée" que dans l'exemple précédent. Nous allons montrer que les deux matrices A et B sont semblables à une même autre matrice plus simple, si possible une matrice diagonale.

• Pour cela, commençons par déterminer les valeurs propres de A.

Soit $\lambda \in \mathbb{R}$. Alors $\text{rg}(A - \lambda \text{I}_3) = \text{rg}\begin{pmatrix} 4-\lambda & 1 & 3 \\ -1 & 2-\lambda & -1 \\ \boxed{-1} & -1 & -\lambda \end{pmatrix}$

$$= \text{rg}\begin{pmatrix} -1 & -1 & -\lambda \\ 0 & \lambda-3 & 1-\lambda \\ 0 & \lambda-3 & \lambda^2-4\lambda+3 \end{pmatrix} \begin{matrix} L_1 \longleftarrow L_3 \\ L_2 \longleftarrow L_3 - L_2 \\ L_3 \longleftarrow L_1 + (4-\lambda)L_3 \end{matrix}$$

$$= \text{rg}\begin{pmatrix} -1 & -1 & -\lambda \\ 0 & \lambda-3 & 1-\lambda \\ 0 & 0 & \lambda^2-3\lambda+2 \end{pmatrix} \begin{matrix} \\ \\ L_3 \longleftarrow L_3 - L_2 \end{matrix}$$

$$= \begin{cases} 3 \text{ si } \lambda \neq 1, \lambda \neq 2, \lambda \neq 3 \\ 2 \text{ sinon} \end{cases}.$$

On en déduit que les vp de A sont $1, 2, 3$.

Puisque $A \in \mathbf{M}_3(\mathbb{R})$ et que A admet trois vp deux à deux disctinctes, la matrice A est diagonalisable et est semblable à la matrice $D = \begin{pmatrix} 1 & 0 & 0 \\ 0 & 2 & 0 \\ 0 & 0 & 3 \end{pmatrix}$.

• Montrons que B est également semblable à D, autrement dit que B est diagonalisable et admet $1, 2, 3$ comme vp.

$$\text{rg}(B - \text{I}_3) = \text{rg}\begin{pmatrix} -1 & 1 & 2 \\ -2 & 2 & 2 \\ -1 & 1 & 2 \end{pmatrix} = \text{rg}\begin{pmatrix} -1 & 1 & 2 \\ 0 & 0 & 2 \\ 0 & 0 & 0 \end{pmatrix} \begin{matrix} \\ L_2 \longleftarrow 2L_1 - L_2 \\ L_3 \longleftarrow L_1 - L_3 \end{matrix} = 2 < 3,$$

$$\text{rg}(B - 2\text{I}_3) = \text{rg}\begin{pmatrix} -2 & 1 & 2 \\ -2 & 1 & 2 \\ -1 & 1 & 1 \end{pmatrix} = \text{rg}\begin{pmatrix} -2 & 1 & 2 \\ 0 & 0 & 0 \\ 0 & -1 & 0 \end{pmatrix} \begin{matrix} \\ L_2 \longleftarrow L_1 - L_2 \\ L_3 \longleftarrow L_1 - 2L_3 \end{matrix} = 2 < 3,$$

$$\text{rg}(B - 3\text{I}_3) = \text{rg}\begin{pmatrix} -3 & 1 & 2 \\ -2 & 0 & 2 \\ -1 & 0 & 0 \end{pmatrix} = \text{rg}\begin{pmatrix} -1 & 0 & 0 \\ 0 & 0 & 2 \\ 0 & 1 & 2 \end{pmatrix} \begin{matrix} L_1 \longleftarrow L_3 \\ L_2 \longleftarrow L_2 - 2L_3 \\ L_3 \longleftarrow L_1 - 3L_3 \end{matrix} = 2 < 3.$$

Ainsi, $1, 2, 3$ sont des vp de B, et puisque $B \in \mathbf{M}_3(\mathbb{R})$, ce sont les seules vp de B et B est diagonalisable. On en déduit que B est semblable à D.

• Il existe donc deux matrices P et Q de $\mathbf{M}_3(\mathbb{R})$ inversibles telles que : $A = PDP^{-1}$ et $B = QDQ^{-1}$.

Alors $D = Q^{-1}BQ$ et donc :

$$A = PQ^{-1}BP^{-1}Q = (PQ^{-1})B(PQ^{-1})^{-1}.$$

On conclut que les matrices A et B sont semblables.

7.8 *a)* • Notons, pour tout k de $\mathbb{N}$, $\mathscr{P}(k)$ la propriété :

$$« f^k(x) = \lambda^k x ».$$

Montrons, par récurrence, la propriété $\mathscr{P}(k)$ pour tout $k \in \mathbb{N}$.

Initialisation : On a $f^0(x) = \text{Id}_E(x) = x = \lambda^0 x$.

D'où la propriété $\mathscr{P}(0)$.

Hérédité : Soit $k \in \mathbb{N}$. Supposons $\mathscr{P}(k)$. Alors :

$$\begin{aligned} f^{k+1}(x) &= f(f^k(x)) = f(\lambda^k x) \quad \text{d'après } \mathscr{P}(k) \\ &= \lambda^k f(x) = \lambda^k \lambda x \quad \text{car } x \text{ est un } \overrightarrow{\text{vp}} \text{ de } f \\ &= \lambda^{k+1} x. \end{aligned}$$

D'où la propriété $\mathscr{P}(k+1)$.

Conclusion : Ainsi, pour tout $k \in \mathbb{N}$, $f^k(x) = \lambda^k x$.

• D'où : $$P(f)(x) = \sum_{k=0}^{d} a_k f^k(x) = \sum_{k=0}^{d} a_k(\lambda^k x) = \Big(\sum_{k=0}^{d} a_k \lambda^k\Big)x = P(\lambda)x.$$

Puisque $x \neq 0$ (car x est un $\overrightarrow{\text{vp}}$), on en déduit que $P(\lambda)$ est une vp de $P(f)$ et x est un $\overrightarrow{\text{vp}}$ de $P(f)$ associé à $P(\lambda)$.

b) • Soit λ une vp de f. Montrons λ est une racine de P.

Il existe $x \in E \setminus \{0\}$ tel que $f(x) = \lambda x$.

D'après la question *a)*, on a alors : $P(f)(x) = P(\lambda)x$.

Or $P(f)(x) = 0$ et $x \neq 0$ (car x est un $\overrightarrow{\text{vp}}$), on obtient :

$$P(\lambda) = 0.$$

On conclut que λ est une racine de P.

• La réciproque est fausse. Par exemple, pour $f = \text{Id}_E$, alors le polynôme $P = \text{X}(\text{X}-1) = \text{X}^2 - \text{X}$ est un polynôme annulateur de f (car $P(f) = \text{Id}_E \circ (\text{Id}_E - \text{Id}_E) = 0$).

De plus, Id_E admet 1 comme unique vp ; donc 0 qui est une racine de P n'est pas une vp de Id_E.

7.9 *a)* • Par produit matriciel, on a :

$$A^2 = \begin{pmatrix} 5 & -4 & 8 \\ 8 & -7 & 16 \\ 4 & -3 & 5 \end{pmatrix} \quad \text{et} \quad A^3 = \begin{pmatrix} 13 & -9 & 12 \\ 24 & -17 & 24 \\ 9 & -6 & 7 \end{pmatrix}.$$

On obtient : $A^3 - 3A^2 + 3A - \text{I}_3 = 0$.

• Soit λ une vp de A et soit X un $\overrightarrow{\text{vp}}$ de A associé à λ.

Alors : $$\begin{cases} AX = \lambda X \\ A^2X = A(AX) = A(\lambda X) = \lambda(AX) = \lambda^2 X \\ A^3X = A(A^2X) = A(\lambda^2 X) = \lambda^2(AX) = \lambda^3 X \end{cases}.$$

D'une part : $(A^3 - 3A^2 + 3A - \text{I}_3)X = 0$.

Et d'autre part : $$\begin{aligned} (A^3 - 3A^2 + 3A - \text{I}_3)X &= A^3X - 3A^2X + 3AX - X \\ &= (\lambda^3 - 3\lambda^2 + 3\lambda - 1)X = (\lambda - 1)^3 X. \end{aligned}$$

On en déduit : $(\lambda-1)^3X = 0$. Et puisque $X \neq 0$ (car X est un $\overrightarrow{\text{vp}}$), on obtient $(\lambda-1)^3 = 0$; donc $\lambda = 1$.

Ainsi 1 est la seule vp possible de A.

• Si A est diagonalisable, alors il existe $P \in \mathbf{M}_3(\mathbb{K})$ inversible telle que $A = P\begin{pmatrix}1&0&0\\0&1&0\\0&0&1\end{pmatrix}P^{-1} = PP^{-1} = \mathrm{I}_3$, ce qui est absurde !

Donc la matrice A n'est pas diagonalisable.

b) • Par produit matriciel, on a :

$$B^2 = \begin{pmatrix}12&3&11\\-5&4&-5\\-3&-3&-2\end{pmatrix} \quad \text{et} \quad B^3 = \begin{pmatrix}18&-9&17\\-35&-8&-35\\9&9&10\end{pmatrix}.$$

On obtient : $B^3 - 2B^2 - 5B + 6\mathrm{I}_3 = 0$.

• Soit λ une vp de B et soit X un $\overrightarrow{\text{vp}}$ de B associé à λ.

En utilisant le même raisonnement qu'au *a)*, on obtient :
$0 = \lambda^3-2\lambda^2-5\lambda+6 = (\lambda-1)(\lambda^2-\lambda-6) = (\lambda-1)(\lambda-3)(\lambda+2)$

et donc $\lambda = 1, 3$ ou -2.

Ainsi, les seules vp possibles de B sont $1, 3, -2$.

• Regardons si $1, 3, -2$ sont des vp de B.

$$\star \quad \mathrm{rg}(B-\mathrm{I}_3) = \mathrm{rg}\begin{pmatrix}\boxed{-1}&-3&-1\\-5&-3&-5\\3&3&3\end{pmatrix}$$
$$= \mathrm{rg}\begin{pmatrix}-1&-3&-1\\0&12&0\\0&-6&0\end{pmatrix} \begin{matrix}\\ L_2 \longleftarrow L_2-5L_1\\ L_3 \longleftarrow L_3+3L_1\end{matrix} = 2 < 3,$$

donc 1 est vp de B.

$$\star \quad \mathrm{rg}(B-3\mathrm{I}_3) = \mathrm{rg}\begin{pmatrix}\boxed{-3}&-3&-1\\-5&-5&-5\\3&3&1\end{pmatrix}$$
$$= \mathrm{rg}\begin{pmatrix}-3&-3&-1\\0&0&-10\\0&0&0\end{pmatrix} \begin{matrix}\\ L_2 \longleftarrow 3L_2-5L_1\\ L_3 \longleftarrow L_3+L_1\end{matrix} = 2 < 3,$$

donc 3 est vp de B.

$$\star \quad \mathrm{rg}(B+2\mathrm{I}_3) = \mathrm{rg}\begin{pmatrix}\boxed{2}&-3&-1\\-5&0&-5\\3&3&6\end{pmatrix}$$
$$= \mathrm{rg}\begin{pmatrix}2&-3&-1\\0&-15&-15\\0&15&15\end{pmatrix} \begin{matrix}\\ L_2 \longleftarrow 2L_2+5L_1\\ L_3 \longleftarrow 2L_3-3L_1\end{matrix} = 2 < 3,$$

donc 2 est vp de B.

Ainsi B admet trois vp distinctes et $B \in \mathbf{M}_3(\mathbb{K})$.

On conclut que la matrice B est diagonalisable.

7.10 • Soit M une matrice de $\mathbf{M}_n(\mathbb{R})$ diagonalisable vérifiant : $M^2 - 2M = -\mathrm{I}_n$.

Soit λ une vp de M et X un $\overrightarrow{\text{vp}}$ associé à cette vp.

Alors : $MX = \lambda X$ et $M^2X = M(\lambda X) = \lambda MX = \lambda^2 X$.

On en déduit : $(M^2-2M)X = (\lambda^2-2\lambda)X = -X$.

Puisque $X \neq 0$ (car X est un $\overrightarrow{\text{vp}}$), alors :

$$\lambda^2 - 2\lambda = -1, \text{ d'où } (\lambda-1)^2 = 0, \text{ puis } \lambda = 1.$$

Ainsi 1 est la seule vp possible de M, et puisque M est diagonalisable, il existe $P \in \mathbf{M}_n(\mathbb{R})$ tel que $M = P\,\mathrm{I}_n P^{-1} = \mathrm{I}_n$.

• Réciproquement, si $M = \mathrm{I}_n$, alors :

$$\begin{cases} M^2 - 2M = \mathrm{I}_n - 2\mathrm{I}_n = -\mathrm{I}_n \\ M \text{ est diagonalisable (car diagonale).}\end{cases}$$

Ainsi, l'ensemble des matrices cherchées est : $\{\mathrm{I}_n\}$.

7.11 *a)* Notons $C_1, \ldots, C_6$ les colonnes de A.

Alors : $\mathrm{rg}(A) = \mathrm{rg}(C_1,\ldots,C_6)$
$= \mathrm{rg}(C_1,C_2,C_3)$ car $C_4 = C_3$, $C_5 = C_2$, $C_6 = C_1$
$= 3$ car (C_1,C_2,C_3) forment une famille libre.

b) Après calcul, $A^2 = 2A$. Et par une récurrence immédiate, on obtient : $\forall n \in \mathbb{N}^*$, $A^n = 2^{n-1}A$.

Remarque : Cette formule n'est pas valable pour $n = 0$.

c) • Soit λ une vp de A et soit X un $\overrightarrow{\text{vp}}$ associé.

Alors : $0 = (A^2-2A)X = A^2X - 2AX = \lambda^2X - 2\lambda X = \lambda(\lambda-2)X$.

Et puisque $X \neq 0$, alors $\lambda = 0$ ou $\lambda = 2$.

• Regardons si 0 est vp de A. Soit $X = \begin{pmatrix}x_1\\ \vdots\\ x_6\end{pmatrix} \in \mathbf{M}_{6,1}(\mathbb{R})$.

$$\text{Alors : } AX = 0 \iff \begin{cases}x_1+x_6=0\\x_2+x_5=0\\x_3+x_4=0\end{cases} \iff \begin{cases}x_6=-x_1\\x_5=-x_2\\x_4=-x_3\end{cases}.$$

On en déduit :

$$0 \text{ est vp de } A \quad \text{et} \quad \mathrm{SEP}(A,0) = \mathrm{Vect}\left(\begin{pmatrix}1\\0\\0\\0\\0\\-1\end{pmatrix}, \begin{pmatrix}0\\1\\0\\0\\-1\\0\end{pmatrix}, \begin{pmatrix}0\\0\\1\\-1\\0\\0\end{pmatrix}\right).$$

Il est clair que ces trois vecteurs-colonnes forment une famille libre, ils forment donc une base de $\mathrm{SEP}(A,0)$ et donc :

$$\dim(\mathrm{SEP}(A,0)) = 3.$$

• Regardons si 2 est vp de A. Soit $X = \begin{pmatrix}x_1\\ \vdots\\ x_6\end{pmatrix} \in \mathbf{M}_{6,1}(\mathbb{R})$.

$$\text{Alors : } AX = 0 \iff \begin{cases}x_1+x_6=2x_1=2x_6\\x_2+x_5=2x_2=2x_5\\x_3+x_4=2x_3=2x_4\end{cases} \iff \begin{cases}x_6=x_1\\x_5=x_2\\x_4=x_3\end{cases}.$$

On en déduit :

$$2 \text{ est vp de } A \quad \text{et} \quad \mathrm{SEP}(A,2) = \mathrm{Vect}\left(\begin{pmatrix}1\\0\\0\\0\\0\\1\end{pmatrix}, \begin{pmatrix}0\\1\\0\\0\\1\\0\end{pmatrix}, \begin{pmatrix}0\\0\\1\\1\\0\\0\end{pmatrix}\right).$$

Il est clair que ces trois vecteurs-colonnes forment une famille libre, ils forment donc une base de SEP$(A, 2)$ et donc :

$$\dim(\mathrm{SEP}(A,2)) = 3.$$

• On a alors : $\dim(\mathrm{SEP}(A,0)) + \dim(\mathrm{SEP}(A,2)) = 6$ et $A \in \mathbf{M}_6(\mathbb{R})$.

On conclut : la matrice A est diagonalisable.

Remarque : La matrice A est une matrice symétrique réelle, donc A est diagonalisable dans $\mathbf{M}_6(\mathbb{R})$ (voir le programme de seconde année).

7.12 *a)* • Soit $X = \begin{pmatrix}x\\y\\z\end{pmatrix} \in \mathbf{M}_{3,1}(\mathbb{R})$.

1) $A_nX = X \iff \begin{cases} \frac{1}{n}y + \frac{1}{n}z = 0 \\ -\frac{1}{n}x + \frac{2}{n}y + \frac{1}{n}z = 0 \\ \frac{1}{n}x - \frac{1}{n}y = 0 \end{cases} \iff x = y = -z.$

On en déduit que 1 est une vp de A_n et que :

$$\mathrm{SEP}(A_n, 1) = \mathrm{Vect}\left(\begin{pmatrix}1\\1\\-1\end{pmatrix}\right).$$

2) $A_nX = \left(1 + \dfrac{1}{n}\right)X \iff -\frac{1}{n}x + \frac{1}{n}y + \frac{1}{n}z = 0 \iff x = y + z.$

On en déduit que $1 + \dfrac{1}{n}$ est une vp de A_n et que :

$$\mathrm{SEP}\left(A_n, 1 + \frac{1}{n}\right) = \mathrm{Vect}\left(\begin{pmatrix}1\\0\\1\end{pmatrix}, \begin{pmatrix}1\\1\\0\end{pmatrix}\right).$$

• Alors : $\dim(\mathrm{SEP}(A_n,1)) + \dim\left(\mathrm{SEP}\left(A_n, 1 + \dfrac{1}{n}\right)\right) = 3$ et $A_n \in \mathbf{M}_3(\mathbb{R})$. On conclut que A_n est diagonalisable.

On peut écrire : $A_n = P_nD_nP_n^{-1}$ avec (par exemple)

$$P_n = \begin{pmatrix}1 & 1 & 1\\ 1 & 0 & 1\\ -1 & 1 & 0\end{pmatrix} \quad \text{et} \quad D_n = \begin{pmatrix}1 & 0 & 0\\ 0 & 1+\frac{1}{n} & 0\\ 0 & 0 & 1+\frac{1}{n}\end{pmatrix}.$$

On s'aperçoit que la matrice P_n ne dépend pas de n. Notons-la alors P au lieu de P_n.

• La matrice A_n est inversible puisque 0 n'est pas vp de A_n.

b) • Puisque, pour tout k de $[\![1\,;n]\!]$, on a : $A_k = PD_kP^{-1}$, on en déduit :

$$B_n = (PD_1P^{-1})(PD_2P^{-1})\cdots(PD_nP^{-1}) = P(D_1\,D_2\cdots D_n)P^{-1}.$$

Notons $E_n = D_1\,D_2\cdots D_n$. Puisque les matrices D_k sont diagonales, la matrice E_n est aussi diagonale.

Ainsi B_n est semblable à une matrice diagonale.

On conclut que B_n est diagonalisable.

• Les vp de B_n sont les éléments sur la diagonale de E_n.

Or : $E_n = \displaystyle\prod_{k=1}^{n} \begin{pmatrix}1 & 0 & 0\\ 0 & 1+\frac{1}{k} & 0\\ 0 & 0 & 1+\frac{1}{k}\end{pmatrix} = \begin{pmatrix}1 & 0 & 0\\ 0 & p_n & 0\\ 0 & 0 & p_n\end{pmatrix},$

où $p_n = \displaystyle\prod_{k=1}^{n}\left(1 + \frac{1}{k}\right) = \prod_{k=1}^{n}\left(\frac{k+1}{k}\right) = \frac{(n+1)!}{n!} = n + 1.$

Ainsi les vp de B_n sont 1 et $n + 1$.

• La matrice B_n est inversible puisque 0 n'est pas vp de B_n.

7.13 L'endomorphisme f étant nilpotent, il existe $p \in \mathbb{N}$ tel que $f^p = 0$.

a) • Soit λ une vp de f. Alors en utilisant l'exercice 7.8, λ^p est une vp de f^p.

Il existe donc $x \in E \setminus \{0\}$ tel que $f^p(x) = \lambda^p x$.

On a alors $\lambda^p x = f^p(x) = 0$, et puisque $x \neq 0$, alors $\lambda^p = 0$ et donc $\lambda = 0$.

Ainsi 0 est la seule vp possible de f.

• De plus, puisque f n'est pas bijectif (car sinon, $f^p = 0$ le serait aussi, ce qui est absurde, car E n'est pas réduit à $\{0\}$!), f n'est donc pas injectif, d'où $\mathrm{Ker}(f) \neq \{0\}$. Donc 0 est une vp de f.

Ainsi : 0 est la seule vp de f.

b) ★ Si f est diagonalisable, alors, puisque f admet une unique vp, le SEP associé est de dimension $n = \dim(E)$.

Ainsi : $\mathrm{Ker}(f) = \mathrm{SEP}(f, 0) = E$.

Donc : f est l'application nulle.

★ Réciproquement, si $f = 0$, alors il est clair que f est diagonalisable.

On conclut, pour un endomorphisme nilpotent :

f est diagonalisable si et seulement si $f = 0$.

7.14 *a)* On a :

$$A^2 = \begin{pmatrix}0 & 1 & 0\\ 1 & 0 & 1\\ 0 & 1 & 0\end{pmatrix}\begin{pmatrix}0 & 1 & 0\\ 1 & 0 & 1\\ 0 & 1 & 0\end{pmatrix} = \begin{pmatrix}1 & 0 & 1\\ 0 & 2 & 0\\ 1 & 0 & 1\end{pmatrix} = I + J.$$

Donc : $J = A^2 - I$.

b) Il s'agit de diagonaliser A.

• Déterminons les vp de A. Soit $\lambda \in \mathbb{R}$.

Alors : $\mathrm{rg}(A - \lambda \mathrm{I}_3) = \mathrm{rg}\begin{pmatrix}-\lambda & 1 & 0\\ \boxed{1} & -\lambda & 1\\ 0 & 1 & -\lambda\end{pmatrix}$

$$= \mathrm{rg}\begin{pmatrix}1 & -\lambda & 1\\ 0 & \boxed{1} & -\lambda\\ 0 & 1-\lambda^2 & \lambda\end{pmatrix} \begin{matrix} L_1 \longleftarrow L_2\\ L_2 \longleftarrow L_3\\ L_3 \longleftarrow L_1 + \lambda L_2\end{matrix}$$

$$= \text{rg}\begin{pmatrix} 1 & -\lambda & 1 \\ 0 & \boxed{1} & -\lambda \\ 0 & 0 & \lambda(2-\lambda^2) \end{pmatrix} \; L_3 \longleftarrow L_3 - (1-\lambda^2)L_2$$

$$= \begin{cases} 3 \text{ si } \lambda \neq 0, \sqrt{2}, -\sqrt{2} \\ 2 \text{ sinon} \end{cases}.$$

Ainsi A admet trois vp distinctes : $0, -\sqrt{2}, \sqrt{2}$.

Puisque $A \in \mathbf{M}_3(\mathbb{R})$, on en déduit que la matrice A est diagonalisable.

Notons $\lambda_1 = -\sqrt{2},\ \lambda_2 = 0,\ \lambda_3 = \sqrt{2}$.

Remarque : La matrice A est une matrice symétrique réelle, donc A est diagonalisable dans $\mathbf{M}_3(\mathbb{R})$ (voir le programme de seconde année).

• Déterminons les SEP de A.

1) $X = \begin{pmatrix} x \\ y \\ z \end{pmatrix} \in \text{SEP}(A, 0) \iff \begin{cases} y = 0 \\ x + z = 0 \\ y = 0 \end{cases}$

$\iff \begin{cases} z = -x \\ y = 0 \end{cases}$. Ainsi, $\text{SEP}(A, 0) = \text{Vect}\left(\begin{pmatrix} 1 \\ 0 \\ -1 \end{pmatrix}\right)$.

2) $X = \begin{pmatrix} x \\ y \\ z \end{pmatrix} \in \text{SEP}(A, -\sqrt{2}) \iff \begin{cases} y = -\sqrt{2}\,x \\ x + z = -\sqrt{2}\,y \\ y = -\sqrt{2}\,z \end{cases}$

$\iff \begin{cases} z = x \\ y = -\sqrt{2}\,x \end{cases}$. Ainsi, $\text{SEP}(A, -\sqrt{2}) = \text{Vect}\left(\begin{pmatrix} 1 \\ -\sqrt{2} \\ 1 \end{pmatrix}\right)$.

3) $X = \begin{pmatrix} x \\ y \\ z \end{pmatrix} \in \text{SEP}(A, \sqrt{2}) \iff \begin{cases} y = \sqrt{2}\,x \\ x + z = \sqrt{2}\,y \\ y = \sqrt{2}\,z \end{cases}$

$\iff \begin{cases} z = x \\ y = \sqrt{2}\,x \end{cases}$. Ainsi, $\text{SEP}(A, \sqrt{2}) = \text{Vect}\left(\begin{pmatrix} 1 \\ \sqrt{2} \\ 1 \end{pmatrix}\right)$.

• On obtient alors : $A = PDP^{-1}$, avec :

$$P = \begin{pmatrix} 1 & 1 & 1 \\ -\sqrt{2} & 0 & \sqrt{2} \\ 1 & -1 & 1 \end{pmatrix} \text{ et } D = \begin{pmatrix} -\sqrt{2} & 0 & 0 \\ 0 & 0 & 0 \\ 0 & 0 & \sqrt{2} \end{pmatrix}.$$

c) 1) On a : $M = aI + bA + cJ = aI + bA + c(A^2 - I)$

$= (a-c)I + bA + cA^2$.

c) 2) On a : $\begin{cases} A = PDP^{-1} \\ A^2 = (PDP^{-1})(PDP^{-1}) = PD^2P^{-1} \\ I = PP^{-1} = PIP^{-1} \end{cases}$.

Ainsi : $M = (a-c)PIP^{-1} + bPDP^{-1} + cPD^2P^{-1}$

$= P\underbrace{\left((a-c)I + bD + cD^2\right)}_{\text{noté } \Delta}P^{-1}$,

avec $\Delta = (a-c)\begin{pmatrix} 1 & 0 & 0 \\ 0 & 1 & 0 \\ 0 & 0 & 1 \end{pmatrix} + b\begin{pmatrix} -\sqrt{2} & 0 & 0 \\ 0 & 0 & 0 \\ 0 & 0 & \sqrt{2} \end{pmatrix} + c\begin{pmatrix} 2 & 0 & 0 \\ 0 & 0 & 0 \\ 0 & 0 & 2 \end{pmatrix}$

$= \begin{pmatrix} a - b\sqrt{2} + c & 0 & 0 \\ 0 & a-c & 0 \\ 0 & 0 & a + b\sqrt{2} + c \end{pmatrix}$

7.15 *a)* • Soient $m \in \mathbb{R}$ et $u = (x, y, z) \in \mathbb{R}^3$.

On a : $h_m(u) = u \iff \begin{cases} (-1-m)x + my + 2z = x \\ -mx + y + mz = y \\ -2x + my + (3-m)z = z \end{cases}$

$\iff \begin{cases} (-2-m)x + my + 2z = 0 \\ -mx + mz = 0 \\ -2x + my + (2-m)z = 0 \end{cases}$

$\iff (S) \begin{cases} mx = mz \\ -2x + my + (2-m)z = 0 \end{cases}$.

1er cas : si $m = 0$, alors (S) $\iff z = x$.

Ainsi 1 est vp de h_0 et $\text{SEP}(h_0, 1) = \text{Vect}((1,0,1), (0,1,0))$.

2e cas : si $m \neq 0$, alors $(S) \iff x = y = z$.

Ainsi 1 est vp de h_m et $\text{SEP}(h_m, 1) = \text{Vect}((1,1,1))$.

• Prenons $v_1 = (1,1,1)$. Alors v_1 est un $\overrightarrow{\text{vp}}$ commun à tous les endomorphismes h_m car :

$$\forall m \in \mathbb{R},\ h_m(v_1) = (1,1,1) = v_1.$$

b) • Montrons que (v_1, v_2, v_3) est une base de $\mathbb{R}^3$.

Notons P la matrice de la famille (v_1, v_2, v_3) dans la base canonique de $\mathbb{R}^3$: $P = \begin{pmatrix} 1 & 1 & 1 \\ 1 & 0 & 1 \\ 1 & 1 & 0 \end{pmatrix}$.

Alors : $\text{rg}(P) = \text{rg}\begin{pmatrix} 1 & 1 & 1 \\ 0 & 1 & 0 \\ 0 & 0 & 1 \end{pmatrix} \begin{matrix} L_2 \longleftarrow L_1 - L_2 \\ L_3 \longleftarrow L_1 - L_3 \end{matrix} = 3.$

On en déduit que la matrice P est inversible et donc que la famille (v_1, v_2, v_3) est une base de $\mathbb{R}^3$.

• On a, pour tout m de $\mathbb{R}$:

$$h_m(v_1) = v_1,\ h_m(v_2) = \begin{pmatrix} 1-m \\ 0 \\ 1-m \end{pmatrix} = (1-m)v_2$$

$$\text{et } h_m(v_3) = \begin{pmatrix} -1 \\ 1-m \\ m-2 \end{pmatrix} = (m-2)v_2 + (1-m)v_3.$$

Ainsi la matrice de h_m dans la base (v_1, v_2, v_3) est :

$$A_m = \begin{pmatrix} 1 & 0 & 0 \\ 0 & 1-m & m-2 \\ 0 & 0 & 1-m \end{pmatrix}.$$

c) Soit $m \in \mathbb{R}$.

La matrice A_m est triangulaire supérieure, donc les éléments diagonaux de A_m sont ses vp. Ainsi les vp de A_m, et donc celle de h_m, sont : $1, 1-m$.

1er cas : si $m = 0$, alors h_0 admet 1 comme unique vp, et puisque $\dim(\mathrm{SEP}(h_0, 1)) = 2$, on en déduit que h_0 n'est pas diagonalisable.

2e cas : si $m \neq 0$, alors h_m admet deux vp : 1 et $1-m$.

Déterminons $\mathrm{SEP}(h_m, 1-m)$. Soit $u = (x, y, z) \in \mathbb{R}^3$.

$$\text{Alors : } h_m(u) = (1-m)u \iff \begin{cases} -2x + my + 2z = 0 \\ -mx + my + mz = 0 \\ -2x + my + 2z = 0 \end{cases}$$

$$\underset{m\neq 0}{\iff} (S) \begin{cases} -x + y + z = 0 \\ (m-2)y = 0 \end{cases}.$$

1er sous cas : si $m = 2$, alors (S) $\iff x = y + z$.

Ainsi : $\mathrm{SEP}(h_2, 1-m) = \mathrm{SEP}(h_2, -1) = \mathrm{Vect}((1, 1, 0), (1, 0, 1))$.

On en déduit que $\dim(\mathrm{SEP}(h_2, -1)) = 2$. D'où :

$$\dim(\mathrm{SEP}(h_2, 1)) + \dim(\mathrm{SEP}(h_2, -1)) = 3 = \dim(\mathbb{R}^3).$$

On conclut que h_2 est diagonalisable.

2e sous cas : si $m \neq 2$, alors (S) $\iff \begin{cases} y = 0 \\ z = x \end{cases}$.

Ainsi : $\mathrm{SEP}(h_m, 1-m) = \mathrm{Vect}((1, 0, 1))$.

On en déduit que $\dim(\mathrm{SEP}(h_2, -1)) = 1$. D'où :

$\dim(\mathrm{SEP}(h_2, 1)) + \dim(\mathrm{SEP}(h_2, -1)) = 2 \neq 3 = \dim(\mathbb{R}^3)$.

On conclut que h_m n'est pas diagonalisable.

Conclusion : h_m est diagonalisable si et seulement si $m = 2$.

7.16 *a)* Par la méthode usuelle, on trouve que :

- les vp de A sont : 1, 4, 9
- les SEP de A sont :

$$\mathrm{SEP}(A, 1) = \mathrm{Vect}\left(\begin{pmatrix} 0 \\ 1 \\ 2 \end{pmatrix}\right),$$

$$\mathrm{SEP}(A, 4) = \mathrm{Vect}\left(\begin{pmatrix} 1 \\ 0 \\ -1 \end{pmatrix}\right) \text{ et } \mathrm{SEP}(A, 9) = \mathrm{Vect}\left(\begin{pmatrix} 1 \\ 1 \\ 0 \end{pmatrix}\right).$$

On a donc $A = PDP^{-1}$ en posant (par exemple) :

$$P = \begin{pmatrix} 0 & 1 & 1 \\ 1 & 0 & 1 \\ 2 & -1 & 0 \end{pmatrix} \quad \text{et} \quad D = \begin{pmatrix} 1 & 0 & 0 \\ 0 & 4 & 0 \\ 0 & 0 & 9 \end{pmatrix}.$$

b) • On a la relation : $M = PNP^{-1}$. Donc :

$$AM = MA \iff (PDP^{-1})(PNP^{-1}) = (PNP^{-1})(PDP^{-1})$$

$$\iff PDNP^{-1} = PNDP^{-1} \implies DN = ND$$

en multipliant à droite par P et à gauche par P^{-1}

(la réciproque est vraie et s'obtient en multipliant à droite par P^{-1} et à gauche par P).

• Notons $N = \begin{pmatrix} a & b & c \\ d & e & f \\ g & h & i \end{pmatrix}$. Alors :

$$DN = ND \iff \begin{pmatrix} a & b & c \\ 4d & 4e & 4f \\ 9g & 9h & 9i \end{pmatrix} = \begin{pmatrix} a & 4b & 9c \\ d & 4e & 9f \\ g & 4h & 9i \end{pmatrix}$$

$$\iff b = c = d = f = g = h = 0 \iff N = \begin{pmatrix} a & 0 & 0 \\ 0 & e & 0 \\ 0 & 0 & i \end{pmatrix}.$$

Ceci montre que la matrice N est diagonale.

c) ★ Soit $M \in \mathbf{M}_3(\mathbb{R})$ vérifiant : $M^2 = A$.

Alors M et A commutent car $AM = M^2M = MM^2 = MA$. D'après la question *b)*, on en déduit que $P^{-1}MP$ est diagonale. Notons E cette matrice.

Soit $(x, y, z) \in \mathbb{R}^3$ tel que $E = P^{-1}MP = \begin{pmatrix} x & 0 & 0 \\ 0 & y & 0 \\ 0 & 0 & z \end{pmatrix}$.

Puisque $M^2 = A$, alors en multipliant par P^{-1} et P, on a $P^{-1}M^2P = P^{-1}AP$. On obtient donc :

$$E^2 = \begin{pmatrix} x^2 & 0 & 0 \\ 0 & y^2 & 0 \\ 0 & 0 & z^2 \end{pmatrix} = D.$$

$$\text{Ainsi : } \begin{cases} x^2 = 1 \\ y^2 = 4 \\ z^2 = 9 \end{cases}, \text{ c'est-à-dire } \begin{cases} x = \pm 1 \\ y = \pm 2 \\ z = \pm 3 \end{cases}.$$

Ceci montre que la matrice M est de la forme :

$$M = P \begin{pmatrix} \pm 1 & 0 & 0 \\ 0 & \pm 2 & 0 \\ 0 & 0 & \pm 3 \end{pmatrix} P^{-1}.$$

★ Réciproquement, si $M = P \begin{pmatrix} \pm 1 & 0 & 0 \\ 0 & \pm 2 & 0 \\ 0 & 0 & \pm 3 \end{pmatrix} P^{-1}$, alors :

$M^2 = P \begin{pmatrix} (\pm 1)^2 & 0 & 0 \\ 0 & (\pm 2)^2 & 0 \\ 0 & 0 & (\pm 3)^2 \end{pmatrix} P^{-1} = PDP^{-1} = A$. Donc M est solution.

★ *Conclusion :* Les matrices solutions du problème sont les matrices de la forme : $P \begin{pmatrix} \pm 1 & 0 & 0 \\ 0 & \pm 2 & 0 \\ 0 & 0 & \pm 3 \end{pmatrix} P^{-1}$.

Il y a 8 matrices distinctes solutions du problème.

L'une d'elles est, après calcul du produit de trois matrices :

$$M = P \begin{pmatrix} 1 & 0 & 0 \\ 0 & 2 & 0 \\ 0 & 0 & 3 \end{pmatrix} P^{-1} = \begin{pmatrix} 1 & 2 & -1 \\ -2 & 5 & -2 \\ 2 & 2 & 0 \end{pmatrix},$$

et on peut contrôler que $M^2 = A$.

d) ⋆ Soit $M \in \mathbf{M}_3(\mathbb{R})$ vérifiant : $6M - M^2 = A$.

Alors M et A commutent car :

$AM = (6M - M^2)M = 6M^2 - M^3 = M(6M - M^2) = MA$.

D'après la question *b)*, on en déduit que $P^{-1}MP$ est diagonale. Notons E cette matrice.

Soit $(x, y, z) \in \mathbb{R}^3$ tel que $E = P^{-1}MP = \begin{pmatrix} x & 0 & 0 \\ 0 & y & 0 \\ 0 & 0 & z \end{pmatrix}$.

Par le même raisonnement qu'au *c)*, on obtient :

$$\begin{cases} 6x - x^2 = 1 \\ 6y - y^2 = 4 \\ 6z - z^2 = 9 \end{cases} \iff \begin{cases} x = 3 \pm 2\sqrt{2} \\ y = 3 \pm \sqrt{5} \\ z = 3 \end{cases}$$

donc : $M = P \begin{pmatrix} 3 \pm 2\sqrt{2} & 0 & 0 \\ 0 & 3 \pm \sqrt{5} & 0 \\ 0 & 0 & 3 \end{pmatrix} P^{-1}$.

⋆ Réciproquement, si $M = P \begin{pmatrix} 3 \pm 2\sqrt{2} & 0 & 0 \\ 0 & 3 \pm \sqrt{5} & 0 \\ 0 & 0 & 3 \end{pmatrix} P^{-1}$, alors $6M - M^2 = A$. Donc M est solution.

⋆ *Conclusion :* Les matrices solutions du problème sont les matrices de la forme : $P \begin{pmatrix} 3 \pm 2\sqrt{2} & 0 & 0 \\ 0 & 3 \pm \sqrt{5} & 0 \\ 0 & 0 & 3 \end{pmatrix} P^{-1}$.

Il y a 4 matrices distinctes solutions du problème.

7.17 • Déterminons les vp de A. Soit $\lambda \in \mathbb{R}$.

Alors $\operatorname{rg}(A - \lambda I_3) = \operatorname{rg} \begin{pmatrix} 3-\lambda & -2 & 3 \\ \boxed{1} & -\lambda & 2 \\ 0 & 0 & 2-\lambda \end{pmatrix}$

$$= \operatorname{rg} \begin{pmatrix} 1 & -\lambda & 2 \\ 0 & \lambda^2 - 3\lambda + 2 & 3 - 2\lambda \\ 0 & 0 & 2 - \lambda \end{pmatrix} \begin{matrix} L_1 \longleftarrow L_2 \\ L_2 \longleftarrow (3-\lambda)L_2 - L_1 \\ \end{matrix}$$

$$\begin{cases} = 3 \text{ si } \lambda \neq 1, 2 \\ \leqslant 2 \text{ sinon} \end{cases}.$$

Ainsi : les vp de A sont 1 et 2.

• Déterminons les SEP de A. Soit $X = \begin{pmatrix} x \\ y \\ z \end{pmatrix} \in \mathbf{M}_{3,1}(\mathbb{R})$.

1) $X \in \mathrm{SEP}(A, 1) \iff \begin{cases} 2x - 2y + 3z = 0 \\ x - y + 2z = 0 \\ 2z = 0 \end{cases} \iff \begin{cases} z = 0 \\ x = y \end{cases}$.

Ainsi : $\mathrm{SEP}(A, 1) = \mathrm{Vect}(\begin{pmatrix} 1 \\ 1 \\ 0 \end{pmatrix})$.

2) $X \in \mathrm{SEP}(A, 2) \iff \begin{cases} x - 2y + 3z = 0 \\ x - 2y + 2z = 0 \end{cases} \iff \begin{cases} z = 0 \\ x = 2y \end{cases}$.

Ainsi : $\mathrm{SEP}(A, 2) = \mathrm{Vect}(\begin{pmatrix} 2 \\ 1 \\ 0 \end{pmatrix})$.

• On a : $\dim(\mathrm{SEP}(A, 1)) + \dim(\mathrm{SEP}(A, 2)) = 2$ et $A \in \mathbf{M}_3(\mathbb{R})$.

On conclut que la matrice A n'est pas diagonalisable.

b) • Notons (e_1, e_2, e_3) la base canonique de $\mathbb{R}^3$ et u l'endomorphisme canoniquement associé à A.

On cherche alors (f_1, f_2, f_3) une base de $\mathbb{R}^3$ telle que :

$$\begin{cases} u(f_1) = f_1 \\ u(f_2) = 2f_2 \\ u(f_3) = f_2 + 2f_3 \end{cases}.$$

⋆ Le vecteur f_1 est alors un $\overrightarrow{\text{vp}}$ de u associé à la vp 1.

Prenons donc $f_1 = (1, 1, 0)$.

⋆ Le vecteur f_2 est alors un $\overrightarrow{\text{vp}}$ de u associé à la vp 2.

Prenons donc $f_2 = (2, 1, 0)$.

⋆ Notons $f_3 = (x, y, z)$. Alors : $u(f_3) = f_2 + 2f_3$

$$\iff \begin{cases} 3x - 2y + 3z = 2 + 2x \\ x + 2z = 1 + 2y \\ 2z = 0 + 2z \end{cases} \iff \begin{cases} x - 2y + 3z = 2 \\ x - 2y + 2z = 1 \end{cases}$$

$$\iff \begin{cases} z = 1 \\ x = 2y - 1 \end{cases}.$$

Prenons donc $f_3 = (-1, 0, 1)$.

La famille (f_1, f_2, f_3) est une base de $\mathbb{R}^3$ car :

1) les trois vecteurs appartiennent à $\mathbb{R}^3$

2) soit $(a, b, c) \in \mathbb{R}^3$ tel que $af_1 + bf_2 + cf_3 = 0$, alors :

$$\begin{cases} a + 2b - c = 0 \\ a + b = 0 \\ c = 0 \end{cases} \iff a = b = c = 0\,;$$

donc la famille est libre

3) la famille comporte 3 vecteurs et $\dim(\mathbb{R}^3) = 3$.

Et la matrice de u dans cette base est : $\begin{pmatrix} 1 & 0 & 0 \\ 0 & 2 & 1 \\ 0 & 0 & 2 \end{pmatrix} = T$.

On conclut que les matrices A et T sont semblables.

• Notons P la matrice de passage de la base (e_1, e_2, e_3) à la base (f_1, f_2, f_3). Alors : $P = \begin{pmatrix} 1 & 2 & -1 \\ 1 & 1 & 0 \\ 0 & 0 & 1 \end{pmatrix}$.

D'après le cours, on a la relation : $A = PTP^{-1}$.

• Calculons P^{-1}. Soient $X = \begin{pmatrix} x \\ y \\ z \end{pmatrix}$ et $Y = \begin{pmatrix} a \\ b \\ c \end{pmatrix}$. Alors :

$$PX = Y \iff \begin{cases} x + 2y - z = a \\ x + y = b \\ z = c \end{cases} \iff \begin{cases} x = -a + 2b - c \\ y = a - b + c \\ z = c \end{cases}.$$

On en déduit que $P^{-1} = \begin{pmatrix} -1 & 2 & -1 \\ 1 & -1 & 1 \\ 0 & 0 & 1 \end{pmatrix}$.

c) • Calculons, pour tout n de $\mathbb{N}$, T^n.

On obtient : $T^2 = \begin{pmatrix} 1 & 0 & 0 \\ 0 & 4 & 4 \\ 0 & 0 & 4 \end{pmatrix}$ et $T^3 = \begin{pmatrix} 1 & 0 & 0 \\ 0 & 8 & 12 \\ 0 & 0 & 8 \end{pmatrix}$.

Par récurrence simple, on montre que, pour tout n de $\mathbb{N}$, il existe $\alpha_n \in \mathbb{R}$ tel que : $T^n = \begin{pmatrix} 1 & 0 & 0 \\ 0 & 2^n & \alpha_n \\ 0 & 0 & 2^n \end{pmatrix}$;

de plus, on a : $\forall n \in \mathbb{N}, \ \alpha_{n+1} = 2\alpha_n + 2^n$.

Puis, par récurrence, on montre : $\forall n \in \mathbb{N}, \ \alpha_n = n2^{n-1}$.

Ainsi : $\forall n \in \mathbb{N}, \ T^n = \begin{pmatrix} 1 & 0 & 0 \\ 0 & 2^n & n2^{n-1} \\ 0 & 0 & 2^n \end{pmatrix}$.

• Puisque $A = PTP^{-1}$, on en déduit que, pour tout n de $\mathbb{N}$:

$$A^n = PT^nP^{-1} = \begin{pmatrix} 1 & 2 & -1 \\ 1 & 1 & 0 \\ 0 & 0 & 1 \end{pmatrix}\begin{pmatrix} 1 & 0 & 0 \\ 0 & 2^n & n2^{n-1} \\ 0 & 0 & 2^n \end{pmatrix} P^{-1}$$

$$= \begin{pmatrix} 1 & 2^{n+1} & 2^n(n-1) \\ 1 & 2^n & n2^{n-1} \\ 0 & 0 & 2^n \end{pmatrix}\begin{pmatrix} -1 & 2 & -1 \\ 1 & -1 & 1 \\ 0 & 0 & 1 \end{pmatrix}$$

$$= \begin{pmatrix} -1 + 2^{n+1} & 2 - 2^{n+1} & -1 + 2^n + n2^n \\ -1 + 2^n & 2 - 2^n & -1 + 2^n + n2^{n-1} \\ 0 & 0 & 2^n \end{pmatrix}.$$

d) 1) Soit $M \in \mathbf{M}_3(\mathbb{R})$. On a :

$M \in \mathscr{C}(A) \iff AM = MA \iff (PTP^{-1})M = M(PTP^{-1})$

$\iff TP^{-1}M = P^{-1}MPTP^{-1}$ en multipliant à gauche par P^{-1}

$\iff TP^{-1}MP = P^{-1}MPT$ en multipliant à droite par P

$\iff P^{-1}MP \in \mathscr{C}(T)$.

d) 2) Notons $M = \begin{pmatrix} a & b & c \\ d & e & f \\ g & h & i \end{pmatrix}$. Alors : $TM = MT$

$$\iff \begin{pmatrix} a & b & c \\ 2d + g & 2e + h & 2f + i \\ 2g & 2h & 2i \end{pmatrix} = \begin{pmatrix} a & 2b & b + 2c \\ d & 2e & e + 2f \\ g & 2h & h + 2i \end{pmatrix}$$

$$\iff \begin{cases} b = c = d = g = h = 0 \\ i = e \end{cases} \iff M = \begin{pmatrix} a & 0 & 0 \\ 0 & e & f \\ 0 & 0 & e \end{pmatrix}$$

Ainsi : $\mathscr{C}(T) = \left\{ \begin{pmatrix} a & 0 & 0 \\ 0 & b & c \\ 0 & 0 & b \end{pmatrix} ; \ (a, b, c) \in \mathbb{R}^3 \right\}$.

d) 3) D'où : $\mathscr{C}(A) = \left\{ P \begin{pmatrix} a & 0 & 0 \\ 0 & b & c \\ 0 & 0 & b \end{pmatrix} P^{-1} ; \ (a, b, c) \in \mathbb{R}^3 \right\}$

$$= \left\{ \begin{pmatrix} -a + 2b & 2a - 2b & -a + b + 2c \\ -a + b & 2a - b & -a + b + c \\ 0 & 0 & b \end{pmatrix} ; \ (a, b, c) \in \mathbb{R}^3 \right\}$$

$$= \mathrm{Vect}\Big(\underbrace{\begin{pmatrix} -1 & 2 & -1 \\ -1 & 2 & -1 \\ 0 & 0 & 0 \end{pmatrix}}_{\text{notée } E_1}, \underbrace{\begin{pmatrix} 2 & -2 & 1 \\ 1 & -1 & 1 \\ 0 & 0 & 1 \end{pmatrix}}_{\text{notée } E_2}, \underbrace{\begin{pmatrix} 0 & 0 & 2 \\ 0 & 0 & 1 \\ 0 & 0 & 0 \end{pmatrix}}_{\text{notée } E_3} \Big).$$

Les matrices E_1, E_2, E_3 étant des éléments de $\mathbf{M}_3(\mathbb{R})$, on en déduit que $\mathscr{C}(A)$ est un sev de $\mathbf{M}_3(\mathbb{R})$; en particulier, $\mathscr{C}(A)$ est un $\mathbb{R}$-ev.

De plus, on montre facilement que les matrices E_1, E_2, E_3 forment une famille libre de $\mathscr{C}(A)$.

On en déduit que la famille (E_1, E_2, E_3) est une base de $\mathscr{C}(A)$ et donc $\dim(\mathscr{C}(A)) = 3$.

7.18 *1)* Déterminons les éléments propres de la matrice A, en utilisant la définition.

Remarquons tout d'abord que $\mathrm{rg}(A) = 1 < n$ et donc 0 est une vp de A et, d'après le théorème du rang, $\dim(\mathrm{SEP}(A, 0)) = n - \mathrm{rg}(A) = n - 1$.

Soient $\lambda \in \mathbb{R}$ et $X = \begin{pmatrix} x_1 \\ \vdots \\ x_n \end{pmatrix} \in \mathbf{M}_{n,1}(\mathbb{R})$.

On a : $(S) : AX = \lambda X \iff \begin{cases} x_1 + \cdots + x_n = \lambda x_1 \\ \vdots \qquad\qquad \vdots \\ x_1 + \cdots + x_n = \lambda x_n \end{cases}$

1er cas : si $\lambda = 0$, alors :

$$(S) \iff x_n = -(x_1 + x_2 + \cdots + x_{n-1}).$$

Ainsi : $\mathrm{SEP}(A, 0) = \mathrm{Vect}\left(\begin{pmatrix} 1 \\ 0 \\ \vdots \\ 0 \\ -1 \end{pmatrix}, \begin{pmatrix} 0 \\ 1 \\ 0 \\ \vdots \\ -1 \end{pmatrix}, \ldots, \begin{pmatrix} 0 \\ \vdots \\ 0 \\ 1 \\ -1 \end{pmatrix} \right)$.

2^e^ cas : si $\lambda \neq 0$, alors $(S) \iff \begin{cases} x_1 = \cdots = x_n \\ nx_1 = \lambda x_1 \end{cases}$.

• *1er sous-cas :* si $\lambda \neq n$,

alors : $(S) \iff x_1 = \cdots = x_n = 0 \iff X = 0$,

donc λ n'est pas une vp de A.

• *2^e^ sous-cas :* si $\lambda = n$,

alors : $\quad (S) \iff x_1 = \cdots = x_n,$

donc $\lambda = n$ est une vp de A et $\mathrm{SEP}(A,n) = \mathrm{Vect}\left(\begin{pmatrix}1\\ \vdots\\ 1\end{pmatrix}\right)$.

Ainsi A admet 2 vp distinctes, l'un de ses SEP est de dimension $n-1$ et l'autre est de dimension 1.

On en déduit que A est diagonalisable.

2) Déterminons les éléments propres de la matrice B, en utilisant la définition.

Remarquons tout d'abord que $\mathrm{rg}(B) = 2 < n$ et donc 0 est une vp de B et, d'après le théorème du rang, $\dim(\mathrm{SEP}(B,0)) = n - \mathrm{rg}(B) = n-2$.

Soient $\lambda \in \mathbb{R}$ et $X = \begin{pmatrix}x_1\\ \vdots\\ x_n\end{pmatrix} \in \mathbf{M}_{n,1}(\mathbb{R})$.

On a : $\quad (S) : BX = \lambda X \iff \begin{cases} x_1 + \cdots + x_n = \lambda x_1 \\ x_1 + x_n = \lambda x_2 \\ \vdots \qquad\qquad \vdots \\ x_1 + x_n = \lambda x_{n-1} \\ x_1 + \cdots + x_n = \lambda x_n \end{cases}$

1er cas : si $\lambda = 0$, alors :

$$(S) \iff \begin{cases} x_n = -x_1 \\ x_2 = -(x_3 + \cdots + x_{n-1}) \end{cases}.$$

Ainsi : $\quad \mathrm{SEP}(B,0) = \mathrm{Vect}\left(\begin{pmatrix}1\\0\\ \vdots\\0\\0\\-1\end{pmatrix}, \begin{pmatrix}0\\-1\\1\\0\\ \vdots\\0\end{pmatrix}, \ldots, \begin{pmatrix}0\\-1\\0\\ \vdots\\1\\0\end{pmatrix}\right)$

2^e^ cas : si $\lambda \neq 0$, alors : $(S) \iff \begin{cases} x_1 = x_n \\ x_2 = x_3 = \cdots = x_{n-1} \\ 2x_1 + (n-2)x_2 = \lambda x_1 \\ 2x_1 = \lambda x_2 \end{cases}$

$$\iff \begin{cases} x_2 = x_3 = \cdots = x_{n-1} \\ x_1 = x_n = \dfrac{\lambda}{2} x_2 \\ \left(\dfrac{\lambda^2}{2} - \lambda - n + 2\right) x_2 = 0 \end{cases}.$$

• *1er sous-cas :* si $\dfrac{\lambda^2}{2} - \lambda - n + 2 \neq 0$,

alors : $\quad (S) \iff x_1 = \cdots = x_n = 0 \iff X = 0,$

donc λ n'est pas une vp de B.

• *2e sous-cas :* si $\dfrac{\lambda^2}{2} - \lambda - n + 2 = 0$

c'est-à-dire $\lambda = 1 \pm \sqrt{2n-3}$,

alors : $\quad (S) \iff \begin{cases} x_2 = x_3 = \cdots = x_{n-1} \\ x_1 = x_n = \dfrac{\lambda}{2} x_2 \end{cases},$

donc $\lambda = 1 \pm \sqrt{2n-3}$ est une vp de B

$$\text{et } \mathrm{SEP}(B,\lambda) = \mathrm{Vect}\left(\begin{pmatrix}\lambda\\2\\ \vdots\\2\\ \lambda\end{pmatrix}\right).$$

Ainsi B admet 3 vp distinctes, l'un de ses SEP est de dimension $n-2$ et les deux autres sont de dimension 1.

On en déduit que B est diagonalisable.

Remarque : Les matrices A et B sont des matrices symétriques réelles, donc diagonalisables dans $\mathbf{M}_n(\mathbb{R})$ (voir le programme de seconde année).

7.19 *a)* • Soit $P = a\mathrm{X}^4 + b\mathrm{X}^3 + c\mathrm{X}^2 + d\mathrm{X} + e$ un polynôme de $\mathbb{R}_4[\mathrm{X}]$. Alors :

$$\begin{aligned}\Phi(P) &= P(\mathrm{X}) + 2\mathrm{X}^4\left(a\frac{1}{\mathrm{X}^4} + b\frac{1}{\mathrm{X}^3} + c\frac{1}{\mathrm{X}^2} + d\frac{1}{\mathrm{X}} + e\right) \\ &= P(\mathrm{X}) + 2(a + b\mathrm{X} + c\mathrm{X}^2 + d\mathrm{X}^3 + e\mathrm{X}^4).\end{aligned}$$

Puisque $\mathbb{R}_4[\mathrm{X}]$ est stable par combinaison linéaire, on en déduit que $\Phi(P)$ appartient à $\mathbb{R}_4[\mathrm{X}]$.

Ainsi : $\quad \Phi : \mathbb{R}_4[\mathrm{X}] \longrightarrow \mathbb{R}_4[\mathrm{X}]$.

• Montrer que Φ est linéaire. Soient $(P,Q) \in \mathbb{R}_4[\mathrm{X}]$ et $\alpha \in \mathbb{R}$. On a :

$$\begin{aligned}\Phi(\alpha P + Q) &= (\alpha P + Q)(\mathrm{X}) + 2\mathrm{X}^4(\alpha P + Q)\left(\frac{1}{\mathrm{X}}\right) \\ &= \alpha\left(P(\mathrm{X}) + 2\mathrm{X}^4 P\left(\frac{1}{\mathrm{X}}\right)\right) + Q(\mathrm{X}) + 2\mathrm{X}^4 Q\left(\frac{1}{\mathrm{X}}\right) \\ &= \alpha\Phi(P) + \Phi(Q).\end{aligned}$$

On conclut : $\quad \Phi$ est un endomorphisme de $\mathbb{R}_4[\mathrm{X}]$.

b) • Pour tout $P \in \mathbb{R}_4[\mathrm{X}]$, on a :

$$\begin{aligned}\Phi \circ \Phi(P) &= \Phi\left(P(\mathrm{X}) + 2\mathrm{X}^4 P\left(\frac{1}{\mathrm{X}}\right)\right) \\ &= \Phi(P) + 2\Phi\left(\mathrm{X}^4 P\left(\frac{1}{\mathrm{X}}\right)\right) \\ &= \left[P(\mathrm{X}) + 2\mathrm{X}^4 P\left(\frac{1}{\mathrm{X}}\right)\right] + 2\left[\mathrm{X}^4 P\left(\frac{1}{\mathrm{X}}\right) + 2\mathrm{X}^4\left(\frac{1}{\mathrm{X}^4} P(\mathrm{X})\right)\right] \\ &= 5P(\mathrm{X}) + 4\mathrm{X}^4 P\left(\frac{1}{\mathrm{X}}\right) = 2\Phi(P) + 3P.\end{aligned}$$

On en déduit : $\quad \Phi^2 = 2\Phi + 3\mathrm{Id}_{\mathbb{R}_4[\mathrm{X}]}$.

• On a alors :

$$\Phi \circ \left(\frac{1}{3}\Phi - \frac{2}{3}\mathrm{Id}_{\mathbb{R}_4[\mathrm{X}]}\right) = \mathrm{Id}_{\mathbb{R}_4[\mathrm{X}]} = \left(\frac{1}{3}\Phi - \frac{2}{3}\mathrm{Id}_{\mathbb{R}_4[\mathrm{X}]}\right) \circ \Phi.$$

Donc Φ est bijectif et $\Phi^{-1} = \dfrac{1}{3}\Phi - \dfrac{2}{3}\mathrm{Id}_{\mathbb{R}_4[\mathrm{X}]}$.

c) • Soit λ une vp de Φ et P un $\overrightarrow{\mathrm{vp}}$ associé à cette vp.

Puisque : $\quad \Phi(P) = \lambda P, \ \Phi^2(P) = \lambda^2 P \quad \text{et} \quad P \neq 0,$

on en déduit $(\lambda^2 - 2\lambda - 3)P = 0$ et par conséquent :

$$\lambda^2 - 2\lambda - 3 = 0, \text{ d'où : } (\lambda + 1)(\lambda - 3) = 0.$$

Donc -1 et 3 sont les seules vp possibles de Φ.

• Les réels -1 et 3 sont-ils des vp ?

Soit $P = aX^4 + bX^3 + cX^2 + dX + e \in \mathbb{R}_4[X]$.

1) On a : $\Phi(P) = -P$

$$\iff (a + 2e)X^4 + (b + 2d)X^3 + 3cX^2 + (d + 2b)X + (e + 2a) = -(aX^4 + bX^3 + cX^2 + dX + e)$$

$$\iff \begin{cases} a + 2e = -a \\ b + 2d = -b \\ 3c = -c \\ d + 2b = -d \\ e + 2a = -e \end{cases} \iff \begin{cases} e = -a \\ d = -b \\ c = 0 \end{cases}$$

$$\iff P = a(X^4 - 1) + b(X^3 - X).$$

Ainsi -1 est vp de Φ et

$$\mathrm{SEP}(\Phi, -1) = \mathrm{Vect}(X^4 - 1, X^3 - X).$$

2) On a : $\Phi(P) = 3P$

$$\iff (a + 2e)X^4 + (b + 2d)X^3 + 3cX^2 + (d + 2b)X + (e + 2a) = 3(aX^4 + bX^3 + cX^2 + dX + e)$$

$$\iff \begin{cases} a + 2e = 3a \\ b + 2d = 3b \\ 3c = 3c \\ d + 2b = 3d \\ e + 2a = 3e \end{cases} \iff \begin{cases} e = a \\ d = b \end{cases}$$

$$\iff P = a(X^4 + 1) + b(X^3 + X) + cX^2.$$

Ainsi 3 est vp de Φ et

$$\mathrm{SEP}(\Phi, 3) = \mathrm{Vect}(X^4 + 1, X^3 + X, X^2).$$

• Il est clair que $\begin{cases} \dim(\mathrm{SEP}(\Phi, -1)) = 2 \\ \dim(\mathrm{SEP}(\Phi, 3)) = 3 \end{cases}$.

Puisque $\dim(\mathbb{R}_4[X]) = 5$, on conclut que Φ est diagonalisable.

7.20 *a)* Notons $C_1, \dots, C_n$ les colonnes de la matrice A.

Puisque $\mathrm{rg}(A) = \mathrm{rg}(C_1, \dots, C_n) = 1$, il existe une colonne C_{i_0} non nulle de A telle que toutes les autres colonnes lui sont proportionnelles.

Ainsi : $\forall i \in [\![1\,;n]\!],\ \exists \alpha_i \in \mathbb{R},\ C_i = \alpha_i C_{i_0}$.

Prenons $U = C_{i_0}$ et $V = \begin{pmatrix} \alpha_1 \\ \vdots \\ \alpha_n \end{pmatrix}$.

Alors $U \neq 0$ par définition de C_{i_0} et $V \neq 0$ car $\alpha_{i_0} = 1$.

De plus : $U\,{}^tV = \begin{pmatrix} \alpha_1 C_{i_0} & \cdots & \alpha_n C_{i_0} \end{pmatrix} = \begin{pmatrix} C_1 & \cdots & C_n \end{pmatrix} = A.$

D'où le résultat demandé.

b) • Notons $U = C_{i_0} = \begin{pmatrix} a_1 \\ \vdots \\ a_n \end{pmatrix}$. Alors ${}^tV\,U = \sum_{i=1}^{n} \alpha_i a_i$.

De plus, puisque $A = U\,{}^tV = \begin{pmatrix} \alpha_1 a_1 & \cdots & \alpha_n a_1 \\ \vdots & & \vdots \\ \alpha_1 a_n & \cdots & \alpha_n a_n \end{pmatrix}$.

on a : $\mathrm{tr}(A) = \sum_{i=1}^{n} \alpha_i a_i = {}^tV\,U$.

• Ainsi : $A^2 = (U\,{}^tV) \cdot (U\,{}^tV) = U({}^tV\,U)\,{}^tV = \mathrm{tr}(A)(U\,{}^tV) = \mathrm{tr}(A)A$.

c) • On déduit du *b)* que, si λ est une vp de A, alors λ vérifie : $\lambda^2 = \mathrm{tr}(A)\lambda$.

Donc les seules vp possibles de A sont 0 et $\mathrm{tr}(A)$.

• Puisque $\mathrm{rg}(A) = 1 < n$, 0 est une vp de A et $\dim(\mathrm{SEP}(A, 0)) = n - 1$.

Ainsi, A est diagonalisable si et seulement A admet une autre vp différente de 0 (qui ne peut être que $\mathrm{tr}(A)$).

• Si $\mathrm{tr}(A) = 0$, alors 0 est la seule vp de A et donc A n'est pas diagonalisable.

• Si $\mathrm{tr}(A) \neq 0$, alors, puisque :

$$AU = (U\,{}^tV)U = U({}^tV\,U) = \mathrm{tr}(A)U \quad \text{et} \quad U \neq 0,$$

$\mathrm{tr}(A)$ est une vp de A (et le SEP est forcément de dimension 1), et donc A est diagonalisable.

On conclut : A est diagonalisable $\iff \mathrm{tr}(A) \neq 0$.

Remarque : Reprenons la matrice A de l'exercice 7.18. Alors A est de rang 1 et $\mathrm{tr}(A) = n$. On en déduit que A est diagonalisable et ses vp sont alors 0 et n.

7.21 *a)* Soit λ une vp de u et soit $x \in \mathrm{SEP}(u, \lambda)$.

Montrons que $v(x) \in \mathrm{SEP}(u, \lambda)$.

On a : $u(v(x)) = u \circ v(x) = v \circ u(x) = v(\lambda x) = \lambda v(x)$.

Donc : $v(x) \in \mathrm{SEP}(u, \lambda)$.

Ainsi, tous les SEP de u sont stables pas v.

b) 1) Puisque u admet n vp distinctes et $\dim(E) = n$, tous les SEP de u sont de dimension 1.

Soit x un $\overrightarrow{\text{vp}}$ de u associé à la vp λ.

Puisque $x \neq 0$, on a : $\mathrm{SEP}(u, \lambda) = \mathrm{Vect}(x)$.

D'après *a)*, $v(x)$ appartient à $\mathrm{SEP}(u, \lambda) = \mathrm{Vect}(x)$.

Ainsi, il existe $\mu \in \mathbb{R}$ tel que $v(x) = \mu x$.

Autrement dit, puisque $x \neq 0$, x est un $\overrightarrow{\text{vp}}$ de v.

On en déduit que tout $\overrightarrow{\text{vp}}$ de u est $\overrightarrow{\text{vp}}$ de v.

b) 2) Puisque u admet n vp distinctes et $\dim(E) = n$, u est diagonalisable.

Il existe donc une base $\mathscr{B}$ de E constituée de $\overrightarrow{\text{vp}}$ de u. D'après *b) 1)*, tous ces $\overrightarrow{\text{vp}}$ sont aussi des $\overrightarrow{\text{vp}}$ de v.

Donc la base $\mathscr{B}$ de E est constituée de $\overrightarrow{\text{vp}}$ communs à u et v.

En particulier, $\mathscr{B}$ est une base de E constituée de $\overrightarrow{\text{vp}}$ de v, donc v est diagonalisable.

7.22 *a)* • Soit $P \in \mathbb{C}_n[X]$.

Alors il existe $a \in \mathbb{C}$ et $Q \in \mathbb{C}_{n-1}[X]$ tels que :

$$P(X) = aX^n + Q(X).$$

On a : $P'(X) = anX^{n-1} + Q'(X)$.

Et donc : $f(P)$

$$= (X^2 - 1)(anX^{n-1} + Q'(X)) - (nX - 1)(aX^n + Q(X))$$
$$= (an - an)X^{n+1} + R(X) = R(X), \quad \text{avec}$$
$$R(X) = -anX^n + aX^{n-1} + (X^2 - 1)Q'(X) - (nX - 1)Q(X)$$

donc : $\deg(R) \leqslant n$.

Donc $f(P)$ appartient à $\mathbb{C}_n[X]$. Ainsi, $f : \mathbb{C}_n[X] \longrightarrow \mathbb{C}_n[X]$.

• Soient $(P, Q) \in \mathbb{C}_n[X]$ et $\alpha \in \mathbb{C}$. On a :

$$\begin{aligned} f(\alpha P + Q) &= (X^2 - 1)(\alpha P + Q)'(X) - (nX - 1)(\alpha P + Q)(X) \\ &= \alpha((X^2 - 1)P'(X) - (nX - 1)P(X)) \\ &\quad + (X^2 - 1)Q'(X) - (nX - 1)Q(X) \\ &= \alpha f(P) + f(Q). \end{aligned}$$

Donc f est linéaire.

On en déduit que f est un endomorphisme de $\mathbb{C}_n[X]$.

b) • Soit α une racine de P. Notons r son ordre de multiplicité.

Alors α est racine de P' d'ordre $r - 1$.

On en déduit qu'il existe deux polynômes Q et R tels que :

$$\begin{cases} P(X) = (X - \alpha)^r Q(X) \quad \text{et} \quad Q(\alpha) \neq 0 \\ P'(X) = (X - \alpha)^{r-1} R(X) \quad \text{et} \quad R(\alpha) \neq 0 \end{cases}.$$

Notons λ la vp associée au $\overrightarrow{\text{vp}}$ P. On a :

$$\begin{aligned} f(P) = \lambda P &\iff (X^2 - 1)P'(X) = (nX - 1 + \lambda)P(X) \\ &\iff (X^2 - 1)(X - \alpha)^{r-1}R(X) = (nX - 1 + \lambda)(X - \alpha)^r Q(X) \\ &\iff (X^2 - 1)R(X) = (nX - 1 + \lambda)(X - \alpha)Q(X). \end{aligned}$$

En remplaçant X par α dans l'égalité précédente, on obtient : $(\alpha^2 - 1)R(\alpha) = 0$.

Puisque $R(\alpha) \neq 0$, on a $\alpha^2 - 1 = 0$, et donc $\alpha = \pm 1$.

Ainsi 1 et -1 sont les seules racines possibles de P.

• Notons d le degré de P et a son coefficient dominant. Puisque $(X^2 - 1)P'(X) = (nX - 1 + \lambda)P(X)$, en identifiant les termes dominants, on obtient : $adX^{d+1} = naX^{d+1}$. Puisque $a \neq 0$ (car a est le coefficient dominant de P), on déduit : $d = n$.

Ainsi le polynôme P est de degré n.

c) • Soit λ une vp de f et P un $\overrightarrow{\text{vp}}$ associé à cette vp.

Alors d'après *b)*, le polynôme P est de la forme :

$$P(X) = a(X - 1)^r (X + 1)^{n-r}, \text{ avec } a \in \mathbb{C}^* \text{ et } r \in [\![0\,;n]\!].$$

Ainsi :

$$\begin{aligned} P'(X) &= ar(X - 1)^{r-1}(X + 1)^{n-r} + a(n - r)(X - 1)^r(X + 1)^{n-r-1} \\ &= a(X - 1)^{r-1}(X + 1)^{n-r-1}(r(X + 1) + (n - r)(X - 1)) \\ &= a(X - 1)^{r-1}(X + 1)^{n-r-1}(nX + (2r - n)). \end{aligned}$$

Puisque $f(P) = \lambda P$, on en déduit :

$$\begin{aligned} &(X^2 - 1)\left[a(X - 1)^{r-1}(X + 1)^{n-r-1}(nX + (2r - n))\right] \\ &\qquad = a(nX - 1 + \lambda)(X - 1)^r(X + 1)^{n-r} \\ &\iff a(X - 1)^r(X + 1)^{n-r}(nX + (2r - n)) \\ &\qquad = a(nX - 1 + \lambda)(X - 1)^r(X + 1)^{n-r} \\ &\iff nX + (2r - n) = nX - 1 + \lambda \iff \lambda = 2r - n + 1. \end{aligned}$$

On en déduit que les vp de f sont les réels de la forme $2r - n + 1$, avec $r \in [\![0\,;n]\!]$.

Ainsi f admet $n + 1$ vp distinctes.

Puisque $\dim(\mathbb{C}_n[X]) = n + 1$, f est diagonalisable et tous les SEP de f sont de dimension 1. Donc : $\forall r \in [\![0\,;n]\!]$,

$$\text{SEP}(f, 2r - n + 1) = \text{Vect}((X - 1)^r(X + 1)^{n-r}).$$

d) Prenons $n = 3$. Notons $\mathscr{B} = (1, X, X^2, X^3)$ la base canonique de $\mathbb{C}_3[X]$.

Alors la matrice de f dans la base $\mathscr{B}$ est :

$$\begin{pmatrix} 1 & -1 & 0 & 0 \\ -3 & 1 & -2 & 0 \\ 0 & -2 & 1 & -3 \\ 0 & 0 & -1 & 1 \end{pmatrix} = A.$$

Les valeurs propres de f nous donnent les vp de A et les composantes dans la base $\mathscr{B}$ des $\overrightarrow{\text{vp}}$ de f nous donnent les $\overrightarrow{\text{vp}}$ de A.

On en déduit que les vp de A sont : $-2, 0, 2, 4$.

Ainsi A admet quatre vp distinctes et $A \in \mathbf{M}_4(\mathbb{C})$, donc A est diagonalisable.

De plus :

$$\begin{aligned} \text{SEP}(f, -2) &= \text{Vect}((X + 1)^3) \\ &= \text{Vect}(1 + 3X + 3X^2 + X^3) \\ \text{SEP}(f, 0) &= \text{Vect}((X - 1)(X + 1)^2) \\ &= \text{Vect}(-1 - X + X^2 + X^3) \\ \text{SEP}(f, 2) &= \text{Vect}((X - 1)^2(X + 1)) \\ &= \text{Vect}(1 - X - X^2 + X^3) \\ \text{SEP}(f, 4) &= \text{Vect}((X - 1)^3) \\ &= \text{Vect}(-1 + 3X - 3X^2 + X^3) \end{aligned}$$

Notons $\mathscr{F}$ la famille de polynômes :

$$((X + 1)^3, (X - 1)(X + 1)^2, (X - 1)^2(X + 1), (X - 1)^3).$$

La famille $\mathscr{F}$ est alors une base de $\mathbb{C}_3[X]$ (car ce sont des vecteurs propres u associés à des vp distinctes, et la famille est de cardinal $4 = \dim(\mathbb{C}_3[X])$).

En notant P la matrice de passage de la base $\mathscr{B}$ à la base $\mathscr{F}$ et D la matrice de f dans la base $\mathscr{F}$, on a, par la formule de changement de base : $A = PDP^{-1}$.

On en déduit que $A = PDP^{-1}$, avec

$$P = \begin{pmatrix} 1 & -1 & 1 & -1 \\ 3 & -1 & -1 & 3 \\ 3 & 1 & -1 & -3 \\ 1 & 1 & 1 & 1 \end{pmatrix} \quad \text{et} \quad D = \begin{pmatrix} -2 & 0 & 0 & 0 \\ 0 & 0 & 0 & 0 \\ 0 & 0 & 2 & 0 \\ 0 & 0 & 0 & 4 \end{pmatrix}.$$

7.23 *a)* Notons $V = \begin{pmatrix} 1 \\ \vdots \\ 1 \end{pmatrix} \in \mathbf{M}_{n,1}(\mathbb{R})$.

Alors : $AV = \begin{pmatrix} \sum_{j=1}^n a_{1,j} \\ \vdots \\ \sum_{j=1}^n a_{n,j} \end{pmatrix} = \begin{pmatrix} 1 \\ \vdots \\ 1 \end{pmatrix} = V.$

Puisque $V \neq 0$, on en déduit que 1 est une vp de A.

b) • Puisque $AX = \lambda X$, on a : $\forall i \in [\![1\,;n]\!],\ \sum_{j=1}^n a_{i,j}x_j = \lambda x_i$.

Il existe $i_0 \in [\![1\,;n]\!]$ tel que : $\forall i \in [\![1\,;n]\!],\ |x_i| \leqslant |x_{i_0}|$.

En particulier, pour $i = i_0$:

$$\begin{aligned} |\lambda x_{i_0}| &= \Big|\sum_{j=1}^n a_{i_0,j}x_j\Big| \\ &\leqslant \sum_{j=1}^n |a_{i_0,j}x_j| \quad \text{(par l'inégalité triangulaire)} \\ &= \sum_{j=1}^n a_{i_0,j}|x_j| \quad (\text{car } a_{i_0,j} \geqslant 0) \\ &\leqslant \sum_{j=1}^n a_{i_0,j}|x_{i_0}| = \Big(\underbrace{\sum_{j=1}^n a_{i_0,j}}_{=1}\Big)|x_{i_0}| = |x_{i_0}|. \end{aligned}$$

• Puisque $|x_{i_0}| > 0$ (car sinon $|x_{i_0}| = 0$ et par conséquent $\forall i \in [\![1\,;n]\!], |x_i| = 0$ et donc $X = 0$, ce qui est absurde car X est un $\overrightarrow{\text{vp}}$), on en déduit, en divisant l'inégalité précédente par $|x_{i_0}|$: $|\lambda| \leqslant 1$.

On conclut : $\lambda \in [-1\,;1]$.

7.24 *a)* • Puisque $u^2 - au = 0$, on montre que, pour toute vp λ de u, λ vérifie : $\lambda^2 - a\lambda = 0 = \lambda(\lambda - a)$.

Donc les seules vp possibles de u sont 0 et a.

• Les réels 0 et a sont-ils des vp de u ?

1er cas : si $\mathrm{rg}(u) = 0$, alors $\mathrm{Im}(u) = \{0\}$ et donc $u = 0$.

On en déduit que 0 est la seule vp de u.

2e cas : si $\mathrm{rg}(u) = \dim(E)$, alors $\mathrm{Im}(u) = E$, donc u est surjectif, et par la caractérisation des automorphismes, u est bijectif.

Puisque $u \circ (u - a\mathrm{Id}_E) = u^2 - au = 0$, en multipliant à gauche par u^{-1}, on obtient $u - a\mathrm{Id}_E = 0$ et donc $u = a\mathrm{Id}_E$.

On en déduit que a est la seule vp de u.

3e cas : si $0 < \mathrm{rg}(u) < \dim(E)$, alors :

★ u n'est pas surjectif, donc non bijectif par la caractérisation des automorphismes en dimension finie ; ainsi 0 est vp de u

★ $u - a\mathrm{Id}_E$ n'est pas bijectif car sinon, en multipliant par $(u - a\mathrm{Id}_E)^{-1}$ dans la relation $u \circ (u - a\mathrm{Id}_E) = 0$, on obtient $u = 0$ et donc $\mathrm{rg}(u) = 0$, ce qui est absurde !
donc, a est vp de u.

On en déduit que les vp de u sont 0 et a.

On conclut que les vp de u sont :

$$\begin{cases} 0 & \text{si } \mathrm{rg}(u) = 0 \\ a & \text{si } \mathrm{rg}(u) = \dim(E) \\ 0, a & \text{si } 0 < \mathrm{rg}(u) < a. \end{cases}$$

b) 1) Montrons que $E = \mathrm{Ker}(u) \oplus \mathrm{Ker}(u - a\mathrm{Id}_E)$.

• Soit $x \in \mathrm{Ker}(u) \cap \mathrm{Ker}(u - a\mathrm{Id}_E)$. Alors :

$$u(x) = 0 \quad \text{et} \quad u(x) - ax = 0.$$

Donc $u(x) = 0 = ax$, et comme $a \in \mathbb{K}^*$, on obtient $x = 0$.

Ainsi : $\mathrm{Ker}(u) \cap \mathrm{Ker}(u - a\mathrm{Id}_E) = \{0\}$, et donc $\mathrm{Ker}(u)$ et $\mathrm{Ker}(u - a\mathrm{Id}_E)$ sont en somme directe.

• Soit $x \in E$.

Montrons qu'il existe $(y, z) \in \mathrm{Ker}(u) \times \mathrm{Ker}(u - a\mathrm{Id}_E)$ tel que : $x = y + z$.

Analyse : Si y et z existent, alors, puisque $y \in \mathrm{Ker}(u)$ et $z \in \mathrm{Ker}(u - a\mathrm{Id}_E)$, on a : $u(y) = 0$ et $u(z) = az$.

D'où : $u(x) = u(y) + u(z) = 0 + az = az$.

On en déduit : $z = \dfrac{1}{a}u(x)$ et $y = x - z = x - \dfrac{1}{a}u(x)$.

Synthèse : On a : $x = \underbrace{x - \frac{1}{a}u(x)}_{\text{noté } y} + \underbrace{\frac{1}{a}u(x)}_{\text{noté } z}$,

et : $u(y) = u(x) - \dfrac{1}{a}u^2(x) = -\dfrac{1}{a}(u^2(x) - au(x)) = 0$,

$(u - a\mathrm{Id}_E)(z) = \dfrac{1}{a}(u^2(x) - au(x)) = 0$,

donc : $y \in \mathrm{Ker}(u)$ et $z \in \mathrm{Ker}(u - a\mathrm{Id}_E)$.

• On conclut : $E = \mathrm{Ker}(u) \oplus \mathrm{Ker}(u - a\mathrm{id}_E)$.

2) Soient $\mathscr{B}_1$ une base de $\mathrm{Ker}(u)$ et $\mathscr{B}_2$ une base de $\mathrm{Ker}(u - a\mathrm{Id}_E)$.

Puisque $\mathrm{Ker}(u)$ et $\mathrm{Ker}(u - a\mathrm{Id}_E)$ sont supplémentaires dans E, alors la famille $\mathscr{B}_1 \cup \mathscr{B}_2$ est une base de E.

Or, les vecteurs de $\mathscr{B}_1$ sont des $\overrightarrow{\text{vp}}$ de u associés à la vp 0, et les vecteurs de $\mathscr{B}_2$ sont des $\overrightarrow{\text{vp}}$ de u associés à la vp a. Donc la base $\mathscr{B}_1 \cup \mathscr{B}_2$ de E est constituée de $\overrightarrow{\text{vp}}$ de u.

On conclut : u est diagonalisable.

7.25 *a)* • Soit λ une vp de MN. Montrons que λ est une vp de NM.

1er cas : $\lambda \neq 0$.

Soit X un $\overrightarrow{\text{vp}}$ de MN associé à la vp λ.

Alors, $MNX = \lambda X$ et donc, en multipliant par N à gauche :

$$NMNX = NM(NX) = \lambda(NX).$$

Si $NX = 0$, alors $MNX = 0 = \lambda X$ et puisque $\lambda \neq 0$, on en déduit que $X = 0$ ce qui est absurde car X est un $\overrightarrow{\text{vp}}$.

Donc $NX \neq 0$.

On en déduit que λ est une vp de NM et que NX est un $\overrightarrow{\text{vp}}$ de NM associé à λ.

2e cas : $\lambda = 0$.

Alors la matrice MN n'est pas inversible.

Supposons la matrice NM inversible. Alors, en notant f et g les endomorphismes de $\mathbb{K}^n$ canoniquement associés à M et N respectivement, $g \circ f$ bijectif. D'après l'exercice 1.17, on en déduit que f est injectif et que g est surjectif ; puis, par la caractérisation des automorphismes en dimension finie, f et g sont bijectifs, et donc M et N sont inversibles. Il en résulte, par produit, que la matrice MN est inversible. Ce qui est absurde !

On en déduit que la matrice NM n'est pas inversible et donc que 0 est vp de NM.

Dans les deux cas, on obtient que λ est aussi une vp de NM.

• Par symétrie des rôles de M et N, toute vp de NM est vp de MN.

On conclut : les matrices MN et NM ont les mêmes vp.

b) • Soit $(X_1, \ldots, X_p)$ une base de $\text{SEP}(MN, \lambda)$. Puisque $\lambda \neq 0$, en utilisant le corrigé de la question précédente, la famille $(NX_1, \ldots, NX_p)$ est une famille de $\text{SEP}(NM, \lambda)$. Montrons que cette famille est libre.

Soit $(\alpha_1, \ldots, \alpha_p) \in \mathbb{K}^p$ tel que $\displaystyle\sum_{i=1}^{p} \alpha_i\, NX_i = 0$.

En multipliant par M, on a :

$$M\Big(\sum_{i=1}^{p} \alpha_i\, NX_i\Big) = \sum_{i=1}^{p} \alpha_i\, MNX_i = 0$$

$$= \sum_{i=1}^{p} \alpha_i\, \lambda X_i, \quad \text{car } X_i \text{ est un } \overrightarrow{\text{vp}} \text{ de } MN \text{ associé à } \lambda_i.$$

Puisque $\lambda \neq 0$, on déduit : $\displaystyle\sum_{i=1}^{p} \alpha_i\, X_i = 0$.

Enfin, puisque la famille $(X_1, \ldots, X_p)$ est libre, on obtient :

$$\forall i \in [\![1\,;p]\!],\ \alpha_i = 0.$$

Donc $(NX_1, \ldots, NX_p)$ est une famille libre de $\text{SEP}(NM, \lambda)$.

Par conséquent :

$$\dim\big(\text{SEP}(NM, \lambda)\big) \geqslant \dim\big(\text{SEP}(MN, \lambda)\big) = p.$$

• Par symétrie des rôles de M et N, on a aussi :

$$\dim\big(\text{SEP}(MN, \lambda)\big) \geqslant \dim\big(\text{SEP}(NM, \lambda)\big).$$

On conclut : $\dim\big(\text{SEP}(MN, \lambda)\big) = \dim\big(\text{SEP}(NM, \lambda)\big)$.

c) Montrons que le résultat précédent n'est pas valable pour $\lambda = 0$ à l'aide d'un contre-exemple.

Prenons : $M = \begin{pmatrix} 1 & 1 \\ 0 & 0 \end{pmatrix}$ et $N = \begin{pmatrix} 1 & 2 \\ -1 & -2 \end{pmatrix}$.

On a : $MN = \begin{pmatrix} 0 & 0 \\ 0 & 0 \end{pmatrix}$ et $NM = \begin{pmatrix} 1 & 1 \\ -1 & -1 \end{pmatrix}$.

Il est clair que : $\text{rg}(MN) = 0$ et $\text{rg}(NM) = 1$.

Donc : $\begin{cases} \dim\big(\text{SEP}(MN, 0)\big) = 2 - 0 = 2 \\ \dim\big(\text{SEP}(NM, 0)\big) = 2 - 1 = 1 \end{cases}$.

7.26 *a) 1)* En lisant la matrice C, on a :

$\forall i \in [\![1\,;n-1]\!],\ f(e_i) = e_{i+1}$

et $f(e_n) = -(a_0 e_1 + \cdots + a_{n-1} e_n)$.

Donc : $\begin{cases} f^0(e_1) = e_1 \\ f(e_1) = e_2, \\ f^2(e_1) = f(e_2) = e_3, \\ \quad\vdots \\ f^{n-1}(e_1) = f(f^{n-2}(e_1)) = f(e_{n-1}) = e_n \\ f^n(e_1) = f(f^{n-1}(e_1)) = f(e_n) \\ \qquad = -(a_0 e_1 + \cdots + a_{n-1} e_n). \end{cases}$

a) 2) • On a : $P(f)(e_1)$

$= f^n(e_1) + a_{n-1} f^{n-1}(e_1) + \cdots + a_1 f(e_1) + a_0 e_1$

$= -(a_0 e_1 + \cdots + a_{n-1} e_n) + a_{n-1} e_n + \cdots + a_1 e_2 + a_0 e_1 = 0.$

• Soit $i \in [\![2\,;n]\!]$. Puisque $e_i = f^{i-1}(e_1)$, on a :

$P(f)(e_i) = P(f)(f^{i-1}(e_1))$

$= f^{n+i-1}(e_1) + a_{n-1} f^{n+i-2} + \cdots + a_1 f^i(e_1) + a_0 f^{i-1}(e_1)$

$= f^{i-1}\big(f^n(e_1) + a_{n-1} f^{n-1}(e_1) + \cdots + a_1 f(e_1) + a_0 e_1\big)$

$= f^{i-1}(0) = 0.$

• Ainsi, l'application $P(f)$ s'annule en tous les vecteurs de la base $\mathscr{B}$. On en déduit que $P(f) = 0$.

a) 3) Soit λ une vp de C. Alors λ est une vp de f.

Il existe donc un vecteur propre x de f associé à cette vp λ.

Par récurrence, on montre : $\forall i \in [\![0\,;n]\!],\ f^i(x) = \lambda^i x$.

Ainsi :

$P(f)(x)$

$= f^n(x) + a_{n-1}f^{n-1}(x) + \cdots + a_1 f(x) + a_0 x$

$= (\lambda^n + a_{n-1}\lambda^{n-1} + \cdots + a_1\lambda + a_0)x = P(\lambda)x.$

Puisque $P(f)(x) = 0$ et $x \neq 0$, on en déduit que $P(\lambda) = 0$.

On conclut que λ est une racine du polynôme P.

b) 1) On a : $\quad P(\mathrm{X}) = (\mathrm{X} - \lambda)R(\mathrm{X}) = \mathrm{X}R(\mathrm{X}) - \lambda R(\mathrm{X})$.

Donc : $\quad P(f) = 0 = f \circ R(f) - \lambda R(f) = (f - \lambda \mathrm{Id}_{\mathbb{C}^n}) \circ R(f)$.

On en déduit que $(f - \lambda \mathrm{Id}_{\mathbb{C}^n}) \circ R(f) = 0$.

b) 2) Soit λ une racine de P.

D'après la question précédente : $\quad (f - \lambda \mathrm{Id}_{\mathbb{C}^n}) \circ R(f) = 0$.

• Montrons que $R(f) \neq 0$.

Par l'absurde, supposons $R(f) = 0$.

Le polynôme R est de degré $n-1$, car $\deg(P) = n$.

Notons $R(\mathrm{X}) = b_0 + b_1\mathrm{X} + \cdots + b_{n-1}\mathrm{X}^{n-1}$.

On a alors : $\quad R(f)(e_1)$

$\qquad = b_0 e_1 + b_1 f(e_1) + \cdots + b_{n-1}f^{n-1}(e_1)$

$\qquad = b_0 e_1 + b_1 e_2 + \cdots + b_{n-1}e_n.$

On en déduit que $b_0e_1 + b_1e_2 + \cdots + b_{n-1}e_n = 0$, et puisque la famille $(e_1, \ldots, e_n)$ est une base de $\mathbb{C}^n$ et donc une famille libre, on conclut que tous les coefficients b_i son nuls.

Donc $R(X) = 0$ et ainsi $P(X) = 0$, ce qui est absurde !

Ceci montre : $\quad R(f) \neq 0$.

• On en déduit que $f - \lambda \mathrm{Id}_{\mathbb{C}^n}$ n'est pas bijectif, car sinon, en multipliant par $(f - \lambda \mathrm{Id}_{\mathbb{C}^n})^{-1}$ dans $(f - \lambda \mathrm{Id}_{\mathbb{C}^n}) \circ R(f) = 0$, on obtient $R(f) = 0$, ce qui est absurde !

Donc λ est une vp de f et donc de C.

c) 1) • Soit $x \in \mathbb{C}$.

On a : $\quad C - x\mathrm{I}_n = \begin{pmatrix} -x & 0 & \cdots & & -a_0 \\ 1 & -x & & & -a_1 \\ & \ddots & \ddots & & \vdots \\ 0 & & & & \\ 0 & \cdots & & 1 & -x - a_{n-1} \end{pmatrix}.$

Notons $D_1, \ldots, D_n$ les colonnes de cette matrice. Il est clair que les $(n-1)$ premières colonnes sont linéairement indépendantes.

Donc : $\quad \mathrm{rg}(C - x\mathrm{I}_n) = \mathrm{rg}\begin{pmatrix} D_1 & \cdots & D_n \end{pmatrix} \geqslant n - 1$.

• Soit λ une vp de C. Alors $\mathrm{rg}(C - \lambda \mathrm{I}_n) < n$ et puisque $\mathrm{rg}(C - \lambda\mathrm{I}_n) \geqslant n - 1$, on en déduit que $\mathrm{rg}(C - \lambda\mathrm{I}_n) = n - 1$.

En utilisant le théorème du rang :

$$\dim(\mathrm{SEP}(C, \lambda)) = n - \mathrm{rg}(C - \lambda\mathrm{I}_n) = n - (n-1) = 1.$$

c) 2) Puisque tous les SEP de C sont de dimension 1, C est diagonalisable si et seulement si C admet n vp distinctes.

De plus, on vient de montrer que :

$$\lambda \text{ est une vp de } C \iff \lambda \text{ est une racine de } P.$$

On conclut :

$$C \text{ est diagonalisable} \iff P \text{ admet } n \text{ racines distinctes.}$$

d) • Notons $P_1(\mathrm{X}) = \mathrm{X}^4 - 1$. Alors la matrice A_1 est la matrice compagnon du polynôme P_1.

Or le polynôme P_1 admet 4 racines deux à deux distinctes :

$$1, -1, \mathrm{i}, -\mathrm{i}.$$

On conclut que la matrice A_1 est diagonalisable.

• Notons $P_2(\mathrm{X}) = \mathrm{X}^4 - 2\mathrm{X}^3 - 3\mathrm{X}^2 + 8\mathrm{X} - 4$. Alors la matrice A_2 est la matrice compagnon du polynôme P_2.

Or le polynôme P_2 admet 3 racines distinctes : $-2, 1, 2$, mais n'admet pas 4 racines distinctes.

On conclut que la matrice A_2 n'est pas diagonalisable.

Suites

CHAPITRE 8

Plan

Thèmes abordés dans les exercices

- Convergence, divergence d'une suite, détermination de son éventuelle limite
- Calcul, quand c'est possible, du terme général d'une suite
- Montrer que deux suites sont adjacentes
- Étude d'une suite du type $u_{n+1} = f(u_n)$.

Points essentiels du cours pour la résolution des exercices

- Propriétés des suites convergentes et des suites de limite infinie, pour les opérations algébriques et l'ordre usuel, en particulier le théorème d'encadrement
- Calcul du terme général pour les suites usuelles : suites arithmétiques, suites géométriques et leurs dérivées successives, suites arithmético-géométriques, suites récurrentes linéaires d'ordre 2 (à coefficients constants et sans second membre)
- Définition et propriétés des suites monotones
- Définition et propriétés de deux suites adjacentes
- Plan d'étude des suites du type $u_{n+1} = f(u_n)$.

Les méthodes à retenir

Pour montrer qu'une suite converge et trouver sa limite

Essayer d'exprimer le terme général de façon à pouvoir appliquer les théorèmes généraux (théorème d'encadrement, opérations sur les suites convergentes).

➥ **Exercices 8.1, 8.7 *b)*, 8.8 à 8.10, 8.12 *c)*, 8.17.**

Pour montrer qu'une suite converge sans déterminer sa limite

Essayer de montrer que la suite est croissante et majorée, ou que la suite est décroissante et minorée, et appliquer le théorème de la limite monotone.

➥ **Exercices 8.14 *a)*, 8.22 à 8.24, 8.26 à 8.28, 8.30.**

Pour étudier la convergence d'une suite	De manière générale, privilégier l'application des énoncés des théorèmes du cours. ➥ **Exercices 8.7 à 8.9, 8.11, 8.21, 8.29.** Ne revenir aux "epsilons" que dans le cas où les énoncés des théorèmes du cours ne s'appliquent pas directement. ➥ **Exercices 8.19, 8.20, 8.31.**
Pour calculer le terme général d'une suite	Se ramener aux suites pour lesquelles, dans le cours, le terme général peut être calculé : suites arithmétiques, suites géométriques et leurs dérivées successives, suites arithmético-géométriques, suites récurrentes linéaires d'ordre 2 à coefficients constants et sans second membre. ➥ **Exercices 8.2 à 8.6, 8.13.**
Pour montrer qu'une suite diverge	Essayer de : • raisonner par l'absurde : supposer que la suite converge et amener une contradiction • montrer (dans certains cas) que le terme général tend vers $+\infty$ ou vers $-\infty$, et éventuellement combiner avec le point précédent pour une suite monotone. ➥ **Exercices 8.18, 8.24 *b)*, 8.25.**
Pour montrer que deux suites $(u_n)_n$, $(v_n)_n$ sont adjacentes	• Revenir à la définition, c'est-à-dire montrer que : *1)* l'une est croissante *2)* l'autre est décroissante *3)* la différence $u_n - v_n$ tend vers 0 lorsque l'entier n tend vers l'infini. ➥ **Exercice 8.15.** • Éventuellement, remplacer le point *3)* précédent par : *3')* $(u_n)_n$ et $(v_n)_n$ convergent et ont la même limite. ➥ **Exercice 8.16.**
Pour calculer le terme général u_n d'une suite récurrente linéaire d'ordre 2 à coefficients constants et avec second membre	Chercher une suite particulière $(v_n)_n$ satisfaisant la même relation de récurrence que $(u_n)_n$ et de la même forme (à peu près) que le second membre. Former $w_n = u_n - v_n$, qui est le terme général d'une suite récurrente linéaire d'ordre 2 à coefficients constants et sans second membre, calculer w_n et en déduire u_n par : $u_n = v_n + w_n$. ➥ **Exercice 8.13.**

Pour étudier une suite récurrente du type $u_{n+1} = f(u_n)$

- S'inspirer des exemples traités dans le cours.
- Souvent, on pourra trouver la ou les valeurs nécessaires de l'éventuelle limite ℓ de la suite $(u_n)_n$. En effet, si $u_n \underset{n\infty}{\longrightarrow} \ell$ et si f est continue en ℓ, alors $f(\ell) = \ell$.

➥ Exercices 8.14, 8.24

- Il se peut que $(u_n)_n$ soit croissante et majorée, ou décroissante et minorée, donc convergente. En particulier, si f est croissante et si l'intervalle d'étude est stable par f, alors $(u_n)_n$ est monotone.

➥ Exercices 8.14 *a), b)*, 8.24 *a), b)*

- Un dessin permet souvent de prévoir le comportement de la suite $(u_n)_n$ et guide la marche à suivre.

➥ Exercice 8.24 *b)*

- Une séparation en cas, selon la position du premier terme de la suite par rapport aux points fixes de f, peut être nécessaire. suivie de l'étude de la monotonie de $(u_n)_n$.

➥ Exercice 8.24 *b)*

- On peut essayer d'utiliser une majoration de type géométrique

➥ Exercice 8.14 *c)*.

Pour étudier deux suites $(u_n)_n$, $(v_n)_n$ définies simultanément par des relations de récurrence les combinant

Essayer de :

- calculer les termes généraux u_n et v_n
- étudier la monotonie éventuelle des suites $(u_n)_n$, $(v_n)_n$

➥ Exercices 8.27, 8.28

- raisonner sur les valeurs nécessaires des limites éventuelles

➥ Exercices 8.27, 8.28.

Énoncés des exercices

8.1 Exemples de calculs de limites de suites réelles

Dans chacun des exemples suivants, montrer que la suite, dont on donne le terme général u_n, converge, et calculer sa limite :

a) $\dfrac{n+3}{n^2+n+1}$

b) $\dfrac{n^2+1}{n-2}$

c) $\dfrac{n^3-n}{n^3+1}$

d) $\dfrac{\sin n}{n}$

e) $\sqrt{n}(\sqrt{n+1} - \sqrt{n})$

f) $\dfrac{\sqrt{n} - \mathrm{E}(\sqrt{n})}{\sqrt{n}}$.

8.2 Exemples de calcul du terme général d'une suite arithmético-géométrique

Dans chacun des exemples suivants, calculer le terme général u_n de la suite définie par :

a) $u_0 = 1$ et $\forall n \in \mathbb{N},\ u_{n+1} = u_n + 3$

b) $u_0 = -1$ et $\forall n \in \mathbb{N},\ u_{n+1} = 2u_n$

c) $u_0 = 2$ et $\forall n \in \mathbb{N},\ u_{n+1} = 3u_n - 1$.

8.3 Exemples de calcul du terme général d'une suite récurrente linéaire d'ordre 2 à coefficients constants et sans second membre

Calculer u_n pour tout $n \in \mathbb{N}$, sachant :

a) $u_0 = 0,\ u_1 = 1,\quad \forall n \in \mathbb{N},\ u_{n+2} = u_{n+1} + u_n$

b) $u_0 = 1,\ u_1 = -2,\quad \forall n \in \mathbb{N},\ u_{n+2} = 4u_{n+1} - 4u_n$

c) $u_0 = 0,\ u_1 = 1,\quad \forall n \in \mathbb{N},\ u_{n+2} = -2u_{n+1} - 4u_n$.

8.4 Suite se ramenant à une suite récurrente linéaire d'ordre 2 à coefficients constants et sans second membre

Calculer u_n pour tout $n \in \mathbb{N}$, sachant : $u_0 = 1, u_1 = 4,\quad \forall n \in \mathbb{N},\ u_{n+2} = \dfrac{u_{n+1}^5}{u_n^4}$.

8.5 Exemple de calcul du terme général d'une suite

On considère la suite réelle $(u_n)_{n\in\mathbb{N}}$ définie par $u_0 \in \mathbb{R}$ et :

$$\forall n \in \mathbb{N},\ u_{n+1} = (n+1)u_n + 2^n(n+1)!\,.$$

Calculer u_n en fonction de n. À cet effet, on pourra considérer $v_n = \dfrac{u_n}{n!}$.

8.6 Exemple de calcul des termes généraux de deux suites récurrentes linéaires simultanées du premier ordre à coefficients constants et sans second membre

Calculer, pour tout $n \in \mathbb{N}$, u_n et v_n sachant $u_0 = 1,\ v_0 = 1$ et :

$$\forall n \in \mathbb{N},\quad \begin{cases} u_{n+1} = -2u_n + 10v_n \\ v_{n+1} = -2u_n + 7v_n. \end{cases}$$

8.7 Maximum et minimum des termes généraux de deux suites

a) Montrer : $\quad \forall (x,y) \in \mathbb{R}^2,\quad \begin{cases} \mathrm{Max}\,(x,y) = \dfrac{1}{2}(x + y + |x-y|) \\ \mathrm{Min}\,(x,y) = \dfrac{1}{2}(x + y - |x-y|). \end{cases}$

b) Soient $(x_n)_{n\in\mathbb{N}}$, $(y_n)_{n\in\mathbb{N}}$ deux suites réelles convergentes. Montrer que les deux suites réelles $(u_n)_{n\in\mathbb{N}}$, $(v_n)_{n\in\mathbb{N}}$ définies par : $\forall n \in \mathbb{N},\ \begin{cases} u_n = \mathrm{Max}\,(x_n, y_n) \\ v_n = \mathrm{Min}\,(x_n, y_n) \end{cases}$ convergent,

et exprimer leurs limites en fonction de celles de $(x_n)_{n\in\mathbb{N}}$, $(y_n)_{n\in\mathbb{N}}$.

8.8 Deux suites vérifiant une condition de convergence

Soient $(u_n)_{n\in\mathbb{N}}, (v_n)_{n\in\mathbb{N}}$ deux suites réelles telles que : $u_n^2 + u_n v_n + v_n^2 \underset{n\infty}{\longrightarrow} 0.$

Montrer : $u_n \underset{n\infty}{\longrightarrow} 0$ et $v_n \underset{n\infty}{\longrightarrow} 0.$

8.9 Deux suites vérifiant une condition de limite

a) 1) Montrer : $\forall (x,y) \in (\mathbb{R}_+)^2, \quad \sqrt{x+y} \leqslant \sqrt{x} + \sqrt{y}.$

2) En déduire : $\forall (a,b) \in (\mathbb{R}_+)^2, \quad \left|\sqrt{a} - \sqrt{b}\right| \leqslant \sqrt{|a-b|}.$

b) Soient $(u_n)_{n\in\mathbb{N}}, (v_n)_{n\in\mathbb{N}}$ deux suites à termes dans $\mathbb{R}_+$, telles que : $u_n^2 - v_n^2 \underset{n\infty}{\longrightarrow} 0.$

Montrer : $u_n - v_n \underset{n\infty}{\longrightarrow} 0.$

8.10 Exemples de calculs de limites de suites réelles

Dans chacun des exemples suivants, montrer que la suite, dont on donne le terme général u_n, converge et calculer sa limite :

a) $\left(\prod_{k=1}^{n} \mathrm{e}^{k(n-k)}\right)^{\frac{1}{n^3}}$

b) $\sum_{i=1}^{n} \sum_{j=1}^{i} \frac{j}{n^3}$

c) $\sum_{k=1}^{n} \frac{k+n}{k+n^2}$

d) $\sum_{k=1}^{n} \frac{k}{kn+1}$

e) $\frac{1}{n^n} \sum_{k=1}^{n} k^k.$

8.11 Deux suites construites à partir de deux autres suites

Soient $(a_n)_{n\in\mathbb{N}}, (b_n)_{n\in\mathbb{N}}$ deux suites à termes dans $\mathbb{R}_+^*$ et convergeant vers 0. Que peut-on dire sur la nature des suites $(u_n)_{n\in\mathbb{N}}, (v_n)_{n\in\mathbb{N}}$ définies, pour tout $n \in \mathbb{N}$, par :

$$u_n = \frac{a_n^3 + b_n^3}{a_n^2 + b_n^2}, \qquad v_n = \frac{a_n b_n}{a_n^3 + b_n^3} \ ?$$

8.12 Suite de Fibonacci et coefficients binomiaux

Soit $(\phi_n)_{n\in\mathbb{N}}$ la suite réelle définie par : $\begin{cases} \phi_0 = 0, \quad \phi_1 = 1 \\ \forall n \in \mathbb{N}, \quad \phi_{n+2} = \phi_{n+1} + \phi_n. \end{cases}$

a) Calculer ϕ_n en fonction de n, pour tout $n \in \mathbb{N}$.

b) Montrer : $\forall n \in \mathbb{N}, \quad \phi_{n+1}^2 - \phi_n \phi_{n+2} = (-1)^n.$

c) Établir que la suite $\left(\frac{\phi_{n+1}}{\phi_n}\right)_{n\geqslant 1}$ converge et trouver sa limite.

d) Montrer : *1)* $\forall n \in \mathbb{N}, \quad \sum_{k=0}^{n} \binom{n}{k} \phi_k = \phi_{2n}$ *2)* $\forall n \in \mathbb{N}, \quad \sum_{k=0}^{n} (-1)^k \binom{n}{k} \phi_k = -\phi_n.$

8.13 Exemples de calcul du terme général d'une suite récurrente linéaire d'ordre 2, à coefficients constants et avec second membre

Calculer u_n, pour tout $n \in \mathbb{N}$, sachant :

a) $u_0 = 1,\ u_1 = 1, \quad \forall n \in \mathbb{N},\ u_{n+2} = 3u_{n+1} - 2u_n + 4$

b) $u_0 = 0,\ u_1 = 0, \quad \forall n \in \mathbb{N},\ u_{n+2} = 5u_{n+1} - 6u_n + 4^n$.

8.14 Exemples d'étude de suites du type $u_{n+1} = f(u_n)$

Étudier les suites réelles $(u_n)_{n\in\mathbb{N}}$ définies par :

a) $u_0 = \dfrac{1}{2}, \quad \forall n \in \mathbb{N},\ u_{n+1} = u_n - u_n^2$

b) $u_0 = 1, \quad \forall n \in \mathbb{N},\ u_{n+1} = \dfrac{1}{2}\Big(u_n + \dfrac{2}{u_n}\Big)$

c) $u_0 = 1, \quad \forall n \in \mathbb{N},\ u_{n+1} = \dfrac{1}{1+u_n}$.

8.15 Exemple de deux suites adjacentes, nombre γ d'Euler

a) Montrer que les deux suites $(u_n)_{n\geqslant 2}$, $(v_n)_{n\geqslant 2}$ définies, pour tout $n \geqslant 2$, par :

$u_n = \Big(\sum_{k=1}^{n-1} \dfrac{1}{k}\Big) - \ln n, \quad v_n = \Big(\sum_{k=1}^{n} \dfrac{1}{k}\Big) - \ln n$ sont adjacentes.

b) En déduire qu'il existe $\gamma \in \mathbb{R}$, appelé nombre (ou constante) d'Euler, tel que :

$$\sum_{k=1}^{n} \frac{1}{k} = \ln n + \gamma + \underset{n\infty}{o}(1).$$

8.16 Exemple de deux suites adjacentes

On note, pour tout $n \in \mathbb{N}^*$: $u_n = \prod_{k=1}^{n}\Big(1 + \dfrac{1}{k^2}\Big), \qquad v_n = \Big(1 + \dfrac{1}{n}\Big)u_n$.

Montrer que les suites $(u_n)_{n\in\mathbb{N}^*}$, $(v_n)_{n\in\mathbb{N}^*}$ sont adjacentes.

8.17 Limite d'un produit

a) Montrer : $\forall x \in [0\,;+\infty[,\ x - \dfrac{x^2}{2} \leqslant \ln(1+x) \leqslant x$.

b) Déterminer $\lim\limits_{n\infty} \prod_{k=1}^{n}\Big(1 + \dfrac{k}{n^2}\Big)$.

8.18 Limite d'une sommation ressemblant au développement du binôme de Newton

Pour $\alpha \in \mathbb{R}$ fixé, trouver $\lim\limits_{n\infty} \dfrac{1}{n}\sum_{k=1}^{n}\dbinom{n}{k}\Big(\dfrac{k}{n}\Big)^{\alpha}$.

8.19 Indices pairs, indices impairs

Soit $(u_n)_{n\in\mathbb{N}}$ une suite réelle. On suppose que les suites $(u_{2p})_{p\in\mathbb{N}}$ et $(u_{2p+1})_{p\in\mathbb{N}}$ convergent et ont la même limite. Montrer que la suite $(u_n)_{n\in\mathbb{N}}$ converge.

8.20 Caractérisation de la convergence des suites à termes dans $\mathbb{Z}$

Soit $(u_n)_{n\in\mathbb{N}}$ une suite à termes dans $\mathbb{Z}$. Montrer que la suite $(u_n)_{n\in\mathbb{N}}$ converge si et seulement si elle est stationnaire, c'est-à-dire : il existe $N \in \mathbb{N}$ tel que $(u_n)_{n\geqslant N}$ est constante.

8.21 Deux suites vérifiant des conditions de limite

Soient $(u_n)_{n\in\mathbb{N}}$, $(v_n)_{n\in\mathbb{N}}$ deux suites réelles telles que :

$$u_n + v_n \underset{n\infty}{\longrightarrow} 0 \quad \text{et} \quad \mathrm{e}^{u_n} + \mathrm{e}^{v_n} \underset{n\infty}{\longrightarrow} 2.$$

Démontrer que $(u_n)_{n\in\mathbb{N}}$ et $(v_n)_{n\in\mathbb{N}}$ convergent et déterminer leurs limites.

8.22 Exemple de suite vérifiant une condition d'inégalité

Soit $(u_n)_{n\in\mathbb{N}^*}$ une suite réelle croissante telle que : $\forall n \in \mathbb{N}^*,\ u_{2n} - u_n \leqslant \dfrac{1}{n}$.

Montrer que $(u_n)_{n\in\mathbb{N}}$ converge.

8.23 Exemple de suite vérifiant une condition d'inégalité

Étudier la suite réelle $(u_n)_{n\in\mathbb{N}}$ sachant $u_0 > 0$ et : $\forall n \in \mathbb{N},\ 0 < u_{n+1} < 2 - \dfrac{1}{u_n}$.

8.24 Exemples d'études de suites du type $u_{n+1} = f(u_n)$

Étudier les suites réelles $(u_n)_{n\in\mathbb{N}}$ définies par :

a) $u_0 = 4,\ \forall n \in \mathbb{N},\ u_{n+1} = \sqrt{u_n + \sqrt{2u_n}}$

b) $u_0 \in \mathbb{R},\quad \forall n \in \mathbb{N},\ u_{n+1} = 2u_n - u_n^2$.

8.25 Exemple d'étude de suite du type $u_{n+1} = f(u_n)$

On considère la suite réelle $(u_n)_{n\in\mathbb{N}}$ définie par $u_0 = 5$ et : $\forall n \in \mathbb{N},\ u_{n+1} = u_n + \dfrac{1}{u_n}$.

a) Déterminer $\lim\limits_{n\infty} u_n$.

b) Montrer : $\forall n \in \mathbb{N},\ u_n > \sqrt{25 + 2n}$.

8.26 Exemple de suite dans laquelle u_{n+2} dépend de u_{n+1} et de u_n

On considère la suite réelle $(u_n)_{n\in\mathbb{N}}$ définie par $u_0 = 0,\ u_1 = \dfrac{1}{2}$ et :

$$\forall n \in \mathbb{N},\ u_{n+2} = \frac{1}{3}(1 + u_{n+1} + u_n^3).$$

a) Montrer : $\forall n \in \mathbb{N},\ u_n \in [0\,;\,1]$.

b) Montrer que $(u_n)_{n\in\mathbb{N}}$ est croissante.

c) Établir que $(u_n)_{n\in\mathbb{N}}$ converge et déterminer sa limite.

8.27 Exemple de deux suites récurrentes simultanées

On considère les suites réelles $(u_n)_{n\geqslant 0}$, $(v_n)_{n\geqslant 0}$ définies par $u_0 > 0$, $v_0 > 0$ et :

$$\forall n \in \mathbb{N}, \quad u_{n+1} = \frac{u_n + v_n}{2} \quad \text{et} \quad v_{n+1} = \frac{2u_n v_n}{u_n + v_n}.$$

Montrer que $(u_n)_{n\in\mathbb{N}}$ et $(v_n)_{n\in\mathbb{N}}$ convergent et déterminer leurs limites.

8.28 Moyenne arithmético-géométrique

Soient $(a, b) \in (\mathbb{R}_+^*)^2$ et $(u_n)_{n\in\mathbb{N}}$, $(v_n)_{n\in\mathbb{N}}$ les suites définies par $u_0 = a$, $v_0 = b$ et :

$$\forall n \in \mathbb{N}, \quad u_{n+1} = \sqrt{u_n v_n} \quad \text{et} \quad v_{n+1} = \frac{u_n + v_n}{2}.$$

Montrer que $(u_n)_{n\in\mathbb{N}}$ et $(v_n)_{n\in\mathbb{N}}$ convergent et ont la même limite.

8.29 Limite de la suite des solutions d'une équation à paramètre entier

a) Montrer que, pour tout $n \in \mathbb{N}$ tel que $n \geqslant 2$, l'équation $\dfrac{x^n + x^{-n}}{x + x^{-1}} = n$, d'inconnue $x \in]0\,;\,1]$, admet une solution et une seule, notée x_n.

b) Établir : $x_n \underset{n\infty}{\longrightarrow} 1$.

8.30 Exemple de suite où u_{n+1} dépend de u_n et de n

On considère la suite réelle $(u_n)_{n\geqslant 1}$ définie par $u_1 \in [0\,;\,+\infty[$ et :

$$\forall n \geqslant 1, \quad u_{n+1} = \sqrt{u_n} + \frac{1}{n}.$$

a) Montrer : $\forall n \geqslant 2, \quad u_n \geqslant 1$.

b) Établir : $\exists N \geqslant 1, \quad u_{N+1} \leqslant u_N$

et en déduire que $(u_n)_{n\geqslant 1}$ est décroissante à partir d'un certain rang.

c) Conclure : $u_n \underset{n\infty}{\longrightarrow} 1$.

8.31 Moyenne de Césaro, lemme de l'escalier, applications

a) **Moyenne de Césaro**

Soient $(u_n)_{n\in\mathbb{N}^*}$ une suite réelle, et $(v_n)_{n\in\mathbb{N}^*}$ la suite réelle définie par :

$$\forall n \in \mathbb{N}^*, \quad v_n = \frac{u_1 + \cdots + u_n}{n}.$$

Montrer que, si $(u_n)_{n\in\mathbb{N}^*}$ converge vers un réel ℓ, alors $(v_n)_{n\in\mathbb{N}^*}$ converge aussi vers ℓ.

b) **Lemme de l'escalier**

Soit $(a_n)_{n\in\mathbb{N}^*}$ une suite réelle telle que $(a_{n+1} - a_n)_{n\in\mathbb{N}^*}$ converge vers un réel ℓ. Montrer que $\left(\dfrac{a_n}{n}\right)_{n\in\mathbb{N}^*}$ converge aussi vers ℓ.

c) Soit $(u_n)_{n\in\mathbb{N}^*}$ une suite à termes dans $\mathbb{R}_+^*$. Montrer que, si $\left(\dfrac{u_{n+1}}{u_n}\right)_{n\in\mathbb{N}^*}$ converge vers un réel $\ell > 0$, alors $(\sqrt[n]{u_n})_{n\in\mathbb{N}^*}$ converge aussi vers ℓ.

d) Déterminer les limites, quand l'entier n tend vers l'infini, de :

$$\binom{2n}{n}^{\frac{1}{n}}, \quad \frac{n}{\sqrt[n]{n!}}, \quad \frac{\sqrt[n]{n(n+1)\cdots(n+n)}}{n}, \quad \frac{\sqrt[n]{1\cdot 3\cdot\cdots\cdot(2n-1)}}{n}, \quad \frac{1}{n^2}\sqrt[n]{\frac{(3n)!}{n!}}.$$

Du mal à démarrer ?

8.1 Appliquer les théorèmes généraux sur les limites.

e) Utiliser une expression conjuguée.

f) Utiliser : $\forall x \in \mathbb{R},\ \ 0 \leqslant x - E(x) < 1$.

8.2 *a)* Il s'agit d'une suite arithmétique.

b) Il s'agit d'une suite géométrique.

c) Il s'agit d'une suite arithmético-géométrique. Résoudre l'équation $\lambda = 3\lambda - 1$, d'inconnue $\lambda \in \mathbb{R}$, puis utiliser la suite de terme général $v_n = u_n - \lambda$.

8.3 Il s'agit de suites récurrentes linéaires d'ordre 2, à coefficients constants et sans second membre. Appliquer la méthode du cours : former l'équation caractéristique, écrire l'expression de u_n avec deux coefficients inconnus et calculer ces deux coefficients à l'aide des valeurs de u_0 et u_1.

8.4 Montrer d'abord : $\forall n \in \mathbb{N},\ \ u_n > 0$,

puis considérer $v_n = \ln u_n$.

8.5 Obtenir : $\forall n \in \mathbb{N},\ \ v_{n+1} = v_n + 2^n$,

puis sommer pour faire apparaître un télescopage.

8.6 *1re méthode :*

Montrer que $(u_n)_{n\geqslant 0}$ satisfait une relation de récurrence linéaire d'ordre 2, à coefficients constants et sans second membre, calculer u_n, puis calculer v_n.

2e méthode :

Noter $A = \begin{pmatrix} -2 & 10 \\ -2 & 7 \end{pmatrix} \in \mathbf{M}_2(\mathbb{R})$ et, pour tout $n \in \mathbb{N}$, $X_n = \begin{pmatrix} x_n \\ y_n \end{pmatrix} \in \mathbf{M}_{2,1}(\mathbb{R})$ et obtenir : $\forall n \in \mathbb{N},\ \ X_n = A^n X_0$.

Calculer A^n à l'aide d'une diagonalisation de A.

8.7 *a)* Séparer en deux cas selon les positions relatives de x et y.

b) Utiliser *a)*.

8.8 Utiliser une mise sous forme canonique d'un trinôme.

8.9 *a) 1)* Utiliser une élévation au carré.

2) Séparer en deux cas selon les positions relatives de a et b.

b) Utiliser *a)*.

8.10 *a)* Calculer $\ln u_n$.

b) Calculer u_n par sommations emboîtées. Se rappeler les valeurs des sommes $\sum_{k=1}^{n} k,\ \sum_{k=1}^{n} k^2$.

c) Encadrer u_n par deux sommations plus simples.

d) Décomposer $\dfrac{k}{kn+1}$ en $\dfrac{1}{n}\,\dfrac{(kn+1)-1}{kn+1}$.

e) Isoler le terme d'indice n dans la sommation.

8.11 *1)* Remarquer $u_n \geqslant 0$ et majorer convenablement u_n.

2) Montrer, par des exemples, que $(v_n)_n$ peut converger ou diverger.

8.12 *a)* Il s'agit d'une suite récurrente linéaire d'ordre 2, sans second membre et à coefficients constants. Appliquer la méthode du cours : former l'équation caractéristique, écrire l'expression de ϕ_n avec deux coefficients inconnus et calculer ces deux coefficients à l'aide de ϕ_0 et ϕ_1.

b) Pour la commodité, noter $r_1 = \dfrac{1-\sqrt{5}}{2},\quad r_2 = \dfrac{1+\sqrt{5}}{2}$.

1re méthode : Utiliser le résultat obtenu en *a)*.

2e méthode : Récurrence sur n.

c) Utiliser le résultat de *a)*.

d) 1) et *2)* Utiliser le résultat de *a)* et la formule du binôme de Newton.

8.13 *a) 1)* Chercher une suite particulière $(v_n)_{n\geqslant 0}$ telle que :

$$\forall n \in \mathbb{N},\ \ v_{n+2} = 3v_{n+1} - 2v_n + 4,$$

sous la forme $v_n = an + b$, $(a, b) \in \mathbb{R}^2$ à calculer.
2) Considérer la suite de terme général $w_n = u_n - v_n$.

b) 1) Chercher une suite particulière $(v_n)_{n\geqslant 0}$ telle que :

$$\forall n \in \mathbb{N},\ \ v_{n+2} = 5v_{n+1} - 6v_n + 4^n,$$

sous la forme $v_n = a4^n$, $a \in \mathbb{R}$ à calculer.

2) Considérer la suite de terme général $w_n = u_n - v_n$.

8.14 *a) 1)* Montrer, par récurrence : $\forall n \in \mathbb{N},\ \ u_n \in [0\,;\,1]$.

2) Montrer que $(u_n)_{n\geqslant 0}$ est décroissante.

3) En déduire que $(u_n)_{n\geqslant 0}$ converge et obtenir que sa limite est 0.

b) 1) Montrer, par récurrence : $\forall n \in \mathbb{N},\ \ u_n \in]0\,;\,+\infty[$.

2) Montrer que, si $(u_n)_{n\geqslant 0}$ converge, alors sa limite ℓ est $\ell = \sqrt{2}$.

3) Montrer : $\forall n \in \mathbb{N},\ \ u_n \geqslant \sqrt{2}$.

4) Montrer que $(u_n)_{n\geqslant 0}$ est décroissante.

Conclure.

c) 1) Montrer, par récurrence : $\forall n \in \mathbb{N},\ \ u_n > 0$.

2) Montrer que, si $(u_n)_{n\geqslant 0}$ converge, alors sa limite ℓ est $\ell = \sqrt{5} - 1$.

3) Étudier $|u_{n+1} - \ell|$.

8.15 *a)* Revenir à la définition de deux suites adjacentes.

b) Appliquer le théorème sur les suites adjacentes.

8.16 Revenir à la définition de deux suites adjacentes.

Pour montrer que $(v_n)_{n\in\mathbb{N}^*}$ est décroissante, calculer $\frac{v_{n+1}}{v_n}$ et obtenir $\frac{v_{n+1}}{v_n} \leqslant 1$.

8.17 *a)* Étudier les variations des applications

$$f : x \longmapsto \ln(1+x) - x, \qquad g : x \longmapsto \ln(1+x) - x + \frac{x^2}{2}.$$

b) Noter, pour tout $n \in \mathbb{N}^*$, $u_n = \prod_{k=1}^{n}\left(1 + \frac{k}{n^2}\right)$ et encadrer $\ln u_n$ en utilisant *a)*.

8.18 Noter, pour tout $n \in \mathbb{N}^*$, $u_n = \frac{1}{n}\sum_{k=1}^{n}\binom{n}{k}\left(\frac{k}{n}\right)^{\alpha}$.

Séparer en cas ($\alpha \geqslant 0$, $\alpha \leqslant 0$) et montrer, dans chacun des deux cas : $u_n \underset{n\infty}{\longrightarrow} +\infty$.

8.19 Revenir à la définition d'une limite, avec ε et N.

Se rappeler que tout entier est pair ou impair.

8.20 *1)* Un sens est immédiat.

2) Réciproquement, supposer : $u_n \underset{n\infty}{\longrightarrow} \ell \in \mathbb{R}$.

Montrer qu'il existe $N \in \mathbb{N}$ tel que : $\forall n \geqslant N,\ |u_n - u_N| < 1$.

Remarquer : $\forall (x, y) \in \mathbb{Z}^2,\ (|x - y| < 1 \Longrightarrow x = y)$.

8.21 Considérer $(e^{u_n} - e^{v_n})^2$;

8.22 • Déduire, par addition et télescopage :

$$\forall k \in \mathbb{N}^*,\quad u_{2^k} - u_1 \leqslant 2.$$

• Remarquer que, pour tout $n \in \mathbb{N}$ tel que $n \geqslant 2$, il existe $k \in \mathbb{N}^*$ tel que $n \leqslant 2^k$, et utiliser la croissance de la suite $(u_n)_{n\geqslant 2}$.

8.23 Montrer que $(u_n)_{n\in\mathbb{N}}$ est décroissante, et déduire que $(u_n)_{n\in\mathbb{N}}$ converge vers un réel ℓ tel que $\ell \geqslant 0$.

Obtenir $\ell^2 \leqslant 2\ell - 1$, puis $\ell = 0$.

8.24 *a) 1)* Montrer, par récurrence : $\forall n \in \mathbb{N},\ u_n \in]0\,;+\infty[$.

2) Considérer $f : [0\,;+\infty[\longrightarrow \mathbb{R},\ x \longmapsto \sqrt{x + \sqrt{2x}}$ et montrer que f est croissante.

En déduire que $(u_n)_{n\in\mathbb{N}}$ est décroissante.

4) Montrer que $(u_n)_{n\in\mathbb{N}}$ converge vers un réel ℓ et que $\ell \geqslant 0$, puis obtenir : $\ell = 0$ ou $\ell = 2$.

5) Montrer, par récurrence : $\forall n \in \mathbb{N},\ u_n \geqslant 2$.

Conclure.

b) Considérer l'application $f : \mathbb{R} \longrightarrow \mathbb{R},\ x \longmapsto 2x - x^2$.

Remarquer : $u_1 \in]-\infty\,; 1]$.

Montrer que, si $(u_n)_{n\in\mathbb{N}}$ converge, alors sa limite ℓ vérifie : $\ell = 0$ ou $\ell = 1$.

Séparer en cas selon la position de u_1 par rapport à 0 et à 1. Exprimer la réponse en séparant en cas selon la position de u_0.

8.25 *a)* Montrer que $(u_n)_{n\geqslant 0}$ est croissante et divergente.

b) Montrer : $\forall n \in \mathbb{N},\ u_{n+1}^2 \geqslant u_n^2 + 2$,

et déduire : $\forall n \in \mathbb{N}^*,\ u_n^2 \geqslant u_0^2 + 2n$.

8.26 *a) b)* Récurrence à deux pas.

c) Déduire que $(u_n)_{n\in\mathbb{N}}$ converge et que sa limite ℓ vérifie :

$$0 \leqslant \ell \leqslant 1 \quad\text{et}\quad \ell = \frac{1}{3}(1 + \ell + \ell^3).$$

Résoudre.

8.27 *1)* Montrer, par récurrence, que, pour tout $n \in \mathbb{N}$, u_n et v_n existent et sont > 0.

2) Montrer : $\forall n \geqslant 1,\ u_n \geqslant v_n$.

3) Montrer que $(u_n)_{n\geqslant 1}$ est décroissante et que $(v_n)_{n\in\mathbb{N}}$ est croissante.

4) En déduire que $(u_n)_{n\in\mathbb{N}}$ et $(v_n)_{n\in\mathbb{N}}$ convergent et noter λ, μ leurs limites respectives.

5) Montrer : $\lambda = \mu$.

6) Obtenir $\lambda\mu = u_0 v_0$, en considérant la suite de terme général $u_n v_n$.

Conclure.

8.28 • Montrer, par récurrence : $\forall n \in \mathbb{N},\ u_n > 0$ et $v_n > 0$.

• Montrer : $\forall n \in \mathbb{N}^*,\ v_n \geqslant u_n$.

En déduire que $(v_n)_{n\geqslant 1}$ est décroissante et que $(u_n)_{n\geqslant 1}$ est croissante.

• Montrer que $(u_n)_{n\geqslant 1}$ et $(v_n)_{n\geqslant 1}$ convergent et noter ℓ, ℓ' leurs limites respectives, puis montrer $\ell = \ell'$.

8.29 *a)* Considérer, pour $n \geqslant 2$ fixé, l'application :

$$f_n :]0\,; 1] \longrightarrow \mathbb{R},\quad x \longmapsto x^n + x^{-n} - n(x + x^{-1}).$$

b) Obtenir, pour tout $n \geqslant 2$: $\frac{n}{2} \leqslant x_n^{-n+1} \leqslant 2n$.

8.30 *a)* Montrer, par récurrence, que, pour tout $n \in \mathbb{N}$, u_n existe et $u_n \geqslant 1$.

b) 1) Raisonner par l'absurde.

2) Montrer, par récurrence : $\forall n \geqslant N,\ u_{n+1} \leqslant u_n$.

c) Utiliser *a)*, *b)* et l'égalité de définition de la suite $(u_n)_{n\geqslant 1}$.

8.31 *a)* Soit $\varepsilon > 0$ fixé.

Il existe $N_1 \in \mathbb{N}^*$ tel que : $\forall n \geqslant N_1, \quad |u_n - \ell| \leqslant \dfrac{\varepsilon}{2}$.

Soit $n \in \mathbb{N}^*$ tel que $n \geqslant N_1$. Décomposer $|v_n - \ell|$ en faisant intervenir une sommation de $k = 1$ à $k = N_1$ et une sommation de $k = N_1 + 1$ à $k = n$.

b) Noter, pour tout $n \in \mathbb{N}^*$, $u_n = a_{n+1} - a_n$ et utiliser *a)*.

c) Considérer $\ln u_n$.

d) Choisir u_n de façon à appliquer le résultat de *c)*.

(1) $u_n = \dbinom{2n}{n}$ (2) $u_n = \dfrac{n^n}{n!}$ (3) $u_n = \dfrac{n(n+1)\cdots(n+n)}{n^n}$

(4) $u_n = \dfrac{1 \cdot 3 \cdots (2n-1)}{n^n}$ (5) $u_n = \dfrac{(3n)!}{n^{2n}(n!)}$.

Corrigés des exercices

8.1 *a)* $u_n = \dfrac{n+3}{n^2+n+1} = \dfrac{1}{n}\,\dfrac{1+\frac{3}{n}}{1+\frac{1}{n}+\frac{1}{n^2}}$ donc : $u_n \underset{n\infty}{\longrightarrow} 0.$

b) $u_n = \dfrac{n^2+1}{n-2} = n\dfrac{1+\frac{1}{n^2}}{1-\frac{2}{n}}$, donc : $u_n \underset{n\infty}{\longrightarrow} +\infty.$

c) $u_n = \dfrac{n^3-n}{n^3+1} = \dfrac{1-\frac{1}{n^2}}{1+\frac{1}{n^3}} \underset{n\infty}{\longrightarrow} 1.$

d) $|u_n| = \left|\dfrac{\sin n}{n}\right| \leqslant \dfrac{1}{n}$, donc, par théorème d'encadrement, $|u_n| \underset{n\infty}{\longrightarrow} 0$, d'où : $u_n \underset{n\infty}{\longrightarrow} 0.$

e) $u_n = \sqrt{n}(\sqrt{n+1}-\sqrt{n}) = \dfrac{\sqrt{n}}{\sqrt{n+1}+\sqrt{n}}$

$$= \frac{1}{\sqrt{1+\frac{1}{n}}+1} \underset{n\infty}{\longrightarrow} \frac{1}{2}.$$

f) $0 \leqslant u_n = \dfrac{\sqrt{n}-\mathrm{E}(\sqrt{n})}{\sqrt{n}} \leqslant \dfrac{1}{\sqrt{n}} \underset{n\infty}{\longrightarrow} 0,$

donc, par théorème d'encadrement : $u_n \underset{n\infty}{\longrightarrow} 0.$

8.2 *a)* Il s'agit d'une suite arithmétique, de raison 3.

On a donc : $\forall n \in \mathbb{N},\ u_n = u_0 + 3n = 1 + 3n.$

b) Il s'agit d'une suite géométrique, de raison 2.

On a donc : $\forall n \in \mathbb{N},\ u_n = u_0 2^n = -2^n.$

c) Il s'agit d'une suite arithmético-géométrique.

On a, pour tout $\lambda \in \mathbb{R}$: $\lambda = 3\lambda - 1 \iff \lambda = \dfrac{1}{2}.$

Notons $(v_n)_{n\in\mathbb{N}}$ la suite définie par : $\forall n \in \mathbb{N},\ v_n = u_n - \dfrac{1}{2}.$

On a : $\forall n \in \mathbb{N},\ v_{n+1} = u_{n+1} - \dfrac{1}{2} = (3u_n - 1) - \dfrac{1}{2}$

$$= 3u_n - \frac{3}{2} = 3\Big(u_n - \frac{1}{2}\Big) = 3v_n.$$

La suite $(v_n)_{n\geqslant 0}$ est une suite géométrique de raison 3, d'où :

$$\forall n \in \mathbb{N},\ v_n = v_0 3^n = \Big(u_0 - \frac{1}{2}\Big)3^n = \frac{3}{2}3^n = \frac{1}{2}3^{n+1}.$$

On conclut : $\forall n \in \mathbb{N},\ u_n = v_n + \dfrac{1}{2} = \dfrac{1}{2}(3^n + 1).$

8.3 Il s'agit de suites récurrentes linéaires d'ordre 2, à coefficients constants et sans second membre.

a) L'équation caractéristique $r^2 - r - 1 = 0$ admet deux solutions réelles $r_1 = \dfrac{1+\sqrt{5}}{2}$, $r_2 = \dfrac{1-\sqrt{5}}{2}$.

D'après le cours, il existe $(\lambda_1, \lambda_2) \in \mathbb{R}^2$ tel que :

$$\forall n \in \mathbb{N},\ u_n = \lambda_1 r_1^n + \lambda_2 r_2^n.$$

On a : $\begin{cases} u_0 = 0 \\ u_1 = 1 \end{cases} \iff \begin{cases} \lambda_1 + \lambda_2 = 0 \\ \lambda_1 r_1 + \lambda_2 r_2 = 1 \end{cases}$

$$\iff \lambda_1 = \frac{-1}{r_2 - r_1} = \frac{1}{\sqrt{5}},\quad \lambda_2 = -\lambda_1 = -\frac{1}{\sqrt{5}}.$$

On conclut :

$$\forall n \in \mathbb{N},\ u_n = \frac{1}{\sqrt{5}}\Big[\Big(\frac{1+\sqrt{5}}{2}\Big)^n - \Big(\frac{1-\sqrt{5}}{2}\Big)^n\Big].$$

b) L'équation caractéristique $r^2 - 4r + 4 = 0$ admet une seule solution (double) $r_0 = 2$. D'après le cours, il existe donc $(\lambda, \mu) \in \mathbb{R}^2$ tel que : $\forall n \in \mathbb{N},\ u_n = (\lambda + \mu n)2^n$.

On a : $\begin{cases} u_0 = 1 \\ u_1 = -2 \end{cases} \iff \begin{cases} \lambda = 1 \\ (\lambda + \mu)2 = -2 \end{cases} \iff \begin{cases} \lambda = 1 \\ \mu = -2. \end{cases}$

On conclut : $\forall n \in \mathbb{N},\ u_n = (1 - 2n)2^n.$

c) L'équation caractéristique $r^2 + 2r + 4 = 0$ n'admet pas de solution réelle mais admet deux solutions complexes conjuguées

$$r_1 = -1 + \mathrm{i}\sqrt{3},\quad r_2 = -1 - \mathrm{i}\sqrt{3}.$$

On a $|r_1| = 2$, puis : $r_1 = 2\Big(-\dfrac{1}{2} + \mathrm{i}\dfrac{\sqrt{3}}{2}\Big) = 2\,\mathrm{e}^{\mathrm{i}\frac{2\pi}{3}}.$

D'après le cours, il existe donc $(A, B) \in \mathbb{R}^2$ tel que :

$$\forall n \in \mathbb{N},\ u_n = 2^n\Big(A\cos\frac{2n\pi}{3} + B\sin\frac{2n\pi}{3}\Big).$$

On a :

$$\begin{cases} u_0 = 0 \\ u_1 = 1 \end{cases} \iff \begin{cases} A = 0 \\ 2\Big(A\cos\frac{2\pi}{3} + B\sin\frac{2\pi}{3}\Big) = 1 \end{cases} \iff \begin{cases} A = 0 \\ B = \frac{1}{\sqrt{3}}. \end{cases}$$

On conclut : $\forall n \in \mathbb{N},\ u_n = \dfrac{2^n}{\sqrt{3}}\sin\dfrac{2n\pi}{3}.$

8.4 Une récurrence à deux pas (aussi dite récurrence double), immédiate, montre que, pour tout $n \in \mathbb{N}$, u_n existe et $u_n > 0$.

Notons, pour tout $n \in \mathbb{N}$: $v_n = \ln u_n$.

On a : $\begin{cases} v_0 = 0,\quad v_1 = 2\ln 2 \\ \forall n \in \mathbb{N},\ v_{n+2} = 5v_{n+1} - 4v_n. \end{cases}$

Ainsi, la suite $(v_n)_{n\in\mathbb{N}}$ est une suite récurrente linéaire d'ordre 2, à coefficients constants et sans second membre.

L'équation caractéristique $r^2 - 5r + 4 = 0$ admet deux solutions réelles, qui sont 1 et 4. D'après le cours, il existe $(\lambda_1, \lambda_2) \in \mathbb{R}^2$ tel que : $\forall n \in \mathbb{N},\ v_n = \lambda_1 + \lambda_2 4^n$. Et :

$$\begin{cases} v_0 = 0 \\ v_1 = 2\ln 2 \end{cases} \iff \begin{cases} \lambda_1 + \lambda_2 = 0 \\ \lambda_1 + 4\lambda_2 = 2\ln 2 \end{cases} \iff \begin{cases} \lambda_1 = -\dfrac{2}{3}\ln 2 \\ \lambda_2 = \dfrac{2}{3}\ln 2. \end{cases}$$

On obtient : $\forall n \in \mathbb{N},\ v_n = (4^n - 1)\dfrac{2}{3}\ln 2,$

d'où : $$\forall n \in \mathbb{N},\ u_n = e^{v_n} = 2^{\frac{2}{3}(4^n-1)}.$$

8.5 On a, pour tout $n \in \mathbb{N}$:

$$v_{n+1} = \frac{u_{n+1}}{(n+1)!} = \frac{(n+1)u_n + 2^n(n+1)!}{(n+1)!} = \frac{u_n}{n!} + 2^n = v_n + 2^n.$$

Ainsi, en décalant l'indice d'une unité :

$$\forall n \geqslant 1,\ v_n - v_{n-1} = 2^{n-1}.$$

On somme cette égalité de 1 à n, d'où, par télescopage :

$$\forall n \geqslant 1,\ v_n - v_0 = \sum_{p=1}^{n} 2^{p-1} = \sum_{q=0}^{n-1} 2^q = \frac{2^n - 1}{2-1} = 2^n - 1,$$

d'où : $\forall n \geqslant 1,\ v_n = v_0 + 2^n - 1.$

On obtient : $\forall n \geqslant 1,\ u_n = (u_0 + 2^n - 1)\, n!.$

De plus, cette formule est aussi vraie pour $n = 0$.

Finalement : $\forall n \in \mathbb{N},\ u_n = (u_0 + 2^n - 1)\, n!.$

8.6 *1re méthode : utilisation de suites récurrentes linéaires d'ordre 2, à coefficients constants et sans second membre* :

On a, pour tout $n \in \mathbb{N}$:

$$\begin{aligned} u_{n+2} &= -2u_{n+1} + 10v_{n+1} \\ &= -2u_{n+1} + 10(-2u_n + 7v_n) = -2u_{n+1} - 20u_n + 70v_n \\ &= -2u_{n+1} - 20u_n + 7(u_{n+1} + 2u_n) = 5u_{n+1} - 6u_n. \end{aligned}$$

Ainsi, la suite $(u_n)_{n\geqslant 0}$ est une suite récurrente linéaire d'ordre 2, à coefficients constants et sans second membre. L'équation caractéristique $r^2 - 5r + 6 = 0$ admet deux solutions réelles, qui sont 2 et 3. D'après le cours, il existe $(\lambda_1, \lambda_2) \in \mathbb{R}^2$ tel que :

$$\forall n \in \mathbb{N},\ u_n = \lambda_1 2^n + \lambda_2 3^n.$$

On a : $\begin{cases} u_0 = 1 \\ u_1 = 8 \end{cases} \iff \begin{cases} \lambda_1 + \lambda_2 = 1 \\ 2\lambda_1 + 3\lambda_2 = 8 \end{cases} \iff \begin{cases} \lambda = -5 \\ \lambda_2 = 6. \end{cases}$

On obtient : $\forall n \in \mathbb{N},\ u_n = -5 \cdot 2^n + 6 \cdot 3^n.$

Ensuite :

$$\begin{aligned} \forall n \in \mathbb{N},\ v_n &= \frac{1}{10}(u_{n+1} + 2u_n) \\ &= \frac{1}{10}[-5 \cdot 2^{n+1} + 6 \cdot 3^{n+1} + 2(-5 \cdot 2^n + 6 \cdot 3^n)] \\ &= \frac{1}{10}(-20 \cdot 2^n + 30 \cdot 3^n) = -2^{n+1} + 3^{n+1}. \end{aligned}$$

On conclut : $\forall n \in \mathbb{N},\ \begin{cases} u_n = -5 \cdot 2^n + 6 \cdot 3^n \\ v_n = -2^{n+1} + 3^{n+1}. \end{cases}$

2e méthode : intervention de l'algèbre linéaire :

Notons, pour tout $n \in \mathbb{N}$: $X_n = \begin{pmatrix} u_n \\ v_n \end{pmatrix} \in \mathbf{M}_{2,1}(\mathbb{R}).$

On a, pour tout $n \in \mathbb{N}$:

$$X_{n+1} = \begin{pmatrix} u_{n+1} \\ v_{n+1} \end{pmatrix} = \begin{pmatrix} -2u_n + 10v_n \\ -2u_n + 7v_n \end{pmatrix} = \begin{pmatrix} -2 & 10 \\ -2 & 7 \end{pmatrix}\begin{pmatrix} u_n \\ v_n \end{pmatrix} = AX_n.$$

Il s'ensuit, par une récurrence immédiate :

$$\forall n \in \mathbb{N},\ X_n = A^n X_0.$$

Le calcul de u_n et v_n se ramène ainsi au calcul de A^n. On calcule les valeurs propres et les sous-espaces propres de A (cf. chapitre 7), on montre que A est diagonalisable dans $\mathbf{M}_2(\mathbb{R})$, et on obtient une diagonalisation de A : $A = PDP^{-1}$, où :

$$P = \begin{pmatrix} 5 & 2 \\ 2 & 1 \end{pmatrix},\quad D = \begin{pmatrix} 2 & 0 \\ 0 & 3 \end{pmatrix},\quad P^{-1} = \begin{pmatrix} 1 & -2 \\ -2 & 5 \end{pmatrix}.$$

On a donc :

$$\forall n \in \mathbb{N},\ X_n = A^n X_0 = (PDP^{-1})^n X_0 = PD^nP^{-1}X_0,$$

et on obtient, après calcul du produit de quatre matrices :

$$X_n = \begin{pmatrix} -5 \cdot 2^n + 6 \cdot 3^n \\ -2 \cdot 2^n + 3 \cdot 3^n \end{pmatrix}.$$

On arrive bien sûr au même résultat que par la première méthode.

8.7 *a)* Soit $(x, y) \in \mathbb{R}^2$.

Séparons en deux cas selon les positions relatives de x et y.

Si $x \geqslant y$, alors $\operatorname{Max}(x, y) = x$ et :

$$\frac{1}{2}(x + y + |x - y|) = \frac{1}{2}(x + y + (x - y)) = x.$$

Si $x \leqslant y$, alors $\operatorname{Max}(x, y) = y$ et :

$$\frac{1}{2}(x + y + |x - y|) = \frac{1}{2}(x + y - (x - y)) = y.$$

On conclut, pour les deux cas :

$$\operatorname{Max}(x, y) = \frac{1}{2}(x + y + |x - y|).$$

Par le même raisonnement, on obtient :

$$\mathrm{Min}\,(x,y) = \frac{1}{2}(x+y-|x-y|).$$

b) En utilisant *a)* et en notant $x = \lim_{n\infty} x_n,\ y = \lim_{n\infty} y_n$, on a :

$$u_n = \mathrm{Max}\,(x_n, y_n) = \frac{1}{2}(x_n + y_n + |x_n - y_n|) \underset{n\infty}{\longrightarrow} \frac{1}{2}(x+y+|x-y|) = \mathrm{Max}\,(x,y),$$

$$v_n = \mathrm{Min}\,(x_n, y_n) = \frac{1}{2}(x_n + y_n - |x_n - y_n|) \underset{n\infty}{\longrightarrow} \frac{1}{2}(x+y-|x-y|) = \mathrm{Min}\,(x,y),$$

8.8 Par mise sous forme canonique d'un trinôme, on a, pour tout $n \in \mathbb{N}$: $u_n^2 + u_n v_n + v_n^2 = \left(u_n + \frac{v_n}{2}\right)^2 + \frac{3}{4}v_n^2$.

On a donc : $\forall n \in \mathbb{N},\ 0 \leqslant \frac{3}{4}v_n^2 \leqslant u_n^2 + u_n v_n + v_n^2$.

On déduit, par le théorème d'encadrement : $\frac{3}{4}v_n^2 \underset{n\infty}{\longrightarrow} 0$,

d'où : $v_n \underset{n\infty}{\longrightarrow} 0$.

De même : $\forall n \in \mathbb{N},\ 0 \leqslant \left(u_n + \frac{v_n}{2}\right)^2 \leqslant u_n^2 + u_n v_n + v_n^2$,

donc : $\left(u_n + \frac{v_n}{2}\right)^2 \underset{n\infty}{\longrightarrow} 0$, puis : $u_n + \frac{v_n}{2} \underset{n\infty}{\longrightarrow} 0$, et enfin :

$$u_n = \left(u_n + \frac{v_n}{2}\right) - \frac{1}{2}v_n \underset{n\infty}{\longrightarrow} 0.$$

8.9 *a) 1)* On a, pour tout $(x,y) \in (\mathbb{R}_+^*)^2$:

$$\sqrt{x+y} \leqslant \sqrt{x} + \sqrt{y} \iff x + y \leqslant (\sqrt{x} + \sqrt{y})^2 \iff 0 \leqslant 2\sqrt{x}\sqrt{y},$$

et cette dernière inégalité est vraie.

2) Soit $(a,b) \in (\mathbb{R}_+)^2$.

Si $a \geqslant b$, on a, en appliquant *1)* à $(x = a - b,\ y = b)$:

$$\sqrt{a} \leqslant \sqrt{a-b} + \sqrt{b},$$

d'où : $\left|\sqrt{a} - \sqrt{b}\right| = \sqrt{a} - \sqrt{b} \leqslant \sqrt{a-b} = \sqrt{|a-b|}$.

Si $b \geqslant a$, en appliquant le résultat précédent à (b,a) à la place de (a,b), on obtient : $|\sqrt{b} - \sqrt{a}| \leqslant \sqrt{|b-a|}$.

On conclut : $\forall (a,b) \in (\mathbb{R}_+)^2,\ |\sqrt{a} - \sqrt{b}| \leqslant \sqrt{|a-b|}$.

b) On a, en utilisant *a)* :

$$0 \leqslant |u_n - v_n| = \left|\sqrt{u_n^2} - \sqrt{v_n^2}\right| \leqslant \sqrt{|u_n^2 - v_n^2|} \underset{n\infty}{\longrightarrow} 0,$$

donc, par théorème d'encadrement : $u_n - v_n \underset{n\infty}{\longrightarrow} 0$.

8.10 *a)* On a, pour tout $n \in \mathbb{N}^*$, $u_n > 0$ et :

$$\begin{aligned}
\ln u_n &= \ln\Big(\Big[\prod_{k=1}^{n} \mathrm{e}^{k(n-k)}\Big]^{\frac{1}{n^3}}\Big) \\
&= \frac{1}{n^3}\sum_{k=1}^{n} k(n-k) = \frac{1}{n^3}\Big(n\sum_{k=1}^{n} k - \sum_{k=1}^{n} k^2\Big) \\
&= \frac{1}{n^3}\Big(n\frac{n(n+1)}{2} - \frac{n(n+1)(2n+1)}{6}\Big) \\
&= \frac{n+1}{6n^2}(3n - (2n+1)) = \frac{(n+1)(n-1)}{6n^2} \underset{n\infty}{\sim} \frac{n^2}{6n^2} = \frac{1}{6}.
\end{aligned}$$

On a donc : $\ln u_n \underset{n\infty}{\longrightarrow} \frac{1}{6}$, et on conclut : $u_n \underset{n\infty}{\longrightarrow} \mathrm{e}^{\frac{1}{6}}$.

b) On a, pour tout $n \in \mathbb{N}^*$:

$$\begin{aligned}
u_n &= \sum_{i=1}^{n}\sum_{j=1}^{i} \frac{j}{n^3} = \frac{1}{n^3}\sum_{i=1}^{n}\Big(\sum_{j=1}^{i} j\Big) = \frac{1}{n^3}\sum_{i=1}^{n} \frac{i(i+1)}{2} \\
&= \frac{1}{2n^3}\Big(\sum_{i=1}^{n} i^2 + \sum_{i=1}^{n} i\Big) = \frac{1}{2n^3}\Big(\frac{n(n+1)(2n+1)}{6} + \frac{n(n+1)}{2}\Big) \\
&= \frac{n(n+1)}{12n^3}((2n+1)+3) = \frac{n(n+1)(n+2)}{6n^3} \underset{n\infty}{\sim} \frac{n^3}{6n^3} = \frac{1}{6},
\end{aligned}$$

et on conclut : $u_n \underset{n\infty}{\longrightarrow} \frac{1}{6}$.

c) On a, pour tout $n \in \mathbb{N}^*$:

$$u_n = \sum_{k=1}^{n} \frac{k+n}{k+n^2} \begin{cases} \geqslant \displaystyle\sum_{k=1}^{n} \frac{k+n}{n+n^2} & \text{noté } v_n \\ \leqslant \displaystyle\sum_{k=1}^{n} \frac{k+n}{n^2} & \text{noté } w_n. \end{cases}$$

Et :

$$v_n = \frac{1}{n+n^2}\Big(\Big(\sum_{k=1}^{n} k\Big) + n^2\Big) = \frac{1}{n+n^2}\Big(\frac{n(n+1)}{2} + n^2\Big) = \frac{3n+1}{2(n+1)} \underset{n\infty}{\longrightarrow} \frac{3}{2},$$

$$w_n = \frac{1}{n^2}\Big(\Big(\sum_{k=1}^{n} k\Big) + n^2\Big) = \frac{1}{n^2}\Big(\frac{n(n+1)}{2} + n^2\Big) = \frac{3n+1}{2n} \underset{n\infty}{\longrightarrow} \frac{3}{2}.$$

On conclut, par théorème d'encadrement : $u_n \underset{n\infty}{\longrightarrow} \frac{3}{2}$.

d) On a, pour tout $n \in \mathbb{N}$:

$$\begin{aligned}
u_n &= \sum_{k=1}^{n} \frac{k}{kn+1} = \frac{1}{n}\sum_{k=1}^{n} \frac{(kn+1)-1}{kn+1} \\
&= \frac{1}{n}\Big(n - \sum_{k=1}^{n}\frac{1}{kn+1}\Big) = 1 - \underbrace{\frac{1}{n}\sum_{k=1}^{n}\frac{1}{kn+1}}_{\text{noté } v_n}
\end{aligned}$$

et : $0 \leqslant v_n \leqslant \frac{1}{n}\sum_{k=1}^{n}\frac{1}{kn} = \frac{1}{n^2}\sum_{k=1}^{n}\frac{1}{k} \leqslant \frac{1}{n^2}\sum_{k=1}^{n}1 = \frac{1}{n}$.

On déduit, par théorème d'encadrement : $v_n \underset{n\infty}{\longrightarrow} 0$,

puis : $u_n \underset{n\infty}{\longrightarrow} 1$.

e) En isolant les deux derniers termes de la sommation, on a, pour tout $n \geqslant 2$:

$$u_n = \frac{1}{n^n}\sum_{k=1}^{n}k^k = \underbrace{\frac{1}{n^n}\sum_{k=1}^{n-2}k^k}_{\text{noté } v_n} + \underbrace{\frac{1}{n^n}(n-1)^{n-1}}_{\text{noté } w_n} + 1.$$

• $0 \leqslant v_n \leqslant \frac{1}{n^n}(n-2)(n-2)^{n-2} \leqslant \frac{n^{n-1}}{n^n} = \frac{1}{n}$,
donc, par théorème d'encadrement : $v_n \underset{n\infty}{\longrightarrow} 0$.

• $0 \leqslant w_n \leqslant \frac{1}{n^n}n^{n-1} = \frac{1}{n}$, donc : $w_n \underset{n\infty}{\longrightarrow} 0$.

On conclut : $u_n \underset{n\infty}{\longrightarrow} 1$.

8.11 *1)* On a, pour tout $n \in \mathbb{N}$:

$$0 \leqslant u_n = \frac{a_n^3}{a_n^2+b_n^2} + \frac{b_n^3}{a_n^2+b_n^2} \leqslant \frac{a_n^3}{a_n^2} + \frac{b_n^3}{b_n^2} = a_n + b_n.$$

Comme $a_n \underset{n\infty}{\longrightarrow} 0$ et $b_n \underset{n\infty}{\longrightarrow} 0$, on déduit $a_n + b_n \underset{n\infty}{\longrightarrow} 0$, puis, par théorème d'encadrement : $u_n \underset{n\infty}{\longrightarrow} 0$.

2) On ne peut pas déduire la nature de la suite $(v_n)_{n\in\mathbb{N}}$, comme le montrent les exemples suivants (où, par commodité, $n \geqslant 1$) :

• $a_n = b_n = \frac{1}{n}$, et alors : $v_n = \frac{n}{2} \underset{n\infty}{\longrightarrow} +\infty$.

• $a_n = \frac{1}{n}$, $b_n = \frac{1}{n^2}$, et alors : $v_n = \frac{n^3}{n^3+1} \underset{n\infty}{\longrightarrow} 1$.

• $a_n = \frac{1}{n}$, $b_n = \frac{1}{n^3}$, et alors : $v_n = \frac{n^5}{n^6+1} \underset{n\infty}{\longrightarrow} 0$.

8.12 *a)* Le calcul de ϕ_n a été effectué dans l'exercice 8.3 *a)*, et on a obtenu :

$$\forall n \in \mathbb{N},\ \phi_n = \frac{1}{\sqrt{5}}\left(\left(\frac{1+\sqrt{5}}{2}\right)^n - \left(\frac{1-\sqrt{5}}{2}\right)^n\right).$$

b) Notons $r_1 = \frac{1-\sqrt{5}}{2}$, $r_2 = \frac{1+\sqrt{5}}{2}$.

1re méthode, utilisant a) :

$$\begin{aligned}\phi_{n+1}^2 - \phi_n\phi_{n+2} &= \frac{1}{5}\left((r_2^{n+1}-r_1^{n+1})^2 - (r_2^n - r_1^n)(r_2^{n+2}-r_1^{n+2})\right)\\ &= \frac{1}{5}\left(-2r_2^{n+1}r_1^{n+1} + r_2^n r_1^{n+2} + r_1^n r_2^{n+2}\right)\\ &= \frac{1}{5}(r_1r_2)^n(r_2-r_1)^2 = (-1)^n,\end{aligned}$$

puisque $r_1r_2 = -1$ et $r_2 - r_1 = \sqrt{5}$.

2e méthode, n'utilisant pas a) :

Récurrence sur *n*.

La propriété est immédiate pour $n = 0$.

Si elle est vraie pour un $n \in \mathbb{N}$, alors :

$$\begin{aligned}\phi_{n+2}^2 - \phi_{n+1}\phi_{n+3} &= \phi_{n+2}^2 - \phi_{n+1}(\phi_{n+1}+\phi_{n+2})\\ &= \phi_{n+2}(\phi_{n+2}-\phi_{n+1}) - \phi_{n+1}^2 = \phi_{n+2}\phi_n - \phi_{n+1}^2\\ &= -(\phi_{n+1}^2 - \phi_n\phi_{n+2}) = -(-1)^n = (-1)^{n+1}.\end{aligned}$$

On a montré, par récurrence sur n :

$$\forall n \in \mathbb{N},\ \phi_{n+1}^2 - \phi_n\phi_{n+2} = (-1)^n.$$

c) On a : $\frac{\phi_{n+1}}{\phi_n} = \frac{r_2^{n+1}-r_1^{n+1}}{r_2^n - r_1^n} \underset{n\infty}{\longrightarrow} r_2$, car $|r_1| < 1 < r_2$.

Ainsi : $\frac{\phi_{n+1}}{\phi_n} \underset{n\infty}{\longrightarrow} \frac{1+\sqrt{5}}{2}$.

d) 1) On a, pour tout $n \in \mathbb{N}$:

$$\begin{aligned}\sum_{k=0}^{n}\binom{n}{k}\phi_k &= \sum_{k=0}^{n}\binom{n}{k}\frac{1}{\sqrt{5}}(r_2^k - r_1^k)\\ &= \frac{1}{\sqrt{5}}\left(\sum_{k=0}^{n}\binom{n}{k}r_2^k - \sum_{k=0}^{n}\binom{n}{k}r_1^k\right)\\ &= \frac{1}{\sqrt{5}}\left((1+r_2)^n - (1+r_1)^n\right) = \frac{1}{\sqrt{5}}(r_2^{2n} - r_1^{2n}) = \phi_{2n},\end{aligned}$$

en utilisant $1 + r_2 = r_2^2$ et $1 + r_1 = r_1^2$, car r_1 et r_2 sont les solutions de l'équation caractéristique $r^2 - r - 1 = 0$.

2) De même, pour tout $n \in \mathbb{N}$:

$$\begin{aligned}\sum_{k=0}^{n}(-1)^k\binom{n}{k}\phi_k &= \sum_{k=0}^{n}(-1)^k\binom{n}{k}\frac{1}{\sqrt{5}}(r_2^k - r_1^k)\\ &= \frac{1}{\sqrt{5}}\left(\sum_{k=0}^{n}\binom{n}{k}(-r_2)^k - \sum_{k=0}^{n}\binom{n}{k}(-r_1)^k\right)\\ &= \frac{1}{\sqrt{5}}\left((1-r_2)^n - (1-r_1)^n\right) = \frac{1}{\sqrt{5}}(r_1^n - r_2^n) = -\phi_n,\end{aligned}$$

en utilisant $r_1 + r_2 = 1$, car r_1 et r_2 sont les solutions de l'équation caractéristique $r^2 - r - 1 = 0$

8.13 *a) 1)* Cherchons une suite particulière $(v_n)_{n\geqslant 0}$ telle que :
$$\forall n \in \mathbb{N},\ v_{n+2} = 3v_{n+1} - 2v_n + 4.$$

Si $v_n = C$, constante, on obtient $C = C + 4$, impossible.

Cherchons v_n sous la former $v_n = an + b$, $(a,b) \in \mathbb{R}^2$ fixé à trouver.

On a alors, pour tout $n \in \mathbb{N}$:

$$\begin{aligned} v_{n+2} &= 3v_{n+1} - 2v_n + 4 \\ &\iff a(n+2) + b = 3(a(n+1)+b) - 2(an+b) + 4 \\ &\iff a = -4. \end{aligned}$$

Ainsi, par exemple, la suite $(v_n)_{n\geqslant 0}$ définie, pour tout $n \in \mathbb{N}$, par $v_n = -4n$, convient.

2) Notons, pour tout $n \in \mathbb{N}$: $w_n = u_n - v_n = u_n + 4n$.

On a, pour tout $n \in \mathbb{N}$:

$$\begin{aligned} &w_{n+2} - 3w_{n+1} + 2w_n \\ &= [u_{n+2} + 4(n+2)] - 3[u_{n+1} + 4(n+1)] + 2[u_n + 4n] \\ &= (u_{n+2} - 3u_{n+1} + 2u_n) - 4 = 0. \end{aligned}$$

Ainsi, $(w_n)_{n\geqslant 0}$ est une suite récurrente linéaire d'ordre 2, à coefficients constants et sans second membre. L'équation caractéristique $r^2 - 3r + 2 = 0$ admet deux racines réelles, 1 et 2. D'après le cours, il existe donc $(\lambda, \mu) \in \mathbb{R}^2$ tel que :

$$\forall n \in \mathbb{N},\ w_n = \lambda + \mu 2^n.$$

D'autre part : $w_0 = u_0 = 1$ et $w_1 = u_1 + 4 = 3$.

Alors : $\begin{cases} w_0 = 1 \\ w_1 = 3 \end{cases} \iff \begin{cases} \lambda + \mu = 1 \\ \lambda + 2\mu = 3 \end{cases} \iff \begin{cases} \lambda = -1 \\ \mu = 2. \end{cases}$

On déduit : $\forall n \in \mathbb{N},\ w_n = -1 + 2^{n+1}$.

et on conclut : $\forall n \in \mathbb{N},\ u_n = 2^{n+1} - 1 - 4n$.

b) 1) Cherchons une suite particulière $(v_n)_{n\geqslant 0}$ telle que :

$$\forall n \in \mathbb{N},\ v_{n+2} = 5v_{n+1} - 6v_n + 4^n.$$

Cherchons v_n sous la forme $v_n = a4^n$, $a \in \mathbb{R}$ fixé à trouver. On a alors, pour tout $n \in \mathbb{N}$:

$$\begin{aligned} v_{n+2} &= 5v_{n+1} - 6v_n + 4^n \\ &\iff a4^{n+2} = 5a4^{n+1} - 6a4^n + 4^n \\ &\iff 16a = 20a - 6a + 1 \iff a = \frac{1}{2}. \end{aligned}$$

Ainsi, la suite $(v_n)_{n\geqslant 0}$ définie, pour tout $n \in \mathbb{N}$, par $v_n = \frac{1}{2}4^n$, convient.

2) Notons, pour tout $n \in \mathbb{N}$: $w_n = u_n - v_n = u_n - \frac{1}{2}4^n$.

On a, pour tout $n \in \mathbb{N}$:

$$\begin{aligned} &w_{n+2} - 5w_{n+1} + 6w_n \\ &= \left(u_{n+2} - \frac{1}{2}4^{n+2}\right) - 5\left(u_{n+1} - \frac{1}{2}4^{n+1}\right) + 6\left(u_n - \frac{1}{2}4^n\right) \\ &= u_{n+2} - 5u_{n+1} + 6u_n) + 4^n(-8 + 10 - 3) = 0. \end{aligned}$$

Ainsi, $(w_n)_{n\geqslant 0}$ est une suite récurrente linéaire d'ordre 2, à coefficients constants et sans second membre. L'équation caractéristique $r^2 - 5r + 6 = 0$ admet deux racines réelles, 2 et 3. D'après le cours, il existe donc $(\lambda, \mu) \in \mathbb{R}^2$ tel que :

$$\forall n \in \mathbb{N},\ w_n = \lambda 2^n + \mu 3^n.$$

D'autre part : $w_0 = u_0 - \frac{1}{2} = -\frac{1}{2}$, $w_1 = v_1 - 2 = -2$.

Alors :

$$\begin{cases} w_0 = -\frac{1}{2} \\ w_1 = -2 \end{cases} \iff \begin{cases} \lambda + \mu = -\frac{1}{2} \\ 2\lambda + 3\mu = -2 \end{cases} \iff \begin{cases} \lambda = \frac{1}{2} \\ \mu = -1. \end{cases}$$

On déduit : $\forall n \in \mathbb{N},\ w_n = 2^{n-1} - 3^n$,

et on conclut : $\forall n \in \mathbb{N},\ u_n = 2^{n-1} - 3^n + 2 \cdot 4^{n-1}$.

8.14 *a) 1)* Montrons, par récurrence : $\forall n \in \mathbb{N},\ u_n \in [0\,;\,1]$.

- $u_0 = \frac{1}{2} \in [0\,;\,1]$.
- Si, pour un $n \in \mathbb{N}$ fixé, $u_n \in [0\,;\,1]$, alors :

$$u_{n+1} = u_n - u_n^2 = u_n(1 - u_n) \in [0\,;\,1].$$

Ceci montre, par récurrence sur n : $\forall n \in \mathbb{N},\ u_n \in [0\,;\,1]$.

2) On a : $\forall n \in \mathbb{N},\ u_{n+1} = u_n - u_n^2 \leqslant u_n$,

donc $(u_n)_{n\geqslant 0}$ décroît.

Puisque $(u_n)_{n\geqslant 0}$ décroît et est minorée par 0, $(u_n)_{n\geqslant 0}$ converge et sa limite ℓ vérifie $\ell \geqslant 0$.

3) On a, en faisant tendre l'entier n vers l'infini dans l'égalité de définition de la suite : $\ell = \ell - \ell^2$, donc : $\ell = 0$.

On conclut : $u_n \underset{n\infty}{\longrightarrow} 0$.

b) 1) Par récurrence immédiate, pour tout $n \in \mathbb{N}$, u_n existe et $u_n \in]0\,;\,+\infty[$.

2) Si $(u_n)_{n\geqslant 0}$ converge, alors, comme :

$$\forall n \in \mathbb{N},\ 2u_n u_{n+1} = u_n^2 + 2,$$

sa limite ℓ vérifie : $2\ell^2 = \ell^2 + 2$,

d'où $\ell = \sqrt{2}$ ou $\ell = -\sqrt{2}$,

puis $\ell = \sqrt{2}$, car les u_n sont tous > 0 donc $\ell \geqslant 0$.

3) On a, pour tout $n \in \mathbb{N}$:

$$\begin{aligned} u_{n+1} - \sqrt{2} &= \frac{1}{2}\left(u_n + \frac{2}{u_n}\right) - \sqrt{2} \\ &= \frac{u_n^2 + 2 - 2u_n\sqrt{2}}{2u_n} = \frac{(u_n - \sqrt{2})^2}{2u_n} \geqslant 0, \end{aligned}$$

donc : $\forall n \geqslant 1,\ u_n \geqslant \sqrt{2}$.

4) Puis : $\forall n \in \mathbb{N}^*,\ u_{n+1} - u_n = \frac{1}{2}\left(u_n + \frac{2}{u_n}\right) - u_n$

$$= \frac{2 - u_n^2}{2u_n} = \frac{(\sqrt{2} - u_n)(\sqrt{2} + u_n)}{2u_n} \leqslant 0.$$

Ainsi, la suite $(u_n)_{n\geqslant 1}$ est décroissante et minorée par $\sqrt{2}$, donc converge.

On a vu en *2)* que la seule limite possible est $\sqrt{2}$.

On conclut : $u_n \underset{n\infty}{\longrightarrow} \sqrt{2}$.

c) 1) Une récurrence immédiate montre que, pour tout $n \in \mathbb{N}$, u_n existe et $u_n > 0$.

2) Si $(u_n)_{n\geqslant 0}$ converge, alors, comme :

$$\forall n \in \mathbb{N},\ \ u_{n+1}(1+u_n) = 1,$$

la limite ℓ vérifie : $\ell(1+\ell) = 1$, donc $\ell^2+\ell-1 = 0$, $\ell = -1 \pm \sqrt{5}$. Comme : $\forall n \in \mathbb{N},\ \ u_n > 0$, on déduit, en faisant tendre l'entier n vers l'infini : $\ell \geqslant 0$, et donc $\ell = \sqrt{5}-1$, puisque $-\sqrt{5}-1 < 0$.

3) On a, pour tout $n \in \mathbb{N}$:

$$|u_{n+1} - \ell| = \Big|\frac{1}{1+u_n} - \frac{1}{1+\ell}\Big|$$
$$= \Big|\frac{\ell - u_n}{(1+u_n)(1+\ell)}\Big| \leqslant \frac{|u_n - \ell|}{1+\ell} = \frac{|u_n - \ell|}{\sqrt{5}}.$$

d'où, par une récurrence immédiate :

$$\forall n \in \mathbb{N},\ \ |u_n - \ell| \leqslant \Big(\frac{1}{\sqrt{5}}\Big)^n |u_0 - \ell|.$$

Comme $\Big|\dfrac{1}{\sqrt{5}}\Big| < 1$ on a : $\Big(\dfrac{1}{\sqrt{5}}\Big)^n \underset{n\infty}{\longrightarrow} 0$,

d'où : $|u_n - \ell| \underset{n\infty}{\longrightarrow} 0$, et donc : $u_n \underset{n\infty}{\longrightarrow} \ell$.

On conclut : $\qquad u_n \underset{n\infty}{\longrightarrow} \sqrt{5} - 1$.

8.15 *a) 1)* On a, pour tout $n \geqslant 2$:

$$u_{n+1} - u_n = \Big(\sum_{k=1}^{n} \frac{1}{k}\Big) - \ln(n+1) - \sum_{k=1}^{n-1} \frac{1}{k} + \ln n$$
$$= \frac{1}{n} - \ln\Big(1 + \frac{1}{n}\Big) \geqslant 0,$$

en utilisant l'inégalité classique :

$$\forall x \in]-1\,;+\infty[,\ \ \ln(1+x) \leqslant x.$$

Ceci montre que la suite $(u_n)_{n\geqslant 2}$ est croissante.

2) On a, pour tout $n \geqslant 2$:

$$v_{n+1} - v_n = \sum_{k=1}^{n+1} \frac{1}{k} - \ln(n+1) - \sum_{k=1}^{n} \frac{1}{k} + \ln n$$
$$= \frac{1}{n+1} - \ln\Big(1 + \frac{1}{n}\Big) = \frac{1}{n+1} + \ln\Big(1 - \frac{1}{n+1}\Big) \leqslant 0,$$

toujours d'après l'inégalité $\ln(1+x) \leqslant x$, appliquée à $x = -\dfrac{1}{n+1}$.

Ceci montre que la suite $(v_n)_{n\geqslant 2}$ est décroissante.

3) On a : $v_n - u_n = \dfrac{1}{n} \underset{n\infty}{\longrightarrow} 0$.

On conclut : les suites $(u_n)_{n\geqslant 2}$ et $(v_n)_{n\geqslant 2}$ sont adjacentes.

b) D'après le cours, puisque que les suites $(u_n)_{n\geqslant 2}$ et $(v_n)_{n\geqslant 2}$ sont adjacentes, elles convergent et ont la même limite. Il existe donc $\gamma \in \mathbb{R}$ tel que : $v_n \underset{n\infty}{\longrightarrow} \gamma$, ce que l'on peut écrire : $v_n = \gamma + \underset{n\infty}{o}(1)$, d'où finalement :

$$\sum_{k=1}^{n} \frac{1}{k} = \ln n + v_n = \ln n + \gamma + \underset{n\infty}{o}(1).$$

8.16 On remarque d'abord : $\forall n \in \mathbb{N}^*,\ \ u_n > 0$ et $v_n > 0$.

- On a, pour tout $n \in \mathbb{N}^*$: $\dfrac{u_{n+1}}{u_n} = 1 + \dfrac{1}{(n+1)^2} \geqslant 1$,

donc $(u_n)_{n\in\mathbb{N}^*}$ est croissante.

- On a, pour tout $n \in \mathbb{N}^*$:

$$\frac{v_{n+1}}{v_n} = \frac{\Big(1 + \dfrac{1}{n+1}\Big)u_{n+1}}{\Big(1 + \dfrac{1}{n}\Big)u_n} = \frac{\Big(1 + \dfrac{1}{n+1}\Big)\Big(1 + \dfrac{1}{(n+1)^2}\Big)}{1 + \dfrac{1}{n}}$$
$$= \frac{n(n+2)((n+1)^2+1)}{(n+1)^4} = \frac{(n^2+2n)(n^2+2n+2)}{(n^2+2n+1)^2}$$
$$= \frac{(n^2+2n+1)^2 - 1}{(n^2+2n+1)^2} \leqslant 1,$$

donc $(v_n)_{n\in\mathbb{N}^*}$ est décroissante.

- Puisque $(v_n)_{n\in\mathbb{N}^*}$ est décroissante et minorée (par 0), la suite $(v_n)_{n\in\mathbb{N}^*}$ converge. Notons ℓ sa limite.

On a alors : $u_n = \Big(1 + \dfrac{1}{n}\Big)^{-1} v_n \underset{n\infty}{\longrightarrow} \ell$,

puis : $u_n - v_n \underset{n\infty}{\longrightarrow} \ell - \ell = 0$.

On conclut : les suites $(u_n)_{n\in\mathbb{N}^*}$ et $(v_n)_{n\in\mathbb{N}^*}$ sont adjacentes.

8.17 *a)* Considérons les applications $f, g : [0\,;+\infty[\longrightarrow \mathbb{R}$ définies, pour tout $x \in [0\,;+\infty[$, par :

$$f(x) = \ln(1+x) - x, \qquad g(x) = \ln(1+x) - x + \frac{x^2}{2}.$$

Les applications f, g sont dérivables sur $[0\,;+\infty[$ et, pour tout $x \in [0\,;+\infty[$:

$$f'(x) = \frac{1}{1+x} - 1 = \frac{-x}{1+x} \leqslant 0,$$

$$g'(x) = \frac{1}{1+x} - 1 + x = \frac{x^2}{1+x} \geqslant 0.$$

Il en résulte que f est décroissante et que g est croissante. Comme $f(0) = g(0) = 0$, on déduit :

$$\forall x \in [0\,;+\infty[,\ \ f(x) \leqslant 0 \ \text{ et } \ g(x) \geqslant 0,$$

et on conclut : $\forall x \in [0\,;+\infty[,\ \ x - \dfrac{x^2}{2} \leqslant \ln(1+x) \leqslant x.$

b) Notons, pour tout $n \in \mathbb{N}^*$: $u_n = \prod_{k=1}^{n}\left(1+\frac{k}{n^2}\right)$.

On a, pour tout $n \in \mathbb{N}^*$, $u_n > 0$ et $\ln u_n = \sum_{k=1}^{n} \ln\left(1+\frac{k}{n^2}\right)$.

D'après *a)*, pour tout $k \in [\![1\,;\,n]\!]$:

$$\frac{k}{n^2} - \frac{k^2}{2n^4} \leqslant \ln\left(1+\frac{k}{n^2}\right) \leqslant \frac{k}{n^2},$$

d'où, en sommant pour k allant de 1 à n :

$$\underbrace{\sum_{k=1}^{n}\left(\frac{k}{n^2}-\frac{k^2}{2n^4}\right)}_{\text{noté } w_n} \leqslant \ln u_n \leqslant \underbrace{\sum_{k=1}^{n}\frac{k}{n^2}}_{\text{noté } v_n}.$$

On a :

- $v_n = \frac{1}{n^2}\sum_{k=1}^{n} k = \frac{1}{n^2}\frac{n(n+1)}{2} = \frac{n+1}{2n} \underset{n\infty}{\longrightarrow} \frac{1}{2}$

- $w_n = v_n - \sum_{k=1}^{n}\frac{k^2}{2n^4}$ et $0 \leqslant \sum_{k=1}^{n}\frac{k^2}{2n^4} \leqslant n\frac{n^2}{2n^4} = \frac{1}{2n} \underset{n\infty}{\longrightarrow} 0,$

donc : $w_n \underset{n\infty}{\longrightarrow} \frac{1}{2}$.

On déduit, par théorème d'encadrement : $\ln u_n \underset{n\infty}{\longrightarrow} \frac{1}{2}$,

et on conclut : $u_n \underset{n\infty}{\longrightarrow} \mathrm{e}^{\frac{1}{2}} = \sqrt{\mathrm{e}}$.

8.18 Notons, pour $\alpha \in \mathbb{R}$ et $n \in \mathbb{N}^*$: $u_n = \frac{1}{n}\sum_{k=1}^{n}\binom{n}{k}\left(\frac{k}{n}\right)^{\alpha}$.

- Si $\alpha \geqslant 0$, alors :

$$u_n = \frac{1}{n^{\alpha+1}}\sum_{k=1}^{n}\binom{n}{k}\underbrace{k^{\alpha}}_{\geqslant 1} \geqslant \frac{1}{n^{\alpha+1}}\sum_{k=1}^{n}\binom{n}{k} = \frac{2^n-1}{n^{\alpha+1}} \underset{n\infty}{\longrightarrow} +\infty.$$

- Soit $\alpha \leqslant 0$, alors :

$$u_n = \frac{1}{n}\sum_{k=1}^{n}\binom{n}{k}\underbrace{\left(\frac{n}{k}\right)^{-\alpha}}_{\geqslant 1} \geqslant \frac{1}{n}\sum_{k=1}^{n}\binom{n}{k} = \frac{2^n-1}{n} \underset{n\infty}{\longrightarrow} +\infty.$$

On conclut, pour tout $\alpha \in \mathbb{R}$ fixé :

$$\frac{1}{n}\sum_{k=1}^{n}\binom{n}{k}\left(\frac{k}{n}\right)^{\alpha} \underset{n\infty}{\longrightarrow} +\infty.$$

8.19 Par hypothèse, il existe $\ell \in \mathbb{R}$ tel que :

$$u_{2p} \underset{p\infty}{\longrightarrow} \ell \quad \text{et} \quad u_{2p+1} \underset{p\infty}{\longrightarrow} \ell.$$

Soit $\varepsilon > 0$ fixé.

Il existe $N_1 \in \mathbb{N}$ tel que : $\forall p \geqslant N_1,\ |u_{2p} - \ell| \leqslant \varepsilon$

et il existe $N_2 \in \mathbb{N}$ tel que : $\forall p \geqslant N_2\ |u_{2p+1} - \ell| \leqslant \varepsilon$.

Notons $N = \mathrm{Max}\,(2N_1, 2N_2+1) \in \mathbb{N}$.

Soit $n \in \mathbb{N}$ tel que $n \geqslant N$.

Si n est pair, $n = 2p$, $p \in \mathbb{N}$, alors $2p = n \geqslant 2N_1$, donc $p \geqslant N_1$, d'où : $|u_n - \ell| \leqslant \varepsilon$.

Si n est impair, $n = 2p+1$, $p \in \mathbb{N}$, alors $2p+1 = n \geqslant 2N_2+1$, donc $p \geqslant N_2$, d'où : $|u_{2p+1} - \ell| \leqslant \varepsilon$.

On a ainsi montré :

$$\forall \varepsilon > 0,\ \exists N \in \mathbb{N},\ \forall n \geqslant N,\ |u_n - \ell| \leqslant \varepsilon,$$

et on conclut que la suite $(u_n)_{n\in\mathbb{N}}$ converge vers ℓ.

8.20 *1)* Il est clair que, si $(u_n)_{n\in\mathbb{N}}$ stationne, alors $(u_n)_{n\in\mathbb{N}}$ converge (vers l'élément sur lequel elle stationne).

2) Réciproquement, supposons : $u_n \underset{n\infty}{\longrightarrow} \ell \in \mathbb{R}$.

Il existe $N \in \mathbb{N}$ tel que : $\forall n \geqslant N,\ |u_n - \ell| \leqslant \frac{1}{3}$.

Soit $n \in \mathbb{N}$ tel que $n \geqslant N$.

On a alors, en utilisant l'inégalité triangulaire :

$$|u_n - u_N| \leqslant |u_n - \ell| + |u_N - \ell| \leqslant \frac{1}{3} + \frac{1}{3} = \frac{2}{3} < 1.$$

Comme $(u_n, u_N) \in \mathbb{Z}^2$, il en résulte : $u_n = u_N$.

Ceci montre que $(u_n)_{n\in\mathbb{N}}$ est stationnaire (elle stationne sur u_N).

8.21 On a :

$$\begin{aligned}(\mathrm{e}^{u_n} - \mathrm{e}^{v_n})^2 &= (\mathrm{e}^{u_n} + \mathrm{e}^{v_n})^2 - 4\,\mathrm{e}^{u_n}\,\mathrm{e}^{v_n}\\ &= (\mathrm{e}^{u_n} + \mathrm{e}^{v_n})^2 - 4\,\mathrm{e}^{u_n+v_n} \underset{n\infty}{\longrightarrow} 2^2 - 4\,\mathrm{e}^0 = 0,\end{aligned}$$

donc : $\mathrm{e}^{u_n} - \mathrm{e}^{v_n} \underset{n\infty}{\longrightarrow} 0$.

Ensuite :

$$\mathrm{e}^{u_n} = \frac{1}{2}[(\mathrm{e}^{u_n} + \mathrm{e}^{v_n}) + (\mathrm{e}^{u_n} - \mathrm{e}^{v_n})] \underset{n\infty}{\longrightarrow} \frac{1}{2}(2+0) = 1,$$

$$\mathrm{e}^{v_n} = \frac{1}{2}[(\mathrm{e}^{u_n} + \mathrm{e}^{v_n}) - (\mathrm{e}^{u_n} - \mathrm{e}^{v_n})] \underset{n\infty}{\longrightarrow} \frac{1}{2}(2+0) = 1.$$

Puisque ln est continue en 1, on conclut :

$$u_n \underset{n\infty}{\longrightarrow} 0 \quad \text{et} \quad v_n \underset{n\infty}{\longrightarrow} 0.$$

8.22 • On a, pour tout $k \in \mathbb{N}^*$:

$$u_2 - u_1 \leqslant \frac{1}{1},\quad u_4 - u_2 \leqslant \frac{1}{2},\quad \ldots,\quad u_{2^k} - u_{2^{k-1}} \leqslant \frac{1}{2^{k-1}},$$

d'où, par addition et télescopage :

$$u_{2^k} - u_1 \leqslant \frac{1}{1} + \frac{1}{2} + \cdots + \frac{1}{2^{k-1}} = \frac{1-\frac{1}{2^k}}{1-\frac{1}{2}} = 2 - \frac{1}{2^{k-1}} \leqslant 2.$$

Ainsi : $\forall k \in \mathbb{N}^*,\ u_{2^k} \leqslant u_1 + 2$.

• Soit $n \in \mathbb{N}$ tel que $n \geqslant 2$. Il existe $k \in \mathbb{N}^*$ tel que $n \leqslant 2^k$. Puisque $(u_n)_{n\geqslant 1}$ est croissante, on a : $u_n \leqslant u_{2^k} \leqslant u_1 + 2$.

Ainsi, la suite $(u_n)_{n\in\mathbb{N}^*}$ est croissante et majorée, donc converge.

8.23 On a, pour tout $n \in \mathbb{N}$:

$$u_{n+1} - u_n \leqslant 2 - \frac{1}{u_n} - u_n = \frac{2u_n - 1 - u_n^2}{u_n} = -\frac{(u_n - 1)^2}{u_n} \leqslant 0,$$

donc $(u_n)_{n\in\mathbb{N}}$ est décroissante.

La suite $(u_n)_{n\in\mathbb{N}}$ est décroissante et minorée (par 0), donc converge et sa limite ℓ vérifie $\ell \geqslant 0$.

On a : $\forall n \in \mathbb{N},\ \ u_n u_{n+1} \leqslant 2u_n - 1$,

d'où, en faisant tendre l'entier n vers l'infini : $\ell^2 \leqslant 2\ell - 1$,

puis $(\ell - 1)^2 \leqslant 0$, et donc $\ell = 1$.

On conclut : $u_n \underset{n\infty}{\longrightarrow} 1$.

8.24 *a) 1)* Une récurrence immédiate montre que, pour tout $n \in \mathbb{N}$, u_n existe et $u_n > 0$.

2) L'application $f : [0\,;\,+\infty[\longrightarrow \mathbb{R},\ \ x \longmapsto \sqrt{x + \sqrt{2x}}$ est dérivable sur $]0\,;\,+\infty[$ et, pour tout $x \in\,]0\,;\,+\infty[$:

$$f'(x) = \frac{1}{2\sqrt{x + \sqrt{2x}}}\Big(1 + \frac{1}{\sqrt{2x}}\Big) > 0,$$

donc f est strictement croissante sur $]0\,;\,+\infty[$, puis, comme f est de plus continue en 0, f est strictement croissante sur $[0\,;\,+\infty[$.

3) Puisque f est croissante et que, pour tout $n \in \mathbb{N}$:

$$u_{n+2} - u_{n+1} = f(u_{n+1}) - f(u_n),$$

la différence $u_{n+2} - u_{n+1}$ est du même signe que la différence $u_{n+1} - u_n$. Comme :

$$u_1 - u_0 = \sqrt{4 + \sqrt{8}} - 4 < \sqrt{4+3} - 4 = \sqrt{7} - 4 < 0,$$

on déduit : $\forall n \in \mathbb{N},\ \ u_{n+1} - u_n < 0$,

donc $(u_n)_{n\geqslant 0}$ est (strictement) décroissante.

4) Puisque $(u_n)_{n\geqslant 0}$ est décroissante et minorée par 0, $(u_n)_{n\geqslant 0}$ converge et sa limite ℓ vérifie $\ell \geqslant 0$. On a, en faisant tendre l'entier n vers l'infini dans l'égalité de définition de la suite $(u_n)_{n\geqslant 0}$: $\ell = \sqrt{\ell + \sqrt{2\ell}}$ (1).

Et :

$$(1) \iff \ell^2 = \ell + \sqrt{2\ell} \iff \ell^2 - \ell = \sqrt{2\ell}$$

$$\iff \begin{cases} \ell^2 - \ell \geqslant 0 \\ (\ell^2 - \ell)^2 = 2\ell \end{cases} \iff \begin{cases} \ell(\ell - 1) \geqslant 0 \\ \ell^4 - 2\ell^3 + \ell^2 - 2\ell = 0 \end{cases}$$

$$\iff \begin{cases} \ell(\ell - 1) \geqslant 0 \\ \ell(\ell - 2)(\ell^2 + 1) = 0 \end{cases} \iff \ell = 0 \text{ ou } \ell = 2.$$

5) Montrons, par récurrence : $\forall n \in \mathbb{N},\ \ u_n \geqslant 2$.

• On a : $u_0 = 4 > 2$.

• Si, pour un $n \in \mathbb{N}$ fixé, $u_n \geqslant 2$, alors :

$$u_{n+1} = \sqrt{u_n + \sqrt{2u_n}} \geqslant \sqrt{2 + \sqrt{2\cdot 2}} = 2.$$

Ceci montre, par récurrence sur n : $\forall n \in \mathbb{N},\ \ u_n \geqslant 2$.

En passant à la limite lorsque l'entier n tend vers l'infini, on déduit : $\ell \geqslant 2$. Comme $\ell = 0$ ou $\ell = 2$, on obtient $\ell = 2$.

On conclut : $u_n \underset{n\infty}{\longrightarrow} 2$.

b) Considérons l'application $f : \mathbb{R} \longrightarrow \mathbb{R},\ \ x \longmapsto 2x - x^2$.

Si $(u_n)_{n\in\mathbb{N}}$ converge, alors en faisant tendre l'entier n vers l'infini dans l'égalité de définition de la suite, on a $f(\ell) = \ell$.

On a, pour tout $x \in \mathbb{R}$:

$$f(x) = x \iff 2x - x^2 = x \iff x^2 - x = 0$$
$$\iff x = 0 \text{ ou } x = 1.$$

Ceci montre que, si la suite $(u_n)_{n\in\mathbb{N}}$ converge, alors sa limite est 0 ou 1.

L'application f est dérivable et : $\forall x \in \mathbb{R},\ \ f'(x) = 2 - 2x$,

d'où le tableau de variations de f :

x	$-\infty$		0		1		$+\infty$
$f'(x)$			$+$		0	$-$	
$f(x)$	$-\infty$	$\nearrow$	0	$\nearrow$	1	$\searrow$	$-\infty$

On a : $\forall x \in \mathbb{R},\ \ f(x) \in\,]-\infty\,;\,1]$,

donc : $\forall n \geqslant 1,\ \ u_n \in\,]-\infty\,;\,1]$,

et, en particulier : $u_1 \in\,]-\infty\,;\,1]$.

D'autre part : $\begin{cases} \forall x \in\,]-\infty\,;\,0],\ \ f(x) \in\,]-\infty\,;\,0] \\ \forall x \in [0\,;\,1],\ \ f(x) \in [0\,;\,1] \end{cases}$

(on dit que $]-\infty\,;\,0]$ et $[0\,;\,1]$ sont stables par f).

Séparons en cas selon la position de u_1, puis selon la position de u_0.

• *Cas* $u_1 \in\,]-\infty\,;\,0[$

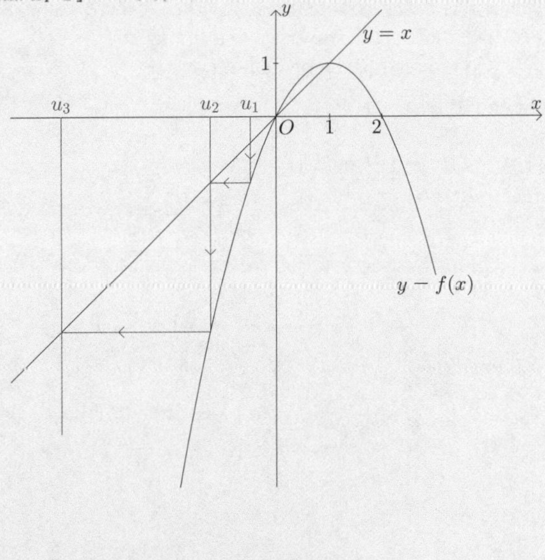

On a alors : $\forall n \in \mathbb{N},\ u_n \in]-\infty\,; 0[$.

Et : $\forall x \in]-\infty\,; 0],\ f(x) - x = x(1-x) \leqslant 0$,

donc : $\forall n \geqslant 1,\ u_{n+1} - u_n \leqslant 0$,

donc $(u_n)_{n\geqslant 1}$ est décroissante.

En particulier : $\forall n \geqslant 1,\ u_n \leqslant u_1 < 0$,

donc, si $(u_n)_{n\geqslant 1}$ converge, sa limite ℓ vérifie $\ell \leqslant u_1 < 0$, contradiction avec $\ell \in \{0, 1\}$.

Ceci montre que $(u_n)_{n\geqslant 1}$ diverge.

Puisque $(u_n)_{n\geqslant 1}$ est décroissante et divergente, on conclut :

$$u_n \underset{n\infty}{\longrightarrow} -\infty.$$

• *Cas* $u_1 = 0$

Alors, par récurrence immédiate : $\forall n \in \mathbb{N}^*,\ u_n = 0$,

donc : $u_n \underset{n\infty}{\longrightarrow} 0$.

• *Cas* $u_1 \in]0\,; 1]$

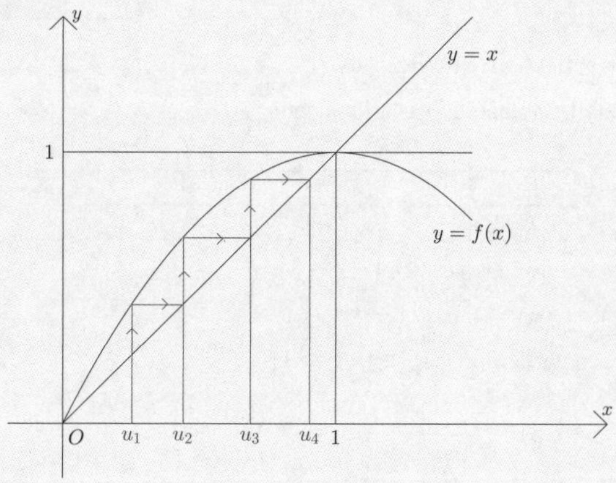

On a alors : $\forall n \geqslant 1,\ u_n \in]0\,; 1]$.

Et : $\forall x \in]0\,; 1],\ f(x) - x = x(1-x) \geqslant 0$,

donc : $\forall n \geqslant 1,\ u_{n+1} - u_n \geqslant 0$,

donc $(u_n)_{n\geqslant 1}$ est croissante. Puisque $(u_n)_{n\geqslant 1}$ est croissante et majorée (par 1), $(u_n)_{n\geqslant 1}$ converge et sa limite ℓ vérifie : $0 < u_1 \leqslant \ell \leqslant 1$. Comme $\ell \in \{0, 1\}$, on déduit : $\ell = 1$.

On conclut : $u_n \underset{n\infty}{\longrightarrow} 1$.

$$\text{Ainsi : } u_n \underset{n\infty}{\longrightarrow} \begin{cases} -\infty & \text{si} \quad u_1 < 0 \\ 0 & \text{si} \quad u_1 = 0 \\ 1 & \text{si} \quad 0 < u_1 \leqslant 1. \end{cases}$$

De plus :

$$u_1 < 0 \iff 2u_0 - u_0^2 < 0 \iff u_0 \in]-\infty\,; 0[\, \cup\,]2\,; +\infty[.$$

Finalement :

$$u_n \underset{n\infty}{\longrightarrow} \begin{cases} -\infty & \text{si} \quad u_0 \in]-\infty\,; 0[\,\cup\,]2\,; +\infty[\\ 0 & \text{si} \quad u_0 \in \{0, 2\} \\ 1 & \text{si} \quad u_0 \in]0\,; 1[\,\cup\,]1\,; 2[. \end{cases}$$

8.25 *a)* • Il est clair, par récurrence immédiate, que, pour tout $n \in \mathbb{N}$, u_n existe et $u_n > 0$.

• On a : $\forall n \in \mathbb{N},\ u_{n+1} - u_n = \dfrac{1}{u_n} > 0$,

donc $(u_n)_{n\geqslant 0}$ est (strictement) croissante.

• Supposons $u_n \underset{n\infty}{\longrightarrow} \ell \in \mathbb{R}$. Alors, $\ell \geqslant u_0 = 5 > 0$ et, en passant à la limite dans l'égalité de définition de la suite, on obtient : $\ell = \ell + \dfrac{1}{\ell}$, contradiction.

Ainsi, la suite $(u_n)_{n\geqslant 0}$ est croissante et divergente, donc :

$$u_n \underset{n\infty}{\longrightarrow} +\infty.$$

b) On a, pour tout $n \in \mathbb{N}$:

$$u_{n+1}^2 = \left(u_n + \frac{1}{u_n}\right)^2 = u_n^2 + 2 + \frac{1}{u_n^2} > u_n^2 + 2.$$

Ainsi, pour tout $n \geqslant 1$: $u_n^2 > u_{n-1}^2 + 2,\ \ldots,\ u_1^2 > u_0^2 + 2$,

d'où, par addition et télescopage : $u_n^2 > u_0^2 + 2n$,

et donc, puisque $u_n > 0$, on conclut : $u_n > \sqrt{25 + 2n}$.

8.26 *a)* Montrons, par récurrence à deux pas :

$$\forall n \in \mathbb{N},\ u_n \in [0\,; 1].$$

• C'est vrai pour $n = 0$, car $u_0 = 0$ et c'est vrai pour $n = 1$, car $u_1 = \dfrac{1}{2}$.

• Supposons, pour un $n \in \mathbb{N}$ fixé :

$$0 \leqslant u_n \leqslant 1 \quad \text{et} \quad 0 \leqslant u_{n+1} \leqslant 1.$$

On a alors :

$$u_{n+2} = \frac{1}{3}(1 + u_{n+1} + u_n^3) \begin{cases} \geqslant 0 \\ \leqslant \dfrac{1}{3}(1+1+1) = 1. \end{cases}$$

On conclut, par récurrence à deux pas :

$$\forall n \in \mathbb{N},\ u_n \in [0\,; 1].$$

b) Montrons, par récurrence à deux pas :

$$\forall n \in \mathbb{N},\ u_n \leqslant u_{n+1}.$$

• C'est vrai pour $n = 0$ car $u_0 = 0$ et $u_1 = \dfrac{1}{2}$, et c'est vrai pour $n = 1$, car $u_1 = \dfrac{1}{2}$ et $u_2 = \dfrac{1}{2}$.

• Supposons, pour un $n \in \mathbb{N}$ fixé : $u_n \leqslant u_{n+1}$ et $u_{n+1} \leqslant u_{n+2}$. On a alors :

$$u_{n+3} = \frac{1}{3}(1 + u_{n+2} + u_{n+1}^3) \geqslant \frac{1}{3}(1 + u_{n+1} + u_n^3) = u_{n+2}.$$

On conclut, par récurrence à deux pas :

$$\forall n \in \mathbb{N},\ u_n \leqslant u_{n+1},$$

donc $(u_n)_{n\in\mathbb{N}}$ est croissante.

c) Puisque $(u_n)_{n\in\mathbb{N}}$ est croissante et majorée (par 1), $(u_n)_{n\in\mathbb{N}}$ est convergente et sa limite ℓ vérifie $0 \leqslant \ell \leqslant 1$.

On a, par passage à la limite dans l'égalité définissant la suite : $\ell = \dfrac{1}{3}(1 + \ell + \ell^3)$ (1). Et :

$$(1) \iff \ell^3 - 2\ell + 1 = 0 \iff (\ell - 1)(\ell^2 + \ell - 1) = 0$$

$$\iff \ell = 1 \quad \text{ou} \quad \ell = \frac{-1-\sqrt{5}}{2} \quad \text{ou} \quad \ell = \frac{\sqrt{5}-1}{2}.$$

La deuxième solution est à rejeter, puisque $\ell \geqslant 0$.

Notons $\omega = \dfrac{\sqrt{5}-1}{2} \simeq 0,618...$ et montrons, par récurrence à deux pas : $\forall n \in \mathbb{N},\ u_n \leqslant \omega$.

• C'est vrai pour $n = 0$ car $u_0 = 0 \leqslant \omega$, et c'est vrai pour $n = 1$, car $u_1 = \dfrac{1}{2} \leqslant \omega$.

• Supposons, pour un $n \in \mathbb{N}$ fixé : $u_n \leqslant \omega$ et $u_{n+1} \leqslant \omega$.

On a alors : $u_{n+2} = \dfrac{1}{3}(1 + u_{n+1} + u_n^3) \leqslant \dfrac{1}{3}(1 + \omega + \omega^3) = \omega$.

Ceci montre, par récurrence à deux pas : $\forall n \in \mathbb{N},\ u_n \leqslant \omega$.

On déduit, par passage à la limite : $\ell \leqslant \omega$.

Comme $\ell \in \{\omega, 1\}$ et que $\omega < 1$, on conclut : $\ell = \omega$.

Finalement : $u_n \underset{n\infty}{\longrightarrow} \dfrac{\sqrt{5}-1}{2}$.

8.27 *1)* Une récurrence immédiate montre que, pour tout $n \in \mathbb{N}$, u_n et v_n existent et sont > 0.

2) On a, pour tout $n \in \mathbb{N}$:

$$u_{n+1} - v_{n+1} = \frac{u_n + v_n}{2} - \frac{2u_n v_n}{u_n + v_n} = \frac{(u_n + v_n)^2 - 4u_n v_n}{2(u_n + v_n)} = \frac{(u_n - v_n)^2}{2(u_n + v_n)} \geqslant 0.$$

On a donc : $\forall n \geqslant 1,\ u_n \geqslant v_n$.

3) On a, pour tout $n \geqslant 1$:

$$u_{n+1} - u_n = \frac{u_n + v_n}{2} - u_n = \frac{v_n - u_n}{2} \geqslant 0,$$

donc $(u_n)_{n\geqslant 1}$ est décroissante.

On a, pour tout $n \geqslant 1$:

$$v_{n+1} - v_n = \frac{2u_n v_n}{u_n + v_n} - v_n = \frac{u_n v_n - v_n^2}{u_n + v_n} = \frac{v_n(u_n - v_n)}{u_n + v_n} \geqslant 0,$$

donc $(v_n)_{n\geqslant 1}$ est croissante.

4) Ainsi, pour tout $n \geqslant 1$:

$$v_1 \leqslant v_2 \leqslant ... \leqslant v_{n-1} \leqslant v_n \leqslant u_n \leqslant u_{n-1} \leqslant ... \leqslant u_1.$$

La suite $(v_n)_{n\geqslant 1}$ est croissante et majorée par u_1, donc converge et sa limite μ vérifie $v_1 \leqslant \mu \leqslant u_1$.

La suite $(u_n)_{n\geqslant 1}$ est décroissante et minorée par v_1, donc converge et sa limite λ vérifie $v_1 \leqslant \lambda \leqslant u_1$.

5) On a : $\forall n \in \mathbb{N},\ \ 2u_{n+1} = u_n + v_n$,

d'où, en passant à la limite lorsque l'entier n tend vers l'infini :

$$\lambda = \mu.$$

6) On a : $\forall n \in \mathbb{N},\ \ u_{n+1}v_{n+1} = \dfrac{u_n + v_n}{2}\ \dfrac{2u_n v_n}{u_n + v_n} = u_n v_n$,

donc la suite $(u_n v_n)_{n\geqslant 0}$ est constante.

D'où : $\forall n \in \mathbb{N},\ \ u_n v_n = u_0 v_0$.

En faisant tendre l'entier n vers l'infini, on déduit :

$$\lambda\mu = u_0 v_0.$$

Comme $\lambda = \mu \geqslant 0$, on obtient : $\lambda = \mu = \sqrt{u_0 v_0}$.

Finalement : $(u_n)_{n\in\mathbb{N}}$ et $(v_n)_{n\in\mathbb{N}}$ convergent vers $\sqrt{u_0 v_0}$.

8.28 • On obtient, par une récurrence immédiate :

$$\forall n \in \mathbb{N},\ u_n > 0 \quad \text{et} \quad v_n > 0.$$

• On a, pour tout $n \in \mathbb{N}$:

$$v_{n+1}^2 - u_{n+1}^2 = \left(\frac{u_n + v_n}{2}\right)^2 - u_n v_n = \frac{(u_n + v_n)^2 - 4u_n v_n}{4} = \frac{(u_n - v_n)^2}{4} \geqslant 0,$$

d'où : $\forall n \in \mathbb{N},\ \ v_{n+1} \geqslant u_{n+1}$,

ou encore, en décalant d'un rang : $\forall n \in \mathbb{N}^*,\ \ v_n \geqslant u_n$.

• On a : $\forall n \in \mathbb{N}^*,\ v_{n+1} - v_n = \dfrac{u_n + v_n}{2} - v_n = \dfrac{u_n - v_n}{2} \leqslant 0$,

donc $(v_n)_{n\geqslant 1}$ est décroissante.

• On a :

$$\forall n \in \mathbb{N}^*,\ \ u_{n+1} - u_n = \sqrt{u_n v_n} - u_n = \sqrt{u_n}(\sqrt{v_n} - \sqrt{u_n}) \geqslant 0,$$

donc $(u_n)_{n\geqslant 1}$ est croissante.

On obtient, pour tout $n \geqslant 1$:

$$u_1 \leqslant ... \leqslant u_n \leqslant u_{n+1} \leqslant v_{n+1} \leqslant v_n \leqslant ... \leqslant v_1.$$

La suite $(u_n)_{n\geqslant 1}$ est croissante et majorée (par v_1), donc converge vers un réel ℓ.

La suite $(v_n)_{n\geqslant 1}$ est décroissante et minorée (par u_1), donc converge vers un réel ℓ'.

• Comme : $\forall n \in \mathbb{N},\ \ v_{n+1} = \dfrac{u_n + v_n}{2}$,

on déduit, en faisant tendre n vers l'infini : $\ell' = \dfrac{\ell + \ell'}{2}$,

donc : $\ell = \ell'$.

On conclut : les suites $(u_n)_{n\in\mathbb{N}}$ et $(v_n)_{n\in\mathbb{N}}$ convergent et ont la même limite.

Remarque : contrairement à l'exercice 8.27, on ne peut pas ici, calculer simplement cette limite en fonction de u_0 et v_0.

8.29 *a)* Soit $n \in \mathbb{N} - \{0, 1\}$; On a, pour tout $x \in]0\,;\,1]$:

$$\frac{x^n + x^{-n}}{x + x^{-1}} = n \iff \underbrace{x^n + x^{-n} - n(x + x^{-1})}_{\text{noté } f_n(x)} = 0.$$

L'application f_n est deux fois dérivable sur $]0\,;\,1]$ et, pour tout $x \in]0\,;\,1]$:

$$f_n'(x) = nx^{n-1} - nx^{-n-1} - n(1 - x^{-2}),$$

$$f_n''(x) = n(n-1)x^{n-2} + n(n+1)x^{-n-2} - 2nx^{-3}$$

$$= nx^{-3}\big(\underbrace{(n-1)x^{n+1} + (n+1)x^{-n+1} - 2}_{\text{noté } g_n(x)}\big).$$

L'application g_n est dérivable sur $]0\,;\,1]$ et, on a, pour tout $x \in]0\,;\,1]$:

$$g_n'(x) = (n-1)(n+1)x^n - (n+1)(n-1)x^{-n}$$

$$= (n-1)(n+1)(x^n - x^{-n}).$$

Ainsi, successivement : $g_n' \leqslant 0$ et g_n' ne s'annule qu'en 1, g_n est strictement décroissante, $g_n(1) = 2n - 2 > 0$, donc $g_n > 0$, $f_n'' > 0$, f_n' est strictement croissante, $f_n'(1) = 0$, $f_n' < 0$, f_n est strictement décroissante.

Puisque f_n est continue, strictement décroissante, et que $f_n(x) \underset{x \to 0}{\longrightarrow} +\infty$ et $f_n(1) = 2 - 2n < 0$, d'après le théorème de la bijection monotone, il existe $x_n \in]0\,;\,1]$ unique tel que $f_n(x_n) = 0$, donc l'équation proposée admet une solution et une seule, dans $]0\,;\,1]$, notée x_n.

b) Soit $n \in \mathbb{N} - \{0, 1\}$. Puisque $x_n \in]0\,;\,1]$, on a :

$$\begin{cases} 2x_n^{-n} \geqslant x_n^n + x_n^{-n} = n(x_n + x_n^{-1}) \geqslant nx_n^{-1} \\ x_n^{-n} \leqslant x_n^n + x_n^{-n} = n(x_n + x_n^{-1}) \leqslant 2nx_n^{-1}, \end{cases}$$

d'où : $x_n^{-n+1} \geqslant \dfrac{n}{2}$ et $x_n^{-n+1} \leqslant 2n$,

donc : $\left(\dfrac{1}{2n}\right)^{\frac{1}{n-1}} \leqslant x_n \leqslant \left(\dfrac{2}{n}\right)^{\frac{1}{n-1}}$.

On a, par prépondérance classique :

$$\ln(2n)^{\frac{1}{n-1}} = \frac{1}{n-1}\ln(2n) = \frac{\ln 2 + \ln n}{n-1} \underset{n\infty}{\longrightarrow} 0,$$

$$\ln\left[\left(\frac{1}{2n}\right)^{\frac{1}{n-1}}\right] = \frac{1}{n-1}\ln\frac{1}{2n} = \frac{-\ln 2 - \ln n}{n-1} \underset{n\infty}{\longrightarrow} 0.$$

D'où, puisque l'exponentielle est continue en 0 :

$$\left(\frac{1}{2n}\right)^{\frac{1}{n-1}} \underset{n\infty}{\longrightarrow} 1 \quad \text{et} \quad \left(\frac{2}{n}\right)^{\frac{1}{n-1}} \underset{n\infty}{\longrightarrow} 1.$$

Par théorème d'encadrement, on conclut : $x_n \underset{n\infty}{\longrightarrow} 1$.

8.30 *a)* Montrons, par récurrence sur n, que, pour tout entier $n \geqslant 2$, u_n existe et $u_n \geqslant 1$.

• On a : $u_2 = \sqrt{u_1} + 1 \geqslant 1$.

• Si u_n existe et $u_n \geqslant 1$, alors $u_{n+1} = \sqrt{u_n} + \dfrac{1}{n}$ existe et $u_{n+1} = \sqrt{u_n} + \dfrac{1}{n} \geqslant \sqrt{u_n} \geqslant 1$.

Ceci montre, par récurrence, que, pour tout $n \in \mathbb{N}$, u_n existe et $u_n \geqslant 1$.

b) Raisonnons par l'absurde : supposons :

$$\forall n \in \mathbb{N},\ u_{n+1} \geqslant u_n.$$

Alors, $(u_n)_{n\in\mathbb{N}}$ est croissante.

• Si $(u_n)_{n\in\mathbb{N}}$ converge vers un réel ℓ, on a, en passant à la limite dans l'égalité définissant la suite : $\ell = \sqrt{\ell}$, donc $\ell = 0$ ou $\ell = 1$.

Mais : $\forall n \geqslant 3,\ u_n \geqslant u_3 = \sqrt{u_2} + \dfrac{1}{2} \geqslant 1 + \dfrac{1}{2} = \dfrac{3}{2}$,

donc, en passant à la limite : $\ell \geqslant \dfrac{3}{2}$, contradiction.

• Il en résulte : $u_n \underset{n\infty}{\longrightarrow} +\infty$.

On a alors :

$$\frac{u_{n+1}}{u_n} = \frac{\sqrt{u_n} + \frac{1}{n}}{u_n} = \frac{1}{\sqrt{u_n}} + \frac{1}{nu_n} \underset{n\infty}{\longrightarrow} 0.$$

Il existe donc $N \geqslant 1$ tel que : $\forall n \geqslant N,\ \dfrac{u_{n+1}}{u_n} \leqslant 1$. Donc la suite $(u_n)_{n\geqslant N}$ est décroissante, contradiction avec $u_n \underset{n\infty}{\longrightarrow} +\infty$.

Ce raisonnement par l'absurde montre :

$$\exists N \in \mathbb{N} - \{0, 1\},\ u_{N+1} \leqslant u_N.$$

2) Montrons, par récurrence : $\forall n \geqslant N,\ u_{n+1} \leqslant u_n$.

• La propriété est vraie pour $n = N$, cf. ci-dessus.

• Si, pour un $n \geqslant N$ fixé, $u_{n+1} \leqslant u_n$, alors :

$$u_{n+2} = \sqrt{u_{n+1}} + \frac{1}{n+1} \leqslant \sqrt{u_n} + \frac{1}{n} = u_{n+1}.$$

Ceci montre, par récurrence sur n : $\forall n \geqslant N,\ u_{n+1} \leqslant u_n$.

Ainsi, $(u_n)_{n\geqslant 1}$ est décroissante à partir d'un certain rang.

c) La suite $(u_n)_{n\geqslant N}$ est décroissante et minorée (par 1), donc converge et sa limite ℓ vérifie $\ell \geqslant 1$. En passant à la limite dans l'égalité définissant la suite, on a : $\ell = 0$ ou $\ell = 1$, donc $\ell = 1$.

Finalement : $u_n \underset{n\infty}{\longrightarrow} 1$.

8.31 *a)* Soit $\varepsilon > 0$.

Puisque $u_n \underset{n\infty}{\longrightarrow} \ell$, il existe $N_1 \in \mathbb{N}^*$ tel que :

$$\forall n \geqslant N_1,\ |u_n - \ell| \leqslant \frac{\varepsilon}{2}.$$

Soit $n \in \mathbb{N}^*$ tel que $n \geqslant N_1 + 1$. On a :

$$|v_n - \ell| = \left|\frac{1}{n}\sum_{k=1}^{n}(u_k - \ell)\right| \leqslant \frac{1}{n}\sum_{k=1}^{n}|u_k - \ell|$$

$$= \frac{1}{n}\sum_{k=1}^{N_1}|u_k - \ell| + \frac{1}{n}\sum_{k=N_1+1}^{n}|u_k - \ell|.$$

Comme $\displaystyle\frac{1}{n}\sum_{k=1}^{N_1}|u_k - \ell| \underset{n\infty}{\longrightarrow} 0$, il existe $N_2 \in \mathbb{N}^*$ tel que :

$$\forall n \geqslant N_2,\ \frac{1}{n}\sum_{k=1}^{N_1}|u_k - \ell| \leqslant \frac{\varepsilon}{2}.$$

En notant $N = \mathrm{Max}\,(N_1, N_2)$, on a alors :

$$\forall n \geqslant N,\ |v_n - \ell| \leqslant \frac{\varepsilon}{2} + \frac{\varepsilon}{2} = \varepsilon,$$

et on conclut : $v_n \underset{n\infty}{\longrightarrow} \ell$.

b) Notons, pour tout $n \in \mathbb{N}^*$, $u_n = a_{n+1} - a_n$.

On a, par hypothèse : $u_n \underset{n\infty}{\longrightarrow} \ell$.

D'après *a)*, il en, résulte : $\displaystyle\frac{u_1 + \cdots + u_{n-1}}{n-1} \underset{n\infty}{\longrightarrow} \ell$.

Mais, pour tout $n \geqslant 2$:

$$\frac{u_1 + \cdots + u_{n-1}}{n-1} = \frac{a_n - a_1}{n-1} = \frac{a_n}{n-1} - \frac{a_1}{n-1}.$$

Comme $\displaystyle\frac{a_1}{n-1} \underset{n\infty}{\longrightarrow} 0$, on déduit $\displaystyle\frac{a_n}{n-1} \underset{n\infty}{\longrightarrow} \ell$,

puis : $\displaystyle\frac{a_n}{n} = \frac{a_n}{n-1}\,\frac{n-1}{n} \underset{n\infty}{\longrightarrow} \ell$.

c) On a : $\displaystyle\ln u_{n+1} - \ln u_n = \ln\frac{u_{n+1}}{u_n} \underset{n\infty}{\longrightarrow} \ln \ell$,

d'où, d'après *b)* : $\displaystyle\frac{\ln u_n}{n} \underset{n\infty}{\longrightarrow} \ln \ell$,

et donc, puisque l'exponentielle est continue en $\ln \ell$:

$$\sqrt[n]{u_n} = \exp\left(\frac{\ln u_n}{n}\right) \underset{n\infty}{\longrightarrow} \ell.$$

d) On choisit u_n de façon à appliquer le résultat de *c)*.

(1) Pour $u_n = \dbinom{2n}{n}$, on a : $\displaystyle\frac{u_{n+1}}{u_n} = \frac{2(2n+1)}{n+1} \underset{n\infty}{\longrightarrow} 4$,

donc : $\displaystyle\binom{2n}{n}^{\frac{1}{n}} = \sqrt[n]{u_n} \underset{n\infty}{\longrightarrow} 4$.

(2) Pour $u_n = \dfrac{n^n}{n!}$, on a :

$$\frac{u_{n+1}}{u_n} = \left(1 + \frac{1}{n}\right)^n = \exp\left[n\ln\left(1 + \frac{1}{n}\right)\right]$$

$$= \exp\left[n\left(\frac{1}{n} + o\left(\frac{1}{n}\right)\right)\right] = \exp\left(1 + o(1)\right) \underset{n\infty}{\longrightarrow} \mathrm{e},$$

donc : $\displaystyle\frac{n}{\sqrt[n]{n!}} = \sqrt[n]{u_n} \underset{n\infty}{\longrightarrow} \mathrm{e}$.

(3) Pour $u_n = \dfrac{n(n+1)\cdots(n+n)}{n^n}$,

on a : $\displaystyle\frac{u_{n+1}}{u_n} = \frac{2(2n+1)}{n}\left(1 + \frac{1}{n}\right)^{-n} \underset{n\infty}{\longrightarrow} \frac{4}{\mathrm{e}}$,

donc : $\displaystyle\frac{\sqrt[n]{n(n+1)\cdots(n+n)}}{n} = \sqrt[n]{u_n} \underset{n\infty}{\longrightarrow} \frac{4}{\mathrm{e}}$.

(4) Pour $u_n = \dfrac{1\cdot 3\cdots(2n-1)}{n^n}$,

on a : $\displaystyle\frac{u_{n+1}}{u_n} = \frac{2n+1}{n+1}\left(1 + \frac{1}{n}\right)^{-n} \underset{n\infty}{\longrightarrow} \frac{2}{\mathrm{e}}$,

donc : $\displaystyle\frac{\sqrt[n]{1\cdot 3\cdots(2n-1)}}{n} = \sqrt[n]{u_n} \underset{n\infty}{\longrightarrow} \frac{2}{\mathrm{e}}$.

(5) Pour $u_n = \dfrac{(3n)!}{n^{2n}(n!)}$,

on a : $\displaystyle\frac{u_{n+1}}{u_n} = \frac{3(3n+1)(3n+2)}{(n+1)^2}\left(1 + \frac{1}{n}\right)^{-2n} \underset{n\infty}{\longrightarrow} \frac{27}{\mathrm{e}^2}$,

donc : $\displaystyle\frac{1}{n^2}\sqrt[n]{\frac{(3n)!}{n!}} = \sqrt[n]{u_n} \underset{n\infty}{\longrightarrow} \frac{27}{\mathrm{e}^2}$.

Séries

CHAPITRE 9

Plan

Thèmes abordés dans les exercices

- Détermination de la nature d'une série à termes $\geqslant 0$
- Détermination de la nature d'une série à termes de signes quelconques
- Nature d'une suite par intervention d'une série
- Calcul de la somme d'une série convergente, quand c'est possible.

Points essentiels du cours pour la résolution des exercices

- Définitions, propriétés générales relatives aux opérations et à l'ordre, pour la convergence et la divergence des séries
- Le lien suite/série
- Le lemme fondamental pour les séries à termes $\geqslant 0$
- Pour les séries à termes $\geqslant 0$, l'exemple de Riemann, le théorème de majoration, le théorème de minoration, le théorème d'équivalence, la comparaison à l'exemple de Riemann par la formation de $n^\alpha u_n$
- La comparaison série/intégrale
- La définition de l'absolue convergence et son lien avec la convergence.

Les méthodes à retenir

Pour étudier la nature d'une série $\sum_n u_n$ à termes $\geqslant 0$, sur un exemple

Essayer de :

- majorer u_n par le terme général d'une série convergente, lorsqu'on conjecture que la série de terme général u_n converge

➥ **Exercices 9.1 *a), c), e), f), h)*, 9.2, 9.8, 9.17, 9.24 *b)***

- minorer u_n par le terme général d'une série divergente, lorsqu'on conjecture que la série de terme général u_n diverge

➥ **Exercices 9.1 *g)*, 9.8**

(suite)

- trouver un équivalent simple de u_n, puis appliquer le théorème d'équivalence

➥ **Exercices 9.1 *b), d), i)*, 9.2, 9.6, 9.7, 9.9, 9.12 *a)*, 9.16 *d)*, 9.23, 9.24 *b)***

Pour obtenir un équivalent simple de u_n, il pourra être nécessaire d'effectuer, de façon intermédiaire, des développements limités

➥ **Exercices 9.1 *b), i)*, 9.10, 9.11, 9.16 *e)*, 9.18**

- lorsque u_n n'admet pas d'équivalent simple, former $n^\alpha u_n$, pour $\alpha > 0$ fixé, déterminer la limite de $n^\alpha u_n$ lorsque l'entier n tend vers l'infini, et en déduire une comparaison de u_n avec $\dfrac{1}{n^\alpha}$, qui permettra éventuellement de conclure

➥ **Exercices 9.16 *a), b), c)***

- mélanger l'utilisation d'équivalents et de majorants, ou d'équivalents et de minorants

➥ **Exercice 9.20**

- utiliser une comparaison série/intégrale.

➥ **Exercices 9.16 *e), f)*.**

Pour déduire la convergence d'une série $\sum_n u_n$ à termes $\geqslant 0$ à partir de la convergence d'une série $\sum_n v_n$ à termes $\geqslant 0$

Dans un cadre théorique, essayer de :

- comparer, par inégalité, par équivalence, u_n à v_n

➥ **Exercice 9.2**

- comparer, par inégalité, les sommes partielles de la série $\sum_n u_n$ aux sommes partielles de la série $\sum_n v_n$.

➥ **Exercice 9.25**

Pour montrer qu'une série $\sum_n u_n$ diverge

En plus des méthodes évoquées plus haut, essayer de :

- montrer que la suite $(u_n)_n$ ne converge pas vers 0, c'est-à-dire que la série $\sum_n u_n$ diverge grossièrement

➥ **Exercice 9.18**

- montrer, s'il s'agit d'une série à termes $\geqslant 0$, que la suite des sommes partielles tend vers $+\infty$.

Pour étudier la nature d'une suite $(a_n)_n$

On peut, surtout si a_n apparaît comme une sommation, étudier la nature de la série $\sum_n (a_{n+1} - a_n)$, puis appliquer le lien suite/série.

➥ **Exercice 9.11.**

Pour étudier la nature d'une série $\sum_n u_n$ à termes de signe quelconque, sur un exemple	Essayer de voir si la série $\sum_n u_n$ est absolument convergente. ➥ **Exercices 9.10, 9.11.**
Pour montrer la convergence et calculer la somme d'une série	Essayer de : • montrer d'abord la convergence par des arguments qualitatifs (utilisation d'une majoration, d'un équivalent, règle $n^\alpha u_n$, ... , en travaillant éventuellement sur $\lvert u_n \rvert$), puis calculer les sommes partielles $\sum_{k=0}^{n} u_k$, et enfin chercher la limite de celles-ci lorsque l'entier n tend vers l'infini • ou bien former directement les sommes partielles et déterminer leur limite. ➥ **Exercices 9.3, 9.4, 9.14, 9.15, 9.21, 9.22** Pour calculer les sommes partielles, il faudra souvent amener un télescopage, et, à cet effet, si u_n est une fraction rationnelle en n, amener une décomposition de u_n en somme de fractions plus simples. ➥ **Exercice 9.13** D'autre part, on connaît directement certaines sommes de séries : séries géométriques et leurs dérivées successives, série de l'exponentielle. ➥ **Exercices 9.5 *b)*, 9.12 *b)*, 9.19.**

Énoncés des exercices

9.1 Exemples de détermination de la nature d'une série à termes $\geqslant 0$

Déterminer la nature de la série de terme général u_n dans les exemples suivants :

a) $\dfrac{|\cos n|}{n^2}$

b) $\sqrt{n+\dfrac{1}{2}} - \sqrt{n}$

c) $\left(\dfrac{1}{3}+\dfrac{1}{n}\right)^n$

d) $\ln \dfrac{n^2+3n+2}{n^2+3n+1}$

e) $\dfrac{2^n}{1+n!}$

f) $\dfrac{1}{n^2 \ln n}$

g) $\dfrac{\ln n}{n}$

h) $\dfrac{n!}{n^n}$

i) $\ln\left(1+\dfrac{2}{n}\right)-\dfrac{1}{n}$.

9.2 Nature de séries déduites d'autres séries

Soit $\sum_{n\geqslant 0} a_n$ une série à termes dans $\mathbb{R}_+^*$, convergente. Déterminer la nature des séries de termes généraux : $u_n = \dfrac{a_n}{1+a_n}$, $\quad v_n = e^{a_n} - 1$, $\quad w_n = \dfrac{1-\cos a_n}{a_n}$, $\quad x_n = a_n^2$.

9.3 Calcul de la somme d'une série par télescopage

On note, pour tout $n \in \mathbb{N}^*$: $u_n = \dfrac{1}{n\sqrt{n+1}+(n+1)\sqrt{n}}$.

a) Montrer : $\forall n \in \mathbb{N}^*,\ \ u_n = \dfrac{1}{\sqrt{n}} - \dfrac{1}{\sqrt{n+1}}$.

b) En déduire que la série $\sum_{n\geqslant 1} u_n$ converge et calculer $\sum_{n=1}^{+\infty} u_n$.

9.4 Calcul de la somme d'une série par télescopage

a) Montrer : $\quad \forall a \in]1\,;+\infty[,\quad \dfrac{1}{a+1} = \dfrac{1}{a-1} - \dfrac{2}{a^2-1}$.

b) Existence et calcul, pour $x \in]1\,;+\infty[$ fixé, de $\sum_{n=0}^{+\infty} \dfrac{2^n}{x^{2^n}+1}$.

9.5 Calcul de la somme d'une série associée à la suite de Fibonacci

On considère la suite de Fibonacci $(\phi_n)_{n\geqslant 0}$ définie par $\phi_0 = 0$, $\phi_1 = 1$ et :

$$\forall n \in \mathbb{N},\quad \phi_{n+2} = \phi_{n+1} + \phi_n.$$

a) Calculer, pour tout $n \in \mathbb{N}$, ϕ_n en fonction de n.

b) Existence et calcul de $\sum_{n=0}^{+\infty} \dfrac{\phi_n}{2^n}$.

9.6 Étude de séries associées à une suite du type $u_{n+1} = f(u_n)$

On considère la suite réelle $(u_n)_{n\geqslant 0}$ définie par $u_0 = 1$ et : $\forall n \geqslant 0,\quad u_{n+1} = \sqrt{u_n^2+2}$.

a) Calculer, pour tout $n \in \mathbb{N}$. u_n en fonction de n.

b) En déduire, pour tout $\alpha \in]0\,;+\infty[$ fixé, la nature de la série de terme général $\dfrac{1}{u_n^\alpha}$.

9.7 Nature de séries associées à des sommes de factorielles

a) Montrer : $\sum_{k=0}^{n} k! \underset{n\infty}{\sim} n!$.

b) En déduire la nature des séries de termes généraux :

$$u_n = \frac{1}{(n+1)!}\sum_{k=0}^{n} k!, \qquad v_n = \frac{1}{(n+2)!}\sum_{k=0}^{n} k!.$$

9.8 Étude de nature de séries dont le terme général est défini par une intégrale

Nature des séries de termes généraux : $u_n = \displaystyle\int_0^1 \frac{x^n}{1+x}\,\mathrm{d}x,\ v_n = \int_0^1 \frac{x^{n^2}}{1+x}\,\mathrm{d}x.$

9.9 Nature d'une série à partir d'une autre série

Soit $\sum\limits_{n\geqslant 0} a_n$ une série à termes dans $\mathbb{R}_+^*$, convergente.

On note, pour tout $n \in \mathbb{N}$: $u_n = 1 - \dfrac{\sin\sqrt{a_n}}{\sqrt{a_n}}$. Quelle est la nature de la série $\sum\limits_{n\geqslant 0} u_n$?

9.10 Exemple de produit infini, convergence

Soit $(a,b) \in (\mathbb{R}_+)^2$. On note, pour tout $n \in \mathbb{N}^*$: $P_n = \displaystyle\prod_{k=1}^{n} \frac{k^2+a}{k^2+b}$.

Montrer que la suite $(P_n)_{n\in\mathbb{N}^*}$ converge et que sa limite est > 0.

9.11 Nature d'une suite par l'étude d'une série

Soit $a \in]1\,;+\infty[$ fixé. On note, pour tout $n \in \mathbb{N}^*$: $u_n = \Big(\displaystyle\sum_{k=0}^{n} \frac{1}{a+k}\Big) - \ln n.$

Montrer que la suite $(u_n)_{n\in\mathbb{N}^*}$ converge.

9.12 Calcul de la somme d'une série reliée à la série de l'exponentielle

On note, pour tout $n \in \mathbb{N}$: $u_n = \dfrac{n^3+6n^2-5n-2}{n!}$.

a) Montrer que la série $\sum\limits_{n\geqslant 0} u_n$ converge.

b) Montrer que $\mathscr{B} = (1, \mathrm{X}, \mathrm{X}(\mathrm{X}-1), \mathrm{X}(\mathrm{X}-1)(\mathrm{X}-2))$ est une base de $\mathbb{R}_3[\mathrm{X}]$ et décomposer linéairement $P = \mathrm{X}^3 + 6\mathrm{X}^2 - 5\mathrm{X} - 2$ sur $\mathscr{B}$.

c) En déduire $\displaystyle\sum_{n=0}^{+\infty} u_n$.

9.13 Calcul de la somme d'une série par télescopage, utilisation d'une décomposition en éléments simples

a) Montrer qu'il existe $(a,b,c) \in \mathbb{R}^3$ unique, que l'on calculera, tel que :

$$\forall x \in [1\,;+\infty[,\quad \frac{x-1}{x^3+3x^2+2x} = \frac{a}{x} + \frac{b}{x+1} + \frac{c}{x+2}.$$

b) Montrer que la série $\sum\limits_{n\geqslant 1} \dfrac{n-1}{n^3+3n^2+2n}$ converge et calculer sa somme.

9.14 Exemple de calcul de la somme d'une série convergente faisant intervenir la suite de Fibonacci

On considère la suite de Fibonacci $(\phi_n)_{n\geqslant 0}$ définie par $\phi_0 = 0,\ \phi_1 = 1$ et :

$$\forall n \in \mathbb{N},\quad \phi_{n+2} = \phi_{n+1} + \phi_n.$$

a) Montrer que $(\phi_n)_{n\geqslant 0}$ est croissante et que : $\phi_n \underset{n\infty}{\longrightarrow} +\infty$.

b) Établir : $$\forall n \in \mathbb{N}^*,\quad \frac{\phi_{n-1}\phi_{n+2}}{\phi_n^2\phi_{n+1}^2} = \frac{1}{\phi_n^2} - \frac{1}{\phi_{n+1}^2}.$$

c) En déduire que la série $\sum_{n\geqslant 1} \frac{\phi_{n-1}\phi_{n+2}}{\phi_n^2\phi_{n+1}^2}$ converge et calculer sa somme.

9.15 Calcul de sommes de séries par télescopage

Existence et calcul de :

a) $\displaystyle\sum_{n=1}^{+\infty} \frac{n}{1\cdot 3\cdots(2n+1)}$

b) $\displaystyle\sum_{n=1}^{+\infty} \frac{2n-1}{2\cdot 4\cdots(2n)}$.

9.16 Exemple de détermination de nature de séries à termes $\geqslant 0$

Déterminer la nature de la série de terme général u_n dans les exemples suivants :

a) $e^{-\sqrt{n}}$

b) $\dfrac{\ln n}{n^2}$

c) $n^{\frac{1}{n^2}} - 1$

d) $\left(1 + \dfrac{1}{n^3}\right)^{n^2} - 1$

e) $\dfrac{1}{n\ln n}$

f) $\dfrac{1}{n(\ln n)^2}$.

9.17 Nature d'une série à partir d'autres séries

Soit $(u_n)_{n\geqslant 1}$ une suite à termes dans $\mathbb{R}_+$, telle que la série $\sum_{n\geqslant 1} n^2u_n^2$ converge.

Montrer que la série $\sum_{n\geqslant 1} u_n$ converge.

9.18 Exemple de détermination de la nature d'une série avec paramètre

Déterminer, pour $(a,b) \in \mathbb{R}^2$ fixé, la nature de la série de terme général

$$u_n = \ln(n^2+n+1) + a\ln(n^2+2n+4) + b\ln(n^2+3n+10).$$

9.19 Calcul de la somme d'une série reliée à des séries géométriques

Existence et calcul de $S = \displaystyle\sum_{n=0}^{+\infty} \frac{n^2}{3^{n+(-1)^n}}$.

9.20 Nature de séries définies à partir d'une suite du type $u_{n+1} = f(u_n)$

On considère la suite réelle $(u_n)_{n\geqslant 0}$ définie par $u_0 \in [2\,;+\infty[$ et :

$$\forall n \in \mathbb{N},\quad u_{n+1} = u_n + \frac{1}{u_n}.$$

a) Montrer : $\forall n \in \mathbb{N},\ \ u_n \in [2\,;+\infty[$ et : $u_n \underset{n\infty}{\longrightarrow} +\infty$.

b) Établir : $\forall n \in \mathbb{N},\ \ \sqrt{2n + u_0^2} \leqslant u_n \leqslant \sqrt{3n + u_0^2}$.

c) En déduire, pour tout $\alpha \in \mathbb{R}_+^*$ fixé, la nature de la série de terme général $\dfrac{1}{u_n^\alpha}$.

9.21 Convergence et somme d'une série définie à partir d'une suite du type $u_{n+1} = f(u_n)$

Soit $(u_n)_{n\in\mathbb{N}}$ la suite réelle définie par $u_0 = 5$ et : $\forall n \in \mathbb{N},\ \ u_{n+1} = u_n^2 - 5u_n + 8$.

a) Montrer que $(u_n)_{n\in\mathbb{N}}$ est croissante et que : $u_n \underset{n\infty}{\longrightarrow} +\infty$.

b) Montrer : $\forall n \in \mathbb{N},\ \ \dfrac{(-1)^n}{u_n - 3} = \dfrac{(-1)^n}{u_n - 2} - \dfrac{(-1)^{n+1}}{u_{n+1} - 2}$.

c) Déterminer la nature et la somme de la série $\displaystyle\sum_{n\geqslant 0} \frac{(-1)^n}{u_n - 3}$.

9.22 Calcul de la somme de la série harmonique alternée, par utilisation d'intégrales

a) Montrer : $\forall N \in \mathbb{N}^*,\ \ \displaystyle\sum_{n=1}^{N} \frac{(-1)^{n-1}}{n} = \int_0^1 \frac{1 - (-1)^N x^N}{1 + x}\,\mathrm{d}x$.

b) En déduire que la série $\displaystyle\sum_{n\geqslant 1} \frac{(-1)^{n-1}}{n}$ converge et que $\displaystyle\sum_{n=1}^{+\infty} \frac{(-1)^{n-1}}{n} = \ln 2$.

9.23 Nature de séries définies à partir d'une suite

On considère la suite réelle $(u_n)_{n\geqslant 0}$ définie par $u_0 = 1$ et : $\forall n \in \mathbb{N},\ \ u_{n+1} = \sqrt{n + u_n}$.

a) Montrer : $u_n \underset{n\infty}{\longrightarrow} +\infty$.

b) *1)* Établir : $\forall n \in \mathbb{N}^*,\ \ \sqrt{n} \leqslant u_n \leqslant 2\sqrt{n}$. *2)* Démontrer : $u_n \underset{n\infty}{\sim} \sqrt{n}$.

c) Quelle est la nature, pour $\alpha \in]0\,;+\infty[$ fixé, de la série de terme général $\dfrac{1}{u_n^\alpha}$?

9.24 Étude des séries convergentes dont le terme général décroît

Soit $(u_n)_{n\geqslant 1}$ une suite à termes dans $\mathbb{R}_+^*$, décroissante, telle que la série $\displaystyle\sum_{n\geqslant 1} u_n$ converge.

a) Montrer : $nu_n \underset{n\infty}{\longrightarrow} 0$. On pourra utiliser l'exercice 8.19.

b) En déduire la nature des séries de termes généraux : $v_n = nu_n^2,\quad w_n = u_n(1 + u_n)^n$.

9.25 Groupement de deux termes consécutifs

Soit $(u_n)_{n\in\mathbb{N}}$ une suite réelle convergeant vers 0. Montrer que les séries de termes généraux u_n et $v_n = u_n + u_{n+1}$ sont de même nature.

9.26 Convergence par la règle de d'Alembert

a) Soit $(u_n)_{n \geqslant 0}$ une suite à termes dans $\mathbb{R}_+^*$.

On suppose qu'il existe $\ell \in [0\,;\,1[$ tel que : $\dfrac{u_{n+1}}{u_n} \underset{n\infty}{\longrightarrow} \ell$.

Démontrer que la série $\sum\limits_{n \geqslant 0} u_n$ converge.

b) Nature des séries de termes généraux : $u_n = \dfrac{(n!)^2 2^n}{(2n)!}$, $v_n = \dbinom{4n}{2n}^{-1}$.

9.27 Théorème spécial à certaines séries alternées, exemple, utilisation d'un développement limité

a) Soit $(u_n)_{n \geqslant 0}$ une suite réelle telle que :

$$\forall n \in \mathbb{N},\quad u_n = (-1)^n |u_n|, \qquad u_n \underset{n\infty}{\longrightarrow} 0, \qquad (|u_n|)_{n \geqslant 0} \text{ décroît.}$$

1) On note, pour tout $n \in \mathbb{N}$: $S_n = \sum\limits_{k=0}^{n} u_k$.

Montrer que les suites $(S_{2p})_{p \geqslant 0}$ et $(S_{2p+1})_{p \geqslant 0}$ sont adjacentes.

2) En déduire que la série $\sum\limits_{n \geqslant 0} u_n$ converge. On pourra utiliser l'exercice 8.19.

b) Montrer que, pour tout $\alpha \in\,]0\,;\,+\infty[$, la série $\sum\limits_{n \geqslant 1} \dfrac{(-1)^n}{n^\alpha}$ converge.

c) Déterminer la nature de la série de terme général $v_n = \dfrac{(-1)^n}{\sqrt{n} + (-1)^n}$.

Du mal à démarrer ?

9.1 Il s'agit de séries à termes positifs ou nuls.

a) Majorer.

b) *1re méthode :* Utiliser une expression conjuguée, puis un équivalent.

2e méthode : Utiliser un développement limité pour obtenir un équivalent de u_n.

c) Majorer.

d) Obtenir un équivalent.

e) Majorer et utiliser la série de l('exponentielle.

f) Majorer.

g) Minorer.

h) Majorer en isolant les facteurs 1, 2 de $n!$.

i) Utiliser un développement limité pour obtenir un équivalent de u_n.

9.2 Remarquer d'abord : $a_n \underset{n\infty}{\longrightarrow} 0$.

- Pour u_n, v_n, w_n, obtenir un équivalent.
- Pour x_n, majorer en utilisant : $\forall x \in [0\,;\,1],\ \ 0 \leqslant x^2 \leqslant x$.

9.3 *a)* Partir de $\dfrac{1}{\sqrt{n}} - \dfrac{1}{\sqrt{n+1}}$, réduire au même dénominateur et utiliser une expression conjuguée.

b) Former les sommes partielles et faire apparaître un télescopage.

9.4 *b)* Appliquer *a)* avec x^{2^n} à la place de a, former les sommes partielles et faire apparaître un télescopage.

9.5 *a)* Il s'agit d'une suite récurrente linéaire d'ordre 2, à coefficients constants et sans second membre. Appliquer le cours : former l'équation caractéristique, écrire l'expression de ϕ_n à l'aide de deux coefficients inconnus et calculer ces deux coefficients à l'aide de ϕ_0 et ϕ_1.

Pour la commodité, noter $\alpha = \dfrac{1-\sqrt{5}}{2}$, $\beta = \dfrac{1+\sqrt{5}}{2}$.

b) • Montrer que la série proposée converge, en utilisant un équivalent.

• Pour calculer la somme, se ramener à des séries géométriques.

9.6 *a)* Élever au carré et faire apparaître une suite arithmétique.

b) Déduire un équivalent de u_n, puis un équivalent de $\dfrac{1}{u_n^\alpha}$.

9.7 *a)* Dans $\sum_{k=0}^{n} k!$, isoler les termes $n!$ et $(n-1)!$.

b) Déduire de *a)* un équivalent de u_n, un équivalent de v_n.

9.8 • Pour u_n, minorer. • Pour v_n, majorer.

9.9 Remarquer $a_n \underset{n\infty}{\longrightarrow} 0$. Utiliser un développement limité pour obtenir un équivalent de u_n.

9.10 Considérer $\ln P_n$ et se ramener à la nature d'une série. Utiliser des développements limités.

9.11 Utiliser le lien suite/série : la suite $(u_n)_{n\geqslant 1}$ converge si et seulement si la série $\sum_{n\geqslant 1}(u_{n+1}-u_n)$ converge.

9.12 *a)* Équivalent et série de l'exponentielle.

b) Faire apparaître $X(X-1)(X-2)$ dans P, puis faire apparaître $X(X-1)$, ...

c) Décomposer en somme de séries convergentes.

9.13 *a)* Réduire au même dénominateur et identifier.

b) Former les sommes partielles et faire apparaître un télescopage.

9.14 *a)* • Montrer, par récurrence : $\forall n \in \mathbb{N},\ \ \phi_n \geqslant 0$ et déduire que $(\phi_n)_{n\geqslant 0}$ est croissante.

• Raisonner par l'absurde pour déduire $\phi_n \underset{n\infty}{\longrightarrow} +\infty$.

c) Utiliser *b)*, former les sommes partielles et faire apparaître un télescopage.

9.15 *a)* Noter, pour tout $n \geqslant 1$: $u_n = \dfrac{n}{1\cdot 3\cdots(2n+1)}$

et décomposer u_n de façon à faire apparaître un télescopage dans les sommes partielles.

b) Noter, pour tout $n \geqslant 1$: $v_n = \dfrac{2n-1}{2\cdot 4\cdots(2n)}$

et décomposer v_n de façon à faire apparaître un télescopage dans les sommes partielles.

9.16 Il s'agit de séries à termes $\geqslant 0$.

a) Former $n^2 u_n$.

b) Former $n^{3/2}u_n$.

c) Utiliser un équivalent et le résultat de *b)*.

d) Utiliser un développement limité pour obtenir un équivalent de u_n.

Attention : on ne peut pas développer $\left(1+\dfrac{1}{n^3}\right)^{n^2}$ comme $(1+x)^\alpha$, car l'exposant n^2 dépend de n ; mettre sous forme exponentielle/logarithme.

e) Utiliser une comparaison série/intégrale, à l'aide de la fonction $f : [2\,;+\infty[\longrightarrow \mathbb{R},\ x \longmapsto \dfrac{1}{x\ln x}$.

f) Utiliser une comparaison série/intégrale, à l'aide de la fonction $f : [2\,;+\infty[\longrightarrow \mathbb{R},\ x \longmapsto \dfrac{1}{x(\ln x)^2}$.

9.17 Utiliser : $\forall (a,b) \in (\mathbb{R}_+)^2,\ \ ab \leqslant \dfrac{1}{2}(a^2+b^2)$.

9.18 Utiliser des développements limités.

9.19 *1) Existence :* Majorer.

2) Calcul : Séparer, dans une somme partielle, les termes d'indices pairs, d'indices impairs. Utiliser la série géométrique et ses dérivées successives.

9.20 *a)* Montrer que $(u_n)_{n\geqslant 0}$ est croissante et divergente.

b) Élever au carré et obtenir :

$$\forall n \in \mathbb{N},\ \ u_n^2 + 2 \leqslant u_{n+1}^2 \leqslant u_n^2 + 3,$$

puis sommer et utiliser un télescopage.

c) Encadrer $\dfrac{1}{u_n^\alpha}$ en utilisant *a)* et *b)*.

9.21 *a)* Montrer, par récurrence : $\forall n \in \mathbb{N},\ \ u_n \geqslant 5$.

Ayant montré que $(u_n)_{n\in\mathbb{N}}$ est croissante, pour obtenir $u_n \underset{n\infty}{\longrightarrow} +\infty$, raisonner par l'absurde.

b) Remarquer que : $u_{n+1} - 2 = u_n^2 - 5u_n + 6 = (u_n-2)(u_n-3)$.

c) Faire apparaître un télescopage dans le calcul des sommes partielles de la série, en utilisant *b)*.

9.22 *a)* Partir du second membre, faire apparaître une somme partielle de série géométrique et permuter intégrale et sommation d'un nombre fini de fonctions.

b) Montrer que : $\displaystyle\int_0^1 \frac{x^N}{1+x}\,dx \underset{N\infty}{\longrightarrow} 0$.

9.23 *a)* Remarquer que : $u_{n+1} \geqslant \sqrt{n}$.

b) 1) Récurrence sur n.

2) Répercuter le résultat de *1)* dans l'égalité de définition de la suite, pour déduire : $u_{n+1} \underset{n\infty}{\sim} \sqrt{n}$, puis, par un raisonnement correct : $u_n \underset{n\infty}{\sim} \sqrt{n}$.

c) Utiliser *b)*.

9.24 *a)* Considérer, pour $n \geqslant 1$: $\sum_{k=n+1}^{2n} u_k$.

b) • Pour v_n, majorer.

• Pour w_n, montrer $(1+u_n)^n \underset{n\infty}{\longrightarrow} 1$, puis utiliser un équivalent.

9.25 Noter, pour tout $n \in \mathbb{N}$: $U_n = \sum_{k=0}^{n} u_k, \qquad V_n = \sum_{k=0}^{n} v_k$.

1) Supposer que la série $\sum_{n\geqslant 0} u_n$ converge.

Exprimer, pour tout $n \in \mathbb{N}$, V_n à l'aide de U_n, U_{n+1}, u_0.

2) Supposer que la série $\sum_{n\geqslant 0} v_n$ converge.

Exprimer, pour tout $n \in \mathbb{N}$, U_n à l'aide de V_n, u_{n+1}, u_0.

9.26 *a)* Noter $\lambda = \dfrac{\ell+1}{2}$, montrer qu'il existe $N \in \mathbb{N}$ tel que :

$$\forall n \geqslant N, \quad \frac{u_{n+1}}{u_n} \leqslant \lambda,$$

puis faire intervenir une série géométrique.

b) Utiliser *a)*.

9.27 *a) 1)* Revenir à la définition de deux suites adjacentes.

2) Montrer, à l'aide de l'exercice 8.19, que la suite $(S_n)_{n\geqslant 0}$ converge.

b) Appliquer *a)*.

c) Former un développement de v_n.

Corrigés des exercices

9.1 Il s'agit de séries à termes positifs ou nuls.

a) On a : $\forall n \geqslant 1,\ 0 \leqslant u_n = \dfrac{|\cos n|}{n^2} \leqslant \dfrac{1}{n^2}$.

D'après l'exemple de Riemann $(2 > 1)$ et le théorème de majoration pour des séries à termes $\geqslant 0$, on conclut :

la série $\sum_n u_n$ converge.

b) 1re méthode : utilisation d'une expression conjuguée :

$$\text{On a : } u_n = \sqrt{n+\frac{1}{2}} - \sqrt{n} = \frac{\frac{1}{2}}{\sqrt{n+\frac{1}{2}}+\sqrt{n}} \underset{n\infty}{\sim} \frac{1}{4\sqrt{n}} \geqslant 0.$$

D'après l'exemple de Riemann $(1/2 \leqslant 1)$ et le théorème d'équivalence pour des séries à termes $\geqslant 0$, on conclut :

la série $\sum_n u_n$ diverge.

2e méthode : utilisation d'un développement limité :

On a :

$$u_n = \sqrt{n}\Big[\Big(1+\frac{1}{2n}\Big)^{1/2} - 1\Big] = \sqrt{n}\Big[\Big(1+\frac{1}{4n}+o\Big(\frac{1}{n}\Big)\Big) - 1\Big]$$
$$= \frac{1}{4\sqrt{n}} + o\Big(\frac{1}{\sqrt{n}}\Big) \underset{n\infty}{\sim} \frac{1}{4\sqrt{n}} \geqslant 0,$$

et on termine comme ci-dessus.

c) On a, pour tout $n \geqslant 2$:

$$0 \leqslant u_n = \Big(\frac{1}{3}+\frac{1}{n}\Big)^n \leqslant \Big(\frac{1}{3}+\frac{1}{2}\Big)^n = \Big(\frac{5}{6}\Big)^n.$$

Puisque $\left|\dfrac{5}{6}\right| < 1$, la série géométrique $\sum_n \Big(\dfrac{5}{6}\Big)^n$ converge. Par théorème de majoration pour des séries à termes $\geqslant 0$, on conclut : la série $\sum_n u_n$ converge.

d) On a : $\dfrac{n^2+3n+2}{n^2+3n+1} \underset{n\infty}{\longrightarrow} 1$,

$$\text{donc : } u_n = \ln\frac{n^2+3n+2}{n^2+3n+1} \underset{n\infty}{\sim} \frac{n^2+3n+2}{n^2+3n+1} - 1$$
$$= \frac{1}{n^2+3n+1} \underset{n\infty}{\sim} \frac{1}{n^2} \geqslant 0.$$

D'après l'exemple de Riemann $(2 > 1)$ et le théorème d'équivalence pour des séries à termes $\geqslant 0$, on conclut :

la série $\sum_n u_n$ converge.

e) On a : $\forall n \in \mathbb{N},\ 0 \leqslant u_n = \dfrac{2^n}{1+n!} \leqslant \dfrac{2^n}{n!}$.

D'après le cours, la série exponentielle $\sum_n \dfrac{2^n}{n!}$ converge.

Par théorème de majoration pour des séries à termes $\geqslant 0$, on conclut : la série $\sum_n u_n$ converge.

f) On a : $\forall n \geqslant 3,\ 0 \leqslant u_n = \dfrac{1}{n^2 \ln n} \leqslant \dfrac{1}{n^2}$.

D'après l'exemple de Riemann $(2 > 1)$ et le théorème de majoration pour des séries à termes $\geqslant 0$, on conclut :

la série $\sum_n u_n$ converge.

g) On a : $\forall n \geqslant 3,\ u_n = \dfrac{\ln n}{n} \geqslant \dfrac{1}{n} \geqslant 0$.

D'après l'exemple de Riemann, la série $\sum_n \dfrac{1}{n}$ diverge.

Par théorème de minoration pour des séries à termes $\geqslant 0$, on conclut : la série $\sum_n u_n$ diverge.

h) On a, pour tout $n \geqslant 2$:

$$0 \leqslant u_n = \frac{n!}{n^n} = \frac{1\cdot 2 \cdots n}{n \cdot n \cdots n} \leqslant \frac{1\cdot 2}{n\cdot n} = \frac{2}{n^2}.$$

D'après l'exemple de Riemann $(2 > 1)$ et le théorème de majoration pour des séries à termes $\geqslant 0$, on conclut :

la série $\sum_n u_n$ converge.

i) On a, par développement limité :

$$u_n = \ln\Big(1+\frac{2}{n}\Big) - \frac{1}{n} = \Big[\frac{2}{n} + o\Big(\frac{1}{n}\Big)\Big] - \frac{1}{n}$$
$$= \frac{1}{n} + o\Big(\frac{1}{n}\Big) \underset{n\infty}{\sim} \frac{1}{n} \geqslant 0.$$

D'après l'exemple de Riemann et le théorème d'équivalence pour des séries à termes $\geqslant 0$, on conclut :

la série $\sum_n u_n$ diverge.

9.2 Remarquons d'abord que, puisque la série $\sum_n a_n$ converge, on a : $a_n \underset{n\infty}{\longrightarrow} 0$.

- $u_n = \dfrac{a_n}{1+a_n} \underset{n\infty}{\sim} a_n$, donc, d'après le théorème d'équivalence pour des séries à termes $\geqslant 0$, la série $\sum_n u_n$ converge.
- $v_n = \mathrm{e}^{a_n} - 1 \underset{n\infty}{\sim} a_n \geqslant 0$, donc, d'après le théorème d'équivalence pour des séries à termes $\geqslant 0$, la série $\sum_n v_n$ converge.

• $w_n = \dfrac{1 - \cos a_n}{a_n} \underset{n\infty}{\sim} \dfrac{\frac{1}{2}a_n^2}{a_n} = \dfrac{1}{2}a_n \geqslant 0$, donc, d'après le théorème d'équivalence pour des séries à termes $\geqslant 0$, la série $\sum_n w_n$ converge.

• Puisque $a_n \underset{n\infty}{\longrightarrow} 0$, il existe $N \in \mathbb{N}$ tel que :

$$\forall n \geqslant N,\ \ a_n \leqslant 1.$$

On a alors : $\forall n \geqslant N,\ \ 0 \leqslant a_n^2 \leqslant a_n$.

Comme la série $\sum_n a_n$ converge, par théorème de majoration pour des séries à termes $\geqslant 0$, la série $\sum_n x_n$ converge.

9.3 *a)* On a, pour tout $n \in \mathbb{N}^*$, en utilisant une expression conjuguée :

$$\frac{1}{\sqrt{n}} - \frac{1}{\sqrt{n+1}} = \frac{\sqrt{n+1} - \sqrt{n}}{\sqrt{n}\sqrt{n+1}} = \frac{1}{\sqrt{n}\sqrt{n+1}(\sqrt{n} + \sqrt{n+1})}$$
$$= \frac{1}{n\sqrt{n+1} + \sqrt{n}(n+1)} = u_n.$$

b) Nous allons former les sommes partielles et utiliser un télescopage. On a, pour tout $N \geqslant 1$:

$$\sum_{n=1}^{N} u_n = \sum_{n=1}^{N}\Big(\frac{1}{\sqrt{n}} - \frac{1}{\sqrt{n+1}}\Big) = \frac{1}{1} - \frac{1}{\sqrt{N+1}} \underset{N\infty}{\longrightarrow} 1.$$

On conclut : la série $\sum_{n\geqslant 1} u_n$ converge et $\sum_{n=1}^{+\infty} u_n = 1$.

9.4 *a)* On a, pour tout $a \in]1\,;+\infty[$:

$$\frac{1}{a-1} - \frac{2}{a^2-1} = \frac{(a+1)-2}{a^2-1} = \frac{a-1}{a^2-1} = \frac{1}{a+1}.$$

b) Soit $x \in]1\,;+\infty[$. On a, pour tout $n \in \mathbb{N}$, en appliquant *a)* à $a = x^{2^n}$: $\dfrac{1}{x^{2^n}+1} = \dfrac{1}{x^{2^n}-1} - \dfrac{2}{x^{2^{n+1}}-1}$.

On en déduit, pour tout $N \in \mathbb{N}$, par sommation et télescopage :

$$\sum_{n=0}^{N} \frac{2^n}{x^{2^n}+1} = \sum_{n=0}^{N}\Big(\frac{2^n}{x^{2^n}-1} - \frac{2^{n+1}}{x^{2^{n+1}}-1}\Big)$$
$$= \frac{1}{x-1} - \frac{2^{N+1}}{x^{2^{N+1}}-1} \underset{N\infty}{\longrightarrow} \frac{1}{x-1},$$

par prépondérance classique, puisque $x > 1$.

On conclut que la série envisagée converge et que :

$$\sum_{n=0}^{+\infty} \frac{2^n}{x^{2^n}+1} = \frac{1}{x-1}.$$

9.5 *a)* Il s'agit d'une suite récurrente linéaire d'ordre 2, à coefficients constants et sans second membre. L'équation caractéristique $r^2 - r - 1 = 0$ admet deux solutions réelles distinctes, qui sont $\alpha = \dfrac{1-\sqrt{5}}{2}$, $\beta = \dfrac{1+\sqrt{5}}{2}$. D'après le cours, il existe $(\lambda, \mu) \in \mathbb{R}^2$ tel que :

$$\forall n \in \mathbb{N},\ \ \phi_n = \lambda\alpha^n + \mu\beta^n.$$

On a :

$$\begin{cases}\phi_0 = 0\\ \phi_1 = 1\end{cases} \iff \begin{cases}\lambda + \mu = 0\\ \lambda\alpha + \mu\beta = 1\end{cases} \iff \begin{cases}\lambda = \dfrac{1}{\alpha-\beta} = -\dfrac{1}{\sqrt{5}}\\[2mm] \mu = \dfrac{1}{\beta-\alpha} = \dfrac{1}{\sqrt{5}}.\end{cases}$$

On conclut :

$$\forall n \in \mathbb{N},\ \ \phi_n = \frac{1}{\sqrt{5}}\Big[\Big(\frac{1+\sqrt{5}}{2}\Big)^n - \Big(\frac{1-\sqrt{5}}{2}\Big)^n\Big].$$

b) • *Convergence de la série :*

On a, pour tout $n \in \mathbb{N}$, avec les notations précédentes :

$$0 \leqslant \frac{\phi_n}{2^n} = \frac{1}{\sqrt{5}}\Big[\Big(\frac{\beta}{2}\Big)^n - \Big(\frac{\alpha}{2}\Big)^n\Big] \underset{n\infty}{\sim} \frac{1}{\sqrt{5}}\Big(\frac{\beta}{2}\Big)^n,$$

car $0 \leqslant \Big|\dfrac{\alpha}{2}\Big| < \dfrac{\beta}{2}$.

Puisque $0 \leqslant \dfrac{\beta}{2} = \dfrac{1+\sqrt{5}}{4} < 1$, la série géométrique $\sum_n \Big(\dfrac{\beta}{2}\Big)^n$ converge, donc, par théorème d'équivalence pour des séries à termes $\geqslant 0$, la série $\sum_n \dfrac{\phi_n}{2^n}$ converge.

• *Calcul de la somme :*

On a :

$$\sum_{n=0}^{+\infty} \frac{\phi_n}{2^n} = \sum_{n=0}^{+\infty} \frac{1}{\sqrt{5}}\Big[\Big(\frac{\beta}{2}\Big)^n - \Big(\frac{\alpha}{2}\Big)^n\Big] = \frac{1}{\sqrt{5}}\Big[\sum_{n=0}^{+\infty}\Big(\frac{\beta}{2}\Big)^n - \sum_{n=0}^{+\infty}\Big(\frac{\alpha}{2}\Big)^n\Big]$$

car ces deux séries sont convergentes

$$= \frac{1}{\sqrt{5}}\Big[\frac{1}{1-\frac{\beta}{2}} - \frac{1}{1-\frac{\alpha}{2}}\Big] = \frac{2}{\sqrt{5}}\Big(\frac{1}{2-\beta} - \frac{1}{2-\alpha}\Big)$$
$$= \frac{2}{\sqrt{5}}\frac{\beta-\alpha}{4-2(\alpha+\beta)+\alpha\beta} = \frac{2}{\sqrt{5}}\frac{\sqrt{5}}{4-2+(-1)} = 2.$$

On conclut : $\displaystyle\sum_{n=0}^{+\infty} \frac{\phi_n}{2^n} = 2.$

9.6 *a)* On a : $\forall n \in \mathbb{N},\ \ u_{n+1}^2 = u_n^2 + 2$,

donc $(u_n^2)_{n\geqslant 0}$ est une suite arithmétique de raison 2.

D'où : $\forall n \in \mathbb{N},\ \ u_n^2 = u_0^2 + 2n = 1 + 2n$.

Comme : $\forall n \in \mathbb{N},\ \ u_n \geqslant 0$,

on déduit : $\forall n \in \mathbb{N},\ u_n = \sqrt{2n+1}$.

b) Soit $\alpha \in]0\,;+\infty[$ fixé. On a :

$$\frac{1}{u_n^\alpha} = \frac{1}{(2n+1)^{\alpha/2}} \underset{n\infty}{\sim} \frac{1}{2^{\alpha/2}}\frac{1}{n^{\alpha/2}} \geqslant 0.$$

D'après l'exemple de Riemann, la série $\frac{1}{n^{\alpha/2}}$ converge si et seulement si $\alpha/2 > 1$, c'est-à-dire $\alpha > 2$. Par théorème d'équivalence pour des séries à termes $\geqslant 0$, on conclut : la série de terme général $\frac{1}{u_n^\alpha}$ converge si et seulement si $\alpha > 2$.

9.7 *a)* On a, pour tout $n \geqslant 2$:

$$0 \leqslant \Big(\sum_{k=0}^{n} k!\Big) - n! = \sum_{k=0}^{n-1} k! = \Big(\sum_{k=0}^{n-2} k!\Big) + (n-1)!$$
$$\leqslant (n-1)(n-2)! + (n-1)! = 2\cdot(n-1)!,$$

donc : $$0 \leqslant \frac{\sum_{k=0}^{n} k!}{n!} - 1 \leqslant \frac{2\cdot(n-1)!}{n!} = \frac{2}{n},$$

d'où : $$\frac{\sum_{k=0}^{n} k!}{n!} \underset{n\infty}{\longrightarrow} 1$$

et on conclut : $$\sum_{k=0}^{n} k! \underset{n\infty}{\sim} n!.$$

b) • On a :

$$u_n = \frac{1}{(n+1)!}\sum_{k=0}^{n} k! \underset{n\infty}{\sim} \frac{n!}{(n+1)!} = \frac{1}{n+1} \underset{n\infty}{\sim} \frac{1}{n} \geqslant 0.$$

Comme la série $\sum_n \frac{1}{n}$ diverge, par théorème d'équivalence pour des séries à termes $\geqslant 0$, on conclut que la série de terme général u_n diverge.

• On a :

$$v_n = \frac{1}{(n+2)!}\sum_{k=0}^{n} k! \underset{n\infty}{\sim} \frac{n!}{(n+2)!} = \frac{1}{(n+1)(n+2)} \underset{n\infty}{\sim} \frac{1}{n^2} \geqslant 0.$$

D'après l'exemple de Riemann $(2 > 1)$ et le théorème d'équivalence pour des séries à termes $\geqslant 0$, on conclut que la série de terme général v_n converge.

9.8 Il s'agit de séries à termes $\geqslant 0$.

• On a, pour $n \in \mathbb{N}$:

$$u_n = \int_0^1 \frac{x^n}{1+x}\,\mathrm{d}x \geqslant \int_0^1 \frac{x^n}{2}\,\mathrm{d}x = \frac{1}{2}\Big[\frac{x^{n+1}}{n+1}\Big]_0^1 = \frac{1}{2(n+1)}$$

et : $$\frac{1}{2(n+1)} \underset{n\infty}{\sim} \frac{1}{2n}.$$

D'après l'exemple de Riemann, le théorème d'équivalence et le théorème de minoration pour des séries à termes $\geqslant 0$, on conclut que la série de terme général u_n diverge.

• On a, pour $n \in \mathbb{N}^*$:

$$v_n = \int_0^1 \frac{x^{n^2}}{1+x}\,\mathrm{d}x \leqslant \int_0^1 x^{n^2}\,\mathrm{d}x = \Big[\frac{x^{n^2+1}}{n^2+1}\Big]_0^1 = \frac{1}{n^2+1} \leqslant \frac{1}{n^2}.$$

D'après l'exemple de Riemann $(2 > 1)$ et le théorème de majoration pour des séries à termes $\geqslant 0$, on conclut que la série de terme général v_n converge.

9.9 Puisque la série $\sum_{n\geqslant 0} a_n$ converge, on a : $a_n \underset{n\infty}{\longrightarrow} 0$, d'où : $\sqrt{a_n} \underset{n\infty}{\longrightarrow} 0$. On a donc, par développement limité usuel en 0 : $\sin\sqrt{a_n} = \sqrt{a_n} - \frac{1}{6}\sqrt{a_n}^3 + o(\sqrt{a_n}^3)$,

puis :

$$u_n = 1 - \frac{\sin\sqrt{a_n}}{\sqrt{a_n}} = 1 - \Big(1 - \frac{1}{6}a_n + o(a_n)\Big)$$
$$= \frac{1}{6}a_n + o(a_n) \underset{n\infty}{\sim} \frac{1}{6}a_n \geqslant 0.$$

Puisque la série $\sum_{n\geqslant 0} a_n$ converge, par théorème d'équivalence pour des séries à termes $\geqslant 0$, on conclut que la série $\sum_{n\geqslant 0} u_n$ converge.

9.10 D'abord, pour tout $n \in \mathbb{N}^*$, P_n existe et $P_n > 0$.

On a : $$\forall n \in \mathbb{N}^*,\ \ln P_n = \sum_{k=1}^{n} \ln\frac{k^2+a}{k^2+b}.$$

Par développements limités usuels, lorsque l'entier k tend vers l'infini :

$$\ln\frac{k^2+a}{k^2+b} = \ln\Big(1+\frac{a}{k^2}\Big) - \ln\Big(1+\frac{b}{k^2}\Big)$$
$$= \Big[\frac{a}{k^2} + o\Big(\frac{1}{k^2}\Big)\Big] - \Big[\frac{b}{k^2} + o\Big(\frac{1}{k^2}\Big)\Big] = \frac{a-b}{k^2} + o\Big(\frac{1}{k^2}\Big).$$

D'après l'exemple de Riemann $(2 > 1)$ la série $\sum_{k\geqslant 1}\frac{a-b}{k^2}$ converge.

D'après l'exemple de Riemann et le théorème de comparaison en o, la série $\sum_{k\geqslant 1} o\Big(\frac{1}{k^2}\Big)$ converge absolument, donc converge.

On conclut, par addition, que la série $\sum_{k\geqslant 1}\ln\frac{k^2+a}{k^2+b}$ converge.

Notons $S = \sum_{k=1}^{+\infty}\ln\frac{k^2+a}{k^2+b} \in \mathbb{R}$. Ainsi : $\ln P_n \underset{n\infty}{\longrightarrow} S$.

Par continuité de l'exponentielle en S, on conclut :

$$P_n \underset{n\infty}{\longrightarrow} \mathrm{e}^S > 0.$$

9.11 Nous allons utiliser le lien suite/série.

On a, pour $n \in \mathbb{N}^*$:

$$\begin{aligned}
u_{n+1} - u_n &= \frac{1}{a+n+1} - \ln(n+1) + \ln n \\
&= \frac{1}{n}\frac{1}{1+\dfrac{a+1}{n}} - \ln\left(1+\frac{1}{n}\right) \\
&= \frac{1}{n}\left[1 - \frac{a+1}{n} + o\left(\frac{1}{n}\right)\right] - \left[\frac{1}{n} - \frac{1}{2n^2} + o\left(\frac{1}{n^2}\right)\right] \\
&= -\frac{2a+1}{2n^2} + o\left(\frac{1}{n^2}\right).
\end{aligned}$$

D'après l'exemple de Riemann $(2 > 1)$, la série $\sum_{n \geqslant 1} -\frac{2a+1}{n^2}$ converge.

D'après l'exemple de Riemann $(2 > 1)$ et le théorème de comparaison en o, la série $\sum_{n \geqslant 1} o\left(\frac{1}{n^2}\right)$ converge absolument, donc converge.

Par addition, on déduit que la série $\sum_n (u_{n+1} - u_n)$ converge.

D'après le lien suite/série, on conclut que la suite $(u_n)_{n\in\mathbb{N}^*}$ converge.

9.12 *a)* On a, pour $n \geqslant 3$:

$$\begin{aligned}
u_n = \frac{n^3+6n^2-5n-2}{n!} &\underset{n\infty}{\sim} \frac{n^3}{n!} \\
&= \frac{1}{(n-3)!}\,\frac{n^3}{(n-2)(n-1)n} \underset{n\infty}{\sim} \frac{1}{(n-3)!}.
\end{aligned}$$

D'après le cours, la série de terme général $\frac{1}{n!}$ converge. Par décalage d'indice, la série de terme général $\frac{1}{(n-3)!}$ converge.

Puis, par théorème d'équivalence pour des séries à termes $\geqslant 0$, on conclut que la série $\sum_n u_n$ converge.

b) • En notant

$$P_0 = 1,\ P_1 = \mathrm{X},\ P_2 = \mathrm{X}(\mathrm{X}-1),\ P_3 = \mathrm{X}(\mathrm{X}-1)(\mathrm{X}-2),$$

on a : $\quad \forall i \in [\![0\,;3]\!],\ \deg(P_i) = i,$

donc, d'après le cours, $\mathscr{B} = (P_0, P_1, P_2, P_3)$ est une base de $\mathbb{R}_3[\mathrm{X}]$.

• Exprimons P sur la base $\mathscr{B}$.

On a, en développant :

$$P_0 = 1,\ P_1 = \mathrm{X},\ P_2 = \mathrm{X}^2 - \mathrm{X},\ P_3 = \mathrm{X}^3 - 3\mathrm{X}^2 + 2\mathrm{X}.$$

d'où, en faisant apparaître successivement P_3, P_2, P_1, P_0 dans P :

$$\begin{aligned}
P = \mathrm{X}^3 + 6\mathrm{X}^2 - 5\mathrm{X} - 2 &= (\mathrm{X}^3 - 3\mathrm{X}^2 + 2\mathrm{X}) + 9\mathrm{X}^2 - 7\mathrm{X} - 2 \\
&= P_3 + 9(\mathrm{X}^2 - \mathrm{X}) + 2\mathrm{X} - 2 = P_3 + 9P_2 + 2P_1 - 2P_0.
\end{aligned}$$

c) On a, en manipulant des sommes de séries convergentes :

$$\begin{aligned}
\sum_{n=0}^{+\infty} u_n &= \sum_{n=0}^{+\infty} \frac{1}{n!}(P_3(n) + 9P_2(n) + 2P_1(n) - 2P_0(n)) \\
&= \sum_{n=0}^{+\infty} \frac{P_3(n)}{n!} + 9\sum_{n=0}^{+\infty} \frac{P_2(n)}{n!} + 2\sum_{n=0}^{+\infty} \frac{P_1(n)}{n!} - 2\sum_{n=0}^{+\infty} \frac{P_0(n)}{n!}.
\end{aligned}$$

Calculons ces différentes sommes de séries convergentes.

• $\displaystyle\sum_{n=0}^{+\infty} \frac{P_0(n)}{n!} = \sum_{n=0}^{+\infty} \frac{1}{n!} = \mathrm{e}$

• $\displaystyle\sum_{n=0}^{+\infty} \frac{P_1(n)}{n!} = \sum_{n=0}^{+\infty} \frac{n}{n!} = \sum_{n=1}^{+\infty} \frac{1}{(n-1)!} = \sum_{p=0}^{+\infty} \frac{1}{p!} = \mathrm{e}$

• $\displaystyle\sum_{n=0}^{+\infty} \frac{P_2(n)}{n!} = \sum_{n=0}^{+\infty} \frac{n(n-1)}{n!} = \sum_{n=2}^{+\infty} \frac{1}{(n-2)!} = \sum_{p=0}^{+\infty} \frac{1}{p!} = \mathrm{e}$

• $\displaystyle\sum_{n=0}^{+\infty} \frac{P_3(n)}{n!} = \sum_{n=3}^{+\infty} \frac{1}{(n-3)!} = \sum_{p=0}^{+\infty} \frac{1}{p!} = \mathrm{e}.$

D'où : $\displaystyle\sum_{n=0}^{+\infty} u_n = \mathrm{e} + 9\mathrm{e} + 2\mathrm{e} - 2\mathrm{e} = 10\mathrm{e}.$

9.13 *a)* Soit $(a, b, c) \in \mathbb{R}^3$. On a, pour tout $x \in [1\,; +\infty[$:

$$\begin{aligned}
\frac{a}{x} + \frac{b}{x+1} + \frac{c}{x+2}
&= \frac{a(x+1)(x+2) + bx(x+2) + cx(x+1)}{x(x+1)(x+2)} \\
&= \frac{(a+b+c)x^2 + (3a+2b+c)x + 2a}{x(x+1)(x+2)}.
\end{aligned}$$

La condition de l'énoncé, notée (C), équivaut à :

$\forall x \in [1\,; +\infty[,$

$$(a+b+c)x^2 + (3a+2b+c-1)x + (2a+1) = 0.$$

Un polynôme s'annule en une infinité de points si et seulement si c'est le polynôme nul, donc :

$$(\mathrm{C}) \iff \begin{cases} a+b+c = 0 \\ 3a+2b+c-1 = 0 \\ 2a+1 = 0 \end{cases} \iff \begin{cases} a = -\dfrac{1}{2} \\ b = 2 \\ c = -\dfrac{3}{2}. \end{cases}$$

On conclut qu'il existe $(a, b, c) \in \mathbb{R}^3$ unique convenant :

$$(a, b, c) = \left(-\frac{1}{2},\ 2,\ -\frac{3}{2}\right).$$

b) Nous allons former les sommes partielles et faire apparaître un télescopage.

On a, pour tout $N \geqslant 3$, en utilisant *a)* :

$$\sum_{n=1}^{N} \frac{n-1}{n^3+3n^2+2n} = \sum_{n=1}^{N}\Big(-\frac{1}{2}\frac{1}{n} + \frac{2}{n+1} - \frac{3}{2}\frac{1}{n+2}\Big)$$

$$= -\frac{1}{2}\sum_{n=1}^{N}\frac{1}{n} + 2\sum_{n=1}^{N}\frac{1}{n+1} - \frac{3}{2}\sum_{n=1}^{N}\frac{1}{n+2}$$

$$= -\frac{1}{2}\sum_{n=1}^{N}\frac{1}{n} + 2\sum_{n=2}^{N+1}\frac{1}{n} - \frac{3}{2}\sum_{n=3}^{N+2}\frac{1}{n}$$

$$= -\frac{1}{2}\Big(\frac{1}{1}+\frac{1}{2}+\sum_{n=3}^{N}\frac{1}{n}\Big) + 2\Big(\frac{1}{2}+\sum_{n=3}^{N}\frac{1}{n}+\frac{1}{N+1}\Big)$$

$$-\frac{3}{2}\Big(\sum_{n=3}^{N}\frac{1}{n}+\frac{1}{N+1}+\frac{1}{N+2}\Big)$$

$$= \frac{1}{4} + \frac{1}{2(N+1)} - \frac{3}{2(N+2)} \underset{N\infty}{\longrightarrow} \frac{1}{4}.$$

On conclut : la série proposée converge et :

$$\sum_{n=1}^{+\infty}\frac{n-1}{n^3+3n^2+2n} = \frac{1}{4}.$$

9.14 *a)* • Par récurrence immédiate : $\forall n \in \mathbb{N},\ \phi_n \geqslant 0$.

• D'où : $\forall n \in \mathbb{N},\ \phi_{n+2} - \phi_{n+1} = \phi_n \geqslant 0$,

donc la suite $(\phi_n)_{n\geqslant 1}$ est croissante.

Comme $\phi_0 = 0 \leqslant 1 = \phi_1$, finalement, la suite $(\phi_n)_{n\geqslant 0}$ est croissante.

• S'il existe $\ell \in \mathbb{R}$ tel que $\phi_n \underset{n\infty}{\longrightarrow} \ell$, alors, en passant à la limite dans la définition de la suite $(\phi_n)_{n\geqslant 0}$, on obtient $\ell = \ell + \ell$, donc $\ell = 0$, contradiction avec $\ell \geqslant \phi_1 = 1$.

Ainsi, la suite $(\phi_n)_{n\geqslant 0}$ est croissante et divergente, donc :

$$\phi_n \underset{n\infty}{\longrightarrow} +\infty.$$

b) D'après *a)* : $\forall n \in \mathbb{N}^*,\ \phi_n \geqslant \phi_1 = 1 > 0$.

On a, pour tout $n \in \mathbb{N}^*$:

$$\frac{1}{\phi_n^2} - \frac{1}{\phi_{n+1}^2} = \frac{\phi_{n+1}^2 - \phi_n^2}{\phi_n^2\phi_{n+1}^2} = \frac{(\phi_{n+1}-\phi_n)(\phi_{n+1}+\phi_n)}{\phi_n^2\phi_{n+1}^2} = \frac{\phi_{n-1}\phi_{n+2}}{\phi_n^2\phi_{n+1}^2}.$$

c) Nous allons former les sommes partielles et faire apparaître un télescopage. On a, pour tout $N \geqslant 1$, en utilisant *b)* :

$$\sum_{n=1}^{N}\frac{\phi_{n-1}\phi_{n+2}}{\phi_n^2\phi_{n+1}^2} = \sum_{n=1}^{N}\Big(\frac{1}{\phi_n^2} - \frac{1}{\phi_{n+1}^2}\Big) = \frac{1}{\phi_1^2} - \frac{1}{\phi_{N+1}^2} \underset{N\infty}{\longrightarrow} \frac{1}{\phi_1^2} = 1.$$

On conclut : la série proposée converge et :

$$\sum_{n=1}^{+\infty}\frac{\phi_{n-1}\phi_{n+2}}{\phi_n^2\phi_{n+1}^2} = 1.$$

9.15 *a)* Notons, pour tout $n \geqslant 1$: $u_n = \dfrac{n}{1\cdot 3\cdots(2n+1)}$.

On remarque que, pour tout $n \geqslant 1$:

$$u_n = \frac{1}{2}\,\frac{(2n+1)-1}{1\cdot 3\cdots(2n+1)} = \frac{1}{2}\Big(\underbrace{\frac{1}{1\cdot 3\cdots(2n-1)}}_{\text{noté } a_n} - \underbrace{\frac{1}{1\cdot 3\cdots(2n+1)}}_{\text{c'est } a_{n+1}}\Big).$$

D'où, par télescopage, pour tout $N \geqslant 1$:

$$\sum_{n=1}^{N} u_n = \frac{1}{2}\sum_{n=1}^{N}(a_n - a_{n+1}) = \frac{1}{2}(a_1 - a_{N+1}) = \frac{1}{2}\Big(1 - \frac{1}{1\cdot 3\cdots(2N+1)}\Big) \underset{N\infty}{\longrightarrow} \frac{1}{2}.$$

On conclut que la série envisagée converge et que :

$$\sum_{n=1}^{+\infty}\frac{n}{1\cdot 3\cdots(2n+1)} = \frac{1}{2}.$$

b) Notons, pour tout $n \geqslant 1$: $v_n = \dfrac{2n-1}{2\cdot 4\cdots(2n)}$.

On remarque que, pour tout $n \geqslant 2$:

$$v_n = \frac{2n}{2\cdot 4\cdots(2n)} - \frac{1}{2\cdot 4\cdots(2n)} = \underbrace{\frac{1}{2\cdot 4\cdots(2n-2)}}_{\text{noté } b_{n-1}} - \underbrace{\frac{1}{2\cdot 4\cdots(2n)}}_{\text{c'est } b_n}.$$

D'où, par télescopage, pour tout $N \geqslant 2$:

$$\sum_{n=1}^{N} v_n = v_1 + \sum_{n=2}^{N}(b_{n-1} - b_n) = v_1 + b_1 - b_N = 1 - \frac{1}{2\cdot 4\cdots(2N)} \underset{N\infty}{\longrightarrow} 1.$$

On conclut que la série envisagée converge et que :

$$\sum_{n=1}^{+\infty}\frac{2n-1}{2\cdot 4\cdots(2n)} = 1.$$

9.16 Il s'agit de séries à termes $\geqslant 0$.

a) On a : $0 \leqslant n^2 u_n = n^2\,\mathrm{e}^{-\sqrt{n}} = \mathrm{e}^{2\ln n - \sqrt{n}} \underset{n\infty}{\longrightarrow} 0$,

par prépondérance classique.

Il existe donc $N \in \mathbb{N}^*$ tel que : $\forall n \geqslant N,\ 0 \leqslant n^2 u_n \leqslant 1$,

d'où : $\forall n \geqslant N,\ 0 \leqslant u_n \leqslant \dfrac{1}{n^2}$.

D'après l'exemple de Riemann ($2 > 1$) et le théorème de majoration pour des séries à termes $\geqslant 0$, on conclut : la série de terme général $\mathrm{e}^{-\sqrt{n}}$ converge.

b) On a : $0 \leqslant n^{3/2}u_n = n^{3/2}\dfrac{\ln n}{n^2} = \dfrac{\ln n}{\sqrt{n}} \underset{n\infty}{\longrightarrow} 0$,

par prépondérance classique.

Il existe donc $N \in \mathbb{N}^*$ tel que : $\forall n \geqslant N,\ n^{3/2}u_n \leqslant 1$,

d'où : $\quad \forall n \geqslant N,\ 0 \leqslant u_n \leqslant \dfrac{1}{n^{3/2}}$.

D'après l'exemple de Riemann ($3/2 > 1$) et le théorème de majoration pour des séries à termes $\geqslant 0$, on conclut : la série de terme général $\dfrac{\ln n}{n^2}$ converge.

c) On a : $\quad u_n = n^{\frac{1}{n^2}} - 1 = \mathrm{e}^{\frac{\ln n}{n^2}} - 1$.

Comme $\dfrac{\ln n}{n^2} \underset{n\infty}{\longrightarrow} 0$, on déduit : $u_n \underset{n\infty}{\sim} \dfrac{\ln n}{n^2} \geqslant 0$.

D'après *b)*, la série de terme général $\dfrac{\ln n}{n^2}$ converge. Par théorème d'équivalence pour des séries à termes $\geqslant 0$, on conclut : la série de terme général $\mathrm{e}^{\frac{1}{n^2}} - 1$ converge.

d) On a, par développement limité :

$$u_n = \Big(1 + \frac{1}{n^3}\Big)^{n^2} - 1 = \exp\Big[n^2 \ln\Big(1 + \frac{1}{n^3}\Big)\Big] - 1$$
$$= \exp\Big[n^2\Big(\frac{1}{n^3} + o\Big(\frac{1}{n^3}\Big)\Big)\Big] - 1 = \exp\Big[\frac{1}{n} + o\Big(\frac{1}{n}\Big)\Big] - 1$$
$$= \Big[1 + \frac{1}{n} + o\Big(\frac{1}{n}\Big)\Big] - 1 = \frac{1}{n} + o\Big(\frac{1}{n}\Big) \underset{n\infty}{\sim} \frac{1}{n}.$$

D'après l'exemple de Riemann et le théorème d'équivalence, on conclut : la série de terme général $\Big(1 + \dfrac{1}{n^3}\Big)^{n^2} - 1$ diverge.

e) Nous allons utiliser une comparaison série/intégrale. L'application $f : [2\,;+\infty[\longrightarrow \mathbb{R},\ x \longmapsto \dfrac{1}{x \ln x}$ est continue et décroissante, donc :

$$\forall n \geqslant 2,\ f(n+1) \leqslant \int_n^{n+1} f(x)\,\mathrm{d}x \leqslant f(n),$$

d'où, par sommation et utilisation de la relation de Chasles :

$$\forall N \geqslant 2,\ \sum_{n=2}^{N} f(n+1) \leqslant \int_2^{N+1} f(x)\,\mathrm{d}x \leqslant \sum_{n=2}^{N} f(n).$$

En particulier :

$$\sum_{n=2}^{N} \frac{1}{n \ln n} \geqslant \int_2^{N+1} \frac{1}{x \ln x}\,\mathrm{d}x = \big[\ln(\ln x)\big]_2^{N+1}$$
$$= \ln\big(\ln(N+1)\big) - \ln(\ln 2) \underset{N\infty}{\longrightarrow} +\infty.$$

On conclut : la série de terme général $\dfrac{1}{n \ln n}$ diverge.

f) Nous allons utiliser une comparaison série/intégrale.

L'application $f : [2\,;+\infty[\longrightarrow \mathbb{R},\ x \longmapsto \dfrac{1}{x(\ln x)^2}$ est continue et décroissante, donc :

$$\forall n \geqslant 2,\ f(n+1) \leqslant \int_n^{n+1} f(x)\,\mathrm{d}x \leqslant f(n),$$

d'où, par sommation et utilisation de la relation de Chasles :

$$\forall N \geqslant 2,\ \sum_{n=2}^{N} f(n+1) \leqslant \int_2^{N+1} f(x)\,\mathrm{d}x \leqslant \sum_{n=2}^{N} f(n).$$

En particulier :

$$\forall N \geqslant 2,\ \sum_{n=2}^{N} f(n+1) \leqslant \int_2^{N+1} \frac{1}{x(\ln x)^2}\,\mathrm{d}x$$
$$= \Big[-\frac{1}{\ln x}\Big]_2^{N+1} = -\frac{1}{\ln(N+1)} + \frac{1}{\ln 2} \leqslant \frac{1}{\ln 2},$$

d'où, par changement d'indice :

$$\forall N \geqslant 3,\ \sum_{n=3}^{N} u_n = \sum_{n=2}^{N-1} f(n+1) \leqslant \frac{1}{\ln 2}.$$

Ceci montre que les sommes partielles de la série $\sum_n u_n$ sont majorées. Comme il s'agit d'une série à termes $\geqslant 0$, on conclut : la série de terme général $\dfrac{1}{n(\ln n)^2}$ converge.

9.17 Rappelons : $\forall (a,b) \in (\mathbb{R}_+)^2,\ ab \leqslant \dfrac{1}{2}(a^2 + b^2)$.

Ici : $\forall n \geqslant 1,\ 0 \leqslant u_n = \dfrac{1}{n}(nu_n) \leqslant \dfrac{1}{2}\Big(\dfrac{1}{n^2} + n^2u_n^2\Big)$.

La série $\sum_{n\geqslant 1} \dfrac{1}{n^2}$ converge (exemple de Riemann, $2 > 1$) et, par hypothèse, la série $\sum_{n\geqslant 1} n^2u_n^2$ converge. Par addition et loi externe, la série $\sum_{n\geqslant 1} \dfrac{1}{2}\Big(\dfrac{1}{n^2} + n^2u_n^2\Big)$ converge, puis, par théorème de majoration pour des séries à termes $\geqslant 0$, la série $\sum_{n\geqslant 1} u_n$ converge.

9.18 Utilisons des développements limités, lorsque l'entier n tend vers l'infini :

$$u_n = \ln(n^2 + n + 1) + a\ln(n^2 + 2n + 4) + b\ln(n^2 + 3n + 10)$$
$$= \Big[2\ln n + \ln\Big(1 + \frac{1}{n} + \frac{1}{n^2}\Big)\Big] + a\Big[2\ln n + \ln\Big(1 + \frac{2}{n} + \frac{4}{n^2}\Big)\Big]$$
$$+ b\Big[2\ln n + \ln\Big(1 + \frac{3}{n} + \frac{10}{n^2}\Big)\Big]$$
$$= 2(1 + a + b)\ln n + \Big[\Big(\frac{1}{n} + \frac{1}{n^2}\Big) - \frac{1}{2}\frac{1}{n^2} + o\Big(\frac{1}{n^2}\Big)\Big]$$
$$+ a\Big[\Big(\frac{2}{n} + \frac{4}{n^2}\Big) - \frac{1}{2}\frac{4}{n^2} + o\Big(\frac{1}{n^2}\Big)\Big] + b\Big[\Big(\frac{3}{n} + \frac{10}{n^2}\Big) - \frac{1}{2}\frac{9}{n^2} + o\Big(\frac{1}{n^2}\Big)\Big]$$
$$= 2(1 + a + b)\ln n + (1 + 2a + 3b)\frac{1}{n} + \Big(\frac{1}{2} + 2a + \frac{11b}{2}\Big) + o\Big(\frac{1}{n^2}\Big).$$

• Si $1+a+b \neq 0$, alors $u_n \underset{n\infty}{\sim} 2(1+a+b)\ln n$, donc u_n ne tend pas vers 0 lorsque n tend l'infini, et donc la série $\sum_n u_n$ diverge (grossièrement).

• Si $1+a+b=0$ et $1+2a+3b \neq 0$, alors $u_n \underset{n\infty}{\sim} (1+2a+3b)\dfrac{1}{n}$, donc, comme la série $\sum_n \dfrac{1}{n}$ diverge, par multiplication par une constante non nulle, la série $\sum_n (1+2a+3b)\dfrac{1}{n}$ diverge, puis, par théorème d'équivalence pour des séries à termes de signe fixe, la série $\sum_n u_n$ diverge.

• Si $1+a+b=0$ et $1+2a+3b=0$, alors :

$$u_n = \Big(\frac{1}{2} + 2a + \frac{11b}{2}\Big)\frac{1}{n^2} + o\Big(\frac{1}{n^2}\Big).$$

D'après l'exemple de Riemann ($2 > 1$), la série $\sum_n \dfrac{1}{n^2}$ converge.

D'après l'exemple de Riemann ($2 > 1$) et le théorème de comparaison en o, la série $\sum_n o\Big(\dfrac{1}{n^2}\Big)$ converge absolument, donc converge.

Par combinaison linéaire, la série $\sum_n u_n$ converge.

Enfin : $\begin{cases} 1+a+b=0 \\ 1+2a+3b=0 \end{cases} \iff \begin{cases} a=-2 \\ b=1. \end{cases}$

Finalement, la série $\sum_n u_n$ converge si et seulement si :

$$a=-2 \quad \text{et} \quad b=1.$$

9.19 *1) Existence :*

Notons, pour tout $n \in \mathbb{N}$: $u_n = \dfrac{n^2}{3^{n+(-1)^n}}$.

On a : $\forall n \in \mathbb{N},\ \ 0 \leqslant u_n \leqslant \dfrac{n^2}{3^{n-1}} = 3n^2\Big(\dfrac{1}{3}\Big)^n$.

D'après le cours sur les séries dérivées de la série géométrique, puisque $\Big|\dfrac{1}{3}\Big| < 1$, la série $\sum_{n\geqslant 0} n^2\Big(\dfrac{1}{3}\Big)^n$ converge.

Par théorème de majoration pour des séries à termes $\geqslant 0$, il en résulte que la série $\sum_{n\geqslant 0} u_n$ converge.

2) Calcul :

Séparons, dans une somme partielle, les termes d'indices pairs, d'indices impairs. On a, pour tout $N \in \mathbb{N}$:

$$\sum_{n=0}^{2N+1} \frac{n^2}{3^{n+(-1)^n}} = \sum_{p=0}^{N} \frac{(2p)^2}{3^{2p+1}} + \sum_{p=0}^{N} \frac{(2p+1)^2}{3^{(2p+1)-1}}$$

$$= \frac{4}{3}\sum_{p=0}^{N}\frac{p^2}{9^p} + \sum_{p=0}^{N}\frac{4p^2+4p+1}{9^p} = \frac{16}{3}\sum_{p=0}^{N}\frac{p^2}{9^p} + 4\sum_{p=0}^{N}\frac{p}{9^p} + \sum_{p=0}^{N}\frac{1}{9^p}.$$

En faisant tendre l'entier N vers l'infini et en utilisant les résultats du cours sur la série géométrique et ses dérivées successives, on a :

$$\sum_{n=0}^{+\infty} \frac{n^2}{3^{n+(-1)^n}} = \frac{16}{3}\sum_{p=0}^{+\infty}\frac{p^2}{9^p} + 4\sum_{p=0}^{+\infty}\frac{p}{9^p} + \sum_{p=0}^{+\infty}\frac{1}{9^p}$$

$$= \frac{16}{3}\,\frac{\Big(\frac{1}{9}\Big)^2 + \frac{1}{9}}{\Big(1-\frac{1}{9}\Big)^3} + 4\,\frac{\frac{1}{9}}{\Big(1-\frac{1}{9}\Big)^2} + \frac{1}{1-\frac{1}{9}}$$

$$= \frac{16}{3}\,\frac{10}{9^2}\,\frac{9^3}{8^3} + 4\,\frac{1}{9}\,\frac{9^2}{8^2} + \frac{9}{8} = \frac{21}{8}.$$

On conclut : $S = \dfrac{21}{8}$.

9.20 *a)* D'abord, une récurrence immédiate montre que, pour tout $n \in \mathbb{N}$, u_n existe et $u_n > 0$.

• On a : $\quad \forall n \in \mathbb{N},\ \ u_{n+1} - u_n = \dfrac{1}{u_n} > 0$,

donc $(u_n)_{n\geqslant 0}$ est croissante.

On a donc : $\quad \forall n \in \mathbb{N},\ \ u_n \geqslant u_0 = 2$.

Si $(u_n)_{n\geqslant 0}$ converge, alors sa limite ℓ vérifie $\ell \geqslant 2$ et $\ell = \ell + \dfrac{1}{\ell}$, contradiction.

Ainsi, $(u_n)_{n\geqslant 0}$ est croissante et divergente, donc :

$$u_n \underset{n\infty}{\longrightarrow} +\infty.$$

b) On a : $\forall n \in \mathbb{N},\ \ u_{n+1}^2 = \Big(u_n + \dfrac{1}{u_n}\Big)^2 = u_n^2 + 2 + \dfrac{1}{u_n^2}$.

Comme : $\quad \forall n \in \mathbb{N},\ \ u_n \geqslant 2$,

il s'ensuit : $\forall n \in \mathbb{N},\ \ u_{n+1}^2 \begin{cases} \leqslant u_n^2 + 3 \\ \geqslant u_n^2 + 2. \end{cases}$

Ainsi, pour tout $n \geqslant 1$:

$$u_{n-1}^2 + 2 \leqslant u_n^2 \leqslant u_{n-1}^2 + 3,\ \ldots,\ u_0^2 + 2 \leqslant u_1^2 \leqslant u_0^2 + 3.$$

On déduit, par sommation et télescopage :

$$\forall n \in \mathbb{N},\ \ u_0^2 + 2n \leqslant u_n^2 \leqslant u_0^2 + 3n,$$

d'où, puisque les u_n sont tous $\geqslant 0$:

$$\forall n \in \mathbb{N},\ \ \sqrt{2n + u_0^2} \leqslant u_n \leqslant \sqrt{3n + u_0^2}.$$

c) Soit $\alpha \in \mathbb{R}_+^*$ fixé. D'après *b)*, on a, pour tout $n \in \mathbb{N}^*$:

$$\Big(\frac{1}{\sqrt{3n + u_0^2}}\Big)^\alpha \leqslant \frac{1}{u_n^\alpha} \leqslant \Big(\frac{1}{\sqrt{2n + u_0^2}}\Big)^\alpha.$$

Et : $\quad \Big(\dfrac{1}{\sqrt{3n + u_0^2}}\Big)^\alpha \underset{n\infty}{\sim} \Big(\dfrac{1}{\sqrt{3n}}\Big)^\alpha = 3^{-\alpha/2}\dfrac{1}{n^{\alpha/2}}$,

$$\Big(\frac{1}{\sqrt{2n + u_0^2}}\Big)^\alpha \underset{n\infty}{\sim} \Big(\frac{1}{\sqrt{2n}}\Big)^\alpha = 2^{-\alpha/2}\frac{1}{n^{\alpha/2}}.$$

• Si $\alpha > 2$, alors, d'après l'exemple de Riemann, la série $\sum_{n\geqslant 1} \frac{1}{n^{\alpha/2}}$ converge, donc, par théorème d'équivalence pour des séries à termes $\geqslant 0$, la série $\sum_{n\geqslant 1} \Big(\frac{1}{\sqrt{2n+u_0^2}}\Big)^{\alpha}$ converge, puis, par théorème de majoration pour des séries à termes $\geqslant 0$, la série $\sum_{n\geqslant 1} \frac{1}{u_n^{\alpha}}$ converge.

• Si $\alpha \leqslant 2$, alors, d'après l'exemple de Riemann, la série $\sum_{n\geqslant 1} \frac{1}{n^{\alpha/2}}$ diverge, donc, par théorème d'équivalence pour des séries à termes $\geqslant 0$, la série $\sum_{n\geqslant 1} \Big(\frac{1}{\sqrt{3n+u_0^2}}\Big)^{\alpha}$ diverge, puis, par théorème de minoration pour des séries à termes $\geqslant 0$, la série $\sum_{n\geqslant 1} \frac{1}{u_n^{\alpha}}$ diverge.

Finalement, la série de terme général $\frac{1}{u_n^{\alpha}}$ converge si et seulement si $\alpha > 2$.

9.21 *a)* • Montrons, par récurrence sur n : $\forall n \in \mathbb{N},\ u_n \geqslant 5$.

C'est vrai pour $n = 0$, puisque $u_0 = 5$.

Si c'est vrai pour un $n \in \mathbb{N}$, alors :

$$u_{n+1} = u_n^2 - 5u_n + 8 = u_n(u_n - 5) + 8 \geqslant 8 \geqslant 5,$$

donc c'est vrai pour $n + 1$.

On conclut : $\forall n \in \mathbb{N},\ u_n \geqslant 5$.

• On a, pour tout $n \in \mathbb{N}$:

$$u_{n+1} - u_n = u_n^2 - 6u_n + 8 = (u_n - 3)^2 - 1 \geqslant 3 \geqslant 0,$$

donc $(u_n)_{n\in\mathbb{N}}$ est croissante.

• Supposons $u_n \underset{n\infty}{\longrightarrow} \ell \in \mathbb{R}$. Alors, par passage à la limite dans la définition de la suite $(u_n)_{n\in\mathbb{N}}$, on a : $\ell = \ell^2 - 5\ell + 8$, d'où facilement $\ell \in \{2, 4\}$. Mais : $\forall n \in \mathbb{N},\ u_n \geqslant 5$, donc, par passage à la limite : $\ell \geqslant 5$, contradiction.

Ceci montre que $(u_n)_{n\in\mathbb{N}}$ diverge.

Puisque $(u_n)_{n\in\mathbb{N}}$ est croissante et divergente, on conclut :

$$u_n \underset{n\infty}{\longrightarrow} +\infty.$$

b) On a, pour tout $n \in \mathbb{N}$:

$$\frac{(-1)^n}{u_n - 2} - \frac{(-1)^{n+1}}{u_{n+1} - 2} = \frac{(-1)^n}{u_n - 2} - \frac{(-1)^{n+1}}{(u_n - 2)(u_n - 3)}$$
$$= \frac{(-1)^n}{(u_n - 2)(u_n - 3)}\big((u_n - 3) + 1\big) = \frac{(-1)^n}{u_n - 3}.$$

c) Nous allons former les sommes partielles et faire apparaître un télescopage.

On a, d'après *b)*, pour tout $N \geqslant 0$:

$$\sum_{n=0}^{N} \frac{(-1)^n}{u_n - 3} = \sum_{n=0}^{N} \Big(\frac{(-1)^n}{u_n - 2} - \frac{(-1)^{n+1}}{u_{n+1} - 2}\Big)$$
$$= \sum_{n=0}^{N} \frac{(-1)^n}{u_n - 2} - \sum_{n=0}^{N} \frac{(-1)^{n+1}}{u_{n+1} - 2} = \sum_{n=0}^{N} \frac{(-1)^n}{u_n - 2} - \sum_{n=1}^{N+1} \frac{(-1)^n}{u_n - 2}$$
$$= \frac{1}{u_0 - 2} - \frac{(-1)^{N+1}}{u_{N+1} - 2} \underset{N\infty}{\longrightarrow} \frac{1}{u_0 - 2} = \frac{1}{3}.$$

Ceci montre que la série $\sum_{n\geqslant 0} \frac{(-1)^n}{u_n - 3}$ converge et que :

$$\sum_{n=0}^{+\infty} \frac{(-1)^n}{u_n - 3} = \frac{1}{3}.$$

9.22 *a)* On a, pour tout $N \geqslant 1$, en utilisant une sommation géométrique :

$$\int_0^1 \frac{1 - (-1)^N x^N}{1 + x}\,\mathrm{d}x = \int_0^1 \Big(\sum_{n=0}^{N-1} (-x)^n\Big)\mathrm{d}x$$
$$= \sum_{n=0}^{N-1} (-1)^n \int_0^1 x^n\,\mathrm{d}x = \sum_{n=0}^{N-1} (-1)^n \frac{1}{n+1} = \sum_{n=1}^{N} \frac{(-1)^{n-1}}{n}.$$

b) D'après *a)*, on a, pour tout $N \geqslant 2$:

$$\sum_{n=1}^{N} \frac{(-1)^{n-1}}{n} = \int_0^1 \frac{1}{1+x}\,\mathrm{d}x - (-1)^N \int_0^1 \frac{x^N}{1+x}\,\mathrm{d}x.$$

Mais : $0 \leqslant \int_0^1 \frac{x^N}{1+x}\,\mathrm{d}x \leqslant \int_0^1 x^N\,\mathrm{d}x = \frac{1}{N+1} \underset{N\infty}{\longrightarrow} 0,$

donc : $\int_0^1 \frac{x^N}{1+x}\,\mathrm{d}x \underset{N\infty}{\longrightarrow} 0.$

On déduit :

$$\sum_{n=1}^{N} \frac{(-1)^{n-1}}{n} \underset{N\infty}{\longrightarrow} \int_0^1 \frac{1}{1+x}\,\mathrm{d}x = \big[\ln(1+x)\big]_0^1 = \ln 2.$$

On conclut que la série $\sum_{n\geqslant 1} \frac{(-1)^{n-1}}{n}$ converge et que :

$$\sum_{n=1}^{+\infty} \frac{(-1)^{n-1}}{n} = \ln 2.$$

9.23 *a)* D'abord, il est clair, par récurrence immédiate, que, pour tout $n \in \mathbb{N}$, u_n existe et $u_n \geqslant 0$.

On a donc : $u_{n+1} - \sqrt{n + u_n} \geqslant \sqrt{n} \underset{n\infty}{\longrightarrow} +\infty,$

d'où : $u_{n+1} \underset{n\infty}{\longrightarrow} +\infty,$

puis, par décalage d'indice : $u_n \underset{n\infty}{\longrightarrow} +\infty.$

b) 1) Récurrence sur n.

• La propriété est vraie pour $n = 1$, car $\sqrt{1} \leqslant u_1 = 1 \leqslant 2\sqrt{1}$.

• Supposons, pour un $n \geqslant 1$ fixé : $\sqrt{n} \leqslant u_n \leqslant 2\sqrt{n}$.

On a alors : $u_{n+1} = \sqrt{n + u_n} \geqslant \sqrt{n + \sqrt{n}} \geqslant \sqrt{n+1}$.

On a aussi : $u_{n+1} = \sqrt{n + u_n} \leqslant \sqrt{n + 2\sqrt{n}}$.

Montrons, pour tout $n \geqslant 1$: $\sqrt{n + 2\sqrt{n}} \leqslant 2\sqrt{n+1}$ (1).

On a : (1) $\iff n + 2\sqrt{n} \leqslant 4(n+1) \iff 2\sqrt{n} \leqslant 3n + 4$,

et cette dernière inégalité est vraie car :

$$2\sqrt{n} \leqslant 3\sqrt{n} \leqslant 3n \leqslant 3n + 4.$$

On a donc : $u_{n+1} \leqslant \sqrt{n + 2\sqrt{n}} \leqslant 2\sqrt{n+1}$.

Ceci montre que l'encadrement voulu est vrai pour $n + 1$.

On a démontré, par récurrence sur n :

$$\forall n \in \mathbb{N}^*, \quad \sqrt{n} \leqslant u_n \leqslant 2\sqrt{n}.$$

2) De *1)*, on déduit : $u_{n+1} = \sqrt{n + \sqrt{u_n}} \begin{cases} \leqslant \sqrt{n + 2\sqrt{n}} \\ \geqslant \sqrt{n + \sqrt{n}}. \end{cases}$

Comme : $\sqrt{n + 2\sqrt{n}} = \sqrt{n}\sqrt{1 + \dfrac{2}{\sqrt{n}}} \underset{n\infty}{\sim} \sqrt{n}$,

et : $\sqrt{n + \sqrt{n}} = \sqrt{n}\sqrt{1 + \dfrac{1}{\sqrt{n}}} \underset{n\infty}{\sim} \sqrt{n}$,

on déduit, par encadrement : $u_{n+1} \underset{n\infty}{\sim} \sqrt{n}$.

D'où : $u_{n+1} \underset{n\infty}{\sim} \sqrt{n} \underset{n\infty}{\sim} \sqrt{n+1}$,

puis, par décalage d'indice : $u_n \underset{n\infty}{\sim} \sqrt{n}$.

c) Soit $\alpha \in]0\,;+\infty[$. On a : $\dfrac{1}{u_n^\alpha} \underset{n\infty}{\sim} \left(\dfrac{1}{\sqrt{n}}\right)^\alpha = \dfrac{1}{n^{\alpha/2}}$.

D'après l'exemple de Riemann et le théorème d'équivalence pour des séries à termes $\geqslant 0$, on conclut : la série de terme général $\dfrac{1}{u_n^\alpha}$ converge si et seulement si : $\alpha > 2$.

9.24 *a)* • Considérons, pour $n \geqslant 1$, le paquet de termes $\displaystyle\sum_{k=n+1}^{2n+1} u_k$.

Puisque la suite $(u_n)_{n\geqslant 1}$ est décroissante et à termes $\geqslant 0$, on a :

$$\forall n \geqslant 1, \quad \sum_{k=n+1}^{2n+1} u_k \geqslant nu_{2n} \geqslant 0.$$

Mais, puisque la série $\displaystyle\sum_{n\geqslant 1} u_n$ converge, on a :

$$\sum_{k=n+1}^{2n+1} u_k = \sum_{k=1}^{2n+1} u_k - \sum_{k=1}^{n} u_k \underset{n\infty}{\longrightarrow} \sum_{k=1}^{+\infty} u_k - \sum_{k=1}^{+\infty} u_k = 0.$$

Par théorème d'encadrement, il en résulte : $nu_{2n} \underset{n\infty}{\longrightarrow} 0$,

puis, en multipliant par 2 : $(2n)u_{2n} \underset{n\infty}{\longrightarrow} 0$.

• On a, pour $n \geqslant 1$:

$$0 \leqslant (2n+1)u_{2n+1} \leqslant (2n+1)u_{2n} = \frac{2n+1}{2n}(2n)u_{2n} \underset{n\infty}{\longrightarrow} 1 \cdot 0 = 0.$$

D'où, par théorème d'encadrement : $(2n+1)u_{2n+1} \underset{n\infty}{\longrightarrow} 0$.

• Puisque $(2n)u_{2n} \underset{n\infty}{\longrightarrow} 0$ et $(2n+1)u_{2n+1} \underset{n\infty}{\longrightarrow} 0$,

d'après l'exercice 8.19, on conclut : $nu_n \underset{n\infty}{\longrightarrow} 0$.

b) • Puisque $nu_n \underset{n\infty}{\longrightarrow} 0$, il existe $N \geqslant 1$ tel que :

$$\forall n \geqslant N, \quad nu_n \leqslant 1.$$

D'où : $\forall n \geqslant N, \quad 0 \leqslant v_n = nu_n^2 = (nu_n)u_n \leqslant u_n$.

Puisque la série $\displaystyle\sum_{n\geqslant 1} u_n$ converge, on déduit, par théorème de majoration pour des séries à termes $\geqslant 0$, que la série $\displaystyle\sum_{n\geqslant 1} v_n$ converge.

• On a : $n\ln(1+u_n) \underset{n\infty}{\sim} nu_n \underset{n\infty}{\longrightarrow} 0$, donc : $\mathrm{e}^{n\ln(1+u_n)} \underset{n\infty}{\longrightarrow} 1$,

puis : $w_n = u_n(1+u_n)^n = u_n \exp\left(n\ln(1+u_n)\right) \underset{n\infty}{\sim} u_n \geqslant 0$.

Par théorème d'équivalence pour des séries à termes $\geqslant 0$, on conclut que la série $\displaystyle\sum_{n\geqslant 1} w_n$ converge.

9.25 Notons, pour tout $n \in \mathbb{N}$: $U_n = \displaystyle\sum_{k=0}^{n} u_k, \quad V_n = \sum_{k=0}^{n} v_k$.

1) Supposons que la série $\displaystyle\sum_{n\geqslant 0} u_n$ converge.

Notons $U = \displaystyle\sum_{n=0}^{+\infty} u_n$. On a, pour tout $n \in \mathbb{N}$:

$$V_n = \sum_{k=0}^{n} v_k = \sum_{k=0}^{n}(u_k + u_{k+1}) = \sum_{k=0}^{n} u_k + \sum_{k=0}^{n} u_{k+1}$$

$$= \sum_{k=0}^{n} u_k + \sum_{k=1}^{n+1} u_k = U_n + (U_{n+1} - u_0),$$

donc : $V_n \underset{n\infty}{\longrightarrow} 2U - u_0$,

ce qui montre que la série $\displaystyle\sum_{n\geqslant 0} v_n$ converge.

2) Réciproquement, supposons que la série $\displaystyle\sum_{n\geqslant 0} v_n$ converge.

Notons $V = \displaystyle\sum_{n=0}^{+\infty} v_n$. On a, pour tout $n \in \mathbb{N}$:

$$V_n = U_n + U_{n+1} - u_0 = 2U_n + u_{n+1} - u_0,$$

donc : $U_n = \dfrac{1}{2}V_n + \dfrac{1}{2}u_0 - \dfrac{1}{2}u_{n+1}$.

Puisque $V_n \underset{n\infty}{\longrightarrow} V$ et $u_{n+1} \underset{n\infty}{\longrightarrow} 0$ (hypothèse), on déduit :

$$U_n \underset{n\infty}{\longrightarrow} \frac{1}{2}V + \frac{1}{2}u_0,$$

ce qui montre que la série $\sum_{n\geqslant 0} u_n$ converge.

Finalement, les séries de termes généraux u_n et $u_n + u_{n+1}$ sont de même nature.

Remarque : L'hypothèse $u_n \underset{n\infty}{\longrightarrow} 0$ est essentielle.

Par exemple, pour $u_n = (-1)^n$, la série de terme général u_n diverge (car u_n ne tend pas vers 0), mais la série de terme général v_n converge (car, pour tout n, $v_n = 0$).

9.26 *a)* Notons $\lambda = \dfrac{\ell + 1}{2}$. On a donc : $\ell < \lambda < 1$.

Puisque $\dfrac{u_{n+1}}{u_n} \underset{n\infty}{\longrightarrow} \ell < \lambda$, il existe $N \in \mathbb{N}$ tel que :

$$\forall n \geqslant N, \quad \frac{u_{n+1}}{u_n} \leqslant \lambda.$$

On a donc, pour tout $n \geqslant N + 1$:

$$u_n \leqslant \lambda u_{n-1}, \quad \ldots, \quad u_{N+1} \leqslant \lambda u_N.$$

Par multiplication (les membres sont tous > 0) et par télescopage, on obtient : $\forall n \geqslant N, \quad u_n \leqslant \lambda^{n-N} u_N = \lambda^n \lambda^{-N} u_N$.

Comme $\lambda \in [0\,;1[$, la série géométrique $\sum_n \lambda^n$ converge. Par théorème de majoration pour des séries à termes $\geqslant 0$, on conclut que la série $\sum_n u_n$ converge.

b) • On a : $\quad \forall n \in \mathbb{N}, \quad u_n > 0,$

et : $$\frac{u_{n+1}}{u_n} = \frac{((n+1)!)^2 2^{n+1}}{(2(n+1)!)} \frac{(2n)!}{(n!)^2 2^n}$$

$$= \frac{(n+1)^2 \cdot 2}{(2n+1)(2n+2)} = \frac{n+1}{2n+1} \underset{n\infty}{\longrightarrow} \frac{1}{2} < 1.$$

D'après *a)*, on conclut que la série $\sum_n u_n$ converge.

• On a : $\quad \forall n \in \mathbb{N}, \quad v_n > 0,$

et :

$$\frac{v_{n+1}}{v_n} = \frac{\begin{pmatrix} 4(n+1) \\ 2(n+1) \end{pmatrix}^{-1}}{\begin{pmatrix} 4n \\ 2n \end{pmatrix}^{-1}} = \frac{\begin{pmatrix} 4n \\ 2n \end{pmatrix}}{\begin{pmatrix} 4n+4 \\ 2n+2 \end{pmatrix}} = \frac{(4n)!((2n+2)!)^2}{(4n+4)!((2n)!)^2}$$

$$= \frac{((2n+1)(2n+2))^2}{(4n+1)(4n+2)(4n+3)(4n+4)} \underset{n\infty}{\sim} \frac{16n^4}{256n^4} = \frac{1}{16}.$$

Ainsi : $\quad \dfrac{v_{n+1}}{v_n} \underset{n\infty}{\longrightarrow} \dfrac{1}{16} < 1.$

D'après *a)*, on conclut que la série $\sum_n v_n$ converge.

9.27 *a) 1)* On a, pour tout $p \in \mathbb{N}$:

$$S_{2(p+1)} - S_{2p} = u_{2p+1} + u_{2p+2} = -|u_{2p+1}| + |u_{2p+2}| \leqslant 0,$$

$$S_{2(p+1)+1} - S_{2p+1} = u_{2p+2} + u_{2p+3} = |u_{2p+2}| - |u_{2p+3}| \geqslant 0,$$

et : $\quad S_{2p+1} - S_{2p} = u_{2p+1} \underset{n\infty}{\longrightarrow} 0.$

On conclut que les suites $(S_{2p})_{p\in\mathbb{N}}$ et $(S_{2p+1})_{p\in\mathbb{N}}$ sont adjacentes.

2) Puisque les suites $(S_{2p})_{p\in\mathbb{N}}$ et $(S_{2p+1})_{p\in\mathbb{N}}$ sont adjacentes, elles convergent et ont la même limite, notée ℓ.

D'après l'exercice 8.19, il en résulte : $S_n \underset{n\infty}{\longrightarrow} \ell$.

Puisque la suite des sommes partielles de la série converge, on conclut que la série $\sum_{n\geqslant 0} u_n$ converge.

b) Soit $\alpha \in]0\,; +\infty[$. La série $\sum_{n\geqslant 1} \dfrac{(-1)^n}{n^\alpha}$ vérifie les hypothèses de *a)*, puisque :

• pour tout $n \geqslant 1$, $\dfrac{1}{n^\alpha} \geqslant 0$

• la suite $\left(\dfrac{1}{n^\alpha}\right)_{n\geqslant 1}$ est décroissante

• $\dfrac{1}{n^\alpha} \underset{n\infty}{\longrightarrow} 0.$

On conclut, d'après *a)* : la série $\sum_{n\geqslant 1} \dfrac{(-1)^n}{n^\alpha}$ converge.

c) Utilisons un développement limité :

$$v_n = \frac{(-1)^n}{\sqrt{n} + (-1)^n} = \frac{(-1)^n}{\sqrt{n}} \frac{1}{1 + \underbrace{\dfrac{(-1)^n}{\sqrt{n}}}_{\underset{n\infty}{\longrightarrow} 0}}$$

$$= \frac{(-1)^n}{\sqrt{n}}\left(1 - \frac{(-1)^n}{\sqrt{n}} + \frac{1}{n} + o\left(\frac{1}{n}\right)\right) = \frac{(-1)^n}{\sqrt{n}} - \frac{1}{n} + \frac{(-1)^n}{n\sqrt{n}} + o\left(\frac{1}{n\sqrt{n}}\right).$$

• D'après *b)*, avec $\alpha = 1/2$, la série $\sum_{n\geqslant 1} \dfrac{(-1)^n}{\sqrt{n}}$ converge.

• La série $\sum_n \dfrac{1}{n}$ diverge.

• La série $\sum_{n\geqslant 1} \dfrac{(-1)^n}{n^{3/2}}$ est absolument convergente (exemple de Riemann, $3/2 > 1$), donc convergente.

• Puisque la série $\sum_{n\geqslant 1} \dfrac{1}{n^{3/2}}$ est convergente et à termes $\geqslant 0$, d'après le théorème de domination, la série $\sum_{n\geqslant 1} o\left(\dfrac{1}{n^{3/2}}\right)$ est absolument convergente, donc convergente.

Ainsi, v_n apparaît comme la somme des termes généraux de quatre séries, dont trois convergentes et une divergente.

On conclut que la série de terme général v_n diverge.

Fonctions d'une variable réelle : généralités, limites, continuité

CHAPITRE 10

Plan

Thèmes abordés dans les exercices

- Résolution d'équations à inconnue réelle
- Résolution de certaines équations fonctionnelles
- Manipulation des fonctions remarquables : paires, impaires, périodiques, majorées, minorées, bornées, croissantes, décroissantes
- Étude de la continuité d'une fonction, de l'existence et de la valeur d'une limite
- Existence de solutions d'une équation
- Existence et propriétés d'une fonction réciproque.

Points essentiels du cours pour la résolution des exercices

- Propriétés des fonctions ayant des limites finies ou des limites infinies, pour les opérations algébriques et pour l'ordre usuel
- Définition des fonctions remarquables : paires, impaires, périodiques, majorées, minorées, bornées, croissantes, décroissantes
- Propriétés générales des fonctions continues
- Théorème des valeurs intermédiaires, théorème de continuité sur un segment, théorème de la bijection monotone
- Définition de la fonction partie entière, notée Ent.

Les méthodes à retenir

Pour calculer la limite d'une fonction se présentant sous une forme indéterminée

Essayer de :

- transformer l'écriture de l'expression proposée, souvent par des factorisations

➥ **Exercice 10.1 *d)***

- utiliser des équivalents

➥ **Exercices 10.1 *a)* à *c)*, *h)***

(suite)	• utiliser les prépondérances classiques relatives aux fonctions logarithmes, puissances, exponentielles ➥ **Exercices 10.1** ***e)*** **à** ***g)*** Voir aussi les méthodes à retenir du chapitre 13, utilisant des développements limités.
Pour montrer qu'une fonction f admet une limite finie ℓ en un point a	Essayer de : • appliquer les théorèmes généraux sur les limites • montrer que $\lvert f(x) - \ell \rvert \underset{x \longrightarrow a}{\longrightarrow} 0$. ➥ **Exercice 10.2**
Pour résoudre une équation à une inconnue réelle	Essayer d'étudier les variations d'une fonction associée à l'équation, par exemple la fonction obtenue en faisant tout passer dans le premier membre. ➥ **Exercice 10.4.**
Pour montrer l'existence d'une solution d'une équation $f(x) = 0$, où f est à variable réelle et à valeurs réelles	Essayer de : • étudier les variations de f, si $f(x)$ est donné par une formule explicite ➥ **Exercice 10.4** • appliquer le théorème des valeurs intermédiaires, si f est continue sur un intervalle et prend des valeurs négatives ou nulles et des valeurs positives ou nulles. ➥ **Exercices 10.5, 10.21, 10.26.**
Pour montrer qu'une fonction est paire, est impaire, est périodique	Revenir à la définition. ➥ **Exercices 10.8, 10.18.**
Pour manipuler la fonction partie entière	Se rapporter à la définition de la partie entière d'un réel : $\forall x \in \mathbb{R}, \ \big(\mathrm{Ent}(x) \leqslant x < \mathrm{Ent}(x) + 1 \ \text{ et } \ \mathrm{Ent}(x) \in \mathbb{Z}\big)$ ou encore : $\forall x \in \mathbb{R}, \ \big(x - 1 < \mathrm{Ent}(x) \leqslant x \ \text{ et } \ \mathrm{Ent}(x) \in \mathbb{Z}\big)$. ➥ **Exercice 10.11.**

Pour résoudre une équation fonctionnelle	Raisonner clairement par implication puis réciproque, ou exceptionnellement par équivalences logiques. Si la fonction inconnue est supposée continue sur un intervalle et ne prend qu'un nombre fini de valeurs, utiliser le théorème des valeurs intermédiaires ➥ **Exercices 10.12, 10.17** Essayer d'appliquer l'équation à des valeurs ou des formes particulières de la (les) variable(s), ou passer à une limite ➥ **Exercice 10.24** Voir aussi les méthodes à retenir des chapitres 11 et 12.
Pour étudier les points fixes d'une fonction f	Essayer d'étudier la fonction auxiliaire $g : x \longmapsto f(x) - x$. ➥ **Exercices 10.13, 10.20, 10.23.**
Pour montrer qu'une fonction $f : X \longrightarrow \mathbb{R}$ est majorée, est minorée, est bornée	Essayer de : • revenir à la définition, c'est-à-dire, respectivement : $\exists M \in \mathbb{R},\ \forall x \in X,\ \ f(x) \leqslant M$ $\exists m \in \mathbb{R},\ \forall x \in X,\ \ m \leqslant f(x)$ $\exists C \in \mathbb{R}_+,\ \forall x \in X,\ \ \lvert f(x)\rvert \leqslant C$ ➥ **Exercice 10.6** • appliquer le théorème du cours si f est continue et si X est un segment. ➥ **Exercices 10.6, 10.14, 10.25.**
Pour montrer qu'une fonction $f : I \longrightarrow J$ est bijective, où I et J sont des intervalles de $\mathbb{R}$	Essayer de : • revenir à la définition, c'est-à-dire montrer : $\forall y \in J,\ \exists\,!\, x \in I,\ \ y = f(x).$ On pourra éventuellement exprimer l'application réciproque f^{-1} de f. ➥ **Exercice 10.7** • appliquer le théorème de la bijection monotone. Dans ce contexte, souvent, on ne pourra pas exprimer l'application réciproque f^{-1} de f. ➥ **Exercices 10.15 *a)*, 10.16 *a)*.**

Énoncés des exercices

10.1 Exemples de calculs simples de limites

Déterminer les limites suivantes :

a) $\lim\limits_{x \longrightarrow +\infty} \dfrac{2x^2 - x + 1}{x - 1}$

b) $\lim\limits_{x \longrightarrow -\infty} \dfrac{x^2 - x + 2}{2x^2 + x + 4}$

c) $\lim\limits_{x \longrightarrow +\infty} \dfrac{x - 1}{x^3 + x + 1}$

d) $\lim\limits_{x \longrightarrow 2^+} \dfrac{x^2 - 3x + 2}{x^2 - 4x + 4}$

e) $\lim\limits_{x \longrightarrow +\infty} \dfrac{(\ln x)^2 - 3}{x + 2}$

f) $\lim\limits_{x \longrightarrow 0^+} x^2(\ln x - x)$

g) $\lim\limits_{x \longrightarrow +\infty} x(1 + \ln x)\,\mathrm{e}^{-x}$

h) $\lim\limits_{x \longrightarrow +\infty} 2^{\frac{1}{x}}$.

10.2 Obtention d'une limite par une condition sur la fonction

Soit $f : \mathbb{R} \longrightarrow \mathbb{R}$ telle que : $f(x)(2 - f(x)) \underset{x \longrightarrow +\infty}{\longrightarrow} 1$. Montrer : $f(x) \underset{x \longrightarrow +\infty}{\longrightarrow} 1$.

10.3 Points fixes lorsqu'une itérée est constante

Soit $f : \mathbb{R} \longrightarrow \mathbb{R}$ une application.

On suppose qu'il existe $n \in \mathbb{N}^*$ et $a \in \mathbb{R}$ tels que : $\forall x \in \mathbb{R},\ \ f^{[n]}(x) = a$,

où $f^{[n]}$ désigne $\underbrace{f \circ \cdots \circ f}_{n \text{ fois}}$. Montrer : $f(a) = a$.

10.4 Résolution d'une équation, utilisation de la stricte monotonie

Résoudre l'équation $x^6 + x^4 = 810$, d'inconnue $x \in \mathbb{R}_+$.

10.5 Existence d'une solution par théorème des valeurs intermédiaires

Montrer que l'équation $x^{15} = x^{11} + 2$, d'inconnue $x \in \mathbb{R}_+$, admet au moins une solution.

10.6 Composées bornées

Soient $f : \mathbb{R} \longrightarrow \mathbb{R}$ une application bornée, $g : \mathbb{R} \longrightarrow \mathbb{R}$ une application continue. Montrer que $f \circ g$ et $g \circ f$ sont bornées.

10.7 Expliciter une fonction réciproque

Montrer que l'application $f :]-1\,;\,1[\longrightarrow \mathbb{R},\ x \longmapsto \dfrac{x}{1 - x^2}$ est bijective et exprimer $f^{-1}(y)$ pour tout $y \in \mathbb{R}$.

10.8 Fonctions paires, fonctions impaires

a) Soit I un intervalle non vide de $\mathbb{R}$ tel que : $\forall x \in I,\ \ -x \in I$.

On note $\mathscr{E} = \mathbb{R}^I$ l'espace vectoriel des applications de I dans $\mathbb{R}$, et on note $\mathscr{P}$ (resp. $\mathscr{I}$) l'ensemble des applications paires (resp. impaires) de I dans $\mathbb{R}$, c'est-à-dire :

$$\mathscr{P} = \{f : I \longrightarrow \mathbb{R}\,;\ \forall x \in I,\ f(-x) = f(x)\},$$

$$\mathscr{I} = \{f : I \longrightarrow \mathbb{R}\,;\ \forall x \in I,\ f(-x) = -f(x)\}.$$

Montrer que $\mathscr{P}$ et $\mathscr{I}$ sont deux sous-espaces vectoriels de $\mathscr{E}$ supplémentaires dans $\mathscr{E}$, et exprimer, pour toute $f \in \mathscr{E}$, la décomposition linéaire de f sur $\mathscr{P}$ et $\mathscr{I}$.

b) On prend ici $I =]-1\,;\,1[$ et $f : I \longrightarrow \mathbb{R},\ x \longmapsto \sqrt{\dfrac{1+x}{1-x}}$. Calculer, pour tout $x \in I$, $p(x)$ et $i(x)$, où p et i sont les projetés de f sur $\mathscr{P}$ et $\mathscr{I}$ respectivement.

10.9 Condition de composition sur une fonction

Existe-t-il une application $f : \mathbb{R} \longrightarrow \mathbb{R}$ telle que : $\begin{cases} \forall x \in \mathbb{R},\ f(f(x)) = x + 1 \\ \forall x \in \mathbb{R},\ f(f(x) - 1) = 1 - x \end{cases}$?

10.10 Conditions d'inégalités sur une fonction

Soit $f : \mathbb{R} \longrightarrow \mathbb{R}$ telle que : $\begin{cases} \forall x \in \mathbb{R},\ f(x) \leqslant x \\ \forall (x, y) \in \mathbb{R}^2,\ f(x + y) \leqslant f(x) + f(y). \end{cases}$

Montrer : $f = \mathrm{Id}_{\mathbb{R}}$.

10.11 Étude de continuité pour une fonction faisant intervenir la partie entière

On rappelle que, pour tout $x \in \mathbb{R}$, la partie entière de x, notée $\mathrm{Ent}(x)$, est définie par :

$$\mathrm{Ent}(x) \in \mathbb{Z} \quad \text{et} \quad \mathrm{Ent}(x) \leqslant x < \mathrm{Ent}(x) + 1.$$

Montrer que l'application $f : \mathbb{R} \longrightarrow \mathbb{R},\ x \longmapsto (x - \mathrm{Ent}(x))^2 + (\mathrm{Ent}(x) + 1 - x)^2$

est continue sur $\mathbb{R}$.

10.12 Exemple d'équation fonctionnelle

Trouver toutes les applications $f : \mathbb{R} \longrightarrow \mathbb{R}$ continues telles que :

$$\forall x \in \mathbb{R},\ (f(x))^2 = 3f(x) - 2.$$

10.13 Point d'égalité de deux fonctions

Soient $f : \mathbb{R} \longrightarrow \mathbb{R}$ continue telle que : $\lim_{-\infty} f = -\infty$ et $\lim_{+\infty} f = +\infty$ et $g : \mathbb{R} \longrightarrow \mathbb{R}$ continue et bornée. Démontrer : $\exists\, c \in \mathbb{R},\ f(c) = g(c)$.

10.14 Amélioration d'une majoration

Soient $(a, b) \in \mathbb{R}^2$ tel que $a < b$, $f, g : [a\,;\,b] \longrightarrow \mathbb{R}$ continues.

On suppose : $\forall x \in [a\,;\,b],\ 0 < f(x) < g(x)$.

Montrer qu'il existe $C \in [0\,;\,1[$ tel que : $\forall x \in [a\,;\,b],\ f(x) \leqslant Cg(x)$.

10.15 Fonction réciproque, inégalité

On note $f : \mathbb{R} \longrightarrow \mathbb{R},\ x \longmapsto x + x^2 + 2x^3$.

a) Montrer que f est bijective. On note f^{-1} la réciproque de f.

b) Trouver $\alpha \in \mathbb{R}_+^*$ tel que : $\forall y \in \mathbb{R},\ |f^{-1}(y)| \leqslant \alpha |y|$.

10.16 Fonction réciproque, équation

On note $f : \mathbb{R} \longrightarrow \mathbb{R},\ \ x \longmapsto x^3 + x - 8$.

a) Montrer que f est strictement croissante et bijective. On note f^{-1} la réciproque de f.

b) Résoudre l'équation $2f(x) + 3f^{-1}(x) = 10$, d'inconnue $x \in \mathbb{R}$.

10.17 Exemple d'équation fonctionnelle

Trouver toutes les applications $f : \mathbb{R} \longrightarrow \mathbb{R}$ telles que :

$$\forall (x, y) \in \mathbb{R}^2,\ \ f(x)f(y) - f(xy) = x + y.$$

10.18 Produits de fonctions continues paires, continues impaires

Soit X un intervalle de $\mathbb{R}$, contenant 0 et non réduit à 0, tel que : $\forall x \in X,\ \ -x \in X$.

On note E l'espace vectoriel des applications continues de X dans $\mathbb{R}$, P (resp. I) le sous-espace vectoriel de E formé des applications continues paires (resp. impaires).

Soit $\varphi \in E$ fixée.

a) Montrer que les assertions suivantes sont deux à deux équivalentes :

(1) $\varphi \in P$, (2) $\forall f \in P,\ \ f\varphi \in P$, (3) $\forall f \in I,\ \ f\varphi \in I$.

b) Même question pour :

(1′) $\varphi \in I$, (2′) $\forall f \in P,\ \ f\varphi \in I$, (3′) $\forall f \in I,\ \ f\varphi \in P$.

10.19 Fonction idempotente de limites infinies

Soit $f : \mathbb{R} \longrightarrow \mathbb{R}$ continue telle que : $f \circ f = f,\ \ \lim\limits_{-\infty} f = -\infty,\ \ \lim\limits_{+\infty} f = +\infty$.

Démontrer : $f = \mathrm{Id}_{\mathbb{R}}$.

10.20 Séparation de f et g, de $f \circ f$ et $g \circ g$

Soient $f, g : \mathbb{R} \longrightarrow \mathbb{R}$ continues telles que : $f \circ g = g \circ f$.

Montrer que, si $\{x \in \mathbb{R}\,;\ \ f \circ f(x) = g \circ g(x)\} \neq \emptyset$, alors $\{x \in \mathbb{R}\,;\ \ f(x) = g(x)\} \neq \emptyset$.

10.21 Combinaison de polynômes scindés simples à zéros entrelacés

Soient $n \in \mathbb{N}^*$, $a_0, ..., a_n, b_0, ..., b_n \in \mathbb{R}$ tels que : $a_0 < b_0 < a_1 < b_1 < \cdots < a_n < b_n$, $\alpha, \beta \in \mathbb{R}_+^*$.

On note : $P = \alpha \prod\limits_{k=0}^{n} (\mathrm{X} - a_k) + \beta \prod\limits_{k=0}^{n} (\mathrm{X} - b_k) \in \mathbb{R}[\mathrm{X}]$.

Démontrer que P admet $n + 1$ zéros réels deux à deux distincts.

10.22 Minoration impossible

Montrer qu'il n'existe pas d'application $f : \mathbb{R} \longrightarrow \mathbb{R}$ telle que :

$$\forall x \in \mathbb{R},\ \forall h \in \mathbb{R}_+^*,\ \ f(x + h) \geqslant f(x) + \sqrt{h}.$$

10.23 Étude de point fixe

a) Soit $f : [0\,;\,1] \longrightarrow [0\,;\,1]$ continue. Montrer : $\exists c \in [0\,;\,1],\ \ f(c) = c$.

b) Est-ce que, pour toute application continue $f :]0\,;\,1[\longrightarrow]0\,;\,1[$, il existe $c \in]0\,;\,1[$ tel que $f(c) = c$?

10.24 Exemple d'équation fonctionnelle

Trouver toutes les applications $f : \mathbb{R} \longrightarrow \mathbb{R}$ telles que :

$$\forall (x, y) \in \mathbb{R}^2, \quad f(xf(y) + x) = xy + f(x).$$

10.25 Minimum d'une fonction continue de limite $+\infty$ aux deux infinis

Soit $f : \mathbb{R} \longrightarrow \mathbb{R}$ continue telle que : $f(x) \underset{x \longrightarrow -\infty}{\longrightarrow} +\infty$ et $f(x) \underset{x \longrightarrow +\infty}{\longrightarrow} +\infty$.

Montrer qu'il existe $x_0 \in \mathbb{R}$ tel que : $\forall x \in \mathbb{R}, \quad f(x) \geqslant f(x_0)$.

10.26 Polynômes surjectifs de $\mathbb{R}$ dans $\mathbb{R}$

Soit $P \in \mathbb{R}[X] - \{0\}$. Montrer que l'application polynomiale $P : \mathbb{R} \longrightarrow \mathbb{R}, \quad x \longmapsto P(x)$ est surjective si et seulement si $\deg(P)$ est impair. On pourra utiliser l'exercice 10.25.

Du mal à démarrer ?

10.1 Utiliser des équivalents, des prépondérances classiques.

10.2 Considérer $(f(x) - 1))^2$.

10.3 Calculer $f^{[n+1]}(a)$ de deux façons, en utilisant l'associativité de la loi $\circ$.

10.4 Considérer $f : \mathbb{R}_+ \longrightarrow \mathbb{R}, \quad x \longmapsto x^6 + x^4$.

10.5 Considérer $f : \mathbb{R}_+ \longrightarrow \mathbb{R}, \quad x \longmapsto x^{15} - x^{11} - 2$.

10.6 Pour montrer que $g \circ f$ est bornée, utiliser le théorème sur les applications continues sur un segment.

10.7 Pour $y \in \mathbb{R}$ fixé, résoudre l'équation $y = f(x)$, d'inconnue $x \in]-1\,;\,1[$. Utiliser une expression conjuguée pour transformer l'écriture.

10.8 *a)* Revenir à la définition d'un sev, montrer $\mathscr{P} \cap \mathscr{I} = \{0\}$ et montrer que tout élément f de $\mathscr{E}$ se décompose sous la forme $f = p + i$, où $p \in \mathscr{P}$ et $i \in \mathscr{I}$, par analyse-synthèse.

b) Appliquer les formules obtenues en *a)*.

10.9 Supposer qu'il existe f convenant. Pour tout $x \in \mathbb{R}$, calculer $f\big(f(f(x) - 1)\big)$ de deux façons, et déduire $x = \dfrac{1}{2}$.

10.10 Montrer successivement $f(0) = 0$, f est impaire, $f(x) \leqslant x$ et $f(-x) \leqslant -x$ pour tout $x \in \mathbb{R}$.

10.11 Étudier, pour tout $n \in \mathbb{Z}$, les limites de f en n^- et en n^+, et la valeur de f en n.

10.12 Obtenir : $\forall x \in \mathbb{R}, \quad f(x) \in \{1, 2\}$.

Pour déduire que f est constante égale à 1 ou constante égale à 2, utiliser le théorème des valeurs intermédiaires.

10.13 Considérer $h = f - g$ et utiliser le théorème des valeurs intermédiaires.

10.14 Considérer $h : x \longmapsto \dfrac{f(x)}{g(x)}$ et utiliser le théorème sur la continuité sur un segment.

10.15 *a)* Utiliser le théorème de la bijection monotone.

b) Obtenir d'abord une minoration convenable de $\left|\dfrac{f(x)}{x}\right|$.

10.16 *a)* Utiliser le théorème de la bijection monotone.

b) Considérer $g : \mathbb{R} \longrightarrow \mathbb{R}, \quad x \longmapsto 2f(x) + 3f^{-1}(x)$. Montrer que g est strictement croissante, et remarquer $g(2) = 10$.

10.17 *1)* Soit f convenant. Montrer $f(0) = 1$ et déduire f.

2) Réciproquement, vérifier que $f : \mathbb{R} \longrightarrow \mathbb{R}, \quad x \longmapsto x+1$ convient.

10.18 *1)* Les implications (1) $\Longrightarrow$ (2), (2) $\Longrightarrow$ (1), (1) $\Longrightarrow$ (3) sont immédiates.

Pour (3) $\Longrightarrow$ (1), utiliser $f : X \longrightarrow \mathbb{R}, \quad x \longmapsto x$.

2) Les implications (1′) $\Longrightarrow$ (2′), (2′) $\longrightarrow$ (1′), (1′) $\Longrightarrow$ (3′) sont immédiates.

Pour (3′) $\Longrightarrow$ (1′), utiliser $f : X \longrightarrow \mathbb{R}, \quad x \longmapsto x$ et la continuité de φ en 0.

10.19 Montrer que f est surjective, puis utiliser :

$$\forall x \in \mathbb{R}, \quad f(x) = f(f(x)).$$

10.20 Raisonner par contraposition :

supposer $\{x \in \mathbb{R}\,;\ f(x) = g(x)\} = \varnothing$, considérer $h = f - g$ et utiliser le théorème des valeurs intermédiaires.

10.21 Préciser le degré de P. Considérer les $P(a_i)$ et les $P(b_i)$ pour $i \in [\![1\,;\,n]\!]$.

10.22 Raisonner par l'absurde : supposer qu'il existe f convenant. Soit $(x, y) \in \mathbb{R}^2$ tel que $x < y$. Pour $n \in \mathbb{N}^*$, considérer $h = \dfrac{y - x}{n} > 0$, appliquer l'hypothèse de façon répétée, et déduire une contradiction.

10.23 *a)* Considérer $g : [0;\, 1] \longrightarrow \mathbb{R},\ \ x \longmapsto f(x) - x$ et utiliser le théorème des valeurs intermédiaires.

b) Considérer $f :]0\,;\, 1[\longrightarrow \mathbb{R},\ \ x \longmapsto x^2$.

10.24 *1)* Soit f convenant. Appliquer l'hypothèse à $(1,\ -1 - f(1))$, noter $a = f(-1 - f(1)) + 1$, puis appliquer l'hypothèse à (x, a), pour déduire la forme de f.

2) Étudier la réciproque.

10.25 Montrer qu'il existe $A \in]-\infty\,;\, 0]$ et $B \in [0\,;\, +\infty[$ tels que :

$$(\forall x \in]-\infty\,;\, A],\ \ f(x) \geqslant f(0)) \quad \text{et} \quad (\forall x \in [B\,;\, +\infty[,\ \ f(x) \geqslant f(0)),$$

puis appliquer le théorème de continuité sur le segment $[A\,;\, B]$.

10.26 *1)* Si $\deg(P)$ est impair, étudier les limites de P en $-\infty$ et en $+\infty$ et utiliser le théorème des valeurs intermédiaires.

2) Si $\deg(P)$ est pair, utiliser l'exercice 10.25.

Corrigés des exercices

10.1 a) $\dfrac{2x^2-x+1}{x-1} \underset{x\longrightarrow+\infty}{\sim} \dfrac{2x^2}{x} = 2x,$

donc : $\dfrac{2x^2-x+1}{x-1} \underset{x\longrightarrow+\infty}{\longrightarrow} +\infty.$

b) $\dfrac{x^2-x+2}{2x^2+x+4} \underset{x\longrightarrow-\infty}{\sim} \dfrac{x^2}{2x^2} = \dfrac{1}{2},$

donc : $\dfrac{x^2-x+2}{2x^2+x+4} \underset{x\longrightarrow-\infty}{\longrightarrow} \dfrac{1}{2}.$

c) $\dfrac{x-1}{x^3+x+1} \underset{x\longrightarrow+\infty}{\sim} \dfrac{x}{x^3} = \dfrac{1}{x^2},$

donc : $\dfrac{x-1}{x^3+x+1} \underset{x\longrightarrow+\infty}{\longrightarrow} 0.$

d) $\dfrac{x^2-3x+2}{x^2-4x+4} = \dfrac{(x-1)(x-2)}{(x-2)^2} = \dfrac{x-1}{x-2} \underset{x\longrightarrow 2^+}{\longrightarrow} +\infty.$

e) $\dfrac{(\ln x)^2-3}{x+2} \underset{x\longrightarrow+\infty}{\sim} \dfrac{(\ln x)^2}{x},$

et $\dfrac{(\ln x)^2}{x} \underset{x\longrightarrow+\infty}{\longrightarrow} 0$ par prépondérance classique,

donc : $\dfrac{(\ln x)^2-3}{x+2} \underset{x\longrightarrow+\infty}{\longrightarrow} 0.$

f) $x^2(\ln x - x) = x^2\ln x - x^3 \underset{x\longrightarrow 0^+}{\longrightarrow} 0,$

par prépondérance classique.

g) $x(1+\ln x)\,\mathrm{e}^{-x} = \left(\dfrac{1+\ln x}{x}\right)(x^2\,\mathrm{e}^{-x}) \underset{x\longrightarrow+\infty}{\longrightarrow} 0,$

par prépondérances classiques.

h) $2^{\frac{1}{x}} = \mathrm{e}^{\frac{1}{x}\ln 2} \underset{x\longrightarrow+\infty}{\longrightarrow} \mathrm{e}^{0} = 1.$

10.2 On a, pour $x \in \mathbb{R}$:

$$\begin{aligned}(f(x)-1)^2 &= (f(x))^2 - 2f(x) + 1\\ &= -f(x)(2-f(x)) + 1 \underset{x\longrightarrow+\infty}{\longrightarrow} 0,\end{aligned}$$

donc : $f(x) - 1 \underset{x\longrightarrow+\infty}{\longrightarrow} 0$, puis : $f(x) \underset{x\longrightarrow+\infty}{\longrightarrow} 1.$

10.3 On a : $\begin{cases} f^{[n+1]}(a) = f(f^{[n]}(a)) = f(a)\\ f^{[n+1]}(a) = f^{[n]}(f(a)) = a,\end{cases}$

d'où : $f(a) = a$.

10.4 • L'application $f : \mathbb{R}_+ \longrightarrow \mathbb{R},\ x \longmapsto x^6 + x^4$

est strictement croissante, donc injective.

Il en résulte que l'équation $f(x) = 810$, d'inconnue $x \in \mathbb{R}_+$, admet au plus une solution.

• D'autre part, on remarque : $f(3) = 810$.

On conclut que l'équation proposée admet une solution et une seule : $x = 3$.

10.5 L'application $f : [0\,;+\infty[\ \longrightarrow \mathbb{R},\ x \longmapsto x^{15} - x^{11} - 2$ est continue sur l'intervalle $[0\,;+\infty[$, $f(0) = -2 < 0$, $\lim\limits_{x\longrightarrow+\infty} f(x) = +\infty$. D'après le théorème des valeurs intermédiaires, il en résulte qu'il existe $c \in [0\,;+\infty[$ tel que $f(c) = 0$, d'où la conclusion voulue.

10.6 • Puisque f est bornée, il existe $M \in \mathbb{R}_+$ tel que :

$$\forall x \in \mathbb{R},\ |f(x)| \leqslant M.$$

Il en résulte : $\forall y \in \mathbb{R},\ \big|(f\circ g)(y)\big| = \big|f(g(y))\big| \leqslant M,$

donc $f \circ g$ est bornée.

• Puisque f est bornée, il existe $(a,b) \in \mathbb{R}^2$ tel que :

$$\forall x \in \mathbb{R},\ f(x) \in [a\,;b].$$

Comme g est continue sur le segment $[a\,;b]$, d'après un théorème du cours, la restriction de g à $[a\,;b]$ est bornée. Il existe donc $C \in \mathbb{R}_+$ tel que : $\forall y \in [a\,;b],\ |g(y)| \leqslant C$.

En particulier : $\forall x \in \mathbb{R},\ \big|(g\circ f)(x)\big| = \big|g(f(x))\big| \leqslant C,$

donc $g \circ f$ est bornée.

10.7 On a, pour tout $(x,y) \in]-1\,;1[\times\mathbb{R}$:

$$y = f(x) \iff y = \frac{x}{1-x^2} \iff yx^2 + x - y = 0 \ \ (1).$$

Si $y = 0$, alors : $(1) \iff x = 0$.

Si $y \neq 0$, l'équation (1), d'inconnue $x \in]-1\,;1[$, est du second degré. Son discriminant est $\Delta = 1 + 4y^2 > 0$, donc (1) admet deux solutions distinctes, qui sont :

$$x_1 = \frac{-1-\sqrt{1+4y^2}}{2y},\qquad x_2 = \frac{-1+\sqrt{1+4y^2}}{2y}.$$

Mais : $\quad |x_1| = \dfrac{1+\sqrt{1+4y^2}}{2|y|} > \dfrac{\sqrt{1+4y^2}}{2|y|} > 1,$

donc $x_1 \notin]-1\,;1[$.

D'autre part, par produit des racines d'une équation du second degré : $x_1x_2 = \dfrac{-y}{y} = -1$, donc $|x_1x_2| = 1$,

d'où $x_1 \neq 0$ et $|x_2| = \dfrac{1}{|x_1|} < 1$, donc $x_2 \in]-1\,;1[$.

Ainsi, pour $x \neq 0$: $\quad (1) \iff x = \dfrac{-1+\sqrt{1+4y^2}}{2y}.$

Remarquons, par utilisation d'une expression conjuguée :

$$\frac{-1+\sqrt{1+4y^2}}{2y} = \frac{4y^2}{2y(1+\sqrt{1+4y^2})} = \frac{2y}{1+\sqrt{1+4y^2}}.$$

Cette dernière formulation est valable aussi lorsque $y = 0$.

Ainsi, pour tout $(x, y) \in]-1\,;\,1[\times\mathbb{R}$:

$$y = f(x) \iff x = \frac{2y}{1+\sqrt{1+4y^2}}.$$

Ceci montre que f est bijective et que :

$$\forall y \in \mathbb{R},\quad f^{-1}(y) = \frac{2y}{1+\sqrt{1+4y^2}}.$$

10.8 *a) 1)* • On a $\mathscr{P} \subset \mathscr{E}$ et $0 \in \mathscr{P}$, où 0 désigne l'application nulle.

• Soient $\alpha \in \mathbb{R}$, $f, g \in \mathscr{P}$. On a :

$$\begin{aligned}\forall x \in I,\quad (\alpha f + g)(-x) &= \alpha f(-x) + g(-x)\\ &= \alpha f(x) + g(x) = (\alpha f + g)(x),\end{aligned}$$

donc : $\alpha f + g \in \mathscr{P}$.

Ceci montre que $\mathscr{P}$ est un sev de $\mathscr{E}$.

2) • On a $\mathscr{I} \subset \mathscr{E}$ et $0 \in \mathscr{I}$.

Soient $\alpha \in \mathbb{R}$, $f, g \in \mathscr{I}$. On a :

$$\begin{aligned}\forall x \in I,\quad (\alpha f + g)(-x) &= \alpha f(-x) + g(-x)\\ &= -\alpha f(x) - g(x) = -(\alpha f + g)(x),\end{aligned}$$

donc : $\alpha f + g \in \mathscr{I}$.

Ceci montre que $\mathscr{I}$ est un sev de $\mathscr{E}$.

3) • Soit $f \in \mathscr{P} \cap \mathscr{I}$. On a alors :

$$\forall x \in I,\quad \big(f(-x) = f(x) \ \text{ et } \ f(-x) = -f(x)\big),$$

d'où, en soustrayant : $\forall x \in I,\ 2f(x) = 0$, puis : $f = 0$.

Ceci montre : $\mathscr{P} \cap \mathscr{I} = \{0\}$.

• Soit $f \in \mathscr{E}$. Cherchons $p \in \mathscr{P}$, $i \in \mathscr{I}$ telles que : $f = p + i$.

∗ *Analyse :*

Si (p, i) convient, alors : $\forall x \in I,\ \ f(x) = p(x) + i(x)$,

d'où, en appliquant ceci à $-x$:

$$\forall x \in I,\quad f(-x) = p(-x) + i(-x) = p(x) - i(x),$$

puis, en additionnant, en soustrayant :

$$\forall x \in I,\quad p(x) = \frac{1}{2}\big(f(x) + f(-x)\big),\quad i(x) = \frac{1}{2}\big(f(x) - f(-x)\big).$$

∗ *Synthèse :* Réciproquement, considérons les applications $p, i : I \longrightarrow \mathbb{R}$ définies par les formules obtenues ci-dessus.

On a, pour tout $x \in I$:

$$\begin{cases} p(-x) = \frac{1}{2}\big(f(-x) + f(x)\big) = p(x)\\ i(-x) = \frac{1}{2}\big(f(-x) - f(x)\big) = -i(x)\\ p(x) + i(x) = f(x),\end{cases}$$

donc (p, i) convient.

Ceci montre : $\forall f \in \mathscr{E},\ \exists (p, i) \in \mathscr{E},\ \ f = p + i$,

donc : $\mathscr{P} + \mathscr{I} = \mathscr{E}$.

Comme $\mathscr{P} \cap \mathscr{I} = \{0\}$ et $\mathscr{P} + \mathscr{I} = \mathscr{E}$, on conclut que $\mathscr{P}$ et $\mathscr{I}$ sont supplémentaires dans $\mathscr{E}$, et nous avons obtenu, pour toute $f \in \mathscr{E}$ la décomposition linéaire de f sur $\mathscr{P}$ et $\mathscr{I}$, $f = p + i$, où p, i sont définies plus haut en fonction de f.

b) D'après la solution de *a)*, la décomposition linéaire de f sur $\mathscr{P}$ et $\mathscr{I}$ est donnée, pour tout $x \in I$, par :

$$\begin{aligned}p(x) = \frac{1}{2}\big(f(x) + f(-x)\big) &= \frac{1}{2}\left(\sqrt{\frac{1+x}{1-x}} + \sqrt{\frac{1-x}{1+x}}\right)\\ &= \frac{1}{2}\,\frac{(1+x)+(1-x)}{\sqrt{1-x}\sqrt{1+x}} = \frac{1}{\sqrt{1-x^2}},\end{aligned}$$

$$\begin{aligned}i(x) = \frac{1}{2}\big(f(x) - f(-x)\big) &= \frac{1}{2}\left(\sqrt{\frac{1+x}{1-x}} - \sqrt{\frac{1-x}{1+x}}\right)\\ &= \frac{1}{2}\,\frac{(1+x)-(1-x)}{\sqrt{1-x}\sqrt{1+x}} = \frac{x}{\sqrt{1-x^2}}.\end{aligned}$$

10.9 Soit f convenant.

On a, pour tout $x \in \mathbb{R}$:

$$\begin{cases} f[f(f(x)-1)] = (f(x)-1)+1 = f(x)\\ f[f(f(x)-1)] = f(1-x),\end{cases}$$

d'où : $f(x) = f(1-x)$, puis : $f(f(x)) = f(f(1-x))$.

Mais : $f(f(x)) = x + 1$ et $f(f(1-x)) = (1-x) + 1$,

d'où : $x + 1 = (1-x) + 1$, donc : $x = \dfrac{1}{2}$,

contradiction avec $x = 0$ par exemple.

On conclut qu'il n'existe pas d'application f convenant.

10.10 • On a : $f(0) \leqslant 0$ et $f(0+0) \leqslant f(0) + f(0)$, d'où $f(0) \geqslant 0$, puis : $f(0) = 0$.

• On a, pour tout $x \in \mathbb{R}$:

$$0 = f(0) = f(x + (-x)) \leqslant f(x) + f(-x) \leqslant x + (-x) = 0,$$

d'où : $\forall x \in \mathbb{R},\ \ f(x) + f(-x) = 0$.

Ainsi, f est impaire.

• On a, pour tout $x \in \mathbb{R}$: $f(x) \leqslant x$ et $f(-x) \leqslant -x$,

d'où : $f(x) \leqslant x$ et $f(x) = -f(-x) \geqslant x$, donc : $f(x) = x$.

On conclut : $f = \mathrm{Id}_{\mathbb{R}}$.

10.11 • Puisque Ent est continue en tout point de $\mathbb{R} \setminus \mathbb{Z}$, par opérations, f est continue en tout point de $\mathbb{R} \setminus \mathbb{Z}$.

• Soit $n \in \mathbb{Z}$. On a :

$$\forall x \in [n-1\,;\,n],\quad f(x) = (x - \mathrm{Ent}(x))^2 + (\mathrm{Ent}(x) + 1 - x)^2 = (x-(n-1))^2 + ((n-1)+1-x)^2,$$

$$\forall x \in [n\,;\,n+1[,\quad f(x) = (x - \mathrm{Ent}(x))^2 + (\mathrm{Ent}(x) + 1 - x)^2 = (x-n)^2 + (n+1-x)^2,$$

d'où : $f(x) \underset{x \longrightarrow n^-}{\longrightarrow} (n-(n-1))^2 + (n-n)^2 = 1,$

$f(x) = (n-n)^2 + (n+1-n)^2 = 1,$

$f(x) \underset{x \longrightarrow n^+}{\longrightarrow} (n-n)^2 + (n+1-n)^2 = 1.$

Ainsi : $\lim\limits_{n^-} f = \lim\limits_{n^+} f = f(n)$, donc f est continue en n.

Finalement, f est continue en tout point de $\mathbb{R}$, donc f est continue sur $\mathbb{R}$.

10.12 *1)* Soit f convenant.

On a alors, pour tout $x \in \mathbb{R}$: $(f(x))^2 - 3f(x) + 2 = 0$,

c'est-à-dire : $\quad (f(x)-1)(f(x)-2) = 0.$

Ceci montre : $\quad \forall x \in \mathbb{R},\ f(x) \in \{1, 2\}.$

Autrement dit, f ne prend que les valeurs 1 et 2.

Mais, a priori, il se pourrait que f prenne la valeur 1 en certains points et la valeur 2 et d'autres points. Nous allons montrer, en utilisant la continuité de f, que f est constante égale à 1 ou constante égale à 2.

Raisonnons par l'absurde : supposons que f ne soit ni constante égale à 1 ni constante égale à 2. Il existe alors $(a, b) \in \mathbb{R}^2$ tel que : $f(a) \neq 1$ et $f(b) \neq 2$.

Comme f ne prend que les valeurs 1 et 2, il s'ensuit :

$$f(a) = 2 \quad \text{et} \quad f(b) = 1.$$

Puisque f est continue sur l'intervalle $\mathbb{R}$ et que f prend les valeurs 2 et 1, d'après le théorème des valeurs intermédiaires, il existe $c \in \mathbb{R}$ tel que $f(c) = \dfrac{3}{2}$ par exemple, d'où une contradiction.

Ceci montre que $f = 1$ ou $f = 2$.

2) Réciproquement, il est clair que les deux applications constantes égales à 1, à 2, conviennent.

Finalement, il existe exactement deux applications f convenant : les applications constantes égale à 1, égale à 2.

10.13 Considérons $h = f - g$.

Puisque f et g sont continues sur $\mathbb{R}$, h est continue sur $\mathbb{R}$.

Puisque f est de limite $-\infty$ en $-\infty$ et de limite $+\infty$ en $+\infty$ et que g est bornée, h est aussi de limite $-\infty$ en $-\infty$ et de limite $+\infty$ en $+\infty$.

D'après le théorème des valeurs intermédiaires, il en résulte qu'il existe $c \in \mathbb{R}$ tel que $h(c) = 0$, c'est-à-dire tel que $f(c) = g(c)$.

10.14 Considérons $h : [a\,;\,b] \longrightarrow \mathbb{R},\ x \longmapsto \dfrac{f(x)}{g(x)}$.

Puisque f et g sont continues sur $[a\,;\,b]$ et que g ne s'annule pas, h est continue sur $[a\,;\,b]$. D'après un théorème du cours, puisque h est continue sur le segment $[a\,;\,b]$, h est bornée et atteint ses bornes. Notons $C = \mathrm{Max}_{x \in [a;b]} h(x)$. Il existe alors $x_0 \in [a\,;\,b]$ tel que : $C = h(x_0) \in [0\,;\,1[$.

Ainsi : $\quad \forall x \in [a\,;\,b],\ \dfrac{f(x)}{g(x)} \leqslant C,$

donc : $\quad \forall x \in [a\,;\,b],\ f(x) \leqslant Cg(x).$

10.15 *a)* L'application $f : \mathbb{R} \longrightarrow \mathbb{R},\ x \longmapsto x + x^2 + 2x^3$ est dérivable et, pour tout $x \in \mathbb{R}$: $f'(x) = 1 + 2x + 6x^2$.

Le discriminant de ce trinôme est $\Delta = -20 < 0$, donc :

$$\forall x \in \mathbb{R},\ f'(x) > 0.$$

Il en résulte que f est strictement croissante sur $\mathbb{R}$.

Puisque f est continue (car dérivable) sur l'intervalle $\mathbb{R}$, strictement croissante, de limite $-\infty$ en $-\infty$, de limite $+\infty$ en $+\infty$, d'après le théorème de la bijection monotone, f est bijective.

b) On a, en utilisant une mise sous forme canonique d'un trinôme, pour tout $x \in \mathbb{R}^*$:

$$\frac{f(x)}{x} = 1 + x + 2x^2 = 2\left(x^2 + \frac{1}{2}x + \frac{1}{2}\right) = 2\left[\left(x + \frac{1}{4}\right)^2 + \frac{7}{16}\right] = 2\left(x + \frac{1}{4}\right)^2 + \frac{7}{8} \geqslant \frac{7}{8} \geqslant 0,$$

donc : $\quad \forall x \in \mathbb{R}^*,\ \dfrac{|f(x)|}{|x|} = \left|\dfrac{f(x)}{x}\right| \geqslant \dfrac{7}{8},$

d'où : $\quad \forall x \in \mathbb{R}^*,\ |f(x)| \geqslant \dfrac{7}{8}|x|.$

Il est clair que cette inégalité est aussi vraie pour $x = 0$.

Ainsi : $\quad \forall x \in \mathbb{R},\ |f(x)| \geqslant \dfrac{7}{8}|x|.$

En remplaçant x par $f^{-1}(y)$: $\forall y \in \mathbb{R},\ |y| \geqslant \dfrac{7}{8}|f^{-1}(y)|,$

donc : $\quad \forall y \in \mathbb{R},\ |f^{-1}(y)| \leqslant \dfrac{8}{7}|y|.$

La constante $\alpha = \dfrac{8}{7}$ convient.

10.16 *a) 1) 1re méthode :*

Les applications $x \longmapsto x^3$ et $x \longmapsto x - 8$ sont strictement croissantes sur $\mathbb{R}$, donc, par addition, $f : x \longmapsto x^3 + x - 8$ est strictement croissante sur $\mathbb{R}$.

2e *méthode :*

L'application f est dérivable et :

$$\forall x \in \mathbb{R},\ f'(x) = 3x^2 + 1 > 0,$$

donc f est strictement croissante sur $\mathbb{R}$.

2) L'application f est continue sur l'intervalle $\mathbb{R}$, strictement croissante, de limite $-\infty$ en $-\infty$ et de limite $+\infty$ en $+\infty$, donc, d'après le théorème de la bijection monotone, f est bijective.

b) Considérons l'application

$$g : \mathbb{R} \longrightarrow \mathbb{R},\ x \longmapsto 2f(x) + 3f^{-1}(x).$$

Puisque f et f^{-1} sont strictement croissantes, par addition avec coefficients > 0, g est strictement croissante sur $\mathbb{R}$, donc l'équation $g(x) = 10$, d'inconnue $x \in \mathbb{R}$, admet au plus une solution.

On remarque : $f(2) = 2^3 + 2 - 8 = 2$, donc $f^{-1}(2) = 2$,

puis : $g(2) = 2f(2) + 3f^{-1}(2) = 2 \cdot 2 + 3 \cdot 2 = 10$,

ce qui montre que 2 est solution.

Finalement, l'équation proposée admet une solution et une seule : $x = 2$.

10.17 *1)* Soit f convenant.

On a, en appliquant l'hypothèse à $(x, y) = (0, 0)$:

$$(f(0))^2 - f(0) = 0,$$

donc : $f(0) \in \{0, 1\}$.

Si $f(0) = 0$, alors, comme :

$$\forall x \in \mathbb{R},\ f(x)f(0) - f(0) = x + 0,$$

on obtient : $\forall x \in \mathbb{R},\ x = 0,$ contradiction.

On a donc : $f(0) = 1$.

Ensuite : $\forall x \in \mathbb{R},\ f(x)f(0) - f(0) = x + 0,$

donc : $\forall x \in \mathbb{R},\ f(x) = x + 1.$

2) Réciproquement, en notant $f : \mathbb{R} \longrightarrow \mathbb{R},\ x \longmapsto x + 1,$

on a, pour tout $(x, y) \in \mathbb{R}^2$:

$$f(x)f(y) - f(xy) = (x + 1)(y + 1) - (xy + 1) = x + y,$$

donc f convient.

Finalement, il y a une application et une seule convenant : $f : \mathbb{R} \longrightarrow \mathbb{R},\ x \longmapsto x + 1.$

10.18 *a)* • Montrons l'implication $(1) \Longrightarrow (2)$:

On suppose : $\varphi \in P$.

On a, pour toute $f \in P$:

$$\forall x \in X,\ (f\varphi)(-x) = f(-x)\varphi(-x) = f(x)\varphi(x) = (f\varphi)(x),$$

donc : $f\varphi \in P$.

• Montrons l'implication $(2) \Longrightarrow (1)$:

On suppose : $\forall f \in P,\ f\varphi \in P$.

En appliquant cette hypothèse à $f = 1$, fonction constante égale à 1, qui est bien dans P, on obtient : $\varphi \in P$.

• Montrons l'implication $(1) \Longrightarrow (3)$:

On suppose : $\varphi \in P$.

On a, pour toute $f \in I$:

$$\begin{aligned}\forall x \in X,\ (f\varphi)(-x) &= f(-x)\varphi(-x)\\ &= (-f(x))\varphi(x) = -(f\varphi)(x),\end{aligned}$$

donc : $f\varphi \in I$.

• Montrons l'implication $(3) \Longrightarrow (1)$:

On suppose : $\forall f \in I,\ f\varphi \in I$.

En appliquant cette hypothèse à $f : x \longmapsto x$, qui est bien dans I, on a : $f\varphi \in I$, c'est-à-dire :

$$\forall x \in X,\ (f\varphi)(-x) = -(f\varphi)(x),$$

ou encore : $\forall x \in X,\ -x\varphi(-x) = -x\varphi(x).$

Il s'ensuit : $\forall x \in X \setminus \{0\},\ \varphi(-x) = \varphi(x).$

De plus, cette égalité est triviale pour $x = 0$.

Ainsi : $\forall x \in X,\ \varphi(-x) = \varphi(x),$

et on conclut : $\varphi \in P$.

b) • Montrons l'implication $(1') \Longrightarrow (2')$:

On suppose : $\varphi \in I$.

On a, pour toute $f \in P$:

$$\begin{aligned}\forall x \in X,\ (f\varphi)(-x) &= f(-x)\varphi(-x)\\ &= f(x)(-\varphi(x)) = -(f\varphi)(x),\end{aligned}$$

donc : $f\varphi \in I$.

• Montrons l'implication $(2') \Longrightarrow (1')$:

On suppose : $\forall f \in P,\ f\varphi \in I$.

En appliquant cette hypothèse à $f = 1$, on obtient : $\varphi \in I$.

• Montrons l'implication $(1') \Longrightarrow (3')$:

On suppose : $\varphi \in I$.

On a, pour toute $f \in I$:

$$\begin{aligned}\forall x \in X,\ (f\varphi)(-x) &= (f(-x))(\varphi(-x))\\ &= (-f(x))(-\varphi(x)) = f(x)\varphi(x),\end{aligned}$$

donc : $f\varphi \in P$.

• Montrons l'implication $(3') \Longrightarrow (1')$:

On suppose : $\forall f \in I,\ f\varphi \in P$.

En appliquant cette hypothèse à $f : x \longmapsto x$, on a : $f\varphi \in P$, c'est-à-dire : $\forall x \in X,\ (f\varphi)(-x) = (f\varphi)(x)$,

ou encore : $\quad \forall x \in X,\ -x\varphi(-x) = x\varphi(x)$.

Il s'ensuit : $\forall x \in X \setminus \{0\},\ \varphi(-x) = -\varphi(x)$.

Comme φ est continue en 0, on déduit, en faisant tendre x vers 0 : $\varphi(0) = -\varphi(0)$.

On obtient : $\forall x \in X,\ \varphi(-x) = -\varphi(x)$,

et on conclut : $\varphi \in I$.

10.19 Puisque f est continue sur l'intervalle $\mathbb{R}$, de limite $-\infty$ en $-\infty$ et de limite $+\infty$ en $+\infty$, d'après le théorème des valeurs intermédiaires, $f(\mathbb{R}) = \mathbb{R}$.

Soit $x \in \mathbb{R}$.

Comme $x \in \mathbb{R} = f(\mathbb{R})$, il existe $t \in \mathbb{R}$ tel que $x = f(t)$.

On a alors : $f(x) = f(f(t)) = (f \circ f)(t) = f(t) = x$.

On conclut : $f \circ f = \mathrm{Id}_{\mathbb{R}}$.

10.20 Raisonnons par contraposition :

supposons $\{x \in \mathbb{R}\,;\ f(x) = g(x)\} = \varnothing$.

L'application $h : \mathbb{R} \longrightarrow \mathbb{R},\ x \longmapsto f(x) - g(x)$

est continue sur l'intervalle $\mathbb{R}$ et ne prend pas la valeur 0. D'après le théorème des valeurs intermédiaires, il s'ensuit : $h > 0$ ou $h < 0$, c'est-à-dire : $f > g$ ou $f < g$. Par rôles symétriques de f et g, on peut se ramener au cas où : $f > g$. On a donc : $\forall x \in \mathbb{R},\ f(x) > g(x)$.

D'où, pour tout $x \in \mathbb{R}$:

$$\begin{aligned} f \circ f(x) &= f((f(x)) > g(f(x)) = (g \circ f)(x) \\ &= (f \circ g)(x) = f(g(x)) > g(g(x)) = (g \circ g)(x). \end{aligned}$$

Ainsi : $\quad \forall x \in \mathbb{R},\ (f \circ f)(x) > (g \circ g)(x)$,

donc $\{x \in \mathbb{R}\,;\ (f \circ f)(x) = (g \circ g)(x)\} = \varnothing$.

Le résultat demandé s'obtient alors par contraposition.

10.21 • Il est clair que P est bien un polynôme et que $\deg(P) \leqslant n + 1$. De plus, comme $\alpha > 0$ et $\beta > 0$, le coefficient de X^{n+1} dans P, qui est $\alpha + \beta$, n'est pas nul, donc : $\deg(P) = n + 1$.

• Soit $i \in [\![0\,;\,n]\!]$. On a :

$$P(a_i) = \beta \prod_{k=0}^{n} (a_i - b_k) = \beta \prod_{k \leqslant i} \underbrace{(a_i - b_k)}_{>0} \prod_{k > i} \underbrace{(a_i - b_k)}_{<0},$$

donc $P(a_i)$ est du signe (strict) de $(-1)^{n-i}$,

$$P(b_i) = \alpha \prod_{k=0}^{n} (b_i - a_k) = \alpha \prod_{k < i} \underbrace{(b_i - a_k)}_{>0} \prod_{k \geqslant i} \underbrace{(b_i - a_k)}_{<0},$$

donc $P(b_i)$ est du signe (strict) de $(-1)^{n-i+1}$.

Il en résulte : $P(a_i)P(b_i) < 0$.

Comme P est continue sur l'intervalle $[a_i\,;\,b_i]$, et que P prend, sur cet intervalle, deux valeurs de signes stricts contraires, d'après le théorème des valeurs intermédiaires, P admet au moins un zéro $c_i \in \,]a_i\,;\,b_i[$.

• Ainsi, P est un polynôme de degré $n + 1$ et P admet au moins $n + 1$ zéros, notés $c_0, ..., c_n$ ci-dessus, deux à deux distincts car :

$$a_0 < c_0 < b_0 < a_1 < c_1 < b_1 < ... < a_n < c_n < b_n.$$

On conclut : P admet $n + 1$ zéros réels deux à deux distincts.

10.22 Raisonnons par l'absurde : supposons qu'il existe f convenant.

Soit $(x, y) \in \mathbb{R}^2$ tel que $x < y$.

Soit $n \in \mathbb{N}^*$. Notons $h = \dfrac{y - x}{n} > 0$.

On a, d'après l'hypothèse :

$$\begin{aligned} f(x + nh) &\geqslant f(x + (n-1)h) + \sqrt{h}, \\ f(x + (n-1)h) &\geqslant f(x + (n-2)h) + \sqrt{h}, \\ &\ \ \vdots \\ f(x + h) &\geqslant f(x) + \sqrt{h}. \end{aligned}$$

D'où, par sommation et télescopage :

$$f(x + nh) \geqslant f(x) + n\sqrt{h},$$

c'est-à-dire :

$$\begin{aligned} f(y) &= f(x + nh) \geqslant f(x) + n\sqrt{h} \\ &= f(x) + n\sqrt{\frac{y - x}{n}} = f(x) + \sqrt{n}\,\sqrt{y - x}. \end{aligned}$$

Pour (x, y) fixé, en faisant tendre n vers l'infini, on aboutit à une contradiction, car le second membre tend vers l'infini.

Ceci montre qu'il n'existe pas de f convenant.

10.23 *a)* Considérons $g : [0\,;\,1] \longrightarrow \mathbb{R},\ x \longmapsto f(x) - x$.

Puisque f est continue sur $[0\,;\,1]$, par opération, g est continue sur l'intervalle $[0\,;\,1]$. De plus, $g(0) = f(0) - 0 \geqslant 0$ et $g(1) = f(1) - 1 \leqslant 0$, car f est à valeurs dans $[0\,;\,1]$.

D'après le théorème des valeurs intermédiaires, on déduit qu'il existe $c \in [0\,;\,1]$ tel que $g(c) = 0$, et on conclut :

$$\exists c \in [0\,;\,1],\ f(c) = c.$$

b) La réponse est non, comme le montre l'exemple :

$$f :]0\,;\,1[\longrightarrow]0\,;\,1[,\ x \longmapsto x^2.$$

10.24 *1)* Soit f convenant.

• Appliquons l'hypothèse à $(x,y) = (1,\ -1 - f(1))$:

$$f\big(f(-1 - f(1)) + 1\big) = 1 \cdot (-1 - f(1)) + f(1) = -1.$$

En notant $a = f(-1 - f(1)) + 1$, on a donc : $f(a) = -1$.

• Appliquons l'hypothèse à (x,a), pour tout $x \in \mathbb{R}$:

$$f(xf(a) + x) = xa + f(x).$$

Mais : $xf(a) + x = x(f(a) + 1) = 0$,

d'où : $f(x) = -ax + f(0)$.

Ceci montre qu'il existe $(\alpha, \beta) \in \mathbb{R}^2$ tel que :

$$\forall x \in \mathbb{R},\ \ f(x) = \alpha x + \beta.$$

2) Soient $(\alpha,\beta) \in \mathbb{R}^2$ et $f : \mathbb{R} \longrightarrow \mathbb{R},\ \ x \longmapsto \alpha x + \beta$.

On a, pour tout $(x,y) \in \mathbb{R}^2$:

$$\begin{aligned} f(xf(y) + x) = xy + f(x) &\iff f(x(\alpha y + \beta) + x) = xy + (\alpha x + \beta) \\ &\iff \alpha(\alpha xy + (\beta + 1)x) + \beta = xy + \alpha x + \beta \\ &\iff (\alpha^2 - 1)xy + \alpha\beta x = 0 \iff x((\alpha^2 - 1)y + \alpha\beta) = 0. \end{aligned}$$

Puis :

$$\begin{aligned} \forall (x,y) \in \mathbb{R}^2\ \ x((\alpha^2 - 1)y + \alpha\beta) = 0 &\iff \forall y \in \mathbb{R},\ \ (\alpha^2 - 1)y + \alpha\beta = 0 \\ &\iff \begin{cases} \alpha^2 - 1 = 0 \\ \alpha\beta = 0 \end{cases} \iff \begin{cases} \alpha = \pm 1 \\ \beta = 0. \end{cases} \end{aligned}$$

Finalement, l'ensemble $\mathscr{S}$ des applications f cherchées est :

$$\mathscr{S} = \{-\mathrm{Id}_{\mathbb{R}}, \mathrm{Id}_{\mathbb{R}}\}.$$

10.25 Puisque $f(x) \underset{x \longrightarrow -\infty}{\longrightarrow} +\infty$ et $f(x) \underset{x \longrightarrow +\infty}{\longrightarrow} +\infty$, il existe $A \in]-\infty\,;0]$ et $B \in [0\,;+\infty[$ tels que :

$$\begin{cases} \forall x \in]-\infty\,; A],\ \ f(x) \geqslant f(0) \\ \forall x \in [B\,; +\infty[,\ \ f(x) \geqslant f(0). \end{cases}$$

D'autre part, puisque f est continue sur le segment $[A\,; B]$, f admet un minimum sur $[A\,; B]$. Il existe donc $x_0 \in [A\,; B]$ tel que : $\quad \forall x \in [A\,; B],\ \ f(x) \geqslant f(x_0)$.

Comme $A \leqslant 0 \leqslant B$, on a $0 \in [A\,; B]$, donc : $f(0) \geqslant f(x_0)$.

Ainsi : $\begin{cases} \forall x \in]-\infty\,; A] \cup [B\,; +\infty[,\ \ f(x) \geqslant f(0) \geqslant f(x_0) \\ \forall x \in [A\,; B],\ \ f(x) \geqslant f(x_0), \end{cases}$

et on conclut : $\quad \forall x \in \mathbb{R},\ \ f(x) \geqslant f(x_0)$.

10.26 *1)* Supposons $\deg(P)$ impair.

Il existe $p \in \mathbb{N}$, $a_0, \dots, a_{2p} \in \mathbb{R}$, $a_{2p+1} \in \mathbb{R}^*$ tels que $P = a_{2p+1}\mathrm{X}^{2p+1} + \cdots + a_0$. On a alors :

$$P(x) \underset{x \longrightarrow -\infty}{\longrightarrow} -\infty \ \text{ et } \ P(x) \underset{x \longrightarrow +\infty}{\longrightarrow} +\infty, \quad \text{si } a_{2p+1} > 0,$$

$$P(x) \underset{x \longrightarrow -\infty}{\longrightarrow} +\infty \ \text{ et } \ P(x) \underset{x \longrightarrow +\infty}{\longrightarrow} -\infty, \quad \text{si } a_{2p+1} < 0.$$

Ainsi, P est continue sur l'intervalle $\mathbb{R}$ et de limites $-\infty$ et $+\infty$ aux deux infinis. D'après le théorème des valeurs intermédiaires, on déduit que P atteint tout réel, donc P est surjectif.

2) Supposons $\deg(P)$ pair.

D'après l'exercice 10.25, il existe $x_0 \in \mathbb{R}$ tel que :

$$\forall x \in \mathbb{R},\ \ P(x) \geqslant P(x_0).$$

Ainsi, P n'atteint pas $P(x_0) - 1$ (par exemple).

On conclut que P n'est pas surjectif.

Finalement, P est surjectif si et seulement si son degré est impair.

Dérivation

CHAPITRE 11

Plan

Thèmes abordés dans les exercices

- Existence et calcul éventuel d'une dérivée première, d'une dérivée n-ième
- Étude des variations d'une fonction, représentation graphique
- Séparation des zéros d'une fonction, résolution d'équations et d'inéquations
- Résolution de certaines équations fonctionnelles
- Obtention d'inégalités à une ou plusieurs variables réelles
- Convexité.

Points essentiels du cours pour la résolution des exercices

- Définition et propriétés algébriques de la dérivation, de la dérivée, de la dérivée n-ième
- Formule de Leibniz pour la dérivée n-ième d'un produit de deux fonctions
- Théorème de Rolle, théorème des accroissements finis, inégalité des accroissements finis
- Lien entre dérivée et sens de variation
- Dérivation des fonctions réciproques
- Convexité pour une fonction réelle définie sur un intervalle : définition, lien avec la croissance de f' si f est de classe C^1, lien avec le signe de f'' si f est de classe C^2.

Les méthodes à retenir

Pour étudier la dérivabilité d'une fonction en un point, et éventuellement calculer sa dérivée en ce point	Essayer d'appliquer les théorèmes sur les opérations sur les fonctions dérivables (théorèmes généraux) ➥ **Exercice 11.7**

(suite)	En un point en lequel les théorèmes généraux ne s'appliquent pas, essayer de : • déterminer la limite d'un taux d'accroissement (définition de la dérivée) ➥ **Exercices 11.7, 11.16** • déterminer la limite de la dérivée (théorème limite de la dérivée).
Pour décider si une fonction f est monotone sur un intervalle I, ou pour étudier les variations de f	Calculer $f'(x)$ (si f est dérivable) et étudier le signe de $f'(x)$ pour $x \in I$ ➥ **Exercices 11.2 *a)*, 11.23 *a)*** On pourra être amené à étudier le signe de $f''(x)$ ou celui d'autres fonctions liées à f. ➥ **Exercices 11.2 *b)*, 11.11, 11.12.**
Pour déterminer le nombre et la situation des zéros d'une fonction $f : I \longrightarrow \mathbb{R}$, où I est un intervalle de $\mathbb{R}$	Étudier les variations de f, en étudiant le signe de $f'(x)$ pour $x \in I$, si f est dérivable sur I. ➥ **Exercice 11.2.**
Pour montrer qu'une fonction f est constante sur un intervalle	Montrer que f est dérivable et que $f' = 0$. ➥ **Exercice 11.5.**
Pour montrer que la dérivée d'une fonction f s'annule en au moins un point	Essayer de : • appliquer le théorème de Rolle à f ➥ **Exercice 11.9** • appliquer le théorème de Rolle ou le théorème des accroissements finis à une fonction auxiliaire ➥ **Exercices 11.14, 11.15** • utiliser le théorème du cours faisant intervenir la notion d'extrémum local. ➥ **Exercice 11.1.**
Pour calculer une dérivée n-ième	Essayer de : • appliquer la formule de Leibniz si f s'exprime comme produit de deux fonctions du type polynôme de bas degré et exponentielle simple ➥ **Exercice 11.8 *a)*** • utiliser une décomposition de $f(x)$ en termes plus simples ➥ **Exercice 11.8 *b)***

(suite)	• linéariser si f est un produit de fonctions trigonométriques ➥ **Exercice 11.8 *c)*** • conjecturer une formule pour $f^{(n)}(x)$ et l'établir par récurrence sur n.
Pour montrer qu'une dérivée successive s'annule en au moins un point	Appliquer le théorème de Rolle de façon répétée, à la fonction donnée ou à une fonction auxiliaire. ➥ **Exercices 11.9, 11.13, 11.22.**
Pour montrer l'existence d'un réel satisfaisant une condition relative à une dérivée successive	Essayer d'utiliser une fonction auxiliaire, à laquelle appliquer le théorème de Rolle. ➥ **Exercice 11.10.**
Pour établir une inégalité à une variable réelle	Essayer de : • faire tout passer dans le premier membre et étudier les variations de la fonction définie par ce premier membre ➥ **Exercices 11.3, 11.11, 11.12, 11.18** • utiliser le théorème des accroissements finis ➥ **Exercice 11.4.** Voir aussi les méthodes à retenir du chapitre 10.
Pour établir une inégalité à plusieurs variables réelles	Fixer toutes les variables sauf une, et étudier les variations d'une fonction de cette variable. ➥ **Exercices 11.19, 11.20, 11.23 *a).***
Pour résoudre une équation fonctionnelle pour laquelle la fonction inconnue est supposée dérivable	Essayer de dériver à partir de l'équation donnée. ➥ **Exercices 11.6, 11.17.**
Pour montrer qu'une fonction $f : I \longrightarrow \mathbb{R}$ est convexe sur un intervalle I de $\mathbb{R}$	Essayer de : • revenir à la définition si f n'est pas supposée de classe C^1 sur I ➥ **Exercice 11.21 *a)*** • montrer que f' est croissante, si f est supposée de classe C^1 sur I • montrer que $f'' \geqslant 0$, si f est supposée de classe C^2 sur I. ➥ **Exercice 11.21 *b).***

Énoncés des exercices

11.1 Obtention d'une égalité de dérivées en un point

Soient I un intervalle de $\mathbb{R}$, $a \in I$ tel que a ne soit pas une extrémité de I, $f, g : I \longrightarrow \mathbb{R}$ dérivables en a. On suppose : $f(a) = g(a)$ et : $\forall x \in I,\ f(x) \leqslant g(x)$.

Montrer : $f'(a) = g'(a)$.

11.2 Nombre et situation des zéros d'une fonction

a) Combien le polynôme $P = \mathrm{X}^5 - 5\mathrm{X} + 2$ a-t-il de zéros réels ?

b) Combien la fonction $f : \mathbb{R} \longrightarrow \mathbb{R},\ x \longmapsto (x-1)\,\mathrm{e}^{x} - \mathrm{e}\,x + 1$ a-t-elle de zéros ?

11.3 Exemple d'inégalités à une variable réelle

Montrer : $\forall x \in \left]0\,;\dfrac{\pi}{3}\right[,\quad 2\sin x + \tan x < 3x < \sin x + 2\tan x.$

11.4 Exemple d'inégalité à deux variables réelles

Montrer, pour tout $(x, y) \in [0\,;+\infty[^2$ tel que $x < y$:

$$\frac{y-x}{1+y^2} < \operatorname{Arctan} y - \operatorname{Arctan} x < \frac{y-x}{1+x^2}.$$

11.5 Déduire qu'une fonction est constante

Soit $f : \mathbb{R} \longrightarrow \mathbb{R}$ une application telle que : $\forall (x, y) \in \mathbb{R}^2,\ \left|f(y) - f(x)\right| \leqslant |y-x|^2$.

Montrer que f est constante.

11.6 Exemple de résolution d'une équation fonctionnelle par dérivation

Trouver toutes les applications $f : \mathbb{R} \longrightarrow \mathbb{R}$ dérivables telles que :

$$\forall (x, y) \in \mathbb{R}^2,\quad f(x+y) = f(x) + f(y).$$

11.7 Exemple d'étude de dérivabilité

Étudier la continuité, la dérivabilité, la continuité de la dérivée de :

$$f : \mathbb{R} \longrightarrow \mathbb{R},\quad x \longmapsto \begin{cases} x^2 \sin \dfrac{1}{x} & \text{si } x \neq 0 \\ 0 & \text{si } x = 0. \end{cases}$$

11.8 Exemples de calculs de dérivées *n*-ièmes

Calculer, pour tout $n \in \mathbb{N}^*$, la dérivée n-ième des fonctions suivantes :

a) $f : \mathbb{R} \longrightarrow \mathbb{R},\ x \longmapsto f(x) = (x^2 + x - 2)\,\mathrm{e}^{x}$

b) $f :]-1\,;1[\longrightarrow \mathbb{R},\ x \longmapsto \dfrac{1}{x^2 - 1}$

c) $f : \mathbb{R} \longrightarrow \mathbb{R},\ x \longmapsto f(x) = \sin^2 x \cos x$.

11.9 Annulation d'une fonction et de dérivées successives

Soient I un intervalle de $\mathbb{R}$, $f : I \longrightarrow \mathbb{R}$ de classe C^5 sur I, $a, b, c \in I$ tels que $a < b < c$. On suppose : $f(a) = f(b) = f'(b) = f(c) = f'(c) = f''(c) = 0$.

Montrer : $\exists d \in I,\ f^{(5)}(d) = 0$.

11.10 **Exemple d'utilisation du théorème de Rolle pour une fonction auxiliaire**

Soient $(a,b) \in \mathbb{R}^2$ tel que $a < b$, $f : [a\,;\,b] \longrightarrow \mathbb{R}$ de classe C^1 sur $[a\,;\,b]$ et deux fois dérivable sur $]a\,;\,b[$. Montrer : $\exists\, c \in]a\,;\,b[,\ \ f(b) = f(a) + (b-a)f'(a) + \dfrac{(b-a)^2}{2}f''(c)$.

11.11 **Exemple d'inégalité à une variable réelle**

Montrer : $\quad \forall x \in]0\,;\,+\infty[,\ \ \left(1 + \dfrac{\mathrm{Ent}(x)}{x}\right)^x \geqslant 2^{\mathrm{Ent}(x)}$.

11.12 **Exemples d'inégalités à une variable réelle**

a) Montrer : $\quad \forall x \in [0\,;\,+\infty[,\ \ 3\sin x \leqslant x(2+\cos x)$.

b) Montrer : $\quad \forall x \in]0\,;\,+\infty[,\ \ \left(1+\dfrac{1}{x}\right)^x < \mathrm{e} < \left(1+\dfrac{1}{x}\right)^{x+1}$.

11.13 **Une généralisation du théorème des accroissements finis à deux fonctions**

Soient $(a,b) \in \mathbb{R}^2$ tel que $a < b$, $f, g : [a\,;\,b] \longrightarrow \mathbb{R}$ continues sur $[a\,;\,b]$, dérivables sur $]a\,;\,b[$, telles que : $\forall x \in]a\,;\,b[,\ \ g'(x) \neq 0$.

Montrer : $g(b) - g(a) \neq 0 \quad$ et : $\quad \exists\, c \in]a\,;\,b[,\ \ \dfrac{f(b)-f(a)}{g(b)-g(a)} = \dfrac{f'(c)}{g'(c)}$.

11.14 **Une extension du théorème de Rolle**

Soit $f : \mathbb{R} \longrightarrow \mathbb{R}$ une application dérivable sur $\mathbb{R}$ et admettant en $-\infty$ et en $+\infty$ une même limite finie. Montrer : $\exists\, c \in \mathbb{R},\ \ f'(c) = 0$.

11.15 **Polynôme scindé sur $\mathbb{R}$ et dérivation**

Soit $P \in \mathbb{R}[X]$ tel que $\deg(P) \geqslant 2$.

a) Montrer que, si les zéros de P sont tous réels et simples, alors il en est de même de P'.

b) Montrer que, si les zéros de P sont tous réels, alors il en est de même de P'.

11.16 **Étude de la dérivabilité de $|f|$**

Soient $a \in \mathbb{R}$, $f : \mathbb{R} \longrightarrow \mathbb{R}$ dérivable en a.

a) Montrer que, si $f(a) \neq 0$, alors $|f|$ est dérivable en a et : $|f|'(a) = \mathrm{sgn}\big(f(a)\big)f'(a)$, où la fonction signe sgn est définie, pour tout $t \in \mathbb{R}$, par :

$$\mathrm{sgn}(t) = -1 \text{ si } t < 0, \qquad \mathrm{sgn}(t) = 0 \text{ si } t = 0, \qquad \mathrm{sgn}(t) = 1 \text{ si } t > 0.$$

b) Montrer que, si $f(a) = 0$ et $f'(a) \neq 0$, alors $|f|$ est dérivable à gauche en a, dérivable à droite en a, et non dérivable en a.

c) Montrer que, si $f(a) = 0$ et $f'(a) = 0$, alors $|f|$ est dérivable en a et $|f|'(a) = 0$.

11.17 **Exemple d'équation fonctionnelle faisant intervenir une dérivée**

Trouver toutes les applications $f : \mathbb{R} \longrightarrow \mathbb{R}$ dérivables sur $\mathbb{R}$, telles que :

$$\forall x \in \mathbb{R},\ \ f'(x)f(-x) = 1.$$

11.18 **Exemple d'inégalité à deux variables réelles**

Montrer : $\quad \forall a \in]0\,;\,1[,\ \forall x \in]0\,;\,\pi/2[,\ \ (\cos x)^a < \cos(ax)$.

11.19 Exemple d'inégalité à trois variables réelles

Soient $x, y, z \in]0\,;+\infty[$ tels que $x \leqslant y+z$. Montrer : $\dfrac{x}{1+x} < \dfrac{y}{1+y} + \dfrac{z}{1+z}$.

11.20 Exemples d'inégalités à deux ou trois variables réelles

a) Montrer : $\forall (x,y) \in \mathbb{R}_+^* \times \mathbb{R},\quad xy \leqslant x \ln x + \mathrm{e}^{y-1}$.

b) En déduire trois applications $f, g : \mathbb{R}_+^* \longrightarrow \mathbb{R}$, $h : \mathbb{R} \longrightarrow \mathbb{R}$ telles que :

$$\forall (x,y,z) \in \mathbb{R}_+^* \times \mathbb{R}_+^* \times \mathbb{R},\quad xyz \leqslant f(x) + g(y) + h(z).$$

11.21 Produit de deux fonctions convexes

Soient I un intervalle de $\mathbb{R}$, $f, g : I \longrightarrow \mathbb{R}$ convexes, croissantes, positives ou nulles.

a) Montrer que fg est convexe.

b) Montrer le même résultat, de façon plus simple, sous l'hypothèse supplémentaire que f, g sont de classe C^2 sur $\mathbb{R}$.

11.22 Utilisation d'un polynôme pour l'obtention d'une inégalité en un point

Soit $f : [-1\,;1] \longrightarrow \mathbb{R}$ de classe C^3 telle que : $f(-1) = f(0) = f'(0) = 0$ et $f(1) = 1$.

Montrer : $\exists c \in]-1\,;1[,\quad f^{(3)}(c) \geqslant 3$.

11.23 Inégalité entre moyenne arithmétique et moyenne géométrique

a) Montrer : $\forall n \in \mathbb{N}^*,\ \forall x \in]0\,;+\infty[,\ \forall y \in]0\,;+\infty[,\quad (n-1)x + \dfrac{y^n}{x^{n-1}} \geqslant ny$.

b) En déduire la comparaison entre la moyenne arithmétique et la moyenne géométrique de n réels > 0 : $\forall n \in \mathbb{N}^*,\ \forall (x_1, ..., x_n) \in (\mathbb{R}_+^*)^n,\quad \sqrt[n]{x_1 \cdots x_n} \leqslant \dfrac{x_1 + \cdots + x_n}{n}$.

11.24 Croissance des pentes pour une fonction convexe

Soient I un intervalle de $\mathbb{R}$, $f : I \longrightarrow \mathbb{R}$ convexe.

a) Soit $(a,b,c) \in I^3$ tel que $a < b < c$.

Montrer : $\dfrac{f(b)-f(a)}{b-a} \leqslant \dfrac{f(c)-f(a)}{c-a} \leqslant \dfrac{f(c)-f(b)}{c-b}$.

Interpréter graphiquement le résultat.

b) En déduire que, pour tout $a \in I$, l'application $\tau_a : I \setminus \{a\} \longrightarrow \mathbb{R},\ x \longmapsto \dfrac{f(x)-f(a)}{x-a}$ est croissante sur $I \setminus \{a\}$.

11.25 Fonction convexe et majorée sur $\mathbb{R}$

Soit $f : \mathbb{R} \longrightarrow \mathbb{R}$ convexe et majorée.

a) Démontrer que f est constante. On pourra utiliser l'exercice 11.24.

b) Montrer le même résultat, de façon plus simple, sous l'hypothèse supplémentaire que f est de classe C^1 sur $\mathbb{R}$.

11.26 Inégalité sur les flèches pour une fonction convexe

Soient I un intervalle de $\mathbb{R}$, $f : I \longrightarrow \mathbb{R}$ convexe, $a, b, c, d \in I$ tels que $a \leqslant b \leqslant c \leqslant d$.

Démontrer : $\dfrac{1}{2}\big(f(b)+f(c)\big) - f\Big(\dfrac{b+c}{2}\Big) \leqslant \dfrac{1}{2}\big(f(a)+f(d)\big) - f\Big(\dfrac{a+d}{2}\Big)$.

On pourra utiliser l'exercice 11.24. Interpréter graphiquement le résultat.

Du mal à démarrer ?

11.1 Remarquer que $f - g$ admet un maximum en a.

11.2 *a)* Étudier les variations de P et, à cet effet, calculer P'.

b) Étudier les variations de f et, à cet effet, calculer f' et f''.

11.3 Étudier les variations de $f, g : I =]0 ; \pi/3[\longrightarrow \mathbb{R}$ définies, pour tout $x \in I$, par :

$$f(x) = 2\sin x + \tan x - 3x, \quad g(x) = \sin x + 2\tan x - 3x.$$

11.4 Appliquer le théorème des accroissements finis à Arctan sur $[x ; y]$.

11.5 Étudier, pour $x \in \mathbb{R}$ fixé, la limite de $\dfrac{f(y) - f(x)}{y - x}$ lorsque y tend vers x.

11.6 Montrer que, si f convient, alors f' est constante.

11.7 *1)* Étudier le comportement de $f(x)$ lorsque x tend vers 0.

2) Chercher la limite de $\dfrac{f(x) - f(0)}{x - 0}$ lorsque x tend vers 0.

3) Étudier le comportement de $f'(x)$ lorsque x tend vers 0.

11.8 *a)* Utiliser la formule de Leibniz.

b) Décomposer $\dfrac{1}{x^2 - 1}$ en somme de deux fractions plus simples, de dénominateurs $x - 1$ et $x + 1$.

c) Linéariser.

11.9 En utilisant les hypothèses et le théorème de Rolle, étudier les zéros de f, de f', de f'', de $f^{(3)}$, ...

11.10 Noter A le réel défini par :

$$f(b) = f(a) + (b - a)f'(a) + \frac{(b - a)^2}{2}A$$

et $\varphi : [a ; b] \longrightarrow \mathbb{R}$ l'application définie, pour tout $x \in [a ; b]$, par :

$$\varphi(x) = f(x) - f(a) - (x - a)f'(a) - \frac{(x - a)^2}{2}A.$$

Appliquer le théorème de Rolle de façon répétée.

11.11 Montrer que l'inégalité voulue se ramène à :

$$\forall t \in [0 ; 1], \quad 1 + t \geqslant 2^t.$$

Étudier les variations de $\varphi : [0 ; 1] \longrightarrow \mathbb{R}, \ t \longmapsto e^{t\ln 2} - 1 - t$.

11.12 *a)* Étudier les variations de

$$f : [0 ; +\infty[\longrightarrow \mathbb{R}, \ x \longmapsto x(2 + \cos x) - 3\sin x.$$

b) Montrer que l'encadrement proposé se ramène à :

$$\ln\left(1 + \frac{1}{x}\right) < \frac{1}{x} \quad \text{et} \quad \ln\left(1 - \frac{1}{x+1}\right) < -\frac{1}{x+1}.$$

Montrer que : $\quad \forall t \in]-1 ; +\infty[, \ \ln(1 + t) \leqslant t.$

11.13 • Pour montrer $g(b) - g(a) \neq 0$, raisonner par l'absurde et utiliser le théorème de Rolle.

• Noter $A = \dfrac{f(b) - f(a)}{b - a}$, considérer l'application

$$\varphi : [a ; b] \longrightarrow \mathbb{R}, \ x \longmapsto f(x) - f(a) - A(g(x) - g(a)),$$

et utiliser le théorème de Rolle.

11.14 Noter $\ell = \lim\limits_{x \longrightarrow -\infty} f(x) = \lim\limits_{x \longrightarrow +\infty} f(x)$.

1re méthode : utilisation d'une fonction auxiliaire :

Se ramener à une étude sur un segment, en considérant, par exemple, l'application $\varphi :]-\pi/2 ; \pi/2[\longrightarrow \mathbb{R}, \ t \longmapsto \tan t$ et $g = f \circ \varphi$.

2e méthode : étude d'extrémum :

Si f n'est pas constante, montrer que f admet un extrémum local, en se ramenant à un segment.

11.15 *a)* Appliquer le théorème de Rolle à P sur un segment joignant deux zéros consécutifs de P.

b) Même méthode qu'en *a)*, mais en tenant compte de l'ordre de multiplicité pour les zéros multiples de P.

11.16 *a)* Remarquer que, si $f(a) \neq 0$, alors f est de signe fixe au voisinage de a.

b) et *c)* Étudier le taux d'accroissement de $|f|$ entre a et x, pour x variable tendant vers a.

11.17 *1)* Soit f convenant.

Montrer que f ne s'annule en aucun point, que f est deux fois dérivable sur $\mathbb{R}$ et obtenir : $f''f - f'^2 = 0$.

Considérer alors $\left(\dfrac{f'}{f}\right)'$. En déduire l'expression de f.

2) Étudier la réciproque.

11.18 Pour $a \in]0 ; 1[$ fixé, étudier les variations de :

$$f :]0 ; \pi/2[\longrightarrow \mathbb{R}, \ x \longmapsto \cos(ax) - (\cos x)^a.$$

11.19 Considérer l'application $f : [0 ; +\infty[\longrightarrow \mathbb{R}, \ t \longmapsto \dfrac{t}{1 + t}$, et montrer qu'il suffit de prouver :

$$\forall (y, z) \in]0 ; +\infty[^2, \ f(y + z) < f(y) + f(z).$$

Pour $z \in]0 ; +\infty[$ fixé, étudier les variations de :

$$g : [0 ; +\infty[\longrightarrow \mathbb{R}, \ t \longmapsto f(t) + f(z) - f(t + z).$$

11.20 *a)* Pour $y \in \mathbb{R}$ fixé, étudier les variations de

$$f : \mathbb{R}_+^* \longrightarrow \mathbb{R}, \ x \longmapsto x\ln x + e^{y-1} - xy.$$

b) Appliquer *a)* à (xy, z), à $(y, x\ln x)$, à $(x, y\ln y)$.

11.21 *a)* Pour $\lambda \in [0\,;\,1]$, $x, y \in I$ tels que, par exemple, $x \leqslant y$, former $(fg)((1-\lambda)x + \lambda y) - ((1-\lambda)(fg)(x) + \lambda(fg)(y))$ et montrer que cette expression est $\leqslant 0$.

b) Calculer $(fg)''$.

11.22 • Chercher un polynôme P de degré 3, satisfaisant les mêmes conditions que f. Obtenir $P = \frac{1}{2}X^2(X+1)$.

• Former $g = f - P$ et raisonner par l'absurde.

11.23 *a)* Pour $n \in \mathbb{N}^*$ et $x \in]0\,;\,+\infty[$ fixés, étudier les variations de $f :]0\,;\,+\infty[\longrightarrow \mathbb{R},\ y \longmapsto (n-1)x + \dfrac{y^n}{x^{n-1}} - ny$.

b) Récurrence sur n.

Pour le passage de $n-1$ à n, pour $(x_1, ..., x_n) \in (\mathbb{R}_+^*)^n$ donné, noter $x = \dfrac{x_1 + \cdots + x_{n-1}}{n-1}$, $\quad y = (x_n x^{n-1})^{1/n}$,

de sorte que $\dfrac{y^n}{x^{n-1}} = x_n$, et utiliser *a)*.

11.24 *a)* Noter $\lambda = \dfrac{b-a}{c-a}$ et remarquer : $\lambda \in]0\,;\,1[$. Appliquer la définition de la convexité pour majorer $f((1-\lambda)a + \lambda c)$.

b) • Pour tout $(x_1, x_2) \in I^2$ tel que $x_1 < x_2 < a$, montrer :

$\tau_a(x_1) \leqslant \tau_a(x_2)$.

• Pour tout $(x_3, x_4) \in I^2$ tel que $a < x_3 < x_4$, montrer :

$\tau_a(x_3) \leqslant \tau_a(x_4)$.

• Pour tout $(x_1, x_3) \in I^2$ tel que $x_1 < a < x_3$, montrer :

$\tau_a(x_1) \leqslant \tau_a(x_3)$, en intercalant $\dfrac{f(x_3) - f(x_2)}{x_3 - x_2}$.

11.25 *a)* Étudier l'application $\tau_a : \mathbb{R}^* \longrightarrow \mathbb{R},\ x \longmapsto \dfrac{f(x) - f(0)}{x}$, en utilisant l'exercice 11.24.

b) Si on suppose, de plus, que f est de classe C^1 sur $\mathbb{R}$, montrer que f' admet une limite ℓ (finie ou $+\infty$) en $+\infty$ et montrer $\ell \leqslant 0$ par un raisonnement par l'absurde.

11.26 Noter, pour tout $(x, y) \in I^2$:

$$\delta(x, y) = \frac{f(x) + f(y)}{2} - f\left(\frac{x+y}{2}\right).$$

• Montrer, en utilisant l'exercice 11.24, que, pour tout $(u, v, w) \in I^3$ tel que $u < v < w$, on a :

$$\delta(u, v) \leqslant \delta(u, w) \quad \text{et} \quad \delta(v, w) \leqslant \delta(u, w).$$

• En déduire : $\delta(b, c) \leqslant \delta(a, d)$.

Corrigés des exercices

11.1 Notons $h = f - g$. L'application h est dérivable sur I et admet un maximum en a, car :

$$\forall x \in I,\ \ h(x) = f(x) - g(x) \leqslant 0 = f(a) - g(a) = h(a).$$

De plus, a n'est pas une extrémité de I.

D'après le cours, il s'ensuit $h'(a) = 0$, donc $f'(a) = g'(a)$.

11.2 *a)* L'application polynomiale $P : x \longmapsto x^5 - 5x + 2$ est dérivable sur $\mathbb{R}$ et : $\forall x \in \mathbb{R},\ \ P'(x) = 5(x^4 - 1)$,

d'où le tableau de variations de P :

x	$-\infty$		-1		1		$+\infty$
$P'(x)$		$+$	0	$-$	0	$+$	
$P(x)$	$-\infty$	$\nearrow$	6	$\searrow$	-2	$\nearrow$	$+\infty$

Puisque P est continue et strictement monotone par intervalles, on conclut que P admet exactement trois zéros réels, notés a, b, c, et que : $a < -1 < b < 1 < c$.

b) L'application $f : x \longmapsto (x - 1)\,\mathrm{e}^x - \mathrm{e}\,x + 1$ est deux fois dérivable sur $\mathbb{R}$ et :

$$\forall x \in \mathbb{R},\ \ f'(x) = x\,\mathrm{e}^x - \mathrm{e},\quad f''(x) = (x + 1)\,\mathrm{e}^x,$$

d'où les tableaux de variations de f', puis de f :

x	$-\infty$		-1		1		$+\infty$
$f''(x)$		$-$	0	$+$			
$f'(x)$	$-\mathrm{e}$	$\searrow$	< 0	$\nearrow$	0	$\nearrow$	$+\infty$
$f'(x)$			$-$		0	$+$	
$f(x)$	$+\infty$	$\searrow$		$\searrow$	< 0	$\nearrow$	$+\infty$

On a : $f(1) = -\mathrm{e} + 1 < 0$.

Puisque f est continue et strictement monotone par intervalles, on conclut que f admet exactement deux zéros réels, notés a, b, et que : $a < 1 < b$.

11.3 Notons $f, g\ :\ I =]0\,;\pi/3[\longrightarrow \mathbb{R}$ les applications définies, pour tout $x \in I$, par :

$$f(x) = 2\sin x + \tan x - 3x,\qquad g(x) = \sin x + 2\tan x - 3x.$$

Les applications f, g sont dérivables sur I et, pour tout $x \in I$:

$$\begin{aligned} f'(x) &= 2\cos x + \frac{1}{\cos^2 x} - 3 \\ &= \frac{2\cos^3 x - 3\cos^2 x + 1}{\cos^2 x} = \frac{(\cos x - 1)(2\cos^2 x - \cos x - 1)}{\cos^2 x} \\ &= \frac{(\cos x - 1)(\cos x - 1)(2\cos x + 1)}{\cos^2 x} < 0, \end{aligned}$$

car $1/2 < \cos x < 1$,

$$\begin{aligned} g'(x) &= \cos x + \frac{2}{\cos^2 x} - 3 = \frac{\cos^3 x - 3\cos^2 x + 2}{\cos^2 x} \\ &= \frac{(\cos x - 1)(\cos^2 x - 2\cos x - 2)}{\cos^2 x}; \end{aligned}$$

D'une part, $\cos x - 1 < 0$, car $0 < \cos x < 1$.

D'autre part, le trinôme réel $X^2 - 2X + 2$ admet deux racines réelles $r_1 = 1 - \sqrt{3} < 0$ et $r_2 = 1 + \sqrt{3} > 1$, donc, comme $r_1 < \cos x < r_2$, on a : $\cos^2 x - 2\cos x + 2 < 0$.

Il en résulte que f est strictement décroissante sur I et que g est strictement croissante sur I.

Comme $f(x) \underset{x \to 0^+}{\longrightarrow} 0$ et $g(x) \underset{x \to 0^+}{\longrightarrow} 0$, on en déduit :

$$\forall x \in I,\ \ f(x) < 0 \text{ et } g(x) > 0,$$

d'où les inégalités demandées.

11.4 Soit $(x, y) \in [0\,; +\infty[^2$ tel que $x < y$.

L'application Arctan est continue sur $[x\,; y]$ et dérivable sur $]x\,; y[$, donc, d'après le théorème des accroissements finis, il existe $c \in]x\,; y[$ tel que :

$$\frac{\operatorname{Arctan} y - \operatorname{Arctan} x}{y - x} = \operatorname{Arctan}'(c) = \frac{1}{1 + c^2}.$$

Comme $0 \leqslant x < c < y$, on a : $\dfrac{1}{1 + y^2} < \dfrac{1}{1 + c^2} < \dfrac{1}{1 + x^2}$,

d'où : $\dfrac{1}{1 + y^2} < \dfrac{\operatorname{Arctan} y - \operatorname{Arctan} x}{y - x} < \dfrac{1}{1 + x^2}$,

puis : $\dfrac{y - x}{1 + y^2} < \operatorname{Arctan} y - \operatorname{Arctan} x < \dfrac{y - x}{1 + x^2}$.

11.5 Soit $x \in \mathbb{R}$ fixé. On a, pour tout $y \in \mathbb{R}$ tel que $y \neq x$:

$$\left|\frac{f(y) - f(x)}{y - x}\right| \leqslant |y - x|.$$

Comme $|y - x| \underset{y \to x}{\longrightarrow} 0$, on déduit : $\dfrac{f(y) - f(x)}{y - x} \underset{y \to x}{\longrightarrow} 0$.

Ceci montre que f est dérivable en x et que $f'(x) = 0$.

Ainsi, f est dérivable sur $\mathbb{R}$ et $f' = 0$.

Il en résulte que f est constante.

11.6 *1)* Soit f convenant.

En dérivant par rapport à x, on déduit :

$$\forall (x,y) \in \mathbb{R}^2,\ \ f'(x+y) = f'(x),$$

donc f' est constante. Il existe donc $(a,b) \in \mathbb{R}^2$ tel que :

$$\forall x \in \mathbb{R},\ \ f(x) = ax + b.$$

2) Réciproquement, pour tout $(a,b) \in \mathbb{R}^2$, l'application $f : \mathbb{R} \longrightarrow \mathbb{R},\ \ x \longmapsto ax + b$ est dérivable sur $\mathbb{R}$ et elle satisfait

$$\forall (x,y) \in \mathbb{R}^2,\ \ f(x+y) = f(x) + f(y)$$

si et seulement si $b = 0$.

Finalement, l'ensemble des solutions est :

$$\{f : \mathbb{R} \longrightarrow \mathbb{R},\ \ x \longmapsto ax\ ;\ \ a \in \mathbb{R}\}.$$

11.7 *1)* D'une part, f est continue en tout point de $\mathbb{R}^*$ par les théorèmes généraux.

D'autre part : $|f(x)| \leqslant x^2$ et $x^2 \underset{x \longrightarrow 0}{\longrightarrow} 0$,

d'où $f(x) \underset{x \longrightarrow 0}{\longrightarrow} 0 = f(0)$, donc f est continue en 0.

Ainsi, f est continue sur $\mathbb{R}$.

2) D'une part, d'après les théorèmes généraux, f est dérivable en tout point de $\mathbb{R}^*$ et :

$$\forall x \in \mathbb{R}^*,\ \ f'(x) = 2x \sin \frac{1}{x} - \cos \frac{1}{x}.$$

D'autre part : $\left| \dfrac{f(x) - f(0)}{x - 0} \right| = \left| x \sin \dfrac{1}{x} \right| \leqslant x,$

d'où : $\dfrac{f(x) - f(0)}{x - 0} \underset{x \longrightarrow 0}{\longrightarrow} 0,$

donc f est dérivable en 0 et $f'(0) = 0$.

Ainsi, f est dérivable sur $\mathbb{R}$ et, pour tout $x \in \mathbb{R}$:

$$f'(x) = \begin{cases} 2x \sin \dfrac{1}{x} - \cos \dfrac{1}{x} & \text{si } \ x \neq 0 \\ 0 & \text{si } \ x = 0. \end{cases}$$

3) D'une part, d'après les théorèmes généraux et le résultat précédent, f' est continue en tout point de $\mathbb{R}^*$.

D'autre part, puisque $2x \sin \dfrac{1}{x} \underset{x \longrightarrow 0}{\longrightarrow} 0$ et que $\cos \dfrac{1}{x}$ n'a pas de limite en 0, f' n'a pas de limite en 0, donc f' n'est pas continue en 0.

Ainsi, f' est continue en tout point de $\mathbb{R}^*$ et discontinue en 0.

11.8 Remarquer d'abord que les applications envisagées sont de classe C^∞ d'après les théorèmes généraux.

a) En notant $P : x \longmapsto x^2 + x - 2$ et $g : x \longmapsto \mathrm{e}^x$, d'après la formule de Leibniz, on a, pour tout $n \in \mathbb{N}$ et tout $x \in \mathbb{R}$:

$$\begin{aligned} f^{(n)}(x) &= \sum_{k=0}^{n} \binom{n}{k} P^{(k)}(x) g^{(n-k)}(x) \\ &= \binom{n}{0} P(x) g''(x) + \binom{n}{1} P'(x) g'(x) + \binom{n}{2} P''(x) g(x) \\ &= (x^2 + x - 2)\,\mathrm{e}^x + n(2x+1)\,\mathrm{e}^x + \frac{n(n-1)}{2} 2\,\mathrm{e}^x \\ &= \left(x^2 + (2n+1)x + (n^2 - 2)\right) \mathrm{e}^x. \end{aligned}$$

b) On remarque :

$$\begin{aligned} \forall x \in]-1\,;1[,\ \ f(x) &= \frac{1}{x^2 - 1} = \frac{1}{(x-1)(x+1)} \\ &= \frac{1}{2}\Big(\frac{1}{x-1} - \frac{1}{x+1}\Big) = \frac{1}{2}\big((x-1)^{-1} - (x+1)^{-1}\big). \end{aligned}$$

d'où, pour tout $n \in \mathbb{N}$:

$$\begin{aligned} f^{(n)}(x) &= \frac{1}{2}\big((-1)\cdots(-n)(x-1)^{-n-1} - (-1)\cdots(-n)(x+1)^{-n-1}\big) \\ &= \frac{(-1)^n n!}{2} \left(\frac{1}{(x-1)^{n+1}} - \frac{1}{(x+1)^{n+1}} \right). \end{aligned}$$

c) Linéarisons :

$$\begin{aligned} \forall x \in \mathbb{R},\ \ f(x) &= \sin^2 x \cos x = \sin x (\sin x \cos x) \\ &= \sin x \frac{1}{2} \sin 2x = \frac{1}{4}(\cos x - \cos 3x). \end{aligned}$$

On connaît les dérivées successives de cos :

$$\cos' = -\sin,\ \ \cos'' = -\cos,\ \ \cos^{(3)} = \sin,\ \ \cos^{(4)} = \cos, \ldots$$

Soit $n \in \mathbb{N}$.

Si n est pair, $n = 2p,\ p \in \mathbb{N}$, on a :

$$\forall x \in \mathbb{R},\ \ f^{(n)}(x) = \frac{1}{4}\big((-1)^p \cos x - 3^{2p}(-1)^p \cos 3x\big).$$

Si n est impair, $n = 2p+1,\ p \in \mathbb{N}$, on a :

$$\forall x \in \mathbb{R},\ \ f^{(n)}(x) = \frac{1}{4}\big((-1)^{p+1} \sin x - 3^{2p+1}(-1)^{p+1} \sin 3x\big).$$

11.9 Nous allons étudier successivement les zéros de f, de f', de f'', ..., de $f^{(5)}$.

• Par hypothèse : $a < b < c$ et $f(a) = f(b) = f(c) = 0$.

D'après le théorème de Rolle appliqué à f sur $[a\,;b]$, sur $[b\,;c]$, il existe $a_1 \in]a\,;b[,\ b_1 \in]b\,;c[$ tels que :

$$f'(a_1) = 0 \text{ et } f'(b_1) = 0.$$

• On a donc :

$$a_1 < b < b_1 < c \ \text{ et } \ f'(a_1) = f'(b) = f'(b_1) = f'(c) = 0.$$

D'après le théorème de Rolle appliqué à f' sur $[a_1 ; b]$, $[b ; b_1]$, $[b_1 ; c]$, il existe $a_2 \in]a_1 ; b[$, $b_2 \in]b ; b_1[$, $c_2 \in]b_1 ; c[$ tels que : $f''(a_2) = f''(b_2) = f''(c_2) = 0$.

• On a donc :

$$a_2 < b_2 < c_2 < c \text{ et } f''(a_2) = f''(b_2) = f''(c_2) = f''(c) = 0.$$

En réitérant le raisonnement, il existe au moins trois points en ordre strict en lesquels $f^{(3)}$ s'annule, puis au moins deux points en ordre strict en lesquels $f^{(4)}$ s'annule, puis au moins un point d en lequel $f^{(5)}$ s'annule.

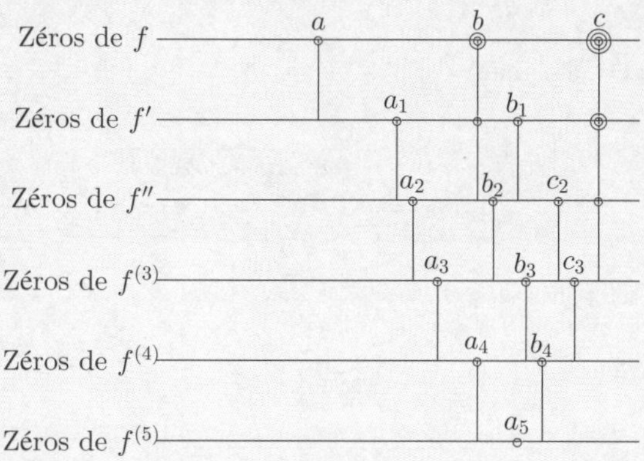

11.10 Notons A le réel défini par :

$$f(b) = f(a) + (b-a)f'(a) + \frac{(b-a)^2}{2}A$$

et notons $\varphi : [a ; b] \longrightarrow \mathbb{R}$ l'application définie, pour tout $x \in [a ; b]$, par :

$$\varphi(x) = f(x) - f(a) - (x-a)f'(a) - \frac{(x-a)^2}{2}A.$$

L'application φ est continue sur $[a ; b]$, dérivable sur $[a ; b]$ (donc sur $]a ; b[$), et $\varphi(a) = \varphi(b) = 0$. D'après le théorème de Rolle, il existe $u \in]a ; b[$ tel que $\varphi'(u) = 0$.

Comme : $\forall x \in [a ; b],\ \varphi'(x) = f'(x) - f'(a) - (x-a)A$,

l'application φ' est continue sur $[a ; u]$, dérivable sur $]a ; u[$, et on a : $\varphi'(a) = \varphi'(u) = 0$. D'après le théorème de Rolle, il existe donc $c \in]a ; u[\subset]a ; b[$ tel que $\varphi''(c) = 0$.

Comme : $\forall x \in [a ; b],\ \varphi''(x) = f''(x) - A$,

on obtient : $A = f''(c)$, et donc :

$$f(b) = f(a) + (b-a)f'(a) + \frac{(b-a)^2}{2}f''(c).$$

11.11 On a, pour tout $x \in]0 ; +\infty[$:

$$\left(1 + \frac{\mathrm{Ent}(x)}{x}\right)^x \geqslant 2^{\mathrm{Ent}(x)} \iff 1 + \frac{\mathrm{Ent}(x)}{x} \geqslant 2^{\frac{\mathrm{Ent}(x)}{x}}.$$

D'autre part, par définition de la partie entière :

$$\forall x \in \mathbb{R},\ \mathrm{Ent}(x) \leqslant x < \mathrm{Ent}(x) + 1,$$

donc : $\forall x \in]0 ; +\infty[,\ 0 \leqslant \dfrac{\mathrm{Ent}(x)}{x} \leqslant 1.$

Il suffit donc de prouver : $\forall t \in [0 ; 1],\ 1 + t \geqslant 2^t.$

Notons $\varphi : [0 ; 1] \longrightarrow \mathbb{R},\ t \longmapsto 2^t - 1 - t = e^{t \ln 2} - 1 - t.$
L'application φ est dérivable sur $[0 ; 1]$ et :

$$\forall t \in [0 ; 1],\ \varphi'(t) = \ln 2\, e^{t \ln 2} - 1.$$

En particulier, pour tout $t \in [0 ; 1]$:

$$\varphi'(t) = 0 \iff \ln 2\, e^{t\ln 2} - 1 = 0 \iff e^{t \ln 2} = \frac{1}{\ln 2}$$
$$\iff t \ln 2 = -\ln(\ln 2) \iff t = \frac{-\ln(\ln 2)}{\ln 2}.$$

Notons $\alpha = \dfrac{-\ln(\ln 2)}{\ln 2}$, qui est dans $]0 ; 1[$.

On obtient le tableau de variations :

t	0		α		1
$\varphi'(t)$		$-$	0	$+$	
$\varphi(t)$	0	$\searrow$	$\leqslant 0$	$\nearrow$	0

On déduit : $\forall t \in [0 ; 1],\ \varphi(t) \leqslant 0,$

c'est-à-dire : $\forall t \in [0 ; 1],\ 1 + t \geqslant 2^t.$

En remplaçant t par $\dfrac{\mathrm{Ent}(x)}{x}$, on obtient l'inégalité demandée.

11.12 *a)* L'application

$$f : [0 ; +\infty[\longrightarrow \mathbb{R},\ x \longmapsto x(2 + \cos x) - 3 \sin x$$

est de classe C^∞ et, pour tout $x \in [0 ; +\infty[$:

$$f'(x) = 2 - x \sin x - 2 \cos x,$$

$$f''(x) = -x \cos x + \sin x, \qquad f'''(x) = x \sin x.$$

• On a, pour tout $x \in [\pi ; +\infty[$:

$$3 \sin x \leqslant 3 \quad \text{et} \quad x(2 + \cos x) \geqslant \pi(2-1) = \pi \geqslant 3,$$

donc : $3 \sin x \leqslant x(2 + \cos x)$.

• Il nous suffit donc d'établir l'inégalité demandée lorsque $x \in [0 ; \pi]$.

On dresse les tableaux de variations :

x	0		π
$f'''(x)$	0	$+$	0
$f''(x)$	0	$\nearrow$	
$f'(x)$	0	$\nearrow$	
$f(x)$	0	$\nearrow$	

Ceci montre : $\forall x \in [0 ; \pi],\ f(x) \geqslant 0,$

d'où l'inégalité demandée, pour $x \in [0 ; \pi]$.

b) On a, pour tout $x \in]0\,;+\infty[$:

$$\left(1+\frac{1}{x}\right)^x < \mathrm{e} < \left(1+\frac{1}{x}\right)^{x+1}$$
$$\iff x\ln\left(1+\frac{1}{x}\right) < 1 < (x+1)\ln\left(1+\frac{1}{x}\right)$$
$$\iff \ln\left(1+\frac{1}{x}\right) < \frac{1}{x} \quad \text{et} \quad \ln\left(1+\frac{1}{x}\right) > \frac{1}{x+1}.$$

De plus :

$$\ln\left(1+\frac{1}{x}\right) > \frac{1}{x+1} \iff \ln\frac{x+1}{x} > \frac{1}{x+1}$$
$$\iff \ln\frac{x}{x+1} < -\frac{1}{x+1} \iff \ln\left(1-\frac{1}{x+1}\right) < -\frac{1}{x+1}.$$

Ainsi, pour prouver les deux inégalités demandées, il suffit d'établir l'inégalité : $\forall t \in]-1\,;+\infty[-\{0\},\ \ln(1+t) < t.$

Cette inégalité est connue. Redémontrons-la. L'application $f : t \longmapsto \ln(1+t) - t$ est dérivable sur $]-1\,;+\infty[$ et :

$$\forall t \in]-1\,;+\infty[,\ f'(t) = \frac{1}{1+t} - 1 = -\frac{t}{1+t},$$

d'où le tableau de variations :

t	-1		0		$+\infty$
$f'(t)$		$+$	0	$-$	
$f(t)$	<0	$\nearrow$	0	$\searrow$	<0

On a donc : $\quad \forall t \in]-1\,;+\infty[-\{0\},\ f(t) < 0,$

c'est-à-dire : $\forall t \in]-1\,;+\infty[-\{0\},\ \ln(1+t) < t.$

En remplaçant t par $\dfrac{1}{x}$ pour $x \in]0\,;+\infty[$, on obtient :

$$\ln\left(1+\frac{1}{x}\right) < \frac{1}{x},$$

et, en remplaçant t par $-\dfrac{1}{x+1}$ pour $x \in]0\,;+\infty[$, on obtient :

$$\ln\left(1-\frac{1}{x+1}\right) < -\frac{1}{x+1},$$

d'où les inégalités demandées.

11.13 • Si $g(b) - g(a) = 0$, alors, puisque g est continue sur $[a\,;b]$ et dérivable sur $]a\,;b[$, d'après le théorème de Rolle, il existe $d \in]a\,;b[$ tel que $g'(d) = 0$, contradiction avec les hypothèses.

On a donc : $g(b) - g(a) \neq 0$.

• Notons $A = \dfrac{f(b)-f(a)}{g(b)-g(a)}$ et considérons l'application

$$\varphi : [a\,;b] \longrightarrow \mathbb{R},\ x \longmapsto f(x) - f(a) - A(g(x) - g(a)).$$

L'application φ est continue sur $[a\,;b]$, dérivable sur $]a\,;b[$, et on $\varphi(a) = 0$ et $\varphi(b) = 0$ (par définition de A). D'après le théorème de Rolle, il existe donc $c \in]a\,;b[$ tel que $\varphi'(c) = 0$.

Mais : $\qquad \forall x \in]a\,;b[,\ \varphi'(x) = f'(x) - Ag'(x),$

d'où : $f'(c) - Ag'(c) = 0$, donc $A = \dfrac{f'(c)}{g'(c)}$,

ce qui montre le résultat demandé.

11.14 Par hypothèse, il existe $\ell \in \mathbb{R}$ tel que :

$$f(x) \underset{x \to -\infty}{\longrightarrow} \ell \quad \text{et} \quad f(x) \underset{x \to +\infty}{\longrightarrow} \ell.$$

1re méthode : utilisation d'une fonction auxiliaire :

Le résultat demandé ressemble au théorème de Rolle, mais sur $\mathbb{R}$ au lieu d'un segment $[a\,;b]$. Nous allons essayer de nous ramener à un segment par composition avec une fonction auxiliaire.

Considérons, par exemple, l'application

$$\varphi :]-\pi/2\,;\pi/2[\longrightarrow \mathbb{R},\ t \longmapsto \tan t$$

et notons $g = f \circ \varphi$.

On a, par composition de limites :

$$g(t) \underset{t \to -(\pi/2)^+}{\longrightarrow} \ell \quad \text{et} \quad g(t) \underset{t \to (\pi/2)^-}{\longrightarrow} \ell.$$

Comme g est continue sur $]-\pi/2\,;\pi/2[$ et de limite finie ℓ en $-\pi/2$ et en $\pi/2$, l'application $h : [-\pi/2\,;\pi/2] \longrightarrow \mathbb{R}$ définie pour tout $t \in [-\pi/2\,;\pi/2]$, par :

$$\varphi(t) = \begin{cases} g(t) & \text{si } -\pi/2 < t < \pi/2 \\ \ell & \text{si } t = -\pi/2 \text{ ou } t = \pi/2 \end{cases}$$

est continue sur $[-\pi/2\,;\pi/2]$.

D'autre part, puisque φ est dérivable sur $]-\pi/2\,;\pi/2[$ et que f est dérivable sur $\mathbb{R}$, par composition, $g = f \circ \varphi$ est dérivable sur $]-\pi/2\,;\pi/2[$, donc h est dérivable sur $]-\pi/2\,;\pi/2[$.

Puisque h est continue sur $[-\pi/2\,;\pi/2]$ et dérivable sur $]-\pi/2\,;\pi/2[$ et que $h(-\pi/2) = h(\pi/2)$, d'après le théorème de Rolle, il existe $\gamma \in]-\pi/2\,;\pi/2[$ tel que $h'(\gamma) = 0$. Mais, pour tout $t \in]-\pi/2\,;\pi/2[$:

$$h'(t) = g'(t) = f'(\varphi(t))\varphi'(t) = f'(\tan t)\underbrace{\frac{1}{\cos^2 t}}_{\neq 0}.$$

On déduit : $f'(\tan(\gamma)) = 0$.

En notant $c = \tan\gamma \in \mathbb{R}$, on a donc : $f'(c) = 0$.

2e méthode : étude d'extrémum :

Si $f = \ell$ (fonction constante), alors tout réel c convient pour $f'(c) = 0$.

Supposons $f \neq \ell$. Il existe donc $a \in \mathbb{R}$ tel que $f(a) \neq \ell$. Quitte à remplacer f par $-f$ (et donc ℓ par $-\ell$), on peut se ramener au cas où : $f(a) > \ell$.

Notons $\varepsilon = f(a) - \ell > 0$.

Puisque $f(x) \underset{x \longrightarrow -\infty}{\longrightarrow} \ell$ et $f(x) \underset{x \longrightarrow +\infty}{\longrightarrow} \ell$,

il existe $A \in]-\infty\,; a]$ et $B \in [a\,; +\infty[$ tels que :

$$\begin{cases} \forall x \in]-\infty\,; A], & |f(x) - \ell| \leqslant \varepsilon \\ \forall x \in [B\,; +\infty[, & |f(x) - \ell| \leqslant \varepsilon. \end{cases}$$

On a alors : $\forall x \in]-\infty\,; A] \cup [B\,; +\infty[,\ \ f(x) \leqslant \ell + \varepsilon = f(a)$.

D'autre part, f étant continue sur $\mathbb{R}$, f est en particulier continue sur le segment $[A\,; B]$. D'après un théorème du cours, il en résulte que la restriction de f à $[A\,; B]$ est bornée et atteint ses bornes. Il existe donc $c \in [A\,; B]$ tel que :

$$\forall x \in [A\,; B],\ \ f(x) \leqslant f(c).$$

En particulier, comme $a \in [A\,; B]$, on a : $f(a) \leqslant f(c)$.

On a alors : $\begin{cases} \forall x \in]-\infty\,; A], & f(x) \leqslant f(a) \leqslant f(c) \\ \forall x \in [A\,; B], & f(x) \leqslant f(c) \\ \forall x \in [B\,; +\infty[, & f(x) \leqslant f(a) \leqslant f(c). \end{cases}$

Ainsi, f admet un maximum local en c. Comme f est dérivable en c, il en résulte, d'après le cours : $f'(c) = 0$.

11.15 *a)* Par hypothèse, il existe $n \in \mathbb{N} - \{0, 1\}$, $\lambda \in \mathbb{R}^*$, $(x_1, ..., x_n) \in \mathbb{R}^n$ tels que :

$$x_1 < ... < x_n \quad \text{et} \quad P = \lambda \prod_{k=1}^{n} (\mathrm{X} - x_k).$$

Pour tout k de $[\![1\,; n-1]\!]$, P est continue sur $[x_k\,; x_{k+1}]$, dérivable sur $]x_k\,; x_{k+1}[$, et $P(x_k) = P(x_{k+1}) = 0$, donc, d'après le théorème de Rolle, il existe $y_k \in]x_k\,; x_{k+1}[$ tel que $P'(y_k) = 0$.

Puisque $x_1 < y_1 < x_2 < ... < y_{n-1} < x_n$, les réels $y_1, ..., y_{n-1}$ sont deux à deux distincts. Comme P' est de degré $n - 1$, il en résulte que les zéros de P' sont tous réels et simples (ce sont $y_1, ..., y_{n-1}$).

b) Par hypothèse, il existe $N \in \mathbb{N}^*, \lambda \in \mathbb{R}^*, (x_1, ..., x_N) \in \mathbb{R}^N$, $(\alpha_1, ..., \alpha_N) \in (\mathbb{N}^*)^N$ tels que :

$$x_1 < ... < x_N \quad \text{et} \quad P = \lambda \prod_{k=1}^{N} (\mathrm{X} - x_k)^{\alpha_k}.$$

Comme en *a)*, il existe $y_1, ..., y_{N-1} \in \mathbb{R}$ tels que :

$$\forall k \in [\![1\,; N-1]\!],\ \ (y_k \in]x_k\,; x_{k+1}[\ \text{ et } \ P'(y_k) = 0).$$

D'autre part, pour tout $k \in [\![1\,; N]\!]$ tel que $\alpha_k \geqslant 2$, x_k est zéro de P' d'ordre $\alpha_k - 1$.

On met ainsi en évidence des zéros de P', deux à deux distincts : $y_1, ..., y_{N-1}$ d'une part, x_1 d'ordre $\alpha_1 - 1, ..., x_N$ d'ordre $\alpha_N - 1$ d'autre part, avec une convention évidente si $\alpha_k = 1$.

Comme :

$$(N-1) + \sum_{k=1}^{N} (\alpha_k - 1) = \Big(\sum_{k=1}^{N} \alpha_k\Big) - 1 = \deg(P) - 1 = \deg(P'),$$

on conclut que les zéros de P' sont tous réels.

11.16 *a)* • Si $f(a) > 0$, alors, comme f est continue en a (car dérivable en a), il existe $\eta > 0$ tel que :

$$\forall x \in [a - \eta\,; a + \eta],\ \ f(x) \geqslant 0.$$

On a alors : $\forall x \in [a - \eta\,; a + \eta],\ \ |f|(x) = f(x)$,

c'est-à-dire que $|f|$ coïncide avec f au voisinage de a. Puisque f est dérivable en a, $|f|$ l'est alors aussi et : $|f|'(a) = f'(a)$.

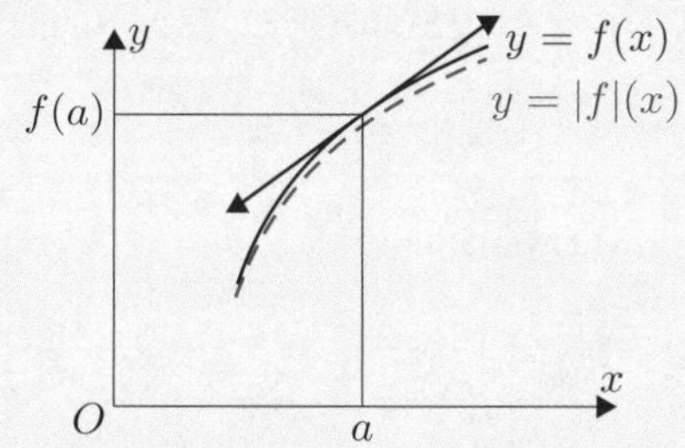

Cas $f(a) > 0$

• Si $f(a) < 0$, de même, comme $|f|$ coïncide avec$-f$ au voisinage de a, on conclut que $|f|$ est dérivable en a et que :

$$|f|'(a) = -f'(a).$$

On peut regrouper ces deux résultats en utilisant la fonction signe : $\quad |f|'(a) = \mathrm{sgn}\,(f(a)) f'(a)$.

b) Supposons $f'(a) > 0$, le cas $f'(a) < 0$ étant analogue, ou, si l'on préfère, s'y ramenant en remplaçant f par $-f$.

Comme $\dfrac{f(x) - f(a)}{x - a} \underset{x \longrightarrow a}{\longrightarrow} f'(a) > 0$,

il existe $\eta > 0$ tel que :

$$\forall x \in [a - \eta\,; a + \eta] - \{a\},\ \ \frac{f(x) - f(a)}{x - a} \geqslant 0,$$

d'où, puisque $f(a) = 0$: $\begin{cases} \forall x \in [a - \eta\,; a], & f(x) \leqslant 0 \\ \forall x \in [a\,; a + \eta], & f(x) \geqslant 0. \end{cases}$

Autrement dit, $|f|$ coïncide avec $-f$ au voisinage à gauche de a et $|f|$ coïncide avec f au voisinage à droite de a.

On a alors : $\dfrac{|f|(x) - |f|(a)}{x - a} \underset{x \longrightarrow a^-}{\longrightarrow} -f'(a)$,

et $\dfrac{|f|(x) - |f|(a)}{x - a} \underset{x \longrightarrow a^+}{\longrightarrow} f'(a)$,

donc $|f|$ est dérivable à gauche en a, dérivable à droite en a, et non dérivable en a car $f'(a) \neq -f'(a)$, puisque $f'(a) \neq 0$.

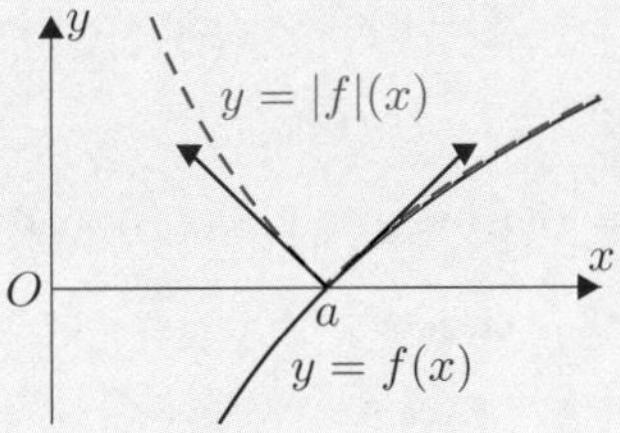

Cas $f(a) = 0$ et $f'(a) > 0$

c) On a, pour $x \in \mathbb{R} - \{a\}$, en utilisant l'inégalité triangulaire renversée :

$$\left|\frac{|f|(x) - |f|(a)}{x-a}\right| = \frac{\big||f(x)| - |f(a)|\big|}{|x-a|}$$
$$\leqslant \frac{|f(x) - f(a)|}{|x-a|} = \left|\frac{f(a) - f(a)}{x-a}\right| \underset{x \longrightarrow a}{\longrightarrow} |f'(a)| = 0,$$

donc
$$\frac{|f|(x) - |f|(a)}{x-a} \underset{x \longrightarrow a}{\longrightarrow} 0,$$

et on conclut que $|f|$ est dérivable en a et que : $|f|'(a) = 0$.

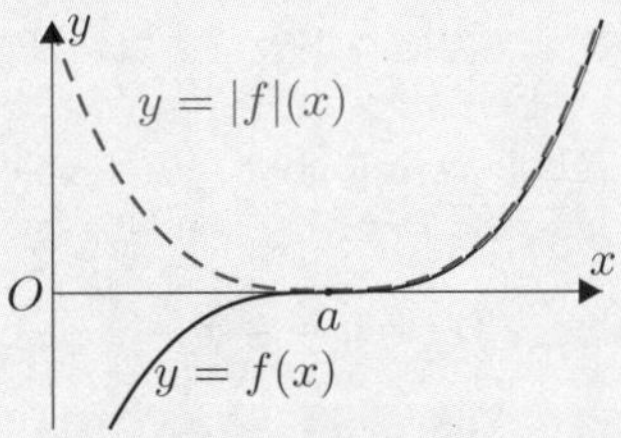

Cas $f(a) = 0$ et $f'(a) = 0$

11.17 *1)* Soit f convenant. On a : $\forall x \in \mathbb{R},\ f'(x)f(-x) = 1$,

donc : $\forall x \in \mathbb{R},\ f(-x) \neq 0$,

puis : $\forall x \in \mathbb{R},\ f'(x) = \dfrac{1}{f(-x)}$.

Comme f est dérivable sur $\mathbb{R}$ et à valeurs non nulles, par opérations, l'application $x \longmapsto \dfrac{1}{f(-x)}$ est dérivable sur $\mathbb{R}$, donc f' est dérivable sur $\mathbb{R}$, et on conclut que f est deux fois dérivable sur $\mathbb{R}$.

On a alors, en dérivant dans l'égalité de l'énoncé :

$$\forall x \in \mathbb{R},\ f''(x)f(-x) + f'(x)(-f'(-x)) = 0,$$

c'est-à-dire : $\forall x \in \mathbb{R},\ f''(x)f(-x) - f'(x)\dfrac{1}{f(x)} = 0.$

En multipliant par $f(x)f'(x)$, on déduit :

$$\forall x \in \mathbb{R},\ f''(x)f(x) - (f'(x))^2 = 0.$$

Ensuite : $\left(\dfrac{f'}{f}\right)' = \dfrac{f''f - f'^2}{f^2} = 0,$

donc il existe $\lambda \in \mathbb{R}$ tel que $\dfrac{f'}{f} = \lambda$.

Puisque $f' = \lambda f$, d'après le cours, il existe $C \in \mathbb{R}$ tel que :

$$\forall x \in \mathbb{R},\ f(x) = C\,e^{\lambda x}.$$

Comme $f \neq 0$, on a : $C \neq 0$.

2) Réciproquement, soient $C \in \mathbb{R}^*$, $\lambda \in \mathbb{R}$.

L'application $f : \mathbb{R} \longrightarrow \mathbb{R},\ x \longmapsto C\,e^{\lambda x}$ est dérivable sur $\mathbb{R}$ et :
$\forall x \in \mathbb{R},\ f'(x)f(-x) = (C\lambda\,e^{\lambda x})(C\,e^{-\lambda x}) = C^2\lambda$,

donc f convient si et seulement si $C^2\lambda = 1$, c'est-à-dire si et seulement si $\lambda = \dfrac{1}{C^2}$.

On conclut que l'ensemble $\mathscr{S}$ des applications f cherchées est :

$$\mathscr{S} = \{f : \mathbb{R} \longrightarrow \mathbb{R},\ x \longmapsto C\,e^{\frac{x}{C^2}}\ ;\ C \in \mathbb{R}^*\}.$$

11.18 Soit $a \in]0\,;1[$ fixé.

L'application

$$f : I =]0\,;\pi/2[\longrightarrow \mathbb{R},\ x \longmapsto \cos(ax) - (\cos x)^a$$

est de classe C^1 sur I et, pour tout $x \in I$:

$$f'(x) = -a\sin(ax) + a(\cos x)^{a-1}\sin x$$
$$= a\Big(\frac{\sin x}{(\cos x)^{1-a}} - \sin(ax)\Big).$$

Soit $x \in I$.

- On a $\sin x > 0$, car $x \in I$, et $0 < (\cos x)^{1-a} < 1$, car $x \in I$ et $0 < a < 1$, donc : $\dfrac{\sin x}{(\cos x)^{1-a}} > \sin x$.
- D'autre part, comme $x \in I$ et $a \in]0\,;1[$, on a :

$$0 < ax < x < \frac{\pi}{2},$$

d'où, puisque sin est croissante sur I :

$$0 < \sin(ax) < \sin x.$$

On déduit : $\dfrac{\sin x}{(\cos x)^{1-a}} > \sin x > \sin(ax)$, d'où : $f'(x) > 0$.

Ceci montre $f' > 0$, donc f est strictement croissante.

Enfin, $f(x) \underset{x \longrightarrow 0}{\longrightarrow} 0$.

On conclut : $\forall x \in I,\ f(x) > 0$, d'où l'inégalité voulue.

11.19 Considérons l'application

$$f : [0\,;+\infty[\longrightarrow \mathbb{R},\ t \longmapsto \frac{t}{1+t} = 1 - \frac{1}{1+t}.$$

L'inégalité proposée est équivalente à : $f(x) < f(y) + f(z)$.

L'application f est dérivable sur $[0\,;+\infty[$ et :

$$\forall t \in [0\,;+\infty[,\ f'(t) = \frac{1}{(1+t)^2} > 0,$$

donc f est (strictement) croissante.

Puisque $x \leqslant y + z$, on a donc : $f(x) \leqslant f(y+z)$.

Il suffit donc de prouver : $f(y+z) < f(y) + f(z)$.

Pour $z \in]0\,;+\infty[$ fixé, l'application

$$g : [0\,;+\infty[\longrightarrow \mathbb{R},\quad t \longmapsto f(t) + f(z) - f(t+z)$$

est dérivable sur $[0\,;+\infty[$ et, pour tout $t \in [0\,;+\infty[$:

$$g'(t) = f'(t) - f'(t+z) = \frac{1}{(1+t)^2} - \frac{1}{(1+t+z)^2} > 0,$$

donc g est strictement croissante.

De plus : $g(0) = f(z) - f(z) = 0$.

On a donc : $\forall t \in]0\,;+\infty[,\ g(t) > 0$, d'où : $g(y) > 0$.

Ceci montre : $f(y+z) < f(y) + f(z)$.

On a donc : $f(x) < f(y) + f(z)$,

et on conclut : $\dfrac{x}{1+x} < \dfrac{y}{1+y} + \dfrac{z}{1+z}$.

11.20 *a)* Soit $y \in \mathbb{R}$ fixé.

L'application $f : \mathbb{R}_+^* \longrightarrow \mathbb{R},\ x \longmapsto x\ln x + \mathrm{e}^{y-1} - xy$

est dérivable sur $\mathbb{R}_+^*$ et : $\forall x \in \mathbb{R}_+^*,\ f'(x) = 1 + \ln x - y$,

d'où le tableau des variations de f :

x	0		e^{y-1}		$+\infty$
$f'(x)$		$-$	0	$+$	
$f(x)$		$\searrow$	0	$\nearrow$	

Et : $f(\mathrm{e}^{y-1}) = \mathrm{e}^{y-1}(y-1) + \mathrm{e}^{y-1} - \mathrm{e}^{y-1}y = 0$.

Il en résulte : $\forall x \in \mathbb{R}_+^*,\ f(x) \geqslant 0$,

d'où l'inégalité voulue.

On conclut : $\forall (x,y) \in \mathbb{R}_+^* \times \mathbb{R},\ xy \leqslant x\ln x + \mathrm{e}^{y-1}$.

b) Soit $(x,y,z) \in \mathbb{R}_+^* \times \mathbb{R}_+^* \times \mathbb{R}$. On a, en appliquant *a)* à (xy, z) à la place de (x,y) : $xyz = (xy)z \leqslant xy\ln(xy) + \mathrm{e}^{z-1}$.

Et : $xy\ln(xy) = xy\ln x + xy\ln y = y(x\ln x) + x(y\ln y)$.

En appliquant *a)* à $(y, x\ln x)$ et à $(x, y\ln y)$ à la place de (x,y), on a :

$$y(x\ln x) \leqslant y\ln y + \mathrm{e}^{x\ln x - 1} \quad \text{et} \quad x(y\ln y) \leqslant x\ln x + \mathrm{e}^{y\ln y - 1}.$$

On conclut :

$$xyz \leqslant \underbrace{(x\ln x + \mathrm{e}^{x\ln x-1})}_{\text{noté } f(x)} + \underbrace{(y\ln y + \mathrm{e}^{y\ln y - 1})}_{\text{noté } g(y)} + \underbrace{\mathrm{e}^{z-1}}_{\text{noté } h(z)}.$$

11.21 *a)* Soient $\lambda \in [0\,;1]$, $x,y \in I$ tels que, par exemple, $x \leqslant y$. On a :

$$\begin{aligned}
&(fg)((1-\lambda)x+\lambda y) - ((1-\lambda)(fg)(x) + \lambda(fg)(y))\\
&= f((1-\lambda)x+\lambda y)g((1-\lambda)x+\lambda y) - (1-\lambda)f(x)g(x) - \lambda f(y)g(y)\\
&\leqslant ((1-\lambda)f(x)+\lambda f(y))((1-\lambda)g(x)+\lambda g(y))\\
&\qquad - (1-\lambda)f(x)g(x) - \lambda f(y)g(y)
\end{aligned}$$

car f, g sont convexes et $\geqslant 0$

$$\begin{aligned}
&= ((1-\lambda)^2 - (1-\lambda))f(x)g(x)\\
&\quad + \lambda(1-\lambda)(f(y)g(x) + f(x)g(y)) + (\lambda^2-\lambda)f(y)g(y)\\
&= \lambda(1-\lambda)(-f(x)g(x) + f(y)g(x) + f(x)g(y) - f(y)g(y))\\
&= -\underbrace{\lambda(1-\lambda)}_{\geqslant 0}\underbrace{(f(y)-f(x))}_{\geqslant 0}\underbrace{(g(y)-g(x))}_{\geqslant 0} \leqslant 0.
\end{aligned}$$

On conclut : fg est convexe.

b) On suppose ici que f, g sont de classe C^2, convexes, $\geqslant 0$ et croissantes. On a donc : f, f', f'', g, g', g'' toutes $\geqslant 0$.

On a alors : $(fg)'' = f''g + 2f'g' + fg'' \geqslant 0$,

donc fg est convexe.

11.22 • Cherchons d'abord un polynôme P, de degré 3, satisfaisant les mêmes conditions que f :

$$P(-1) = P(0) = P'(0) = 0 \quad \text{et} \quad P(1) = 1.$$

Le polynôme P doit avoir 0 pour zéro double et -1 pour zéro, donc P est de la forme $P = a\mathrm{X}^2(\mathrm{X}+1)$, $a \in \mathbb{R}^*$.

Ensuite : $P(1) = 1 \iff a = \dfrac{1}{2}$.

Le polynôme $P = \dfrac{1}{2}\mathrm{X}^2(\mathrm{X}+1)$ convient.

• Considérons $g = f - P$.

L'application g est de classe C^3 sur $[-1\,;1]$ et :

$$\begin{cases} g(-1) = g(0) = g(1) = g'(0) = 0 \\ g^{(3)} = f^{(3)} - P^{(3)} = f^{(3)} - 3. \end{cases}$$

Raisonnons par l'absurde : supposons :

$$\forall x \in]-1\,;1[,\ f^{(3)}(x) < 3.$$

Alors :

$$\forall x \in]-1\,;1[,\ g^{(3)}(x) < 0,$$

donc g'' est strictement décroissante sur $]-1\,;1[$.

D'autre part, puisque g est de classe C^1 sur $[-1\,;1]$ et que $g(-1) = g(0) = g(1)$, d'après le théorème de Rolle, il existe $\alpha \in]-1\,;0[$ et $\beta \in]0\,;1[$ tels que : $g'(\alpha) = g'(\beta) = 0$.

De même, puisque $g'(\alpha) = g'(0) = g'(\beta)$, il existe $u \in]\alpha\,;0[$ et $v \in]0\,;\beta[$ tels que $g''(u) = g''(v) = 0$, et ceci contredit la stricte décroissance de g'' sur $[-1\,;1]$.

Ce raisonnement par l'absurde montre :

$$\exists c \in]-1\,;1[,\ f^{(3)}(c) \geqslant 3.$$

11.23 *a)* Soient $n \in \mathbb{N}^*$, $x \in]0\,;+\infty[$ fixés. Considérons l'application $f :]0\,;+\infty[\longrightarrow \mathbb{R}$, $y \longmapsto (n-1)x + \dfrac{y^n}{x^{n-1}} - ny$.

Il est clair que f est dérivable et :

$$\forall y \in]0\,;+\infty[,\ f'(y) = \frac{ny^{n-1}}{x^{n-1}} - n = \frac{n}{x^{n-1}}(y^{n-1} - x^{n-1}).$$

De plus : $\quad f(x) = (n-1)x + x - nx = 0.$

D'où le tableau des variations de f :

y	0		x		$+\infty$
$f'(y)$		$-$	0	$+$	
$f(y)$		$\searrow$	0	$\nearrow$	

Il en résulte : $\quad \forall y \in]0\,;+\infty[,\ f(y) \geqslant 0,$

d'où l'inégalité demandée.

b) Remarquons d'abord que l'inégalité envisagée est évidente lorsque l'un des nombres $x_1, ..., x_n$ est nul, puisqu'alors la moyenne géométrique est nulle et la moyenne arithmétique est $\geqslant 0$. On peut donc se restreindre, comme le fait l'énoncé, au cas où les nombres $x_1, ..., x_n$ sont tous > 0.

Récurrence sur n.

- Pour $n = 1$, l'inégalité voulue est triviale, c'est une égalité.
- Pour $n = 2$, l'inégalité $\sqrt{x_1x_2} \leqslant \dfrac{x_1+x_2}{2}$ est connue.

En effet :

$$2\sqrt{x_1x_2} \leqslant \frac{x_1+x_2}{2} \iff 4x_1x_2 \leqslant (x_1+x_2)^2$$
$$\iff x_1^2 - 2x_1x_2 + x_2^2 \geqslant 0 \iff (x_1-x_2)^2 \geqslant 0.$$

- Supposons l'inégalité vraie à l'ordre $n-1$, pour tous nombres > 0.

Soit $(x_1, ..., x_n) \in (\mathbb{R}_+^*)^n$. Notons :

$$x = \frac{x_1 + \cdots + x_{n-1}}{n-1},\quad y = \left[x_n\left(\frac{x_1+\cdots+x_{n-1}}{n-1}\right)^{n-1}\right]^{1/n},$$

de sorte que : $\dfrac{y^n}{x^{n-1}} = x_n$.

D'après *a)*, on a alors :

$$x_1 + \cdots + x_n = (x_1 + \cdots + x_{n-1}) + x_n = (n-1)x + x_n$$
$$= (n-1)x + \frac{y^n}{x^{n-1}} \geqslant ny = n\left[x_n\left(\frac{x_1+\cdots+x_{n-1}}{n-1}\right)^{n-1}\right]^{1/n}$$
$$\underset{\text{H.R.}}{\geqslant} n\left[x_n(x_1\cdots x_{n-1})\right]^{1/n} = n(x_1\cdots x_n)^{1/n},$$

d'où : $\quad \dfrac{x_1+\cdots+x_n}{n} \geqslant \sqrt[n]{x_1\cdots x_n}.$

11.24 *a)*

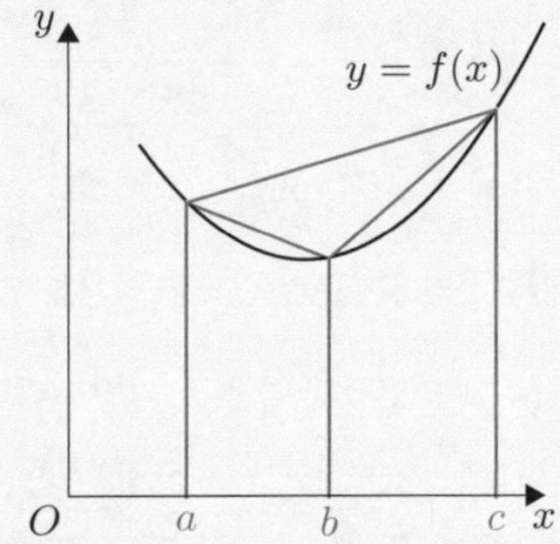

- Il existe $\lambda \in]0\,;1[$ tel que : $\quad b = (1-\lambda)a + \lambda c.$

En effet, on a, pour tout $\lambda \in \mathbb{R}$:

$$b = (1-\lambda)a + \lambda c \iff \lambda = \frac{b-a}{c-a},$$

et, de plus, comme $a < b < c$, on a : $\dfrac{b-a}{c-a} \in]0\,;1[$.

- Puisque f est convexe, on a donc :

$$f(b) = f((1-\lambda)a + \lambda c) \leqslant (1-\lambda)f(a) + \lambda f(c).$$

D'une part :

$$f(b) - f(a) \leqslant \lambda(f(c) - f(a)) = \frac{b-a}{c-a}(f(c) - f(a)),$$

et donc : $\quad \dfrac{f(b)-f(a)}{b-a} \leqslant \dfrac{f(c)-f(a)}{c-a}.$

D'autre part :

$$f(b) - f(c) \leqslant (\lambda - 1)(f(c) - f(a)) = \frac{b-c}{c-a}(f(c) - f(a)),$$

d'où, puisque $b - c < 0$: $\quad \dfrac{f(b)-f(c)}{b-c} \geqslant \dfrac{f(c)\ \ f(a)}{c-a}.$

- *Interprétation graphique :*

En notant $p(.)$ la pente (ou : coefficient directeur) d'une droite, on a, sous les hypothèses précédentes :

$$p(AB) \leqslant p(AC) \leqslant p(BC).$$

b)

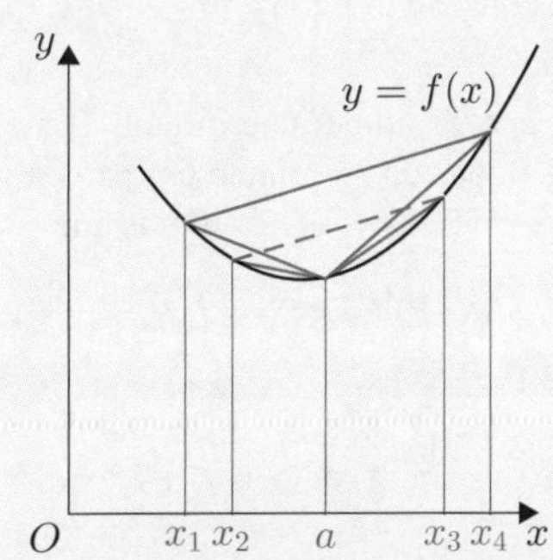

- Pour tout $(x_1, x_2) \in I^2$ tel que $x_1 < x_2 < a$, on a, d'après *a)* :

$$\tau_a(x_1) = \frac{f(x_1) - f(a)}{x_1 - a} \leqslant \frac{f(x_2) - f(a)}{x_2 - a} = \tau_a(x_2).$$

• Pour tout $(x_3, x_4) \in I^2$ tel que $a < x_3 < x_4$, on a, d'après *a)* :

$$\tau_a(x_3) = \frac{f(x_3) - f(a)}{x_3 - a} \leqslant \frac{f(x_4) - f(a)}{x_4 - a} = \tau_a(x_4).$$

• Pour tout $(x_2, x_3) \in I^2$ tel que $x_2 < a < x_3$, on a, d'après *a)* appliqué deux fois :

$$\tau_a(x_2) = \frac{f(x_2) - f(a)}{x_2 - a} \leqslant \frac{f(x_3) - f(x_2)}{x_3 - x_2} \leqslant \frac{f(x_3) - f(a)}{x_3 - a} = \tau_a(x_3).$$

Finalement : τ_a est croissante sur $I - \{a\}$.

11.25 *a)* D'après l'exercice 11.24, puisque f est convexe, l'application $\tau_0 : \mathbb{R}^* \longrightarrow \mathbb{R},\ x \longmapsto \dfrac{f(x) - f(0)}{x}$ est croissante sur $\mathbb{R}^*$.

D'autre part, puisque f est majorée, il existe $M \in \mathbb{R}$ tel que :

$$\forall x \in \mathbb{R},\ f(x) \leqslant M.$$

• On a, pour tout $x \geqslant 1$:

$$\tau_0(x) = \frac{f(x) - f(0)}{x} \underset{(*)}{\leqslant} \frac{M - f(0)}{x} \leqslant |M - f(0)|.$$

Ainsi, sur $[1\,;+\infty[$, τ_0 est croissante et majorée, donc admet une limite finie ℓ en $+\infty$, et, d'après l'inégalité $(*)$ précédente, en passant à la limite lorsque x tend vers $+\infty$, on a : $\ell \leqslant 0$. Il en résulte : $\forall x \in [1\,;+\infty[,\ \tau_0(x) \leqslant 0$.

• On a, pour tout $x \leqslant -1$:

$$\tau_0(x) = \frac{f(x) - f(0)}{x} \geqslant \frac{M - f(0)}{x} \geqslant -|M - f(0)|.$$

Ainsi, sur $]-\infty\,;-1]$, τ_0 est croissante et minorée, donc admet une limite finie ℓ' en $-\infty$, et, d'après une inégalité précédente, en passant à la limite lorsque x tend vers $-\infty$, on a : $\ell' \geqslant 0$. Il en résulte : $\forall x \in]-\infty\,;-1],\ \tau_0(x) \geqslant 0$.

Puisque τ_0 est croissante sur $\mathbb{R}^*$, à valeurs $\geqslant 0$ sur $]-\infty\,;-1]$ et à valeurs $\leqslant 0$ sur $[1\,;+\infty[$, on déduit :

$$\forall x \in \mathbb{R}^*,\ \tau_0(x) = 0,$$

et on conclut que f est constante sur $\mathbb{R}$.

b) On suppose, de plus, que f est de classe C^1 sur $\mathbb{R}$.

Puisque f est convexe et de classe C^1 sur $\mathbb{R}$, f' est croissante sur $\mathbb{R}$.

• Il en résulte que f' admet une limite ℓ (finie ou $+\infty$) en$+\infty$. Montrons $\ell \leqslant 0$, par un raisonnement par l'absurde. Si $\ell > 0$, alors il existe $a \in [1\,;+\infty[$ et $m > 0$ tels que :

$$\forall t \in [a\,;+\infty[,\ f'(t) \geqslant m,$$

d'où, pour $x \in [a\,;+\infty[$:

$$f(x) = f(a) + \int_a^x f'(t)\,dt \geqslant f(a) + (x-a)m \underset{x \to +\infty}{\longrightarrow} +\infty,$$

contradiction avec f majorée.

Ainsi, f' est croissante et de limite $\ell \leqslant 0$ en $+\infty$, donc :

$$\forall x \in \mathbb{R},\ f'(x) \leqslant 0.$$

• De même, par un raisonnement analogue, f' est croissante et de limite $\ell' \geqslant 0$ en $-\infty$, donc :

$$\forall x \in \mathbb{R},\ f'(x) \geqslant 0.$$

Il en résulte : $\quad \forall x \in \mathbb{R},\ f'(x) = 0,$

et on conclut que f est constante.

11.26 Notons, pour tout $(x, y) \in I^2$:

$$\delta(x, y) = \frac{f(x) + f(y)}{2} - f\Big(\frac{x+y}{2}\Big).$$

Il s'agit donc de montrer que, si $a \leqslant b \leqslant c \leqslant d$, alors :

$$\delta(b, c) \leqslant \delta(a, d).$$

• Nous allons montrer d'abord que, pour tout $(u, v, w) \in I^3$, si $u \leqslant v \leqslant w$, alors : $\delta(u, v) \leqslant \delta(u, w)$.

Soit $(u, v, w) \in I^3$ tel que $u \leqslant v \leqslant w$. Il est clair que l'inégalité voulue est évidente si $u = v$ ou $v = w$. Nous pouvons donc supposer $u < v < w$.

On a les équivalences logiques suivantes :

$$\begin{aligned}
&\delta(u, v) \leqslant \delta(u, w)\\
&\iff \frac{f(u) + f(v)}{2} - f\Big(\frac{u+v}{2}\Big) \leqslant \frac{f(u) + f(w)}{2} - f\Big(\frac{u+w}{2}\Big)\\
&\iff 2\Big[f\Big(\frac{u+w}{2}\Big) - f\Big(\frac{u+v}{2}\Big)\Big] \leqslant f(w) - f(v)\\
&\iff \frac{f\Big(\frac{u+w}{2}\Big) - f\Big(\frac{u+v}{2}\Big)}{\frac{u+w}{2} - \frac{u+v}{2}} \leqslant \frac{f(w) - f(v)}{w - v}.
\end{aligned}$$

Mais, puisque f est convexe, on a, par croissance des pentes, d'après l'exercice 11.24 :

$$\frac{f\Big(\frac{u+w}{2}\Big) - f\Big(\frac{u+v}{2}\Big)}{\frac{u+w}{2} - \frac{u+v}{2}} \leqslant \frac{f(v) - f\Big(\frac{u+w}{2}\Big)}{v - \frac{u+w}{2}} \leqslant \frac{f(w) - f(v)}{w - v},$$

d'où l'inégalité voulue : $\delta(u, v) \leqslant \delta(u, w)$.

Le même raisonnement montre : $\delta(v, w) \leqslant \delta(u, w)$.

• En appliquant les résultats précédents à (b, c, d) et à $a, b, d)$ à la place de (u, v, w), on a :

$$\delta(b, c) \leqslant \delta(b, d) \quad \text{et} \quad \delta(b, d) \leqslant \delta(a, d),$$

d'où : $\delta(b, c) \leqslant \delta(a, d)$, ce qui est l'inégalité demandée.

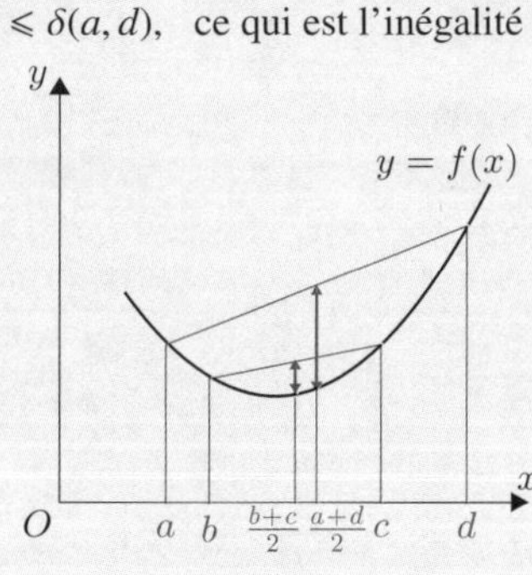

Intégration sur un segment, primitives

CHAPITRE 12

Plan

Thèmes abordés dans les exercices

- Calculs simples d'intégrales
- Obtention d'inégalités portant sur des intégrales
- Détermination de certaines limites liées à des intégrales
- Recherche de limites d'intégrales
- Étude et représentation graphique d'une fonction définie par une intégrale, le paramètre étant aux bornes
- Résolution de certaines équations fonctionnelles.

Points essentiels du cours pour la résolution des exercices

- Propriétés algébriques et propriétés relatives à l'ordre usuel, pour les intégrales
- Les méthodes usuelles pour transformer l'écriture d'une intégrale : linéarité de l'intégration, intégration par parties, changement de variable, relation de Chasles
- Les propriétés de l'application $x \longmapsto \displaystyle\int_a^x f(t)\,dt$
- La formule de Taylor avec reste intégral, l'égalité de Taylor-Lagrange, l'inégalité de Taylor-Lagrange.

Les méthodes à retenir

Pour calculer une primitive de fonction continue sur un intervalle, ou calculer une intégrale de fonction continue sur un segment

Essayer de :

- utiliser les primitives connues du cours

➥ **Exercices 12.1, 12.2, 12.7**

- transformer l'écriture de $f(x)$ pour favoriser les sommes plutôt que les produits, par exemple linéariser pour une fonction trigonométrique

➥ **Exercices 12.1, 12.8**

(suite)

- utiliser l'intégration par parties

➥ **Exercices 12.5, 12.6, 12.8, 12.10**

- utiliser un changement de variable.

➥ **Exercice 12.21.**

Pour obtenir une inégalité portant sur une ou des intégrales

Essayer d'appliquer les théorèmes du cours portant sur des inégalités pour des intégrales.

➥ **Exercices 12.4 à 12.6, 12.9, 12.10 *a)*, 12.16 *b)*, 12.18, 12.22.**

Pour changer la forme de l'écriture d'une intégrale, ou pour calculer ou évaluer une intégrale dans des cas simples

Appliquer les méthodes de calcul des intégrales et des primitives : primitives usuelles, linéarité de l'intégration, relation de Chasles, intégration par parties, changement de variable.
On se ramène alors à la formule fondamentale de l'analyse :

$$\int_a^b f(x)\,\mathrm{d}x = [F(x)]_a^b = F(b) - F(a),$$

où f est continue sur le segment $[a\,;\,b]$ et où F est une primitive de f sur $[a\,;\,b]$.

➥ **Exercices 12.1, 12.2, 12.5, 12.6, 12.12.**

Pour conclure qu'une fonction est nulle, ayant un renseignement sur une intégrale

Essayer d'appliquer le théorème du cours :
si $a < b$ et si $f : [a\,;\,b] \longrightarrow \mathbb{R}$ est continue, positive ou nulle, telle que $\int_a^b f(x)\,\mathrm{d}x = 0$, alors $f = 0$.

➥ **Exercice 12.15.**

Pour trouver une limite d'intégrale

Essayer de :

- conjecturer la limite, qui est souvent dans les exemples simples l'intégrale de la limite, et montrer que la différence entre l'intégrale de l'énoncé et l'intégrale conjecturée tend vers 0

➥ **Exercices 12.4, 12.9, 12.10, 12.24**

- transformer l'écriture de l'intégrale, par exemple par un changement de variable, par une intégration par parties, par la relation de Chasles.

➥ **Exercice 12.6.**

Pour chercher la limite d'une suite dont le terme général u_n est une somme indexée par k et dont les termes dépendent de k et de n

Essayer de :

- faire apparaître une somme de Riemann

➥ **Exercice 12.3**

- se ramener à une somme de Riemann, par exemple en prenant le logarithme si l'expression de l'énoncé est un produit.

➥ **Exercice 12.11.**

Pour étudier une fonction de la forme $x \longmapsto \int_{u(x)}^{v(x)} f(t)\,dt$

Essayer de :

- appliquer le théorème du cours reliant dérivée et primitive : si $f : I \longrightarrow \mathbb{R}$ est continue sur l'intervalle I et si $a \in I$, alors l'application $F : I \longrightarrow \mathbb{R},\ x \longmapsto \int_a^x f(t)\,dt$ est de classe C^1 et $F' = f$.

➥ **Exercices 12.12 à 12.14, 12.17, 12.19, 12.23**

- combiner le théorème précédent avec une composition de fonctions : si $f : I \longrightarrow \mathbb{R}$ est continue sur l'intervalle I et si $u, v : J \longrightarrow \mathbb{R}$ sont de classe C^1 sur l'intervalle J et telles que $u(J) \subset I$ et $v(J) \subset I$, alors l'application $G : J \longrightarrow \mathbb{R},\ x \longmapsto \int_{u(x)}^{v(x)} f(t)\,dt$ est de classe C^1 sur J et : $\quad \forall x \in J,\ G'(x) = f(v(x))v'(x) - f(u(x))u'(x)$.

➥ **Exercice 12.21 *a*).**

Pour obtenir une inégalité portant sur une fonction ou une intégrale

Essayer de :

- utiliser une fonction auxiliaire dont on étudiera les variations

➥ **Exercice 12.21**

- utiliser l'inégalité des accroissement finis
- utiliser l'inégalité de Taylor-Lagrange.

Pour résoudre une équation fonctionnelle faisant intervenir une intégrale à borne variable

Essayer de dériver pour faire apparaître une équation différentielle.

➥ **Exercice 12.17.**

Énoncés des exercices

12.1 Exemples de calculs simples d'intégrales

Calculer : $I = \int_0^{\frac{\pi}{2}} \cos^2 x\,dx, \quad J = \int_0^{\frac{\pi}{2}} \cos x \sin x\,dx, \quad K = \int_0^{\frac{\pi}{2}} \sin^2 x\,dx.$

12.2 Formule des deux niveaux

Montrer qu'il existe $(\alpha, \beta) \in \mathbb{R}^2$ unique, et le calculer, tel que $\alpha < \beta$ et :

$$\forall P \in \mathbb{R}_3[X], \quad \int_{-1}^{1} P(x)\,\mathrm{d}x = P(\alpha) + P(\beta).$$

12.3 Exemples de sommes de Riemann

Trouver :

a) $\lim\limits_{n\infty} \sum\limits_{k=1}^{n} \dfrac{k^2}{(k+n)^3}$

b) $\lim\limits_{n\infty} \sum\limits_{k=1}^{n} \dfrac{k}{n^2} \sin \dfrac{k\pi}{n}$.

12.4 Exemple de limite d'une intégrale

Trouver $\lim\limits_{x \longrightarrow +\infty} \mathrm{e}^{x^2} \displaystyle\int_{x}^{x+\frac{1}{x}} \mathrm{e}^{-t^2}\,\mathrm{d}t$.

12.5 Majoration d'une intégrale

Soit $(a, b) \in \mathbb{R}^2$ tel que $a < b$, $f : [a\,;\,b] \longrightarrow \mathbb{R}$ de classe C^1 telle que $f(b) = 0$.

Montrer : $\left| \displaystyle\int_a^b f(t)\,\mathrm{d}t \right| \leqslant \dfrac{(b-a)^2}{2} \operatorname*{Max}\limits_{t \in [a;b]} |f'(t)|$.

12.6 Lemme de Riemann et Lebesgue pour une fonction de classe C^1

Soient $(a, b) \in \mathbb{R}^2$ tel que $a < b$, $f : [a\,;\,b] \longrightarrow \mathbb{R}$ de classe C^1 sur $[a\,;\,b]$. Montrer :

$$\int_a^b f(x)\cos(\lambda x)\,\mathrm{d}x \underset{\lambda \longrightarrow +\infty}{\longrightarrow} 0 \quad \text{et} \quad \int_a^b f(x)\sin(\lambda x)\,\mathrm{d}x \underset{\lambda \longrightarrow +\infty}{\longrightarrow} 0.$$

12.7 Étude d'une intégrale d'une somme de valeurs absolues

Soient $n \in \mathbb{N}^*$, $x_1, \ldots, x_n \in [0\,;\,1]$. On note : $f : [0\,;\,1] \longrightarrow \mathbb{R}$, $x \longmapsto \sum\limits_{k=1}^{n} |x - x_k|$.

Calculer $I = \displaystyle\int_0^1 f(x)\,\mathrm{d}x$, montrer $\dfrac{n}{4} \leqslant I \leqslant \dfrac{n}{2}$ et étudier les cas d'égalité.

12.8 Une égalité établie grâce à des intégrales

Montrer : $\forall n \in \mathbb{N}^*$, $\sum\limits_{k=0}^{n} \dbinom{n}{k} \dfrac{(-1)^k}{2k+1} = \dfrac{4^n (n!)^2}{(2n+1)!}$, en considérant $I_n = \displaystyle\int_0^1 (1-x^2)^n\,\mathrm{d}x$.

12.9 Exemple de limite d'une intégrale dépendant d'un paramètre

Déterminer $\lim\limits_{n\infty} \displaystyle\int_0^1 \sqrt{1-x^n}\,\mathrm{d}x$.

12.10 Recherche d'un équivalent d'une intégrale dépendant d'un paramètre

On note, pour tout $n \in \mathbb{N}^*$: $I_n = \displaystyle\int_0^1 x^n\,\mathrm{e}^x\,\mathrm{d}x$.

a) Établir : $I_n \underset{n\infty}{\longrightarrow} 0$.

b) Montrer : $\forall n \in \mathbb{N}^*,\ I_n = \dfrac{\mathrm{e}}{n+1} - \dfrac{1}{n+1} I_{n+1}$.

c) Trouver un équivalent simple de I_n lorsque l'entier n tend vers l'infini.

12.11 Exemple de limite d'un produit, intervention d'une somme de Riemann

Trouver $\displaystyle\lim_{n\infty} \prod_{k=1}^{n} \left(1 + \frac{k}{n}\right)^{1/n}$.

12.12 Étude d'une intégrale dépendant d'un paramètre

Soit $f : [0\,;\,1] \longrightarrow \mathbb{R}$ continue. On note : $g : [0\,;\,1] \longrightarrow \mathbb{R},\ x \longmapsto \displaystyle\int_0^1 |x - t| f(t)\,\mathrm{d}t$.

a) Montrer : $\forall x \in [0\,;\,1],\ g(x) = x\displaystyle\int_0^x f(t)\,\mathrm{d}t - \int_0^x t f(t)\,\mathrm{d}t + x\int_1^x f(t)\,\mathrm{d}t - \int_1^x t f(t)\,\mathrm{d}t$.

b) En déduire que g est de classe C^2 sur $[0\,;\,1]$ et que : $\forall x \in [0\,;\,1],\ g''(x) = 2f(x)$.

12.13 Équation faisant intervenir une intégrale

Soit $f : [0\,;\,1] \longrightarrow \mathbb{R}$ continue, telle que : $\forall x \in [0\,;\,1],\ f(x) \leqslant 2$.

Montrer que l'équation $\displaystyle\int_0^x f = 4x - 1$, d'inconnue $x \in [0\,;\,1]$, admet une solution et une seule.

12.14 Produit d'intégrales nul

Soient $f, g : \mathbb{R} \longrightarrow \mathbb{R}$ continues telles que : $\forall (a,b) \in \mathbb{R}^2,\ \left(\displaystyle\int_a^b f\right)\left(\int_a^b g\right) = 0$.

Montrer : $f = 0$ ou $g = 0$.

12.15 Déduction sur une fonction à partir de renseignements sur des intégrales

Soit $f : [0\,;\,1] \longrightarrow \mathbb{R}$ continue telle que : $\displaystyle\int_0^1 f = 1$ et $\displaystyle\int_0^1 f^4 = \int_0^1 f^3$. Montrer : $f = 1$.

12.16 Encadrement du reste d'ordre *n* de la série harmonique alternée

On note, pour tout $n \in \mathbb{N}$: $d_n = \left| \ln 2 - \displaystyle\sum_{k=0}^{n} \frac{(-1)^k}{k+1} \right|$.

a) Montrer : $\forall n \in \mathbb{N},\ d_n = \displaystyle\int_0^1 \frac{t^{n+1}}{1+t}\,\mathrm{d}t$.

b) En déduire : $\forall n \in \mathbb{N},\ \dfrac{1}{2n+4} \leqslant d_n \leqslant \dfrac{1}{2n+3}$, puis : $d_n \underset{n\infty}{\sim} \dfrac{1}{2n}$.

12.17 Exemple d'équation fonctionnelle faisant intervenir une intégrale

Trouver toutes les applications $f : \mathbb{R} \longrightarrow \mathbb{R}$ de classe C^1 telles que :

$$\forall (x,y) \in \mathbb{R}^2,\quad \int_x^y f(t)\,\mathrm{d}t = \frac{y-x}{2}\big(f(x) + f(y)\big).$$

12.18 Étude d'une inéquation différentielle

Soit $f : [1\,;\,+\infty[\longrightarrow \mathbb{R}$ de classe C^1, telle que $f(1) = 1$ et :

$$\forall x \in [1\,;\,+\infty[,\quad 0 \leqslant f'(x) \leqslant \frac{1}{x^2 + \big(f(x)\big)^2}.$$

Montrer que f admet une limite finie ℓ en $+\infty$ et que : $\ell \leqslant 1 + \dfrac{\pi}{4}$.

12.19 Limite d'une suite définie via une intégrale

a) Montrer que, pour tout $n \in \mathbb{N}^*$, il existe $x_n \in]0\,;\,+\infty[$ unique tel que :

$$\int_0^{x_n} \frac{t^n}{1+t}\,\mathrm{d}t = \ln(1 + x_n).$$

b) Déterminer la limite de x_n lorsque l'entier n tend vers l'infini.

12.20 Exemple de calcul d'une intégrale à paramètre

Montrer : $\forall n \in \mathbb{N}^*,\ \forall x \in [0\,;\,1[,\quad \displaystyle\int_0^x \Big(\frac{x-t}{1-t}\Big)^{n-1} \frac{1}{(1-t)^2}\,\mathrm{d}t = \frac{x^n}{n(1-x)}.$

12.21 Inégalité de Young

Soient $a > 0$, $f : [0\,;\,a] \longrightarrow \mathbb{R}$ de classe C^1 telle que $f(0) = 0$ et : $\forall x \in [0\,;\,a],\quad f'(x) > 0$.

On note abusivement $f^{-1} : [0\,;\,f(a)] \longrightarrow \mathbb{R}$ l'application réciproque de f.

a) Montrer : $\quad \forall x \in [0\,;\,a],\quad \displaystyle\int_0^x f + \int_0^{f(x)} f^{-1} = x f(x).$

b) En déduire : $\quad \forall (x, y) \in [0\,;\,a] \times [0\,;\,f(a)],\quad \displaystyle\int_0^x f + \int_0^y f^{-1} \geqslant xy.$

12.22 Encadrement de la valeur moyenne d'une fonction convexe

Soient I un intervalle de $\mathbb{R}$, $f : I \longrightarrow \mathbb{R}$ continue et convexe, $(a, b) \in I^2$ tel que $a < b$.

Montrer : $\quad f\Big(\dfrac{a+b}{2}\Big) \leqslant \dfrac{1}{b-a}\displaystyle\int_a^b f(x)\,\mathrm{d}x \leqslant \frac{f(a) + f(b)}{2}.$

On pourra utiliser l'exercice 11.24.

12.23 Étude d'une fonction définie via une intégrale

a) Montrer : $\quad \forall x \in \mathbb{R},\ \exists\,! y \in \mathbb{R},\quad \displaystyle\int_x^y \mathrm{e}^{t^2}\,\mathrm{d}t = 1.$

À cet effet, on pourra considérer l'application $F : \mathbb{R} \longrightarrow \mathbb{R},\ X \longmapsto \displaystyle\int_0^X \mathrm{e}^{t^2}\,\mathrm{d}t.$

On note $f : \mathbb{R} \longrightarrow \mathbb{R},\ \ x \longmapsto y$ l'application ainsi définie.

b) Montrer que f est de classe C^1 sur $\mathbb{R}$.

c) Tracer l'allure de la courbe représentative de f.

12.24 Limite d'une suite d'intégrales de fonctions définies par récurrence

On note $f_0 : [0\,;\,1] \longrightarrow \mathbb{R},\ x \longmapsto \sqrt{x}$ et, pour tout $n \in \mathbb{N}$:

$$f_{n+1} : [0\,;\,1] \longrightarrow \mathbb{R},\ x \longmapsto f_{n+1}(x) = \sqrt{1 + f_n(x)}.$$

Trouver $\lim\limits_{n\infty} \displaystyle\int_0^1 f_n(x)\,\mathrm{d}x$.

Du mal à démarrer ?

12.1 Linéariser.

12.2 Traduire la condition de l'énoncé pour tout polynôme $P = aX^3 + bX^2 + cX + d,\ (a, b, c, d) \in \mathbb{R}^4$.

12.3 Il s'agit de sommes de Riemann.

12.4 Majorer l'intégrale.

12.5 Utiliser une intégration par parties, faisant apparaître $\displaystyle\int_a^b (t-a)f'(t)\,\mathrm{d}t$.

12.6 Utiliser une intégration par parties pour faire apparaître λ au dénominateur.

12.7 Calculer, pour tout $k \in [\![1\,;\,n]\!]$, $I_k = \displaystyle\int_0^1 |x - x_k|\,\mathrm{d}x$, en utilisant la relation de Chasles.

12.8 • Utiliser la formule du binôme de Newton pour obtenir

$$I_n = \sum_{k=0}^{n} \binom{n}{k} \frac{(-1)^k}{2k+1}.$$

• D'autre part, exprimer I_{n+1} à l'aide d'une intégration par parties, réitérer, et obtenir $I_n = \dfrac{4^n (n!)^2}{(2n+1)!}$.

12.9 Comme, pour tout $x \in [0\,;\,1]$ fixé, $\sqrt{1 - x^n} \underset{n\infty}{\longrightarrow} 1$, on peut conjecturer : $I_n \underset{n\infty}{\longrightarrow} \displaystyle\int_0^1 1\,\mathrm{d}x = 1$.

Former $|I_n - 1|$ et utiliser une expression conjuguée.

12.10 *a)* Majorer e^x par e, pour $x \in [0\,;\,1]$.

b) Intégration par parties.

c) Utiliser *a)* et *b)*.

12.11 Considérer $\ln u_n$, qui est une somme de Riemann.

12.12 *a)* Utiliser la relation de Chasles.

b) Montrer que g est de classe C^1 sur $[0\,;\,1]$ et calculer $g'(x)$ pour tout $x \in [0\,;\,1]$ en utilisant *a)*, puis montrer que g est de classe C^2 sur $[0\,;\,1]$ et calculer $g''(x)$ pour tout $x \in [0\,;\,1]$.

12.13 Étudier les variations de l'application

$$\phi : [0\,;\,1] \longrightarrow \mathbb{R},\ x \longmapsto \int_0^x f(x)\,\mathrm{d}t - (4x - 1).$$

12.14 Considérer $F, G : \mathbb{R} \longrightarrow \mathbb{R}$ définies, pour tout $x \in \mathbb{R}$, par :

$$F(x) = \int_0^x f(t)\,\mathrm{d}t, \qquad G(x) = \int_0^x g(t)\,\mathrm{d}t.$$

Obtenir : $\quad \forall b \in \mathbb{R},\ F(b)G(b) = 0,$

puis : $\quad \forall (a, b) \in \mathbb{R}^2,\ (F(b))^2 G(a) = 0.$

12.15 Considérer $\displaystyle\int_0^1 (f^4 - f^3 - f + 1)$.

12.16 *a)* Écrire $\ln 2$ sous la forme $\ln 2 = \displaystyle\int_0^1 \frac{1}{1+t}\,\mathrm{d}t$.

b) 1) Majorer d_n pour obtenir $d_n \leqslant \dfrac{1}{2n+4}$.

2) Pour l'autre inégalité, scinder t^{n+1} en $\sqrt{t}\,t^{n+\frac{1}{2}}$, et remarquer :

$$\frac{\sqrt{t}}{1+t} \leqslant \frac{1}{2}.$$

12.17 *1)* Soit f convenant.

Dériver par rapport à y, pour x fixé, puis obtenir :

$$\forall (x, y) \in \mathbb{R}^2,\ (y - x)f'(y) = (y - x)f'(x).$$

Déduire que f' est constante.

2) Ne pas oublier la réciproque.

12.18 Montrer d'abord : $\quad \forall x \in [1\,;\,+\infty[,\ f(x) \geqslant 1.$

Le $\dfrac{\pi}{4}$ apparaîtra à partir de $\displaystyle\int_1^x \frac{1}{1+t^2}\,\mathrm{d}t$.

12.19 *a)* Pour $n \in \mathbb{N}^*$ fixé, étudier les variations de :

$$f_n : [0\,;+\infty[\longrightarrow \mathbb{R},\quad x \longmapsto \int_0^x \frac{t^n}{1+t}\,dt - \ln(1+x).$$

b) Minorer convenablement $\displaystyle\int_0^{x_n} \frac{t^n}{1+t}\,dt.$

12.20 Penser à la formule de Taylor avec reste intégral, appliquée à $\quad f : [0\,;1[\longrightarrow \mathbb{R},\ t \longmapsto \dfrac{1}{1-t}.$

12.21 *a)* Étudier les variations de

$$A : [0\,;a] \longrightarrow \mathbb{R},\quad x \longmapsto \int_0^x f + \int_0^{f^{-1}(x)} f^{-1} - xf(x).$$

b) Pour $x \in [0\,;a]$ fixé, étudier les variations de

$$B_x : [0\,;f(a)] \longrightarrow \mathbb{R},\quad y \longmapsto \int_0^x f + \int_0^y f^{-1} - xy.$$

12.22 *1)* Remarquer que : $\quad \dfrac{a+b}{2} = \dfrac{1}{2}x + \dfrac{1}{2}(a+b-x)$

et appliquer la définition de la convexité de f, puis intégrer de a à b.

2) Utiliser la croissance des pentes (exercice 11.24), puis intégrer de a à b.

12.23 *a) 1)* Montrer que le théorème de la bijection monotone s'applique à $F : \mathbb{R} \longrightarrow \mathbb{R},\ X \longmapsto \displaystyle\int_0^X e^{t^2}\,dt.$

2) La question proposée revient alors à : $y = F^{-1}(F(x)+1).$

b) Appliquer un théorème du cours.

c) • Calculer $f'(x)$ à l'aide de F, F^{-1}, F' et x.

• Étudier les limites de f en $+\infty$ et en $-\infty$.

• Obtenir : $\quad \forall x \in \mathbb{R},\ x < f(x) < x + e^{-x^2}.$

12.24 • Remarquer d'abord que, pour tout $n \in \mathbb{N}$, f_n existe, f_n est continue sur $[0\,;1]$, $f_n \geqslant 1$.

• Montrer que la recherche de la limite de $I_n = \displaystyle\int_0^1 f^n(x)\,dx$ se ramène à la recherche de la limite de $u_n = f_n(0)$. À cet effet, majorer convenablement $|f_{n+1}(x) - f_{n+1}(0)|$, puis $|I_n - u_n|$.

• Étudier la suite $(u_n)_{n\in\mathbb{N}}$, qui est une suite récurrente du type : u_{n+1} en fonction de u_n.

• Conclure.

Corrigés des exercices

12.1 On linéarise la fonction qui est sous l'intégrale :

$$I = \int_0^{\pi/2} \cos^2 x \,dx = \int_0^{\pi/2} \frac{1+\cos 2x}{2}\,dx = \Big[\frac{x}{2}+\frac{\sin 2x}{4}\Big]_0^{\pi/2} = \frac{\pi}{4},$$

$$J = \int_0^{\pi/2} \cos x \sin x \,dx = \int_0^{\pi/2} \frac{1}{2}\sin 2x\,dx = \Big[-\frac{\cos 2x}{4}\Big]_0^{\pi/2} = \frac{1}{2},$$

$$K = \int_0^{\pi/2} \sin^2 x \,dx = \int_0^{\pi/2} \frac{1-\cos 2x}{2}\,dx = \Big[\frac{x}{2}-\frac{\sin 2x}{4}\Big]_0^{\pi/2} = \frac{\pi}{4}.$$

Pour calculer J, on pouvait aussi remarquer :

$$J = \Big[\frac{\sin^2 x}{2}\Big]_0^{\pi/2} = \frac{1}{2}.$$

12.2 Soit $(\alpha,\beta) \in \mathbb{R}^2$ tel que $\alpha < \beta$. On a :

$$\forall P \in \mathbb{R}_3[X],\quad \int_{-1}^{1} P(x)\,dx = P(\alpha)+P(\beta)$$

$$\iff \forall (a,b,c,d) \in \mathbb{R}^4,\quad \int_{-1}^{1} (ax^3+bx^2+cx+d)\,dx$$
$$= (a\alpha^3+b\alpha^2+c\alpha+d)+(a\beta^3+b\beta^2+c\beta+d)$$

$$\iff \forall (a,b,c,d) \in \mathbb{R}^4,\quad \Big[a\frac{x^4}{4}+b\frac{x^3}{3}+c\frac{x^2}{2}+d\Big]_{-1}^{1}$$
$$= (a\alpha^3+b\alpha^2+c\alpha+d)+(a\beta^3+b\beta^2+c\beta+d)$$

$$\iff \forall (a,b,c,d) \in \mathbb{R}^4,$$
$$\frac{2}{3}b+2d = a(\alpha^3+\beta^3)+b(\alpha^2+\beta^2)+c(\alpha+\beta)+2d$$

$$\iff \begin{cases} \alpha^3+\beta^3 = 0 \\ \alpha^2+\beta^2 = \dfrac{2}{3} \\ \alpha+\beta = 0 \end{cases} \iff \begin{cases} \beta = -\alpha \\ 2\alpha^2 = \dfrac{2}{3} \end{cases} \underset{\alpha<\beta}{\iff} \begin{cases} \alpha = -\dfrac{1}{\sqrt{3}} \\ \beta = \dfrac{1}{\sqrt{3}}. \end{cases}$$

On conclut qu'il existe un couple (α,β) et un seul convenant :

$$(\alpha,\beta) = \Big(-\frac{1}{\sqrt{3}},\ \frac{1}{\sqrt{3}}\Big).$$

12.3 Les expressions proposées font penser à des sommes de Riemann.

a) On a, pour tout $n \in \mathbb{N}^*$:

$$u_n = \sum_{k=1}^{n} \frac{k^2}{(k+n)^3} = \frac{1}{n}\sum_{k=1}^{n} \frac{\left(\frac{k}{n}\right)^2}{\left(\frac{k}{n}+1\right)^3}.$$

L'application $[0\,;1] \longrightarrow \mathbb{R},\ x \longmapsto \dfrac{x^2}{(x+1)^3}$ est continue, donc, d'après le théorème du cours sur les sommes de Riemann :

$$u_n \underset{n\infty}{\longrightarrow} \underbrace{\int_0^1 \frac{x^2}{(x+1)^3}\,dx}_{\text{notée } I}.$$

Calculons I à l'aide du changement de variable $t = x+1$:

$$I = \int_1^2 \frac{(t-1)^2}{t^3}\,dt = \int_1^2 \frac{t^2-2t+1}{t^3}\,dt$$
$$= \int_1^2 \Big(\frac{1}{t}-\frac{2}{t^2}+\frac{1}{t^3}\Big)dt = \Big[\ln t+\frac{2}{t}-\frac{1}{2t^2}\Big]_1^2 = \ln 2-\frac{5}{8}.$$

On conclut : $\displaystyle \lim_{n\infty} \frac{1}{n}\sum_{k=1}^{n} \frac{k^2}{(k+n)^3} = \ln 2-\frac{5}{8}.$

b) On a, pour tout $n \in \mathbb{N}^*$:

$$u_n = \sum_{k=1}^{n} \frac{k}{n^2}\sin\frac{k\pi}{n} = \frac{1}{n}\sum_{k=1}^{n}\frac{k}{n}\sin\Big(\pi\frac{k}{n}\Big).$$

L'application $[0\,;1] \longrightarrow \mathbb{R},\ x \longmapsto x\sin(\pi x)$ est continue sur le segment $[0\,;1]$, donc, d'après le théorème du cours sur les sommes de Riemann : $u_n \underset{n\infty}{\longrightarrow} \underbrace{\displaystyle\int_0^1 x\sin(\pi x)\,dx}_{\text{notée } I}.$

Calculons I à l'aide d'une intégration par parties :

$$I = \Big[x\frac{-\cos(\pi x)}{\pi}\Big]_0^1 - \int_0^1 \frac{-\cos(\pi x)}{\pi}\,dx$$
$$= \frac{1}{\pi}+\frac{1}{\pi}\Big[\frac{\sin(\pi x)}{\pi}\Big]_0^1 = \frac{1}{\pi}.$$

On conclut : $\displaystyle \lim_{n\infty} \frac{1}{n}\sum_{k=1}^{n} \frac{k}{n^2}\sin\frac{k\pi}{n} = \frac{1}{\pi}.$

12.4 On a, pour tout $x \in \,]0\,;+\infty[$:

$$\forall t \in \Big[x\,;x+\frac{1}{x}\Big],\quad 0 \leqslant e^{-t^2} \leqslant e^{-x^2},$$

donc :

$$0 \leqslant e^{-x^2}\int_x^{x+\frac{1}{x}} e^{-t^2}\,dt \leqslant e^{x^2}\Big(\frac{1}{x}e^{-x^2}\Big) = \frac{1}{x} \underset{x\longrightarrow+\infty}{\longrightarrow} 0,$$

d'où : $\displaystyle e^{-x^2}\int_x^{x+\frac{1}{x}} e^{-t^2}\,dt \underset{x\longrightarrow+\infty}{\longrightarrow} 0.$

12.5 On a, par intégration par parties, puisque f est de classe C^1 sur $[a\,;\,b]$, et en utilisant $f(b)=0$:

$$\int_a^b f(t)\,\mathrm{d}t = [(t-a)f(t)]_a^b - \int_a^b (t-a)f'(t)\,\mathrm{d}t = -\int_a^b (t-a)f'(t)\,\mathrm{d}t,$$

d'où : $\displaystyle \left|\int_a^b f(t)\,\mathrm{d}t\right| = \left|\int_a^b (t-a)f'(t)\,\mathrm{d}t\right| \leqslant \int_a^b (t-a)|f'(t)|\,\mathrm{d}t \leqslant M\int_a^b (t-a)\,\mathrm{d}t,$

en notant $M = \underset{t\in[a;b]}{\mathrm{Max}}\,|f'(t)|$.

Enfin : $\displaystyle \int_a^b (t-a)\,\mathrm{d}t = \left[\frac{(t-a)^2}{2}\right]_a^b = \frac{(b-a)^2}{2}.$

On conclut : $\displaystyle \left|\int_a^b f(t)\,\mathrm{d}t\right| \leqslant \frac{(b-a)^2}{2}\,\underset{t\in[a;b]}{\mathrm{Max}}\,|f'(t)|.$

12.6 Notons, pour tout $\lambda\in\,]0\,;+\infty[$:

$$I(\lambda)=\int_a^b f(x)\cos\lambda x\,\mathrm{d}x,\quad J(\lambda)=\int_a^b f(x)\sin\lambda x\,\mathrm{d}x.$$

• On a, pour tout $\lambda\in\,]0\,;+\infty[$, par intégration par parties :

$$I(\lambda)=\left[f(x)\frac{\sin\lambda x}{\lambda}\right]_a^b-\int_a^b f'(x)\frac{\sin\lambda x}{x}\,\mathrm{d}x = \frac{f(b)\sin\lambda b - f(a)\sin\lambda a}{\lambda}-\frac{1}{\lambda}\int_a^b f'(x)\sin\lambda x\,\mathrm{d}x,$$

donc : $|I(\lambda)|$

$$\leqslant \frac{|f(b)\sin\lambda b|+|f(a)\sin\lambda a|}{\lambda}+\frac{1}{\lambda}\left|\int_a^b f'(x)\sin\lambda x\,\mathrm{d}x\right| \leqslant \frac{|f(b)|+|f(a)|}{\lambda}+\frac{1}{\lambda}\int_a^b |f'(x)|\,\mathrm{d}x \underset{\lambda\to+\infty}{\longrightarrow} 0.$$

Il s'ensuit : $I(\lambda)\underset{\lambda\to+\infty}{\longrightarrow}0.$

La même méthode montre : $J(\lambda)\underset{\lambda\to+\infty}{\longrightarrow}0.$

12.7 • On a : $\displaystyle I=\int_0^1\Big(\sum_{k=1}^n |x-x_k|\Big)\mathrm{d}x=\sum_{k=1}^n \underbrace{\int_0^1 |x-x_k|\,\mathrm{d}x}_{\text{notée } I_k}.$

Et, pour tout $k\in[\![1\,;n]\!]$:

$$I_k=\int_0^{x_k}(x_k-x)\,\mathrm{d}x+\int_{x_k}^1(x-x_k)\,\mathrm{d}x = \left[-\frac{(x_k-x)^2}{2}\right]_0^{x_k}+\left[\frac{(x-x_k)^2}{2}\right]_{x_k}^1=\frac{x_k^2}{2}+\frac{(1-x_k)^2}{2} = x_k^2-x_k+\frac12=\Big(x_k-\frac12\Big)^2+\frac14.$$

d'où : $\displaystyle I=\sum_{k=1}^n\left[\Big(x_k-\frac12\Big)^2+\frac14\right]=\left[\sum_{k=1}^n\Big(x_k-\frac12\Big)^2\right]+\frac n4.$

• On a : $\displaystyle \forall k\in[\![1\,;n]\!],\ 0\leqslant\Big(x_k-\frac12\Big)^2\leqslant\frac14,$

donc : $\displaystyle \frac n4\leqslant I_n\leqslant\frac n2.$

• De plus, puisqu'une somme de réels positifs ou nuls est nulle si et seulement si chaque terme est nul :

$$I=\frac n4 \iff \forall k\in[\![1\,;n]\!],\ \Big(x_k-\frac12\Big)^2=0 \iff \forall k\in[\![1\,;n]\!],\ x_k=\frac12,$$

$$I=\frac n2 \iff \forall k\in[\![1\,;n]\!],\ \Big(x_k-\frac12\Big)^2=\frac14 \iff \forall k\in[\![1\,;n]\!],\ x_k\in\{0,1\}.$$

12.8 • On a, en utilisant la formule du binôme de Newton :

$$I_n=\int_0^1(1-x^2)^n\,\mathrm{d}x=\int_0^1\Big[\sum_{k=0}^n\binom nk(-1)^kx^{2k}\Big]\mathrm{d}x = \sum_{k=0}^n\binom nk(-1)^k\int_0^1x^{2k}\,\mathrm{d}x=\sum_{k=0}^n\binom nk\frac{(-1)^k}{2k+1}.$$

• D'autre part, pour tout $n\in\mathbb N$, exprimons I_{n+1} à l'aide d'une intégration par parties. Avec

$$\begin{cases}u(x)=(1-x^2)^{n+1}\\ v'(x)=1\end{cases}\qquad\begin{cases}u'(x)=(n+1)(1-x^2)^n(-2x)\\ v(x)=x\end{cases}$$

où u et v sont de classe C^1 sur $[0\,;1]$, on a :

$$\begin{aligned}I_{n+1}&=[x(1-x^2)^{n+1}]_0^1-\int_0^1 x(n+1)(1-x^2)^n(-2x)\,\mathrm{d}x\\&=2(n+1)\int_0^1(1-x^2)^nx^2\,\mathrm{d}x\\&=2(n+1)\int_0^1(1-x^2)^n(1-(1-x^2))\,\mathrm{d}x\\&=2(n+1)\Big[\int_0^1(1-x^2)^n\,\mathrm{d}x-\int_0^1(1-x^2)^{n+1}\,\mathrm{d}x\Big]\\&=2(n+1)(I_n-I_{n+1}).\end{aligned}$$

D'où : $\forall n\in\mathbb N,\ (2n+3)I_{n+1}=(2n+2)I_n.$

Ainsi : $\displaystyle I_n=\frac{2n}{2n+1}I_{n-1},\ I_{n-1}=\frac{2n-2}{2n-1}I_{n-2},\ \dots,\ I_1=\frac23I_0.$

D'où, en reportant : $\displaystyle I_n=\frac{2n}{2n+1}\cdot\frac{2n-2}{2n-1}\cdots\frac23I_0.$

En multipliant haut et bas par $(2n)(2n-2)\cdots2$, on obtient :

$$I_n=\frac{[(2n)(2n-2)\cdots2]^2}{(2n+1)!}I_0=\frac{(2^nn!)^2}{(2n+1)!}I_0.$$

Et : $I_0 = \int_0^1 (1-x^2)^0 \, \mathrm{d}x = \int_0^1 1 \, \mathrm{d}x = 1.$

On conclut : $I_n = \dfrac{4^n (n!)^2}{(2n+1)!}$, d'où l'égalité demandée.

12.9 Comme, pour tout $x \in [0\,;1[$ fixé, $\sqrt{1-x^n} \underset{n\infty}{\longrightarrow} 1$,

on peut conjecturer : $I_n \underset{n\infty}{\longrightarrow} \int_0^1 1 \, \mathrm{d}x = 1.$

Formons $|I_n - 1|$, en utilisant une expression conjuguée :

$$|I_n - 1| = \left| \int_0^1 \sqrt{1-x^n}\, \mathrm{d}x - \int_0^1 \mathrm{d}x \right|$$
$$= \int_0^1 (1 - \sqrt{1-x^n})\, \mathrm{d}x = \int_0^1 \frac{1-(1-x^n)}{1+\sqrt{1-x^n}}\, \mathrm{d}x$$
$$= \int_0^1 \frac{x^n}{1+\sqrt{1-x^n}}\, \mathrm{d}x \leqslant \int_0^1 x^n \, \mathrm{d}x = \left[\frac{x^{n+1}}{n+1}\right]_0^1 = \frac{1}{n+1}.$$

Comme $\dfrac{1}{n+1} \underset{n\infty}{\longrightarrow} 0$, on déduit, par théorème d'encadrement : $|I_n - 1| \underset{n\infty}{\longrightarrow} 0$, et on conclut : $I_n \underset{n\infty}{\longrightarrow} 1$.

12.10 *a)* On a, pour tout $n \in \mathbb{N}^*$:

$$\forall x \in [0\,;1],\quad 0 \leqslant x^n \, \mathrm{e}^x \leqslant x^n \, \mathrm{e},$$

donc :

$$0 \leqslant I_n = \int_0^1 x^n \, \mathrm{e}^x \, \mathrm{d}x \leqslant \int_0^1 x^n \, \mathrm{e} \, \mathrm{d}x$$
$$= \mathrm{e}\left[\frac{x^{n+1}}{n+1}\right]_0^1 = \frac{\mathrm{e}}{n+1} \underset{n\infty}{\longrightarrow} 0.$$

On déduit, par théorème d'encadrement : $I_n \underset{n\infty}{\longrightarrow} 0$.

b) On a, par intégration par parties, pour tout $n \in \mathbb{N}^*$:

$$I_n = \left[\frac{x^{n+1}}{n+1}\,\mathrm{e}^x\right]_0^1 - \int_0^1 \frac{x^{n+1}}{n+1}\,\mathrm{e}^x \, \mathrm{d}x = \frac{\mathrm{e}}{n+1} - \frac{1}{n+1} I_{n+1}.$$

c) On obtient : $I_n = \dfrac{1}{n+1}(\mathrm{e} - I_{n+1})$,

d'où, puisque $I_{n+1} \underset{n\infty}{\longrightarrow} 0$: $I_n \underset{n\infty}{\sim} \dfrac{\mathrm{e}}{n+1} \underset{n\infty}{\sim} \dfrac{\mathrm{e}}{n}$.

12.11 En notant, pour tout $n \in \mathbb{N}^*$, $u_n = \displaystyle\prod_{k=1}^{n} \left(1 + \frac{k}{n}\right)^{1/n}$,

On a $u_n > 0$ et : $\ln u_n = \dfrac{1}{n} \displaystyle\sum_{k=1}^{n} \ln\left(1 + \frac{k}{n}\right)$,

qui fait penser à une somme de Riemann.

L'application $[0\,;1] \longrightarrow \mathbb{R},\ x \longmapsto \ln(1+x)$ est continue sur le segment $[0\,;1]$, donc, d'après le théorème du cours sur les sommes de Riemann : $\ln u_n \underset{n\infty}{\longrightarrow} \displaystyle\int_0^1 \ln(1+x)\, \mathrm{d}x.$

Calculons cette intégrale par une intégration par parties :

$$\int_0^1 \ln(1+x)\, \mathrm{d}x = [(1+x)\ln(1+x)]_0^1 - \int_0^1 (1+x)\frac{1}{1+x}\, \mathrm{d}x$$
$$= 2\ln 2 - \int_0^1 1 \, \mathrm{d}x = 2\ln 2 - 1.$$

On a donc : $\ln u_n \underset{n\infty}{\longrightarrow} 2\ln 2 - 1$.

Puisque l'exponentielle est continue sur $\mathbb{R}$, on déduit :

$$u_n \underset{n\infty}{\longrightarrow} \mathrm{e}^{2\ln 2 - 1} = \frac{4}{\mathrm{e}}.$$

On conclut : $\displaystyle\prod_{k=1}^{n} \left(1 + \frac{k}{n}\right)^{1/n} \underset{n\infty}{\longrightarrow} \frac{4}{\mathrm{e}}$.

12.12 *a)* Soit $x \in [0\,;1]$. On a, par la relation de Chasles :

$$g(x) = \int_0^1 |x-t| f(t)\, \mathrm{d}t$$
$$= \int_0^x (x-t) f(t)\, \mathrm{d}t + \int_x^1 (t-x) f(t)\, \mathrm{d}t$$
$$= \int_0^x (x-t) f(t)\, \mathrm{d}t + \int_1^x (x-t) f(t)\, \mathrm{d}t$$
$$= x\int_0^x f(t)\, \mathrm{d}t - \int_0^x t f(t)\, \mathrm{d}t + x\int_1^x f(t)\, \mathrm{d}t - \int_1^x t f(t)\, \mathrm{d}t.$$

b) Puisque f et $t \longmapsto t f(t)$ sont continues sur $[0\,;1]$, d'après le cours, les quatre fonctions qui, à $x \in [0\,;1]$, associent :

$$\int_0^x f(t)\, \mathrm{d}t,\quad \int_0^x t f(t)\, \mathrm{d}t,\quad \int_1^x f(t)\, \mathrm{d}t,\quad \int_1^x t f(t)\, \mathrm{d}t$$

sont de classe C^1 sur $[0\,;1]$, donc g est de classe C^1 sur $[0\,;1]$ et pour tout $x \in [0\,;1]$:

$$g'(x) = \left(\int_0^x f(t)\, \mathrm{d}t + x f(x)\right) - x f(x) + \left(\int_1^x f(t)\, \mathrm{d}t + x f(x)\right) - x f(x)$$
$$= \int_0^x f(t)\, \mathrm{d}t + \int_1^x f(t)\, \mathrm{d}t.$$

De même, g' est de classe C^1 sur $[0\,;1]$, donc g est de classe C^2 sur $[0\,;1]$, et, pour tout $x \in [0\,;1]$:

$$g''(x) = f(x) + f(x) = 2f(x).$$

12.13 L'application

$$\phi : [0\,;1] \longrightarrow \mathbb{R},\quad x \longmapsto \int_0^x f(t)\, \mathrm{d}t - (4x-1)$$

est de classe C^1 sur $[0\,;1]$ et, pour tout $x \in [0\,;1]$:

$$\phi'(x) = f(x) - 4 \leqslant 2 - 4 = -2 < 0,$$

donc ϕ est strictement décroissante sur $[0\,;\,1]$.

On a $\phi(0) = 1 > 0$ et :

$$\phi(1) = \Big(\int_0^1 f\Big) - 3 \leqslant \Big(\int_0^1 2\Big) - 3 = -1 < 0.$$

Puisque ϕ est continue et strictement décroissante sur l'intervalle $[0\,;\,1]$ et que $\phi(0) > 0$ et $\phi(1) < 0$, d'après le théorème de la bijection monotone, ϕ admet un zéro et un seul.

Finalement, l'équation proposée admet une solution et une seule.

12.14 Notons $F : \mathbb{R} \longrightarrow \mathbb{R},\ x \longmapsto \displaystyle\int_0^x f(t)\,dt,$

$G : \mathbb{R} \longrightarrow \mathbb{R},\ x \longmapsto \displaystyle\int_0^x g(t)\,dt.$

On a donc, par hypothèse :

$$\forall (a,b) \in \mathbb{R}^2,\ \ (F(b) - F(a))(G(b) - G(a)) = 0 \qquad (1).$$

• En particulier, en remplaçant a par 0, comme $F(0) = 0$ et $G(0) = 0$, on a : $\forall b \in \mathbb{R},\ F(b)G(b) = 0.$

• En revenant à (1) et en développant, on obtient :

$$\forall (a,b) \in \mathbb{R}^2,\ \underbrace{F(b)G(b)}_{=0} - F(a)G(b) - F(b)G(a) + \underbrace{F(a)G(a)}_{=0} = 0.$$

D'où, en multipliant par $-F(b)$:

$$\forall (a,b) \in \mathbb{R}^2,\ F(a)\underbrace{F(b)G(b)}_{=0} + (F(b))^2 G(a) = 0.$$

Ainsi : $\forall (a,b) \in \mathbb{R}^2,\ (F(b))^2 G(a) = 0 \qquad (2).$

Si $G = 0$, alors $g = G' = 0$.

Supposons $G \neq 0$. Il existe $a \in \mathbb{R}$ tel que $G(a) \neq 0$.

On a alors, d'après (2) : $\forall b \in \mathbb{R},\ (F(b))^2 = 0,$

donc : $\forall b \in \mathbb{R},\ F(b) = 0,$ puis $f = F' = 0$.

On conclut : $f = 0$ ou $g = 0$.

12.15 On remarque, pour tout $y \in \mathbb{R}$:

$$y^4 - y^3 - y + 1 = (y-1)(y^3-1) = (y-1)^2(y^2+y+1).$$

De plus, comme le discriminant de $y^2 + y + 1$ est < 0, on a :

$$\forall y \in \mathbb{R},\ y^2 + y + 1 > 0.$$

D'où :

$$\int_0^1 (f-1)^2(f^2+f+1) = \int_0^1 (f^4 - f^3 - f + 1)$$
$$= \underbrace{\Big(\int_0^1 f^4 - \int_0^1 f^3\Big)}_{=0} - \underbrace{\Big(\int_0^1 f - 1\Big)}_{=0} = 0.$$

Comme $(f-1)^2(f^2+f+1)$ est continue et $\geqslant 0$, il en résulte, d'après le cours : $(f-1)^2(f^2+f+1) = 0.$

De plus, on a vu : $\forall y \in \mathbb{R},\ y^2 + y + 1 \neq 0.$

On déduit : $\forall x \in \mathbb{R},\ (f(x)-1)^2 = 0,$

puis : $\forall x \in \mathbb{R},\ f(x) - 1 = 0,$ c'est-à-dire : $f = 1$.

12.16 *a)* Remarquons : $\ln 2 = \big[\ln(1+t)\big]_0^1 = \displaystyle\int_0^1 \frac{1}{1+t}\,dt$

et : $\forall k \in \mathbb{N},\ \dfrac{1}{k+1} = \displaystyle\int_0^1 t^k\,dt.$

D'où, pour tout $n \in \mathbb{N}$:

$$d_n = \Big|\ln 2 - \sum_{k=0}^n \frac{(-1)^k}{k+1}\Big| = \Big|\int_0^1 \frac{1}{1+t}\,dt - \sum_{k=0}^n (-1)^k \int_0^1 t^k\,dt\Big|$$
$$= \Big|\int_0^1 \Big[\frac{1}{1+t} - \sum_{k=0}^n (-1)^k t^k\Big]dt\Big|$$
$$= \Big|\int_0^1 \frac{1 - (1 - (-1)^{n+1}t^{n+1})}{1+t}\,dt\Big|$$
$$= \Big|(-1)^{n+1}\int_0^1 \frac{t^{n+1}}{1+t}\,dt\Big| = \int_0^1 \frac{t^{n+1}}{1+t}\,dt.$$

b) 1) • On a, pour tout $n \in \mathbb{N}$:

$$d_n = \int_0^1 \frac{t^{n+1}}{1+t}\,dt \geqslant \int_0^1 \frac{t^{n+1}}{2}\,dt = \frac{1}{2}\Big[\frac{t^{n+2}}{n+2}\Big]_0^1 = \frac{1}{2n+4}.$$

• L'autre inégalité semble plus difficile. Soit $n \in \mathbb{N}$. On a :

$$d_n = \int_0^1 \frac{t^{n+1}}{1+t}\,dt = \int_0^1 \frac{\sqrt{t}}{1+t}\,t^{n+\frac{1}{2}}\,dt,$$

et on remarque que : $\forall t \in [0\,;\,1],\ \dfrac{\sqrt{t}}{1+t} \leqslant \dfrac{1}{2},$

car : $\dfrac{1}{2} - \dfrac{\sqrt{t}}{1+t} = \dfrac{1 + t - 2\sqrt{t}}{1+t} = \dfrac{(1-\sqrt{t})^2}{1+t} \geqslant 0.$

D'où : $d_n \leqslant \displaystyle\int_0^1 \frac{1}{2}t^{n+\frac{1}{2}}\,dt = \frac{1}{2}\Big[\frac{t^{n+\frac{3}{2}}}{n+\frac{3}{2}}\Big]_0^1 = \frac{1}{2n+3}.$

On conclut : $\forall n \in \mathbb{N},\ \dfrac{1}{2n+4} \leqslant d_n \leqslant \dfrac{1}{2n+3}.$

2) D'après le résultat précédent :

$$\forall n \in \mathbb{N},\ \frac{2n}{2n+4} \leqslant 2nd_n \leqslant \frac{2n}{2n+3}.$$

Comme : $\dfrac{2n}{2n+4} \underset{n\infty}{\longrightarrow} 1$ et $\dfrac{2n}{2n+3} \underset{n\infty}{\longrightarrow} 1,$

par encadrement, on déduit : $2nd_n \underset{n\infty}{\longrightarrow} 1,$

et on conclut : $d_n \underset{n\infty}{\sim} \dfrac{1}{2n}.$

12.17 *1)* Soit f convenant.

Puisque f est supposée de classe C^1 sur $\mathbb{R}$, on obtient, en dérivant par rapport à y, pour x fixé :

$$\forall (x,y) \in \mathbb{R}^2,\ \ f(y) = \frac{1}{2}(f(x) + f(y)) + \frac{y-x}{2} f'(y),$$

c'est-à-dire : $\forall (x,y) \in \mathbb{R}^2,\ \ f(y) - f(x) = (y-x)f'(y).$

En appliquant ce dernier résultat à (y,x) à la place de (x,y), on a aussi : $\forall (x,y) \in \mathbb{R}^2,\ \ f(x) - f(y) = (x-y)f'(x).$

On déduit : $\forall (x,y) \in \mathbb{R}^2,\ \ (y-x)f'(y) = (y-x)f'(x).$

En particulier, en remplaçant x par 0 :

$$\forall y \in \mathbb{R},\ \ yf'(y) = yf'(0),$$

donc : $\forall y \in \mathbb{R}^*,\ \ f'(y) = f'(0).$

Ceci montre que f' est constante sur $\mathbb{R}_-^*$ et constante sur $\mathbb{R}_+^*$. Comme de plus f' est continue sur $\mathbb{R}$, il en résulte que f' est constante sur $\mathbb{R}$.

Il existe donc $a \in \mathbb{R}$ tel que : $\forall x \in \mathbb{R},\ \ f'(x) = a,$

puis il existe $(a,b) \in \mathbb{R}^2$ tel que : $\forall x \in \mathbb{R},\ \ f(x) = ax + b.$

2) Réciproquement, soient $(a,b) \in \mathbb{R}^2$ et

$$f : \mathbb{R} \longrightarrow \mathbb{R},\ \ x \longmapsto ax + b.$$

Alors, f est de classe C^1 sur $\mathbb{R}$ et, pour tout $(x,y) \in \mathbb{R}^2$:

$$\int_x^y f = \int_x^y (at+b)\,\mathrm{d}t = \Big[a\frac{t^2}{2} + bt\Big]_x^y$$

$$= \Big(\frac{a}{2}y^2 + by\Big) - \Big(a\frac{x^2}{2} + bx\Big) = \frac{a}{2}(y^2 - x^2) + b(y-x)$$

$$= \frac{y-x}{2}(a(y+x) + 2b) = \frac{y-x}{2}(f(x) + f(y)),$$

donc f convient.

Finalement, l'ensemble $\mathscr{S}$ des applications f convenant est :

$$\mathscr{S} = \{f : \mathbb{R} \longrightarrow \mathbb{R},\ \ x \longmapsto ax + b\ ;\ (a,b) \in \mathbb{R}^2\}.$$

12.18 Puisque f est dérivable sur l'intervalle $[1\,;+\infty[$ et que $f' \geqslant 0$, f est croissante. Puisque f est croissante et que $f(1) = 1$, on a : $\forall x \in [1\,;+\infty[,\ \ f(x) \geqslant 1.$

D'où, pour tout $x \in [1\,;+\infty[$:

$$f'(x) \leqslant \frac{1}{x^2 + (f(x))^2} \leqslant \frac{1}{x^2+1}.$$

On déduit, pour tout $x \in [1\,;+\infty[$, en intégrant sur $[1\,;x]$:

$$f(x) = f(1) + \int_1^x f'(t)\,\mathrm{d}t \leqslant 1 + \int_1^x \frac{1}{t^2+1}\,\mathrm{d}t$$

$$= 1 + [\operatorname{Arctan} t]_1^x = 1 + \operatorname{Arctan} x - \frac{\pi}{4} \leqslant 1 + \frac{\pi}{2} - \frac{\pi}{4} = 1 + \frac{\pi}{4}.$$

Ainsi, f est croissante et majorée par $1 + \dfrac{\pi}{4}$, donc f admet une limite finie ℓ en $+\infty$ et : $\ell \leqslant 1 + \dfrac{\pi}{4}$.

12.19 *a)* Soit $n \in \mathbb{N}^*$ fixé. L'application

$$f_n : [0\,;+\infty[\longrightarrow \mathbb{R},\ \ x \longmapsto \int_0^x \frac{t^n}{1+t}\,\mathrm{d}t - \ln(1+x)$$

est dérivable (donc continue) sur $[0\,;+\infty[$ et on a, pour tout $x \in [0\,;+\infty[$: $\ f_n'(x) = \dfrac{x^n}{1+x} - \dfrac{1}{1+x} = \dfrac{x^n - 1}{1+x},$

d'où le sens des variations de f_n.

De plus, $f_n(0) = 0$ et, pour tout $x \in [1\,;+\infty[$:

$$\int_0^x \frac{t^n}{1+t}\,\mathrm{d}t \geqslant \int_1^x \frac{t^n}{1+t}\,\mathrm{d}t \geqslant \int_1^x \frac{t}{1+t}\,\mathrm{d}t = \int_1^x \Big(1 - \frac{1}{1+t}\Big)\mathrm{d}t$$

$$= [t - \ln(1+t)]_1^x = x - \ln(1+x) - 1 + \ln 2,$$

d'où : $\forall x \in [1\,;+\infty[,\ \ f_n(x) \geqslant x - 2\ln(1+x) - 1 + \ln 2.$

Comme, par prépondérance classique :

$$x - 2\ln(1+x) - 1 + \ln 2 \underset{x \longrightarrow +\infty}{\longrightarrow} +\infty,$$

on déduit : $\ f_n(x) \underset{x \longrightarrow +\infty}{\longrightarrow} +\infty.$

On dresse le tableau des variations de f_n, avec les valeurs et limites :

x	0		1		$+\infty$
$f_n{}'(x)$		$-$	0	$+$	
$f_n(x)$	0	$\searrow$	< 0	$\nearrow$	$+\infty$

D'après le théorème de la bijection monotone, on conclut que f_n s'annule en un point et un seul de $]0\,;+\infty[$, noté x_n, et que l'on a : $x_n \in]1\,;+\infty[$.

b) Soit $n \in \mathbb{N}^*$. D'une part :

$$\int_0^{x_n} \frac{t^n}{1+t}\,\mathrm{d}t \geqslant \int_0^{x_n} \frac{t^n}{1+x_n}\,\mathrm{d}t$$

$$= \frac{1}{1+x_n}\Big[\frac{t^{n+1}}{n+1}\Big]_0^{x_n} = \frac{1}{1+x_n}\frac{x_n^{n+1}}{n+1}.$$

D'autre part : $\displaystyle\int_0^{x_n} \frac{t^n}{1+t}\,\mathrm{d}t = \ln(1+x_n).$

On sait : $\forall x \in]-1\,;+\infty[,\ \ \ln(1+x) \leqslant x.$

D'où : $\dfrac{1}{1+x_n}\dfrac{x_n^{n+1}}{n+1} \leqslant x_n,$

donc : $x_n^n \leqslant (n+1)(1+x_n) \leqslant 2(n+1)x_n.$

En simplifiant par x_n (qui est > 0), on déduit :

$$x_n^{n-1} \leqslant 2(n+1),$$

puis, pour $n \geqslant 2$: $\ 1 \leqslant x_n \leqslant (2n+2)^{\frac{1}{n-1}}.$

Enfin : $\ (2n+2)^{\frac{1}{n-1}} = \exp\Big(\dfrac{\ln(2n+2)}{n-1}\Big) \underset{n\infty}{\longrightarrow} 1,$

par prépondérance classique.

D'après le théorème d'encadrement, on conclut : $x_n \underset{n\infty}{\longrightarrow} 1.$

12.20 Soient $n \in \mathbb{N}^*$, $x \in [0\,;1[$. On a :

$$\int_0^x \left(\frac{x-t}{1-t}\right)^{n-1} \frac{1}{(1-t)^2}\,\mathrm{d}t = \int_0^x \frac{(x-t)^{n-1}}{(1-t)^{n+1}}\,\mathrm{d}t,$$

ce qui fait penser au reste dans la formule de Taylor avec reste intégral.

Considérons l'application $f : [0\,;1[\longrightarrow \mathbb{R},\ t \longmapsto \dfrac{1}{1-t}$.

Puisque f est de classe C^∞ sur $[0\,;1[$, d'après la formule de Taylor avec reste intégral, on a :

$$f(x) = \sum_{k=0}^{n-1} \frac{f^{(k)}(0)}{k!} + R_n(x)$$

où : $\quad R_n(x) = \displaystyle\int_0^x \frac{(x-t)^{n-1}}{(n-1)!} f^{(n)}(t)\,\mathrm{d}t.$

Une récurrence immédiate (sur k) montre que les dérivées successives de f sont données, pour tout $t \in [0\,;1[$, par :

$$f(t) = \frac{1}{1+t},\quad f'(t) = \frac{1}{(1-t)^2},\quad \ldots, f^{(k)}(t) = \frac{k!}{(1-t)^{k+1}},$$

d'où : $\quad \forall k \in \mathbb{N},\ f^{(k)}(0) = k!$.

On obtient : $\displaystyle\sum_{k=0}^{n-1} \frac{f^{(k)}(0)}{k!} x^k = \sum_{k=0}^{n-1} x^k = \frac{1-x^n}{1-x}$ et :

$$R_n(x) = \int_0^x \frac{(x-t)^{n-1}}{(n-1)!} \frac{n!}{(1-t)^{n+1}}\,\mathrm{d}t = n\int_0^x \frac{(x-t)^{n-1}}{(1-t)^{n+1}}\,\mathrm{d}t.$$

D'où :

$$\int_0^x \left(\frac{x-t}{1-t}\right)^{n-1} \frac{1}{(1-t)^2}\,\mathrm{d}t = \frac{1}{n}R_n(x) = \frac{1}{n}\left(f(x) - \frac{1-x^n}{1-x}\right)$$

$$= \frac{1}{n}\left(\frac{1}{1-x} - \frac{1-x^n}{1-x}\right) = \frac{x^n}{n(1-x)}.$$

12.21 *a)* Puisque $f : [0\,;a] \longrightarrow \mathbb{R}$ est continue et strictement croissante, f réalise une bijection de $[0\,;a]$ sur $[f(0)\,;f(a)]$, c'est-à-dire sur $[0\,;f(a)]$, et la bijection réciproque f^{-1} est strictement croissante et continue.

L'application $A : [0\,;a] \longrightarrow \mathbb{R}$ définie par :

$$\forall x \in [0\,;a],\ A(x) = \int_0^x f + \int_0^{f(x)} f^{-1} - xf(x)$$

est de classe C^1 sur $[0\,;a]$ et, pour tout $x \in [0\,;a]$:

$$A'(x) = f(x) + \underbrace{f^{-1}(f(x))}_{=x} f'(x) - (f(x) + xf'(x)) = 0,$$

donc A est constante.

Comme, de plus, $A(0) = 0$ on conclut $A = 0$, d'où l'égalité demandée.

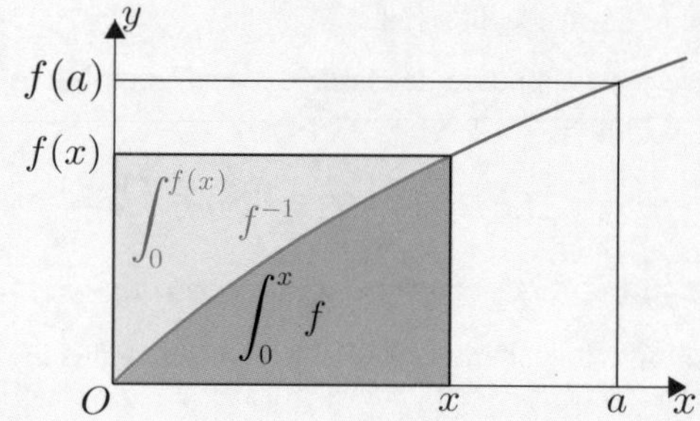

b) Soit $x \in [0\,;a]$ fixé.

L'application $B_x : [0\,;f(a)] \longrightarrow \mathbb{R}$ définie par :

$$\forall y \in [0\,;f(a)],\ B_x(y) = \int_0^x f + \int_0^y f^{-1} - xy$$

est de classe C^1 sur $[0\,;f(a)]$ et :

$$\forall y \in [0\,;f(a)],\ (B_x)'(y) = f^{-1}(y) - x.$$

d'où le tableau des variations de B_x :

y	0		$f(x)$		$f(a)$
$(B_x)'(y)$		$-$	0	$+$	
$B_x(y)$		↘		↗	

Donc, en utilisant *a)* :

$$\forall y \in [0\,;f(a)],\ B_x(y) \geqslant B_x(f(x)) = 0.$$

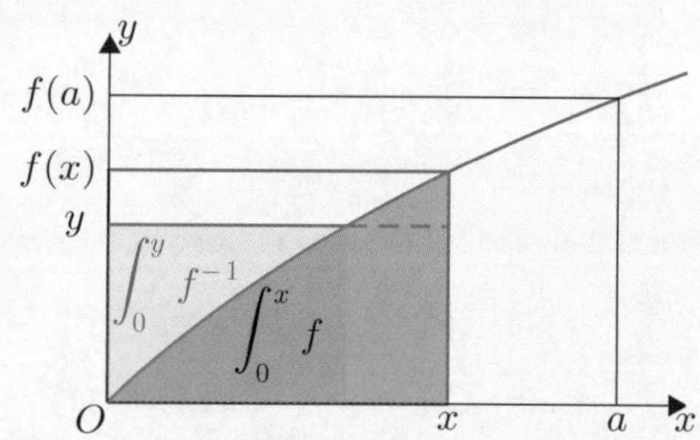

12.22 *1)* Comme f est convexe, on a, pour tout $x \in [a\,;b]$:

$$f\left(\frac{a+b}{2}\right) = f\left(\frac{1}{2}x + \frac{1}{2}(a+b-x)\right) \leqslant \frac{1}{2}f(x) + \frac{1}{2}f(a+b-x).$$

Puisque f est continue sur $[a\,;b]$, on déduit en intégrant de a à b :

$$(b-a)f\left(\frac{a+b}{2}\right) \leqslant \frac{1}{2}\int_a^b (f(x) + f(a+b-x))\,\mathrm{d}x$$

$$= \frac{1}{2}\int_a^b f(x)\,\mathrm{d}x + \frac{1}{2}\int_a^b f(a+b-x)\,\mathrm{d}x.$$

Dans cette dernière intégrale, le changement de variable $t = a + b - x$ donne :

$$\int_a^b f(a+b-x)\,\mathrm{d}x = -\int_b^a f(t)\,\mathrm{d}t = \int_a^b f(t)\,\mathrm{d}t.$$

et donc : $\quad (b-a)f\Big(\dfrac{a+b}{2}\Big) \leqslant \displaystyle\int_a^b f(x)\,\mathrm{d}x.$

2) Comme f est convexe, on a, par croissance des pentes (cf. exercice 11.24) : $\forall x \in]a\,;b]$, $\dfrac{f(x)-f(a)}{x-a} \leqslant \underbrace{\dfrac{f(b)-f(a)}{b-a}}_{\text{noté } m}$,

puis, en comptant le cas $x = a$:

$$\forall x \in [a\,;b],\quad f(x) \leqslant f(a) + m(x-a).$$

Puisque f est continue sur $[a\,;b]$, on déduit en intégrant de a à b :

$$\int_a^b f(x)\,\mathrm{d}x \leqslant \int_a^b \big(f(a) + m(b-a)\big)\,\mathrm{d}x = (b-a)f(a) + m\frac{(b-a)^2}{2}.$$

d'où :

$$\frac{1}{b-a}\int_a^b f(x)\,\mathrm{d}x \leqslant f(a) + m\frac{b-a}{2} = f(a) + \frac{f(b)-f(a)}{2} = \frac{f(a)+f(b)}{2}.$$

12.23 *a) 1)* L'application $F : \mathbb{R} \longrightarrow \mathbb{R},\ X \longmapsto \displaystyle\int_0^X \mathrm{e}^{t^2}\,\mathrm{d}t$

est de classe C^1 (donc continue) sur $\mathbb{R}$ et :

$$\forall X \in \mathbb{R},\quad F'(X) = \mathrm{e}^{X^2} > 0,$$

donc F est strictement croissante sur $\mathbb{R}$.

On a, pour $X \geqslant 0$:

$$F(X) = \int_0^X \mathrm{e}^{t^2}\,\mathrm{d}t \geqslant \int_0^X 1\,\mathrm{d}t = X \underset{X \longrightarrow +\infty}{\longrightarrow} +\infty,$$

donc : $F(X) \underset{X \longrightarrow +\infty}{\longrightarrow} +\infty$.

De plus, F est impaire car, par le changement de variable $u = -t$:

$$\forall X \in \mathbb{R},\quad F(-X) = \int_0^{-X} \mathrm{e}^{t^2}\,\mathrm{d}t = \int_0^X \mathrm{e}^{u^2}(-\mathrm{d}u) = -F(X),$$

et donc : $F(X) \underset{X \longrightarrow -\infty}{\longrightarrow} -\infty$.

D'après le théorème de la bijection monotone, on conclut : F est bijective, F^{-1} est continue, F^{-1} est strictement croissante, $F^{-1}(y) \underset{y \longrightarrow -\infty}{\longrightarrow} -\infty$, $F^{-1}(y) \underset{y \longrightarrow +\infty}{\longrightarrow} +\infty$.

2) On a, pour tout $(x,y) \in \mathbb{R}^2$, en utilisant la relation de Chasles :

$$\int_x^y \mathrm{e}^{t^2}\,\mathrm{d}t = 1 \iff \int_0^y \mathrm{e}^{t^2}\,\mathrm{d}t - \int_0^x \mathrm{e}^{t^2}\,\mathrm{d}t = 1$$
$$\iff F(y) - F(x) = 1 \iff F(y) = F(x) + 1$$
$$\iff y = F^{-1}(F(x)+1).$$

Ceci montre que : $\quad \forall x \in \mathbb{R},\ \exists\,! y \in \mathbb{R},\ \displaystyle\int_x^y \mathrm{e}^{t^2}\,dt = 1$

et que l'application $f : \mathbb{R} \longrightarrow \mathbb{R},\ x \longmapsto y$ est donnée par :

$$\forall x \in \mathbb{R},\quad f(x) = F^{-1}(F(x)+1).$$

b) Puisque F est de classe C^1 sur $\mathbb{R}$ et que $F' > 0$, d'après le cours, F^{-1} est de classe C^1 sur $\mathbb{R}$.

c) • On a, par dérivation d'une composée et d'une réciproque : $\forall x \in \mathbb{R},\ f'(x) = \dfrac{F'(x)}{F'\Big(F^{-1}\big(F(x)+1\big)\Big)} > 0$,

donc f est strictement croissante sur $\mathbb{R}$.

• Puisque F et F^{-1} sont de limite $+\infty$ en $+\infty$, par opérations : $f(x) \underset{x \longrightarrow +\infty}{\longrightarrow} +\infty$.

• On a, pour tout $x \in \mathbb{R}$: $\displaystyle\int_x^{f(x)} \mathrm{e}^{t^2}\,\mathrm{d}t = 1 > 0$,

donc : $\quad f(x) > x$,

et, d'autre part : $\quad 1 = \displaystyle\int_x^{f(x)} \mathrm{e}^{t^2}\,\mathrm{d}t \geqslant (f(x)-x)\,\mathrm{e}^{x^2}$,

donc : $\quad f(x) - x \leqslant \mathrm{e}^{-x^2}$,

et on obtient : $\quad \forall x \in \mathbb{R},\ x < f(x) < x + \mathrm{e}^{-x^2}$.

Ainsi, la courbe représentative C de f est située au-dessus de la première bissectrice et elle admet cette première bissectrice pour asymptote lorsque x tend vers $-\infty$ et lorsque x tend vers $+\infty$.

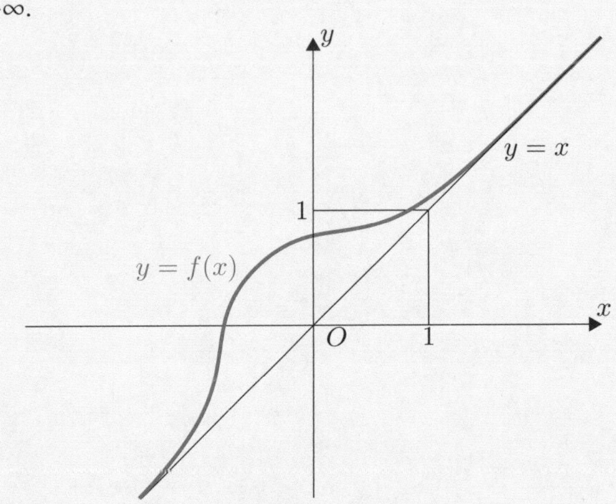

12.24 • Une récurrence immédiate montre : pour tout $n \in \mathbb{N}$, f_n existe, f_n est continue sur $[0\,;1]$, $f_n \geqslant 1$.

• Nous allons montrer que la recherche de la limite de $I_n = \int_0^1 f_n(x)\,\mathrm{d}x$ se ramène à la recherche de la limite de $u_n = f_n(0)$.

On a, pour tout $n \in \mathbb{N}$ et tout $x \in [0\,;\,1]$:

$$\begin{aligned}|f_{n+1}(x) - f_{n+1}(0)| &= \left|\sqrt{1+f_n(x)} - \sqrt{1+f_n(0)}\right| \\ &= \frac{|f_n(x) - f_n(0)|}{\sqrt{1+f_n(x)} + \sqrt{1+f_n(0)}} \leqslant \frac{1}{2}|f_n(x) - f_n(0)|.\end{aligned}$$

En réitérant, on déduit, pour tout $n \in \mathbb{N}$ et tout $x \in [0\,;\,1]$:

$$|f_n(x) - f_n(0)| \leqslant \frac{|f_0(x) - f_0(0)|}{2^n} = \frac{\sqrt{x}}{2^n} \leqslant \frac{1}{2^n}.$$

En intégrant, on déduit, pour tout $n \in \mathbb{N}$:

$$\begin{aligned}|I_n - u_n| &= \left|\int_0^1 f_n(x)\,\mathrm{d}x - f_n(0)\right| \\ &= \left|\int_0^1 (f_n(x) - f_n(0))\,\mathrm{d}x\right| \leqslant \int_0^1 |f_n(x) - f_n(0)|\,\mathrm{d}x \leqslant \frac{1}{2^n}.\end{aligned}$$

Comme $\frac{1}{2^n} \underset{n\infty}{\longrightarrow} 0$, il en résulte : $I_n - u_n \underset{n\infty}{\longrightarrow} 0$.

• Étudions la suite $(u_n)_{n\in\mathbb{N}}$.

Puisque $\quad \forall n \in \mathbb{N},\ u_{n+1} = \sqrt{1+u_n}$,

il s'agit d'une suite récurrente du type : u_{n+1} fonction de u_n.

On a, pour tout $t \in [0\,;\,+\infty[$:

$$t = \sqrt{1+t} \iff t^2 - t - 1 = 0 \iff t = \frac{1+\sqrt{5}}{2}.$$

Notons $\omega = \frac{1+\sqrt{5}}{2}$. On a alors :

$$\begin{aligned}\forall n \in \mathbb{N},\ |u_{n+1} - \omega| &= \left|\sqrt{1+u_n} - \sqrt{1+\omega}\right| \\ &= \frac{|u_n - \omega|}{\sqrt{1+u_n} + \sqrt{1+\omega}} \leqslant \frac{1}{2}|u_n - \omega|,\end{aligned}$$

d'où, en réitérant : $\quad \forall n \in \mathbb{N},\ |u_n - \omega| \leqslant \frac{1}{2^n}|u_0 - \omega|$.

Comme $\frac{1}{2^n} \underset{n\infty}{\longrightarrow} 0$, on déduit : $u_n \underset{n\infty}{\longrightarrow} 0$.

• Enfin : $\quad I_n = (I_n - u_n) + u_n \underset{n\infty}{\longrightarrow} 0 + \omega = \omega$.

On conclut : $\quad I_n \underset{n\infty}{\longrightarrow} \frac{1+\sqrt{5}}{2}$.

Comparaison locale des fonctions et des suites, développements limités

CHAPITRE 13

Plan

Thèmes abordés dans les exercices

- Calculs de limites, d'équivalents, de développements limités, de développements asymptotiques
- Développement limité, développement asymptotique d'une fonction réciproque
- Limite, équivalent, développement limité, développement asymptotique d'une intégrale dépendant d'un paramètre
- Limite, équivalent, développement limité, développement asymptotique des solutions d'une équation à paramètre.

Points essentiels du cours pour la résolution des exercices

- Propriétés élémentaires des suites et des fonctions ayant une limite finie ou une limite infinie, pour les opérations algébriques et l'ordre usuel
- Définition et propriétés de l'équivalence, de la négligeabilité
- Lien entre régularité d'une fonction et existence d'un développement limité, théorème de Taylor-Young
- Opérations algébriques sur les développements limités
- Sur des exemples simples, notion et manipulation de développement asymptotique.

Les méthodes à retenir

Pour calculer une limite se présentant sous une forme indéterminée

Essayer de :

- transformer l'écriture de la fonction

➥ **Exercice 13.1**

- utiliser les prépondérances classiques des puissances sur les logarithmes, des exponentielles sur les puissances, c'est-à-dire plus précisément les limites suivantes du cours :

$$\lim_{x \longrightarrow +\infty} \frac{(\ln x)^\alpha}{x^\beta} = 0, \quad \text{pour } (\alpha,\beta) \in \mathbb{R} \times \mathbb{R}_+^* \text{ fixé}$$

(suite)	$\lim\limits_{x \to 0^+} x^\beta \lvert \ln x\rvert^\alpha = 0$, pour $(\alpha,\beta) \in \mathbb{R} \times \mathbb{R}_+^*$ fixé $\lim\limits_{x \to +\infty} \dfrac{\lambda^x}{x^\alpha} = +\infty$, pour $(\lambda,\alpha) \in]1\,;+\infty[\times\mathbb{R}$ fixé $\lim\limits_{x \to -\infty} \lambda^x \lvert x\rvert^\alpha = 0$, pour $(\lambda,\alpha) \in]1\,;+\infty[\times\mathbb{R}$ fixé ➥ **Exercice 13.7** • utiliser des équivalents, surtout pour les formes indéterminées $0 \times \infty$, $\dfrac{\infty}{\infty}$, $\dfrac{0}{0}$ ➥ **Exercices 13.1 *c)*, 13.3, 13.14** • utiliser des développements limités, surtout pour la forme indéterminée $\infty - \infty$ ➥ **Exercices 13.3, 13.4, 13.12, 13.13, 13.30** • prendre le logarithme, ou encore d'écrire $u(x)^{v(x)} = \mathrm{e}^{v(x)\ln u(x)}$ pour la forme indéterminée 1^∞. ➥ **Exercices 13.5, 13.6, 13.12.**
Pour former un *DL*(0) d'une fonction	Utiliser les $DL(0)$ usuels et les opérations sur les $DL(0)$: troncature, dérivation, primitivation, addition, loi externe, multiplication, composition. Dans la composition, se ramener, si nécessaire, au voisinage de 0 par transformation de l'écriture. ➥ **Exercices 13.2, 13.3, 13.5, 13.9 à 13.13, 13.5.**
Pour former un *DL*(*a*) d'une fonction $f : x \longmapsto f(x)$, pour $a \neq 0$	Faire le changement de variable $h = x-a$ pour se ramener à des $DL(0)$. Le résultat final, $DL(a)$ de f, sera donné à l'aide d'un polynôme en h, ordonné selon les puissances croissantes de h. En aucun cas on ne développera les puissances de $x - a$. ➥ **Exercice 13.11 *d)*.**
Pour calculer un équivalent simple d'une fonction en un point	Essayer de : • utiliser des équivalents si la fonction se présente comme un produit ou un quotient • utiliser des développements limités, si la fonction se présente comme une somme ou une différence. ➥ **Exercice 13.17.**
Pour étudier limite, équivalent, développement limité, pour une fonction du type $f : x \longmapsto u(x)^{v(x)}$	Étudier d'abord $\ln f(x) = v(x)\ln u(x)$, puis prendre l'exponentielle, pour étudier $f(x) = \mathrm{e}^{v(x)\ln u(x)}$. ➥ **Exercices 13.5, 13.6, 13.11 *a),b)* 13.12 *c)* à *e)* .**

Pour obtenir le développement limité à un ordre numériquement fixé d'une fonction réciproque, ou d'une fonction satisfaisant une équation	Montrer d'abord que la fonction est de classe suffisante, donc admet un développement limité à l'ordre voulu d'après le théorème de Taylor-Young, puis, pour calculer le développement limité, procéder par coefficients indéterminés. ➥ **Exercice 13.21.**
Pour obtenir des renseignements locaux sur les racines d'une équation dépendant d'un paramètre, $n \in \mathbb{N}$ par exemple	Montrer d'abord l'existence de ces racines et les situer, à l'aide des variations d'une fonction. Les renseignements seront souvent obtenus successivement : limite, équivalent simple, développement limité ou développement asymptotique, etc. ➥ **Exercices 13.18, 13.19, 13.24, 13.27, 13.29.**

Énoncés des exercices

13.1 Exemples simples de détermination de limites de fonctions

Déterminer les limites suivantes :

a) $\displaystyle\lim_{x \longrightarrow 2}\left(\frac{2x-1}{x^2-3x+2} - \frac{x+7}{x^2-x-2}\right)$

b) $\displaystyle\lim_{x \longrightarrow 3}\frac{\sqrt{2x+3}-\sqrt{3x}}{x^2-3x}$

c) $\displaystyle\lim_{x \longrightarrow 1}\frac{\sin(5\pi x)}{\sin(4\pi x)}$.

13.2 Exemples simples de calculs de développements limités

Former le développement limité, à l'ordre et au voisinage indiqués, de la fonction f d'une variable réelle définie par la formule suivante (variable x) :

a) $DL_3(0)$, $\mathrm{e}^{x}\sin x$,

b) $DL_4(0)$, $\sqrt{\dfrac{1-x}{1+x}}$

c) $DL_3(0)$, $\tan x$.

13.3 Paramètres pour une limite finie

Montrer qu'il existe $(a,b) \in \mathbb{R}^2$ unique, que l'on calculera, tel que l'application

$$f : x \longmapsto \frac{1}{x^3}\big(\ln(1+x) + a(\mathrm{e}^{x}-1) + b\sin x\big)$$

admette une limite finie en 0, et déterminer alors cette limite.

13.4 Double taux d'accroissement

Soient I un intervalle de $\mathbb{R}$, $a \in I$, $f : I \longrightarrow \mathbb{R}$ de classe C^2 sur I.

Déterminer $\displaystyle\lim_{h \longrightarrow 0}\frac{f(a+h)-2f(a)+f(a-h)}{h^2}$.

13.5 Paramètre pour une limite finie non nulle

Trouver $a \in \mathbb{R}$ pour que l'application $f : x \longmapsto \left(1 + \dfrac{1}{x}\right)^{x^3} e^{-x^2+ax}$ admette une limite finie non nulle en $+\infty$, et déterminer alors cette limite.

13.6 Exemple abstrait de détermination de limite

Soient I un intervalle de $\mathbb{R}$, $a \in I$, $f : I \longrightarrow \mathbb{R}$ dérivable en a et à valeurs strictement positives. Déterminer $\displaystyle\lim_{h \longrightarrow 0} \left(\frac{f(a+h)}{f(a)}\right)^{1/h}$.

13.7 Un contrexemple

Montrer que l'application $f : \mathbb{R} \longrightarrow \mathbb{R},\ x \longmapsto \begin{cases} e^{-\frac{1}{x^2}} \sin\left(e^{\frac{1}{x^2}}\right) & \text{si } x \neq 0 \\ 0 & \text{si } x = 0 \end{cases}$

admet un développement limité à tout ordre en 0, mais que f n'est pas de classe C^1 sur $\mathbb{R}$.

13.8 Utilisation d'un développement limité pour une divisibilité de polynômes

Montrer : $\forall n \in \mathbb{N}^*,\ \exists P_n \in \mathbb{R}_n[X],\quad X^{n+1} \mid 1 + X - (P_n(X))^2$.

À cet effet, on pourra envisager le $DL_n(0)$ de $x \longmapsto \sqrt{1+x}$.

13.9 Exemple de DL d'une fonction composée particulière

Former le $DL_{12}(0)$ de $f : x \longmapsto \exp\left(\displaystyle\sum_{k=1}^{10} \frac{(-1)^{k+1}}{k} x^k\right)$.

13.10 Exemple abstrait de détermination d'une limite

Soient I un intervalle de $\mathbb{R}$, $a \in I$, $f, g : I \longrightarrow \mathbb{R}$ de classe C^2 sur I, telles que :

$$f(a) = g(a) = 0,\quad g'(a) \neq 0,\quad f(x) \underset{x \longrightarrow a}{\sim} g(x).$$

a) Montrer que, au voisinage de a, f et g ne s'annulent en aucun point sauf a, et que $f'(a) = g'(a)$.

b) Établir : $\displaystyle\frac{1}{f(x)} - \frac{1}{g(x)} \underset{x \longrightarrow a}{\longrightarrow} \frac{g''(a) - f''(a)}{2(g'(a))^2}$.

13.11 Exemples de calculs de développements limités

Former le développement limité, à l'ordre et au voisinage indiqués, de la fonction f d'une variable réelle définie par la formule suivante (variable x) :

a) $DL_3(0)$, $(1+x)^{\frac{1}{x}}$

b) $DL_2(0)$, $\left(1 + (\ln(1+x))^2\right)^{\frac{2}{\sin^2 x}}$

c) $DL_2(0)$, $\dfrac{1}{x} - \dfrac{1}{e^x - 1}$

d) $DL_2(\pi/6)$, $\tan x$.

13.12 Exemples de calculs de limites par utilisation de développements limités

Déterminer les limites suivantes :

a) $\lim\limits_{x \longrightarrow +\infty} \left(\sqrt{x^2+x} - 2\sqrt[3]{x^3+2x^2} + \sqrt[4]{x^4-x^3} \right)$

b) $\lim\limits_{x \longrightarrow 0} \left(\dfrac{1}{\sin^2 x} - \dfrac{1}{x^2} \right)$

c) $\lim\limits_{x \longrightarrow +\infty} (2^{1/x} + 3^{1/x} - 5^{1/x})^x$

d) $\lim\limits_{x \longrightarrow +\infty} \left(1 + \dfrac{1}{x}\right)^{x^2} \mathrm{e}^{-x}$

e) $\lim\limits_{x \longrightarrow 0} \left(\dfrac{\sin x}{x} \right)^{\frac{1}{x^2}}$.

13.13 Paramètre pour une limite finie

Montrer qu'il existe $P \in \mathbb{R}[X]$ unique, que l'on calculera, tel que l'application

$$f : x \longmapsto \sqrt{x(x-1)(x-2)(x-3)} - P(x)$$

admette 2 pour limite en $+\infty$.

13.14 Étude d'une fonction taux d'accroissement

Soient I un intervalle de $\mathbb{R}$, $a \in I$, $f : I \longrightarrow \mathbb{R}$ de classe C^2.

On note : $\tau_a : I \longrightarrow \mathbb{R}, \quad x \longmapsto \begin{cases} \dfrac{f(x)-f(a)}{x-a} & \text{si } x \neq a \\ f'(a) & \text{si } x = a. \end{cases}$

Démontrer que τ_a est de classe C^1 sur I.

13.15 Calcul de dérivées successives en un point

On considère $f : x \longmapsto \sqrt{1 - x^2 + x^3}$. Calculer $f^{(6)}(0)$ et $f^{(3)}(1)$.

13.16 Équivalent d'une fonction réciproque

On note $f : [0\,;+\infty[\longrightarrow [0\,;+\infty[, \quad x \longmapsto x^2\,\mathrm{e}^{3x}$.

a) Montrer que f est bijective.

b) Trouver un équivalent simple de $f^{-1}(y)$ lorsque y tend vers $+\infty$.

13.17 Exemple d'équivalent d'une différence

Soit $n \in \mathbb{N}^*$ fixé.

Trouver un équivalent simple de $n!x^n - \prod\limits_{k=1}^{n} \sin(kx)$ lorsque x tend vers 0.

13.18 Développement asymptotique du terme général d'une suite

On considère la suite $(u_n)_{n\in\mathbb{N}}$ définie par $u_0 \in \mathbb{R}$ et : $\forall n \in \mathbb{N}, \quad u_{n+1} = \dfrac{\mathrm{e}^{-u_n}}{n+1}$.

a) Montrer : $u_n \underset{n\infty}{\longrightarrow} 0$.

b) Déterminer $(a,b) \in \mathbb{R}^2$ de façon que : $u_n = \dfrac{a}{n} + \dfrac{b}{n^2} + \underset{n\infty}{o}\left(\dfrac{1}{n^2}\right)$.

13.19 Exemple d'étude asymptotique d'une suite définie indirectement

a) Montrer que, pour tout n de $\mathbb{N}$, il existe $x_n \in [n\,;n+1[$, unique, tel que :

$$x_n - \mathrm{Ent}\,(x_n) = \mathrm{e}^{-x_n}.$$

b) Montrer successivement : $x_n = n + \underset{n\infty}{o}(1), \qquad x_n = n + \mathrm{e}^{-n} + \underset{n\infty}{o}(\mathrm{e}^{-n}).$

13.20 Équivalent d'une intégrale dépendant d'un paramètre entier

On note, pour tout $n \in \mathbb{N}^*$: $I_n = \displaystyle\int_0^1 (1+x^2)^{1/n}\,\mathrm{d}x.$

a) Trouver $\ell = \lim\limits_{n\infty} I_n$.

b) *1)* Établir : $\forall u \in [0\,;\,1],\ \left|\mathrm{e}^{u} - (1+u)\right| \leqslant 2u^2.$

2) En déduire un équivalent simple de $I_n - \ell$, lorsque l'entier n tend vers l'infini.

On ne cherchera pas à calculer l'intégrale $\displaystyle\int_0^1 \ln(1+x^2)\,\mathrm{d}x$ qui apparaîtra.

13.21 Exemple de développement limité d'une fonction réciproque

On note $f : \mathbb{R} \longrightarrow \mathbb{R},\ x \longmapsto \dfrac{\mathrm{e}^{x} - 1 + x}{2}.$

a) Montrer que f est bijective et que f^{-1} est de classe C^3 sur $\mathbb{R}$.

b) Former le $DL_3(0)$ de f^{-1}.

13.22 Exemple de développement asymptotique d'une sommation

Déterminer $(a,b,c) \in \mathbb{R}^3$ de façon que : $\displaystyle\sum_{k=1}^{n}\Big(\sqrt{1+\frac{k}{n^2}} - 1\Big) = a + \frac{b}{n} + \frac{c}{n^2} + \underset{n\infty}{o}\Big(\frac{1}{n^2}\Big).$

13.23 Étude de dérivabilité pour $\sqrt{f}$

Soit $f : \mathbb{R} \longrightarrow \mathbb{R}$ de classe C^2, à valeurs $\geqslant 0$. On note : $g : \mathbb{R} \longrightarrow \mathbb{R},\ x \longmapsto \sqrt{f(x)}.$

Soit $a \in \mathbb{R}$ tel que $f(a) = 0$. Montrer que g est dérivable en a si et seulement si : $f''(a) = 0$.

13.24 Étude asymptotique d'une suite définie indirectement

On note, pour tout $n \in \mathbb{N}$ tel que $n \geqslant 2$: $P_n = \mathrm{X}^n - \mathrm{X} - 1.$

a) Montrer que, pour tout $n \in \mathbb{N}$ tel que $n \geqslant 2$, P_n admet, dans $[1\,;+\infty[$, un zéro et un seul, noté x_n.

b) Trouver $\lim\limits_{n\infty} x_n$.

c) Déterminer $(a,b,c) \in \mathbb{R}^3$ de façon que : $x_n = a + \dfrac{b}{n} + \dfrac{c}{n^2} + \underset{n\infty}{o}\Big(\dfrac{1}{n^2}\Big).$

13.25 Exemple de développement asymptotique d'une fonction réciproque

Soit $(a,b) \in \mathbb{R}^2$ tel que $a < b$. On note : $f :]a\,;b[\longrightarrow \mathbb{R},\ x \longmapsto \dfrac{1}{x-a} + \dfrac{1}{x-b}.$

a) Montrer que f est bijective.

b) Déterminer $(\alpha,\beta,\gamma) \in \mathbb{R}^3$ de façon que : $f^{-1}(y) = \alpha + \dfrac{\beta}{y} + \dfrac{\gamma}{y^2} + \underset{y \longrightarrow +\infty}{o}\Big(\dfrac{1}{y^2}\Big).$

13.26 Étude du θ de la formule de Taylor-Lagrange à l'ordre 1

Soient $a \in]0\,;+\infty[$, $f : [0\,;a[\longrightarrow \mathbb{R}$ de classe C^3 telle que : $\forall x \in]0\,;+\infty[,\ f^{(3)}(x) > 0$.

a) Montrer : $\forall x \in]0\,;a[,\ \exists\,!\theta(x) \in]0\,;1[,\ f(x) = f(0) + xf'(0) + \dfrac{x^2}{2}f''(\theta(x)x)$.

Ceci permet de définir une application $\theta :]0\,;1[\longrightarrow \mathbb{R},\ x \longmapsto \theta(x)$.

b) Trouver $\lim\limits_{x \longrightarrow 0} \theta(x)$.

13.27 Équivalent d'un minimum dépendant d'un paramètre entier

On note, pour tout $n \in \mathbb{N}^*$: $f_n : \mathbb{R} \longrightarrow \mathbb{R},\ x \longmapsto \dfrac{1}{4}x^4 + x^2 - nx$.

a) Montrer que, pour tout $n \in \mathbb{N}^*$, f_n admet un minimum et un seul, noté μ_n, atteint en un point et un seul, noté x_n.

b) Trouver des équivalents simples de x_n et de μ_n lorsque l'entier n tend vers l'infini.

13.28 Développement asymptotique d'une fonction réciproque

On note $f : \mathbb{R} \longrightarrow \mathbb{R},\ x \longmapsto f(x) = x + \ln(1 + x^2)$.

a) *1)* Étudier f et tracer sa courbe représentative C. Préciser les points d'inflexion.

2) Montrer que f est bijective.

3) La courbe C est-elle symétrique par rapport à la deuxième bissectrice du repère ?

b) Établir les développements asymptotiques suivants de f et f^{-1} :

$$f(x) = x + 2\ln x + \underset{x \longrightarrow +\infty}{o}(1), \qquad f^{-1}(y) = y - 2\ln y + \underset{y \longrightarrow +\infty}{o}(1).$$

13.29 Exemple de détermination d'un équivalent simple du terme général d'une suite récurrente du type $u_{n+1} = f(u_n)$

On considère la suite $(u_n)_{n\in\mathbb{N}}$ définie par $u_0 \in]0\,;\pi/2]$ et : $\forall n \in \mathbb{N},\ u_{n+1} = \sin(u_n)$.

a) Montrer : $u_n \underset{n\infty}{\longrightarrow} 0$.

b) On note, pour tout $n \in \mathbb{N}$: $U_n = \dfrac{1}{u_n^2}$.

1) Montrer : $U_{n+1} - U_n \underset{n\infty}{\longrightarrow} \dfrac{1}{3}$.

2) En utilisant l'exercice 8.31, démontrer : $\dfrac{U_n}{n} \underset{n\infty}{\longrightarrow} \dfrac{1}{3}$.

3) En déduire un équivalent simple de u_n lorsque l'entier n tend vers l'infini.

13.30 Limites de taux d'accroissement itérés

a) Soient $n, p \in \mathbb{N}$ tels que $p \leqslant n$. En considérant $(\mathrm{e}^x - 1)^n$, montrer :

$$\sum_{k=0}^{n} \binom{n}{k}(-1)^{n-k}\frac{k^p}{p!} = \begin{cases} 0 & \text{si } p \neq n \\ 1 & \text{si } p = n. \end{cases}$$

b) Soient I un intervalle de $\mathbb{R}$, $a \in I$, $n \in \mathbb{N}$, $f : I \longrightarrow \mathbb{R}$ de classe C^n.

Démontrer : $\dfrac{1}{h^n}\displaystyle\sum_{k=0}^{n}\binom{n}{k}(-1)^{n-k}f(a + kh) \underset{h \longrightarrow 0}{\longrightarrow} f^{(n)}(a)$.

Par exemple, si f est de classe C^2 : $\dfrac{f(a) - 2f(a + h) + f(a + 2h)}{h^2} \underset{h \longrightarrow 0}{\longrightarrow} f''(a)$.

Du mal à démarrer ?

13.1 Il s'agit de formes indéterminées du type $\frac{0}{0}$.

a) Factoriser les dénominateurs, simplifier l'expression, puis passer à la limite.

b) Utiliser une expression conjuguée.

c) Par le changement de variable $h = x - 1$, se ramener à une étude au voisinage de 0, et utiliser l'équivalent classique $\sin u \underset{u \longrightarrow 0}{\sim} u$.

13.2 *a)* Effectuer un produit de $DL_3(0)$.

b) Écrire l'expression sous la forme $(1 - x)(1 - x^2)^{-1/2}$, puis faire un produit de $DL_4(0)$.

c) Faire intervenir sin et cos et utiliser le $DL(0)$ de $u \longmapsto \frac{1}{1-u}$.

13.3 Puisque $f(x)$ est présenté avec $\frac{1}{x^3}$ en facteur, faire un $DL_3(0)$ de l'autre facteur. Séparer en cas selon la nullité ou la non-nullité des coefficients successifs du développement obtenu pour f.

13.4 Appliquer le théorème de Taylor-Young pour transformer $f(a + h)$ et $f(a - h)$.

13.5 Écrire $f(x)$ sous forme d'une exponentielle et utiliser des développements limités.

13.6 Écrire f sous forme d'une exponentielle et utiliser le $DL_1(0)$ de f.

13.7 *1)* Montrer que, pour tout $n \in \mathbb{N}$, f admet le $DL(0)$:

$$f(x) = \underset{x \longrightarrow 0}{o}(x^n).$$

2) Montrer que f' n'a pas de limite en 0.

13.8 Montrer l'existence d'un polynôme P_n de $\mathbb{R}_n[X]$ tel que :

$$\sqrt{1+x} = P_n(x) + \underset{x \longrightarrow 0}{o}(x^n),$$

puis élever au carré.

13.9 Remarquer que $\sum_{k=1}^{10} \frac{(-1)^{k+1}}{k} x^k$ est la partie régulière du $DL_{10}(0)$ de $x \longmapsto \ln(1+x)$. Former alors le $DL_{12}(0)$ de $x \longmapsto \ln(1+x)$, et reporter dans $f(x)$.

13.10 *a)* • Montrer, en utilisant la formule de Taylor-Young :

$$\frac{g(x)}{(x-a)g'(a)} \underset{x \longrightarrow a,\ x \neq a}{\longrightarrow} 1,$$

puis déduire que, au voisinage de a, g ne s'annule en aucun point sauf a.

• Utiliser $\frac{f(x)}{g(x)} \underset{x \longrightarrow a}{\longrightarrow} 1$.

b) Appliquer la formule de Taylor-Young à l'ordre 2 à f et g en a.

13.11 *a)* Mettre $f(x)$ sous forme d'exponentielle et composer les DL.

b) Mettre $f(x)$ sous forme exponentielle. Former le $DL_4(0)$ de $x \longmapsto \ln\left(1 + (\ln(1+x))^2\right)$ et le $DL_4(0)$ de $x \longmapsto x^2 \frac{2}{\sin^2 x}$, puis faire un produit de $DL(0)$, puis une composition de $DL_2(0)$.

c) Réduire au même dénominateur, puis se ramener à un quotient de DL.

d) Faire le changement de variable $h = x - \frac{\pi}{6} \underset{x \longrightarrow \pi/6}{\longrightarrow} 0$.

Utiliser le $DL_2(0)$ de tan obtenu dans l'exercice 13.2 *c)*.

13.12 *a)* Mettre x en facteur.

b) Réduire au même dénominateur, puis chercher un équivalent du numérateur et un équivalent du dénominateur.

c), d), e) Mettre sous forme exponentielle-logarithme.

13.13 Montrer d'abord que P est nécessairement de degré 2 et de coefficient dominant égal à 1. Écrire alors P sous la forme $P = X^2 + aX + b$, $(a, b) \in \mathbb{R}^2$. Former un développement de $f(x)$ en mettant x^2 en facteur.

13.14 Appliquer à τ_a le théorème limite de la dérivée.

13.15 *1) Étude en 0 :*

Former le $DL_6(0)$ de f, et, en utilisant le théorème de Taylor-Young et l'unicité du $DL_6(0)$ de f, déduire la valeur de $f^{(6)}(0)$.

2) Étude en 1 :

Même méthode que ci-dessus, mais après avoir effectué le changement de variable $h = x - 1$, pour se ramener au voisinage de 0.

13.16 *a)* Appliquer le théorème de la bijection monotone.

b) Noter $y = f(x)$, $x = f^{-1}(y)$, et obtenir $x \underset{y \longrightarrow +\infty}{\sim} \frac{1}{3} \ln y$.

13.17 Utiliser le $DL_2(0)$ de $t \longmapsto \frac{\sin t}{t}$.

13.18 *a)* Utiliser une bonne majoration.

b) Obtenir $u_{n+1} \underset{n\infty}{\sim} \frac{1}{n+1}$, puis $u_n \underset{n\infty}{\sim} \frac{1}{n}$.

c) Considérer $v_n = u_n - \frac{1}{n}$ et étudier v_{n+1}.

13.19 *a)* Considérer l'application

$$f : [0\,;+\infty[\longrightarrow \mathbb{R},\quad x \longmapsto x - \mathrm{Ent}(x) - \mathrm{e}^{-x}.$$

Pour tout $n \in \mathbb{N}$, appliquer le théorème de la bijection monotone à f sur $[n\,; n+1[$.

b) 1) Utiliser $x_n \geqslant n$. *2)* Étudier $x_n - n$.

13.20 *a)* Encadrer convenablement I_n.

b) 1) Étudier les variations des applications $f, g : [0\,;1] \longrightarrow \mathbb{R}$ définies, pour tout $u \in [0\,;1]$, par :

$$f(u) = \mathrm{e}^u - (1+u) - 2u^2,\qquad g(u) = \mathrm{e}^u - (1+u) + 2u^2.$$

2) Former $I_n - \displaystyle\int_0^1 \Big(1 + \frac{1}{n}\ln(1+x^2)\Big)\,\mathrm{d}x$.

13.21 *a) 1)* Appliquer le théorème de la bijection monotone.

2) Exprimer $(f^{-1})'$ à l'aide d'une formule du cours.

b) D'après le théorème de Taylor-Young, f^{-1} admet un $DL_3(0)$: $f^{-1}(y) = ay + by^2 + cy^3 + \underset{y \to 0}{o}(y^3)$,

où $(a, b, c) \in \mathbb{R}^3$ est à calculer.

Reporter dans $x = f^{-1}(f(x))$ et utiliser l'unicité du $DL_3(0)$ de $x \longmapsto x$.

13.22 Écrire le $DL_4(0)$ de $x \longmapsto \sqrt{1+x}$.

En déduire un polynôme explicite P de degré 3 tel qu'il existe $\alpha > 0$ et $M \geqslant 0$ tels que : $\forall x \in [0\,;\alpha],\ \big|\sqrt{1+x} - P(x)\big| \leqslant Mx^4$.

Remplacer x par $\dfrac{k}{n}$, puis sommer pour k allant de 1 à n.

13.23 • Montrer d'abord : $f'(a) = 0$.

Appliquer la formule de Taylor-Young à f en a, et montrer : $f''(a) \geqslant 0$.

• Étudier $\dfrac{g(x) - g(a)}{x - a}$ et en déduire que g est dérivable en a si et seulement si $f''(a) = 0$.

13.24 *a)* Pour $n \in \mathbb{N}$ fixé tel que $n \geqslant 2$, étudier les variations de

$$P_n : [1\,;+\infty[\longrightarrow \mathbb{R},\quad x \longmapsto x^n - x - 1.$$

b) Obtenir un encadrement convenable de x_n, à partir de $x_n^n - x_n - 1 = 0$ et de $x_n \geqslant 1$.

c) • Noter $a = 1$ et $y_n = x_n - 1$. À partir de $x_n = (x_n+1)^{1/n}$, obtenir un réel b tel que $x_n = 1 + \dfrac{b}{n} + o\Big(\dfrac{1}{n}\Big)$.

• Noter $z_n = x_n - 1 - \dfrac{b}{n}$ et réinjecter.

13.25 *a)* Appliquer le théorème de la bijection monotone.

b) Noter $x = f^{-1}(y)$ et obtenir successivement $x \underset{y \to +\infty}{\longrightarrow} a$, $x - a \underset{y \to +\infty}{\sim} \dfrac{1}{y}$.

• Noter $z = x - a - \dfrac{1}{y}$ et obtenir un équivalent simple de z, en fonction de y, lorsque $y \longrightarrow +\infty$.

13.26 *a)* Soit $x \in]0\,; a[$ fixé.

1) Existence de $\theta(x)$:

Appliquer la formule de Taylor-Lagrange à f sur $[0\,; x]$.

2) Unicité de $\theta(x)$:

Remarquer que f'' est strictement croissante.

b) Appliquer la formule de Taylor-Young à f et à f'', et déduire un résultat sur $\theta(x)$.

13.27 *a)* Étudier, pour $n \in \mathbb{N}^*$ fixé, les variations de

$$f_n : \mathbb{R} \longrightarrow \mathbb{R},\quad x \longmapsto \frac{1}{4}x^4 + x^2 - nx.$$

b) 1) • Obtenir : $\forall n \in \mathbb{N}^*,\ x_n^3 + 2x_n = n$

et déduire successivement :

$$x_n \geqslant 1,\quad x_n \geqslant \Big(\frac{n}{3}\Big)^{1/3},\quad x_n \underset{n\infty}{\longrightarrow} +\infty,\quad x_n \underset{n\infty}{\sim} n^{1/3}.$$

2) Exprimer μ_n en fonction de x_n.

13.28 *a) 2)* Appliquer le théorème de la bijection monotone.

3) Examiner les deux points d'inflexion de C.

b) 1) Pour l'étude de $f(x)$ lorsque $x \longrightarrow +\infty$, mettre x^2 en facteur à l'intérieur du logarithme.

2) Pour l'étude de $f^{-1}(y)$ lorsque $y \longrightarrow +\infty$, noter $x = f^{-1}(y)$, examiner $\dfrac{y}{x}$, puis $x - y$.

13.29 *a) 1)* Former un développement de u_{n+1}^2 en fonction de u_n, puis un développement de U_{n+1} en fonction de U_n.

Obtenir : $U_{n+1} - U_n = \dfrac{1}{3} + \underset{n\infty}{o}(1)$.

2) Utiliser le lemme de l'escalier, exercice 8.31.

3) Déduire $U_n \underset{n\infty}{\sim} \dfrac{n}{3}$, puis $u_n \underset{n\infty}{\sim} \sqrt{\dfrac{n}{3}}$.

13.30 *a)* Former le $DL_n(0)$ de $x \longmapsto (\mathrm{e}^x - 1)^n$ de deux façons, puis identifier les coefficients.

b) Appliquer la formule de Taylor-Young et le résultat de *a)*.

Corrigés des exercices

13.1 *a)* On a :

$$\frac{2x-1}{x^2-3x+2} - \frac{x+7}{x^2-x-2} = \frac{2x-1}{(x-1)(x-2)} - \frac{x+7}{(x+1)(x-2)}$$

$$= \frac{1}{x-2}\Big(\frac{2x-1}{x-1} - \frac{x+7}{x+1}\Big) = \frac{1}{x-2}\,\frac{x^2-5x+6}{(x-1)(x+1)}$$

$$= \frac{x-3}{(x-1)(x+1)} \underset{x\longrightarrow 2}{\longrightarrow} -\frac{1}{3}.$$

b) Utilisons une expression conjuguée :

$$\frac{\sqrt{2x+3}-\sqrt{3x}}{x^2-3x} = \frac{(2x+3)-(3x)}{(x^2-3x)(\sqrt{2x+3}+\sqrt{3x})}$$

$$= -\frac{1}{x(\sqrt{2x+3}+\sqrt{3x})} \underset{x\longrightarrow 3}{\longrightarrow} -\frac{1}{3(\sqrt{9}+\sqrt{9})} = -\frac{1}{18}.$$

c) Par le changement de variable $h = x-1$, $x = 1+h$:

$$\frac{\sin(5\pi x)}{\sin(4\pi x)} = \frac{\sin(5\pi(1+h))}{\sin(4\pi(1+h))}$$

$$= \frac{-\sin(5\pi h)}{\sin(4\pi h)} \underset{h\longrightarrow 0}{\sim} \frac{-5\pi h}{4\pi h} = -\frac{5}{4},$$

donc : $\dfrac{\sin(5\pi x)}{\sin(4\pi x)} \underset{x\longrightarrow 1}{\longrightarrow} -\dfrac{5}{4}.$

13.2 *a)* On effectue un produit de $DL_3(0)$:

$$e^x\sin x = \Big[1+x+\frac{x^2}{2}+\frac{x^3}{6}+o(x^3)\Big]\Big[x-\frac{x^3}{6}+o(x^3)\Big]$$

$$= x+x^2+\Big(\frac{1}{2}-\frac{1}{6}\Big)x^3+o(x^3) = x+x^2+\frac{1}{3}x^3+o(x^3).$$

b) On transforme l'écriture de l'expression :

$$\sqrt{\frac{1-x}{1+x}} = \frac{1-x}{\sqrt{1-x^2}} = (1-x)(1-x^2)^{-1/2}$$

$$= (1-x)\Big[1+\Big(-\frac{1}{2}\Big)(-x^2)+\frac{(-\frac{1}{2})(-\frac{3}{2})}{2!}(-x^2)^2+\underset{x\longrightarrow 0}{o}(x^4)\Big]$$

$$= (1-x)\Big(1+\frac{1}{2}x^2+\frac{3}{8}x^4+o(x^4)\Big)$$

$$= 1-x+\frac{1}{2}x^2-\frac{1}{2}x^3+\frac{3}{8}x^4+o(x^4).$$

c) On fait intervenir $\sin x$ et $\cos x$:

$$\tan x = \frac{\sin x}{\cos x} = \frac{x-\frac{x^3}{6}+\underset{x\longrightarrow 0}{o}(x^3)}{1-\frac{x^2}{2}+o(x^3)}$$

$$= \Big[x-\frac{x^3}{6}+o(x^3)\Big]\Big[1+\frac{x^2}{2}+o(x^3)\Big] = x+\frac{x^3}{3}+o(x^3).$$

13.3 Puisque $f(x)$ est présenté avec $\dfrac{1}{x^3}$ en facteur, formons un $DL_3(0)$ de l'autre facteur :

$$f(x) = \frac{1}{x^3}\big(\ln(1+x)+a(e^x-1)+b\sin x\big)$$

$$= \frac{1}{x^3}\Big[\Big(x-\frac{x^2}{2}+\frac{x^3}{3}\Big)+a\Big(x+\frac{x^2}{2}+\frac{x^3}{6}\Big)+b\Big(x-\frac{x^3}{6}\Big)+o(x^3)\Big]$$

$$= \frac{1}{x^3}\Big[(1+a+b)x+\Big(-\frac{1}{2}+\frac{a}{2}\Big)x^2+\Big(\frac{1}{3}+\frac{a}{6}-\frac{b}{6}\Big)x^3+o(x^3)\Big]$$

$$= (1+a+b)\frac{1}{x^2}+\frac{a-1}{2}\,\frac{1}{x}+\Big(\frac{1}{3}+\frac{a}{6}-\frac{b}{6}\Big)+o(1).$$

Si $1+a+b \neq 0$, alors $f(x) \underset{x\longrightarrow 0}{\sim} (1+a+b)\dfrac{1}{x^2}$, donc $f(x) \underset{x\longrightarrow 0}{\longrightarrow} \pm\infty$.

Si $1+a+b=0$ et $-\dfrac{1}{2}+\dfrac{a}{2}\neq 0$, alors $f(x) \underset{x\longrightarrow 0}{\sim} \dfrac{a-1}{2}\,\dfrac{1}{x}$, donc $f(x) \underset{x\longrightarrow 0}{\longrightarrow} \pm\infty$.

Si $1+a+b=0$ et $\dfrac{a-1}{2}=0$, alors : $f(x) \underset{x\longrightarrow 0}{\longrightarrow} \dfrac{1}{3}+\dfrac{a}{6}-\dfrac{b}{6}$.

Ceci montre que f a une limite finie en 0 si et seulement si (a,b) satisfait : $1+a+b=0$ et $\dfrac{a-1}{2}=0$.

Il est clair que ceci équivaut à : $a=1$ et $b=-2$.

Dans ce cas : $f(x) \underset{x\longrightarrow 0}{\longrightarrow} \dfrac{1}{3}+\dfrac{1}{6}+\dfrac{2}{6}=\dfrac{5}{6}$.

Finalement, f admet une limite finie en 0 si et seulement si $a=1$ et $b=-2$, et, dans ce cas, cette limite est $\dfrac{5}{6}$.

13.4 Puisque f est de classe C^2 sur I, on a, en appliquant le théorème de Taylor-Young :

$$\frac{1}{h^2}\big(f(a+h)-2f(a)+f(a-h)\big)$$

$$= \frac{1}{h^2}\Big[\Big(f(a)+hf'(a)+\frac{h^2}{2}f''(a)+\underset{h\longrightarrow 0}{o}(h^2)\Big)$$

$$-2f(a)+\Big(f(a)-hf'(a)+\frac{h^2}{2}f''(a)+o(h^2)\Big)\Big]$$

$$= \frac{1}{h^2}\big(h^2f''(a)+o(h^2)\big) = f''(a)+o(1) \underset{h\longrightarrow 0}{\longrightarrow} f''(a).$$

On conclut : $\displaystyle\lim_{h\longrightarrow 0}\frac{f(a+h)-2f(a)+f(a-h)}{h^2} = f''(a).$

13.5 On a :

$$f(x) = \left(1+\frac{1}{x}\right)^{x^3} \mathrm{e}^{-x^2+ax} = \exp\left[x^3 \ln\left(1+\frac{1}{x}\right) - x^2 + ax\right]$$
$$= \exp\left[x^3\left(\frac{1}{x} - \frac{1}{2x^2} + \frac{1}{3x^3} + \underset{x \longrightarrow +\infty}{o}\left(\frac{1}{x^3}\right)\right) - x^2 + ax\right]$$
$$= \exp\left[\left(a - \frac{1}{2}\right)x + \frac{1}{3} + o(1)\right].$$

Si $a < \dfrac{1}{2}$, alors $f(x) \underset{x \longrightarrow +\infty}{\longrightarrow} 0$.

Si $a = \dfrac{1}{2}$, alors : $f(x) \underset{x \longrightarrow +\infty}{\longrightarrow} \mathrm{e}^{1/3}$.

Si $a > \dfrac{1}{2}$, alors $f(x) \underset{x \longrightarrow +\infty}{\longrightarrow} +\infty$.

On conclut que $f(x)$ admet une limite finie non nulle lorsque $x \longrightarrow +\infty$ si et seulement si $a = \dfrac{1}{2}$ et que cette limite est alors égale à $\mathrm{e}^{1/3}$.

13.6 Puisque f est dérivable en a, on a le $DL_1(0)$ suivant :

$$f(a+h) = f(a) + hf'(a) + \underset{h \longrightarrow 0}{o}(h).$$

D'où :

$$\left(\frac{f(a+h)}{f(a)}\right)^{1/h} = \exp\left[\frac{1}{h} \ln \frac{f(a+h)}{f(a)}\right]$$
$$= \exp\left[\frac{1}{h} \ln\left(1 + \frac{f'(a)}{f(a)}h + o(h)\right)\right] = \exp\left[\frac{1}{h}\left(\frac{f'(a)}{f(a)}h + o(h)\right)\right]$$
$$= \exp\left(\frac{f'(a)}{f(a)} + o(1)\right) \underset{h \longrightarrow 0}{\longrightarrow} \exp\left(\frac{f'(a)}{f(a)}\right).$$

13.7 *1)* On a : $\forall x \subset \mathbb{R}^*,\ |f(x)| - \left|\mathrm{e}^{-\frac{1}{x^2}} \sin(\mathrm{e}^{\frac{1}{x^2}})\right| \leqslant \mathrm{e}^{-\frac{1}{x^2}}$.

Pour tout $n \in \mathbb{N}$, comme $x^n \mathrm{e}^{-\frac{1}{x^2}} \underset{x \longrightarrow 0}{\longrightarrow} 0$, il s'ensuit :

$$f(x) = \underset{x \longrightarrow 0}{o}(x^n).$$

ainsi, f admet un $DL_n(0)$, pour tout $n \in \mathbb{N}$, de partie régulière nulle.

2) Par opérations, f est dérivable en tout point de $\mathbb{R}^*$ et, pour tout $x \in \mathbb{R}^*$: $\quad f'(x) = \dfrac{2}{x^3} \mathrm{e}^{-\frac{1}{x^2}} \sin(\mathrm{e}^{\frac{1}{x^2}}) - \dfrac{2}{x^3} \cos(\mathrm{e}^{\frac{1}{x^2}})$.

D'une part, par prépondérance classique et puisque le sinus est borné sur les réels : $\dfrac{2}{x^3} \mathrm{e}^{-\frac{1}{x^2}} \sin(\mathrm{e}^{\frac{1}{x^2}}) \underset{x \longrightarrow 0}{\longrightarrow} 0$.

D'autre part, $\dfrac{2}{x^3} \cos(\mathrm{e}^{\frac{1}{x^2}})$ n'a pas de limite lorsque $x \longrightarrow 0^+$, car, par exemple : en remplaçant x par $\dfrac{1}{\sqrt{\ln(2n\pi)}}$ (pour $n \in \mathbb{N}^*$), on a :

$$\frac{2}{x^3} \cos(\mathrm{e}^{\frac{1}{x^2}}) = 2(\ln(2n\pi))^{3/2} \underset{n\infty}{\longrightarrow} +\infty.$$

Il en résulte que f' n'a pas de limite en 0, donc f n'est pas de classe C^1 sur $\mathbb{R}$.

13.8 Soit $n \in \mathbb{N}^*$. Par $DL_n(0)$ de $x \longmapsto \sqrt{1+x}$, il existe $P_n \in \mathbb{R}_n[\mathrm{X}]$ tel que :

$$\sqrt{1+x} = (1+x)^{1/2} = P_n(x) + \underset{x \longrightarrow 0}{o}(x^n).$$

D'où, en élevant au carré :

$$1 + x = (P_n(x) + o(x^n))^2 = (P_n(x))^2 + o(x^n),$$

donc : $\qquad 1 + x - (P_n(x))^2 = o(x^n)$.

Comme $1 + \mathrm{X} - (P_n(\mathrm{X}))^2 \in \mathbb{R}[\mathrm{X}]$ et que ce polynôme est négligeable devant x^n lorsque x tend vers 0, il existe $Q_n \in \mathbb{R}[\mathrm{X}]$ tel que : $\quad 1 + \mathrm{X} - (P_n(\mathrm{X}))^2 = \mathrm{X}^{n+1} Q_n(\mathrm{X})$.

On obtient : $\qquad \mathrm{X}^{n+1} \mid 1 + \mathrm{X} - (P_n(\mathrm{X}))^2$.

13.9 On reconnaît en $\displaystyle\sum_{k=1}^{10} \frac{(-1)^{k+1}}{k} x^k$ la partie régulière du $DL_{10}(0)$ de $x \longmapsto \ln(1+x)$.

Formons le $DL_{12}(0)$ de $x \longmapsto \ln(1+x)$:

$$\ln(1+x) = \sum_{k=1}^{12} \frac{(-1)^{k+1}}{k} x^k$$
$$= \left(\sum_{k=1}^{10} \frac{(-1)^{k+1}}{k} x^k\right) + \frac{x^{11}}{11} - \frac{x^{12}}{12} + \underset{x \longrightarrow 0}{o}(x^{12}).$$

D'où :

$$f(x) = \exp\left(\sum_{k=1}^{10} \frac{(-1)^{k+1}}{k} x^k\right)$$
$$= \exp\left(\ln(1+x) - \frac{x^{11}}{11} + \frac{x^{12}}{12} + o(x^{12})\right)$$
$$= (1+x)\exp\left(-\frac{x^{11}}{11} + \frac{x^{12}}{12} + o(x^{12})\right)$$
$$= (1+x)\left(1 - \frac{x^{11}}{11} + \frac{x^{12}}{12} + o(x^{12})\right)$$
$$= 1 + x - \frac{x^{11}}{11} - \frac{x^{12}}{132} + o(x^{12}).$$

13.10 *a)* • Puisque g est de classe C^1 sur I, d'après la formule de Taylor-Young :

$$g(x) = g(a) + (x-a)g'(a) + \underset{x \longrightarrow a}{o}(x-a),$$

donc, comme $g(a) = 0$ et $g'(a) \neq 0$:

$$\frac{g(x)}{(x-a)g'(a)} \underset{x \longrightarrow a,\ x \neq a}{\longrightarrow} 1.$$

En particulier, il existe $\eta > 0$ tel que :

$$\forall x \in]a-\eta\,;\, a+\eta[\cap I, \quad \frac{g(x)}{(x-a)g'(a)} \geqslant \frac{1}{2},$$

donc : $\forall x \in]a-\eta\,;\,a+\eta[\,\cap I - \{a\},\ g(x) \neq 0.$

Ainsi, au voisinage de a, g ne s'annule en aucun point sauf a.

• Puisque $f(x) \underset{x \longrightarrow a}{\sim} g(x)$, il existe $\alpha > 0$ tel que :

$$\forall x \in]a-\alpha\,;\,a+\alpha[\,\cap I - \{a\},\quad \frac{f(x)}{g(x)} \geqslant \frac{1}{2},$$

et donc : $\forall x \in]a-\alpha\,;\,a+\alpha[\,\cap I - \{a\},\ f(x) \neq 0.$

Ainsi, au voisinage de a, f ne s'annule en aucun point sauf a.

• On a : $\dfrac{f(x)}{g(x)} \underset{x \longrightarrow a}{\sim} \dfrac{(x-a)f'(a)}{(x-a)g'(a)} = \dfrac{f'(a)}{g'(a)}.$

Comme $f(x) \underset{x \longrightarrow a}{\sim} g(x)$, il s'ensuit : $\dfrac{f'(a)}{g'(a)} = 1,$

donc : $f'(a) = g'(a)$.

b) Puisque f et g sont de classe C^2 sur I, on a, en utilisant la formule de Taylor-Young, pour x au voisinage de a :

$$f(x) = f(a) + (x-a)f'(a) + \frac{1}{2}(x-a)^2 f''(a) + o((x-a)^2),$$

$$g(x) = g(a) + (x-a)g'(a) + \frac{1}{2}(x-a)^2 g''(a) + o((x-a)^2),$$

d'où, en reportant et en effectuant les calculs :

$$\begin{aligned}\frac{1}{f(x)} - \frac{1}{g(x)} &= \frac{g(x)-f(x)}{f(x)g(x)}\\ &= \frac{\frac{1}{2}(x-a)^2(g''(a)-f''(a)) + o((x-a)^2)}{(x-a)^2 f'(a)g'(a) + o((x-a)^2)}\\ &= \frac{\frac{1}{2}(g''(a)-f''(a)) + o(1)}{f'(a)g'(a) + o(1)}\\ &\underset{x \longrightarrow a}{\longrightarrow} \frac{\frac{1}{2}(g''(a)-f''(a))}{f'(a)g'(a)} = \frac{g''(a)-f''(a)}{2(g'(a)^2)}.\end{aligned}$$

13.11 *a)* On a :

$$\begin{aligned}(1+x)^{\frac{1}{x}} &= \exp\Big(\frac{1}{x}\ln(1+x)\Big)\\ &= \exp\Big[\frac{1}{x}\Big(x - \frac{x^2}{2} + \frac{x^3}{3} - \frac{x^4}{4} + o(x^4)\Big)\Big]\\ &= \exp\Big[1 - \frac{x}{2} + \frac{x^2}{3} - \frac{x^3}{4} + o(x^3)\Big]\\ &= e^1\Big[1 + \Big(-\frac{x}{2} + \frac{x^2}{3} - \frac{x^3}{4}\Big) + \frac{1}{2}\Big(-\frac{x}{2} + \frac{x^2}{3} - \frac{x^3}{4}\Big)^2\\ &\qquad + \frac{1}{6}\Big(-\frac{x}{2} + \frac{x^2}{3} - \frac{x^3}{4}\Big)^3 + o(x^3)\Big]\\ &= e^1\Big[1 + \Big(-\frac{x}{2} + \frac{x^2}{3} - \frac{x^3}{4}\Big) + \frac{1}{2}\Big(\frac{x^2}{4} - \frac{x^3}{3}\Big) - \frac{1}{6}\frac{x^3}{8} + o(x^3)\Big]\\ &= e^1\Big[1 - \frac{1}{2}x + \frac{11}{24}x^2 - \frac{7}{16}x^3 + o(x^3)\Big].\end{aligned}$$

b) Mettons sous forme exponentielle-logarithme :

$$\begin{aligned}f(x) &= \big(1 + (\ln(1+x))^2\big)^{\frac{2}{\sin^2 x}}\\ &= \exp\Big[\frac{2}{\sin^2 x}\ln\big(1 + (\ln(1+x))^2\big)\Big].\end{aligned}$$

Pour obtenir un $DL_2(0)$ de $f(x)$, comme $\dfrac{2}{\sin^2 x} \underset{x \longrightarrow 0}{\sim} \dfrac{2}{x^2}$, nous allons former d'abord le $DL_4(0)$ de l'autre facteur :

$$\begin{aligned}\ln\big(1 + (\ln(1+x))^2\big) &= \ln\Big(1 + \Big[x - \frac{x^2}{2} + \frac{x^3}{3} - \frac{x^4}{4} + o(x^4)\Big]^2\Big)\\ &= \ln\Big(1 + x^2 - x^3 + \frac{11}{12}x^4 + o(x^4)\Big)\\ &= \Big(x^2 - x^3 + \frac{11}{12}x^4\Big) - \frac{1}{2}(x^2)^2 + o(x^4)\\ &= x^2 - x^3 + \frac{5}{12}x^4 + o(x^4).\end{aligned}$$

D'autre part :

$$\begin{aligned}\frac{2}{\sin^2 x} &= 2\Big(x - \frac{x^3}{6} + o(x^3)\Big)^{-2}\\ &= \frac{2}{x^2}\Big(1 - \frac{x^2}{6} + o(x^2)\Big)^{-2} = \frac{2}{x^2}\Big(1 + \frac{x^2}{3} + o(x^2)\Big).\end{aligned}$$

D'où :

$$\begin{aligned}f(x) &= \exp\Big[\frac{2}{x^2}\Big(1 + \frac{x^2}{3} + o(x^2)\Big)x^2\Big(1 - x + \frac{5}{12}x^2 + o(x^2)\Big)\Big]\\ &= \exp\Big[2\Big(1 - x + \frac{3}{4}x^2 + o(x^2)\Big)\Big]\\ &= \exp\Big(2 - 2x + \frac{3}{2}x^2 + o(x^2)\Big)\\ &= e^2\exp\Big(-2x + \frac{3}{2}x^2 + o(x^2)\Big)\\ &= e^2\Big[1 + \Big(-2x + \frac{3}{2}x^2\Big) + \frac{1}{2}(-2x)^2 + o(x^2)\Big]\\ &= e^2\Big(1 - 2x + \frac{7}{2}x^2 + o(x^2)\Big)\\ &= e^2 - 2e^2x + \frac{7e^2}{2}x^2 + o(x^2).\end{aligned}$$

c) Réduisons au même dénominateur :

$$f(x) = \frac{1}{x} - \frac{1}{e^x - 1} = \frac{e^x - 1 - x}{x(e^x - 1)}.$$

Comme $e^x - 1 - x \underset{x \longrightarrow 0}{\sim} \dfrac{x^2}{2}$ et $x(e^x - 1) \underset{x \longrightarrow 0}{\sim} x^2$ et que l'on veut un $DL_2(0)$ de $f(x)$, on va effectuer un $DL_4(0)$ des deux termes de la fraction.

D'une part : $e^x - 1 - x = \dfrac{x^2}{2} + \dfrac{x^3}{6} + \dfrac{x^4}{24} + o(x^4).$

D'autre part :

$$x(e^x - 1) = x\Big(x + \frac{x^2}{2} + \frac{x^3}{6} + o(x^3)\Big) = x^2 + \frac{x^3}{2} + \frac{x^4}{6} + o(x^4).$$

D'où :

$$f(x)=\frac{\frac{1}{2}+\frac{1}{6}x+\frac{1}{24}x^2+o(x^2)}{1+\frac{1}{2}x+\frac{1}{6}x^2+o(x^2)}$$

$$=\Big(\frac{1}{2}+\frac{1}{6}x+\frac{1}{24}x^2+o(x^2)\Big)\Big(1+\frac{1}{2}x+\frac{1}{6}x^2+o(x^2)\Big)^{-1}$$

$$=\Big(\frac{1}{2}+\frac{1}{6}x+\frac{1}{24}x^2+o(x^2)\Big)\Big[1-\Big(\frac{1}{2}x+\frac{1}{6}x^2\Big)+\frac{1}{4}x^2+o(x^2)\Big]$$

$$=\Big(\frac{1}{2}+\frac{1}{6}x+\frac{1}{24}x^2+o(x^2)\Big)\Big(1-\frac{1}{2}x+\frac{1}{12}x^2+o(x^2)\Big)$$

$$=\frac{1}{2}-\frac{1}{12}x+o(x^2).$$

d) Effectuons le changement de variable $h=x-\dfrac{\pi}{6}$.

On a alors :

$$\tan x=\tan\Big(\frac{\pi}{6}+h\Big)=\frac{\tan\frac{\pi}{6}+\tan h}{1-\tan\frac{\pi}{6}\tan h}=\frac{\frac{1}{\sqrt{3}}+h+o(h^2)}{1-\frac{1}{\sqrt{3}}(h+o(h^2))}$$

$$=\Big(\frac{1}{\sqrt{3}}+h+o(h^2)\Big)\Big(1+\frac{1}{\sqrt{3}}h+\frac{1}{3}h^2+o(h^2)\Big)$$

$$=\frac{1}{\sqrt{3}}+\frac{4}{3}h+\frac{4}{3\sqrt{3}}h^2+o(h^2).$$

13.12 *a)* On a, pour $x>0$:

$$\sqrt{x^2+x}-2\sqrt[3]{x^3+2x^2}+\sqrt[4]{x^4-x^3}$$

$$=x\Big(1+\frac{1}{x}\Big)^{1/2}-2x\Big(1+\frac{2}{x}\Big)^{1/3}+x\Big(1-\frac{1}{x}\Big)^{1/4}$$

$$=x\Big(\Big[1+\frac{1}{2x}+\underset{x\to+\infty}{o}\Big(\frac{1}{x}\Big)\Big]-2\Big[1+\frac{1}{3}\frac{2}{x}+o\Big(\frac{1}{x}\Big)\Big]+\Big[1+\frac{1}{4}\Big(-\frac{1}{x}\Big)+o\Big(\frac{1}{x}\Big)\Big]\Big)$$

$$=\Big(\frac{1}{2}-\frac{4}{3}-\frac{1}{4}\Big)+o(1)=-\frac{13}{12}+o(1)\underset{x\to+\infty}{\longrightarrow}-\frac{13}{12}.$$

b) On a, en réduisant au même dénominateur :

$$\frac{1}{\sin^2 x}-\frac{1}{x^2}=\frac{x^2-\sin^2 x}{x^2\sin^2 x}=\frac{(x-\sin x)(x+\sin x)}{x^2\sin^2 x}$$

$$=\frac{\Big(\frac{x^3}{6}+\underset{x\to 0}{o}(x^3)\Big)(2x+o(x))}{x^2(x+o(x))^2}\underset{x\to 0}{\sim}\frac{\frac{x^3}{6}2x}{x^4}=\frac{1}{3},$$

donc la limite cherchée est $\dfrac{1}{3}$.

c) Mettons sous forme exponentielle-logarithme :

$$\exp\big[x\ln(2^{1/x}+3^{1/x}-5^{1/x})\big]$$

$$=\exp\big[x\ln(\mathrm{e}^{\frac{1}{x}\ln 2}+\mathrm{e}^{\frac{1}{x}\ln 3}-\mathrm{e}^{\frac{1}{x}\ln 5})\big]$$

$$=\exp\Big[x\ln\Big(\Big[1+\frac{1}{x}\ln 2+o\Big(\frac{1}{x}\Big)\Big]+\Big[1+\frac{1}{x}\ln 3+o\Big(\frac{1}{x}\Big)\Big]-\Big[1+\frac{1}{x}\ln 5+o\Big(\frac{1}{x}\Big)\Big]\Big)\Big]$$

$$=\exp\Big[x\ln\Big(1+\Big(\ln\frac{6}{5}\Big)\frac{1}{x}+o\Big(\frac{1}{x}\Big)\Big)\Big]$$

$$=\exp\Big(\ln\frac{6}{5}+o(1)\Big)\underset{x\to+\infty}{\longrightarrow}\exp\Big(\ln\frac{6}{5}\Big)=\frac{6}{5}.$$

d) Mettons sous forme exponentielle-logarithme :

$$\Big(1+\frac{1}{x}\Big)^{x^2}\mathrm{e}^{-x}=\exp\Big[x^2\ln\Big(1+\frac{1}{x}\Big)-x\Big]$$

$$=\exp\Big[x^2\Big(\frac{1}{x}-\frac{1}{2x^2}+\underset{x\to+\infty}{o}\Big(\frac{1}{x^2}\Big)\Big)-x\Big]$$

$$=\exp\Big(-\frac{1}{2}+o(1)\Big)\underset{x\to+\infty}{\longrightarrow}\mathrm{e}^{-1/2}=\frac{1}{\sqrt{\mathrm{e}}}.$$

e) Mettons sous forme exponentielle-logarithme :

$$\Big(\frac{\sin x}{x}\Big)^{\frac{1}{x^2}}=\exp\Big(\frac{1}{x^2}\ln\frac{\sin x}{x}\Big)=\exp\Big(\frac{1}{x^2}\ln\frac{x-\frac{x^3}{6}+o(x^3)}{x}\Big)$$

$$=\exp\Big(\frac{1}{x^2}\ln\Big(1-\frac{x^2}{6}+o(x^2)\Big)\Big)=\exp\Big(\frac{1}{x^2}\Big(-\frac{x^2}{6}+o(x^2)\Big)\Big)$$

$$=\exp\Big(-\frac{1}{6}+o(1)\Big)\underset{x\to 0}{\longrightarrow}\mathrm{e}^{-1/6}.$$

13.13 Si f admet 2 pour limite en $+\infty$, alors $f(x)=2+\underset{x\to+\infty}{o}(1)$, donc :

$$P(x)=\sqrt{x(x-1)(x-2)(x-3)}-f(x)\underset{x\to+\infty}{\sim}x^2.$$

Il en résulte que P est nécessairement de degré 2 et de coefficients dominant égal à 1.

Il existe donc $(a,b)\in\mathbb{R}^2$ tel que : $P=\mathrm{X}^2+a\mathrm{X}+b$.

On a :

$$f(x)=\sqrt{x^4-6x^3+11x^2-6}-(x^2+ax+b)$$

$$=x^2\Big(1-\frac{6}{x}+\frac{11}{x^2}-\frac{6}{x^3}\Big)^{1/2}-(x^2+ax+b)$$

$$=x^2\Big[1+\frac{1}{2}\Big(-\frac{6}{x}+\frac{11}{x^2}\Big)+\frac{\frac{1}{2}\big(-\frac{1}{2}\big)}{2}\Big(-\frac{6}{x}\Big)^2+o\Big(\frac{1}{x^2}\Big)\Big]-(x^2+ax+b)$$

$$=x^2\Big[1-\frac{3}{x}+\frac{1}{x^2}+o\Big(\frac{1}{x^2}\Big)\Big]-(x^2+ax+b)$$

$$=-(a+3)x+(1-b)+o(1).$$

Si $a\neq -3$, alors $f(x)\underset{x\to+\infty}{\longrightarrow}\pm\infty$.

Si $a = -3$, alors $f(x) \underset{x \longrightarrow +\infty}{\longrightarrow} 1 - b$, donc :

$$f(x) \underset{x \longrightarrow +\infty}{\longrightarrow} 2 \iff 1 - b = 2 \iff b = -1.$$

Finalement, f admet 2 pour limite en $+\infty$ si et seulement si :

$$P = \mathrm{X}^2 - 3\mathrm{X} - 1.$$

13.14 • Puisque f est de classe C^2 sur I, par opérations, τ_a est de classe C^2, donc C^1, sur $I - \{a\}$.

• Puisque f est dérivable en a, on a :

$$\tau_a(x) = \frac{f(x) - f(a)}{x - a} \underset{x \longrightarrow a}{\longrightarrow} f'(a) = \tau_a(a),$$

donc τ_a est continue en a.

• On a, pour tout $x \in I - \{a\}$:

$$\tau'_a(x) = \frac{f'(x)(x-a) - (f(x) - f(a))}{(x-a)^2}.$$

Notons, pour la commodité, $h = x - a$.

On a, en appliquant la formule de Taylor-Young à f et à f' :

$$\tau'_a(a+h)$$

$$= \frac{(f'(a) + hf''(a) + o(h))h - (hf'(a) + \frac{h^2}{2}f''(a) + o(h^2))}{h^2}$$

$$= \frac{1}{2}f''(a) = o(1) \underset{h \longrightarrow 0}{\longrightarrow} \frac{1}{2}f''(a).$$

Ainsi, τ_a est continue sur I, de classe C^1 sur $I - \{a\}$, et τ'_a admet une limite finie en a. D'après le théorème limite de la dérivée, on conclut que τ_a est de classe C^1 sur I.

13.15 Le calcul des dérivées successives de f jusqu'à l'ordre 6 en tout point x serait trop laborieux. Nous allons appliquer la formule de Taylor-Young et en déduire les dérivées successives demandées.

1) Étude en 0 :

L'application $f : x \longmapsto \sqrt{1 - x^2 + x^3}$ est de classe C^∞ au voisinage de 0, puisque $1 - x^2 + x^3 \underset{x \longrightarrow 0}{\longrightarrow} 1 > 0$.

On a donc, par la formule de Taylor-Young :

$$f(x) = \sum_{k=0}^{6} \frac{f^{(k)}(0)}{k!} + \underset{x \longrightarrow 0}{o}(x^6).$$

Calculons d'autre part le $DL_6(0)$ de f, par composition :

$$\begin{aligned} f(x) &= \sqrt{1 - x^2 + x^3} = (1 - (x^2 - x^3))^{1/2} \\ &= 1 - \frac{1}{2}(x^2 - x^3) + \frac{\frac{1}{2}(-\frac{1}{2})}{2!}(x^2 - x^3)^2 \\ &\quad - \frac{\frac{1}{2}(-\frac{1}{2})(-\frac{3}{2})}{3!}(x^2 - x^3)^3 + o(x^6) \\ &= 1 - \frac{1}{2}(x^2 - x^3) - \frac{1}{8}(x^4 - 2x^5 + x^6) - \frac{1}{16}x^6 + o(x^6) \\ &= 1 - \frac{1}{2}x^2 + \frac{1}{2}x^3 - \frac{1}{8}x^4 + \frac{1}{4}x^5 - \frac{3}{16}x^6 + o(x^6). \end{aligned}$$

Par unicité du $DL_6(0)$ de f, on déduit : $\dfrac{f^{(6)}(0)}{6!} = -\dfrac{3}{16}$,

d'où : $$f^{(6)}(0) = 6!\,\frac{-3}{16} = -135.$$

2) Étude en 1 :

Effectuons le changement de variable $h = x - 1$ pour se ramener au voisinage de 0, puis appliquons la même méthode que ci-dessus. On a :

$$\begin{aligned} f(x) &= f(1+h) = \sqrt{1 - (1+h)^2 + (1+h)^3} \\ &= \sqrt{1 + h + 2h^2 + h^3} = (1 + \underbrace{(h + 2h^2 + h^3)}_{\longrightarrow 0})^{1/2} \\ &= 1 + \frac{1}{2}(h + 2h^2 + h^3) + \frac{\frac{1}{2}(-\frac{1}{2})}{2!}(h + 2h^2 + h^3)^2 \\ &\quad + \frac{\frac{1}{2}(-\frac{1}{2})(-\frac{3}{2})}{3!}(h + 2h^2 + h^3)^3 + o(h^3) \\ &= 1 + \frac{1}{2}(h + 2h^2 + h^3) - \frac{1}{8}(h^2 + 4h^3) + \frac{1}{16}h^3 + o(h^3) \\ &= 1 + \frac{1}{2}h + \frac{7}{8}h^2 + \frac{1}{16}h^3 + o(h^3). \end{aligned}$$

Par unicité du $DL_3(1)$ de f, on a : $\dfrac{f^{(3)}(1)}{3!} = \dfrac{1}{16}$,

d'où : $$f^{(3)}(1) = \frac{3!}{16} = \frac{3}{8}.$$

13.16 *a)* L'application

$$f : [0\,;+\infty[\longrightarrow [0\,;+\infty[, \quad x \longmapsto x^2\,\mathrm{e}^{3x}$$

est correctement définie, continue, strictement croissante, $f(0) = 0$ et $f(x) \underset{x \longrightarrow +\infty}{\longrightarrow} +\infty$. D'après le théorème de la bijection monotone, on conclut que f est bijective.

b) Notons $x = f^{-1}(y)$. On a :

$$y = f(x) = x^2\,\mathrm{e}^{3x} \implies \ln y = 2\ln x + 3x.$$

Comme $x \underset{y \longrightarrow +\infty}{\longrightarrow} +\infty$, par prépondérance classique :

$$2\ln x + 3x \underset{y \longrightarrow +\infty}{\sim} 3x,$$

puis : $$x \underset{y \longrightarrow +\infty}{\sim} \frac{1}{3}\ln y.$$

On conclut : $$f^{-1}(y) \underset{y \longrightarrow +\infty}{\sim} \frac{1}{3}\ln y.$$

13.17 On a, pour tout $x \in \mathbb{R}^*$:

$$n!x^n - \prod_{k=1}^{n} \sin kx = n!x^n\left(1 - \prod_{k=1}^{n} \frac{\sin kx}{kx}\right).$$

Par développement limité en 0, pour tout $k \in [\![1 ; n]\!]$:

$$\frac{\sin kx}{kx} = \frac{kx - \frac{1}{6}k^3x^3 + o(x^3)}{kx} = 1 - \frac{1}{6}k^2x^2 + o(x^2).$$

D'où :

$$\prod_{k=1}^{n} \frac{\sin kx}{kx} = \prod_{k=1}^{n}\Big(1 - \frac{1}{6}k^2x^2 + o(x^2)\Big)$$

$$= 1 - \Big(\sum_{k=1}^{n} k^2\Big)x^2 + o(x^2) = 1 - \frac{1}{6}\frac{n(n+1)(2n+1)}{6}x^2 + o(x^2).$$

Ainsi :

$$n!x^n - \prod_{k=1}^{n} \sin kx = n!x^n\Big(\frac{n(n+1)(2n+1)}{36}x^2 + o(x^2)\Big)$$

$$\underset{x \longrightarrow 0}{\sim} \frac{n!n(n+1)(2n+1)}{36}x^{n+2}.$$

13.18 *a)* Il est clair que, pour tout $n \in \mathbb{N}$, u_n existe et que :

$$\forall n \geqslant 1,\ \ u_n > 0.$$

D'où : $\qquad \forall n \geqslant 1,\ \ 0 < u_{n+1} = \dfrac{e^{-u_n}}{n+1} \leqslant \dfrac{1}{n+1}.$

Il s'ensuit $u_{n+1} \underset{n\infty}{\longrightarrow} 0$,

puis, par décalage de l'indice : $\ u_n \underset{n\infty}{\longrightarrow} 0.$

b) 1) Puisque $u_n \underset{n\infty}{\longrightarrow} 0$, on a : $e^{-u_n} \underset{n\infty}{\longrightarrow} 1$, puis :

$$u_{n+1} = \frac{e^{-u_n}}{n+1} \underset{n\infty}{\sim} \frac{1}{n+1},$$

donc, par décalage de l'indice : $\ u_n \underset{n\infty}{\sim} \dfrac{1}{n}.$

Ainsi : $$u_n = \frac{1}{n} + \underset{n\infty}{o}\Big(\frac{1}{n}\Big).$$

2) Notons $v_n = u_n - \dfrac{1}{n} = o\Big(\dfrac{1}{n}\Big)$. On a :

$$v_{n+1} = u_{n+1} - \frac{1}{n+1} = \frac{e^{-u_n} - 1}{n+1}$$

$$\underset{n\infty}{\sim} \frac{-u_n}{n+1} \underset{n\infty}{\sim} -\frac{1}{n(n+1)} \underset{n\infty}{\sim} -\frac{1}{(n+1)^2},$$

puis, par décalage de l'indice : $\ v_n \underset{n\infty}{\sim} -\dfrac{1}{n^2}.$

On conclut : $$u_n = \frac{1}{n} - \frac{1}{n^2} + \underset{n\infty}{o}\Big(\frac{1}{n^2}\Big).$$

Autrement dit, avec les notations de l'énoncé :

$$a = 1,\ \ b = -1.$$

13.19 *a)* Considérons l'application

$$f : [0 ; +\infty[\longrightarrow \mathbb{R},\ \ x \longmapsto f(x) = x - \mathrm{Ent}(x) - e^{-x}.$$

Soit $n \in \mathbb{N}$. On a : $\ \forall x \in [n ; n+1[,\ \ f(x) = x - n - e^{-x}.$

L'application f est dérivable (donc continue) sur $]n ; n+1[$ et : $\forall x \in]n ; n+1[,\ \ f'(x) = 1 + e^{-x} > 0,$

donc f est strictement croissante sur $]n ; n+1[$.

De plus :

$$\lim_{n^+} f = f(n) = -e^{-n} < 0 \quad \text{et} \quad \lim_{(n+1)^-} f = 1 - e^{-(n+1)} > 0.$$

D'après le théorème de la bijection monotone, on déduit que, sur $[n ; n+1[$, f s'annule en un point et un seul, noté x_n.

On conclut qu'il existe une suite strictement croissante et une seule $(x_n)_{n\in\mathbb{N}}$ d'éléments de $]0 ; +\infty[$ telle que :

$$\forall n \in \mathbb{N},\ \ x_n - \mathrm{Ent}(x_n) = e^{-x_n}.$$

De plus : $\qquad \forall n \in \mathbb{N},\ \ n < x_n < n+1.$

b) 1) On a : $x_n \geqslant n$, donc : $x_n \underset{n\infty}{\longrightarrow} +\infty$, $e^{-x_n} \underset{n\infty}{\longrightarrow} 0$,

d'où : $\ x_n = \mathrm{Ent}(x_n) + e^{-x_n} = n + e^{-x_n} = n + \underset{n\infty}{o}(1).$

2) Puis :

$$x_n - n = e^{-x_n} = e^{-n+o(1)}$$

$$= e^{-n}e^{o(1)} = e^{-n}(1 + o(1)) = e^{-n} + o(e^{-n}),$$

donc : $$x_n = n + e^{-n} + \underset{n\infty}{o}(e^{-n}).$$

13.20 *a)* On a, pour $n \in \mathbb{N}^*$:

$$\forall x \in [0 ; 1],\ \ 1 \leqslant (1+x^2)^{1/n} \leqslant 2^{1/n},$$

d'où :

$$1 = \int_0^1 dx \leqslant \int_0^1 (1+x^2)^{1/n}\,dx \leqslant \int_0^1 2^{1/n}\,dx = 2^{1/n} \underset{n\infty}{\longrightarrow} 1,$$

donc, par théorème d'encadrement : $\ I_n \underset{n\infty}{\longrightarrow} 1.$

Autrement dit, avec les notations de l'énoncé : $\ell = 1$.

b) 1) Considérons les applications $f, g : [0 ; 1] \longrightarrow \mathbb{R}$ définies, pour tout $u \in [0 ; 1]$, par :

$$f(u) = e^u - (1+u) - 2u^2, \qquad g(u) = e^u - (1+u) + 2u^2.$$

Ces applications sont deux fois dérivables sur $[0 ; 1]$ et, pour tout $u \in [0 ; 1]$:

$$f'(u) = e^u - 1 - 4u, \qquad g'(u) = e^u - 1 + 4u,$$

$$f''(u) = e^u - 4 < 0, \qquad g'(u) = e^u + 4 > 0.$$

On en déduit les tableaux de variations de f et g :

u	0	1
$f''(u)$	−	
$f'(u)$	0 ↘	
$f'(u)$	−	
$f(u)$	0 ↘	

u	0	1
$g''(u)$	+	
$g'(u)$	0 ↗	
$g'(u)$	+	
$g(u)$	0 ↗	

D'où : $\forall u \in [0\,;1],\ (f(u) \leqslant 0 \quad \text{et} \quad g(u) \geqslant 0)$,

c'est-à-dire : $\forall u \in [0\,;1],\ -2u^2 \leqslant \mathrm{e}^u - (1+u) \leqslant 2u^2$,

et finalement : $\forall u \in [0\,;1],\ \left|\mathrm{e}^u - (1+u)\right| \leqslant 2u^2$.

2) Soit $n \in \mathbb{N}^*$. On a, pour tout $x \in [0\,;1]$:

$$\left|\mathrm{e}^{\frac{1}{n}\ln(1+x^2)} - \left(1 + \frac{1}{n}\ln(1+x^2)\right)\right| \leqslant 2\left(\frac{1}{n}\ln(1+x^2)\right)^2,$$

d'où, en intégrant de 0 à 1 :

$$\begin{aligned}\left|I_n - \int_0^1 \left(1 + \frac{1}{n}\ln(1+x^2)\right)\mathrm{d}x\right| &= \left|\int_0^1 \left[\mathrm{e}^{\frac{1}{n}\ln(1+x^2)} - \left(1 + \frac{1}{n}\ln(1+x^2)\right)\right]\mathrm{d}x\right| \\ &\leqslant \int_0^1 \left|\mathrm{e}^{\frac{1}{n}\ln(1+x^2)} - \left(1 + \frac{1}{n}\ln(1+x^2)\right)\right|\mathrm{d}x \\ &\leqslant \int_0^1 \frac{2}{n^2}(\ln(1+x^2))^2\,\mathrm{d}x.\end{aligned}$$

Ainsi, en notant

$$J = \int_0^1 \ln(1+x^2)\,\mathrm{d}x \quad \text{et} \quad K = \int_0^1 4(\ln(1+x^2))^2\,\mathrm{d}x,$$

on a : $\forall n \in \mathbb{N}^*,\ \left|I_n - \left(1 + \frac{1}{n}J\right)\right| \leqslant \frac{K}{n^2}$.

Il en résulte : $I_n = 1 + \frac{1}{n}J + \underset{n\infty}{o}\left(\frac{1}{n}\right)$,

et donc, comme $J \neq 0$ (car $J > 0$) : $I_n - 1 \underset{n\infty}{\sim} \frac{J}{n}$.

13.21 *a) 1)* L'application f est dérivable (donc continue) sur $\mathbb{R}$ et : $\forall x \in \mathbb{R},\ f'(x) = \frac{\mathrm{e}^x + 1}{2} > 0$,

donc f est strictement croissante sur $\mathbb{R}$.

De plus : $f(x) \underset{x \to -\infty}{\longrightarrow} -\infty$ et $f(x) \underset{x \to +\infty}{\longrightarrow} +\infty$.

D'après le théorème de la bijection monotone, f est bijective.

2) D'après le cours, puisque $f : \mathbb{R} \longrightarrow \mathbb{R}$ est de classe C^1, bijective, et que $f' > 0$, la réciproque f^{-1} de f est de classe C^1 sur $\mathbb{R}$ et : $(f^{-1})' = \frac{1}{f' \circ f^{-1}}$.

Puisque f est de classe C^2, le second membre de cette formule est de classe C^1, donc $(f^{-1})'$ est de classe C^1, f^{-1} est de classe C^2.

Le même raisonnement montre que f^{-1} est de classe C^3 sur $\mathbb{R}$.

b) Puisque f^{-1} est de classe C^3 sur $\mathbb{R}$, d'après le théorème de Taylor-Young, f^{-1} admet un $DL_3(0)$. Comme $f(0) = 0$, on a $f^{-1}(0) = 0$, donc le $DL_3(0)$ de f^{-1} est de la forme :

$$f^{-1}(y) = ay + by^2 + cy^3 + \underset{y \to 0}{o}(y^3),$$

où $(a, b, c) \in \mathbb{R}^3$ est à calculer.

On a, pour tout $x \in \mathbb{R}$:

$$\begin{aligned} x = f^{-1}(f(x)) &= f^{-1}\left(\frac{\mathrm{e}^x - 1 + x}{2}\right) \\ &= f^{-1}\left(x + \frac{1}{4}x^2 + \frac{1}{12}x^3 + o(x^3)\right) \\ &= a\left(x + \frac{1}{4}x^2 + \frac{1}{12}x^3\right) + b\left(x^2 + \frac{1}{2}x^3\right) + cx^3 + o(x^3) \\ &= ax + \left(\frac{a}{4} + b\right)x^2 + \left(\frac{a}{12} + \frac{b}{2} + c\right)x^3 + o(x^3).\end{aligned}$$

Par unicité du $DL_3(0)$ de $x \longmapsto x$, on obtient :

$$a = 1, \quad \frac{a}{4} + b = 0, \quad \frac{a}{12} + \frac{b}{2} + c = 0.$$

On déduit successivement les valeurs de a, b, c :

$$a = 1, \quad b = -\frac{1}{4}, \quad c = \frac{1}{24}.$$

On conclut au $DL_3(0)$ de f^{-1} :

$$f^{-1}(y) = y - \frac{y^2}{4} + \frac{y^3}{24} + \underset{y \to 0}{o}(y^3).$$

13.22 Rappelons le $DL_4(0)$ de $x \longmapsto \sqrt{1+x}$:

$$\begin{aligned}\sqrt{1+x} = (1+x)^{1/2} &= 1 + \frac{1}{2}x + \frac{\frac{1}{2}\left(-\frac{1}{2}\right)}{2!}x^2 + \frac{\frac{1}{2}\left(-\frac{1}{2}\right)\left(-\frac{3}{2}\right)}{3!}x^3 \\ &\quad + \frac{\frac{1}{2}\left(-\frac{1}{2}\right)\left(-\frac{3}{2}\right)\left(-\frac{5}{2}\right)}{4!}x^4 + \underset{x \to 0}{o}(x^4) \\ &= 1 + \frac{1}{2}x - \frac{1}{8}x^2 + \frac{1}{16}x^3 - \frac{5}{128}x^4 + o(x^4).\end{aligned}$$

Il existe donc $\alpha > 0$ et $M \geqslant 0$ tels que :

$$\forall x \in [0\,;\alpha],\ \left|\sqrt{1+x} - \left(1 + \frac{1}{2}x - \frac{1}{8}x^2 + \frac{1}{16}x^3\right)\right| \leqslant Mx^4.$$

Soient $n \in \mathbb{N}^*$, $k \in [\![1\,;n]\!]$.

On a : $0 \leqslant \frac{k}{n^2} \leqslant \frac{1}{n}$, d'où, si $n \geqslant \frac{1}{\alpha}$:

$$\left|\sqrt{1 + \frac{k}{n^2}} - \left(1 + \frac{1}{2}\frac{k}{n^2} - \frac{1}{8}\frac{k^2}{n^4} + \frac{1}{16}\frac{k^3}{n^6}\right)\right| \leqslant M\frac{k^4}{n^8} \leqslant M\frac{n^4}{n^8} = \frac{M}{n^4}.$$

En sommant de $k = 1$ à $k = n$ et en notant S_n la somme de l'énoncé et $T_n = \sum_{k=1}^{n}\left(\frac{1}{2}\frac{k}{n^2} - \frac{1}{8}\frac{k^2}{n^4} + \frac{1}{16}\frac{k^3}{n^6}\right)$,

on obtient : $|S_n - T_n| \leqslant n\frac{M}{n^4} = \frac{M}{n^3}$,

donc : $S_n - T_n = \underset{n\infty}{o}\left(\frac{1}{n^2}\right)$.

D'autre part :

$$\begin{aligned}T_n &= \frac{1}{2n^2}\sum_{k=1}^{n} k - \frac{1}{8n^4}\sum_{k=1}^{n} k^2 + \frac{1}{16}\sum_{k=1}^{n} k^3\\ &= \frac{1}{2n^2}\frac{n(n+1)}{2} - \frac{1}{8n^4}\frac{n(n+1)(2n+1)}{6} + \frac{1}{16n^6}\frac{n^2(n+1)^2}{4}\\ &= \frac{n+1}{4n} - \frac{(n+1)(2n+1)}{48n^3} + \frac{(n+1)^2}{64n^4}\\ &= \Big(1+\frac{1}{4n}\Big) - \Big(\frac{1}{24n} + \frac{1}{16n^2}\Big) + \frac{1}{64n^2} + o\Big(\frac{1}{n^2}\Big)\\ &= 1 + \frac{5}{24n} - \frac{3}{64n^2} + o\Big(\frac{1}{n^2}\Big).\end{aligned}$$

Comme $S_n = T_n + o\Big(\frac{1}{n^2}\Big)$, on conclut :

$$S_n = 1 + \frac{5}{24n} - \frac{3}{64n^2} + \underset{n\infty}{o}\Big(\frac{1}{n^2}\Big).$$

13.23 • Puisque : $\forall x \in \mathbb{R},\ f(x) \geqslant 0 = f(a)$,

f admet un minimum local en a.

Comme f est, de plus, dérivable en a, on a : $f'(a) = 0$.

On a alors, par la formule de Taylor-Young, puisque f est de classe C^2 sur $\mathbb{R}$:

$$f(x) = \underbrace{f(a)}_{=0} + (x-a)\underbrace{f'(a)}_{=0} + \frac{(x-a)^2}{2!}f''(a) + o((x-a)^2).$$

Si $f''(a) < 0$, alors $f(x) \underset{x\longrightarrow a}{\sim} \frac{(x-a)^2}{2}f''(a) < 0$, donc, au voisinage de a, f est à valeurs < 0, contradiction avec l'hypothèse $f \geqslant 0$.

Ceci montre : $f''(a) \geqslant 0$.

• On a, pour tout $x \in \mathbb{R} - \{a\}$:

$$\begin{aligned}\frac{g(x)-g(a)}{x-a} &= \frac{\sqrt{f(x)}}{x-a}\\ &= \frac{1}{x-a}\sqrt{\frac{(x-a)^2}{2}f''(a) + o((x-a)^2)}\\ &= \begin{cases}\sqrt{\frac{1}{2}f''(a) + o(1)} & \text{si } x > a\\ -\sqrt{\frac{1}{2}f''(a) + o(1)} & \text{si } x < a,\end{cases}\end{aligned}$$

donc : $\begin{cases}\dfrac{g(x)-g(a)}{x-a} \underset{x\longrightarrow a,\ x>a}{\longrightarrow} \sqrt{\dfrac{f''(a)}{2}}\\ \dfrac{g(x)-g(a)}{x-a} \underset{x\longrightarrow a,\ x<a}{\longrightarrow} -\sqrt{\dfrac{f''(a)}{2}}.\end{cases}$

Il en résulte que g est dérivable en a si et seulement si $f''(a) = 0$.

Finalement, g est dérivable en a si et seulement si $f''(a) = 0$.

13.24 *a)* Soit $n \in \mathbb{N}$ tel que $n \geqslant 2$.

La fonction polynôme $P_n : [1\,;+\infty[\longrightarrow \mathbb{R},\ x \longmapsto x^n - x - 1$ est dérivable (donc continue) et :

$$\forall x \in [1\,;+\infty[,\ P'_n(x) = nx^{n-1} - 1 \geqslant n - 1 > 0,$$

donc P_n est strictement croissante sur $[1\,;+\infty[$.

De plus : $P_n(1) = -1 < 0$ et $P_n(x) \underset{x\longrightarrow+\infty}{\longrightarrow} +\infty$.

D'après le théorème de la bijection monotone, P_n réalise une bijection de $[1\,;+\infty[$ sur $[-1\,;+\infty[$.

En particulier, puisque $0 \in [-1\,;+\infty[$, il existe $x_n \in [1\,;+\infty[$ unique tel que $P_n(x_n) = 0$.

b) On a, pour tout $n \geqslant 2$: $x_n^n - x_n - 1 = 0$,

donc : $x_n^n = x_n + 1 \leqslant 2x_n$,

puis : $x_n^{n-1} \leqslant 2,\ 1 \leqslant x_n \leqslant 2^{\frac{1}{n-1}}$.

Comme $2^{\frac{1}{n-1}} = \mathrm{e}^{\frac{1}{n-1}\ln 2} \underset{n\infty}{\longrightarrow} 1$, par théorème d'encadrement, on conclut : $x_n \underset{n\infty}{\longrightarrow} 1$.

c) • Notons $a = 1$ et, pour tout $n \geqslant 2$: $y_n = x_n - 1$, de sorte que : $y_n \underset{n\infty}{\longrightarrow} 0$. On a :

$$\begin{aligned}x_n &= (x_n+1)^{1/n} = (2+y_n)^{1/n}\\ &= \exp\Big(\frac{1}{n}\ln(2+y_n)\Big) = \exp\Big(\frac{\ln 2}{n} + \frac{1}{n}\ln\Big(1+\frac{y_n}{2}\Big)\Big)\\ &= \exp\Big(\frac{\ln 2}{n} + o\Big(\frac{1}{n}\Big)\Big) = 1 + \frac{\ln 2}{n} + o\Big(\frac{1}{n}\Big).\end{aligned}$$

• Notons $b = \ln 2$ et, pour tout $n \geqslant 2$: $z_n = x_n - 1 - \frac{\ln 2}{n}$, de sorte que : $z_n = o\Big(\frac{1}{n}\Big)$. Comme ci-dessus :

$$\begin{aligned}x_n &= \exp\Big(\frac{1}{n}\ln\Big[2 + \frac{\ln 2}{n} + o\Big(\frac{1}{n}\Big)\Big]\Big)\\ &= \exp\Big(\frac{1}{n}\ln 2 + \frac{1}{n}\ln\Big[1 + \frac{\ln 2}{2n} + o\Big(\frac{1}{n}\Big)\Big]\Big)\\ &= \exp\Big(\frac{1}{n}\ln 2 + \frac{\ln 2}{2n^2} + o\Big(\frac{1}{n^2}\Big)\Big)\\ &= 1 + \Big(\frac{\ln 2}{n} + \frac{\ln 2}{2n^2}\Big) + \frac{1}{2}\Big(\frac{\ln 2}{n}\Big)^2 + o\Big(\frac{1}{n^2}\Big)\\ &= 1 + \frac{\ln 2}{n} + \frac{\ln 2 + (\ln 2)^2}{2n^2} + o\Big(\frac{1}{n^2}\Big).\end{aligned}$$

En notant $c = \dfrac{\ln 2 + (\ln 2)^2}{2}$, on, conclut :

$$x_n = a + \frac{b}{n} + \frac{c}{n^2} + \underset{n\infty}{o}\Big(\frac{1}{n^2}\Big).$$

13.25 *a)* L'application

$$f :]a\,;b[\longrightarrow \mathbb{R},\quad x \longmapsto \frac{1}{x-a} + \frac{1}{x-b}$$

est dérivable (donc continue) sur $]a\,;b[$ et :

$$\forall x \in]a\,;b[,\quad f'(x) = -\frac{1}{(x-a)^2} - \frac{1}{(x-b)^2} < 0,$$

donc f est strictement décroissante sur $]a\,;b[$.

De plus : $f(x) \underset{x \to a^+}{\longrightarrow} +\infty$ et $f(x) \underset{x \to b^-}{\longrightarrow} -\infty$.

D'après le théorème de la bijection monotone, on conclut que f est bijective.

b) Notons, pour la commodité, $x = f^{-1}(y)$, donc $y = f(x) = \dfrac{1}{x-a} + \dfrac{1}{x-b}$.

• On a : $x \underset{y \to +\infty}{\longrightarrow} a$.

• D'où : $y = \dfrac{1}{x-a} + \dfrac{1}{x-b} \underset{y \to +\infty}{\sim} \dfrac{1}{x-a}$,

puis : $x - a \underset{y \to +\infty}{\sim} \dfrac{1}{y}$, $\quad x = a + \dfrac{1}{y} + \underset{y \to +\infty}{o}\left(\dfrac{1}{y}\right)$.

• Notons $z = x - a - \dfrac{1}{y} = o\left(\dfrac{1}{y}\right)$. On a :

$$z = x - a - \frac{1}{\frac{1}{x-a} + \frac{1}{x-b}} = x - a - \frac{(x-a)(x-b)}{(x-a)+(x-b)}$$
$$= \frac{(x-a)^2}{(x-a)+(x-b)} \underset{y \to +\infty}{\sim} \frac{(x-a)^2}{a-b} \underset{y \to +\infty}{\sim} \frac{1}{(a-b)y^2}.$$

Ainsi :

$$f^{-1}(y) = a + \frac{1}{y} + z = a + \frac{1}{y} - \frac{1}{b-a}\frac{1}{y^2} + \underset{y \to +\infty}{o}\left(\frac{1}{y^2}\right).$$

On conclut que le triplet suivant convient :

$$(\alpha, \beta, \gamma) = \left(a,\ 1,\ -\frac{1}{b-a}\right).$$

13.26 *a)* Soit $x \in]0\,;a[$ fixé.

1) Existence :

Puisque f est de classe C^3 sur $[0\,;a[$, donc sur $[0\,;x]$, d'après le théorème de Taylor-Lagrange, il existe $c \in]0\,;x[$ tel que :

$$f(x) = f(0) + xf'(0) + \frac{x^2}{2}f''(c).$$

En notant $\theta(x) = \dfrac{c}{x}$, on a $\theta(x) \in]0\,;1[$ et :

$$f(x) = f(0) + xf'(0) + \frac{x^2}{2}f''(\theta(x)x).$$

2) Unicité :

Soient θ_1, θ_2 convenant. On a alors : $f''(\theta_1 x) = f''(\theta_2 x)$. Mais, puisque $f^{(3)} > 0$, f'' est strictement croissante, donc injective, d'où $\theta_1 = \theta_2$.

Finalement, on conclut que, pour tout $x \in]0\,;a[$, il existe $\theta(x) \in]0\,;1[$ unique tel que :

$$f(x) = f(0) + xf'(0) + \frac{x^2}{2}f''(\theta(x)x).$$

b) D'une part, puisque f est de classe C^3 sur $[0\,;a[$, on a, d'après le théorème de Taylor-Young :

$$f(x) = f(0) + xf'(0) + \frac{x^2}{2}f''(0) + \frac{x^3}{6}f^{(3)}(0) + \underset{x \to 0}{o}(x^3).$$

D'autre part, puisque f'' est de classe C^1 sur $[0\,;a[$, on a, d'après le théorème de Taylor-Young :

$$f''(t) = f''(0) + tf^{(3)}(0) + \underset{t \to 0}{o}(t),$$

donc, en remplaçant t par $\theta(x)x$, qui tend vers 0 lorsque x tend vers 0 :

$$f''(\theta(x)x) = f''(0) + \theta(x)xf^{(3)}(0) + o(\theta(x)x)$$
$$= f''(0) + \theta(x)xf^{(3)}(0) + o(x).$$

On déduit de *a)* :

$$f(x) = f(0) + xf'(0) + \frac{x^2}{2}\left(f''(0) + \theta(x)xf^{(3)}(0) + o(x)\right)$$
$$= f(0) + xf'(0) + \frac{x^2}{2}f''(0) + \frac{x^3}{2}\theta(x)f^{(3)}(0) + o(x^3).$$

Des deux expressions précédentes de $f(x)$, on déduit :

$$\frac{x^3}{2}\theta(x)f^{(3)}(0) + o(x^3) = \frac{x^3}{6}f^{(3)}(0) + o(x^3),$$

donc : $\quad \dfrac{1}{2}\theta(x)f^{(3)}(0) = \dfrac{1}{6}f^{(3)}(0) + o(1).$

Comme $f^{(3)}(0) \neq 0$, on obtient : $\theta(x) = \dfrac{1}{3} + o(1)$,

et on conclut : $\quad \theta(x) \underset{x \to 0}{\longrightarrow} \dfrac{1}{3}$.

13.27 *a)* Soit $n \in \mathbb{N}^*$.

L'application $\quad f_n : \mathbb{R} \longrightarrow \mathbb{R},\ x \longmapsto \dfrac{1}{4}x^4 + x^2 - nx$

est deux fois dérivable sur $\mathbb{R}$ et, pour tout $x \in \mathbb{R}$:

$$f_n'(x) = x^3 + 2x - n, \qquad f_n''(x) = 3x^2 + 2 > 0.$$

On en déduit le tableau des variations de f_n' puis de f_n.

Puisque f_n' est continue, strictement croissante , de limite $-\infty$ en $-\infty$ et de limite $+\infty$ en $+\infty$, d'après le théorème de la bijection monotone, il existe $x_n \in \mathbb{R}$ unique tel que $f_n'(x_n) = 0$, et on a $f_n'(x) < 0$ si $x < x_n$, et $f_n'(x) > 0$ si $x > x_n$. Il en résulte que f_n admet un minimum (et un seul), noté μ_n, atteint en un point et un seul, noté x_n.

x	$-\infty$		x_n		$+\infty$
$f_n''(x)$			$+$		
$f_n'(x)$	$-\infty$	$\nearrow$	0	$\nearrow$	$+\infty$
$f_n'(x)$		$-$	0	$+$	
$f_n(x)$	$+\infty$	$\searrow$	μ_n	$\nearrow$	$+\infty$

Ainsi : $\qquad f_n'(x_n) = 0 \quad \text{et} \quad \mu_n = f(x_n).$

b) 1) • On a, pour tout $n \in \mathbb{N}^*$:

$$f_n'(x_n) = 0 \iff x_n^3 + 2x_n = n.$$

Pour $n \geqslant 3$: $f_n'(1) = 3 - n \leqslant 0 = f_n'(x_n)$,

d'où, puisque f_n' est strictement croissante : $x_n \geqslant 1$.

Alors : $\qquad n = x_n^3 + 2x_n \leqslant 3x_n^3,$

donc : $x_n \geqslant \left(\dfrac{n}{3}\right)^{1/3}$, puis : $x_n \underset{n\infty}{\longrightarrow} +\infty$.

Ensuite : $n = x_n^3 + 2x_n \underset{n\infty}{\sim} x_n^3$, donc : $x_n \underset{n\infty}{\sim} n^{1/3}$.

2) On a :

$$\mu_n = \frac{1}{4}x_n^4 + x_n^2 - nx_n = \frac{1}{4}x_n^4 + x_n^2 - \underbrace{(x_n^3 + 2x_n)}_{=n}x_n$$

$$= -\frac{3}{4}x_n^4 - x_n^2 \underset{n\infty}{\sim} -\frac{3}{4}x_n^4 \underset{n\infty}{\sim} -\frac{3}{4}n^{4/3}.$$

13.28 *a) 1)* L'application $f : \mathbb{R} \longrightarrow \mathbb{R},\ x \longmapsto x + \ln(1 + x^2)$ est de classe C^1 sur $\mathbb{R}$ et, pour tout $x \in \mathbb{R}$:

$$f'(x) = 1 + \frac{2x}{1 + x^2} = \frac{(1 + x)^2}{1 + x^2} \geqslant 0,$$

et : $\qquad f'(x) = 0 \iff x = -1.$

De plus : $f(x) \underset{x \longrightarrow -\infty}{\longrightarrow} -\infty$ par prépondérance classique,

et : $\quad f(x) \underset{x \longrightarrow +\infty}{\longrightarrow} +\infty$.

D'où le tableau de variations de f :

x	$-\infty$		-1		$+\infty$
$f'(x)$		$+$	0	$+$	
$f(x)$	$-\infty$	$\nearrow$	$\ln 2 - 1$	$\nearrow$	$+\infty$

On a : $\qquad f(x) - x = \ln(1 + x^2) \underset{x \longrightarrow \pm\infty}{\longrightarrow} +\infty,$

donc la courbe représentative C de f admet une branche parabolique de direction asymptotique d'équation $y = x$, lorsque $x \longrightarrow -\infty$ et lorsque $x \longrightarrow +\infty$.

Enfin, f est deux fois dérivable que $\mathbb{R}$ et, pour tout $x \in \mathbb{R}$:

$$f''(x) = \frac{2(1 + x)(1 + x^2) - (1 + x)^2 2x}{(1 + x^2)^4}$$

$$= \frac{2((1 + x) - x(1 + x^2))}{(1 + x^2)^3} = \frac{2(1 - x^2)}{(1 + x^2)^3},$$

donc : $\quad f''(x) = 0 \iff (x = -1 \quad \text{ou} \quad x = 1),$

et f'' change de signe en -1 et en 1.

Ainsi, C admet exactement deux points d'inflexion, d'abscisses -1, 1. On a :

$$f(-1) = \ln 2 - 1,\ \ f(1) = \ln 2 + 1,\ \ f'(-1) = 0,\ \ f'(1) = 2.$$

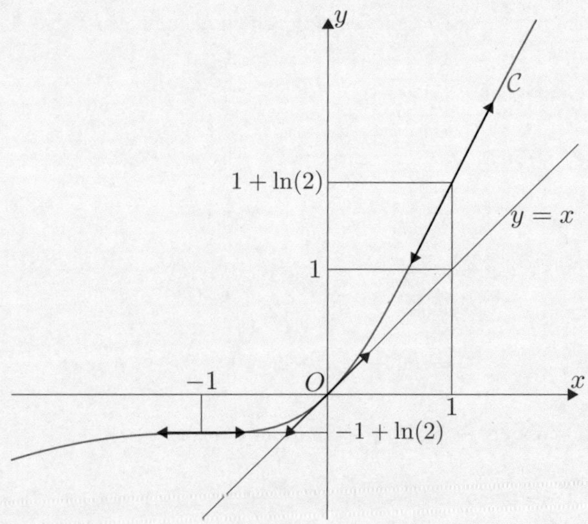

2) L'application f est continue, strictement croissante sur $\mathbb{R}$, et $\lim\limits_{-\infty} f = -\infty$, $\lim\limits_{+\infty} f = +\infty$. D'après le théorème de la bijection monotone, on conclut que f est bijective.

3) La courbe C n'est pas symétrique par rapport à la deuxième bissectrice B_2, car les deux points d'inflexion de C ne sont pas symétriques l'un de l'autre par rapport à B_2.

b) 1) On a :

$$f(x) = x + \ln(1 + x^2) = x + \ln\left(x^2\left(1 + \frac{1}{x^2}\right)\right)$$

$$= x + 2\ln x + \ln\left(1 + \frac{1}{x^2}\right) = x + 2\ln x + \underset{x \longrightarrow +\infty}{o}(1).$$

2) Notons $x = f^{-1}(y)$ pour la commodité.

On a alors $x \underset{y \longrightarrow +\infty}{\longrightarrow} +\infty$.

D'après *1)* : $\quad y = x + 2\ln x + o(1),$

donc : $\qquad \dfrac{y}{x} = 1 + \dfrac{2\ln x}{x} = o\left(\dfrac{1}{x}\right) \underset{y \longrightarrow +\infty}{\longrightarrow} 1,$

c'est-à-dire : $y \underset{y \longrightarrow +\infty}{\sim} x$.

Alors :

$$x = y - 2\ln x + o(1) = y - 2\ln\left(y\frac{x}{y}\right) + o(1)$$
$$= y - 2\ln y - 2\ln\frac{x}{y} + o(1) = y - 2\ln y + o(1).$$

13.29 *a)* Une récurrence immédiate montre :

$$\forall n \in \mathbb{N},\ u_n \in]0\,;\pi/2].$$

On a donc : $\forall n \in \mathbb{N},\ u_{n+1} = \sin u_n \leqslant u_n,$

donc $(u_n)_{n\geqslant 0}$ est décroissante.

Puisque $(u_n)_{n\geqslant 0}$ est décroissante et minorée par 0, $(u_n)_{n\geqslant 0}$ converge et sa limite ℓ vérifie : $\sin\ell = \ell$ et $\ell \geqslant 0$.

Or : $\forall x \in \mathbb{R},\ (\sin x = x \iff x = 0),$

comme on le voit, par exemple, en étudiant les variations de la fonction $x \longmapsto \sin x - x$.

On conclut : $u_n \underset{n\infty}{\longrightarrow} 0.$

b) 1) On a : $u_{n+1} = \sin u_n = u_n - \frac{1}{6}u_n^3 + \underset{n\infty}{o}(u_n^3),$

d'où : $u_{n+1}^2 = u_n^2 - \frac{1}{3}u_n^4 + o(u_n^4),$

puis :

$$U_{n+1} = \frac{1}{u_{n+1}^2} = \frac{1}{u_n^2}\left(1 - \frac{1}{3}u_n^2 + o(u_n^2)\right)^{-1}$$
$$= \frac{1}{u_n^2}\left(1 + \frac{1}{3}u_n^2 + o(u_n^2)\right) = U_n + \frac{1}{3} + o(1).$$

On obtient : $U_{n+1} - U_n = \frac{1}{3} + o(1),$

et on conclut : $U_{n+1} - U_n \underset{n\infty}{\longrightarrow} \frac{1}{3}.$

2) D'après l'exercice 8.31 *b)*, il s'ensuit : $\frac{U_n}{n} \underset{n\infty}{\longrightarrow} \frac{1}{3}.$

3) On a donc $U_n \underset{n\infty}{\sim} \frac{n}{3},\quad u_n^2 = \frac{1}{U_n} \underset{n\infty}{\sim} \frac{3}{n},$

puis, comme $u_n > 0$, on conclut : $u_n \underset{n\infty}{\sim} \sqrt{\frac{3}{n}}.$

13.30 *a)* Nous allons former le $DL_n(0)$ de $x \longmapsto (e^x - 1)^n$ de deux façons.

D'une part : $(e^x - 1)^n = (x + o(x))^n = x^n + o(x^n).$

D'autre part, en utilisant la formule du binôme de Newton, puis des $DL(0)$ des exponentielles :

$$(e^x - 1)^n = \sum_{k=0}^{n}\binom{n}{k}e^{kx}(-1)^{n-k}$$
$$= \sum_{k=0}^{n}\binom{n}{k}(-1)^{n-k}\left(\sum_{p=0}^{n}\frac{(kx)^p}{p!} + o(x^n)\right)$$
$$= \sum_{p=0}^{n}\left(\sum_{k=0}^{n}\binom{n}{k}(-1)^{n-k}\frac{k^p}{p!}\right)x^p + o(x^n).$$

Par unicité du $DL_n(0)$ de $x \longmapsto (e^x - 1)^n$, on déduit :

$$\sum_{k=0}^{n}\binom{n}{k}(-1)^{n-k}\frac{k^p}{p!} = \begin{cases} 0 & \text{si } p < n \\ 1 & \text{si } p = n. \end{cases}$$

b) Puisque f est de classe C^n, on a, en utilisant la formule de Taylor-Young :

$$\sum_{k=0}^{n}\binom{n}{k}(-1)^{n-k}f(a+kh)$$
$$= \sum_{k=0}^{n}\binom{n}{k}(-1)^{n-k}\sum_{p=0}^{n}\left(\frac{(kh)^p}{p!}f^{(p)}(a) + \underset{h\longrightarrow 0}{o}(h^n)\right)$$
$$= \sum_{p=0}^{n}\left(\sum_{k=0}^{n}\binom{n}{k}(-1)^{n-k}\frac{k^p}{p!}f^{(p)}(a)h^p\right) + o(h^n)$$
$$= f^{(n)}(a)h^n + o(h^n),$$

et on conclut :

$$\frac{1}{h^n}\sum_{k=0}^{n}\binom{n}{k}(-1)^{n-k}f(a+kh) \underset{h\longrightarrow 0}{\longrightarrow} f^{(n)}(a).$$

Fonctions réelles de deux variables réelles

CHAPITRE 14

Plan

Thèmes abordés dans les exercices

- Montrer qu'une partie de $\mathbb{R}^2$ est bornée, est ouverte, est fermée, est convexe, ou ne l'est pas
- Étude de limite ou de continuité pour une fonction de deux variables réelles
- Existence et calcul éventuel des dérivées partielles premières d'une fonction de deux variables réelles
- Former un DL_1 pour une fonction de deux variables réelles.

Points essentiels du cours pour la résolution des exercices

- Définition et propriétés des parties bornées, des parties ouvertes, des parties fermées, des parties convexes de $\mathbb{R}^2$
- Définition et propriétés relatives aux limites et à la continuité pour les fonctions de deux variables réelles
- Définition et propriétés algébriques des dérivées partielles premières, en particulier le théorème de composition de deux fonctions de classe C^1.

Les méthodes à retenir

Pour montrer qu'une partie A de $\mathbb{R}^2$ est bornée

Revenir à la définition, c'est-à-dire montrer :

$$\exists C \in \mathbb{R}_+,\ \forall (x,y) \in A,\quad \sqrt{x^2+y^2} \leqslant C$$

Graphiquement, la notion de partie bornée est apparente.

➥ **Exercices 14.1, 14.8**

Pour montrer qu'une partie A de $\mathbb{R}^2$ n'est pas bornée

Mettre en évidence une suite $(x_n, y_n)_{n\in\mathbb{N}}$ d'éléments de A telle que :

$$\sqrt{x_n^2+y_n^2} \underset{n\infty}{\longrightarrow} +\infty.$$

Graphiquement, la notion de partie non bornée est apparente.

➥ **Exercices 14.1, 14.8.**

Pour montrer qu'une partie A de $\mathbb{R}^2$ est ouverte	Essayer de : • revenir à la définition, c'est-à-dire montrer : $$\forall M \in A,\ \exists r > 0,\quad B(M, r) \subset A,$$ où $B(M, r)$ désigne la boule ouverte de centre M et de rayon r ➥ **Exercice 14.1** • présenter A comme l'image réciproque d'un ouvert de $\mathbb{R}$ par une application continue de $\mathbb{R}^2$ dans $\mathbb{R}$. ➥ **Exercice 14.8.**
Pour montrer qu'une partie A de $\mathbb{R}^2$ n'est pas ouverte	Revenir à la définition, c'est-à-dire montrer qu'il existe $M \in A$ tel que, pour tout $r > 0$, la boule ouverte $B(M, r)$ n'est pas incluse dans A. ➥ **Exercices 14.1, 14.8.**
Pour montrer qu'une partie A de $\mathbb{R}^2$ est fermée	Essayer de : • revenir à la définition, c'est-à-dire montrer que le complémentaire de A dans $\mathbb{R}^2$ est ouvert ➥ **Exercice 14.1** • présenter A comme l'image réciproque d'un fermé de $\mathbb{R}$ par une application continue de $\mathbb{R}^2$ dans $\mathbb{R}$. ➥ **Exercice 14.8.**
Pour montrer qu'une partie A de $\mathbb{R}^2$ n'est pas fermée	Revenir à la définition, c'est-à-dire montrer que le complémentaire de A dans $\mathbb{R}^2$ n'est pas ouvert. ➥ **Exercices 14.1, 14.8.**
Pour montrer qu'une partie A de $\mathbb{R}^2$ est convexe	Revenir à la définition, c'est-à-dire montrer : $$\forall t \in [0\,;1],\ \forall M, N \in A,\quad (1-t)M + tN \in A.$$ Graphiquement, la notion de convexité est apparente. ➥ **Exercices 14.1, 14.2 *a*).**
Pour montrer qu'une partie A de $\mathbb{R}^2$ n'est pas convexe	Revenir à la définition, c'est-à-dire montrer qu'il existe $t \in [0\,;1]$, $M, N \in A$ tels que $(1-t)M + tN \notin A$. Graphiquement, la notion de partie non convexe est apparente. ➥ **Exercices 14.1, 14.2 *b*).**

Pour calculer les dérivées partielles premières d'une fonction f de deux variables réelles x, y

- Essayer, après avoir fixé une variable, d'appliquer les théorèmes généraux sur la dérivation pour les fonctions d'une variable réelle

➥ **Exercices 14.4, 14.11, 14.13**

- En un point en lequel les théorèmes généraux ne s'appliquent pas, revenir à la définition d'une dérivée partielle première comme dérivée d'une fonction partielle. On a ainsi, sous réserve d'existence :

$$\frac{\partial f}{\partial x}(x_0, y_0) = (f(\cdot, y_0))'(x_0), \qquad \frac{\partial f}{\partial y}(x_0, y_0) = (f(x_0, \cdot))'(y_0),$$

où $f(\cdot, y_0) : x \longmapsto f(x, y_0)$ et $f(x_0, \cdot) y \longmapsto f(x_0, y)$ sont les fonctions partielles de f en (x_0, y_0).

➥ **Exercices 14.11 à 14.13.**

Pour étudier l'existence et la valeur de la limite en un point, ou pour étudier la continuité en un point, d'une fonction de deux variables réelles

- Essayer d'abord d'appliquer les théorèmes généraux

➥ **Exercice 14.11**

- S'il s'agit d'une forme indéterminée, se ramener d'abord, par changement de variable par translation, à une étude en $(0, 0)$.

  Former les fonctions partielles $f(\cdot, 0)$ et $f(0, \cdot)$.

  Si l'une de ces deux fonctions partielles n'a pas de limite en 0 ou si elles ont des limites en 0 différentes, alors f n'a pas de limite en $(0, 0)$.

  Si $f(\cdot, 0)$ et $f(0, \cdot)$ admettent une même limite ℓ en 0, envisager des fonctions du type $x \longmapsto f(x, x)$, ou plus compliquées en tenant compte de l'exemple proposé. Si ces diverses fonctions (d'une variable réelle) ont la même limite ℓ en 0, on peut essayer d'établir que f admet ℓ pour limite en $(0, 0)$, en formant $|f(x, y) - \ell|$ et en essayant de majorer cette expression par une expression plus simple et de limite 0 lorsque (x, y) tend vers $(0, 0)$. À cet effet, il peut être intéressant de faire un changement de variable.

➥ **Exercices 14.10 à 14.13.**

Pour étudier une fonction de deux variables réelles $f : (x, y) \longmapsto f(x, y)$

Essayer de se ramener à ne faire intervenir qu'une variable, par exemple :

- en fixant une des deux variables et en faisant varier l'autre

➥ **Exercice 14.9**

- en séparant les rôles des deux variables

➥ **Exercice 14.14**

- en faisant intervenir une nouvelle variable qui regroupe x et y, par exemple $x + y,\ xy,\ x^2 + y^2, \ldots$

➥ **Exercices 14.3, 14.16.**

Pour calculer des dérivées de fonctions composées par l'intermédiaire de deux variables	Appliquer la formule du cours : si $u, v : I \longrightarrow \mathbb{R}$ sont de classe C^1 sur un intervalle I et si $f : U \longrightarrow \mathbb{R}$ est de classe C^1 sur un ouvert U de $\mathbb{R}^2$ tel que : $\forall t \in I,\ (u(t), v(t)) \in U$, alors l'application $g : I \longrightarrow \mathbb{R},\ t \longmapsto f(u(t), v(t))$ est de classe C^1 sur I et : $$\forall t \in I,\ g'(t) = \frac{\partial f}{\partial x}(u(t), v(t))u'(t) + \frac{\partial f}{\partial y}(u(t), v(t))v'(t).$$ ➥ **Exercice 14.5.**
Pour calculer le DL_1 d'une fonction f de deux variables réelles	Appliquer le théorème du cours : si $f : U \longrightarrow \mathbb{R}$ est de classe C^1 sur un ouvert U de $\mathbb{R}^2$ et si $A = (a, b) \in U$, alors f admet le $DL_1(A)$ suivant : $$f(A + H) = f(A) + < \nabla f(A)\, ,\, H > + \underset{H \longrightarrow 0}{o}(\|H\|),$$ ou encore : $$f(a + h, b + k) = f(a, b) + h\frac{\partial f}{\partial x}(a, b) + k\frac{\partial f}{\partial y}(a, b) + \underset{(h,k) \longrightarrow (0,0)}{o}(\sqrt{h^2 + k^2}).$$ ➥ **Exercice 14.6.**
Pour former une équation cartésienne du plan tangent en un point $A(a, b, f(a, b))$ d'une surface S d'équation cartésienne $z = f(x, y)$	Appliquer le cours : le plan tangent en $A(a, b, f(a, b))$ à la surface S d'équation cartésienne $z = f(x, y)$, où $f : U \longrightarrow \mathbb{R}$ est de classe C^1 sur un ouvert U de $\mathbb{R}^2$ tel que $(a, b) \in U$, admet pour équation cartésienne : $$z - f(a, b) = \frac{\partial f}{\partial x}(a, b)(x - a) + \frac{\partial f}{\partial y}(a, b)(y - b).$$ ➥ **Exercice 14.4.**
Pour montrer l'existence d'un point C satisfaisant une condition portant sur $f(C)$ ou sur $\nabla f(C)$, où f est une fonction de deux variables réelles	Étudier une fonction auxiliaire d'une variable réelle, par exemple $t \longmapsto f((1-t)A + tB)$, et appliquer un théorème sur les fonctions d'une variable réelle, par exemple le théorème des valeurs intermédiaires, le théorème de Rolle, ou le théorème des accroissements finis. ➥ **Exercices 14.17, 14.18.**

Énoncés des exercices

14.1 Une partie de $\mathbb{R}^2$ est-elle bornée ? ouverte ? fermée ? convexe ?

Pour chacune des parties suivantes de $\mathbb{R}^2$, la représenter graphiquement et dire si elle est bornée, ouverte, fermée, convexe :

$$A = \{(x, y) \in \mathbb{R}^2 ;\ -1 \leqslant x \leqslant 2 \text{ et } 1 \leqslant y\},$$
$$B = \{(x, y) \in \mathbb{R}^2 ;\ -2 < x \leqslant 1 \text{ et } 1 \leqslant y\},$$
$$C = \{(x, y) \in \mathbb{R}^2 ;\ -2 \leqslant x \leqslant 1 \text{ et } 0 \leqslant y \leqslant 1\},$$
$$D = \{(x, y) \in \mathbb{R}^2 ;\ -1 \leqslant x < 2 \text{ et } 0 < y < 1\},$$
$$E = \{(x, y) \in \mathbb{R}^2 ;\ 0 < x + y \leqslant 3 \text{ et } -1 < x - 2y < 1\},$$
$$F = \{(x, y) \in \mathbb{R}^2 ;\ 0 \leqslant x + 2y \leqslant 1 \text{ ou } -1 \leqslant 2x - y \leqslant 2\},$$
$$G = \{(x, y) \in \mathbb{R}^2 ;\ x^2 + y^2 \leqslant 1 \text{ et } x > 0 \text{ et } y \geqslant 0\}.$$

14.2 Intersection de deux convexes, réunion de deux convexes

Soient C_1, C_2 deux parties convexes de $\mathbb{R}^2$.

a) Montrer que $C_1 \cap C_2$ est convexe.

b) Est-ce que $C_1 \cup C_2$ est convexe ?

14.3 Détermination de l'image directe d'une fonction de deux variables réelles

On note $f : [0\,;\,1]^2 \longrightarrow \mathbb{R},\ (x, y) \longmapsto x + y - xy$.

Déterminer l'ensemble $F = \{f(x, y)\,;\,(x, y) \in [0\,;\,1]^2\}$.

14.4 Exemple de calcul de dérivées partielles premières en tout point

Calculer les dérivées partielles premières en tout point, pour les fonctions f suivantes, où l'on donne $f(x, y)$ pour (x, y) dans $\mathbb{R}^2$ ou dans une partie ouverte de $\mathbb{R}^2$:

a) $2x^3y^2 + xy^5$

b) $\dfrac{x + 2y}{x^2 + 3y^2}$

c) x^y

d) $(x^2 + y^3)\,\mathrm{e}^{xy^2}$

e) $\sqrt{x^2 + y^2}\,\sin(xy^2)$.

14.5 Exemples de calculs de dérivées de fonctions composées

Calculer les dérivées en tout point pour les fonctions g suivantes, où f est une fonction de classe C^1 sur un ouvert de $\mathbb{R}^2$ et où on donne $g(t)$, variable $t \in \mathbb{R}$:

a) $g(t) = f(t^2, t^3)$

b) $g(t) = f(\mathrm{e}^t - 1,\ 1 + t^2)$.

14.6 Exemples de calculs de DL_1

Former le développement limité à l'ordre 1, au voisinage indiqué, de la fonction f de deux variables réelles définie par la formule suivante (variables x, y) :

a) $(0, 0)$, $\quad (1 + x)^2 \cos(x - y)$

b) $(0,0)$, $\quad \dfrac{\mathrm{e}^{-(3x+2y)}\ln(\cos x+\cos y)}{1+2x+3y}$

c) $(2,1)$, $\quad x^2y^3$

d) $(1,-1)$, $\quad \mathrm{e}^{xy}\ln(\mathrm{e}+x+y)$.

14.7 Exemple de calcul d'un plan tangent

Former une équation cartésienne du plan tangent à la surface S d'équation cartésienne $z = x^2\sin(x+y)+2xy^3$ au point $A(x=1,\ y=-1)$.

14.8 Une partie de $\mathbb{R}^2$ est-elle bornée ? ouverte ? fermée ?

Pour chacune des parties suivantes de $\mathbb{R}^2$, dire si elle est bornée, ouverte, fermée :

a) $A=\{(x,y)\in\mathbb{R}^2\ ;\ x+y+\mathrm{e}^{xy}>1\}$,

b) $B=\{(x,y)\in\mathbb{R}^2\ ;\ x^4-x^3y-x^2+y+3\geqslant 0\}$,

c) $C=\{(x,y)\in\mathbb{R}^2\ ;\ x-y<x^2+y^2\leqslant x+y\}$.

14.9 Détermination de l'image directe d'une fonction de deux variables réelles

On note $f : [0\,;\,1]^2 \longrightarrow \mathbb{R},\ (x,y)\longmapsto x^4+y^3-x^3y^2$.

Déterminer l'ensemble $\{f(x,y)\ ;\ (x,y)\in[0\,;\,1]^2\}$.

14.10 Exemples de calculs de limites en (0, 0)

Étudier l'existence et la valeur éventuelle d'une limite en $(0,0)$ pour les fonctions f suivantes, pour lesquelles on donne $f(x,y)$:

a) $\dfrac{xy^2}{x^2+y^2}$

b) $\dfrac{x^3y^3}{x^4+y^4}$

c) $\dfrac{xy^3}{x^4+y^4}$

d) $\dfrac{\sin x\sin y}{|x|+|y|}$

e) $\dfrac{xy}{x^2+xy+y^2}$

f) $\dfrac{\mathrm{e}^x-\mathrm{e}^y}{x^2-y}$

g) $\dfrac{\mathrm{e}^{xy}-1}{(\mathrm{e}^x-1)(\mathrm{e}^y-1)}$.

14.11 Étude de dérivées partielles premières

On note $\quad f:\mathbb{R}^2\longrightarrow\mathbb{R},\ (x,y)\longmapsto\begin{cases}\dfrac{x^2y}{x^2+y^2} & \text{si } (x,y)\neq(0,0)\\ 0 & \text{si } (x,y)=(0,0).\end{cases}$

Étudier la continuité de f, l'existence des dérivées partielles premières de f et la continuité des dérivées partielles premières de f.

14.12 **Étude de dérivées partielles premières en un point particulier**

On note $f : \mathbb{R}^2 \longrightarrow \mathbb{R},\ (x,y) \longmapsto \begin{cases} \dfrac{x^3}{x^2+y^2} & \text{si } (x,y) \neq (0,0) \\ 0 & \text{si } (x,y) = (0,0). \end{cases}$

Montrer : f est continue en $(0,0)$, f admet des dérivées partielles premières en $(0,0)$, mais f n'admet pas de $DL_1(0,0)$.

14.13 **Étude de dérivées partielles premières en un point particulier**

On note $f : \mathbb{R}^2 \longrightarrow \mathbb{R},\ (x,y) \longmapsto \begin{cases} xy \sin \dfrac{1}{x} & \text{si } x \neq 0 \\ 0 & \text{si } x = 0. \end{cases}$

Montrer : f est continue en $(0,0)$, f admet des dérivées partielles premières en $(0,0)$, f admet un $DL_1(0,0)$, mais les dérivées partielles premières de f ne sont pas toutes les deux continues en $(0,0)$.

14.14 **Montrer qu'une application de $\mathbb{R}^2$ dans $\mathbb{R}$ est bornée**

Montrer que l'application $f : \mathbb{R}^2 \longrightarrow \mathbb{R},\ (x,y) \longmapsto \dfrac{x^2y^3}{1+\mathrm{e}^{2x^2+3y^2}}$ est bornée.

14.15 **Exemple d'équation fonctionnelle à deux variables**

Trouver toutes les applications $f : \mathbb{R}^2 \longrightarrow \mathbb{R}$ continues telles que :

$$\forall (x,y) \in \mathbb{R}^2,\quad f(x,y) = f(x+y,\ x-y).$$

14.16 **Classe C^1 pour une fonction de deux variables**

a) Montrer que l'application $\varphi :]-1\,;+\infty[\longrightarrow \mathbb{R},\ x \longmapsto \begin{cases} \dfrac{\ln(1+x)}{x} & \text{si } x \neq 0 \\ 1 & \text{si } x = 0 \end{cases}$

est de classe C^1 sur $]-1\,;+\infty[$.

b) En déduire que l'application

$$f :]-1\,;+\infty[\times\mathbb{R} \longrightarrow \mathbb{R},\ (x,y) \longmapsto \begin{cases} \dfrac{y}{x}\big(\ln(1+x)\big)^2 & \text{si } x \neq 0 \\ 0 & \text{si } x = 0 \end{cases}$$

est de classe C^1 sur $]-1\,;+\infty[\times\mathbb{R}$ et calculer $\dfrac{\partial f}{\partial x}(0,1)$ et $\dfrac{\partial f}{\partial y}(0,1)$.

14.17 **Valeurs intermédiaires pour une fonction de deux variables réelles**

Soient U un ouvert convexe non vide de $\mathbb{R}^2$, $f : U \longrightarrow \mathbb{R}$ continue, $(A,B) \in U$, k un réel compris entre $f(A)$ et $f(B)$. Montrer : $\exists\, C \in U,\ \ f(C) = k$.

14.18 **Analogue du théorème des accroissements finis pour une fonction de deux variables réelles**

Soient U un ouvert convexe non vide de $\mathbb{R}^2$, $f : U \longrightarrow \mathbb{R}$ une application de classe C^1 sur U, $(A,B) \in U^2$. Montrer : $\exists\, C \in [A\,;B],\ \ f(B) - f(A) = <\nabla f(C),\ B-A>$.

14.19 Minimum d'une fonction de deux variables réelles

Soient $f, g : [-1\,;\,1]^2 \longrightarrow \mathbb{R}$ continues telles que :

$$\forall (x,y) \in [-1\,;\,1]^2,\quad |f(x,y)| + |g(x,y)| > 0.$$

Montrer qu'il existe $m \in \mathbb{R}_+^*$ tel que : $\forall (x,y) \in [-1\,;\,1]^2,\ \ (f(x,y))^2 + (g(x,y))^2 \geqslant m.$

Du mal à démarrer ?

14.1 Les ensembles A à F sont limités par des droites, des demi-droites, des segments, et le bord est soit compris, soit exclu, soit en partie compris.

Pour G, il s'agit d'un quart de disque dont une partie du bord est exclue.

14.2 *a)* Utiliser la définition de la convexité.

b) Trouver un contrexemple, c'est-à-dire un exemple de parties convexes C_1, C_2 de $\mathbb{R}^2$ telles que $C_1 \cup C_2$ ne soit pas convexe.

14.3 • Montrer, à l'aide d'inégalités : $F \subset [0\,;\,1]$.

• Réciproquement, établir : $[0\,;\,1] \subset F$.

14.4 Pour calculer, par exemple, $\dfrac{\partial f}{\partial x}(x,y)$, fixer mentalement y et dériver par rapport à x. Dans l'exemple *c)*, mettre d'abord x^y sous forme d'une exponentielle.

14.5 Appliquer la formule du cours pour dériver une fonction composée à deux variables.

14.6 *a) b)* Noter $\rho = \sqrt{x^2+y^2}$.

c) Noter $h = x-2,\ k = y-1,\ \rho = \sqrt{h^2+k^2}$.

d) Noter $h = x-1,\ k = y+1,\ \rho = \sqrt{h^2+k^2}$.

14.7 Vérifier d'abord $A \in S$.

Noter $f : \mathbb{R}^2 \longrightarrow \mathbb{R},\ (x,y) \longmapsto x^2 \sin(x+y) + 2xy^3$. Appliquer le résultat du cours donnant le plan tangent en A à S.

14.8 *a)* • Présenter A comme image réciproque d'un ouvert par une application continue.

• Montrer que le complémentaire A_1 de A dans $\mathbb{R}^2$ n'est pas ouvert, en trouvant un point de A_1 tel qu'aucune boule ouverte de centre ce point ne soit incluse dans A_1.

b) • Présenter B comme image réciproque d'un fermé par une application continue.

• Montrer que B n'est pas ouverte en trouvant un point de B tel qu'aucune boule ouverte centrée en ce point ne soit incluse dans B.

c) Faire un schéma.

• Montrer que C n'est pas ouverte en trouvant un point de C tel qu'aucune boule ouverte centrée en ce point ne soit incluse dans C.

• Faire de même pour le complémentaire de C dans $\mathbb{R}^2$.

14.9 • Étudier, pour $x \in [0\,;\,1]$ fixé, les variations de

$$g_x : [0\,;\,1] \longrightarrow \mathbb{R},\quad y \longmapsto f(x,y).$$

Déduire : $F \subset [0\,;\,1]$.

• Réciproquement, montrer : $[0\,;\,1] \subset F$.

14.10 *a)* Majorer convenablement $|f(x,y)|$ et obtenir :

$$f(x,y) \underset{(x,y) \to (0,0)}{\longrightarrow} 0.$$

b) Remarquer : $|x| \leqslant (x^4+y^4)^{1/4}$ et $|y| \leqslant (x^4+y^4)^{1/4}$,

et en déduire une majoration convenable de $|f(x,y)|$.

c) Examiner $f(x,0)$ et $f(x,x)$.

d) Utiliser : $\forall t \in \mathbb{R},\ \ |\sin t| \leqslant t$.

e) Examiner $f(x,0)$ et $f(x,x)$.

f) Examiner $f(x,0)$.

g) Faire intervenir $\dfrac{e^{xy}-1}{xy}$.

14.11 *1) Continuité de f :*

Pour l'étude en $(0,0)$, majorer convenablement l'expression $|f(x,y) - f(0,0)|$.

2) Existence des dérivées partielles premières de f :

Pour l'étude en $(x,y) \neq (0,0)$, appliquer les théorèmes généraux.

Pour l'étude en $(0,0)$, revenir à la définition d'une dérivée partielle première : $\dfrac{\partial f}{\partial x}(0,0)$ est, sous réserve d'existence, la dérivée de $x \longmapsto f(x,0)$ en 0.

3) Continuité des dérivées partielles premières de f :

Pour l'étude en $(x,y) \neq (0,0)$, appliquer les théorèmes généraux.

Pour l'étude en $(0,0)$, examiner $\dfrac{\partial f}{\partial x}(x,0)$ et $\dfrac{\partial f}{\partial x}(0,x)$.

14.12 *1) Continuité de f en (0, 0) :*

Majorer convenablement $|f(x, y) - f(0, 0)|$.

2) Existence des dérivées partielles premières de f en (0, 0) :

Revenir à la définition d'une dérivée partielle en un point.

3) Non-existence du DL_1 de f en (0, 0) :

Raisonner par l'absurde.

Déduire $f(x, y) = x + \underset{(x,y) \longrightarrow (0,0)}{o}(\sqrt{x^2 + y^2})$

et obtenir une contradiction.

14.13 *1) Continuité de f en (0, 0) :*

Majorer convenablement $|f(x, y) - f(0, 0)|$.

2) Existence des dérivées partielles premières de f en (0, 0) :

Revenir à la définition d'une dérivée partielle en un point.

3) Existence d'un $DL_1(0, 0)$ pour f :

Montrer : $f(x, y) = \underset{(x,y) \longrightarrow (0,0)}{o}(\sqrt{x^2 + y^2})$.

4) Non-continuité des dérivées partielles premières de f en (0, 0) :

Montrer que $\dfrac{\partial f}{\partial x}(x, x)$ n'a pas de limite lorsque $x \longrightarrow 0$.

14.14 Obtenir : $\forall (x, y) \in \mathbb{R}^2, \quad |f(x, y)| \leqslant (x^2 \, e^{-2x^2})(|y|^3 \, e^{-3y^2})$

et montrer que les applications $u : \mathbb{R} \longrightarrow \mathbb{R}, \; x \longmapsto x^2 \, e^{-2x^2}$ et $v : \mathbb{R} \longrightarrow \mathbb{R}, \; y \longmapsto |y|^3 \, e^{-3y^2}$ sont bornées.

14.15 *1)* Soit f convenant.

En appliquant convenablement l'hypothèse, deux fois, obtenir : $\forall (x, y) \in \mathbb{R}^2, \quad f(x, y) = f(2x, 2y)$.

En déduire : $\quad \forall (x, y) \in \mathbb{R}^2, \; \forall n \in \mathbb{N}, \quad f(x, y) = f\left(\dfrac{x}{2^n}, \dfrac{y}{2^n}\right)$,

puis utiliser la continuité de f en (0, 0).

2) Ne pas oublier la réciproque.

14.16 *a)* Appliquer le théorème limite de la dérivée.

b) Montrer : $\forall (x, y) \in]1 \,; +\infty[\times \mathbb{R}, \quad f(x, y) = xy\varphi(x)$.

14.17 Considérer l'application

$$\varphi : [0 \,; 1] \longrightarrow \mathbb{R}, \quad t \longmapsto f((1-t)A + tB)$$

et utiliser le théorème des valeurs intermédiaires.

14.18 Considérer l'application

$$\varphi : [0 \,; 1] \longrightarrow \mathbb{R}, \quad t \longmapsto f((1-t)A + tB)$$

et utiliser le théorème des accroissements finis.

14.19 Considérer l'application

$$\varphi : [0 \,; 1]^2 \longrightarrow \mathbb{R}, \quad (x, y) \longmapsto (f(x, y))^2 + (g(x, y))^2,$$

qui est continue sur le fermé borné $[-1 \,; 1]^2$ de $\mathbb{R}^2$.

Corrigés des exercices

14.1

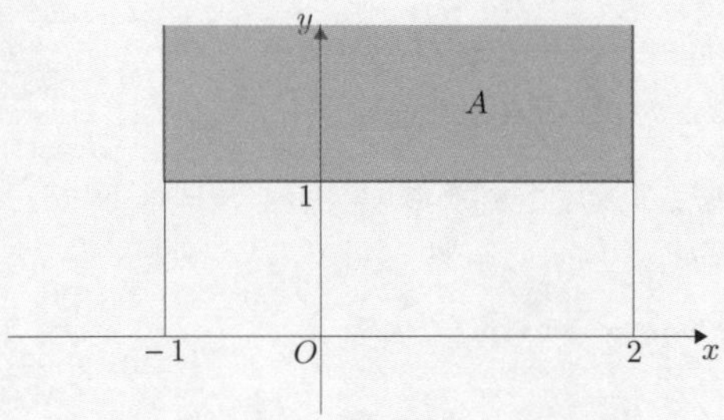

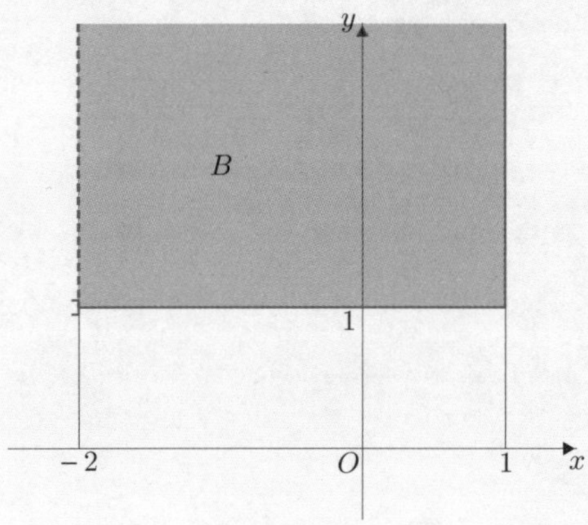

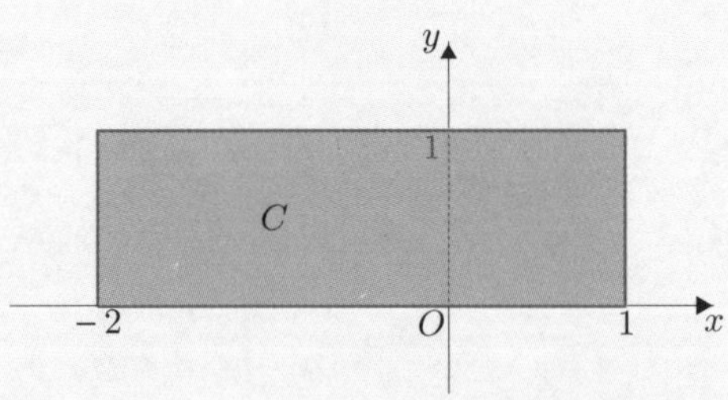

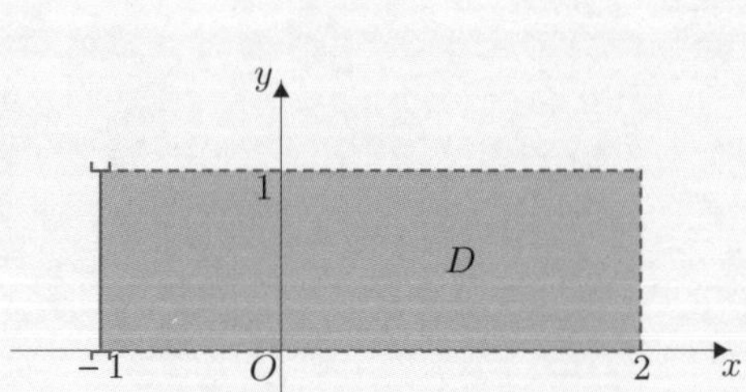

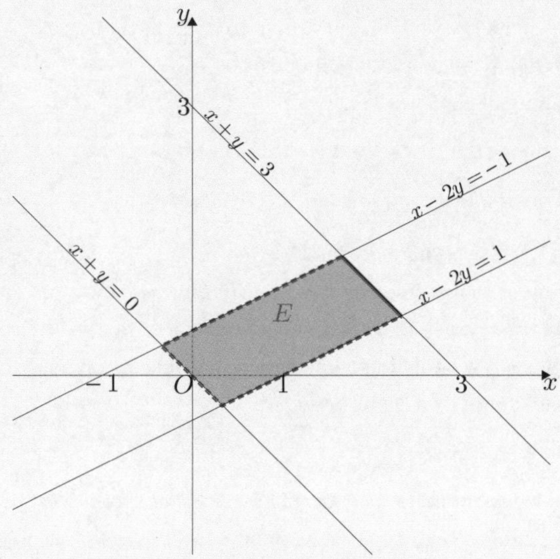

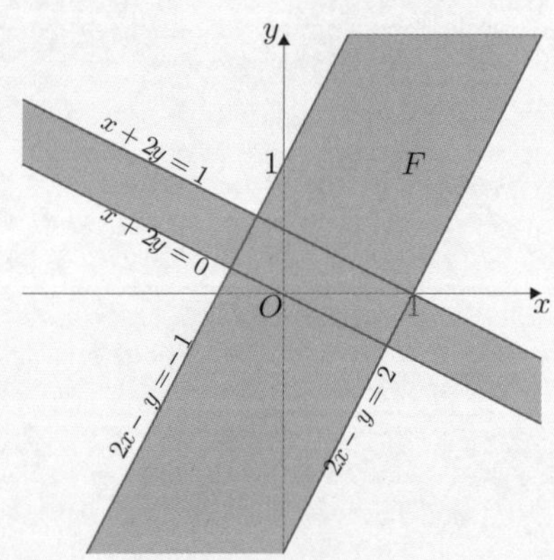

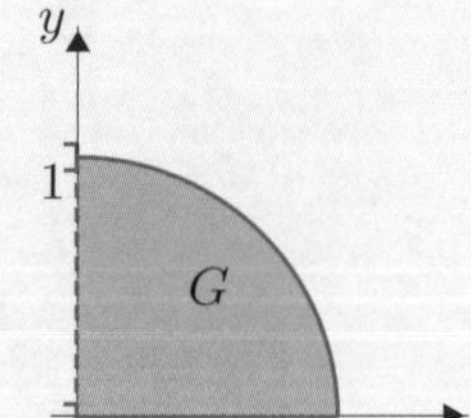

	bornée	ouverte	fermée	convexe
A			✓	✓
B				✓
C	✓		✓	✓
D	✓			✓
E				✓
F			✓	
G	✓			✓

14.2 *a)*

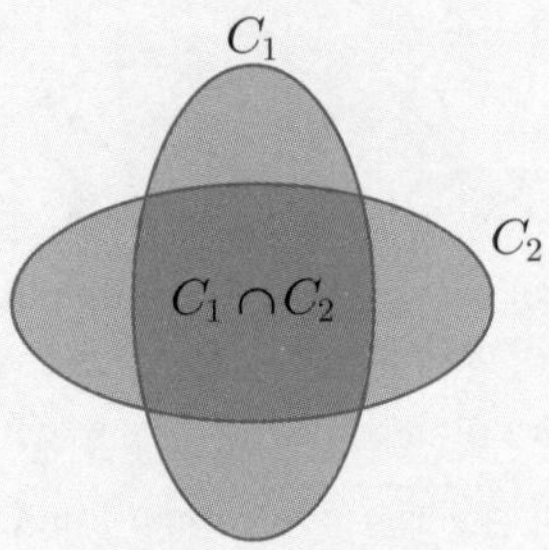

Soient $M, N \in C_1 \cap C_2$, $t \in [0\,;\,1]$.

On a alors : $M \in C_1$ et $N \in C_1$, donc, puisque C_1 est convexe :

$$(1-t)M + tN \in C_1.$$

De même : $(1-t)M + tN \in C_2$.

D'où : $(1-t)M + tN \in C_1 \cap C_2$.

Ceci montre que $C_1 \cap C_2$ est convexe.

b) Il se peut que $C_1 \cup C_2$ ne soit pas convexe.

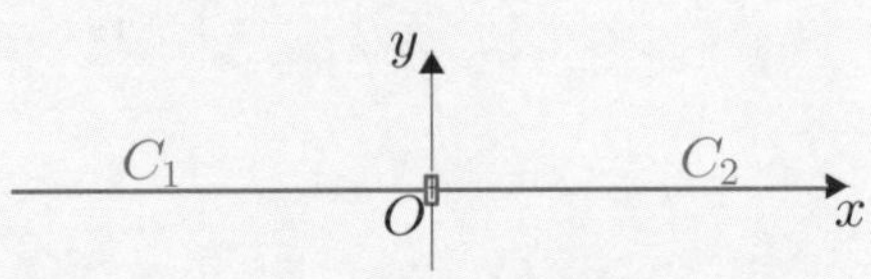

Par exemple, pour : $C_1 = \mathbb{R}_-^* \times \{0\}$, $\quad C_2 = \mathbb{R}_+^* \times \{0\}$,

C_1 et C_2 sont convexes, mais $C_1 \cup C_2 = \mathbb{R}^* \times \{0\}$ n'est pas convexe.

14.3 • On a, pour tout $(x, y) \in [0\,;\,1]^2$:

$$\begin{cases} x + y - xy = x(1-y) + y \geqslant 0 \\ x + y - xy = x(1-y) + y \leqslant (1-y) + y = 1, \end{cases}$$

donc : $F \subset [0\,;\,1]$.

• Réciproquement, pour tout $\lambda \in [0\,;\,1]$, on remarque, par exemple : $f(\lambda, 0) = \lambda$, donc $\lambda \in F$.

On conclut : $\quad F = [0\,;\,1]$.

14.4 *a)* $\dfrac{\partial f}{\partial x}(x,y) = 6x^2y^2 + y^5, \quad \dfrac{\partial f}{\partial y}(x,y) = 4x^3y + 5xy^4.$

b) $$\frac{\partial f}{\partial x}(x,y) = \frac{(x^2+3y^2) - (x+2y)2x}{(x^2+3y^2)^2} = \frac{-x^2 - 4xy + 3y^2}{(x^2+3y^2)^2},$$

$$\frac{\partial f}{\partial y}(x,y) = \frac{2(x^2+3y^2) - (x+2y)6y}{(x^2+3y^2)^2} = \frac{2x^2 - 6xy - 6y^2}{(x^2+3y^2)^2}.$$

c) On a : $f(x,y) = x^y = \mathrm{e}^{y\ln x}$, donc :

$$\frac{\partial f}{\partial x}(x,y) = \frac{y}{x}\,\mathrm{e}^{y\ln x} = yx^{y-1}, \quad \frac{\partial f}{\partial y}(x,y) = \ln x\,\mathrm{e}^{y\ln x} = \ln x\, x^y.$$

d) $$\frac{\partial f}{\partial x}(x,y) = 2x\,\mathrm{e}^{xy^2} + (x^2+y^3)y^2\,\mathrm{e}^{xy^2} = (2x + x^2y^2 + y^5)\,\mathrm{e}^{xy^2},$$

$$\frac{\partial f}{\partial y}(x,y) = 3y^2\,\mathrm{e}^{xy^2} + (x^2+y^3)2xy\,\mathrm{e}^{xy^2}$$

$$= (2x^3y + 2xy^4 + 3y^2)\,\mathrm{e}^{xy^2}.$$

e) $$\frac{\partial f}{\partial x}(x,y) = \frac{x}{\sqrt{x^2+y^2}}\sin(xy^2) + \sqrt{x^2+y^2}\,y^2\cos(xy^2),$$

$$\frac{\partial f}{\partial y}(x,y) = \frac{y}{\sqrt{x^2+y^2}}\sin(xy^2) + \sqrt{x^2+y^2}\,2xy\cos(xy^2).$$

14.5 *a)* $g'(t) = \dfrac{\partial f}{\partial x}(t^2, t^3)2t + \dfrac{\partial f}{\partial y}(t^2, t^3)3t^2.$

b) $g'(t) = \dfrac{\partial f}{\partial x}(\mathrm{e}^t - 1,\, 1 + t^2)\mathrm{e}^t + \dfrac{\partial f}{\partial y}(\mathrm{e}^t - 1,\, 1 + t^2)2t.$

14.6 *a)* Notons $\rho = \sqrt{x^2+y^2}$, pour la commodité. On a :

$$f(x,y) = (1+x)^2\cos(x-y) = (1 + 2x + o(x))(1 + o(x-y))$$
$$= (1 + 2x + o(\rho))(1 + o(\rho)) = 1 + 2x + o(\rho).$$

b) Notons $\rho = \sqrt{x^2+y^2}$, pour la commodité. On a :

$$f(x,y) = \frac{\mathrm{e}^{-(3x+2y)}\ln(\cos x + \cos y)}{1 + 2x + 3y}$$
$$= \frac{(1 - (3x+2y) + o(\rho))\ln(2 + o(\rho))}{1 + 2x + 3y}$$
$$= \frac{\ln 2 - (\ln 2)(3x+2y) + o(\rho)}{1 + 2x + 3y}$$
$$= (\ln 2 - (\ln 2)(3x+2y) + o(\rho))(1 - (2x+3y) + o(\rho))$$
$$= \ln 2 - ((\ln 2)(3x+2y) + (\ln 2)(2x+3y)) + o(\rho)$$
$$= \ln 2 - 5(\ln 2)x - 5(\ln 2)y + o(\rho).$$

c) Notons : $h = x - 2$, $k = y - 1$, $\rho = \sqrt{h^2+k^2}$. On a :

$$f(x,y) = x^2y^3 = (2+h)^2(1+k)^3$$
$$= (4 + 4h + o(\rho))(1 + 3k + o(\rho)) = 4 + 4h + 12k + o(\rho).$$

d) Notons : $h = x - 1,\ k = y + 1,\ \rho = \sqrt{h^2 + k^2}$. On a :

$$\begin{aligned} f(x,y) &= \mathrm{e}^{xy} \ln(\mathrm{e} + x + y) \\ &= \mathrm{e}^{(1+h)(-1+k)} \ln\big(\mathrm{e} + (1+h) + (-1+k)\big) \\ &= \mathrm{e}^{-1-h+k+hk}\Big(1 + \ln\Big(1 + \frac{h}{\mathrm{e}} + \frac{k}{\mathrm{e}}\Big)\Big) \\ &= \mathrm{e}^{-1}\big(1 + (-h+k) + o(\rho)\big)\Big(1 + \frac{h}{\mathrm{e}} + \frac{k}{\mathrm{e}} + o(\rho)\Big) \\ &= \mathrm{e}^{-1}\Big(1 + \Big(\frac{h}{\mathrm{e}} + \frac{k}{\mathrm{e}}\Big) + (-h+k) + o(\rho)\Big) \\ &= \mathrm{e}^{-1} + (1 - \mathrm{e}^{-1})h + (1 + \mathrm{e}^{-1}k) + o(\rho). \end{aligned}$$

14.7 L'application

$$f : \mathbb{R}^2 \longrightarrow \mathbb{R},\quad (x,y) \longmapsto x^2 \sin(x+y) + 2xy^3$$

est de classe C^1 sur $\mathbb{R}^2$, et, pour tout $(x,y) \in \mathbb{R}^2$:

$$\begin{cases} \dfrac{\partial f}{\partial x}(x,y) = 2x\sin(x+y) + x^2\cos(x+y) + 2y^3 \\ \dfrac{\partial f}{\partial y}(x,y) = x^2\cos(x+y) + 6xy^2. \end{cases}$$

En particulier, pour $A(x = 1,\ y = -1)$:

$$\frac{\partial f}{\partial x}(1,-1) = -1, \qquad \frac{\partial f}{\partial y}(1,-1) = 7.$$

D'après le cours, le plan tangent à la surface S d'équation cartésienne $z = f(x,y)$ en le point A admet pour équation cartésienne :

$$z - f(1,-1) = \frac{\partial f}{\partial x}(1,-1)(x-1) + \frac{\partial f}{\partial y}(1,-1)(y+1),$$

c'est-à-dire : $\quad z + 2 = -(x-1) + 7(y+1)$

ou encore : $\quad x - 7y + z - 6 = 0.$

14.8 *a)* • Il est clair que : $\forall y \in \mathbb{R}_+^*,\ (0,y) \in A$,

donc A n'est pas bornée.

• L'application $f : \mathbb{R}^2 \longrightarrow \mathbb{R},\ (x,y) \longmapsto x + y + \mathrm{e}^{xy}$

est continue d'après les théorèmes généraux,

et $A = f^{-1}(]1\,;+\infty[)$. Ainsi, A est l'image réciproque d'un ouvert de $\mathbb{R}$ par une application continue de $\mathbb{R}^2$ dans $\mathbb{R}$, donc, d'après le cours, A est ouverte.

• Le complémentaire A_1 de A dans $\mathbb{R}^2$ est défini par :

$$A_1 = \{(x,y) \in \mathbb{R}^2\,;\ x + y + \mathrm{e}^{xy} \leqslant 1\}.$$

Il est clair que $(0,0) \in A$ et que, pour tout $r > 0$, la boule ouverte $B((0,0),r)$ n'est pas incluse dans A_1, puisque, en notant $M = (r/2, r/2)$, on a : $M \in B((0,0),r)$ et $M \notin A_1$.

On conclut : A n'est pas fermée.

b) • Il est clair que : $\quad \forall x \in [1\,;+\infty[,\ (x,0) \in B$,

donc B n'est pas bornée.

• L'application

$$f : \mathbb{R}^2 \longrightarrow \mathbb{R},\quad (x,y) \longmapsto x^4 - x^3y - x^2 + y + 3$$

est continue d'après les théorèmes généraux, et

$B = f^{-1}([0\,;+\infty[)$. Ainsi, B est l'image réciproque d'un fermé de $\mathbb{R}$ par une application continue de $\mathbb{R}^2$ dans $\mathbb{R}$, donc, d'après le cours, B est fermée.

• On a : $(0,-3) \in B$ et : $\forall r > 0,\ (r,-3) \in B((0,-3),2r)$.

On a, pour tout $r > 0$:

$$f(r,-3) = r^4 + 3r^3 - r^2 = r^2(r^2 + 3r - 1).$$

En particulier : $\quad \forall r \in]0\,;1/4],\ f(r,-3) < 0.$

Ainsi, pour tout $r \in]0\,;1/4]$, il existe un point de $B((0,-3),2r)$ qui n'est pas dans B, le point $(r,-3)$.

On conclut : B n'est pas ouverte.

c) • Notons $\rho = \sqrt{x^2 + y^2}$. On a, pour tout $(x,y) \in C$:

$$\rho^2 = x^2 + y^2 \leqslant x + y \leqslant |x| + |y| \leqslant 2\rho,$$

d'où : $\quad \forall (x,y) \in C,\ \rho \in [0\,;2]$,

donc C est bornée.

• On a, pour tout $(x,y) \in \mathbb{R}^2$:

$$(x,y) \in C \iff \begin{cases} x^2 + y^2 - x + y > 0 \\ x^2 + y^2 - x - y \leqslant 0 \end{cases}$$

$$\iff \begin{cases} \Big(x - \dfrac{1}{2}\Big)^2 + \Big(y + \dfrac{1}{2}\Big)^2 > \dfrac{1}{2} \\ \Big(x - \dfrac{1}{2}\Big)^2 + \Big(y - \dfrac{1}{2}\Big)^2 \leqslant \dfrac{1}{2}. \end{cases}$$

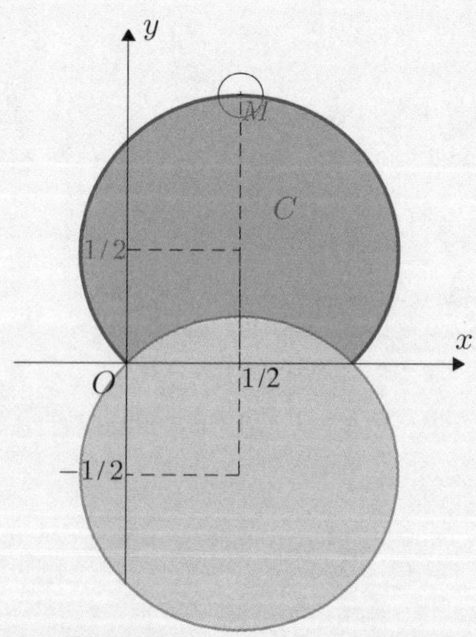

Ainsi, C est la partie de la boule fermée de centre $(1/2, 1/2)$ et de rayon $1/\sqrt{2}$ située à l'extérieur de la boule fermée de centre $(1/2, -1/2)$ et de rayon $1/\sqrt{2}$.

Il est clair alors que C n'est ni ouverte ni fermée.

En effet, C n'est pas ouverte car, en considérant le point $M\left(\frac{1}{2}, \frac{1}{2} + \frac{1}{\sqrt{2}}\right)$ situé "en haut", ce point M est dans C et aucune boule ouverte de centre M n'est incluse dans C.

De même, le complémentaire de C dans $\mathbb{R}^2$ n'est pas ouvert, donc C n'est pas fermée.

14.9 • Soit $x \in [0\,;\,1]$ fixé. Notons

$$g_x : [0\,;\,1] \longrightarrow \mathbb{R},\ \ y \longmapsto f(x, y) = x^4 + y^3 - x^3y^2.$$

L'application g_x est dérivable sur $[0\,;\,1]$ et :

$$\forall y \in [0\,;\,1],\ \ g'_x(y) = 3y^2 - 2x^3y = y(3y - 2x^3).$$

Remarquons : $\dfrac{2x^3}{3} \in [0\,;\,1]$.

On forme le tableau des variations de g_x :

y	0		$2x^3/3$		1
g'_x		$-$	0	$+$	
g_x	x^4	$\searrow$		$\nearrow$	$x^4 - x^3 + 1$

On a :

$$g_x(0) = x^4 \leqslant 1,\ g_x\left(\frac{2x^3}{3}\right) = x^4 - \frac{4}{27}x^9 \geqslant 0,\ g_x(1) \leqslant 1.$$

Ceci montre : $\forall (x, y) \in [0\,;\,1],\ \ f(x, y) \in [0\,;\,1]$,

d'où : $\quad F \subset [0\,;\,1]$.

• Réciproquement, soit $\lambda \in [0\,;\,1]$.

On remarque : $f(\lambda^{1/4}, 0) = \lambda$, donc : $\lambda \in F$.

Finalement : $\quad F = [0\,;\,1]$.

14.10 *a)* On a :

$$\forall (x, y) \in \mathbb{R}^2 - \{(0,0)\},\ \ |f(x, y)| = |x|\frac{y^2}{x^2 + y^2} \leqslant |x|.$$

Comme $|x| \underset{(x,y) \longrightarrow (0,0)}{\longrightarrow} 0$, on déduit, par encadrement :

$$f(x, y) \underset{(x,y) \longrightarrow (0,0)}{\longrightarrow} 0.$$

b) On a :

$$\forall (x, y) \in \mathbb{R}^2,\ \ |x| \leqslant (x^4 + y^4)^{1/4} \ \text{ et }\ |y| \leqslant (x^4 + y^4)^{1/4},$$

donc :

$$\forall (x, y) \in \mathbb{R}^2 - \{(0,0)\},\ \ |f(x, y)| = \frac{(|x|\,|y|)^3}{x^4 + y^4} \leqslant (x^4 + y^4)^{1/2}.$$

Comme $(x^4 + y^4)^{1/2} \underset{(x,y) \longrightarrow (0,0)}{\longrightarrow} 0$, on déduit, par encadrement : $f(x, y) \underset{(x,y) \longrightarrow (0,0)}{\longrightarrow} 0$.

c) On a :

$$f(x, 0) = 0 \underset{x \longrightarrow 0}{\longrightarrow} 0 \ \text{ et }\ f(x, x) = \frac{1}{2} \underset{x \longrightarrow 0}{\longrightarrow} \frac{1}{2} \neq 0,$$

donc f n'a pas de limite en $(0, 0)$.

d) On a, pour tout $(x, y) \in \mathbb{R}^2 - \{(0,0)\}$:

$$|f(x, y)| = \frac{|\sin x|\,|\sin y|}{|x| + |y|} \leqslant \frac{|x|\,|y|}{|x| + |y|} \leqslant |y|.$$

Comme $|y| \underset{(x,y) \longrightarrow (0,0)}{\longrightarrow} 0$, on déduit, par encadrement :

$$f(x, y) \underset{(x,y) \longrightarrow (0,0)}{\longrightarrow} 0.$$

e) On a : $f(x, 0) = 0 \underset{x \longrightarrow 0}{\longrightarrow} 0$ et $f(x, x) = \dfrac{1}{3} \underset{x \longrightarrow 0}{\longrightarrow} \dfrac{1}{3} \neq 0$,

donc f n'a pas de limite en $(0, 0)$.

f) On a : $\quad f(x, 0) = \dfrac{\mathrm{e}^{x} - 1}{x^2} \underset{x \longrightarrow 0}{\sim} \dfrac{x}{x^2} = \dfrac{1}{x} \underset{x \longrightarrow 0^+}{\longrightarrow} +\infty$,

donc f n'a pas de limite en $(0, 0)$.

g) On a, pour $(x, y) \in (]-1\,;\,1[-\{0\})^2$:

$$f(x, y) = \frac{\mathrm{e}^{xy} - 1}{(\mathrm{e}^{x} - 1)(\mathrm{e}^{y} - 1)} = \frac{\mathrm{e}^{xy} - 1}{xy} \cdot \frac{x}{\mathrm{e}^{x} - 1} \cdot \frac{y}{\mathrm{e}^{y} - 1}.$$

Comme $\dfrac{\mathrm{e}^{t} - 1}{t} \underset{t \longrightarrow 0}{\longrightarrow} 1$, on déduit :

$$f(x, y) \underset{(x,y) \longrightarrow (0,0)}{\longrightarrow} 1 \cdot \frac{1}{1} \cdot \frac{1}{1} = 1.$$

14.11 *1) Continuité de f :*

D'après les théorèmes généraux, f est continue en tout point de $\mathbb{R}^2 - \{(0,0)\}$.

On a :

$$\forall (x, y) \in \mathbb{R}^2 - \{(0,0)\},\ \ |f(x, y) - f(0,0)| = \frac{|x^2y|}{x^2 + y^2} \leqslant |y|.$$

Comme $y \underset{(x,y) \longrightarrow (0,0)}{\longrightarrow} 0$, on déduit, par encadrement :

$$f(x, y) \underset{(x,y) \longrightarrow (0,0)}{\longrightarrow} 0 = f(0, 0),$$

ce qui montre que f est continue en $(0, 0)$.

On conclut : f est continue sur $\mathbb{R}^2$.

2) Existence des dérivées partielles premières de f :

• D'après les théorèmes généraux, f admet des dérivées partielles premières en tout point de $\mathbb{R}^2 - \{(0,0)\}$ et on a, pour tout $(x, y) \in \mathbb{R}^2 - \{(0,0)\}$:

$$\frac{\partial f}{\partial x}(x, y) = \frac{2xy(x^2 + y^2) - x^2y(2x)}{(x^2 + y^2)^2} = \frac{2xy^3}{(x^2 + y^2)^2},$$

$$\frac{\partial f}{\partial y}(x,y) = \frac{x^2(x^2+y^2) - x^2y(2y)}{(x^2+y^2)^2} = \frac{x^4 - x^2y^2}{(x^2+y^2)^2}.$$

• On a : $\forall x \in \mathbb{R},\ f(x,0) = 0,$

donc $\dfrac{\partial f}{\partial x}(0,0)$ existe et est égale à 0.

De même : $\forall y \in \mathbb{R},\ f(0,y) = 0,$

donc $\dfrac{\partial f}{\partial y}(0,0)$ existe et est égale à 0.

On conclut que les dérivées partielles premières de f existent en tout point de $\mathbb{R}^2$ et que, pour tout $(x,y) \in \mathbb{R}^2$:

$$\frac{\partial f}{\partial x}(x,y) = \begin{cases} \dfrac{2xy^3}{(x^2+y^2)^2} & \text{si } (x,y) \neq (0,0) \\ 0 & \text{si } (x,y) = (0,0) \end{cases}$$

$$\frac{\partial f}{\partial y}(x,y) = \begin{cases} \dfrac{x^4 - x^2y^2}{(x^2+y^2)^2} & \text{si } (x,y) \neq (0,0) \\ 0 & \text{si } (x,y) = (0,0). \end{cases}$$

3) Continuité des dérivées partielles premières de f :

• D'après les théorèmes généraux, les dérivées partielles premières de f sont continues en tout point de $\mathbb{R}^2 - \{(0,0)\}$.

• On a :

$$\frac{\partial f}{\partial x}(x,0) = 0 \underset{x \to 0}{\longrightarrow} 0 \quad \text{et} \quad \frac{\partial f}{\partial x}(x,x) = \frac{1}{2} \underset{x \to 0}{\longrightarrow} \frac{1}{2} \neq 0,$$

donc $\dfrac{\partial f}{\partial x}$ n'est pas continue en $(0,0)$.

De même :

$$\frac{\partial f}{\partial y}(0,y) = 0 \underset{y \to 0}{\longrightarrow} 0 \quad \text{et} \quad \frac{\partial f}{\partial y}(x,0) = 1 \underset{x \to 0}{\longrightarrow} 1 \neq 0,$$

donc $\dfrac{\partial f}{\partial y}$ n'est pas continue en $(0,0)$.

On conclut : f est de classe C^1 sur $\mathbb{R}^2 - \{(0,0)\}$, mais f n'est pas de classe C^1 sur $\mathbb{R}^2$.

14.12 *1) Continuité de f en* $(0,0)$ *:*

On a, pour tout $(x,y) \in \mathbb{R}^2 - \{(0,0)\}$:

$$\left|f(x,y) - f(0,0)\right| = \frac{|x|^3}{x^2+y^2} \leqslant |x|.$$

Comme $|x| \underset{(x,y) \to (0,0)}{\longrightarrow} 0$, par théorème d'encadrement, on déduit : $\left|f(x,y) - f(0,0)\right| \underset{(x,y) \to (0,0)}{\longrightarrow} 0,$

donc : $f(x,y) \underset{(x,y) \to (0,0)}{\longrightarrow} f(0,0).$

Ceci montre que f est continue en $(0,0)$.

2) Existence des dérivées partielles premières de f en $(0,0)$ *:*

On a : $\forall x \in \mathbb{R},\ f(x,0) = x,$

donc $\dfrac{\partial f}{\partial x}(0,0)$ existe et est égale à 1.

De même : $\forall y \in \mathbb{R},\ f(0,y) = 0,$

donc $\dfrac{\partial f}{\partial y}(0,0)$ existe et est égale à 0.

Ceci montre que f admet des dérivées partielles premières en $(0,0)$.

3) Non-existence du DL_1 *de f en* $(0,0)$ *:*

Supposons que f admette un DL_1 en $(0,0)$:

$$f(x,y) = a + bx + cy + o(\sqrt{x^2+y^2}),\quad (a,b,c) \in \mathbb{R}^3.$$

On a alors :

$$a = f(0,0),\quad b = \frac{\partial f}{\partial x}(0,0) = 1,\quad c = \frac{\partial f}{\partial y}(0,0) = 0,$$

d'où : $f(x,y) = x + \underset{(x,y) \to (0,0)}{o}(\sqrt{x^2+y^2}),$

c'est-à-dire : $\dfrac{f(x,y) - x}{\sqrt{x^2+y^2}} \underset{(x,y) \to (0,0)}{\longrightarrow} 0.$

Mais, en notant $g(x,y) = \dfrac{f(x,y) - x}{\sqrt{x^2+y^2}} = \dfrac{xy^2}{(x^2+y^2)^{3/2}}$, on a :

$$g(x,x) = \frac{x^3}{|x|^3} = \frac{x}{|x|} \underset{x \to 0^+}{\longrightarrow} 1 \neq 0,$$

d'où une contradiction.

On conclut que f n'admet pas de DL_1 en $(0,0)$.

14.13 *1) Continuité de f en* $(0,0)$ *:*

On a, pour tout $(x,y) \in \mathbb{R}^* \times \mathbb{R}$:

$$\left|f(x,y) - f(0,0)\right| = |x|\,|y|\left|\sin\frac{1}{x}\right| \leqslant |x|\,|y|.$$

Comme $|x|\,|y| \underset{(x,y) \to (0,0)}{\longrightarrow} 0$, par théorème d'encadrement, on déduit : $f(x,y) \underset{(x,y) \to (0,0)}{\longrightarrow} f(0,0),$

donc f est continue en $(0,0)$.

2) Existence des dérivées partielles premières de f en $(0,0)$ *:*

On a : $\forall x \in \mathbb{R},\ f(x,0) = 0,$

donc $\dfrac{\partial f}{\partial x}(0,0)$ existe et est égale à 0.

De même : $\forall y \in \mathbb{R},\ f(0,y) = 0,$

donc $\dfrac{\partial f}{\partial y}(0,0)$ existe et est égale à 0.

3) Existence d'un $DL_1(0,0)$ *pour f :*

On a : $|f(x,y)| = |xy|\left|\sin\dfrac{1}{x}\right| \leqslant |x||y| = o(\sqrt{x^2+y^2}),$

donc f admet un $DL_1(0,0)$:

$$f(x,y) = 0 + 0x + 0y + \underset{(x,y) \to (0,0)}{o}(\sqrt{x^2+y^2}).$$

4) Non-continuité des dérivées partielles premières de f en $(0,0)$:

La dérivée partielle première de f par rapport à x existe (au moins) sur $\mathbb{R}^* \times \mathbb{R}$ et, pour tout $(x,y) \in \mathbb{R}^* \times \mathbb{R}$:

$$\frac{\partial f}{\partial x}(x,y) = y \sin \frac{1}{x} - \frac{1}{x} y \cos \frac{1}{x}.$$

En particulier : $\quad \frac{\partial f}{\partial x}(x,x) = x \sin \frac{1}{x} - \cos \frac{1}{x}.$

Comme $x \sin \frac{1}{x} \underset{x \longrightarrow 0}{\longrightarrow} 0$ et que $\cos \frac{1}{x}$ n'a pas de limite lorsque x tend vers 0, l'application $x \longmapsto \frac{\partial f}{\partial x}(x,x)$ n'a pas de limite en 0, donc $\frac{\partial f}{\partial x}$ n'a pas de limite en $(0,0)$.

On conclut que la dérivée partielle première de f par rapport à x n'est pas continue en $(0,0)$.

14.14 On a, pour tout $(x,y) \in \mathbb{R}^2$:

$$|f(x,y)| = \frac{x^2|y|^3}{1 + e^{2x^2+3y^2}} \leqslant \frac{x^2|y|^3}{e^{2x^2+3y^2}} = (x^2 \, e^{-2x^2})(|y|^3 \, e^{-3y^2}).$$

• L'application $\quad u : \mathbb{R} \longrightarrow \mathbb{R}, \ x \longmapsto x^2 \, e^{-2x^2}$ est paire, dérivable sur $\mathbb{R}$ et, pour tout $x \in \mathbb{R}_+$:

$$u'(x) = 2x \, e^{-2x^2} + x^2(-4x) \, e^{-2x^2} = 2x(1 - 2x^2) \, e^{-2x^2},$$

d'où le tableau des variations de u sur $\mathbb{R}_+$:

x	0		$1/\sqrt{2}$		$+\infty$
$u'(x)$		$+$	0	$-$	
$u(x)$	0	$\nearrow$		$\searrow$	0

Il en résulte que u est bornée : il existe $M = u\left(\frac{1}{\sqrt{2}}\right) \in \mathbb{R}_+$ tel que : $\quad \forall x \in \mathbb{R}, \ |u(x)| \leqslant M.$

De même, on, montre que l'application

$$v : \mathbb{R} \longrightarrow \mathbb{R}, \ y \longmapsto |y|^3 \, e^{-3y^2}$$

est bornée : il existe $N \in \mathbb{R}_+$ tel que :

$$\forall y \in \mathbb{R}, \ |v(y)| \leqslant N.$$

On a alors : $\quad \forall (x,y) \in \mathbb{R}^2, \ |f(x,y)| \leqslant MN$

et on conclut que f est bornée.

14.15 *1)* Soit f convenant.

Soit $(x,y) \in \mathbb{R}^2$ fixé.

On a, en appliquant deux fois l'hypothèse, d'abord à (x,y), puis à $(x+y, \ x-y)$:

$$\begin{aligned} f(x,y) &= f(x+y, \ x-y) \\ &= f((x+y)+(x-y), \ (x+y)-(x-y)) = f(2x, \ 2y). \end{aligned}$$

Montrons, par récurrence sur n :

$$\forall n \in \mathbb{N}, \ f\left(\frac{x}{2^n}, \ \frac{y}{2^n}\right) = f(x,y).$$

• La propriété est vraie trivialement pour $n = 0$.

• Si elle est vraie pour un $n \in \mathbb{N}$, alors

$$f\left(\frac{x}{2^{n+1}}, \ \frac{y}{2^{n+1}}\right) = f\left(2\frac{x}{2^{n+1}}, \ 2\frac{y}{2^{n+1}}\right) = f\left(\frac{x}{2^n}, \ \frac{y}{2^n}\right) = f(x,y),$$

donc elle est vraie pour $n+1$.

Ceci montre, par récurrence sur n :

$$\forall n \in \mathbb{N}, \ f\left(\frac{x}{2^n}, \ \frac{y}{2^n}\right) = f(x,y).$$

Comme $\left(\frac{x}{2^n}, \ \frac{y}{2^n}\right) \underset{n\infty}{\longrightarrow} (0,0)$ et que f est continue en $(0,0)$, on a : $\quad f\left(\frac{x}{2^n}, \ \frac{y}{2^n}\right) \underset{n\infty}{\longrightarrow} f(0,0).$

Ainsi : $\ f(x,y) = f(0,0)$, ce qui montre que f est constante.

2) Réciproquement, il est clair que toute application constante convient.

Finalement, les applications cherchées sont les applications constantes.

14.16 *a)* • D'après les théorèmes généraux, φ est de classe C^1 sur $]-1\,;0[$ et sur $]0\,;+\infty[$, et :

$$\forall x \in]-1\,;0[\cup]0\,;+\infty[, \ \ \varphi'(x) = \frac{\frac{1}{1+x}x - \ln(1+x)}{x^2}.$$

• On a : $\quad \varphi(x) = \frac{\ln(1+x)}{x} \underset{x \longrightarrow 0}{\longrightarrow} 1 = \varphi(0),$

donc φ est continue en 0.

• Montrons que φ' admet une limite en 0, en utilisant des développements limités :

$$\begin{aligned} \varphi'(x) = \frac{x - (1+x)\ln(1+x)}{(1+x)x^2} &= \frac{x - (1+x)\left(x - \frac{x^2}{2} + o(x^2)\right)}{(1+x)x^2} \\ &= \frac{-\frac{1}{2}x^2 + o(x^2)}{x^2 + o(x^2)} \underset{x \longrightarrow 0}{\longrightarrow} -\frac{1}{2}. \end{aligned}$$

D'après le théorème limite de la dérivée, on conclut que φ est de classe C^1 sur $]-1\,;+\infty[$.

b) • On a, pour tout $(x,y) \in (]-1\,;0[\cup]0\,;+\infty[) \times \mathbb{R}$:

$$f(x,y) = \frac{y}{x}(\ln(1+x))^2 = xy\left(\frac{\ln(1+x)}{x}\right)^2 = xy(\varphi(x))^2$$

et, d'autre part : $\quad \forall x \in \mathbb{R}, \ f(x,0) = 0 = x0\varphi^2(x).$

On a donc : $\quad \forall (x,y) \in]-1\,;+\infty[\times\mathbb{R}, \ f(x,y) = xy\varphi^2(x).$

Comme φ est de classe C^1 sur $\mathbb{R}$, par opérations, on conclut que f est de classe C^1 sur $]-1\,;+\infty[\times\mathbb{R}$.

• De plus, pour tout $(x, y) \in]-1\,;+\infty[\times\mathbb{R}$:

$$\frac{\partial f}{\partial x}(x, y) = y\varphi^2(x) + 2xy\varphi(x)\varphi'(x), \qquad \frac{\partial f}{\partial y}(x, y) = x\varphi^2(x).$$

En particulier : $\dfrac{\partial f}{\partial x}(0, 1) = \varphi(0) = 1, \quad \dfrac{\partial f}{\partial y}(0, 1) = 0.$

14.17 Considérons l'application

$$\varphi : [0\,;\,1] \longrightarrow \mathbb{R}, \quad t \longmapsto \varphi(t) = f((1-t)A + tB),$$

qui est correctement définie, car : $A \in U,\ B \in U$, U est convexe, f est définie sur U.

Puisque f est continue sur U, par composition, φ est continue sur l'intervalle $[0\,;\,1]$.

De plus : $\quad \varphi(0) = f(A) \quad$ et $\quad \varphi(1) = f(B)$.

D'après le théorème des valeurs intermédiaires, puisque k est compris entre $f(A)$ et $f(B)$, il existe $c \in [0\,;\,1]$ tel que $\varphi(c) = k$. En notant $C = (1-c)A + cB$, on obtient :

$$C \in U \qquad \text{et} \qquad f(C) = \varphi(c) = k.$$

14.18 Considérons l'application

$$\varphi : [0\,;\,1] \longrightarrow \mathbb{R}, \quad t \longmapsto \varphi(t) = f((1-t)A + tB),$$

qui est correctement définie, car : $A \in U,\ B \in U$, U est convexe, f est définie sur U.

Puisque f est de classe C^1 sur l'ouvert convexe U, par composition, φ est de classe C^1 sur l'intervalle $[0\,;\,1]$ et, pour tout $t \in [0\,;\,1]$: $\quad \varphi'(t) = \,<\nabla f((1-t)A + tB),\ B - A>$.

D'après le théorème des accroissements finis, appliqué à φ sur $[0\,;\,1]$, il existe $c \in]0\,;\,1[$ tel que :

$$\varphi(1) - \varphi(0) = (1-0)\varphi'(c) = \varphi'(c).$$

De plus, $f(A) = \varphi(0)$ et $f(B) = \varphi(1)$, donc, en notant $C = (1-c)A + cB$, on conclut :

$$f(B) - f(A) = \,<\nabla f(C),\ B - A>.$$

14.19 L'application

$$\varphi : [-1\,;\,1]^2 \longrightarrow \mathbb{R}, \quad (x, y) \longmapsto (f(x, y))^2 + (g(x, y))^2$$

est continue sur $[-1\,;\,1]^2$, car f et g le sont, et $[-1\,;\,1]^2$ est une partie fermée bornée de $\mathbb{R}^2$.

D'après un théorème du cours, φ est bornée et atteint ses bornes.

En particulier, il existe $(x_0, y_0) \in [-1\,;\,1]^2$ tel que :

$$\forall (x, y) \in [-1\,;\,1]^2, \quad \varphi(x, y) \geqslant \varphi(x_0, y_0).$$

Notons $m = \varphi(x_0, y_0) = (f(x_0, y_0))^2 + (g(x_0, y_0))^2 \geqslant 0$.

Si $m = 0$, alors $f(x_0, y_0) = 0$ et $g(x_0, y_0) = 0$,

donc $|f(x_0, y_0)| + |g(x_0, y_0)| = 0$, exclu.

Donc : $m > 0$.

On a montré :

$$\exists m \in \mathbb{R}_+^*, \ \forall (x, y) \in [-1\,;\,1]^2, \quad (f(x, y))^2 + (g(x, y))^2 \geqslant m.$$

Dénombrement

CHAPITRE 15

Plan

Thèmes abordés dans les exercices

- Cardinal d'un ensemble fini
- Dénombrement d'un ensemble par complémentaire, différence, réunion finie, produit cartésien
- Dénombrement de p-listes, de p-listes d'éléments distincts, de parties
- Calculs de sommes et de produits
- Manipulation de coefficients binomiaux, calculs de sommes les faisant intervenir.

Points essentiels du cours pour la résolution des exercices

- Définition du cardinal d'un ensemble fini
- Cardinal du complémentaire, d'une différence, d'une réunion finie, d'un produit cartésien
- Définition d'une p-liste, nombre de p listes dans un ensemble à n éléments
- Définition d'une p-liste d'éléments distincts, nombre de p-listes d'éléments distincts dans un ensemble à n éléments
- Définition d'une permutation, nombre de permutations d'un ensemble à n éléments
- Définition d'une partie à p éléments, nombre de parties à p éléments dans un ensemble à n éléments
- Nombre de parties d'un ensemble à n éléments
- Définition et propriétés des coefficients binomiaux, en particulier : la formule du triangle de Pascal et la formule du binôme de Newton.

Les méthodes à retenir

Pour calculer le cardinal d'un ensemble fini

Essayer :

- de décrire l'ensemble puis compter son nombre d'éléments,

→ **Exercices 15.7, 15.13, 15.14**

- d'établir une bijection entre l'ensemble dont on cherche le cardinal et un autre ensemble dont on connaît le cardinal,

→ **Exercices 15.11, 15.14**

- de décomposer l'ensemble à l'aide de sous-ensembles dont on connaît le cardinal, et d'utiliser les règles de calculs décrites ci-dessous.

Pour calculer le cardinal du complémentaire d'une partie d'un ensemble fini

Si A est une partie d'un ensemble fini E, il est parfois plus simple de dénombrer le complémentaire de A dans E plutôt que A directement. Dans ce cas, on utilise : $\operatorname{Card}(A) = \operatorname{Card}(E) - \operatorname{Card}(\overline{A})$.

→ **Exercices 15.1, 15.5.**

Pour calculer le cardinal d'une différence de deux ensembles finis

Si A et B sont deux ensembles finis, alors :

$$\operatorname{Card}(A \setminus B) = \operatorname{Card}(A) - \operatorname{Card}(A \cap B).$$

Si de plus, $B \subset A$, alors :

$$\operatorname{Card}(A \setminus B) = \operatorname{Card}(A) - \operatorname{Card}(B).$$

→ **Exercices 15.1, 15.15, 15.16.**

Pour calculer le cardinal d'une réunion de deux ensembles finis

Soient A et B deux ensembles finis.

- Si A et B sont disjoints (c'est-à-dire $A \cap B = \varnothing$), alors :

$$\operatorname{Card}(A \cup B) = \operatorname{Card}(A) + \operatorname{Card}(B).$$

- Sinon : $\operatorname{Card}(A \cup B) = \operatorname{Card}(A) + \operatorname{Card}(B) - \operatorname{Card}(A \cap B)$.

→ **Exercices 15.7, 15.12, 15.14.**

Pour calculer le cardinal d'une réunion de *n* ensembles finis

Soient $A_1, A_2, \ldots, A_n$ des ensembles finis.

- Si les ensembles A_i sont deux à deux disjoints, alors :

$$\operatorname{Card}(A) = \sum_{i=1}^{n} \operatorname{Card}(A_i).$$

→ **Exercices 15.6, 15.10, 15.11, 15.16**

(suite)

- Sinon, on utilise la formule du crible (aussi appelée formule de Poincaré) :

$$\operatorname{Card}(A) = \sum_{k=1}^{n} (-1)^{k+1} \sum_{1 \leqslant i_1 < \cdots < i_k \leqslant n} \operatorname{Card}(A_{i_1} \cap \cdots \cap A_{i_k}),$$

ce qui s'écrit :

– pour $n = 2$:

$$\operatorname{Card}(A_1 \cup A_2) = \operatorname{Card}(A_1) + \operatorname{Card}(A_2) - \operatorname{Card}(A_1 \cap A_2),$$

– pour $n = 3$:

$$\begin{aligned}\operatorname{Card}(A_1 \cup A_2 \cup A_3) = \operatorname{Card}(A_1) &+ \operatorname{Card}(A_2) + \operatorname{Card}(A_3)\\ &- \operatorname{Card}(A_1 \cap A_2) - \operatorname{Card}(A_1 \cap A_3) - \operatorname{Card}(A_2 \cap A_3)\\ &+ \operatorname{Card}(A_1 \cap A_2 \cap A_3),\end{aligned}$$

– pour $n = 4$:

$$\begin{aligned}&\operatorname{Card}(A_1 \cup A_2 \cup A_3 \cup A_4)\\ &\quad = \operatorname{Card}(A_1) + \operatorname{Card}(A_2) + \operatorname{Card}(A_3) + \operatorname{Card}(A_4)\\ &\qquad - \operatorname{Card}(A_1 \cap A_2) - \operatorname{Card}(A_1 \cap A_3) - \operatorname{Card}(A_1 \cap A_4)\\ &\qquad - \operatorname{Card}(A_2 \cap A_3) - \operatorname{Card}(A_2 \cap A_4) - \operatorname{Card}(A_3 \cap A_4)\\ &\qquad + \operatorname{Card}(A_1 \cap A_2 \cap A_3) + \operatorname{Card}(A_1 \cap A_2 \cap A_4)\\ &\qquad + \operatorname{Card}(A_1 \cap A_3 \cap A_4) + \operatorname{Card}(A_2 \cap A_3 \cap A_4)\\ &\qquad - \operatorname{Card}(A_1 \cap A_2 \cap A_3 \cap A_4).\end{aligned}$$

➥ **Exercices 15.5, 15.15.**

Pour calculer le cardinal d'un produit cartésien de n ensembles finis

- Si A et B sont deux ensembles finis, alors :

$$\operatorname{Card}(A \times B) = \operatorname{Card}(A) \times \operatorname{Card}(B).$$

- Si $A_1, A_2, \ldots, A_n$ sont des ensembles finis, alors :

$$\operatorname{Card}(A_1 \times A_2 \times \cdots \times A_n) = \operatorname{Card}(A_1) \times \operatorname{Card}(A_2) \times \cdots \times \operatorname{Card}(A_n).$$

Remarque : Ce cas se présente lorsque l'on détaille les étapes pour décrire tous les éléments d'un ensemble E ; s'il y a p étapes, et si, à chaque étape, il y a n_i choix possibles, ces choix étant indépendants les uns des autres, alors : $\operatorname{Card}(E) = n_1 \times n_2 \times \cdots \times n_p$.

- Si A est un ensemble fini et $n \in \mathbb{N}^*$, alors :

$$\operatorname{Card}(A^n) = (\operatorname{Card}(A))^n.$$

➥ **Exercices 15.1 à 15.4, 15.6, 15.7, 15.9 à 15.13, 15.15, 15.16.**

Pour calculer le nombre de façons de choisir p éléments dans un ensemble E à n éléments

- Si les p éléments sont ordonnés et non nécessairement distincts, alors il s'agit d'une p-liste de E ; dans ce cas :

il y a n^p choix possibles.

➥ **Exercices 15.1, 15.5, 15.16**

(suite)	• Si les p éléments sont ordonnés et distincts, alors il s'agit d'une p-liste d'éléments distincts de E (ou p-liste sans répétition de E) ; dans ce cas : il y a $\dfrac{n!}{(n-p)!}$ choix possibles. Lorsque $p = n$, on parle de permutation de E ; dans ce cas : il y a $n!$ choix possibles. **➥ Exercices 15.1 à 15.3, 15.8, 15.9, 15.12, 15.16** • Si les p éléments sont non ordonnés et distincts, alors il s'agit d'une partie à p éléments de E ; dans ce cas : il y a $\dbinom{n}{p} = \dfrac{n!}{p!\,(n-p)!}$ choix possibles. **➥ Exercices 15.1, 15.2, 15.4, 15.6, 15.9, 15.10, 15.12, 15.15, 15.16.**
Pour calculer le nombre de parties d'un ensemble fini	Si E est un ensemble fini à n éléments, alors : $\mathrm{Card}(\mathscr{P}(E)) = \displaystyle\sum_{k=0}^{n} \binom{n}{k} = 2^n.$ **➥ Exercice 15.11.**
Pour simplifier une expression faisant intervenir des coefficients binomiaux	Essayer de : • remplacer les coefficients binomiaux par leurs expressions à l'aide de factorielles • utiliser l'une des propriétés suivantes sur les coefficients binomiaux : $\forall (n,p) \in \mathbb{N}^2$ avec $0 \leqslant p \leqslant n$, $\dbinom{n}{p} = \dbinom{n}{n-p}$ $\forall (n,p) \in \mathbb{N}^2$ avec $0 \leqslant p \leqslant n$, $\dbinom{n}{p} + \dbinom{n}{p+1} = \dbinom{n+1}{p+1}$ (formule du triangle de Pascal) $\forall (n,p) \in \mathbb{N}^2$ avec $1 \leqslant p \leqslant n$, $p\dbinom{n}{p} = n\dbinom{n-1}{p-1}$ • utiliser la formule du binôme de Newton : $\forall n \in \mathbb{N},\ \forall (x,y) \in \mathbb{R}^2,\ (x+y)^n = \displaystyle\sum_{k=0}^{n} \binom{n}{k} x^k y^{n-k}.$ **➥ Exercices 15.6, 15.11, 15.14, 15.15.**

Énoncés des exercices

15.1 Nombre de mots de 4 lettres

L'alphabet est composé de 26 lettres, dont 6 voyelles. On appelle mot toute suite de lettres ayant un sens ou non.

a) Combien existe-il de mots de 4 lettres ?

b) Combien existe-il de mots de 4 lettres, constitués de 4 lettres différentes ?

c) Combien existe-il de mots de 4 lettres commençant et se terminant par une voyelle ?

d) Combien existe-il de mots de 4 lettres contenant au moins une voyelle ?

e) Combien existe-il de mots de 4 lettres écrits uniquement avec les lettres A et B, chaque lettre apparaissant au moins une fois ?

f) Combien existe-il de mots de 4 lettres constitués d'exactement 2 lettres différentes ?

15.2 Anagrammes d'un mot

On appelle anagramme d'un mot tout mot ayant un sens ou non, et constitué des mêmes lettres.

Combien existe-il d'anagrammes du mot « DANUBE » ? du mot « MISSISSIPPI » ?

15.3 Tirages successifs dans une urne : obtention de boules regroupées par couleur

Une urne contient douze boules : quatre boules blanches numérotées de 1 à 4, six boules rouges numérotées de 5 à 10 et deux boules noires numérotées 11 et 12.

a) On tire successivement et sans remise toutes les boules de l'urne et on note, à chaque tirage, le numéro obtenu.

b) Combien y a-t-il de résultats possibles ?

c) Combien y a-t-il de résultats pour lesquels les boules sont regroupées par couleur ?

d) Combien y a-t-il de résultats pour lesquels les boules rouges sont regroupées ?

15.4 Le jeu du poker

Le poker se joue avec un jeu de 52 cartes, et l'on distribue à chaque joueur une « main » de 5 cartes.

a) Combien y a-t-il de mains différentes ?

b) Combien y a-t-il de mains contenant le carré d'as (c'est-à-dire les 4 as) ?

c) Combien y a-t-il de mains contenant un carré (c'est-à-dire 4 cartes de la même hauteur) ?

d) Combien y a-t-il de mains contenant un full (c'est-à-dire 3 cartes de la même hauteur et 2 autres cartes de la même hauteur) ?

e) Combien y a-t-il de mains contenant un brelan (c'est-à-dire 3 cartes de la même hauteur, sans full, ni carré) ?

f) Combien y a-t-il de mains contenant une double paire (c'est-à-dire deux fois 2 cartes de la même hauteur, sans full, ni brelan, ni carré) ?

g) Combien y a-t-il de mains contenant une paire (c'est-à-dire 2 cartes de la même hauteur, sans double paire, ni brelan, ni full, ni carré) ?

h) Combien y a-t-il de mains contenant une quinte flush (c'est-à-dire 5 cartes de hauteurs consécutives et de même couleur) ?

15.5 Nombre de répartitions possibles de cinq billes dans quatre sacs

On répartit au hasard cinq billes numérotées de 1 à 5 dans quatre sacs numérotés de 1 à 4. On suppose que chaque sac peut contenir toutes les billes.

a) Quel est le nombre de répartitions possibles ?

b) Quel est le nombre de répartitions telles qu'au moins un sac soit vide ?

c) En déduire le nombre de répartitions telles qu'aucun sac ne soit vide.

15.6 Preuve par dénombrement de la formule de Vandermonde

Soient a et b deux entiers naturels non nuls, et n un entier compris entre 0 et $\min(a, b)$.

a) On considère une urne contenant a boules blanches numérotées de 1 à a et b boules noires numérotées de $a+1$ à $a+b$. On y effectue n tirages sans remise, et on appelle résultat l'ensemble des numéros obtenus.

b) Combien y a-t-il de résultats possibles ?

c) Soit $k \in [\![0\,;n]\!]$. Combien y a-t-il de résultats contenant exactement k boules blanches ?

d) En déduire la formule de Vandermonde : $\displaystyle\sum_{k=0}^{n} \binom{a}{k}\binom{b}{n-k} = \binom{a+b}{n}$.

15.7 Nombre de façons de monter un escalier par saut d'une ou de deux marches

Soit $n \in \mathbb{N}^*$. Une grenouille monte les n marches d'un escalier, en sautant soit une marche soit deux marches.

On note c_n le nombre de façons qu'a la grenouille de monter ces n marches.

a) Calculer c_1 et c_2.

b) Pour tout n de $\mathbb{N}^*$, établir une relation entre c_{n+2}, c_{n+1}, c_n.

c) En déduire, pour tout n de $\mathbb{N}^*$, une expression de c_n en fonction de n, puis déterminer un équivalent de c_n lorsque n tend vers $+\infty$.

15.8 Placement de n personnes sur des chaises

Soit n un entier naturel non nul. Un groupe de n personnes est invité à un repas.

a) On dispose d'une rangée de n chaises destinées aux n invités. Combien existe-il de dispositions différentes ?

b) On dispose maintenant d'une table ronde avec n chaises. Combien existe-il de dispositions différentes, sachant que deux dispositions sont identiques si chaque invité a les mêmes voisins ?

15.9 Tirages sans remise dans une urne : obtention de numéros dans l'ordre croissant

Soit n un entier naturel non nul. Une urne contient n boules numérotées de 1 à n. On tire successivement et sans remise toutes les boules de l'urne et on note, à chaque tirage, le numéro obtenu.

a) Quel est le nombre de résultats possibles ?

b) Quel est le nombre de résultats pour lesquels les numéros obtenus sont dans l'ordre croissant ?

c) Soit $k \in [\![1\,;n]\!]$. Quel est le nombre de résultats pour lesquels les k premiers numéros obtenus sont dans l'ordre croissant ?

15.10 Nombre de p-uplets strictement ordonnés de $[\![1\,;n]\!]$

Soient n et p deux entiers naturels tels que $1 \leqslant p \leqslant n$. On note E l'ensemble des p-uplets $(x_1, x_2, \dots, x_p)$ de $[\![1\,;n]\!]^p$ tels que : $\quad 1 \leqslant x_1 < x_2 < \cdots < x_p \leqslant n$.

a) Calculer le cardinal de E.

b) Soient $i \in [\![1\,;p]\!]$ et $k \in [\![1\,;n]\!]$ fixés. Déterminer le nombre de p-uplets $(x_1, x_2, \dots, x_p)$ de E tels que $x_i = k$.

c) Soit $i \in [\![1\,;p]\!]$ fixé. Montrer : $\displaystyle\sum_{k=i}^{n-p+i} \binom{k-1}{i-1}\binom{n-k}{p-i} = \binom{n}{p}$.

d) Soit $k \in [\![1\,;n]\!]$ fixé. Que représente la somme $\displaystyle\sum_{i=k-n+p}^{k} \binom{k-1}{i-1}\binom{n-k}{p-i}$? En déduire une expression simple de cette somme en fonction de n et p.

15.11 Nombre de parties d'un ensemble satisfaisant certaines conditions

On considère un ensemble E à n éléments, avec $n \geqslant 3$.

Soit A une partie fixée de E à p éléments.

a) *1)* Quel est le nombre de parties B de E telles que $A \cap B = \varnothing$?

2) Quel est le nombre de parties B de E telles que $A \subset B$?

3) Quel est le nombre de parties B de E telles que $A \cup B = E$?

b) Quel est le nombre de couples de parties (A, B) de E telles que $A \cup B = E$?

c) Quel est le nombre de couples de parties (A, B) de E telles que $A \cap B = \varnothing$?

d) Quel est le nombre de triplets de parties (A, B, C) de E telles que $A \cup B \cup C = E$?

15.12 Nombre d'applications surjectives d'un ensemble à n, $n+1$, $n+2$ éléments dans un ensemble à n éléments

Pour tout n de $\mathbb{N}^*$, on note E_n un ensemble quelconque à n éléments.

a) Déterminer le nombre d'applications surjectives de E_n dans E_n.

b) Déterminer le nombre d'applications surjectives de E_{n+1} dans E_n.

c) Déterminer le nombre d'applications surjectives de E_{n+2} dans E_n.

15.13 Nombre de partitions par paires d'un ensemble fini

Soit n un entier naturel non nul. On considère un ensemble E_{2n} constitué de $2n$ éléments.

On appelle partition par paires de E_{2n} tout ensemble $\{A_1, A_2, \dots, A_n\}$ constitué de parties de E_{2n}, toutes de cardinal 2, deux à deux disjointes, et telles que $\displaystyle\bigcup_{i=1}^{n} A_i = E$. On note c_n le nombre de partitions par paires de E_{2n} possibles.

a) Déterminer c_1 et c_2.

b) Pour tout n de $\mathbb{N}^*$, trouver une relation entre c_{n+1} et c_n.

c) En déduire : $\quad \forall n \in \mathbb{N}^*, \quad c_n = \dfrac{(2n)!}{2^n n!}$.

15.14 Nombre de solutions de l'équation $x_1 + x_2 + \cdots + x_p = n$, d'inconnues $x_1, x_2, \ldots, x_n$

Pour tout $n \in \mathbb{N}$ et tout $p \in \mathbb{N}^*$, on note $\Gamma(n, p)$ le nombre de p-uplets $(x_1, x_2, \ldots, x_n)$ de $\mathbb{N}^p$ tels que $x_1 + x_2 + \cdots + x_p = n$.

a) Déterminer, pour tout $p \in \mathbb{N}^*$, $\Gamma(0, p)$ et $\Gamma(1, p)$.

b) Déterminer, pour tout $n \in \mathbb{N}$, $\Gamma(n, 1)$ et $\Gamma(n, 2)$.

c) Montrer : $\forall n \geqslant 1, \forall p \geqslant 2, \ \Gamma(n, p) = \Gamma(n, p-1) + \Gamma(n-1, p)$.

d) En déduire, par récurrence sur n : $\forall n \geqslant 0, \ \forall p \geqslant 2, \ \Gamma(n, p) = \sum_{k=0}^{n} \Gamma(k, p-1)$.

e) Montrer : $\forall (n, p) \in \mathbb{N} \times \mathbb{N}^*, \ \Gamma(n, p) = \binom{n+p-1}{n}$.

On pourra utiliser, pour tout $(p, q) \in \mathbb{N}^2$ tel que $0 \leqslant p \leqslant q$, $\sum_{k=p}^{q} \binom{k}{p} = \binom{q+1}{p+1}$.

15.15 Nombre de dérangements d'un ensemble à n éléments

Soient n un entier naturel non nul et $E = \{e_1, e_2, \ldots, e_n\}$ un ensemble à n éléments.

On note $\mathscr{B}$ l'ensemble des bijections de E dans E, pour tout $i \in [\![1\,;n]\!]$, $\mathscr{P}_i$ l'ensemble des applications f appartenant à $\mathscr{B}$ vérifiant $f(e_i) = e_i$, et $\mathscr{D}$ l'ensemble des applications f appartenant à $\mathscr{B}$ vérifiant $\forall e \in E, f(e) \neq e$ (les éléments de $\mathscr{D}$ sont appelés les dérangements de E).

a) Exprimer $\mathscr{D}$ à l'aide des ensembles $\mathscr{B}, \mathscr{P}_1, \mathscr{P}_2, \ldots, \mathscr{P}_n$.

b) Calculer le cardinal des ensembles $\mathscr{P}_1$, $\mathscr{P}_1 \cap \mathscr{P}_2$, et plus généralement $\mathscr{P}_1 \cap \mathscr{P}_2 \cap \cdots \cap \mathscr{P}_k$ pour tout k de $[\![1\,;n]\!]$.

c) En déduire le cardinal de $\bigcup_{i=1}^{n} \mathscr{P}_i$, puis montrer : $\operatorname{Card}(\mathscr{D}) = n! \sum_{k=0}^{n} \frac{(-1)^k}{k!}$.

15.16 Nombre d'applications injectives et nombre d'applications surjectives de $[\![1\,;p]\!]$ dans $[\![1\,;n]\!]$

Soient n et p deux éléments de $\mathbb{N}^*$.

a) Déterminer le nombre d'applications de $[\![1\,;p]\!]$ dans $[\![1\,;n]\!]$.

b) Déterminer le nombre d'applications injectives de $[\![1\,;p]\!]$ dans $[\![1\,;n]\!]$.

c) On note $S(p,n)$ le nombre d'applications surjectives de $[\![1\,;p]\!]$ dans $[\![1\,;n]\!]$.

1) Calculer, en fonction de p, $S(p,1)$ et $S(p,2)$.

2) Calculer $S(p,n)$ lorsque $p < n$.

3) Soit $k \in [\![1\,;n]\!]$. Exprimer, en fonction de n, k et $S(p,k)$, le nombre d'applications f de $[\![1\,;p]\!]$ dans $[\![1\,;n]\!]$ telles que $\operatorname{Card}(f([\![1\,;p]\!])) = k$.

4) Montrer alors : $n^p = \sum_{k=1}^{n} \binom{n}{k} S(p,k)$.

5) En déduire, en fonction de p, $S(p,3)$.

Du mal à démarrer ?

15.1 *a)* Un mot de 4 lettres peut être assimilé à une 4-liste de l'ensemble des 26 lettres.

b) Un mot de 4 lettres, constitués de 4 lettres différentes, peut être assimilé à une 4-liste d'éléments distincts de E.

c) Il faut choisir la première et la dernière lettre dans l'ensemble des 6 voyelles, les deux autres lettres dans l'ensemble des 26 lettres.

d) Commencer par calculer le nombre de mots de 4 lettres sans voyelle.

e) Considérer l'ensemble des mots écrits uniquement avec les lettres A et B. Parmi ces mots, deux seulement sont écrits uniquement avec la lettre A ou uniquement avec la lettre B.

f) Commencer par choisir les 2 lettres qui vont constituer le mot, puis utiliser le résultat du *e)*.

15.2 *a)* Les 6 lettres du mot « DANUBE » sont distinctes. Un anagramme est alors une permutation de l'ensemble de ces 6 lettres.

b) Le mot « MISSISSIPPI » contient 1 M, 4 I, 4 S et 2 P. Pour construire un anagramme, il faut (par exemple) placer le M, puis les I, puis les S, et enfin les P.

15.3 *a)* Un résultat est une permutation de l'ensemble des 12 boules.

b) Commencer par choisir l'ordre des couleurs, puis ordonner les boules.

c) Commencer par choisir la place des boules rouges, puis ordonner les boules.

15.4 *a)* Une main est une partie à 5 éléments de l'ensemble des 52 cartes.

b) Commencer par prendre les 4 as, puis une autre carte parmi les 48 cartes restantes.

c) Commencer par choisir la hauteur du carré, puis prendre les 4 cartes correspondantes, et une autre carte parmi les 48 cartes restantes.

d) Commencer par choisir la hauteur du brelan et prendre 3 des 4 cartes correspondantes, puis choisir la hauteur de la paire et prendre 2 des 4 cartes correspondantes.

e) Commencer par choisir la hauteur du brelan, prendre 3 des 4 cartes correspondantes, puis prendre 2 autres cartes de façon à ne pas obtenir de carré, ni de full.

f) Commencer par choisir la hauteur des deux paires, prendre pour chaque paire 2 des 4 cartes correspondantes, puis prendre une dernière carte de façon à ne pas obtenir de full.

g) Commencer par choisir la hauteur de la paire, prendre 2 des 4 cartes correspondantes, puis prendre 3 autres cartes de façon à ne pas obtenir de brelan, de double paire, de carré, ou de full.

h) Commencer par choisir la couleur de la quinte flush, puis la hauteur de la plus petite carte (par exemple).

15.5 *a)* Une répartition est une 5-liste de l'ensemble des 4 sacs.

b) Considérer, pour tout i de $[\![1\,;4]\!]$, A_i l'ensemble des répartitions telles que le sac n°i soit vide. Il s'agit alors de calculer $\mathrm{Card}(A_1 \cup A_2 \cup A_3 \cup A_4)$, avec les ensembles A_i non deux à deux disjoints.

c) *1re méthode :* Calculer le cardinal du complémentaire de l'ensemble précédent.

2e méthode : Obtenir le résultat par un raisonnement direct.

15.6 *a)* Un résultat est une partie à n éléments de l'ensemble $[\![1\,;a+b]\!]$.

b) Commencer par choisir k boules blanches parmi les a boules blanches, puis $n-k$ boules noires parmi les b boules noires.

c) Partitionner l'ensemble des résultats possibles.

15.7 *a)* Décrire l'ensemble des façons de monter un escalier d'une marche, puis un escalier de deux marches.

b) Partitionner l'ensemble en raisonnant sur le dernier saut de la grenouille : soit elle saute une seule marche, soit elle saute deux marches.

c) La suite $(c_n)_{n\in\mathbb{N}^*}$ est une suite récurrente linéaire d'ordre 2.

15.8 *a)* Lorsque les chaises sont en rangée, une disposition est une permutation de l'ensemble des n personnes.

b) Lorsque les chaises sont autour d'une table ronde, la place de la première personne n'a pas d'importance. Une fois cette personne assise, les $(n-1)$ autres personnes se répartissent sur les $(n-1)$ chaise restantes.

15.9 *a)* Un resultat est une permutation de l'ensemble $[\![1\,;n]\!]$.

b) Il n'y a qu'un seul tirage amenant les numéros par ordre croissant.

c) Commencer par choisir l'ensemble des k numéros obtenus lors des k premiers tirages, les disposer par ordre croissant, puis disposer les $(n-k)$ numéros restants.

15.10 *a)* Commencer par choisir l'ensemble des p éléments qui vont constituer le p-uplet, puis ordonner ces éléments par ordre croissant.

b) Noter, pour $i \in [\![1\,;p]\!]$ et $k \in [\![1\,;n]\!]$,

$$E_{i,k} = \{(x_1,\dots,x_p) \in E \mid x_i = k\}.$$

Pour construire un p-uplet de $E_{i,k}$, commencer par choisir l'ensemble des $(i-1)$ premiers éléments dans $[\![1\,;k-1]\!]$ et les ordonner, puis choisir l'ensemble des $(p-i)$ derniers éléments dans $[\![k+1\,;n]\!]$ et les ordonner.

c) Il s'agit de calculer $\mathrm{Card}\Big(\bigcup_{k=1}^{n} E_{i,k}\Big)$.

d) Il s'agit de calculer $\mathrm{Card}\Big(\bigcup_{i=1}^{p} E_{i,k}\Big)$.

15.11 *b) c) d)* Partitionner l'ensemble cherché en raisonnant sur le cardinal de A, puis utiliser les résultats de la question *a)*.

15.12 *a)* Une application de E_n dans E_n est surjective si et seulement si tous les éléments de l'ensemble de départ ont des images deux à deux distinctes.

b) Une application de E_{n+1} dans E_n est surjective si et seulement si deux éléments de E_{n+1} ont la même image notée y, et les autres ont des images deux à deux distinctes et distinctes de y.

c) Une application de E_{n+2} dans E_n est surjective si et seulement si trois éléments de E_{n+2} ont la même image notée y, et les autres ont des images deux à deux distinctes et distinctes de y, ou bien si deux éléments de E_{n+2} ont la même image notée y, deux autres ont également la même image différente de y notée z, et les autres ont des images deux à deux distinctes et distinctes de y et de z.

15.13 *a)* Expliciter toutes les partitions par paires de E_1 et E_2.

b) En notant $E_{n+1} = \{x_1, x_2, \cdots, x_{2n+2}\}$, commencer par associer un élément à x_1, puis faire une partition par paires de l'ensemble des $2n$ éléments restants.

c) Raisonner par récurrence sur n.

15.14 *a)* Expliciter les solutions lorsque $n = 0$, lorsque $n = 1$.

b) Expliciter les solutions lorsque $p = 1$, lorsque $p = 2$.

c) Partitionner l'ensemble des solutions en séparant les cas selon que $x_p = 0$ ou que $x_p \geqslant 1$.

e) Raisonner par récurrence sur p.

15.15 *a)* On a : $\mathscr{D} = \mathscr{B} \setminus (\mathscr{P}_1 \cup \mathscr{P}_2 \cup \cdots \cup \mathscr{P}_n)$.

c) Les ensembles $\mathscr{P}_i$ ne sont pas deux à deux disjoints. Calculer $\mathrm{Card}(\mathscr{P}_1 \cup \cdots \cup \mathscr{P}_n)$ à l'aide de la formule du crible.

15.16 *b)* Une application de $[\![1\,;p]\!]$ dans $[\![1\,;n]\!]$ est injective si et seulement si les éléments de $[\![1\,;p]\!]$ ont des images deux à deux distinctes.

c) Une application de $[\![1\,;p]\!]$ dans $[\![1\,;n]\!]$ est surjective si et seulement si chaque élément de $[\![1\,;n]\!]$ a au moins un antécédent dans $[\![1\,;p]\!]$.

Corrigés des exercices

15.1 Notons E l'ensemble de 26 lettres de l'alphabet.

a) Un mot de 4 lettres peut être assimilé à une 4-liste de E.

Il y a donc $26^4 = 456976$ mots de 4 lettres.

b) Un mot de 4 lettres constitué de 4 lettres différentes peut être assimilé à une 4-liste d'éléments distincts de E.

Il y a donc $\dfrac{26!}{(26-4)!} = \dfrac{26!}{22!} = 26\times25\times24\times23 = 358800$ mots correspondants.

c) Pour écrire un mot de 4 lettres commençant et se terminant par une voyelle, il faut :

- choisir la première lettre parmi les 6 voyelles : 6 choix,

- choisir la dernière lettre parmi les 6 voyelles : 6 choix,

- choisir les deux autres lettres parmi les 26 lettres : 26×26 choix.

Il y a donc $6^2 \times 26^2 = 24336$ mots correspondants.

d) • Dénombrons, dans un premier temps, l'ensemble des mots de 4 lettres sans voyelle.

Un tel mot peut être assimilé à une 4-liste de l'ensemble des 20 consonnes. Il y a donc $20^4 = 160000$ mots de 4 lettres sans voyelle.

• On en déduit que le nombre de mots de 4 lettres contenant au moins une voyelle est : $26^4 - 20^6 = 296976$.

Il y a $2^4 = 16$ mots de 4 lettres écrits avec les lettres A et B. Mais parmi ces mots, deux sont écrits uniquement avec la lettre A et uniquement avec la lettre B : ce sont les mots AAAA et BBBB.

Il y a donc $16 - 2 = 14$ mots correspondants.

f) Pour écrire un tel mot, il faut :

- choisir les 2 lettres du mot : $\binom{26}{2} = 325$ choix,

- écrire un mot de 4 lettres avec ces 2 lettres : 14 choix (d'après la question *e)*.

Il y a donc $325 \times 14 = 4550$ mots correspondants.

15.2 *a)* Le mot « DANUBE » est constitué des 6 lettres distinctes. Un anagramme est alors une permutation de l'ensemble de ces 6 lettres.

Il y a donc $6! = 720$ anagrammes possibles.

b) Le mot « MISSISSIPPI » est constitué de 1 M, 4 I, 4 S et 2 P. Pour construire un anagramme, il faut :

- choisir la place du M parmi les 11 places possibles : $\binom{11}{1}$ choix,

- choisir la place des 4 I parmi les 10 places restantes : $\binom{10}{4}$ choix,

- choisir la place des 4 S parmi les 6 places restantes : $\binom{6}{4}$ choix,

- choisir la place des 2 P dans les 2 places restantes : $\binom{2}{2}$ choix.

Il y a donc $\binom{11}{1}\binom{10}{4}\binom{6}{4}\binom{2}{2} = \dfrac{11!}{1!\,4!\,4!\,2!} = 34650$ anagrammes possibles.

Remarque : Si l'on commence (par exemple) à placer les S, puis les I, puis les P, puis le M, on obtient :

$$\binom{11}{4}\binom{7}{4}\binom{3}{2}\binom{1}{1} = \frac{11!}{4!\,4!\,2!\,1!} = 34650 \text{ anagrammes.}$$

(On retrouve bien le même résultat ...)

15.3 *a)* Un résultat est une permutation de l'ensemble des 12 boules.

Ainsi, il y a $12! = 479001600$ résultats possibles.

b) Pour obtenir un résultat pour lequel les boules sont regroupées par couleur, il faut :

- choisir l'ordre des 3 couleurs : $3! = 6$ choix,

- au sein de chaque groupement de couleur, ranger les boules correspondantes : il y a $4! = 24$ rangements pour les boules blanches, $6! = 720$ rangements pour les boules rouges et $2! = 2$ rangements pour les boules noires.

Ainsi, il y a $6\times24\times720\times2 = 207360$ résultats correspondants.

c) Pour obtenir un résultat pour lequel les boules rouges sont regroupées, il faut :

- choisir la place des boules rouges (on peut les mettre de la place 1 à la place 6, de la place 2 à la place 7, ..., de la place 7 à la place 12) : 7 choix,

- ranger les boules rouges dans les places choisies : $6! = 720$ choix,

- ranger les 6 autres boules dans les 6 places restantes : $6! = 720$ choix.

Ainsi, il y a $7\times720\times720 = 3628800$ résultats correspondants.

15.4 *a)* Notons A l'ensemble des mains possibles. Une main est une partie à 5 éléments de l'ensemble des 52 cartes.

Ainsi : $\quad \text{Card}(A) = \dbinom{52}{5} = 2598960.$

b) Notons B l'ensemble des mains contenant le carré d'as. Pour construire une telle main, il faut :

- prendre les 4 as : $\binom{4}{4} = 1$ choix,

- choisir 1 carte parmi les 48 cartes restantes : $\binom{48}{1} = 48$ choix.

Ainsi : $\text{Card}(B) = 48$.

c) Notons C l'ensemble des mains contenant un carré.

Pour construire une telle main, il faut :

- choisir la hauteur du carré : 13 choix,

- prendre les 4 cartes de la hauteur choisie : $\binom{4}{4} = 1$ choix,

- choisir 1 carte parmi les 48 cartes restantes : $\binom{48}{1} = 48$ choix.

Ainsi : $\text{Card}(C) = 13 \times 48 = 624$.

d) Notons D l'ensemble des mains contenant un full.

Pour construire une telle main, il faut :

- choisir la hauteur du brelan : 13 choix,

- prendre 3 cartes de la hauteur choisie : $\binom{4}{3}$ choix,

- choisir la hauteur de la paire : 12 choix,

- prendre 2 cartes de la hauteur choisie : $\binom{4}{2}$ choix.

Ainsi : $\text{Card}(D) = 13 \times \binom{4}{3} \times 12 \times \binom{4}{2} = 3744$.

e) Notons E l'ensemble des mains contenant un brelan, sans rien de mieux.

Pour construire une telle main, il faut :

- choisir la hauteur du brelan : 13 choix,

- prendre 3 cartes de la hauteur choisie : $\binom{4}{3}$ choix,

- choisir les 2 hauteurs des 2 autres cartes, parmi les 12 hauteurs restantes (on est alors sûr de ne pas obtenir de full ni de carré) : $\binom{12}{2}$,

- choisir deux fois 1 carte des hauteurs choisies : $\binom{4}{1}^2 = 4^2$ choix.

Ainsi : $\text{Card}(E) = 13 \times \binom{4}{3} \times \binom{12}{2} \times 4^2 = 54912$.

f) Notons F l'ensemble des mains contenant une double paire, sans rien de mieux.

Pour construire une telle main, il faut :

- choisir la hauteur des deux paires : $\binom{13}{2}$ choix,

- choisir deux fois 2 cartes des hauteurs choisies : $\binom{4}{2}^2$ choix,

- choisir une carte parmi les 44 cartes restantes (on est alors sûr de ne pas obtenir de full) : $\binom{44}{1} = 44$ choix.

Ainsi : $\text{Card}(F) = \binom{13}{2} \times \binom{4}{2}^2 \times 44 = 123552$.

g) Notons G l'ensemble des mains contenant une paire, sans rien de mieux.

Pour construire une telle main, il faut :

- choisir la hauteur de la paire : 13 choix,

- choisir 2 cartes de la hauteur choisie : $\binom{4}{2}$ choix,

- choisir les 3 hauteurs des 3 autres cartes, parmi les 12 hauteurs restantes (on est alors sûr de ne pas obtenir de double paire, brelan et full) : $\binom{12}{3}$,

- choisir trois fois 1 carte des hauteurs choisies : $\binom{4}{1}^3 = 4^3$ choix.

Ainsi : $\text{Card}(G) = 13 \times \binom{4}{2} \times \binom{12}{3} \times 4^3 = 1098240$.

h) Notons H l'ensemble des mains contenant une quinte flush.

Pour construire une telle main, il faut :

- choisir la couleur de la quinte flush : 4 choix,

- choisir la hauteur de la plus petite carte de la quinte flush : 10 choix (en effet, on peut avoir $\{1, 2, 3, 4, 5\}$, $\{2, 3, 4, 5, 6\}, \ldots, \{9, 10, V, D, R\}$ ou $\{10, V, D, R, As\}$).

Ainsi : $\text{Card}(H) = 4 \times 10 = 40$.

15.5 *a)* Notons A l'ensemble des répartitions possibles.

Pour chaque bille, il y a 4 choix possibles.

Ainsi : $\text{Card}(A) = 4^5 = 1024$.

b) Notons B l'ensemble des répartitions telles qu'au moins un sac soit vide, et pour tout i de $[\![1\,;4]\!]$, A_i l'ensemble des répartitions telles que le sac n°i soit vide.

Alors : $B = A_1 \cup A_2 \cup A_3 \cup A_4$. Ces ensembles n'étant pas deux à deux disjoints, utilisons la formule du crible pour calculer $\text{Card}(B)$:

$$\begin{aligned}\text{Card}(B) &= \text{Card}(A_1 \cup A_2 \cup A_3 \cup A_4)\\ &= \text{Card}(A_1) + \text{Card}(A_2) + \text{Card}(A_3) + \text{Card}(A_4)\\ &\quad - \text{Card}(A_1 \cap A_2) - \text{Card}(A_1 \cap A_3) - \text{Card}(A_1 \cap A_4)\\ &\quad - \text{Card}(A_2 \cap A_3) - \text{Card}(A_2 \cap A_4) - \text{Card}(A_3 \cap A_4)\\ &\quad + \text{Card}(A_1 \cap A_2 \cap A_3) + \text{Card}(A_1 \cap A_2 \cap A_4)\\ &\quad + \text{Card}(A_1 \cap A_3 \cap A_4) + \text{Card}(A_2 \cap A_3 \cap A_4)\\ &\quad - \text{Card}(A_1 \cap A_2 \cap A_3 \cap A_4)\end{aligned}$$

- Calculons $\text{Card}(A_1)$.

Pour construire une répartition de A_1, il faut placer toutes les billes dans les sacs 2, 3 ou 4. Ainsi : $\text{Card}(A_1) = 3^5 = 243$.

- De même : $\text{Card}(A_2) = \text{Card}(A_3) = \text{Card}(A_4) = 243$.

- Soit $(i, j) \in [\![1\,;4]\!]^2$ tel que $i < j$. Alors l'ensemble $A_i \cap A_j$ est l'ensemble des répartitions pour lesquelles le sac n°i et le sac n°j sont vides. Il faut donc placer toutes les billes dans les deux autres sacs. Ainsi : $\text{Card}(A_i \cap A_j) = 2^5 = 32$.

- Soit $(i, j, k) \in [\![1\,;4]\!]^3$ tel que $i < j < k$. Par le même raisonnement, $\text{Card}(A_i \cap A_j \cap A_k) = 1^5 = 1$.

- Enfin : $\text{Card}(A_1 \cap A_2 \cap A_3 \cap A_4) = 0$.

Ainsi : $\text{Card}(B) = 4 \times 3^5 - 6 \times 2^5 + 4 \times 1^5 - 0 = 784$.

c) Notons C l'ensemble des répartitions telles qu'aucun sac ne soit vide. Alors : $C = \overline{B} = A \setminus B$.

Ainsi : $\text{Card}(C) = \text{Card}(A) - \text{Card}(B) = 1024 - 784 = 240$.

Remarque : on peut retrouver ce résultat par un raisonnement direct. En effet, aucun sac n'est vide si et seulement si l'un des quatre sacs contient deux billes, et les trois autres sacs contiennent une seule bille. Ainsi, il faut :

- choisir l'un des quatres sacs : 4 choix,

- choisir deux billes à mettre dans ce sac : $\binom{5}{2} = 10$ choix,

- répartir les trois autres billes dans les trois autres sacs : $3! = 6$ choix.

Ainsi : $\text{Card}(C) = 4 \times 10 \times 6 = 240$.

15.6 *a)* Notons Ω l'ensemble des résultats possibles. Les résultats sont les parties à n éléments de l'ensemble $[\![1\,;a+b]\!]$.

Ainsi : $\text{Card}(\Omega) = \binom{a+b}{n}$.

b) Puisque $n \leqslant a$ et $n \leqslant b$, il est possible d'obtenir aucune boule blanche, une boule blanche, ..., ou n boules blanches.

Notons, pour tout k de $[\![0\,;n]\!]$, Ω_k l'ensemble des résultats contenant exactement k boules blanches.

Pour obtenir un résultat de Ω_k, il faut :

- choisir k boules blanches parmi les a boules blanches : $\binom{a}{k}$ choix,

- choisir $n-k$ boules noires parmi les b boules noires : $\binom{b}{n-k}$ choix.

Ainsi : $\text{Card}(\Omega_k) = \binom{a}{k}\binom{b}{n-k}$.

c) L'ensemble Ω peut se décomposer en :

$\Omega = \bigcup_{k=0}^{n} \Omega_k$, avec les Ω_k deux à deux disjoints.

Donc : $\text{Card}(\Omega) = \sum_{k=0}^{n} \text{Card}(\Omega_k)$.

Ce qui donne l'égalité suivante :

$$\binom{a+b}{n} = \sum_{k=0}^{n} \binom{a}{k}\binom{b}{n-k}.$$

15.7 Notons, pour tout n de $\mathbb{N}^*$, A_n l'ensemble des façons de monter un escalier à n marches.

a) • Pour monter un escalier d'une marche, la grenouille doit obligatoirement faire un saut d'une marche.

Ainsi : $c_1 = \text{Card}(A_1) = 1$.

• Pour monter un escalier de deux marches, la grenouille peut faire soit un saut de deux marches, soit deux sauts de une marche.

Ainsi : $c_2 = \text{Card}(A_2) = 2$.

b) Considérons un escalier à $n+2$ marches.

Deux cas se présentent :

- le dernier saut de la grenouille est un saut de deux marches ; dans ce cas, elle a monté l'escalier jusqu'à la n-ième marche (il y a c_n façons de le monter), puis a fait un saut de deux marches,

- ou le dernier saut de la grenouille est un saut d'une marche ; dans ce cas, elle a monté l'escalier jusqu'à la $(n+1)$-ième marche (il y a c_{n+1} façons de le monter), puis a fait un saut d'une marche.

Ces deux cas forment une partition de A_{n+2}.

On en déduit la relation : $\quad c_{n+2} = c_n + c_{n+1}$.

c) • Ainsi, la suite $(c_n)_{n\in\mathbb{N}^*}$ est une suite récurrente linéaire d'ordre 2.

Les solutions de l'équation caractéristique $X^2 - X - 1 = 0$ sont : $\dfrac{1+\sqrt{5}}{2}$ et $\dfrac{1-\sqrt{5}}{2}$.

Ainsi, il existe deux réels λ et μ tels que :

$$\forall n \in \mathbb{N}^*,\ c_n = \lambda\Big(\frac{1+\sqrt{5}}{2}\Big)^n + \mu\Big(\frac{1-\sqrt{5}}{2}\Big)^n.$$

Or : $c_1 = 1$ et $c_2 = 2$.

On obtient : $\begin{cases} \lambda(1+\sqrt{5}) + \mu(1-\sqrt{5}) &= 2 \\ \lambda(1+\sqrt{5})^2 + \mu(1-\sqrt{5})^2 &= 8 \end{cases}$.

Et on en déduit : $\lambda = \dfrac{1+\sqrt{5}}{2\sqrt{5}}$ et $\mu = \dfrac{-1+\sqrt{5}}{2\sqrt{5}}$.

Ainsi : $\forall n \in \mathbb{N}^*,\ c_n = \dfrac{1}{\sqrt{5}}\Big[\Big(\dfrac{1+\sqrt{5}}{2}\Big)^n - \Big(\dfrac{1-\sqrt{5}}{2}\Big)^n\Big]$.

• Puisque $\left|\dfrac{1-\sqrt{5}}{2}\right| < \left|\dfrac{1+\sqrt{5}}{2}\right|$, on en déduit : $\Big(\dfrac{1-\sqrt{5}}{2}\Big)^n \underset{n\to+\infty}{=} o\Big(\Big(\dfrac{1+\sqrt{5}}{2}\Big)^n\Big)$.

Ainsi : $\quad c_n \underset{n\to+\infty}{\sim} \dfrac{1}{\sqrt{5}}\Big(\dfrac{1+\sqrt{5}}{2}\Big)^n$.

15.8 *a)* Une dispositions des invités peut être assimilée à une permutation de l'ensemble des n personnes.

Il y a donc $n!$ dispositions différentes.

b) On considère une personne donnée. Sa place est indifférente car la table est ronde. Mais une fois cette personne assise, les $(n-1)$ autres personnes se répartissent sur les $(n-1)$ chaises restantes.

Il y a donc $(n-1)!$ dispositions différentes.

15.9 *a)* Un résultat peut être assimilé une permutation de l'ensemble $[\![1\,;n]\!]$.

Il y a donc $n!$ tirages possibles.

b) On obtient les numéros dans l'ordre croissant si l'on tire, au premier tirage, la boule numéro 1, puis au deuxième tirage, la boule numéro 2, ..., et au n-ième tirage, la boule numéro n.

Il n'y a donc qu'un seul tirage amenant les numéros par ordre croissant.

c) Pour obtenir les k premiers numéros par ordre croissant, il faut :

- choisir l'ensemble des k numéros obtenus lors des k premiers tirages : $\binom{n}{k}$ choix,

- les disposer par ordre croissant : 1 choix,

- disposer les $(n-k)$ autres numéros dans les $(n-k)$ derniers tirages : $(n-k)!$ choix.

Il y a donc $\displaystyle\binom{n}{k} \times (n-k)! = \frac{n!}{k!}$ tirages possibles.

Remarque : pour $k = n$, on retrouve le résultat précédent.

15.10 *a)* Pour construire un p-uplet de E, il faut :

- choisir l'ensemble des p éléments qui vont constituer le p-uplet : $\binom{n}{p}$ choix,

- ordonner ces éléments par ordre croissant : 1 choix.

On en déduit : $\quad \mathrm{Card}(E) = \displaystyle\binom{n}{p}$.

b) Soient $i \in [\![1\,;p]\!]$ et $k \in [\![1\,;n]\!]$. Notons :

$$E_{i,k} = \{(x_1, \ldots, x_p) \in E \,/\, x_i = k\}.$$

Puisque les éléments du p-uplet doivent être rangés par ordre strictement croissant, la plus petite valeur que peut prendre x_i est i, et la plus grande est $n-p+i$.

• Donc si $k \leqslant i-1$ ou $k \geqslant n-p+i+1$, alors :

$$\mathrm{Card}(E_{i,k}) = 0.$$

• Si $i \leqslant k \leqslant n-p+i$, pour construire un p-uplet de $E_{i,k}$, il faut :

- choisir l'ensemble des $(i-1)$ premiers éléments dans $[\![1\,;k-1]\!]$: $\binom{k-1}{i-1}$ choix,

- les ordonner par ordre croissant : 1 choix,

- choisir l'ensemble des $(p-i)$ derniers éléments dans $[\![k+1\,;n]\!]$: $\binom{n-k}{p-i}$ choix,

- les ordonner par ordre croissant : 1 choix.

On en déduit : $\mathrm{Card}(E_{i,k}) = \displaystyle\binom{k-1}{i-1}\binom{n-k}{p-i}$.

c) Soit $i \in [\![1\,;p]\!]$ fixé. Alors : $\displaystyle\bigcup_{k=1}^{n} E_{i,k} = E$. En effet, pour tout p-uplet $(x_1, \ldots, x_p)$ de E, il existe un unique k dans $[\![1\,;n]\!]$ tel que $x_i = k$; donc ce p-uplet appartient à $E_{i,k}$.

Puisque les ensembles $E_{i,k}$, pour $k \in [\![1\,;n]\!]$, sont deux à deux disjoints, on obtient :

$$\mathrm{Card}(E) = \sum_{k=1}^{n} \mathrm{Card}(E_{i,k}).$$

D'où : $\displaystyle\binom{n}{p} = \sum_{k=i}^{n-p+i} \binom{k-1}{i-1}\binom{n-k}{p-i}$.

d) Soit $k \in [\![1\,;n]\!]$ fixé.

• Les ensembles $E_{i,k}$, pour $i \in [\![1\,;p]\!]$, sont également deux à deux disjoints, donc :

$$\sum_{i=k-n+p}^{k} \binom{k-1}{i-1}\binom{n-k}{p-i} = \sum_{i=k-n+p}^{k} \mathrm{Card}(E_{i,k}) = \sum_{i=1}^{p} \mathrm{Card}(E_{i,k}) = \mathrm{Card}\Big(\bigcup_{i=1}^{p} E_{i,k}\Big).$$

Si l'on note, pour tout $k \in [\![1\,;n]\!]$, $F_k = \displaystyle\bigcup_{i=1}^{p} E_{i,k}$, alors F_k est l'ensemble des p-uplets de E dont l'un des éléments est égal à k.

• Pour construire un p-uplet de F_k, il faut :

- prendre l'élément k : 1 choix,

- choisir l'ensemble des $(p-1)$ autres éléments dans l'ensemble $\{1, \ldots, k-1, k+1, \ldots, n\}$: $\binom{n-1}{p-1}$ choix,

- ordonner ces p éléments par ordre croissant : 1 choix.

Ainsi : $\mathrm{Card}(F_k) = \displaystyle\binom{n-1}{p-1}$.

On obtient alors : $\displaystyle\sum_{i=1}^{p} \binom{k-1}{i-1}\binom{n-k}{p-i} = \binom{n-1}{p-1}$.

15.11 *a) 1)* Une partie B de E vérifie $A \cap B = \varnothing$ si et seulement si $B \subset E \setminus A$.

Or $\mathrm{Card}(E \setminus A) = \mathrm{Card}(E) - \mathrm{Card}(A) = n - p$,

et donc $\mathrm{Card}(\mathscr{P}(E \setminus A)) = 2^{n-p}$.

Ainsi, il y a 2^{n-p} parties de E disjointes de A.

a) 2) Une partie B de E vérifie $A \subset B$ si et seulement si $B = A \cup C$, avec $C \in E \setminus A$.

Il y a donc autant de parties B convenant que de parties C de $E \setminus A$.

Or $\mathrm{Card}(E \setminus A) = \mathrm{Card}(E) - \mathrm{Card}(A) = n - p$,

et donc $\mathrm{Card}(\mathscr{P}(E \setminus A)) = 2^{n-p}$.

Ainsi, il y a 2^{n-p} parties de E contenant A.

a) 3) Une partie B de E vérifie $A \cup B = E$ si et seulement si $B = (E \setminus A) \cup D$, avec $D \subset A$.

Il y a donc autant de parties B convenant que de parties D de A.

Or $\mathrm{Card}(A) = p$, et donc $\mathrm{Card}(\mathscr{P}(A)) = 2^p$.

Ainsi, il y a 2^p parties B de E telles que $A \cup B = E$.

b) Notons : $\Delta = \{(A, B) \in \mathscr{P}(E)^2 \,/\, A \cup B = E\}$,

et pour $k \in [\![0\,;n]\!]$,

$$\Delta_k = \{(A, B) \in \mathscr{P}(E)^2 \,/\, A \cup B = E \text{ et } \mathrm{Card}(A) = k\}.$$

Alors : $\Delta = \bigcup_{k=0}^{n} \Delta_k$, avec les ensembles Δ_k deux à deux disjoints.

Donc : $\quad \text{Card}(\Delta) = \sum_{k=0}^{n} \text{Card}(\Delta_k)$.

• Pour construire un couple de parties (A, B) de Δ_k, il faut :

- construire une partie A à k éléments : $\binom{n}{k}$ choix,

- la partie A étant construite, construire une partie B telle que $A \cup B = E$: 2^k choix (d'après *a) 3)*).

Donc : $\text{Card}(\Delta_k) = \binom{n}{k} 2^k$.

• Ainsi : $\text{Card}(\Delta) = \sum_{k=0}^{n} \binom{n}{k} 2^k = (2+1)^n = 3^n$.

c) Notons : $\Delta' = \{(A, B) \in \mathscr{P}(E)^2 \,/\, A \cap B = \varnothing\}$,
et pour $k \in [\![0\,;n]\!]$,

$$\Delta'_k = \{(A, B) \in \mathscr{P}(E)^2 \,/\, A \cap B = \varnothing \text{ et } \text{Card}(A) = k\}.$$

Alors : $\Delta' = \bigcup_{k=0}^{n} \Delta'_k$, avec les ensembles Δ'_k deux à deux disjoints. Donc : $\quad \text{Card}(\Delta') = \sum_{k=0}^{n} \text{Card}(\Delta'_k)$.

• Pour construire un couple de parties (A, B) de Δ'_k, il faut :

- construire une partie A à k éléments : $\binom{n}{k}$ choix,

- la partie A étant construite, construire une partie B telle que $A \cap B = \varnothing$: 2^{n-k} choix (d'après *a) 2)*).

Donc : $\text{Card}(\Delta'_k) = \binom{n}{k} 2^{n-k}$.

• Ainsi : $\text{Card}(\Delta') = \sum_{k=0}^{n} \binom{n}{k} 2^{n-k} = (1+2)^n = 3^n$.

d) Notons : $\Gamma = \{(A, B, C) \in \mathscr{P}(E)^3 \,/\, A \cup B \cup C = E\}$.
1re méthode : notons, pour tout $k \in [\![0\,;n]\!]$,

$$\Gamma_k = \{(A, B, C) \in \mathscr{P}(E)^3 \,/\, A \cup B \cup C = E, \text{Card}(A \cup B) = k\}.$$

Alors : $\Gamma = \bigcup_{k=0}^{n} \Gamma_k$, avec les ensembles Γ_k deux à deux disjoints.

Donc : $\quad \text{Card}(\Gamma) = \sum_{k=0}^{n} \text{Card}(\Gamma_k)$.

• Pour construire un triplet de parties (A, B, C) de Γ_k, il faut :

- choisir une partie E_k de E à k éléments : $\binom{n}{k}$ choix,

- construire un couple de parties (A, B) telles que $A \cup B = E_k$: 3^k choix (d'après la question *b)*),

- construire une partie C telle que $E_k \cup C = E$: 2^k choix (d'après la question *a)3)*).

Donc : $\text{Card}(\Gamma_k) = \binom{n}{k} 3^k 2^k = \binom{n}{k} 6^k$.

• Ainsi : $\text{Card}(\Gamma) = \sum_{k=0}^{n} \binom{n}{k} 6^k = (6+1)^n = 7^n$.

2e méthode : notons, pour tout $k \in [\![0\,;n]\!]$,

$$\Gamma'_k = \{(A, B, C) \in \mathscr{P}(E)^3 \,/\, A \cup B \cup C = E, \text{Card}(A) = k\}.$$

Alors : $\Gamma = \bigcup_{k=0}^{n} \Gamma'_k$, avec les ensembles Γ'_k deux à deux disjoints.

Donc : $\quad \text{Card}(\Gamma) = \sum_{k=0}^{n} \text{Card}(\Gamma'_k)$.

• Pour construire un triplet de parties (A, B, C) de Γ_k, il faut :

- construire une partie A à k éléments : $\binom{n}{k}$ choix,

- une fois A construite, pour construire les parties B et C telles que $A \cup B \cup C = E$, décomposons B et C en :

$B = B_1 \cup B_2$, avec $B_1 \subset A$ et $B_2 \subset E \setminus A$,
$C = C_1 \cup C_2$, avec $C_1 \subset A$ et $C_2 \subset E \setminus A$.

Les parties B et C conviennent si et seulement si :

$B_1 \subset A$, $C_1 \subset A$ et $B_2 \cup C_2 = E \setminus A$.

Il y a alors 2^k choix pour construire B_1, 2^k choix pour construire C_1 et 3^{n-k} pour construire (B_2, C_2) (d'après la question *b)*).

Donc : $\text{Card}(\Gamma'_k) = \binom{n}{k} 2^k\, 2^k\, 3^{n-k} = \binom{n}{k} 4^k\, 3^{n-k}$.

• Ainsi : $\text{Card}(\Gamma) = \sum_{k=0}^{n} \binom{n}{k} 4^k\, 3^{n-k} = (4+3)^n = 7^n$.

15.12 Notons $x_1, \ldots, x_n$ les éléments de E_n.

a) Une application f de E_n dans E_n est surjective si et seulement si chaque élément de l'ensemble d'arrivée a au moins un antécédent dans l'ensemble de départ ; or, puisque les ensembles d'arrivée et de départ ont le même cardinal, il faut et il suffit que tous les éléments de l'ensemble de départ aient des images deux à deux distinctes par f.

Ainsi, pour construire une telle application, il faut :

- choisir l'image de x_1 : n choix,

- choisir l'image de x_2, distincte de $f(x_1)$: $n-1$ choix,

...

- choisir l'image de x_n, distincte des précédentes : 1 choix.

On en déduit qu'il existe $n!$ applications surjectives de E_n dans E_n.

Remarque : une telle application est alors injective, donc bijective.

b) Une application f de E_{n+1} dans E_n est surjective si et seulement si deux éléments de E_{n+1} ont la même image par f, notée y, et les autres ont des images deux à deux distinctes, et distinctes de y.

Ainsi, pour construire une telle application, il faut :

- choisir deux éléments de E_{n+1} : $\binom{n+1}{2}$ choix,

- choisir leur image commune y dans E_n : n choix,

- choisir, pour les $(n-1)$ autres éléments de E_{n+1}, des images deux à deux distinctes et distinctes de y : $(n-1)!$ choix.

On en déduit qu'il existe $\binom{n+1}{2} \times n \times (n-1)! = \dfrac{n(n+1)!}{2}$ applications surjectives de E_{n+1} dans E_n.

c) Une application f de E_{n+2} dans E_n est surjective si et seulement si :

- trois éléments de E_{n+2} ont la même image par f, notée y, et les autres ont des images deux à deux distinctes et distinctes de y

ou - deux éléments de E_{n+2} ont la même image par f, notée y, deux autres ont également la même image par f différente de y, notée z, et les autres ont des images deux à deux distinctes et distinctes de y et de z.

Notons A l'ensemble des applications de E_{n+2} dans E_n pour lesquelles trois éléments de E_{n+2} ont la même image par f, notée y, et les autres ont des images deux à deux distinctes et distinctes de y.

Notons B l'ensemble des applications de E_{n+2} dans E_n pour lesquelles deux éléments de E_{n+2} ont la même image par f, notée y, deux autres ont également la même image par f différente de y, notée z, et les autres ont des images deux à deux distinctes et distinctes de y et de z.

• Pour construire une application de A, il faut :

- choisir trois éléments de E_{n+2} : $\binom{n+2}{3}$ choix,

- choisir leur image commune y dans E_n : n choix,

- choisir, pour les $(n-1)$ autres éléments de E_{n+2}, des images deux à deux distinctes et distinctes de y : $(n-1)!$ choix.

Donc : $\text{Card}(A) = \binom{n+2}{3} \times n \times (n-1)! = \dfrac{n\,(n+2)!}{6}$.

• Pour construire une application de B, il faut :

- choisir quatre éléments de E_{n+2} : $\binom{n+2}{4}$ choix,

- choisir les deux éléments y et z de E_n qui ont deux antécédents : $\binom{n}{2}$ choix,

- choisir les deux éléments parmi les quatre éléments précédents qui ont pour image y, les deux restants ont pour image z : $\binom{4}{2} \times 1$ choix,

- choisir, pour les $(n-2)$ autres éléments de E_{n+2}, des images deux à deux distinctes et distinctes de y et de z : $(n-2)!$ choix.

$$\text{Donc : } \text{Card}(B) = \binom{n+2}{4} \times \binom{n}{2} \times \binom{4}{2} \times (n-2)! = \frac{n\,(n-1)\,(n+2)!}{8}.$$

• En notant C l'ensemble des applications surjectives de E_{n+2} dans E_n, on a : $C = A \cup B$, avec A et B disjoints.

On en déduit qu'il existe

$$\text{Card}(C) = \text{Card}(A) + \text{Card}(B) = \frac{n\,(3n+1)\,(n+2)!}{24}$$

applications surjectives de E_{n+2} dans E_n.

15.13 *a)* • Soit $E_2 = \{a, b\}$ un ensemble à 2 éléments.

La seule partition par paires possible est : $\{\{a, b\}\}$.

Ainsi : $c_1 = 1$.

• Soit $E_4 = \{a, b, c, d\}$ un ensemble à 4 éléments.

Les partitions par paires possibles sont :

$$\{\{a, b\}, \{c, d\}\},\ \{\{a, c\}, \{b, d\}\}\{\{a, d\}, \{b, c\}\}.$$

Ainsi : $c_2 = 3$.

b) Pour créer une partition par paires d'un ensemble $E_{2n+2} = \{x_1, x_2, \ldots, x_{2n+2}\}$ à $(2n+2)$ éléments, il faut :

- choisir un élément (noté x_k) de E_{2n+2} à associer à x_1 : $2n+1$ choix,

- former une partition par paires de $E_{2n+2} \setminus \{x_1, x_k\}$, qui a $2n$ éléments : c_n choix.

Ainsi : $c_{n+1} = (2n+1)c_n$.

c) Raisonnons par récurrence sur n. Notons, pour tout $n \in \mathbb{N}^*$, $\mathscr{P}(n)$ la propriété : « $c_n = \dfrac{(2n)!}{2^n\, n!}$ ».

• Pour $n = 1$: $c_1 = 1$ et $\dfrac{2!}{2 \times 1!} = 1$.

D'où la propriété $\mathscr{P}(1)$.

• Supposons la propriété $\mathscr{P}(n)$ pour un n de $\mathbb{N}^*$ fixé.

$$\text{Alors : } c_{n+1} = (2n+1)c_n = (2n+1)\frac{(2n)!}{2^n\, n!} = \frac{2n+2}{2(n+1)}\frac{(2n+1)\,(2n)!}{2^n\, n!} = \frac{(2n+2)!}{2^{n+1}\,(n+1)!}.$$

D'où la propriété $\mathscr{P}(n+1)$.

• On en déduit : $\forall n \in \mathbb{N}^*,\ c_n = \dfrac{(2n)!}{2^n\, n!}$.

15.14 *a)* Soit $p \in \mathbb{N}^*$ fixé.

• L'équation $x_1 + x_2 + \cdots + x_p = 0$ admet pour unique solution dans $\mathbb{N}^p$: $(0, 0, \ldots, 0)$. Donc : $\Gamma(0, p) = 1$.

• L'équation $x_1 + x_2 + \cdots + x_p = 1$ admet pour solutions dans $\mathbb{N}^p$: $(1, 0, \ldots, 0), (0, 1, 0, \ldots, 0), \ldots, (0, \ldots, 0, 1)$. Donc : $\Gamma(1, p) = p$.

b) Soit $n \in \mathbb{N}$ fixé.

• L'équation $x_1 = n$ admet pour unique solution dans $\mathbb{N}^p$: n. Donc : $\Gamma(n, 1) = 1$.

• L'équation $x_1 + x_2 = n$ admet pour solutions dans $\mathbb{N}^p$: $(n, 0), (n-1, 1), \dots, (0, n)$. Donc : $\Gamma(n, 2) = n + 1$.

c) Soient $n \geqslant 1$ et $p \geqslant 2$ fixés. Décomposons l'ensemble $E(n, p)$ des p-uplets $(x_1, x_2, \dots, x_n)$ de $\mathbb{N}^p$ tels que $x_1 + x_2 + \cdots + x_p = n$ en deux sous-ensembles :

- l'ensemble $E_1(n, p)$ des p-uplets $(x_1, x_2, \dots, x_n)$ de $\mathbb{N}^p$ tels que $x_1 + x_2 + \cdots + x_p = n$ et $x_p = 0$,

- l'ensemble $E_2(n, p)$ des p-uplets $(x_1, x_2, \dots, x_n)$ de $\mathbb{N}^p$ tels que $x_1 + x_2 + \cdots + x_p = n$ et $x_p \geqslant 1$.

Alors : $E(n, p) = E_1(n, p) \cup E_2(n, p)$, avec les ensembles $E_1(n, p)$ et $E_2(n, p)$ disjoints.

Donc : $\mathrm{Card}(E(n, p)) = \mathrm{Card}(E_1(n, p)) + \mathrm{Card}(E_2(n, p))$.

• Calculons $\mathrm{Card}(E_1(n, p))$:

$$\begin{aligned}
&E_1(n, p)\\
&\quad = \{(x_1, \dots, x_p) \in \mathbb{N}^p \ / \ x_1 + \cdots + x_p = n \text{ et } x_p = 0\}\\
&\quad = \{(x_1, \dots, x_{p-1}, 0) \in \mathbb{N}^p \ / \ x_1 + \cdots + x_{p-1} = n\}\\
&\quad = \{(x_1, \dots, x_{p-1}, 0) \in \mathbb{N}^p \ / \ (x_1, \dots, x_{p-1}) \in E(n, p-1)\}.
\end{aligned}$$

Ainsi : $\mathrm{Card}(E_1(n, p)) = \mathrm{Card}(E(n, p-1)) = \Gamma(n, p-1)$.

• Calculons $\mathrm{Card}(E_2(n, p))$:

$$\begin{aligned}
&E_2(n, p)\\
&\quad = \{(x_1, \dots, x_p) \in \mathbb{N}^p \ / \ x_1 + \cdots + x_p = n \text{ et } x_p \geqslant 1\}\\
&\quad = \{(x_1, \dots, x_p) \in \mathbb{N}^p \ / \ x_1 + \cdots + x_{p-1} +\\
&\qquad\qquad + (x_p - 1) = n - 1 \text{ et } (x_p - 1) \geqslant 0\}\\
&\quad = \{(x_1, \dots, x_{p-1}, x_p) \in \mathbb{N}^p \ /\\
&\qquad\qquad (x_1, \dots, x_{p-1}, x_p - 1) \in E(n-1, p)\}.
\end{aligned}$$

Ainsi : $\mathrm{Card}(E_2(n, p)) = \mathrm{Card}(E(n-1, p)) = \Gamma(n-1, p)$.

• On en déduit : $\Gamma(n, p) = \Gamma(n, p-1) + \Gamma(n-1, p)$.

d) Raisonnons par récurrence sur n. Notons, pour tout $n \in \mathbb{N}$, $\mathscr{P}(n)$ la propriété : « $\forall p \geqslant 2,\ \Gamma(n, p) = \displaystyle\sum_{k=0}^{n} \Gamma(k, p-1)$ ».

★ Pour $n = 0$: $\forall p \geqslant 2$,

$$\Gamma(0, p) = 1 \text{ et } \sum_{k=0}^{0} \Gamma(k, p-1) = \Gamma(0, p-1) = 1.$$

D'où la propriété $\mathscr{P}(0)$.

★ Supposons la propriété $\mathscr{P}(n)$ pour un n de $\mathbb{N}$ fixé. Alors :

$$\begin{aligned}
\forall p \geqslant 2,\quad \Gamma(n+1, p) &= \Gamma(n+1, p-1) + \Gamma(n, p)\\
&= \Gamma(n+1, p-1) + \sum_{k=0}^{n} \Gamma(k, p-1)\\
&= \sum_{k=0}^{n+1} \Gamma(k, p-1).
\end{aligned}$$

D'où la propriété $\mathscr{P}(n+1)$.

★ On en déduit : $\forall n \geqslant 0,\ \forall p \geqslant 2,\ \Gamma(n, p) = \displaystyle\sum_{k=0}^{n} \Gamma(k, p-1)$.

e) Raisonnons cette fois-ci par récurrence sur p.

Notons, pour tout p de $\mathbb{N}^*$, $\mathscr{E}(p)$ la propriété :

$$\text{« } \forall n \geqslant 0,\ \Gamma(n, p) = \binom{n+p-1}{n} \text{ ».}$$

★ Pour $p = 1$: $\forall n \geqslant 0,\ \Gamma(n, 1) = 1 = \dbinom{n}{n}$.

D'où la propriété $\mathscr{E}(1)$.

★ Supposons la propriété $\mathscr{E}(p)$ pour un p de $\mathbb{N}^*$ fixé. Alors :

$$\begin{aligned}
\forall n \geqslant 0,\quad \Gamma(n, p+1) &= \sum_{k=0}^{n} \Gamma(k, p) = \sum_{k=0}^{n} \binom{k+p-1}{k}\\
&= \sum_{k=0}^{n} \binom{k+p-1}{p-1} = \sum_{\ell=p-1}^{n+p-1} \binom{\ell}{p-1}\\
&= \binom{n+p}{p} = \binom{n+p}{n}.
\end{aligned}$$

D'où la propriété $\mathscr{E}(p+1)$.

★ On en déduit : $\forall p \geqslant 1,\ \forall n \geqslant 0,\ \Gamma(n, p) = \dbinom{n+p-1}{n}$.

15.15 *a)* Par définition de $\mathscr{D}$, on peut écrire :

$$\mathscr{D} = \mathscr{B} \setminus (\mathscr{P}_1 \cup \mathscr{P}_2 \cup \cdots \cup \mathscr{P}_n).$$

b) Une application de E dans E est bijective si, tous les éléments de E ont des images deux à deux distinctes dans E.

• Pour construire une bijection de $\mathscr{P}_1$, il faut :

- définir $f(e_1)$ égal à e_1 : 1 choix,
- choisir $f(e_2)$ dans $\{e_1, e_2, \dots, e_n\} \setminus \{f(e_1)\}$: $(n-1)$ choix,
- choisir $f(e_3)$ dans $\{e_1, \dots, e_n\} \setminus \{f(e_1), f(e_2)\}$: $(n-2)$ choix,
- ...
- choisir $f(e_n)$ dans $\{e_1, \dots, e_n\} \setminus \{f(e_1), \dots, f(e_{n-1})\}$: 1 choix.

On en déduit : $\mathrm{Card}(\mathscr{P}_1) = (n-1)!$.

• Pour construire une bijection de $\mathscr{P}_1 \cap \mathscr{P}_2$, il faut :

- définir $f(e_1)$ égal à e_1 : 1 choix,
- définir $f(e_2)$ égal à e_2 : 1 choix,
- choisir $f(e_3)$ dans $\{e_1, e_2, \dots, e_n\} \setminus \{f(e_1), f(e_2)\}$: $(n-2)$ choix,
- ...
- choisir $f(e_n)$ dans $\{e_1, \dots, e_n\} \setminus \{f(e_1), \dots, f(e_{n-1})\}$: 1 choix.

On en déduit : $\mathrm{Card}(\mathscr{P}_1 \cap \mathscr{P}_2) = (n-2)!$.

• Soit $k \in [\![1\,;n]\!]$. Par le même raisonnement, on obtient :

$$\mathrm{Card}(\mathscr{P}_1 \cap \mathscr{P}_2 \cap \cdots \cap \mathscr{P}_k) = (n-k)!.$$

c) • Calculons $\text{Card}(\mathscr{P}_1 \cup \cdots \cup \mathscr{P}_n)$, noté c_n.

Les ensembles $\mathscr{P}_k$ ne sont pas deux à deux disjoints. Utilisons donc la formule du crible :

$$c_n = \sum_{k=1}^{n} (-1)^{k+1} \sum_{1 \leqslant i_1 < \cdots < i_k \leqslant n} \text{Card}(\mathscr{P}_{i_1} \cap \mathscr{P}_{i_2} \cap \cdots \cap \mathscr{P}_{i_k}).$$

Or, pour tout k de $[\![1\,;n]\!]$ fixé, tous les cardinaux des ensembles $\mathscr{P}_{i_1} \cap \cdots \cap \mathscr{P}_{i_k}$ sont égaux, et égaux à $\text{Card}(\mathscr{P}_1 \cap \cdots \cap \mathscr{P}_k) = (n-k)!$; de plus, il y en a $\binom{n}{k}$.

Ainsi : $c_n = \displaystyle\sum_{k=1}^{n} (-1)^{k+1} \binom{n}{k} (n-k)! = n! \sum_{k=1}^{n} \frac{(-1)^{k+1}}{k!}$.

• Une bijection de E dans E est une permutation de E.

Ainsi : $\text{Card}(\mathscr{B}) = n!$.

• Puisque $(\mathscr{P}_1 \cup \mathscr{P}_2 \cup \cdots \cup \mathscr{P}_n) \subset \mathscr{B}$, alors :

$$\begin{aligned} \text{Card}(\mathscr{D}) &= \text{Card}(\mathscr{B}) - \text{Card}(\mathscr{P}_1 \cup \cdots \cup \mathscr{P}_n) \\ &= n! - n! \sum_{k=1}^{n} \frac{(-1)^{k+1}}{k!} = n! + n! \sum_{k=1}^{n} \frac{(-1)^k}{k!} \\ &= n! \sum_{k=0}^{n} \frac{(-1)^k}{k!}. \end{aligned}$$

15.16 Notons, pour tout k de $\mathbb{N}^*$, $E_k = [\![1\,;k]\!]$.

a) Pour définir une application de E_p dans E_n, il faut associer, à chaque élément de E_p, un et un seul élément de E_n.

Ainsi, il y a n^p applications de E_p dans E_n.

b) • Supposons $p \leqslant n$.

Pour définir une application f injective de E_p dans E_n, il faut :

- choisir l'image de 1 dans E_n : il y a n choix,

- choisir l'image de 2 dans E_n, différente de $f(1)$: il y a $n-1$ choix,

- ...

- choisir l'image de p dans E_n, différente de $f(1), f(2), \ldots, f(p-1)$: il y a $n-(p-1)$ choix.

Ainsi, il y a $n \times (n-1) \times \cdots \times (n-p+1) = \dfrac{n!}{(n-p)!}$ applications injectives de E_p dans E_n.

• Supposons $p > n$.

Dans ce cas, il est impossible de définir une injection de E_p dans E_n.

Il n'y a donc pas d'application injective de E_p dans E_n.

c) 1) • Il n'y a qu'une seule application de E_p dans $E_1 = \{1\}$, et cette application est surjective.

Ainsi : $S(p,1) = 1^p = 1$.

• Parmi toutes les applications de E_p dans $E_2 = \{1,2\}$, deux sont non surjectives : celle qui, à tout élément de E_p, associe 1, et celle qui, à tout élément de E_p, associe 2.

Ainsi : $S(p,2) = 2^p - 2$.

c) 2) Si $p < n$, et si f est une application de E_p dans E_n, alors $\text{Card}(f(E_p)) \leqslant p < n$; ainsi il y a au moins un élément de E_n qui n'a pas d'antécédent. Donc f n'est pas surjective.

Ainsi : $S(p,n) = 0$.

c) 3) Notons, pour tout k de $[\![1\,;n]\!]$, Γ_k l'ensemble des applications f de E_p dans E_n telles que $\text{Card}(f(E_p)) = k$.

Pour construire une telle application, il faut :

- choisir une partie A_k de E_n à k éléments : il y a $\binom{n}{k}$ choix,

- construire une application surjective de E_p dans A_k : il y a $S(p,k)$ choix ; en effet, il y a autant d'applications surjectives de E_p dans A_k que d'applications surjectives de E_p dans $[\![1\,;k]\!]$.

Ainsi : $\text{Card}(\Gamma_k) = \binom{n}{k} S(p,k)$.

c) 4) En notant Γ l'ensemble des applications de E_p dans E_n, alors Γ peut se décomposer en :

$$\Gamma = \bigcup_{k=1}^{n} \Gamma_k, \text{ avec les } \Gamma_k \text{ deux à deux disjoints.}$$

On en déduit : $\text{Card}(\Gamma) = \displaystyle\sum_{k=1}^{n} \text{Card}(\Gamma_k)$.

D'où : $n^p = \displaystyle\sum_{k=1}^{n} \binom{n}{k} S(p,k)$.

c) 5) Pour $n = 3$, on obtient :

$$\begin{aligned} 3^p &= \binom{3}{1} S(p,1) + \binom{3}{2} S(p,2) + \binom{3}{3} S(p,3) \\ &= 3S(p,1) + 3S(p,2) + S(p,3). \end{aligned}$$

Ainsi : $\begin{aligned}[t] S(p,3) &= 3^p - 3 \times 1 - 3 \times (2^p - 2) \\ &= 3^p - 3 \times 2^p + 3. \end{aligned}$

Espaces probabilisés

CHAPITRE 16

Plan

Thèmes abordés dans les exercices

- Expériences aléatoires, univers des possibles, événements
- Probabilité
- Probabilité conditionnelle
- Indépendance d'événements.

Points essentiels du cours pour la résolution des exercices

- Vocabulaire probabiliste : événement élémentaire, événement certain, événement impossible, événement négligeable, événement presque sûr, événements incompatibles, système complet d'événements
- Définition d'une probabilité
- Probabilité d'un événement contraire, probabilité d'une réunion finie (formule de Poincaré ou du crible), probabilité d'une réunion infinie, propriété de limite monotone
- Probabilité conditionnelle : définition et notation $P_A(B)$, formule des probabilités composées, formule des probabilités totales, formule de Bayes
- Indépendance de deux événements, indépendance mutuelle de n événements, indépendance d'une suite infinie d'événements
- Séries, sommes de séries convergentes, séries télescopiques, les séries $\sum_{n\geqslant 0} q^n$, $\sum_{n\geqslant 1} nq^{n-1}$, $\sum_{n\geqslant 2} n(n-1)q^{n-2}$, la série exponentielle $\sum_{n\geqslant 0} \dfrac{x^n}{n!}$.

Les méthodes à retenir

Pour calculer la probabilité d'un événement A lorsque l'univers des possibles est fini

Lorsque l'univers des possibles Ω est fini, on peut décrire Ω et identifier l'événement A comme un sous-ensemble de Ω :

- s'il y a équiprobabilité des événements élémentaires, alors :
$$P(A) = \frac{\text{Card}(A)}{\text{Card}(\Omega)} = \frac{\text{nombre de cas favorables à } A}{\text{nombre de cas possibles}}$$
- sinon, il faut calculer les probabilités des événements élémentaires $P(\{\omega\})$, pour tout $\omega \in \Omega$, et utiliser :
$$P(A) = \sum_{\omega \in A} P(\{\omega\}).$$

➥ **Exercices 16.1 à 16.3, 16.7, 16.8.**

Pour calculer la probabilité d'un événement A à l'aide des opérations sur les événements

Essayer de :

- utiliser l'événement contraire $\overline{A}$, et dans ce cas :
$$P(A) = 1 - P(\overline{A})$$

➥ **Exercices 16.4, 16.11 à 16.13, 16.17**

- décomposer A sous la forme $A = B \setminus C$, et dans ce cas :
$$P(A) = P(B \setminus C) = P(B) - P(B \cap C)\,;$$
si de plus C implique B (c'est-à-dire $C \subset B$), alors :
$$P(A) = P(B \setminus C) = P(B) - P(C)$$
- décomposer A sous la forme $A = B \cup C$, et dans ce cas :
$$P(A) = P(B \cup C) = P(B) + P(C) - P(B \cap C)\,;$$
si de plus B et C sont incompatibles (c'est-à-dire $B \cap C = \varnothing$), alors :
$$P(A) = P(B \cup C) = P(B) + P(C).$$

➥ **Exercices 16.3, 16.9, 16.18.**

Pour calculer la probabilité d'une réunion finie d'événements $\bigcup_{k=1}^{n} A_k$

- Si les événements A_k sont deux à deux incompatibles, alors :
$$P\Big(\bigcup_{k=1}^{n} A_k\Big) = \sum_{k=1}^{n} P(A_k).$$

➥ **Exercices 16.8 à 16.10, 16.12, 16.16**

- Sinon, on utilise la formule de Poincaré (appelée aussi formule du crible) :
$$P\Big(\bigcup_{k=1}^{n} A_k\Big) = \sum_{k=1}^{n} (-1)^{k+1} \sum_{1 \leqslant i_1 < \cdots < i_k \leqslant n} P(A_{i_1} \cap \cdots \cap A_{i_k}),$$
ce qui s'écrit :

– pour $n = 2$: $P(A_1 \cup A_2) = P(A_1) + P(A_2) - P(A_1 \cap A_2)$,

(suite)

– pour $n = 3$:

$$P(A_1 \cup A_2 \cup A_3) = P(A_1) + P(A_2) + P(A_3) - P(A_1 \cap A_2) - P(A_1 \cap A_3) - P(A_2 \cap A_3) + P(A_1 \cap A_2 \cap A_3).$$

➥ **Exercices 16.7, 16.13**

- On peut aussi essayer de calculer la probabilité de l'événement contraire : $\overline{\bigcup_{k=1}^{n} A_k} = \bigcap_{k=1}^{n} \overline{A_k}$. On se ramène alors au calcul de la probabilité d'une intersection finie d'événements.

Pour calculer la probabilité d'une réunion infinie d'événements $\bigcup_{n=1}^{+\infty} A_n$

- Si les événements A_n sont deux à deux incompatibles, alors :

$$P\Big(\bigcup_{n=1}^{+\infty} A_n\Big) = \sum_{n=1}^{+\infty} P(A_n).$$

➥ **Exercices 16.4, 16.5, 16.10 à 16.12, 16.17 à 16.19**

- Si les événements A_n forment une suite croissante d'événements (c'est-à-dire : $\forall n \in \mathbb{N}^*, A_n \subset A_{n+1}$), alors :

$$P\Big(\bigcup_{n=1}^{+\infty} A_n\Big) = \lim_{n\infty} P(A_n).$$

➥ **Exercices 16.4, 16.15**

- Sinon, on utilise la formule suivante :

$$P\Big(\bigcup_{n=1}^{+\infty} A_n\Big) = \lim_{n\infty} P\Big(\bigcup_{k=1}^{n} A_k\Big).$$

- On peut aussi essayer de calculer la probabilité de l'événement contraire : $\overline{\bigcup_{n=1}^{+\infty} A_n} = \bigcap_{n=1}^{+\infty} \overline{A_n}$. On se ramène alors au calcul de la probabilité d'une intersection infinie d'événements.

➥ **Exercice 16.4.**

Pour calculer la probabilité d'une intersection finie d'événements $\bigcap_{k=1}^{n} A_k$

- Si les événements A_k sont mutuellement indépendants, alors :

$$P\Big(\bigcap_{k=1}^{n} A_k\Big) = \prod_{k=1}^{n} P(A_k).$$

➥ **Exercices 16.4, 16.9, 16.13, 16.16**

- Sinon, on utilise la formule des probabilités composées :

$$P\Big(\bigcap_{k=1}^{n} A_k\Big) = P(A_1) \times P_{A_1}(A_2) \times \cdots \times P_{A_1 \cap A_2 \cap \cdots \cap A_{n-1}}(A_n),$$

à condition que $P(A_1 \cap A_2 \cap \cdots \cap A_{n-1}) \neq 0$.

➥ **Exercices 16.5, 16.6, 16.10, 16.19**

- On peut aussi essayer de calculer la probabilité de l'événement contraire : $\overline{\bigcap_{k=1}^{n} A_k} = \bigcup_{k=1}^{n} \overline{A_k}$. On se ramène alors au calcul de la probabilité d'une réunion finie d'événements.

➥ **Exercice 16.13.**

Pour calculer la probabilité d'une intersection infinie d'événements $\bigcap_{n=1}^{+\infty} A_n$

- Si les événements A_n forment une suite décroissante d'événements (c'est-à-dire : $\forall n \in \mathbb{N}^*,\quad A_{n+1} \subset A_n$), alors :

$$P\Big(\bigcap_{n=1}^{+\infty} A_n\Big) = \lim_{n\infty} P(A_n).$$

➥ **Exercice 16.4**

- Sinon, on utilise la formule suivante :

$$P\Big(\bigcap_{n=1}^{+\infty} A_n\Big) = \lim_{n\infty} P\Big(\bigcap_{k=1}^{n} A_k\Big).$$

➥ **Exercice 16.18**

- On peut aussi essayer de calculer la probabilité de l'événement contraire : $\overline{\bigcap_{n=1}^{+\infty} A_n} = \bigcup_{n=1}^{+\infty} \overline{A_n}$. On se ramène alors au calcul de la probabilité d'une réunion infinie d'événements.

➥ **Exercice 16.11.**

Pour calculer la probabilité d'un événement B en fonction de probabilités conditionnelles liées à cet événement

Utiliser la formule des probabilités totales :

- si la famille $(A_k)_{1\leqslant k\leqslant n}$ est un système complet fini d'événements, alors pour tout événement B :

$$P(B) = \sum_{k=1}^{n} P(A_k \cap B),$$

et si de plus, pour tout k de $[\![1\,;n]\!]$, $P(A_k) \neq 0$, alors :

$$P(B) = \sum_{k=1}^{n} P(A_k) \times P_{A_k}(B)$$

➥ **Exercices 16.6, 16.14, 16.15**

- si la famille $(A_n)_{n\geqslant 1}$ est un système complet dénombrable d'événements, alors pour tout événement B :

$$\text{la série } \sum_{n\geqslant 1} P(A_n \cap B) \text{ converge} \quad \text{et} \quad P(B) = \sum_{n=1}^{+\infty} P(A_n \cap B),$$

et si de plus, pour tout $n \geqslant 1$, $P(A_n) \neq 0$, alors :

$$P(B) = \sum_{n=1}^{+\infty} P(A_n) \times P_{A_n}(B).$$

➥ **Exercices 16.11, 16.17**

Cette formule est souvent utilisée lorsqu'une expérience se réalise en plusieurs temps, et que l'on s'intéresse au résultat final.

Pour calculer la probabilité d'une cause A sachant une conséquence B

Utiliser la formule de Bayes :

$$P_B(A) = \frac{P(A)P_A(B)}{P(B)}, \text{ à condition que } P(A) \neq 0 \text{ et } P(B) \neq 0.$$

Cette formule est aussi appelée la formule de probabilité des causes : elle permet de « remonter le temps ».

(suite)	Très souvent, pour calculer le dénominateur $P(B)$, on utilise la formule des probabilités totales. ➥ **Exercices 16.6, 16.11.**
Pour montrer ou utiliser l'indépendance d'événements	• Deux événements A et B sont indépendants lorsque : $P(A \cap B) = P(A) \times P(B)$. ➥ **Exercices 16.9, 16.16** • Deux événements A et B de probabilités non nulles sont indépendants lorsque : $P_A(B) = P(B)$ ou $P_B(A) = P(A)$. • Les événements $A_1, A_2, \ldots, A_n$ sont (mutuellement) indépendants lorsque : pour toute partie non vide I de $[\![1\,;n]\!]$, $P\Big(\bigcap_{i \in I} A_i\Big) = \prod_{i \in I} P(A_i)$. ➥ **Exercices 16.4, 16.9, 16.13, 16.16** • La famille dénombrable d'événements $(A_n)_{n \geqslant 1}$ est une famille d'événements (mutuellement) indépendants lorsque : pour toute partie finie et non vide I de $\mathbb{N}$, $P\Big(\bigcap_{i \in I} A_i\Big) = \prod_{i \in I} P(A_i)$. *Remarque :* l'indépendance d'une suite d'événements n'est en général pas démontrable, mais constitue un choix (ou une conséquence) de la modélisation. ➥ **Exercice 16.4.**

Énoncés des exercices

16.1 Tirages de trois boules avec remise dans une urne

Une urne contient 10 boules numérotées de 1 à 10. On tire successivement et avec remise 3 boules de cette urne. Calculer la probabilité d'obtenir :

a) trois numéros identiques,

b) trois numéros deux à deux distincts,

c) trois numéros consécutifs dans l'ordre pù ils ont été obtenus,

d) trois numéros rangés par ordre strictement croissant.

16.2 Lancers de cinq dés équilibrés

On lance simultanément cinq dés équilibrés à 6 faces. Calculer la probabilité d'obtenir :

a) un double : deux dés amènent la même face, et les trois autres amènent des faces différentes entre elles et de celle du double, *b)* deux doubles : deux dés amènent la même face, deux autres amènent une même autre face, et le dernier amène une face différente,

c) un triple : trois dés amènent la même face, et les deux autres amènent des faces différentes entre elles et de celle du triple,

d) un double et un triple,

e) un quintuplet : les cinq dés amènent la même face,

f) un "dépareillé" : les cinq dés amènent des faces toutes différentes.

16.3 Tirages dans une urne, obtention de boules de même parité

Une urne contient 9 boules numérotées de 1 à 9. On tire deux boules de cette urne.

Calculer la probabilité d'obtenir 2 boules portant des numéros de même parité dans les différents cas suivants :

a) on tire les 2 boules simultanément,

b) on tire une boule, on ne la remet pas, puis on tire la seconde,

c) on tire une boule, on la remet, puis on tire la seconde.

16.4 Tirages dans une urne, obtention d'au moins une boule rouge lors d'une infinité de tirages

On considère une urne qui contient deux boules vertes et une boule rouge dans laquelle on effectue une infinité de tirages successifs et avec remise.

On définit E l'événement : « on obtient au moins une boule rouge ». On souhaite calculer $P(E)$ par trois méthodes différentes.

Pour cela, on note pour tout n de $\mathbb{N}^*$ les événements suivants :

A_n : « on obtient la première boule rouge au n-ième tirage »,
B_n : « on obtient au moins une boule rouge au cours des n premiers tirages »,
C_n : « on obtient n boules vertes au cours des n premiers tirages ».

a) Calculer, pour tout n de $\mathbb{N}^*$, $P(A_n)$, $P(C_n)$ et $P(B_n)$.

b) Exprimer E à l'aide des événements A_n, pour $n \in \mathbb{N}^*$, et en déduire $P(E)$.

c) Exprimer E à l'aide des événements B_n, pour $n \in \mathbb{N}^*$, et retrouver $P(E)$.

d) Exprimer $\overline{E}$ à l'aide des événements C_n, pour $n \in \mathbb{N}^*$, et en déduire $P(\overline{E})$ puis $P(E)$.

e) Que dire de l'événement E ? Interpréter ce résultat.

16.5 Tirages avec remise dans une urne, en ajoutant à chaque tirage une boule noire

Une urne contient initialement une boule blanche et une boule noire. On effectue dans cette urne une suite de tirages. À chaque tirage, on note la couleur de la boule tirée, on la remet dans l'urne et on ajoute en plus une boule noire.

Pour tout n de $\mathbb{N}^*$, on définit les événements :

E_n : « on obtient la première boule blanche au n-ième tirage »,

F_n : « on obtient la première boule noire au n-ième tirage ».

a) *1)* Soit $n \in \mathbb{N}^*$. Montrer : $P(E_n) = \dfrac{1}{n(n+1)}$.

2) Déterminer deux réels a et b tels que : $\forall n \in \mathbb{N}^*,\ P(E_n) = \dfrac{a}{n} + \dfrac{b}{n+1}$.

3) En déduire que l'on obtient presque sûrement au moins une boule blanche.

b) 1) Soit $n \in \mathbb{N}^*$. Montrer : $P(F_n) = \dfrac{1}{n!} - \dfrac{1}{(n+1)!}$.

2) En déduire que l'on obtient presque sûrement au moins une boule noire.

16.6 Tirages avec remise dans une urne, en ajoutant à chaque tirage une boule noire ou une boule blanche

On lance, une seule fois, une pièce équilibrée, puis on effectue des tirages successifs dans une urne, contenant initialement une boule blanche et une boule noire, selon le protocole suivant :

- on tire une boule, on note sa couleur et on la remet dans l'urne,

- on rajoute une boule blanche si l'on a obtenu pile, et une boule noire si l'on a obtenu face.

Ainsi, au moment du k-ième tirage, l'urne contient $k+1$ boules.

a) Calculer la probabilité de tirer une boule blanche au k-ième tirage.

b) Sachant que l'on a tiré une boule blanche au k-ième tirage, calculer la probabilité p_k d'avoir obtenu pile.

c) Calculer la probabilité d'obtenir k boules blanches lors des k premiers tirages.

16.7 Distribution aléatoire de lettres

On considère n lettres destinées à n personnes différentes, et n enveloppes adressées à ces n personnes. On met au hasard dans chaque enveloppe une et une seule lettre.

Pour tout k de $[\![1\,;n]\!]$, on définit A_k l'événement : « la k-ième lettre est adressée à la bonne personne ».

a) Calculer $P(A_1)$, $P(A_1 \cap A_2)$, puis $P(A_1 \cap A_2 \cap \cdots \cap A_k)$ pour $k \in [\![1\,;n]\!]$.

b) En déduire la probabilité p_n qu'au moins une personne reçoive la bonne lettre.

c) Déterminer $\lim\limits_{n\infty} p_n$.

16.8 Solutions d'un système linéaire aléatoire

On dispose de trois dés équilibrés à 6 faces : un dé rouge, un dé bleu et un dé jaune. On lance ces trois dés, et on note a (resp. b, c) le numéro obtenu sur le dé rouge (resp. bleu, jaune).

On considère alors le système linéaire suivant : $(S)\begin{cases} x - 2y = 3 \\ ax - by = c \end{cases}$.

Déterminer la probabilité pour que le système (S) ait :

a) une infinité de solutions,

b) aucune solution

c) une unique solution

d) $(9,3)$ comme unique solution.

16.9 Événements indépendants

Une urne contient une boule rouge et une boule noire. On effectue n tirages successifs avec remise de la boule tirée. On définit les événements :

A_n : « on obtient, au cours des n tirages, des boules des deux couleurs »

B_n : « on obtient, au cours des n tirages, au plus une boule rouge ».

a) Calculer, pour tout $n \geqslant 2$, $P(A_n)$ et $P(B_n)$.

b) Étudier l'indépendance des événements A_n et B_n lorsque $n = 2$.

c) Étudier l'indépendance des événements A_n et B_n lorsque $n = 3$.

d) Étudier l'indépendance des événements A_n et B_n dans le cas général.

16.10 Tournoi à deux joueurs : jeu des archers

Deux archers A_1 et A_2 disputent un match. Les archers A_1 et A_2 tirent alternativement sur une cible jusqu'à ce que l'un d'eux la touche ; A_1 tire en premier.

Pour tout i de $\{1, 2\}$, l'archer A_i touche la cible avec la probabilité $p_i \in]0\,;1[$, et on note $q_i = 1 - p_i$; les tirs sont indépendants. On remarquera que A_1 tire à des rangs impairs.

On note, pour tout i de $\{1, 2\}$, G_i l'événement : « A_i l'emporte ».

a) Calculer la probabilité que A_1 l'emporte au rang $2n + 1$, pour $n \in \mathbb{N}$.

b) Calculer la probabilité que A_2 l'emporte au rang $2n + 2$, pour $n \in \mathbb{N}$.

c) En déduire $P(G_1)$ et $P(G_2)$, puis la probabilité que le jeu dure indéfiniment.

d) On dit que le jeu est équitable lorsque $P(G_1) = P(G_2)$. Montrer que ceci est réalisé si et seulement si $p_2 = \dfrac{p_1}{1 - p_1}$. Que peut-on dire si $p_1 > \dfrac{1}{2}$?

16.11 Lancers d'une pièce puis tirage d'un billet

On admet que la série $\sum\limits_{n \geqslant 1} \dfrac{1}{n\,2^n}$ converge et que $\sum\limits_{n=1}^{+\infty} \dfrac{1}{n\,2^n} = \ln 2$.

Un joueur lance une pièce équilibrée jusqu'à obtention du premier pile.

S'il lui a fallu n lancers pour obtenir ce premier pile, on lui fait alors tirer au hasard un billet de loterie parmi n billets dont un seul est gagnant.

a) Quelle est la probabilité que le joueur gagne ?

b) Sachant que le joueur a gagné, quelle est la probabilité qu'il ait obtenu le premier pile au troisième lancer ?

16.12 Tirages dans une urne jusqu'à l'obtention d'une boule n°2 ou n°3

Une urne contient 10 boules : une boule numérotée 1, deux boules numérotées 2, trois boules numérotées 3 et quatre boules numérotées 4. On effectue des tirages avec remise jusqu'à obtenir une boule numérotée 2 ou une boule numérotée 3, puis on s'arrête.

a) Pour tout n de $\mathbb{N}^*$, on note E_n l'événement : « on obtient une boule numérotée 2 au n-ième tirage sans jamais avoir obtenu avant de boule numérotée 2 ni de boule numérotée 3 ». Calculer la probabilité de l'événement E_n.

b) Calculer la probabilité pour que l'on s'arrête après avoir tiré une boule numérotée 2.

c) De même, calculer la probabilité pour que l'on s'arrête après avoir tiré une boule numérotée 3.

d) Quelle est la probabilité qu'on ne s'arrête jamais de tirer de boules ?

16.13 Tirages avec remise dans une urne, obtention de tous les jetons au moins une fois

Une urne contient n jetons numérotés de 1 à n. On y effectue p tirages avec remise.

a) Pour tout k de $[\![1\,;n]\!]$, quelle est la probabilité que le jeton numéro k ne soit pas pioché ?

b) Pour tout k de $[\![1\,;n]\!]$, quelle est la probabilité qu'aucun jeton numéro $1, 2, \ldots$ ou k ne soit pioché ?

c) À l'aide de la formule de Poincaré, déterminer la probabilité qu'au moins l'un des jetons ne soit pas pioché.

d) En déduire la probabilité que tous les jetons soient piochés au moins une fois.

e) Quelle égalité obtient-on pour $p < n$? En déduire : $\displaystyle\sum_{k=0}^{n} \binom{n}{k} k^p (-1)^{n-k} = 0.$

f) Quelle égalité obtient-on pour $p = n$? En déduire : $\displaystyle\sum_{k=0}^{n} \binom{n}{k} k^n (-1)^{n-k} = n!.$

16.14 Problème de la ruine du joueur

Soient $N \in \mathbb{N}^*$ et $p \in]0\,;1[$ avec $p \neq \dfrac{1}{2}$. On note $q = 1 - p$.

On joue à un jeu de pile ou face. À chaque coup, on a la probabilité p d'obtenir pile, et dans ce cas on gagne 1 €, et la probabilité $q = 1 - p$ d'obtenir face, et dans ce cas on perd 1 €. On suppose que l'on ne peut jouer que si l'on dispose d'au moins 1 €.

Le jeu s'arrête soit lorsque l'on possède la somme de N € (on gagne la partie), soit lorsque l'on ne possède plus rien (on est ruiné).

Au départ, on dispose d'une somme de n € exactement (avec $0 \leqslant n \leqslant N$) et on note $p_N(n)$ la probabilité de gagner la partie.

a) Calculer $p_N(0)$ et $p_N(N)$.

b) En raisonnant sur les résultats du premier tirage, déterminer une relation entre $p_N(n)$, $p_N(n+1)$ et $p_N(n-1)$.

c) Exprimer alors $p_N(n)$ en fonction de n, N et p. Calculer $\lim\limits_{N\infty} p_N(n)$.

16.15 Descendance d'une fleur

On étudie la descendance d'une fleur. À l'instant 0, on dispose d'une fleur F_0. Cette fleur peut avoir, à l'instant 1, deux descendances avec la probabilité p $(0 < p < 1)$ ou aucune descendance avec la probabilité $q = 1 - p$, après quoi, elle meurt. Les descendances de la première fleur peuvent avoir, à l'instant 2, des descendances de façon mutuellement indépendantes et dans les mêmes conditions que le première fleur, puis meurent. Et ainsi de suite ...

Pour tout n de $\mathbb{N}$, on note

U_n l'événement : « la lignée de la fleur F_0 est éteinte à l'instant n » et $u_n = P(U_n)$.

a) Calculer u_0 et u_1.

b) Montrer que la suite $(u_n)_{n\in\mathbb{N}}$ converge vers une limite $\ell \in [0\,;1]$.

c) Montrer : $\forall n \in \mathbb{N},\quad u_{n+1} = pu_n^2 + 1 - p$.

d) Montrer alors que $\ell = \min\left(1, \dfrac{q}{p}\right)$. Interpréter ce résultat.

16.16 Événements indépendants

a) Soit $(a_n)_{n\geqslant 1}$ une suite de réels de $[0\,;1]$. Montrer :

$$\sum_{i=1}^{n}\sum_{j=1}^{n} a_i a_j (a_i - a_j)^2 = 2\Big(\sum_{i=1}^{n} a_i^3\Big)\Big(\sum_{i=1}^{n} a_i\Big) - 2\Big(\sum_{i=1}^{n} a_i^2\Big)^2$$

b) Trois personnes A, B et C lancent chacune une fois le même dé à n faces (pas nécessairement équilibré). On définit les événements :

E : « A et B obtiennent la même face » et F : « A et C obtiennent la même face ».

Montrer que E et F sont indépendants si et seulement si le dé est équilibré.

16.17 Nombre de filles dans une famille ayant un nombre d'enfants aléatoire

On admet que, pour tout n de $\mathbb{N}^*$, la probabilité qu'une famille ait n enfants est égale à $\dfrac{1}{\mathrm{e}} \times \dfrac{1}{n!}$.

De plus, à chaque naissance, la probabilité d'avoir une fille est égale à $\dfrac{1}{2}$.

Pour tout n de $\mathbb{N}$, on définit les événements :

E_n : « la famille a n enfants » et F_n : « la famille a n filles ».

a) Calculer la probabilité qu'une famille ait au moins un enfant. En déduire la probabilité qu'une famille n'ait aucun enfant.

b) Soit $(n, k) \in \mathbb{N}^2$. Calculer la probabilité qu'une famille ait k filles, sachant qu'elle a n enfants.

c) Soit $k \in \mathbb{N}$. En déduire la probabilité qu'une famille ait exactement k filles.

16.18 Tournoi à deux joueurs

Deux personnes A et B jouent : A lance deux fois une pièce équilibrée, et B ne lance qu'une fois une pièce qui amène pile avec la probabilité p. Le gagnant est celui qui fait le plus de piles. Tant qu'il y a égalité, ils rejouent.

a) Quelle est la probabilité qu'il y ait égalité au premier tour ?

b) Quelle est la probabilité que A gagne le jeu ?

c) Existe-il un p tel que le jeu est équitable ?

16.19 Tirages dans une urne, avec remise de la boule et ajout d'autres boules de même couleur

Soit $c \in \mathbb{N}^*$. On considère une urne contenant initialement une boule blanche et une boule noire. Après chaque tirage, la boule est remise dans l'urne avec c autres boules de la même couleur que celle qui vient d'être tirée.

Pour tout n de $\mathbb{N}^*$, on note p_n la probabilité que la première boule blanche soit obtenue au n-ième tirage.

a) On suppose dans cette question que $c = 1$.

b) Montrer : $\forall n \in \mathbb{N}^*, \quad p_n = \dfrac{1}{n(n+1)}$. En déduire $\displaystyle\sum_{n=1}^{+\infty} p_n$. Interpréter ce résultat.

c) Cas général. On définit la suite $(a_n)_{n\in\mathbb{N}^*}$ par : $\quad \forall n \in \mathbb{N}^*, \ a_n = \displaystyle\prod_{k=0}^{n-1} \frac{1+kc}{2+kc}$.

1) Montrer : $\quad \forall n \geqslant 2, \quad p_n = a_{n-1} - a_n$.

2) Calculer $\ln(a_n)$ et montrer $\lim\limits_{n\infty} \ln(a_n) = -\infty$. En déduire la limite de $(a_n)_{n\in\mathbb{N}^*}$.

3) Déduire de ce qui précède $\displaystyle\sum_{n=1}^{+\infty} p_n$. Interpréter ce résultat.

Du mal à démarrer ?

16.1 Noter Ω l'ensemble des résultats possibles.

Alors Ω est l'ensemble des triplets de $[\![1;10]\!]$, et on est dans le cas d'équiprobabilité.

Décrire chaque événement comme une partie de Ω.

16.2 Noter Ω l'ensemble des lancers possibles.

Alors Ω est l'ensemble des 5-listes de $[\![1;6]\!]$, et on est dans le cas d'équiprobabilité.

Décrire chaque événement comme une partie de Ω.

16.3 Noter Ω l'ensemble des tirages possibles. Alors :

a) $\text{Card}(\Omega) = \binom{9}{2}$ *b)* $\text{Card}(\Omega) = 9 \times 8$ *c)* $\text{Card}(\Omega) = 9^2$.

Dans les trois questions, on est dans le cas d'équiprobabilité.

Décomposer l'événement « on obtient deux boules de même parité » en « on obtient deux boules paires » ou « on obtient deux boules impaires ».

16.4 Noter, pour tout k de $\mathbb{N}^*$, V_k (resp. R_k) l'événement : « on obtient une boule verte (resp. rouge) au k-ième tirage ».

a) Exprimer les événements A_n, C_n, B_n à l'aide des événements V_k et R_k.

b) Remarquer que $E = \bigcup_{n=1}^{+\infty} A_n$, et que les événements A_n sont deux à deux incompatibles.

c) Remarquer que $E = \bigcup_{n=1}^{+\infty} B_n$, et que les événements B_n forment une suite croissante d'événements.

d) Remarquer que $\overline{E} = \bigcap_{n=1}^{+\infty} C_n$, et que les événements C_n forment une suite décroissante d'événements.

16.5 *a) 1)* Exprimer l'événement E_n en fonction d'événements élémentaires, puis calculer $P(E_n)$ à l'aide de la formule des probabilités composées.

a) 3) L'événement « on obtient au moins une boule blanche » est l'événement $\bigcup_{n=1}^{+\infty} E_n$, et les événements E_n sont deux à deux incompatibles.

b) Procéder de la même façon que dans le *a)*.

16.6 *a)* Définir les événements F : « on obtient face au lancer de la pièce » et $P = \overline{F}$: « on obtient pile au lancer de la pièce ».

Utiliser la formule des probabilités totales avec comme système complet d'événements (P, F).

b) Utiliser la formule de Bayes.

c) Utiliser la formule des probabilités totales avec comme système complet d'événements (P, F), puis appliquer la formule des probabilités composées.

16.7 *b)* Il s'agit de calculer $p_n = P(A_1 \cup \cdots \cup A_n)$. Les événements A_k n'étant pas incompatibles, utiliser la formule de Poincaré.

c) Exprimer p_n à l'aide de $\sum_{k=0}^{n} \frac{(-1)^k}{k!}$, puis utiliser le résultat sur la série exponentielle.

16.8 Noter Ω l'ensemble des résultats possibles.

Alors $\Omega = [\![1;6]\!]^3$, et on est dans le cas d'équiprobabilité.

Remarquer : $(S) \iff \begin{cases} x - 2y = 3 \\ (2a-b)y = c - 3a \end{cases}$.

Décrire chaque événement comme une partie de Ω.

16.9 *b) c)* Utiliser la définition de l'indépendance de deux événements.

d) On pourra étudier la suite de terme général $u_n = 2^{n-1} - n - 1$ et montrer : $u_n = 0 \iff n = 3$.

16.10 *a) b)* Décomposer les événements à l'aide d'événements élémentaires.

c) Écrire $G_A = \bigcup_{n=0}^{+\infty}$ « A_1 l'emporte au rang $2n+1$ »

$G_B = \bigcup_{n=0}^{+\infty}$ « A_2 l'emporte au rang $2n+2$ ».

16.11 *a)* Noter E_n l'événement : « le joueur obtient le premier pile au n-ième lancer » et B l'événement : « le joueur n'obtient jamais pile ». Calculer $P(E_n)$ et $P(B)$.

Pour calculer la probabilité que le joueur gagne, utiliser la formule des probabilités totales avec comme système complet d'événements $(B, E_1, E_2, \ldots)$.

b) Utiliser la formule de Bayes.

16.12 *b)* Il s'agit de calculer $P\left(\bigcup_{n=1}^{+\infty} E_n\right)$, avec les événements E_n deux à deux incompatibles.

c) Faire la même chose que dans *a)* et *b)*.

d) On ne s'arrête jamais de tirer des boules lorsque l'on n'obtient jamais de boule numérotée 2, ni de boule numérotée 3.

16.13 Noter, pour tout k de $[\![1;n]\!]$, A_k l'événement : « le jeton numéro k n'est pas pioché ».

a) b) Calculer $P(A_k)$ puis $P(A_1 \cap \cdots \cap A_k)$ à l'aide du dénombrement (par exemple).

c) Il s'agit de calculer $P(A_1 \cup \cdots \cup A_n)$, à l'aide de la formule de Poincaré.

e) Lorsque $p < n$, la probabilité cherchée est nulle.

f) Lorsque $p = n$, la probabilité cherchée est égale à $\frac{n!}{n^p}$.

16.14 *b)* Utiliser la formule des probabilités totales avec comme système complet d'événements (P_1, F_1), où P_1 : « on obtient pile au premier lancer » et F_1 : « on obtient face au premier lancer ».

c) Montrer que la suite $(p_N(n))_n$ est une suite récurrente linéaire du second ordre.

16.15 *b)* Montrer que la suite $(u_n)_{n\in\mathbb{N}}$ est croissante et majorée.

c) Noter A_0 (resp. A_2) l'événement : « la première fleur n'a aucune descendance (resp. a deux descendances) ».

Utiliser la formule des probabilités totales avec comme système complet d'événements (A_0, A_2), et remarquer que $P_{A_0}(U_{n+1}) = 0$ et que $P_{A_2}(U_{n+1}) = u_n^2$.

d) Pour calculer ℓ, distinguer les cas $p \leqslant \frac{1}{2}$ et $p > \frac{1}{2}$.

16.16 *b)* Noter a_i la probabilité que le dé amène la face numéro i. Ainsi : $\sum_{i=1}^{n} a_i = 1$.

Calculer, en fonction des a_i, $P(E)$, $P(F)$ puis $P(E \cap F)$.

Pour étudier l'indépendance de E et de F, utiliser le *a)*.

16.17 *a)* Calculer $P\left(\bigcup_{n=1}^{+\infty} E_n\right)$, puis en déduire $P(E_0)$.

c) Utiliser la formule des probabilités totales avec comme système complet d'événements $(E_0, E_1, E_2, \ldots)$.

d) Calculer $P\left(\bigcup_{n=1}^{+\infty} F_n\right)$, puis en déduire $P(F_0)$.

16.18 *a)* Décomposer l'événement à l'aide d'événements élémentaires.

b) Calculer, dans un premier temps, la probabilité que A gagne au k-ième tour.

c) Le jeu est équilibré lorsque $P(\text{« A gagne »}) = \frac{1}{2}$.

16.19 *a)* et *b)1)* Calculer p_n à l'aide de la formule des probabilités composées.

b) 2) Montrer que la série $\sum_{k\geqslant 0} \ln\left(1 + \frac{1}{1+kc}\right)$ diverge, pour en déduire $\ln(a_n) \underset{n\infty}{\longrightarrow} -\infty$.

b) 3) La série $\sum_{n\geqslant 1} p_n$ est une série téléscopique.

Corrigés des exercices

16.1 Notons Ω l'ensemble des résultats possibles. Alors Ω est l'ensemble des triplets de $[\![1 ; 10]\!]$.

Donc : $\text{Card}(\Omega) = 10^3 = 1000$.

Tous les triplets étant équiprobables, P est la probabilité uniforme sur Ω.

a) Considérons l'événement A : « on obtient trois numéros identiques ». Pour réaliser A, il faut choisir un numéro dans $[\![1 ; 10]\!]$ (10 possibilités), puis obtenir à chaque tirage, la boule correspondante (1 possibilité).

Ainsi : $\text{Card}(A) = 10 \times 1 = 10$.

Donc : $P(A) = \dfrac{\text{Card}(A)}{\text{Card}(\Omega)} = \dfrac{10}{1000} = \dfrac{1}{100}$.

b) Considérons l'événement B : « on obtient trois numéros distincts ». Pour réaliser B, il faut choisir les trois numéros dans $[\![1 ; 10]\!]$ ($\dbinom{10}{3}$ possibilités), puis ordonner ces numéros (3! possibilités).

Ainsi : $\text{Card}(B) = \dbinom{10}{3} \times 3! = 10 \times 9 \times 8$.

Donc : $P(B) = \dfrac{\text{Card}(B)}{\text{Card}(\Omega)} = \dfrac{10 \times 9 \times 8}{1000} = \dfrac{18}{25}$.

c) Considérons l'événement C : « on obtient trois numéros consécutifs ». Pour réaliser C, il faut choisir le premier numéro n dans $[\![1 ; 8]\!]$ (8 possibilités), puis tirer les numéros n, $n + 1$ puis $n + 2$ (1 possibilité).

Ainsi : $\text{Card}(C) = 8 \times 1 \times 1 \times 1 = 8$.

Donc : $P(C) = \dfrac{\text{Card}(C)}{\text{Card}(\Omega)} = \dfrac{8}{1000} = \dfrac{1}{125}$.

d) Considérons l'événement D : « on obtient trois numéros rangés par ordre strictement croissant ». Pour réaliser D, il faut choisir les trois numéros dans $[\![1 ; 10]\!]$ ($\dbinom{10}{3}$ possibilités), puis les tirer par ordre strictement croissant (1 possibilité).

Ainsi : $\text{Card}(D) = \dbinom{10}{3} \times 1 = 120$.

Donc : $P(D) = \dfrac{\text{Card}(D)}{\text{Card}(\Omega)} = \dfrac{120}{1000} = \dfrac{3}{25}$.

16.2 On suppose que les cinq dés sont discernables entre eux, et on note Ω l'ensemble des résultats possibles. Alors Ω est l'ensemble des 5-listes de $[\![1 ; 6]\!]$.

Donc : $\text{Card}(\Omega) = 6^5$.

Toutes les 5-listes étant équiprobables, P est la probabilité uniforme sur Ω.

a) Considérons l'événement A : « on obtient un double ». Pour réaliser A, il faut :

- choisir le numéro du double : 6 choix,

- choisir les deux dés formant le double : $\dbinom{5}{2} = 10$ choix,

- choisir les numéros des trois autres dés : $5 \times 4 \times 3$ choix.

Ainsi : $\text{Card}(A) = 6 \times 10 \times 5 \times 4 \times 3$.

Donc : $P(A) = \dfrac{\text{Card}(A)}{\text{Card}(\Omega)} = \dfrac{25}{54}$.

b) Considérons l'événement B : « on obtient deux doubles ». Pour réaliser B, il faut :

- choisir les numéros des deux doubles : $\dbinom{6}{2} = 15$ choix,

- choisir les deux dés formant le premier double : $\dbinom{5}{2} = 10$ choix,

- choisir les deux dés formant le second double : $\dbinom{3}{2} = 3$ choix,

- choisir le numéro du dernier dé : 4 choix.

Ainsi : $\text{Card}(B) = 15 \times 10 \times 3 \times 4$.

Donc : $P(B) = \dfrac{\text{Card}(B)}{\text{Card}(\Omega)} = \dfrac{25}{108}$.

c) Considérons l'événement C : « on obtient un triple ». Pour réaliser C, il faut :

- choisir le numéro du triple : 6 choix,

- choisir les trois dés formant le triple : $\dbinom{5}{3} = 10$ choix,

- choisir les numéros des deux autres dés : 5×4 choix.

Ainsi : $\text{Card}(C) = 6 \times 10 \times 5 \times 4$.

Donc : $P(C) = \dfrac{\text{Card}(C)}{\text{Card}(\Omega)} = \dfrac{25}{162}$.

d) Considérons l'événement D : « on obtient un double et un triple ». Pour réaliser D, il faut :

- choisir le numéro du double : 6 choix,

- choisir les deux dés formant le double : $\dbinom{5}{2} = 10$ choix,

- choisir le numéro du triple : 5 choix,

- choisir les trois dés formant le triple : 1 choix.

Ainsi : $\text{Card}(D) = 6 \times 10 \times 5$.

Donc : $P(D) = \dfrac{\text{Card}(D)}{\text{Card}(\Omega)} = \dfrac{25}{648}$.

e) Considérons l'événement E : « on obtient un quintuplet ». Pour réaliser E, il faut :

- choisir le numéro du quintuplet : 6 choix,

- choisir les cinq dés formant le quintuplet : 1 choix,

Ainsi : $\text{Card}(E) = 6 \times 1 = 6$.

Donc : $P(E) = \dfrac{\text{Card}(E)}{\text{Card}(\Omega)} = \dfrac{1}{6^4}$.

f) Considérons l'événement F : « on obtient cinq faces différentes ». Pour réaliser F, il faut choisir 5 éléments distincts de $[\![1\,;6]\!]$: $\dfrac{6!}{(6-5)!} = 6!$ choix.

Ainsi : $\text{Card}(F) = 6! = 720$.

Donc : $P(F) = \dfrac{\text{Card}(F)}{\text{Card}(\Omega)} = \dfrac{5}{54}$.

16.3 Notons Ω l'ensemble des résultats possibles, A l'événement : « on obtient des boules de même parité », et B (resp. C) l'événement : « on obtient des boules de numéros pairs (resp. impairs) ». Ainsi $A = B \cup C$, et les événements B et C sont incompatibles.

a) Les tirages se font simultanément.

• Ainsi Ω est l'ensemble des parties à 2 éléments de $[\![1\,;9]\!]$, donc : $\text{Card}(\Omega) = \dbinom{9}{2} = 36$.

• B est l'ensemble des parties à 2 éléments de $\{2,4,6,8\}$, donc : $\text{Card}(B) = \dbinom{4}{2} = 6$.

• C est l'ensemble des parties à 2 éléments de $\{1,3,5,7,9\}$, donc : $\text{Card}(C) = \dbinom{5}{2} = 10$.

• Tous les éléments de Ω étant équiprobables, P est donc la probabilité uniforme sur Ω, et l'on a :

$$P(A) = \frac{\text{Card}(A)}{\text{Card}(\Omega)} = \frac{\text{Card}(B) + \text{Card}(C)}{\text{Card}(\Omega)} = \frac{6+10}{36} = \frac{4}{9}.$$

b) Les tirages se font successivement et sans remise.

• Ainsi Ω est l'ensemble des 2-listes sans répétition de $[\![1\,;9]\!]$, donc : $\text{Card}(\Omega) = 9 \times 8 = 72$.

• B est l'ensemble des 2-listes sans répétition de $\{2,4,6,8\}$, donc : $\text{Card}(B) = 4 \times 3 = 12$.

• C est l'ensemble des 2-listes sans répétition de $\{1,3,5,7,9\}$, donc : $\text{Card}(C) = 5 \times 4 = 20$.

• Tous les éléments de Ω étant équiprobables, P est donc la probabilité uniforme sur Ω, et l'on a :

$$P(A) = \frac{\text{Card}(A)}{\text{Card}(\Omega)} = \frac{\text{Card}(B) + \text{Card}(C)}{\text{Card}(\Omega)} = \frac{32}{72} = \frac{4}{9}.$$

Remarque : On retrouve le même résultat qu'au *a)*.

c) Les tirages se font successivement et avec remise.

• Ainsi Ω est l'ensemble des couples de $[\![1,9]\!]$, donc :
$$\text{Card}(\Omega) = 9^2 = 81.$$

• B est l'ensemble des couples de $\{2,4,6,8\}$, donc :
$$\text{Card}(B) = 4^2 = 16.$$

• C est l'ensemble des couples de $\{1,3,5,7,9\}$, donc :
$$\text{Card}(C) = 5^2 = 25.$$

• Tous les éléments de Ω étant équiprobables, P est donc la probabilité uniforme sur Ω, et l'on a :

$$P(A) = \frac{\text{Card}(A)}{\text{Card}(\Omega)} = \frac{\text{Card}(B) + \text{Card}(C)}{\text{Card}(\Omega)} = \frac{41}{81}.$$

16.4 Notons, pour tout k de $\mathbb{N}^*$, V_k (resp. R_k) l'événement : « on obtient une boule verte (resp. rouge) au k-ième tirage ». Alors : $\forall k \in \mathbb{N}^*,\ P(V_k) = \dfrac{2}{3}$ et $P(R_k) = \dfrac{1}{3}$.

a) • L'événement A_n s'écrit : $A_n = V_1 \cap \cdots \cap V_{n-1} \cap R_n$.

Donc :
$$\begin{aligned} P(A_n) &= P(V_1 \cap \cdots \cap V_{n-1} \cap R_n) \\ &= P(V_1) \cdots P(V_{n-1})\, P(R_n) \\ &\qquad \text{par indépendance des événements} \\ &= \left(\frac{2}{3}\right)^{n-1} \frac{1}{3}. \end{aligned}$$

• L'événement C_n s'écrit : $C_n = V_1 \cap \cdots \cap V_{n-1} \cap V_n$.

Donc :
$$\begin{aligned} P(C_n) &= P(V_1 \cap \cdots \cap V_{n-1} \cap V_n) \\ &= P(V_1) \cdots P(V_{n-1})\, P(V_n) \\ &\qquad \text{par indépendance des événements} \\ &= \left(\frac{2}{3}\right)^{n}. \end{aligned}$$

• L'événement B_n est l'événement $\overline{C_n}$.

Donc : $P(B_n) = 1 - \left(\dfrac{2}{3}\right)^n$.

b) L'événement E s'écrit : $E = \displaystyle\bigcup_{n=1}^{+\infty} A_n$.

Les événements A_n sont deux à deux incompatibles, donc :

$$P(E) = \sum_{n=1}^{+\infty} P(A_n) = \sum_{n=1}^{+\infty} \left(\frac{2}{3}\right)^{n-1} \frac{1}{3} = \frac{1}{3} \sum_{n=0}^{+\infty} \left(\frac{2}{3}\right)^n = \frac{1}{3} \frac{1}{1-\frac{2}{3}} = 1.$$

c) L'événement E s'écrit : $E = \displaystyle\bigcup_{n=1}^{+\infty} B_n$.

Les événements B_n forment une suite croissante d'événements (car : $\forall n \in \mathbb{N}^*,\ B_n \subset B_{n+1}$), donc :

$P(E) = \lim\limits_{n\infty} P(B_n) = 1 - \lim\limits_{n\infty} \left(\dfrac{2}{3}\right)^n = 1$, car $\left|\dfrac{2}{3}\right| < 1$.

d) L'événement $\overline{E}$ est l'événement : « on n'obtient que des boules vertes ». Ainsi $\overline{E}$ s'écrit : $\overline{E} = \displaystyle\bigcap_{n=1}^{+\infty} C_n$.

Les événements C_n forment une suite décroissante d'événements (car : $\forall n \in \mathbb{N}^*,\ C_{n+1} \subset C_n$), donc :

$$P(\overline{E}) = \lim_{n\infty} P(C_n) = \lim_{n\infty}\left(\frac{2}{3}\right)^n = 0, \text{ car } \left|\frac{2}{3}\right| < 1.$$

Donc : $P(E) = 1 - P(\overline{E}) = 1$.

e) L'événement E est donc un événement presque sûr : on est presque sûr d'obtenir, au moins une fois, une boule rouge.

16.5 Notons, pour tout k de $\mathbb{N}^*$, B_k (resp. N_k) l'événement : « on obtient une boule blanche (resp. noire) au k-ième tirage ».

a) 1) L'événement E_n s'écrit : $E_n = N_1 \cap \cdots \cap N_{n-1} \cap B_n$.

Par la formule des probabilités composées :

$$\begin{aligned} P(E_n) &= P(N_1)\cdots P_{N_1\cap\cdots\cap N_{n-2}}(N_{n-1})P_{N_1\cap\cdots\cap N_{n-1}}(B_n) \\ &= \frac{1}{2}\times\frac{2}{3}\times\cdots\times\frac{n-1}{n}\times\frac{1}{n+1} \\ &= \frac{1}{n(n+1)}. \end{aligned}$$

a) 2) On cherche deux réels a et b tels que :

$$\forall n \in \mathbb{N}^*,\quad \frac{1}{n(n+1)} = \frac{a}{n} + \frac{b}{n+1} = \frac{n(a+b)+a}{n(n+1)}.$$

Il suffit que : $\begin{cases} a+b = 0 \\ a = 1 \end{cases}$.

Prenons alors : $a = 1$ et $b = -1$.

a) 3) L'événement E : « on obtient au moins une boule blanche » est l'événement $\displaystyle\bigcup_{n=1}^{+\infty} E_n$.

Les événements E_n étant deux à deux incompatibles, on a :

$$P(E) = \sum_{n=1}^{+\infty} P(E_n) = \sum_{n=1}^{+\infty}\left(\frac{1}{n} - \frac{1}{n+1}\right).$$

$$\text{Or : } \sum_{n=1}^{N} P(E_n) = \sum_{n=1}^{N}\left(\frac{1}{n} - \frac{1}{n+1}\right) = \sum_{n=1}^{N}\frac{1}{n} - \sum_{n=2}^{N+1}\frac{1}{n} = 1 - \frac{1}{N+1} \xrightarrow[N\infty]{} 1.$$

On en déduit que $P(E) = 1$. L'événement E est alors un événement presque sûr : on obtient donc presque sûrement une boule blanche.

b) 1) L'événement F_n s'écrit : $F_n = B_1 \cap \cdots \cap B_{n-1} \cap N_n$.

Par la formule des probabilités composées :

$$\begin{aligned} P(F_n) &= P(B_1)\cdots P_{B_1\cap\cdots\cap B_{n-2}}(B_{n-1})P_{B_1\cap\cdots\cap B_{n-1}}(N_n) \\ &= \frac{1}{2}\times\frac{1}{3}\times\cdots\times\frac{1}{n}\times\frac{n}{n+1} \\ &= \frac{n}{(n+1)!} = \frac{(n+1)-1}{(n+1)!} = \frac{1}{n!} - \frac{1}{(n+1)!}. \end{aligned}$$

b) 2) L'événement F : « on obtient au moins une boule noire » est l'événement $\displaystyle\bigcup_{n=1}^{+\infty} F_n$.

Les événements F_n étant deux à deux incompatibles, on a :

$$P(F) = \sum_{n=1}^{+\infty} P(F_n) = \sum_{n=1}^{+\infty}\left(\frac{1}{n!} - \frac{1}{(n+1)!}\right).$$

$$\begin{aligned} \text{Or : } \sum_{n=1}^{N} P(F_n) &= \sum_{n=1}^{N}\left(\frac{1}{n!} - \frac{1}{(n+1)!}\right) \\ &= \sum_{n=1}^{N}\frac{1}{n!} - \sum_{n=2}^{N+1}\frac{1}{n!} = 1 - \frac{1}{(N+1)!} \xrightarrow[N\infty]{} 1. \end{aligned}$$

On en déduit que $P(F) = 1$. L'événement F est alors un événement presque sûr : on obtient alors presque sûrement une boule noire.

16.6 Notons F l'événement :

« on obtient face au lancer de la pièce ».

Ainsi : $P(F) = \dfrac{1}{2}$.

a) Notons A_k l'événement : « on tire une boule blanche au k-ième tirage ».

Utilisons la formule des probabilités totales avec comme système complet d'événements $(F, \overline{F})$:

$$P(A_k) = P(F)\times P_F(A_k) + P(\overline{F})\times P_{\overline{F}}(A_k).$$

Or, sachant F, les tirages se font avec remise de la boule et ajout d'une autre boule noire ; l'urne contient, au moment du k-ième tirage, une boule blanche et k boules noires ; ainsi :

$$P_F(A_k) = \frac{1}{k+1}.$$

De même, sachant $\overline{F}$, les tirages se font avec remise de la boule et ajout d'une autre boule blanche ; l'urne contient, au moment du k-ième tirage, k boules blanches et une boule noire ; ainsi :

$$P_{\overline{F}}(A_k) = \frac{k}{k+1}.$$

$$\text{Donc : } P(A_k) = \frac{1}{2}\times\frac{1}{k+1} + \frac{1}{2}\times\frac{k}{k+1} = \frac{1}{2}.$$

b) Calculons $p_k = P_{A_k}(\overline{F})$ en utilisant la formule de Bayes :

$$p_k = \frac{P(\overline{F})\times P_{\overline{F}}(A_k)}{P(A_k)} = \frac{\frac{1}{2}\times\frac{k}{k+1}}{\frac{1}{2}} = \frac{k}{k+1}.$$

c) Calculons maintenant $P(A_1 \cap A_2 \cap \cdots \cap A_k)$. Là encore, utilisons la formule des probabilités totales avec comme système complet d'événements $(F, \overline{F})$:

$$\begin{aligned} P(A_1 \cap \cdots \cap A_k) &= P(F \cap A_1 \cap \cdots \cap A_k) \\ &\quad + P(\overline{F} \cap A_1 \cap \cdots \cap A_k) \end{aligned}.$$

Or, les événements $F, A_1, \ldots A_k$ ne sont pas indépendants. Utilisons la formule des probabilités composées :

$$\begin{aligned} &P(F \cap A_1 \cap \cdots \cap A_k) \\ &\quad = P(F)\times P_F(A_1)\times P_{F\cap A_1}(A_2)\times\cdots\times P_{F\cap A_1\cap\ldots\cap A_{k-1}}(A_k) \\ &\quad = \frac{1}{2}\times\frac{1}{2}\times\frac{1}{3}\times\cdots\times\frac{1}{k+1} = \frac{1}{2(k+1)!} \end{aligned}.$$

De la même façon :

$$P(\overline{F}\cap A_1\cap\cdots\cap A_k)=\frac{1}{2}\times\frac{1}{2}\times\frac{2}{3}\times\cdots\times\frac{k}{k+1}=\frac{1}{2(k+1)}.$$

D'où : $P(A_1\cap\cdots\cap A_k)=\dfrac{1}{2(k+1)!}+\dfrac{1}{2(k+1)}=\dfrac{1+k!}{2(k+1)!}$.

16.7 *a)* • Notons Ω l'ensemble des répartitions possibles. Alors : $\text{Card}(\Omega)=n!$.

Toutes les répartitions étant équiprobables, P est la probabilité uniforme sur Ω.

• Pour réaliser A_1, il faut mettre la première lettre dans la bonne enveloppe (1 choix), puis répartir les $(n-1)$ autres lettres dans les $(n-1)$ autres enveloppes ($(n-1)!$ choix) : ainsi, $\text{Card}(A_1)=(n-1)!$.

Donc : $P(A_1)=\dfrac{\text{Card}(A_1)}{\text{Card}(\Omega)}=\dfrac{1}{n}$.

• Pour réaliser $A_1\cap A_2$, il faut mettre les deux premières lettres dans les bonnes enveloppes (1 choix), puis répartir les $(n-2)$ autres lettres dans les $(n-2)$ autres enveloppes ($(n-2)!$ choix) : ainsi, $\text{Card}(A_1\cap A_2)=(n-2)!$.

Donc : $P(A_1\cap A_2)=\dfrac{\text{Card}(A_1\cap A_2)}{\text{Card}(\Omega)}=\dfrac{1}{n(n-1)}$.

• Pour réaliser $A_1\cap\cdots\cap A_k$, il faut mettre les k premières lettres dans les bonnes enveloppes (1 choix), puis répartir les $(n-k)$ autres lettres dans les $(n-k)$ autres enveloppes ($(n-k)!$ choix) : ainsi, $\text{Card}(A_1\cap\cdots\cap A_k)=(n-k)!$.

Donc : $P(A_1\cap\cdots\cap A_k)=\dfrac{\text{Card}(A_1\cap\cdots\cap A_k)}{\text{Card}(\Omega)}=\dfrac{(n-k)!}{n!}$.

b) On a : $p_n=P(A_1\cup A_2\cup\cdots\cup A_n)$.

Les événements A_k ne sont pas deux à deux incompatibles. Utilisons donc la formule de Poincaré :

$$p_n=\sum_{k=1}^{n}(-1)^{k+1}\sum_{1\leqslant i_1<\cdots<i_k\leqslant n}P(A_{i_1}\cap\cdots\cap A_{i_k}).$$

Or, pour tout k de $[\![1\,;n]\!]$ fixé, toutes les probabilités $P(A_{i_1}\cap\cdots\cap A_{i_k})$ sont égales à $P(A_1\cap\cdots\cap A_k)=\dfrac{(n-k)!}{n!}$; de plus, il y en a $\dbinom{n}{k}$.

Ainsi : $p_n=\displaystyle\sum_{k=1}^{n}(-1)^{k+1}\binom{n}{k}\frac{(n-k)!}{n!}=\sum_{k=1}^{n}\frac{(-1)^{k+1}}{k!}$.

c) La probabilité p_n peut encore s'écrire :

$$p_n=\sum_{k=0}^{n}\frac{(-1)^{k+1}}{k!}+1=1-\sum_{k=0}^{n}\frac{(-1)^k}{k!}.$$

Or, la série $\displaystyle\sum_{k\geqslant 0}\frac{(-1)^k}{k!}$ converge (il s'agit d'une série exponentielle) et $\displaystyle\sum_{k=0}^{+\infty}\frac{(-1)^k}{k!}=\mathrm{e}^{-1}=\frac{1}{\mathrm{e}}$.

On en déduit que : $\displaystyle\lim_{n\infty}p_n=1-\frac{1}{\mathrm{e}}\simeq 0.63$.

16.8 Notons Ω l'ensemble des résultats des lancers de dés. Ainsi : $\Omega=[\![1\,;6]\!]^3$ et $\text{Card}(\Omega)=6^3=216$.

Tous les triplets étant équiprobables, P est la probabilité uniforme sur Ω.

Remarquons : $(S)\iff\begin{cases}x-2y&=3\\(2a-b)y&=c-3a\end{cases}$.

a) Notons A l'événement :

« le système a une infinité de solutions ».

$$\begin{aligned}A\text{ est réalisé}&\iff 2a-b=0\text{ et }c-3a=0\\&\iff b=2a\quad\text{et}\quad c=3a.\end{aligned}$$

Ainsi : $A=\{(1,2,3),(2,4,6)\}$.

On en déduit : $P(A)=\dfrac{\text{Card}(A)}{\text{Card}(\Omega)}=\dfrac{2}{216}=\dfrac{1}{108}$.

b) Notons B l'événement :

« le système n'a aucune solution ».

B est réalisé $\iff 2a-b=0$ et $c-3a\neq 0$

$\iff b=2a$ et $c\neq 3a$

$\iff$ $\left|\begin{array}{l}a=1,b=2\text{ et }c=1\text{ ou }2\text{ ou }4\text{ ou }5\text{ ou }6\\a=2,b=4\text{ et }c=1\text{ ou }2\text{ ou }3\text{ ou }4\text{ ou }5\\a=3,b=6\text{ et }c=1\text{ ou }2\text{ ou }3\text{ ou }4\text{ ou }5\text{ ou }6.\end{array}\right.$

On en déduit : $P(B)=\dfrac{\text{Card}(B)}{\text{Card}(\Omega)}=\dfrac{16}{216}=\dfrac{2}{27}$.

c) Notons C l'événement :

« le système a une unique solution ».

Les événements A,B et C forment un système complet d'événements, c'est-à-dire $A\cup B\cup C=\Omega$ et les événements A,B,C sont deux à deux incompatibles.

Donc : $P(C)=1-P(A)-P(B)=\dfrac{11}{12}$.

d) Notons D l'événement :

« le système admet $(9,3)$ comme unique solution ».

$$\begin{aligned}D\text{ est réalisé}&\iff 2a-b\neq 0\quad\text{et}\quad\frac{c-3a}{2a-b}=3\\&\iff b\neq 2a\quad\text{et}\quad c=9a-3b.\end{aligned}$$

Ainsi : $D=\{(1,1,6),(2,5,3)\}$.

On en déduit : $P(D)=\dfrac{\text{Card}(D)}{\text{Card}(\Omega)}=\dfrac{2}{216}=\dfrac{1}{108}$.

16.9 Notons, pour tout k de $[\![1\,;n]\!]$, R_k : « on obtient une boule rouge au k-ième tirage » et N_k : « on obtient une boule noire au k-ième tirage ».

a) • $\overline{A_n} = \underbrace{(R_1 \cap \cdots \cap R_n)}_{\text{noté } E} \cup \underbrace{(N_1 \cap \cdots \cap N_n)}_{\text{noté } F}$. Alors :

$$\begin{aligned} P(\overline{A_n}) &= P(E) + P(F) \\ &\quad \text{car } E \text{ et } F \text{ sont incompatibles} \\ &= P(R_1)\cdots P(R_n) + P(N_1)\cdots P(N_n) \\ &\quad \text{par indépendance des événements} \\ &= \frac{1}{2^n} + \frac{1}{2^n} = \frac{1}{2^{n-1}}. \end{aligned}$$

Donc : $P(A_n) = 1 - \dfrac{1}{2^{n-1}}$.

• $B_n = \underbrace{(N_1 \cap \cdots \cap N_n)}_{\text{noté } F} \cup \underbrace{(R_1 \cap N_2 \cap \cdots \cap N_n)}_{\text{noté } G_1} \cup \cdots$
$\cup \underbrace{(N_1 \cap \cdots \cap N_{n-1} \cap R_n)}_{\text{noté } G_n}$. Alors :

$$\begin{aligned} P(B_n) &= P(F) + P(G_1) + \cdots + P(G_n) \\ &\quad \text{par incompatibilité de } F, G_1, \ldots, G_n \\ &= (n+1) \times \frac{1}{2^n} = \frac{n+1}{2^n}. \end{aligned}$$

b) Pour $n = 2$:

$$A_2 \cap B_2 = (R_1 \cap N_2) \cup (N_1 \cap R_2).$$

Donc : $P(A_2 \cap B_2) = \dfrac{1}{2} \times \dfrac{1}{2} + \dfrac{1}{2} \times \dfrac{1}{2} = \dfrac{1}{2}$.

Et : $P(A_2)P(B_2) = \dfrac{1}{2} \times \dfrac{3}{4} = \dfrac{3}{8} \neq P(A_2 \cap B_2)$.

Donc A_2 et B_2 ne sont pas indépendants.

c) Pour $n = 3$:

$A_3 \cap B_3 = (R_1 \cap N_2 \cap N_3) \cup (N_1 \cap R_2 \cap N_3) \cup (N_1 \cap N_2 \cap R_3)$.

Donc : $P(A_3 \cap B_3) = 3 \times \dfrac{1}{2^3} = \dfrac{3}{8}$.

De plus : $P(A_3)P(B_3) = \dfrac{3}{4} \times \dfrac{1}{2} = \dfrac{3}{8} = P(A_3 \cap B_3)$.

Donc A_3 et B_3 sont indépendants.

d) Cas général :

$A_n \cap B_n = (R_1 \cap N_2 \cap \cdots \cap N_n) \cup \cdots$
$\cup (N_1 \cap \cdots \cap N_{n-1} \cap R_n)$.

Donc : $P(A_n \cap B_n) = \dfrac{n}{2^n}$.

Ainsi : A_n et B_n sont indépendants

si et seulement si $P(A_n \cap B_n) = P(A_n)P(B_n)$

si et seulement si $\dfrac{n}{2^n} = \dfrac{2^{n-1} - 1}{2^{n-1}} \times \dfrac{n+1}{2^n}$

si et seulement si $2^{n-1} - 1 - n = 0$.

Or la suite de terme général $u_n = 2^{n-1} - 1 - n$, pour $n \geqslant 2$, est strictement croissante (car $\forall n \geqslant 2,\ u_{n+1} - u_n = 2^{n-1} - 1 > 0$), et $u_3 = 0$. Donc : $u_n = 0 \iff n = 3$.

Ainsi les événements A_n et B_n sont indépendants si et seulement si $n = 3$.

16.10 *a)* Notons, pour tout i de $\{1, 2\}$ et tout k de $\mathbb{N}^*$, $E_{i,k}$ l'événement : « le joueur A_i l'emporte au rang k ».

L'événement $E_{1,2n+1}$ s'écrit :

$$E_{1,2n+1} = \overline{E_{1,1}} \cap \overline{E_{2,2}} \cap \cdots \cap \overline{E_{1,2n-1}} \cap \overline{E_{2,2n}} \cap E_{1,2n+1}.$$

Par la formule des probabilités composées :

$$\begin{aligned} P(E_{1,2n+1}) &= P(\overline{E_{1,1}}) \times P_{\overline{E_{1,1}}}(\overline{E_{2,2}}) \times \cdots \\ &\quad \times P_{\overline{E_{1,1}} \cap \cdots \cap \overline{E_{1,2n-1}}}(\overline{E_{2,2n}}) \times P_{\overline{E_{1,1}} \cap \cdots \cap \overline{E_{2,2n}}}(E_{1,2n+1}) \\ &= q_1 \times q_2 \times \cdots \times q_1 \times q_2 \times p_1 = (q_1 q_2)^n p_1. \end{aligned}$$

b) De la même façon : $P(E_{2,2n+2}) = (q_1 q_2)^n q_1 p_2$.

c) • L'événement G_1 s'écrit : $G_1 = \displaystyle\bigcup_{n=0}^{+\infty} E_{1,2n+1}$.

Les événements $E_{1,2n+1}$ étant deux à deux incompatibles :

$$P(G_1) = \sum_{n=0}^{+\infty} (q_1 q_2)^n p_1 = p_1 \times \sum_{n=0}^{+\infty} (q_1 q_2)^n = \frac{p_1}{1 - q_1 q_2}.$$

• De la même façon :

$$P(G_2) = P\Big(\bigcup_{n=0}^{+\infty} E_{2,2n+2}\Big) = \sum_{n=0}^{+\infty} (q_1 q_2)^n q_1 p_2 = \frac{q_1 p_2}{1 - q_1 q_2}.$$

• Notons I l'événement : « le jeu dure indéfiniment ». Alors les événements G_1, G_2 et I forment un système complet d'événements. Donc : $P(G_1) + P(G_2) + P(I) = 1$.

Ainsi : $P(I) = 1 - \dfrac{p_1}{1 - q_1 q_2} - \dfrac{q_1 p_2}{1 - q_1 q_2} = 0$

(car $p_1 = 1 - q_1$ et $p_2 = 1 - q_2$.)

On en déduit que le jeu s'arrête presque sûrement.

d) • $P(G_1) = P(G_2) \iff \dfrac{p_1}{1 - q_1 q_2} = \dfrac{q_1 p_2}{1 - q_1 q_2}$

$$\iff p_1 = q_1 p_2 = (1 - p_1) p_2$$

$$\iff p_2 = \frac{p_1}{1 - p_1}.$$

• Si $p_1 > \dfrac{1}{2}$, alors $0 < 1 - p_1 < \dfrac{1}{2}$ donc $\dfrac{1}{1 - p_1} > 2$; ainsi $\dfrac{p_1}{1 - p_1} > 1$. Dans ce cas, le jeu ne peut être équitable, puisque p_2 ne peut être égal à $\dfrac{p_1}{1 - p_1}$.

16.11 *a)* • Pour tout n de $\mathbb{N}^*$, notons E_n l'événement : « le joueur obtient le premier pile au n-ième lancer ».

Alors : $P(E_n) = \left(\dfrac{1}{2}\right)^n$.

Notons également B l'événement : « le joueur n'obtient jamais pile ». Alors $\overline{B}$ est l'événement : « le joueur obtient au moins une fois pile », ainsi : $\overline{B} = \bigcup_{n=1}^{+\infty} E_n$.

Les événements E_n sont deux à deux incompatibles, donc :

$$P(\overline{B}) = \sum_{n=1}^{+\infty} P(E_n) = \sum_{n=1}^{+\infty}\left(\frac{1}{2}\right)^n = \frac{1}{2} \times \frac{1}{1-\frac{1}{2}} = 1.$$

Donc : $P(B) = 1 - P(\overline{B}) = 0$.

• Notons G l'événement : « le joueur gagne ».

Alors : $\forall n \in \mathbb{N}^*,\quad P_{E_n}(G) = \dfrac{1}{n}$.

Les événements $B, E_1, E_2, \dots$ forment un système complet d'événements. Par la formule des probabilités totales :

$$P(G) = P(B \cap G) + \sum_{n=1}^{+\infty} P(E_n \cap G).$$

Or : $(B \cap G) \subset B$ et $P(B) = 0$, donc : $P(B \cap G) = 0$.

Ainsi : $P(G) = \displaystyle\sum_{n=1}^{+\infty} P(E_n)\, P_{E_n}(G) = \sum_{n=1}^{+\infty} \frac{1}{2^n} \times \frac{1}{n} = \ln 2$.

b) Calculons $P_G(E_3)$ à l'aide de la formule de Bayes :

$$P_G(E_3) = \frac{P(E_3)\,P_{E_3}(G)}{P(G)} = \frac{(\frac{1}{2})^3\,\frac{1}{3}}{\ln 2} = \frac{1}{24\ln 2} \simeq 0.060.$$

16.12 Notons, pour tout k de $\mathbb{N}^*$, A_k (resp. B_k) l'événement : « on obtient une boule numérotée 2 (resp. 3) au k-ième lancer », et C_k l'événement : « on n'obtient pas de boule numérotée 2 ni de boule numérotée 3 au k-ième lancer ».

Alors : $\forall k \in \mathbb{N}^*,\quad P(A_k) = \dfrac{2}{10} = \dfrac{1}{5}$ et $P(B_k) = \dfrac{3}{10}$,

et comme $C_k = \overline{A_k \cup B_k}$, alors $P(C_k) = 1 - \dfrac{1}{5} - \dfrac{3}{10} = \dfrac{1}{2}$.

a) L'événement E_n s'écrit : $E_n = C_1 \cap \cdots \cap C_{n-1} \cap A_n$.

En utilisant la formule des probabilités composées :

$$\begin{aligned} P(E_n) &= P(C_1)\cdots P_{C_1\cap\cdots\cap C_{n-2}}(C_{n-1})P_{C_1\cap\cdots\cap C_{n-1}}(A_n) \\ &= \left(\frac{1}{2}\right)^{n-1} \times \frac{1}{5}. \end{aligned}$$

b) Notons E l'événement : « on s'arrête après avoir tiré une boule numérotée 2 ». Alors E s'écrit : $E = \bigcup_{n=1}^{+\infty} E_n$.

Les événements E_n sont deux à deux incompatibles, donc :

$$P(E) = \sum_{n=1}^{+\infty} P(E_n) = \frac{1}{5}\sum_{n=0}^{+\infty}\left(\frac{1}{2}\right)^n = \frac{1}{5} \times \frac{1}{1-\frac{1}{2}} = \frac{2}{5}.$$

c) De le même façon, notons pour tout n de $\mathbb{N}^*$, F_n l'événement : « on obtient une boule numérotée 3 au n-ième tirage sans jamais avoir obtenu avant de boule numérotée 2 ni de boule numérotée 3 » et F l'événement : « on s'arrête après avoir tiré une boule numérotée 3 ».

Comme précédemment : $\forall n \in \mathbb{N}^*,\quad P(F_n) = \left(\dfrac{1}{2}\right)^{n-1} \times \dfrac{3}{10}$.

Puisque $F = \bigcup_{n=1}^{+\infty} F_n$, avec les F_n deux à deux incompatibles :

$$P(F) = \sum_{n=1}^{+\infty} P(F_n) = \frac{3}{10}\sum_{n=0}^{+\infty}\left(\frac{1}{2}\right)^n = \frac{3}{10} \times \frac{1}{1-\frac{1}{2}} = \frac{3}{5}.$$

d) Enfin, notons T l'événement : « on ne s'arrête jamais de tirer des boules ».

Alors les événements E, F et T forment un système complet d'événements. Donc : $P(E) + P(F) + P(T) = 1$.

On en déduit : $P(T) = 1 - P(E) - P(F) = 1 - \dfrac{2}{5} - \dfrac{3}{5} = 0$.

On s'arrête donc de tirer des boules presque sûrement.

16.13 Notons, pour tout k de $[\![1\,;n]\!]$, A_k l'événement : « le jeton numéro k n'est pas pioché ».

a) Calculons $P(A_k)$: à chaque tirage, la probabilité de ne pas piocher le jeton numéro k est égale à $\dfrac{n-1}{n}$; les p tirages étant mutuellement indépendants (car avec remise), on en déduit que : $\quad P(A_k) = \left(\dfrac{n-1}{n}\right)^p$.

b) Par le même raisonnement, on obtient que :

$$P(A_1 \cap A_2 \cap \cdots \cap A_k) = \left(\frac{n-k}{n}\right)^p.$$

c) L'événement A : « au moins l'un des jetons n'est pas pioché » est l'événement $\bigcup_{k=1}^{n} A_k$. Calculons alors $P\left(\bigcup_{k=1}^{n} A_k\right)$.

Les événements A_k ne sont pas deux à deux incompatibles. Utilisons donc la formule de Poincaré :

$$P\left(\bigcup_{k=1}^{n} A_k\right) = \sum_{k=1}^{n}(-1)^{k+1} \sum_{1\leqslant i_1<\cdots<i_k\leqslant n} P(A_{i_1} \cap \cdots \cap A_{i_k}).$$

Or, pour tout k de $[\![1\,;n]\!]$ fixé, toutes les probabilités $P(A_{i_1} \cap \cdots \cap A_{i_k})$ sont égales à $P(A_1 \cap \cdots \cap A_k) = \left(\dfrac{n-k}{n}\right)^p$; de plus, il y en a $\dbinom{n}{k}$.

Ainsi : $P(A) = \displaystyle\sum_{k=1}^{n}(-1)^{k+1}\binom{n}{k}\left(\frac{n-k}{n}\right)^p$.

d) L'événement B : « tous les jetons sont piochés au moins une fois » est l'événement $\overline{A}$. Ainsi :

$$P(B) = 1 - P(A) = 1 + \sum_{k=1}^{n}\binom{n}{k}(-1)^k\left(\frac{n-k}{n}\right)^p$$

$$= \sum_{k=0}^{n}\binom{n}{k}(-1)^k\left(\frac{n-k}{n}\right)^p = \sum_{k=0}^{n}\binom{n}{n-k}(-1)^{n-k}\frac{k^p}{n^p} = \sum_{k=0}^{n}\binom{n}{k}(-1)^{n-k}\frac{k^p}{n^p}.$$

e) Lorsque $p < n$, il est impossible que tous les jetons soient piochés au moins une fois. Donc $P(B) = 0$.

Ce qui donne : $\displaystyle\sum_{k=0}^{n} \binom{n}{k} (-1)^{n-k} \frac{k^p}{n^p} = 0$.

Ainsi : $\displaystyle\sum_{k=0}^{n} \binom{n}{k} k^p (-1)^{n-k} = 0$.

f) Lorsque $p = n$, l'événement B est « tous les jetons sont piochés une et une seule fois ». On a : $P(B) = \dfrac{n!}{n^p}$.

Ce qui donne : $\displaystyle\sum_{k=0}^{n} \binom{n}{k} (-1)^{n-k} \frac{k^p}{n^p} = \frac{n!}{n^p}$.

Ainsi : $\displaystyle\sum_{k=0}^{n} \binom{n}{k} k^n (-1)^{n-k} = n!$.

16.14 *a)* • Lorsque $n = 0$, on est ruiné dès le départ, on ne peut donc pas jouer. Ainsi : $p_N(0) = 0$.

• Lorsque $n = N$, on a déjà gagné. Ainsi : $p_N(N) = 1$.

b) Notons P_1 (resp. F_1) l'événement : « on obtient pile (resp. face) au premier lancer » et G l'événement : « on gagne la partie ». Ainsi : $P(G) = p_N(n)$.

La famille d'événements (P_1, F_1) forme un système complet d'événements, donc par la formule des probabilités totales :

$$\begin{aligned} P(G) &= P(P_1) \times P_{P_1}(G) + P(F_1) \times P_{F_1}(G) \\ &= p\, P_{P_1}(G) + q\, P_{F_1}(G). \end{aligned}$$

Si P_1 est réalisé, on gagne 1 € au premier coup, et la probabilité de gagner est égale à la probabilité de gagner avec une somme initiale de $(n+1)$ € ; ainsi : $P_{P_1}(G) = p_N(n+1)$.

De la même façon : $P_{F_1}(G) = p_N(n-1)$.

On en déduit : $p_N(n) = p\, p_N(n+1) + q\, p_N(n-1)$.

c) • On obtient alors la relation suivante :

$$p_N(n+1) = \frac{1}{p} p_N(n) - \frac{q}{p} p_N(n-1).$$

La suite $(p_N(n))_n$ est alors une suite récurrente linéaire du second ordre.

Les solutions de l'équation caractéristique

$$X^2 - \frac{1}{p} X + \frac{q}{p} = 0 \text{ sont } 1 \text{ et } \frac{q}{p}.$$

Puisque $p \neq \dfrac{1}{2}$, on a $p \neq q$. Donc les deux racines sont distinctes.

D'après le cours, il existe donc deux réels α et β tels que :

$$\forall n \in \mathbb{N},\quad p_N(n) = \alpha + \beta \left(\frac{q}{p}\right)^n.$$

En utilisant le fait que $p_N(0) = 0$ et $p_N(N) = 1$, on trouve $\alpha = -\beta = \dfrac{1}{1 - (\frac{q}{p})^N}$. Ainsi : $p_N(n) = \dfrac{1 - (\frac{q}{p})^n}{1 - (\frac{q}{p})^N}$.

• Déterminons $\lim\limits_{N\infty} p_N(n)$. Deux cas se présentent :

★ Si $p > q$: le jeu est alors favorable au joueur, et dans ce cas $\lim\limits_{N\infty} \left(\dfrac{q}{p}\right)^N = 0$, donc $\lim\limits_{N\infty} p_N(n) = 1 - \left(\dfrac{q}{p}\right)^n$.

★ Si $p < q$: le jeu est alors défavorable au joueur, et dans ce cas $\lim\limits_{N+\infty} \left(\dfrac{q}{p}\right)^N = +\infty$, donc $\lim\limits_{N\infty} p_N(n) = 0$.

Dans ce dernier cas, on a de fortes chances de finir ruiné !

16.15 *a)* • À l'instant 0, il y a une fleur. Donc : $u_0 = 0$.

• L'événement U_1 est réalisé lorsque la première fleur n'a pas de descendance. Donc : $u_1 = q$.

b) On a : $\forall n \in \mathbb{N},\ \ U_n \subset U_{n+1}$.

Il en résulte que la suite $(u_n)_{n\in\mathbb{N}}$ est croissante. De plus, u_n étant une probabilité, la suite est majorée par 1. On en déduit que la suite $(u_n)_{n\in\mathbb{N}}$ converge vers une limite $\ell \in [0\,;1]$.

c) Notons A_0 l'événement : « la fleur F_0 n'a aucune descendance » et A_2 l'événement : « la fleur F_0 a deux descendances ».

Les événements A_0 et A_2 forment un système complet d'événements. Par la formule des probabilités totales :

$$P(U_{n+1}) = P(A_0) P_{A_0}(U_{n+1}) + P(A_2) P_{A_2}(U_{n+1}).$$

Or : ★ $P_{A_0}(U_{n+1}) = 1$, car sachant que la première fleur n'a pas de descendance, la lignée est éteinte à l'instant 1 et donc également à l'instant $n+1$.

★ $P_{A_2}(U_{n+1}) = u_n^2$, car sachant que la première fleur a deux descendances F_1 et F_2, la probabilité que la lignée s'éteigne à l'instant $n+1$ est égale à la probabilité que les lignées de F_1 et F_2 s'éteignent à l'instant n.

On en déduit : $u_{n+1} = 1 - p + p\, u_n^2$.

d) • La suite $(u_n)_{n\in\mathbb{N}}$ est ainsi définie par :

$u_0 = 0,\ \forall n \in \mathbb{N},\ \ u_{n+1} = f(u_n)$ avec $f(x) = p\, x^2 + q$.

Or : $\lim\limits_{n\infty} u_{n+1} = \ell$ et $\lim\limits_{n\infty} (p\, u_n^2 + q) = p\, \ell^2 + q$.

Par unicité de la limite :

$$\ell = p\,\ell^2 + q \iff \ell = 1 \text{ ou } \ell = \frac{q}{p}.$$

1er cas : si $p < \dfrac{1}{2}$, alors $\dfrac{q}{p} > 1$; donc le seul point fixe de f appartenant à $[0\,;1]$ est 1. On en déduit que $\ell = 1$.

2ème cas : si $p \geqslant \dfrac{1}{2}$, alors $\dfrac{q}{p} \leqslant 1$; donc les deux points fixes de f appartiennent à $[0\,;1]$.

Or : $f\big([0\,;\frac{q}{p}]\big) = [q, \frac{q}{p}] \subset [0\,;\frac{q}{p}]$. Donc $[0\,;\frac{q}{p}]$ est un intervalle stable par f ; et puisque $u_0 = 0 \in [0\,;\frac{q}{p}]$, on en déduit que tous les u_n appartiennent à cet intervalle fermé ; donc la limite ℓ aussi. On en déduit que $\ell = \dfrac{q}{p}$.

Dans les deux cas, on peut écrire : $\ell = \min\left(1, \dfrac{q}{p}\right)$.

• Notons U : « la lignée s'éteint ». Alors : $U = \bigcup_{n=1}^{+\infty} U_n$.

Les événements U_n forment une suite croissante d'événements, donc : $P(U) = \lim_{n\infty} P(U_n) = \ell = \min\left(1, \dfrac{q}{p}\right)$.

Ainsi, lorsque $p \leqslant \dfrac{1}{2}$ (chaque fleur a plus de chance d'avoir zéro descendant que deux descendants), on a : $\dfrac{q}{p} \geqslant 1$ et $\ell = 1$. La lignée s'éteint donc presque sûrement.

Lorsque $p > \dfrac{1}{2}$ (chaque fleur a plus de chance d'avoir deux descendants qu'aucun descendant), on a : $\dfrac{q}{p} \leqslant 1$ et $\ell = \dfrac{q}{p}$. La lignée s'éteint donc avec une probabilité égale à $\dfrac{q}{p}$.

16.16 *a)*
$$\begin{aligned}\sum_{i=1}^{n}\sum_{j=1}^{n} a_i a_j (a_i - a_j)^2 &= \sum_{i=1}^{n}\sum_{j=1}^{n}(a_i^3 a_j - 2a_i^2 a_j^2 + a_i a_j^3)\\ &= \sum_{i=1}^{n}\sum_{j=1}^{n} a_i^3 a_j + \sum_{i=1}^{n}\sum_{j=1}^{n} a_i a_j^3 - 2\sum_{i=1}^{n}\sum_{j=1}^{n} a_i^2 a_j^2\\ &= 2\Big(\sum_{i=1}^{n} a_i^3\Big)\Big(\sum_{j=1}^{n} a_j\Big) - 2\Big(\sum_{i=1}^{n} a_i^2\Big)\Big(\sum_{j=1}^{n} a_j^2\Big)\\ &= 2\Big(\sum_{i=1}^{n} a_i^3\Big)\Big(\sum_{i=1}^{n} a_i\Big) - 2\Big(\sum_{i=1}^{n} a_i^2\Big)^2.\end{aligned}$$

b) Notons, pour tout i de $[\![1\,;n]\!]$, a_i la probabilité que le dé amène la face numéro i. Ainsi : $\sum_{i=1}^{n} a_i = 1$.

Notons également, pour tout i de $[\![1\,;n]\!]$, A_i (resp. B_i et C_i) l'événement : « A (resp. B et C) obtient la face numéro i ».

• L'événement E s'écrit : $E = \bigcup_{i=1}^{n}(A_i \cap B_i)$.

Ainsi, par incompatibilité des événements $A_i \cap B_i$, puis par indépendance des événements A_i et B_i, on obtient :

$$P(E) = \sum_{i=1}^{n} P(A_i \cap B_i) = \sum_{i=1}^{n} P(A_i)\,P(B_i) = \sum_{i=1}^{n} a_i^2.$$

• De la même façon : $P(F) = \sum_{i=1}^{n} a_i^2$.

• L'événement $E \cap F$ est l'événement : « A, B et C obtiennent la même face ». Ainsi : $E \cap F = \bigcup_{i=1}^{n}(A_i \cap B_i \cap C_i)$.

On obtient alors : $P(E \cap F) = \sum_{i=1}^{n} a_i^3$.

• Les événements E et F sont indépendants

$$\iff P(E \cap F) = P(E)\,P(F) \iff \sum_{i=1}^{n} a_i^3 = \Big(\sum_{i=1}^{n} a_i^2\Big)^2.$$

$$\iff \Big(\sum_{i=1}^{n} a_i^3\Big)\Big(\sum_{i=1}^{n} a_i\Big) - \Big(\sum_{i=1}^{n} a_i^2\Big)^2 = 0 \text{ (car } \sum_{i=1}^{n} a_i = 1)$$

$$\iff \sum_{i=1}^{n}\sum_{j=1}^{n} a_i a_j (a_i - a_j)^2 = 0 \text{ (d'après } a))$$

$$\iff \forall i \in [\![1\,;n]\!],\ \ \forall j \in [\![1\,;n]\!],\ \ a_i a_j (a_i - a_j)^2 = 0$$

(car tous les termes de la somme sont positifs ou nuls)

$$\iff \forall i \in [\![1\,;n]\!],\ \ \forall j \in [\![1\,;n]\!],\ \ a_i = a_j$$

(car les a_i sont tous non nuls)

$\iff$ le dé est équilibré.

16.17 *a)* • L'événement « la famille a au moins un enfant » s'écrit : $\bigcup_{n=1}^{+\infty} E_n$. Les E_n étant deux à deux incompatibles,

$$\begin{aligned}P\Big(\bigcup_{n=1}^{+\infty} E_n\Big) &= \sum_{n=1}^{+\infty} P(E_n) = \frac{1}{\mathrm{e}} \times \sum_{n=1}^{+\infty} \frac{1}{n!}\\ &= \frac{1}{\mathrm{e}} \times \Big(\sum_{n=0}^{+\infty} \frac{1}{n!} - 1\Big) = \frac{\mathrm{e}-1}{\mathrm{e}}.\end{aligned}$$

• Puisque $E_0 = \overline{\bigcup_{n=1}^{+\infty} E_n}$, on en déduit : $P(E_0) = \dfrac{1}{\mathrm{e}}$.

Remarque : La formule $P(E_n) = \dfrac{1}{\mathrm{e}} \times \dfrac{1}{n!}$ est aussi valable pour $n = 0$.

b) Si $0 \leqslant k \leqslant n$, alors $P_{E_n}(F_k) = \dbinom{n}{k}\dfrac{1}{2^k} \times \dfrac{1}{2^{n-k}} = \dbinom{n}{k}\dfrac{1}{2^n}$.

Si $k > n$, alors $P_{E_n}(F_k) = 0$.

c) Les événements $(E_0, E_1, E_2, \ldots)$ forment un système complet d'événements. Par la formule des probabilités totales : $P(F_k) = \sum_{n=0}^{+\infty} P(E_n)\,P_{E_n}(F_k)$.

Si $n < k$, $P_{E_n}(F_k) = 0$ et si $n \geqslant k$, $P_{E_n}(F_k) = \dbinom{n}{k}\dfrac{1}{2^n}$.

$$\begin{aligned}\text{Donc : } P(F_k) &= \sum_{n=k}^{+\infty} \frac{1}{\mathrm{e}} \times \frac{1}{n!} \times \binom{n}{k} \times \frac{1}{2^n}\\ &= \frac{1}{\mathrm{e}\,k!2^k}\sum_{n=k}^{+\infty}\frac{(\frac{1}{2})^{n-k}}{(n-k)!} = \frac{1}{\mathrm{e}\,k!2^k}\sum_{n=0}^{+\infty}\frac{(\frac{1}{2})^n}{n!}\\ &= \frac{1}{\mathrm{e}\,k!2^k} \times \mathrm{e}^{\frac{1}{2}} = \mathrm{e}^{-\frac{1}{2}} \times \frac{1}{k!2^k}.\end{aligned}$$

16.18 *a)* Notons, pour tout k de $\mathbb{N}^*$, E_k l'événement : « il y a égalité au k-ième tour ».

Il y a égalité au premier tour lorsque :

- A obtient deux fois face et B obtient face,
- ou A obtient une fois pile et une fois face et B obtient pile.

Par incompatibilité des événements, puis par indépendance des lancers, on obtient :

$$P(E_1) = \Big(\frac{1}{2} \times \frac{1}{2} \times (1-p)\Big) + \Big(2 \times \frac{1}{2} \times \frac{1}{2} \times p\Big) = \frac{1+p}{4}.$$

b) Notons, pour tout k de $\mathbb{N}^*$, F_k l'événement : « A obtient plus de piles que B au k-ième tour », et A_k l'événement : « A gagne au k-ième tour ».

• A gagne au premier tour lorsque :

- A obtient deux fois pile,

- ou A obtient une fois pile et une fois face et B obtient face.

Ainsi : $P(A_1) = P(F_1) = \dfrac{1}{4} + (\dfrac{1}{2} \times (1-p)) = \dfrac{3-2p}{4}$.

• Soit $k \in \mathbb{N}^*$. On a : $A_k = E_1 \cap \cdots \cap E_{k-1} \cap F_k$.

Ainsi par indépendance des résultats à chaque lancer :

$$P(A_k) = \Big(\frac{1+p}{4}\Big)^{k-1} \times \frac{3-2p}{4}.$$

• L'événement G_A : « A gagne » s'écrit : $G_A = \displaystyle\bigcup_{k=1}^{+\infty} A_k$.

Par incompatibilité des événements A_k :

$$\begin{aligned} P(G_A) &= \sum_{k=1}^{+\infty} \Big(\frac{1+p}{4}\Big)^{k-1} \times \frac{3-2p}{4} \\ &= \frac{1}{1-\frac{1+p}{4}} \times \frac{3-2p}{4} = \frac{3-2p}{3-p}. \end{aligned}$$

c) • L'événement F : « le jeu ne se termine pas » s'écrit : $F = \displaystyle\bigcap_{k=1}^{+\infty} E_k$. Les événements E_k forment une suite décroissante d'événements, donc :

$$P(F) = \lim_{n\infty} P\Big(\bigcap_{k=1}^{n} E_k\Big) = \lim_{n\infty} \Big(\frac{1+p}{4}\Big)^n = 0$$

On en déduit que le jeu se termine presque sûrement.

• Ainsi, le jeu est équitable si et seulement $P(G_A) = \dfrac{1}{2}$.

Or : $P(G_A) = \dfrac{1}{2} \iff 2(3-2p) = 3-p \iff p = 1$.

Dans ce cas, le joueur B fait systématiquement pile.

Ainsi, il existe un et un seul p tel que le jeu est équitable : $p = 1$.

16.19 Notons, pour tout k de $\mathbb{N}^*$, B_k (resp. N_k) l'événement : « on obtient une boule blanche (resp. noire) au k-ième tirage ».

a) • L'événement E_n : « la première boule blanche apparaît au n-ième tirage » s'écrit : $E_n = N_1 \cap \cdots \cap N_{n-1} \cap B_n$.

Par la formule des probabilités composées :

$$\begin{aligned} P(E_n) &= P(N_1) \cdots P_{N_1\cap\cdots\cap N_{n-2}}(N_{n-1}) P_{N_1\cap\cdots\cap N_{n-1}}(B_n) \\ &= \frac{1}{2} \times \frac{2}{3} \times \cdots \times \frac{n-1}{n} \times \frac{1}{n+1}. \end{aligned}$$

Ainsi : $p_n = \dfrac{1}{n(n+1)}$.

• $\forall N \in \mathbb{N}^*$,

$$\begin{aligned} \sum_{n=1}^{N} p_n &= \sum_{n=1}^{N} \frac{1}{n(n+1)} = \sum_{n=1}^{N} \Big(\frac{1}{n} - \frac{1}{n+1}\Big) \\ &= \sum_{n=1}^{N} \frac{1}{n} - \sum_{n=2}^{N+1} \frac{1}{n} = 1 - \frac{1}{N+1} \underset{N\infty}{\longrightarrow} 1. \end{aligned}$$

On en déduit : $\displaystyle\sum_{n=1}^{+\infty} p_n = 1 = P\Big(\bigcup_{n=1}^{+\infty} E_n\Big)$, car les événements E_n sont deux à deux incompatibles.

Ainsi l'événement $\displaystyle\bigcup_{n=1}^{+\infty} E_n$ est un événement presque sûr : on obtient donc presque sûrement une boule blanche.

b) 1) De la même façon qu'en *a)*, on obtient :

$$\begin{aligned} P(E_n) &= P(N_1) \cdots P_{N_1\cap\cdots\cap N_{n-2}}(N_{n-1}) P_{N_1\cap\cdots\cap N_{n-1}}(B_n) \\ &= \frac{1}{2} \times \frac{1+c}{2+c} \times \cdots \times \frac{1+(n-2)c}{2+(n-2)c} \times \frac{1}{2+(n-1)c}. \end{aligned}$$

$$\begin{aligned} \text{Or : } a_{n-1} - a_n &= \Big(\prod_{k=0}^{n-2} \frac{1+kc}{2+kc}\Big) \times \Big(1 - \frac{1+(n-1)c}{2+(n-1)c}\Big) \\ &= \Big(\prod_{k=0}^{n-2} \frac{1+kc}{2+kc}\Big) \times \Big(\frac{1}{2+(n-1)c}\Big). \end{aligned}$$

On en déduit : $p_n = a_{n-1} - a_n$.

$$\begin{aligned} \textit{b) 2)} \bullet \ \ln(a_n) &= \sum_{k=0}^{n-1} \ln\Big(\frac{1+kc}{2+kc}\Big) = -\sum_{k=0}^{n-1} \ln\Big(\frac{2+kc}{1+kc}\Big) \\ &= -\sum_{k=0}^{n-1} \ln\Big(1 + \frac{1}{1+kc}\Big). \end{aligned}$$

Or : $\ln\Big(1 + \dfrac{1}{1+kc}\Big) \underset{k\infty}{\sim} \dfrac{1}{1+kc} \underset{k\infty}{\sim} \dfrac{1}{c} \times \dfrac{1}{k}$.

On sait que la série $\displaystyle\sum_{k\geqslant 1} \frac{1}{k}$ diverge. Donc par le théorème de comparaison des séries à termes positifs, la série $\displaystyle\sum_{k\geqslant 0} \ln\Big(1 + \frac{1}{1+kc}\Big)$ diverge.

Cette série étant à termes positifs, on obtient :

$$\sum_{k=0}^{n-1} \ln\Big(1 + \frac{1}{1+kc}\Big) \underset{n\infty}{\longrightarrow} +\infty.$$

On en déduit : $\ln(a_n) \underset{n\infty}{\longrightarrow} -\infty$ et donc $a_n \underset{n\infty}{\longrightarrow} 0$.

$$\begin{aligned} \textit{b) 3)}\ \forall N \in \mathbb{N}^*, \quad \sum_{n=1}^{N} p_n &= p_1 + \sum_{n=2}^{N} (a_{n-1} - a_n) \\ &= p_1 + \sum_{n=1}^{N-1} a_n - \sum_{n=2}^{N} a_n = p_1 + a_1 - a_N = \frac{1}{2} + \frac{1}{2} - a_N \underset{N\infty}{\longrightarrow} 1. \end{aligned}$$

On en déduit : $\displaystyle\sum_{n=1}^{+\infty} p_n = 1$.

D'autre part, comme les événements E_n sont deux à deux incompatibles,

$$P\Big(\bigcup_{n=1}^{+\infty} E_n\Big) = \sum_{n=1}^{+\infty} P(E_n) = \sum_{n=1}^{+\infty} p_n = 1.$$

On en déduit que l'événement $\displaystyle\bigcup_{n=1}^{+\infty} E_n$ est un événement presque sûr.

Variables aléatoires discrètes

CHAPITRE 17

Plan

On abrège variable aléatoire en va.

Thèmes abordés dans les exercices

- Loi de probabilité d'une variable aléatoire discrète
- Fonction de répartition d'une variable aléatoire discrète
- Espérance, variance, moment d'ordre r ($r \in \mathbb{N}^*$) d'une variable aléatoire discrète.

Points essentiels du cours pour la résolution des exercices

- Définition d'une variable aléatoire discrète, variables aléatoires discrètes finies, variables aléatoires discrètes infinies
- Loi de probabilité d'une variable aléatoire discrète, fonction de répartition d'une variable aléatoire discrète, caractérisation de la loi d'une variable aléatoire discrète à l'aide de sa fonction de répartition
- Définition de la variable aléatoire $Y = g(X)$, où X est une variable aléatoire discrète et g une fonction définie sur $X(\Omega)$, loi de probabilité de $Y = g(X)$
- Définition de l'espérance d'une variable aléatoire discrète, théorème de transfert, espérance de $Y = aX + b$
- Définition du moment d'ordre r ($r \in \mathbb{N}^*$) et du moment centré d'ordre r d'une variable aléatoire discrète
- Définition de la variance et de l'écart-type d'une variable aléatoire discrète, variance de $Y = aX + b$.

Les méthodes à retenir

Pour déterminer la loi de probabilité d'une va discrète X

On peut :

- déterminer toutes les valeurs x_i que peut prendre la va X, puis pour chaque valeur possible, calculer $P(X = x_i)$

➥ **Exercices 17.1 à 17.4, 17.8, 17.9, 17.12, 17.15**

- déterminer toutes les valeurs x_i que peut prendre la va X, puis pour chaque valeur possible, calculer $P(X \leqslant x_i)$ ou $P(X < x_i)$ ou $P(X \geqslant x_i)$ ou $P(X > x_i)$, pour en déduire $P(X = x_i)$

➥ **Exercices 17.7, 17.13, 17.17, 17.19**

(suite)	• exprimer la va X à l'aide d'une autre va discrète Y, déterminer la loi de Y pour en déduire la loi de X ➥ **Exercices 17.2, 17.5.**
Pour déterminer la fonction de répartition d'une va discrète X connaissant sa loi de probabilité	Si $X(\Omega) = \{x_i \ ; \ i \in I\}$, écrire : $$\forall x \in \mathbb{R}, \quad F(x) = P(X \leqslant x) = \sum_{i \in I \ ; \ x_i \leqslant x} P(X = x_i)$$ ➥ **Exercice 17.1.**
Pour déterminer la loi de probabilité d'une va discrète X connaissant sa fonction de répartition F	Utiliser la formule : $$\forall x_i \in X(\Omega), \quad P(X = x_i) = F(x_i) - \lim_{\substack{x \to x_i \\ x < x_i}} F(x).$$ Dans le cas où $X(\Omega) \subset \mathbb{N}$, on a : $$\forall n \in \mathbb{N}, \quad P(X = n) = F(n) - F(n-1).$$ ➥ **Exercices 17.7, 17.13.**
Pour montrer que $\{(x_i, p_i) \ ; \ i \in I\}$ est la loi de probabilité d'une va discrète	• Si I est fini, montrer : $$(\forall i \in I, \quad p_i \geqslant 0) \quad \text{et} \quad \sum_{i \in I} p_i = 1$$ • Si I est dénombrable, montrer : $$(\forall i \in I, \quad p_i \geqslant 0), \quad \sum_{i \in I} p_i \text{ converge} \quad \text{et} \quad \sum_{i \in I} p_i = 1$$ ➥ **Exercices 17.5, 17.6, 17.11.**
Pour montrer qu'une va discrète X admet une espérance $E(X)$ et la calculer	On peut : • utiliser la définition : – si X est une va discrète finie avec $X(\Omega) = \{x_1, \ldots, x_n\}$, alors X admet une espérance et $E(X)$ est donnée par : $$E(X) = \sum_{i=1}^{n} x_i P(X = x_i)$$ – si X est une va discrète infinie avec $X(\Omega) = \{x_n \ ; \ n \in \mathbb{N}\}$, alors : X admet une espérance si et seulement si la série $\sum_{n \geqslant 0} x_n \, P(X = x_n)$ converge absolument, dans ce cas, $E(X)$ est donnée par : $E(X) = \sum_{n=0}^{+\infty} x_n \, P(X = x_n)$ ➥ **Exercices 17.1 à 17.13, 17.16 à 17.18**

(suite)

- utiliser le théorème de transfert :
  si $X = g(Y)$ avec $Y(\Omega) = \{y_n \ ; \ n \in \mathbb{N}\}$, alors X admet une espérance si et seulement si la série $\sum_{n \geqslant 0} g(y_n)P(Y = y_n)$ converge absolument ;

  dans ce cas, $E(X)$ est donnée par : $E(X) = \sum_{n=0}^{+\infty} g(y_n)\, P(Y = y_n)$

  ➥ **Exercices 17.1, 17.2, 17.4, 17.5**

- si $X = aY + b$ et si Y admet une espérance, alors X admet une espérance, et $E(X)$ est donnée par : $E(X) = aE(Y) + b$

  ➥ **Exercice 17.7.**

Pour montrer qu'une va discrète X admet une variance $V(X)$ et la calculer

On peut :

- montrer que X admet une espérance puis montrer que $(X - E(X))^2$ admet une espérance ;

  dans ce cas, $V(X)$ est donnée par : $V(X) = E\big((X - E(X))^2\big)$

- montrer que X et X^2 admettent une espérance ;

  dans ce cas, $V(X)$ est donnée par : $V(X) = E(X^2) - (E(X))^2$

  ➥ **Exercices 17.1 à 17.4, 17.6, 17.11**

- si $X = aY + b$ et si Y admet une variance, alors X admet une variance, et $V(X)$ est donnée par : $V(X) = a^2V(Y)$

  ➥ **Exercice 17.7.**

Pour calculer une somme d'un nombre fini de termes

Essayer de se ramener à des sommes classiques :

- la sommation géométrique :

$$\forall n \in \mathbb{N},\ \forall q \in \mathbb{R} \setminus \{1\},\ \sum_{q=0}^{n} q^k = \frac{1 - q^{n+1}}{1 - q}$$

- la sommation d'entiers, de carrés d'entiers, de cubes d'entiers consécutifs :

$$\sum_{k=1}^{n} k = \frac{n(n+1)}{2},\quad \sum_{k=1}^{n} k^2 = \frac{n(n+1)(2n+1)}{6},\quad \sum_{k=1}^{n} k^3 = \left(\frac{n(n+1)}{2}\right)^2$$

- la formule du binôme de Newton :

$$\forall n \in \mathbb{N},\ \forall (x, y) \in \mathbb{R}^2,\ (x + y)^n = \sum_{k=0}^{n} \binom{n}{k} x^k y^{n-k}$$

➥ **Exercices 17.3, 17.4, 17.7.**

Pour montrer la convergence d'une série et éventuellement calculer sa somme

- Pour montrer la convergence d'une série, voir chapitre 9
- Pour calculer la somme d'une série convergente :
  - écrire les sommes partielles puis calculer leur limite en essayant par exemple de reconnaître une somme téléscopique
  - utiliser les sommes connues :

$$\forall x \in]-1\,;1[,\quad \forall r \in \mathbb{N},\quad \sum_{n=r}^{+\infty} \binom{n}{r} x^{n-r} = \frac{1}{(1-x)^{r+1}}$$

$$\forall x \in \mathbb{R},\quad \sum_{n=0}^{+\infty} \frac{x^n}{n!} = \mathrm{e}^x$$

➥ **Exercices 17.5, 17.6, 17.8 à 17.12.**

Énoncés des exercices

17.1 Tirages sans remise dans une urne : loi du rang d'apparition de la première boule blanche

Une urne contient 10 boules : 7 boules blanches et 3 boules noires. On y effectue des tirages successifs et sans remise jusqu'à vider l'urne, et on note X la va égale au rang d'apparition de la première boule blanche.

a) Déterminer la loi de X.

b) Déterminer la fonction de répartition de X.

c) Calculer $E(X)$ et $V(X)$.

17.2 Lancer d'un dé truqué : loi du numéro de la face obtenue

On dispose d'un dé truqué : il existe $a \in \mathbb{R}$ tel que, pour tout k de $[\![1\,;6]\!]$, la probabilité d'obtenir la face numérotée k est égale à $a\,k$. On lance ce dé, et on note X la va égale au numéro de la face obtenue.

a) Calculer le réel a. En déduire la loi de X, puis calculer son espérance et sa variance.

b) On définit la va $Y = \dfrac{1}{X}$. *1)* Calculer l'espérance de Y.

2) Déterminer la loi de Y et retrouver $E(Y)$.

17.3 Tirages sans remise dans une urne : loi du rang d'apparition de la première boule blanche

Soit $n \in \mathbb{N}^*$. Une urne contient n boules dont une seule boule blanche. On y effectue des tirages successifs et sans remise jusqu'à obtenir la boule blanche. On note X la va égale au nombre de tirages effectués.

a) Déterminer la loi de X.

b) Calculer l'espérance et la variance de X.

17.4 Tirages avec remise dans une urne : loi du nombre de boules blanches obtenues

Soit $n \in \mathbb{N}^*$. Une urne contient des boules blanches en proportion p $(0 < p < 1)$ et des boules noires en proportion $q = 1 - p$. On y effectue n tirages successifs et avec remise. On note X la va égale au nombre de boules blanches obtenues.

a) Déterminer la loi de X.

b) Calculer $E(X)$, puis $E(X(X-1))$, et en déduire $V(X)$.

17.5 Exemple d'une va discrète à valeurs dans $\mathbb{N}^*$

Soit $a \in \mathbb{R}$. Pour tout n de $\mathbb{N}^*$, on pose $p_n = \dfrac{a}{n(n+1)(n+2)}$.

a) Trouver $(\alpha, \beta, \gamma) \in \mathbb{R}^3$ tel que : $\quad \forall n \in \mathbb{N}^*, \quad \dfrac{1}{n(n+1)(n+2)} = \dfrac{\alpha}{n} + \dfrac{\beta}{n+1} + \dfrac{\gamma}{n+2}$.

b) Déterminer a pour que $\{(n, p_n)\,;\, n \in \mathbb{N}^*\}$ soit la loi de probabilité d'une va discrète X.

c) La va X admet-elle une espérance ?

d) On pose $Y = X^2 - 6X + 9$. Déterminer la loi de Y. La va Y admet-elle une espérance ?

17.6 Exemple d'une va discrète à valeurs dans $\mathbb{N}$

On considère une va discrète X vérifiant :

$$X(\Omega) = \mathbb{N} \quad \text{et} \quad \forall n \in \mathbb{N}, \;\; 3P(X = n+2) = 4P(X = n+1) - P(X = n).$$

a) Déterminer la loi de X.

b) La va X admet-elle une espérance et une variance ? Si oui, les calculer.

17.7 Tirages de deux boules dans une urne : loi du plus petit et du plus grand numéros obtenus

Soit $n \geqslant 2$. Une urne contient n boules numérotées de 1 à n, dans laquelle on tire deux boules sans remise. On note X (resp. Y) la va égale au plus petit (resp. au plus grand) des deux numéros obtenus.

a) Pour tout k de $[\![1\,;n]\!]$, calculer $P(Y \leqslant k)$. En déduire la loi de Y.

b) Calculer $E(Y)$ et $V(Y)$.

c) Pour tout k de $[\![1\,;n]\!]$, calculer $P(X \geqslant k)$. En déduire la loi de X.

d) Montrer que les va Y et $n + 1 - X$ ont même loi. En déduire $E(X)$ et $V(X)$.

17.8 Tirages avec remise dans une urne, en ajoutant à chaque tirage une boule noire

On effectue des tirages successifs dans une urne qui contient initialement une boule noire et une boule blanche. À chaque tirage, on note la couleur de la boule tirée et on la remet dans l'urne en ajoutant en plus une boule noire.

On définit la va Y égale au rang d'apparition de la première boule noire et la va Z égale au rang d'apparition de la première boule blanche.

a) Déterminer la loi de Y et la loi de Z.

b) La variable aléatoire Y admet-elle une espérance ? Si oui, la calculer.

La variable aléatoire Z admet-elle une espérance ? Si oui, la calculer.

17.9 **Loi du premier succès et loi du deuxième succès**

On répète, de façon indépendante, une expérience aléatoire au cours de laquelle un événement A se réalise, à chaque fois, avec la probabilité p $(0 < p < 1)$.

On note X la variable aléatoire égale au rang de la première réalisation de l'événement A, et Y celle égale au rang de sa deuxième réalisation.

a) Déterminer la loi de X. Montrer que X admet une espérance $E(X)$, et la calculer.

b) Déterminer la loi de Y. Montrer que Y admet une espérance $E(Y)$, et la calculer.

c) Comparer $E(X)$ et $E(Y)$. Commenter.

17.10 **Lancer d'une pièce déséquilibrée : loi du nombre de lancers nécessaires à l'obtention de deux piles consécutifs**

On dispose d'une pièce déséquilibrée, amenant pile avec la probabilité $\dfrac{2}{3}$. On note X le nombre de lancers nécessaires pour obtenir pour la première fois deux piles consécutifs, et pour tout $n \in \mathbb{N}^*$, on note $a_n = P(X = n)$.

a) Calculer a_1, a_2, a_3.

b) Montrer : $\quad \forall n \geqslant 3, \quad a_n = \dfrac{1}{3}a_{n-1} + \dfrac{2}{9}a_{n-2}$.

c) En déduire la loi de X. Vérifier par le calcul que $\displaystyle\sum_{n=1}^{+\infty} P(X = n) = 1$.

d) La va X admet-elle une espérance ? Si oui, la calculer.

17.11 **Exemple d'une va discrète à valeurs dans $\mathbb{Z}$**

On considère une va discrète X vérifiant :

$$X(\Omega) = \mathbb{Z}, \quad \forall n \in \mathbb{N}, \quad P(X = n + 1) = \frac{1}{n+1}P(X = n) \quad \text{et} \quad P(X = -n) = P(X = n).$$

a) Exprimer, pour tout n de $\mathbb{Z}$, $P(X = n)$ en fonction de $P(X = 0)$. En déduire $P(X = 0)$ puis la loi de X.

b) Montrer que la va X admet une espérance et une variance, et calculer $E(X)$ et $V(X)$.

17.12 **Tirages dans une urne : loi du nombre de boules blanches présentes à l'issue du *n*-ième tirage, loi du premier instant où l'urne ne contient que des boules noires**

Une urne contient deux boules blanches et une boule noire. On y effectue une succession de tirages de la façon suivante : on tire une boule ; si la boule est noire, on la remet dans l'urne ; si la boule est blanche, on met, à la place de la boule blanche, une boule noire.

Pour tout n de $\mathbb{N}^*$, on note Y_n la va égale au nombre de boules blanches présentes dans l'urne à l'issue du n-ième tirage. Ainsi, Y_n prend ses valeurs dans $\{0, 1, 2\}$.

a) Déterminer la loi de Y_1.

b) Calculer, pour tout n de $\mathbb{N}^*$, $P(Y_n = 2)$.

c) On pose, pour tout n de $\mathbb{N}^*$: $\quad u_n = P(Y_n = 1)$.

1) Préciser u_1, puis montrer : $\quad \forall n \geqslant 1, \quad u_{n+1} = \dfrac{2}{3}u_n + \dfrac{2}{3^{n+1}}$.

2) En utilisant la suite de terme général $v_n = u_n + \dfrac{2}{3^n}$, donner une expression de u_n en fonction de n.

d) En déduire, pour tout n de $\mathbb{N}^*$, $P(Y_n = 0)$.

e) Calculer, pour tout n de $\mathbb{N}^*$, l'espérance de Y_n.

f) On définit la va Z égale à l'instant où, pour la première fois, l'urne ne contient plus que des boules noires.

Déterminer la loi de Z. Montrer que Z admet une espérance et calculer $E(Z)$.

17.13 Tirages de N jetons : loi du plus grand numéro obtenu

Soient $N, n \in \mathbb{N}^*$. On dispose de N urnes, avec dans chacune d'elles, des jetons numérotés de 1 à n. On tire au hasard un jeton dans chaque urne, et on note X la variable aléatoire égale au plus grand numéro tiré.

a) Déterminer la fonction de répartition de X, puis sa loi.

b) Montrer : $\quad E(X) = n - \sum_{j=0}^{n-1} \left(\frac{j}{n}\right)^N.$

c) Calculer, pour N fixé, $\lim_{n\infty} \frac{E(X)}{n}$. En déduire un équivalent de $E(X)$ lorsque n tend vers $+\infty$ et lorsque N est fixé.

d) Calculer, pour n fixé, $\lim_{N\infty} E(X)$. Commenter.

17.14 Échange de boules dans deux urnes : loi du nombre de boules blanches présentes dans l'une des deux urnes

On dispose de deux urnes $\mathscr{U}_1$ et $\mathscr{U}_2$. Initialement, il y a deux boules blanches dans $\mathscr{U}_1$ et deux boules noires dans $\mathscr{U}_2$. À chaque tirage, on prend une boule dans $\mathscr{U}_1$ et une boule dans $\mathscr{U}_2$, et on les échange.

Pour tout n de $\mathbb{N}$, on note X_n la va égale au nombre de boules blanches dans $\mathscr{U}_1$ après le n-ième échange ; ainsi X_n prend ses valeurs dans $\{0, 1, 2\}$.

Pour tout n de $\mathbb{N}$, on définit la matrice colonne $U_n = \begin{pmatrix} P(X_n = 0) \\ P(X_n = 1) \\ P(X_n = 2) \end{pmatrix}$

a) Trouver une matrice A de $\mathbf{M}_3(\mathbb{R})$ telle que : $\quad \forall n \in \mathbb{N}, \ U_{n+1} = A\, U_n$.

b) Montrer que la suite $(E(X_n))_{n\geqslant 1}$ est constante et déterminer cette constante.

c) Montrer que la matrice A est diagonalisable et diagonaliser A. En déduire les coefficients de la matrice A^n, pour tout n de $\mathbb{N}^*$.

d) Montrer : $\quad \forall n \in \mathbb{N}, \ U_n = A^n U_0$. En déduire, pour tout n de $\mathbb{N}^*$, la loi de X_n.

17.15 Suite infinie de lancers d'une pièce équilibrée : loi du nombre de changement de côtés

On effectue une succession infinie de lancers d'une pièce équilibrée. À chaque lancer, à partir du deuxième, si le côté obtenu est différent du côté obtenu au lancer précédent, on gagne 1 €. Pour tout $n \geqslant 2$, on définit la va X_n égale au gain total à l'issue des n premiers lancers.

a) Déterminer les lois de X_2 et de X_3, puis calculer leurs espérances.

b) Soit $n \geqslant 2$. Justifier que X_n prend ses valeurs dans $[\![0\,; n-1]\!]$.

Calculer $P(X_n = 0)$ et $P(X_n = n - 1)$.

c) Pour tout $n \geqslant 2$ et tout $k \in [\![0\,;n]\!]$, montrer :

$$P(X_{n+1} = k) = \frac{1}{2}\,P(X_n = k) + \frac{1}{2}\,P(X_n = k-1).$$

d) Pour tout $n \geqslant 2$, on définit la fonction Q_n par : $\forall s \in \mathbb{R},\quad Q_n(s) = \sum_{k=0}^{n-1} P(X_n = k)s^k.$

1) Soit $n \geqslant 2$. Calculer $Q_n(1)$ et montrer que $Q_n'(1) = E(X_n)$. Exprimer $V(X_n)$ à l'aide de la fonction Q_n.

2) Montrer, pour tout $n \geqslant 2$ et tout $s \in \mathbb{R}$: $\quad Q_{n+1}(s) = \dfrac{1+s}{2}Q_n(s).$

3) En déduire une expression de $Q_n(s)$ en fonction de n et de s.

e) Calculer alors, pour tout $n \geqslant 2$, l'espérance et la variance de X_n.

17.16 Loi du nombre de pistes différentes lues par un lecteur mp3

Soit $n \geqslant 2$. Un lecteur mp3 contient n pistes de lectures (numérotées de 1 à n) et fonctionne en mode aléatoire selon le protocole suivant :

- la première piste lue est choisie de façon aléatoire parmi les n pistes ;
- à la fin de la lecture d'une piste, la suivante est choisie de façon aléatoire parmi les n pistes ; ainsi il est possible qu'une même piste soit lue plusieurs fois de suite.

Pour tout k de $\mathbb{N}^*$, on note X_k le nombre de pistes différentes qui ont été lues au moins une fois au cours des k premières lectures.

a) Déterminer, en fonction de n et de k, les valeurs prises par X_k.

b) Calculer, pour tout k de $\mathbb{N}^*$, la probabilité des événements $(X_k = 1)$ et $(X_k = k)$.

c) Soit $k \in \mathbb{N}^*$. Montrer :

$$\forall i \in [\![1\,;n]\!],\quad P(X_{k+1} = i) = \frac{i}{n}P(X_k = i) + \frac{n-i+1}{n}P(X_k = i-1).$$

d) Montrer alors : $\quad E(X_{k+1}) = \dfrac{n-1}{n}E(X_k) + 1.$

En déduire une expression de $E(X_k)$ en fonction de n et k.

e) Calculer, pour n fixé, $\lim\limits_{k\infty} E(X_k)$. Ce résultat est-il prévisible ?

f) Calculer, pour k fixé, $\lim\limits_{n\infty} E(X_k)$. Ce résultat est-il prévisible ?

17.17 Tirages dans une urne jusqu'à l'obtention d'un numéro inférieur au numéro précédemment

Soit $N \geqslant 3$. Une urne contient N jetons numérotées de 1 à N. On tire les jetons au hasard et sans remise, jusqu'à ce que le numéro tiré soit inférieur au numéro précédemment tiré ou que l'urne soit vide.

On note X_N la va égale au nombre de tirages effectués.

a) Calculer, pour tout k de $[\![1\,;N-1]\!]$, $P(X_N > k)$.

b) En déduire la loi de X_N.

c) Calculer l'espérance de X_N, puis la limite de $E(X_N)$ lorsque N tend vers $+\infty$.

17.18 Une autre expression de l'espérance

On considère une variable aléatoire discrète X à valeurs dans $\mathbb{N}$.

a) Montrer, pour tout $n \in \mathbb{N}^*$: $\displaystyle\sum_{k=0}^{n} kP(X = k) = \Big(\sum_{k=0}^{n-1} P(X > k)\Big) - nP(X > n).$

b) On veut démontrer le résultat suivant :

X admet une espérance si et seulement si la série $\displaystyle\sum_{n\geqslant 0} P(X > n)$ converge ;

dans ce cas, on a : $\displaystyle E(X) = \sum_{n=0}^{+\infty} P(X > n).$

1) Supposons que X admet une espérance.

Montrer : $\lim\limits_{n\infty} nP(X > n) = 0.$

En déduire que $\displaystyle\sum_{n\geqslant 0} P(X > n)$ converge puis que $\displaystyle\sum_{n=0}^{+\infty} P(X > n) = E(X).$

2) Supposons que la série $\displaystyle\sum_{n\geqslant 0} P(X > n)$ converge.

Montrer que X admet alors une espérance, puis que $\displaystyle E(X) = \sum_{n=0}^{+\infty} P(X > n).$

17.19 Tirages dans une urne jusqu'à obtenir tous les numéros au moins une fois

Soit $N \in \mathbb{N}^*$. Une urne contient N boules numérotées de 1 à N. On y effectue des tirages successifs et avec remise jusqu'à obtenir, pour la première fois, tous les numéros au moins une fois.

On note X la va égale au nombre de tirages effectués.

a) Soit $n \in \mathbb{N}$ fixé. Pour tout i de $[\![1\,;N]\!]$, on définit l'événement $E_{i,n}$: « la boule numéro i n'est pas été obtenue lors des n premiers tirages ».

Calculer, pour tout i de $[\![1\,;N]\!]$, $P(E_{i,n})$ puis $P(E_{1,n} \cap \cdots \cap E_{i,n})$.

b) Soit $n \in \mathbb{N}$ fixé. Justifier : $(X > n) = E_{1,n} \cup \cdots \cup E_{N,n}$.

En déduire : $\displaystyle P(X > n) = \sum_{i=1}^{N} \binom{N}{i} (-1)^{i+1} \Big(\frac{N-i}{N}\Big)^n.$

c) En utilisant l'ex. 17.18, montrer que $E(X)$ existe et $\displaystyle E(X) = N \sum_{i=1}^{N} \binom{N}{i} (-1)^{i+1} \frac{1}{i}.$

d) En déduire que : $\displaystyle E(X) = N \sum_{i=1}^{N} \frac{1}{i}.$

Du mal à démarrer ?

17.1 *a)* Montrer $X(\Omega) = [\![1\,;4]\!]$, puis pour tout i de $[\![1\,;4]\!]$, calculer $P(X = i)$ en utilisant le formule des probabilités composées.

b) Utiliser la définition de la fonction de répartition.

c) Calculer $E(X)$, puis $E(X^2)$ à l'aide du théorème de transfert pour en déduire $V(X)$.

17.2 *a)* Utiliser le fait que $\sum_{k=1}^{6} P(X = k) = 1$ pour en déduire la valeur de a.

b) 1) Utiliser le théorème de transfert.

b) 2) Montrer que $Y(\Omega) = \left\{\frac{1}{6}, \frac{1}{5}, \frac{1}{4}, \frac{1}{3}, \frac{1}{2}, 1\right\}$, et que

$$\forall k \in [\![1\,;6]\!],\quad P\left(Y = \frac{1}{k}\right) = P(X = k).$$

17.3 *a)* Montrer que $X(\Omega) = [\![1\,;n]\!]$, puis calculer $P(X = k)$ à l'aide de la formule des probabilités composées.

b) Calculer $E(X)$, $E(X^2)$ puis $V(X)$ en utilisant les sommes usuelles.

17.4 *a)* Montrer que $X(\Omega) = [\![0\,;n]\!]$, puis décomposer l'événement $(X = k)$ à l'aide d'événements élémentaires.

b) Calculer $E(X(X-1))$ à l'aide du théorème de transfert, et montrer que $V(X) = E(X(X-1)) + E(X) - (E(X))^2$.

17.5 *b)* Déterminer a pour que $\sum_{n=1}^{+\infty} p_n = 1$.

c) Étudier la nature de la série de terme général $n\,p_n$.

d) Déterminer $Y(\Omega)$, puis pour tout n de $\mathbb{N}$, exprimer l'événement $(Y = n)$ à l'aide d'événements liés à la va X.

Pour l'existence de l'espérance de Y, étudier la nature de la série de terme général $(n^2 - 6n + 9)\,p_n$.

17.6 *a)* Montrer qu'il existe deux réels A et B tels que :

$$\forall n \in \mathbb{N},\quad P(X = n) = A + B\left(\frac{1}{3}\right)^n.$$

Utiliser le fait que $\sum_{n\geqslant 0} P(X = n)$ converge et $\sum_{n=0}^{+\infty} P(X = n) = 1$ pour déterminer les valeurs de A et B.

b) Montrer que les séries $\sum_{n\geqslant 0} nP(X = n)$ et $\sum_{n\geqslant 0} n^2P(X = n)$ convergent et calculer leurs sommes.

17.7 *a)* Exprimer l'événement $(Y \leqslant k)$ à l'aide d'événements élémentaires. Pour calculer ensuite $P(Y = k)$, écrire :

$$P(Y = k) = P(Y \leqslant k) - P(Y \leqslant k - 1).$$

b) Utiliser les définitions de $E(Y)$ et $V(Y)$.

c) Exprimer l'événement $(X \geqslant k)$ à l'aide d'événements élémentaires. Pour calculer ensuite $P(X = k)$, écrire :

$$P(X = k) = P(X \geqslant k) - P(X \geqslant k + 1).$$

d) Montrer que $(n + 1 - X)(\Omega) = [\![2\,;n]\!] = Y(\Omega)$, puis que

$$\forall k \in [\![2\,;n]\!],\quad P(n + 1 - X = k) = P(Y = k).$$

En déduire : $E(Y) = E(n + 1 - X) = n + 1 - E(X)$
et $V(Y) = V(n + 1 - X) = V(X)$.

17.8 *a)* Justifier que $Y(\Omega) = Z(\Omega) = \mathbb{N}^*$. Calculer $P(Y = n)$ et $P(Z = n)$ pour tout n de $\mathbb{N}^*$, en décomposant les événements et en utilisant la formule des probabilités composées.

b) Étudier la nature des séries $\sum_{n\geqslant 1} nP(Y = n)$ et $\sum_{n\geqslant 1} nP(Z = n)$.

17.9 *a) b)* Justifier que $X(\Omega) = [\![1\,;+\infty[\![$ et $Y(\Omega) = [\![2\,;+\infty[\![$.

Décomposer les événements $(X = n)$ et $(Y = n)$ en utilisant l'indépendance des réalisations des expériences.

c) Montrer que $E(X) \leqslant E(Y)$.

17.10 *a)* Décomposer les événements $(X = 1)$, $(X = 2)$, $(X = 3)$.

b) Utiliser la formule des probabilités totales avec comme système complet d'événements $(F_1, P_1 \cap P_2, P_1 \cap F_2)$.

c) Montrer : $\forall n \geqslant 1, P(X = n) = \left(\frac{2}{3}\right)^{n+1} - 4\left(-\frac{1}{3}\right)^{n+1}$.

d) Montrer que la série $\sum_{n\geqslant 1} nP(X = n)$ converge et calculer sa somme en utilisant les dérivées de la série géométrique.

17.11 *a)* Montrer : $\forall n \in \mathbb{N},\ P(X = n) = \frac{1}{n!}P(X = 0) = P(X = -n)$.

Utiliser le fait que $\sum_{n\in X(\Omega)} P(X = n) = 1$ pour en déduire la valeur de $P(X = 0)$.

b) Pour $E(X)$, montrer que $\sum_{n\in\mathbb{Z}} nP(X = n)$ converge absolument puis calculer $E(X) = \sum_{n=0}^{+\infty} nP(X = n) - \sum_{n=1}^{+\infty} nP(X = -n)$.

Procéder de la meme façon pour calculer $E(X^2)$.

17.12 *b)* Remarquer que l'événement $(Y_n = 2)$ est réalisé si et seulement si on n'obtient que des boules noires aux cours des n premiers tirages.

c) 1) Montrer : $(Y_{n+1} = 1) = ((Y_n = 1) \cap N_{n+1}) \cup ((Y_n = 2) \cap B_{n+1})$, puis en déduire l'expression demandée.

c) 2) Montrer que $(v_n)_{n \geqslant 1}$ est une suite géométrique.

d) Écrire : $P(Y_n = 0) = 1 - P(Y_n = 1) - P(Y_n = 2)$.

f) Remarquer que $Z(\Omega) = [\![2\,;+\infty[\![$ et que :

$$(Z = n) = (Y_n = 0) \setminus (Y_{n-1} = 0) \text{ et } (Y_{n-1} = 0) \subset (Y_n = 0).$$

17.13 *a)* Montrer : $P(X \leqslant k) = \left(\frac{k}{n}\right)^N$. Pour calculer $P(X = k)$, écrire : $P(X = k) = P(X \leqslant k) - P(X \leqslant k - 1)$.

b) Décomposer la somme, puis faire un changement d'indices.

c) Utiliser le théorème sur les sommes de Riemann.

d) Remarquer : $\forall k \in [\![0\,;n-1]\!]$, $\left|\frac{k}{n}\right| < 1$, donc $\left(\frac{k}{n}\right)^N \underset{N\infty}{\longrightarrow} 0$.

17.14 *a)* Pour $P(X_{n+1} = 0)$, utiliser la formule des probabilités totales avec comme système complet d'événements $(X_n = 0)$, $(X_n = 1)$, $(X_n = 2)$.

Procéder de même pour $P(X_{n+1} = 1)$ et $P(X_{n+1} = 2)$.

En déduire que $A = \begin{pmatrix} 0 & 1/4 & 0 \\ 1 & 1/2 & 1 \\ 0 & 1/4 & 0 \end{pmatrix}$.

b) Montrer que $E(X_{n+1}) = E(X_n)$.

c) Utiliser les méthodes classiques de diagonalisation pour écrire A sous la forme $A = PDP^{-1}$.
En déduire que $A^n = PD^nP^{-1}$ et effectuer le produit matriciel.

d) Raisonner par récurrence sur n. Effectuer le produit matriciel pour en déduire la matrice U_n, puis la loi de X_n.

17.15 *b)* L'événement $(X_n = 0)$ est réalisé si et seulement s'il n'y a aucun changement de côté lors des n premiers lancers.

L'événement $(X_n = n - 1)$ est réalisé si et seulement s'il y a un changement de côté à chaque lancer.

c) Définir E l'événement : « les côtés obtenus aux lancers n et $n + 1$ sont les mêmes ». Puis utiliser la formule des probabilités totales avec comme système complet d'événements $(E, \overline{E})$.

d) 1) Montrer : $Q_n(1) = 1$, $Q'_n(1) = E(X_n)$
$Q''_n(1) = E(X_n^2) - E(X_n)$.

d) 2) Replacer dans l'expression de $Q_{n+1}(s)$, $P(X_{n+1} = k)$ par $\frac{1}{2} P(X_n = k) + \frac{1}{2} P(X_n = k - 1)$.

d) 3) Obtenir : $\forall n \geqslant 2$, $\forall s \in \mathbb{R}$, $Q_n(s) = \left(\frac{s+1}{2}\right)^{n-1}$.

e) Utiliser les résultats de la question *d)1)* et l'expression de $Q_n(s)$.

17.16 *a)* Montrer : $X_k(\Omega) = [\![1\,;\min(n, k)]\!]$.

b) L'événement $(X_k = 1)$ est réalisé si et seulement si le lecteur lit toujours la même piste.

L'événement $(X_k = k)$ est réalisé si et seulement si le lecteur lit des pistes deux à deux distinctes.

c) Remarquer : $P(X_{k+1} = i)$
$= P(X_k = i)P_{(X_k=i)}(X_{k+1} = i) + P(X_k = i - 1)P_{(X_k=i-1)}(X_{k+1} = i)$.

d) Sommer l'égalité précédente pour i allant de 1 à n.

e) Montrer : $E(X_k) \underset{k\infty}{\longrightarrow} n$.

f) Montrer : $E(X_k) \underset{n\infty}{\longrightarrow} k$.

17.17 *a)* L'événement $(X_N > k)$ est réalisé si et seulement si les k premiers numéros obtenus sont rangés par ordre strictement croissant.

b) Écrire : $P(X_N = N) = P(X_N > N - 1)$ et
$P(X_N = k) = P(X_N > k - 1) - P(X_N > k)$ si $k \in [\![2\,;N-1]\!]$.

c) Utiliser la définition de $E(X_N)$ pour la calculer, puis montrer : $E(X_N) \underset{N\infty}{\longrightarrow} \mathrm{e}$.

17.18 *a)* Remplacer dans la première somme $P(X = k)$ par $P(X > k - 1) - P(X > k)$, et faire apparaître une somme télescopique.

b) 1) • Montrer : $0 \leqslant nP(X > n) \leqslant \sum_{k=n+1}^{+\infty} kP(X = k)$,

pour en déduire que $\lim_{n\infty} nP(X > n) = 0$.

• Écrire $\sum_{k=0}^{n-1} P(X > k) = \sum_{k=0}^{n} kP(X = k) + nP(X > n)$,

puis passer à la limite quand n tend vers $+\infty$.

b) 2) Remarquer que $0 \leqslant \sum_{k=0}^{n} kP(X = k) \leqslant \sum_{k=0}^{n-1} P(X > k)$, puis montrer que la suite de terme général $S_n = \sum_{k=0}^{n} kP(X = k)$ est majorée. Conclure.

17.19 *b)* Utiliser la formule de Poincaré pour calculer $P(X > n)$.

c) Montrer que, pour tout i de $[\![1\,;N]\!]$, les séries $\sum_{n \geqslant 0} \left(\frac{N-i}{N}\right)^n$ convergent et calculer leurs sommes.

En déduire que la série $\sum_{n \geqslant 0} P(X > n)$ converge.

d) Montrer par récurrence sur N que :

$$\sum_{i=1}^{N} \binom{N}{i} (-1)^{i+1} \frac{1}{i} = \sum_{i=1}^{N} \frac{1}{i}.$$

Corrigés des exercices

17.1 *a)* • L'urne ne contenant que 3 boules noires, la première boule blanche ne peut donc apparaître qu'aux rangs 1,2,3,4.

Ainsi : $X(\Omega) = [\![1\,;4]\!]$.

• Calculons $P(X=1), P(X=2), P(X=3), P(X=4)$.

Notons, pour $k \in [\![1\,;10]\!]$, B_k (resp. N_k) l'événement : « on obtient une boule blanche (resp. noire) au k-ième tirage ».

- L'événement $(X=1)$ est l'événement B_1.

Donc : $P(X=1) = P(B_1) = \dfrac{7}{10}$.

- L'événement $(X=2)$ est l'événement $N_1 \cap B_2$.

Donc : $$P(X=2) = P(N_1 \cap B_2) = P(N_1)P_{N_1}(B_2) = \frac{3}{10}\times\frac{7}{9} = \frac{7}{30}.$$

- L'événement $(X=3)$ est l'événement $N_1 \cap N_2 \cap B_3$.

Donc : $$\begin{aligned}P(X=3) &= P(N_1\cap N_2\cap B_3)\\ &= P(N_1)P_{N_1}(N_2)P_{N_1\cap N_2}(B_3)\\ &= \frac{3}{10}\times\frac{2}{9}\times\frac{7}{8} = \frac{7}{120}.\end{aligned}$$

- L'événement $(X=4)$ est l'événement $N_1 \cap N_2 \cap N_3 \cap B_4$.

Donc : $$\begin{aligned}P(X=4) &= P(N_1\cap N_2\cap N_3\cap B_4)\\ &= P(N_1)P_{N_1}(N_2)P_{N_1\cap N_2}(N_3)P_{N_1\cap N_2\cap N_3}(B_4)\\ &= \frac{3}{10}\times\frac{2}{9}\times\frac{1}{8}\times\frac{7}{7} = \frac{1}{120}.\end{aligned}$$

- Ainsi, la loi de X est donnée par le tableau suivant :

x	1	2	3	4
$P(X=x)$	$\frac{7}{10}$	$\frac{7}{30}$	$\frac{7}{120}$	$\frac{1}{120}$

Remarque : On a bien

$$P(X=1)+P(X=2)+P(X=3)+P(X=4) = \frac{7}{10}+\frac{7}{30}+\frac{7}{120}+\frac{1}{120} = 1.$$

b) Notons F la fonction de répartition de X.

Par définition, on a : $\forall x \in \mathbb{R},\ F(x) = P(X \leqslant x)$.

Ainsi : $\forall x \in]-\infty\,;1[,\ F(x) = 0,$

$\forall x \in [1\,;2[,\ F(x) = P(X=1) = \dfrac{7}{10},$

$\forall x \in [2\,;3[,\ F(x) = P(X=1)+P(X=2) = \dfrac{14}{15},$

$\forall x \in [3\,;4[,$
$$F(x) = P(X=1)+P(X=2)+P(X=3) = \frac{119}{120},$$

$\forall x \in [4\,;+\infty[,$
$$F(x) = P(X=1)+P(X=2)+P(X=3)+P(X=4) = 1.$$

On en déduit que F est définie par :

x	$]-\infty\,;1[$	$[1\,;2[$	$[2\,;3[$	$[3\,;4[$	$[4\,;+\infty[$
$F(x)$	0	$\frac{7}{10}$	$\frac{14}{15}$	$\frac{119}{120}$	1

c) La va X est une va finie. Elle admet donc une espérance et une variance.

• Calculons $E(X)$.

$$\begin{aligned}E(X) &= \sum_{k=1}^{4} kP(X=k)\\ &= P(X=1)+2P(X=2)+3P(X=3)+4P(X=4)\\ &= \frac{11}{8}.\end{aligned}$$

• Calculons $V(X) = E(X^2) - (E(X))^2$.

Utilisons la formule de transfert pour calculer $E(X^2)$.

$$\begin{aligned}E(X^2) &= \sum_{k=1}^{4} k^2P(X=k)\\ &= P(X=1)+4P(X=2)+9P(X=3)+16P(X=4)\\ &= \frac{55}{24}.\end{aligned}$$

Donc : $V(X) = \dfrac{55}{24} - \left(\dfrac{11}{8}\right)^2 = \dfrac{77}{192}.$

17.2 *a)* • Déterminons la loi de X :

- La va X prend ses valeurs dans $[\![1\,;6]\!]$.
- De plus, d'après l'énoncé : il existe $a \in \mathbb{R}$ tel que :

$$\forall k \in [\![1\,;6]\!],\quad P(X=k) = a\,k.$$

Puisque $\begin{cases}\displaystyle\sum_{k=1}^{6} P(X=k) = 1\\ \displaystyle\sum_{k=1}^{6} a\,k = a\sum_{k=1}^{6} k = a\frac{6\times 7}{2} = 21a\end{cases}$,

on en déduit que $a = \dfrac{1}{21}$.

Ainsi la loi de X est donnée par :

k	1	2	3	4	5	6
$P(X=k)$	$\frac{1}{21}$	$\frac{2}{21}$	$\frac{3}{21}$	$\frac{4}{21}$	$\frac{5}{21}$	$\frac{6}{21}$

Ainsi : $\forall k \in [\![1\,;6]\!],\ P(X=k) = \dfrac{k}{21}$.

La va X est une va finie. Elle admet donc une espérance et une variance.

• Calculons $E(X)$.

$$E(X) = \sum_{k=1}^{6} k\,P(X=k) = \frac{1}{21}\sum_{k=1}^{6} k^2 = \frac{1}{21}\times\frac{6\times 7\times 13}{6} = \frac{13}{3}.$$

• Calculons $V(X) = E(X^2) - (E(X))^2$.

Utilisons la formule de transfert pour calculer $E(X^2)$,

$$E(X^2) = \sum_{k=1}^{6} k^2\,P(X=k) = \frac{1}{21}\sum_{k=1}^{6} k^3 = \frac{1}{21}\times\frac{6^2\times 7^2}{2^2} = 21.$$

Donc : $V(X) = 21 - \left(\dfrac{13}{3}\right)^2 = \dfrac{20}{9}$.

b) 1) D'après la formule de transfert,

$$E(Y) = E\Big(\frac{1}{X}\Big) = \sum_{k=1}^{6}\frac{1}{k}\,P(X=k) = \sum_{k=1}^{6}\frac{1}{21} = \frac{6}{21}.$$

b) 2) Déterminons la loi de Y.

★ Y prend ses valeurs dans $\left\{\dfrac{1}{6},\dfrac{1}{5},\dfrac{1}{4},\dfrac{1}{3},\dfrac{1}{2},1\right\}$.

★ Pour tout k de $[\![1\,;6]\!]$, $P\left(Y=\dfrac{1}{k}\right) = P(X=k)$.

Ainsi, la loi de Y est donnée par :

y	$\frac{1}{6}$	$\frac{1}{5}$	$\frac{1}{4}$	$\frac{1}{3}$	$\frac{1}{2}$	1
$P(Y=y)$	$\frac{6}{21}$	$\frac{5}{21}$	$\frac{4}{21}$	$\frac{3}{21}$	$\frac{2}{21}$	$\frac{1}{21}$

Ainsi : $E(Y) = \dfrac{1}{6}\times\dfrac{6}{21} + \cdots + 1\times\dfrac{1}{21} = \dfrac{6}{21}$.

Remarque : on retrouve bien le même résultat.

17.3 *a)* Déterminons la loi de X.

★ La va X prend ses valeurs dans $[\![1\,;n]\!]$.

★ Notons, pour tout k de $[\![1\,;n]\!]$, B_k l'événement : « on obtient la boule blanche au k-ième tirage ».

Soit $i \in [\![1\,;n]\!]$. Alors : $(X=i) = \overline{B_1}\cap\cdots\cap\overline{B_{i-1}}\cap B_i$.

Par la formule de probabilités composées, on obtient :

$$\begin{aligned}P(X=i) &= P(\overline{B_1})\times P_{\overline{B_1}}(\overline{B_2})\times\cdots\times P_{\overline{B_1}\cap\cdots\cap\overline{B_{i-2}}}(\overline{B_{i-1}})\\ &\quad\times P_{\overline{B_1}\cap\cdots\cap\overline{B_{i-1}}}(B_i)\\ &= \frac{n-1}{n}\times\frac{n-2}{n-1}\times\cdots\times\frac{n-i+1}{n-i+2}\times\frac{1}{n-i+1}\\ &= \frac{1}{n}.\end{aligned}$$

Ainsi : $X(\Omega) = [\![1\,;n]\!]$ et $\forall i\in[\![1\,;n]\!],\ P(X=i) = \dfrac{1}{n}$.

La loi de X est la loi uniforme sur $[\![1\,;n]\!]$.

Remarque : $\displaystyle\sum_{i=1}^{n} P(X=i) = \sum_{i=1}^{n}\frac{1}{n} = \frac{n}{n} = 1.$

b) La va X est une va finie, elle admet donc une espérance et une variance.

• Calculons $E(X)$.

$$E(X) = \sum_{i=1}^{n} i\,P(X=i) = \frac{1}{n}\sum_{i=1}^{n} i = \frac{n+1}{2}.$$

• Calculons $V(X) = E(X^2) - (E(X))^2$. On a :

$$E(X^2) = \sum_{i=1}^{n} i^2\,P(X=i) = \frac{1}{n}\sum_{i=1}^{n} i^2 = \frac{(n+1)(2n+1)}{6}.$$

Donc : $V(X) = \dfrac{(n+1)(2n+1)}{6} - \dfrac{(n+1)^2}{4} = \dfrac{n^2-1}{12}$.

17.4 *a)* Déterminons la loi de X.

- La va X prend ses valeurs dans $[\![0\,;n]\!]$.

- Soit $k \in [\![0\,;n]\!]$. L'événement $(X=k)$ est la réunion disjointe des événements $E_{i_1,\ldots,i_k}$: « les tirages numéros $i_1, i_2, \ldots, i_k$ amènent une boule blanche, les autres amènent une boule noire », pour $1 \leqslant i_1 < \cdots < i_k \leqslant n$.

Par indépendance des tirages : $P(E_{i_1,\ldots,i_k}) = p^k(1-p)^{n-k}$.

De plus, il y a $\dbinom{n}{k}$ événements de ce type (qui correspondent au nombre de façons de placer les k boules blanches). Donc :

$$P(X=k) = \binom{n}{k}p^k(1-p)^{n-k}.$$

Ainsi : $X(\Omega) = [\![0\,;n]\!]$

$\forall k\in[\![0\,;n]\!],\ P(X=k) = \dbinom{n}{k}p^k(1-p)^{n-k}$.

Remarque : $\displaystyle\sum_{k=0}^{n} P(X=k) = \sum_{k=0}^{n}\binom{n}{k}p^k(1-p)^{n-k} \underset{\text{Newton}}{=} (p+(1-p))^n = 1.$

Remarque : la loi de X est la loi binomiale de paramètre (n, p).

b) La va X est une va finie, elle admet donc une espérance et une variance.

• Calculons $E(X)$.

$$E(X) = \sum_{k=0}^{n} k\,P(X=k) = \sum_{k=0}^{n} k\binom{n}{k}p^k(1-p)^{n-k}$$
$$= \sum_{k=1}^{n} k\binom{n}{k}p^k(1-p)^{n-k}.$$

Or, si $k \in [\![1\,;n]\!]$, on sait que $k\binom{n}{k} = n\binom{n-1}{k-1}$.

Donc : $$E(X) = n\sum_{k=1}^{n}\binom{n-1}{k-1}p^k(1-p)^{n-k}$$
$$= n\sum_{k=0}^{n-1}\binom{n-1}{k}p^{k+1}(1-p)^{n-(k+1)}$$
$$= n\,p\sum_{k=0}^{n-1}\binom{n-1}{k}p^k(1-p)^{(n-1)-k}$$
$$\underset{\text{Newton}}{=} n\,p(p+(1-p))^{n-1} = n\,p.$$

• Calculons $E(X(X-1))$, par la formule de transfert.

$$E(X(X-1)) = \sum_{k=0}^{n} k\,(k-1)P(X=k)$$
$$= \sum_{k=0}^{n} k\,(k-1)\binom{n}{k}p^k(1-p)^{n-k}$$
$$= \sum_{k=2}^{n} k\,(k-1)\binom{n}{k}p^k(1-p)^{n-k}.$$

Or, si $k \in [\![2\,;n]\!]$, $k(k-1)\binom{n}{k} = n(n-1)\binom{n-2}{k-2}$.

Donc : $$E(X(X-1)) = n(n-1)\sum_{k=2}^{n}\binom{n-2}{k-2}p^k(1-p)^{n-k}$$
$$= n\,(n-1)\sum_{k=0}^{n-2}\binom{n-2}{k}p^{k+2}(1-p)^{n-(k+2)}$$
$$= n\,(n-1)\,p^2\sum_{k=0}^{n-2}\binom{n-2}{k}p^k(1-p)^{(n-2)-k}$$
$$\underset{\text{Newton}}{=} n\,(n-1)\,p^2(p+(1-p))^{n-2} = n\,(n-1)\,p^2.$$

• Or : $$E(X(X-1)) = \sum_{k=0}^{n} k(k-1)P(X=k)$$
$$= \sum_{k=0}^{n} k^2P(X=k) - \sum_{k=0}^{n} kP(X=k)$$
$$= E(X^2) - E(X).$$

Remarque : On peut aussi utiliser la linéarité de l'espérance.

Donc : $$V(X) = E(X^2) - (E(X))^2$$
$$= E(X(X-1)) + E(X) - (E(X))^2$$
$$= n(n-1)p^2 + np - n^2p^2 = np(1-p).$$

17.5 *a)* On a : $\forall n \in \mathbb{N}^*,\quad \dfrac{\alpha}{n} + \dfrac{\beta}{n+1} + \dfrac{\gamma}{n+2}$

$$= \frac{\alpha(n+1)(n+2) + \beta n(n+2) + \gamma n(n+1)}{n(n+1)(n+2)}$$
$$= \frac{n^2(\alpha+\beta+\gamma) + n(3\alpha+2\beta+\gamma) + 2\alpha}{n(n+1)(n+2)}.$$

On en déduit : $\begin{cases} \alpha+\beta+\gamma = 0 \\ 3\alpha+2\beta+\gamma = 0 \\ 2\alpha = 1 \end{cases} \iff \begin{cases} \alpha = 1/2 \\ \beta = -1 \\ \gamma = 1/2 \end{cases}.$

Donc : $\forall n \in \mathbb{N}^*,\quad \dfrac{1}{n(n+1)(n+2)} = \dfrac{1/2}{n} - \dfrac{1}{n+1} + \dfrac{1/2}{n+2}.$

b) L'ensemble $\{(n, p_n)\,;\, n \in \mathbb{N}^*\}$ est la loi de probabilité d'une va discrète X si et seulement si :

$$(\forall n \geqslant 1,\ \ p_n \geqslant 0),\quad \sum_{n\geqslant 1} p_n \text{ converge et } \sum_{n=1}^{+\infty} p_n = 1.$$

• $(\forall n \geqslant 1,\ p_n \geqslant 0) \iff (a \geqslant 0)$

• En utilisant *a)*, on a, pour tout N de $\mathbb{N}^*$:

$$\sum_{n=1}^{N}\frac{1}{n(n+1)(n+2)} = \frac{1}{2}\sum_{n=1}^{N}\frac{1}{n} - \sum_{n=2}^{N+1}\frac{1}{n} + \frac{1}{2}\sum_{n=3}^{N+2}\frac{1}{n}$$
$$= \frac{1}{2}\Big(\sum_{n=1}^{N}\frac{1}{n} - \sum_{n=2}^{N+1}\frac{1}{n}\Big) + \frac{1}{2}\Big(\sum_{n=3}^{N+2}\frac{1}{n} - \sum_{n=2}^{N+1}\frac{1}{n}\Big)$$
$$= \frac{1}{2}\Big(1 - \frac{1}{N+1}\Big) + \frac{1}{2}\Big(\frac{1}{N+2} - \frac{1}{2}\Big) \underset{N\infty}{\longrightarrow} \frac{1}{4}.$$

Ainsi la série $\sum_{n\geqslant 1} p_n$ converge et $\sum_{n=1}^{+\infty} p_n = \dfrac{a}{4}$.

• Donc : $\sum_{n=1}^{+\infty} p_n = 1 \iff a = 4.$

On en déduit que $\{(n, p_n)\,;\, n \in \mathbb{N}^*\}$ est une loi de probabilité si et seulement si : $a = 4$.

c) La va X est une va discrète infinie. Donc :

X admet une espérance

$\iff \sum_{n\geqslant 1} nP(X=n)$ converge absolument

$\iff \sum_{n\geqslant 1} nP(X=n)$ converge (car les termes sont $\geqslant 0$).

Or : $(\forall n \geqslant 1,\ np_n \geqslant 0)$ et $np_n = \dfrac{4}{(n+1)(n+2)} \underset{n\infty}{\sim} \dfrac{4}{n^2}$.

Puisque la série $\sum_{n\geqslant 1}\dfrac{1}{n^2}$ converge, par le théorème d'équivalence pour des séries à termes positifs, on conclut que la série $\sum_{n\geqslant 1} np_n$ converge.

Ainsi : la va X admet une espérance.

d) • Remarquons que $Y = (X-3)^2$.

Puisque $X(\Omega) = \mathbb{N}^*$, on en déduit que $Y(\Omega) = \{n^2\,;\, n \in \mathbb{N}\}$.

De plus : $\forall n \in Y(\Omega),\ P(Y=n) = P((X-3)^2 = n^2)$

$= P\big((X-3=n)\cup(X-3=-n)\big)$

$= P\big((X=n+3)\cup(X=3-n)\big)$.

Ainsi :

- pour $n=0$: $P(Y=0) = P(X=3) = \dfrac{1}{15}$

- pour $n=1$: $P(Y=1) = P(X=4)+P(X=2) = \dfrac{1}{5}$

- pour $n=2$: $P(Y=4) = P(X=5)+P(X=1) = \dfrac{24}{35}$

- pour $n \geqslant 3$: $P(Y=n^2)$

$$= P(X=n+3) + \underbrace{P(X=3-n)}_{=0}$$

$$= p_{n+3} = \frac{4}{(n+3)(n+4)(n+5)}.$$

• La va Y est une va discrète infinie.

Donc, par le théorème de transfert :

Y admet une espérance

$$\iff \sum_{n\geqslant 1}(n^2-6n+9)p_n \text{ converge absolument}$$

$$\iff \sum_{n\geqslant 1}(n^2-6n+9)p_n \text{ converge}$$

(car les termes sont $\geqslant 0$).

Or : $\begin{cases} \forall n \geqslant 1,\ (n^2-6n+9)p_n = (n-3)^2 p_n \geqslant 0 \\ (n-3)^2 p_n \underset{n\infty}{\sim} \dfrac{4}{n}. \end{cases}$

Puisque la série $\sum_{n\geqslant 1}\dfrac{1}{n}$ diverge, par le théorème d'équivalence pour des séries à termes positifs, on conclut que la série $\sum_{n\geqslant 1}(n-3)^2 p_n$ diverge.

Ainsi : la va Y n'admet pas d'espérance.

17.6 *a)* • La suite $(P(X=n))_{n\in\mathbb{N}}$ est une suite récurrence linéaire d'ordre 2.

Les solutions de l'équation caractéristique $3r^2-4r+1=0$, d'inconnue $r \in \mathbb{C}$, sont : 1 et $\dfrac{1}{3}$.

Donc il existe deux réels A et B tels que :

$$\forall n \in \mathbb{N},\ P(X=n) = A + B\Big(\frac{1}{3}\Big)^n.$$

• Or on sait que la série $\sum_{n\geqslant 0} P(X=n)$ converge. Puisque la série $\sum_{n\geqslant 0} 1$ diverge et $\sum_{n\geqslant 0}\Big(\dfrac{1}{3}\Big)^n$ converge (série géométrique de raison $\dfrac{1}{3}$, avec $\Big|\dfrac{1}{3}\Big| < 1$), on obtient : $A = 0$.

• De plus, $\sum_{n=0}^{+\infty} P(X=n) = 1$.

Puisque $\sum_{n=0}^{+\infty}\Big(\dfrac{1}{3}\Big)^n = \dfrac{1}{1-\frac{1}{3}} = \dfrac{3}{2}$, on obtient : $B = \dfrac{2}{3}$.

Ainsi la loi de X est donnée par :

$$X(\Omega) = \mathbb{N} \text{ et } \forall n \in \mathbb{N},\ P(X=n) = \frac{2}{3}\Big(\frac{1}{3}\Big)^n.$$

b) • X admet une espérance

$$\iff \sum_{n\geqslant 0} nP(X=n) \text{ converge absolument}$$

$$\iff \sum_{n\geqslant 0} nP(X=n) \text{ converge (car les termes sont } \geqslant 0).$$

Or : $$\sum_{n=0}^{N} nP(X=n) = \frac{2}{3}\times\frac{1}{3}\sum_{n=0}^{N} n\Big(\frac{1}{3}\Big)^{n-1}$$

$$\underset{N\infty}{\longrightarrow} \frac{2}{9}\times\frac{1}{(1-\frac{1}{3})^2} = \frac{1}{2}.$$

Ainsi : X admet une espérance et $E(X) = \dfrac{1}{2}$.

• X admet une variance

$\iff X^2$ admet une espérance

$$\iff \sum_{n\geqslant 0} n^2P(X=n) \text{ converge absolument}$$

(par le théorème de transfert)

$$\iff \sum_{n\geqslant 0} n^2P(X=n) \text{ converge (car les termes sont } \geqslant 0).$$

Or : $$\sum_{n=0}^{N} n^2P(X=n) = \frac{2}{3}\Big(\sum_{n=0}^{N} n(n-1)\Big(\frac{1}{3}\Big)^n + \sum_{n=0}^{N} n\Big(\frac{1}{3}\Big)^n\Big)$$

$$= \frac{2}{3}\times\Big(\frac{1}{3}\Big)^2\sum_{n=0}^{N} n(n-1)\Big(\frac{1}{3}\Big)^{n-2} + \frac{2}{3}\times\frac{1}{3}\sum_{n=0}^{N} n\Big(\frac{1}{3}\Big)^{n-1}$$

$$\underset{N\infty}{\longrightarrow} \frac{2}{27}\times\frac{2}{(1-\frac{1}{3})^3} + \frac{2}{9}\times\frac{1}{(1-\frac{1}{3})^2} = 1.$$

Donc : X^2 admet une espérance et $E(X^2) = 1$.

Ainsi : X admet une variance

et : $V(X) = E(X^2) - (E(X))^2 = \dfrac{3}{4}$.

17.7 *a)* • Soit $k \in [\![1\,;n]\!]$. L'événement $(Y \leqslant k)$ est réalisé si et seulement si on obtient deux boules de numéros inférieurs ou égaux à k, donc si et seulement si on obtient deux boules dont le numéro est compris entre 1 et k.

Par équiprobabilité des tirages possibles, on a :

$$P(Y \leqslant k) = \frac{\binom{k}{2}}{\binom{n}{2}} = \frac{k(k-1)}{n(n-1)}.$$

• Déterminons la loi de Y.

- La variable aléatoire Y prend ses valeurs dans $[\![2\,;n]\!]$.

- Soit $k \in [\![2\,;n]\!]$. Alors : $(Y = k) = (Y \leqslant k) \setminus (Y \leqslant k-1)$, avec $(Y \leqslant k-1) \subset (Y \leqslant k)$.

Donc : $$P(Y = k) = P(Y \leqslant k) - P(Y \leqslant k-1) = \frac{k(k-1)}{n(n-1)} - \frac{(k-1)(k-2)}{n(n-1)} = \frac{2(k-1)}{n(n-1)}.$$

Remarque : $$\sum_{k=2}^{n} P(Y = k) = \frac{2}{n(n-1)} \sum_{k=1}^{n-1} k = \frac{2}{n(n-1)} \times \frac{(n-1)n}{2} = 1.$$

b) La va Y est une va discrète finie, donc Y admet une espérance et une variance.

- $$E(Y) = \sum_{k=2}^{n} kP(Y = k) = \frac{2}{n(n-1)} \sum_{k=1}^{n-1} (k+1)k = \frac{2}{n(n-1)}\Big(\sum_{k=1}^{n-1} k^2 + \sum_{k=1}^{n-1} k\Big) = \frac{2}{n(n-1)}\Big(\frac{(n-1)n(2n-1)}{6} + \frac{(n-1)n}{2}\Big) = \frac{2}{n(n-1)} \times \frac{(n-1)n(n+1)}{3} = \frac{2(n+1)}{3}.$$

- Par le théorème de transfert,

$$E(Y^2) = \sum_{k=2}^{n} k^2 P(Y = k) = \frac{2}{n(n-1)} \sum_{k=1}^{n-1} (k+1)^2 k = \frac{2}{n(n-1)}\left(\sum_{k=1}^{n-1} k^3 + 2\sum_{k=1}^{n-1} k^2 + \sum_{k=1}^{n-1} k\right) = \frac{2}{n(n-1)}\left(\frac{(n-1)^2 n^2}{4} + 2\frac{(n-1)n(2n-1)}{6} + \frac{(n-1)n}{2}\right) = \frac{2}{n(n-1)} \times \frac{n(n-1)(3n+2)(n+1)}{12} = \frac{(3n+2)(n+1)}{6}.$$

Donc : $$V(Y) = E(Y^2) - (E(Y))^2 = \frac{(3n+2)(n+1)}{6} - \frac{4(n+1)^2}{9} = \frac{(n+1)(n-2)}{18}.$$

c) • Soit $k \in [\![1\,;n]\!]$. L'événement $(X \geqslant k)$ est réalisé si et seulement si on obtient deux boules de numéros supérieurs ou égaux à k, donc si et seulement si on obtient deux boules dont le numéro est compris entre k et n.

Par équiprobabilité des tirages possibles, on a :

$$P(X \geqslant k) = \frac{\binom{n-k+1}{2}}{\binom{n}{2}} = \frac{(n-k)(n-k+1)}{n(n-1)}.$$

- Déterminons la loi de X.

- La variable aléatoire X prend ses valeurs dans $[\![1\,;n-1]\!]$.

- Soit $k \in [\![1\,;n-1]\!]$. Alors : $(X = k) = (X \geqslant k) \setminus (X \geqslant k+1)$, avec $(X \geqslant k+1) \subset (X \geqslant k)$.

Donc : $$P(X = k) = P(X \geqslant k) - P(X \geqslant k+1) = \frac{(n-k)(n-k+1)}{n(n-1)} - \frac{(n-k-1)(n-k)}{n(n-1)} = \frac{2(n-k)}{n(n-1)}.$$

d) • On a $X(\Omega) = [\![1\,;n-1]\!]$, donc

$$(n+1-X)(\Omega) = [\![2\,;n]\!] = Y(\Omega).$$

De plus : $$\forall k \in [\![2\,;n]\!],\quad P(n+1-X = k) = P(X = n+1-k) = \frac{2(k-1)}{n(n-1)} = P(Y = k).$$

On en déduit que Y et $(n+1-X)$ ont même loi.

- Ainsi : $E(n+1-X) = E(Y)$ et $V(n+1-X) = V(Y)$.

Or : $E(n+1-X) = n+1-E(X)$,

on en déduit : $E(X) = n+1-E(Y) = \dfrac{n+1}{3}$.

De plus : $V(n+1-X) = (-1)^2 V(X) = V(X)$,

on en déduit : $V(X) = V(Y) = \dfrac{(n+1)(n-2)}{18}$.

17.8 *a)* Pour tout n de $\mathbb{N}^*$, notons B_n (resp. N_n) l'événement : « on obtient une boule blanche (resp. noire) au n-ième tirage ».

- Déterminons la loi de Y.

- La va Y prend ses valeurs dans $[\![1\,;+\infty[\![= \mathbb{N}^*$.

- Soit $n \in \mathbb{N}^*$. L'événement $(Y = n)$ se décompose sous la forme : $(Y = n) = B_1 \cap \cdots \cap B_{n-1} \cap N_n$.

Par la formule des probabilités composées :

$$P(Y = n) = \frac{1}{2} \times \frac{1}{3} \times \cdots \times \frac{1}{n} \times \frac{n}{n+1} = \frac{n}{(n+1)!}.$$

Ainsi la loi de Y est donnée par :

$$Y(\Omega) = \mathbb{N}^* \quad \text{et} \quad \forall n \in \mathbb{N}^*,\ P(Y = n) = \frac{n}{(n+1)!}.$$

Remarque : $$\sum_{n=1}^{N} P(Y = n) = \sum_{n=1}^{N} \frac{n+1-1}{(n+1)!} = \sum_{n=1}^{N} \frac{1}{n!} - \frac{1}{(n+1)!} = \sum_{n=1}^{N} \frac{1}{n!} - \sum_{n=2}^{N+1} \frac{1}{n!} = 1 - \frac{1}{(N+1)!} \underset{N\infty}{\longrightarrow} 1.$$

Donc : $$\sum_{n=1}^{+\infty} P(Y = n) = 1.$$

- Déterminons la loi de Z.

- La va Z prend ses valeurs dans $[\![1\,;+\infty[\![= \mathbb{N}^*$.

- Soit $n \in \mathbb{N}^*$. L'événement $(Z = n)$ se décompose sous la forme : $(Z = n) = N_1 \cap \cdots \cap N_{n-1} \cap B_n$.

Par la formule des probabilités composées :

$$P(Z=n)=\frac{1}{2}\times\frac{2}{3}\times\cdots\times\frac{n-1}{n}\times\frac{1}{n+1}=\frac{1}{n(n+1)}.$$

Ainsi la loi de Z est donnée par :

$$Z(\Omega)=\mathbb{N}^* \quad \text{et} \quad \forall n\in\mathbb{N}^*,\ P(Z=n)=\frac{1}{n(n+1)}.$$

Remarque : $\displaystyle\sum_{n=1}^{N}P(Z=n)=\sum_{n=1}^{N}\Big(\frac{1}{n}-\frac{1}{n+1}\Big)$

$$=\sum_{n=1}^{N}\frac{1}{n}-\sum_{n=2}^{N+1}\frac{1}{n}=1-\frac{1}{(N+1)}\underset{N\infty}{\longrightarrow}1.$$

Donc : $\displaystyle\sum_{n=1}^{+\infty}P(Z=n)=1.$

b) • Y admet une espérance

$\iff \displaystyle\sum_{n\geqslant 1}nP(Y=n)$ converge absolument

$\iff \displaystyle\sum_{n\geqslant 1}nP(Y=n)$ converge (car les termes sont $\geqslant 0$).

Or : $\displaystyle\sum_{n=1}^{N}nP(Y=n)=\sum_{n=1}^{N}\frac{n^2}{(n+1)!}$

$$=\sum_{n=1}^{N}\frac{n(n+1)-(n+1)+1}{(n+1)!}$$

$$=\sum_{n=0}^{N-1}\frac{1}{n!}-\sum_{n=1}^{N}\frac{1}{n!}+\sum_{n=2}^{N+1}\frac{1}{n!}$$

$$=\sum_{n=0}^{N-1}\frac{1}{n!}+\Big(\frac{1}{(N+1)!}-1\Big)\underset{N\infty}{\longrightarrow}\mathrm{e}-1.$$

Donc : Y admet une espérance et $E(Y)=\mathrm{e}-1\simeq 1.7$.

• Z admet une espérance

$\iff \displaystyle\sum_{n\geqslant 1}nP(Z=n)$ converge absolument

$\iff \displaystyle\sum_{n\geqslant 1}nP(Z=n)$ converge (car les termes sont $\geqslant 0$).

Or : $\displaystyle\sum_{n=1}^{N}nP(Z=n)=\sum_{n=1}^{N}\frac{1}{(n+1)}=\sum_{n=2}^{N+1}\frac{1}{n}\underset{N\infty}{\longrightarrow}+\infty,$

car la série $\displaystyle\sum_{n\geqslant 2}\frac{1}{n}$ diverge.

Donc : Z n'admet pas d'espérance.

17.9 Notons, pour tout n de $\mathbb{N}^*$, S_n l'événement :

« l'événement A se réalise à la n-ième expérience ».

Alors : $\forall n\in\mathbb{N}^*,\ P(S_n)=p.$

a) • Déterminons la loi de X.

- La va X prend ses valeurs dans $[\![1\,;+\infty[\![$.

- Soit $n\in[\![1\,;+\infty[\![$. Alors l'événement $(X=n)$ s'écrit :

$$(X=n)=\overline{S_1}\cap\cdots\cap\overline{S_{n-1}}\cap S_n.$$

Les réalisations des expériences se faisant de façon indépendantes, les événements S_k sont mutuellement indépendants. Donc :

$$P(X=n)=P(\overline{S_1})\cdots P(\overline{S_{n-1}})P(S_n)=(1-p)^{n-1}p.$$

Remarque :

$$\sum_{n=1}^{+\infty}P(X=n)=p\sum_{n=0}^{+\infty}(1-p)^n=\frac{p}{1-(1-p)}=1.$$

La loi de X est la loi géométrique de paramètre p.

• X admet une espérance

$\iff \displaystyle\sum_{n\geqslant 1}nP(X=n)$ converge absolument

$\iff \displaystyle\sum_{n\geqslant 1}nP(X=n)$ converge (car les termes sont $\geqslant 0$).

Or : $\displaystyle\sum_{n=1}^{N}nP(X=n)=p\sum_{n=1}^{N}n(1-p)^{n-1}$

$$\underset{N\infty}{\longrightarrow}\frac{p}{(1-(1-p))^2}=\frac{1}{p}.$$

Donc : X admet une espérance et $E(X)=\dfrac{1}{p}$.

b) • Déterminons la loi de Y :

- La va Y prend ses valeurs dans $[\![2\,;+\infty[\![$.

- Soit $n\in[\![2\,;+\infty[\![$. Alors l'événement $(Y=n)$ s'écrit :

$$\begin{aligned}(Y=n)=&\underbrace{(S_1\cap\overline{S_2}\cap\cdots\cap\overline{S_{n-1}}\cap S_n)}_{=E_1}\\ &\cup\underbrace{(\overline{S_1}\cap S_2\cap\cdots\cap\overline{S_{n-1}}\cap S_n)}_{=E_2}\\ &\cup\cdots\cup\underbrace{(\overline{S_1}\cap\overline{S_2}\cap\cdots\cap S_{n-1}\cap S_n)}_{=E_{n-1}}.\end{aligned}$$

Les événements E_k sont deux à deux incompatibles, puis les événements S_k sont mutuellement indépendants. Donc :

$$\begin{aligned}P(Y=n)&=P(E_1)+P(E_2)+\cdots+P(E_{n-1})\\&=(n-1)(1-p)^{n-2}p^2.\end{aligned}$$

Remarque :

$$\sum_{n=2}^{+\infty}P(Y=n)=p^2\sum_{n=1}^{+\infty}n(1-p)^{n-1}=\frac{p^2}{(1-(1-p))^2}=1.$$

• Y admet une espérance

$\iff \displaystyle\sum_{n\geqslant 2}nP(Y=n)$ converge absolument

$\iff \displaystyle\sum_{n\geqslant 2}nP(Y=n)$ converge (car les termes sont $\geqslant 0$).

Or : $\displaystyle\sum_{n=2}^{N} nP(Y=n) = p^2 \sum_{n=2}^{N} n(n-1)(1-p)^{n-2}$

$$\underset{N\infty}{\longrightarrow} \frac{2p^2}{(1-(1-p))^3} = \frac{2}{p}.$$

Donc : Y admet une espérance et $E(Y) = \dfrac{2}{p}$.

c) On constate que : $E(X) \leqslant E(Y)$.

Ce qui est logique puisque $X \leqslant Y$, et donc la valeur moyenne de X est inférieure ou égale à celle de Y.

17.10 Notons, pour tout n de $\mathbb{N}^*$, P_n (resp. F_n) l'événement : « on obtient pile (resp. face) au n-ième lancer ».

a) • L'événement $(X = 1)$ est impossible, donc : $a_1 = 0$.

• L'événement $(X = 2)$ s'écrit : $(X = 2) = P_1 \cap P_2$.

Par indépendance des lancers : $a_2 = \dfrac{2}{3} \times \dfrac{2}{3} = \dfrac{4}{9}$.

• L'événement $(X = 3)$ s'écrit : $(X = 3) = F_1 \cap P_2 \cap P_3$.

Par indépendance des lancers : $a_3 = \dfrac{1}{3} \times \dfrac{2}{3} \times \dfrac{2}{3} = \dfrac{4}{27}$.

b) Soit $n \geqslant 3$. La famille d'événements $(F_1, P_1 \cap P_2, P_1 \cap F_2)$ forme un système complet d'événements.

Donc par la formule des probabilités totales :

$$P(X=n) = P(F_1)P_{F_1}(X=n) + P(P_1 \cap P_2)P_{P_1\cap P_2}(X=n) + P(P_1 \cap F_2)P_{P_1\cap F_2}(X=n).$$

Or, sachant F_1, pour réaliser l'événement $(X = n)$, il faut obtenir deux piles consécutifs, pour la première fois, après les $(n-1)$-ièmes prochains lancers.

Ainsi : $P_{F_1}(X = n) = P(X = n - 1)$.

De la même façon : $P_{P_1\cap F_2}(X = n) = P(X = n - 2)$.

Enfin, sachant $P_1 \cap P_2$, l'événement $(X = n)$ est impossible. Ainsi : $P_{P_1\cap P_2}(X = n) = 0$.

On en déduit : $a_n = \dfrac{1}{3} \times a_{n-1} + 0 + \dfrac{2}{3} \times \dfrac{1}{3} \times a_{n-2}$

$$= \frac{1}{3}a_{n-1} + \frac{2}{9}a_{n-2}.$$

c) • Déterminons la loi de X.

- La variable aléatoire X prend ses valeurs dans $[\![2\,;+\infty[\![$.

- La suite $(a_n)_{n\in\mathbb{N}^*}$ est une suite récurrente linéaire du second ordre. Les solutions de l'équation caractéristique $r^2 - \dfrac{1}{3}r - \dfrac{2}{9} = 0$, d'inconnue $r \in \mathbb{C}$, sont $\dfrac{2}{3}$ et $-\dfrac{1}{3}$.

Il existe donc deux réels α et β tels que :

$$\forall n \in \mathbb{N}^*,\ a_n = \alpha\Big(\frac{2}{3}\Big)^n + \beta\Big(-\frac{1}{3}\Big)^n.$$

En utilisant $a_1 = 0$ et $a_2 = \dfrac{4}{9}$, on obtient :

$$\alpha = \frac{2}{3} \text{ et } \beta = \frac{4}{3}.$$

Ainsi la loi de X est donnée par : $X(\Omega) = [\![2\,;+\infty[\![$

et $\forall n \geqslant 2,\ P(X=n) = \Big(\dfrac{2}{3}\Big)^{n+1} - 4\Big(-\dfrac{1}{3}\Big)^{n+1}$.

Remarque : cette dernière formule est valable pour $n = 1$, puisque $P(X = 1) = 0$.

• $\displaystyle\sum_{n=2}^{+\infty} P(X=n) = \sum_{n=2}^{+\infty} a_n = \sum_{n=1}^{+\infty} a_n$

$$= \Big(\frac{2}{3}\Big)^2 \sum_{n=0}^{+\infty}\Big(\frac{2}{3}\Big)^n - 4\Big(-\frac{1}{3}\Big)^2 \sum_{n=0}^{+\infty}\Big(-\frac{1}{3}\Big)^n$$

$$= \frac{4}{9} \times \frac{1}{1-\frac{2}{3}} - \frac{4}{9} \times \frac{1}{1+\frac{1}{3}} = \frac{4}{3} - \frac{1}{3} = 1.$$

d) X admet une espérance

$\iff \displaystyle\sum_{n\geqslant 1} nP(X=n)$ converge absolument

$\iff \displaystyle\sum_{n\geqslant 1} nP(X=n)$ converge (car les termes sont $\geqslant 0$).

Or : $\displaystyle\sum_{n=1}^{N} nP(X=n) = \sum_{n=1}^{N} n\Big(\frac{2}{3}\Big)^{n+1} - \sum_{n=1}^{N} 4n\Big(-\frac{1}{3}\Big)^{n+1}$

$$= \frac{4}{9}\sum_{n=1}^{N} n\Big(\frac{2}{3}\Big)^{n-1} - \frac{4}{9}\sum_{n=1}^{N} n\Big(-\frac{1}{3}\Big)^{n-1}$$

$$\underset{N\infty}{\longrightarrow} \frac{4}{9}\frac{1}{(1-\frac{2}{3})^2} - \frac{4}{9}\frac{1}{(1+\frac{1}{3})^2} = 4 - \frac{1}{4} = \frac{15}{4}.$$

Donc : X admet une espérance et $E(X) = \dfrac{15}{4}$.

17.11 *a)* Par récurrence immédiate, on montre que, pour tout n de $\mathbb{N}$,

$$P(X=n) = \frac{1}{n!}P(X=0) = P(X=-n).$$

De plus, d'après le cours : $\displaystyle\sum_{n\in X(\Omega)} P(X=n) = 1$.

Or : $\displaystyle\sum_{n\in X(\Omega)} P(X=n) = \sum_{n=0}^{+\infty} P(X=n) + \sum_{n=1}^{+\infty} P(X=-n)$

$$= P(X=0)\sum_{n=0}^{+\infty}\frac{1}{n!} + P(X=0)\sum_{n=1}^{+\infty}\frac{1}{n!}$$

$$= P(X=0)(2e-1)$$

On en déduit que : $P(X=0) = \dfrac{1}{2e-1}$.

Ainsi la loi de X est donnée par : $X(\Omega) = \mathbb{Z}$

et $\forall n \in \mathbb{N},\ P(X=n) = P(X=-n) = \dfrac{1}{(2e-1)\,n!}$.

b) • X admet une espérance

$$\iff \sum_{n\in\mathbb{Z}} nP(X=n) \text{ converge absolument.}$$

On a, pour tous $M, N > 0$: $\displaystyle\sum_{n=-M}^{N} \left|nP(X=n)\right|$

$$= \sum_{n=-M}^{-1} |n|P(X=n) + \sum_{n=0}^{N} |n|P(X=n)$$
$$= \sum_{n=-M}^{-1} (-n)P(X=n) + \sum_{n=0}^{N} nP(X=n)$$
$$= \sum_{n=1}^{M} n\underbrace{P(X=-n)}_{=P(X=n)} + \sum_{n=0}^{N} nP(X=n)$$
$$= \sum_{n=1}^{M} nP(X=n) + \sum_{n=0}^{N} nP(X=n).$$

Or : $\displaystyle\sum_{n=1}^{M} nP(X=n) = \frac{1}{2\mathrm{e}-1}\sum_{n=1}^{M}\frac{1}{(n-1)!}$

$$= \frac{1}{2\mathrm{e}-1}\sum_{n=0}^{M-1}\frac{1}{n!} \underset{M\infty}{\longrightarrow} \frac{\mathrm{e}}{2\mathrm{e}-1}.$$

De la même façon : $\displaystyle\sum_{n=0}^{N} nP(X=n) \underset{N\infty}{\longrightarrow} \frac{\mathrm{e}}{2\mathrm{e}-1}$.

On en déduit que la série $\displaystyle\sum_{n\in\mathbb{Z}} nP(X=n)$ converge absolument, donc que X admet une espérance. De plus :

$$E(X) = \sum_{n=-\infty}^{+\infty} nP(X=n)$$
$$= \sum_{n=-\infty}^{-1} nP(X=n) + \sum_{n=0}^{+\infty} nP(X=n)$$
$$= \sum_{n=1}^{+\infty}(-n)\underbrace{P(X=-n)}_{=P(X=n)} + \sum_{n=0}^{+\infty} nP(X=n)$$
$$= -\sum_{n=1}^{+\infty} nP(X=n) + \sum_{n=0}^{+\infty} nP(X=n)$$
$$= -\frac{\mathrm{e}}{2\mathrm{e}-1} + \frac{\mathrm{e}}{2\mathrm{e}-1} = 0.$$

• X admet une variance

$\iff X^2$ admet une espérance

$$\iff \sum_{n\in\mathbb{Z}} n^2P(X=n) \text{ converge absolument}$$
$$\iff \sum_{n\in\mathbb{Z}} n^2P(X=n) \text{ converge (car les termes sont } \geqslant 0).$$

On a, pour tous $M, N > 0$: $\displaystyle\sum_{n=-M}^{N} n^2P(X=n)$

$$= \sum_{n=-M}^{-1} n^2P(X=n) + \sum_{n=0}^{N} n^2P(X=n)$$
$$= \sum_{n=1}^{M}(-n)^2P(X=-n) + \sum_{n=0}^{N} n^2P(X=n)$$
$$= \sum_{n=1}^{M} n^2P(X=n) + \sum_{n=0}^{N} n^2P(X=n)$$
$$= \frac{1}{2\mathrm{e}-1}\Big(\sum_{n=1}^{M}\frac{n(n-1)+n}{n!} + \sum_{n=0}^{N}\frac{n(n-1)+n}{n!}\Big).$$

Or : $\displaystyle\sum_{n=1}^{M}\frac{n(n-1)+n}{n!} = \sum_{n=2}^{M}\frac{1}{(n-2)!} + \sum_{n=1}^{M}\frac{1}{(n-1)!}$

$$= \sum_{n=0}^{M-2}\frac{1}{n!} + \sum_{n=0}^{M}\frac{1}{n!} \underset{M\infty}{\longrightarrow} 2\mathrm{e}.$$

De la même façon : $\displaystyle\sum_{n=0}^{N}\frac{n(n-1)+n}{n!} \underset{N\infty}{\longrightarrow} 2\mathrm{e}$.

Ainsi : X^2 admet une espérance et $E(X^2) = \dfrac{4\mathrm{e}}{2\mathrm{e}-1}$.

Donc : $V(X) = E(X^2) - (E(X))^2 = E(X^2) = \dfrac{4\mathrm{e}}{2\mathrm{e}-1}$.

17.12 Notons, pour $n \in \mathbb{N}^*$, B_n (resp. N_n) l'événement : « on obtient une boule blanche (resp. noire) au n-ième tirage ».

a) La va Y_1 prend ses valeurs dans $\{1, 2\}$.

De plus : $P(Y_1 = 2) = P(N_1) = \dfrac{1}{3}$.

Et donc : $P(Y_1 = 1) = 1 - P(Y_1 = 2) = \dfrac{2}{3}$.

b) On a : $(Y_n = 2) = N_1 \cap \cdots \cap N_n$.

On en déduit, par la formule des probabilités composées :

$$P(Y_n = 2) = \Big(\frac{1}{3}\Big)^n.$$

c)1) • D'après la question *a)* : $u_1 = P(Y_1 = 1) = \dfrac{2}{3}$.

• Soit $n \geqslant 1$. L'événement $(Y_{n+1} = 1)$ peut s'écrire :

$$(Y_{n+1} = 1) = ((Y_n = 1) \cap N_{n+1}) \cup ((Y_n = 2) \cap B_{n+1}).$$

Les deux événements étant incompatibles, on a :

$$P(Y_{n+1} = 1) = P((Y_n = 1) \cap N_{n+1}) + P((Y_n = 2) \cap B_{n+1})$$
$$= P(Y_n = 1)\, P_{(Y_n=1)}(N_{n+1}) + P(Y_n = 2)\, P_{(Y_n=2)}(B_{n+1})$$
$$= P(Y_n = 1) \times \frac{2}{3} + P(Y_n = 2) \times \frac{2}{3}$$
$$= \frac{2}{3}u_n + \frac{2}{3^{n+1}}.$$

c) 2) Posons : $\forall n \geqslant 1,\ v_n = u_n + \dfrac{2}{3^n}$.

Alors : $\displaystyle v_{n+1} = u_{n+1} + \frac{2}{3^{n+1}} = \frac{2}{3}u_n + \frac{2}{3^{n+1}} + \frac{2}{3^{n+1}}$

$$= \frac{2}{3}\Big(u_n + \frac{2}{3^n}\Big) = \frac{2}{3}v_n.$$

Donc $(v_n)_{n\geqslant 1}$ est une suite géométrique de raison $\dfrac{2}{3}$.

Ainsi : $\forall n \geqslant 1,\ v_n = \Big(\dfrac{2}{3}\Big)^{n-1} \times \Big(u_1 + \dfrac{2}{3}\Big) = 2\Big(\dfrac{2}{3}\Big)^n$.

On en déduit : $\forall n \geqslant 1,\ u_n = 2\left(\frac{2}{3}\right)^n - \frac{2}{3^n} = \frac{2(2^n-1)}{3^n}.$

d) Les événements $(Y_n = 0)$, $(Y_n = 1)$, $(Y_n = 2)$ forment un système complet d'événements. On en déduit :

$$\begin{aligned} P(Y_n = 0) &= 1 - P(Y_n = 1) - P(Y_n = 2) \\ &= \frac{3^n + 1 - 2^{n+1}}{3^n}. \end{aligned}$$

e) L'espérance de Y_n est donnée par :

$$\begin{aligned} E(Y_n) &= 0 \times P(Y_n = 0) + 1 \times P(Y_n = 1) + 2 \times P(Y_n = 2) \\ &= 2\left(\frac{2}{3}\right)^n. \end{aligned}$$

f) • La va Z prend ses valeurs dans $[\![2\,;+\infty[\![$.

• Soit $n \in [\![2\,;+\infty[\![$. L'événement $(Z = n)$ s'écrit :

$(Z = n) = (Y_n = 0) \setminus (Y_{n-1} = 0)$, avec $(Y_{n-1} = 0) \subset (Y_n = 0)$.

Ainsi : $$\begin{aligned} P(Z = n) &= P(Y_n = 0) - P(Y_{n-1} = 0) \\ &= \frac{3^n + 1 - 2^{n+1}}{3^n} - \frac{3^{n-1} + 1 - 2^n}{3^{n-1}} \\ &= \frac{3^n + 1 - 2^{n+1} - 3(3^{n-1} + 1 - 2^n)}{3^n} = \frac{2^n - 2}{3^n}. \end{aligned}$$

• La va Z est une va discrète infinie.

Donc : Z admet une espérance

$\iff \sum_{n \geqslant 2} nP(Z = n)$ converge absolument

$\iff \sum_{n \geqslant 2} nP(Z = n)$ converge (car les termes sont $\geqslant 0$).

Or : $$\begin{aligned} \sum_{n=2}^{N} nP(Z = n) &= \sum_{n=2}^{N} n\left[\left(\frac{2}{3}\right)^n - 2\left(\frac{1}{3}\right)^n\right] \\ &= \sum_{n=1}^{N} n\left[\left(\frac{2}{3}\right)^n - 2\left(\frac{1}{3}\right)^n\right] \\ &= \frac{2}{3}\sum_{n=1}^{N} n\left(\frac{2}{3}\right)^{n-1} - \frac{2}{3}\sum_{n=1}^{N} n\left(\frac{1}{3}\right)^{n-1} \\ &\underset{N\infty}{\longrightarrow} \frac{2}{3} \times \frac{1}{(1-\frac{2}{3})^2} - \frac{2}{3} \times \frac{1}{(1-\frac{1}{3})^2} = \frac{9}{2}. \end{aligned}$$

On en déduit que Z admet une espérance et que $E(Z) = \frac{9}{2}$.

17.13 *a)* • La va X prend ses valeurs dans $[\![1\,;n]\!]$.

• Déterminons la fonction de répartition de X.

- Soit $k \in [\![1\,;n]\!]$. Notons, pour tout i de $[\![1\,;N]\!]$, $A_{i,k}$ l'événement : « on obtient un jeton de numéro inférieur ou égal à k dans l'urne numéro i ».

Alors, pour tout i de $[\![1\,;N]\!]$, $P(A_{i,k}) = \frac{k}{n}$.

On a : $(X \leqslant k) = A_{1,k} \cap \cdots \cap A_{N,k}$.

Puisque les événements $A_{i,k}$ sont mutuellement indépendants, on en déduit :

$$P(X \leqslant k) = P(A_{1,k}) \times \cdots \times P(A_{N,k}) = \left(\frac{k}{n}\right)^N.$$

Remarque : cette formule est encore valable pour $k = 0$.

- La fonction de répartition F de X est définie par :

$$\forall x \in \mathbb{R},\quad F(x) = \begin{cases} 0 & \text{si } x < 1 \\ F([x]) = \left(\dfrac{[x]}{n}\right)^N & \text{si } 1 \leqslant x \leqslant n \\ 1 & \text{si } x > n \end{cases}$$

où $[x]$ désigne la partie entière de x.

• Déduisons la loi de X. Soit $k \in [\![1\,;n]\!]$. Alors :

$$P(X = k) = P(X \leqslant k) - P(X \leqslant k-1) = \frac{k^N - (k-1)^N}{n^N}.$$

b) La va X est finie, donc X admet une espérance donnée par :

$$\begin{aligned} E(X) &= \sum_{k=1}^{n} kP(X = k) = \sum_{k=1}^{n} k \times \frac{k^N - (k-1)^N}{n^N} \\ &= \sum_{k=1}^{n} k \times \frac{k^N}{n^N} - \sum_{k=0}^{n-1} (k+1) \times \frac{k^N}{n^N} \\ &= \sum_{k=1}^{n} k \times \frac{k^N}{n^N} - \sum_{k=0}^{n-1} k \times \frac{k^N}{n^N} - \sum_{k=0}^{n-1} \frac{k^N}{n^N} \\ &= n\frac{n^N}{n^N} - 0 - \sum_{k=0}^{n-1} \frac{k^N}{n^N} = n - \sum_{k=0}^{n-1} \left(\frac{k}{n}\right)^N. \end{aligned}$$

c) On a : $\frac{E(X)}{n} = 1 - \frac{1}{n}\sum_{k=0}^{n-1}\left(\frac{k}{n}\right)^N.$

Posons $f : x \longmapsto x^N$. Alors f est continue sur $[0\,;1]$. D'après le théorème sur les sommes de Riemman, on obtient :

$$\frac{1}{n}\sum_{k=0}^{n-1}\left(\frac{k}{n}\right)^N \underset{n\infty}{\longrightarrow} \int_0^1 f(x)\mathrm{d}x = \frac{1}{N+1}.$$

On en déduit que : $\frac{E(X)}{n} \underset{n\infty}{\longrightarrow} 1 - \frac{1}{N+1} = \frac{N}{N+1}.$

Ainsi : $\frac{E(X)}{n} \underset{n\infty}{\sim} \frac{N}{N+1}$, et donc : $E(X) \underset{n\infty}{\sim} \frac{nN}{N+1}.$

d) Pour tout k de $[\![0\,;n-1]\!]$, $\left|\frac{k}{n}\right| < 1$, donc $\left(\frac{k}{n}\right)^N \underset{N\infty}{\longrightarrow} 0.$

La somme ayant un nombre fixé de termes, on en déduit :

$$\sum_{k=0}^{n-1}\left(\frac{k}{n}\right)^N \underset{N\infty}{\longrightarrow} 0.$$

Donc : $E(X) \underset{N\infty}{\longrightarrow} n.$

Ce résultat était prévisible, car plus N devient grand, plus on a de chance de tirer le jeton numéro n ; ainsi X tend vers n, et donc son espérance aussi.

17.14 Pour $i \in \{1,2\}$ et $n \in \mathbb{N}^*$, on définit l'événement $B_{i,n}$ (resp. $N_{i,n}$) : « on prend une boule blanche (resp. noire) dans $\mathcal{U}_i$ pour le n-ième échange ».

a) • Soit $n \in \mathbb{N}$. Les événements $(X_n = 0)$, $(X_n = 1)$ et $(X_n = 2)$ forment un système complet d'événements. Donc, par la formule des probabilités totales :

$$\begin{aligned} P(X_{n+1} = 0) &= P(X_n = 0)P_{(X_n=0)}(X_{n+1} = 0) \\ &\quad + P(X_n = 1)P_{(X_n=1)}(X_{n+1} = 0) \\ &\quad + P(X_n = 2)P_{(X_n=2)}(X_{n+1} = 0). \end{aligned}$$

- Si $(X_n = 0)$, il y a, dans l'urne $\mathcal{U}_1$, deux boules noires, et dans l'urne $\mathcal{U}_2$, deux boules blanches. On est donc obligé de prendre une boule noire dans $\mathcal{U}_1$ et une boule blanche dans $\mathcal{U}_2$; et donc X_{n+1} ne peut pas être égale à 0.
Ainsi : $P_{(X_n=0)}(X_{n+1} = 0) = 0$.

- De la même façon : $P_{(X_n=2)}(X_{n+1} = 0) = 0$.

- Et si $(X_n = 1)$, il y a, dans les deux urnes, une boule blanche et une boule noire. Ainsi :

$$P_{(X_n=1)}(X_{n+1} = 0) = P_{(X_n=1)}(B_{1,n+1} \cap N_{2,n+1}) = \frac{1}{4}.$$

On en déduit : $P(X_{n+1} = 0) = \dfrac{1}{4}P(X_n = 1)$.

• Par le même raisonnement, on obtient :

$$\begin{cases} P(X_{n+1} = 1) = P(X_n = 0) + \dfrac{1}{2}P(X_n = 1) + P(X_n = 2) \\ P(X_{n+1} = 2) = \dfrac{1}{4}P(X_n = 1). \end{cases}$$

• Ainsi : $U_{n+1} = \begin{pmatrix} P(X_{n+1} = 0) \\ P(X_{n+1} = 1) \\ P(X_{n+1} = 2) \end{pmatrix}$

$$= \begin{pmatrix} \frac{1}{4}P(X_n = 1) \\ P(X_n = 0) + \frac{1}{2}P(X_n = 1) + P(X_n = 2) \\ \frac{1}{4}P(X_n = 1) \end{pmatrix}$$

$$= \begin{pmatrix} 0 & \frac{1}{4} & 0 \\ 1 & \frac{1}{2} & 1 \\ 0 & \frac{1}{4} & 0 \end{pmatrix} \begin{pmatrix} P(X_n = 0) \\ P(X_n = 1) \\ P(X_n = 2) \end{pmatrix}$$

Ainsi la matrice $A = \begin{pmatrix} 0 & \frac{1}{4} & 0 \\ 1 & \frac{1}{2} & 1 \\ 0 & \frac{1}{4} & 0 \end{pmatrix}$ convient.

b) Soit $n \in \mathbb{N}$. Alors :

$$\begin{aligned} E(X_{n+1}) &= P(X_{n+1} = 1) + 2P(X_{n+1} = 2) \\ &= P(X_n = 0) + \frac{1}{2}P(X_n = 1) + P(X_n = 2) + \frac{1}{2}P(X_n = 1) \\ &= P(X_n = 0) + P(X_n = 1) + P(X_n = 2) = 1. \end{aligned}$$

On en déduit : $\forall n \geqslant 1,\ E(X_n) = 1$.

c) • On calcule les valeurs propres de A et on obtient :

$$\mathrm{Sp}(A) = \left\{ -\frac{1}{2}, 0, 1 \right\}.$$

La matrice A admet trois valeurs propres distinctes et A est une matrice de $\mathbf{M}_3(\mathbb{R})$, donc A est diagonalisable.

• Après avoir déterminé les sous-espaces propres de A, on obtient : $A = P\,D\,P^{-1}$,

$$\text{avec } P = \begin{pmatrix} 1 & -1 & 1 \\ -2 & 0 & 4 \\ 1 & 1 & 1 \end{pmatrix} \text{ et } D = \begin{pmatrix} -\frac{1}{2} & 0 & 0 \\ 0 & 0 & 0 \\ 0 & 0 & 1 \end{pmatrix}.$$

• On a alors : $\forall n \in \mathbb{N}^*,\ A^n = \underbrace{PDP^{-1}\,PDP^{-1} \cdots PDP^{-1}}_{n \text{ fois}}$

$$= PD\underbrace{P^{-1}P}_{=I_3}D\underbrace{P^{-1}P}_{=I_3}DP^{-1} \cdots PD\underbrace{P^{-1}P}_{=I_3}DP^{-1} = PD^nP^{-1}.$$

Après calcul : $P^{-1} = \dfrac{1}{6}\begin{pmatrix} 2 & -1 & 2 \\ -3 & 0 & 3 \\ 1 & 1 & 1 \end{pmatrix}$.

La matrice D étant diagonale, on a :

$$\forall n \in \mathbb{N}^*,\ D^n = \begin{pmatrix} (-\frac{1}{2})^n & 0 & 0 \\ 0 & 0 & 0 \\ 0 & 0 & 1 \end{pmatrix}$$

(cette relation est fausse pour $n = 0$).

On en déduit : $\forall n \in \mathbb{N}^*$,

$$A^n = \frac{1}{6}\begin{pmatrix} 1 + 2(-\frac{1}{2})^n & 1 - (-\frac{1}{2})^n & 1 + 2(-\frac{1}{2})^n \\ 4 - 4(-\frac{1}{2})^n & 4 + 2(-\frac{1}{2})^n & 4 - 4(-\frac{1}{2})^n \\ 1 + 2(-\frac{1}{2})^n & 1 - (-\frac{1}{2})^n & 1 + 2(-\frac{1}{2})^n \end{pmatrix}.$$

d) • Par récurrence sur n, on montre :

$$\forall n \in \mathbb{N},\ U_n = A^n U_0.$$

• La va X_0 est la va égale à 2. Donc :

$$P(X_0 = 0) = 0, \qquad P(X_0 = 1) = 0, \qquad P(X_0 = 2) = 1.$$

En multipliant la matrice A^n par la matrice $U_0 = \begin{pmatrix} 0 \\ 0 \\ 1 \end{pmatrix}$, on obtient la matrice U_n, et on en déduit :

$$\forall n \in \mathbb{N}^*,\ \begin{cases} P(X_n = 0) = \dfrac{1}{6}\left(1 + 2(-\frac{1}{2})^n\right) \\ P(X_n = 1) = \dfrac{1}{6}\left(4 - 4(-\frac{1}{2})^n\right) \\ P(X_n = 2) = \dfrac{1}{6}\left(1 + 2(-\frac{1}{2})^n\right). \end{cases}$$

Remarque : $P(X_n = 0) + P(X_n = 1) + P(X_n = 2) = 1$, et on retrouve ainsi $E(X_n) = 1$, pour $n \in \mathbb{N}^*$.

17.15 *a)* Notons, pour $k \in \mathbb{N}^*$, P_k (resp. F_k) l'événement : « on obtient pile (resp. face) au k-ième lancer. »

• Loi de X_2 :

- La va X_2 prend ses valeurs dans $\{0, 1\}$.
- De plus : $P(X_2 = 0) = P((P_1 \cap P_2) \cup (F_1 \cap F_2))$

$= P(P_1 \cap P_2) + P(F_1 \cap F_2)$ par incompatibilité

$= P(P_1)P(P_2) + P(F_1)P(F_2)$ par indépendance

$= \frac{1}{2} \times \frac{1}{2} + \frac{1}{2} \times \frac{1}{2} = \frac{1}{2}$.

Donc : $P(X_2 = 1) = 1 - P(X_2 = 0) = \frac{1}{2}$.

Ainsi la loi de X_2 est :

x	0	1
$P(X_2 = x)$	$\frac{1}{2}$	$\frac{1}{2}$

On en déduit :

$$E(X_2) = 0 \times P(X_2 = 0) + 1 \times P(X_2 = 1) = \frac{1}{2}.$$

• Loi de X_3 :

- La va X_3 prend ses valeurs dans $\{0, 1, 2\}$.
- De plus : $P(X_3 = 0) = P((P_1 \cap P_2 \cap P_3) \cup (F_1 \cap F_2 \cap F_3))$

$= P(P_1 \cap P_2 \cap P_3) + P(F_1 \cap F_2 \cap F_3)$ par incompatibilité

$= P(P_1)P(P_2)P(P_3) + P(F_1)P(F_2)P(F_3)$ par indépendance

$= \frac{1}{2} \times \frac{1}{2} \times \frac{1}{2} + \frac{1}{2} \times \frac{1}{2} \times \frac{1}{2} = \frac{1}{4}$.

De la même façon :

$P(X_3 = 2) = P((P_1 \cap F_2 \cap P_3) \cup (F_1 \cap P_2 \cap F_3))$

$= \frac{1}{2} \times \frac{1}{2} \times \frac{1}{2} + \frac{1}{2} \times \frac{1}{2} \times \frac{1}{2} = \frac{1}{4}$.

Enfin : $P(X_2 = 1) = 1 - \frac{1}{4} - \frac{1}{4} = \frac{1}{2}$.

Ainsi la loi de X_3 est :

x	0	1	2
$P(X_3 = x)$	$\frac{1}{4}$	$\frac{1}{2}$	$\frac{1}{4}$

On en déduit :

$$E(X_3) = 0 \times \frac{1}{4} + 1 \times \frac{1}{2} + 2 \times \frac{1}{4} = 1.$$

b) • La plus petite valeur que peut prendre X_n est 0, lorsqu'il n'y a aucun changement de côté.

La plus grande valeur que peut prendre X_n est $n - 1$, lorsqu'il y a un changement de côté à chaque lancer, à partir du deuxième.

Enfin, X_n peut prendre toutes les valeurs intermédiaires.

On en déduit : $X_n(\Omega) = [\![0 ; n - 1]\!]$.

• $P(X_n = 0) = P((P_1 \cap \cdots \cap P_n) \cup (F_1 \cap \cdots \cap F_n))$

$= P(P_1 \cap \cdots \cap P_n) + P(F_1 \cap \cdots \cap F_n)$ par incompatibilité

$= P(P_1) \cdots P(P_n) + P(F_1) \cdots P(F_n)$ par indépendance

$= (\frac{1}{2})^n + (\frac{1}{2})^n = (\frac{1}{2})^{n-1}$.

• De la même façon : $P(X_n = n - 1)$

$= P((P_1 \cap F_2 \cap P_3 \cap \cdots) \cup (F_1 \cap P_2 \cap F_3 \cap \cdots))$

$= \left(\frac{1}{2}\right)^n + \left(\frac{1}{2}\right)^n = \left(\frac{1}{2}\right)^{n-1}$.

c) Soient $n \geqslant 2$ et $k \in [\![0 ; n]\!]$. Notons E l'événement : « les côtés obtenus aux lancers n et $n + 1$ sont les mêmes ».

Alors : $P(E) = P\Big((P_n \cap P_{n+1}) \cup (F_n \cap F_{n+1})\Big)$

$= P(P_n)P(P_{n+1}) + P(F_n)P(F_{n+1})$

$= \frac{1}{2} \times \frac{1}{2} + \frac{1}{2} \times \frac{1}{2} = \frac{1}{2}$.

La famille d'événements $(E, \overline{E})$ est un système complet d'événements. Donc par la formule des probabilités totales :

$$P(X_{n+1} = k) = P(E)P_E(X_{n+1} = k) + P(\overline{E})P_{\overline{E}}(X_{n+1} = k).$$

Or : $\begin{cases} P_E(X_{n+1} = k) = P(X_n = k) \\ P_{\overline{E}}(X_{n+1} = k) = P(X_n = k - 1). \end{cases}$

On en déduit :

$P(X_{n+1} = k) = P(E)P(X_n = k) + P(\overline{E})P(X_n = k - 1)$

$= \frac{1}{2} P(X_n = k) + \left(1 - \frac{1}{2}\right) P(X_n = k - 1)$

$= \frac{1}{2} P(X_n = k) + \frac{1}{2} P(X_n = k - 1)$.

d) 1) • $Q_n(1) = \sum_{k=0}^{n-1} P(X_n = k) = 1$.

• On a : $\forall s \in \mathbb{R},\ Q_n'(s) = \sum_{k=0}^{n-1} kP(X_n = k)s^{k-1}$.

Donc : $Q_n'(1) = \sum_{k=0}^{n-1} kP(X_n = k) = E(X_n)$.

• On a : $\forall s \in \mathbb{R},\ Q_n''(s) = \sum_{k=0}^{n-1} k(k-1)P(X_n = k)s^{k-1}$.

Donc : $Q_n''(1) = \sum_{k=0}^{n-1} k(k-1)P(X_n = k)$

$= \sum_{k=0}^{n-1} k^2 P(X_n = k) - \sum_{k=0}^{n-1} kP(X_n = k)$

$= E(X_n^2) - E(X_n)$.

Ainsi : $V(X_n) = E(X_n^2) - (E(X_n))^2$

$= E(X_n^2) - E(X_n) + E(X_n) - (E(X_n))^2$

$= Q_n''(1) + Q_n'(1) - (Q_n'(1))^2$.

d) 2) Soit $n \geqslant 2$. Alors : $\forall s \in \mathbb{R}$,

$$\begin{aligned}
Q_{n+1}(s) &= \sum_{k=0}^{n} P(X_{n-1} = k)s^k \\
&= \sum_{k=0}^{n} \Big(\frac{1}{2} P(X_n = k) + \frac{1}{2} P(X_n = k-1)\Big)s^k \\
&= \frac{1}{2} \sum_{k=0}^{n} P(X_n = k)s^k + \frac{1}{2} \sum_{k=0}^{n} P(X_n = k-1)s^k \\
&= \frac{1}{2} \sum_{k=0}^{n} P(X_n = k)s^k + \frac{1}{2} \sum_{k=-1}^{n-1} P(X_n = k)s^{k+1} \\
&= \frac{1}{2} \sum_{k=0}^{n-1} P(X_n = k)s^k + \frac{1}{2} \sum_{k=0}^{n-1} P(X_n = k)s^{k+1} \\
&\qquad (\text{car } P(X_n = -1) = 0 = P(X_n = n)) \\
&= \frac{1+s}{2} Q_n(s).
\end{aligned}$$

d) 3) On en déduit, par récurrence immédiate :

$$\forall n \geqslant 2,\ \forall s \in \mathbb{R},\ Q_n(s) = \Big(\frac{1+s}{2}\Big)^{n-2} Q_2(s).$$

Or : $Q_2(s) = P(X_2 = 0) + P(X_2 = 1)s = \dfrac{1+s}{2}$.

Ainsi : $\forall n \geqslant 2,\ \forall s \in \mathbb{R},\ Q_n(s) = \Big(\dfrac{1+s}{2}\Big)^{n-1}$.

e) Soit $n \geqslant 2$. On en déduit : $\forall s \in \mathbb{R}$,

$$\begin{cases} Q'_n(s) = \dfrac{n-1}{2}\Big(\dfrac{1+s}{2}\Big)^{n-2} \\ Q''_n(s) = \dfrac{(n-1)(n-2)}{4}\Big(\dfrac{1+s}{2}\Big)^{n-3} \end{cases}.$$

Donc : $Q'_n(1) = \dfrac{n-1}{2}$ et $Q''_n(1) = \dfrac{(n-1)(n-2)}{4}$.

Ainsi : $E(X_n) = Q'_n(1) = \dfrac{n-1}{2}$

et : $V(X_n) = \dfrac{(n-1)(n-2)}{4} + \dfrac{n-1}{2} - \dfrac{(n-1)^2}{4} = \dfrac{n-1}{4}$.

17.16 *a)* • La plus petite valeur que peut prendre X_k est 1, lorsque le lecteur lit toujours la même piste.

• Pour la plus grande valeur de X_k, distinguons deux cas :

- si $k \leqslant n$, alors la plus grande valeur de X_k est k, lorsque le lecteur lit des pistes deux à deux distinctes ;

- si $k > n$, alors la plus grande valeur de X_k est n, lorsque le lecteur lit, par exemple, aux cours des n premières lectures, les n pistes, puis lit des pistes quelconques.

• Enfin, X_k peut prendre toutes les valeurs intermédiaires.

On en déduit : $X_k(\Omega) = [\![1\,;\min(n,k)]\!]$.

b) Soit $k \in \mathbb{N}^*$. Notons E l'ensemble des k premières lectures possibles. Alors : $\text{Card}(E) = n^k$.

De plus, chaque élément de E est équiprobable.

- L'événement $A = (X_k = 1)$ est réalisé si et seulement si le lecteur lit toujours la même piste. Il faut donc choisir cette piste (n choix), et lire cette piste k fois ($1^k = 1$ choix).

Ainsi : $\text{Card}(A) = n$.

Et donc : $P(A) = P(X_k = 1) = \dfrac{n}{n^k} = \dfrac{1}{n^{k-1}}$.

- L'événement $B = (X_k = k)$ n'est réalisable que si $k \leqslant n$. Dans ce cas, B est réalisé si et seulement si le lecteur lit des pistes deux à deux distinctes. Il y a donc $\dfrac{n!}{(n-k)!}$ choix.

Ainsi : $\text{Card}(B) = \dfrac{n!}{(n-k)!}$.

Et donc : $P(B) = P(X_k = k) = \begin{cases} \dfrac{n!}{n^k\,(n-k)!} & \text{si } k \leqslant n \\ 0 & \text{sinon} \end{cases}$.

c) Soit $k \in \mathbb{N}^*$ et soit $i \in [\![1\,;n]\!]$.

La famille d'événements $((X_k = \ell), \ell \in [\![1\,;n]\!])$ est un système complet d'événements. Par la formule des probabilités totales :

$$P(X_{k+1} = i) = \sum_{\ell=1}^{n} P(X_k = \ell)P_{(X_k=\ell)}(X_{k+1} = i).$$

Or : si $\ell \neq i, i-1$, alors $P_{(X_k=\ell)}(X_{k+1} = i) = 0$.

On a alors :

$$\begin{aligned} P(X_{k+1} = i) = {} & P(X_k = i)P_{(X_k=i)}(X_{k+1} = i) \\ & + P(X_k = i-1)P_{(X_k=i-1)}(X_{k+1} = i). \end{aligned}$$

Or : si $(X_k = i)$, alors $(X_{k+1} = i)$ est réalisé si et seulement si on lit une piste déjà lue, parmi les i pistes lues : donc $P_{(X_k=i)}(X_{k+1} = i) = \dfrac{i}{n}$. De même : si $(X_k = i-1)$, alors $(X_{k+1} = i)$ est réalisé si et seulement si on lit une piste pas encore lue, parmi les $n-(i-1)$ pistes non lues : donc $P_{(X_k=i-1)}(X_{k+1} = i) = \dfrac{n-i+1}{n}$.

On en déduit :

$$P(X_{k+1} = i) = \frac{i}{n} P(X_k = i) + \frac{n-i+1}{n} P(X_k = i-1).$$

d) • Soit $k \in \mathbb{N}^*$.

$$\begin{aligned}
E(X_{k+1}) &= \sum_{i=1}^{\min(n,k+1)} iP(X_{k+1} = i) \\
&= \sum_{i=1}^{n} iP(X_{k+1} = i) \\
&\qquad \text{car si } k+1 < n \text{ et } k+2 \leqslant i \leqslant n, \text{ alors } P(X_{k+1} = i) = 0 \\
&= \sum_{i=1}^{n} \Big(\frac{i^2}{n} P(X_k = i) + \frac{i(n-i+1)}{n} P(X_k = i-1)\Big) \\
&= \frac{1}{n} \sum_{i=1}^{n} i^2 P(X_k = i) + \frac{1}{n} \underbrace{\sum_{i=0}^{n-1} (i+1)(n-i)P(X_k = i)}_{=0 \text{ pour } i=0 \text{ et } i=n}
\end{aligned}$$

$$= \frac{1}{n}\sum_{i=1}^{n} i^2 P(X_k = i) + \frac{1}{n}\sum_{i=1}^{n}(i+1)(n-i)P(X_k = i)$$
$$= \frac{1}{n}\sum_{i=1}^{n} i^2 P(X_k = i) + \frac{1}{n}\sum_{i=1}^{n} i(n-1)P(X_k = i) + \frac{1}{n}\sum_{i=1}^{n}(n-i^2)P(X_k = i)$$
$$= \frac{n-1}{n}\sum_{i=1}^{n} iP(X_k = i) + \sum_{i=1}^{n} P(X_k = i)$$
$$= \frac{n-1}{n}E(X_k) + 1.$$

• La suite $(E(X_k))_{k\in\mathbb{N}^*}$ est une suite arithmético-géométrique.

La suite de terme général $u_k = E(X_k) - n$ est alors une suite géometrique de raison $\dfrac{n-1}{n}$.

Donc : $\forall k \in \mathbb{N}^*,\ E(X_k) = \left(\dfrac{n-1}{n}\right)^{k-1}(E(X_1) - n) + n.$

Or la va X_1 est constante, égale à 1 : donc $E(X_1) = 1$.

On en déduit :

$$E(X_k) = \left(\frac{n-1}{n}\right)^{k-1}(1-n) + n = n\left[1 - \left(\frac{n-1}{n}\right)^k\right].$$

e) On a : $\left|\dfrac{n-1}{n}\right| < 1$, donc $\left(\dfrac{n-1}{n}\right)^k \underset{k\infty}{\longrightarrow} 0.$

On en déduit : $E(X_k) \underset{k\infty}{\longrightarrow} n.$

Ce résultat est prévisible car, lorsque le nombre de lectures tend vers l'infini, toutes les pistes vont tendre à être lues, donc X_k va tendre vers n, et son espérance aussi.

f) On a : $\left(\dfrac{n-1}{n}\right)^k = \left(1 - \dfrac{1}{n}\right)^k = 1 - \dfrac{k}{n} + \underset{n\infty}{o}\left(\dfrac{1}{n}\right).$

Donc : $E(X_k) = n\left(1 - 1 + \dfrac{k}{n} + \underset{n\infty}{o}\left(\dfrac{1}{n}\right)\right) = k + \underset{n\infty}{o}(1).$

On en déduit : $E(X_k) \underset{n\infty}{\longrightarrow} k.$

Ce résultat est prévisible car, lorsque le nombre de pistes tend vers l'infini, les pistes lues lors de k premières lectures vont tendre à être toutes différentes, donc X_k va tendre vers k, et son espérance aussi.

17.17 *a)* Notons, pour $k \in [\![1\,;N-1]\!]$, $E_k = (X_N > k)$.

L'événement E_k est réalisé si et seulement si les k premiers numéros obtenus sont rangés par ordre strictement croissant.

Pour réaliser E_k, il faut :

- choisir les k premiers numéros : $\dbinom{N}{k}$ choix,
- les ordonner par ordre croissant : 1 choix,
- répartir les $(N-k)$ autres numéros dans les $(N-k)$ derniers tirages : $(N-k)!$ choix.

Ainsi : $\mathrm{Card}(E_k) = \dbinom{N}{k}(N-k)! = \dfrac{N!}{k!}.$

De plus, il y a $N!$ tirages possibles, chaque tirage étant équiprobable.

On en déduit : $P(E_k) = P(X_N > k) = \dfrac{\mathrm{Card}(E_k)}{N!} = \dfrac{1}{k!}.$

b) • La va X_N prend ses valeurs dans $[\![2\,;N]\!]$.

• Et : $\begin{cases} \forall k \in [\![2\,;N-1]\!], \\ \quad P(X_N = k) = P(X_N > k-1) - P(X_N > k) \\ P(X_N = N) = P(X_N > N-1). \end{cases}$

Ainsi : $\begin{cases} \forall k \in [\![2\,;N-1]\!],\ P(X_N = k) \\ \quad = \dfrac{1}{(k-1)!} - \dfrac{1}{k!} = \dfrac{k-1}{k!} \\ P(X_N = N) = \dfrac{1}{(N-1)!}. \end{cases}$

Remarque : on vérifie $\displaystyle\sum_{k=2}^{N} P(X_N = k) = 1.$

c) La va X_N est une va finie, donc admet une espérance.

Et $E(X_N) = \displaystyle\sum_{k=2}^{N} kP(X_N = k)$

$$= \left(\sum_{k=2}^{N-1}\frac{k(k-1)}{k!}\right) + \frac{N}{(N-1)!}$$
$$= \left(\sum_{k=0}^{N-3}\frac{1}{k!}\right) + \frac{N}{(N-1)!} = \sum_{k=1}^{N-1}\frac{1}{k!}.$$

Or : $\displaystyle\sum_{k=0}^{N-1}\frac{1}{k!} \underset{N\infty}{\longrightarrow} \mathrm{e}$. On en déduit : $E(X_N) \underset{N\infty}{\longrightarrow} \mathrm{e}.$

17.18 *a)* Soit $n \in \mathbb{N}^*$. On a :

$\forall k \in \mathbb{N},\ P(X = k) = P(X > k-1) - P(X > k).$

Donc : $\displaystyle\sum_{k=0}^{n} kP(X = k) = \sum_{k=0}^{n} k\big(P(X > k-1) - P(X > k)\big)$

$$= \sum_{k=1}^{n} k\big(P(X > k-1) - P(X > k)\big)$$
$$= \sum_{k=0}^{n-1}(k+1)P(X > k) - \sum_{k=1}^{n} kP(X > k)$$
$$= \sum_{k=0}^{n-1} kP(X > k) + \sum_{k=0}^{n-1} P(X > k) - \sum_{k=1}^{n} kP(X > k)$$
$$= \sum_{k=0}^{n-1} P(X > k) - nP(X > n).$$

b) 1) Supposons que X admet une espérance. Alors la série $\displaystyle\sum_{n\geqslant 0} nP(X = n)$ converge absolument, donc converge.

• On a : $\forall n \geqslant 0,\ nP(X > n) = \displaystyle\sum_{k=n+1}^{+\infty} \underbrace{n}_{\leqslant k} P(X = k),$

donc : $0 \leqslant nP(X > n) \leqslant \displaystyle\sum_{k=n+1}^{+\infty} kP(X = k).$

Or, puisque la série $\sum_{n\geqslant 0} nP(X = n)$ converge, la suite de ses restes tend vers 0, autrement dit : $\sum_{k=n+1}^{+\infty} kP(X = k) \underset{n\infty}{\longrightarrow} 0.$

On en déduit : $\lim_{n\infty} nP(X > n) = 0.$

• On a : $\sum_{k=0}^{n-1} P(X > k) = \sum_{k=0}^{n} kP(X = k) + nP(X > n).$

Or : $\begin{cases} nP(X > n) \underset{n\infty}{\longrightarrow} 0 \\ \sum_{k=0}^{n} kP(X = k) \underset{n\infty}{\longrightarrow} E(X). \end{cases}$

Donc, en passant à la limite dans la relation précédente :

$$\sum_{k=0}^{n-1} P(X > k) \underset{n\infty}{\longrightarrow} E(X).$$

Ainsi, $\sum_{n\geqslant 0} P(X > n)$ converge et $\sum_{n=0}^{+\infty} P(X > n) = E(X).$

b) 2) Supposons que $\sum_{n\geqslant 0} P(X > n)$ converge.

On a, d'après *a)* :

$$\forall n \in \mathbb{N}^*,\ 0 \leqslant \sum_{k=0}^{n} kP(X = k) \leqslant \sum_{k=0}^{n-1} P(X > k).$$

Puisque la série $\sum_{n\geqslant 0} P(X > n)$ converge, la suite des sommes partielles associée est majorée. Donc la suite des sommes partielles associée à la série $\sum_{k\geqslant 0} kP(X = k)$ est aussi majorée. Et comme cette série est à termes positifs, la série $\sum_{k\geqslant 0} kP(X = k)$ converge (absolument).

Donc : X admet une espérance.

On peut donc utiliser les résultats du *b)1)*, et en déduire :

$$E(X) = \sum_{n=0}^{+\infty} P(X > n).$$

17.19 *a)* On a : $P(E_{i,n}) = \left(\frac{N-1}{N}\right)^n,$

et plus généralement : $P(E_{1,n} \cap \cdots \cap E_{i,n}) = \left(\frac{N-i}{N}\right)^n.$

b) Soit $n \in \mathbb{N}$ fixé.

• L'événement $(X > n)$ est réalisé si et seulement si tous les numéros n'ont pas été obtenus lors des n premiers tirages, autrement dit si au moins l'un des numéros n'est pas obtenu.

Ainsi : $(X > n) = \bigcup_{i=1}^{N} E_{i,n} = E_{1,n} \cup \cdots \cup E_{N,n}.$

• Les événements $E_{i,n}$ ne sont pas deux à deux incompatibles, donc utilisons la formule de Poincaré :

$$P(X > n) = \sum_{k=1}^{N} (-1)^{k+1} \sum_{1\leqslant i_1 < \cdots < i_k \leqslant N} P(E_{i_1,n} \cup \cdots \cup E_{i_k,n}).$$

Pour k fixé, tous les événements $E_{i_1,n} \cup \cdots \cup E_{i_k,n}$ ont la même probabilité, égale à $P(E_{1,n} \cap \cdots \cap E_{k,n}) = \left(\frac{N-k}{N}\right)^n$; de plus, il y en a $\binom{N}{k}$.

Donc : $P(X > n) = \sum_{k=1}^{N} (-1)^{k+1} \binom{N}{k} \left(\frac{N-k}{N}\right)^n.$

c) D'après l'exercice 17.18, X admet une espérance si et seulement si la série $\sum_{n\geqslant 0} P(X > n)$ converge.

$$\text{Or :}\quad \forall M \in \mathbb{N},\ \sum_{n=0}^{M} P(X > n) = \sum_{n=0}^{M} \left(\sum_{i=1}^{N} (-1)^{i+1} \binom{N}{i} \left(\frac{N-i}{N}\right)^n \right) = \sum_{i=1}^{N} (-1)^{i+1} \binom{N}{i} \left(\sum_{n=0}^{M} \left(\frac{N-i}{N}\right)^n \right).$$

Puisque, pour tout $i \in [\![1 ; N]\!]$, $\left|\frac{N-i}{N}\right| < 1$, la série $\sum_{n\geqslant 0} \left(\frac{N-i}{N}\right)^n$ converge et $\sum_{n=0}^{+\infty} \left(\frac{N-i}{N}\right)^n = \frac{1}{1 - \frac{N-i}{N}} = \frac{N}{i}.$

Par combinaison linéaire d'un nombre fini de séries convergentes, la série $\sum_{n\geqslant 0} P(X > n)$ converge et :

$$\sum_{n=0}^{+\infty} P(X > n) = \sum_{i=1}^{N} (-1)^{i+1} \binom{N}{i} \left(\sum_{n=0}^{+\infty} \left(\frac{N-i}{N}\right)^n \right) = \sum_{i=1}^{N} (-1)^{i+1} \binom{N}{i} \frac{N}{i}.$$

On en déduit que X admet une espérance et que :

$$E(X) = N \sum_{i=1}^{N} \binom{N}{i} (-1)^{i+1} \frac{1}{i}.$$

d) Notons, pour tout $N \geqslant 1$, $\mathscr{P}(N)$ la propriété :

$$\text{« } \sum_{i=1}^{N} \binom{N}{i} (-1)^{i+1} \frac{1}{i} = \sum_{i=1}^{N} \frac{1}{i}. \text{ »}$$

Raisonnons par récurrence sur N :

• *Initialisation :* Pour $N = 1$:

$$\sum_{i=1}^{1}\binom{1}{i}(-1)^{i+1}\frac{1}{i} = \binom{1}{1}(-1)^2 = 1 = \sum_{i=1}^{n}\frac{1}{i}.$$

• *Hérédité :* Soit $N \in \mathbb{N}^*$ fixé. Supposons $\mathscr{P}(N)$ et montrons $\mathscr{P}(N+1)$.

On a : $$\sum_{i=1}^{N+1}\binom{N+1}{i}(-1)^{i+1}\frac{1}{i} = \sum_{i=1}^{N+1}\left(\binom{N}{i}+\binom{N}{i-1}\right)(-1)^{i+1}\frac{1}{i}$$

$$= \underbrace{\sum_{i=1}^{N+1}\binom{N}{i}(-1)^{i+1}\frac{1}{i}}_{\text{noté } S_1} + \underbrace{\sum_{i=1}^{N+1}\binom{N}{i-1}(-1)^{i+1}\frac{1}{i}}_{\text{noté } S_2}.$$

Or : $$S_1 = \sum_{i=1}^{N}\binom{N}{i}(-1)^{i+1}\frac{1}{i} \quad \text{car } \binom{N}{N+1} = 0$$

$$= \sum_{i=1}^{n}\frac{1}{i} \quad \text{par l'hypothèse de récurrence.}$$

Et : $$S_2 = \sum_{i=1}^{N+1}\frac{1}{N+1}\binom{N+1}{i}(-1)^{i+1}$$

$$\text{car } \frac{1}{i}\binom{N}{i-1} = \frac{1}{N+1}\binom{N+1}{i}$$

$$= \frac{1}{N+1}\Big(1 - \underbrace{\Big(\sum_{i=0}^{N+1}\binom{N+1}{i}(-1)^i\Big)}_{=0 \text{ par Newton}}\Big)$$

$$= \frac{1}{N+1}.$$

On en déduit : $\displaystyle\sum_{i=1}^{N+1}\binom{N+1}{i}(-1)^{i+1}\frac{1}{i} = S_1 + S_2 = \sum_{i=1}^{N+1}\frac{1}{i}$. Donc la formule est vraie pour $N+1$.

• *Conclusion :* Ainsi,

$$\forall N \geqslant 1, \quad \sum_{i=1}^{N}\binom{N}{i}(-1)^{i+1}\frac{1}{i} = \sum_{i=1}^{N}\frac{1}{i}.$$

On en déduit d'après *c)* : $\displaystyle E(X) = N\sum_{i=1}^{N}\frac{1}{i}$.

Remarque : en utilisant l'équivalent classique $\displaystyle\sum_{i=1}^{N}\frac{1}{i} \underset{N\infty}{\sim} \ln N$, on obtient : $E(X) \underset{N\infty}{\sim} N\ln N$.

Couples de variables aléatoires discrètes

CHAPITRE 18

Plan

On abrège variable aléatoire en va.

Thèmes abordés dans les exercices

- Loi d'un couple, lois marginales, lois conditionnelles
- Indépendance de variables aléatoires discrètes
- Covariance d'un couple de variables aléatoires discrètes.

Points essentiels du cours pour la résolution des exercices

- Définition de la loi d'un couple de variables aléatoires discrètes, des lois marginales, des lois conditionnelles ; obtention des lois marginales à partir de la loi du couple
- Définition de la variable aléatoire $Z = g(X, Y)$, où g est définie sur l'ensemble des valeurs prises par le couple (X, Y), loi de Z, espérance de Z ; cas où $Z = \min(X, Y)$, $Z = \max(X, Y)$, $Z = X + Y$
- Indépendance de deux variables aléatoires discrètes, indépendance mutuelle d'une suite finie ou infinie de variables aléatoires discrètes
- Définition de la covariance d'un couple de variables aléatoires discrètes, propriétés
- Espérance et variance d'une somme de n variables aléatoires discrètes.

Les méthodes à retenir

Pour déterminer la loi de probabilité d'un couple (X, Y) de va discrètes

Commencer par déterminer les valeurs x_i que peut prendre la va X et les valeurs y_j que peut prendre la va Y.
Ensuite, pour chaque couple (x_i, y_j) possible, calculer la probabilité $P((X = x_i) \cap (Y = y_j))$.

➥ **Exercices 18.1, 18.2, 18.5, 18.6, 18.8 à 18.10, 18.14.**

Pour montrer que **$\{(x_i, y_j, p_{i,j})\ ;\ (i, j) \in I \times J\}$** **est la loi d'un couple de va discrètes**	Montrer : • pour tout (i, j) de $I \times J$, $p_{i,j} \geqslant 0$ • $\sum_{(i,j)\in I\times J} p_{i,j} = 1.$ ➥ **Exercices 18.3, 18.4.**
Pour déterminer les lois marginales connaissant la loi du couple (X, Y) de va discrètes	• Pour déterminer $P(X = x_i)$, écrire : $$P(X = x_i) = \sum_{j\in J} P((X = x_i) \cap (Y = y_j)).$$ • Pour déterminer $P(Y = y_j)$, écrire : $$P(Y = y_j) = \sum_{i\in I} P((X = x_i) \cap (Y = y_j)).$$ ➥ **Exercices 18.1 à 18.5, 18.8 à 18.11, 18.14, 18.15.**
Pour montrer que deux va discrètes X et Y sont indépendantes	Montrer que, pour tous $x \in X(\Omega)$ et $y \in Y(\Omega)$: $$P((X = x) \cap (Y = y)) = P(X = x)P(Y = y).$$ ➥ **Exercices 18.3, 18.8, 18.9, 18.14.**
Pour montrer que deux va discrètes X et Y ne sont pas indépendantes	Essayer de : • montrer qu'il existe $x \in X(\Omega)$ et $y \in Y(\Omega)$ tels que : $$P((X = x) \cap (Y = y)) \neq P(X = x)P(Y = y)$$ • montrer que $\mathrm{Cov}(X, Y) \neq 0$. ➥ **Exercices 18.1, 18.2, 18.4 à 18.6, 18.8, 18.10.**
Pour déterminer la loi de $Z = g(X, Y)$ et calculer son espérance	• Dans le cas général, on a : $$\forall z \in Z(\Omega),\quad P(Z = z) = \sum_{\substack{(x,y)\in X(\Omega)\times Y(\Omega)\\ g(x,y)=z}} P((X = x) \cap (Y = y))\ ;$$ si de plus X et Y sont des va finies, alors Z admet une espérance et $E(Z)$ est donnée par : $$E(Z) = \sum_{(x,y)\in X(\Omega)\times Y(\Omega)} g(x, y)P((X = x) \cap (Y = y))\ ;$$

(suite)

en particulier : $E(XY) = \sum_{(x,y)\in X(\Omega)\times Y(\Omega)} x\,y\,P((X = x) \cap (Y = y)).$

➥ **Exercices 18.1, 18.2, 18.5, 18.6, 18.9, 18.13**

- Dans le cas où $Z = \min(X, Y)$, on obtient la loi de Z en calculant dans un premier temps : $P(Z \geqslant z) = P((X \geqslant z) \cap (Y \geqslant z))$.

➥ **Exercices 18.6, 18.14**

- Dans le cas où $Z = \max(X, Y)$, on obtient la loi de Z en calculant dans un premier temps : $P(Z \leqslant z) = P((X \leqslant z) \cap (Y \leqslant z))$.

➥ **Exercice 18.6**

- Dans le cas où $Z = X + Y$, on obtient la loi de Z en écrivant :

$$P(Z = z) = \sum_{x\in X(\Omega)} P((X = x) \cap (Y = z - x))\ ;$$

si de plus X et Y admettent une espérance, alors Z admet une espérance et $E(Z)$ est donnée par : $E(Z) = E(X) + E(Y)$.

➥ **Exercices 18.1, 18.3, 18.10.**

Pour calculer la covariance d'un couple (X, Y) de va discrètes

On peut :

- utiliser la définition : $\operatorname{Cov}(X, Y) = E(XY) - E(X)E(Y)$
- calculer $V(X)$, $V(Y)$, $V(X + Y)$ (ou $V(X - Y)$) et utiliser la formule :

$$V(X + Y) = V(X) + V(Y) + 2\operatorname{Cov}(X, Y)$$

ou la formule $$V(X - Y) = V(X) + V(Y) - 2\operatorname{Cov}(X, Y)$$

- si X et Y sont indépendantes, alors $\operatorname{Cov}(X, Y) = 0$.

➥ **Exercices 18.1 à 18.3, 18.5, 18.10, 18.13, 18.16.**

Pour calculer l'espérance et la variance d'une somme de n va discrètes

Soient $X_1, \ldots, X_n$ des va discrètes.

- Si $X_1, \ldots, X_n$ admettent une espérance, alors $S_n = X_1 + \cdots + X_n$ admet une espérance et $E(S_n)$ est donnée par :

$$E(S_n) = E(X_1) + \cdots + E(X_n).$$

- Si $X_1, \ldots, X_n$ admettent une variance, alors $S_n = X_1 + \cdots + X_n$ admet une variance et $V(S_n)$ est donnée par :

$$V(S_n) = \sum_{i=1}^{n} V(X_i) + 2 \sum_{1\leqslant i<j\leqslant n} \operatorname{Cov}(X_i, X_j)\ ;$$

si de plus les va $X_1, \ldots, X_n$ sont mutuellement indépendantes, alors $V(S_n)$ est donnée par : $V(S_n) = \sum_{i=1}^{n} V(X_i)$.

➥ **Exercices 18.3, 18.7, 18.12, 18.13, 18.15, 18.17.**

Énoncés des exercices

18.1 Tirages sans remise dans une urne, loi du plus petit et du plus grand des numéros obtenus

Une urne contient 4 boules numérotées de 1 à 4. On y prélève deux boules sans remise. On définit les va X et Y égales respectivement au plus petit et au plus grand des deux numéros obtenus.

a) Déterminer la loi du couple (X, Y).

b) En déduire les lois marginales de X et de Y. Calculer $E(X)$, $E(Y)$, $V(X)$, $V(Y)$.

c) Les va X et Y sont-elles indépendantes ? Calculer $\mathrm{Cov}(X, Y)$.

d) On pose $Z = Y - X$. Calculer $E(Z)$ et $V(Z)$. Déterminer ensuite la loi de Z.

18.2 Exemple de va non corrélées et non indépendantes

On considère une va X dont la loi est donnée ci dessous, et on pose $Y = |X|$.

x	-2	-1	0	1	2
$P(X = x)$	$\frac{1}{6}$	$\frac{1}{4}$	$\frac{1}{6}$	$\frac{1}{4}$	$\frac{1}{6}$

a) Déterminer la loi du couple (X, Y), puis la loi de Y.

b) Les va X et Y sont-elles indépendantes ?

c) Calculer $\mathrm{Cov}(X, Y)$.

18.3 Exemple de loi conjointe

Soient $n \in \mathbb{N}^*$ et $a \in \mathbb{R}$. On définit, pour $(i, j) \in [\![1\,;n]\!]^2$, les réels $p_{i,j}$ par : $\quad p_{i,j} = a \cdot i \cdot j$.

a) Trouver a pour que $\{(i, j, p_{i,j})\ ;\ (i, j) \in [\![1\,;n]\!]^2\}$ soit la loi d'un couple (X, Y) de va discrètes.

b) Déterminer les lois marginales de X et de Y. Les va sont-elles indépendantes ?

c) En déduire $\mathrm{Cov}(X, Y)$ puis $E(XY)$.

d) On pose $Z = X + Y$. Calculer son espérance et sa variance.

18.4 Exemple de loi conjointe

Soit $p \in]0\,;1[$. On définit, pour tout $(i, j) \in \mathbb{N}^2$, les réels $a_{i,j}$ par :

$$a_{i,j} = \begin{cases} (1-p)^{j-2}p^2 & \text{si } 1 \leqslant i < j \\ 0 & \text{sinon} \end{cases}.$$

a) Montrer que $\{(i, j, a_{i,j})\ ;\ (i, j) \in \mathbb{N}^2\}$ est la loi d'un couple (X, Y) de va discrètes.

b) Déterminer les lois marginales de X et de Y. Les va X et Y sont-elles indépendantes ?

c) Soit $j \geqslant 2$. Déterminer la loi conditionnelle de X sachant $(Y = j)$.

18.5 Choix d'une urne, puis tirage d'une boule dans cette urne

Soit $n \geqslant 2$. On dispose de n urnes $\mathscr{U}_1, \ldots, \mathscr{U}_n$. Pour tout k de $[\![1\,;n]\!]$, l'urne $\mathscr{U}_k$ contient k boules numérotées de 1 à k. On choisit une urne au hasard, puis on tire une boule de cette urne. On note X le numéro de l'urne choisie et Y le numéro de la boule tirée.

a) Déterminer la loi de X. Calculer son espérance.

b) Déterminer la loi du couple (X, Y). En déduire la loi marginale de Y. Calculer son espérance.

c) Les variables aléatoires X et Y sont-elles indépendantes ? Calculer $\mathrm{Cov}(X, Y)$ et commenter son signe.

18.6 Loi d'une somme, d'un minimum et d'un maximum

Deux personnes A et B effectuent toutes les deux une succession de lancers d'une pièce dont la probabilité d'amener pile est p $(0 < p < 1)$. On note X (resp. Y) la va égale au nombre de lancers nécessaires à A (resp. à B) pour obtenir le premier face.

a) Déterminer les lois de X, de Y et du couple (X, Y).

b) Calculer les probabilités des événements $(X = Y)$ et $(X < Y)$.

c) On pose $Z = X + Y$. Déterminer la loi de Z.

d) On pose $S = \min(X, Y)$ et $T = \max(X, Y)$. Déterminer la loi de S et la loi de T.

Les va S et T sont-elles indépendantes ?

18.7 Espérance et variance d'une somme de *n* va discrètes

On réalise une succession de lancers d'une pièce amenant pile avec la probabilité p avec $0 < p < 1$. On définit deux suites de va $(S_n)_{n\geqslant 1}$ et $(T_n)_{n\geqslant 1}$ de la façon suivante :

- ⋆ pour tout $n \geqslant 1$, S_n est égal au nombre de lancers nécessaires pour obtenir le n-ième pile ;
- ⋆ $T_1 = S_1$ et, pour tout $n \geqslant 2$, T_n est égal au nombre de lancers supplémentaires nécessaires pour obtenir le n-ième pile après le $(n-1)$-ième pile.

a) Soit $n \geqslant 1$. Déterminer la loi de T_n. Calculer son espérance et sa variance.

b) Soit $n \geqslant 1$. Montrer que l'espérance et la variance de S_n existent et :

$$E(S_n) = \frac{n}{p} \quad \text{et} \quad V(S_n) = \frac{n(1-p)}{p^2}.$$

18.8 Lancers d'une pièce, étude de l'indépendance des va égales à la longueur de la première et deuxième série

On effectue une succession infinie de lancers indépendants d'une pièce donnant pile avec la probabilité $p \in]0\,;1[$. On s'intéresse aux successions de lancers amenant un même côté.

On dit que la première série est de longueur n si les n premiers lancers ont amené le même côté de la pièce et le $(n+1)$-ième lancer a amené l'autre côté. La deuxième série commence au lancer suivant la fin de la première série et se termine (si elle se termine) au lancer précédant un changement de côté.

On note L_1 (resp. L_2) la va égale à la longueur de la première (resp. deuxième) série.

a) Déterminer la loi de L_1. Montrer que L_1 admet une espérance et la calculer.

b) Déterminer la loi du couple (L_1, L_2).

c) En déduire la loi de L_2. Montrer que L_2 admet une espérance et la calculer.

d) Montrer que L_1 et L_2 sont indépendantes si et seulement si $p = \dfrac{1}{2}$.

18.9 **Tirage dans une urne à contenu aléatoire**

On lance une pièce amenant pile avec la probabilité p $(0 < p < 1)$, jusqu'à l'obtention de deux piles. On note X le nombre de faces alors obtenues.

Si $X = n$, on met $n + 1$ boules numérotées de 0 à n dans une urne, et on tire une boule au hasard. On note Y le numéro de la boule obtenue.

a) Déterminer la loi de X. Calculer $E(X)$.

b) Déterminer la loi du couple (X, Y), et en déduire la loi de Y. Calculer $E(Y)$.

c) On définit la va $Z = X - Y$. Montrer que Y et Z sont indépendantes.

18.10 **Lois du rang d'apparition de la première et de la deuxième boule blanche**

Soit m un entier supérieur ou égal à 2. Une urne contient 2 boules blanches et $m - 2$ boules noires. On les tire une à une sans remise, et on note X (resp. Y) la va égale au rang d'apparition de la première (resp. deuxième) boule blanche.

a) Déterminer la loi du couple (X, Y).

b) On pose $D = Y - X$. Montrer que X et D ont la même loi. Les va X et D sont-elles indépendantes ?

c) En déduire : $E(Y) = 2E(X)$ et $\text{Cov}(X, Y) = \dfrac{V(Y)}{2}$.

d) Montrer que X et $m + 1 - Y$ ont la même loi. En déduire $E(X)$ et $E(Y)$.

18.11 **Un jeu à deux joueurs**

Deux joueurs A et B procèdent l'un après l'autre à une succession de lancers d'une même pièce, amenant pile avec la probabilité $p \in]0\,;1[$. On pose $q = 1 - p$.

Le joueur A commence et il s'arrête dès qu'il obtient le premier pile. On note X la va égale au nombre de lancers effectués par le joueur A.

Le joueur B effectue alors autant de lancers que le joueur A et on note Y la va égale au nombre de piles obtenus par le joueur B.

a) Déterminer la loi de X.

b) Soit $n \in \mathbb{N}^*$. Déterminer la loi conditionnelle de Y sachant $(X = n)$.

c) En déduire : $P(Y = 0) = \dfrac{q}{1+q}$ et $\forall k \geqslant 1,\ P(Y = k) = \dfrac{1}{(1+q)^2}\left(\dfrac{q}{1+q}\right)^{k-1}$.

Vérifier par le calcul que $\displaystyle\sum_{k=0}^{+\infty} P(Y = k) = 1$.

d) Le joueur B gagne s'il obtient au moins un pile, sinon c'est le joueur A qui gagne. Le jeu est-il équitable ?

18.12 **Tirages avec remise et ajout d'autres boules**

Soit $c \in \mathbb{N}^*$. Une urne contient une boule blanche et une boule noire. On y prélève une boule, chaque boule ayant la même probabilité d'être tirée, et on note sa couleur. On la remet alors dans l'urne, avec c boules de la couleur de la boule tirée. On répète cette opération, et on réalise ainsi une succession de tirages.

On définit, pour tout n de $\mathbb{N}^*$, X_n la va égale à 1 si on obtient une boule blanche au n-ième tirage et 0 sinon, et S_n la va égale au nombre de boules blanches obtenues lors des n premiers tirages ; ainsi $S_n = X_1 + \cdots + X_n$.

a) Déterminer la loi de X_1 et la loi de X_2.

b) Soit $n \in \mathbb{N}^*$. Calculer, pour tout $k \in [\![0\,;n]\!]$, $P_{(S_n=k)}(X_{n+1}=1)$.
En déduire : $P(X_{n+1}=1) = \dfrac{1+cE(S_n)}{2+cn}$.

c) Montrer, par récurrence sur n, que X_n vérifie : $P(X_n=1)=P(X_n=0)=\dfrac{1}{2}$.

18.13 Problème des coïncidences

Soit $n \geqslant 1$. On dispose de n jetons numérotés de 1 à n que l'on répartit dans n boîtes numérotées de 1 à n (chaque boîte contient un jeton et un seul).

On définit, pour tout k de $[\![1\,;n]\!]$, la va X_k égale à 1 si la boîte numéro k contient le jeton numéro k, et la va S égale au nombre de boîtes contenant le jeton de même numéro.

a) Déterminer, pour tout $k \in [\![1\,;n]\!]$, la loi de X_k, son espérance et sa variance.

b) Calculer, pour tout $(k,\ell) \in [\![1\,;n]\!]^2$ tel que $k \neq \ell$, la covariance du couple (X_k, X_ℓ).

c) En déduire $E(S)$ et $V(S)$.

18.14 Indépendance des va $\min(X,Y)$ et $|X-Y|$ dans un cas particulier

Soit $p \in]0\,;1[$. On considère deux va X et Y indépendantes vérifiant :

$$X(\Omega)=Y(\Omega)=\mathbb{N} \text{ et } \forall n\in\mathbb{N},\ P(X=n)=P(Y=n)=(1-p)^n p.$$

On définit ensuite les va : $S=\min(X,Y)$ et $T=|X-Y|$.

a) Déterminer la loi de S.

b) Déterminer la loi du couple (S,T). En déduire la loi de T.

c) Montrer que les va S et T sont indépendantes.

18.15 Tirages d'un nombre aléatoire de jetons, loi de la somme des numéros obtenus

Soit $n \in \mathbb{N}$ tel que $n \geqslant 2$. On dispose de deux urnes : la première $\mathscr{U}_1$ contient $(n+1)$ jetons numérotés de 0 à n, la seconde $\mathscr{U}_2$ contient n jetons numérotés de 1 à n.

On tire au hasard un jeton de $\mathscr{U}_1$, et on note N son numéro. Puis on tire une poignée de N jetons de l'urne $\mathscr{U}_2$.

a) Déterminer la loi de N, son espérance et sa variance.

b) Pour tout i de $[\![1\,;n]\!]$, on note X_i la va égale à 1 si le jeton numéroté i de l'urne $\mathscr{U}_2$ est tiré et 0 sinon.

1) Déterminer la loi de X_i, son espérance et sa variance.

2) Que vaut $\sum_{i=1}^{n} X_i$? En déduire la covariance des couples (X_i, X_j), pour $i \neq j$.

c) On note S la va égale à la somme des numéros des jetons obtenus dans l'urne $\mathscr{U}_2$.
Calculer $E(S)$ et $V(S)$.

18.16 Inégalité de Cauchy-Schwarz

On considère deux variables aléatoires finies X et Y.

a) Justifier : $\forall t\in\mathbb{R},\ V(tX+Y)\geqslant 0$.
En déduire : $\left|\mathrm{Cov}(X,Y)\right| \leqslant \sqrt{V(X)V(Y)}$.

b) Que peut-on dire lorsque $\left|\mathrm{Cov}(X,Y)\right| = \sqrt{V(X)V(Y)}$?

18.17 Somme aléatoire de variables aléatoires discrètes

Soit $N \in \mathbb{N}^*$ fixé. On considère $X_1, \ldots, X_N$ des va indépendantes, à valeurs dans $\mathbb{N}$, de même loi et admettant une espérance.

On considère une autre va T, indépendante de $X_1, \ldots, X_N$ et à valeurs dans $[\![1\,;N]\!]$.

On définit la va S par : $S = X_1 + \cdots + X_T$.

a) Pour tout n de $\mathbb{N}$, écrire $P(S = n)$ sous forme d'une sommation.

b) Montrer que S admet une espérance et que l'on a : $E(S) = E(X_1)E(T)$.

Du mal à démarrer ?

18.1 *a)* Remarquer que X et Y prennent leurs valeurs respectivement dans $[\![1\,;3]\!]$ et $[\![2\,;4]\!]$, puis calculer, pour tous $i \in [\![1\,;3]\!]$ et $j \in [\![2\,;4]\!]$, $P(X = i, Y = j)$.

b) Utiliser : $\begin{cases} \forall i \in [\![1\,;3]\!], \ P(X = i) = \displaystyle\sum_{j=2}^{4} p_{i,j} \\ \forall j \in [\![2\,;4]\!], \ P(Y = j) = \displaystyle\sum_{i=1}^{3} p_{i,j}. \end{cases}$

c) Montrer que X et Y ne sont pas indépendantes.

Pour $\mathrm{Cov}(X, Y)$, utiliser : $\mathrm{Cov}(X, Y) = E(XY) - E(X)E(Y)$.

d) Écrire : $E(Z) = E(Y) - E(X)$

et $V(Z) = V(X) + V(Y) - 2\,\mathrm{Cov}(X, Y)$.

Pour déterminer la loi de Z, remarquer que Z prend ses valeurs dans $[\![1\,;3]\!]$, et exprimer, pour tout i de $[\![1\,;3]\!]$, l'événement $(Z = i)$ à l'aide des va X et Y.

18.2 *a)* Y prend ses valeurs dans $\{0, 1, 2\}$ et calculer, pour tout $i \in [\![-2\,;2]\!]$ et $j \in [\![0\,;2]\!]$, $P(X = i, Y = j)$.

b) Montrer que les va X et Y ne sont pas indépendantes.

c) Pour $\mathrm{Cov}(X, Y)$, utiliser : $\mathrm{Cov}(X, Y) = E(XY) - E(X)E(Y)$.

18.3 *a)* Déterminer a pour que $\displaystyle\sum_{\substack{1 \leqslant i \leqslant n \\ 1 \leqslant j \leqslant n}} p_{i,j} = 1$.

b) • Pour la loi de X, on a : $\forall i \in [\![1\,;n]\!]$, $P(X = i) = \displaystyle\sum_{j=1}^{n} p_{i,j}$.

• Pour la loi Y, on a : $\forall j \in [\![1\,;n]\!]$, $P(Y = j) = \displaystyle\sum_{i=1}^{n} p_{i,j}$.

• Montrer : $\forall (i, j) \in [\![1\,;n]\!]^2$, $p_{i,j} = P(X = i)P(Y = j)$.

c) En déduire : $E(XY) = E(X)E(Y)$.

d) Utiliser : $E(Z) = E(X) + E(Y)$

et $V(Z) = V(X) + V(Y) + 2\,\mathrm{Cov}(X, Y)$.

18.4 *a)* Montrer : $(\forall (i, j) \in \mathbb{N}^2, \ a_{i,j} \geqslant 0)$ et $\displaystyle\sum_{(i,j) \in \mathbb{N}^2} a_{i,j} = 1$.

b) • Pour la loi de X, on a : $\forall i \in \mathbb{N}^*$, $P(X = i) = \displaystyle\sum_{j=i+1}^{+\infty} q^{j-2}p^2$.

• Pour la loi de Y, on a : $\forall j \in [\![2\,;+\infty[\![$, $P(Y = j) = \displaystyle\sum_{i=1}^{j-1} q^{j-2}p^2$.

• Montrer que X et Y ne sont pas indépendantes.

c) Calculer, pour tout $i \in [\![1\,;+\infty[\![$,

$$P_{(Y=j)}(X = i) = \frac{P(X = i, Y = j)}{P(Y = j)}.$$

18.5 *a)* Montrer : $X(\Omega) = [\![1\,;n]\!]$

et $\forall k \in [\![1\,;n]\!]$, $P(X = k) = \dfrac{1}{n}$.

Puis montrer que $E(X) = \dfrac{n+1}{2}$.

b) • Calculer, pour tout $(k, \ell) \in [\![1\,;n]\!]^2$, $P_{(X=k)}(Y = \ell)$, puis en déduire $P(X = k, Y = \ell)$.

• Déterminer la loi marginale de Y par la méthode usuelle.

c) Montrer que X et Y ne sont pas indépendantes.

Pour $\mathrm{Cov}(X, Y)$, utiliser : $\mathrm{Cov}(X, Y) = E(XY) - E(X)E(Y)$.

Justifier que $\mathrm{Cov}(X, Y) > 0$.

18.6 *a)* Montrer : $X(\Omega) = Y(\Omega) = \mathbb{N}^*$ et

$$\forall n \in \mathbb{N}^*,\ P(X = n) = P(Y = n) = p^{n-1}(1 - p).$$

Pour la loi du couple (X, Y), remarquer que X et Y sont indépendantes, donc :

$$\forall n, m \in \mathbb{N}^*,\ P(X = n, Y = m) = P(X = n)P(Y = m).$$

b) • Justifier : $P(X = Y) = \sum_{n=1}^{+\infty} P(X = n)P(Y = n)$.

• Montrer que $(X < Y), (X = Y), (X > Y)$ forment un système complet d'événements, puis que $P(X < Y) = P(X > Y)$. En déduire $P(X < Y)$ en fonction de $P(X = Y)$.

c) Montrer : $\forall n \in [\![2 ; +\infty[\![,\ P(Z = n) = \sum_{k=1}^{n-1} P(X = k)P(Y = n - k)$.

d) Calculer, dans un premier temps, $P(S > n)$ pour en déduire la loi de S et calculer $P(T \leqslant n)$ pour en déduire la loi de T.

18.7 *a)* Montrer : $T_n(\Omega) = \mathbb{N}^*$ et $\forall k \in \mathbb{N}^*, P(T_n = k) = (1 - p)^{k-1}p$.

Puis montrer que $E(T_n) = \dfrac{1}{p}$ et $V(T_n) = \dfrac{1 - p}{p^2}$.

b) Justifier $S_n = T_1 + \cdots + T_n$, et que les va T_k sont mutuellement indépendantes.

18.8 Noter, pour tout k de $\mathbb{N}^*$, P_k (resp. F_k) l'événement : « on obtient pile (resp. face) au k-ième lancer ».

a) Justifier que, pour tout n de $\mathbb{N}^*$:

$$(L_1 = n) = (P_1 \cap \cdots \cap P_n \cap F_{n+1}) \cup (F_1 \cap \cdots \cap F_n \cap P_{n+1}).$$

En déduire la loi de L_1, puis : $E(L_1) = \dfrac{p}{q} + \dfrac{q}{p}$.

b) Justifier que, pour tout n, m de $\mathbb{N}^*$:

$$(L_1 = n, L_2 = m) = (P_1 \cap \cdots \cap P_n \cap F_{n+1} \cap \cdots \cap F_{n+m} \cap P_{n+m+1})$$
$$\cup (F_1 \cap \cdots \cap F_n \cap P_{n+1} \cap \cdots \cap P_{n+m} \cap F_{n+m+1}).$$

En déduire la loi du couple (L_1, L_2).

c) Déterminer la loi de L_2 par la méthode usuelle, puis obtenir $E(L_2) = 2$.

d) Montrer : • si $p \neq \dfrac{1}{2}$, L_1 et L_2 ne sont pas indépendantes

• si $p = \dfrac{1}{2}$, L_1 et L_2 sont indépendantes.

18.9 *a)* Montrer que :

$$X(\Omega) = \mathbb{N} \text{ et } \forall n \in \mathbb{N},\ P(X = n) = (n + 1)(1 - p)^n p^2.$$

Puis obtenir : $E(X) = \dfrac{2(1 - p)}{p}$.

b) Calculer, pour tout $(n, k) \in \mathbb{N}^2$, $P_{(X=n)}(Y = k)$ puis en déduire $P(X = n, Y = k)$. Déterminer ensuite la loi marginale de Y par la méthode usuelle, puis obtenir : $E(Y) = \dfrac{1 - p}{p}$.

c) Déterminer la loi de Z, puis la loi du couple (Y, Z), pour en déduire que Y et Z sont indépendantes.

18.10 *a)* Remarquer que X prend ses valeurs dans $[\![1 ; m - 1]\!]$ et que Y prend ses valeurs dans $[\![2 ; m]\!]$.

Calculer pour $k \in [\![1 ; m - 1]\!]$ et $\ell \in [\![2 ; m]\!]$, $P(X = k, Y = \ell)$.

b) Déterminer la loi de X et la loi de D, et vérifier que ce sont les mêmes lois.

c) En déduire que $E(D) = E(X)$ et $V(D) = V(X)$.

d) Déterminer la loi de $m + 1 - Y$, puis en déduire :
$E(m + 1 - Y) = E(X)$.

18.11 *a)* Montrer : $X(\Omega) = \mathbb{N}^*$ et $\forall n \in \mathbb{N}^*,\ P(X = n) = q^{n-1}p$.

b) Calculer, pour tout k de $\mathbb{N}$, $P_{(X=n)}(Y = k)$.

c) Écrire : $\begin{cases} P(Y = 0) = \sum_{n=1}^{+\infty} P(X = n)\, P_{(X=n)}(Y = 0) \\ P(Y = k) = \sum_{n=k}^{+\infty} P(X = n)\, P_{(X=n)}(Y = k) \end{cases}$

d) Noter G_A (resp. G_B) l'événement :

« le joueur A (resp. B) gagne ».

Alors : $G_B = (Y \geqslant 1)$ et $G_A = (Y = 0)$.

18.12 *b)* Puisque S_n prend ses valeurs dans $[\![0 ; n]\!]$, on a :

$$P(X_{n+1} = 1) = \sum_{k=0}^{n} P(S_n = k)P_{(S_n=k)}(X_{n+1} = 1).$$

c) Raisonner par récurrence forte. Pour montrer l'hérédité, calculer $E(S_n)$.

18.13 *a)* Obtenir : $P(X_k = 1) = \dfrac{1}{n}$ et $P(X_k = 0) = \dfrac{n - 1}{n}$.

b) Pour $\mathrm{Cov}(X_k, X_\ell)$, utiliser :

$$\mathrm{Cov}(X_k, X_\ell) = E(X_k X_\ell) - E(X_k)E(X_\ell).$$

Et remarquer que $E(X_k X_\ell) = P(X_k = 1, X_\ell = 1)$.

c) Remarquer : $S = X_1 + \cdots + X_n$.

En déduire, par linéarité de l'espérance, $E(S)$.

Pour calculer $V(S)$, utiliser la formule :

$$V(S) = \sum_{k=1}^{n} V(X_k) + 2 \sum_{1 \leqslant k < \ell \leqslant n} \mathrm{Cov}(X_k, X_\ell).$$

18.14 *a)* Calculer, dans un premier temps, $P(S > n)$, puis en déduire $P(S = n)$.

b) Calculer, pour $(n, m) \in \mathbb{N}^2$, $P(S = n, T = m)$, en distinguant les cas $m = 0$, $m > 0$.

c) Montrer : $\forall (n, m) \in \mathbb{N}^2,\ P(S = n, T = m) = P(S = n)P(T = m)$.

18.15 *a)* Montrer que : $N(\Omega) = [\![0\,;n]\!]$
et $\forall k \in [\![0\,;n]\!],\ P(N=k) = \dfrac{1}{n+1}$,

puis obtenir : $E(N) = \dfrac{n}{2}$ et $V(N) = \dfrac{n(n+2)}{12}$.

b)1) Utiliser : $P(X_i = 1) = \sum_{k=1}^{n} P(N=k)P_{(N=k)}(X_i = 1)$, et remarquer : $P_{(N=k)}(X_i = 1) = \dfrac{k}{n}$.

b)2) Remarquer que : $\sum_{i=1}^{n} X_i = N$, donc :

$$V(N) = V\left(\sum_{i=1}^{n} X_i\right) = \sum_{i=1}^{n} V(X_i) + 2\sum_{1\leqslant i<j\leqslant n} \mathrm{Cov}(X_i, X_j).$$

Puisque toutes les variances et les covariances sont égales, en déduire : $\mathrm{Cov}(X_i, X_j) = \dfrac{V(N) - nV(X_1)}{2\binom{n}{2}}$.

c) Écrire : $S = \sum_{i=1}^{n} iX_i$.

18.16 *a)* Une variance est toujours positive ou nulle.

Ainsi : $\forall t \in \mathbb{R},\ 0 \leqslant V(tX+Y) = t^2V(X) + 2t\,\mathrm{Cov}(X,Y) + V(Y)$.

En déduire que $t \mapsto V(tX+Y)$ est une fonction polynôme de degré inférieur ou égal à 2, positive ou nulle sur $\mathbb{R}$, donc le discriminant Δ est négatif ou nul.

b) Remarquer : $|\mathrm{Cov}(X,Y)| = \sqrt{V(X)V(Y)} \iff \Delta = 0$.

18.17 *a)* Montrer :

$$\forall n \in \mathbb{N},\ P(S=n) = \sum_{k=1}^{N} P(T=k, X_1 + \cdots X_k = n).$$

b) Montrer que la série $\sum_{n\geqslant 0}\left(\sum_{k=1}^{N} nP(T=k, X_1+\cdots+X_k = n)\right)$ converge et calculer sa somme.

Corrigés des exercices

18.1 *a)* Loi du couple (X, Y) :

• Les tirages s'effectuant sans remise, X prend ses valeurs dans $[\![1\,;3]\!]$ et Y prend ses valeurs dans $[\![2\,;4]\!]$.

• Soient $i \in [\![1\,;3]\!]$ et $j \in [\![2\,;4]\!]$.
Calculons $p_{i,j} = P((X = i) \cap (Y = j))$:

Si $i \geqslant j$, alors $p_{i,j} = 0$ car X est nécessairement strictement inférieur à Y.

Si $i < j$, alors $p_{i,j} = \dfrac{2}{4 \times 3} = \dfrac{1}{6}$ car il y a 4×3 tirages possibles, chaque tirage est équiprobable et il y a 2×1 tirages qui réalisent l'événement $((X = i) \cap (Y = j))$.

Ainsi, la loi du couple (X, Y) est donnée par :

Y \ X	1	2	3
2	$\frac{1}{6}$	0	0
3	$\frac{1}{6}$	$\frac{1}{6}$	0
4	$\frac{1}{6}$	$\frac{1}{6}$	$\frac{1}{6}$

b) • Loi de X :

$$X(\Omega) = [\![1\,;3]\!] \quad \text{et} \quad \forall i \in [\![1\,;3]\!],\ P(X = i) = \sum_{j=2}^{4} p_{i,j}.$$

Donc : $P(X = 1) = p_{1,2} + p_{1,3} + p_{1,4} = \frac{3}{6} = \frac{1}{2}$

$P(X = 2) = p_{2,3} + p_{1,4} = \frac{2}{6} = \frac{1}{3}$

$P(X = 3) = p_{3,4} = \frac{1}{6}$.

Ainsi la loi de X est donnée par :

x	1	2	3
$P(X = x)$	$\frac{1}{2}$	$\frac{1}{3}$	$\frac{1}{6}$

• Loi de Y :

$$Y(\Omega) = [\![2\,;4]\!] \quad \text{et} \quad \forall j \in [\![2\,;4]\!],\ P(Y = j) = \sum_{i=1}^{3} p_{i,j}.$$

Donc : $P(Y = 2) = p_{1,2} = \frac{1}{6}$

$P(Y = 3) = p_{1,3} + p_{2,3} = \frac{2}{6} = \frac{1}{3}$

$P(Y = 4) = p_{1,4} + p_{2,4} + p_{3,4} = \frac{3}{6} = \frac{1}{2}$.

Ainsi la loi de Y est donnée par :

y	2	3	4
$P(Y = y)$	$\frac{1}{6}$	$\frac{1}{3}$	$\frac{1}{2}$

• X et Y sont des va finies, donc admettent une espérance et une variance. On a :

$E(X) = 1 \times \dfrac{1}{2} + 2 \times \dfrac{1}{3} + 3 \times \dfrac{1}{6} = \dfrac{5}{3}$,

$E(X^2) = 1^2 \times \dfrac{1}{2} + 2^2 \times \dfrac{1}{3} + 3^2 \times \dfrac{1}{6} = \dfrac{10}{3}$,

et donc $V(X) = E(X^2) - (E(X))^2 = \dfrac{5}{9}$;

$E(Y) = 2 \times \dfrac{1}{6} + 3 \times \dfrac{1}{3} + 4 \times \dfrac{1}{2} = \dfrac{10}{3}$,

$E(Y^2) = 2^2 \times \dfrac{1}{6} + 3^2 \times \dfrac{1}{3} + 4^2 \times \dfrac{1}{2} = \dfrac{35}{3}$,

et donc $V(Y) = E(Y^2) - (E(Y))^2 = \dfrac{5}{9}$.

c) • X et Y ne sont pas indépendantes car :

$$P(X = 2, Y = 2) = 0$$

et $$P(X = 2)P(Y = 2) = \frac{1}{3} \times \frac{1}{6} = \frac{1}{18} \neq 0.$$

• Calculons $\text{Cov}(X, Y) = E(XY) - E(X)E(Y)$:

$$E(XY) = \sum_{\substack{1\leqslant i\leqslant 3\\ 2\leqslant j\leqslant 4}} i\,j\,p_{i,j} = 1 \times 2 \times \frac{1}{6} + 1 \times 3 \times \frac{1}{6} + 1 \times 4 \times \frac{1}{6}$$
$$+ 2 \times 3 \times \frac{1}{6} + 2 \times 4 \times \frac{1}{6} + 3 \times 4 \times \frac{1}{6} = \frac{35}{6}.$$

Donc : $\text{Cov}(X, Y) = \dfrac{35}{6} - \dfrac{5}{3} \times \dfrac{10}{3} = \dfrac{5}{18}$.

Remarque : $\text{Cov}(X, Y) \neq 0$, donc les va X et Y ne sont pas indépendantes.

d) • Par linéarité de l'espérance :

$$E(Z) = E(Y) - E(X) = \frac{5}{3}.$$

• Par la formule du cours :

$$V(Z) = V(X) + V(Y) - 2\,\text{Cov}(X, Y) = \frac{5}{9}.$$

• Loi de $Z = Y - X$:

Z prend ses valeurs dans $[\![1\,;3]\!]$.

Et :

$$P(Z = 1) = P(X = 1, Y = 2) + P(X = 2, Y = 3)$$
$$+ P(X = 3, Y = 4) = 3 \times \frac{1}{6} = \frac{1}{2}$$

$$P(Z=2) = P(X=1, Y=3) + P(X=2, Y=4)$$
$$= 2 \times \frac{1}{6} = \frac{1}{3}$$
$$P(Z=3) = P(X=1, Y=4) = \frac{1}{6}.$$

Remarque : En utilisant la loi de Z, on retrouve le fait que $E(Z) = \dfrac{5}{3}$ et $V(Z) = \dfrac{5}{9}$, mais ceci nécessite des calculs supplémentaires.

18.2 *Remarque :* On a bien : $\dfrac{1}{6} + \dfrac{1}{4} + \dfrac{1}{6} + \dfrac{1}{4} + \dfrac{1}{6} = 1.$

a) • Loi du couple (X, Y) :

Y prend ses valeurs dans $\{0, 1, 2\}$ et la loi du couple (X, Y) est donnée par :

Y \ X	-2	-1	0	1	2
0	0	0	$\frac{1}{6}$	0	0
1	0	$\frac{1}{4}$	0	$\frac{1}{4}$	0
2	$\frac{1}{6}$	0	0	0	$\frac{1}{6}$

• Loi de Y :

on en déduit que :

$$P(Y=0) = P(X=0, Y=0) = \frac{1}{6}$$
$$P(Y=1) = P(X=-1, Y=1) + P(X=1, Y=1)$$
$$= 2 \times \frac{1}{4} = \frac{1}{2}$$
$$P(Y=2) = P(X=-2, Y=2) + P(X=2, Y=2)$$
$$= 2 \times \frac{1}{6} = \frac{1}{3}$$

Ainsi la loi de Y est donnée par :

y	0	1	2
$P(Y=y)$	$\frac{1}{6}$	$\frac{1}{2}$	$\frac{1}{3}$

b) Les va X et Y ne sont pas indépendantes car :

$$P(X=1, Y=0) = 0$$
et $$P(X=1)P(Y=0) = \frac{1}{4} \times \frac{1}{6} = \frac{1}{24} \neq 0.$$

c) Calculons $\mathrm{Cov}(X, Y) = E(XY) - E(X)E(Y)$:

$$E(X) = (-2) \times \frac{1}{6} + (-1) \times \frac{1}{4} + 0 \times \frac{1}{6} + 1 \times \frac{1}{4} + 2 \times \frac{1}{6} = 0,$$

$$E(Y) = 0 \times \frac{1}{6} + 1 \times \frac{1}{2} + 2 \times \frac{1}{3} = \frac{5}{6},$$

$$E(XY) = \sum_{\substack{-2 \leqslant i \leqslant 2 \\ 0 \leqslant j \leqslant 2}} i\,j\,P(X=i, Y=j) = 0 \times 0 \times \frac{1}{6}$$
$$+ (-1) \times 1 \times \frac{1}{4} + 1 \times 1 \times \frac{1}{4} + (-2) \times 2 \times \frac{1}{6} + 2 \times 2 \times \frac{1}{6} = 0.$$

Donc : $\mathrm{Cov}(X, Y) = 0.$

Remarque : X et Y ne sont pas indépendantes et pourtant $\mathrm{Cov}(X, Y) = 0$.

18.3 *a)* • Calculons d'abord $\displaystyle\sum_{\substack{1 \leqslant i \leqslant n \\ 1 \leqslant j \leqslant n}} i\,j$:

$$\sum_{\substack{1 \leqslant i \leqslant n \\ 1 \leqslant j \leqslant n}} i\,j = \Big(\sum_{i=1}^{n} i\Big)\Big(\sum_{j=1}^{n} j\Big) = \Big(\frac{n(n+1)}{2}\Big)^2 = \frac{n^2(n+1)^2}{4}.$$

• Prenons $a = \dfrac{4}{n^2(n+1)^2}$. Alors :

$$\forall (i, j) \in [\![1\,;n]\!]^2,\ p_{i,j} \geqslant 0 \quad \text{et} \quad \sum_{\substack{1 \leqslant i \leqslant n \\ 1 \leqslant j \leqslant n}} p_{i,j} = a \sum_{\substack{1 \leqslant i \leqslant n \\ 1 \leqslant j \leqslant n}} i\,j = 1.$$

Donc $\{(i, j, p_{i,j})\,;\,(i, j) \in [\![1\,;n]\!]^2\}$ est la loi d'un couple de va discrètes.

b) • Loi de X : $X(\Omega) = [\![1\,;n]\!]$ et

$$\forall i \in [\![1\,;n]\!],\ P(X=i) = \sum_{j=1}^{n} p_{i,j} = a\,i \sum_{j=1}^{n} j = \frac{2\,i}{n(n+1)}.$$

• Loi de Y : par symétrie des rôles de X et de Y,

$$Y(\Omega) = [\![1\,;n]\!] \text{ et } \forall j \in [\![1\,;n]\!],\ P(Y=j) = \frac{2\,j}{n(n+1)}.$$

• Les va X et Y sont indépendantes car :

$$\forall (i, j) \in [\![1\,;n]\!]^2,\ P(X=i)P(Y=j) = \frac{4\,i\,j}{n^2(n+1)^2} = p_{i,j}.$$

c) Les va X et Y sont indépendantes, donc : $\mathrm{Cov}(X, Y) = 0$.

Ainsi : $E(XY) = E(X)E(Y) = E(X)^2$

(car X et Y ont la même loi).

Or : $$E(X) = \sum_{i=1}^{n} iP(X=i) = \sum_{i=1}^{n} \frac{2\,i^2}{n(n+1)}$$
$$= \frac{2}{n(n+1)} \times \frac{n(n+1)(2n+1)}{6} = \frac{2n+1}{3}.$$

Donc : $E(XY) = \dfrac{(2n+1)^2}{9}$.

d) • Par linéarité de l'espérance :

$$E(Z) = E(X) + E(Y) = 2E(X) = \frac{2(2n+1)}{3}.$$

• Les va X et Y étant indépendantes :

$$V(Z) = V(X) + V(Y) = 2V(X)$$

(car X et Y ont la même loi).

Or : $E(X^2) = \sum_{i=1}^{n} \frac{2\,i^3}{n(n+1)}$

$$= \frac{2}{n(n+1)} \times \frac{n^2(n+1)^2}{4} = \frac{n(n+1)}{2},$$

donc : $V(X) = E(X^2) - (E(X))^2 = \frac{n(n+1)}{2} - \frac{(2n+1)^2}{9}$

$$= \frac{9(n^2+n) - 2(4n^2+4n+1)}{18}$$

$$= \frac{n^2+n-2}{18} = \frac{(n+2)(n-1)}{18}.$$

On conclut : $V(Z) = \frac{(n+2)(n-1)}{9}.$

18.4 Notons $q = 1 - p$.

a) ★ $\forall (i,j) \in \mathbb{N}^2,\ a_{i,j} \geqslant 0$.

★ De plus : $\sum_{(i,j)\in\mathbb{N}^2} a_{i,j} = \sum_{j=2}^{+\infty}\Big(\sum_{i=1}^{j-1} q^{j-2}p^2\Big)$

$$= \sum_{j=2}^{+\infty}(j-1)q^{j-2}p^2 = p^2\sum_{j=1}^{+\infty} jq^{j-1} = p^2 \times \frac{1}{(1-q)^2} = 1.$$

Donc $\{(i, j, a_{i,j})/(i,j) \in \mathbb{N}^2\}$ est la loi d'un couple de va discrètes.

b) • Loi de X :

X prend ses valeurs dans $[\![1\,;+\infty[\![$.

Soit $i \in [\![1\,;+\infty[\![$. Alors :

$$P(X=i) = \sum_{j=0}^{+\infty} a_{i,j} = \sum_{j=i+1}^{+\infty} q^{j-2}p^2$$

$$= p^2q^{i-1}\sum_{k=0}^{+\infty} q^k = p^2q^{i-1} \times \frac{1}{1-q} = p\,q^{i-1}.$$

• Loi de Y :

Y prend ses valeurs dans $[\![2\,;+\infty[\![$.

Soit $j \in [\![2\,;+\infty[\![$. Alors :

$$P(Y=j) = \sum_{i=0}^{+\infty} a_{i,j} = \sum_{i=1}^{j-1} q^{j-2}p^2 = (j-1)\,q^{j-2}p^2.$$

• X et Y ne sont pas indépendantes car :

$$P(X=3, Y=2) = 0$$

et $P(X=3)P(Y=2) = q^2p \times p^2 \neq 0.$

c) Loi conditionnelle de X sachant $(Y=j)$:

Sachant que $(Y=j)$, X prend ses valeurs dans $[\![1\,;j-1]\!]$.

Soit $i \in [\![1\,;j-1]\!]$. Alors :

$$P_{(Y=j)}(X=i) = \frac{P(X=i, Y=j)}{P(Y=j)} = \frac{q^{j-2}p^2}{(j-1)q^{j-2}p^2} = \frac{1}{j-1}.$$

18.5 *a)* • Loi de X :

X prend ses valeurs dans $[\![1\,;n]\!]$.

Chaque urne a la même probabilité d'être choisie, donc :

$$\forall k \in [\![1\,;n]\!],\ P(X=k) = \frac{1}{n}.$$

• X étant une va finie, X admet une espérance, et :

$$E(X) = \sum_{k=1}^{n} kP(X=k) = \frac{1}{n}\sum_{k=1}^{n} k = \frac{n+1}{2}.$$

b) • Loi du couple (X, Y) :

soit $(k,\ell) \in [\![1\,;n]\!]^2$. Calculons
$p_{k,\ell} = P(X=k, Y=\ell) = P(X=k)P_{(X=k)}(Y=\ell)$:

– Si $\ell > k$, alors $P_{(X=k)}(Y=\ell) = 0$, donc : $p_{k,\ell} = 0$.

– Si $\ell \leqslant k$, puisque chaque boule de $\mathscr{U}_k$ a la même probabilité d'être tirée, $P_{(X=k)}(Y=\ell) = \frac{1}{k}$. Donc : $p_{k,\ell} = \frac{1}{nk}$.

Ainsi : $\forall (k,\ell) \in [\![1\,;n]\!]^2,\ p_{k,\ell} = \begin{cases} \frac{1}{nk} & \text{si } \ell \leqslant k \\ 0 & \text{sinon} \end{cases}.$

• Loi de Y :

Y prend ses valeurs dans $[\![1\,;n]\!]$.

Soit $\ell \in [\![1\,;n]\!]$: $P(Y=\ell) = \sum_{k=1}^{n} p_{k,\ell} = \sum_{k=\ell}^{n}\frac{1}{nk} = \frac{1}{n}\sum_{k=\ell}^{n}\frac{1}{k}$

(on ne sait pas calculer explicitement cette dernière somme).

• Y étant une va finie, Y admet une espérance, et :

$$E(Y) = \sum_{\ell=1}^{n} \ell P(Y=\ell) = \sum_{\ell=1}^{n}\Big(\sum_{k=\ell}^{n}\frac{\ell}{nk}\Big)$$

$$= \sum_{k=1}^{n}\Big(\sum_{\ell=1}^{k}\frac{\ell}{nk}\Big) = \sum_{k=1}^{n}\frac{1}{nk}\Big(\sum_{\ell=1}^{k}\ell\Big) = \sum_{k=1}^{n}\frac{1}{nk}\frac{k(k+1)}{2}$$

$$= \frac{1}{2n}\sum_{k=1}^{n}(k+1) = \frac{1}{2n} \times \frac{n^2+3n}{2} = \frac{n+3}{4}.$$

c) • X et Y ne sont pas indépendantes car :

$$P(X=1, Y=n) = 0$$

et $P(X=1)P(Y=n) = \frac{1}{n} \times \frac{1}{n^2} = \frac{1}{n^3} \neq 0.$

• Calculons $\mathrm{Cov}(X,Y) = E(XY) - E(X)E(Y)$.

$$E(XY) = \sum_{\substack{1\leqslant k\leqslant n\\ 1\leqslant \ell\leqslant n}} k\ell\, p_{k,\ell} = \sum_{k=1}^{n}\Big(\sum_{\ell=1}^{k} k\ell\frac{1}{nk}\Big)$$

$$= \frac{1}{n}\sum_{k=1}^{n}\Big(\sum_{\ell=1}^{k}\ell\Big) = \frac{1}{n}\sum_{k=1}^{n}\frac{k(k+1)}{2} = \frac{1}{2n}\Big(\sum_{k=1}^{n}k^2 + \sum_{k=1}^{n}k\Big)$$

$$= \frac{1}{2n}\Big(\frac{n(n+1)(2n+1)}{6} + \frac{n(n+1)}{2}\Big) = \frac{(n+1)(n+2)}{6}.$$

On en déduit alors :

$$\mathrm{Cov}(X,Y) = \frac{(n+1)(n+2)}{6} - \frac{n+1}{2}.\frac{n+3}{4} = \frac{n^2-1}{24}.$$

Ainsi $\mathrm{Cov}(X, Y) > 0$, ce qui normal puisque, lorsque X augmente, Y a tendance à augmenter aussi ; donc les deux va évoluent dans le même sens.

18.6 *a)* • <u>Loi de X :</u>

X prend ses valeurs dans $\mathbb{N}^*$.

Soit $n \in \mathbb{N}^*$. Notons, pour tout k de $\mathbb{N}^*$, P_k (resp. F_k) l'événement : « A obtient pile (resp. face) au k-ième lancer ».

On a : $(X = n) = P_1 \cap \cdots \cap P_{n-1} \cap F_n$. Par indépendance des lancers, on obtient : $P(X = n) = p^{n-1}(1 - p)$.

• <u>Loi de Y :</u>

De la même façon, Y prend ses valeurs dans $\mathbb{N}^*$, et :

$$\forall n \in \mathbb{N}^*,\ P(Y = n) = p^{n-1}(1 - p).$$

• <u>Loi du couple (X, Y) :</u>

Les lancers des joueurs A et B sont indépendants, donc les va X et Y sont indépendantes.

Ainsi : $\forall n, m \in \mathbb{N}^*,\ P(X = n, Y = m)$

$$= P(X = n)P(Y = m) = p^{n+m-2}(1 - p)^2.$$

b) • Calculons $P(X = Y)$. On a :

$$(X = Y) = \bigcup_{n=1}^{+\infty}(X = n, Y = n).$$

Par incompatibilité des événements, puis indépendance des va X et Y, on obtient : $P(X = Y) = \displaystyle\sum_{n=1}^{+\infty} P(X = n)P(Y = n)$

$$= \sum_{n=1}^{+\infty} p^{2n-2}(1 - p)^2 = (1 - p)^2 \sum_{n=0}^{+\infty}(p^2)^n$$

$$= \frac{(1 - p)^2}{1 - p^2} = \frac{(1 - p)^2}{(1 - p)(1 + p)} = \frac{1 - p}{1 + p}.$$

• Calculons $P(X < Y)$.

Les événements $(X < Y), (X = Y), (X > Y)$ forment un système complet d'événements.

Donc : $P(X < Y) + P(X = Y) + P(X > Y) = 1$.

De plus, par symétrie des rôles de X et de Y,

$$P(X < Y) = P(X > Y).$$

On en déduit : $P(X < Y) = \dfrac{1}{2}(1 - P(X = Y)) = \dfrac{p}{1 + p}$.

c) <u>Loi de $Z = X + Y$:</u>

Z prend ses valeurs dans $[\![2\,;+\infty[\![$.

Soit $n \in [\![2\,;+\infty[\![$. L'événement $(Z = n)$ s'écrit :

$$(Z = n) = \bigcup_{k=1}^{n-1}\Big((X = k) \cap (Y = n - k)\Big).$$

Donc :

$$P(Z = n) = \sum_{k=1}^{n-1} P\Big((X = k) \cap (Y = n - k)\Big) \text{ par incompatibilité}$$

$$= \sum_{k=1}^{n-1} P(X = k)P(Y = n - k)$$

par indépendance de X et Y

$$= \sum_{k=1}^{n-1} (p^{k-1}(1 - p)) \times (p^{n-k-1}(1 - p))$$

$$= \sum_{k=1}^{n-1} p^{n-2}(1 - p)^2 = (n - 1)p^{n-2}(1 - p)^2.$$

d) • <u>Loi de $S = \min(X, Y)$:</u>

S prend ses valeurs dans $\mathbb{N}^*$.

Soit $n \in \mathbb{N}^*$. On a : $(S > n) = (X > n) \cap (Y > n)$. D'où :

$P(S > n) = P(X > n)P(Y > n)$ par indépendance de X et Y

$= P(X > n)^2$ car X et Y ont même loi.

Or : $P(X > n) = \displaystyle\sum_{k=n+1}^{+\infty} P(X = k) = \sum_{k=n+1}^{+\infty} p^{k-1}(1 - p)$

$$= \frac{p^n(1 - p)}{1 - p} = p^n.$$

Donc : $P(S > n) = p^{2n}$.

Puis : $P(S = n) = P(S > n - 1) - P(S > n)$

$$= p^{2n-2} - p^{2n} = p^{2n-2}(1 - p^2).$$

• <u>Loi de $T = \max(X, Y)$:</u>

T prend ses valeurs dans $\mathbb{N}^*$.

Soit $n \in \mathbb{N}^*$. On a : $(T \leqslant n) = (X \leqslant n) \cap (Y \leqslant n)$. D'où :

$P(T \leqslant n) = P(X \leqslant n)P(Y \leqslant n)$ par indépendance de X et Y

$= P(X \leqslant n)^2$

Or, $P(X \leqslant n) = 1 - P(X > n) = 1 - p^n$.

Donc : $P(T \leqslant n) = (1 - p^n)^2$.

Puis : $P(T = n) = P(T \leqslant n) - P(T \leqslant n - 1)$

$$= (1 - p^n)^2 - (1 - p^{n-1})^2 = p^{2n} - p^{2n-2} - 2p^n + 2p^{n-1}.$$

• Les va S et T ne sont pas indépendantes car :

$$P(S = 2, T = 1) = 0$$

et $\quad P(S = 2)P(T = 1) = p^2(1 - p^2) \times (1 - p)^2 \neq 0.$

18.7 *a)* • <u>Loi de T_1 :</u>

T_1 prend ses valeurs dans $\mathbb{N}^*$.

Soit $k \in \mathbb{N}^*$. Notons P_k (resp. F_k) l'événement : « on obtient pile (resp. face) au k-ième lancer ».

On a : $(T_1 = k) = F_1 \cap \cdots \cap F_{k-1} \cap P_k$. Par mutuelle indépendance des lancers, on obtient : $P(T_1 = k) = (1 - p)^{k-1}p$.

• Loi de T_n pour $n \geqslant 2$:

de la même façon, puisque T_n est le nombre de lancers nécessaires pour obtenir le n-ième pile, après le $(n-1)$-ième pile, T_n a même loi que T_1.

Ainsi : $T_n(\Omega) = \mathbb{N}^*$ et $\forall k \in \mathbb{N}^*,\ P(T_n = k) = (1-p)^{k-1}p$.

• La va T_n admet une espérance si et seulement si la série $\sum_{k\geqslant 1} kP(T_n = k)$ converge (car les termes sont $\geqslant 0$).

Pour tout $N \in \mathbb{N}^*$: $$\sum_{k=1}^{N} kP(T_n = k) = p\sum_{k=1}^{N} k(1-p)^{k-1} \underset{N\infty}{\longrightarrow} \frac{p}{(1-(1-p))^2} = \frac{1}{p}.$$

Ainsi : T_n admet une espérance et $E(T_n) = \dfrac{1}{p}$.

• La va T_n admet un moment d'ordre 2 si et seulement si la série $\sum_{k\geqslant 1} k^2 P(T_n = k)$ converge (car les termes sont $\geqslant 0$).

Pour tout $N \in \mathbb{N}^*$: $$\sum_{k=1}^{N} k^2 P(T_n = k)$$
$$= \sum_{k=1}^{N} (k(k-1)+k)(1-p)^{k-1}p$$
$$= p(1-p)\sum_{k=1}^{N} k(k-1)(1-p)^{k-2} + p\sum_{k=1}^{N} k(1-p)^{k-1}$$
$$\underset{N\infty}{\longrightarrow} \frac{2p(1-p)}{(1-(1-p))^3} + \frac{p}{(1-(1-p))^2}$$
$$= \frac{2(1-p)}{p^2} + \frac{1}{p} = \frac{2-p}{p^2}.$$

Ainsi : T_n admet un moment d'ordre 2 et $E(T_n^2) = \dfrac{2-p}{p^2}$.

Donc : T_n admet une variance et :
$$V(T_n) = E(T_n^2) - (E(T_n))^2 = \frac{2-p}{p^2} - \left(\frac{1}{p}\right)^2 = \frac{1-p}{p^2}.$$

b) Par définition des va, on a : $S_n = T_1 + \cdots + T_n$.

• Par linéarité de l'espérance, S_n admet une espérance et :
$$E(S_n) = E(T_1) + \cdots + E(T_n) = \frac{n}{p}.$$

• Les va T_n sont mutuellement indépendants, car les lancers sont indépendants, donc S_n admet une variance et :
$$V(S_n) = V(T_1) + \cdots + V(T_n) = \frac{n(1-p)}{p^2}.$$

18.8 Notons, pour tout k de $\mathbb{N}^*$, P_k (resp. F_k) l'événement : « on obtient pile (resp. face) au k-ième lancer ». Posons $q = 1-p$.

a) • Loi de L_1 :

L_1 prend ses valeurs dans $\mathbb{N}^*$.

Soit $n \in \mathbb{N}^*$. On a :
$$(L_1 = n) = \underbrace{(P_1 \cap \cdots \cap P_n \cap F_{n+1})}_{\text{noté } E_1} \cup \underbrace{(F_1 \cap \cdots \cap F_n \cap P_{n+1})}_{\text{noté } E_2}.$$

Les événements E_1 et E_2 sont incompatibles, puis les lancers sont indépendants, on en déduit : $P(L_1 = n) = p^n q + q^n p$.

• L_1 admet une espérance

$\iff \sum_{n\geqslant 1} nP(L_1 = n)$ converge absolument

$\iff \sum_{n\geqslant 1} nP(L_1 = n)$ converge (car les termes sont $\geqslant 0$).

Or : $$\sum_{n=1}^{N} nP(L_1 = n) = pq\Big(\sum_{n=1}^{N} np^{n-1} + \sum_{n=1}^{N} nq^{n-1}\Big)$$
$$\underset{N\infty}{\longrightarrow} pq\Big(\frac{1}{(1-p)^2} + \frac{1}{(1-q)^2}\Big) = \frac{p}{q} + \frac{q}{p}.$$

Ainsi : L_1 admet une espérance et $E(L_1) = \dfrac{p}{q} + \dfrac{q}{p}$.

b) Loi du couple (L_1, L_2) :

L_1 et L_2 prennent leurs valeurs dans $\mathbb{N}^*$.

Soient $n, m \in \mathbb{N}^*$. On a :
$$(L_1 = n, L_2 = m) = \underbrace{(P_1 \cap \cdots \cap P_n \cap F_{n+1} \cap \cdots \cap F_{n+m} \cap P_{n+m+1})}_{\text{noté } E_3}$$
$$\underbrace{(F_1 \cap \cdots \cap F_n \cap P_{n+1} \cap \cdots \cap P_{n+m} \cap F_{n+m+1})}_{\text{noté } E_4}.$$

Les événements E_3 et E_4 sont incompatibles, puis les lancers sont mutuellement indépendants, on en déduit :
$$P(L_1 = n, L_2 = m) = p^n q^m p + q^n p^m q = p^{n+1}q^m + q^{n+1}p^m.$$

c) • Loi de L_2 :

L_2 prend ses valeurs dans $\mathbb{N}^*$.

Soit $m \in \mathbb{N}^*$. On a : $$P(L_2 = m) = \sum_{n=1}^{+\infty} P(L_1 = n, L_2 = m)$$
$$= \sum_{n=1}^{+\infty} (p^{n+1}q^m + q^{n+1}p^m) = \frac{p^2q^m}{1-p} + \frac{q^2p^m}{1-q}$$
$$= p^2 q^{m-1} + q^2 p^{m-1}.$$

• L_2 admet une espérance

$\iff \sum_{m\geqslant 1} mP(L_2 = m)$ converge absolument

$\iff \sum_{m\geqslant 1} mP(L_2 = m)$ converge (car les termes sont $\geqslant 0$).

Or : $\sum_{m=1}^{N} mP(L_2 = n) = p^2 \sum_{m=1}^{N} mq^{m-1} + q^2 \sum_{m=1}^{N} mp^{n-1}$

$$\underset{N\infty}{\longrightarrow} \frac{p^2}{(1-q)^2} + \frac{q^2}{(1-p)^2} = 1 + 1 = 2.$$

Ainsi : L_2 admet une espérance et $E(L_2) = 2$.

d) • Si $p \neq \frac{1}{2}$: alors

$P(L_1 = 1, L_2 = 1) = p^2 q + q^2 p = pq(p+q) = pq$ et

$P(L_1 = 1)P(L_2 = 1) = 2pq.(p^2 + q^2) = 2pq(2p^2 - 2p + 1)$, car $q^2 = (1-p)^2 = p^2 - 2p + 1$.

Or : $2(2p^2 - 2p + 1) = 1 \iff 4p^2 - 4p + 1 = 0$

$$\iff (2p-1)^2 = 0 \iff p = \frac{1}{2}.$$

Puisque $p \neq \frac{1}{2}$, on en déduit que

$$P(L_1 = 1, L_2 = 1) \neq P(L_1 = 1)P(L_2 = 1).$$

Donc L_1 et L_2 ne sont pas indépendantes.

• Si $p = \frac{1}{2}$: alors, pour tout $n, m \in \mathbb{N}^*$

$P(L_1 = n, L_2 = m) = \frac{1}{2^{n+1}} \times \frac{1}{2^m} + \frac{1}{2^{m+1}} \times \frac{1}{2^n} = \frac{1}{2^{n+m}}$,

et $P(L_1 = n)P(L_2 = m) = \frac{1}{2^n} \times \frac{1}{2^m}$.

donc : $P(L_1 = n, L_2 = m) = P(L_1 = n)P(L_2 = m)$.

Il en résulte que L_1 et L_2 sont indépendantes.

On conclut :

$$L_1 \text{ et } L_2 \text{ sont indépendantes si et seulement si } p = \frac{1}{2}$$

18.9 Notons, pour tout k de $\mathbb{N}^*$, P_k (resp. F_k) l'événement : « on obtient pile (resp. face) au k-ième lancer ».

a) • <u>Loi de X :</u>

X prend ses valeurs dans $\mathbb{N}$.

Soit $n \in \mathbb{N}$. L'événement $(X = n)$ s'écrit :

$$(X = n) = \underbrace{(P_1 \cap F_2 \cap \cdots \cap F_{n+1} \cap P_{n+2})}_{\text{noté } E_1} \cup \cdots$$

$$\cup \underbrace{(F_1 \cap \cdots \cap F_n \cap P_{n+1} \cap P_{n+2})}_{\text{noté } E_{n+1}}.$$

Les événements $E_1, \ldots, E_{n+1}$ sont deux à deux incompatibles,

donc : $P(X = n) = \sum_{k=1}^{n+1} P(E_k)$.

De plus, par indépendance des lancers :

$$\forall k \in [\![1 ; n+1]\!],\ P(E_k) = (1-p)^n p^2.$$

Donc : $P(X = n) = (n+1)(1-p)^n p^2$.

• Calculons $E(X)$:

X admet une espérance

$\iff \sum_{n \geqslant 0} nP(X = n)$ converge absolument

$\iff \sum_{n \geqslant 0} nP(X = n)$ converge (car les termes sont $\geqslant 0$).

Or : $\sum_{n=0}^{N} nP(X = n) = p^2 \sum_{n=0}^{N} n(n+1)(1-p)^n$

$$= p^2(1-p) \sum_{m=1}^{N+1} m(m-1)(1-p)^{m-2}$$

$$\underset{N\infty}{\longrightarrow} p^2(1-p) \times \frac{2}{(1-(1-p))^3} = \frac{2(1-p)}{p}.$$

Ainsi : X admet une espérance et $E(X) = \frac{2(1-p)}{p}$.

b) • <u>Loi de (X, Y) :</u>

Soit $n \in \mathbb{N}$. Sachant que $(X = n)$, Y prend ses valeurs dans $[\![0 ; n]\!]$, et puisque chaque boule a la même probabilité d'être tirée : $\forall k \in [\![0 ; n]\!],\ P_{(X=n)}(Y = k) = \frac{1}{n+1}$.

Ainsi : $\forall (n, k) \in \mathbb{N}^2$,

$$P(X = n, Y = k) = \begin{cases} P(X = n)P_{(X=n)}(Y = k) & \text{si } 0 \leqslant k \leqslant n \\ 0 & \text{sinon} \end{cases}$$

$$= \begin{cases} (1-p)^n p^2 & \text{si } 0 \leqslant k \leqslant n \\ 0 & \text{sinon.} \end{cases}$$

• <u>Loi de Y :</u>

Y prend ses valeurs dans $\mathbb{N}$.

Soit $k \in \mathbb{N}$. Alors :

$$P(Y = k) = \sum_{n=0}^{+\infty} P(X = n, Y = k) = \sum_{n=k}^{+\infty} (1-p)^n p^2$$

$$= \frac{(1-p)^k p^2}{1-(1-p)} = (1-p)^k p.$$

• Calculons $E(Y)$: Y admet une espérance

$$\iff \sum_{k \geqslant 0} kP(Y = k) \text{ converge (car les termes sont } \geqslant 0).$$

Or : $\sum_{k=0}^{K} kP(Y = k) = p(1-p) \sum_{k=0}^{K} k(1-p)^{k-1}$

$$\underset{K\infty}{\longrightarrow} \frac{p(1-p)}{(1-(1-p))^2} = \frac{1-p}{p}.$$

Ainsi : Y admet une espérance et $E(Y) = \frac{1-p}{p}$.

c) • <u>Loi de $Z = X - Y$:</u>

Z prend ses valeurs dans $\mathbb{N}$, puisque $0 \leqslant Y \leqslant X$.

Soit $n \in \mathbb{N}$. Alors :

$$P(Z = n) = P(X = n + Y) = \sum_{k=0}^{+\infty} P(X = n + k, Y = k)$$

$$= \sum_{k=0}^{+\infty} (1-p)^{n+k} p^2 = \frac{(1-p)^n p^2}{1-(1-p)} = (1-p)^n p.$$

Remarque : on remarque que Y et Z ont même loi.

• Montrons que Y et Z sont indépendantes.

Soit $(k, n) \in \mathbb{N}^2$. On a :

$$P(Z = n, Y = k) = P(X = n + k, Y = k) = (1-p)^{n+k} p^2$$
$$P(Z = n)P(Y = k) = (1-p)^n p.(1-p)^k p = (1-p)^{n+k} p^2,$$

donc : $P(Z = n, Y = k) = P(Z = n)P(Y = k)$.

On conclut : Y et Z sont indépendantes.

18.10 *a)* Loi de (X, Y) :

– Les tirages s'effectuant sans remise, X prend ses valeurs dans $[\![1\,;m-1]\!]$ et Y prend ses valeurs dans $[\![2\,;m]\!]$.

– Soient $k \in [\![1\,;m-1]\!]$ et $\ell \in [\![2\,;m]\!]$.

Si $k \geqslant \ell$, alors $P(X = k, Y = \ell) = 0$.

Si $k < \ell$, l'événement $(X = k, Y = \ell)$ est réalisé lorsque l'on obtient l'une des deux boules blanches au k-ième tirage, puis l'autre au ℓ-ième tirage.

Donc : $P(X = k, Y = \ell) = \dfrac{2}{m} \times \dfrac{1}{m-1}$.

Ainsi : $P(X = k, Y = \ell) = \begin{cases} \dfrac{2}{m(m-1)} & \text{si } 1 \leqslant k < \ell \leqslant m \\ 0 & \text{sinon.} \end{cases}$

b) • Loi de X :

X prend ses valeurs dans $[\![1\,;m-1]\!]$.

Soit $k \in [\![1\,;m-1]\!]$. Alors :

$$P(X = k) = \sum_{\ell=2}^{m} \underbrace{P(X = k, Y = \ell)}_{=0 \text{ si } \ell \leqslant k} = \sum_{\ell=k+1}^{m} \frac{2}{m(m-1)}$$

$$= \frac{2(m-k)}{m(m-1)}.$$

• Loi de D :

D prend ses valeurs dans $[\![1\,;m-1]\!]$, car $1 \leqslant X < Y \leqslant m$.

Soit $k \in [\![1\,;m-1]\!]$. Alors :

$$P(D = k) = P(Y = X + k) = \sum_{\ell=1}^{m-1} \underbrace{P(X = \ell, Y = \ell + k)}_{=0 \quad \text{si } \ell + k > m}$$

$$= \sum_{\ell=1}^{m-k} \frac{2}{m(m-1)} = \frac{2(m-k)}{m(m-1)}.$$

Ainsi, X et D ont la même loi.

• X et D ne sont pas indépendantes, car :

$$P(X = m-1, D = 2) = P(X = m-1, Y = m+1) = 0$$

$$\text{et } P(X = m-1)P(D = 2) = \frac{2}{m(m-1)} \times \frac{2(m-2)}{m(m-1)} \neq 0.$$

c) Puisque $D = Y - X$ et X ont même loi, on en déduit :

- $E(D) = E(Y) - E(X) = E(X)$,
  et donc : $E(Y) = 2E(X)$;
- $V(D) = V(Y) + V(X) - 2\,\mathrm{Cov}(X, Y) = V(X)$,
  et donc : $\mathrm{Cov}(X, Y) = \dfrac{V(X)}{2}$.

d) • Loi de $Z = m + 1 - Y$:

Y prend ses valeurs dans $[\![2\,;m]\!]$, donc Z prend ses valeurs dans $[\![1\,;m-1]\!]$.

Soit $k \in [\![1\,;m-1]\!]$. Alors :

$$P(Z = k) = P(Y = m + 1 - k)$$

$$= \sum_{\ell=1}^{m-1} \underbrace{P(X = \ell, Y = m + 1 - k)}_{=0 \quad \text{si } \ell \geqslant m+1-k}$$

$$= \sum_{\ell=1}^{m-k} \frac{2}{m(m-1)} = \frac{2(m-k)}{m(m-1)} = P(X = k).$$

Ainsi, X et Z ont la même loi.

• Donc : $E(Z) = m + 1 - E(Y) = m + 1 - 2E(X) = E(X)$.

D'où : $E(X) = \dfrac{m+1}{3}$ et $E(Y) = 2E(X) = \dfrac{2(m+1)}{3}$.

18.11 *a)* Loi de X :

X prend ses valeurs dans $\mathbb{N}^*$.

Soit $n \in \mathbb{N}^*$. Notons, pour tout k de $\mathbb{N}^*$, P_k (resp. F_k) l'événement : « on obtient pile (resp. face) au k-ième lancer ».

On a : $(X = n) = F_1 \cap \cdots \cap F_{n-1} \cap P_n$. Par indépendance des lancers, on obtient : $P(X = n) = q^{n-1} p$.

b) Loi conditionnelle de Y sachant $(X = n)$:

Sachant que $(X = n)$, le joueur B lance n fois la pièce, donc Y prend ses valeurs dans $[\![0\,;n]\!]$.

Soit $k \in [\![0\,;n]\!]$. Alors $P_{(X=n)}(Y = k)$ est égale à la probabilité de l'événement A_k : « on obtient k piles lors de n lancers de la pièce » ; cet événement est la réunion disjointe des événements $E_{i_1,\ldots,i_k}$: « les lancers $i_1, i_2, \ldots, i_k$ amènent pile, les autres amènent face », pour $1 \leqslant i_1 < \cdots < i_k \leqslant n$.

Par indépendance des lancers : $P(E_{i_1,\ldots,i_k}) = p^k q^{n-k}$.

De plus, il y a $\dbinom{n}{k}$ événements de ce type (qui correspondent au nombre de façons de placer les k piles).

Ainsi : $P_{(X=n)}(Y = k) = \dbinom{n}{k} p^k q^{n-k}$.

c) On a : $\forall k \in \mathbb{N}$,

$$P(Y=k) = \sum_{n=1}^{+\infty} P(X=n)\, P_{(X=n)}(Y=k).$$

• Calculons $P(Y=0)$. On a : $\forall n \geqslant 1,\ P_{(X=n)}(Y=0) = q^n$.

Donc : $P(Y=0) = \sum_{n=1}^{+\infty} P(X=n)\, P_{(X=n)}(Y=0)$

$$= \sum_{n=1}^{+\infty} q^{n-1} p q^n = pq \sum_{n=0}^{+\infty} (q^2)^n = \frac{pq}{1-q^2}$$

$$= \frac{pq}{(1-q)(1+q)} = \frac{q}{1+q}.$$

• Soit $k \geqslant 1$. Calculons $P(Y=k)$. On a :

$$\forall n \geqslant 1,\ P_{(X=n)}(Y=k) = \begin{cases} \binom{n}{k} p^k q^{n-k} & \text{si } k \leqslant n \\ 0 & \text{sinon.} \end{cases}$$

Donc : $P(Y=k) = \sum_{n=k}^{+\infty} q^{n-1} p \binom{n}{k} p^k q^{n-k}$

$$= p^{k+1} q^{k-1} \sum_{n=k}^{+\infty} \binom{n}{k} (q^2)^{n-k}$$

$$= p^{k+1} q^{k-1} \times \frac{1}{(1-q^2)^{k+1}} = \frac{p^{k+1} q^{k-1}}{(1-q)^{k+1}(1+q)^{k+1}}$$

$$= \frac{q^{k-1}}{(1+q)^{k+1}} = \frac{1}{(1+q)^2}\left(\frac{q}{1+q}\right)^{k-1}.$$

• $\sum_{k=0}^{+\infty} P(Y=k) = P(Y=0) + \sum_{k=1}^{+\infty} P(Y=k)$

$$= \frac{q}{1+q} + \frac{1}{(1+q)^2} \sum_{k=1}^{+\infty} \left(\frac{q}{1+q}\right)^{k-1}$$

$$= \frac{q}{1+q} + \frac{1}{(1+q)^2} \frac{1}{1-\frac{q}{1+q}} = \frac{q}{1+q} + \frac{1}{1+q} = 1.$$

d) Notons G_A (resp. G_B) l'événement : « le joueur A (resp. B) gagne ».

Alors : $P(G_B) = P(Y \geqslant 1) = 1 - P(Y=0)$

$$= 1 - \frac{q}{1+q} = \frac{1}{1+q}.$$

Puisque $G_A = \overline{G_B}$, on a : $P(G_A) = 1 - P(G_B) = \dfrac{q}{1+q}$.

Ainsi, puisque $0 < q < 1$, on a : $P(G_A) < P(G_B)$.

Le jeu n'est donc pas équitable, il est favorable au joueur B.

18.12 *a)* • <u>Loi de X_1 :</u>

La va X_1 prend ses valeurs dans $\{0, 1\}$.

Puisque l'urne ne contient qu'une boule blanche et une boule noire, alors : $P(X_1 = 1) = P(X_1 = 0) = \dfrac{1}{2}$.

• <u>Loi de X_2 :</u>

La va X_2 prend ses valeurs dans $\{0, 1\}$.

On a : $P(X_2 = 0) = P(X_1 = 0) P_{(X_1=0)}(X_2 = 0)$
$\qquad + P(X_1 = 1) P_{(X_1=1)}(X_2 = 0)$.

Or, si $(X_1 = 0)$, l'urne contient, avant le deuxième tirage, 1 boule blanche et $1 + c$ boules noires ;

$$\text{donc : } P_{(X_1=0)}(X_2 = 0) = \frac{1+c}{2+c}.$$

De même, si $(X_1 = 1)$, l'urne contient, avant le deuxième tirage, $1 + c$ boules blanches et 1 boule noire ;

$$\text{donc : } P_{(X_1=1)}(X_2 = 0) = \frac{1}{2+c}.$$

D'où : $P(X_2 = 0) = \dfrac{1}{2} \times \dfrac{1+c}{2+c} + \dfrac{1}{2} \times \dfrac{1}{2+c} = \dfrac{1}{2}$.

Puis : $P(X_2 = 1) = 1 - P(X_2 = 0) = \dfrac{1}{2}$.

On conclut : $P(X_2 = 1) = P(X_2 = 0) = \dfrac{1}{2}$.

b) • Soit $k \in [\![0\,;n]\!]$. Sachant que $(S_n = k)$, on a obtenu, lors des n premiers tirages, k boules blanches et $n-k$ boules noires ; l'urne contient donc, avant le $(n+1)$-ième tirage, $1 + ck$ boules blanches et $1 + c(n-k)$ boules noires et au total $2 + cn$ boules.

Ainsi : $P_{(S_n=k)}(X_{n+1} = 1) = \dfrac{1+ck}{2+cn}$.

• Ainsi, puisque S_n prend ses valeurs dans $[\![0\,;n]\!]$, on a :

$$P(X_{n+1} = 1) = \sum_{k=0}^{n} P(S_n = k) P_{(S_n=k)}(X_{n+1} = 1)$$

$$= \sum_{k=0}^{n} P(S_n = k) \frac{1+ck}{2+cn}$$

$$= \frac{1}{2+cn}\Big(\underbrace{\sum_{k=0}^{n} P(S_n = k)}_{=1} + c \underbrace{\sum_{k=0}^{n} k P(S_n = k)}_{=E(S_n)}\Big)$$

$$= \frac{1 + cE(S_n)}{2+cn}.$$

c) Notons, pour tout n de $\mathbb{N}^*$, $\mathscr{P}(n)$ la propriété :

$$« P(X_n = 1) = P(X_n = 0) = \frac{1}{2} ».$$

Raisonnons par récurrence forte sur l'entier n.

★ *Initialisation :* d'après *a)*, on a la propriété $\mathscr{P}(1)$.

★ *Hérédité :* supposons, pour un n de $\mathbb{N}^*$ fixé, les propriétés $\mathscr{P}(1), \ldots, \mathscr{P}(n)$. Montrons $\mathscr{P}(n+1)$.

Pour tout $k \in [\![1\,;n]\!]$, d'après la propriété $\mathscr{P}(k)$,

$$E(X_k) = 0 \times P(X_k = 0) + 1 \times P(X_k = 1) = \frac{1}{2}.$$

Donc : $E(S_n) = \sum_{k=1}^{n} E(X_k) = \frac{n}{2}$. Ainsi, d'après *b)* :

$$P(X_{n+1} = 1) = \frac{1 + cE(S_n)}{2 + cn} = \frac{1 + c\frac{n}{2}}{2 + cn} = \frac{1}{2}.$$

Enfin, puisque $X_{n+1}(\Omega) = \{0, 1\}$,

$$P(X_{n+1} = 0) = 1 - P(X_{n+1} = 1) = \frac{1}{2}.$$

D'où la propriété $\mathscr{P}(n + 1)$.

★ *Conclusion :* On conclut que, pour tout n de $\mathbb{N}^*$,

$$X_n(\Omega) = \{0, 1\} \text{ et } P(X_n = 1) = P(X_n = 0) = \frac{1}{2}.$$

18.13 *a)* • Loi de X_k :

La va X_k prend ses valeurs dans $\{0, 1\}$.

L'événement $(X_k = 1)$ est réalisé lorsque la boîte numéro k contient le jeton numéro k. Or, il y a $n!$ répartitions possibles, toutes les répartitions sont équiprobables, et il y a $1 \times (n - 1)!$ répartitions réalisant l'événement $(X_k = 1)$.

On en déduit : $P(X_k = 1) = \frac{1 \times (n-1)!}{n!} = \frac{1}{n}$.

Et donc : $P(X_k = 0) = 1 - P(X_k = 1) = \frac{n-1}{n}$.

• X_k est une va finie, donc admet une espérance et une variance. On a :

$$E(X_k) = 0 \times P(X_k = 0) + 1 \times P(X_k = 1) = \frac{1}{n},$$

$$E(X_k^2) = 0^2 \times P(X_k = 0) + 1^2 \times P(X_k = 1) = \frac{1}{n},$$

et donc : $V(X_k) = E(X_k^2) - (E(X_k))^2 = \frac{n-1}{n^2}$.

b) Calculons $\text{Cov}(X_k, X_\ell) = E(X_k X_\ell) - E(X_k)E(X_\ell)$.

Les va X_k et X_ℓ prennent leurs valeurs dans $\{0, 1\}$, donc :

$$E(X_k X_\ell) = 0 \times 0 \times P(X_k = 0, X_\ell = 0)$$
$$+ 0 \times 1 \times P(X_k = 0, X_\ell = 1) + 1 \times 0 \times P(X_k = 1, X_\ell = 0)$$
$$+ 1 \times 1 \times P(X_k = 1, X_\ell = 1) = P(X_k = 1, X_\ell = 1).$$

L'événement $(X_k = 1, X_\ell = 1)$ est réalisé lorsque les boîtes numéro k et ℓ contiennent le jeton de même numéro. Or, il y a $n!$ répartitions possibles, toutes les répartitions sont équiprobables, et il y a $1 \times 1 \times (n-2)!$ répartitions réalisant l'événement $(X_k = 1, X_\ell = 1)$.

On en déduit :

$$P(X_k = 1, X_\ell = 1) = \frac{1 \times 1 \times (n-2)!}{n!} = \frac{1}{n(n-1)}.$$

Ainsi : $\text{Cov}(X_k, X_\ell) = \frac{1}{n(n-1)} - \frac{1}{n^2} = \frac{1}{n^2(n-1)}$.

c) Par définition des va, on peut écrire : $S = X_1 + \cdots + X_n$.

• Par linéarité de l'espérance :

$$E(S) = E(X_1) + \cdots + E(X_n) = n \times \frac{1}{n} = 1.$$

• Les va X_k ne sont pas mutuellement indépendantes, donc :

$$V(S) = \sum_{k=1}^{n} V(X_k) + 2 \sum_{1 \leqslant k < \ell \leqslant n} \text{Cov}(X_k, X_\ell).$$

Or, toutes les covariances sont égales (égales à $\frac{1}{n^2(n-1)}$), et il y a $\binom{n}{2} = \frac{n(n-1)}{2}$ termes dans la deuxième somme.

Donc :
$$V(S) = n \times \frac{n-1}{n^2} + 2 \times \frac{n(n-1)}{2} \times \frac{1}{n^2(n-1)} = \frac{n-1}{n} + \frac{1}{n} = 1.$$

18.14 Notons $q = 1 - p$.

a) Loi de S :

La va S prend ses valeurs dans $\mathbb{N}$, car $X(\Omega) = Y(\Omega) = \mathbb{N}$.

Soit $n \in \mathbb{N}$. On a : $(S > n) = (X > n) \cap (Y > n)$.

D'où :

$$P(S > n) = P(X > n)P(Y > n)$$
(par indépendance de X et de Y)
$$= P(X > n)^2 \text{ (car } X \text{ et } Y \text{ ont même loi).}$$

Or :

$$P(X > n) = \sum_{k=n+1}^{+\infty} P(X = k) = \sum_{k=n+1}^{+\infty} q^k p = \frac{q^{n+1} p}{1 - q} = q^{n+1}.$$

Donc : $P(S > n) = (q^{n+1})^2 = q^{2n+2}$.

Enfin :

$$P(S = n) = P(S > n - 1) - P(S > n) = q^{2n} - q^{2n+2} = q^{2n}(1 - q^2) = q^{2n}(1 + q)p.$$

b) • Loi du couple (S, T) :

Les va S et T prennent leurs valeurs dans $\mathbb{N}$.

Soit $(n, m) \in \mathbb{N}^2$.

★ *Si $m = 0$:* alors

$$P(S = n, T = 0) = P(S = n, X = Y) = P(X = Y = n) = P(X = n, Y = n) = P(X = n)P(Y = n)$$
car X et Y sont indépendantes

donc : $P(S = n, T = 0) = (q^n p)^2 = q^{2n} p^2$.

★ *Si* $m > 0$ *:* alors

les événements $(X < Y), (X = Y), (X > Y)$ forment un système complet d'événements, donc

$$\begin{aligned} P(S = n, T = m) &= P(S = n, T = m, X < Y) \\ &\quad + \underbrace{P(S = n, T = m, X = Y)}_{=0 \text{ car } m \neq 0} + P(S = n, T = m, X > Y) \\ &= P(X = n, Y - X = m) + P(Y = n, X - Y = m) \\ &= P(X = n, Y = m + n) + P(Y = n, X = m + n) \\ &= P(X = n)P(Y = m + n) + P(Y = n)P(X = m + n) \\ &\quad \text{car } X \text{ et } Y \text{ sont indépendantes} \\ &= 2(q^n p \times q^{n+m} p) = 2q^{2n+m} p^2 \end{aligned}$$

ainsi : $P(S = n, T = m) = \begin{cases} q^{2n} p^2 & \text{si } m = 0 \\ 2q^{2n+m} p^2 & \text{si } m > 0. \end{cases}$

• Loi de T :

La va T prend ses valeurs dans $\mathbb{N}$.

Soit $m \in \mathbb{N}$. Alors $P(T = m) = \displaystyle\sum_{n=0}^{+\infty} P(S = n, T = m)$.

★ *Si* $m = 0$ *:* alors $P(T = 0) = \displaystyle\sum_{n=0}^{+\infty} q^{2n} p^2$

$$= \frac{p^2}{1 - q^2} = \frac{p^2}{(1 - q)(1 + q)} = \frac{p}{1 + q}.$$

★ *Si* $m > 0$ *:* alors $P(T = 0) = \displaystyle\sum_{n=0}^{+\infty} 2q^{2n+m} p^2$

$$= \frac{2q^m p^2}{1 - q^2} = \frac{2q^m p^2}{(1 - q)(1 + q)} = \frac{2q^m p}{1 + q}.$$

c) Soit $(n, m) \in \mathbb{N}^2$.

★ *Si* $m = 0$ *:* $\quad P(S = n)P(T = 0) = q^{2n}(1 + q)p \times \dfrac{p}{1 + q}$

$$= q^{2n} p^2 = P(S = n, T = 0).$$

★ *Si* $m > 0$ *:* $\quad P(S = n)P(T = m) = q^{2n}(1 + q)p \times \dfrac{2q^m p}{1 + q}$

$$= 2q^{2n+m} p^2 = P(S = n, T = m).$$

Ainsi :

$$\forall (n, m) \in \mathbb{N}^2, \quad P(S = n, T = m) = P(S = n)\, P(T = m).$$

On en déduit que : $\quad S$ et T sont indépendantes.

18.15 *a)* • Loi de N :

La va N prend ses valeurs dans $[\![0\,;n]\!]$.

Chaque jeton de $\mathcal{U}_1$ a la même probabilité d'être tirée. Donc :

$$\forall k \in [\![0\,;n]\!], \ P(N = k) = \frac{1}{n + 1}.$$

• N est une va finie, donc admet une espérance et une variance, et l'on a :

$$E(N) = \sum_{k=0}^{n} \frac{k}{n + 1} = \frac{1}{n + 1} \times \frac{n(n + 1)}{2} = \frac{n}{2},$$

$$E(N^2) = \sum_{k=0}^{n} \frac{k^2}{n + 1} = \frac{1}{n + 1} \times \frac{n(n + 1)(2n + 1)}{6} = \frac{n(2n + 1)}{6},$$

donc : $\quad V(N) = E(N^2) - (E(N))^2 = \dfrac{n(n + 2)}{12}.$

b)1) • Loi de X_i :

La va X_i prend ses valeurs dans $\{0, 1\}$.

Soit $k \in [\![1\,;n]\!]$. Calculons $P_{(N=k)}(X_i = 1)$. Sachant que $(N = k)$, on tire une poignée de k jetons dans l'urne $\mathcal{U}_2$; il y a donc $\dbinom{n}{k}$ résultats possibles, chaque résultat est équiprobable ; l'événement $(X_i = 1)$ est réalisé si on tire le jeton numéro i : il y a donc $1 \times \dbinom{n-1}{k-1}$ résultats réalisant cet événement.

Ainsi : $\quad P_{(N=k)}(X_i = 1) = \dfrac{\binom{n-1}{k-1}}{\binom{n}{k}}$

$$= \frac{(n - 1)!}{(k - 1)!((n - 1) - (k - 1))!} \times \frac{k!(n - k)!}{n!} = \frac{k}{n}.$$

On en déduit, en utilisant le système complet d'événements $\{(N = k)\,; k \in [\![0\,;n]\!]\}$:

$$\begin{aligned} P(X_i = 1) &= \sum_{k=0}^{n} P(N = k)P_{(N=k)}(X_i = 1) \\ &= P(N = 0)\underbrace{P_{(N=0)}(X_i = 1)}_{=0} + \sum_{k=1}^{n} P(N = k)P_{(N=k)}(X_i = 1) \\ &= \sum_{k=0}^{n} \frac{1}{n+1}\frac{k}{n} = \frac{1}{n(n+1)} \sum_{k=0}^{n} k = \frac{1}{n(n+1)} \times \frac{n(n+1)}{2} = \frac{1}{2}. \end{aligned}$$

Puis : $\quad P(X_i = 0) = 1 - P(X_i = 1) = 1 - \dfrac{1}{2} = \dfrac{1}{2}.$

Ainsi :

$$\begin{aligned} E(X_i) &= 0 \times P(X_i = 0) + 1 \times P(X_i = 1) \\ &= P(X_i = 1) = \frac{1}{2} \\ E(X_i^2) &= 0^2 \times P(X_i = 0) + 1^2 \times P(X_i = 1) \\ &= P(X_i = 1) = \frac{1}{2} \\ V(X_i) &= E(X_i^2) - (E(X_i))^2 = \frac{1}{2} - \left(\frac{1}{2}\right)^2 = \frac{1}{4}. \end{aligned}$$

b)2) Par définition des va : $\displaystyle\sum_{i=1}^{n} X_i = N$. Donc :

$$V(N) = V\left(\sum_{i=1}^{n} X_i\right) = \sum_{i=1}^{n} V(X_i) + 2 \sum_{1 \leqslant i < j \leqslant n} \mathrm{Cov}(X_i, X_j).$$

Par raison de symétrie, les va X_i ont même loi, et toutes les variances et covariances sont égales.

Donc : $V(N) = nV(X_1) + 2\binom{n}{2}\mathrm{Cov}(X_1, X_2)$

$$\iff \mathrm{Cov}(X_1, X_2) = \frac{V(N) - nV(X_1)}{2\binom{n}{2}} = \frac{\frac{n(n+2)}{12} - \frac{n}{4}}{n(n-1)} = \frac{1}{12}.$$

Ainsi, pour tous $i, j \in [\![1\,;n]\!]$ tels que $i \neq j$:

$$\mathrm{Cov}(X_i, X_j) = \frac{1}{12}.$$

c) On a alors : $S = \sum_{i=1}^{n} iX_i$.

• Par linéarité de l'espérance :

$$E(S) = \sum_{i=1}^{n} iE(X_i) = \frac{1}{2}\sum_{i=1}^{n} i = \frac{n(n+1)}{4}.$$

• $V(S) = \sum_{i=1}^{n} V(iX_i) + 2\sum_{1\leqslant i<j\leqslant n} \mathrm{Cov}(iX_i, jX_j)$

$$= \sum_{i=1}^{n} i^2 V(X_i) + 2\sum_{1\leqslant i<j\leqslant n} i\,j\,\mathrm{Cov}(X_i, X_j)$$

$$= \frac{1}{4}\sum_{i=1}^{n} i^2 + 2\times\frac{1}{12}\sum_{1\leqslant i<j\leqslant n} ij.$$

Or :

$$\sum_{1\leqslant i<j\leqslant n} ij = \sum_{j=2}^{n} j\left(\sum_{i=1}^{j-1} i\right)$$

$$= \sum_{j=2}^{n}\frac{j^2(j-1)}{2} = \frac{1}{2}\left(\sum_{j=1}^{n} j^3 - \sum_{j=1}^{n} j^2\right)$$

$$= \frac{1}{2}\left(\frac{n^2(n+1)^2}{4} - \frac{n(n+1)(2n+1)}{6}\right)$$

$$= \frac{n(n-1)(3n+2)(n+1)}{24}.$$

Donc :

$$V(S) = \frac{1}{4}\times\frac{n(n+1)(2n+1)}{6} + \frac{1}{6}\times\frac{n(n-1)(3n+2)(n+1)}{24}$$

$$= \frac{n(n+1)(3n^2+11n+4)}{144}.$$

18.16 *a)* • Une variance étant toujours positive ou nulle, on a : $\forall t \in \mathbb{R},\ V(tX + Y) \geqslant 0$.

• Or :

$$\forall t \in \mathbb{R},\ V(tX + Y) = V(tX) + 2\,\mathrm{Cov}(tX, Y) + V(Y)$$

$$= t^2 V(X) + 2\,t\,\mathrm{Cov}(X, Y) + V(Y).$$

Ainsi, $P : t \longmapsto t^2\,V(X) + 2\,t\,\mathrm{Cov}(X, Y) + V(Y)$ est une fonction polynôme de degré inférieur ou égal à 2, positive ou nulle sur $\mathbb{R}$. Donc son discriminant est négatif ou nul.

On en déduit :

$$\Delta = 4\,\mathrm{Cov}(X, Y)^2 - 4V(X)V(Y) \leqslant 0.$$

Ainsi :

$$\mathrm{Cov}(X, Y)^2 \leqslant V(X)V(Y),$$

et donc :

$$\left|\mathrm{Cov}(X, Y)\right| \leqslant \sqrt{V(X)V(Y)}.$$

b) De plus : $\left|\mathrm{Cov}(X, Y)\right| = \sqrt{V(X)V(Y)} \iff \Delta = 0$.

Donc le polynôme P admet une unique racine réelle : t_0.

On a alors : $P(t_0) = 0 = V(t_0X + Y)$.

Ainsi la va $t_0X + Y$ est de variance nulle, donc c'est une va certaine, égale à un réel a. On en déduit : $t_0X + Y = a$, autrement dit $Y = -t_0X + a$.

On conclut que les va X et Y sont liées par une relation affine.

18.17 *a)* <u>Loi de S</u> :

La va S prend ses valeurs dans $\mathbb{N}$.

Soit $n \in \mathbb{N}$. Puisque T prend ses valeurs dans $[\![1\,;N]\!]$:

$$P(S = n) = \sum_{k=1}^{N} P(S = n, T = k)$$

$$= \sum_{k=1}^{N} P(T = k, X_1 + \cdots X_k = n)$$

$$= \sum_{k=1}^{N} P(T = k)P(X_1 + \cdots + X_k = n),$$

car T est indépendante des va $X_1, \ldots, X_k$, donc T est indépendante de $X_1 + \cdots + X_k$.

b) S admet une espérance $\iff \sum_{n\geqslant 0} nP(S = n)$ converge.

Or :

$$\sum_{n=0}^{M} nP(S = n) = \sum_{n=0}^{M}\left(\sum_{k=1}^{N} nP(T = k)P(X_1 + \cdots + X_k = n)\right)$$

$$= \sum_{k=1}^{N}\left(\sum_{n=0}^{M} nP(T = k)P(X_1 + \cdots + X_k = n)\right)$$

$$= \sum_{k=1}^{N} P(T = k)\left(\sum_{n=0}^{M} nP(X_1 + \cdots + X_k = n)\right).$$

Pour tout k de $[\![1\,;N]\!]$, puisque $X_1, \ldots, X_k$ admettent une espérance, $X_1 + \cdots + X_k$ aussi, et :

$$E(X_1 + \cdots + X_k) = E(X_1) + \cdots + E(X_k) = kE(X_1)$$

car les va X_i ont toutes la même loi.

Mais : $\forall k \in [\![1\,;N]\!]$,

$$E(X_1 + \cdots + X_k) = \sum_{n=0}^{+\infty} nP(X_1 + \cdots + X_k = n).$$

Ainsi : $\forall k \in [\![1\,;N]\!]$,

$$\sum_{n=0}^{M} nP(X_1 + \cdots + X_k = n) \underset{M\to+\infty}{\longrightarrow} E(X_1 + \cdots + X_k) = kE(X_1).$$

On en déduit :

$$\sum_{n=0}^{M} nP(S = n) \underset{M\to+\infty}{\longrightarrow} \sum_{k=1}^{N} P(T = k)kE(X_1)$$

$$= E(X_1) \underbrace{\sum_{k=1}^{N} kP(T = k)}_{=E(T)} = E(X_1)E(T).$$

Donc S admet une espérance et $E(S) = E(X_1)E(T)$.

Lois usuelles, convergence et approximations

CHAPITRE 19

Plan

On abrège variable aléatoire en va.

Thèmes abordés dans les exercices

- Lois usuelles discrètes finies : loi de Bernoulli, loi binomiale, loi hypergéométrique, loi uniforme
- Lois usuelles discrètes infinies : loi géométrique, loi de Poisson
- Loi faible des grands nombres
- Approximation d'une loi hypergéométrique et d'une loi binomiale.

Points essentiels du cours pour la résolution des exercices

- Loi de Bernoulli : définition, espérance et variance
- Loi binomiale : définition, espérance et variance
- Loi hypergéométrique : définition et espérance
- Loi uniforme sur $[\![1\,;n]\!]$: définition, espérance et variance
- Loi géométrique : définition, espérance et variance
- Loi de Poisson : définition, espérance et variance
- Loi faible des grands nombres pour une suite de variables de Bernoulli indépendantes et de même paramètre
- Approximation d'une loi hypergéométrique par une loi binomiale
- Approximation d'une loi binomiale d'un certain type par une loi de Poisson.

Les méthodes à retenir

Pour reconnaître une loi usuelle discrète

Essayer de :

- reconnaître une « situation type » d'une loi usuelle

Nom	Situation type
Loi de Bernoulli : $b(p)$	Succès ou échec (1 ou 0) lors d'une expérience n'ayant que deux issues dont la probabilité de succès est p
Loi binomiale : $\mathscr{B}(n, p)$	Loi du nombre de succès lors d'une succession de n épreuves de Bernoulli indépendantes et de même paramètre p
Loi hyper-géométrique : $\mathscr{H}(N, n, p)$	Loi du nombre de boules blanches obtenues lors d'un tirage sans remise (ou d'un tirage simultané) de n boules dans une urne contenant initialement Np boules blanches et $N(1-p)$ boules noires
Loi uniforme : $\mathscr{U}([\![1\,;n]\!])$	Choix d'un entier « au hasard » entre 1 et n
Loi géométrique : $\mathscr{G}(p)$	Loi du numéro de l'épreuve amenant le premier succès lors d'une succession d'épreuves de Bernoulli indépendantes et de même paramètre p

Remarque : Contrairement aux autres loi, la loi de Poisson ne correspond à aucune situation type.

➥ **Exercices 19.1, 19.9 à 19.16**

- utiliser l'une des méthodes décrites dans le chapitre 17 et reconnaître une loi usuelle par l'expression de $P(X = k)$

Nom – Variable	Loi de probabilité
Loi de Bernoulli : $X \hookrightarrow b(p)$	$X(\Omega) = \{0, 1\}$ $P(X = 1) = p$ et $P(X = 0) = 1 - p$
Loi binomiale : $X \hookrightarrow \mathscr{B}(n, p)$	$X(\Omega) = [\![0\,;n]\!]$ $\forall k \in [\![0\,;n]\!],\quad P(X = k) = \binom{n}{k} p^k (1-p)^{n-k}$
Loi hyper-géométrique : $X \hookrightarrow \mathscr{H}(N, n, p)$	$X(\Omega) = [\![a\,;b]\!] \subset [\![0\,;n]\!]$ où $\begin{cases} a = \max(0, n - Nq) \\ b = \min(n, Np) \\ q = 1 - p \end{cases}$ $\forall k \in [\![a\,;b]\!],\quad P(X = k) = \dfrac{\binom{Np}{k}\binom{N(1-p)}{n-k}}{\binom{N}{n}}$

(suite)

Nom – Variable	Loi de probabilité
Loi uniforme : $X \hookrightarrow \mathscr{U}([\![1\,;n]\!])$	$X(\Omega) = [\![1\,;n]\!]$ $\forall k \in [\![1\,;n]\!],\quad P(X = k) = \dfrac{1}{n}$
Loi géométrique : $X \hookrightarrow \mathscr{G}(p)$	$X(\Omega) = \mathbb{N}^*$ $\forall n \in \mathbb{N}^*,\quad P(X = n) = (1 - p)^{n-1}\,p$
Loi de Poisson : $X \hookrightarrow \mathscr{P}(\lambda)$	$X(\Omega) = \mathbb{N}$ $\forall n \in \mathbb{N},\quad P(X = n) = \mathrm{e}^{-\lambda}\dfrac{\lambda^n}{n!}$

Exercices 19.2 à 19.4, 19.7, 19.15 à 19.18.

Pour déterminer l'espérance et la variance d'une va X dont la loi est une loi usuelle

Utiliser les résultats du cours :

Variable	Espérance	Variance
$X \hookrightarrow b(p)$	$E(X) = p$	$V(X) = p(1-p)$
$X \hookrightarrow \mathscr{B}(n,p)$	$E(X) = np$	$V(X) = np(1-p)$
$X \hookrightarrow \mathscr{H}(N,n,p)$	$E(X) = np$	$V(X) = np(1-p)\dfrac{N-n}{N-1}$ (∗)
$X \hookrightarrow \mathscr{U}([\![1\,;n]\!])$	$E(X) = \dfrac{n+1}{2}$	$V(X) = \dfrac{n^2-1}{12}$
$X \hookrightarrow \mathscr{G}(p)$	$E(X) = \dfrac{1}{p}$	$V(X) = \dfrac{1-p}{p^2}$
$X \hookrightarrow \mathscr{P}(\lambda)$	$E(X) = \lambda$	$V(X) = \lambda$

(∗) Résultat non exigible d'après le programme officiel, mais à savoir retrouver (voir exercices 19.6 et 19.12).

Exercices 19.5, 19.6, 19.9, 19.10, 19.12, 19.13, 19.15, 19.16.

Pour majorer ou minorer une probabilité

Penser à utiliser l'inégalité de Bienaymé-Tchebychev :

si X est une va discrète admettant une espérance $E(X)$ et une variance $V(X)$, alors :

$$\forall \varepsilon > 0,\quad P\Big(\big|X - E(X)\big| \geqslant \varepsilon\Big) \leqslant \frac{V(X)}{\varepsilon^2}.$$

Exercices 19.5, 19.9, 19.13.

Pour calculer la limite d'une probabilité du type $P(a \leqslant X_n \leqslant b)$	Essayer de transformer $P(a \leqslant X_n \leqslant b)$ en $P\left(\left\|Y_n - E(Y_n)\right\| \geqslant \varepsilon\right)$ où Y_n est une va définie à partir de X_n et : • si $Y_n = \dfrac{Z_1 + \cdots + Z_n}{n}$, avec $Z_1, \ldots, Z_n$ des va indépendantes suivant une loi de Bernoulli de même paramètre, utiliser la loi faible des grands nombres • sinon, utiliser l'inégalité de Bienaymé-Tchebychev. ➥ **Exercice 19.5.**

Pour calculer la probabilité d'un événement lié à une va X	Déterminer la loi de X puis en déduire une expression de la probabilité cherchée. Calculer alors cette probabilité par :
	• un calcul direct, si cela est faisable
	• sinon, penser à utiliser les approximations des lois, après avoir vérifier les conditions d'applications :
	  • si $X \hookrightarrow \mathscr{H}(N, n, p)$ avec $N \geqslant 10n$, alors on peut approcher la loi de X par la loi binomiale de paramètre (n, p)
	  • si $X \hookrightarrow \mathscr{B}(n, p)$ avec $n \geqslant 30$, $p \leqslant 0.1$ et $np \leqslant 15$, alors on peut approcher la loi de X par la loi de Poisson de paramètre np.
	➥ **Exercices 19.11, 19.14.**

Énoncés des exercices

19.1 Reconnaissance de lois usuelles

Pour chaque question, reconnaître la loi de X et en préciser les paramètres :

a) on lance un dé équilibré à 6 faces et on note X la va égale au numéro obtenu

b) une urne contient 12 boules : 6 boules vertes, 4 boules rouges et 2 boules noires ; on tire au hasard successivement et avec remise 8 boules et on note X la va égale au nombre de boules rouges obtenues

c) une urne contient 12 boules : 6 boules vertes, 4 boules rouges et 2 boules noires ; on tire au hasard successivement et sans remise 8 boules et on note X la va égale au nombre de boules rouges obtenues

d) une urne contient 12 boules : 6 boules vertes, 4 boules rouges et 2 boules noires ; on effectue des tirages successifs et avec remise jusqu'à obtenir une boule rouge et on note X la va égale au nombre de tirages effectués

e) on range au hasard 10 boules dans 3 sacs de façon équiprobable et on note X le nombre de boules mises dans le premier sac

f) les 32 cartes d'un jeu sont alignées, faces cachées, sur une table de façon aléatoire ; on découvre les cartes, de gauche à droite jusqu'à obtenir la dame de cœur et on note X la va égale au nombre de cartes découvertes

g) un sac contient 26 jetons sur lesquels figurent les 26 lettres de l'alphabet ; on tire au hasard une poignée de 5 jetons au hasard et on note X le nombre de voyelles obtenues

h) une urne contient n jetons numérotés de 1 à n ($n \in \mathbb{N}^*$) ; on les tire au hasard un à un sans remise jusqu'à obtenir le jeton numéro 1 et on note X le nombre de tirages effectués

i) une urne contient n jetons numérotés de 1 à n ($n \in \mathbb{N}^*$) ; on les tire au hasard un à un avec remise jusqu'à obtenir le jeton numéro 1 et on note X le nombre de tirages effectués

j) on pose n questions à un élève ; pour chaque question, r réponses sont proposées dont une et une seule est correcte ; l'élève répond au hasard à chaque question et on note X la va égale au nombre de bonnes réponses.

19.2 Somme de deux va indépendantes suivant une loi binomiale

Soient X et Y deux va indépendantes suivant respectivement la loi binomiale de paramètre (n, p) et la loi binomiale de paramètre (m, p), avec $n \in \mathbb{N}, m \in \mathbb{N}, p \in]0\,;1[$.

a) Déterminer la loi de $S = X + Y$.

b) À quelle situation type peut-on associer les va X et Y ? Que représente alors S ? Commenter le résultat obtenu au *a)*.

c) Soit $k \in [\![0\,;n+m]\!]$. Déterminer la loi conditionnelle de X sachant que $(S = k)$.

19.3 Somme de deux va indépendantes suivant une loi de Poisson

Soient X et Y deux va indépendantes suivant respectivement la loi de Poisson de paramètre λ et la loi de Poisson de paramètre μ, avec $\lambda > 0$ et $\mu > 0$.

a) Déterminer la loi de $S = X + Y$.

b) Soit $n \in \mathbb{N}$. Déterminer la loi conditionnelle de X sachant que $(S = n)$.

19.4 Somme, minimum et maximum de deux va indépendantes suivant une loi géométrique de même paramètre

Soient X et Y deux va indépendantes suivant toutes les deux la loi géométrique de paramètre p, avec $p \in]0\,;1[$.

a) Déterminer la loi de $X + Y$, la loi de $\min(X, Y)$ et la loi de $\max(X, Y)$.

b) À quelle situation type peut-on associer les va X et Y ? Que représente alors $X + Y$, $\min(X, Y)$ et $\max(X, Y)$?

c) Calculer les probabilités suivantes : $P(X = Y)$ et $P(X \leqslant Y)$.

19.5 Exemples de convergence en probabilité de va

On considère une suite $(X_n)_{n\in\mathbb{N}^*}$ de va indépendantes suivant toutes la même loi de Bernoulli de paramètre p avec $0 < p < 1$. Pour tout n de $\mathbb{N}^*$, on pose :

$$S_n = \frac{X_1 + \cdots + X_n}{n}, \quad Y_n = \frac{X_n + X_{n+1}}{2} \quad \text{et} \quad T_n = \frac{Y_1 + \cdots + Y_n}{n}.$$

a) Justifier : $\forall \varepsilon > 0,\ \lim\limits_{n\infty} P\big(|S_n - p| \geqslant \varepsilon\big) = 0$

b) *1)* Soit $n \in \mathbb{N}^*$. Donner la loi et l'espérance de Y_n.

2) Soient $n, m \in \mathbb{N}^*$ tels que $n < m$. Les va Y_n et Y_m sont-elles indépendantes ?

c) Montrer : $\forall \varepsilon > 0,\ \lim\limits_{n\infty} P\big(|T_n - p| \geqslant \varepsilon\big) = 0.$

19.6 **Espérance et variance d'une loi hypergéométrique**

Soient N et n deux entiers naturels tels que $n \leqslant N$ et $p \in]0\,;1[$ tel que $Np \in \mathbb{N}$.

On considère une va X suivant la loi hypergéométrique de paramètre (N, n, p).

Calculer l'espérance et la variance de X.

19.7 **Probabilité qu'une va de loi donnée soit à valeurs paires**

Soit $(X_n)_{n\in\mathbb{N}^*}$ une suite de va indépendantes suivant la même loi de Bernoulli de paramètre p, avec $0 < p < 1$.

On pose, pour tout n de $\mathbb{N}^*$, $S_n = X_1 + \cdots + X_n$, et u_n la probabilité que S_n soit pair.

a) Préciser, pour tout n de $\mathbb{N}^*$, la loi de S_n.

b) Calculer u_1, u_2, u_3.

c) Montrer qu'il existe deux réels a et b tels que : $\forall n \in \mathbb{N}^*, \quad u_{n+1} = au_n + b$.
En déduire une expression de u_n en fonction de n, ainsi que la limite de la suite $(u_n)_{n\in\mathbb{N}^*}$.

19.8 **Quelques calculs avec une loi de Poisson**

On considère une va X suivant la loi de Poisson de paramètre λ, avec $\lambda > 0$.

a) On note p la probabilité que X soit pair et q la probabilité que X soit impair.

Calculer $p + q$ et $p - q$, et en déduire p et q.

La va X a-t-elle plus de chance d'être paire ou d'être impaire ?

b) 1) Pour tout n de $\mathbb{N}$, calculer $u_n = \dfrac{P(X = n+1)}{P(X = n)}$.

2) En déduire le mode de X, c'est-à-dire la valeur que prend X avec la plus grande probabilité.

19.9 **Détermination d'une proportion inconnue p de boules blanches dans une urne**

Soit $n \geqslant 1$. Une urne contient une proportion inconnue p de boules blanches. On y effectue n tirages avec remise et on note X_n le nombre de boules blanches obtenues lors de ces n tirages.

a) Donner la loi, l'espérance et la variance de X_n.

b) Montrer : $\forall \varepsilon > 0, \quad P\left(\left|\dfrac{X_n}{n} - p\right| \geqslant \varepsilon\right) \leqslant \dfrac{1}{4n\varepsilon^2}$.

c) Combien de tirages faut-il effectuer pour pouvoir affirmer, avec un risque d'erreur inférieur à 5%, que la fréquence d'obtention de boules blanches au cours des tirages diffère de p d'au plus 10^{-2} ?

19.10 **Répartition de n boules dans 3 sacs**

Soit $n \geqslant 1$. On répartit au hasard n boules dans 3 sacs notés S_1, S_2, S_3, indépendamment les unes des autres. On note, pour tout i de $\{1, 2, 3\}$, N_i le nombre de boules dans le sac S_i.

a) Déterminer les lois, les espérances et les variances de N_1, N_2, N_3.

b) Déterminer la loi de $N_1 + N_2$. En déduire la covariance de (N_1, N_2), et commenter son signe.

19.11 **Un exemple d'approximation d'une loi**

Une urne d'un bureau de vote renferme 1000 bulletins, parmi lesquels 50 sont déclarés nuls. On prend 100 bulletins au hasard, on note X le nombre de bulletins déclarés nuls de l'échantillon.

a) Déterminer la loi de X. Par quelle loi peut-on approcher la loi de X ?

b) En déduire des valeurs approchées de $P(X = 5)$ et de $P(X \leqslant 5)$.

19.12 Espérance et variance d'une loi hypergéométrique

Soient $N \geqslant 2$ et $0 < p < 1$. Une urne contient N boules blanches ou noires. Initialement, la proportion de boules blanches est p et la proportion de boules noires est $q = 1 - p$. On tire au hasard n boules de l'urne simultanément, avec $n \leqslant N$. On note X la va égale au nombre de boules blanches obtenues.

On suppose que les boules blanches sont numérotées de 1 à Np, et pour tout i de $[\![1\,;Np]\!]$, on note X_i la va égale à 1 si on a tiré la boule blanche numéro i et égale à 0 sinon.

a) Donner la loi de X.

b) 1) Soit $i \in [\![1\,;Np]\!]$. Donner la loi de X_i, son espérance et sa variance.

2) Soient $i, j \in [\![1\,;Np]\!]$ tels $i \neq j$. Calculer la covariance de (X_i, X_j).

c) Exprimer X à l'aide des va X_i et retrouver l'expression de l'espérance et la variance de X obtenus dans l'exercice 19.6.

19.13 Exemple d'utilisation de l'inégalité de Bienaymé-Tchebychev

Un exploitant agricole possède 100 vaches qui se répartissent au hasard entre deux étables, qui contiennent chacune n places ($50 \leqslant n \leqslant 100$).

À l'aide de l'inégalité de Bienaymé-Tchebychev, déterminer une valeur de n permettant à chaque vache de trouver une place, avec une probabilité supérieure à 95 %.

19.14 Un exemple d'approximation d'une loi

Une entreprise fabrique des boîtes dont certaines sont défectueuses. On suppose que l'entreprise fabrique 100 boîtes par jour, que la probabilité qu'une boîte soit défectueuse est égale à 2% et que les boîtes sont défectueuses ou non indépendamment les unes des autres.

On note X la va égale au nombre de boîtes défectueuses fabriquées un jour donné.

a) Déterminer la loi de X. Par quelle loi peut-on approcher la loi de X ?

b) Calculer une valeur approchée de la probabilité qu'au plus deux boîtes défectueuses soient fabriquées dans la même journée.

c) On considère que l'entreprise perd sa qualification si, au cours d'une journée, 5 % ou plus des boîtes fabriquées sont défectueuses. Calculer la probabilité pour que, un jour donné, l'entreprise perde sa qualification.

Comment évoluent ces risques si l'entreprise double son nombre de boîtes fabriquées par jour ?

19.15 Greffes sur des rosiers

Soit $n \in \mathbb{N}^*$. On dispose de n rosiers, sur chacun desquels on opère une greffe. Lorsqu'une greffe est opérée, on sait au bout d'une semaine si elle a pris ou non, et si la greffe ne prend pas, on recommence jusqu'à ce qu'elle prenne effectivement. On suppose que la probabilité qu'une greffe donnée prenne est égale à p, avec $p \in]0\,;1[$, et que toutes ces expériences sont mutuellement indépendantes.

On note, pour tout $k \in [\![1\,;n]\!]$, X_k la va égale au nombre de greffes nécessaires à la prise du rosier numéro k. On définit également :

la va Y égale au nombre de semaines nécessaires à la prise d'au moins une greffe,

la va Z égale au nombre de semaines nécessaires à la prise de toutes les greffes.

a) Déterminer, pour tout $k \in [\![1\,;n]\!]$, la loi de X_k, son espérance et sa variance.

b) Calculer, pour tout $m \geqslant 1$, $P(Y \geqslant m)$. En déduire la loi de Y et son espérance.

c) 1) Calculer, pour tout $m \geqslant 1$, $P(Z \leqslant m)$.

2) En déduire la loi de Z.

3) En utilisant l'exercice 17.18, montrer que Z admet une espérance. Calculer $E(Z)$ lorsque $n = 2$.

19.16 Un QCM

Soient $n \geqslant 1$ et $p \in]0\,;1[$. Un QCM comporte n questions. Pour chaque question, un élève a la probabilité p de connaître la bonne réponse et donc de répondre correctement.

a) On note X la va égale au nombre de bonnes réponses données. Reconnaître la loi de X. Donner son espérance et sa variance.

b) L'élève a la possibilité de répondre une seconde fois aux questions mal répondues. On note Y le nombre de questions refaites et Z le nombre de questions refaites et correctement répondues.

1) Soit $k \in [\![0\,;n]\!]$. Déterminer la loi conditionnelle de Z sachant $(Y = k)$.

2) En déduire la loi de Z et son espérance.

c) On définit la va $S = X + Z$. Que représente S ? Montrer que S suit une loi binomiale et préciser ses paramètres.

19.17 Une succession d'épreuves de Bernoulli

On considère une va discrète N telle que $N(\Omega) = \mathbb{N}$ et, pour tout n de $\mathbb{N}$, $P(N = n) \neq 0$.

Si N prend la valeur $n \in \mathbb{N}$, on décide de procéder à une succession de n épreuves de Bernoulli indépendantes et de paramètre p, avec $p \in]0\,;1[$. On note S et E les va égales respectivement au nombre de succès et d'échecs lors de ces n épreuves.

a) On suppose que N suit la loi de Poisson de paramètre $\lambda > 0$.

1) Montrer que S et E suivent des lois de Poisson dont on précisera le paramètre.

2) Montrer que les variables S et E sont indépendantes.

b) Réciproquement : on suppose que les variables S et E sont indépendantes.

1) Montrer qu'il existe deux suites $(u_n)_{n\in\mathbb{N}}$ et $(v_m)_{m\in\mathbb{N}}$ telles que :

$$\forall (n, m) \in \mathbb{N}^2, \quad (n + m)!\, P(N = n + m) = u_n\, v_m.$$

2) Montrer que les deux suites $(u_n)_{n\in\mathbb{N}}$ et $(v_m)_{m\in\mathbb{N}}$ sont géométriques.

3) En déduire que N suit une loi de Poisson.

19.18 Remplacements de composants

Un premier composant est mis en service à l'instant 0 et, quand il tombe en panne, il est remplacé instantanément par un composant identique qui sera remplacé à son tour à l'instant de sa première panne dans les mêmes conditions, et ainsi de suite.

On note, pour tout i de $\mathbb{N}^*$, T_i la va égale à la durée de vie du i-ième composant. On suppose que, pour tout i de $\mathbb{N}^*$, T_i suit la loi géométrique de paramètre p avec $p \in]0\,;1[$ et que les va T_i sont mutuellement indépendantes.

On note, pour tout k de $\mathbb{N}^*$: $S_k = \displaystyle\sum_{i=1}^{k} T_i$.

a) Soit $k \in \mathbb{N}^*$. Que représente la va S_k ? Déterminer sa loi.

On pourra utiliser : pour tout $(p, n) \in \mathbb{N}^2$ tel que $p \leqslant n$, $\displaystyle\sum_{k=p}^{n} \binom{k}{p} = \binom{n+1}{p+1}$.

b) Soit $n \in \mathbb{N}^*$. On note U_n la va égale au nombre de pannes (et donc de remplacements) survenues jusqu'à l'instant n inclus.

1) Montrer : $P(U_n = 0) = (1-p)^n$ et $P(U_n = n) = p^n$.

2) Exprimer, pour tout $k \in \mathbb{N}^*$, l'événement $(U_n \geqslant k)$ à l'aide d'un événement faisant intervenir la va S_k.

3) En déduire que U_n suit la loi binomiale de paramètre (n, p).

Du mal à démarrer ?

19.1 Essayer de reconnaître des situations types.

19.2 *a)* Écrire, pour tout k de $[\![0\,;n+m]\!]$:

$$P(S=k) = \sum_{(i,j)\,;\,i+j=k} P(X=i, Y=j),$$

utiliser ensuite l'indépendance de X et Y, puis la formule de Vandermonde. Montrer que S suit une loi binomiale.

c) Écrire, pour tout i de $[\![0\,;k]\!]$:

$$P_{(S=k)}(X=i) = \frac{P(X=i, S=k)}{P(S=k)} = \frac{P(X=i, Y=k-i)}{P(S=k)},$$

puis utiliser l'indépendance de X et Y.

19.3 *a)* Écrire, pour tout n de $\mathbb{N}$:

$$P(S=n) = \sum_{k=0}^{n} P(X=k, Y=n-k),$$

puis utiliser l'indépendance de X et Y.

Montrer que S suit une loi de Poisson.

b) Écrire, pour tout k de $[\![0\,;n]\!]$:

$$P_{(S=n)}(X=k) = \frac{P(X=k, S=n)}{P(S=n)} = \frac{P(X=k, Y=n-k)}{P(S=n)},$$

puis utiliser l'indépendance de X et Y.

19.4 *a)* Pour la loi de $X+Y$, écrire :

$$P(X+Y=n) = \sum_{k=1}^{n-1} P(X=k, Y=n-k).$$

Pour la loi de $\min(X, Y)$, commencer par calculer $P(\min(X,Y) \geqslant n)$.

Pour la loi de $\max(X, Y)$, commencer par calculer $P(\max(X,Y) \leqslant n)$.

c) Écrire : $\displaystyle P(X=Y) = \sum_{n=1}^{+\infty} P(X=n, Y=n)$

et $\displaystyle P(X \leqslant Y) = \sum_{n=1}^{+\infty} P(X=n, Y \geqslant n)$.

19.5 *a)* Utiliser la loi faible des grands nombres.

b) 1) Montrer : $P(Y_n = 0) = (1-p)^2$, $P(Y_n = 1) = p^2$ et $P\left(Y_n = \dfrac{1}{2}\right) = 2p(1-p)$.

En déduire $E(Y_n)$.

b) 2) Montrer que si $m > n+1$, alors Y_n et Y_m sont indépendantes ; et si $m = n+1$, alors Y_n et Y_m ne sont pas indépendantes.

c) Utiliser l'inégalité de Bienaymé-Tchebychev pour majorer $P(|T_n - p| \geqslant \varepsilon)$.

19.6 • Pour calculer l'espérance, utiliser la définition, la formule $k\binom{n}{k} = n\binom{n-1}{k-1}$ et la formule de Vandermonde.

Pour calculer la variance, commencer par calculer $E(X(X-1))$ en utilisant le théorème de transfert et la formule de Vandermonde. En déduire la variance.

19.7 *a)* Utiliser un résultat de cours.

b) Expliciter les probabilités demandées.

c) • En notant, pour tout $n \in \mathbb{N}^*$, A_n l'événement : « la va S_n est paire », écrire : $u_{n+1} = P(A_n)P_{A_n}(A_{n+1}) + P(\overline{A_n})P_{\overline{A_n}}(A_{n+1})$,

puis justifier : $P_{A_n}(A_{n+1}) = P(X_{n+1} = 0)$
$P_{\overline{A_n}}(A_{n+1}) = P(X_{n+1} = 1)$.

• En déduire que la suite $(u_n)_{n \in \mathbb{N}^*}$ est une suite arithmético-géométrique. Trouver alors l'expression de u_n en fonction de n puis sa limite lorsque n tend vers $+\infty$.

19.8 *a)* Obtenir : $p = e^{-\lambda}\sum_{n=0}^{+\infty}\frac{\lambda^{2n}}{(2n)!}$ et $q = e^{-\lambda}\sum_{n=0}^{+\infty}\frac{\lambda^{2n+1}}{(2n+1)!}$.

b) 1) Montrer : $\forall n \in \mathbb{N},\ u_n = \frac{\lambda}{n+1}$.

b) 2) Déduire de la question précédente, les variations de $P(X = n)$ en fonction de n, et déterminer n_0 tel que $P(X = n_0)$ est maximal.

Séparer les cas : $\lambda \in \mathbb{N}^*$, $\lambda \in]0\,;1[$, $\lambda \in]1\,;+\infty[\setminus\mathbb{N}^*$.

19.9 *a)* Reconnaître que la va X suit la loi binomiale de paramètre (n, p).

b) Appliquer l'inégalité de Bienaymé-Tchebychev à $\frac{X_n}{n}$.

Puis utiliser : $\forall p \in [0\,;1],\ p(1-p) \leqslant \frac{1}{4}$.

c) Déterminer un entier n tel que : $P\left(\left|\frac{X_n}{n} - p\right| \geqslant 10^{-2}\right) \leqslant 0.05$.

19.10 *a)* Reconnaître que les va N_1, N_2, N_3 suivent la loi binomiale de paramètre $\left(n, \frac{1}{3}\right)$.

b) Justifier que la va $N_1 + N_2$ suit la loi binomiale de paramètre $\left(n, \frac{2}{3}\right)$. En déduire $V(N_1 + N_2)$ puis $\mathrm{Cov}(N_1, N_2)$.

19.11 *a)* Montrer que X suit la loi hypergéométrique de paramètre (1000, 100, 0.05), et que l'on peut approcher cette loi par la loi de Poisson de paramètre 5.

b) Calculer des valeurs approchées des probabilités demandées en utilisant l'approximation de la loi de X.

19.12 *a)* Justifier que X suit la loi hypergéométrique de paramètre (N, n, p).

b) 1) Considérer, pour tout i de $[\![1\,;Np]\!]$, E_i l'événement :

« on a tiré la boule blanche numéro i ».

Montrer $\mathrm{Card}(E_i) = \binom{N-1}{n-1}$; en déduire $P(E_i) = P(X_i = 1)$.

En déduire la loi de X_i, son espérance et sa variance.

b) 2) Montrer : $E(X_iX_j) = P(X_i = 1, X_j = 1) = P(E_i \cap E_j)$.

En déduire $E(X_iX_j)$ puis $\mathrm{Cov}(X_i, X_j)$.

c) Remarquer : $X = X_1 + \cdots + X_{Np}$.

Pour calculer $E(X)$, utiliser la linéarité de l'espérance.

Pour calculer $V(X)$, utiliser la formule sur la variance d'une somme.

19.13 Considérer la va X égale au nombre de vaches qui choisissent l'étable numéro 1, et montrer que X suit la loi binomiale de paramètre $\left(100, \frac{1}{2}\right)$.

En déduire que l'événement E :

« chaque vache trouve une place »

s'écrit : $E = (100 - n \leqslant X \leqslant n)$.

Déterminer ensuite un entier n tel que $P(E) \geqslant 0.95$; à cet effet, utiliser l'inégalité de Bienaymé-Tchebychev.

19.14 *a)* Montrer que X suit la loi binomiale de paramètre (100, 0.02) et que l'on peut approcher sa loi par la loi de Poisson de paramètre 2.

b) 1) Calculer $P(X \leqslant 2)$ en utilisant l'approximation précédente.

c) Noter F l'événement :

« l'entreprise perd sa qualification un jour donné ».

- Calculer alors une valeur approchée $P(F) = P(X \geqslant 5)$.
- Si l'entreprise double sa fabrication, montrer que l'on a $P(F) = P(X \geqslant 10)$ avec X qui suit la loi binomiale de paramètre (200, 0.02) que l'on peut approcher par la loi de Poisson de paramètre 4.

En déduire une valeur approchée $P(F)$ dans ce cas.

19.15 *a)* Justifier que X_k suit la loi géométrique de paramètre p.

b) Remarquer que $Y = \min(X_1, \ldots, X_n)$. En déduire la loi de Y par la méthode habituelle, et reconnaître une loi usuelle.

c) Remarquer que $Z = \max(X_1, \ldots, X_n)$. En déduire la loi de Z par la méthode habituelle.

Montrer ensuite que la série $\sum_{m\geqslant 0} P(Z > m)$ converge, pour en déduire, à l'aide de l'exercice 17.18 que Z admet une espérance.

19.16 *a)* Justifier que X suit la loi binomiale de paramètre (n, p).

b) 1) Justifier que la loi conditionnelle de Z sachant $(Y = k)$ est la loi binomiale de paramètre (k, p).

2) Remarquer que $Y = n - X$, et en déduire la loi de Y.

Pour déterminer la loi de Z, utiliser la formule des probabilités totales.

c) Justifier que S prend ses valeurs dans $[\![0\,;n]\!]$, calculer, pour tout $k \in [\![0\,;n]\!]$, $P(S = k)$ en écrivant :

$$P(S = k) = \sum_{i=0}^{k} P(X = i, Z = k - i).$$

19.17 *a) 1)* • Remarquer que, pour tout $n \in \mathbb{N}$, la loi conditionnelle de S sachant $(N = n)$ est la loi binomiale de paramètre (n, p), et la loi conditionnelle de E sachant $(N = n)$ est la loi binomiale de paramètre $(n, 1 - p)$.

En déduire la loi de S et la loi de E en utilisant la formule des probabilités totales.

2) Montrer : $\forall k, \ell \in \mathbb{N},\ P(S = k, E = \ell) = P(S = k)P(E = \ell)$.

b) 1) Calculer, pour tout $(n, m) \in \mathbb{N}^2$, $P(N = n + m, S = n)$ de deux façons différentes, puis en déduire le résultat demandé.

2) Montrer que, pour tout $(n, m) \in \mathbb{N}^2$, $u_n v_m = u_{n+1} v_{m-1}$.

Puis prendre $m = 0$ pour en déduire que la suite $(u_n)_{n \in \mathbb{N}}$ est géométrique.

c) Montrer alors qu'il existe un réel $q > 0$ tel que :

$$\forall n \in \mathbb{N},\quad P(N = n) = e^{-q}\frac{q^n}{n!}.$$

19.18 *a)* Montrer par récurrence sur k que :

$$\forall k \in \mathbb{N}^*,\quad \forall n \geqslant k,\quad P(S_k = n) = \binom{n-1}{k-1} p^k (1-p)^{n-k}.$$

b) 1) Expliciter les événements $(U_n = 0)$ et $(U_n = n)$.

2) Justifier : $\quad (U_n \geqslant k) = (S_k \leqslant n)$.

3) En déduire $P(U_n = k) = P(S_k \leqslant n) - P(S_{k+1} \leqslant n)$, puis utiliser la loi de S_k, la formule du triangle de Pascal, et faire apparaître des sommes téléscopiques.

Corrigés des exercices

19.1 *a)* Le dé étant équilibré, chaque face a la probabilité $\frac{1}{6}$ d'être obtenu. Donc X suit la loi uniforme sur $[\![1\,;6]\!]$.

b) On réalise ici une succession de 8 épreuves de Bernoulli (tirer une boule) de façons indépendantes et dont la probabilité de succès (obtenir une boule rouge) est $\frac{4}{12} = \frac{1}{3}$.

Donc X suit la loi binomiale de paramètre $\left(8, \frac{1}{3}\right)$.

c) Les tirages s'effectuent ici sans remise, il n'y a donc pas indépendance des expériences. Il y a 12 boules dans l'urne, la proportion initiale de boules rouges est $\frac{1}{3}$ et on tire 8 boules. Donc X suit la loi hypergéométrique de paramètre $\left(12, 8, \frac{1}{3}\right)$.

d) On réalise ici une succession d'épreuves de Bernoulli (tirer une boule), de façon indépendantes, dont la probabilité de succès (obtenir une boule rouge) est $\frac{4}{12} = \frac{1}{3}$, jusqu'au premier succès.

Donc X suit la loi géométrique de paramètre $\frac{1}{3}$.

e) On réalise ici une succession de 10 épreuves de Bernoulli (mettre une boule dans l'un des 3 sacs) de façon indépendantes et dont la probabilité de succès (mettre la boule dans le premier sac) est $\frac{1}{3}$.

Donc X suit la loi binomiale de paramètre $\left(10, \frac{1}{3}\right)$.

f) La va X est égale à la place de la dame de cœur parmi les 32 cartes, cette place étant un entier « au hasard » entre 1 et 32. Donc X suit la loi uniforme sur $[\![1\,;32]\!]$.

g) Les tirages s'effectuent simultanément, il n'y a donc pas indépendance des résultats. Il y a 26 boules dans l'urne, la proportion de voyelles est $\frac{6}{26} = \frac{3}{13}$ et on tire 5 jetons. Donc X suit la loi hypergéométrique de paramètre $\left(26, 5, \frac{3}{13}\right)$.

h) Les tirages s'effectuant sans remise, X est égale à la place du jeton numéro 1, cette place étant un entier « au hasard » entre 1 et n. Donc X suit la loi uniforme sur $[\![1\,;n]\!]$.

i) On réalise ici une succession d'épreuves de Bernoulli (tirer un jeton), de façon indépendantes, dont la probabilité de succès (obtenir le jeton numéro) est $\frac{1}{n}$, jusqu'au premier succès. Donc X suit la loi géométrique de paramètre $\frac{1}{n}$.

j) On réalise ici une succession de n épreuves de Bernoulli (répondre à une question) de façon indépendantes et dont la probabilité de succès (répondre correctement) est $\frac{1}{r}$.

Donc X suit la loi binomiale de paramètre $\left(n, \frac{1}{r}\right)$.

19.2 *a)* La va S prend ses valeurs dans $[\![0\,;n+m]\!]$, car X (resp. Y) prend ses valeurs dans $[\![0\,;n]\!]$ (resp. $[\![0\,;m]\!]$).

Soit $k \in [\![0\,;n+m]\!]$. Alors :

$$\begin{aligned}
P(S=k) &= P\Big(\bigcup_{(i,j)\,;\,i+j=k}(X=i, Y=j)\Big)\\
&= \sum_{(i,j)\,;\,i+j=k} P(X=i, Y=j)\\
&\quad \text{par incompatibilité des événements}\\
&= \sum_{(i,j)\,;\,i+j=k} P(X=i)P(Y=j).\\
&\quad \text{par indépendance de } X \text{ et } Y
\end{aligned}$$

Or, pour tout $(i, j) \in \mathbb{N}^2$, on a :

$$P(X=i) = \binom{n}{i} p^i (1-p)^{n-i}$$

$$P(Y=j) = \binom{m}{j} p^j (1-p)^{m-j},$$

avec la convention $\binom{n}{i} = 0$ si $i > n$ et $\binom{m}{j} = 0$ si $j > m$.

On obtient alors :

$$\begin{aligned}
P(S=k) &= \sum_{(i,j)\,;\,i+j=k} \binom{n}{i} p^i (1-p)^{n-i} \binom{m}{j} p^j (1-p)^{m-j}\\
&= \sum_{(i,j)\,;\,i+j=k} \binom{n}{i}\binom{m}{j} p^{i+j}(1-p)^{n+m-(i+j)}\\
&= p^k (1-p)^{n+m-k} \underbrace{\sum_{(i,j)\,;\,i+j=k} \binom{n}{i}\binom{m}{j}}_{=\binom{n+m}{k}}.
\end{aligned}$$

Donc : $P(S=k) = \binom{n+m}{k} p^k (1-p)^{n+m-k}$.

Ainsi S suit la loi binomiale de paramètre $(n+m, p)$.

b) Supposons que l'on dispose d'une pièce amenant pile avec la probabilité p. On lance d'abord n fois cette pièce et on note X le nombre de piles obtenus ; puis on lance m fois cette pièce et on note Y le nombre de piles obtenus.

Alors X suit la loi binomiale de paramètre (n, p) et Y la loi binomiale de paramètre (m, p).

La va S correspond alors au nombre de piles obtenus lors des $n + m$ lancers. Donc S suit la loi binomiale de paramètre $(n + m, p)$ (on retrouve le résultat précédent).

c) Sachant que $(S = k)$, X prend ses valeurs dans $[\![0\,;k]\!]$.

Soit $i \in [\![0\,;k]\!]$. Alors :

$$\begin{aligned}
P_{(S=k)}(X = i) &= \frac{P(X = i, S = k)}{P(S = k)} = \frac{P(X = i, Y = k - i)}{P(S = k)}\\
&= \frac{P(X = i)P(Y = k - i)}{P(S = k)} \quad \text{par indep. de } X \text{ et } Y\\
&= \frac{\binom{n}{i}p^i(1-p)^{n-i}\binom{m}{k-i}p^{k-i}(1-p)^{m-(k-i)}}{\binom{n+m}{k}p^k(1-p)^{n+m-k}}\\
&= \frac{\binom{n}{i}\binom{m}{k-i}}{\binom{n+m}{k}}.
\end{aligned}$$

Ainsi, la loi conditionnelle de X sachant que $(S = k)$ est la loi hypergéométrique de paramètre $\left(n + m, k, \dfrac{n}{n+m}\right)$.

19.3 *a)* La va S prend ses valeurs dans $\mathbb{N}$, car X et Y prennent leurs valeurs dans $\mathbb{N}$.

Soit $n \in \mathbb{N}$. Alors :

$$\begin{aligned}
P(S = n) &= P\Big(\bigcup_{k=0}^{n}(X = k, Y = n - k)\Big)\\
&= \sum_{k=0}^{n} P(X = k, Y = n - k)\\
&\qquad \text{par incompatibilité des événements}\\
&= \sum_{k=0}^{n} P(X = k)P(Y = n - k)\\
&\qquad \text{par indépendance de } X \text{ et } Y\\
&= \sum_{k=0}^{n} e^{-\lambda}\frac{\lambda^k}{k!}e^{-\mu}\frac{\mu^{n-k}}{(n-k)!}\\
&= \frac{e^{-\lambda-\mu}}{n!}\sum_{k=0}^{n}\binom{n}{k}\lambda^k\mu^{n-k} \underset{\text{Newton}}{=} \frac{e^{-(\lambda+\mu)}}{n!}(\lambda+\mu)^n.
\end{aligned}$$

Ainsi S suit la loi de Poisson de paramètre $\lambda + \mu$.

b) Sachant que $(S = n)$, X prend ses valeurs dans $[\![0\,;n]\!]$.

Soit $k \in [\![0\,;n]\!]$. Alors :

$$\begin{aligned}
P_{(S=n)}(X = k) &= \frac{P(X = k, S = n)}{P(S = n)} = \frac{P(X = k, Y = n - k)}{P(S = n)}\\
&= \frac{P(X = k)P(Y = n - k)}{P(S = n)} \quad \text{par indep. de } X \text{ et } Y\\
&= \frac{e^{-\lambda}\frac{\lambda^k}{k!}\cdot e^{-\mu}\frac{\mu^{n-k}}{(n-k)!}}{e^{-(\lambda+\mu)}\frac{(\lambda+\mu)^n}{n!}} = \binom{n}{k}\frac{\lambda^k\mu^{n-k}}{(\lambda+\mu)^n}\\
&= \binom{n}{k}\Big(\frac{\lambda}{\lambda+\mu}\Big)^k\Big(\frac{\mu}{\lambda+\mu}\Big)^{n-k}.
\end{aligned}$$

Ainsi, la loi conditionnelle de X sachant que $(S = n)$ est la loi binomiale de paramètre $\left(n, \dfrac{\lambda}{\lambda+\mu}\right)$.

19.4 *a)* Déterminons la loi de $S = X + Y$.

La va S prend ses valeurs dans $[\![2\,;+\infty[\![$, car X et Y prennent leurs valeurs dans $[\![1\,;+\infty[\![$.

Soit $n \in [\![2\,;+\infty[\![$. Alors :

$$\begin{aligned}
P(S = n) &= P\Big(\bigcup_{k=1}^{n-1}(X = k, Y = n - k)\Big)\\
&= \sum_{k=1}^{n-1} P(X = k, Y = n - k)\\
&\qquad \text{par incompatibilité des événements}\\
&= \sum_{k=1}^{n-1} P(X = k)P(Y = n - k)\\
&\qquad \text{par indépendance de } X \text{ et } Y\\
&= \sum_{k=1}^{n-1}(1-p)^{k-1}p\,(1-p)^{n-k-1}p\\
&= (1-p)^{n-2}p^2\sum_{k=1}^{n-1}1 = (n-1)(1-p)^{n-2}p^2.
\end{aligned}$$

• Déterminons la loi de $T = \min(X, Y)$.

La va T prend ses valeurs dans $\mathbb{N}^*$.

Soit $n \in \mathbb{N}^*$. Calculons, dans un premier temps, $P(T \geqslant n)$.

$$\begin{aligned}
P(T \geqslant n) &= P(X \geqslant n, Y \geqslant n) = P(X \geqslant n)P(Y \geqslant n)\\
&\qquad \text{car } X \text{ et } Y \text{ sont indépendantes}\\
&= (P(X \geqslant n))^2 \quad \text{car } X \text{ et } Y \text{ ont même loi.}
\end{aligned}$$

Or : $$\begin{aligned}
P(X \geqslant n) &= \sum_{k=n}^{+\infty} P(X = k) = \sum_{k=n}^{+\infty}(1-p)^{k-1}p\\
&= p(1-p)^{n-1}\sum_{i=0}^{+\infty}(1-p)^i\\
&= p(1-p)^{n-1}\frac{1}{1-(1-p)} = (1-p)^{n-1}.
\end{aligned}$$

Donc : $P(T \geqslant n) = ((1-p)^{n-1})^2 = (1-p)^{2n-2}$.

On en déduit :

$$\begin{aligned}
P(T = n) &= P(T \geqslant n) - P(T \geqslant n + 1)\\
&= (1-p)^{2n-2} - (1-p)^{2n}\\
&= (1-p)^{2n-2}(1-(1-p)^2) = ((1-p)^2)^{n-1}(2p - p^2).
\end{aligned}$$

Puisque $(1-p)^2 = 1 - (2p - p^2)$, on en déduit que T suit la loi géométrique de paramètre $2p - p^2$.

• Déterminons la loi de $U = \max(X, Y)$.

La va U prend ses valeurs dans $\mathbb{N}^*$.

Soit $n \in \mathbb{N}^*$. Calculons, dans un premier temps, $P(U \leqslant n)$.

$$P(U \leqslant n) = P(X \leqslant n, Y \leqslant n) = P(X \leqslant n)P(Y \leqslant n)$$

car X et Y sont indépendantes

$$= (P(X \leqslant n))^2 \text{ car } X \text{ et } Y \text{ ont même loi.}$$

Or : $P(X \leqslant n) = \sum_{k=1}^{n} P(X = k) = \sum_{k=1}^{n} (1-p)^{k-1} p$

$$= p \sum_{i=0}^{n-1} (1-p)^i$$

$$= p \frac{1-(1-p)^n}{1-(1-p)} = 1 - (1-p)^n.$$

Donc : $P(U \leqslant n) = (1 - (1-p)^n)^2$.

De plus, cette formule est encore valable pour $n = 0$.

On en déduit :

$$P(U = n) = P(U \leqslant n) - P(U \leqslant n-1)$$

$$= (1-(1-p)^n)^2 - (1-(1-p)^{n-1})^2$$

$$= (1-p)^{2n} - (1-p)^{2n-2} - 2(1-p)^n + 2(1-p)^{n-1}.$$

b) • Supposons que l'on dispose d'une pièce amenant pile avec la probabilité p. On effectue une première série de lancers jusqu'à obtenir le premier pile et on note X le nombre de lancers effectués ; puis on effectue une seconde série de lancers jusqu'à obtenir le premier pile et on note Y le nombre de lancers effectués.

Alors X et Y suivent la loi géométrique de paramètre p.

La va $X + Y$ correspond alors au nombre nécessaires à l'obtention d'un deuxième pile. La loi de $X + Y$ est appelée la loi de Pascal de paramètre $(2, p)$.

• Supposons maintenant que l'on dispose de deux pièces amenant chacune pile avec la probabilité p. On effectue des séries de lancers simultanés avec les deux pièces jusqu'à obtenir le premier pile et on note X (resp. Y) le nombre de lancers effectués avec la première (resp. seconde) pièce.

Alors X et Y suivent la loi géométrique de paramètre p.

La va $\min(X, Y)$ correspond au nombre de lancers nécessaires à l'obtention d'au moins un pile sur l'une des deux pièces. Puisque la probabilité d'obtenir deux faces sur les pièces est égale à $(1-p)^2$, la probabilité d'obtenir au moins un pile sur l'une des deux pièces est $1-(1-p)^2 = p(2-p)$. Donc la va $\min(X, Y)$ suit la loi géométrique de paramètre $p(2-p)$.

La variable aléatoire $\max(X, Y)$ correspond au nombre de lancers nécessaires à l'obtention d'au moins un pile sur les deux pièces. Cette situation ne correspond à aucune situation type.

c) • Calculons $P(X = Y)$.

$$P(X = Y) = P\Big(\bigcup_{n=1}^{+\infty} (X = n, Y = n)\Big)$$

$$= \sum_{n=1}^{+\infty} P(X = n, Y = n) = \sum_{n=1}^{+\infty} P(X = n)P(Y = n)$$

par incompatibilité puis indépendance des va

$$= \sum_{n=1}^{+\infty} (1-p)^{n-1} p (1-p)^{n-1} p = p^2 \sum_{n=0}^{+\infty} ((1-p)^2)^n$$

$$= p^2 \frac{1}{1-(1-p)^2} = \frac{p}{2-p}.$$

• Calculons $P(X \leqslant Y)$.

$$P(X \leqslant Y) = P\Big(\bigcup_{n=1}^{+\infty} (X = n, Y \geqslant n)\Big)$$

$$= \sum_{n=1}^{+\infty} P(X = n, Y \geqslant n) = \sum_{n=1}^{+\infty} P(X = n)P(Y \geqslant n)$$

par incompatibilité puis indépendance des va.

Or, d'après les calculs précédents :

$$\forall n \in \mathbb{N}^*, \quad P(Y \geqslant n) = (1-p)^{n-1}.$$

Donc : $P(X \leqslant Y) = \sum_{n=1}^{+\infty} (1-p)^{n-1} p (1-p)^{n-1}$

$$= p \sum_{n=0}^{+\infty} ((1-p)^2)^n = p \frac{1}{1-(1-p)^2} = \frac{1}{2-p}.$$

Remarque : De la même façon : $P(X \geqslant Y) = \dfrac{1}{2-p}$.

Ainsi : $P(X \leqslant Y) + P(X > Y)$

$$= P(X \leqslant Y) + P(X \geqslant Y) - P(X = Y)$$

$$= \frac{1}{2-p} + \frac{1}{2-p} - \frac{p}{2-p} = \frac{2-p}{2-p} = 1,$$

ce qui est cohérent car les événements $(X \leqslant Y)$ et $(X > Y)$ forment un système complet d'événements.

19.5 *a)* Les va X_n suivent des lois de Bernoulli de même paramètre et sont mutuellement indépendantes. Alors, par la loi faible des grands nombres :

$$\forall \varepsilon > 0, \ \lim_{n\infty} P\big(|S_n - p| \geqslant \varepsilon\big) = 0.$$

b) 1) • Puisque X_n et X_{n+1} prennent leurs valeurs dans $\{0, 1\}$, Y prend ses valeurs dans $\left\{0, \frac{1}{2}, 1\right\}$.

Et : $P(Y_n = 0) = P(X_n = 0, X_{n+1} = 0)$

$$= P(X_n = 0)P(X_{n+1} = 0) = (1-p)^2$$

car X_n et X_{n+1} sont indépendantes

$$P(Y_n = 1) = P(X_n = 1, X_{n+1} = 1)$$

$$= P(X_n = 1)P(X_{n+1} = 1) = p^2$$

$$P\Big(Y = \frac{1}{2}\Big) = 1 - P(Y_n = 0) - P(Y_n = 1)$$

$$= 1 - (1-p)^2 - p^2 = 2p(1-p)$$

• Par définition de l'espérance,

$$E(Y_n) = 0 \times P(Y_n = 0) + \frac{1}{2} \times P\Big(Y = \frac{1}{2}\Big) + 1 \times P(Y_n = 1)$$

$$= p(1-p) + p^2 = p.$$

b) 2) Distinguons deux cas :

• si $m > n+1$: alors les va $X_n, X_{n+1}, X_m, X_{m+1}$ sont indépendantes, donc les va Y_n et Y_m sont indépendantes.

• si $m = n+1$: alors $Y_n = \dfrac{X_n + X_{n+1}}{2}$ et

$Y_m = Y_{n+1} = \dfrac{X_{n+1} + X_{n+2}}{2}$; ces va ne sont pas indépendantes, car par exemple : $P(Y_n = 0, Y_{n+1} = 1)$

$$= P(X_n = 0, X_{n+1} = 0, X_{n+1} = 1, X_{n+2} = 1) = 0$$

et $P(Y_n = 0)P(Y_{n+1} = 1) = (1-p)^2 p^2 \neq 0.$

c) Ici, on n'est plus dans le cadre de la loi faible des grands nombres. Cherchons à appliquer l'inégalité de Bienaymé-Tchebychev à la va T_n.

On a, par linéarité de l'espérance :

$$E(T_n) = \frac{E(Y_1) + \cdots + E(Y_n)}{n} = \frac{np}{n} = p.$$

Et :

$$T_n = \frac{Y_1 + \cdots + Y_n}{n} = \frac{X_1 + 2X_2 + \cdots + 2X_n + X_{n+1}}{2n}.$$

Puisque les va X_k sont mutuellement indépendantes, on obtient :

$$V(T_n) = \frac{1}{4n^2}(V(X_1) + 4V(X_2) + \cdots + 4V(X_n) + V(X_{n+1})),$$

et puisque les X_k suivent la loi de Bernoulli de paramètre p, $V(X_k) = p(1-p)$.

Ainsi :

$$V(T_n) = \frac{p(1-p)(2 + 4(n-1))}{4n^2}$$

$$= \frac{2n-1}{2n^2}\, p(1-p).$$

On en déduit, par l'inégalité de Bienaymé-Tchebychev :

$$\forall \varepsilon > 0,\ 0 \leqslant P\big(|T_n - p| \geqslant \varepsilon\big) = P\big(|T_n - E(T_n)| \geqslant \varepsilon\big)$$

$$\leqslant \frac{V(T_n)}{\varepsilon^2} = \frac{p(1-p)(2n-1)}{2n^2\varepsilon^2} \underset{n\infty}{\sim} \frac{p(1-p)}{n\varepsilon^2} \underset{n\infty}{\longrightarrow} 0$$

On en déduit, par le théorème d'encadrement :

$$P\big(|T_n - p| \geqslant \varepsilon\big) \underset{n\infty}{\longrightarrow} 0.$$

19.6 Posons $q = 1 - p$.

La va X suit la loi hypergéométrique de paramètre (N, n, p).

Donc : $\forall k \in [\![0\,;n]\!],\ P(X = k) = \dfrac{\binom{Np}{k}\binom{Nq}{n-k}}{\binom{N}{n}}$,

avec la convention $\dbinom{n}{k} = 0$ si $k > n$.

La va X étant une va finie, X admet une espérance et une variance.

• Calculons $E(X)$. Par définition :

$$E(X) = \sum_{k=0}^{n} kP(X = k) = \sum_{k=0}^{n} k\frac{\binom{Np}{k}\binom{Nq}{n-k}}{\binom{N}{n}}$$

$$= \frac{1}{\binom{N}{n}} \sum_{k=1}^{n} k\binom{Np}{k}\binom{Nq}{n-k}.$$

On sait : $\forall k \in [\![1\,;n]\!],\ k\dbinom{Np}{k} = Np\dbinom{Np-1}{k-1}$.

Donc :

$$E(X) = \frac{1}{\binom{N}{n}} \sum_{k=1}^{n} Np\binom{Np-1}{k-1}\binom{Nq}{n-k}$$

$$= \frac{Np}{\binom{N}{n}} \sum_{k=0}^{n-1} \binom{Np-1}{k}\binom{Nq}{(n-1)-k}$$

$$= \frac{Np}{\binom{N}{n}}\binom{Np-1+Nq}{n-1} \text{ par la formule de Vandermonde}$$

$$= \frac{Np}{\binom{N}{n}}\binom{N-1}{n-1} \text{ car } Np + Nq = N(p+q) = N$$

$$= Np\,\frac{n!\,(N-n)!}{N!}\,\frac{(N-1)!}{(n-1)!((N-1)-(n-1))!} = np.$$

• Calculons $E(X(X-1))$. Par le théorème de transfert :

$$E(X(X-1)) = \sum_{k=0}^{n} k(k-1)P(X = k)$$

$$= \sum_{k=0}^{n} k(k-1)\frac{\binom{Np}{k}\binom{Nq}{n-k}}{\binom{N}{n}}$$

$$= \frac{1}{\binom{N}{n}} \sum_{k=2}^{n} k(k-1)\binom{Np}{k}\binom{Nq}{n-k}.$$

Or : $\forall k \in [\![2\,;n]\!],\ k(k-1)\dbinom{Np}{k} = Np(Np-1)\dbinom{Np-2}{k-2}$.

Donc :

$$E(X(X-1)) = \frac{1}{\binom{N}{n}} \sum_{k=2}^{n} Np(Np-1)\binom{Np-2}{k-2}\binom{Nq}{n-k}$$

$$= \frac{Np(Np-1)}{\binom{N}{n}} \sum_{k=0}^{n-2} \binom{Np-2}{k}\binom{Nq}{(n-2)-k}$$

$$= \frac{Np(Np-1)}{\binom{N}{n}} \binom{Np-2+Nq}{n-2}$$

par la formule de Vandermonde

$$= \frac{Np(Np-1)}{\binom{N}{n}} \binom{N-2}{n-2}$$

$$= Np(Np-1)\,\frac{n!\,(N-n)!}{N!}\,\frac{(N-2)!}{(n-2)!((N-2)-(n-2))!}$$

$$= \frac{p(Np-1)n(n-1)}{N-1}.$$

Puisque $E(X(X-1)) = E(X^2 - X) = E(X^2) - E(X)$, on en déduit :

$$V(X) = E(X^2) - (E(X))^2$$

$$= E(X(X-1)) + E(X) - (E(X))^2$$

$$= \frac{p(Np-1)n(n-1)}{N-1} + np - (np)^2$$

$$= \frac{np}{N-1}((Np-1)(n-1) + (N-1) - np(N-1))$$

$$= \frac{np}{N-1}(-Np - n + N + np) = \frac{np(1-p)(N-n)}{N-1}.$$

19.7 *a)* Soit $n \in \mathbb{N}^*$. La va S_n est la somme de n va indépendantes, suivant la loi de Bernoulli de même paramètre p.

D'après le cours, S_n suit la loi binomiale de paramètre (n, p).

b) • Calculons u_1.

La va $S_1 = X_1$ suit la loi de Bernoulli de paramètre p.

Donc : $u_1 = P(S_1 = 0) = 1 - p$.

• Calculons u_2.

La va S_2 suit la loi binomiale de paramètre $(2, p)$.

Donc : $u_2 = P(S_2 = 0) + P(S_2 = 2)$

$$= \binom{2}{0}(1-p)^2 + \binom{2}{2}p^2 = (1-p)^2 + p^2$$

$$= 1 - 2p + 2p^2.$$

• Calculons u_3.

La va S_3 suit la loi binomiale de paramètre $(3, p)$.

Donc : $u_3 = P(S_3 = 0) + P(S_3 = 2)$

$$= \binom{3}{0}(1-p)^3 + \binom{3}{2}p^2(1-p)$$

$$= (1-p)^3 + 3p^2(1-p)$$

$$= (1-p)(1-2p+4p^2).$$

c) • Notons, pour tout $n \in \mathbb{N}^*$, A_n l'événement : « la va S_n est paire ». Ainsi : $\forall n \in \mathbb{N}^*,\ u_n = P(A_n)$.

Soit $n \in \mathbb{N}^*$. Les événements A_n et $\overline{A_n}$ forment un système complet d'événements. Donc par la formule des probabilités totales : $u_{n+1} = P(A_n)P_{A_n}(A_{n+1}) + P(\overline{A_n})P_{\overline{A_n}}(A_{n+1})$

Or, sachant A_n, l'événement A_{n+1} est réalisé si et seulement si X_{n+1} est égal à 0.

Ainsi : $P_{A_n}(A_{n+1}) = P(X_{n+1} = 0) = 1 - p$.

De la même façon : $P_{\overline{A_n}}(A_{n+1}) = P(X_{n+1} = 1) = p$.

On en déduit :

$$u_{n+1} = u_n(1-p) + (1-u_n)p = (1-2p)u_n + p.$$

• La suite $(u_n)_{n\in\mathbb{N}^*}$ est donc une suite arithmético-géométrique. Déterminons α tel que $\alpha = (1-2p)\alpha + p$:

$$\alpha = (1-2p)\alpha + p \iff \alpha(2p) = p \iff \alpha = \frac{1}{2}.$$

La suite de terme général $v_n = u_n - \dfrac{1}{2}$ est alors une suite géométrique de raison $(1-2p)$ puisque :

$$\forall n \in \mathbb{N}^*,\ v_{n+1} = u_{n+1} - \frac{1}{2} = (1-2p)u_n + p - \frac{1}{2}$$

$$= (1-2p)\Big(u_n - \frac{1}{2}\Big) = (1-2p)v_n.$$

Ainsi : $\forall n \in \mathbb{N}^*,\ v_n = (1-2p)^{n-1}v_1$

$$= (1-2p)^{n-1}\Big(u_1 - \frac{1}{2}\Big)$$

$$= (1-2p)^{n-1}\Big(\frac{1}{2} - p\Big) = \frac{(1-2p)^n}{2}.$$

On en déduit : $\forall n \in \mathbb{N}^*,\ u_n = v_n + \dfrac{1}{2} = \dfrac{1 + (1-2p)^n}{2}.$

• Puisque $0 < p < 1$, on a $-1 < 1 - 2p < 1$, et donc $(1-2p)^n \underset{n\infty}{\longrightarrow} 0$. On en déduit : $\lim\limits_{n\infty} u_n = \dfrac{1}{2}$.

19.8 Puisque X suit la loi de Poisson de paramètre λ, on a :

$$\forall n \in \mathbb{N},\ P(X = n) = \mathrm{e}^{-\lambda}\frac{\lambda^n}{n!}.$$

a) • On a :

$$p = P(X \text{ est pair}) = P\Big(\bigcup_{n=0}^{+\infty}(X = 2n)\Big)$$

$$= \sum_{n=0}^{+\infty} P(X = 2n) \text{ par incompatibilité des événements}$$

$$= \mathrm{e}^{-\lambda}\sum_{n=0}^{+\infty}\frac{\lambda^{2n}}{(2n)!}.$$

De même : $q = P(X \text{ est impair}) = P\Big(\bigcup_{n=0}^{+\infty}(X = 2n+1)\Big)$

$$= \sum_{n=0}^{+\infty} P(X = 2n+1) \text{ par incompatibilité des événements}$$

$$= e^{-\lambda} \sum_{n=0}^{+\infty} \frac{\lambda^{2n+1}}{(2n+1)!}.$$

• D'une part : $p + q = 1$ car les événements (X est pair) et (X est impair) forment un système complet d'événements.

D'autre part : $p - q = e^{-\lambda}\Big(\sum_{n=0}^{+\infty} \frac{\lambda^{2n}}{(2n)!} - \sum_{n=0}^{+\infty} \frac{\lambda^{2n+1}}{(2n+1)!}\Big)$

$$= e^{-\lambda}\Big(\sum_{n=0}^{+\infty} \frac{(-1)^{2n}\lambda^{2n}}{(2n)!} + \sum_{n=0}^{+\infty} \frac{(-1)^{2n+1}\lambda^{2n+1}}{(2n+1)!}\Big).$$

Or, pour tout $N \geqslant 0$:

$$\sum_{n=0}^{N} \frac{(-1)^{2n}\lambda^{2n}}{(2n)!} + \sum_{n=0}^{N} \frac{(-1)^{2n+1}\lambda^{2n+1}}{(2n+1)!} = \sum_{n=0}^{2N+1} \frac{(-\lambda)^n}{n!}.$$

En passant à la limite quand N tend vers $+\infty$, on obtient :

$$\sum_{n=0}^{+\infty} \frac{(-1)^{2n}\lambda^{2n}}{(2n)!} + \sum_{n=0}^{+\infty} \frac{(-1)^{2n+1}\lambda^{2n+1}}{(2n+1)!} = \sum_{n=0}^{+\infty} \frac{(-\lambda)^n}{n!} = e^{-\lambda}.$$

Ainsi : $p - q = e^{-2\lambda}$.

On en déduit : $p - (1 - p) = e^{-2\lambda}$, d'où : $p = \dfrac{1 + e^{-2\lambda}}{2}$,

et : $q = 1 - p = \dfrac{1 - e^{-2\lambda}}{2}$.

• Puisque $e^{-2\lambda} > 0$, on en déduit : $p > q$.

Ainsi, la va X a plus de chance d'être paire que d'être impaire.

b) 1) Pour tout $n \in \mathbb{N}$, on a :

$$u_n = \frac{P(X = n+1)}{P(X = n)} = \frac{e^{-\lambda}\frac{\lambda^{n+1}}{(n+1)!}}{e^{-\lambda}\frac{\lambda^n}{n!}} = \frac{\lambda}{n+1}.$$

b) 2) Notons, pour tout n de $\mathbb{N}$, $p_n = P(X = n)$.

On déduit du *b)1)* que :

$$P(X = n+1) > P(X = n) \iff u_n > 1$$
$$\iff \lambda > n + 1 \iff n < \lambda - 1.$$

Distinguons alors plusieurs cas :

1er cas : si $\lambda \in \mathbb{N}^*$, alors on a :

$$p_0 < p_1 < \cdots < p_{\lambda-1} \quad \text{et} \quad p_\lambda > p_{\lambda+1} > \cdots$$

$$\text{et } p_\lambda = e^{-\lambda}\frac{\lambda^\lambda}{\lambda!} = e^{-\lambda}\frac{\lambda^{\lambda-1}}{(\lambda-1)!} = p_{\lambda-1}.$$

On en déduit que p_n est maximal pour $n = \lambda - 1$ et pour $n = \lambda$.

2e cas : si $\lambda \in]0 ; 1[$, alors on a :

$$p_0 < p_1 < p_2 < \cdots < p_n < \cdots$$

On en déduit que p_n est maximal pour $n = 0$.

3e cas : si $\lambda \in]1 ; +\infty[\backslash\mathbb{N}^*$, notons $n_0 = \text{Ent}(\lambda)$ et on a :

$$p_0 < p_1 < \cdots < p_{n_0-1} < p_{n_0} \quad \text{et} \quad p_{n_0} > p_{n_0+1} > \cdots$$

On en déduit que p_n est maximal pour $n = n_0 = \text{Ent}(\lambda)$.

19.9 *a)* On réalise une succession de n épreuves de Bernoulli (tirer une boule), de façon indépendantes et dont la probabilité de succès (obtenir une boule blanche) est p.

Ainsi, la va X_n suit la loi binomiale de paramètre (n, p).

D'après le cours : $E(X_n) = np$ et $V(X_n) = np(1 - p)$.

b) Notons $F_n = \dfrac{X_n}{n}$. Alors :

$$E(F_n) = \frac{E(X_n)}{n} = \frac{np}{n} = p \quad \text{et} \quad V(F_n) = \frac{V(X_n)}{n^2} = \frac{p(1-p)}{n}.$$

Soit $\varepsilon > 0$. Appliquons l'inégalité de Bienaymé-Tchebychev à la va F_n. On obtient :

$$P\Big(\Big|\frac{X_n}{n} - p\Big| \geqslant \varepsilon\Big) \leqslant \frac{V(F_n)}{\varepsilon^2} = \frac{p(1-p)}{n\varepsilon^2}.$$

Considérons $f : p \longmapsto p(1-p)$ sur $[0 ; 1]$. Alors f est dérivable sur $[0 ; 1]$ et, pour tout $p \in [0 ; 1]$, $f'(p) = 1 - 2p$.

On en déduit que f atteint son maximum pour $p = \dfrac{1}{2}$ et que ce maximum est égal à $f\Big(\dfrac{1}{2}\Big) = \dfrac{1}{4}$.

Ainsi : $\forall p \in [0 ; 1],\ p(1 - p) \leqslant \dfrac{1}{4}$.

On obtient alors : $P\Big(\Big|\dfrac{X_n}{n} - p\Big| \geqslant \varepsilon\Big) \leqslant \dfrac{1}{4n\varepsilon^2}$.

c) Il s'agit de déterminer un entier n tel que :

$$P\Big(\Big|\frac{X_n}{n} - p\Big| \geqslant 10^{-2}\Big) \leqslant 0.05.$$

Pour cela, il suffit que $\dfrac{1}{4n(10^{-2})^2} \leqslant 0.05$.

Or : $\dfrac{1}{4n(10^{-2})^2} \leqslant 0.05 \iff n \geqslant \dfrac{10^4}{4 \times 0.05} = 50\,000$.

On en déduit que pour $n \geqslant 50000$, la fréquence d'obtention de boules blanches diffère de p d'au plus 10^{-2}, avec une probabilité inférieure ou égale à 5 %.

19.10 *a)* Soit $i \in \{1, 2, 3\}$. On réalise une succession de n épreuves de Bernoulli (mettre une boule dans un sac), de façon indépendantes et dont la probabilité de succès (mettre une boule dans le sac S_i) est égale à $\dfrac{1}{3}$.

Ainsi, la va N_i suit la loi binomiale de paramètre $\Big(n, \dfrac{1}{3}\Big)$.

On en déduit, d'après le cours :

$$E(N_1) = E(N_2) = E(N_3) = n \times \frac{1}{3} = \frac{n}{3}$$

$$V(N_1) = V(N_2) = V(N_3) = n \times \frac{1}{3} \times \frac{2}{3} = \frac{2n}{9}.$$

b) • La va $N_1 + N_2$ représente le nombre total de boules dans les sacs S_1 et S_2. La probabilité de mettre une boule dans le sac S_1 ou le sac S_2 est égale à $\frac{2}{3}$.

Ainsi, $N_1 + N_2$ suit la loi binomiale de paramètre $\left(n, \frac{2}{3}\right)$.

On en déduit : $V(N_1 + N_2) = n \times \frac{2}{3} \times \frac{1}{3} = \frac{2n}{9}$.

Or : $V(N_1 + N_2) = V(N_1) + V(N_2) + 2\,\mathrm{Cov}(N_1, N_2)$.

Ainsi :
$$\mathrm{Cov}(N_1, N_2) = \frac{V(N_1 + N_2) - V(N_1) - V(N_2)}{2} = \frac{1}{2}\left(-\frac{2n}{9}\right) = \frac{-n}{9}.$$

Remarque : $\mathrm{Cov}(N_1, N_2) < 0$, ce qui était prévisible, puisque, lorsque N_1 augmente, N_2 a tendance à diminuer.

19.11 *a)* • Il y a 1000 bulletins dans l'urne, la proportion initiale de bulletins nuls est égale à $\frac{50}{1000} = 0.05$ et on prend 100 bulletins.

Donc X suit la loi hypergéométrique de paramètre $(1000, 100, 0.05)$.

• Puisque $1000 \geqslant 10 \times 100$, on peut approcher la loi de X par la loi binomiale de paramètre $(100, 0.05)$.

De plus, puisque $100 \geqslant 30$, $0.05 \leqslant 0.1$ et $100 \times 0.05 \leqslant 15$, on peut approcher la loi binomiale de paramètre $(100, 0.05)$ par la loi de poisson de paramètre $100 \times 0.05 = 5$.

Ainsi, on peut approcher la loi de X par la loi de Poisson de paramètre 5.

b) Soit Y une va suivant la loi de Poisson de paramètre 5. Alors :

• $P(X = 5) \simeq P(Y = 5) = \mathrm{e}^{-5}\frac{5^5}{5!} = \mathrm{e}^{-5}\frac{625}{24} \simeq 0.175$

• $$P(X \leqslant 5) \simeq P(Y \leqslant 5) = \mathrm{e}^{-5}\sum_{k=0}^{5}\frac{5^k}{k!} = \mathrm{e}^{-5}\left(1 + \frac{5}{1!} + \frac{5^2}{2!} + \frac{5^3}{3!} + \frac{5^4}{4!} + \frac{5^5}{5!}\right) \simeq 0.616$$

19.12 *a)* La va X suit la loi hypergéométrique de paramètre (N, n, p).

b) Notons, pour tout i de $[\![1\,;Np]\!]$, E_i l'événement :

« on a tiré la boule blanche numéro i ».

1) • Pour réaliser l'événement E_i, il faut :

- prendre la boule blanche numéro i : 1 choix,
- prendre $(n - 1)$ boules parmi les $(N - 1)$ boules restantes : $\binom{N-1}{n-1}$ choix.

De plus, il y a $\binom{N}{n}$ résultats possibles, et tous les résultats sont équiprobables.

Donc : $P(E_i) = P(X_i = 1) = \dfrac{1 \times \binom{N-1}{n-1}}{\binom{N}{n}} = \dfrac{n}{N}$.

On en déduit que X_i suit la loi de Bernoulli de paramètre $\frac{n}{N}$.

• D'après le cours : $E(X_i) = \frac{n}{N}$ et $V(X_i) = \frac{n(N-n)}{N^2}$.

2) • Calculons dans un premier temps $E(X_iX_j)$.

Puisque X_i et X_j prennent leurs valeurs dans $\{0, 1\}$, on a :

$$E(X_iX_j) = P(X_i = 1, X_j = 1) = P(E_i \cap E_j).$$

Pour réaliser l'événement $E_i \cap E_j$, il faut :

- prendre la boule blanche numéro i : 1 choix,
- prendre la boule blanche numéro j : 1 choix,
- prendre $(n - 2)$ boules parmi les $(N - 2)$ boules restantes : $\binom{N-2}{n-2}$ choix.

Donc : $P(E_i \cap E_j) = \dfrac{1 \times 1 \times \binom{N-2}{n-2}}{\binom{N}{n}} = \dfrac{n(n-1)}{N(N-1)}$.

Ainsi : $E(X_iX_j) = \dfrac{n(n-1)}{N(N-1)}$.

• On a alors :

$$\mathrm{Cov}(X_i, X_j) = E(X_iX_j) - E(X_i)E(X_j) = \frac{n(n-1)}{N(N-1)} - \left(\frac{n}{N}\right)^2 = \frac{-n(N-n)}{N^2(N-1)}.$$

c) On a : $X = X_1 + \cdots + X_{Np}$.

• Par linéarité de l'espérance,

$$E(X) = E(X_1) + \cdots + E(X_{Np}) = Np \times \frac{n}{N} = np.$$

• Les va X_i ne sont pas mutuellement indépendantes, donc :

$$V(X) = \sum_{i=1}^{Np} V(X_i) + 2\sum_{1 \leqslant i < j \leqslant Np} \mathrm{Cov}(X_i, X_j).$$

Or, toutes les variances sont égales et il y a Np termes dans la somme ; toutes les covariances sont égales et il y a $\binom{Np}{2}$ termes dans la somme.

D'où :
$$\begin{aligned} V(X) &= NpV(X_1) + 2\binom{Np}{2}\mathrm{Cov}(X_1, X_2) \\ &= Np \cdot \frac{n(N-n)}{N^2} + 2 \cdot \frac{Np(Np-1)}{2} \cdot \frac{-n(N-n)}{N^2(N-1)} \\ &= \frac{np(N-n)}{N(N-1)}((N-1) - (Np-1)) \\ &= \frac{np(1-p)(N-n)}{N-1}. \end{aligned}$$

On retrouve bien les résultats obtenus dans l'exercice 19.6.

19.13 • Notons X le nombre de vaches qui choisissent l'étable numéro 1. Puisque les 100 vaches choisissent une étable de façon indépendante les unes des autres, et que la probabilité de choisir l'étable numéro 1 est égale à $\frac{1}{2}$, on en déduit que X suit la loi binomiale de paramètre $\left(100, \frac{1}{2}\right)$.

Ainsi : $E(X) = 100 \times \frac{1}{2} = 50$, $V(X) = 100 \times \frac{1}{2} \times \frac{1}{2} = 25.$

• Notons E l'événement :

« chaque vache trouve une place ».

Il s'agit donc de déterminer n tel que : $P(E) \geqslant 0.95$ (*).

Or, si X vaches choisissent l'étable numéro 1, $100 - X$ choisissent l'étable numéro 2. On en déduit :

$$E = (X \leqslant n) \cap (100 - X \leqslant n) = (100 - n \leqslant X \leqslant n).$$

$$\begin{aligned}\text{Ainsi : } P(E) &= P(100 - n \leqslant X \leqslant n)\\ &= P(50 - n \leqslant X - 50 \leqslant n - 50)\\ &= P\big(|X - 50| \leqslant n - 50\big) = P\big(|X - E(X)| \leqslant n - 50\big)\\ &= 1 - P\big(|X - E(X)| > n - 50\big).\end{aligned}$$

Utilisons l'inégalité de Bienaymé-Tchebychev. On obtient :

$$\begin{aligned}P\big(|X - E(X)| > n - 50\big) &\leqslant P\big(|X - E(X)| \geqslant n - 50\big)\\ &\leqslant \frac{V(X)}{(n-50)^2} = \frac{25}{(n-50)^2}.\end{aligned}$$

On obtient donc : $P(E) \geqslant 1 - \dfrac{25}{(n-50)^2}$.

Pour que la condition (*) soit vérifiée, il suffit que :

$$\begin{aligned}1 - \frac{25}{(n-50)^2} \geqslant 0.95 &\iff \frac{25}{(n-50)^2} \leqslant 1 - 0.95 = 0.05\\ &\iff n \geqslant 50 + \sqrt{\frac{25}{0.05}} \simeq 72.3.\end{aligned}$$

On en déduit que, pour $n = 73$, chaque vache trouve une place avec une probabilité supérieure à 95 %.

19.14 *a)* La va X suit la loi binomiale de paramètre $(100, 0.02)$.

Puisque $100 \geqslant 30$, $0.02 \leqslant 0.1$ et $100 \times 0.02 = 2 \leqslant 15$, on peut approcher la loi de X par la loi de Poisson de paramètre $100 \times 0.02 = 2$.

b) Soit Y une va suivant la loi de Poisson de paramètre 2.

$$\begin{aligned}\text{Alors : } P(X \leqslant 2) &\simeq P(Y \leqslant 2)\\ &= e^{-2}\left(1 + \frac{2}{1!} + \frac{2^2}{2!}\right) = 5e^{-2} \simeq 0.677 = 67,7\ \%.\end{aligned}$$

c) Notons F l'événement : « l'entreprise perd sa qualification un jour donné ».

• Puisque l'entreprise fabrique 100 boîtes par jour, elle perd sa qualification si elle fabrique 5 boîtes défectueuses ou plus ; ainsi $F = (X \geqslant 5)$.

$$\begin{aligned}\text{Alors : } P(F) &= P(X \geqslant 5) \simeq P(Y \geqslant 5) = 1 - P(Y \leqslant 4)\\ &= 1 - e^{-2}\left(1 + \frac{2}{1!} + \frac{2^2}{2!} + \frac{2^3}{3!} + \frac{2^4}{4!}\right) = 1 - 7e^{-2}\\ &\simeq 0.0526 = 5.26\ \%.\end{aligned}$$

• Supposons que l'entreprise double son nombre de boîtes fabriquées par jour, soit 200 boîtes par jour.

Dans ce cas, X suit la loi binomiale de paramètre $(200, 0.02)$, que l'on peut approcher par la loi de Poisson de paramètre $200 \times 0.02 = 4$.

On a, dans ce cas : $F = (X \geqslant 10)$.

Ainsi : $P(F) \simeq 1 - e^{-4} \displaystyle\sum_{k=0}^{9} \frac{4^k}{k!} \simeq 0.0081 = 0.81\ \%.$

En doublant le nombre de boîtes fabriquées, le risque de perdre sa qualification est bien plus que divisé par deux !

19.15 *a)* Soit $k \in [\![1\,;n]\!]$. On réalise une succession d'épreuves de Bernoulli (opérer des greffes) de façon indépendantes, dont la probabilité de succès (la greffe prend) est égale à p, jusqu'au premier succès.

On en déduit que X_k suit la loi géométrique de paramètre p, et donc : $E(X_k) = \dfrac{1}{p}$ et $V(X_k) = \dfrac{1-p}{p^2}$.

b) La va Y est égale au nombre de semaines nécessaires à la prise d'au moins une greffe.

Ainsi : $Y = \min(X_1, \dots, X_n)$.

$$\begin{aligned}\text{Donc : } \forall m \in \mathbb{N}^*,\ P(Y \geqslant m) &= P(X_1 \geqslant m, \dots, X_n \geqslant m)\\ &= P(X_1 \geqslant m) \cdots P(X_n \geqslant m) \quad \text{par indép des va}\\ &= P(X_1 \geqslant m)^n \quad \text{car les va ont la même loi,}\end{aligned}$$

$$\begin{aligned}\text{or : } P(X_1 \geqslant m) &= \sum_{k=m}^{+\infty} P(X_1 = k)\\ &= \sum_{k=m}^{+\infty} (1-p)^{k-1} p = (1-p)^{m-1} p \sum_{k=0}^{+\infty} (1-p)^k\\ &= (1-p)^{m-1} p \frac{1}{1-(1-p)} = (1-p)^{m-1},\end{aligned}$$

et ainsi : $P(Y \geqslant m) = ((1-p)^{m-1})^n = (1-p)^{n(m-1)}$.

On en déduit : $\forall m \in \mathbb{N}^*$,

$$\begin{aligned}P(Y = m) &= P(Y \geqslant m) - P(Y \geqslant m+1)\\ &= (1-p)^{n(m-1)} - (1-p)^{nm}\\ &= (1-p)^{n(m-1)}(1 - (1-p)^n)\\ &= ((1-p)^n)^{m-1}(1 - (1-p)^n).\end{aligned}$$

Donc Y suit la loi géométrique de paramètre $1 - (1-p)^n$.

D'où, d'après le cours : $E(Y) = \dfrac{1}{1 - (1-p)^n}$.

c) 1) La va Z est égale au nombre de semaines nécessaires à la prise de toutes les greffes.

Ainsi : $Z = \max(X_1, \dots, X_n)$.

Donc : $\forall m \in \mathbb{N}^*,\ \ P(Z \leqslant m) = P(X_1 \leqslant m, \ldots, X_n \leqslant m)$

$= P(X_1 \leqslant m) \cdots P(X_n \leqslant m)$ par indép des va

$= P(X_1 \leqslant m)^n$ car les va ont la même loi,

or : $P(X_1 \leqslant m) = \displaystyle\sum_{k=1}^{m} P(X_1 = k)$

$$= \sum_{k=1}^{m} (1-p)^{k-1} p = p\frac{1-(1-p)^m}{1-(1-p)} = 1-(1-p)^m,$$

et ainsi : $P(Z \leqslant m) = (1-(1-p)^m)^n$.

Cette formule est encore valable pour $m = 0$.

c) 2) On en déduit : $\forall m \in \mathbb{N}^*$,

$$P(Z = m) = P(Z \leqslant m) - P(Z \leqslant m-1)$$
$$= (1-(1-p)^m)^n - (1-(1-p)^{m-1})^n.$$

c) 3) • Puisque Z est une va à valeurs dans $\mathbb{N}$, on sait, d'après l'exercice 17.18, que Z admet une espérance si et seulement si la série $\displaystyle\sum_{m \geqslant 0} P(Z > m)$ converge.

Or : $\forall m \geqslant 0,\ \ P(Z > m) = 1 - P(Z \leqslant m)$
$= 1 - (1-(1-p)^m)^n$.

Puisque $0 < 1 - p < 1$, alors $(1-p)^m \underset{m\infty}{\longrightarrow} 0$, et donc :

$$(1-(1-p)^m)^n - 1 \underset{m\infty}{\sim} n(-(1-p)^m) = -n(1-p)^m.$$

Ainsi : $P(Z > m) \underset{m\infty}{\sim} n(1-p)^m \geqslant 0$.

Puisque $|1-p| < 1$, la série géométrique $\displaystyle\sum_{m \geqslant 0} (1-p)^m$ converge ; puis par le théorème d'équivalence pour les séries à termes positifs, on conclut que la série $\displaystyle\sum_{m \geqslant 0} P(Z > m)$ converge. Donc Z admet une espérance.

• De plus, on sait que : $E(Z) = \displaystyle\sum_{m=0}^{+\infty} P(Z > m)$.

Pour $n = 2$, on a : $\forall m \geqslant 0$,

$$P(Z > m) = 1 - (1-(1-p)^m)^2$$
$$= 1 - (1 - 2(1-p)^m + (1-p)^{2m})$$
$$= 2(1-p)^m - (1-p)^{2m}.$$

Ainsi :

$$E(Z) = \sum_{m=0}^{+\infty} (2(1-p)^m - (1-p)^{2m})$$
$$= 2\sum_{m=0}^{+\infty} (1-p)^m - \sum_{m=0}^{+\infty} ((1-p)^2)^m$$
$$= 2\frac{1}{1-(1-p)} - \frac{1}{1-(1-p)^2}$$
$$= \frac{2}{p} - \frac{1}{p(2-p)} = \frac{3-2p}{p(2-p)}.$$

19.16 *a)* La va X suit la loi binomiale de paramètre (n, p).

D'après le cours : $E(X) = np$ et $V(X) = np(1-p)$.

b) 1) La loi conditionnelle de Z sachant $(Y = k)$ est la loi binomiale de paramètre (k, p).

b) 2) • Puisque $Y = n - X$, la va Y suit la loi binomiale de paramètre $(n, 1-p)$.

• Déterminons la loi de Z.

La va Z prend ses valeurs dans $[\![0\,;n]\!]$.

Soit $i \in [\![0\,;n]\!]$. Alors, par la formule des probabilités totales :

$$P(Z = i) = \sum_{k=0}^{n} P(Y = k) \underbrace{P_{(Y=k)}(Z = i)}_{=0 \text{ si } k<i}$$
$$= \sum_{k=i}^{n} \binom{n}{k}(1-p)^k p^{n-k} \binom{k}{i} p^i (1-p)^{k-i}.$$

Or : $\forall k \in [\![i\,;n]\!],\ \ \dbinom{n}{k}\dbinom{k}{i} = \dfrac{n!}{k!(n-k)!}\dfrac{k!}{i!(k-i)!}$

$$= \frac{n!}{(n-k)!i!(k-i)!} = \frac{n!}{i!(n-i)!}\frac{(n-i)!}{(k-i)!((n-i)-(k-i))!}$$
$$= \binom{n}{i}\binom{n-i}{k-i}.$$

Ainsi : $P(Z = i) = \dbinom{n}{i} \displaystyle\sum_{k=i}^{n} \dbinom{n-i}{k-i} (1-p)^{2k-i} p^{n-k+i}$

$$\underset{\ell=k-i}{=} \binom{n}{i} \sum_{\ell=0}^{n-i} \binom{n-i}{\ell} (1-p)^{2\ell+i} p^{n-\ell}$$
$$= \binom{n}{i}(1-p)^i p^i \sum_{\ell=0}^{n-i} \binom{n-i}{\ell} ((1-p)^2)^{\ell} p^{(n-i)-\ell}$$
$$\underset{\text{Newton}}{=} \binom{n}{i}(1-p)^i p^i ((1-p)^2 + p)^{n-i}$$
$$= \binom{n}{i}(p-p^2)^i (1-(p-p^2))^{n-i}.$$

Ainsi Z suit la loi binomiale de paramètre $(n, p(1-p))$.

D'après le cours : $E(Z) = np(1-p)$.

Remarque : On peut retrouver ce résultat par un raisonnement direct (et sans calcul !).

Tout se passe comme si l'élève répond deux fois à chaque question. La va Z compte le nombre de questions mal répondues la première fois, puis correctement répondues la seconde fois. On réalise donc une succession de n épreuves de Bernoulli, dont la probabilité de succès est $(1-p)p$.

Ainsi, la va Z, qui correspond au nombre de succès, suit la loi binomiale de paramètre $(n, (1-p)p)$.

c) • La va S représente le nombre de bonnes réponses données lors des deux saisies.

• Déterminons la loi de S.

La va S prend ses valeurs dans $[\![0\,;n]\!]$, puisque $0 \leqslant X + Z \leqslant n$.

Soit $k \in [\![0\,;n]\!]$. On a :

$$\begin{aligned}
P(S=k) &= \sum_{i=0}^{k} P(X=i, Z=k-i)\\
&= \sum_{i=0}^{k} P(Y=n-i, Z=k-i)\\
&= \sum_{i=0}^{k} P(Y=n-i)P_{(Y=n-i)}P(Z=k-i)\\
&= \sum_{i=0}^{k} \binom{n}{n-i}(1-p)^{n-i}p^i\binom{n-i}{k-i}p^{k-i}(1-p)^{(n-i)-(k-i)}\\
&= \sum_{i=0}^{k} \binom{n}{n-i}\binom{n-i}{k-i}p^k(1-p)^{2n-i-k}.
\end{aligned}$$

Comme précédemment, on montre :

$$\forall i \in [\![0\,;k]\!],\quad \binom{n}{n-i}\binom{n-i}{k-i} = \binom{n}{k}\binom{k}{i}.$$

Ainsi : $$\begin{aligned}
P(S=k) &= \binom{n}{k}p^k(1-p)^{2n-2k}\sum_{i=0}^{k}\binom{k}{i}(1-p)^{k-i}\\
&\underset{\text{Newton}}{=} \binom{n}{k}p^k(1-p)^{2n-2k}(1+(1-p))^k\\
&= \binom{n}{k}(p(2-p))^k((1-p)^2)^{n-k}.
\end{aligned}$$

Puisque $1-(1-p)^2 = 2p-p^2 = p(2-p)$, on en déduit que S suit la loi binomiale de paramètre $(n, p(2-p))$.

Remarque 1 : Là encore, on peut retrouver ce résultat par un raisonnement direct (et sans calcul !).

Tout se passe comme si l'élève répond deux fois à chaque question, et que la question est validée s'il donne au moins une fois la bonne réponse.

On réalise donc une succession de n épreuves de Bernoulli, dont la probabilité d'échec est $(1-p)^2$ et dont la probabilité de succès est donc $1-(1-p)^2 = p(2-p)$.

Ainsi, la va S, qui correspond au nombre de succès, suit la loi binomiale de paramètre $(n, p(2-p))$.

Remarque 2 : Les va X et Z n'étant pas indépendantes(car $P(X=n, Z=n) = 0 \neq P(X=n)P(Z=n)$), on ne peut pas utiliser le résultat de l'exercice 19.2.

En revanche, on a :

$$\begin{aligned}
E(X+Z) &= E(X)+E(Z) = np + np(1-p)\\
&= np(2-p) = E(S).
\end{aligned}$$

19.17 *a) 1)* • Déterminons la loi de S.

Pour tout $n \in \mathbb{N}$, la loi conditionnelle de S sachant $(N=n)$ est la loi binomiale de paramètre (n, p).

On obtient alors, par la formule des probabilités totales :

$$\begin{aligned}
\forall k \in \mathbb{N},\quad P(S=k) &= \sum_{n=0}^{+\infty} P(N=n)\underbrace{P_{(N=n)}(S=k)}_{=0 \text{ si } n<k}\\
&= \sum_{n=k}^{+\infty} e^{-\lambda}\frac{\lambda^n}{n!}\binom{n}{k}p^k(1-p)^{n-k}\\
&= e^{-\lambda}\frac{\lambda^k p^k}{k!}\sum_{n=k}^{+\infty}\frac{\lambda^{n-k}(1-p)^{n-k}}{(n-k)!}\\
&\underset{m=n-k}{=} e^{-\lambda}\frac{(\lambda p)^k}{k!}\sum_{m=0}^{+\infty}\frac{(\lambda(1-p))^m}{m!}\\
&= e^{-\lambda}\frac{(\lambda p)^k}{k!}e^{\lambda(1-p)} = e^{-p\lambda}\frac{(\lambda p)^k}{k!}.
\end{aligned}$$

Ainsi S suit la loi de Poisson de paramètre λp.

• Déterminons la loi de E.

Pour tout $n \in \mathbb{N}$, la loi conditionnelle de E sachant $(N=n)$ est la loi binomiale de paramètre $(n, 1-p)$.

La loi de E s'obtient alors en remplaçant p par $1-p$ dans le calcul précédent. On obtient donc que E suit la loi de Poisson de paramètre $\lambda(1-p)$.

a) 2) Soit $(k, \ell) \in \mathbb{N}^2$. On a alors :

$$\begin{aligned}
P(S=k, E=\ell) &= P(S=k, N=k+\ell)\\
&= P(N=k+\ell)P_{(N=k+\ell)}(S=k)\\
&= e^{-\lambda}\frac{\lambda^{k+\ell}}{(k+\ell)!}\binom{k+\ell}{k}p^k(1-p)^{(k+\ell)-k}\\
&= e^{-\lambda}\frac{\lambda^{k+\ell}p^k(1-p)^\ell}{k!\ell!}\\
&= \left(e^{-p\lambda}\frac{\lambda^k p^k}{k!}\right)\left(e^{-(1-p)\lambda}\frac{\lambda^\ell(1-p)^\ell}{\ell!}\right)\\
&= P(S=k)P(E=\ell).
\end{aligned}$$

On en déduit que les va S et E sont indépendantes.

b) 1) Soit $(n, m) \in \mathbb{N}^2$.

• D'une part, on a :

$$\begin{aligned}
P(N=n+m, S=n) &= P(N=n+m)P_{(N=n+m)}(S=n)\\
&= P(N=n+m)\binom{n+m}{n}p^n(1-p)^{(n+m)-n}\\
&= P(N=n+m)\binom{n+m}{n}p^n(1-p)^m.
\end{aligned}$$

• D'autre part, on a :

$$\begin{aligned}
P(N=n+m, S=n) &= P(S=n, E=m)\\
&= P(S=n)P(E=m) \text{ car } S \text{ et } E \text{ sont indépendantes.}
\end{aligned}$$

On en déduit :

$$P(N=n+m)\binom{n+m}{n}p^n(1-p)^m = P(S=n)P(E=m),$$

D'où : $$(n+m)!P(N=n+m) = \frac{P(S=n)n!}{p^n}\cdot\frac{P(E=m)m!}{(1-p)^m}.$$

En posant : $\forall n \in \mathbb{N},\ u_n = \dfrac{P(S=n)n!}{p^n}$ et $v_n = \dfrac{P(E=n)n!}{(1-p)^n}$,
on a : $\forall (n,m) \in \mathbb{N}^2,\ (n+m)!\,P(N=n+m) = u_n\, v_m$.

b) 2) Par hypothèse : $\forall n \in \mathbb{N},\ P(N=n) \neq 0$.

Donc tous les termes u_n et v_n sont strictement positifs.

On a alors, pour tout $(n,m) \in \mathbb{N}^2$:

$$\begin{aligned} u_n\, v_m &= (n+m)!P(n+m) \\ &= ((n+1)+(m-1))!P(N=(n+1)+(m-1)) \\ &= u_{n+1}\, v_{m-1}. \end{aligned}$$

En particulier pour $m = 1$, on a :

$$\forall n \in \mathbb{N},\ u_{n+1}v_0 = u_n v_1, \text{ d'où : } \quad \forall n \in \mathbb{N},\ u_{n+1} = \frac{v_1}{v_0}u_n.$$

On en déduit que la suite $(u_n)_{n\in\mathbb{N}}$ est géométrique.

De la même façon, on montre que la suite $(v_m)_{m\in\mathbb{N}}$ est géométrique.

b) 3) Ainsi : il existe $q \in \mathbb{R}\ \left(q = \dfrac{v_1}{v_0} > 0\right)$ tel que :

$$\forall n \in \mathbb{N},\ u_n = u_0 q^n.$$

D'où : $\forall n \in \mathbb{N},\ P(N=n) = \dfrac{u_n v_0}{n!} = \dfrac{u_0 v_0 q^n}{n!}$.

Enfin, puisque $\displaystyle\sum_{n=0}^{+\infty} P(N=n) = 1 = u_0 v_0 \mathrm{e}^q$,

on obtient : $u_0 v_0 = \mathrm{e}^{-q}$.

Ainsi : $\forall n \in \mathbb{N},\ P(N=n) = \mathrm{e}^{-q}\dfrac{q^n}{n!}$.

Donc : N suit une loi de Poisson.

19.18 *a)* • La va S_k représente l'instant de la k-ième panne et donc du k-ième remplacement.

• Notons, pour $k \geqslant 1$, $\mathscr{P}(k)$ la propriété :

« S_k prend ses valeurs dans $[\![k\,;+\infty[\![$ et

$$\forall n \geqslant k,\ P(S_k = n) = \binom{n-1}{k-1} p^k(1-p)^{n-k} \text{ ».}$$

Raisonnons par récurrence.

★ *Initialisation :* pour $k = 1$, on a : $S_1 = T_1$.

Donc : S_1 prend ses valeurs dans $[\![1\,;+\infty[\![$ et $\forall n \geqslant 1$,

$$P(S_1 = n) = (1-p)^{n-1}p = \binom{n-1}{0}p^1(1-p)^{n-1}.$$

Donc la propriété $\mathscr{P}(1)$ est vraie.

★ *Hérédité :* soit $k \geqslant 1$, supposons $\mathscr{P}(k)$, et montrons $\mathscr{P}(k+1)$.

On a : $S_{k+1} = S_k + T_{k+1}$. Puisque $S_k \geqslant k$ et $T_{k+1} \geqslant 1$, on en déduit que S_{k+1} prend ses valeurs dans $[\![k+1\,;+\infty[\![$.

De plus, puisque les va T_i sont mutuellement indépendantes et que $S_k = \displaystyle\sum_{i=1}^{k} T_i$, les va S_k et T_{k+1} sont indépendantes.

Soit $n \geqslant k+1$. Alors :

$$\begin{aligned} P(S_{k+1} = n) &= P(S_k + T_{k+1} = n) \\ &= \sum_{i=k}^{n-1} P(S_k = i, T_{k+1} = n-i) \\ &= \sum_{i=k}^{n-1} P(S_k = i)P(T_{k+1} = n-i) \\ &\qquad \text{car } S_k \text{ et } T_{k+1} \text{ sont indépendantes} \\ &= \sum_{i=k}^{n-1} \binom{i-1}{k-1} p^k(1-p)^{i-k}(p(1-p)^{n-i-1}) \\ &= p^{k+1}(1-p)^{n-1-k}\sum_{i=k}^{n-1}\binom{i-1}{k-1} \\ &\underset{j=i-1}{=} p^{k+1}(1-p)^{n-1-k}\sum_{j=k-1}^{n-2}\binom{j}{k-1} \\ &= p^{k+1}(1-p)^{n-1-k}\binom{n-1}{(k+1)-1}. \end{aligned}$$

D'où la propriété $\mathscr{P}(k+1)$.

★ *Conclusion :* ainsi, pour tout $k \geqslant 1$, pour tout $n \geqslant k$,

$$P(S_k = n) = \binom{n-1}{k-1}p^k(1-p)^{n-k}.$$

b) 1) • L'événement $(U_n = 0)$ est réalisé si et seulement si le premier composant n'est pas encore tombé en panne à l'instant n. Ainsi : $(U_n = 0) = (T_1 > n)$.

$$\text{Donc : } P(U_n = 0) = \sum_{k=n+1}^{+\infty} P(T_1 = k) = \sum_{k=n+1}^{+\infty} (1-p)^{k-1}p$$
$$= p(1-p)^n \frac{1}{1-(1-p)} = (1-p)^n.$$

Remarque : On peut retrouver ce résultat plus directement. Tout se passe comme si le composant "se réparait tout seul" à chaque instant. Ainsi, à chaque instant, le composant peut soit être en panne (avec la probabilité p), soit fonctionner correctement (avec la probabilité $1-p$), les états du composant à chaque instant étant indépendants les uns des autres.

L'événement $(U_n = 0)$ signifie que lors des n premiers instants, le composant fonctionne toujours correctement. Donc : $P(U_n = 0) = (1-p)^n$.

• L'événement $(U_n = n)$ est réalisé si et seulement si n (exactement) composants sont tombés en panne à l'instant n et donc si et seulement si la n-ième panne a lieu à l'instant n. Ainsi : $(U_n = n) = (S_n = n)$.

$$\text{Donc : } P(U_n = n) = \binom{n-1}{n-1}p^n(1-p)^{n-n} = p^n.$$

Remarque : En reprenant la remarque précédent, l'événement $(U_n = n)$ signifie que lors des n premiers instants, le composant est toujours en panne. Donc : $P(U_n = n) = p^n$.

b) 2) Soit $k \in \mathbb{N}^*$. L'événement $(S_k \leqslant n)$ signifie que la k-ième panne a eu lieu avant l'instant n, et l'événement $(U_n \geqslant k)$ signifie qu'il y a eu au moins k pannes jusqu'à l'instant n. Donc :

$$(U_n \geqslant k) = (S_k \leqslant n).$$

b) 3) • La va U_n prend ses valeurs dans $[\![0\,;n]\!]$.

• Notons $q = 1 - p$. On a déjà montré :

$$P(U_n = 0) = \binom{n}{0}p^0q^n \text{ et } P(U_n = n) = \binom{n}{n}p^nq^0.$$

Soit $k \in [\![1\,;n-1]\!]$. Alors :

$$\begin{aligned}
P(U_n = k) &= P(U_n \geqslant k) - P(U_n \geqslant k+1)\\
&= P(S_k \leqslant n) - P(S_{k+1} \leqslant n)\\
&= \sum_{i=k}^{n} P(S_k = i) - \sum_{i=k+1}^{n} P(S_{k+1} = i)\\
&= \sum_{i=k}^{n}\binom{i-1}{k-1}p^kq^{i-k} - \sum_{i=k+1}^{n}\binom{i-1}{k}p^{k+1}q^{i-k-1}\\
&= p^k\sum_{i=k}^{n}\binom{i-1}{k-1}q^{i-k} - p^k(1-q)\sum_{i=k+1}^{n}\binom{i-1}{k}q^{i-k-1}\\
&= p^k\Bigg[\sum_{i=k}^{n}\binom{i-1}{k-1}q^{i-k}\\
&\qquad - \sum_{i=k+1}^{n}\binom{i-1}{k}q^{i-k-1} + \sum_{i=k+1}^{n}\binom{i-1}{k}q^{i-k}\Bigg]\\
&= p^k\Bigg[\sum_{i=k}^{n}\binom{i-1}{k-1}q^{i-k}\\
&\qquad - \sum_{i=k}^{n-1}\binom{i}{k}q^{i-k} + \sum_{i=k+1}^{n}\binom{i-1}{k}q^{i-k}\Bigg]\\
&= p^k\Bigg[1 + \sum_{i=k+1}^{n}\left[\binom{i-1}{k-1} + \binom{i-1}{k}\right]q^{i-k}\\
&\qquad - \sum_{i=k}^{n-1}\binom{i}{k}q^{i-k}\Bigg]\\
&= p^k\left[1 + \sum_{i=k+1}^{n}\binom{i}{k}q^{i-k} - \sum_{i=k}^{n-1}\binom{i}{k}q^{i-k}\right]\\
&= p^k\left[1 + \binom{n}{k}q^{n-k} - 1\right] = \binom{n}{k}p^kq^{n-k}.
\end{aligned}$$

Ainsi, U_n suit la loi binomiale de paramètres (n, p).

Remarque : On peut retrouver ce résultat directement (et sans calcul !)

Reprenons la remarque précédente. La va U_n compte le nombre de pannes du composant lors des n premiers instants. Puisque les états du composant aux divers instants sont indépendants et que la probabilité que le composant soit en panne à un instant donné est égale à p, la va U_n suit la loi binomiale de paramètres (n, p).

Statistique descriptive

CHAPITRE 20

Plan

Thèmes abordés dans les exercices

- Série statistique associée à un échantillon, représentations graphiques d'une série statistique
- Calculs de moyenne, médiane, mode(s), variance empirique, écart-type empirique, quartiles, déciles.

Points essentiels du cours pour la résolution des exercices

- Définitions d'une population, d'individus, d'échantillon observé.
- Caractère, caractère qualitatif et caractère quantitatif
- Série statistique associée à un échantillon
- Effectifs, effectifs cumulés, fréquences, fréquences cumulées d'une modalité ou d'une classe, effectif total
- Représentations graphiques d'une série statistique : diagramme en bâtons, histogramme
- Définition des caractéristiques de position : moyenne, médiane, mode(s)
- Définition des caractéristiques de dispersion : variance empirique, écart-type empirique, quartiles, déciles.

Les méthodes à retenir

Pour représenter une série statistique

Le plus souvent :

- si le caractère étudié est discret, on utilise un diagramme en bâtons
- si le caractère étudié est continu, on utilise un histogramme

➥ **Exercices 20.1 à 20.4.**

Pour calculer la moyenne d'une série statistique	On utilise l'une des formules suivantes : • si le caractère étudié est discret, alors la moyenne, notée $\overline{x}$, de la série statistique $(x_i)_{i\in[\![1\,;n]\!]}$ est donnée par : $\overline{x} = \frac{1}{n}\sum_{i=1}^{n} x_i$ si la série est donnée sous la forme $(x_i, n_i)_{i\in[\![1\,;p]\!]}$ où n_i désigne l'effectif de la modalité x_i, alors la moyenne est donnée par : $$\overline{x} = \frac{1}{n}\sum_{i=1}^{p} n_i\, x_i \quad \text{où} \quad n = \sum_{i=1}^{p} n_i \text{ est l'effectif total}$$ • si le caractère étudié est continu, alors on remplace, dans les formules précédentes, x_i par c_i le centre de la classe ➡ **Exercices 20.1 à 20.7.**
Pour calculer la variance empirique et l'écart-type empirique d'une série statistique	Pour calculer la variance empirique, on utilise l'une des formules suivantes : • si le caractère étudié est discret, alors la variance, notée V_x, de la série statistique $(x_i)_{i\in[\![1\,;n]\!]}$ est donnée par : $$V_x = \frac{1}{n}\sum_{i=1}^{n}(x_i - \overline{x})^2 = \frac{1}{n}\left(\sum_{i=1}^{n} x_i^2\right) - \overline{x}^2,$$ où $\overline{x}$ est la moyenne de la série statistique si la série statistique est donnée sous la forme $(x_i, n_i)_{i\in[\![1\,;p]\!]}$ où n_i désigne l'effectif de la modalité x_i, alors la variance est donnée par : $$V_x = \frac{1}{n}\sum_{i=1}^{p} n_i(x_i - \overline{x})^2 = \frac{1}{n}\left(\sum_{i=1}^{p} n_i\, x_i^2\right) - \overline{x}^2,$$ où $\overline{x}$ est la moyenne de la série statistique et $n = \sum_{i=1}^{p} n_i$ l'effectif total • si le caractère étudié est continu, alors on remplace, dans les formules précédentes, x_i par c_i le centre de la classe L'écart-type empirique, noté σ_x est donné par : $\sigma_x = \sqrt{V_x}$ ➡ **Exercices 20.1, 20.2, 20.4 à 20.7.**
Pour calculer un mode ou une classe modale d'une série statistique	• Si le caractère étudié est discret, un mode d'une série statistique est une valeur du caractère dont l'effectif est le plus grand (il peut y avoir plusieurs modes !)

(suite)

- Si le caractère étudié est continu, puisque toutes les classes n'ont pas forcément la même amplitude, il faut ramener l'effectif de la classe à un effectif à amplitude comparable ; une classe modale est alors une classe dont l'effectif, à amplitude comparable, est le plus grand (sur un histogramme, la hauteur du rectangle correspondant est la plus grande)

➥ **Exercices 20.1 à 20.4.**

Pour calculer la médiane d'une série statistique

- Si le caractère étudié est discret, la médiane, notée m_e, est égale au réel pour lequel il y a autant de valeurs inférieures ou égales à m_e que de valeurs supérieures ou égales à m_e dans la série statistique ; en pratique, si la série statistique $(x_i)_{i\in[\![1\,;n]\!]}$ est rangée par ordre croissant, alors :

$$\text{si } n = 2p \text{ est pair, } m_e = \frac{x_p + x_{p+1}}{2}$$

$$\text{si } n = 2p+1 \text{ est impair, } m_e = x_{p+1}$$

- Si le caractère étudié est continu, la médiane correspond à l'abscisse du point d'ordonnée $\frac{1}{2}$ de la courbe cumulative des fréquences ; en pratique, on détermine, dans un premier temps, la classe à laquelle appartient la médiane, puis on calcule la médiane en faisant une interpolation linéaire

➥ **Exercices 20.1 à 20.3.**

Pour calculer les quartiles et les déciles d'une série statistique

Pour calculer le k-ième quartile ($1 \leqslant k \leqslant 3$) :

- si le caractère étudié est discret, le k-ième quartile, noté q_k, est égal au réel pour lequel il y a $\frac{k}{4}n$ valeurs inférieures ou égales à q_k
- si le caractère étudié est continu, le k-ième quartile est égal à l'abscisse du point d'ordonnée $\frac{k}{4}$ de la courbe cumulative des fréquences

Pour calculer le k-ième décile ($1 \leqslant k \leqslant 9$), on procède de la même façon en remplaçant le coefficient $\frac{1}{4}$ par le coefficient $\frac{1}{10}$.

➥ **Exercices 20.1, 20.2, 20.3.**

Énoncés des exercices

20.1 Exemple d'une série statistique discrète

On considère la série statistique suivante réalisée sur un échantillon de taille 20 :

individu i	1	2	3	4	5	6	7	8	9	10
valeur x_i	2	5	5	4	3	2	6	5	8	4

individu i	11	12	13	14	15	16	17	18	19	20
valeur x_i	6	4	8	9	2	8	3	4	8	4

a) Calculer la moyenne, la variance empirique et l'écart-type empirique.

b) Tracer le diagramme en bâtons correspondant à cette série statistique.

c) Déterminer le(s) mode(s).

d) Déterminer la médiane, le premier quartile et le troisième quartile.

20.2 Exemple d'une série statistique discrète

On considère la série statistique suivante sur les notes obtenues à un examen dans une classe donnée :

note	0	1	2	3	4	5	6	7	8	9	10
effectif	0	1	2	3	2	3	2	3	4	3	4

note	11	12	13	14	15	16	17	18	19	20
effectif	5	4	5	2	1	0	1	0	2	1

a) Tracer le diagramme en bâtons correspondant à cette série statistique.

b) Déterminer la moyenne, le(s) mode(s) et l'écart-type de cette série statistique.

c) Déterminer la médiane, le premier quartile et le troisième quartile.

20.3 Exemple d'une série statistique continue

Le tableau suivant donne la répartition d'une population par tranches d'âge :

tranche d'âge	[0 ; 10[	[10 ; 20[	[20 ; 30[	[30 ; 40[	[40 ; 50[
effectif	18	40	62	53	47

tranche d'âge	[50 ; 60[	[60 ; 70[	[70 ; 80[	[80 ; 90[	[90 ; 100[
effectif	34	15	10	5	2

a) Déterminer l'âge moyen de cette population.

b) Tracer l'histogramme correspondant à cette série. Déterminer la classe modale.

c) Tracer la courbe des fréquences cumulées.

d) À quel intervalle appartient la médiane ? En déduire sa valeur.

e) Déterminer le premier quartile et le troisième quartile.

20.4 Exemple d'une série statistique continue

On considère la série statistique suivante :

valeurs	[0 ; 4[	[4 ; 10[	[10 ; 16[	[16 ; 26[	[26 ; 50[
effectif	4	10	18	24	4

a) Calculer la moyenne et l'écart-type empirique associée à cette série.

b) Tracer l'histogramme correspondant à cette série. Déterminer la classe modale.

c) Chacune des classes de la série statistique est divisée en deux classes de même amplitude, auxquelles on fait correspondre la moitié de l'effectif initial de la classe divisée.

1) Faire un nouveau tableau.

2) Comment évoluent la moyenne et l'écart-type empirique ?

20.5 Exemple d'une série statistique définie à partir d'une autre série statistique

Soient $n \in \mathbb{N}^*$ et $(x_i)_{i\in[\![1\,;n]\!]}$ une série statistique. On note $\overline{x}$ (resp. σ_x) la moyenne (resp. l'écart-type empirique) de cette série statistique. Soit $(a, b) \in \mathbb{R}^2$.

On définit la série statistique $(y_i)_{i\in[\![1\,;n]\!]}$ par : $\forall i \in [\![1\,;n]\!],\ \ y_i = ax_i + b.$

Exprimer la moyenne et l'écart-type empirique de la série statistique $(y_i)_{i\in[\![1\,;n]\!]}$ en fonction de $\overline{x}$, σ_x, a, b.

20.6 Exemple d'une série statistique définie à partir de deux autres séries statistiques

Soit $n \in \mathbb{N}^*$. On considère deux séries statistiques sur un échantillon de même taille n : $(x_i)_{i\in[\![1\,;n]\!]}$ et $(y_i)_{i\in[\![1\,;n]\!]}$.

On définit la série statistique $(z_i)_{i\in[\![1\,;n]\!]}$ par : $\forall i \in [\![1\,;n]\!],\ \ z_i = x_i + y_i.$

On note $\overline{x}$ et V_x (resp. $\overline{y}$ et V_y) la moyenne et la variance empirique de $(x_i)_{i\in[\![1\,;n]\!]}$ (resp. $(y_i)_{i\in[\![1\,;n]\!]}$).

a) Exprimer la moyenne de la série statistique $(z_i)_{i\in[\![1\,;n]\!]}$ en fonction de $\overline{x}$ et $\overline{y}$.

b) On note $\sigma_{x,y}$ le réel défini par : $\sigma_{x,y} = \dfrac{1}{n}\displaystyle\sum_{i=1}^{n}(x_i - \overline{x})\cdot(y_i - \overline{y}).$

Montrer : $\sigma_{x,y} = \dfrac{1}{n}\left(\displaystyle\sum_{i=1}^{n} x_i\cdot y_i\right) - \overline{x}\cdot\overline{y}.$

c) Exprimer la variance empirique de la série statistique $(z_i)_{i\in[\![1\,;n]\!]}$ en fonction de V_x, V_y et $\sigma_{x,y}$.

20.7 La droite des moindres carrées

Soit $n \in \mathbb{N}^*$. On considère deux séries statistiques sur un échantillon de même taille n : $(x_i)_{i\in[\![1\,;n]\!]}$ et $(y_i)_{i\in[\![1\,;n]\!]}$. On note $\overline{x}$ et V_x (resp. $\overline{y}$ et V_y) la moyenne et la variance empirique de $(x_i)_{i\in[\![1\,;n]\!]}$ (resp. $(y_i)_{i\in[\![1\,;n]\!]}$).

On note $\sigma_{x,y}$ le réel défini par : $\sigma_{x,y} = \dfrac{1}{n}\displaystyle\sum_{i=1}^{n}(x_i - \overline{x})\cdot(y_i - \overline{y}).$

On définit la fonction f sur $\mathbb{R}^2$ par : $\forall (a, b) \in \mathbb{R}^2,\ \ f(a, b) = \displaystyle\sum_{i=1}^{n}(y_i - ax_i - b)^2.$

a) Montrer que f présente un minimum global au point $\left(\dfrac{\sigma_{x,y}}{V_x}, \overline{y} - \dfrac{\sigma_{x,y}}{V_x}\overline{x}\right)$ et calculer ce minimum.

b) Une étude statistique portant sur les tailles et les poids de 10 individus nous donne les séries statistique suivantes :

individu	1	2	3	4	5	6	7	8	9	10
taille x_i (cm)	160	155	180	156	178	182	160	142	161	175
poids y_i (kg)	60	53	72	60	70	90	65	52	55	82

1) Calculer $\overline{x}$, V_x, $\overline{y}$, V_y, $\sigma_{x,y}$.

2) Représenter, sur un même graphe, l'ensemble des points (x_i, y_i) pour $i \in [\![1\,;10]\!]$.

3) Soit $(a, b) \in \mathbb{R}^2$ et $\mathscr{D}$ la droite d'équation $y = ax+b$. Donner une interprétation géométrique de $f(a, b)$.

4) Calculer les coordonnées (a_0, b_0) du point où f présente son minimum. Que dire de la droite d'équation $y = a_0x + b_0$?

Du mal à démarrer ?

20.1 Utiliser les définitions du cours.

20.2 *a) b)* Utiliser les définitions du cours.

c) Commencer par calculer les effectifs cumulés, puis en déduire la valeur de la médiane et des quartiles.

20.3 *a) b)* Utiliser les définitions du cours.

c) Commencer par calculer les fréquences cumulées, puis tracer la courbe.

d) Déterminer graphiquement l'intervalle dans lequel appartient la médiane, puis calculer sa valeur par interpolation linéaire.

e) Procéder de la même façon qu'au *d)*.

20.4 Utiliser les définitions du cours.

20.5 Écrire la moyenne et la variance empirique de $(y_i)_{i\in[\![1\,;n]\!]}$ sous forme d'une somme et développer ces sommes.

20.6 *a)* Utiliser la définition de la moyenne.

b) Développer l'expression sous le signe somme puis séparer en plusieurs sommes.

c) Écrire la variance empirique de $(z_i)_{i\in[\![1\,;n]\!]}$ sous forme d'une somme et développer cette somme.

20.7 *a)* Pour tout $a \in \mathbb{R}$ fixé, déterminer le minimum, noté $h(a)$, de la fonction $g : b \longmapsto f(a, b)$; puis étudier les variations de la fonction $a \longmapsto h(a)$.

b) 1) Utiliser les définitions.

b) 3) Remarquer que $(y_i - ax_i - b)^2$ est égal au carré de la distance entre les points $M_i(x_i, y_i)$ et $N_i(x_i, ax_i + b)$.

Corrigés des exercices

20.1 L'échantillon est de taille $n = 20$.

a) Par définition :

- la moyenne de la série statistique est donnée par :

$$\begin{aligned}\overline{x} &= \frac{1}{n}\sum_{i=1}^{n} x_i = \frac{1}{20}(2+5+5+4+3+2+6+5 \\ &\quad +8+4+6+4+8+9+2+8+3+4+8+4) \\ &= \frac{100}{20} = 5.0\end{aligned}$$

- la variance empirique de la série statistique est donnée par :

$$\begin{aligned}V_x &= \left(\frac{1}{n}\sum_{i=1}^{n} x_i^2\right) - \overline{x}^2 \\ &= \frac{1}{20}(2^2+5^2+5^2+4^2+3^2+2^2+6^2+5^2+8^2+4^2+6^2 \\ &\quad +4^2+8^2+9^2+2^2+8^2+3^2+4^2+8^2+4^2) - (5.0)^2 \\ &= 29.7 - 25 = 4.7\end{aligned}$$

- l'écart-type empirique de la série statistique est donné par :

$$\sigma_x = \sqrt{V_x} \simeq 2.17.$$

b) Pour chaque valeur x_i, on calcule l'effectif de cette modalité. On obtient alors le tableau suivant :

valeur k	2	3	4	5	6	8	9
effectif n_k	3	2	5	3	2	4	1

Le diagramme en bâtons s'obtient en joignant les points $(k, 0)$ et (k, n_k) pour $k \in \{2, 3, 4, 5, 6, 8, 9\}$.

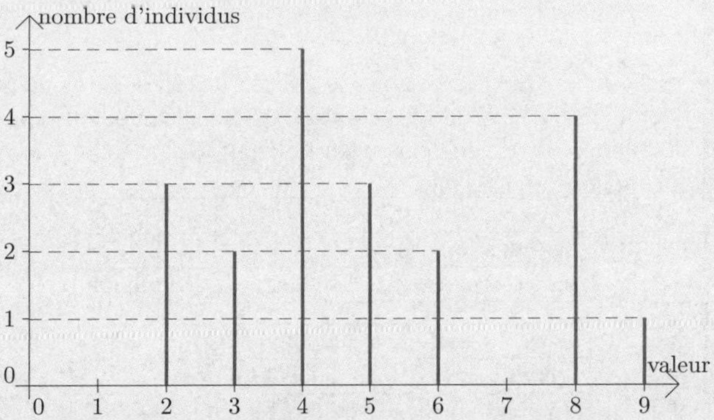

c) Par définition, un mode d'une série est une modalité x_i où l'effectif est maximal.

Pour cette série statistique, le mode est 4.

d) • Commençons par calculer, pour chaque modalité, l'effectif cumulé de cette modalité. On obtient alors le tableau suivant :

valeur	2	3	4	5	6	8	9
effectif cumulé	3	5	10	13	15	19	20

• Par définition, la médiane est le réel m_e pour lequel qu'il y a autant de valeurs qui sont inférieures ou égales à m_e que de valeurs qui sont supérieures ou égales.

La série peut se représenter de la façon suivante :

$$\underbrace{2,2,2,3,3,4,4,4,4,4}_{\text{10 valeurs}},\underbrace{5,5,5,6,6,8,8,8,8,9}_{\text{10 valeurs}}$$

On en déduit que : $m_e = \dfrac{4+5}{2} = 4.5$.

• Par définition, le 1er quartile est le réel q_1 pour lequel il y a $\dfrac{1}{4} \cdot 20 = 5$ valeurs inférieures ou égales à q_1.

Or on a : $\underbrace{2,2,2,3,3}_{\text{5 valeurs}},\underbrace{4,4,4,4,4,5,5,5,6,6,8,8,8,8,9}_{\text{15 valeurs}}$

On en déduit que : $q_1 = \dfrac{3+4}{2} = 3.5$.

• Par définition, le 3ème quartile est le réel q_3 pour lequel il y a $\dfrac{3}{4} \cdot 20 = 15$ valeurs inférieures ou égales à q_1.

Or on a : $\underbrace{2,2,2,3,3,4,4,4,4,4,5,5,5,6,6}_{\text{15 valeurs}},\underbrace{8,8,8,8,9}_{\text{5 valeurs}}$

On en déduit que : $q_3 = \dfrac{6+8}{2} = 7$.

20.2 *a)*

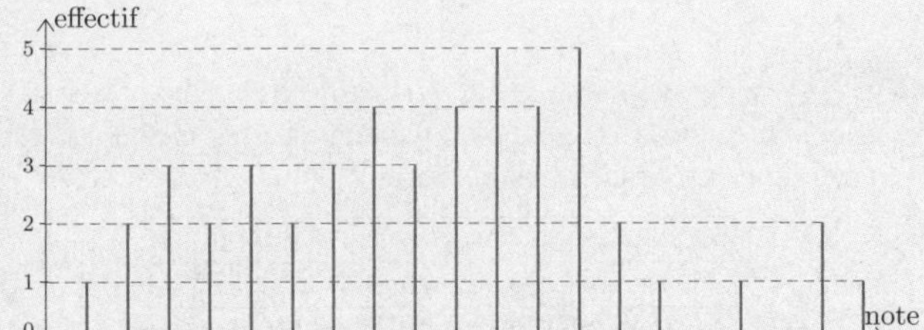

b) Notons, pour $i \in [\![0\,;20]\!]$, n_i l'effectif de la modalité i.

• L'effectif total est donnée par :

$$n = \sum_{i=0}^{20} n_i = 48.$$

• La moyenne de la série est donnée par :

$$\overline{x} = \frac{1}{n}\sum_{i=0}^{20} n_i\, i = \frac{455}{48} \simeq 9.48.$$

• Les modes sont 11 et 13.

• La variance empirique est donnée par :

$$V_x = \Big(\frac{1}{n}\sum_{i=0}^{n} n_i\, i^2\Big) - \overline{x}^2 = \frac{5315}{48} - \Big(\frac{455}{48}\Big)^2 = 20.87$$

L'écart-type empirique est donné par :

$$\sigma_x = \sqrt{V_x} \simeq 4.57.$$

c) Le tableau donnant les effectifs cumulés par modalité est donné par :

note	0	1	2	3	4	5	6
effectits cumulés	0	1	3	6	8	11	13

note	7	8	9	10	11	12	13
effectifs cumulés	16	20	23	27	32	36	41

notes	14	15	16	17	18	19	20
effectifs cumulés	43	44	44	45	45	47	48

• Puisque $\frac{n}{2} = 24$ et que la série peut s'écrire :

$$\underbrace{1,2,2,3,\cdots,9,10}_{\text{24 valeurs}},\underbrace{10,10,\cdots,19,19,20}_{\text{24 valeurs}}$$

on en déduit que la médiane égale à 10.

• Puisque $\frac{n}{4} = 12$ et que la série peut s'écrire :

$$\underbrace{1,2,2,3,\cdots,5,6}_{\text{12 valeurs}},\underbrace{6,7,\cdots,19,19,20}_{\text{36 valeurs}}$$

on en déduit que le premier quartile est égal à 6.

• Puisque $\frac{3n}{4} = 36$ et que la série peut s'écrire :

$$\underbrace{1,2,2,3,\cdots,12,12}_{\text{36 valeurs}},\underbrace{13,13,\cdots,19,19,20}_{\text{12 valeurs}}$$

on en déduit que le 3ième quartile est égal à $\frac{12+13}{2} = 12.5$.

20.3 Notons, pour $i \in [\![1\,;10]\!]$, n_i l'effectif de la classe i, et c_i son centre. Complétons le tableau de l'énoncé, en précisant, pour chaque classe, son centre :

tranche d'âge	[0 ; 10[	[10 ; 20[	[20 ; 30[	[30 ; 40[
centre c_i	5	15	25	35
effectif n_i	18	40	62	53

tranche d'âge	[40 ; 50[	[50 ; 60[	[60 ; 70[	[70 ; 80[
centre c_i	45	55	65	75
effectif n_i	47	34	15	10

tranche d'âge	[80 ; 90[	[90 ; 100[
centre c_i	85	95
effectif n_i	5	2

L'effectif total de la population est :

$$n = \sum_{i=1}^{10} n_i = 286.$$

a) L'âge moyen de la population est donné par :

$$\overline{x} = \frac{1}{n}\sum_{i=1}^{10} n_i\, c_i = \frac{10420}{286} \simeq 36.43.$$

b) L'histogramme s'obtient en traçant les rectangles de base $M_{i-1}M_i$, où M_i désigne le point de coordonnées $(10i, 0)$, d'aire proportionnelle à n_i, et donc de hauteur $\frac{n_i}{10i - 10(i-1)} = \frac{n_i}{10}$.

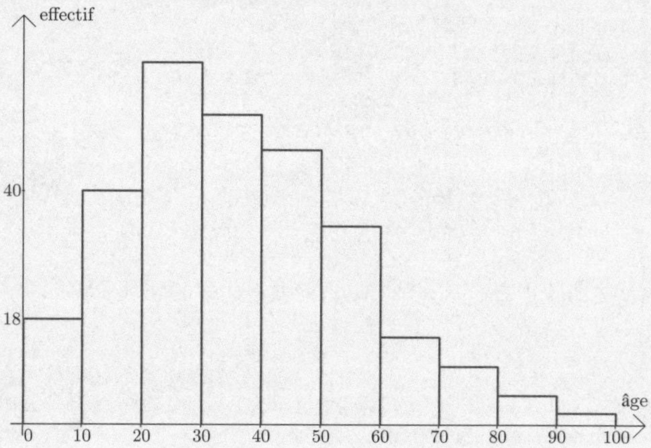

• Une classe modale est une classe pour laquelle la hauteur du rectangle de l'histogramme est maximale.

Pour cette série, puisque toutes les classes ont la même amplitude, la classe modale correspond aussi à la classe ayant le plus grand effectif.

La classe modale est donc la classe [20 ; 30[.

c) Commençons par calculer le tableau des fréquences cumulées, la fréquence cumulée d'une classe étant le quotient de l'effectif cumulé de cette classe par l'effectif total :

tranche d'âges	[0 ; 10[	[10 ; 20[	[20 ; 30[	[30 ; 40[
effectif cumulé	18	58	120	173
fréquence cumulée	0.063	0.203	0.420	0.605

tranche d'âges	[40 ; 50[	[50 ; 60[	[60 ; 70[	[70 ; 80[
effectif cumulé	220	254	269	279
fréquence cumulée	0.769	0.888	0.941	0.976

tranche d'âges	[80 ; 90[	[90 ; 100[
effectif cumulé	284	286
fréquence cumulée	0.993	1.000

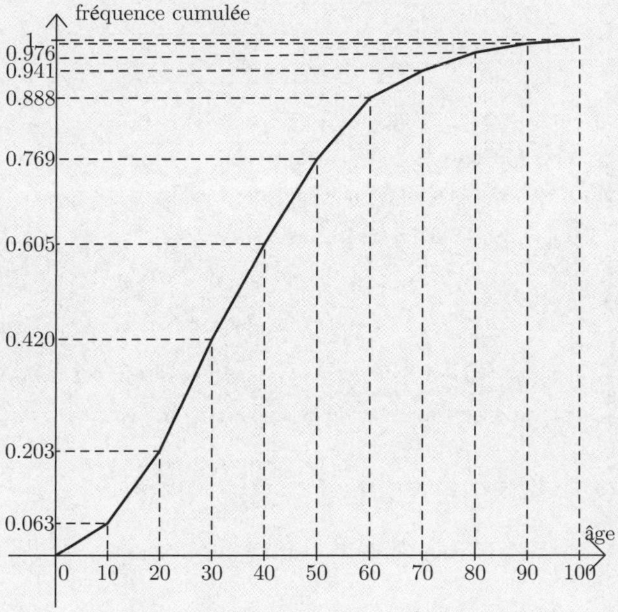

d)

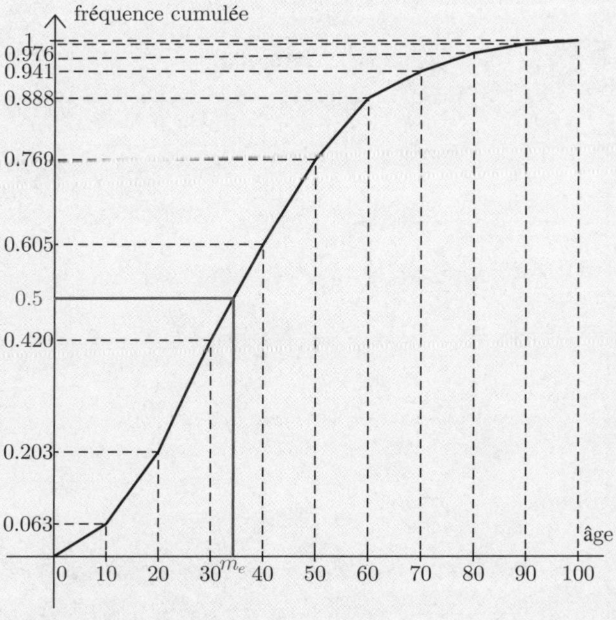

D'après la courbe des fréquences cumulées, on voit que la médiane m_e appartient à l'intervalle $[30\,;40]$.

Or sur $[30\,;40]$, la courbe des fréquences cumulées a pour équation : $y - 0.420 = \dfrac{0.605 - 0.420}{40 - 30}(x - 30)$.

On a donc : $0.5 - 0.420 = \dfrac{0.605 - 0.420}{40 - 30}(m_e - 30)$.

D'où :

$$m_e = (0.5 - 0.420) \cdot \frac{40 - 30}{0.605 - 0.420} + 30 \simeq 34.32.$$

Remarque : Cette valeur est cohérente avec celle que l'on peut lire sur le graphe des fréquences cumulées.

e)

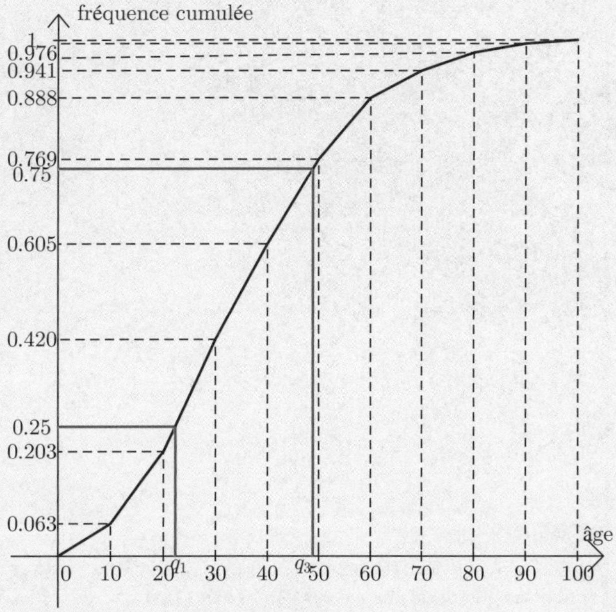

• D'après la courbe des fréquences cumulées, on voit que le premier quartile q_1 appartient à l'intervalle $[20\,;30]$.

Or sur $[20\,;30]$, la courbe des fréquences cumulées a pour équation : $y - 0.203 = \dfrac{0.420 - 0.203}{30 - 20}(x - 20)$.

On a donc : $0.25 - 0.203 = \dfrac{0.420 - 0.203}{30 - 20}(q_1 - 20)$.

D'où :

$$q_1 = (0.25 - 0.203) \cdot \frac{30 - 20}{0.420 - 0.203} + 20 \simeq 22.17.$$

• D'après la courbe des fréquences cumulées, on voit que le troisième quartile q_3 appartient à l'intervalle $[40\,;50]$.

Or sur $[40\,;50]$, la courbe des fréquences cumulées a pour équation : $y - 0.605 = \dfrac{0.769 - 0.605}{50 - 40}(x - 40)$.

On a donc : $0.75 - 0.605 = \dfrac{0.769 - 0.605}{50 - 40}(q_3 - 40)$.

D'où :

$$q_3 = (0.75 - 0.605) \cdot \frac{50 - 40}{0.769 - 0.605} + 40 \simeq 48.84.$$

Remarque : Ces valeurs sont cohérentes avec celles que l'on peut lire sur le graphe des fréquences cumulées.

20.4 Notons, pour $i \in [\![1\,;5]\!]$, n_i l'effectif de la classe i, et c_i son centre. Complétons le tableau de l'énoncé en précisant, pour chaque classe, son centre :

valeurs	[0 ; 4[	[4 ; 10[	[10 ; 16[	[16 ; 26[	[26 ; 50[
centre c_i	2	7	13	21	38
effectif n_i	4	10	18	24	4

L'effectif total de la population est donné par :

$$n = \sum_{i=1}^{5} n_i = 60.$$

a) • La moyenne est donnée par :

$$\overline{x} = \frac{1}{n}\sum_{i=1}^{5} n_i\, c_i = \frac{968}{60} \simeq 16.13.$$

• La variance empirique est donnée par :

$$V_x = \left(\frac{1}{n}\sum_{i=1}^{5} n_i\, c_i^2\right) - \overline{x}^2 = \frac{19908}{60} - \left(\frac{968}{60}\right)^2 \simeq 71.52$$

L'écart-type empirique est donnée par :

$$\sigma_x = \sqrt{V_x} \simeq 8.46.$$

b) • Traçons l'histogramme, et pour cela, commençons par calculer la hauteur de chaque rectangle, que l'on obtient en faisant le quotient de l'effectif de la classe par sa longueur :

valeurs	[0 ; 4[	[4 ; 10[	[10 ; 16[	[16 ; 26[	[26 ; 50[
longueur	4	6	6	10	24
effectif	4	10	18	24	4
hauteur	1	1.67	3	2.4	0.17

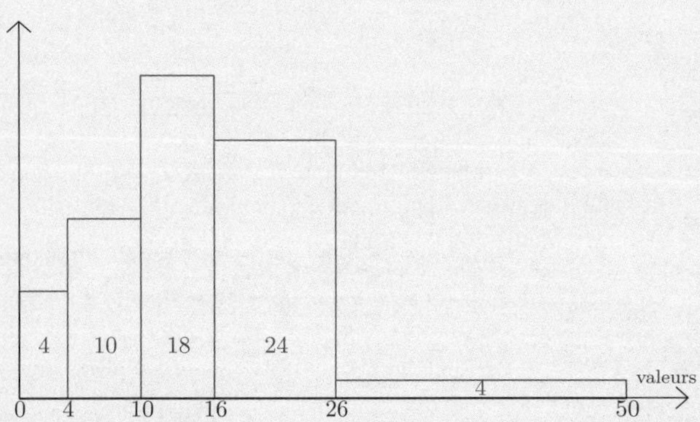

• La classe modale est la classe pour laquelle la hauteur du rectangle est maximale.

Ainsi, la classe modale est la classe [10 ; 16[.

c) 1) On a alors :

valeurs	[0 ;2[	[2 ;4[	[4 ;7[	[7 ;10[	[10 ;13[
centre c'_i	1	3	5.5	8.5	11.5
effectif n'_i	2	2	5	5	9

valeurs	[13 ;16[	[16 ;21[	[21 ;26[	[26 ;38[	[38 ;50[
centre c'_i	14.5	18.5	23.5	32	44
effectif	9	12	12	2	2

c) 2) L'effectif total est inchangé.

• La moyenne de cette série est donnée par :

$$\overline{x'} = \frac{1}{n}\sum_{i=1}^{10} n'_i\, c'_i = \frac{968}{60} \simeq 16.13.$$

Remarque : La moyenne est inchangée, ce qui est cohérent.

• La variance empirique de la série est donnée par :

$$V_{x'} = \left(\frac{1}{n}\sum_{i=1}^{10} n'_i\, c'^2_i\right) - \overline{x'}^2 = \frac{20269}{60} - \left(\frac{968}{60}\right)^2 \simeq 77.53.$$

L'écart-type empirique de la série est donnée par :

$$\sigma_{x'} = \sqrt{V_{x'}} \simeq 8.81.$$

Remarque : L'écart-type empirique a augmenté, ce qui est cohérent puisque l'écart-type mesure la dispersion des résultats et que les valeurs de cette nouvelle série statistique sont plus étendues.

20.5 • Par définition de la moyenne :

$$\overline{y} = \frac{1}{n}\sum_{i=1}^{n} y_i = \frac{1}{n}\sum_{i=1}^{n}(ax_i + b)$$
$$= \frac{a}{n}\sum_{i=1}^{n} x_i + \frac{b}{n}\sum_{i=1}^{n} i = a\overline{x} + b.$$

• Par définition de la variance empirique :

$$V_y = \frac{1}{n}\Big(\sum_{i=1}^{n} y_i^2\Big) - \overline{y}^2 = \frac{1}{n}\Big(\sum_{i=1}^{n}(ax_i + b)^2\Big) - (a\overline{x}^2 + b)$$
$$= \frac{1}{n}\Big(\sum_{i=1}^{n}(a^2x_i^2 + 2abx_i + b^2)\Big) - (a\overline{x} + b)^2$$
$$= \frac{a^2}{n}\sum_{i=1}^{n} x_i^2 + \frac{2ab}{n}\sum_{i=1}^{n} x_i + \frac{b^2}{n}\sum_{i=1}^{n} 1 - (a\overline{x} + b)^2$$
$$= \frac{a^2}{n}\Big(\sum_{i=1}^{n} x_i^2\Big) + 2ab\overline{x} + b^2 - (a^2\overline{x}^2 + 2ab\overline{x} + b^2)$$
$$= a^2\Big(\frac{1}{n}\sum_{i=1}^{n} x_i^2 - \overline{x}^2\Big) = a^2 V_x.$$

On en déduit : $\sigma_y = \sqrt{a^2 V_x} = |a|\,\sigma_x$.

Remarque : Ces relations rappellent les formules :

$$E(aX + b) = aE(X) + b \quad \text{et} \quad V(aX + b) = a^2V(X).$$

20.6 *a)* Par définition de la moyenne :

$$\overline{z} = \frac{1}{n}\sum_{i=1}^{n} z_i = \frac{1}{n}\sum_{i=1}^{n}(x_i + y_i)$$

$$= \frac{1}{n}\sum_{i=1}^{n} x_i + \frac{1}{n}\sum_{i=1}^{n} y_i = \overline{x} + \overline{y}.$$

b) On a : $\sigma_{x,y} = \frac{1}{n}\sum_{i=1}^{n}(x_i - \overline{x})\cdot(y_i - \overline{y})$

$$= \frac{1}{n}\sum_{i=1}^{n}(x_i y_i - \overline{x}y_i - x_i\overline{y} + \overline{x}\,\overline{y})$$

$$= \frac{1}{n}\sum_{i=1}^{n} x_i y_i - \frac{\overline{x}}{n}\sum_{i=1}^{n} y_i - \frac{\overline{y}}{n}\sum_{i=1}^{n} x_i + \frac{\overline{x}\,\overline{y}}{n}\sum_{i=1}^{n} 1$$

$$= \frac{1}{n}\Big(\sum_{i=1}^{n} x_i y_i\Big) - \overline{x}\,\overline{y} - \overline{x}\,\overline{y} + \overline{x}\,\overline{y} = \frac{1}{n}\Big(\sum_{i=1}^{n} x_i y_i\Big) - \overline{x}\,\overline{y}.$$

c) Par définition de la variance empirique :

$$V_z = \frac{1}{n}\sum_{i=1}^{n}(z_i - \overline{z})^2 = \frac{1}{n}\sum_{i=1}^{n}(x_i + y_i - \overline{x} - \overline{y})^2$$

$$= \frac{1}{n}\sum_{i=1}^{n}(x_i - \overline{x} + y_i - \overline{y})^2$$

$$= \frac{1}{n}\sum_{i=1}^{n}(x_i - \overline{x})^2 + \frac{1}{n}\sum_{i=1}^{n}(y_i - \overline{y})^2 + \frac{2}{n}\sum_{i=1}^{n}(x_i - \overline{x})(y_i - \overline{y})$$

$$= V_x + V_y + 2\sigma_{x,y}.$$

Remarque : Le réel $\sigma_{x,y}$ est à rapprocher de la covariance de deux variables aléatoires.

Les relations obtenues rappellent les formules :

$$E(X + Y) = E(X) + E(Y)$$

$$\text{et } V(X + Y) = V(X) + V(Y) + 2\,\mathrm{Cov}(X, Y).$$

20.7 *a)* • Soit $a \in \mathbb{R}$ fixé.

On note $g : \mathbb{R} \longrightarrow \mathbb{R},\ b \longmapsto f(a, b) = \sum_{i=1}^{n}(y_i - ax_i - b)^2$.

Alors g est dérivable sur $\mathbb{R}$ et :

$$\forall b \in \mathbb{R},\ \ g'(b) = -2\sum_{i=1}^{n}(y_i - ax_i - b)$$

$$= -2\Big(\sum_{i=1}^{n} y_i - a\sum_{i=1}^{n} x_i - b\sum_{i=1}^{n} 1\Big)$$

$$= -2(n\overline{y} - an\overline{x} - bn) = -2n(\overline{y} - a\overline{x} - b).$$

On en déduit le tableau de variations de g :

b	$-\infty$	$\overline{y} - a\overline{x}$	$+\infty$
$g'(b)$	$-$	0	$+$
$g(b)$	$\searrow$	$g(\overline{y} - a\overline{x})$	$\nearrow$

Ainsi g atteint son minimum pour $b = \overline{y} - a\overline{x}$ et :

$$g(\overline{y} - a\overline{x}) = f(a, \overline{y} - a\overline{x}).$$

• Notons $h : \mathbb{R} \longrightarrow \mathbb{R},\ a \longmapsto f(a, \overline{y} - a\overline{x})$.

Alors : $\forall a \in \mathbb{R}$,

$$h(a) = \frac{1}{n}\sum_{i=1}^{n}(y_i - ax_i - \overline{y} + a\overline{x})^2$$

$$= \frac{1}{n}\sum_{i=1}^{n}((y_i - \overline{y}) - a(x_i - \overline{x}))^2$$

$$= \frac{1}{n}\sum_{i=1}^{n}(y_i - \overline{y})^2 + a^2\cdot\frac{1}{n}\sum_{i=1}^{n}(x_i - \overline{x})^2$$

$$- 2a\cdot\frac{1}{n}\sum_{i=1}^{n}(y_i - \overline{y})(x_i - \overline{x})$$

$$= V_y + a^2 V_x - 2a\sigma_{x,y}.$$

Ainsi h est dérivable sur $\mathbb{R}$ et :

$$\forall a \in \mathbb{R},\ \ h'(a) = 2aV_x - 2\sigma_{x,y}.$$

On en déduit le tableau de variations de h :

a	$-\infty$	$\sigma_{x,y}/V_x$	$+\infty$
$h'(a)$	$-$	0	$+$
$h(a)$	$\searrow$	$h(\sigma_{x,y}/V_x)$	$\nearrow$

Ainsi h atteint son minimum pour $a = \dfrac{\sigma_{x,y}}{V_x}$.

• On en déduit que la fonction f atteint son minimum global pour $a = \dfrac{\sigma_{x,y}}{V_x}$ et $b = \overline{y} - \dfrac{\sigma_{x,y}}{V_x}\overline{x}$, et ce minimum est égal à :

$$f\Big(\frac{\sigma_{x,y}}{V_x}, \overline{y} - \frac{\sigma_{x,y}}{V_x}\overline{x}\Big) = h\Big(\frac{\sigma_{x,y}}{V_x}\Big)$$

$$= \frac{\sigma_{x,y}^2}{V_x} - 2\frac{\sigma_{x,y}^2}{V_x} + V_y = \frac{V_x V_y - \sigma_{x,y}^2}{V_x}.$$

b) 1) En utilisant les définitions, on obtient :

$\overline{x} = 164.9 \qquad V_x = 155.89$

$\overline{y} = 65.9 \qquad V_y = 144.29$

$\sigma_{x,y} = 129.49.$

b) 2)

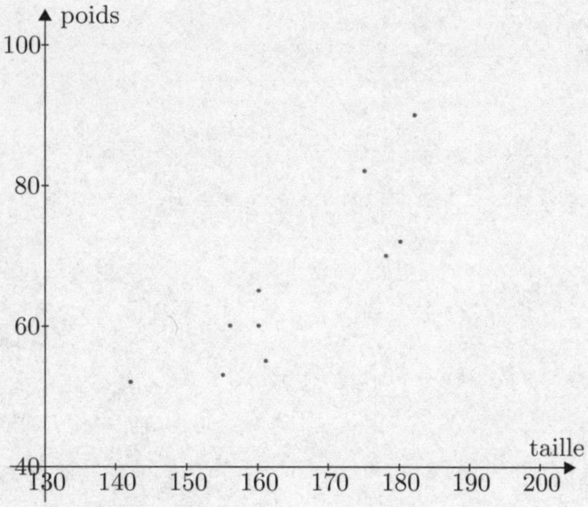

b) 3) Notons, pour tout i de $[\![1\,;10]\!]$, M_i le point de coordonnées (x_i, y_i) et N_i le point de coordonnées $(x_i, ax_i + b)$.

Alors : $\forall i \in [\![1\,;10]\!]$,
$d(M_i, N_i)^2 = (x_i - x_i)^2 + (y_i - ax_i - b)^2 = (y_i - ax_i - b)^2$.

Ainsi : $f(a,b) = \sum_{i=1}^{10} d(M_i, N_i)^2$.

b) 4) D'après *a)* : $a_0 = \dfrac{\sigma_{x,y}}{V_x} \simeq 0.8306$

et : $b_0 = \overline{y} - a_0\overline{x} \simeq -71.074$.

Ainsi, pour ces valeurs de a et de b, la somme des carrées des distances entre les points M_i et N_i est minimale.

La droite d'équation $y = a_0x + b_0$ est la droite qui « ajuste au mieux » le nuage de points.

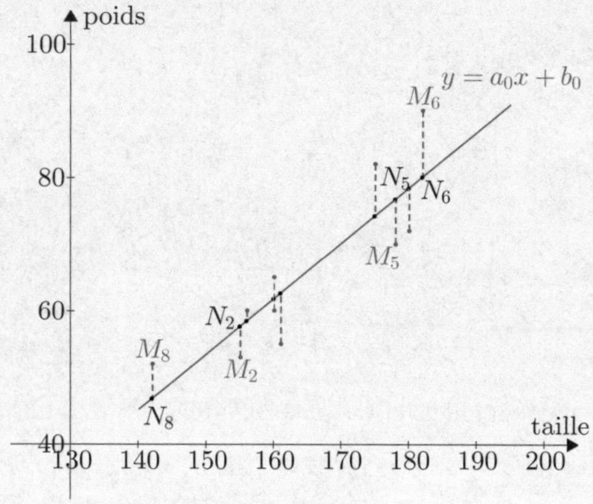

Éléments d'algorithmique

CHAPITRE 21

Plan

Thèmes abordés dans les exercices

- Calculs de sommes et de produits
- Calcul des termes d'une suite récurrente
- Calculs d'une valeur approchée de la limite d'une suite convergente et de la somme d'une série convergente
- Calcul d'une valeur approchée de la racine d'une équation du type $f(x) = 0$
- Utilisation des générateurs aléatoires `random` et `random(n)`, écriture de programmes (ou fonctions) simulant des expériences aléatoires.

Points essentiels du cours pour la résolution des exercices

- Notion d'algorithme et de programme, structure d'un programme en Pascal
- Notion de variable, notion de type d'une variable, déclaration d'une variable, affectation d'une variable
- Les instructions `readln`, `write`, `writeln`
- Les instructions `random` et `random(n)`
- Utilisation de l'instruction conditionnelle `if ... then (... else)`, utilisation de la boucle `for ... do`, utilisation des boucles conditionnelles `while ... do`, `repeat ... until`
- Écriture et utilisation de procédures et de fonctions.

Les méthodes à retenir

Pour affecter une variable

Pour affecter une valeur à une variable, on écrit d'abord son nom, suivi de « := », puis de la valeur désirée. La valeur affectée et la variable doivent être du même type.
Le « := » de l'affectation se lit « prend la valeur de ».

➥ **Exercices 21.1 à 21.22.**

Pour utiliser les instructions conditionnelles `if...then` et `if ... then ... else`

- On utilise l'instruction `if ... then` lorsque l'on souhaite exécuter une séquence d'instructions uniquement dans le cas où une condition donnée est vérifiée ;

  sa syntaxe est :

  ```
  if (condition)
      then (séquence d'instructions)
  ```

  où `(condition)` est une variable de type booléen.

- On utilise l'instruction `if ... then ... else` lorsque l'on souhaite choisir d'exécuter une séquence d'instructions parmi deux séquences possibles selon le résultat d'une condition ;

  sa syntaxe est :

  ```
  if (condition)
      then (séquence d'instructions 1)
      else (séquence d'instructions 2)
  ```

  où `(condition)` est une variable de type booléen.

➥ **Exercices 21.1, 21.2, 21.5, 21.13, 21.18, 21.19, 21.21.**

Pour utiliser la boucle `for...do`

On utilise l'instruction `for ... do` lorsque l'on souhaite répéter un nombre fixé et connu de fois la même séquence d'instructions ;
sa syntaxe est :

```
for k :=a to b do
        (séquence d'instructions)
```

➥ **Exercices 21.3, 21.4, 21.6 à 21.15, 21.18, 21.19, 21.22.**

Pour utiliser les boucles conditionnelles `while...do` et `repeat ... until`

- On utilise l'instruction `while ... do` lorsque l'on souhaite répéter les mêmes instructions tant qu'une condition donnée est satisfaite ;

  sa syntaxe est :

  ```
  while (condition) do
      (séquence d'instructions)
  ```

  où `(condition)` est une variable de type booléen.

- On utilise l'instruction `repeat ... until` lorsque l'on souhaite répéter les mêmes instructions jusqu'à ce qu'une condition donnée soit satisfaite ;

  sa syntaxe est :

  ```
  repeat
      (séquence d'instructions)
  until (condition)
  ```

  où `(condition)` est une variable de type booléen.

  À la différence d'une boucle `while ... do`, la séquence d'instruction est toujours exécutée au moins une fois, même si la condition est vérifiée avant la première itération.

(suite)

Remarque : Contrairement à la boucle `for ... do`, les boucles `while ... do` et `repeat ... until` permettent de répéter des instructions un nombre variable de fois, selon le résultat d'une condition. Attention aux boucles sans fin !

Exercices 21.8, 21.9, 21.12, 21.13, 21.16, 21.17, 21.19, 21.20.

Pour calculer une somme de réels $S_n = \sum_{k=1}^{n} a_k$

On définit une variable S, que l'on initialise à 0, et à laquelle on ajoute successivement les réels a_1, puis a_2, ..., puis a_n.
Pour cela, on utilise une boucle `for ... do`.
La séquence d'instructions est donc :

```
S:=0;
for k:=1 to n do S:=S+{a_k};
```

À la fin de chaque boucle k, la variable S contient la valeur de $\sum_{i=1}^{k} a_i$.

Exercices 21.3, 21.10, 21.11, 21.16, 21.17, 21.19.

Pour calculer un produit de réels $P_n = \prod_{k=1}^{n} a_k$

On définit une variable P, que l'on initialise à 1, et que l'on multiplie successivement par les réels a_1, puis a_2, ..., puis a_n.
Pour cela, on utilise une boucle `for ... do`.
La séquence d'instructions est donc :

```
P:=1;
for k:=1 to n do P:=P*{a_k};
```

À la fin de chaque boucle k, la variable P contient la valeur de $\prod_{i=1}^{k} a_i$.

Exercices 21.4, 21.6, 21.7.

Pour calculer le n-ième terme d'une suite récurrente définie par la relation $u_{n+1} = f(u_n)$

Dans la mesure où seule la valeur de u_n nous intéresse, on peut se permettre d'utiliser une seule variable u qui va contenir les valeurs successives des termes de la suite.
Plus précisément, on initialise u à u_0, puis on calcule `f(u)` que l'on réaffecte à u (u contient alors la valeur de u_1). On répète cette opération n fois, de façon à ce que u contienne la valeur de u_n.
Pour cela, on utilise une boucle `for ... do`.
La séquence d'instructions est donc :

```
u:={u_0};
for k:=1 to n do u:=f(u);
```

À la fin de chaque boucle k, la variable u contient la valeur de u_k.

Exercices 21.8, 21.9, 21.16.

Pour calculer une valeur approchée de la limite ℓ d'une suite convergente $(u_n)_{n\in\mathbb{N}}$ à ε près

On suppose connue une suite $(\varepsilon_n)_{n\in\mathbb{N}}$ qui converge vers 0 et telle que :

$$\forall n \in \mathbb{N}, \quad |u_n - \ell| \leqslant \varepsilon_n.$$

On calcule alors les termes u_n de la suite jusqu'à ce que $\varepsilon_n \leqslant \varepsilon$ (ou tant que $\varepsilon_n > \varepsilon$). Dans ce cas, u_n est une valeur approchée de ℓ à ε près.
Pour cela, on utilise une boucle conditionnelle `repeat ... until` (ou `while ... do`).
La séquence d'instructions est donc :

```
u:={u0}; n:=0;
repeat
  begin
    u:=f(u);
    n:=n+1;
  end;
until {εn} <= {ε}
```

ou

```
u:={u0}; n:=0;
while {εn} > {ε} do
  begin
    u:=f(u);
    n:=n+1;
  end;
```

➥ **Exercices 21.8, 21.16, 21.20.**

Pour calculer une valeur approchée de la somme S d'une série convergente $\sum_{n\geqslant 0} u_n$ à ε près

Pour cela, on calcule une valeur approchée de la limite S de la suite de terme général $S_n = \sum_{k=0}^{n} u_k$ par la méthode décrite précédemment.

➥ **Exercices 21.16, 21.17.**

Pour calculer une valeur approchée de la limite commune ℓ de deux suites adjacentes $(u_n)_{n\in\mathbb{N}}$ et $(v_n)_{n\in\mathbb{N}}$ à ε près

On montre : $\forall n \in \mathbb{N}, \quad \left|\dfrac{u_n + v_n}{2} - \ell\right| \leqslant \dfrac{1}{2}|u_n - v_n|$;

autrement dit, $\dfrac{u_n + v_n}{2}$ est une valeur approchée de ℓ à $\dfrac{1}{2}|u_n - v_n|$ près.
On calcule alors les termes u_n et v_n des deux suites jusqu'à ce que $\dfrac{1}{2}|u_n - v_n| \leqslant \varepsilon$ (ou tant que $\dfrac{1}{2}|u_n - v_n| > \varepsilon$).
Pour cela, on utilise une boucle conditionnelle `repeat ... until` (ou `while ... do`).

➥ **Exercices 21.15, 21.21.**

Pour calculer une valeur approchée de la solution d'une équation du type $f(x) = 0$ par la méthode de dichotomie

On suppose connue une fonction f continue et strictement monotone sur un segment $[a\,;b]$ et telle que $f(a)f(b) < 0$.
Dans ce cas, l'équation $f(x) = 0$ admet une unique solution dans l'intervalle $[a\,;b]$, notée α.
On définit deux suites $(a_n)_{n\in\mathbb{N}}$ et $(b_n)_{n\in\mathbb{N}}$ par :

$$a_0 = a, \quad b_0 = b \quad \text{et} \quad \forall n \in \mathbb{N},$$

$$\text{si } f(a_n)f\Big(\frac{a_n+b_n}{2}\Big) < 0, \quad \text{alors} \begin{cases} a_{n+1} = a_n \\ b_{n+1} = \dfrac{a_n+b_n}{2} \end{cases}$$

$$\text{si } f(a_n)f\Big(\frac{a_n+b_n}{2}\Big) \geqslant 0, \quad \text{alors} \begin{cases} a_{n+1} = \dfrac{a_n+b_n}{2} \\ b_{n+1} = b_n \end{cases}$$

(suite)	Les deux suites $(a_n)_{n\in\mathbb{N}}$ et $(b_n)_{n\in\mathbb{N}}$ sont adjacentes et convergent vers α. On calcule une valeur approchée de leur limite par la méthode décrite précédemment. ➡ **Exercice 21.21.**
Pour obtenir un entier aléatoire ou un réel aléatoire	Pour activer le générateur de nombres pseudo-aléatoires, il faut insérer en début de programme, l'instruction `randomize`. Ensuite : • l'instruction `random` retourne un réel aléatoire compris entre 0 et 1, « uniformément réparti » sur $[0\,;1]$; • l'instruction `random(`n`)` (avec n un entier naturel) retourne un entier aléatoire compris entre 0 et $n-1$, avec équiprobabilité. ➡ **Exercices 21.5, 21.12, 21.13, 21.19.**
Pour simuler un événement de probabilité $p \in]0\,;1[$	On utilise l'instruction `random` qui retourne un réel compris entre 0 et 1. Ce réel a alors une probabilité p d'être compris entre 0 et p. Ainsi, un événement de probabilité p est simulé par l'événement (`random` $\leqslant p$). ➡ **Exercices 21.5, 21.13, 21.18, 21.19.**

Énoncés des exercices

21.1 Maximum de deux réels, maximum de trois réels

a) Écrire un programme qui affiche le maximum de deux réels entrés par l'utilisateur.

b) Écrire un programme qui affiche le maximum de trois réels entrés par l'utilisateur.

21.2 Obtention des racines réelles d'un trinôme

Écrire un programme qui calcule et affiche les solutions réelles de l'équation, d'inconnue x, $ax^2 + bx + c = 0$, avec $a \neq 0$, les réels a, b, c étant entrés par l'utilisateur.

21.3 Exemple de calcul de somme

Écrire un programme qui calcule la somme $S_n = \displaystyle\sum_{k=1}^{n} k^4$, pour un entier n entré par l'utilisateur, et qui affiche le résultat.

21.4 Exemple de calcul de produit

Écrire un programme qui calcule le produit $P_n = \displaystyle\prod_{k=1}^{n}(1+\sqrt{k})$, pour un entier n entré par l'utilisateur, et qui affiche le résultat.

21.5 Simulation d'un lancer de pièce de monnaie

a) Écrire un programme qui simule un lancer d'une pièce équilibrée. On pourra représenter pile par 1 et face par 0.

b) Réécrire le programme précédent pour qu'il simule un lancer d'une pièce amenant pile avec la probabilité 0.7.

c) Plus généralement, écrire un programme qui simule un lancer d'une pièce amenant pile avec la probabilité p, le réel p tel que $0 < p < 1$ étant entré par l'utilisateur.

21.6 Calcul de puissances

Écrire une fonction dont l'en-tête est :

```
function puissance(x :real ; n :integer) : real
```

qui calcule x^n.

21.7 Calcul de factorielles

Écrire une fonction dont l'en-tête est :

```
function factorielle(n :integer) : integer
```

qui calcule $n!$.

21.8 Exemple d'une suite récurrente

On considère la suite $(u_n)_{n\in\mathbb{N}}$ définie par :

$$u_0 = 2 \qquad \text{et} \qquad \forall n \in \mathbb{N},\ u_{n+1} = \sqrt{2u_n - 1}.$$

a) Écrire un programme qui affiche la valeur de u_n, l'entier n étant entré par l'utilisateur.

b) Montrer que la suite $(u_n)_{n\in\mathbb{N}}$ est décroissante et converge vers 1.

c) Écrire un programme qui affiche la plus petite valeur de n et le u_n correspondant tels que $|u_n - 1| \leqslant \varepsilon$, le réel ε étant entré par l'utilisateur.

21.9 Exemple d'une suite où u_{n+1} dépend de u_n et de n

On considère la suite $(u_n)_{n\in\mathbb{N}}$ définie par :

$$u_0 = 2 \qquad \text{et} \qquad \forall n \in \mathbb{N},\ u_{n+1} = \sqrt{u_n + n}.$$

a) Écrire un programme qui affiche la valeur de u_n, l'entier n étant entré par l'utilisateur.

b) Montrer que la suite $(u_n)_{n\in\mathbb{N}}$ diverge vers $+\infty$.

c) Écrire un programme qui affiche la plus petite valeur de n et le u_n correspondant tels que $u_n > A$, le réel A étant entré par l'utilisateur.

21.10 Exemples de calcul de somme

a) Écrire une fonction dont l'en-tête est :

```
function evalS(n :integer ; x :real) : real
```

qui calcule la somme $S_n(x) = \displaystyle\sum_{k=1}^{n} \frac{x^k}{k}$.

b) Même question pour calculer $T_n(x) = \displaystyle\sum_{k=0}^{n} \frac{x^k}{k!}$.

21.11 **Exemples de calcul de somme double**

a) Écrire un programme qui calcule la somme $S_n = \sum_{1 \leqslant i,j \leqslant n} \frac{1}{i+j}$, pour un entier n entré par l'utilisateur.

b) Écrire un programme qui calcule la somme $T_n = \sum_{1 \leqslant i<j \leqslant n} \frac{1}{i+j}$, pour un entier n entré par l'utilisateur.

21.12 **Simulation de lancers d'un dé équilibré**

a) Écrire un programme qui renvoie le résultat d'un lancer de dé équilibré à 6 faces ; autrement dit écrire un programme qui simule un lancer d'un dé équilibré.

b) Écrire un programme qui simule n lancers d'un dé équilibré à 6 faces, l'entier n étant entré par l'utilisateur, et qui renvoie un tableau T à six cases, où, pour tout k de $[\![1\,;6]\!]$, la case $T[k]$ contient le nombre de faces numérotées k obtenues.

c) Écrire un programme qui simule des lancers d'un dé équilibré jusqu'à obtenir la face numérotée 1 et qui affiche le nombre de lancers effectués.

21.13 **Simulation de lancers d'une pièce truquée**

a) Écrire une fonction dont l'en-tête est :

```
function lancer(p :real) : integer
```

qui simule un lancer d'une pièce amenant pile avec la probabilité p et qui affiche 1 si l'on obtient pile et 0 sinon.

b) Écrire un programme, utilisant la fonction du *a)*, qui simule n lancers d'une pièce amenant pile avec la probabilité p, et qui renvoie le nombre de piles obtenus (n et p étant entrés par l'utilisateur).

c) Écrire un programme, utilisant la fonction du *a)*, qui simule des lancers d'une pièce amenant pile avec la probabilité p jusqu'à obtenir le premier pile, et qui affiche le nombre de lancers effectués (p étant entré par l'utilisateur).

d) Écrire un programme, utilisant la fonction du *a)*, qui simule des lancers d'une pièce amenant pile avec la probabilité p jusqu'à obtenir le n-ième pile, et qui affiche le nombre de lancers effectués (n et p étant entrés par l'utilisateur).

21.14 **Calcul des termes de la suite de Fibonacci**

On considère la suite $(u_n)_{n\in\mathbb{N}}$ définie par :

$$u_0 = 0 \qquad u_1 = 1 \qquad \text{et} \qquad \forall n \in \mathbb{N},\ \ u_{n+2} = u_{n+1} + u_n.$$

Écrire un programme qui affiche la valeur de u_n, l'entier n étant entré par l'utilisateur.

21.15 **Exemple de suites récurrentes croisées**

On considère les suites $(u_n)_{n\in\mathbb{N}}$ et $(v_n)_{n\in\mathbb{N}}$ définies par :

$$u_0 = 4, \quad v_0 = 1 \qquad \text{et} \qquad \forall n \in \mathbb{N},\ \ u_{n+1} = \frac{u_n + v_n}{2}, \quad v_{n+1} = \sqrt{u_n\, v_n}.$$

a) Écrire un programme qui affiche la valeur de u_n et la valeur de v_n, l'entier n étant entré par l'utilisateur.

b) Montrer que les suites $(u_n)_{n\in\mathbb{N}}$ et $(v_n)_{n\in\mathbb{N}}$ sont adjacentes. On note ℓ leur limite commune.

c) Montrer : $\forall n \in \mathbb{N},\ \left|\frac{u_n + v_n}{2} - \ell\right| \leqslant \frac{1}{2}|u_n - v_n|$.

d) Écrire un programme qui calcule et affiche une valeur approchée de ℓ à 10^{-10} près.

21.16 Exemple de calcul d'une valeur approchée de la limite d'une suite convergente

On considère les suites $(u_n)_{n\in\mathbb{N}^*}$ et $(v_n)_{n\in\mathbb{N}^*}$ définies par :

$$\forall n \in \mathbb{N}^*, \quad u_n = \sum_{k=0}^{n} \frac{1}{k!}, \quad v_n = u_n + \frac{1}{n!\,n}.$$

a) 1) Montrer que les suites $(u_n)_{n\in\mathbb{N}^*}$ et $(v_n)_{n\in\mathbb{N}^*}$ sont adjacentes et convergent vers e.

2) Montrer : $\forall n \in \mathbb{N}^*, \quad |u_n - \mathrm{e}| \leqslant \dfrac{1}{n!\,n}$.

b) Écrire un programme qui calcule et affiche une valeur approchée de e à 10^{-6} près.

21.17 Exemple de calcul d'une valeur approchée de la somme de série convergente

On note, pour tout n de $\mathbb{N}$, $u_n = \dfrac{\cos n}{2^n}$.

a) 1) Montrer que la série $\sum_{n\geqslant 0} u_n$ converge. On note S la somme de cette série.

2) Montrer : $\forall n \in \mathbb{N}, \quad \left|S - \sum_{k=0}^{n} u_k\right| \leqslant \dfrac{1}{2^n}$.

b) Écrire un programme qui calcule et affiche une valeur approchée de S à 10^{-4} près.

21.18 Simulation d'un tirage sans remise dans une urne

a) Écrire un programme qui simule un tirage dans une urne contenant a boules blanches et b boules noires, et qui affiche la couleur de la boule obtenue (les entiers a et b étant entrés par l'utilisateur).

b) Écrire un programme qui simule n tirages sans remise dans une urne contenant initialement a boules blanches et b boules noires, et qui affiche le nombre de boules blanches tirées (les entiers a, b, n étant entrés par l'utilisateur).

21.19 Exemple de programme à compléter

On considère une suite de lancers successifs (supposés indépendants) d'une pièce de monnaie, pour laquelle la probabilité d'apparition de pile est $\dfrac{2}{3}$. On s'intéresse au rang d'apparition du premier double pile (c'est-à-dire au rang du deuxième pile du double).

Le programme suivant, dans lequel on code pile par 1 et face par 0, fournit une simulation de cette expérience aléatoire.

Les lignes d'instructions ++++++++++ sont volontairement incomplètes.

```
program doublepile ;
var  n,k : integer ;
     m : real ;

function lancer : integer ;
var z : integer ;
begin
   if random(3)=0 then z :=0 else z :=1 ;
   lancer :=z ;
end ;
```

.../...

```
function attente : integer ;
var x,y,k : integer ;
begin
   x :=lancer ; y :=lancer ; k :=2 ;
   while x*y=0 do
     begin
       ++++++++++
       ++++++++++
       ++++++++++
     end ;
   attente :=k ;
end ;


begin
   randomize ;
   write('Nombre de simulations : n =') ; readln(n) ;
   m :=0 ; for k :=1 to n do ++++++++++ ;
   m :=m/n ; writeln('Moyenne : ',m) ;
end.
```

a) On considère l'instruction `y :=lancer`. Quelle est la probabilité que la variable `y` contienne 1 ?

b) Compléter la boucle `while` de la fonction `attente` de façon à ce que cette fonction retourne le rang d'apparition du premier double pile.

c) Compléter la boucle `for` du programme principal de façon à ce que le programme `doublepile` affiche la moyenne du rang d'apparition du premier double pile sur n expériences, l'entier n étant fourni par l'utilisateur.

d) Réécrire la fonction `attente` pour que le programme `doublepile` affiche la moyenne du rang d'apparition du premier triple pile.

21.20 Calcul approché de la racine d'une équation $f(x) = 0$ par la méthode d'itération

On considère la fonction f définie par : $\forall x \in \mathbb{R},\quad f(x) = \cos(x) - x$.

a) Montrer que l'équation $f(x) = 0$ admet une unique solution dans $\mathbb{R}$, notée α.

Vérifier que $\alpha \in [0\,;1]$.

b) On considère la suite $(u_n)_{n\in\mathbb{N}}$ définie par : $u_0 = 0$ et $\forall n \in \mathbb{N},\quad u_{n+1} = \cos(u_n)$.

1) Montrer : $\forall n \in \mathbb{N},\quad |u_n - \alpha| \leqslant (\sin(1))^n$.

2) En déduire que la suite $(u_n)_{n\in\mathbb{N}}$ converge vers α.

c) Écrire un programme permettant de calculer une valeur approchée de α à 10^{-6} près.

21.21 Calcul approché de la racine d'une équation $f(x) = 0$ par la méthode de dichotomie

a) Montrer que l'équation $\tan(x) - x = 0$ admet une unique solution dans l'intervalle $\left]\frac{\pi}{2}\,;\frac{3\pi}{2}\right[$, notée α.

b) Vérifier : $4.4 < \alpha < 4.5$.

c) Écrire un programme qui calcule une valeur approchée de α à 10^{-4} près par la méthode de dichotomie.

On écrira au préalable une fonction qui renvoie, pour un réel x, la valeur de $\tan(x) - x$.

21.22 Exemple de programme à compléter

Tous les entiers compris entre 0 et 31 s'écrivent avec au plus 5 chiffres en binaire.

Plus précisément, pour tout $n \in [\![0\,;31]\!]$, il existe une liste $(a_0, a_1, a_2, a_3, a_4)$ d'éléments de $\{0, 1\}$ telle que :

$$n = a_4.2^4 + a_3.2^3 + a_2.2^2 + a_1.2 + a_0.$$

Cette écriture de n est unique et on appellera `bin(n)` la liste $(a_4, a_3, a_2, a_1, a_0)$.

a) Déterminer l'écriture binaire de 6 puis `bin(6)` et l'écriture binaire de 21 puis `bin(21)`.

b) On souhaite écrire une procédure pour obtenir `bin(n)`. Compléter la procédure suivante de sorte qu'à l'issue de l'exécution de `bin(n)`, on ait un tableau `L` tel que `L[1]` contienne a_4, `L[2]` contienne a_3, etc.

```
type ecriture = array[1..5] of integer;
procedure bin(n : integer; var L : ecriture);
var              (*à compléter éventuellement*)
begin
   for i :=1 to 5 do L[i] :=0;
   (*à compléter*)
end;
```

Du mal à démarrer ?

21.1 *a)* Utiliser l'instruction conditionnelle `if ... then ... else`.

b) Commencer par déterminer le maximum des deux premiers réels, puis déterminer le maximum de ce maximum et du troisième réel.

21.2 Faire calculer le discriminant de l'équation. Selon le résultat, faire afficher les solutions réelles en utilisant l'instruction conditionnelle `if .... then .... else`.

21.3 Utiliser la méthode décrite dans la rubrique « les méthodes à retenir ».

21.4 Utiliser la méthode décrite dans la rubrique « les méthodes à retenir ».

21.5 *a)* Obtenir un entier de $\{0, 1\}$ avec équiprobabilité. Pour cela, utiliser l'instruction `random(2)`.

b) Obtenir un réel u de $[0\,;1]$, uniformément réparti sur $[0\,;1]$. Distinguer les cas : $u < 0.7$, $u \geqslant 0.7$.

c) Raisonner de la même façon qu'au *b)*.

21.6 Calculer x^n en calculant le produit :

$$x^n = \underbrace{x \times x \times \cdots \times x}_{n \text{ fois}}.$$

21.7 Calculer $n!$ en calculant le produit :

$$n! = 1 \times 2 \times \cdots \times n.$$

21.8 *a)* Utiliser la méthode décrite dans la rubrique « les méthodes à retenir ».

b) Montrer que la suite $(u_n)_{\in\mathbb{N}}$ est décroissante et minorée par 1. En déduire qu'elle converge, puis calculer sa limite.

c) Calculer les termes u_n de la suite tant que $|u_n - 1| > \varepsilon$ (ou jusqu'à ce que $|u_n - 1| \leqslant \varepsilon$).

Pour cela, utiliser une boucle `while ... do` (ou `repeat ... until`).

21.9 *a)* Utiliser une boucle `for ... do`.

b) Montrer : $\forall n \in \mathbb{N},\ u_{n+1} \geqslant \sqrt{n}$.

Puis conclure.

c) Calculer les termes u_n de la suite tant que $u_n \leqslant A$ (ou jusqu'à ce que $u_n > A$).

Pour cela, utiliser une boucle `while ... do` (ou `repeat ... until`).

21.10 *a)* Utiliser la méthode décrite dans la rubrique « les méthodes à retenir ». Pour éviter des calculs superflus, considérer une variable qui va contenir la valeur de x^k, pour $k \in [\![1\,;n]\!]$.

b) Même chose qu'au *a)*. Considérer ici une variable qui va contenir la valeur de $\dfrac{x^k}{k!}$, pour $k \in [\![0\,;n]\!]$.

21.11 *a)* Remarquer que $S_n = \sum_{i=1}^{n}\left(\sum_{j=1}^{n} \frac{1}{i+j}\right)$.

Calculer la somme S_n à l'aide de deux boucles `for ... do`.

b) Ici : $T_n = \sum_{i=1}^{n-1}\left(\sum_{j=i+1}^{n} \frac{1}{i+j}\right)$.

21.12 *a)* Obtenir un entier de $[\![1\,;6]\!]$ avec équiprobabilité. Pour cela, utiliser l'instruction `random(6)+1`.

b) Utiliser une boucle `for ... do` pour simuler n lancers d'un dé, et modifier le tableau `T` à chaque lancer.

c) Utiliser une boucle `while ... do` (ou `repeat ... until`) pour simuler des lancers d'un dé tant que le résultat est différent de 1 (ou jusqu'à ce que la résultat soit égal à 1).

21.13 *a)* Utiliser le même raisonnement que dans l'exercice 21.5.

b) Utiliser une boucle `for ... do`.

c) Utiliser une boucle `while ... do` ou `repeat ... until`. Considérer une variable qui va compter le nombre de simulations effectuées.

d) Utiliser une boucle `while ... do` ou `repeat ... until`. Considérer une variable qui va compter le nombre de simulations effectuées et une variable qui va compter le nombre de piles obtenus.

21.14 Utiliser une boucle `for ... do`.

Considérer deux variables `u` et `v`, que l'on initialise à u_0 et u_1, puis faire en sorte, qu'à la fin de chaque boucle k, `u` contienne la valeur de u_{k-1} et `v` celle de u_k.

21.15 *a)* Utiliser une boucle `for ... do`. Faire attention à l'écrasement des contenus des variables lors des affectations !

b) Montrer dans un premier temps : $\forall n \in \mathbb{N},\ u_n \geqslant v_n$.

c) Commencer par écrire : $\forall n \in \mathbb{N},\ v_n \leqslant \ell \leqslant u_n$.

d) Calculer les termes u_n et v_n des suites tant que $\frac{1}{2}|u_n - v_n| > 10^{-10}$, en utilisant une boucle `while ... do`.

À la sortie de la boucle, le réel $\frac{u_n + v_n}{2}$ est alors une valeur approchée de ℓ à 10^{-10} près.

21.16 *a) 1)* Revenir à la définition de deux suites adjacentes.

2) Commencer par écrire : $\forall n \in \mathbb{N}^*,\ u_n \leqslant e \leqslant v_n$.

b) Calculer les termes u_n de la suite $(u_n)_{n\in\mathbb{N}^*}$ tant que $\frac{1}{n!\,n} > 10^{-6}$ en utilisant une boucle `while ... do` (ou jusqu'à ce que $\frac{1}{n!\,n} \leqslant 10^{-6}$ en utilisant une boucle `repeat ... until`.)

À la sortie de la boucle, le réel u_n est alors une valeur approchée de e à 10^{-6} près.

21.17 *a) 1)* Montrer que la série $\sum_{n\geqslant 0} u_n$ converge absolument puis conclure.

2) Remarquer : $S - \sum_{k=0}^{n} u_k = \sum_{k=n+1}^{+\infty} u_k$.

Puis utiliser la majoration : $\forall k \in \mathbb{N},\ |u_k| \leqslant \frac{1}{2^k}$.

b) Calculer les sommes partielles $S_n = \sum_{k=0}^{n} u_k$ jusqu'à ce que $\frac{1}{2^n}$ soit inférieur à 10^{-4}.

21.18 *a)* Simuler l'événement « on obtient une boule blanche » à l'aide de l'événement $\left(\texttt{random} \leqslant \frac{a}{a+b}\right)$.

b) Utiliser une boucle `for ... do` pour simuler n tirages.

21.19 *a)* Remarquer que `y` contient la valeur 1 si `random(3)` n'est pas égal à 0.

b) Dans la boucle `while`, donner à `x` la valeur de `y`, donner à `y` le résultat d'un nouveau lancer, et augmenter `k` d'une unité.

c) À la sortie de la boucle `for`, la variable `m` doit être égale à la somme des lancers nécessaires à l'obtention du premier double pile sur les n expériences.

d) Considérer trois variables qui vont contenir les résultats de trois lancers successifs. Tant que l'une de ces variables est nulle, on continue...

21.20 *a)* Montrer que f réalise une bijection de $\mathbb{R}$ dans $\mathbb{R}$.

b) 1) Remarquer : $\forall n \in \mathbb{N},\ u_n \in [0\,;1]$.

Soit $n \in \mathbb{N}$. Appliquer l'inégalité des accroissements finis à la fonction cos entre u_n et α, pour obtenir :

$$|u_{n+1} - \alpha| \leqslant \sin(1)|u_n - \alpha|.$$

Puis conclure.

2) Remarquer : $|\sin(1)| < 1$.

c) Calculer les termes u_n de la suite jusqu'à ce que

$$\sin(1)^n = e^{n\ln\sin(1)} \leqslant 10^{-6}.$$

21.21 *a)* Montrer que f réalise une bijection de $\left]\frac{\pi}{2}\,;\frac{3\pi}{2}\right[$ dans $\mathbb{R}$.

b) Utiliser la méthode décrite dans la rubrique « les méthodes à retenir ».

21.22 *a)* Remarquer : $6 = 4 + 2 = 0.2^4 + 0.2^3 + 1.2^2 + 1.2 + 0$ et $21 = 16 + 4 + 1 = 1.2^4 + 0.2^3 + 1.2^2 + 0.2 + 1$.

b) `L[1]` s'obtient en calculant $\text{Ent}\left(\frac{n}{16}\right)$. `L[2]` s'obtient en calculant $\text{Ent}\left(\frac{m}{8}\right)$, avec $m = n - \text{Ent}\left(\frac{n}{16}\right)$, etc.

Généraliser la méthode employée, puis utiliser une boucle `for ... do`.

Corrigés des exercices

21.1 *a)* Le maximum de deux réels a et b est égal à a si $a > b$ et b sinon.

Utilisons donc l'instruction conditionnelle `if ... then .... else`.

```
program maximum ;
var a,b,max : real ;
begin
   writeln('Entrer deux réels :') ;
   readln(a,b) ;
   if a>b then max :=a else max :=b ;
   writeln('Le maximum est :', max) ;
end.
```

Exemple d'exécution du programme :

```
Entrer deux réels :
5 10
Le maximum est : 10
```

b) Calculons, dans un premier temps, le maximum de a et b. Puis si ce maximum est inférieur à c, alors le maximum des trois nombres est c, sinon il est égal au maximum de a et b.

```
program maximum2 ;
var a,b,c,max : real ;
begin
   writeln('Entrer trois réels :') ;
   readln(a,b,c) ;
   if a>b then max :=a else max :=b ;
   if c>max then max :=c ;
   writeln('Le maximum est :', max) ;
end.
```

Exemple d'exécution du programme :

```
Entrer trois réels :
5 8 7
Le maximum est : 8
```

21.2

```
program solutions ;
var a,b,c,delta : real ;
begin
  write('Coefficients a,b,c :') ;
  readln(a,b,c) ;
  delta :=b*b-4*a*c ;
  if delta<0
    then writeln('L' 'equation n' 'a pas de
solution reelle')
    else if delta=0
    then writeln('L' 'equation a une solution
reelle :', -b/(2*a))
    else writeln('L' 'equation a deux solutions
reelles :',
(-b+sqrt(delta))/(2*a),' et ',
(-b-sqrt(delta))/(2*a)) ;
end.
```

Exemple d'exécution du programme :

```
Coefficients a,b,c : 1 -3 2
L'équation a deux solutions reelles :
2.00000000E+00 et 1.00000000E+00
```

21.3 Utilisons la méthode décrite dans la rubrique « les méthodes à retenir ».

```
program somme ;
var  n,k : integer ;
     S : real ;
begin
  write('Entrer la valeur de n :') ;
  readln(n) ;
  S :=0 ;
  for k :=1 to n do S :=S+k*k*k*k ;
  writeln('La somme est egale a ',S) ;
end.
```

Exemple d'exécution du programme :

```
Entrer la valeur de n : 10
La somme est egale a 25333
```

21.4 Utilisons la méthode décrite dans la rubrique « les méthodes à retenir ».

```
program produit ;
var  n,k : integer ;
     P : real ;
begin
  write('Entrer la valeur de n :') ;
  readln(n) ;
  P :=1 ;
  for k :=1 to n do P :=P*(1+sqrt(k)) ;
  writeln('Le produit est egal a ',P) ;
end.
```

Exemple d'exécution du programme :

```
Entrer la valeur de n : 5
Le produit est egal a 1.28065852E+02
```

21.5 *a)* Le programme doit renvoyer 0 ou 1 avec la même probabilité. Pour cela, utilisons l'instruction random(n), avec $n = 2$, qui retourne un entier compris entre 0 et $n - 1$, avec équiprobabilité.

```
program lancerequilibre ;
var piece : integer ;
begin
  randomize ;
  piece :=random(2) ;
end.
```

b) Le programme doit renvoyer 1 avec une probabilité égale à 0.7 et 0 avec une probabilité de 0.3. Pour cela, utilisons l'instruction random qui retourne un réel compris entre 0 et 1 ; si ce réel est inférieur à 0.7, alors la pièce amène pile, et face sinon.

```
program lancertruque ;
var piece : integer ;
begin
  randomize ;
  if random<0.7
    then piece :=1
    else piece  :=0 ;
end.
```

c) Plus généralement :

```
program lancertruque2 ;
var  piece : integer ;
     p : real ;
begin
  randomize ;
  writeln('Entrer la valeur de p :'),
  readln(p) ;
  if random<p
    then piece :=1
    else piece  :=0 ;
end.
```

21.6 Calculons x^n à l'aide de la formule :

$$x^n = \underbrace{x \times x \times \cdots \times x}_{n \text{ fois}}.$$

Pour cela, utilisons une boucle for ... do.

```
function puissance (x :real ; n :integer)
                                        : real ;
var   k : integer ;
      p : real ;
begin
  p :=1 ; { initialisation }
  for k :=1 to n do p :=p*x ;
  puissance :=p ;
end ;
```

Remarque : À la fin de chaque boucle k, la variable p contient la valeur de x^k.

21.7 Calculons $n!$ à l'aide de la formule :

$$n! = 1 \times 2 \times \cdots \times n.$$

Pour cela, utilisons une boucle for ... do.

```
function factorielle(n :integer) : integer ;
var k,p : integer ;
begin
  p :=1 ; { initialisation }
  for k :=1 to n do p :=p*k ;
  factorielle :=p ;
end ;
```

Remarque : À la fin de chaque boucle k, la variable p contient la valeur de $k!$.

21.8 *a)* Utilisons la méthode décrite dans la rubrique « les méthodes à retenir ».

```
program suite ;
var   u : real ;
      n,k : integer ;
begin
  write('Entrer la valeur de n :') ;
  readln(n) ;
  u :=2 ;     {initialisation de u}
  for k :=1 to n do u :=sqrt(2*u-1) ;
  writeln('Valeur de u(',n,') :',u) ;
end.
```

Remarque : À la fin de chaque boucle k, la variable u contient la valeur de u_k.

Exemple d'exécution du programme :

```
Entrer la valeur de n : 5
Valeur de u(5) : 1.33235721E+00
```

b) • En utilisant un raisonnement par récurrence, on montre : $\forall n \in \mathbb{N},\ u_n$ existe et $u_n \geqslant 1$.

• Alors : $\forall n \in \mathbb{N},\ u_{n+1} - u_n = \sqrt{2u_n - 1} - u_n$

$$= \frac{2u_n - 1 - u_n^2}{\sqrt{2u_n - 1} + u_n} = \frac{-(u_n - 1)^2}{\sqrt{2u_n - 1} + u_n} \leqslant 0.$$

Ainsi la suite $(u_n)_{n\in\mathbb{N}}$ est décroissante.

• La suite est donc décroissante et minorée par 1. On en déduit que la suite $(u_n)_{n\in\mathbb{N}}$ converge vers un réel $\ell \geqslant 1$.

En passant à la limite dans l'égalité :

$$\forall n \in \mathbb{N},\ u_{n+1} = \sqrt{2u_n - 1},$$

on obtient : $\ell = \sqrt{2\ell - 1} \iff \ell^2 = 2\ell - 1$

$$\iff (\ell - 1)^2 = 0 \iff \ell = 1.$$

On conclut que la suite $(u_n)_{n\in\mathbb{N}}$ converge vers $\ell = 1$.

c) Il s'agit ici de calculer les termes u_n de la suite tant que $|u_n - 1| > \varepsilon$ (ou jusqu'à ce que $|u_n - 1| \leqslant \varepsilon$).

Pour cela, utilisons la boucle conditionnelle `while ... do` (ou `repeat ... until`).

De plus, il faut déterminer la valeur de n correspondante. Pour cela, on utilise un compteur `n` que l'on initialise à 0 et que l'on augmente d'une unité (`n :=n+1`) à chaque calcul.

• Le programme avec une boucle `while ... do` est le suivant :

```
program suite2 ;
var  u,eps : real ;
     n : integer ;
begin
  write('Entrer la valeur de eps :') ;
  readln(eps) ;
  u :=2 ; n :=0 ;    {initialisation}
  while abs(u-1)>eps do
    begin
      u :=sqrt(2*u-1) ; n :=n+1 ;
    end ;
  writeln('Plus petite valeur de n :',n) ;
  writeln('Valeur de u(',n,') :',u) ;
end.
```

• Le programme avec une boucle `repeat ... until` est le suivant :

```
program suite3 ;
var  u,eps : real ;
     n : integer ;
begin
  write('Entrer la valeur de eps :') ;
  readln(eps) ;
  u :=2 ; n :=0 ;    {initialisation}
  repeat
    begin
      n :=n+1 ; u :=sqrt(2*u-1) ;
    end ;
  until abs(u-1)<=eps
  writeln('Plus petite valeur de n :',n) ;
  writeln('Valeur de u(',n,') :',u) ;
end.
```

Exemple d'exécution de l'un des deux programmes :

```
Entrer la valeur de eps : 0.01
Plus petite valeur de n : 203
Valeur de u(13) : 1.00997089E+00
```

21.9 *a)* Procédons comme dans l'exercice 21.8. Initialisons la variable `u` à u_0. Puis on calcule `sqrt(u+0)` et on affecte ce résultat à `u` (pour obtenir u_1), puis on calcule `sqrt(u+1)` et on affecte ce résultat à `u` (pour obtenir u_2), ..., dans le cas général, on calcule `sqrt(u+k-1)` et on affecte ce résultat à `u` (pour obtenir u_k).

Pour cela, utilisons une boucle `for ... do`.

```
program suite1 ;
var  u : real ;
     n,k : integer ;
begin
  write('Entrer la valeur de n :') ;
  readln(n) ;
  u :=2 ; {initialisation}
  for k :=1 to n do u :=sqrt(u+k-1) ;
  writeln('Valeur de u(',n,') :',u) ;
end.
```

Exemple d'exécution du programme :

```
Entrer la valeur de n : 5
La valeur de u(5) est : 2.49203462E+00
```

b) • En utilisant un raisonnement par récurrence, on montre : $\forall n \in \mathbb{N},\ u_n \geqslant 0$.

• Alors : $\forall n \in \mathbb{N},\ u_{n+1} = \sqrt{u_n + n} \geqslant \sqrt{n}$.

Puisque $\sqrt{n} \underset{n\infty}{\longrightarrow} +\infty$, d'après le théorème de minoration, la suite de terme général u_{n+1} tend vers $+\infty$.

On en déduit que la suite $(u_n)_{n\in\mathbb{N}}$ diverge vers $+\infty$.

c) Il s'agit ici de calculer les termes u_n de la suite tant que $u_n \leqslant A$ (ou jusqu'à ce que $u_n > A$).

Pour cela, utilisons par exemple une boucle while ... do (il est également possible d'utiliser une boucle repeat ... until).

```
program suite2 ;
var  u,A : real ;
     n : integer ;
begin
  write('Entrer la valeur de A :') ;
  readln(A) ;
  u :=2 ; n :=0 ;     {initialisation}
  while u<=A do
    begin
      n :=n+1 ; u :=sqrt(u+n-1) ;
    end ;
  writeln('Petite valeur de n :',n) ;
  writeln('Valeur de u(',n,') :',u) ;
end.
```

Exemple d'exécution du programme :

```
Entrer la valeur de A : 100
Plus petite valeur de n : 9902
Valeur de u(9902) : 1.00004999E+02
```

21.10 *a)* Voici un exemple de fonction convenant :

```
function evalS(n :integer ; x :real)
                                         : real ;
var  S,p : real ;
     k : integer ;
{p va contenir la valeur de x∧k}
begin
  S :=0 ; p :=1 ; {initialisation}
  for k :=1 to n do
    begin p :=p*x ; S :=S+p/k ; end ;
  evalS :=S ;
end ;
```

Remarque : À la fin de chaque boucle k, p contient la valeur de x^k et S la valeur de $\sum_{i=1}^{k} \frac{x^i}{i}$.

b) Voici un exemple de fonction convenant :

```
function evalT(n :integer ; x :real)
                                         : real ;
var  T,p : real ;
     k : integer ;
{p va contenir la valeur de x∧k/k !}
begin
  T :=1 ; p :=1 ;
  for k :=1 to n do
    begin p :=p*x/k ; T :=T+p ; end ;
  evalT :=T ;
end ;
```

Remarque : À la fin de chaque boucle k, p contient la valeur de $\frac{x^k}{k!}$ et T la valeur de $\sum_{i=1}^{k} \frac{x^i}{i!}$.

21.11 *a)* La somme S_n peut s'écrire : $S_n = \sum_{i=1}^{n} \Big(\sum_{j=1}^{n} \frac{1}{i+j} \Big)$.

Utilisons alors deux boucles for ... do pour calculer cette somme double.

```
program somme ;
var  n,i,j : integer ;
     S : real ;
begin
  write('Entrer la valeur de n :') ;
  readln(n) ;
  S :=0 ; {initialisation de S}
  for i :=1 to n do
    for j :=1 to n do S :=S+1/(i+j) ;
  writeln('La somme est egale a ',S) ;
end.
```

Exemple d'exécution du programme :

```
Entrer la valeur de n : 5
La somme est egale a 4.81867079E+00
```

b) La somme T_n peut s'écrire : $T_n = \sum_{i=1}^{n-1} \Big(\sum_{j=i+1}^{n} \frac{1}{i+j} \Big)$.

Utilisons alors deux boucles for ... do pour calculer cette somme double.

```
program somme_bis ;
var  n,i,j : integer ;
     T : real ;
begin
  write('Entrer la valeur de n :') ;
  readln(n) ;
  T :=0 ; {initialisation de T}
  for i :=1 to n-1 do
    for j :=i+1 to n do T :=T+1/(i+j) ;
```

```
  writeln('La somme est egale a ',T) ;
end.
```

Exemple d'exécution du programme :

```
Entrer la valeur de n : 5
La somme est egale a 1.83849206E+00
```

21.12 *a)* Pour simuler un lancer d'un dé équilibré, il faut obtenir un entier compris entre 1 et 6 avec équiprobabilité. Pour cela, utilisons l'instruction `random(6)+1`.

```
program lancerde ;
var r : integer ;
begin
  randomize ;
  r :=random(6)+1 ;
  writeln('La face obtenue est ',r) ;
end.
```

b) Utilisons une boucle `for ... do` pour répéter n lancers de dés. À chaque lancer, si la face obtenue porte le numéro k, alors la valeur de la case $T[k]$ est augmentée d'une unité.

```
program lancersdes ;
var  n,r,k : integer ;
     T : array[1..6] of integer ;
begin
  randomize ;
  write('Entrer la valeur de n :') ;
  readln(n) ;
  for k :=1 to 6 do T[k] :=0 ;
                              {initialisation de T}
  for k :=1 to n do
    begin
      r :=random(6)+1 ;
                     {simulation d'un lancer de dé}
      T[r] :=T[r]+1 ;
    end ;
  for k :=1 to 6 do
                          {affichage des résultats}
    writeln('Le nombre de faces
numerotees ',k, 'obtenues est ',T[k]) ;
end.
```

Exemple d'exécution du programme :

```
Entrer la valeur de n : 100
Le nombre de faces numerotees 1 obtenues est 14
Le nombre de faces numerotees 2 obtenues est 21
Le nombre de faces numerotees 3 obtenues est 16
Le nombre de faces numerotees 4 obtenues est 15
Le nombre de faces numerotees 5 obtenues est 16
Le nombre de faces numerotees 6 obtenues est 18
```

c) Utilisons une boucle `repeat ... until` pour effectuer des lancers jusqu'à obtenir la face numérotée 1.

De plus, il faut déterminer le nombre de lancers effectués. Pour cela, on utilise une variable `nb_lancers` que l'on initialise à 0 et que l'on augmente d'une unité à chaque lancer.

```
program lancersdes2 ;
var r,nb_lancers : integer ;
begin
  randomize ;
  nb_lancers :=0 ; {initialisation de nb_lancers}
  repeat
    begin
      r :=random(6)+1 ;
      nb_lancers :=nb_lancers+1 ;
    end ;
  until r=1 ;
  writeln('Le nombre de lancers effectues est
',nb_lancers) ;
end.
```

Exemple d'exécution du programme :

```
Le nombre de lancers effectues est 4
```

21.13 *a)* Utilisons le même raisonnement que dans l'exercice 21.5.

```
function lancer(p :real) : integer ;
var u : real ;
begin
  u :=random ;
  if u<p
    then lancer :=1
    else lancer :=0 ;
end ;
```

b) Utilisons une boucle `for ... do` pour simuler n lancers de la pièce. Pour connaître le nombre de piles obtenus, considérons une variable `nb_piles`, que l'on initialise à 0 et que l'on augmente d'une unité à chaque fois que l'on obtient pile.

```
program piece ;
var  p,r : real ;
     n,nb_piles,k : integer ;
```

```
begin
  randomize ;
  write('Valeurs de p et de n :') ;
  readln(p,n) ;
  nb_piles :=0 ; {initialisation de nb_piles}
  for k :=1 to n do
    begin
      r :=lancer(p) ;
      if r=1
        then nb_piles :=nb_piles+1 ;
    end ;
  writeln('Le nombre de piles obtenus est ',
   nb_piles) ;
end.
```

Exemple d'exécution du programme :

```
Valeurs de p et de n : 0.3 100
Le nombre de piles obtenus est 33
```

c) Utilisons une boucle `while ... do` (il est également possible d'utiliser une boucle `repeat ... until`).

```
program piece_bis ;
var  p,r : real ;
     nb_lancers : integer ;
begin
  randomize ;
  write('Entrer la valeur de p :') ;
  readln(p) ;
  r :=0 ; nb_lancers :=0 ; {initialisation de
nb_lancers}
  while r=0 do
    begin
      r :=lancer(p) ;
      nb_lancers :=nb_lancers+1 ;
    end ;
  writeln('Le nombre de lancers effectues est',
   nb_lancers) ;
end.
```

Exemple d'exécution du programme :

```
Entrer la valeur de p : 0.1
Le nombre de lancers effectues est 12
```

d) `program piece_ter ;`

```
var  p,r : real ;
     n,nb_lancers,nb_piles : integer ;
begin
  randomize ;
  write('Valeurs de p et de n :') ;
  readln(p,n) ;
  nb_lancers :=0 ; nb_piles :=0 ;
  while nb_piles<n do
    begin
      r :=lancer(p) ;
      nb_lancers :=nb_lancers+1 ;
      if r=1 then nb_piles :=nb_piles+1 ;
    end ;
  writeln('Le nombre de lancers effectues est',
   nb_lancers) ;
end.
```

Exemple d'exécution du programme :

```
Valeurs de p et de n : 0.1 5
Le nombre de lancers effectues est 41
```

21.14 Procédons de la même façon que dans l'exercice 21.6, en utilisant une boucle `for ... do`.

Mais ici, pour calculer u_k, il faut connaître les valeurs de u_{k-2} et u_{k-1}. Il faut donc définir deux variables u et v que l'on initialise à u_0 et u_1, et à la fin de la chaque boucle k, la variable u contient la valeur de u_{k-1} et v celle de u_k.

Voici un exemple de programme :

```
program suite ;
var  u,v,aux : real ;
     n,k : integer ;
begin
  write('Valeur de n :') ; readln(n) ;
  u :=0 ; v :=1 ;
  for k :=2 to n do
    begin
      aux :=u ; u :=v ; v :=aux+v ;
    end ;
  writeln('Valeur de u(',n,') : ',v) ;
end.
```

Exemple d'exécution du programme :

```
Valeur de n : 10
Valeur de u(',n,') : 5.50000000E+01
```

Remarque : Il est nécessaire d'utiliser une variable auxiliaire aux dans la boucle de façon à stocker la valeur de u, car l'instruction u :=v efface la valeur de u, et donc on ne pourrait pas définir v correctement.

21.15 *a)* Utilisons une boucle `for ... do`

```
program suite ;
var   u,v,aux : real ;
      n,k : integer ;
begin
  write('Valeur de n :') ; readln(n) ;
  u :=4 ; v :=1 ;
  for k :=1 to n do
    begin
      aux :=u ; u :=(u+v)/2 ;
      v :=sqrt(aux*v) ;
    end ;
  writeln('Valeur de u(',n,') : ',u) ;
  writeln('Valeur de v(',n,') : ',v) ;
end.
```

Exemple d'exécution du programme :

```
Valeurs de n : 3
Valeur de u(3) : 2.24303398E+00
Valeur de v(3) : 2.24302317E+00
```

Remarque : Il est nécessaire d'utiliser une variable auxiliaire aux dans la boucle de façon à stocker la valeur de u, car l'instruction u :=(u+v)/2 efface la valeur de u, et donc on ne pourrait pas définir v correctement.

b) • En utilisant un raisonnement par récurrence, on montre que, pour tout n de $\mathbb{N}$, u_n et v_n existent et $u_n \geqslant 0,\ v_n \geqslant 0$.

• $\forall n \in \mathbb{N},\quad u_{n+1} - v_{n+1} = \dfrac{u_n + v_n}{2} - \sqrt{u_n v_n}$

$$= \frac{u_n - 2\sqrt{u_n v_n} + v_n}{2} = \frac{(\sqrt{u_n} - \sqrt{v_n})^2}{2} \geqslant 0.$$

Ainsi : $\forall n \geqslant 1,\ u_n - v_n \geqslant 0$.

Et puisque $u_0 - v_0 = 4 - 1 = 3 \geqslant 1$, on en déduit :

$$\forall n \geqslant 0,\ u_n \geqslant v_n.$$

• Ainsi : $\forall n \in \mathbb{N},\ u_{n+1} - u_n = \dfrac{v_n - u_n}{2} \leqslant 0.$

On en déduit que la suite $(u_n)_{n\in\mathbb{N}}$ est décroissante.

• Ainsi : $\forall n \in \mathbb{N},\ v_{n+1} - v_n = \underbrace{\sqrt{v_n}}_{\geqslant 0}\ \underbrace{(\sqrt{u_n} - \sqrt{v_n})}_{\geqslant 0} \geqslant 0.$

On en déduit que la suite $(v_n)_{n\in\mathbb{N}}$ est croissante.

• On obtient alors : $\forall n \in \mathbb{N},\ v_0 \leqslant v_n \leqslant u_n \leqslant u_0$.

La suite $(u_n)_{n\in\mathbb{N}}$ est décroissante et minorée par v_0.

Donc elle converge vers un réel noté ℓ.

La suite $(v_n)_{n\in\mathbb{N}}$ est croissante et majorée par u_0.

Donc elle converge vers un réel noté ℓ'.

Enfin, puisque : $\forall n \in \mathbb{N},\ u_{n+1} = \dfrac{u_n + v_n}{2}$,

en passant à la limite dans cette égalité, on obtient :

$$\ell = \frac{\ell + \ell'}{2}, \quad \text{d'où } \ell = \ell'.$$

Ainsi : $u_n - v_n \underset{n\infty}{\longrightarrow} \ell - \ell = 0$.

On en déduit que les suites $(u_n)_{n\in\mathbb{N}}$ et $(v_n)_{n\in\mathbb{N}}$ sont adjacentes.

c) Soit $n \in \mathbb{N}$. On a alors : $v_n \leqslant \ell \leqslant u_n$.

Donc :

$$v_n - \frac{u_n + v_n}{2} \leqslant \ell - \frac{u_n + v_n}{2} \leqslant u_n - \frac{u_n + v_n}{2},$$

c'est-à-dire :

$$-\frac{u_n - v_n}{2} \leqslant \ell - \frac{u_n + v_n}{2} \leqslant \frac{u_n - v_n}{2}.$$

On a donc :

$$\left|\frac{u_n + v_n}{2} - \ell\right| \leqslant \frac{1}{2}\big|\underbrace{u_n - v_n}_{\geqslant 0}\big| = \frac{u_n - v_n}{2}.$$

d) Utilisons maintenant une boucle `while ... do` de façon à calculer les termes u_n et v_n des suites tant que $\frac{1}{2}|u_n - v_n| > 10^{-10}$.

À la sortie de la boucle, le réel $\dfrac{u_n + v_n}{2}$ est alors une valeur approchée de ℓ à 10^{-10} près.

```
program suite2 ;
var   u,v,aux : real ;
      n : integer ;
begin
  u :=4 ; v :=1 ; n :=0 ;
  while abs(u-v)/2>exp(-10*ln(10)) do
    begin
      aux :=u ; u :=(u+v)/2 ;
      v :=sqrt(aux*v) ; n :=n+1 ;
    end ;
  writeln('Valeur approchee de l : ', (u+v)/2) ;
  writeln('Nombre d' 'iterations : ',n) ;
end.
```

Exécution du programme :

```
Valeur approchee de l : 2.24302859E+00
Nombre d'iterations : 4
```

Remarque : Ainsi : $\dfrac{u_4 + v_4}{2}$ est une valeur approchée de ℓ à 10^{-10} près.

21.16 *a) 1)* • On a : $\forall n \in \mathbb{N}^*,\ u_{n+1} - u_n = \dfrac{1}{(n+1)!} \geqslant 0.$

Ainsi, la suite $(u_n)_{n\in\mathbb{N}^*}$ est croissante.

• De plus : $\forall n \in \mathbb{N}^*, v_{n+1} - v_n$

$$= (u_{n+1} - u_n) + \frac{1}{(n+1)!\,(n+1)} - \frac{1}{n!\,n}$$
$$= \frac{1}{(n+1)!\,(n+1)\,n}\Big(n(n+1) + n - (n+1)^2\Big)$$
$$= \frac{-1}{(n+1)!\,(n+1)\,n} \leqslant 0.$$

Ainsi, la suite $(v_n)_{n\in\mathbb{N}^*}$ est décroissante.

• Enfin : $\forall n \in \mathbb{N}^*,\ u_n - v_n = \dfrac{1}{n!\,n} \underset{n\infty}{\longrightarrow} 0.$

On conclut que les suites $(u_n)_{n\in\mathbb{N}^*}$ et $(v_n)_{n\in\mathbb{N}^*}$ sont adjacentes.

• Enfin, le terme u_n correspond à la somme partielle d'ordre n de la série exponentielle.

Ainsi : $\lim\limits_{n\infty} u_n = \displaystyle\sum_{k=0}^{+\infty} \frac{1}{k!} = \mathrm{e}.$

Les suites $(u_n)_{n\in\mathbb{N}^*}$ et $(v_n)_{n\in\mathbb{N}^*}$ étant adjacentes, elles convergent toutes les deux vers e.

2) On a alors : $\forall n \in \mathbb{N}^*,\ u_n \leqslant \mathrm{e} \leqslant v_n.$

Donc : $\forall n \in \mathbb{N}^*,\ |u_n - \mathrm{e}| = \mathrm{e} - u_n \leqslant v_n - u_n = \dfrac{1}{n!\,n}.$

b) Pour calculer une valeur approchée de e à 10^{-6} près, calculons les termes u_n de la suite jusqu'à ce que $\dfrac{1}{n!\,n} \leqslant 10^{-6}$.

Pour calculer u_n, utilisons la relation :

$$u_1 = 2 \quad \text{et} \quad \forall n \geqslant 2,\ u_n = u_{n-1} + \frac{1}{n!}.$$

```
program valeur_approchee_e ;
var   u : real ;
      n,nfact : integer ;
{nfact va contenir la valeur de n!}
begin
  u :=2 ; n :=1 ; nfact :=1 ;
  repeat
    begin
      n :=n+1 ; nfact :=nfact*n ;
      u :=u+1/nfact ;
    end ;
  until 1/(nfact*n)<=exp(-6*ln(10)) ;
  writeln('Valeur approchée de e :',u) ;
end.
```

Exécution du programme :

```
Valeur approchée de e : 2.71828152E+00
```

21.17 *a) 1)* On a :

$$\forall n \in \mathbb{N},\ 0 \leqslant |u_n| = \frac{|\cos(n)|}{2^n} \leqslant \frac{1}{2^n}.$$

Puisque la série $\displaystyle\sum_{n\geqslant 0} \frac{1}{2^n}$ converge (il s'agit d'une série géométrique de raison $\dfrac{1}{2}$ et $\left|\dfrac{1}{2}\right| < 1$), d'après le théorème de comparaison des séries à termes positifs, la série $\displaystyle\sum_{n\geqslant 0} |u_n|$ converge.

Ainsi, la série $\displaystyle\sum_{n\geqslant 0} u_n$ converge absolument, donc elle converge.

2) Soit $n \in \mathbb{N}$. Alors :

$$\left|S - \sum_{k=0}^{n} u_k\right| = \left|\sum_{k=0}^{+\infty} u_k - \sum_{k=0}^{n} u_k\right| = \left|\sum_{k=n+1}^{+\infty} u_k\right|$$
$$\leqslant \sum_{k=n+1}^{+\infty} |u_k| \leqslant \sum_{k=n+1}^{+\infty} \frac{1}{2^k} = \frac{1}{2^{n+1}} \times \frac{1}{1-\frac{1}{2}} = \frac{1}{2^n}.$$

b) Pour calculer une valeur approchée de S à 10^{-4} près, calculons les sommes partielles $S_n = \displaystyle\sum_{k=0}^{n} u_k$ jusqu'à ce que $\dfrac{1}{2^n}$ soit inférieur à 10^{-4}.

Dans ce cas, on a : $|S - S_n| \leqslant 10^{-4}$.

Donc S_n est une valeur approchée de S à 10^{-4} près.

Voici un exemple de programme :

```
program somme_serie ;
var   S,puiss : real ;
      n,k : integer ;
{puiss va contenir la valeur de 2∧n}
begin
  n :=0 ; S :=1 ; puiss :=1 ;
  repeat
    begin
      n :=n+1 ; puiss :=puiss*2 ;
      S :=S+cos(n)/puiss ;
    end ;
  until 1/puiss<=0.0001 ;
  writeln('Valeur approchee de S :',S) ;
end.
```

Exécution du programme :

```
Valeur approchee de S : 1.02842960E+00
```

21.18 *a)* Si une urne contient a boules blanches et b boules noires, alors la probabilité de tirer une boule blanche est $\dfrac{a}{a+b}$ et celle de tirer une boule noire est $\dfrac{b}{a+b}$.

Pour simuler un tel tirage, prenons un réel aléatoire compris entre 0 et 1. Si ce réel est inférieur à $\frac{a}{a+b}$, alors on considère que l'on tire une boule blanche, sinon que l'on tire une boule noire.

Voici un exemple de programme :

```
program tirage ;
var a,b : integer ;
begin
  randomize ;
  writeln('Valeurs de a et de b :') ;
  readln(a,b) ;
  if random<a/(a+b)
    then writeln('boule blanche')
    else writeln('boule noire') ;
end.
```

b) Utilisons une boucle `for ... do` pour simuler n tirages. Pour simuler un tirage, raisonnons de la même façon qu'au *a)*.

Voici un exemple de programme :

```
program tirages_sans_remise ;
var a,b,n,k,bb,bn : integer ;
begin
  randomize ;
  write('Valeurs de a, b, n :') ;
  readln(a,b,n) ;
  bb :=a ; bn :=b ;
{bb est le nb de boules blanches et bn le
nombre de boules noires dans l'urne}
  for k :=1 to n do
    begin
    if random<bb/(bb+bn)
      then bb :=bb-1 {on a tiré une BB}
      else bn :=bn-1 {on a tiré une BN} ;
    end ;
  writeln('On a obtenu ',a-bb,'
   boules blanches') ;
end.
```

Exemple d'exécution du programme :

```
Valeurs de a, b, n : 6 3 8
On a obtenu 5 boules blanches
```

21.19 *a)* La variable `y` prend la valeur 1 si `random(3)` n'est pas égal à 0.

Or l'instruction `random(3)` renvoie un entier de $\{0, 1, 2\}$, avec équiprobabilité. Cet entier a donc une probabilité de $\frac{1}{3}$ d'être égal à 0.

On en déduit que `y` contient la valeur 1 avec une probabilité de $1 - \frac{1}{3} = \frac{2}{3}$.

b) Il s'agit de simuler des lancers tant qu'on n'a pas obtenu de double pile. Il faut donc connaître les résultats des lancers $k-1$ et k, que l'on stocke dans les variables `x` et `y`, et tant que l'une des deux contient la valeur 0, on continue.

Dans la boucle `while`, il faut donc donner à `x` la valeur de `y`, donner à `y` le résultat d'un nouveau lancer, et augmenter `k` d'une unité.

D'où la fonction suivante :

```
function attente : integer ;
var x,y,k : integer ;
begin
  x :=lancer ; y :=lancer ; k :=2 ;
  while x*y=0 do
    begin
      x :=y ; y :=lancer ; k :=k+1 ;
    end ;
  attente :=k ;
end ;
```

c) La variable `m` va stocker, dans un premier temps, la somme des lancers nécessaires à l'obtention du premier double pile sur les n expériences. Puis on divise `m` par n pour obtenir la moyenne du rang d'apparition du premier double pile.

D'où le programme suivant :

```
begin
  randomize ;
  write('Nombre de simulations : n =') ;
  readln(n) ;
  m :=0 ;
  for k :=1 to n do m :=m+attente ;
  m :=m/n ;
  writeln('Moyenne : ',m) ;
end.
```

d) La fonction `attente3` doit simuler l'expérience consistant à attendre le premier triple pile. Pour cela, il faut considérer trois variables `x,y,z`, et tant que le produit de ces trois variables est nul (il y a alors au moins un 0 dans l'une des variables), on effectue un nouveau lancer.

D'où la fonction suivante :

```
function attente3 : integer ;
var x,y,z,k : integer ;
begin
  x :=lancer ; y :=lancer ; z :=lancer ;
  k :=3 ;
  while x*y*z=0 do
    begin
      x :=y ; y :=z ; z :=lancer ; k :=k+1 ;
    end ;
  attente3 :=k ;
end ;
```

21.20 *a)* • La fonction f est dérivable (donc continue) sur $\mathbb{R}$ et : $\forall x \in \mathbb{R},\ f'(x) = -\sin(x) - 1.$

D'où : $f'(x) = 0 \iff \sin(x) = -1$

$$\iff x = -\frac{\pi}{2} + 2k\pi, k \in \mathbb{Z}.$$

Ainsi, la fonction f' est négative sur $\mathbb{R}$ et ne s'annule qu'aux points isolés $x_k = -\dfrac{\pi}{2} + 2k\pi$, avec $k \in \mathbb{Z}$.

On en déduit que f est strictement décroissante sur $\mathbb{R}$.

La fonction f étant continue et strictement décroissante sur $\mathbb{R}$, elle réalise une bijection de $\mathbb{R}$ dans $f(\mathbb{R}) = \left]\lim\limits_{+\infty} f\,;\lim\limits_{-\infty} f\right[= \mathbb{R}$.

Puisque $0 \in f(\mathbb{R})$, l'équation $f(x) = 0$ admet une unique solution dans $\mathbb{R}$.

• On a : $f(0) = 1,\quad f(\alpha) = 0 \quad$ et $\quad f(1) = \cos(1) - 1 < 0.$

Ainsi $f(1) \leqslant f(\alpha) \leqslant f(0)$, et puisque la fonction f est strictement décroissante, on en déduit : $0 \leqslant \alpha \leqslant 1$.

b) 1) • En utilisant un raisonnement par récurrence, on montre :

$$\forall n \in \mathbb{N},\ u_n \in [0\,;1].$$

• Soit $n \in \mathbb{N}$. Nous allons appliquer l'inégalité des accroissements finis à la fonction $g = \cos$ sur l'intervalle $[u_n\,;\alpha]$ (ou $[\alpha\,;u_n]$).

La fonction g est continue sur $[u_n\,;\alpha]$ (ou $[\alpha\,;u_n]$), dérivable sur $]u_n\,;\alpha[$ (ou $]\alpha\,;u_n[$) et :

$$\forall x \in]u_n\,;\alpha[,\ \ |g'(x)| = |\sin(x)| \leqslant \sin(1),$$

car la fonction sin est positive et croissante sur $]u_n\,;\alpha[$ et $]u_n\,;\alpha[\subset [0\,;1]$.

On obtient alors : $\left|\cos(u_n) - \cos(\alpha)\right| \leqslant \sin(1)|u_n - \alpha|$.

Or : $\cos(u_n) = u_{n+1} \quad$ et $\quad \cos(\alpha) = \alpha$.

Ainsi : $|u_{n+1} - \alpha| \leqslant \sin(1)|u_n - \alpha|$.

En utilisant alors un raisonnement par récurrence, on montre :

$$\forall n \in \mathbb{N},\ \ |u_n - \alpha| \leqslant (\sin(1))^n |u_0 - \alpha|.$$

Enfin, puisque $(u_0, \alpha) \in [0\,;1]^2$, on a : $|u_0 - \alpha| \leqslant 1$.

On obtient alors : $\forall n \in \mathbb{N},\ \ |u_n - \alpha| \leqslant (\sin(1))^n$.

2) Puisque $0 < 1 < \dfrac{\pi}{2}$ et que sin est strictement croissante sur $\left[0\,;\dfrac{\pi}{2}\right]$, on en déduit que $0 < \sin(1) < 1$.

Ainsi : $|u_n - \alpha| \leqslant (\sin(1))^n \underset{n\infty}{\longrightarrow} 0$.

Par le théorème d'encadrement, on déduit : $|u_n - \alpha| \underset{n\infty}{\longrightarrow} 0$.

On conclut que la suite $(u_n)_{n\in\mathbb{N}}$ converge vers α.

c) Pour obtenir une valeur approchée de α à 10^{-6} près, calculer les termes u_n de la suite jusqu'à ce que

$$(\sin(1))^n = e^{n \ln \sin(1)} \leqslant 10^{-6}.$$

Pour cela, on utilise une boucle `repeat ... until`.

Voici un exemple de programme :

```
program iteration ;
var  u : real ;
     n : integer ;
begin
  u :=0 ; n :=0 ;
  repeat
    n :=n+1 ; u :=cos(u) ;
  until exp(n*ln(sin(1))) < 0.000001 ;
  writeln('Valeur approchee de alpha : ',u) ;
  writeln('Nombre d''iterations : ',n) ;
end.
```

Exécution du programme :

```
Valeur approchee de alpha : 7.39085133E-01
Nombre d'iterations : 81
```

21.21 *a)* Notons $f : \left]\dfrac{\pi}{2}\,;\dfrac{3\pi}{2}\right[\longrightarrow \mathbb{R}\,;\ x \longmapsto \tan(x) - x$.

• La fonction f est dérivable (donc continue) sur $\left]\dfrac{\pi}{2}\,;\dfrac{3\pi}{2}\right[$ et :

$$\forall x \in \left]\frac{\pi}{2}\,;\frac{3\pi}{2}\right[,\ \ f'(x) = (1 + \tan^2(x)) - 1 = \tan^2(x).$$

Donc : $\forall x \in \left]\dfrac{\pi}{2}\,;\dfrac{3\pi}{2}\right[,\ \ f'(x) = 0 \iff \tan(x) = 0$

$$\iff x = \pi.$$

Ainsi, la fonction f' est positive sur $\left]\dfrac{\pi}{2}\,;\dfrac{3\pi}{2}\right[$ et ne s'annule qu'en π. On en déduit que f est strictement croissante.

La fonction f étant continue et strictement croissante sur $\left]\dfrac{\pi}{2}\,;\dfrac{3\pi}{2}\right[$, elle réalise une bijection de $\left]\dfrac{\pi}{2}\,;\dfrac{3\pi}{2}\right[$ dans $f\left(\left]\dfrac{\pi}{2}\,;\dfrac{3\pi}{2}\right[\right) = \left]\lim\limits_{\pi/2} f\,;\lim\limits_{3\pi/2} f\right[= \mathbb{R}$.

Puisque $0 \in f(\mathbb{R})$, l'équation $f(x) = 0$ admet une unique solution dans $\left]\frac{\pi}{2} ; \frac{3\pi}{2}\right[$.

b) On a : $f(4.4) \simeq -1.30$ et $f(4.5) \simeq 0.14$.

Ainsi $f(4.4) < f(\alpha) = 0 < f(4.5)$, et puisque la fonction f est strictement croissante, on en déduit : $4.4 < \alpha < 4.5$.

c) Pour calculer une valeur approchée de α, utilisons la méthode décrite dans la rubrique « les méthodes à retenir » :

```
program dichotomie ;

var  a,b : real ;
     n : integer ;


function f(x :real) : real ;
begin
  f :=sin(x)/cos(x)-x ;
end ;



begin
  a :=4.4 ; b :=4.5 ; n :=0 ;
  while abs(a-b)/2>0.0001 do
    begin
      if f(a)*f((a+b)/2)<0
        then b :=(a+b)/2
        else a :=(a+b)/2 ;
      n :=n+1 ;
    end ;
  writeln('Valeur approchee de alpha :',
   (a+b)/2) ;
  writeln('Nombre d''iterations : ',n) ;
end.
```

Exécution du programme :

```
Valeur approchee de alpha : 4.49345703E00
Nombre d'iterations : 9
```

21.22 *a)* • On a : $6 = 4 + 2 = 0.2^4 + 0.2^3 + 1.2^2 + 1.2 + 0$.

Ainsi : `bin(6)=` $(0, 0, 1, 1, 0)$.

• On a : $21 = 16 + 4 + 1 = 1.2^4 + 0.2^3 + 1.2^2 + 0.2 + 1$.

Ainsi : `bin(6)=` $(1, 0, 1, 0, 1)$.

b) On obtient `L[1]` en calculant $\text{Ent}\left(\frac{n}{16}\right)$, que l'on obtient en Pascal par `trunc(n/16)`.

Puis on calcule $n - 16\,\text{Ent}\left(\frac{n}{16}\right)$ et on donne cette valeur à la variable n. On obtient `L[2]` en calculant $\text{Ent}\left(\frac{n}{8}\right)$, que l'on obtient en Pascal par `trunc(n/8)`, etc.

D'où la procédure suivante :

```
type ecriture = array[1..5] of integer ;

procedure bin(n : integer ; var L : ecriture) ;

var i,puiss : integer ;

begin
  for i :=1 to 5 do L[i] :=0 ;
  puiss :=16 ;
  for i :=1 to 5 do
    begin
      L[i] :=trunc(n/puiss) ;
      n :=n-L[i]*puiss ;
      puiss :=puiss div 2 ;
    end ;
end ;
```

Remarque : À la fin de chaque boucle, la variable puiss contient la valeur de 2^{4-i}.

Index

054676-(I)-(2)-OSB 80°-2935-EPR-MPN
Dépôt légal : mai 2011
Imprimé en France par I.M.E. - 25110 Baume-les-Dames